International Association of Fire Chiefs

International Association of Arson Investigators

National Fire Protection Association

화재조사론

Fire Investigator

Principles and Practice to NFPA 921 and 1033
FOURTH EDITION

International Association of Arson Investigators,
International Association of Fire Chiefs,
National Fire Protection Association 공저

강웅일 · 김유식 · 김인범 · 김인태 · 유호정
이승훈 · 이운근 · 이창우 · 이해평 · 최돈묵 공역

JONES & BARTLETT LEARNING
An Ascend Learning Company
www.jblearning.com

NAVIGATE 2 ADVANTAGE ACCESS

화수목

ORIGINAL ENGLISH LANGUAGE EDITION PUBLISHED BY
Jones & Bartlett Learning, LLC
5 Wall Street
Burlington, MA 01803 USA

역자 서문

국내에서는 매년 4만건 이상 화재가 발생하고 있으며 피해를 줄이기 위해 교육, 제도 개선, 소방시설의 적용 확대 등 많은 노력을 하고 있으나 좀처럼 감소하지 않고 있습니다. 이에 대한 대책으로 철저한 화재조사를 통해 근본원인을 밝혀내고 조사결과를 예방정책에 반영하여 실수를 반복하지 않아야 한다는 것을 알고는 있으나 좀처럼 실천되지 못하고 있는 현실입니다. 화재조사 결과를 바탕으로 적정한 기준을 제정하고 있는 미국은 1970년대 이후 화재 발생 건수가 지속적으로 감소하고 있는 반면, 국내에서는 유사한 형태의 대형 화재피해가 재발하고 있는 것을 보면 화재조사에 대한 중요성을 알 수 있습니다.

한편, 화재조사는 여타 화재관련 분야보다 상대적으로 뒤처져 있었는데 그 이유로는 화재 현장에 대한 접근권한이 정부기관, 공공기관 및 보험사와 같은 소수의 기관에 주어졌기 때문에 전문조사자의 양성이 어려웠으며, 변변한 교재 없이 현장에서의 경험을 바탕으로 한 조사가 이루어졌기에 과학적 근거 제시가 미흡했던 것입니다. 그러던 중 미국방화협회(NFPA)에서 1992년 NFC 921을 발간하여 과학적 근거 및 분석 기준을 제시하게 되었는바 한국화재보험협회에서 번역물을 공급하면서 국내 화재조사 수준을 향상시키는 계기가 되었습니다. 이후 제조물책임법이나 실화책임에 관한 법률이 제정 및 전면 개정되면서 화재원인 규명에 대한 관심과 중요성이 고조되었습니다.

이번에 International Association of Fire Chiefs, International Association Arson Investigation 및 National Fire Protection Association이 3개 단체가 함께 "Fire Investigator-Principles and Practice to NFPA 921 and 1033"을 발간하였습니다. 이 교재는 NFPA 921, Guide for Fire and Explosion Investigations 및 NFPA 1033, Standard for Professional Qualifications for Fire Investigator를 바탕으로 하였으며 현장에서 화재조사 업무를 수행하고 있는 전문가들의 경험과 지식을 더하여 실무적으로 아쉬운 부분을 해소하였습니다. 따라서 이 책은 화재조사에 입문하고자 하는 학생들을 위한 지침서가 될 수 있음은 물론 화재조사를 담당하고 있는 소방, 경찰, 공공기관, 보험사 관계자를 비롯하여 민간부분 전문가의 역량을 향상시키는데 많은 도움이 될 것으로 기대합니다.

번역을 위해 많은 시간과 노력을 아끼지 않았음에도 불구하고 미흡한 부분이 나올 것으로 사료되어 널리 양해를 구하며, 지속적으로 수정 작업을 하는 한편, 독자 여러분의 의견을 경청하여 개정판에서 보완하고자 합니다.

끝으로 바쁜 시간을 쪼개서 번역을 담당하신 역자 여러분과 어려운 환경에서도 오랜 시간을 기다려 발간에 힘써주신 도서출판 화수목 대표님과 편집부 직원분들에게 감사의 마음을 전합니다.

역자대표 **김 인 태**

목 차

총 칙

학습 목표

이 장을 학습한 후 여러분은 다음 사항을 할 수 있다.

- NFPA 921, 화재 폭발 조사 가이드(Guide for Fire and Explosion Investigations)의 목적 및 개발과정에 대한 토의
- NFPA 1033, 화재조사관 전문자격 기준(Standard for Professional Qualifications for Fire Investigator)의 목적 및 개발과정에 대한 토의

  NFPA 1.1 NFPA 1.2 NFPA 1.2.1 NFPA 1.2.2 NFPA 1.3.1 NFPA 1.3.2 NFPA 1.3.3 NFPA 1.3.4 NFPA 1.3.5 NFPA 1.3.6 NFPA 1.3.7 NFPA 1.3.8
- NFPA 문서가 어떻게 개발되는지에 대한 설명
- NFPA 921 정의(definition)의 가치에 대한 토의

기능습득 목표

이 장에서는 기능습득 목표는 없다.

NFPA 참고 문헌

NFPA 921, *Guide for Fire and Explosion Investigations*

NFPA 1031, *Standard for Professional Qualifications for Fire Inspector and Plan Examiner*

NFPA 1037, *Standard on Professional Qualifications for Fire Marshal*

CHAPTER

1

FESHE 과정 결과물

화재조사 I

4. 화재조사에 사용하는 공통 용어들을 정의하라.

화재조사 II

이 장에서는 화재조사 II (FESHE)의 과정에 대한 결과물은 없다.

당신은 화재조사관

발화장소 및 발화원인 조사를 수행시 당신은 적어도 두 개 이상의 별개의 발화지점(point of origin)을 발견할 수 있다. NFPA 921을 화재조사의 지침으로 활용한다면, 당신은 사진과 함께 각각의 발화지점을 조직적으로 검증할 수 있다. 그런 후 각각의 지점에서 발화성 액체 시료를 채집한다. 하지만 중요한 증거 물품, 방 치수, 기타 잠재적 발화원(source of ignition)을 특정하는 현장 도면을 만들지는 않는다.

상급자와 함께 팀의 검토과정에서, 왜 당신은 NFPA 1033에 나온 대로 현장 도면을 만들지 않았는지 질문 받는다. 당신은 일반적으로 심각한 화재에 대해서만 도면을 그리며, 사진이 화재현장 묘사에 더 나은 수단이라고 대답한다. 상급자는 NFPA 1033을 건네주며, 현장 조사와 문건화에 관한 직무수행 요건(JPRS)을 검토하라고 한다.

1. NFPA 921과 1033이 서로 어떻게 다른가?
2. 화재조사를 수행하는 방법에 대해 어떤 규칙과 규정들이 영향을 미치는가?
3. 온도측정학(thermometry)은 무엇인가?

개요

미국방화협회(NFPA)에서 발간하는 NFPA 921, 화재 및 폭발 조사 가이드는 화재 및 폭발 사건을 분석, 조사하는 업무를 수행하는 모든 이들이 활용할 수 있다. 화재조사 또는 화재 분석에 관련되거나, 발화지점, 원인, 책임, 또는 사고의 예방에 관련하여 의견을 피력하는 사람들은 현장 조사관, 화재분석관, 그리고 특수 분야의 여러 전문가들뿐만 아니라, 화재 조사과정에서 발견된 증거들을 분석하는 기술자들을 포함한다. NFPA 921에서 '화재조사'라는 용어는 그 내용이 화재 또는 폭발조사와 관련되는 경우 자주 사용된다. 이러한 전문가들은 공공분야(소방, 경찰 및 정부기관을 포함) 및 민간분야(민간 조사기관, 기술자문회사, 보험사 등을 포함)에 포진해 있다.

NFPA에서 발간한 NFPA 1033, 화재조사관 전문자격 기준은 화재조사관으로 갖추어야 할 최소 직무수행 요건으로서 활용된다. 이 책의 각 장의 서두에는 적용 가능한 NFPA 1033의 직무수행 요건을 언급하고 있다. 독자는 이 책이 화재조사관의 직무수행 요건과 어떻게 관련되어 있는지 이해하는 것이 중요하다.

화재조사관 팁

미터법은 미국과 전 세계의 화재조사에 적용되며, 따라서 이 책에서 그 값이 사용된다. 자료의 측정방법은 변할 수 있지만, 화재조사관은 이것을 염두하고 자료를 평가해야 한다.

NFPA 921

NFPA 921은 NFPA에서 발간되며, 미국 기준 위원회(ANSI)에서 승인한다. NFPA는 NFPA 1033과 같이 NFPA 921을 기준(standard)과는 구별되는 지침(guide)으로 정의한다. 법정에서 NFPA 921을 기준으로서 취급하게 되는 요인들은 복잡한 문제이며, 이 책의 논의범위에서 벗어난다.

NFPA 921은 '기준'이 아닌 '지침'으로 분류되지만, 많은 법원과 전문 화재조사 기관에서는 이것을 일종의 '관리 기준(standard of care)'으로 여긴다. NFPA 921의 목적은 화재 및 폭발 사고의 안전하고 체계적인 조사 또는 분석을 위한 지침 및 권장사항을 수립하기 위함이다. 이것은 또한 화재 및 폭발 조사, 화재과학, 기술, 방법론의 발전과 실무에 대한 모델로서의 역할을 수행한다. NFPA 921의 내용은 종합적인 과학 또는 기술적 문헌으로서 의도된 것은 아니다. 여기에는 화재조사의 중요한 사안에 대해 기초적인 수준을 언급하고 있으며, 조사관은 조사과정에서 추가적인 문헌들을 활용해야 한다.

주체가 누구이든지 화재조사를 수행하는 이유는, 화재 재발을 막기 위해 진실에 다가서는 것이다. 화재원인이 무엇이며, 누가 책임이 있으며, 어떠한 요소들이 화재에 관여하였으며, 화재에 이은 영향들은 무엇인지 결정하는 것이 그 목적이다. 생명과 재산을 보호하고 장래의 사고 예방을 위해서 정확한 화재 폭발 원인을 결정하는 것이 기본적이다.

효과적인 화재/폭발 조사 및 발화지점/원인 분석을 하기 위해 NFPA 921은 체계적인 업무 구조를 제시하도록 되어 있다. 모든 화재 및 폭발 사고는 조금씩 다르고 독특하기 때문에, NFPA 921은 어느 개별적 사안에 대한 완전한 조사 및 분석을 위한 요소들을 모두 다루지는 않는다. 특정 사건에 관해 이 지침서에서 적절한 권장 실무과정을 찾아 적용하는 것은 조사관의 몫이며, 이것은 조사관의 책임 및 목적 및 조사 범위에 따라 달라진다. 과학적 방법의 사용은 모든 사안에서 적용될 수 있다. 과학적 방법은 체계적 정의, 정보 취합, 분석 및 당면한 문제에 대한 시험에 활용될 수 있다. 이 '과학적 방법'은 "기본 화재방법론"장에서 좀 더 심도 깊게 논의할 것이다.

NFPA 921은 화재 폭발 조사에 연관된 민사, 형사 재판 관련 법적 사안을 정립하기 위한 문서로 의도되지 않았지만, 법률가와 법원을 포함하여 화재 조사 전문가들에게 심정적으로나 실무적으로 그렇게 여겨지고 있다. 많은 법원 판결에서 NFPA 921 또는 그 안의 방법론 원칙에 대해 인용하고 있다. Michigan Millers Mut. Ins. Corp. v. Benfield and Daubert v. Merrell Dow Pharmaceuticals 등의 판례에서 보면, 전문가의 의견은 가정, 추측, 다년간의 경험에 의해서가 아니라, 확립되고 검증된 원리(principles)에 의해 지지되어야 한다고 명확히 밝히고 있다.

■ '화재조사관'과 NFPA 921의 관련성

공통 이슈 중 하나는 NFPA 921이 화재조사 수행 중 반드시 준수해야 하는 NFPA 기준이 아니라는 것이다. NFPA 921은 지침서이므로 '해야 한다(shall 또는 must)'라는 표현의 의무조항을 포함하지 않는다. 서로 다른 관할에서 NFPA 921의 중요성에 대한 해석 차이가 나게 되므로 기준과 지침서 사이의 차이는 중요하다. 조사관은 자신들의 관할에서의 규정을 준수해야 한다.

NFPA 921이 의료분야에서는 주의할 기준으로 참조될 수도 있으나 화재조사관이 반드시 고려하여야 할 또 다른 사항이 있다. NFPA 921은 NFPA의 정의상 기준이 아니라는 것을 확실히 해야 한다. 화재조사관에게 지침을 내려주는 문서로서 광범위하게 사용되고 인식되고 있으므로 어떤 사람들은 이것을 사실상의 기준(de factor standard)으로 여길 수 있다. '기준(standard)'이라는 용어를 다르게 정의한 기준제정 기구도 존재한다.

조사관은 모든 조사시 모든 과정에서 NFPA 921을 따를 필요는 없다. 단지 이 지침서에 관련 내용이 있다고 그 과정을 모든 사안에 대해 적용해야 한다는 것은 아니다. 진실에 도달하기 위해 적절한 과정을 밟고 있는지 확실히 하려면, 숙련된 조사관은 각각의 조사건마다 적절한 행위가 무엇인지 결정할 때 본인의 판단에 따라야 한다. 만일 조사관이 NFPA 921을 따르지 않기로 했다면, 조사관은 별도로 사용하는 방법과 그 이유에 대해 설명해야 한다.

NFPA 921의 초판이 1992년에 발간된 이후, 화재조사에 응용되는 화재과학에 큰 진보가 있어왔다. NFPA 921 안에 가능한 모든 부분을 다루려고 노력하지만, 다루지 않는 내용이 반드시 있게 된다. 다양한 가연물, 연소된 물건, 개별적인 발화원인 등 화재와 관련되어 무한하게 많은 요소들이 있어, 이 책에서는 가능성 있는 모든 화재 시나리오에 대해 언급하지 못하고 있다. 그럼에도 불구하고 이 지침서는 NFPA의 프로세스를 거치면서 이 장의 마지막 부분에서 언급하는 바와 같은 개정 주기에 따라 새로운 내용들을 추가하며 개정되는 살아있는 문서이다.

NFPA 1033

1972년에 전미 화재안전기관협의회(Joint Council of National Fire Service Organizations, JCNFSO)가 제복을 착용하는 화재안전 요원에 대해 전국적으로 적용 가능한 능력기준의 개발을 촉진하기 위해 전미 전문가 인증 위원회(National Professional Qualifications Board, NPQB)를 발족하였다. 이러한 과정을 거친 결과, 1977년 5월 NFPA는 NFPA 1031, 화재점검

화재조사관 팁

NFPA 1033은 화재조사관으로 활동하기 위해 필요한 최소 업무능력 요구조건(JPRs)에 대해 기술한 기준이며, NFPA 921은 지침과 권고사항이다.

화재조사관 팁

화재조사관은 NFPA 921이 정기적으로 새 판이 나오며, 화재 현장 조사 또는 사건 검토 등의 특정 사건을 수행하는 때의 효력 있는 판본이 정작 재판 또는 증언 시에는 새 판으로 대체될 수 있다. 이렇게 되면 화재조사관이 특정 업무를 수행한 이유 또는 어떻게 그 조사를 진행했는지에 관해 질문을 받는 경우 영향을 미칠 수 있다.

관 및 계획검토관의 전문자격 기준(Standard for Professional Qualifications for Fire Inspector and Plan Examiner)을 채택한다. 몇 년 후, 1987년 6월에 화재조사관에 독자적 기준을 제시하기로 결정하고, NFPA는 NFPA 1033을 채택하였다. 이 문서의 공표 후부터 정기적으로 지속적으로 개정되어 왔다.

■ '화재조사관'과 NFPA 1033의 관련성

NFPA 921과는 다르게, NFPA 1033은 화재조사관으로서 업무를 수행하기 위한 최소한의 '직무수행 요건'을 정립하기 위해 작성되었다. NFPA 1033은 화재조사관이 화재 현장을 감식하고, 어떻게 화재조사를 수행하고 현장에 대한 서류화작업을 안전하게 어떻게 수행하는지 명시하는데 필요한 최소한의 지식 및 기술에 대해 기술하고 있다. NFPA 1033은 또한 증거 취합, 증인 인터뷰, 보고서 작성, 그리고 조사 발견사항에 대한 최종 발표에 대한 기술에 대해 언급하고 있다. NFPA 1033은 산림, 차량, 건물 화재를 포함하여 모든 화재에 적용가능 하도록 의도하고 있다. 관할 주체는 NFPA 1033에서 제시하는 기준들을 초과하는 다른 의무사항들을 강제할 수 있다.

■ 화재조사관 자격

NFPA 1033에서는 화재조사관이 18세 이상이며, 고등학교 졸업 또는 이와 동등한 학력을 갖추도록 요구한다. 화재조사관은 타인의 재산을 검사하는 위치에 있기 때문에, 관할기관은 완벽하고 철저한 신상 조사 및 인성 조사를 수행해야 한다.

다른 직종과 마찬가지로, 화재조사관은 기본적인 교육과 훈련과정을 거쳐야 한다. 화재조사관은 그들의 고용주, 법률에서의 요구조건뿐만 아니라 NFPA 1033에서 정립한 '직무수행 요건'을 충족해야만 업무를 성공적으로 수행할 수 있다. 이것은 곧 화재조사관이 이러한 요건들을 충족하고 있는지를 자격 있는 자에 의해서 정기적으로 검증을 받아야 함을 의미한다(그림 1-1). 훈련 프로그램은 화재조사관의 역할과 책임요건을 만족하게 준비할 수 있도록 하기 위한 교육과정

© Jones & Bartlett Learning. Photographed by Glen E. Ellman

그림 1-1 화재조사관은 그들이 NFPA 1033과 관할 내 법률에서 요구하는 조건을 충족시키고 있는지 정기적으로 검증받아야 한다.

화재조사관 팁

NFPA 1037, Standard for Professional Qualifications for Fire Marshal은 화재조사관(fire marshal)의 최소한의 직무수행 요건(JPRS)에 대해 기술한 것이며, NFPA 1033을 포함한다.

을 최대로 하여 설계되어야 한다. 교육과정은 화재조사관에게 숙련도를 높이는 것에 초점을 맞추어야 하고, 주제 습득에 대한 특별한 순서가 존재하지는 않는다. 화재조사관의 의무로서 직무 수행 요건과 추가적인 지식을 숙달하여야 한다.

■ 화재조사관의 역할과 책임

발화지점 및 원인을 정확히 알아내고 화재예방 법규, 기준, 교육의 기초가 되는 중요한 화재 통계자료를 취합하기 위해서 화재조사관은 기초 교육과정 후에 새로운 조사 방법론, 소방기술, 법규 의무사항들을 계속적으로 습득해야 한다. 이것은 정규 교육 과정 참석, 워크숍, 세미나, 그리고 전문 서적과 잡지 등을 이용하여 얻어질 수 있다. 화재조사관으로서 최소한 다음 주제에 대한 최신 지식을 지속적으로 습득해야 한다.

- Fire science 화재과학
- Fire chemistry 화재화학
- Thermodynamics 열역학
- Thermometry 온도측정학
- Fire dynamics 화재역학
- Explosion dynamics 폭발역학
- Computer fire modeling 전산 화재모델링
- Fire investigation 화재조사
- Fire analysis 화재분석
- Fire investigation methodology 화재조사방법론
- Fire investigation technology 화재조사기술
- Hazardous materials 위험물질
- Failure analysis and analytical tools 고장분석 및 분석기술
- Fire protection systems 화재방호설비
- Evidence documentation, collection, and preservation 증거 문서화, 수집, 보존
- Electricity and electrical systems 전기 및 전자설비

화재조사관은 이 분야의 기관들, 즉 국제 방화조사관 협회(International Association of Arson Investigators, IAAI), 미국 화재조사관 협회(National Association of Fire Investigators, NAFI), 미국방화협회(NFPA) 등의 기관에 가입하여 활동할 것을 권장한다. 국제 방화조사관 협회(IAAI)는 각 주 및 나라별로 지부가 있으며, 공인 화재조사관(IAAI-CFI®)과 화재조사 기능사 (IAAI- FIT®) 자격증을 관장한다. 미국 화재조사관 협회(NAFI)는 공인 화재폭발조사관(NAFI-CFEI) 자격증을 관장한다. 또한, 미국의 많은 주에서는 조사관의 전문성과 지식 및 관련 NFPA 문서에 대한 준수여부를 평가하여 자격과 직함을 부여하고 있다.

NFPA 문서의 개발

NFPA는 화재 및 인명안전에 관계된 300여개가 넘는 코드(codes), 기준(standards), 권장실무(recommended practices) 및 지침(guides)의 발간기관이다. 모든 NFPA 문서는 자발적으로 작성된 것으로, 관할기관(AHJ)에서 채택하지 않는 한 법률로서의 효력이 없다. 아래의 규정을 포함하여 많은 NFPA 규정 및 기준이 전 세계 여러 관할기관(jurisdiction)에서 채택되었다.

- NFPA 1, Fire Code(소방기본규정)
- NFPA 54, National Fuel Gas Code(미국 연료 가스규정)
- NFPA 70, National Electrical Code(미국 전기규정)
- NFPA 101, Life Safety Code(인명안전규정)

NFPA 문서의 특징은 합의 과정을 통해 개발된다는 것이다. 이 합의과정은 다양한 견해와 이익을 대변하는 기술위원회의 자발적 참가자(volunteer)들이 문서 내용에 대한 합의를 이루어내는 것을 말한다. 자발적 참가자들로 이루어진 200개 이상의 기술위원회가 있으며, 이 위원회는 13명으로 이루어진 기준 심의회(standard council)의 감독을 받는다. NFPA 직원이 아닌 기술위원회가 문서 내용에 대한 책임을 진다. 일반적인 오해와는 달리 NFPA 간사(Liaison)들이 문서 내의 내용을 쓰는 것이 아니다. 간사의 역할은 개발 과정일정을 조율하는 것이다. 그리고 NFPA의 기능은 기술위원회의 자발적 참가자들이 작성 또는 승인한 문서를 발간하는 주체로서의 역할이다.

■ 기술 위원회

배경과 실무경험에 근거하여 선발된 6,000명 이상의 자발적 참가자들이 NFPA 기술위원회를 위해 일한다. 개발과정의 결과에 불공정하게 영향을 미칠 수 있는 단일 이익그룹이 전체를 대변하지 못하도록 위원회 구성 비율에 균형을 이루도록 하고 있다.

NFPA는 위원회의 균형을 맞추기 위해 다음과 같이 위원회 회원의 범주를 구분하고 있다.

- Manufacturer 제조자
- User 사용자
- Installer/maintainer 시공업자/유지관리업자
- Labor representative 노동계 대표
- Enforcing authority 관할 기관
- Insurance representative 보험사 대표
- Special expert 특수 전문가
- Consumer 사용자

- Applied research/testing laboratory 조사/시험 연구소

기준위원회는 현재 문서에 대해서 제안된 모든 개정사항들에 대해 검토하고 응답한다. 개정의견에 대해 과반수가 찬성하는 경우 합의가 이루어진다. 위원회 찬성 후 개정요청 권장사항에 대해서는 기명 투표로 2/3 이상이 찬성해야 한다. 최종적으로, 위원회 권장사항은 NFPA 연례 회의에서 표결이 이루어진다. 이때 모든 NFPA 회원들은 찬성 또는 반대표를 던질 기회를 갖는다.

■ 기술 위원회의 감독

위원회 업무는 NFPA 직원인 간사에 의해 이루어진다. NFPA 직원 중에서 해당 기술위원회 간사가 지정되어 위원회가 규정을 제대로 준수하게 하고, 회의를 조율하게 된다. 간사는 또한 회의내용을 기록하고, 최종문서 및 위원회 보고서의 발간업무를 수행한다.

■ NFPA 문서의 공개의견 수렴

모든 위원회 회의와 NFPA 총회는 NFPA 회원 여부와 관계없이 대중에게 공개되며, 개정의견을 제출할 수 있으며, 위원회 결정에 대하여 공공의견(public comments)을 개진할 수 있다. NFPA 회원으로 한정되는 유일한 단계는 연례 기술 회의에서 투표하는 것이다.

NFPA 문서마다 공개의견수렴 스케줄은 다르다. 공개의견수렴 마감일은 NFPA 웹사이트에 게시되고, 웹기반 전자 접수시스템을 이용하여 접수된다.

NFPA 921의 판이 바뀔 때마다 기술과 기법은 지속적으로 발전, 수정되고 있다. 따라서 현재 판에서 다루지 않는 더 새로운 기법이 화재 현장에서 사용될 수 있다. 새로운 이론이나 기술이 NFPA 기술위원회에서 평가과정을 거치면서 정기 개정 시 포함될 수도 있고 그렇지 못할 수도 있다. 따라서 개정기간 동안 화재조사 전문가들은 꾸준히 제안과 의견을 제기하는 것이 중요하다.

■ 개정 주기

모든 NFPA 문서는 시차를 둔 두 가지의 개정 주기, 즉 연례(annual) 개정 주기 및 가을(fall) 개정 주기를 가지고 개정이 이루어진다. 문서는 3~5년의 정기적인 주기로 개정되고, 한 개정 주기당 20~45개의 문서가 개정된다. NFPA 921은 3년 주기로 개정되고, NFPA 1033은 5년 주기이다.

화재조사관 팁

기술위원회 위원의 다양한 실무경험은 NFPA 기준과 기타 문서들의 완성도를 높이고 정확성을 기할 수 있도록 해준다. 기술위원회 위원의 실무경험뿐만 아니라, 기준 발간 과정에서 공개의견수렴 기회를 가진다.

■ 기준 개정시 업무 순서

표 1-1은 기준 개발 과정에 대한 현재의 일정 순서에 대해 설명하고 있다(여기에서는 '기준'이라는 용어에 NFPA 921과 같은 '지침(guide)'이 포함된다). 여기에는 다음과 같은 단계를 포함한다.

1. Input stage 개정의견 취합 단계
2. Comment stage 검토 단계
3. Association technical meeting 협회 기술회의
4. Council appeals and issuance of standard. 위원회 심의 및 기준 발간

현 기준이 발간되면 바로 공개 의견수렴을 위해 공개된다.

표 1-1 Standards Development Process 기준 개발 과정

1단계 개정의견 취합	■ 1차 초안을 작성하기 위해 공공 또는 다른 위원회에서 의견을 접수 ■ 위원회는 기준을 개정하기 위해 1차 초안을 작성(23주) 관련 위원회 의견수렴(10주) ■ 1차 초안에 대한 위원회 투표(12주) 관련 위원회 의견수렴(11주) ■ 관련 위원회 1차 초안 회의(9주) ■ 1차 초안에 대한 관련 위원회 투표(5주) ■ 1차 초안 공개
2단계 검토 단계	■ 1차 초안에 대한 공공 의견수렴(10주) ■ 공공 의견이 없으며 위원회가 기준에 대한 개정을 할 사항이 없다면, 그 기준은 합의 기준이 되고, 발간을 위해 바로 기준 심의회로 이관 ■ 2차 초안 회의 개최(21주) ■ 관련 위원회 회의(7주) ■ 2차 초안에 대한 위원회 표결(11주) ■ 관련 위원회의 회의(10주) ■ 관련 위원회 1차 초안 회의(9주) ■ 2차 초안 보고서 공개
3단계 협회 기술회의	■ 제안 의견서(NITMAM) 접수(5주) ■ 제안 의견서(NITMAM)이 검토되고, 적격한 의견은 협회기술회의(Association Technical Meeting)에서 발표할 수 있게 됨 ■ 의견이 없는 기준은 협회기술회의를 거치지 않고 발간을 위해 기준위원회로 바로 상정 ■ NFPA의 회원들은 매년 6월에 협회기술회의에서 모이며, 적격 수정요구(certified NITMAMs)에 대해 들음 ■ 위원회와 패널은 협회기술회의에서 NFPA 회원에 의해 만들어진 기술위원회 보고서에서 통과한 수정사항에 대해 투표
4단계 심의 및 기준 발간	■ 협회 결정에 대한 기준 위원에 대한 심의요청서는 협회 기술회의(Association Technical Meeting) 20일 내에 접수되어야 함 ■ 기술위원회는 모든 증거에 기반하여 기준을 발간할 것인지 아니면 다른 절차를 밟을 것인지를 결정

NFPA 921 2014년판에서 가져옴.

적절하게 인증되고 시기적으로 적절한 제안 청구서가 없는 문서의 경우 바로 기준심의회로 이관되어 발행절차로 들어간다.

■ 문서 수정

기준개정 사이의 기간 중에, 정오표와 임시 수정문(TIAs)이 발간될 수 있다. 예를 들면 문서 내 일부 인쇄 오류가 있는 경우, NFPA는 그 오류를 수정하기 위해 정오표를 발간한다. 다음 판에서 그 오류는 수정된다.

개정 전에 반드시 변경되어야 할 긴급 사안이 제안된 경우, 임시 수정문(TIAs)이 그 사안을 언급하기 전에 위원회에 상정된다. 위원회는 제안된 임시 수정문(TIAs)에 대한 투표를 하고 공공의견 수렴 공지를 한다.

TIA를 찬성하는 위원이 3/4 이상인 경우, 승인 권고가 성립되고, 기준심의회는 이 승인권고안과 공공 의견수렴 내용을 토대로 임시 수정문(TIAs)을 발의한다. 그 임시 수정문(TIAs)는 이 문서의 다음 개정주기 동안 공개의견수렴 상태가 된다. 921에 대한 몇 번의 정오표와 임시 수정문(TIAs)이 있어 왔다.

■ 규정과 기준의 공식 해석

공식 유권해석(Formal Interpretation)은 NFPA 규정 또는 기준 내의 특정 조문의 의도 또는 의미에 대해 설명하는 방식이다. 공식 유권해석은 그 문서에 책임 있는 기술위원회를 통해 이루어지며, 그 위원회에서 확실하게 “예”, “아니요”라는 결론을 내리도록 문서화되어야 한다.

공식 유권해석에 대한 기술위원회 결정은 우편 투표를 통해 이루어지며, 3/4 이상이 찬성하지 않으면, 그것은 채택되지 아니하며, 그 안건은 위원회 다음 회의 의제가 된다. NFPA 921의 경우 공식 유권해석이 드물며, 이는 지침이므로 강행규정을 포함하지 않기 때문이다.

NFPA 921의 용어 정의

전문적이며 경험이 많은 용어의 정의는 다양한 전문가들이 의사소통하는 용어에 대한 완전한 이해를 위해 필요하다. 921의 용어는 모든 화재조사관이 화재조사 및 재판을 준비할 때 사용하는 용어의 일관성을 부여하는데 무척 중요하다. 일관성 없는 용어 사용시 모호성, 오해, 그리고 관련된 기타 문제들이 생긴다. 이러한 문제들은 비전문성을 보여주게 되어 진실을 찾기 위한 조사 목적에 부정적 영향을 준다.

예를 들어 백드레프트와 플래시오버의 개념 사이에서 혼돈 및 이로 인한 용어 오용이 발생한다. 이러한 잠재적인 의사소통 문제를 피하기 위해, 조사관은 NFPA 921에 정의된 용어뿐만 아니라, 이 용어 뒤에 깔린 논법에 대해서도 익숙해야 한다.

이 책의 목적을 위해 우리는 NFPA 921의 용어 정의를 사용한다. 독자들은 명확성을 위해 다른 문서를 참고할 수는 있다.

요 약

검토를 위한 준비

- NFPA 921은 화재 및 폭발사건을 조사하고 분석하는 업무를 맡은 누구나 사용할 수 있다.
- NFPA 921은 화재 및 폭발 사건의 안전하고 체계적인 조사 또는 분석을 위한 지침 및 권고 시항을 제시한다.
- 서로 다른 관할이 NFPA 921의 중요성에 대해 다양한 해석을 하기 때문에 기준(standard)과 지침(guide)의 차이는 중요하다.
- 1972년에 전미 화재안전기관협의회(JCNFSO)가 제복을 착용하는 화재안전 요원에 대한 전국적으로 적용 가능한 능력기준의 개발을 촉진하기 위해 전미 전문가 인증 위원회(NPQB)를 발족하였다.
- NFPA 1033은 화재조사관으로 활동하기 위해 필요한 최소 직무수행 요건(JPRs)에 대해 기술한 기준이다. 이것은 화재조사관이 화재 현장을 감식하고, 어떻게 화재조사를 수행하고 현장에 대한 서류화작업을 안전하게 어떻게 수행하는지 명시하는 데 필요한 최소한의 지식 빛 기술에 대해 기술하고 있다.
- 화재조사관은 타인의 재산을 검사하는 위치에 있기 때문에, 관할기관은 완전하고 철저한 신상 조사 및 인성 조사를 수행해야 한다.
- 발화지점 및 원인을 정확히 알아내고 화재예방 법규, 기준, 교육의 기초가 되는 중요한 화재 통계자료를 취합하기 위해서 화재조사관은 기초 교육과정 후에 새로운 조사 방법론, 소방기술, 법규 의무사항들을 계속적으로 습득해야 한다.
- 모든 NFPA의 문서는 자발적으로 만들어진 것이며, 따라서 관할기관이 채택하지 않는 한 법적 효력이 없다.
- 6,000명이 넘는 자발적 참가자들이 NFPA 기술위원회 활동을 하며, 이들은 그들의 경력 및 배경에 의해 선발된다.
- NFPA 직원 중에 해당 기술위원회 간사로 지정되면, 위원회가 규정을 제대로 준수하게 하고, 회의 일정 등을 조율한다.
- NFPA 문서는 개정 주기에 따라 시차를 두고 개정된다.
- NFPA 1033의 최근 개정판에 사용된 개정과정은 아래와 같다.
    - Call for proposals 제안 요청
    - Report on proposals 제안 보고
    - Report on comments 의견 보고
    - Technical committee report session 기술 위원회 보고서 작성
    - Standards council(기준심의회) issuance 기준심의회 발행

- 문서의 개정 전에 정오표(errata)와 임시 수정문이 발간될 수 있다.
- 공식 유권해석(Formal Interpretation)은 발간된 NFPA 규정 또는 기준에 포함된 특정 조문의 의도 또는 의미에 대한 설명을 하기 위한 방법이다.
- 모든 화재조사관의 화재조사 수행 및 재판준비를 위해서 사용되는 일관성 있는 용어를 제공하기 때문에 NFPA 921에 포함된 용어정의는 무척 중요하다.

주요 용어

화재 조사 (Fire investigation)

화재 또는 폭발의 발화장소, 원인, 그리고 확대에 대한 과정을 결정하는 과정

지침 (Guide)

권고적 또는 정보성 문서로서, 임의 규정만이 포함된 문서. 지침에도 어떤 경우에 지침이 사용될 수 있는지 등과 같은 필수 사항이 포함될 수 있으나, 문서 전체를 법률에 적용하는 것은 적절하지 않다.

화재 및 폭발조사 지침 (NFPA 921, Guide for Fire and Explosion Investigations)

화재 및 폭발 사고에 대한 안전하고 조직적인 조사 및 분석을 위한 안내 및 권고사항을 기술한 지침

화재조사관을 위한 전문자격 기준 (NFPA 1033, Standard for Professional Qualifications for fire investigator)

화재조사관으로 활동하기 위해 필요한 최소 직무수행 요건(JPRs)에 대해 기술한 기준

기준 (Standard)

본문 내용에 오직 의무 규정만을 담고 있는 문서로, “해야 한다(shall)”라는 표현을 통해 요구사항을 나타내며, 다른 기준이나 규정에서 필수적으로 참고하거나 법으로 채택하기에 적합하다. 임의 규정은 별첨(appendix)이나 부록(annex), 각주, 미주에 표시되며, 어떤 기준의 요건의 일부로 간주되어서는 안 된다.

실전 화재조사관

교육 컨퍼런스 기간에 당신과 몇몇 조사관들은 발화원인 및 발화지점 조사 시 신기술 사용에 대한 이전 강좌들에 대해 논의할 수 있다. 대부분의 조사관들은 이러한 신기술들을 조사과정에 적용하는 것에 호기심을 가질 것이지만, 이러한 기술들은 NFPA 921의 적절한 적용을 대체하지 못할 수 있고, NFPA 1033에서 정의된 목적에 부합하지 않을 수 있다.

논쟁은 과거 몇 년 동안 화재조사과정에서 경험하게 된 최근의 변화들로 이어진다. 이는 화재조사관이 전문적, 객관적, 과학적 기반의 조사를 수행하려는 눈높이가 높아졌기 때문이다. 몇몇 조사관들은 자신들이 예전에 수행한 발화지점 및 원인에 대한 결론이 지금은 틀렸다고 생각하는 화재조사들에 대해 말할 수 있다.

1. 다음은 NFPA 기준이다. 올바른 것은?
   A. 화재조사관으로서 최소한의 교육 요구 조건을 충족시키는 기준이다.
   B. 모든 화재조사관에게 적용 가능한 조건이다.
   C. 화재조사관으로서 필요한 특정 지식과 기술을 특정하는 기준이다.
   D. A, B, C 모두

2. 화재조사 수행시 NFPA 921을 사용하는 경우, 조사관은
   A. 본인이 찾은 적용 가능한 지침의 특정 부분만을 활용할 수 있다.
   B. 모든 화재의 원인을 밝혀낼 수 있다.
   C. 원인을 특정하기 위해 다른 정보자료를 사용할 수 없을 수도 있다.
   D. 현장 조사시 이 문서를 참고하여서는 안 된다.

3. NFPA 기준은 몇 년마다 개정되는가?
   A. 2년
   B. 3년
   C. 5년
   D. 기준에 따라 3년 또는 5년

4. NFPA 기술 위원회의 자발적 참가자로서 활동할 수 있는 개인의 자격은?
   A. 노동계 대표
   B. 행정기관
   C. 전문가
   D. A, B, C 모두

기본 화재방법론

학습 목표

이 장을 학습한 후 여러분은 다음 사항을 할 수 있다.

- 과학적 방법론에 대한 설명
- 화재조사와 관련된 과학적 방법에 대한 논의 NFPA 4.1.2 NFPA 4.6.5
- 화재조사의 맥락에서 과학적 방식의 기초적 단계 증명 NFPA 4.6.5

기능습득 목표

이 장을 학습한 후 여러분은 다음 사항을 할 수 있다.

- NFPA 4.1.2 NFPA 4.6.5 에 나오는 과학적 방법론의 단계 수행

NFPA 참고 문헌

NFPA 921, *Guide for Fire and Explosion Investigations*

CHAPTER

2

FESHE 과정 결과물

화재조사 I

10. 과학적 방법을 이용해 조사를 수행하는 것에 대하여 설명하라.

화재조사 II

이 장에서는 화재조사 II (FESHE)의 과정에 대한 결과물은 없다.

당신은 화재조사관

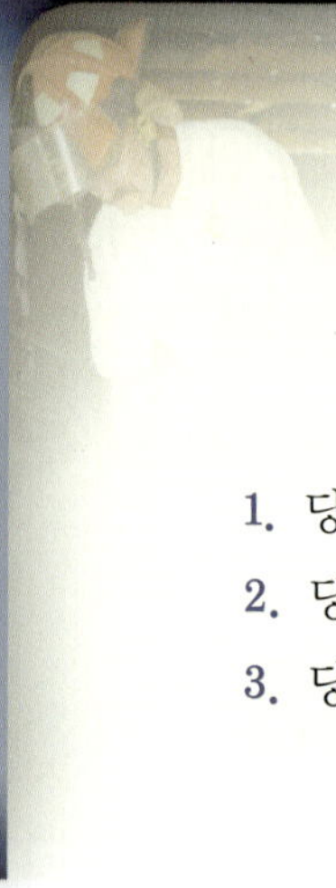

아이들의 방을 조사하는 동안 침대의 발치에서 의심스러운 일회용 라이터가 남아 있는 것을 발견했다. 그 아이들의 부모들은 흡연자이지만 집안에는 여분의 라이터나 성냥을 가지고 있지 않다고 하였다.

1. 당신은 발화원인을 결정하기 위해서 어떠한 조사단계를 적용하겠는가?
2. 당신은 화재조사를 하는 동안 어떠한 자료를 수집하고 평가해야 하는가?
3. 당신은 어떠한 가설을 고려할 수 있는가?

개요

화재 또는 폭발사고의 조사는 대부분 식별, 수집 그리고 파괴된 자료로부터 얻은 자료의 분석이 포함된다. 이러한 자료 또는 사실들을 인식하고 이것들을 객관적이며 적절하게 분석하는 능력은 화재조사에 있어서 가장 중요하다. 주어진 화재 현장의 모든 측면이 설명되었다는 점을 보증하기 위해서는 각 조사에서 일관된 방법이 사용되어야 하는 것이 필수적이다. 화재 현장에 대한 물리적인 평가, 세심한 증거물 수집 그리고 현장에 대한 보고서의 작성 그리고 물리적 증거와 보다 나은 분석과 판단을 위해 요구되는 모든 것들 전체에 과학적 방법에 기초한 체계적인 접근이 적용되어야 한다(NFPA 921의 4장은 기초적인 방법론에 대하여 설명하고 있다).

과학적 방법

NFPA 921에서 정의하였던 것과 같이 과학적 방법이란 문제의 인식과 체계적 정리(formulation)가 포함된 지식에 대한 체계적인 연구로서 관찰과 실험을 통한 자료의 수집, 자료의 분석, 가설의 형성, 평가 및 검증(증거자료에 의해 지지되는 이론), 그리고 가능한 경우 최종 가설의 선택 등을 포함한다(그림 2-1). 이러한 절차는 가장 적게 탄 곳으로부터 가장 많이 탄 곳 혹은 외부에서 발화부를 향하여 작업하는 것처럼 자료를 수집하기 위한 체계적 방법과 혼동되지 않아야 한다.

화재조사관 팁

과학적인 방법은 과학분야의 연구자들에 의해서 오랫동안 다듬어지고 사용되어 온 방법이다. 이것은 화재조사 분야에 있어서도 예외가 아닐 뿐만 아니라 문제 해결을 위해 많은 사람들이 사용하는 방법이다.

화재조사와 과학적 방법

화재조사는 종종 과학적 방법을 따르지만 명칭으로서 정의되어 있지 않다. 조사를 수행하기 위해 사용된 방법에 관한 질문을 받을 때 조사관들은 바깥쪽에서부터 안쪽으로 또는 가장 덜 손상된 곳으로부터 가장 많이 손상된 영역으로 현장을 기록하였다고 종종 설명하곤 한다. 이것은 과학적 방법의 단지 한 부분, 즉, 자료의 수집에 대한 장을 지칭하는 예이다. 다음은 과학적 방법이 화재조사에 적용되는 단계를 설명한 것이다.

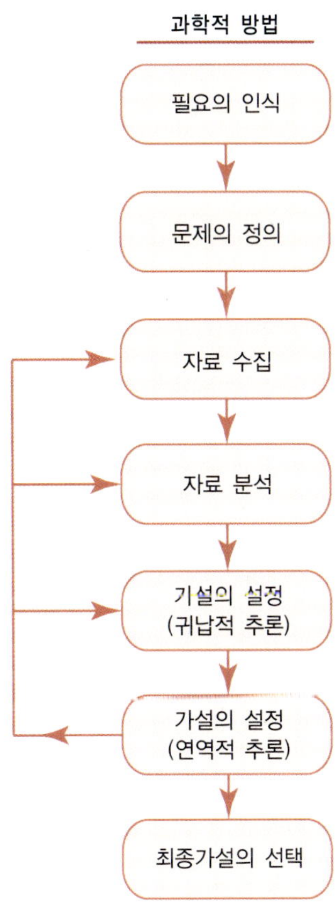

그림 2-1 과학적 방법

■ 1단계 : 과학적 방법의 사용 필요성에 대한 인식

첫 번째 단계는 해결해야 하는 어떤 문제가 있다는 점을 인식하는 것인데, 이는 조사관들이 사건을 요청받고 그 발화원인과 발화부의 판단을 요청받기 때문에 따로 증명할 필요가 없는 자명한 일이다. 각자의 조사관이 설명할 필요가 있는 문제의 정확한 본질은 조사관이 조사를 하는 동안 수행해야 하는 역할과 책임에 좌우된다.

Green Street 단독주택에서 발생한 주택 화재 신고를 받는 것이 이러한 예에 속한다.

■ 2단계 : 문제의 정의

화재조사관이 현장에 도착하거나 어떠한 과제가 주어졌을 때 화재조사관은 문제가 무엇인지를 정의할 필요가 있다. 이것은 화재조사관의 직무나 역할에 따라 좌우된다. 문제를 정의하는 것은 발화부와 발화원인이 무엇인지, 화재의 확산에 있어서 가구가 어떠한 역할을 하였는지 또는 사망자가 있는 경우 사망 원인에 대해 판단하는 것을 포함한다. 조사관이 스스로 가장 효과적이고 효율적인 방법으로 적용할 수 있도록 문제를 정의하는 것이 중요하다.

예를 들어, 문제를 정의하는 것은 당신이 화재가 발생한 지점과 발화부를 판단하기 위해 현장에 대한 종합적인 조사를 수행하려 하는 것과 같은 것이다.

■ 3단계 : 자료의 수집

조사관은 현장에 대한 체계적인 평가에 착수하고 정의된 문제에 대한 답을 찾기 위해 필요한 모든 자료들을 수집할 것이다. NFPA921의 몇몇 장들은 자료 수집에 대한 정보를 제공해준다. 이러한 자료에는 다음의 것들이 포함될 수 있다(그러나 반드시 여기에 국한되는 것은 아니다).

- 화재패턴, 가연물 하중, 환기, 건물의 구조 등 물리적 증거의 인식
- 실험실(laboratory) 분석을 위한 연소 잔해의 표본 등 시료의 수집
- 실험실 분석의 결과들
- 목격자의 진술과 같은 개인적 관찰 기록
- 사진, 스케치, 노트를 이용한 현장 기록
- 경찰서, 소방서 등 관공서의 보고서
- 선행 현장 조사관의 결과 또는 기록

자료 수집의 예는 다음과 같다 : 당신은 Green Street의 주택 잔디밭 앞에 침대보가 없는 메트리스가 훈소 중인 것을 기록한다. 현장 지휘관은 건물 내에 아무도 없다는 것을 확인하였다. 당신은 집주인을 발견하고 그의 목격사항과 화재가 발생한 경위에 대하여 기록을 시작한다. 당신은 술에 취한 것처럼 보이는 집주인의 상태에 대해서도 기록한다. 당신은 현장의 다른 목격자들을 수소문하여 그들의 목격사항에 대하여도 기록한다. 당신은 잔디밭의 메트리스에 대하여 더욱 자세히 조사하고 집에서 발견되는 여타 증거물에 대하여도 수집하며 기록한다. 현장 재구성 차원에서 방과 매트리스의 화재패턴을 비교하기 위해서 매트리스를 화재가 발생한 방에 다시 배치한다.

과학적 방법을 사용하여 수집된 자료는 경험적 자료(empirical data)이다. 경험적 자료는 이론에 근거한 것이기 보다는 실질적인 측정, 관찰 또는 직접적인 감각 경험에 근거한 사실적인 자료들이다.

조사관들이 궁극적으로 자신의 가설을 검증하고 입증하는 데 사용하기 위해서 자료를 적절하게 기록하고 수집하는 것은 중요하다. 시간에 지남에 따라서 기억이 희미해지기 때문에 면담 내용에 대한 기록이 중요하다는 것을 이해할 수 있다. 화재 현장이 파괴되거나 또는 수리되는 경우에는 화재 현장으로부터 추가적인 자료를 얻을 수 있는 기회를 잃게 될 것이다.

자료수집은 또한 문헌 검토, 화재패턴의 분석, 현장 기록, 사진 및 도표의 작성, 증거물의 인식과 보전 그리고 다른 조사관들의 조사에 대한 검토와 분석을 포함한다. 화재 현장에 대한 기록은 이후의 장에서 설명될 주제이다.

■ 4단계 : 자료의 분석

이 단계에서, 증거는 그 의미를 평가하고 조사하고 있는 사건에 대한 가능한 가설을 결정하

기 위해 가능한 한 객관적으로 조사되어야 한다. 추정에 의한 자료나 화재 현장과 관련되지 않은 자료가 고려되어서는 안 된다. 분석은 분석을 수행하는 사람의 전문지식, 경험, 훈련에 근거해야 한다.

예를 계속해서 설명한다면 당신은 현장을 재구성하면서 화재패턴을 포함하여 매트리스의 주변에서 발견된 자료의 분석을 시작한다. 매트리스의 연소 특성을 더 잘 이해하기 위해서, 당신은 제조 라벨을 검토하고 목록화된 표준(기준)들을 찾아보게 된다.

■ 5단계 : 가설의 설정

조사관은 자료의 분석을 통하여 사건을 설명하기 위해 경험에 근거한 한 개 또는 여러 개의 가설을 설정할 것이다. 이것은 귀납적인 추론으로 간주된다. 가설은 과학적 방법의 부분 중 문제 정의에 대하여 답을 얻기 위해 시도하는 것이다. 이를 위해 화재조사관은 발화부와 발화원인, 화재 확산, 책임 또는 그 외 명가된 과제를 수행할 필요가 있다.

당신은 자료를 분석할 때 사실로 알려진 경험적 자료만을 사용해야 한다. 확인할 수 없는 자료 또는 검증되지 않은 자료를 자료의 분석이나 실험에 사용해서는 안 된다. 자료의 분석은 화재조사관이 다음 단계인 가설 검증으로 넘어갈 수 있는 한 개 또는 다수의 가설을 제공한다. 과학적 방법을 사용하여 하나의 가설이 설정될 수 없다면, 화재조사관은 또 다른 잠재적인 가설을 확인하고 그 가설을 "미상(알려지지 않은)" 혹은 "더욱 가능한" 것으로 목록화할 필요가 있다.

예를 들어, Green Street 현장에서 발견된 물리적 증거와 인터뷰에 근거해서, 양초의 잔해가 매트리스에서 발견되었고 인터뷰에 의해서 양초가 예상치 못하게 거주자에 의해 매트리스 위로 쓰러졌음이 확인되었다.

■ 6단계 : 가설의 검증

가설의 검증은 화재조사관들에게 최종적인 가설 또는 결론을 제공해 줄 수 있다. 가설 검증은 다양한 형태를 통해서 할 수 있지만, 화재조사 분야에서는 대부분 검증과 귀납적 추론에 의해 이루어진다. 귀납적 추론을 통하여 조사관들은 분석적으로 가설에 이의를 제기하거나 검증하기 위해 자신의 지식과 기술들을 사용한다. 비록 화재모델링은 발화시나리오 또는 열원의 에너지 등 실험실의 소규모 실험에 도움이 될 수 있지만 실물 화재 실험실 또는 전체 화재 현장과 화재역학(fire dynamic)에 대한 물리적 실험은 발화 순서, 환기의 영향 그리고 인간의 행동(human involvement) 등과 같이 정확하게 재현할 수 없는 시간과 조건때문에 실현 불가능할 수 있다.

화재조사관 팁

비록 물리적으로 화재 현장에서 모든 것들을 수집하는 것은 불가능할지라도, 적절한 기록은 수집된 자료에 대한 분석을 인증해줄 것이다.

귀납적 추론을 통해서 자료와 증거 전체는 최종적인 결론을 지지하거나 또는 지지하지 않거나 또는 대립된다. 귀납적 추론은 모든 알려진 사실들이 최종 가설에 이의를 제기하기 위해 사용된다. 여기에는 최종 가설에 반대되는 다른 잠재적인 발화부나 원인에 대한 평가도 포함된다.

가설은 사실들에 의해 지지되어야 한다. 만약 사실들에 의해 지지되지 않는다면 그 조사관은 과학적 방법의 이전 단계들 중 하나로 돌아가야만 한다. 그리고 그 단계부터 가설이 지지되었음이 확실해질 때까지 그 과정을 되풀이 한다.

가설의 검증이 실험실의 물리적 또는 실험적 검증뿐만은 아니라는 것을 이해하는 것은 매우 중요하다. 가설을 검증하는 것은 인지적이거나 분석적일 수도 있다. 예를 들어 가설을 검증하고 분석하는 동안 화재조사관은 자신의 지식과 경험에 근거하여 인지적으로 가설을 검증하려고 할 것이다. 인지적 검증은 개인적인 사고력과 판단력을 이용하여 경험적 자료를 평가하고 최종 가설의 결론에 이의를 제기하는 것이다. 또는 다른 조사관들이 그 조사관의 가설을 검증하거나 이의를 제기하기 위해 공개토론을 할 수도 있다.

많은 조사관들은 질문이나 이의를 제기하는(questioned or challenged) 의견을 가지고 있지 않다. 그러나 비판적인 단계는 가설이 타당한지를 판단하기 위해 유용하다. 즉, 합리적인 이의 제기를 극복할 수 있어야 한다. 가설 검증은 다른 사람들의 비판적 검토나 이의 제기를 포함할 뿐만 아니라 스스로에 의한 비판적 평가도 필요로 한다. 이 자기 검증(Self challenge)은 조사관으로 하여금 가설에 관하여 질문하도록 요구된다. 게다가 자기 검증에 있어서 조사관은 그 가설에 관한 확신의 수위에 대하여도 판단을 해야 한다. 이 절차에서의 중요한 단계는 조사관의 직무에 대한 행정적 혹은 기술적 검토이다. 더 많은 지식을 가지고 있는 사람이 당시의 조사 절차와 결론을 검토하고 가설에 적절한 이의를 제기해준다면, 가설의 검증에 도움이 될 것이다(그림 2-2).[1)]

© Jones & Bartlett Learning. Photographed by Glen E. Ellman

그림 2-2 당신의 과정과 결론을 검토하는 지식 관리자나 연구자에게 도움을 요청하라

1) 역자주 : 국내의 경우에는 가설의 확신수준에 대하여 일반적으로 다음과 같은 5가지의 구분된 단계를 사용하고 있다.

1. 판단됨 - 어떠한 추가적인 자료, 증거가 새롭게 발견된다고 하여도 최종가설에 대하여 재평가 할 필요가 없다고 말할 정도의 견고한 확신의 수준, 절대적인 확신의 수준으로 실무 법과학자들 사이에서는 좀처럼 사용되지 않는다.
2. 추정됨 - 발견된 모든 자료와 증거가 한 개의 가설을 배제하며 그 외의 가설은 모두 배제된다. 그러나 새로운 증거가 발견된다면 최종 가설의 적정성에 대하여는 재평가 할 수 있다.
3. 가능성이 있음 - 다른 가설들을 완전히 배제할 수 없으나 그 중 비교적 높은 가능성을 가지는 가설을 선택적으로 판단하는 경우
4. 가능성을 배제할 수 없음 - 위 '가능성이 있음' 보다 낮은 단계의 확신수준, 선택된 가설의 가능성을 설명할 만큼 충분한 자료와 증거가 없지만 비교적 유력한 가설에 대한 가능성을 완곡하게 표현하는 경우
5. 미상 - 자료 및 증거의 부족으로 어떠한 의견도 제시할 수 없는 경우

가설이 타당한지 여부를 판단하기 위한 핵심적인 질문은 이것이다. 다른 어떤 가설이 동일한 사실들에 의해서 지지될 수 있는가? 그 사실에 부합하는 또 다른 대안적인 가설이 있다면 그것은 조사관이 충분한 자료를 수집하지 못한 것으로 볼 수 있다. 이 경우 조사관은 더 많은 정보를 얻고, 과학적 방법에 포함된 단계를 다시 거쳐서 그 가설이 잘못되었음을 증명해야 한다. 종종 조사관들은 타당하다고 간주될 수 있을 정도의 가설을 설정하지 못한다. 궁극적으로 조사관의 목적은 가능성에 비추어 타당한 단 한 개의 가설을 찾는 것이다. 확률적으로 충분히 지지되지는 않지만 의심되거나 가능한 유일한 가설이 있을 때에는 비상(undetermined) 및 추정(inconclusive) 같은 것들을 거론하며 결과에 반영해야 한다. 가능하다고 고려된 가설이 진실일 수도 있지만, 다른 가설들 또한 진실일 수 있으며 또는 어떤 가설도 진실이 아닐 수 있다. 의심되는 가설이 진실일 수도 있지만 다른 가설 또한 진실일 수 있는 것이다. 표 2-1은 가설에 대한 확신 수준을 나타내고 있다. 이 확신의 수준은 화재조사관이 그 최종가설이나 결론에 대하여 얼마나 강력하게 주장(hold)하고 있는지와 연관되어 있다. 이것은 조사관에 의해 수집되고 분석되고 검증된 자료에 대한 확신의 근거한다. 이러한 확신의 수준은 법정이나 또는 다른 절차를 진행하면서(in court or other proceedings) 현장에서 발견된 것들이 어떻게 사용될지에 대하여 영향을 미친다. 단지 "가능성 있음"의 수준에 이르는 가설들만이 법정에서 요구되는 확신을 충족시키는 전문가 의견으로 표현될 것이 권장된다.

가설의 검증에 있어서 화재조사관이 사용해야 하는 다른 유형의 질문에는 다음의 내용들이 포함된다.

- 그 사실(자료)들을 다른 방법으로 해석할 수 있는가?
- 만약 그렇다면, 왜 당신의 해석이 진실일 가능성이 더 높은가?
- 가설(자료의 분석)에 있어서 취약점은 무엇인가?

표 2-1 가설의 확신

수준 (Level)	설명(explanation)
가능성이 있음 (Probable)	진실에 더욱 가까운 경우(50% 이상 진실인) 이 확신의 수준은 검증과 시험에 의해서 경쟁하고 있던 다른 가설들이 모두 배제되고 배제할 수 없는 최종가설의 형성과 그에 대한 의견과 관련된 것이다.
가능성을 배제할 수 없음 (Possible)	실현가능한(비슷한 확신의 정도를 가지는 두 개의 가설이 있는 경우 종종 사용한다. 이것은 가용한 자료의 비평적인 검토하였지만 분석과 검증과정을 걸쳐서 그 어느 것도 배세할 수 없는 두 개의 경쟁하는 가설이 있는 경우 발생할 수 있다. 이것의 일반적인 예는 부주의하게 취급된 담배꽁초에 의해서 발생한 발화가 적절한 가연물에 화염으로 발화되었는지, 훈소로 발화되었는지에 대한 것이다. 증거와 자료는 두 개의 가설을 모두 지지하지만 추가적인 정보나 시험이 없이는 어느 하나 배제할 수가 없다.
의심스러운 (Suspected)	전문가 의견을 제기하기에 확신이 부족한 경우. 이것은 특별한 가설을 위해 충분한 자료가 없는 경우 또는 가설에 대한 분석과 시험이 충분하지 않은 경우

- 가설(자료의 분석)에 있어서 취약점은 무엇인가?
- 그 가설을 반박하기 위해서 어떠한 논쟁이 사용될 것인가?
- 가설과 부합하지 않는 사실은 있는가?
- 가설을 지지하는 연구가 있는가?
- 다른 사람에 의해서도 가설이 증명될 수 있는가?
- 가설이 타당한가?

매트리스 화재의 시나리오에서 가설은 증명되고 잘 알려진 자료와 비교된다. 화재가 매트리스로부터 확산되었다. 제조사의 자료와 실험실의 시험에서 매트리스는 오직 나화(open flame)에 의해서 발화된다는 것이 확인된다. 가설을 검증하는 동안 화재 현장에 대한 평가는 배제될 수 있는 다른 가능한 발화원에 대한 고려가 포함되어야 한다. 매트리스에서 양초의 물리적 증거가 발견되었다. 집주인과의 인터뷰를 통해서 양초가 타고 있었으며 매트리스 위로 넘어져 화재가 발생한 것을 밝혀졌다.

가설 검증에 대한 추가적인 방법들에 대해서는 "결함분석 및 분석도구"장을 참고하기 바란다.

조사관은 모든 사건에서 열린 마음으로 선입관 또는 기대 편향(expectation bias) 없이 접근해야만 한다. 무엇이 화재를 발생시켰는지에 대하여는 예단이나 성급한 결론이 있어서는 안 된다. 예를 들어, 사전에 형성된 어떠한 생각은 의식적이든 무의식적이든 화재조사관이 노력에 영향을 미치고 이로 인하여 조사관이 화재 현장을 조사할 때보다 객관적인 수준을 유지하기 위한 필요한 노력을 최대한 기울이지 않게 된다. 조사관은 또한 확증편향을 피해야 하며, 반대되는 가설을 배제할 때에도 선입관을 갖지 않도록 해야 한다. 확증편향은 대안적인 가설들을 적절하게 형성하고 검증하는데 있어서 실패를 야기하거나 혹은 적절한 평가 없이 성급하게 자료를 반박하는 것처럼 보이는 가설들을 무시하게 만들 수 있다. 화재나 폭발 현장에서 얻어진 자료는 그것 자체로서 존재해야 하고 화재나 폭발 현장과 관련하여 적절히 평가되고 검증되어야 한다. 만약 가설이 합리적인 검증이나 테스트를 견딜 수 없다면 조사관은 추가적인 자료 수집, 자료 분석, 가설의 설정과 같은 과학적 방법론의 앞선 단계로 돌아가는 것이 필요할 것이다. 만약 그러한 반박들을 견뎌낼 수 없다면 결론내리지 못함으로 기술되어야 한다. 법조계에서는 대부분의 사법권들에서 수사관의 의견이 확신의 정도(degrees of certainty)와 같은 일정 기준을 충족해야만 하며, 이러한 확신의 정도는 화재 조사 분야 내에서 합리적인 과학적 확신의 수준을 의미한다고 표명해왔다. 왜냐하면 모든 화재는 독특하며 자료와 증거를 파괴하기 때문에, 확신은 "절대적"이거나 "어떠한 의심도 없는" 수준이 될 수 없다.

■ 7단계 : 최종가설의 선택

과학적 방법을 이용한 마지막 단계는 최종가설을 선택하는 것이다. 이 단계는 앞 단계가 완전하고 주의 깊게 수행된 이후에 이루어진다. 만약 모든 다른 합리적인 가설들을 믿을 만하게 검증하고 배제하였다면, 조사관은 남아있는 가설을 적합한 최종 가설로 채택한다고 결론지을 수 있다. 그러나 남겨진 가설도 충분히 신뢰할 수 있을 정도로 검증되어야 하며, 단순히 단지 다른 가설들이 배제된 이후에 남겨졌다는 이유로 선택되어서는 안 된다. 선택된 최종 가설은 증거에 의해 독립적으로 지지되어야 하며 사실들과 부합해야 한다. 그리고 다른 증거들과 마찬가지로 엄격하게 반박되어야 한다. 이 과정에서 결코 손쉬운 방법을 취해서는 안 된다.

경우에 따라서는 알려진 사실에 부합하는 한 개 이상의 가설이 남아 있으며 누구도 이 중 어떤 가설이 더욱 가능성이 높다고 결론지을 수 없는 경우도 있을 것이다. 어떤 경우에는 조사관의 가설 검증 결과 사실과 부합하는 어떠한 가설도 남아 있지 않는 경우에 이를 수도 있다. 어떠한 경우일지라도, 최종 가설에 이르기 전에 더 많은 사실, 정보, 검증을 필요로 할 수 있다. 이런 상황에서 조사관에게는 미상으로 기록하는 것 외에 다른 선택은 주어지지 않는다.

화재조사의 기본 방법

과학적 방법은 화재조사관이 자신의 결론이 타당함을 보장하기 위해 적용해야 하는 분석틀이다. 실무적인 차원에서, 소사관은 과학적 방법이 각 사건에 적절하게 적용되었음을 보장하기 위한 이러한 일반적 단계들을 따라야 한다.

1. 할당받기 : 조사관에게 요청된 조사의 화재 피해와 목적이 통지된다. 이 단계는 과학적 방법의 틀에서 '필요성의 인지' 혹은 '문제의 확인'에 해당할 수 있다.
2. 조사의 준비 : 주어진 사건과 화재 현장의 성격에 따라서 조사관은 직무를 수행하기 위한 개인적 필요사항들, 다루어져야 할 안전문제들, 필요한 도구들을 판단해야 한다. 또한 조사관은 조사를 수행하기 위해 자신에게 부여된 법적 권한을 확인하고 문서화해야 한다. 법적 권한에 대한 추가적인 내용은 이 다음 장인 "법적 고려사항들"을 참고하기 바란다. 이 단계는 과학적 방법의 틀에서 "문제의 정의"에 해당한다.
3. 조사의 수행 : 현장에 대한 조사 및 기록, 인터뷰, 정보 탐색 등을 포함하는 정보 수집의 체계적 절차를 시작하라. 이것은 과학적 방법의 틀에서 "자료 수집" 단계에 해당한다.
4. 증거의 수집 및 보존 : 가능한 증거와 기록을 확인하고 이후 검사나 제출을 위해 증거물을 보존하라. 이것 또한 과학적 방법의 틀에서 "자료 수집" 단계에 해당한다.
5. 사건 분석 : 과학적 방법을 이용하여 수집된 자료를 분석한다. 가설이 설정되고 검증된다. 이것이 과학적 방법의 틀에서 "자료 분석", "가설 설정" 및 "가설 검증" 단계이다.
6. 결론 도출 : 마지막으로 검증된 가설이 결정된다. 이것은 과학적 방법의 "최종가설의 선택(select a final hypothesis)"이다.
7. 보고서 작성 : 조사관의 책임으로 내린 판단의 과정과 결론이 문서 또는 구두 형식으로 작성된다.

■ 절차의 검토

보고서와 같은 화재조사관의 작업 결과물은 종종 조사관의 상사를 포함하여 다른 사람에 의해서 검토된다. 이것은 소송이 이루어지는 동안 반대 당사자에 의한 검토와는 다른 유형의 검토이다.

행정 검토는 일반적으로 조사관이 속한 기관 내에서 이루어지는데, 결과물이 기관의 절차 즉 조직의 절차 매뉴얼 대로 내용이 개설되었는지, 문법과 철자가 맞는지 등을 점검하기 위해 수행된다. 이런 유형의 검토는 결론 또는 가설의 검증 등 조사에 대하여 비판적이지 않다. 검토자는 기술적 검토를 위해 필요한 능력을 가지고 있지 않을 수도 있으며 화재조사관이 설정하거나 신뢰하고 있는 모든 자료에 대하여 검토하지 않을 수도 있다.

기술적 검토는 조사관의 직무와 발견사항들에 대한 비판적인 검토이다. 따라서 검토자는 반드시 평가할 수 있는 지식과 배경, 기술을 가지고 있어야 한다. 이러한 유형의 평가는 검토자가 화재조사관이 신뢰하고 있는 모든 자료를 열람할 필요가 있다. 검토자는 그 조사의 결과물이나 조사에 의해 밝혀진 것들에 대하여 비판하며 검증할 것이다. 이것은 밝혀진 가설에 대한 검증을 포함한다. 이러한 유형의 검토는 조사에 있어서 또 다른 부가적인 중대한 문제가 포함되어 있을 때 유용하다. 그러나, 업무관계(working relationship)로 인하여 편견이 존재할 수도 있고 검토자들이 조사의 결과로 인한 이해관계가 있음을 인식하고 있을 수도 있다.

과학과 기술 논문에서 공식적으로 사용하는 방법인 동료 검토(peer review)도 있다. 동료 검토는 각 검토자들이 보고서의 결과로 인한 이해관계를 갖지 않기 때문에 독립적이고 객관적인 검토로 간주되고 있다. 저자가 검토자들을 선택하지 않으며 검토자들은 저자와 같은 기관에 종사해서는 안 된다. 동료 검토자들은 적용된 절차 또는 과정에 대한 결점을 평가할 수 있는 지식을 가지고 있다. 그러나 조사자의 자료에 의문을 제기하기 위한 원자료들을 가질 수는 없다. 이러한 이유로, 동료 검토자들은 조사관의 결과가 타당한지를 파악할 수 없다.

적절하고 편향되지 않은 기술적 검토는 일반적으로 조사관의 결론에 대한 타당성을 평가하기 위한 최선의 수단을 제공한다. 소송이 이루어지는 동안 조사관의 방법과 발견한 사항들에 이의를 제기하는 사람들이 있을 수 있다.

요 약

검토를 위한 준비

- 과학적 방법은 문제해결을 위한 체계적인 방법이다.
- 과학적 방법은 문제의 인식과 식별(확인), 문제의 정의, 정보의 수집, 정보의 분석, 가설의 설정, 최종 가설에 도달하기 위해서 결과가 신뢰할 수 있으며 타당한지 여부를 판단하기 위한 가설 검증을 포함한다.
- 보다 나은 보고서는 수집된 자료의 분석을 입증한다.
- 모든 자료와 증거가 수집된 이후 전체적인 증거물과 자료는 귀납적인 추론을 통해 검토된다. 증거는 그것의 의미를 평가하고 가능한 가설들을 결정하기 위해서 객관적으로 관찰된다.
- 가설은 연역적인 추론을 통해서 검증된다.
- 만일 가설이 검증이나 시험에 의해서 부합하지 못한다면 조사관은 과학적 방법의 앞선 단계로 돌아가야 한다.

요 약

주요 용어

인지적 검증 (Cognitive testing)

경험적 자료를 평가하고 최종 가설의 결론을 반박하기 위한 인간의 사고 및 판단 능력의 사용

확증편향 (Confirmation bias)

가설의 배제 대신에 가설을 입증하려고 하는 것, 결과적으로 대안적 가설에 대한 고려를 하지 않거나 대안적 가설을 성급하게 무시하는 오류를 초래

귀납적 추론 (Deductive reasoning)

주어진 전제로부터 논리적 추론에 의해 결론을 내리는 과정

경험적 자료 (Empirical data)

이론보다는 실질적인 측정, 관찰, 직접적인 감각 경험에 근거한 사실적 자료

기대 편향 (Expectation bias)

실험이나 관련된 모든 자료의 고려 없이 발화원인 등에 대하여 내리는 예단 또는 성급하게 내린 결론

가설(Hypothesis)

조사자가 관찰을 통해 수집하고 조사관의 지식, 훈련, 경험 및 숙련도에 근거하여 설명한 경험적 자료에 의해 지지되는 이론

연역적 추론(Inductive reasoning)

한 개인의 특정 경험으로부터 시작하여 일반화되어가는 과정. 관찰 혹은 이미 알려진 사실들, 훈련, 경험, 지식 및 관찰자의 전문지식에 근거하여 가설이 개발되어가는 과정

과학적 방법(Scientific method)

문제의 인식 및 정의, 관찰을 통한 자료의 수집과 실험, 자료의 분석, 가설의 설정, 평가 및 검증, 최종 가설의 결정 등을 포함하는 지식의 체계적인 연구

실전 화재조사관

당신은 세탁소에 화재가 발생하여 이를 조사해달라는 요청을 받았다. 당신이 현장에 도착했을 때, 현장 지휘관이 당신에게 건물의 서쪽 끝에 짙은 연기가 있었고 남쪽 옥외 창문에서 화염을 볼 수 있었다고 보고하였다. 또한 소방관들은 화재 발견 당시 사용되었던 세탁물 건조기 중 하나를 발화부로 보고 있다는 것을 조사관에게 보고하였다.

세탁소의 몇몇 단골손님들이 여전히 현장에 머물고 있었는데 그들은 건물의 서쪽에 있는 마지막 건조기에서 화염을 보기 약 10분 전쯤에 건물 내에서 연기 냄새를 맡았다고 보고했다. 한 남자 손님은 금방 세탁한 자신의 작업복을 건조시키기 위해 이 건조기를 사용하던 중이었다고 진술했다.

당신이 건물에 들어갔을 때, 화재 패턴(fire pattern)들은 건조기가 놓여있던 건물의 서쪽 끝 가까이를 발화부로 가르키고 있었다. 5대의 건조기들이 이 부근에 놓여져 있었고 남자 손님이 사용하였다고 진술한 서쪽 끝 건조기에서 심각한 손상이 발견되었다. 건조기의 문은 고장나 있었고 건조기 안의 세탁물들은 심하게 타 있었다.

건조기를 조사하는 동안, 당신은 건조기들 뒤쪽으로 작은 다용도실이 있는 것을 발견하고 그 곳을 조사했다. 당신은 다용도 공간의 내부가 아주 조금 손상된 것을 발견했고 각 건조기의 후면에 다양한 제조라벨이 붙어있는 것을 발견했다. 당신은 각 건조기들이 가스 연료를 사용한다는 것과 다용도 공간 내에 천부스러기들이 쌓여져 있다는 것을 발견하였다.

1. 당신이 수집할 수 있는 자료들이 어떤 것들인가?
   A. 손님들로부터의 목격자 진술 확보
   B. 현장 사진 기록
   C. 제조라벨 등 기록
   D. 위에 열거된 것 모두

2. 다음의 가설들 중 가능하지 않은 것은?
   A. 세탁물 건조기의 고장
   B. 건조기에 쌓인 천부스러기에서의 발화
   C. 건조기 내 세탁물에서의 발화
   D. 다용도 공간의 조명기구 고장

3. 조사관의 직무 및 결과물에 대한 비판은 어느 검토에 해당하는가?
   A. 회계 감사
   B. 행정적 검토
   C. 기술적 검토
   D. 수사적 검토

4. 만약 당신이 발화부로 세탁물 건조기를 의심하고 있다면 당신은 이 가설을 이떻게 검증하겠는가?
   A. 건조기에 대한 실험실 시험
   B. 발화 과정에 대한 인지적 검증
   C. 당신의 결과에 대한 동료 검토
   D. 위에 열거된 것 모두

기본 화재과학

학습 목표

이 장을 학습한 후 여러분은 다음 사항을 할 수 있다.

- 화재의 화학반응에 대한 설명 NFPA 1.3.7
- 연소생성물에 대해 설명하고 증명 NFPA1.3.7
- 화재역학에 대한 논의 NFPA1.3.7
- 연료 물질과 패키지(fuel items and fuel packages)에 대한 논의 NFPA1.3.7
- 발화가 발생하는 요소에 대한 논의 NFPA1.3.7
- 화염확대의 진행과정에 대한 설명 NFPA1.3.7
- 구획실 화재확대의 진행과정에 대한 설명 NFPA1.3.7

기능습득 목표

이 장에서는 기능습득 목표는 없다.

NFPA 참고 문헌

NFPA 921, *Guide for Fire and Explosion Investigations*

CHAPTER

3

FESHE 과정 결과물

화재조사 I

5. 화재 역학과 그것들이 화재원인 판단에 미치는 영향의 기본적인 요소에 대하여 설명하라.

화재조사 II

3. 연소화학에 대하여 설명하라.
4. 화재의 역동과 성질에 대하여 설명하라.
5. 액체, 기체, 고체의 연소성질에 대하여 설명하라.

당신은 화재조사관

작은 집에서 큰 화재가 발생하여 확산되었고 이웃집까지 불이 번졌다. 현장에 있던 소방대원들은 자신들이 도착했을 때 어둡고 검은 연기가 모든 창문과 앞문에서 나왔고 곧이어 불꽃이 보였다고 당신에게 말했다. 소방대원은 불길이 진화되기 직전 불길이 주택 위로 10피트 가량 급격하게 치솟았다고 진술하였다. 주택 내부는 대부분이 소진되었을 정도로 손상이 심각했다.

1. 이 화재의 잠재적 가연물은 무엇인가?
2. 화재조사관은 화염과 연기의 색을 어떻게 해석해야 하는가?
3. 최초 화재가 발생한 주택에서 이웃집으로 어떻게 확산되었는가?

개요

불은 난방, 조리, 그리고 치열한 전쟁 등을 포함하여 여러 목적에 의해 수천 년 동안 인간에게 활용되었다. 인간이 존재했던 모든 시간 걸쳐서 불의 파괴적인 힘의 결과로 비극적인 사건들이 발생해왔다. 모든 화재조사관은 그들이 조사하게 되는 사건의 정확한 발화부와 화재 및 폭발 원인을 판단하기 위해서 화재의 기초성질과 화재의 성장에 대하여 충분히 이해해야 한다.

화재 화학

모든 물질은 원소로 구성되어 있다. 원소의 조합은 우리가 잘 알고 있는 분자이다. 원소는 더 이상 간단한 물질로 쪼갤 수 없는 물질이다. 자연에는 탄소, 황, 수소와 같은 92개의 원소가 존재한다. 모든 원소는 원자라는 더 작은 단위로 구성된다. 분자는 원소보다 더 작은 단위로 화학적인 반응에 참여할 수 있다. 물질은 고체, 액체, 또는 기체 중 1개의 상태로 존재한다. 화재와 관련하여 연료는 일반적으로 연소과정에 관여되기 위해서는 가스 또는 증기 상태여야 하기 때문에 상변화 또는 분해가 요구된다. 예를 들어 열원은 물질의 분자를 깨뜨리고 재배열시켜 다른 물질을 형성하게 하는 열분해 또는 원자의 변화가 없이 고체에서 액체로 되는 등 효과적인 상변화를 일으키게 할 수 있다.

화재시에는 많은 화학적 반응이 있다. 그러나 전반적으로는 산화반응이다. 연료로부터 발생한 분자는 대기 중의 산소와 결합하거나 산화된다. 물질의 분자가 깨뜨려지고 재배열됨에 따라서 열에너지가 대기 중으로 확산된다. 이 열에너지의 확산은 발열반응으로 간주된다. 화재 환경에서 이러한 열은 방해를 받을 때까지(연쇄반응이 끊어질 때까지) 반응을 지속하도록 돕는다. 분자의 재배열과 분자의 분해는 결과적으로 새로운 물질을 형성하고 원자가 연결을 끊고 매우 활성화되는 유리기의 발생을 초래한다. 유리기는 보통의 원자처럼 안정적이지 않으며 다른 물질과 쉽게 반응한다. 이러한 지속적인 유리기의 형성과 반응은 연소과정의 일부이다. 물질이 변화되지 않는 일부 상변화 등의 다른 반응들은 반응을 지속하기 위해서 열을 흡수하는 흡열반응이다. 비록 많은 분자들이 있지만 화재조사관들에게 가장 중요한 것은 탄소 기반 또는 유기 분자들이다. 유기 분자들에 있어서 최고의 가연물은 탄소와 수소로 구성되는 화합물인 탄화수소로 형성된다.

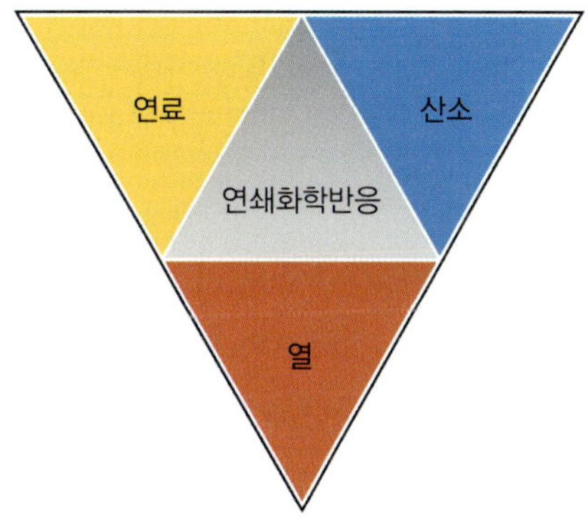

그림 3-1 화재의 4면체

화재는 다양한 강도로 빛과 열을 발하는 매우 빠른 산화과정이다. 일반적으로 불은 가스상에서만 발생한다. 예를 들어 고체는 반드시 가열되어야 하며 물질이 감소되면서 기상 화재를 일으킨다. 이러한 열의 영향으로 물질이 더 간단한 분자로 분해되는 과정을 열분해라고 하며 이것은 나무가 충분히 가열되었을 때 증기와 탄소로 분해되는 현상에서 볼 수 있다.

반면 액체의 연소에서는 증발이라는 현상을 통해 가연성 혼합기체가 발생할 수 있도록 가열되어야 한다. 화재 또는 연소(Combustion)가 발생하기 위해서는 가연물, 산소, 열, 자립연쇄반응이라는 4가지 요소가 반드시 존재해야 한다. 이 4가지 중 1개의 요소를 제거함으로서 화재는 소화될 수 있다. 이 화재의 4요소는 종종 화재의 4면체라고 설명되기도 한다(그림 3-1).

■ 가연물

화재 4면체의 첫 번째 요소인 가연물은 연소 과정에서 질량이 감소하고 소비되는 물질이다. 화재조사관들이 가장 많이 접하게 될 일반적인 가연물은 탄소를 함유하는 유기 연료이다. 이러한 가연물에는 나무, 플라스틱, 석유 생산물 등이 포함된다. 연소성 금속과 같은 무기 연료는 산소를 함유하지 않는다. 고체 가연물이 가열되면 물질을 구성하는 분자와 원자는 분해되기 시작한다. 이런 열분해 과정은 물질의 표면에서 탈 수 있는 가연성 가스를 생성한다. 유사하게 액체의 증기화는 액체의 표면에서 탈 수 있는 증기와 가스를 생성한다.

기체 연료가 연소하기 위해서는 오직 발화원만 필요로 하기 때문에 3가지 물리적 상태를 고려했을 때 가장 위험한 연료이다.

■ 산화제

대부분의 화재는 연소 과정을 유지하기 위해서 산화제를 필요로 한다. 대기 중의 산소는 가장 쉽게 사용할 수 있는 산소의 원천이다. 그러나 다른 일부 물질들도 산화제로 사용될 수 있다.

■ 열

열은 가연물로부터 가연성 증기를 생성을 발생시키는데 요구되는 에너지를 제공한다. 열은 줄(Jouls)로 측정되는 에너지의 형태이다. 열방출률(HRR)로 알려진 방출되는 열의 속도는 줄/초(Jouls/sec)로 측정된다.

■ 자립연쇄화학반응

마지막 요소인 자립연쇄화학반응은 발화원이 제거된 이후에도 가연물 증기의 발생과 화염을 유지해서 자급자족으로 불이 지속되도록 유지시켜준다. 화재가 지속적으로 연소할 때 발열반응은 가연물 표면에 복사열을 전달하여 더욱 많은 증기를 생성시키고 연소과정을 지속시킨다.

상변화와 열분해

열에 대한 물질의 반응은 매우 다양하다. 화재가 진행되는 동안 물질은 열을 받아 결과적으로 자신들의 물질의 상이 바뀔 수 있다. 이러한 물리적 변화 또는 상변화는 액화(고체가 액체로 변하는 것)과 기화(액체가 기체로 변하는 것)을 포함한다. 액화와 기화는 물질의 화학구조가 바뀌는 것이 아니므로 냉각되면 다시 반대로 될 수 있다. 비가역적인 변화가 고체 또는 액체에서 발생하였을 때 이것은 열분해로 간주된다.

■ 연소 : 예혼합 및 확산 화염

연소과정이 지속되는 동안 생산된 화염은 예혼합과 확산으로 분류된다. 예혼합 연소(화염)은 천연가스와 같은 가연성 증기가 발화되지 않은 상태에서 확산되고 공기와 혼합되었을 때 발생할 수 있다. 이러한 가연물은 화재와 폭발을 일으킬 수 있다. 가연물과 공기가 이미 혼합되었으므로 화학반응을 일으키기 위해서는 오직 적당한 발화원만 필요하다. 연료와 공기의 비율이 균형을 이루었을 때 가장 효과적인 방법의 연소를 비율로 나타낸다. 완전한 연소 조건은 화학양론비라고 부른다. 화학양론비는 폭발하한계(LEL) 이상과 연소상한계(UEL) 이하로 존재하는 것이다. LEL 이하는 연소를 지속할 만한 가연물이 충분하지 않은 것이며, UEL 이상은 연소를 지속할 만한 산소가 부족한 것이다.

그러나 대부분의 열분해에 의한 연료는 확산 화염에 의해서 소비된다. 이 과정은 물질의 표면 위에서 산화되는 가연성 증기를 생산한다. 확산화염에 대한 가장 좋은 예는 양초이다. 촛불의 발광하는 대역에서는 연료와 공기가 혼합된다 예혼합 화염과 같이 확산화염은 적절한 산소의 농도 내에서만 존재할 수 있다.

화염은 예혼합 상태에서 확산화염으로 전환된다. 이것에 대한 예는 가솔린 팬 위에서 예혼합된 증기가 발화되고 소진되는 것을 예로 들 수 있다. 화염은 팬 위에서 증기가 연소되는 확산화염이 된다.

연소생성물

연료가 연소되었을 때 이것은 방출되는 가시적 혹은 비가시적 연소 생산물이라는 화학적 화합물을 생성한다. 연소과정이 지속되는 동안 일산화탄소, 이산화탄소 그리고 수증기를 포함한 수 백가지의 다양한 화합물이 생성된다. 화재에 연소를 위해 필요한 공기의 양이 제한된다면 가시적인 연소생성물(그을음과 연기)의 양이 증가한다.

연기는 소비되고 있는 독특한 연료에 의한 다양한 연소생성물의 혼합물에 의해서 생성된다. 이러한 생성물은 그을음이나 재와 같은 고체와 작은 액체 방울 그리고 다양한 연소가스(fire gases)를 포함한다. 알코올 및 프로판과 같은 연료들은 연기의 생성 없이 연소하는 반면 플라스틱과 다른 탄화수소들은 많은 양의 짙은 검은 연기를 생산한다. 이러한 연소생성물은 화염으로부터 멀리 이동함에 따라서 냉각이 되고 수평적, 수직적 표면에 축적된다. 세라믹 타일처럼 더 차가운 표면에는 더 따뜻한 표면에 비해서 더 많은 연소생성물이 부착되는 경향이 있다.

■ 연기와 화염의 색상

연기의 색상을 타고 있는 물질의 지표로 신뢰해서는 안 된다. 비록 어떤 연료들은 독특한 색상과 연기의 농도를 생성하지만 다른 요소들(산소 농도의 감소와 환기지배형 화재를 포함하는)은 오일과 다른 탄화수소물질들이 연소할 때 공통적으로 관찰되는 짙은 어두운 연기를 생성할 수 있다. 화재가 다양한 상태로 진행됨에 따라서 연기의 생성은 일반적으로 증가한다. 화재진압활동은 응축된 수증기와 검은 연기의 혼합으로 인해 흰색과 회색으로 연기의 색상을 바꿀 수도 있다. 이것은 목격자와 소방관들에게 다른 물질들이 타고 있는 것으로 믿게 만들 수 있다.

비록 연료는 특별한 온도에서 어떤 화염의 색상으로 될 수 있으나 온도나 화염은 어떤 물질이 타고 있는지에 대한 지표가 될 수 없다.

화재조사관 팁

연기와 화염의 색상은 타고 있는 물질을 확인할 수 있는 타당한 지표가 되지 못한다. 진화 활동을 포함한 다양한 요소들은 연기와 화염의 모습에 영향을 미칠 수 있다.

화재역학

화재역학은 화재의 모든 역학에 대한 학문이다. 그러나 화재조사관은 주로 화재와 주변 환경의 상호작용에 대한 것에 관심이 높을 것이다. 화재역학을 이해하기 위해서 화재조사관은 유체역학, 열전달, 발화 및 화염 확산, 연료 물질, 열복사, 연료지배형 화재와 환기지배형 화재의 차이에 대한 이해가 필요하다.

■ 유체 흐름

유체는 액체와 기체를 포함한다. 그러나 화재에서 우리는 일반적으로 가스의 흐름에 초점을 맞추고 있다. 이 흐름은 팬(fan)과 같은 물리적 힘에 의해서 생성될 수 있다. 그러나 대부분의 사건에서 화재는 자체 부력에 의한 흐름을 만들어낸다. 부양하는 흐름은 주변보다 밀도가 낮아진 뜨거운 가스에 의한 결과이다. 화재에 있어서 흐름을 만들어내는 첫 번째 동력은 화재 그 자체이다. 화재에 의해서 만들어진 뜨거운 가스는 열기둥의 위로 상승하게 된다. 가스가 상승함에 따라서 그곳으로는 차가운 대기가 유입되며 이것은 가스의 흐름 속도를 증가시키는 원인이 된다. 동시에 열기둥의 온도는 감소한다. 공기의 유입은 열기둥의 직경을 넓혀 고깔(cone) 형태로 만든다.

기류가 방의 천정에 도달하면 연소가스는 천정면을 따라 수평적으로 흐르며 이것은 천정부 제트기류(ceiling jet)이라고 부른다. 천정부 제트기류는 흐름을 방해하는 벽과 같은 수직적인 장애물을 만날 때까지 천정을 따라 흐른다.

구획실 화재에서 부양한 가스는 수개의 환기구를 통해 안과 밖으로 흘러간다. 만일 그 구획실에 오직 한 개의 환기구가 있다면 가스는 개방된 곳의 상층부를 통해서 밖으로 흘러나가고 신선한 공기는 개방된 곳의 하층부를 통해서 흘러들어와 연소에 공급된다.

■ 열전달

열에너지는 열전달로 알려진 과정을 통해서 온도가 높은 지점에서 온도가 낮은 지점으로 자연스럽게 이동한다. 그리고 이것은 단위 시간당 에너지의 흐름으로 측정할 수 있다. 물체간의 온도차이가 클수록 전달율이 증가한다. 이것은 열유속(heat flux)이라고 하며 제곱미터당 킬로와트(kW/m^2)로 표현된다. 화재가 성장함에 따라서 다양한 상태 또는 단계를 거친다. 열전달에 의한 효과로 인하여 화재조사관들이 발화부와 발화원인을 설정할 수 있도록 하는 다양한 화재패턴과 물리적 증거들은(화재가 다양한 상태 혹은 단계를 거쳐 성장하기 때문에, 열전달에 의한 효과로 인하여 생성된다. 대부분의 사람들은 열과 온도라는 용어를 서로 바꾸어 사용한다. 그러나 그것들은 서로 다른 뜻이 있다. 참고문헌이나 표준과 비교하였을 때 온도는 분자운동량을 측정한 것이다. 반면에 열은 에너지의 형태로 간주된다. 물체에 전달된 에너지양의 증가와 감소는) 물질 내 분자운동에 영향을 미칠 수 있으며 결과적으로 이에 상응하는 물질의 온도 변화를 초래한다. 열은 전도, 대류, 복사에 의해서 전달된다. 화재조사관은 어떤 형태의 전달이 어떻게 화재의 성장과 확산에 영향을 미쳤는지 알고 있어야 한다.

전도

전도는 고체물체가 가열되고 직접적인 접촉을 통해서 에너지가 뜨거운 곳에서 차가운 곳으로 전달될 때 발생한다. 예를 들자면 뜨거운 액체에 스푼을 담구었을 때 손잡이 끝부분이 따뜻해지는 것이다. 전달율은 온도차와 물체의 열전도율에 의해 영향을 받는다. 위 면적을 통과하는 열의 측정값인 열전도율(k)은 단위 길이 당 1°(W/(m k))로 나타낸다. 반대로 열용량(heat capacity)은 물질이 단위 질량 당 1°를 올리기 위해서 요구되는 에너지의 값(J/kg-K)이다. 간단하게 말해서 전도율이 높은 물질은 전도율이 낮은 물질보다 더 좋은 전도체이다. 열용량이 높은 물질은 열용량이 낮은 물질에 비하여 온도를 높이기 위해 더 많은 에너지가 필요하다. 열전도율은 가연물이 얼마나 쉽게 발화되는지를 평가할 때 중요한 요소가 된다. 열전도율은 물질이 열에 노출되었을 표면의 온도가 상승률을 나타내는 열관성(thermal inertia)을 판단할 때 중요한 역할을 한다. 열관성은 열전도율(k), 밀도(ρ), 그리고 열관성(c)에 의해서 산출된다. 이 수학적 계산은 케이-로우-시(kay-row-see)로 표명된다.

플라스틱 폼은 낮은 밀도와 낮은 열전도율을 가지고 있기 때문에 열에 노출되었을 때 표면의 온도는 매우 빠르게 증가한다. 반면에 금속은 높은 열전도율과 높은 밀도를 가지고 있기 때문에 같은 열원에 노출되었을 때에도 금속 표면의 온도는 천천히 상승한다.

어떤 물질이 가열되었을 때 물체의 표면은 열을 흡수하고 그 다음 전도를 통해 물체의 나머지 부분으로 전달된다. 물체의 표면이 열을 흡수하는 속도는 열관성으로 판단되며 이것은 물체의 가열초기에 가장 영향을 미치는 것이다. 예를 들어 얇은 물체는 두꺼운 물체에 비하여 쉽게 가열되고 빨리 발화되는 경향이 있다. 이러한 효과는 가연성과 화재확산에 직접적으로 영향을 미친다.

대류

뜨거운 가스나 액체의 열이 차가운 물체나 물질에 의해 흡수되었을 때 우리는 이것을 대류라고 한다. 화재 시 열과 화염은 초기에는 대류에 의해서 확산된다. 대류는 자연적 또는 강제적 메커니즘 중 1개의 메커니즘에 의해서 발생한다. 자연적 배기는 열원으로부터 멀리 이동시키는 가열된 기체의 부양효과이다. 전형적으로 상승 후에는 공간을 통해 수평으로 퍼진다. 강제 대류는 환풍기 등을 포함하는 외부의 힘에 의해서 발생한다.

복사

전자기파를 통한 열전달을 복사라고 한다. 화염의 열은 원인 물체로부터 직선으로 전달되며 차가운 물체에 의해서 흡수된다. 액체와 기체를 포함하여 대부분의 노출 화재는 복사열전달의

전자기파를 통한 열전달을 복사라고 한다. 화염의 열은 원인 물체로부터 직선으로 전달되며 차가운 물체에 의해서 흡수된다. 액체와 기체를 포함하여 대부분의 노출 화재는 복사열전달의 결과이다.

복사물질의 열전달율은 물질의 절대온도(캘빈도 또는 랭킹눈금으로 측정한 온도)의 4승에 비례한다. 예를 들어 절대온도를 두 배로 갖는 복사물질의 복사에너지는 16배로 증가할 것이다.

두 물체 간의 복사 열전달율은 두 물체 간의 간격에 의해 주로 영향을 받게 되지만, 다른 요인들도 마찬가지로 작용한다. 상대적인 온도와 각도도(예를 들어 복사체와 물체 사이의 각도) 열전달율에 영향을 미친다. 복사는 물체 간의 표면이 평행하게 있을 때 더욱 쉽게 전달된다. 목표 물체의 표면이 복사체와 평행하지 않다면 에너지는 경계면 밖으로 확산되어 가며 단위 면적 당 와트 수가 감소된다.

화재가 성화기에 도달하면 복사는 열전달의 지배적인 수단이 된다. 이 때문에 복사에 대하여 이해하는 것은 화재의 성장과 확산을 이해하는 화재조사관의 능력에 있어서 중요하다. 열유속에 대한 개념을 일상의 경험에 연관시키는 능력은 중요하다. 이와 관련하여 표 3-1의 자료가 일부 도움이 될 것이다.

■ 온도 측정학

온도 측정학은 온도 측정에 대한 과학, 방법론 그리고 실무에 대한 연구이다. 비록 온도측정학이 화재 현장에서 직접적으로 사용되지 않지만 이것은 화재사고의 분석과 조사에 있어서 중요한 역할을 할 수 있다. 분해되는 건초더미와 같이, 의심되는 자연발화 화재가 발생하여 이를 조사하는 동안 물질의 다른 부분들이 임계온도에 있는지 여부를 판단하기 위해서 온도측정학을 가설 검증 과정의 일부 과정에 적용할 수 있다. 또한 적절한 온도측정학의 적용에 대한 이해는 화재역학의 방정식과 공식을 사용할 때에도 필요하다. 이러한 연구는 화재 안전이나 법규 준수사례들에서 빈번하게 적용되고 있다. 온도를 측정하기 위한 몇 가지 시스템이 존재하는데, 이것은 실증적 온도 측정과 열역학적 온도 측정으로 구분될 수 있다.

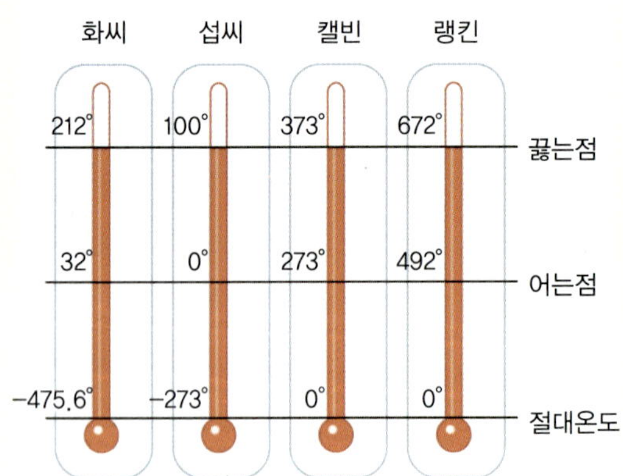

그림 3-2 온도 측정 단위들의 관계

표 3-1 복사 열유속의 효과

대략적인 복사 열유속 (kW/m²)	관찰된 효과
170	구획실의 플래시오버 상화에 측정된 최고의 열유속
80	방호복의 방열성능 시험의 열유속
52	건축용 섬유판이 5분간 노출되었을 스스로 연소하는 열유속
29	장시간 노출되었을 때 나무가 발화되는 열유속
20	수거용 방에 플래시오버가 일어났을 때 마루에 미치는 열유속
20	2초 내에 피부에 통증을 느끼고 4초 내에 2도화상과 수포가 생기는 열유속
15	3초 내에 피부에 통증을 느끼고 6초 내에 2도화상과 수포가 생기는 열유속
12.5	나무의 열분해 가스가 연장된 노출 또는 파일롯 화염에 발화되는 열유속
10	5초 내에 피부에 통증을 느끼고 10초 내에 2도화상과 수포가 생기는 열유속
5	13초 내에 피부에 통증을 느끼고 29초 내에 2도화상과 수포가 생기는 열유속
2.5	33초 내에 피부에 통증을 느끼고 79초 내에 2도화상과 수포가 생기는 열유속
2.5	화재진압 중 노출되는 보통수준의 열유속 이 에너지 수준은 장시간 노추될 경우 화상을 발새시킬 수도 있다.
1.0	화창한 여름날 지표에 이르는 태양 에너지의 기준치(태양 상수)

Note: The unit kW/m^2 defines the amount of heat energy or flux that strikes a known surface area of an object. The unit kW represents tooo watts of energy, and the unit m2 represents the surface area of a square measuring 1m long and 1m wide. For example, 1-4 kW/mz represents 1.4 multiplied by 1000 and equals 1400 watts of energy. This surface area may be that of the human skin or any other material.

[a]From NFPA 1971, *Standard on Protective Ensembles for Structural Fire Fighting and Proximity Fire Fighting.*

[b]From I awson, "Fi re and Atomic Bomb."

[c]From Fang and Breese, "Fire Development in Residential Basement Rooms."

[d]From the Society of Fire Protection Engineering Guide, " Predicting tst and 2nd Degree Skin Burns from Thermal Radiation,H March 2000.

[e]From I awson and Simms, "The Ignition of Wood by Radiation," pp. 288-292.

[f]From U.S. Fire Administration, "Minimum Standards on Structural Fire Fighting Protective Clothing and Equipment," 1997.

[g]From the *SFPE Handbook of Fire Protection Engineering,* 2nd edition. NFPA, Quincy, MA.

화재조사관 팁

열전달에 있어서 열에너지는 온도가 높은 지점에서 낮은 지점으로 이동한다. 이 열전달은 현장의 화재패턴 및 다른 물리적 증거에 영향을 미친다. 주된 열전달 형태는 다음과 같다.

- 전도 : 고체 물질의 직접적인 접촉을 통해 열이 전달된다.
- 대류 : 가열된 기체 또는 액체로부터 온도가 낮은 물체 또는 물질로 열이 전달된다.
- 복사 : 전자기파를 통해 열이 전달된다.

화씨와 섭씨로 측정하는 방법은 가장 일반적인 실증적 온도 척도이며, 이 방법은 물이 끓고 어는 실증적으로 비교한 상대 온도를 기준으로 한다.

열역학적 온도측정은 가장 낮은 가능 온도인 절대 0도를 기준으로 하기 때문에 절대온도 측정이라고 부른다. 이 측정은 열역학 기초법칙이나 통계역학에 근거하며, 캘빈(K) 혹은 랭킨(R) 척도를 사용하여 측정된다(그림 3-2).

■ 연료하중

가연물량의 존재는 연료하중이라고 한다. 어떤 화재 시나리오에서는 주어진 현장의 연료하중을 고려하는 것이 중요하다. 화재에 주어진 전체 연료하중은 잠재적인 에너지의 양을 반영한다. 그러나 발화원이 주어졌을 때 화재가 얼마나 빨리 성장하는지를 결정하지는 않는다.

연료의 아이템과 연료 패키지

화재 동안 소비되는 물질을 연료 물질(item)이라고 한다. 연료 물질이 연결되었거나 서로 인접해 있을 때 연료 패키지가 만들어진다. 만약 단일한 하나의 특정 연료 물질이 존재하는 경우에도 하나의 연료 패키지로 간주될 수 있다. 만일 다른 연료 패키지가 근처에 있다면 복사열에 의해 발화가 일어날 수 있다. 보통 발견되는 연료 패키지들은 다음과 같은 것들이 있다.

- 침실이나 공동 침실의 가구와 다른 물품들
- 상업적인 창고의 개인적인 용품
- 종이 제조 시설에서 가연성 원료

연료 패키지 내의 특정 연료 물질들은 화재 진화에 가장 효율적인 방법과 마찬가지로 특정 화재의 강도와 속도에 영향을 미치는 요소이다.

연료 패키지의 위치와 장소도 화재조사관이 고려해야 하는 중요한 요소이다. 예를 들어 벽이나 모서리 가까이 있거나 옆에 있는 연료 패키지들은 열기둥으로 들어가는 공기의 양을 제한하고 불균형을 만들 것이다. 이 불균형으로 인하여 화염과 열기둥이 제한하고 있는 표면 또는 물체를 향해 굽어질 것이다. 일단 벽을 향해 굽어지기 시작한 화염과 열기둥은 화염의 아랫부분으로 향하는 공기를 제한하고 있는 벽에 달라붙어 버릴 것이다. 연료 패키지의 형태와 벽에 근접한 정도는 화염과 열기둥이 굽어지는 정도를 결정한다. 공기 유입의 감소는 열기둥의 높은 온도를 희석하는 화염으로 향하는 차가운 공기 유입을 감소시키기 때문에 열기둥과 상층부 온도를 증가시킨다.

공기의 유입이 감소하였을 때 적은 공기만이 연료와 혼합할 수 있다. 그리고 연료 증기는 감소된 양의 공기와 완전히 혼합되기 위해서 먼 거리를 이동해야 한다. 이것은 화염의 높이를 증가시킬 수 있다. 유입되는 공기의 양이 제한될 정도로 가까이 있는 연료 패키지는 멀리 떨어져 있는 연료패키지에 비교하였을 때 상층부의 절대 온도를 상승시킨다. 화염의 높이는 다른 수많은 다양한 요소들에 의해서 증가될 수도 있지만 특히 가연물의 구조에 영향을 받는다. 화염의 높이 증가에 대한 보고들이 있어왔지만, NFPA 921은 유의미한 화염의 높이 변화가 없다는 실험들을 보여주고 있다. 화염 연료 패키지가 코너에 놓였을 때 공기 유입은 더욱 감소하여 상층부의 절대 온도와 화염높이가 매우 증가한다. 벽 또는 코너와 관련된 화염의 위치는 손상된 패턴을 조사할 때 화재조사에 반영되어야 한다. 이러한 효과는 유사한 조건이 주어진 외부에서도 관찰된다.

■ 열방출률

화재가 가진 동력, 힘은 개별적인 가연물이 소비되면서 방출되는 에너지 계산에 의해서 결정된다. 이것을 열방출률(HRR)이라고 하며 W 또는 kW로 측정된다. 가연물의 HRR은 종종 화재의 초기, 플래시오버, 훈소/감쇄기 단계에 방출되는 에너지를 나타내는 일반화된 곡선으로 설명된다. 그림 3-3은 이상적인 HRR 곡선의 예이다.

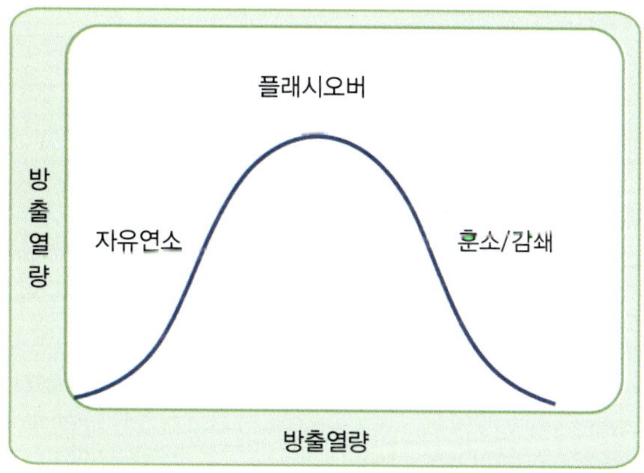

그림 3-3 이상화된 HRR 곡선

연료 아이템들이 연소될 때 측정된 가장 높은 값은 peak HRR이라고 한다. peak HRR은 질량 연소율(mass burning rate)에 연료의 연소열을 곱함으로써 계산되는 가연물의 속성이다. 이것은 연소과정 중에 있는 전체 면적에 달려 있다. 질량 연소율 또는 질량 감소율은 전형적으로 연소하는 동안 얼마나 많은 가연물이 소비되었는지와 관련되며, 연소되는 면적에 따른 초(second)당 물질의 무게(gram)로 측정된다. 연소열은 이 반응이 일어나는 동안 얼마나 많은 에너지가 방출되었는지와 관련이 있으며 이것은 보통 kJ/g으로 표현한다. 표 3-2는 연료패키지의 일반적인 값을 제공하고 있으며 화재의 성장과 확산에 대한 문제를 설명하는 화재조사관에게 도움을 줄 것이다. 비록 이러한 값들이 화재조사관들에게 도움을 줄 것이지만 유사하게 사용될 수 있는 연료아이템들은 다양한 HRR 값을 생성하므로 절대적인 것으로 생각해서는 안 된다. 특정한 연료아이템의 peak HRR의 정확한 값을 찾기 위해서는 시험과 실험이 가장 좋은 방법이지만 일반적으로 이용할 수 있지는 않다. 화재의 확산 가설의 검증하기 위해 HRR 추정값을 사용할 때 가장 좋은 것은 표 3-2의 범위에서 가장 높은 값을 사용하는 것이다.

표 3-2 대표적인 최고 열방출률(개방 연소) (NFPA921 Table 5.6.3.1)

가연물	무게		최고 열방출률(kW)
	kg	lb	
작은 쓰레기통	0.7-1.4	1.5-3	4-50
플라스틱과 종이 쓰레기가 혼합된 42l 쓰레기 봉투	2.5	7.5	140-350
면 메트리스	12-13	26-29	40-970
TV 수상기	31-33	69-72	120-1500 이상
종이 쓰레기가 있는 비닐 쓰레기 봉투	1.2-14	2.6-31	120-350
금속 프레임과 PVC로 만든 대기실 의자	15	34	270
면 안락의자	18-32	39-70	290-370
가솔린/등유의 2m^{2}풀(pool)	19	42	400
건조된 크리스마스 트리	6-20	13-44	3000-5000
폴리우레탄 메트리스	3-14	7-31	810-2630
폴리우레탄 안락의자	12-28	27-61	1350-1990
폴리우레탄 소파	51	113	3120
나무로 만든 옷장	70-121	154-267	1900-6400

Sources: Values are from the following publications:
Babrauskas, V., and Krasny, J. (1985). Fire Behavior of Upholstered Furniture., NBS Monograph 173 Fire Behavior of Upholstered Furniture, National Bureau of Standards, Gaithersburg, MD.
Babrauskas, V. (2002). "Heat Release Rates," in SFPE Handbook of Fire Protection Eng;neering, 3rd ed., National Fire Protection Assn., Quincy, MA.
Lee, B. T. (1985). Heat Release Rate Characteristics of Some Combustible Fuel Sources in Nuclear Power Plants, NBSI R 85 · 3195, National Bureau of Standards, Gaithersburg, MD.
NFPA 72, National Fire Alarm Code, 1999 ed., Annex B.

화재가 제한을 받지 않고 성장하도록 허용되었을 때 일반적으로 많은 연료아이템이 관여될수록 HRR은 증가한다. 일단 화염이 연료 아이템의 표면 전체에 확산되면 peak HRR에 도달하며 화재가 감쇄기로 접어들 수록 감소하기 시작할 것이다. 예를 들어, 구획실 화재에서 모든 연료 아이템과 패키지가 관여된 HRR은 실 전체의 HRR을 산출하기 위해 모두 합산된다. 구획실 화재에서 열이 가득차고 타고 있는 아이템에 복사열을 재복사할 때 HRR은 더불어 증가한다. 어떠한 HRR의 추정치들도 단지 추정일 뿐이라는 것을 기억하는 것은 중요하다.

■ 화염의 높이와 열방출률

일반적으로 큰 화염 높이는 높은 열방출률에 기인한 것이다. 그러나 이것은 연료 패키지가 구획실에서 상대적으로 같은 위치에서 비교하였을 때를 단서로 한다.

실제 성질은 평균 화염 높이인데 사람은 화염의 가장 높은 부분에 집중하는 경향이 있기 때문에 화염의 높이를 추정할 때에는 약간의 주의가 필요하다.

화염 높이는 화염의 세 가지 부분으로 구분된다.

1. 열기둥 부분(Plume resion) - 이것은 눈으로 보이는 화염의 위에 있는 부분이다.
2. 간헐적인 화염부분(Intermittently flaming region) - 화염의 위쪽
3. 지속적인 화염부분(Continuously flaming region) - 눈으로 보이는 아래쪽

화염높이와 HRR의 연관성은 액체 풀을 사용해서 실험적으로 알 수 있다. 그러므로 고체가 연물이 타는 모든 사건에 적용할 수는 없다. 게다가 화염의 직경이 중요하게 고려해야 한다.

화재조사관에게 더욱 중요한 것은 방 내에서 연료 패키지의 위치이다. 방의 중앙에서 연소 중인 연로패키지는 모든 방향으로부터 공기의 유입이 가능하다. 만일 연료 패키지를 벽 쪽으로 옮기면 더욱 적은 공기가 유입되며 위에서 언급하였던 것과 같이 화염의 높이가 증가한다. 연료 패키지가 방의 코너에 위치하게 된다면 가용한 공기가 현저히 감소하여 더욱 높은 화염이 될 것이다. 이 효과는 벽효과(Wall effect) 또는 코너 효과(Coner effect)로 불리며 이것은 벽이나 코너에 접하고 있는 연료 패키지의 위쪽에 심한 손상이 발생할 수 있기 때문에 잘못된 발화부의 해석으로 이끌 수 있다. 이 효과는 그림 3-4에서 설명하였는데, 동일한 소파쿠션을 발화하여 17초가 흐른 후를 보여주고 있다. 또한 열기둥으로부터 천정 높이와 거리는 방화장치(fire protection device)가 화재에 얼마나 빠르게 작동하는지에 대하여 매우 큰 영향을 미친다는 것을 명심하라.

발화

어떠한 화재조사에 있어서도 발화원은 화재원인을 판단함에 있어서 가장 중요하다. 발화원은 훈소(뜨거운 석탄과 작열하는 불씨) 또는 화염(Flaming, 성냥 또는 라이터)도 될 수 있다. 또한 발화원은 인화 또는 자연발화로 간주될 수도 있다. 스파크, 아크 그리고 화염과 같은 외부의 발하에너지는 연료 아이템에 인화시키는 일반석인 원인이다. 그러나 자연발화는 외부의 인화성 발화원이 없는 상태에서 물질이 가열되어 방출된 가스에 발화될 때 발생할 수 있다.

가연물이 인화성 증기가 발생할 정도로 충분히 가열하기 위해서는 여러 상호적인 요소들이 존재해야 한다.

- 가연물의 형태 : 이것은 고체, 액체, 또는 기체인가? 이것은 열을 흡수할 만한 넓은 표면적을 가지고 있는가 그리고 상대적으로 작은 체적인가?
- 가연물의 양과 체적 : 가열되어야 하는 연료의 양이 얼마나 되는가? 큰 체적일수록 더 많은 가열이 필요하다.

그림 3-4 구획실 내 위치에 따른 효과에 따른 화염의 높이. A. 방의 중앙에서 연소 중인 소파쿠션. B. 벽과 접한 곳에서 연소 중인 소파쿠션. C. 코너에서 연소 중인 소파쿠션

- 가연물과 열원의 근접 : 열원은 얼마나 많은 열을 발생시키는가? 만일 상대적으로 작은 열원이라면 연료는 온도를 올리기 위해서 더 가깝거나 더 오래 노출되는 것이 필요하다.
- 노출 시간 : 오랫동안 노출될수록 가연물의 온도는 더 높아진다. 그러나 어떤 연료는 가연성 증기를 발생시킬 만큼 자신의 온도를 충분히 높이기 위해 긴 시간의 노출을 요하지 않는다.

예를 들어 한 개의 성냥은 큰 나무 토막을 연소시킬 만큼 충분히 가열할 수 없나. 물론 열원은 가연물의 최소 발화 온도를 넘지만 나무의 체적이 너무 크고 성냥의 열은 충분하지 않다. 비근한 예로 2×4 크기의 나무 조각이 짧은 전기적 아크에 노출되었다면 열에 노출되는 기간이 충분하지 않기 때문에 발화되지 않을 것이다.

화재의 시작단계에서 몇 발자국 떨어진 쓰레기통 화재의 복사열은 소파에 발화되지 않는다. 이 화재는 너무 작고 거리가 멀어서 소파가 가연성 증기를 생성시킬 만큼 온도를 높이지 못한다. 그러나 만일 같은 쓰레기통 화재가 소파에서 한발자국 정도로 가까이 옮겨진다면 소파는 발화될 수도 있다.

대부분의 연료는 발화되기 위해서 가연성 증기 또는 가스를 방출하는 것이 필요하다. 가연성 가스 또는 증기가 대기 중으로 방출되었을 때 그것은 공기와 혼합되어 가연성 혼합기가 된다. 어떤 연료, 특히 액체는 대기 중으로 증기를 발생시켜 발화온도까지 가열되거나 발화원이 제공되었을 때 발화될 수 있는 혼합기를 형성할 수 있는 인화점(Flash point)을 가지고 있다.

연료 물질의 발화온도까지 가열하기 위해서는 열전달율은 열분해 또는 증발에 의한 에너지의 감소는 물론 전도, 대류, 복사에 의한 발생하는 열의 감소율을 극복해야 한다. 이것은 열원의 열에너지가 연료 아이템의 발화온도 이상으로 많이 필요하다는 것을 말한다. 자연발화의 발생은 그 예외로 볼 수 있다. 표 3-3은 선택된 발화온도의 목록을 보여주고 있다.

담배, 셀룰로오즈 단열재 그리고 톱밥은 공기를 접하는 많은 표면적을 가지고 있으며 훈소 또는 고체 상태로 연소할 수 있다. 화염이 없는 훈소에서 연소된 단위 질량 당 더 많은 연소생성물이 발생한다. 비록 이 물질들은 탈 때 화염연소를 하지 않더라도 다른 물질들이 화염연소를 개시할 수 있도록 충분한 열원이 될 수 있다.

■ 인화성 가스의 발화

인화성 가스가 스파크나 화염에 의해서 연소하기 위해서는 반드시 발화될 수 있는 농도가 되어야 한다. 이것을 가스의 연소 한계(flammability limit)라고 하며 이것은 상한계와 하한계를 가지고 있다. 연소 하한계 이하는 가연물의 양이 너무 적어서(충분하지 않은 연료)탈 수 없고 연소 상한계 이상은 가연물이 너무 많아서 탈 수 없다(충분하지 않은 공기). 연소한계라는 용어와 폭발한계라는 용어는 종종 바꾸어 사용되기도 한다. 참고문헌은 LFL과 UFL 또는 보다 더 공용적으로는 LEL과 UEL으로 작성되었다.

가스-공기 혼합물이 특정한 온도 이상으로 가열되면 인화성 가스는 발화원이 없는 경우에도 발화될 수 있다. 이 온도를 발화점(Auto-Ignition Temperature, AIT)이라고 부른다. 발화점은 발화원이 없는 상태에서 발화될 수 있는 가장 낮은 온도이다. 가스량의 크기와 농도와 같은 요소는 인화성 가스의 발화점에 영향을 미친다. 가스-공기 혼합기의 양이 증가하면 발화점은 낮아진다.

표 3-3 Reported Burning and Sparking Temperatures of Selected Ignition Sourced (NFPA 921 Table 5.7.1.1)

Sourse	온도	
	℃	℉
Flames		
benzene[a]	920	1690
Gasoline[a]	1026	1879
JP-4[b]	927	1700
Kerosene[a]	990	1814
Methanol[a]	1200	2190
Wood[c]	1027	1880
Embers[d]		
Cigarette (puffing)	830-910	1520-1670
Cigarette (free burn)	500-700	930-1300
Mechanical sparks[e]		
Steel tool	1400	2550
Copper-nickel alloy	300	570

[a] From Drysdale, D. (1999). A n Introduction to Fire Dynamics . Wiley.

[b] From Hagglund, B., and Persson, L. E. (1976). H eat Radiation From Petroleum Fires , National Defence Research Inst., Stockholm, Sweden, FOA Report C20126-D6(A3).

[c] From Hagglund, B., Persson, L. E. (1974). E xperimental Study of the Radiation From Wood Flames, National Defence Research Inst., Stockholm, Sweden, FOA Report C4589-D6(A3).

[d] From Krasny, J. (1987). C igarette Ignition of Soft Furnishings—A Literature Review with Commentary, NBSIR 87-3509, National Bureau of Standards, Gaithersburg, MD.

[e] From NFPA F ire Protection Handbook , 15th ed., Section 4, p. 167. Reproduced with permission from NFPA 921-2014, Guide for Fire and Explosion Investigations ,

■ 액체의 발화

발화된 액체는 화재 현장에서 자주 맞닥뜨리게 되는 가연물 중의 하나이다. 화재조사관은 연료 패키지의 3가지 성격에 대한 기초지식을 가지고 있어야 한다.

인화점

인화점은 액체가 가연성 증기를 생산할 수 있는 가장 낮은 온도이다. 이것은 발화원이 있는 상태로 액체가 짧은 시간 동안 작은 화염을 유지하기 위해 충분한 증기를 생산하는 가장 낮은 온도를 통해서 측정된다. 발화원이 제거된 이후에도 연소를 지속시키기 위해서는 액체는 연소점이라고 알려진 온도 이상으로 가열이 되어야 한다. 연소점은 통상적으로 인화점에 비하여 겨우 몇도 높으며 어떤 경우에는 동일한 경우도 있다. 대부분의 구별에는 차이가 없다.

큰 풀(pool)에 액체가 있을 경우 연소점까지 상승한 액체의 일부에서 발화가 발생한다. 발화 이후 화염연소는 풀의 나머지 부분까지 확산되거나 불을 향해 가연물이 끌어당겨지는 심지효과가 발생한다.

액체가 작은 액적으로 확산되었을 때 질량대비 표면적은 증가하며 이미 알려진 대량의 액체의 연소점 이하에서도 발화될 수 있다. 매우 높은 인화점을 가지는 유압유와 같은 액체도 스프레이 형태인 경우에는 발화될 수 있다.

액체가 자체적으로 산화되거나 발열을 할 때에도 다른 잠재적 발화에너지가 발생한다. 이것은 천이나 넝마와 같은 다공성물질에 흡착된 아마씨 오일과 같은 특별한 액체에 의해서 발생한다.

■ 고체의 발화

고체는 훈소에 의하거나 화염에 의해서 발화되거나 발화점 이상으로 가열되는 경우에 발화될 수 있다.

훈소에 의한 발화와 고체상의 연소

나무, 종이 등을 포함하여 셀룰로오스로 만든 생산물 대부분은 탄화되면서 열분해 된다. 이 탄화물(char)은 미연소 가연물을 태울 정도의 훈소 또는 고체상 연소를 할 수 있다. 탄소 또는 마그네슘과 같은 물질들은 감소되지 않으며 탄화물로 변하지 않으면서 고체상 연소할 수 있다.

열가소성 플라스틱과 같은 어떤 물질은 연소하면서 탄화물을 생산하지 않으며 고체 상태로도 연소할 수 없다. 가열되었을 때 액체로 변하는 유사한 물질은 고체상에서 연소되지 않는다.

훈소는 산화과정의 결과이며 가연물에 작용하는 외적 열원에 의해 일어나지 않는다는 것에 주목할 필요가 있다.

자기발열 및 자기발화 어떤 물질은 공기와 접촉하는 것만으로도 자립연쇄화학반응을 시작하여 온도를 높이는 것들이 있다. 이것을 자기 발열이라고 하며 보통 고체가연물과 관련되어 있다.

비록 어떤 물질이 자기발열의 능력이 있다고 해도 자기발화가 발생하기 위해서는 열폭주 조건이 발생해야 한다. 물질 내에서 감소되는 열을 초과하는 열을 발생시키는 것이 열폭주이며, 이것은 대부분 연료의 단열이 매우 잘된 부분에서 발생하는데 주로 더미의(package) 중심에서 발생한다.

또한 자기 발열은 물질이 대부분 유기물이지만 산소와 반응하는 특별한 금속인 경우에도 발생한다. 금속 가루는 빠르게 산화물과 같은 부산물을 생산해내며 산화하여 스스로 발화될 수 있다. 또 중합물(polymer), 레진, 접착제들과 같은 어떤 화학반응물은 고체로 성형되는 통상적인 과정에서 열을 생산하는 것으로 알려져 있다. 자연발화는 지방산을 포함한 유기물이 산소와 반응하면서 열을 생성할 때 발생한다.

연료의 자기 발열에 의한 발화는 자기 발열 없이 발화되는 온도보다 더욱 낮은 최소한 주변 온도를 필요로 한다. 예를 들어 아마씨 오일에 젖은 넝마는 20℃에서 발화될 수 있지만 아마씨 오일의 순수한 액체의 인화점은 220℃이다.

불포화 분자 같은 다른 물질은 탄소끼리 이중결합을 가지고 있으며 열을 발생시킬 수도 있다. 오일과 탄소끼리 단일결합을 하고 있는 탄화수소는 오직 온도가 상승하였을 때나 많은 더미가 쌓여 있을 때 자기 발열이나 자기 연소를 할 수 있다. 유압유와 자동차 오일과 같은 물질은 자연발화할 만큼 충분한 열을 발생시키지 못한다.

물질이 발화점까지 자기 발열하기 위해서는 산화되는 물질이 흡수될 수 있도록 다공성과 침투성이 있어야 하며 용융되지 않고 탄화되는 성질이어야 한다.

어떤 화재나 마찬가지지만 자기 발열 물질은 연소과정을 유지해 주는 충분한 공기(산소)가 필요하다. 예를 들어 아미씨 오일에 젖은 넝마를 놓아두고 공기의 공급을 제한하기 위해 용기를 밀봉한다면 사고에 의한 화재를 막을 수 있을 것이다.

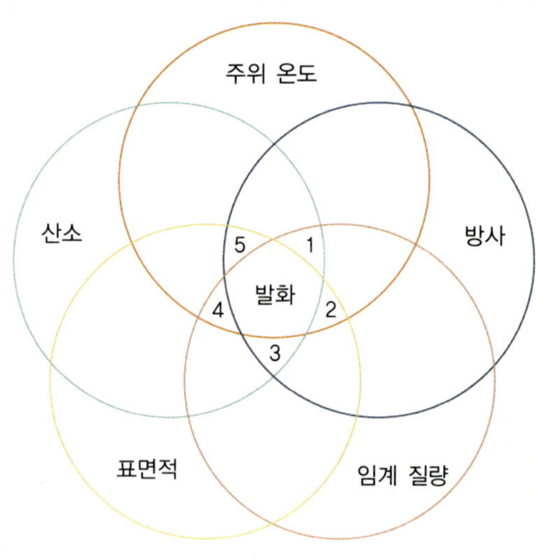

(1) 표면적의 부족
(2) 산소의 부족
(3) 대기온도가 너무 낮음
(4) 단열의 부족-열의 방산
(5) 불충분한 반응물질

그림 3-5 물질의 자기발열능력으로 자연발화가 발생하기 위한 조건

물질의 자기발열에 대한 능력을 평가할 때 고려되어야 할 요소들은 가연물 더미의 크기, 형태, 제공된 환경적 조건이다. 작은 표면적을 가진 가연물은 큰 표면적을 가진 가연물에 비하여 자기 발열이 쉽게 일어난다. 이것은 작은 표면적의 가연물은 스스로 단열재가 되어 가연물 내부의 온도를 높이는 능력이 있기 때문이다. 둥글거나 각진 물체는 큰 것이나 같은 질량의 납작한 표면에 비하여 효과적으로 자기발열을 유지할 것이다. 그림 3-5는 자연발화가 발생하기 위해서 갖추어야 하는 반드시 존재해야 하는 임계조건을 설명하고 있다. 그림의 중심에 5개의 꼭지를 갖는 별은 한 개의 조건이 만족되지 않지 않아 발화가 일어나지 않는 상황들을 보여주고 있다.

화재조사관이 쉽게 마주치게 되는 자연발화 화재는 상업적인 세탁소의 기름기가 함유된 건조기, 패인트 작업, 면화 또는 볏짚 등 식물더미 등이다. 나무 또는 다른 셀룰로오즈로 만든 물질은 보통의 발화점인 250℃ 이하에서도 일부 상승한 온도에 노출되었을 때 자기 발열이 가능하다. 과학단체들은 나무의 자기발화에 대하여 의견 일치에 도달하지 못했다. 목탄연탄(charcoal briquettes)은 자기 발열에 의해 발화하는 것으로 의심되어 왔으나 연구실 실험을 통해서 일반적인 사이즈의 연탄이 충분한 열에 도달하지 못한 것으로 밝혀졌다.

어떤 원소는 대기 중에 노출되었을 때 자연발화한다. 황린, 나트륨, 포타슘 그리고 지르코늄과 같이 미세하게 분할된 어떤 금속들은 같은 방식으로 산화될 수 있다. 이러한 원소는 발화성물질이라고 한다.

산화제 화재 물질 자체는 불연성이지만 다른 물질과 결합하였을 때 연소 또는 자연발화율을 높이는 물질을 산화제라고 한다. 일반적으로 찾을 수 있는 산화제에는 수영장에서 사용하는 염소정(chlorine tablet)과 유압유(hydraulic fluids)와 같은 유기물질과 섞였을 때 자기발열을 시작하는 비료들을 포함한다.

화염연소의 전환 충분한 증기와 열이 발생하면서 훈소하는 물질은 발화원이 주어졌을 때 화염연소로 전환될 수 있다. 이 전환단계까지 걸리는 시간은 다양한 요소들에 의해서 결정되며 이것을 예상하기는 어렵다.

화염연소의 발화원이 담배와 같이 훈소하는 물질일 경우 첫 번째 화염이 관찰되기 전까지는 많은 시간이 걸렸을 것이다. 이 훈소 열 또한 가연물을 가열하는 것으로부터 시작하고 화염연소가 시작되는 것을 가속화한다. 다른 말로 표현하자면 "느린 훈소 화재"는 일단 전환이 일어나면 매우 빠르게 연소한다. 그러므로 화재는 그것이 발견된 이후에는 빠르게 진행되기 때문에 훈소로 발화 가능한 염원을 가볍게 평가해서는 안 된다.

고체물질의 불꽃 발화

고체가연물의 화염연소가 발생하기 위해서는 가연물에 열분해 또는 증발을 통한 인화성 증기가 생산될 수 있을 만큼의 열이 제공되어야 한다. 이 증기는 그들의 발화온도(ignition temperature)에 도달하였을 때 아크, 스파크 또는 화염 등 제공된 발화원에 의해 발화될 것이다.

발화점(ignition temperature)은 공학적인 근삿값이다. 그러나 일반적으로 고체가 발화되는 온도는 270℃에서 466℃ 사이이다. 난연처리되지 않은 플라스틱의 범위는 270℃부터 360℃ 사이이며 나무를 기초로 만들어진 생산물들의 범위는 330℃부터 375℃ 사이이다.

게다가 훈소(최소한 약 7-8kW/m^{2}만이 필요한)와는 다르게, 유도된 연소(piloted ignition)는 화염 연소를 유지하기 위해서 임계복사 열유속을 거의 10-15kW/m^2 정도 필요로 한다. 최소 열유속을 측정하는 실험은 실험에 걸리는 시간에 따라서 달라진다. 어떤 경우에는 약 1시간의 복사가열 이후에 발화불꽃이 관찰되었다.

결과적으로 물질의 두께는 가연물의 발화에 기여한다. 가연물이 두껍다면 일반적으로 얇은 가연물에 비하여 발화시키기 힘들다. 게다가, 종이, 나무 부스러기와 같은 얇은 가연물들은 한쪽면 이상이 가열될 수 있기 때문에 가연물이 발화되는 시간을 단축시킨다.

화염 확산

화재가 성장함에 따라서 화염은 가연물의 표면을 따라서 다양한 속도로 이동하기 시작한다. 이러한 화염의 확산속도는 개별적인 가연물의 성질 뿐만 아니라 가연물 표면이 위치와 시작된 지점에 의해서도 영향을 받는다. 수직적 표면에서 화염은 위쪽으로도 올라감과 동시에 아래쪽으로 역류한다. 수직면에서 콘커런트 화염 확산은 상향이고, 카운터커런트 화염은 하향이다(수직적 표면상에서, 콘커런트(concurrent) 화염 확산은 위쪽으로 향하게 되고, 카운터플로우(counterflow) 화염 확산은 아래쪽으로 향하게 된다.

액체에서 화염의 확산은 그것의 인화점과 관련하여 액체의 온도에 달려 있다. 만일 인화점 이하의 액체의 경우 화염은 액체의 표면을 따라서 확산된다. 액체가 인화점 이상일 때에 가스에 발화되면 화염이 확산된다.

화염이 고체의 표면을 따라서 전파되기 위해서는 물질이 발화될 수 있는 가연성 가스를 제공할 만큼 가열되어야 하며 발화과정과 비슷하게 화염을 전파시켜야 한다. 화염의 전파 속도는 두께나 열관성 등 가연물의 특정한 성질과 마찬가지로 콘커런트) 혹은 카운터플로우 화염 확산 모두에 영향을 받는다(그림 3-6). 카운터 커런트 화염은 얇은 가연물에서 아래쪽으로 화염이 확산되면서 발생한다. 화염은 연소대 양쪽에 매우 짧은 상태로 달라붙는다. 두꺼운 가연물의 경우 카운터플러우 화염은 보통 벽의 아래쪽으로 확산되거나 수평 표면의 위쪽 면에서 수평적으로 확산된다. 얇은 가연물에서 콘커런드 화염 확산은 상향화염으로부터 발생하며 종종 가연물의 양쪽에 달라 붙는다. 두꺼운 가연물의 경우 콘커런트 화염 확산은 일반적으로 가연물의 아래쪽 표면과 벽에서 상향으로 확산된다.

■ **화염 확산에서 용융 및 적하의 역할**

화염 확산은 또한 연료 패키지에서 물질이 녹아내리거나 방울로 떨어짐으로 인하여 발생할 수 있다. 물질이 용융되면 이것은 중력에 의해서 흐르고 물체의 수평표면에 모인다. 이 흐름은 연소중인 가연물로부터 화염을 멀리 확산시키거나 타고 있는 가연물의 다른 부분을 발화시키거나 연소하고 있지 않던 다른 연료 패키지로 화염을 전파시킬 수 있다. 이것은 화염전면이 연료패키지의 표면을 따라서 전파되는 것을 제한할 수도 있다. 화재의 확산은 또한 어떤 가연물이 녹아서 웅덩이를 형성하면 빠르게 성장할 수 있다. 예를 들어 쿠션이나 소파의 우레탄폼이 연소되었을 때 연소되는 액체의 웅덩이가 소파와 인접한 바닥에 만들어지며 화염의 확산속도를 빠르게 만든다.

■ **화염 확산에서 외부가열의 역할**

주어진 연료 패키지에서 화염 확산속도는 다른 물질이 타면서 발생하는 복사열이 가해졌을 때 가속화된다. 게다가 구획실의 상부의 가스층의 복사열은 주어진 연료 패키지에 영향을 미친다.

구획실 화재 확산

구획실 화재에서 주변 환경과 화재의 상호작용의 방식은 개방된 공간에서 화재의 역동과 다르다. 제한된 공간 화재(confined fire)에서 어떤 일이 일어나는지를 이해하는 것은 화재 이후 발생하는 일들을 이해하기 위해서 매우 중요하다.

화염 확산은 가연물의 표면을 따라서 이동하는 반면에 화재 확대는 근처에 있는 다른 가연물 패키지나 아이템의 발화와 관련된다. 화재의 확산은 직접적으로 화염에 접촉하거나 원격발화(remote ignition)되는 경우에 발생할 수 있다. 화재는 가까이에 있는 연료 패키지, 가연성 벽 혹은 화염에 직접 접촉되는 천정 표면으로 확산될 수 있다.

원격발화는 앞에서 거론하였던 열전달의 3가지 방식(전도, 대류, 복사)을 통해서 발생할 수 있다.

구획실 화재가 일어나는 동안 과열된 기체와 연기가 상승하지만 천정에 의해 제한된다. 타고 있는 가연물의 열방출률뿐만 아니라 천정부의 온도가 상승함에 따라서 발생하는 복사열은 화재의 확산속도를 가속화시키기 시작한다.

화염 또는 열기둥이 천정에 충돌할 정도로 성장하였을 때 열기둥은 천정면을 따라서 이동하는 천정부 제트기류가 되어 모든 방향으로 확산된다. 이 제트 기류는 벽이나 파티션과 같은 수직적 표면에 의해서 제한될 때까지 측면으로 확산된다.

가열된 가스층과 연기는 생성된 이후 방의 아래쪽으로 퇴적되기 시작한다. 이 열은 구획실

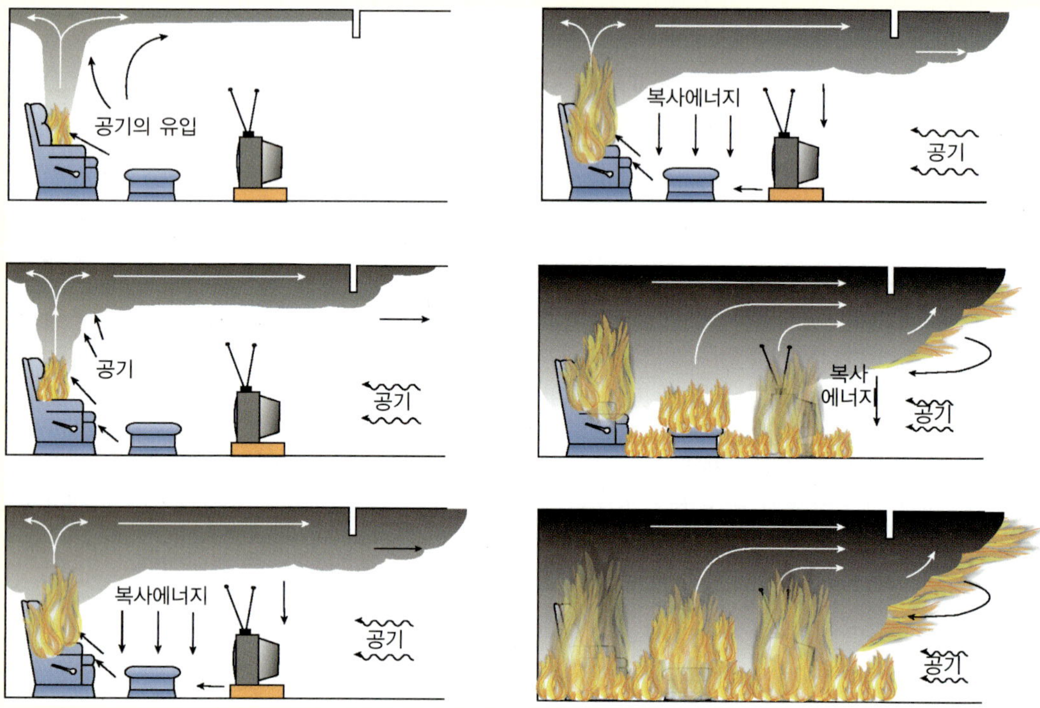

그림 3-6 전형적인 구획실의 화재진행

의 연소되지 않은 가연물은 물론이며 타고 있는 연료 패키지에도 복사열을 방사한다(그림 3-6).

화재가 연소를 지속하면서 뜨거운 가스와 에너지는 가스층을 더 크게 만들어 개구부를 통해 배출되거나 화재의 바닥까지 하강한다.

문이나 창문을 통해서 구획실의 밖으로 배출되는 가스가 생성되고 있는 가스의 양과 같다면 가스층의 하강은 정지한다. 화재가 억제되거나 소화되지 않는 한 뜨거운 가스층의 온도는 증가하며 다른 가연물에 대한 열복사가 증가하여 최종적으로는 그것들에 발화되고 만다. 뜨거운 가스와 연기의 흐름을 말해주는 눈에 띄는 패턴은 문지방의 위쪽으로 배출되는 가스와 화재의 낮은 곳으로 차가운 공기가 유입되는 것에 의해서 생성된다.

■ 연료지배형 화재

구획실 화재에서 화재가 발화되고 성장하는 단계에서는 화재가 지속될 수 있는 유용한 공기의 양이 충분하다. 화재의 규모는 얼마나 많은 가연물이 연소하고 있는지에 따라서 결정되는데 이것을 연료지배형 화재라고 한다.

■ 플래시오버

일단 바닥에서 천정까지 화염이 생성되면 이 화재는 빠른 속도로 성장하게 된다. 천정부 열기층(ceiling layer)의 온도가 상승을 지속해서 약 600℃에 도달한다. 바닥에 내리쬐는 약 20kW/m^{2}의 열유속은 화재의 전환을 가져올 수 있는 충분한 에너지로 고려된다. 이 시점에서 대류와 복사에 의한 열에너지는 방실 내의 다른 가연물에 가연성 가스(fire gases)를 생산하도록 영향을 준다. 이 가연물이 거의 동시에 발화되어 방실 전체가 화염에 휩싸이게 된다. 이 이벤트를 플래시오버라고 한다. 플래시오버는 전환이다. "방 안에서의 화재"에서 "화재 내의 방"으로 되는 화재 진행과정이다. 플래시오버 이후에 방은 화염으로 가득 찼다고 일컬어진다. 이때 화재는 연료지배형 화재에서 환기지배형 화재로 진행된다.

모든 구획실 화재가 플래시오버 단계로 발전하는 것은 아니다. 충분한 환기가 되지 않는 방이나 대규모 공공시설 같은 매우 큰 구획실은 최성기에 도달하지 못할 수도 있다. 주어진 방실에서 플래시오버가 발생할 수 있는 최소한의 연료 패키지는 제공되는 환기의 크기에 의해서 결정된다. 주택 방실화재에서 플래시오버에 도달하는 시간은 최소 3-5분 가량 소요될 것이나 가속화되지 않은 화재에서는 이보다 더 작을 수도 있다. 이 시간은 가연물의 HRR과 연료 패키지의 위치 그리고 방실의 구조에 의해서 크게 영향을 받는다.

방정식을 이용하면 다음과 같다.

$$HRR_{f0}(kW) = (750A_0)(h_0)^{0.5}$$

$HRR_{f0}=$ 플래시오버에 요구되는 $HRR(kW)$

$A_0=$ 개구부의 면적 (m^2)

$H_0=$ 개구부의 높이 (m^2)

구획실 화재에서 플래시오버가 발생하기 위해서는 근사한 HRR이(HRR의 근사치가) 요구된다. 한 개의 표준 크기(3 feet wide × 7 feet hight)의 통로가 열려있는 구획실에서 화재가 플래시오버에 이르기 위해서 필요한 최소한의 연료 패키지는 2000 kW이다.

■ 환기지배형 화재

구획실 내로 유입되는 공기의 흐름보다 연소속도(rate of combustion)가 높아지기 시작하면 화재는 연료지배형 화재에서 환기지배형 화재로 전환된다. 일산화탄소를 포함하여 연소되지 못한 열분해 생성물이 증가하기 때문에 뜨거운 가스층은 농연(darken)이 된다.

화재가 소화되거나 충분한 열과 연기가 방에서 제거되지 않는 이상 가스층은 마루 등으로 확대되어 플래시오버를 발생시키며 최성기(full room involvement)가 된다. 최성기 이전에 가스층이 완벽하게 마루로 확대되지 않을 수도 있다는 것을 주의하는 것은 중요하다. 비슷하게 플러시오버는 최성기로 가기 위해 반드시 요구되는 과정이 아니다.

플래시오버가 발생하는 중요한 요소는 노출된 연료 패키지를 연소시킬 정도로 복사열을 가할 만큼 충분한 에너지를 가지고 있는 뜨거운 가스층의 존재이다. 플래시오버가 발생하기 전 소방관들이 건물의 지붕을 개방하여 뜨거운 가스층을 배출시키는 것은 바로 그 이유 때문이다. 표 3-4에서는 플래시오버의 발생여부나 얼마나 빠르게 일어나는지를 결정하는 몇몇의 요소들을 나열하고 있다.

화재조사관에게 구조물 내에서 어떤 방이 최성기로 진행하였는지를 인지하는 능력은 매우 중요하다. 이 책의 "화재 패턴"장에서 다루고 있는 것처럼, 최성기는 낮은 패턴과 불규칙한 패턴을 만들어내고 바닥에 구멍이 나도록 하는 결과를 초래할 수 있다. 비록 이러한 패턴들이 최성기에 도달한 구획실을 최성기에 도달하지 않은 것으로 의심스럽게 보여질 수 있지만, 최성기에 도달한 구획실에서 그러한 패턴들이 일반적으로 나타난다.

표 3-4 플래시오버에 영향을 주는 요소들

요소	효과
구획실의 체적	큰 방일수록 타깃 가연물의 온도를 높이기 위한 천정부 열기층을 뜨거운 가스로 채우기 위해서는 더 많은 시간이 요구된다.
천정의 높이	높을수록 구획실이 플래시오버 조건에 도달하기 위해서는 더 많은 시간이 요구된다.
구획실 내의 환기	플래시오버가 발생하는 화재의 성장은 환기와 밀접한 관련이 있다.
구화실 내 가연물의 양	초기 가연물 및 타깃 가연물 그리고 구획실 내장재를 포함하는 연료의 총량
구획실 내 가연물의 타입	연료의 타입은 가연물이 구획실의 타깃물질이 충분히 가연성 가스를 방출하고 연소할 수 있는 온도까지 올릴 수 복사열을 생성시킬지를 결정한다.
집기들의 배열	초기의 화재와 가까이 위치한 타깃 연료는 멀리 떨어진 것에 비하여 빠르게 가열되고 빠르게 가연성 가스를 방출하게 한다.
구획실 내 화재의 위치	구획실의 중앙에 위치한 화재는 더 많은 공기를 유입시키고 유입에 의해서 냉각되며 구획실 열기둥의 높이를 더 짧게 만든다. 그리고 열기둥의 기하구조에 어떠한 제한도 없다. 만일 동일한 화재가 벽에 붙어 있다면 벽 때문에 유입을 차단시킨다. 그러므로 다음과 같다. ■ 길어지는 화염 ■ 천정부 열기층을 더 빠르게 가열시킨다. ■ 플래시오버까지 시간이 감소한다. 만일 화재가 코너에 위치한다면 유입은 75% 감소한다. 이것은 화염을 더 길게 천정부 열기층의 온도를 더 빠르게 상승킨다. 그리고 이것은 방의 중앙이나 벽에 위치한 화재에 비하여 플래시오버까지 걸리는 시간을 더욱 단축시킨다. 수직벽과 화염의 위치는 화재의 성장과 속도를 해석할 때 중요하다.

환기의 흐름

구획실 화재에서 필요한 공기 흐름은 HVAC와 같은 기계적인 방법에 의해서 공급될 수도 있고 아니면 더욱 일반적으로는 자연적인 개구부에 의해서 공급될 수도 있다. 방의 뜨거운 가스층은 더욱 부양하여 개구부의 상부층을 통해서 흘러 나갈 것이다. 그리고 공기는 개구부의 하부층을 통해서 흘러 들어올 것이다. 이 두 개 층의 흐름이 바뀌는 경계선을 중성대(natural plane)라고 한다(그림 3-7). 뜨거운 가스가 방에 축적됨에 따라서 중성대의 높이는 아래로 향한다. 구획실 화재는 다수의 개구부가 존재한다고 하더라도 오직 한 개의 중성대를 가질 것이다. 다수의 개구부를 가지고 있는 화재에서 개구부들은 뜨거운 가스 또는 유입의 한 가지만 수행할 수도 있으며 이것은 중성대에 대한 개구부의 높이에 달려 있다.

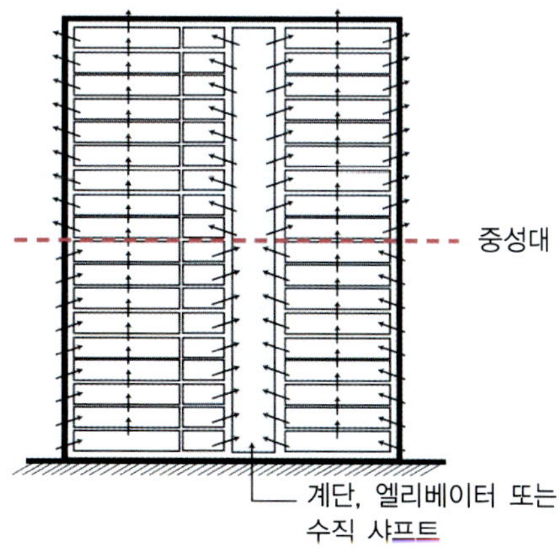

그림 3-7 중성대

한 개의 개구부만 있는 경우, 공기의 유입과 환기 요소와의 비례관계가 존재한다. 즉, 개구부의 면적(A_0)과 개구부 높이(H_0)의 제곱근을 곱한다. 이 환기요소는 구획실 화재의 peak HRR을 구하기 위한 필수 요소이다. 예를 들어 표준 문(표준 크기의 문, standard door, 3feet 너비, 7 feet 높이)이 열렸을 때 4,000kW를 방출할 수있다. 그러나 절반이 닫혀있다면 이러한 문에서는 오직 1,600kW를 방출할 수 있다.

화재가 진행됨에 따라서 환기는 바뀔 수 있다. 창문은 균열이 발생하면서 깨질 수 있으며 추가적인 환기가 발생할 수 있다. 새로운 환기가 발생하게 되면 중성대도 변하할 것이다. 처음에는 배기구였던 개구부가 유입구로 전환될 수도 있다.

요 약

검토를 위한 준비

- 모든 화재조사관은 그들이 조사하게 되는 어떠한 화재나 폭발 사건의 원인과 발화부를 정확하게 판단하기 위해 화재와 화재의 성장에 대하여 충분히 이해해야 한다.
- 화재가 발생하기 위해서는 가연물, 산화제, 열, 그리고 자립연쇄화학반응 4가지 요소가 존재해야 한다. 이것을 화재의 4면체라 일컫는다.
- 화재조사관이 맞닥뜨리게 되는 주요 가연물은 탄소를 포함하는 유기 가연물이다.
(예 – 나무, 플라스틱, 석유제품)
- 대부분의 화재는 연소반응을 유지하기 위해서 대기 중의 산소와 같은 산화제가 필요하다.
- 열방출률(HRR)이라고 부르는 열의 방출속도는 Joul/second 또는 Watt로 측정된다.
- 자립연쇄화학반응은 발화원이 제거된 이후에도 스스로 가연성 증기를 발생시키고 불꽃을 유지하는 것을 가능하게 한다.
- 화재 동안 물질은 열에 노출됨으로써 물리적 상이 변화될 수 있으며 이러한 상변화는 융해와 기화를 포함한다.
- 연소반응 동안 발생하는 화염은 확산연소 또는 혼합연소로 분류될 수 있다.
- 연소를 돕는 공기의 양이 제한된다면 그을음, 연기, 일산화탄소와 같은 가시적인 생성물의 양이 증가할 것이다.
- 연기의 색깔이 연소중인 물질을 지목한다는 것은 신뢰할 수 없다.
- 유체의 흐름, 열전달, 발화와 화염의 확대, 연료 패키지, 열유속, 그리고 연료지배형 화재와 가연물지배형 화재의 차이는 모든 화재역학의 요소들이다.
- 열에너지는 단위시간당 에너지 흐름으로 측정되는 열전달을 통해서 높은 온도 영역에서 낮은 온도 영역으로 자연스럽게 이동한다.
- 온도측정학은 온도측정에 대한 실무와 방법론, 과학에 대한 연구이다.
- 화재에 주어진 가연물 총량은 잠재적 에너지를 반영할 것이다. 그것은 발화가 일어난 후 화재가 얼마나 빠르게 성장하는지를 결정하지는 않는다.
- 연료 패키지 내에 특정한 연료 아이템은 특별한 최선의 소화방법을 포함하여 화재의 속도와 강도에 영향을 미치는 요소들이다.
- 화재의 세기는 각 소비되고 있는 가연물에 의해 에너지가 방출되고 있는 HRR의 계산에 의해서 판단할 수 있으며 이것은 watt 또는 kilowatts로 측정할 수 있다.

- 일반적으로 큰 화염 높이는 높은 열방출률과 일치한다. 그러나 이것은 비교되는 연료 패키지들이 구획실 내에서 동일한 상대적 위치에 있을 때 성립한다.
- 발화원은 훈소 또는 화염연소로 정의될 수 있거나 인화(piloted) 또는 자연발화(autoignition)로 정의될 수 있다.
- 가연성가스는 발화원이 없는 상태에서도 공기와 혼합물이 자원발화온도(autoignition temperature)까지 가열되었을 때 발화될 수 있다.
- 화염전파속도는 각 가연물의 성질뿐만 아니라 위치와 가연물 표면의 원형(orientation of the fuel surfaces)에 의해서도 영향을 받는다.
- 물질이 녹을 때 이것은 중력에 따라서 흐른다. 일반적으로 물체 아래의 수평 표면에 모이며 타고 있는 물질에서 다른 물질로 화염을 확대시키게 된다.
- 화염의 확대속도는 타고 있는 다른 물체와 구획실의 상층부로부터 생산되는 복사열에 의해서 가속화된다.
- 화염의 확대는 가연물 아이템의 표면을 타고 흐르는 화재의 이동을 뜻하는 반면에, 화재의 확대는 인접하여 존재하거나 위치하는 다른 가연물 물질과 패키지에 발화되는 것을 의미한다.
- 연료 지배형 화재는 얼마나 많은 양의 연료가 연소 중인지에 의해서 화재의 크기가 결정되는 경우를 말한다.
- 플래시오버 이후, 방은 최성기(fully involved)가 되었다고 하며 연료지배형 연소에서 환기지배형 연소로 진행된다.
- 플래시오버가 발생할지를 결정하는 중요한 요소 중의 하나는 아래쪽의 연료패키지에 충분한 에너지를 방사하는 뜨거운 가스층이 있는지 여부이다.

주요 용어

공기의 유입 (Air entrainment)
화염 또는 열기둥, 제드기류의 아래쪽으로 공기 또는 가스가 유입되는 과정

자연발화온도 (Autoignition temperature, AIT)
발화스피그 또는 화염 없이 물실이 발화되는 최소한의 온도

천정부 제드기류 (Ceiling jet)
열기둥 충돌의 결과로 천정과 같은 수평적인 표면 아래에서 생성되는 상대적으로 열게 흐르는 뜨거운 가스층, 수평적으로 이동하는 가스의 흐름

요 약

연소 (Combustion)
작열 또는 화염의 형태로 열과 빛을 생성시키는 빠른 속도의 산화반응

전도 (Conduction)
물체가 직접 접촉되었을 때 다른 물체를 향하는 열전달

대류 (Conduction)
가스 또는 액체와 같은 매체의 순환에 의한 열전달

확산화염 (Diffusion flame)
연소대역에서 공기와 가연물이 서로 혼합과 확산되는 화염

발열반응 (Exothermic reaction)
열이 발산되는 형태 또는 차별화되는 반응

연소점 (Fire point)
결정된 인화점 이상으로 계속해서 가열이 지속되는 것처럼, 휘발성 가연 물질이 발화된 후에도 공기 중에서 연소를 지속하는 가장 낮은 온도

인화점 (Flash point)
실험실의 실험에 의해 결정되는 것으로서, 순간적인 화염이 표면으로 충분히 확산될 만큼 증기를 발생시키는 액체의 최저 온도

플래시오버 (Flashover)
열복사에 노출된 표면이 갑자기 발화점 근처(less or more)에 도달하여 공간 전체에 급격하게 화염이 전파되고 결과적으로 구획실 또는 밀폐공간이 성화기 또는 최성기(full room involvement or total involvement)에 도달하게 되는 구획실 화재 성장 상태의 전환

연료 (Fuel)
특정한 환경 조건 하에서 연소를 지속시키는 물질

연료 지배형 화재 (Fuel-controlled fire)
열방출률과 성장율이 연료의 양, 형상 혹은 연소를 위해 이용 가능한 적절한 공기 등 연료의 특성에 의해서 지배되는 화재

연료 물질 (Fuel items)
연소를 가능하게 하는 물품들

연료 하중 (Fuel load)
내부 및 외부를 포함하여 건물, 공간 혹은 화재 구역의 모든 가연물의 총합을 의미하며, 열단위(heat units) 혹은 목재의 무게로 표현된다.

연료 패키지 (Fuel package)
화염이 인접하여 확산할 수 있도록 서로 근접하여 가깝게 배열된 연료 물질들

열 (Heat)
화학적 변화와 상태 변화를 일으키거나 촉진시킬 수 있는 분자의 진동으로 간주되는 에너지 형태

열용량 (Heat capacity)
특정한 조건 하에서(J/kg-K, Btu/1b-°F) 단위 부피의 온도를 1도 올리는데 필요한 열의 양

열유속 (Heat flux)
표면으로의 열 전달율의 측정을 의미하며, kilowatts/m^2, kilojoules/m^2sec, 혹은 Btu/ft^2sec 으로 표현한다.

열방출률 (Heat release rate, HRR)
열 에너지가 연소에 의해 방출되는 측도

열전달 (Heat transfer)
열 에너지가 다른 지점들 사이의 온도 차에 의해서 한 지점에서 다른 지점으로 이동하는 것

중성대 (Neutral plane)
뜨거운 가스와 차가운 공기의 흐름이 변화하는 경계

산화제 (Oxidizing agent)
연소 과정 동안 산화작용을 촉진시키는 물질

상 변화 (Phase chage)
물질이 한 상태에서 또다른 상태로 전환되는 것으로, 가역적이며 물질의 화학 구조는 변화되지 않는다.

열기둥 (Plume)
뜨거운 가스, 화염, 연기가 불 위로 치솟는 기둥으로 이를 상승기류 기둥(convection column), 열상승류(thermal updraft), 열기둥(thermal column)이라고도 한다.

예혼합연소 (Premixed burning)
연소전 가연물과 산화제가 혼합되어 있는 상태에서의 연소, 연소실의 분센 버너 또는 가스레인지와 같이 화염이 전파는 유동속도, 이동과정(transport processes)과 화학반응의 상호작용에 의해서 제어된다.

열분해 (Pyrolysis)
오직 열에 의해서 물질이 더욱 단순한 분자 화합물로 분해되거나 쪼개지는 과정으로 열분해는 연소 이전에 발생한다.

복사 (Radiation)
전자기파에 의한 열전달

화학양론비 (Stoichiometric ratio)
연소가 가장 효율적인 시점에서의 가연물과 공기 혼합물의 최적의 비율(LEL 이상, LEL 이하)

온도 (Temperature)

온도계 또는 다른 유사한 도구로 측정할 수 있는 현열의 정도

열전도도 (Termal conductivity(K))

단위길이당 1도의 온도구배로 흐르는 열의 양을 측정한 값(단위길이당 1도의 온도 증감을 가지는 단위 면적에 걸쳐 흐르는 열의 양을 측정한 값 (W/m-K, Btu/hr-ft-°F).)

열분해 (Thermal decomposition)

열분해에 의한 불가역적 화학적 변화

열관성 (Thermal inertia)

열에 노출되었을 때 표면의 온도상승율에 대한 물질의 특성(물질의 열전도도, 밀도, 열용량과 관련되어 있다(열에 노출되었을 때 표면 온도 상승률을 특징지우는 물질의 특성으로 물질의 열전도도(k), 농도(ρ), 열용량(c)과 관련된다.

열폭주 (Thermal runaway)

물질 내에서 열 손실량을 초과하는 열이 생성되는 상태

온도측정학 (Thermometry)

온도 측정에 대한 과학, 방법론 및 실무에 대한 연구를 의미하며, 이 분야는 종종 화재 안전이나 규정준수 사건들에 적용된다

자립연쇄화학반응 (Uninhibited chemical chain reaction)

화재의 4요소 중 1개이다. 이 요소는 다른 요소의 결합과 상호작용을 제공한다.

증발 (Vaporization)

액체 또는 고체에서 기체로 상이 변하는 상변화

실전 화재조사관

이른 아침에 레스토랑에서 화재가 발생하였고 이로 인해 건물의 내부 인테리어가 심하게 손상되었으며 주변에 심한 연기와 매연이 발생하였다. 건물 내부의 화재 패턴은 많은 조리 기구가 있는 조리실을 발화부로 나타내고 있었다. 레스토랑의 주인은 밤에 폐점을 하였고 특이한 점은 아무것도 없었다고 진술하였다. 그들이 아침에 출근하였을 때 건물 내부가 검은 연기로 가득 차있는 것을 발견하고 소방서에 신고를 하였다. 화재조사관은 조리실에 있던 기름이 가득 차 있던 튀김용 프라이팬 중 하나에서 발화한 것으로 판단하였다. 주인을 계속 조사해보니, 밤에 각각의 냄비들은 퇴근하기 전에 온도를 낮추었지만 다음 날 몇 분만 열을 가하면 다시 사용할 수 있도록 켜진 상태로 남겨두었다.

1. 액체가 가연성 증기를 만들어내는 가장 낮은 온도를 무엇이라 하는가?
   A. 인화점
   B. 자연발화 온도
   C. 연소점
   D. 화염온도

2. 다음의 요소 중 위 화재의 성장에 영향을 준 것은 무엇인가?
   A. 소비된 연료의 물리적 상태
   B. 연료의 열방출률
   C. 화재에의 공기 유입
   D. 모두

3. 당신은 가스 튀김용 버너가 식용유를 가열시키는 데 사용되었고, 각 버너 위에 금속 통(metal tub)이 위치해 있음을 알았다. 어떤 유형의 열전달이 일어났는가?
   A. 대기의 대류(convection)
   B. 열전도(conduction)
   C. 복사(radiation)
   D. 화염의 직접 접촉

4. 온도측정학은?
   A. 화염 온도와 열방출률에 대한 연구
   B. 온도 측정에 대한 과학, 방법론, 실무에 대한 연구
   C. 한 연료로부터 다른 연료로의 열 전달에 대한 연구
   D. 화재 성장과 관련되는 화재 역학에 대한 연구

화재 패턴

학습 목표

이 장을 학습한 후 여러분은 다음 사항을 할 수 있다.

- 화재의 효과에 대한 증명 또는 설명 NFPA 4.2.4 NFPA 4.2.5
- 화재 패턴에 대한 증명 또는 설명 NFPA 4.2.4 NFPA 4.2.5
- 화재 패턴 위치의 중요성에 대한 설명 NFPA 4.2.4 NFPA 4.2.5
- 화재 패턴의 형태에 대한 묘사 NFPA 4.2.4 NFPA 4.2.5
- 가설을 설정하기 위해서 화재 패턴을 분석하는 법에 대한 설명 NFPA 4.2.4 NFPA 4.2.5

기능습득 목표

이 장을 학습한 후 여러분은 다음 사항을 할 수 있다.

- 발화부 판단을 위한 화재 패턴의 해석 NFPA 4.2.4 NFPA 4.2.5
- 가설을 설정하기 위한 화재 패턴의 분석 NFPA 4.2.4 NFPA 4.2.5

NFPA 참고 문헌

NFPA 921, *Guide for Fire and Explosion Investigations*

CHAPTER

4

FESHE 과정 결과물

화재조사 I

이 장에서는 화재조사I(FESHE)의 과정에 대한 결과물은 없다.

화재조사 II

2. 화재 현장을 해석하라.

당신은 화재조사관

당신이 화재가 발생한 방내에서 다양한 화재 패턴을 검사하고 기록하기 시작할 때 구조물 요소와 방에 있는 집기에서 다양한 높이로 손상된 것을 인지하였다. 벽의 석고보드의 넓은 부분이 하소되었고 방의 서쪽의 절단된 곳은 떨어져 나갔으며 동쪽 창문 근처의 나무로 만들어진 지붕틀이 상당히 탄화되었다. 방에 있던 대부분의 가구와 개인 집기들은 금속, 플라스틱 그리고 나무로 구성된 것이며 다양한 손상 정도를 나타내고 있다.

1. 벽 석고보드의 하소의 중요한 점은 무엇인가?
2. 발화지점의 증명을 위해 방 내부의 손상된 물건들은 어떻게 도움을 줄 수 있는가 ?
3. 방내의 어디에서 추가적인 화재 패턴과 효과를 찾을 수 있는가?
4. 서쪽 벽에 있는 창문의 존재는 당신에게 왜 중요한가?

개요

Chapter 6 of NFPA 921, Guide for Fire and Explosion Investigations은 화재 패턴과 효과의 인지와 검사, 분석과 관련된 정보를 제공해 준다. 화재역학의 탄탄한 지식이 없이 화재 패턴을 이해하는 것은 불가능하기 때문에 화재 패턴과 효과에 대한 논의는 앞선 장의 기초적인 화재과학을 따른다.

화재의 효과와 화재 패턴

화재 현장의 자료수집은 화재 패턴과 화재효과에 대한 인지(recognition)와 증명(identification), 분석이 필요하다. 화재효과는 화재에 노출된 결과로 물질에 있어서 관찰가능하며 측정이 가능한 변화이다. 화재 패턴은 화재지표 또는 화재지표들의 그룹에 의해 형성된 눈으로 보이거나 측정할 수 있는 물리적 변화 또는 증명 가능한 형태이다.

대부분의 사례에서 이것은 화재조사관이 화재가 발생하였다는 것을 판단할 때에 받아들여지지는 않는다. 심지어 전문가가 아니라고 하더라도 눈에 보이는 실마리만을 통해서 쉽게 화재가 발생한 것을 증명할 수 있다. 예를 들어 사람들은 쉽게 벽난로의 나무가 타거나 타지 않은 것 또는 담배가 태워졌는지를 알 수 있다. 두드러진 가시적 지표는 탄 물질의 존재이다.

화재조사관의 역할은 단순히 화재가 발생하였다는 것을 판단하는 것보다 더욱 복잡하다. 화재조사관은 화재가 성장한 지난 과정을 재구성하도록 노력해야 한다. 그리고 다시 역으로 추적해서 발화부와 발화원인을 증명하는 것이다. 1차적인 물리적 증거는 화재에 관여된 물질과 열, 연기, 화재 등 연소 부산물을 재구성하는 화재조사관들에게 유용하다. 이것은 화재조사관들이 발화부와 발화원인에 대한 가설을 설정하거나 지지하는 화재역학의 지식과 더불어 불에 의한 물질의 반응에 대한 이해이다.

전통적으로 화재 패턴의 해석은 화재조사에 활용되는 1차적인 과정이다. 화재 패턴의 의미에 대한 지식은 전통적으로 경험과 훈련에 의해서 얻어진다. 화재조사의 발전으로 화재 패턴을 생산하는 화재역학의 검증에 대한 열정이 커졌다. 화재효과와 화재 패턴의 의미에 대한 전통적인 많은 해석의 검증이 시도되었고 부정확하다는 것을 발견되었다. 예를 들어 잔금이 간 유리(crazed glass), 콘크리트의 폭열(spalled), 아래가 넓은 역 V-pattern은 인화성 액체가 적용된 직접적인 결과라는 것으로 인식되었다. 이러한 개념은 결코 제어된 환경에서 시험된 적이 없다. 잔금이 가는 유리는 가열되었던 유리가 급격하게 냉각에 의해서 발생한다는 것을 발견하였다. 폭열된 콘크리트 등과 같은 다른 상황들은 인화성 액체뿐만 아니라 내부 습기의 방출 또는 폭발에 의해서도 발생한다는 것이 발견되었다. 조사관은 화재과학 문헌의 최근의 지식과 현재 출판되고 있는 화재 패턴에 관련된 최신의 연구를 유지해야 한다.

화재 효과

화재조사관은 생성된 화재 패턴을 정확히 해석하고 증명하기 위하여 화재의 효과에 대하여 반드시 높은 수준으로 이해하고 있어야만 한다. 화재에 의한 효과에는 물질의 감소, 탄화, 폭열, 산화, 변색, 열처리(annealing), 합금화, 잔금, 그을음과 연기의 부착과 제거, 하소, 얼룩, 만곡(vending), 도괴(breaking), 파괴(destroy)가 포함한다.

용융, 변형(distortion) 등 물질에 지속된 화재 효과는 화재조사관들이 특별한 지역의 온도에 대하여 평가할 때 매우 유용할 수 있다. 대부분의 구조물 화재의 온도는 관련된 기간 동안(for an extended period) 1900°F(약 1,037℃)에 이른다. 화재 시에 일반적인 물질의 융점을 알고 있다면 조사관은 화재 지역의 그 물질이 존재했던 곳이 최소온도를 더 쉽게 이해할 수도 있다. 이 정보는 화재조사관에게 그 장소의 연소에 의한 강도와 기간에 대해 가설을 설정할 수 있도록 한다. 추가적으로 조사관은 타고 있는 연료 아이템의 잠재적인 열방출률(HRR)도 설정할 수 있게 될 수도 있다. 그러나 많은 물질은 온도가 증가함에 따라서 반응하는 넓은 범위를 가지고 있고, 어떤 유형의 금속이나 유리는 다른 타입의 금속이나 유리에 비하여 상당히 다른 온도에서도 반응할 수 있다는 것을 명심해야 한다.

특정 지역에서 상승한 온도는 그곳에서 연소된 가연물의 유형을 항상 보여주는 것은 아니라는 점을 명심하는 것은 중요하다. 예를 들어 나무와 가솔린의 연소는 기본적으로 같은 화염온도를 가지고 있다. 비록 가연물의 열방출속도가 다르다고 하여도 플라스틱이나 인화성액체와 같은 모든 탄화수소연료의 난류확산화염의 온도와 셀룰로오즈 가연물(cellulosic fuels)은 거의 같다. 가속화된 화재의 연소는 가속화되지 않은 화재에 비하여 빠르게 연소하지만 더 높은 온도로 연소하지는 않는다.

■ 질량의 감소

비록 화재가 지속된 시간이나 강도는 종종 가연물의 질량 감소를 통해서 판단할 수 있지만 여기에는 소비되고 있는 가연물의 유형과 환기 효과 등 많은 추가적인 요소들이 있으며 이것들은 반드시 고려되어야 한다.

연소과정 중 연료물질이 소비됨에 따라서 물체의 질량은 감소하기 시작한다. 화재 이후 손상된 부분의 분석은 물질의 비교에 의해 또는 물체의 손상되지 않은 부분을 검사하는 것으로서 수행할 수 있다. 또 도면, 드로잉, 도형, 사진 도는 인터뷰를 통해서도 물체의 화재이전 형태나 원형에 대하여 판단할 수 있다.

질량감소율은 화열유속, 화재성장률, 물체의 열방출률을 포함하는 다양한 요소들에 의해서 화재동안 바뀔 수도 있다. 간단히 말해서 만일 화재의 강도가 계속해서 성장하면 질량 감소율도 증가한다.

■ 탄화

숯(char)은 연소하거나 탄화된 물질이며 외관상 검게 보인다. 가장 일반적으로 발견되는 가연물인 숯은 대부분의 건물 화재에 존재하는 나무의 잔해이다. 나무가 열분해가 됨에 따라서 분해가 발생하고, 뜨거운 가스, 수증기 그리고 그 외의 연소생성물이 방출된다. 남겨지는 고체물질은 연료물질 표면에 균열과 금이 형성되며 대부분 탄소로 구성된다.

많은 시간 동안 화재조사관은 숯의 형상에 대하여 잘못된 해석을 해왔다. 이러한 유형의 손상은 다양한 화재의 유형에 따라서 발생할 수도 있음에도 불구하고 큰 은색 또는 반짝이는 숯의 균열은 과거에 가연성 액체 사용의 긍정적인 지표로 인식되어 왔다. 숯의 유형과 관련된 수많은 화재 실험과 사례를 통해서 이러한 주장은 과학적 근거가 없다는 것을 밝혔다(그림 4-1).

나무의 탄화 정도는 화재과정 전반에 걸쳐서 다양하다. 1인치당 45분 또는 3/4시간이라는 표준화된 탄화율은 없다. 나무가 탄화되는 정도에 대하여는 다음의 조건들을 포함한 많은 요소가 영향을 미친다.

- 열의 정도과 기간
- 환기의 효과
- 방향, 발화부, 그리고 나무 입자의 크기
- 나무의 종류
- 나무의 밀도

- 목재로 생산물의 수분 함유 정도
- 나무의 표면 코팅 여부
- 뜨거운 가스의 산소 밀도
- 뜨거운 가스의 유속
- 물질의 가장자리 효과 (edge effects)

나무가 건조되었다면 나무의 가장자리는 탄화와 연소에 견딜 수 없다. 탄화심도(depth of char)만을 근거로 화재의 기간을 판단하는 것은 불가능하지만 탄화심도는 화염의 이동과 나무가 노출되었던 상대적인 열방출률을 추측하는 경우에 활용할 수 있다. 나무 표면의 탄화심도는 연료가스의 흐름이 누설 지점으로부터 표면 위로 향했을 때와 같이 연료의 집중 구역을 판단할 때 유용할 수 있다.

조사관은 탄화 상태를 통해서 화재에 관여된 가연물을 판단하기 위해서는 화재에 관여된 다양한 수많은 요소들에 대하여 반드시 고려해야 한다.

그림 4-1 같은 화염에 노출된 나무판자에 보이는 다양한 탄화 균열흔

■ 폭열

폭열은 콘크리트나 조적물의 표면이 잘게 부서지거나 깊게 파이는 것이다(그림 4-2). 콘크리트, 벽돌, 조적물은 가열되었을 때 팽창되기 시작할 수 있다. 다른 팽창률로 팽창하는 지역은 물질의 표면장력을 감소시키며 쪼개짐과 균열을 야기한다. 폭열 구역은 종종 다른 색상으로 된다. 파괴된 구역은 표면 내측의 깨끗한 부분이 노출됨으로써 더욱 밝은 색으로

그림 4-2 차고 바닥의 폭열

나타날 보일 수 있다. 화재가 지속되는 동안의 급격한 가열은 콘크리트 내부의 습기를 가열시키고 팽창시킬 수 있다.

조사관은 균열이 나타나거나 나타나지 않는 것을 가연성 액체가 적용되었다는 지표로 해석하지 않도록 반드시 주의해야 한다. 폭열은 급격히 성장하거나 강해진 화염의 직근에서 나타나지만 낮은 끓는점을 가지는 가연성 액체는 바로 아래의 표면을 폭열시키지 않는 경향이 있다.

폭열은 종종 벽이나 천정에서 발생한다. 특히 천정에서 발생하는 폭열의 의미에 대하여 해석할 때 반드시 주의를 기울여야 한다. 대부분 콘크리트는 높은 물리적 응력을 받은 부분에서 폭열이 될 것이다. 그러므로 천정의 폭열은 반드시 발화부를 지목하지는 않는다.

폭열은 열(heat)외의 다른 요소에 의해서도 발생할 수 있다. 그러므로 조사관은 폭열이 화재 이전에는 존재하지 않았었다는 것을 확인해야 한다.

■ 산화

산화는 연소와 관련된 기본적인 화학적 과정이다. 비가연물의 산화는 색상과 질감의 변화와 화재조사관들이 유용하게 사용할 수 있는 화재 패턴을 생성한다. 물질은 높은 온도와 긴 노출시간에 의한 산화의 증거를 확연히 나타낼 수 있다. 화재 이후 산화는 대기의 습도와 이 환경에 노출된 시간에 공히 영향을 받는다.

금속으로 만들어진 물품은 화재에 노출된 결과로 산화가 나타날 수 있다. 아연도금 강철 표면은 산화되었을 때 무광택의 흰색으로 나타난다. 종종 화재는 부식을 막는 데 영향을 미치며, 습기에 노출되었을 때에는 표면에 녹이 슬 수 있다. 온도가 높을수록 산화는 검은색으로 나타나며 산화가 두껍다면 떨어져 나갈 수도 있다. 습기는 예상할 수 있는 녹의 색상으로 나타날 수도 있다. 스테인리스 스틸은 극심한 산화에서 무광택의 회색으로 나타나며 약한 노출에서는 천연색(coloration)으로 나타난다. 심하게 산화된 강철은 용융된 손상과 함께 나타나며 물체에게 일어난 것(사실상 용융)을 판단하기 위해서는 야금학적 시험(metallugic test)이 필요하다. 구리의 경우 높은 온도 또는 긴 노출시간은 산화층을 깊어지게 만든다.

바위 또는 흙과 같은 물체도 높은 온도에 노출되면 누렇거나 붉게 변색된다.

변색

조사관이 화재 현장을 검토할 때 물질의 변색은 정보 소스가 될 것이다. 그것들의 변색은 한계가 없는 것은 아니다. 모든 사람들이 같은 관경으로 색깔을 보지는 않는다. 빛, 각도, 빛의 성질과 같은 조건 모든 조건들이 고려되어야 한다. 또 변색은 태양광에 노출되는 것 등 화재현상이 아닌 다른 요소들에 의해서도 발생할 수 있다. 특정 염료가 열에 노출되어 반응하는 것은 제품에 따라 달라질 수 있다.

■ 용융

물질의 용융은 열 노출에 의해서 고체에서 액체로의 물리적 변화이다. 물질의 녹은 부위와 녹지 않은 부위의 경계선을 생성되며 이는 화재조사관들에게 매우 유용한 패턴이 될 수 있다. 고체물질은 각자의 고유한 녹는점을 가지고 있다. 이 온도는 방의 평균 온도보다 조금 높은 온도에서부터 수천도에 이를 수 있다. 예를 들어 열가소성 플라스틱의 녹는점은 167°F에서 750°F 사이지만 강철의 녹는점은 2,660°F (1,460℃) 이다. 녹은 물질의 존재는 화재 동안 특정 지점에 제공되었던 온도를 알 수 있다(그림 4-3). 높은 융점을 갖는 금속은 화염의 온도에 대한 정보를 제공해 주는 반면 낮은 녹는점을 갖는 물질은 열에 노출되어 종종 연화되며 끊어진다(failed).

그림 4-3 용융된 물질은 화재 동안 생성되었을 온도에 대한 통찰을 제공할 수 있다.

강철의 산화와 용융 사이를 가시적으로 구별하는 것은 종종 어렵다. 심하게 산화된 강철은 구형의 모습을 보인다. 실제 강철의 용융을 증명하는 방법은 야금학적 시험에 의한 것이다.

약해진 유리 아이템은 화재 동안 유지된 온도를 결정하는 데에 있어서 조사관들에게 매우 유용하지만 그 융점이 다양하다는 점을 주의해야 한다.

■ 금속의 합금화

합금화는 화재 후 조사에 있어서 금속 아이템의 손상을 조사할 때에 반드시 고려되어야 한다. 두 개 중 한 개의 금속이 액화된 상태에서 접촉하게 되었을 때 그것들은 두 개의 합금에 의한 새로운 물질을 형성하기 시작한다. 이것은 아연과 구리가 접촉하였을 때 아연-구리 합금을 형성해 가는 것을 예로 들 수 있다. 아연의 녹는점은 구리에 비하여 낮다. 그러나 두 물질의 합금은 구리를 더욱 낮은 온도에서 녹게 만든다.

높은 온도에서 금속의 합금은 촉진제 또는 예외적인 높은 온도가 있었음을 반드시 지목하는 것은 아니다.

■ 열팽창과 변형

단기적이든 장기적이든지 간에 대부분의 물질은 열에 노출되었을 때 팽창하며 모양이 바뀌기 시작한다. 각 물질들은 다른 팽창률을 가지고 있다는데 금속재 구조물의 경우 다른 팽창률 때문에 구조물의 붕괴가 발생할 수 있다.

그림 4-4 열효과에 의한 강철빔의 변형

강철구조물 기둥과 빔과 같은 강철구조물의 온도가 약 900°F(500℃)에 이르게 되었을 때 굽어지며 비틀리고 최종적으로 붕괴된다. 강철이 높은 온도에 노출되었을 때 물질의 변형이 일어날 때까지 강도와 하중부담 능력(load-caring capability)이 감소한다. 이 변형은 물질이 놓인 하중을 견딜 수 없게 되면서 발생한다. 이 하중은 그 구조물 자체의 하중이 될 수도 있다. 이것은 액화되는 것이 아니며 약하게 왜곡되는 것이므로 용융과 혼동하지 않아야 한다. 물체의 외곡 또는 약한 곳의 변형은 녹는점에 도달하지 못하였다는 것을 말해준다(그림 4-4). 만곡(bending)은 예를 들자면 건물의 지붕을 받치고 있는 때처럼 강철빔이 가열되지만 양쪽 끝이 제한되어 있는 경우에는 열팽창에 의해서도 발생할 수 있다.

배관시스템, 특히 이음새들(fittings)은 위치가 변형되거나 바뀔 수 있다. 열과 이후에 따르는 냉각에 의한 팽창과 수축 때문에 화재이전 꼭 들어맞는 상태의 이음새가 헐거워지는 현상이 나타날 수 있다. 실란트(sealant)가 사용된 이음새의 접속은 화재에 의해서 위태롭게 될 수 있다.

열팽창에 의해서 만곡될 수 있는 다른 물질들은 회반죽이 발라진 벽이나 천정 표면이다. 가열되었을 때 회반죽은 팽창하고 라스를 지탱하는 물질로부터 분리된다. 또 건조벽 보수한 석고벽과 석고보드 벽은 열팽창에 의해서 벽 또는 천정의 표면으로부터 분리될 수 있다.

■ 연기의 부착

연소과정 동안 다수의 연소생성물이 방출된다. 연기는 다양한 입자, 액적, 가스를 포함한다. 뜨거운 연소생성물 때문에 연기기둥으로부터 멀리 이동한다. 그것들은 건물의 다른 부분에 있는 차가운 표면에 축적되기 시작한다. 이러한 연기는 부착 또는 응축된다. 특히 훈소화재에서 벽, 창문과 같은 차가운 표면에 다양한 두께로 축적되기 시작하며 이것은 축축하거나 끈적거릴 수 있다. 연기 부착의 색상이나 질감은 연소 또는 열방출률에 대한 지표로 신뢰할 수 없다. 연료의 성질을 판단할 수 있는 유일한 방법은 연기의 화학적 분석이다. 연기의 부착은 반드시 사고로 발생하였다는 것을 항상 지목하지는 않으며 추가적인 자료가 필요할 수도 있다.

많은 사례에 있어서 연기 감지기의 표면에 그을음의 부착성질을 통해서 화재 시 연기 감지기가 작동하였는지 여부에 대하여도 알 수 있다. 그을음의 응집으로도 알려진 강력한 그을음 부착은 연기 감지기 혼의 가장자리 근처와 그것들의 혼 디스크 표면 근처 외함 내부의 표면과 외부에서 인식할 수 있는 형태를 형성하는 연기 형태의 그을음 미립자의 현상이다.

연기 감지기에 이러한 것이 있거나 또는 다른 알람 작동의 물리적 증거가 있을 때 화재조사관은 더욱 자세한 기록의 작성, 검사, 증거 수집을 고려해야 한다.

강력한 그을음 부착의 증거는 약하여 주의 깊은 취급과 증거물 포장을 하지 않는다면 쉽게 망가지거나 닦여 나갈 수 있다. 부착된 그을음의 가치를 저해할 수 있는 가능한 어떠한 일도 발생하지 않도록 주의를 기울여야 한다. 이 증거는 찾아내기 어렵거나 판단하기 어려울 수 있으며 이것의 존재를 확인하기 위해서는 현미경 검사가 필요할 수도 있다.

연기 감지기는 작동여부가 문제되었을 경우 증거로 취급되어야 한다. 수집 전 놓인 상태로 사진촬영을 해야 하며, 전원을 넣거나 배터리를 제거 또는 삽입하는 행동 또는 테스트 버튼을 누르는 등 변형되지 않도록 해야 한다.

화재가 성장하면서 미리 부착되었던 연기의 응축물을 태워버린다. 직접적인 화염의 접촉이나 복사열에 노출되었을 때 표면물질이 연소되지 않은 상태로 연소생성물에 의해 어둡게 된 지역과 경계를 이루는 비가연성 표면에 깨끗이 타버린 지역을 만들어낸다. 화염에 대한 노출과 열의 강도는 부착된 그을음, 페인트는 물론 벽지의 종이를 산화시키기 시작하며 존재하는 탄소를 소비시켜 버린다. 이것은 백화연소(clean burn)라고 부른다(그림 4-5). 이러한 지역의 경계는 조사관을 화재의 확산에 대한 판단에 도움을 준다. 그러나 비록 백화연소가 높은 열의 지역을 보여준다고 하지만 반드시 발화부를 나타내는 것은 아니다.

Courtesy of Robert Schaal

그림 4-5 백화연소의 예시

■ 하소

하소는 석고벽에서 자연스럽게 화학적으로 결합된 물이 화재의 열에 의해서 석고 밖으로 증발되면서 발생한다. 석고보드는 화재에 노출되어 예상할 수 있는 방식으로 반응한다. 화재는 물질의 축적과 색상의 변색을 야기할 것이며 이것은 경계선을 형성할 수 있다. 첫 번째 노출로 종이 표면은 어두워지고, 탄화되고, 그리고 타서 없어질 것이다. 화재에 석고가 노출되면 유기물과 다른 물질은 종종 하얗게 되는 등 색상이 바뀐다. 충분한 노출이 있었을 때 이러한 상황은 물질의 깊이를 통해서 지속된다. 특히 화재 진압 동안 추가적인 요소에 노출되었을 때 등 물질의 깊이 전체가 노출되었을 때 석고보드는 쉽게 부서지며 종종 벽과 천정으로부터 떨어져 나간다. 내화 등급(fire-rated) 석고보드는 화재에 노출된 후에도 강도가 증가되는 첨가제를 함유한다.

하소율(the rate of calcination)은 연소된 시간을 판단하는 지료로 신뢰할 수 없다. 하소의 깊이는 연소된 시간을 판단하는 방법으로 신뢰할 수 없지만 상대적으로 하소의 깊이를 비교하는 것은 화재확산에 대한 판단방법으로 신뢰할 수 있다.

■ 유리의 효과

유리 파편은 연기의 그을음이 부착되지 않은 유리가 발견되면 연기의 축적 이전에 유리가 파괴되었다는 것을 일반적으로 알 수 있다. 이것은 급격한 가열, 화재이전의 파괴 또는 화염이 직접적으로 충격하였을 때 만들어질 수 있다. 다른 요소로는 유리와 환기효과 사이에서 열원의 상대적인 위치가 포함된다.

유리에 탄화수소 생성물의 존재를 포함하여 오일류가 부착되어 두껍게 코팅되어 있었다는 것에 대하여 과거에는 가연성 액체가 관여된 것에 대한 근거로 사용되어왔다. 그러나 이러한 유형의 얼룩은 불완전 연소에 의해서도 발생할 수 있다.

특히 백열전구 등 전구는 열이 충격한 방향과 화재의 진행 방향을 판단하는 데 활용될 수 있다. 25W 또는 이상의 전구 측면이 가열되고 연화(soften)되었을 때 유리 내의 가스는 가열된 쪽으로 유리외피를 밀어낸다. 전구의 이 늘어난 부분은 열원의 방향을 가리킬 것이다(그림 4-6).

반대로 25W 미만의 전구는 진공상태이기 때문에 가열된 쪽에서 함몰된다. 화재와 소화활동 이후 남아 있는 전구는 화재의 진행방향을 판단하는 데에 유용할 수 있다. 그러나 조사관은 고정구 또는 전구 자체가 옮겨지거나 화재 동안 또는 그 이후 바뀌었을 수 있는 가능성을 반드시

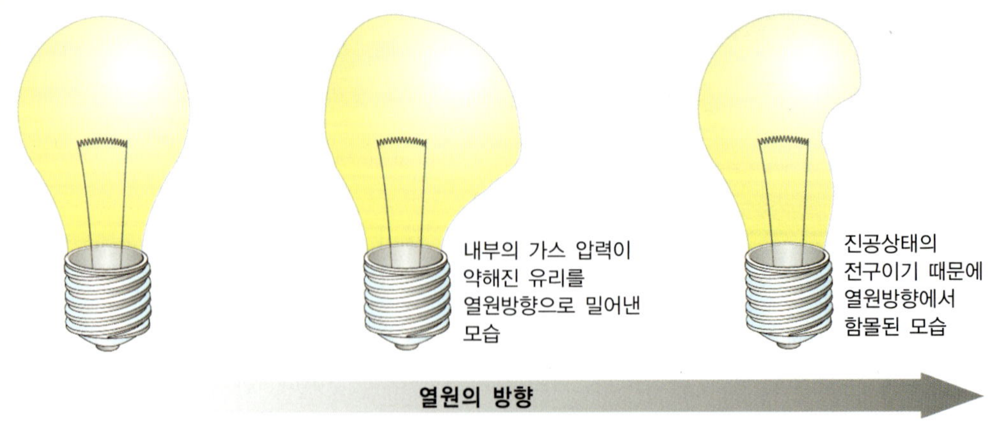

그림 4-6 전구의 손상은 열원의 방향을 가리킨다.

고려해야 한다.

깨진 유리는 대부분의 구조물 화재에서 발견된다. 충격물체에 의해서 파괴된 판유리는 충격 지점에서 전형적인 거미줄 형태로 파괴된다. 이러한 파괴선은 여러 개의 직선이다. 열도 유리를 깨뜨릴 수 있다. 판유리의 중간과 가려진 가장자리의 126°F 온도차는 유리의 파괴를 초래할 수 있다는 것을 연구를 통해 알 수 있다. 유리의 노출된 가장자리는 높은 온도에서 깨질 것이다. 파괴는 판유리의 가장자리부터 시작될 것이다. 형태는 부드럽고 너울거리는 듯한 선으로 퍼지고 서로 난나게 된다. 유리는 한쪽면이 화염에 노출되고 반대면이 차가운 경우에도 유리에 응력을 발생시키고 파괴가 발생할 수 있다. 상가건물이나 샤워실 또는 패티오 문(patio door)[2]에 설치된 강화유리는 열이나 충격에 의해서 깨졌을 때 많은 작은 육면체로 부서진다.

열에 의한 팽창이 있을 때 판유리는 그들이 설치된 틀로부터 튀어 올라온다. 구조물화재에서 압력 증가는 일반적으로 유리를 날려버리기에는 불충분하다. 백드래프트, 폭굉 또는 폭연에 의해서 과압이 발생하였을 때에 유리 파편은 그 건물로부터 수 피트까지 날아갈 수 있다.

가열된 판유리에 물이 끼얹어지는 것처럼 유리가 급격하게 냉각되었을 때 유리의 표면에 짧은 균열이 발생한다. 이러한 균열 또는 잔금이 가는 것(crazing)은 직선이거나 초승달 모양이며 유리의 전체 두께를 관통할 수 있는 짧은 균열의 복잡한 형태이다. 과거에는 이 잔금이 유리의 급격한 가열에 의해서 생성될 수 있다고 믿었다. 그러나 급격한 가열의 결과로는 잔금이 가지 않는다는 것을 연구를 통해 밝혔다(그림 4-7).

Courtesy of Rodney J. Pevytoe

그림 4-7 잔금이 간 창문 유리

■ 가구의 스프링

가구스프링에 지속된 손상을 조사하면서 조사관은 화재 강도, 시간, 진행방향에 대한 실마리를 얻을 수 있다(그림 4-8). 이 손상은 훈소 발화 등과 같은 화재의 유형 또는 한때는 가연성 액체의 존재에 대한 지표로 믿었던 법과학적 가치를 제공하지 않는다. 열처리된 스프링은 열의 적용에 의해 스프링의 장력이 감소하면서 발생한다는 것을 연구실 실험을 통해 확인하였다. 연구실 실험은 노출된 강도와 시간은 스프링의 장력강도의 손실에 영향을 미친다는 것을 밝혔다. 또 열에 노출된 하중 또는 하중의 존재는 스프링의 붕괴(failure)를 초래한다.

---

2) 정원, 발코니로 통하는 미닫이로 된 큰 유리문

매트리스나 쿠션 한부분에서 나타나는 스프링의 차이를 비교함으로써 조사관은 열원에 대한 상대적인 노출정도에 대한 가설을 설정할 수 있다. 만일 침대 매트리스의 한쪽이 심각하게 강도를 잃고 있고, 아직 다른 부분은 상대적으로 약하다면 조사관은 열원 또는 화재가 손상된 쪽과 더욱 가깝다는 가설을 세울 수 있다. 조사관은 이 가설을 지지하는 환기의 효과, 화재의 진행방향 그리고 발화부에 있는 다른 증거물에 대하여 반드시 고려해야만 한다. 또 침구, 베개 그리고 그 외 다른 물체는 스프링이 열에 노출되는 것을 가리거나 보호할 수 있으며 또는 스프링에 부분적인 열 노출을 강화하는 가연물을 제공한다. 화재이전에 스프링의 사용년수 또는 과대한 사용으로 이미 약해진 경우는 또 다른 고려사항이 될 것이다.

그림 4-8 가구스프링의 상대저인 손상은 화재의 방향과 강도, 노출된 시간에 대한 지표가 될 수 있다

■ 열그림자

열그림자는 복사열, 대류열 또는 표면에 화염이 직접 접촉하는 것을 차단하는 물체에 의해서 발생한다. 그러므로 표면에 열전달을 가로막아 마스크라인(mask line)과 같은 경계의 불연속적인 형태를 만든다.

■ 가려진 부분

물체가 물리적으로 다른 물질에 접촉하고 있을 때 열전달에 의한 효과 또는 연소, 연기 등의 부착 등을 막는 방식과 같다면 그 물체는 가려진 부분이라고 한다. 조사관은 화재 현장을 재구성할 때 가려진 부분이 매우 유용하게 사용될 것이라는 것을 알 수 있을 것이다. 그림 4-9는 오토만(ottoman)[3]의 아래에 가려진 부분을 보여준다.

그림 4-9 가려진 구역은 화재 현장 재구성에 유용할 수 있다

3) 오토만(위에 부드러운 천을 댄 기다란 상자 같은 가구. 상자 안에는 물건을 저장하고 윗부분은 의자로 씀)

■ 무지개 효과

기름에 섞이지 않는 오일성분이 물 위에 떠서 흐르는 것이 종종 목격된다. 생성된 간섭효과는 무지개 효과를 만들어 낸다. 이 효과는 화재 현장에서 나타나며 가연성 액체의 존재여부에 대한 지표로 신뢰해서는 안 된다. 아스팔트, 플라스틱, 그리고 목재 생산물과 같은 물질은 열분해에 의해서 무지개 효과를 만들 수 있다.

화재 패턴

화재 패턴은 화재의 효과 또는 화재 효과들의 그룹에 의해서 형성된 것으로 눈으로 볼 수 있거나 측정할 수 있는 물리적 변화 또는 규명이 가능한 형태들로 정의된다. 이러한 물리적 효과들은 화재 패턴을 식별하기 위해서 조사관들이 사용하는 정보의 1차적 조각이다. 모든 화재는 다르고 조사관들에게 해석되어야 하는 독특한 화재 패턴을 생성한다. 환기, 발화요소, 연료 하중 그리고 공기의 흐름 등 모든 것은 화재 패턴에 영향을 미칠 것이다.

열, 그을음의 부착 그리고 소실은 화재 패턴의 근본적인 3가지 원인이다. 조사관은 모든 패턴의 종합적인 맥락 내에서 개별적인 화재 패턴을 분석해야 한다. 단 1개의 화재 패턴에 대하여 너무 단독적으로 또는 너무 비중이 높게 의존하지 않도록 권고된다. 1개의 화재 패턴이 확정적인 경우는 드물다. 독립적으로 분석된 한 개의 패턴은 잘못된 결론으로 이끌 수 있다. 총체적 패턴으로부터 관심분야로 진행과 그리고 그 다음 작은 패턴에 대한 구체적인 분석을 하는 분석과정은 유의미한 정보를 제공할 수 있다.

구획실 화재에서 화재성장단계는 화재 패턴에 영향을 미친다. 패턴들은 발화와 초기성장 단계에 만들어진 화재 패턴은 1차적으로 발화원과 가연물에 영향을 받는다. 가스층의 성장은 그 효과를 가중 시키는 가스층으로부터 발생하는 복사 때문에 화재 패턴을 변화시킨다. 성과기의 플래시오버 이후 상황은 원래의 패턴을 덮어씌우고 패턴의 생산은 연료보다는 환기에 더욱 영향을 받는 과정으로 변화시킨다.

화재 패턴의 분석은 단독적으로 이루어져서는 안 된다. 주인 또는 재실자들에 대한 면담들은 화재조사관에게 먼저 존재했던 상황(가연물, 건물 구조, 재실자들의 행동 등), 화재진압활동 그리고 화재성장의 관찰을 이해하는 데에 핵심적일 수 있다. 관련된 정보를 무시하는 것은 화재조사관을 특별한 화재의 발화부 및 발화원인과 거리가 멀 수도 있는 화재 패턴에 과도하게 의존하게 만들 수 있다.

화재 현장을 검사할 때 남아 있는 화재 패턴은 화재 동안 발생한 이벤트의 순서를 밝히기 위해서 화재조사관이 사용할 수도 있다. 화재가 발화부에서 성장단계로 지속됨에 따라서 다른 연료패키지에 발화되면서 추가적인 화재 패턴을 만들어 낸다. 화재의 크기가 커지거나 장시간 동안 연소하는 경우에 발화지점에 남아 있던 화재 패턴은 식별하기 어려워질 수 있다.

■ 플룸에 의해 생성된 패턴

비록 단일 표면에 남겨지는 패턴이 본질적으로 2차원이지만 이것은 화재조사관들이 화재를 3차원으로 가시화할 때 매우 중요하다. 벽과 같은 수직 표면에 남아 있는 패턴은 V자 형태일 수 있다. 그러나 패턴을 남기는 플룸은 3차원 형태이다. 화재 패턴을 보고 패턴을 만든 화재역학적 과정으로 전환하는 능력은 모든 화재조사관들에게 생명과 것이다(그림 4-10).

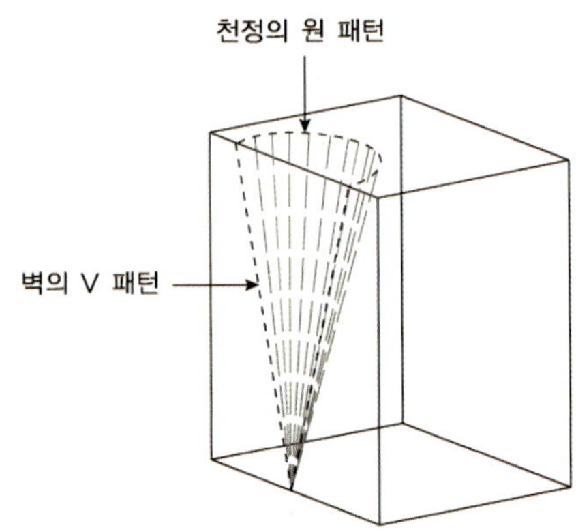

그림 4-10 3차원 고깔에 의한 2차원의 V패턴 형성의 개념, 이와 같은 화재 패턴은 종종 끝이 잘린 고깔 패턴으로 간주된다

주어진 가연물 패키지가 발화되었을 때 부양하는 뜨거운 가스, 연기와 화염의 기둥은 위쪽으로 상승한다. 만일 화재가 구획실에 위치하고 있다면 플룸은 천정 높이에 이르고 천정 기류로(in ceiling jet) 플룸의 측면으로 확대된다. 만일 제한된 천정이 없다면 플룸은 대기 온도로 냉각될 때까지 지속적으로 상승하며 확산될 것이다. 화재 패턴의 생성은 일반적으로 연소중인 가연물의 열방출률에 영향을 받는다. 화재 패턴은 화재 패턴이 나타나는 표면이 열분해 또는 그 근처의 온도인 플룸에 영향을 받았을 때 가장 확연히 나타난다. 표면에 남는 패턴은 V 패턴(V-pattern), 뒤집힌 콘(inverted cone), 모래시계(hourglass), U 패턴(U-shape), 원형(circular), 포인터(pointer), 에로우 패턴(arrow pattern) 등 다양한 방식으로 나타난다.

화재 플룸이 성장함에 다라서 패턴의 형태와 크기는 변한다. 초기단계 화재는 뒤집힌 콘 패턴을 생성할 것이다. 화재가 진행됨에 따라서 모래시계 패턴이 나타날(evolve) 수 있다. 결국 플래시오버 단계의 전실화재에 도달하면 뚜렷한 패턴은 사라지고 말 것이다. 게다가 화재성장과 확산 그리고 가까이 있는 큰 연료패키지의 규모가 큰 연소에 의해서 만들어진 새로운 패턴에 의해서 초기의 패턴은 부분적 또는 전체적으로 지워진다.

■ 환기지배형 패턴

연소과정 동안 압력이 생성됨에 따라서 뜨거운 가스와 화재 그 자체가 창문, 문 그리고 그 외의 제한된 개구부를 통해서 증가된 속도로 가연물 아이템의 위, 아래, 주변으로 흘러 빠져나간다. 이것은 그곳에 위치한 물질의 손상률(rate of damage)을 증가시킨다. 환기가 잘된 화재는 높은 열방출률로 연소하며 더욱 큰 손상을 야기할 수도 있다. 그 위치에 심각한 손상이 관찰(noted)되었을 때 조사관은 발화부의 지목보다는 설명 가능한 이러한 요소에 대하여 반드시 고려해야 한다. 만일 훈소화재의 불티가 높은 열을 생성할 수 있는 연료 패키지를 발화시킨다면 이곳에서 발화지점의 훈소화재보다 더욱 심각한 손상이 생성할 것이다.

마루를 통과하여 연소된 구멍은 흔하지 않게 발생하며 종종 가연성 액체가 적용된 결과로 오인하게 된다. 이 손상은 붕괴된 건물 재료 잔해 속의 훈소에 의해서 마루에 구멍이 만들어질 수 있다. 이 구멍은 공기의 흐름을 만들고 이곳의 연소율(burning rate)을 증가시킨다.

화재가 심해져 화염과 고온가스가 구획실에서 배출될 때 화재 패턴의 형태와 규모를 변화시킨다. 심각한 국부적 손상은 창문이나 문에서 근처의 가연성 아이템이 심각하게 손상되거나 소실된 상태로 발견된다. 비록 지역 내에서 가장 연소가 심하게 되었다고 하여도 이 장소는 발화지점이 아닐 수 있다.

완전히 성장하지 않은 구획실 화재에서 뜨거운 화재 가스는 문과 문틀 사이로 빠져나가며 이곳을 탄화시킬 수 있다. 차가운 공기는 닫힌 문의 아래쪽을 통해서 들어간다. 최성기(Full-involvement fire)의 뜨거운 화재가스는 마루높이까지 확장될 수 있으며 빠져나가면서 문의 아랫면을 탄화시킬 수도 있다. 문 가장자리에서 가연성 액체의 연소 또한 표면을 탄화시킬 수 있다.

■ 고온 가스층에 의해 생성된 패턴

플래시오버 이전에 화재의 뜨거운 가스층은 하강하기 시작하며 복사되는 열유속은 물체의 윗면과 마루 표면에 손상을 줄 수 있다. 만일 가스층이 마루높이까지 하강하면 뜨거운 가스가 문의 아래쪽을 통해 빠져나가면서 방 바깥의 마루높이에 손상이 나타날 수 있다. 가스층의 하강하는 높이는 방내의 벽과 물체의 수직표면 검사를 통해서 판단할 수 있다. 물질의 소락물(drop-down materials)은 독립된 장소에 손상을 생성할 수 있지만 이 손상은 일반적으로 방 전체에 일정하다. 반대로 화장대와 텔레비전 같은 물체는 수직표면과 바닥 표면을 뜨거운 가스로부터 보호할 수 있다(그림 4-11). 이 방식으로 가려진 부위에 대한 어떤 순차적인 자료를 조사관에게 제공할 수 있다.

그림 4-11 하재이 뜨거운 가스에 의해서 생성된 플룸 패턴의 일부

■ 최성기에 생성되는 패턴

최성기에 생성되는 패턴은 방 전체의 바닥 높이까지 모든 노출된 표면에서 쉽게 찾을 수 있다. 만일 연소되는 화재시나리오의 시간이 길다면 V패턴과 같은 전통적인 화재 패턴을 분석하고 기록하는 것은 어려워질 수도 있다.

성화기가 발생하였을 때 바닥을 포함한 방에서 이루어지고 있는 손상은 복사와 대류되는 열이 방의 연료 패키지에 발화시키기 때문에 더욱 강렬해 질 것이다. 뜨거운 가스층이 바닥까지 지속적으로 하강함에 따라서 물체 아랫면의 탄화, 방의 구석부위의 강렬한 손상, 카펫과 마루의 발화 그리고 문 아랫면의 탄화 등 방 내의 물체에 대한 손상은 강렬해진다. 비록 최성기(full room involvement)에 바닥에 구멍을 만들어 낼 수 있어도 이러한 패턴은 물체 또는 잔해가 바닥 위에서 타거나 물체가 가려진 구역을 생성한 결과일 수 있다는 점을 화재조사관은 고려해야 한다. 화재가 지속되면서 방의 손상은 증가하지만 환기와 유용한 가연물 물질의 효과 때문에 짧은 시간 동안 발생하는 극심한 상황에 주요 손상이 만들어질 수 있다.

■ 화재진압에 의해 생성된 패턴

화재진압활동은 화재 패턴을 변경하거나 생성시킬 수도 있다. 특히 방수포(master stream) 등 물줄기는 화재의 확산 방향을 바꿀 수 있고, 배연(ventillation) 활동은 화재 패턴의 존재에 영향을 미칠 것이다. 화재 현장에서 관찰된 패턴에 변화를 야기했을 활동이 있었는지를 이해를 위해 개인 또는 소방대의 활동을 공부해야 한다.

■ 경계선

화염과 열, 연기가 물체 또는 표면에 충돌하였을 때 물체의 영향을 받은 곳과 덜 영향을 받은 부분 사이를 구분하는 경계의 면이나 선이 생성된다. 화재의 열방출률, 화재진압활동, 환기, 노출된 시간 다양한 요소, 화염이나 열원의 근접한 정도, 물질 그 자체를 포함하는 다양한 요소는 경계의 면 또는 선의 생산을 기록한다.

예를 들어 만일 한 개의 물체가 낮은 온도에서 장시간 가열되었다면 그 물체는 높은 온도에 짧은 시간 동안 가열된 물체와 동일한 손상을 보일 것이다. 화재조사관은 항상 화재 패턴을 조사할 때 이러한 요소들을 반드시 고려해야 한다.

화재조사관 팁

마루를 관통하는 연소된 구멍은 반드시 가연성 액체에 의한 것은 아니다. 붕괴된 건물 잔해 속의 훈소에 의해서도 마루 바닥에 구멍을 생성시킬 수 있다.

■ **화재피해자를 통해 알 수 있는 패턴**

누구나 화재 현장에서 사망한 피해자를 빨리 정리하고 싶을 것이지만 분석과 기록이 완료되기 전까지 시체를 움직여서는 안 된다(“화재와 폭발로 인한 사망 및 상해”장 참조).

비록 그 영향은 피해자의 나이, 체중, 건강 전반에 기초하여 영향을 받지만 열은 신체에 다수의 영향을 미친다. 피부는 붉어지고, 어두워지고, 갈라지고, 찢어지고, 탄화된다. 피부의 갈라짐은 살아 있는 조직의 반응으로 생각되었지만 사후 노출에서도 어느 정도까지는 발생할 수 있다. 시체의 근육은 건조되고, 수축되며, 줄어든다. 팔과 다리에서 일어나는 이러한 수축은 피해자를 투사형 자세로 만들게 된다. 노출된 뼈는 색상이 바뀌고 충분히 노출되었을 때 질량이 감소한다.

뼈의 유기물이 소비되면서 뼈의 하소가 발생할 수 있다. 두개골은 외상이나 열 등 몇몇 작용을 통해서 파괴된다. 일반적으로 시체는 좋은 가연물이 아니다. 시체의 지방은 녹아서 연소될 수 있으나 그렇게 되기 위해서는 심지와 같은 물질이 필요하다. 화재 현장에서 발견된 시체들은 증거물로 취급되어야 하며 존재하는 화재 패턴에 부합하는지 해석되어야 한다. 가능하다면 화재조사관은 화재의 영향에 대한 검사와 기록을 위해 부검에 참여해야 한다. 화재에서 부상을 입었지만 살아남은 사람들이 있는 경우에 조사관은 그 부상들을 기록하도록 노력해야 한다.

패턴의 위치

화재는 3차원적 이벤트이며 그 효과도 3차원이라는 것을 명심하는 것은 중요하다. 화재조사관은 쉽게 관찰되지 않는 것들을 포함하여 영향을 미친 모든 표면을 조사하는 것이 필요하다. 이러한 현장 검사는 지붕 위에서 면적 전체를 보는 것과 같은 거시적 패턴을 찾는 것과 전선의 절연체에 남는 열효과와 같은 미시적 패턴을 찾는 것을 포함한다.

화재 패턴과 무관한 장소라고 하여도 건물의 내부 또는 화재의 주변에서 모든 지역을 검사하는 것은 중요하다. 화재 패턴은 화재의 주요지역으로부터 독립된 화재 패턴은 화재의 확대, 연소중인 나무토막, 소락물, 독립된 발화부 또는 앞서 발생한 화재 등 여러 요소들 때문에 만들어진다

NFPA 921의 6장은 패턴의 위치에 대하여 더욱 넓은 논의를 제안한다. 당신이 그것을 읽었다면 어째서 화재조사관들까지 건물 구조에 대하여 잘 이해해야 하는지 그 이유가 명확해질 것이다.

화재 패턴은 벽, 천정, 바닥 그리고 구획실의 여러 내용물에 만들어질 것이다. 방 표면의 검사는 덮여 있는 표면 또는 건축물 내부의 패턴을 알 수도 있다.

벽의 패턴은 대부분 V, 모래시계 또는 U이다. 천정 또는 수평적 표면에서 더욱 강렬한 손상 지역을 발견할 수도 있다. 대부분의 경우 이러한 것들은 발화부를 지목한다. 그러나 조사

관은 방에서 실제 발화지역으로부터 떨어져 있는 연료 패키지가 천정에 손상된 지역을 만들 수 있다는 점을 유념하도록 주의해야 한다. 조사관은 가능한 열원을 조사하기 위해서 종종 원형 패턴의 아래지역을 검사해야 한다. 전도에 의한 열전달은 벽과 천정 내부에 손상을 초래할 수 있다. 열은 석고벽을 통해 전도될 수 있으며 그 뒤에 있는 벽 스터드에 손상을 초래할 수 있다.

화재조사관은 바닥에 화재 패턴이 남아 있는지를 검사해야 한다. 플래시오버 조건의 구획실에서 패턴은 화재 상황에 의해서 지워지거나 새롭게 만들어질 수 있다. 최근(1970년 이후로)의 미국에서 판매된 카펫은 명확한 내화기준(fire resistance standards)을 따라 만들어졌다. 일반적으로 이 카펫에 담배나 성냥을 떨어뜨리는 것은 수평적으로 화염을 확산시키기에 부족하다. 일반적으로 카펫이 연소되기 위해서는 더 많은 에너지가 요구되며 화염이 확대에 필요한 최소한의 에너지를 제공될 때까지만 연소할 수 있다. 플래시오버 상황에서 카펫에 미치는 복사열의 영향은 발화와 연소를 초래할 수 있다. 마루 널의 틈새 사이의 연소는 항상 가연성 액체의 존재를 증명하는 것은 아니다. 그 패턴은 사실 상 마루에 복사열 또는 먼저 화재에 의해서 만들어진 것일 수도 있다. 마루 부위에서 발견된 구멍은 기존에 있던 것(preexisting conditions)이거나 작열 연소, 복사 또는 가연성 액체에 의해서 만들어질 수 있다. 비닐 타일 바닥은 몇회의 반응 동안 웅크러질(curl) 수 있다. 액체가연물의 연소, 복사열 또는 자연적인 수축은 타일에 손상을 초래할 수 있다.

가연성 액체의 존재가 의심되는 경우 화재조사관은 연구소의 확인을 위해서 이 모든 패턴에서 샘플과 비교샘플을 수집해야 한다.

최성기 초기 단계(the early stages of full-room involvement)에서 플래시오버와 방에 가득 찬 화염(full-room involvement)은 표면에 상대적으로 일정한 연소를 발생시킨다. 이 유사성은 가득 찬 화염(full-room involvement)이 증가하면서 급격하게 소멸된다. 어떤 노출된 표면은 환기효과와 가구의 위치 때문에 손상을 입지 않거나 적게 손상을 입을 수도 있다 화재 패턴을 평가할 때에는 더 깊은 관심을 기울여야 한다.

■ 기울어진 면

나무로 만들어진 벽 샛기둥(studs)에 나타난 기울어진 면은 화재 방향의 지표이다. 그림 4-12의 좌측 부분에서 보이는 것과 같이 기울어진 방식은 확산방향을 향한다. 그림의 우측에서 보이는 것처럼 열원이 벽 샛기둥의 좁은 표면을 정면으로 향할 경우 어떻게 기울어진 각도가 변하는지를 주목하라. 위에서 보았을 때 열원을 지목하는 벽 샛기둥의 경향을 따라 기울어진 면은 "pointer and arrow" 패턴으로 알려져 있다.

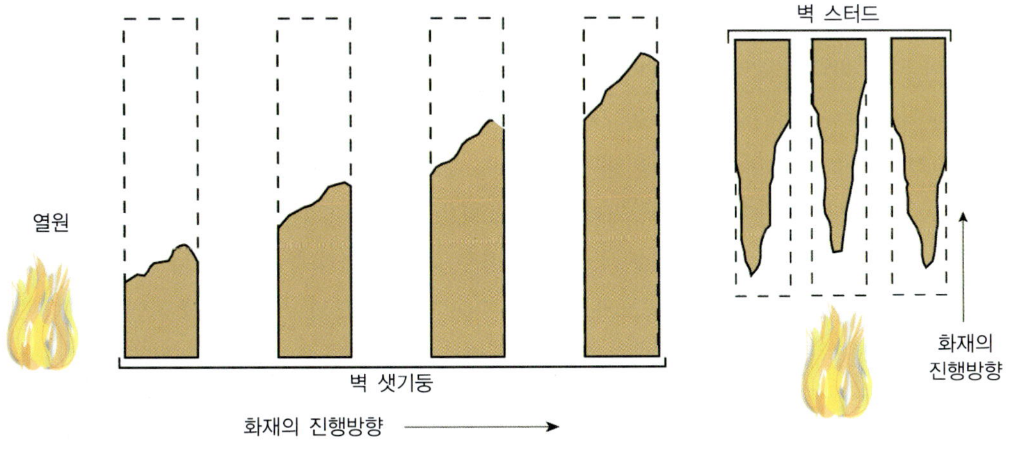

그림 4-12 샛기둥의 사면

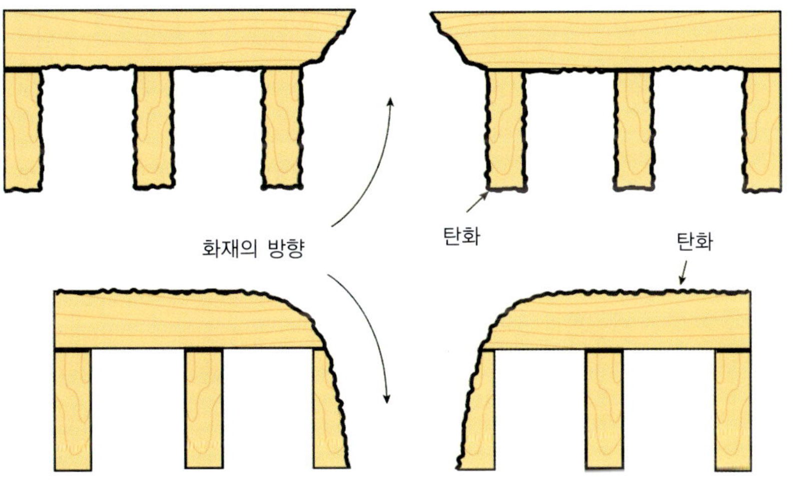

그림 4-13 수평표면에 화재의 관통

수평 표면의 관통 연소

위에서 시작되던 아래에서 시작되든시 간에 수평면에서 관통이 발견되는 경우 화재조사관은 복사열, 독립된 훈소 물체, 그리고 환기 등 몇 가지 원인에 대하여 고려해야 한다.

아래 방향으로 진행된 관통의 경우 화재조사관은 이 손상을 가연성 액체가 적용된 결과로 추정하지 않도록 반드시 주의해야 한다. 가열된 가스가 상승하기 때문에 아래 방향 진행은 흔하지 않다. 그러나 최성기 화재(Fully developed fire)가 발생하였을 때 가스는 마루의 작은 구멍을 통해서 강제로 배출되며 화재 이후 관통이 발생한다. 비슷하게 가구의 조각과 같은 물체가 연소할 경우 물체의 밑을 관통시킬 수 있다. 마루의 관통은 화염연소 또는 훈소 중인 화재가 존재할 수 있는 곳의 마루를 붕괴되도록 만들 수도 있다.

수평적 표면을 통과하는 화재의 진행방향은 화재로 인해 생성된 구멍의 측면과 경사를 검사함으로써 판단할 수 있다. 위에서 아래를 향해 넓은 구멍의 경우 화재의 진행방향은 위에서부터이다. 화재가 표면의 아래에서부터 진행된 경우 측면은 아래쪽이 더욱 넓고, 위쪽으로 경사진다. 화재의 움직임은 양쪽 방향으로 일어날 수도 있으며 구멍에서는 최종적인 진행방향만을 볼 수 있기 때문에 조사관은 이러한 관통을 통해서 화재의 진행방향을 판단할 때에는 주의를 기울여야 한다(그림 4-13).

불규칙 패턴

NFPA 921은 다른 주제에 비해서 불규칙 패턴의 잘못된 해석을 더욱 경고하였다. 간단히 말해서 일단 화재가 플래시오버를 넘어서면 오직 가지석인 형상에 근거한 몇몇의 제한된 화재 손상, 포어패턴이라고 부르는 불규칙 패턴은 잘못된 판단으로 이끌 수 있다

마루 또는 바닥재에 일반적인지 않은 형태 또는 풀(pool) 패턴의 존재는 가연성 액체가 관여되었다는 지표로 신뢰(rely on)해서는 안 된다. 방내에서 최성기로 성장하거나 플래시오버에 노출된 화재 그리고 소화에 장시간이 소요된 화재는 가연성 액체가 존재하지 않았음에도 불구하고 유사한 패턴을 생성한다. 일반적이지 않은 형태의 패턴의 경계선은 물질의 성질과 노출된 열의 강도에 따라서 다양할 수 있다. 하드우드(hard wood) 마루와 같이 밀도가 높은 물질은 카펫과는 아주 다른 뚜렷한 선이 남는다.

화염연소 또는 훈소하고 있는 잔해, 옷 또는 일반적이지 않은 형태의 물질, 플라스틱 아이템 그리고 가연성 액체는 모두 일반적이지 않은 형태를 만들 수 있다. 조사관은 의문의 패턴을 생성시킨 물질을 규명해야 하며 실험실의 분석을 위해 시료를 수집해야 한다.

분석을 위해 카펫 또는 다른 연소잔해 등의 시료가 수집되었다면 손상되지 않은 지역의 비교시료를 수집하고 제출하여야 한다. 가연성 액체가 존재하지 않는 경우에도 탄화수소와 같은 열분해 생성물이 감지될 수 있으므로 조사관이 촉진제가 존재한다고 생각되지 않는 마루의 시료와 같은 비교시료를 수집하는 것은 항상 유용하다.

NFPA 921에는 어떠한 가연성 액체가 사용되지 않았지만 가연성액체가 제공된 패턴으로 규명될만한 외관을 내타내는 화재 후 패턴의 실험 사진 몇 장이 실려있다. 화재 패턴의 생성에 영향을 미치는 건축 재료 및 방법과 관련된 건물 건설에 관한 추가적인 레퍼런스를 읽는 것은 이런 패턴에 대한 이해를 한층 높여줄 것이다.

패턴의 기하학적 구조

화재와 연기는 독특한 패턴의 다양성을 제공한다. 이러한 패턴은 그들의 기하학적 형태에 기초하여 설명된다. 이 패턴의 해석은 과학적 연구에 근거하고 있지 않다. 그러므로 다른(alternative) 해석도 가능하다. 화재 패턴의 다양한 성질에 의해 이 책에서 묘사된 것들 이상의 수많은 패턴이 있을 수 있다(그림 4-14).

V 형태의 패턴은 플룸의 열 또는 연기에 의해서 만들어진다. 패턴의 각도는 영향을 미치는 몇가지 요소가 있다. 그것은 가연물 패키지의 열방출률, 연료의 기하학적 구조, 환기의 효과, 수평적 물체와 패턴이 관찰되는 표면의 가연성들이다.

경계선의 각도를 화재성장 속도 또는 단독적인 가연물의 열방출률을 나타내는 것으로 해석해서는 안 된다.

거꾸로 된 콘 패턴(inverted cone patterns)은 종종 바닥에 있으며 천정에 닫지 않는 수직적 플룸에 의해서 종종 생성된다. 이것은 밑면이 바닥에 있는 2차원인 삼각형의 외관이 될 것이다. 이러한 화재는 종종 짧은 수명을 가지고 있거나 낮은 열방출의 가연물 패키지가 관여된 것이다. 패턴은 마루높이 아래에서 누출되고 있는 천연가스가 상승하고 마루와 벽이 교차하는 지점에서 연소하는 경우에도 생성될 수도 있다.

Courtesy of Rodney J. Peyrtoe

Courtesy of Jamie Novak, Novak Investigations Inc. and the St. Paul Fire Department

그림 4-14 가장 일반적인 패턴, A. 열린 창문으로 배출되는 화염에 의해 생성된 부분적인 V패턴, B. 가연물 더미가 바닥에서 연소하며 생성된 A패턴

화재조사관 팁

일단 화재가 플래시오버를 넘어서면 오직 가시적인 형상에 근거한 몇몇의 제한된 화재손상, 포어 패턴이라고 부르는 일반적이지 않은 패턴은 잘못된 판단으로 이끌 수 있다.

거꾸로 된 콘 패턴(inverted cone patterns)은 종종 바닥에 있으며 천정에 닫지 않는 수직적 플룸에 의해서 종종 생성된다. 이것은 밑면이 바닥에 있는 2차원인 삼각형의 외관이 될 것이다. 이러한 화재는 종종 짧은 수명을 가지고 있거나 낮은 열방출의 가연물 패키지가 관여된 것이다. 패턴은 마루높이 아래에서 누출되고 있는 천연가스가 상승하고 마루와 벽이 교차하는 지점에서 연소하는 경우에도 생성될 수도 있다.

모래시계패턴은 가연물 패키지가 수직표면에 바로 붙어서 또는 가까운 곳에서 연소되면서 만들어진다. 가연물이 연소할 때 수직 표면에서 낮은 곳은 화염부를 보여주며 고온 가스부 위쪽의 효과 또한 나타난다. 낮은 지역은 위쪽의 더욱 큰 V와 연결된 거꾸로 된 V를 나타낸다.

U 형태의 패턴은 V 형태의 패턴의 뾰족한 경계선과 비교되는 부분 부드러운 선이 나타난다. 끝이 잘린 플룸(truncated plume)으로 알려진 끝이 잘린 콘 패턴(Truncated cone pattern)은 수직과 수평 표면에 함께 교차되면서 만들어진다.

포인터 앤 에로우(pointer and arrow) 패턴은 연속된 가연물질 위에 나타날 수 있다. 연속적인 벽 샛기둥이 노출된 마감처리되지 않은 창고와 같은 지역은 예가 될 수 있다. 이런 패턴은 외장이 화재에 의해 표면이 파괴되었을 때에도 나타날 수 있다. 몇 개의 벽 샛기둥에 나타나는 경계선에 대한 실험에 의해 화재진행 방향을 밝혀냈다. 샛기둥의 가장 심각한 탄화는 열이 진행한 방향 쪽에서 나타날 것이다.

원형의 패턴은 수평표면의 아래쪽에서 종종 관찰된다. 화재 플룸이 상승하고 위쪽의 표면에 도달하면서 원형의 패턴을 남기게 된다. 열원이 수직 표면과 멀 경우 패턴은 더욱 자연스러운 원형이 되는 경향이 있다.

도넛 패턴(doughnut-shaped pattern)은 손상된 부분이 덜 손상된 부분을 둘러싸고 있으며 일반적이지 않은 형태의 연소지역 어딘가에서 발견될 수 있다. 이 효과는 종종 가연성 액체에 의한 결과이며 조사관들에 의해서 가연성 액체에 의해서 생성된 패턴의 증거로 조사된다. 연소중인 액체에 의해서 이러한 패턴이 만들어질 때 주변을 따라서 화염이 존재하는 반면에 액체 자체는 적용된 지역의 중심부를 냉각시킨다.

새들 번(saddle burns)은 종종 마루의 귀틀(floor joists)에서 나타나는 곡선 형태로 깊게 탄화된 흔적으로 특정지어진다. 이 눈에 띄는 U 형태의 패턴은 잠재적으로 가연성 액체가 관여된 결과로 만들어질 수도 있다. 그러나 그들은 마루 위 표면에서 녹아 마루 위로 떨어져 연소하는 물체에 의해서도 생성될 수 있고 아래쪽으로 환기가 이루어지는 마루의 개방에 의해서도 만들어질 수 있다.

선 패턴(linear pattern)은 수평적인 표면에서 발견된다. 표면을 따라서 연장되고 확장되는 경계선의 형상으로 보인다.

마루높이에서 일반적이지 않은 화염과 열에 의한 손상된 긴(long) 형태는 종종 한 개의 구역과 다른 구역을 가연성 물질로 연결한 트래일러(trailer)를 만들었을 때 나타난다. 트래일러는 다수 화재 또는 "발화(sets)" 또는 다른 층으로 화재를 확산시키기 위해서 사용된다.

카펫이나 마루와 같은 물체의 표면의 가려지지 않은 부분이 심하게 손상되는 경우에도 가구와 다른 아이템은 방의 벽이나 마루 표면을 방호하여 가려진 부분에 적은 손상 또는 전혀 손상되지 않은 지역을 생성할 수 있다. 이와 같은 선형태의 패턴은 가끔 트레일러로 오판하게 되지만 이것들은 현장에 존재했던 의류나 상자, 다른 물체에 의해서 쉽게 생성될 수 있다. 조사관은 이러한 패턴이 생성될 수 있는 어떤 물체 또는 아이템이 존재했는지를 확인해야 한다.

마루 위의 선 패턴(linear pattern)은 마루 또는 카펫이 오랫동안 사용된 경우에도 발생할 수 있다.

액화 석유가스와 프로판이 탈 때 누출부위를 가로막고 있는 비가연성 표면을 가로지르는 경계선 또는 선 패턴이 만들어질 수도 있다. 만일 가연성 가스가 발화 이전에 방에 확산되었다면 에어리어 패턴(area pattern)이 생성될 수 있으며 조사관에게 쉽게 발견되지 않을 수도 있다. 이 현상은 섬광화재(flash fire)와 같은 급격한 화재에 의해서도 발생될 수 있다. 섬광화재는 공간 내에서 표면에 손상을 주지 않을 정도로 작게 발생할 수 있으며 폭발이 발생하지 않을 수도 있다. 손상이 가장 심한 지역은 2차적인 가연물이 발화된 장소일 수 있다. 이 손상은 2차적 가연물, 방의 구조와 열방출률에 의해서 결정된 화재가 이동 패턴(movement patterns)에 의해서 생성될 수 있다. 만일 플래시오버가 발생하면 섬광화재의 증거는 변경되고 소실된다. 섬광화재는 가연성 아이템의 주변에 약한 손상을 야기하는 가연성 가스만을 연소시킨다. 화재 확산의 추적을 더욱 어렵게 만드는 비정상적인 이동 패턴의 외관을 가지는 가스의 포켓팅(pocketing)이 나타날 수 있다. 화재조사관은 섬광화재의 발화부 설정을 위해서 정확한 목격자의 진술과 잠재적 연료와 발화원에 대한 조사를 실시해야 한다.

화재의 전환이 성장기에서 최성기로 진행됨에 따라서 플래시오버 이벤트가 발생하고 화재는 바닥 높이까지 노출된 가연물 표면에 급격하게 확산될 것이다. 일정한 깊이의 탄화와 하소가 발생되나 환기와 가구 또는 고정물과 같은 물건의 위치에 따른 효과 때문에 벽과 천정 표면에 비하여 유사하지 않은 손상을 나타낼 수 있다.

화재 패턴의 분석

화재 패턴 분석은 패턴의 생성원리와 중요성을 결정하기 위해서 화재 패턴을 해석하고 검사하는 과정이다. 조사관이 관찰한 패턴을 잘 인식하고, 검사하고 분석하기 위해서 이 분석은 화재의 성장과 화재역학에 대해 이해하고 있는 조사관에게 달려 있다. 화재 패턴에는 이동 패턴과 강도 패턴(intensity patterns)이라는 2개의 기본적 유형이 있다(이 패턴의 유형들은 이 책의 "기본 화재과학"장에서 화재역학을 논의하면서 정의하였다). 화재 현장에서 그들에게 적용된 열원을 역추적하기 위해서는 한 개 유형의 패턴 보다는 시스템적인 외관이 해석된다. 어떤 패턴은 이동방향과 강도(heat/fuel) 모두를 나타내는 측면을 보여 줄 수도 있다. 일반적으로 어떠한 개별적인 패턴도 결정적일 수 없으며 관찰된 각 패턴은 화재 현장의 상호 관계 속에서 분석되어야 한다. 패턴들의 비교는 진행경로를 판단하도록 하여 조사관들에게 발화부로 안내할 것이다.

■ 열(강도) 패턴

패턴은 가연물 아이템이 열과 화염에 노출되었을 때 생성된다. 연료물질의 성질과 질량이 남아 있는 한 조사관들이 화재의 진행방향을 판단할 때 유용한 경계와 질량감소를 만든다. 예를 들어 전체적인 손상 수준과 연기의 부착은 큰 화재 지역의 초기 결정에서 조사관에게 도움을 줄 것이다. 게다가 한 부분이나 한 면이 다른 면에 비해서 더 많은 질량 감소가 되었다면 이것은 종종 질량 감소가 높은 부분으로부터 더욱 많은 열적 강도가 있었다는 것을 알려준다. 조사관은 종종 어디의 열이 더욱 강했는지에 대한 정보를 얻기 위해서 동일하게 구성된 벽 샛기둥과 같은 동일한 물질을 비교할 수 있다. 비록 V 패턴과 U 패턴은 그것들이 발화부를 지목하기보다는 하중이 높은 가연물을 주로 지목하지만 열의 존재를 알려준다. 경계선은 더 많은 열을 받거나 더 오랫동안 노출되어 더 소실된 아이템과 유사한 아이템의 상호관계 또는 더 소실된 아이템의 지역과 다른 지역의 상호관계를 검사하고 구별한다. 이러한 정보는 다른 아이템의 경계선 및 손상과 비교하고 분석하여 조사관이 가장 높은 열과 화재강도의 지역을 판단할 수 있도록 한다. 이것은 발화부를 판단할 때 도움을 준다.

■ 화재확산(이동) 패턴

화재가 성장하고 확산되면서 연기와 고온가스를 포함하는 연소생성물은 초기의 열원으로부터 이탈하여 흘러간다. 화재는 내부의 개구부와 문지방을 통과하면서 종종 눈에 띄는 패턴을 남긴다. 포인터와 에로우 패턴은 지역 내에서 화재의 이동에 관한 정보를 위해 분석될 수 있다. 이러한 생성물이 구회실을 통해 이동할 때 경계면과 내용물에 다양한 각도로 영향을 준다. 이것은 영향을 주면서 상호 관계적으로 분석할 수 있는 패턴을 생성하여 조사관들이 그것들을 만든 열원을 역추적할 수 있게 된다. 이 정보는 화재의 성장과 발달의 분석, 발화부의 판단, 화재원인의 결정을 하는 데에 유용하다. 조사관은 모든 패턴과 현장에서 발견된 다른 자료들을 반드시 고려해야 한다. 그리고 반드시 패턴이 관찰되는 맥락 내에서 그것을 고려해야 한다. 예를 들어 바닥 위의 플라스틱 물건으로부터 만들어진 백화연소는 화재가 그 물건으로부터 발생한 것처럼 보이지만 만일 그 물체가 타고 있던 위쪽 지역으로부터 소각된 물체라는 것이 명백하다면 그 물체와 연관된 패턴은 많은 다양한 의미를 갖는다.

요 약

검토를 위한 준비

- 화재역학에 대한 탄탄한 지식이 없이는 화재 패턴을 이해하는 것은 불가능하다.
- 1차적인 물리적 증거는 조사관들이 화재에 관련된 물질과 열, 연기, 그을음과 같은 연소 부산물을 재구성하는 데에 유용하다.
- 화재조사관이 생성된 화재 패턴을 검사하고 정확하게 해석하기 위해서는 화재의 효과에 대한 높은 이해가 반드시 필요하다.
- 질량감소율은 화재 동안 열유속, 화재의 성장률, 가연물의 열방출률 등 다양한 요소들에 의해서 변화한다.
- 목재의 탄화는 화재 전 과정에 걸쳐서 다양하다.
- 콘크리트와 석조의 차등팽창은 물질의 표면에 구멍과 균열을 생성시키며 물질의 장력을 감소시킨다.
- 비가연성 물질의 산화는 색상과 질감을 변화시키며 화재조사관들에게 유용한 화재 패턴을 생성시킨다.
- 경계선은 물질의 녹은 부분과 녹지 않은 부분 사이에 생성되며 조사관들에게 유용한 화재 패턴이 될 수 있다.
- 화재 이후 손상된 금속 물질을 검사하는 동안 용융된 것처럼 보이는 합금화 부분을 반드시 고려해야 한다.
- 대부분의 물질은 열에 노출되었을 경우 형태에 팽창과 변화가 시작하고 서로 다른 물질은 다른 팽창률을 가진다. 이 다른 팽창률 때문에 구조물의 붕괴가 발생할 수 있다.
- 연기의 색상과 질감은 타고 있는 물질과 열방출율에 대한 지표로 신뢰할 수 없다.
- 회반죽 또는 석고 표면은 자연적 또는 화학적으로 흡수된 수분이 화재의 열에 의해 증발될 때 하소가 발생한다.
- 응축연기의 그을음 부착이 없는 유리파편은 일반적으로 연기의 축적 이전에 유리가 깨졌다는 것을 지목한다.
- 매트리스나 쿠션 스프링의 차이를 비교하는 것을 통해 화재조사관은 상대적인 열원 노출정도에 관한 가설을 설정할 수 있다.
- 열그림자는 복사열, 대류열의 전달 또는 화염이 직접 접촉하는 것을 차단하는 물체에 의해서 생성되므로 불연속적인 패턴이 생성된다.
- 조사관은 화재 현장 재구성에 있어서 가려진 구역이 매우 유용하다는 것을 알게 될 것이다.
- 물과 섞이지 않는 기름기가 함유된 물질은 물의 표면에 떠서 무지개효과(rainbow effect)라

는 간섭 패턴으로 종종 관찰된다.

- 환기, 발화요소, 연료 하중 그리고 공기흐름 등과 같은 요소들은 모두 화재 패턴에 영향을 미친다.
- 비록 단일 면에 남는 화재 패턴은 본질적으로 2차원이지만 조사관들에게 3차원의 화재를 마음속으로 그려볼 수 있게 하므로 중요하다.
- 만일 훈소 발화로부터 나온 불씨가 큰 열을 생산하는 능력이 있는 연료 패키지에 발화된다면 발화부의 훈소화재에 비하여 이 연료 패키지에 의한 손상이 더욱 심각할 것이다.
- 플래시오버 이벤트 이전 화재의 뜨거운 가스층이 하강하기 시작하며 복사열 유속은 물체의 위쪽 표면과 마루 표면에 손상을 가할 수 있다.
- 최성기(full-room involvement)에 의해서 생성되는 패턴은 바닥 높이에 이르는 방 전체의 모든 노출된 표면에서 발견된다.
- 화재 진압활동은 화재 패턴을 변화하거나 생성시킬 수 있다.
- 물체 또는 표면에 대해 화염, 열, 그리고 연기가 영향을 주었을 때 경계의 선 또는 부위가 생성되어 물체 또는 표면의 영향을 받은 곳과 덜 영향을 받은 곳 사이에 경계를 생성한다.
- 화재에 있는 어떤 물체에 영향을 받아 화재 패턴을 남긴 경우에는 분석에 도움이 된다.
- 현장 조사는 지붕 위에 올라 관찰해야 하는 거시적 패턴의 관찰과 도체의 절연체에 나타난 열 효과와 같은 미시적 패턴의 관찰이 포함된다.
- 기울어진 경계(beveling)는 나무로된 벽 샛기둥에서의 화재진행 방향을 나타낸다. 기울어진 곳은 확산방향을 향한다.
- 가시적인 외관에만 근거하여 일반적이지 않은 패턴, "포어패턴(pour pattern)"은 오류를 범하게 할 수 있다.
- 화재와 연기는 그것들의 구조적 형태에 근거하여 묘사된 눈에 띄는 다양한 패턴을 생성시킬 것이다.
- 화재 패턴에는 확산(movement)패턴과 강도(intensity)패턴, 2가지 유형의 패턴이 있다.

주요 용어

기울어짐 (Beveling)

나무 샛기둥에서 화재의 방향을 나타내는 화재 패턴. 기울어진 방향이 화재의 이동방향을 가르킨다.

하소 (Calcination)

석고보드 등 석고 생산물에서 자연적으로 또는 화학적으로 흡수된 수분이 열에 노출되어 증발하면서 발생하는 화재 효과

탄화 (Char)

타거나 열분해되어 탄소질로 된 물질로 까매진 외형을 나타낸다.

백화연소 (Clean burn)

그을음, 페인트, 종이 등과 같은 가연성층이 타고 없어진 후 비가연성 표면에 나타나는 화재의 효과. 이 효과는 높은 표면온도 때문에 그을음이 내려 앉지 못한 곳에서도 나타날 수 있다.

잔금 (Crazing)

유리에서 나타나는 짧은 균열의 복잡한 패턴으로 지선 또는 반달 형태이고 유리의 전체 단면으로 확장될 수도 있다.

화재 효과 (Fire effects)

화재에 노출된 결과로 물질 내부 또는 표면에서 관찰이 가능하며 측정이 가능한 변화

화재 패턴 (Fire pattern)

화재 효과 또는 화재 효과들의 그룹에 의해 형성된, 눈으로 관찰이 가능하거나 측정이 가능한 물리적 변화 또는 인식 가능한 형태

화재 패턴 분석 (Fire pattern analysis)

화재 패턴의 생성원인과 중요성에 대한 판단을 위해 패턴을 검사하고 해석하는 과정

열 그림자 (Heat shodwing)

열원으로부터 대상 물질에 복사되는 열의 이동을 막아 물질에 생성된 패턴

용융 (Melting)

열에 노출되어 발생하는 물리적 변화

산화 (Oxidation)

연소와 관련된 기본적인 화학적 과정

무지개 효과 (Rainbow effect)

탄화수소가 표면에 흘렀을 때 형성되는 간섭패턴

연기 부착 (Smoke deposits)

충돌하는 표면에 부착된 뜨거운 연소생성물

폭열 (Spalling)

콘크리트 또는 조적 표면의 쪼개짐(chipping) 또는 구멍남(pitting)

실전 화재조사관

당신은 화재가 발생하였을 당시 개보수 중이었던 4개의 공간으로 구성된 아파트 건물의 화재조사를 수행하고 있다. 외관검사를 통해 동쪽 방의 창문과 문지방에 연기가 부착된 것을 발견하였다. 내부로 들어갔을 때 복도에서 두 개의 침실로 진행된 화염패턴과 각 방의 벽 중간 높이에서 경계를 이루고 있는 연기와 그을음 부착흔적이 관찰되었다. 침실의 문들의 절반 이상 높이에서는 침실 방향으로부터 화염과 열에 영향을 받은 것을 지목하고 있는 화재 패턴이 보인다.

화장실 문은 문손잡이가 잔해 속에서 발견될 정도로 소실되었으며 좌측벽의 석고보드는 샛기둥이 심하게 탄화된 상태로 더 이상 온전하지 않다. 대량의 플라스틱이 좌측벽을 따라서 나타나는 것을 보고 당신은 수도 배관이 마감된 구리의 뒤에 욕조가 설치되었던 것을 알 수 있다. 당신은 수도배관 마루 아래를 통해 올라오는 수도배관 부위의 벽 샛기둥과 바닥의 깔도리가 거의 완전히 소실된 것을 발견하였다.

1. 당신이 욕조의 잔해 옆에 있는 벽 샛기둥을 조사할 때 심하게 소실되고 수도배관 방향으로 기울어져 있는 것을 발견하였다. 이것을 무엇이라고 하는가?
   A. 탄화 (charring)
   B. 계단화 (stepping)
   C. 기울어짐 (beveling)
   D. 답 없음 (none of the above)

2. 당신이 욕조 잔해를 치웠을 때 욕조의 잔해와 일치하는 형태로 소실되지 않은 것을 발견하였다. 이것을 무엇이라고 하는가?
   A. 열 그림자 (heat shadowing)
   B. 가려진 부분 (a protected area)
   C. 외곽선 패턴 (an outline pattern)
   D. 폭열 (spalling)

3. 마루에서 연소잔해를 제거한 다음 당신은 장선의 윗부분에 U자 형태의 화재 패턴이 생성된 것을 발견하였다. 이것을 무엇이라고 하는가?

A. 컵 연소 (cup burn)

B. 안장 연소 (saddle burn)

C. 화살 패턴 (arrow pattern)

D. 뒤집힌 고깔 패턴 (inverted cone pattern)

4. 다음 중 화재 효과로 볼 수 있는 것은?

A. 침실 문의 상단부 소손

B. 문 손잡이의 잔해

C. 욕조의 잔해

D. A와 C 둘 다

5. 벽 샛기둥에서 약 3/4 inch의 은색의 균열이 나타났다. 이것이 의미하는 것은?

A. 그 장소에서 액체가연물의 사용

B. 45분에서 1시간의 연소시간

C. 제한된 환기에서 천천히 연소

D. 탄화 깊이만으로는 특정 판단을 내릴 수 없다.

건물 시스템

학습 목표

이 장을 학습한 후 여러분은 다음 사항을 할 수 있다.

- 제한된 공간 내에서 구획실과 그것의 효과의 원리에 대한 설명 NFPA 4.2.8
- 건물의 설계, 구조 및 구조적 요소들에 대하여 조사할 수 있으며 그것들이 화재의 성장, 확산, 제어에 미치는 효과에 대한 설명 NFPA 4.2.2 NFPA 4.2.3 NFPA 4.2.8
- 건물 건설의 유형에 대하여 검사하고 설명 NFPA 4.2.2 NFPA 4.2.3
- 화재 동안 건축 재료의 구조적 완전성에 대한 논의 NFPA 4.2.3
- 날씨가 건물 시스템에 미치는 효과에 대한 논의
- 제한된 공간에서 건축재료와 그것들의 효과에 대한 조사 NFPA 4.2.2 NFPA 4.2.3
- 화재조사에서 능동적 방화 시스템의 영향에 대한 설명 NFPA 4.2.3

기능습득 목표

이 장에서는 기능습득 목표는 없다.

NFPA 참고 문헌

NFPA 13, *Standard for the Installation of Sprinkler Systems*

NFPA 80, *Standard for Fire Doors and Other Opening Protectives*

NFPA 220, *Standard on Types of Building Construction*

NFPA 921, *Guide for Fire and Explosion Investigations*

CHAPTER

5

FESHE 과정 결과물

화재조사 I

6. 화재 진행에 따른 건물 구조 유형을 비교하라.
7. 건물의 설계와 방화시스템이 화재의 진행에 어떻게 영향을 미치는 지에 대하여 설명하라.

화재조사 II

이 장에서는 화재조사 II (FESHE)의 과정에 대한 결과물은 없다.

당신은 화재조사관

당신의 관할지역 중 한 곳에 있는 큰 2층집의 화재조사가 당신에게 의뢰되었다. 소방대원은 현장에 도착하였을 때 지하와 2층의 서쪽 외벽에서 화염이 관찰되었다는 것을 당신에게 알려주었다. 그들은 화재가 빠르게 진압되었으나 진화하는 동안 1층과 2층의 서쪽 절반에 걸쳐서 화염과 훈소 중인 물질이 여러 벽 내부 공간에 존재하는 것을 발견하였다고 진술하였다.

당신이 건물의 외부를 조사하였을 때 당신은 1층 방의 소손 정도가 약하며 지하와 2층의 침실 한 개가 심하게 소손된 것을 발견하였다. 회반죽과 욋가지는 소방대원들의 진화 과정 중에 넓게 제거되었다.

1층의 방 중 한 개 방의 남쪽 벽에서 당신은 바닥 밑에서부터 2층까지 확장된 심하게 탄화된 두 개의 벽 내부 공간을 발견하였다. 당신은 벽 내부 공간을 검사하는 동안 화재를 막을 수 있는 장치가 전혀 없다는 것을 발견하였다.

1. 구조물의 형태는 당신의 조사에 어떻게 영향을 미쳤는가?
2. 건물 소유주에 대한 인터뷰가 중요한 이유는 무엇인가?
3. 내부 마감과 세간들은 화재성장에 어떠한 영향을 미치는가?
4. 건물 또는 보수 계획으로부터 어떠한 정보를 얻을 수 있는가?

개요

설계, 재료와 건축물의 건설 유형은 그 내부에서 발생하는 화재의 성장과 확대에 영향을 미친다. 이 영향은 구획실 내부에 화재를 가두기에 긍정적일 수도 있고 부정적일 수도 있는데, 구획실 내에서 화재의 확산을 막는다는 점에서 긍정적이며, 화재를 발화부로부터 확산시킨다는 점에서는 부정적이다.

화재조사관은 화재 성장과 이동을 적절하게 분석하기 위해서 화재 후에 남게 되는 최종의 화재 패턴뿐만 아니라 건물 건축과 시스템에 대한 이해를 반드시 가지고 있어야 한다. 어떤 제품에 가해진 열은 제품의 조성에 따라서 다양한 소손 정도의 화재 패턴을 남기게 된다. 컴퓨터 모델링은 조사관들이 화재사건을 분석하는 데 도움을 줄 수 있을 정도로 개발 되었다. 이런 수학적, 공학적, 그래픽 모델의 일부는 이 책의 "결함분석과 분석도구"장에서 설명되었다.

건물시스템의 개요

어떤 건축 기술들은 20세기에 발생한 종종 큰 화재와 관련된 재앙을 포함한 화재들을 분석한 직접적인 결과이다. 오늘날 법적 필수요건의 절반 이상은 방호(fire protection)와 관련이 있다.

화재가 건축물에 심각한 손상을 초래하는 근본적인 원인은 화염을 가두거나 제한하는 데에 실패하였기 때문이다. 건축의 기본적인 원칙은 화재가 발생한 실, 발화 지역(종종 화재지역이라고 부른다) 또는 발화 건물을 벗어나지 못하게 하는 것이다.

화염이 발화실로부터 이동할 경우 이것은 시스템의 고장보다는 대부분 예상하지 못하거나 적절하게 보호되지 못한 개구부 또는 건물의 취약한 곳을 통해서 출화된다. 방화문 수동 폐쇄의 실패(또는 자동 닫힘의 지연), 건물의 벽과 천정과 같은 내화성 조립체들의 녹아내림 혹은 시설들의 관통부는 화재가 확산되는 통로를 충분히 제공해줄 수 있다.

공간 사이에서 발생한 화재를 구획실 내에서 성장한 화재와 같은 수준으로 막을 수는 없다(NFPA 921 Guide for Fire and Explosion Investigation, Section 7.2.2.5 참고). 공간 사이는 건물 골조와 인테리어 벽 그리고 외장 사이의 공간, 천정과 바닥면 사이의 공간과 관련이 있다. 이러한 감추어진 장소에서 발생한 화재는 감지되지 않은 상태로 성장할 수 있으므로 확산을 막는 장벽이 없이 자유롭고 빠르게 확산될 수도 있다.

조사관은 건물의 수동 또는 자동에 의한 화재 감지 및 화재진압, 가열, 환기, 강제배기 장치 등의 능동적, 수동적 시스템과 내화 장치의 사용과 장소 등을 포함한 건물 구획에 대하여 이해하고 있어야 한다. 이러한 시스템이 어디에 설치되어 있고 어떻게 작동하는지를 알고 있다면 시스템의 전체 작동과 화재에 관한 그 효과를 판단하는 데 도움이 될 것이며 변경사항들이나 사고에 대한 지표를 확인하는 데 용이할 것이다. 시스템의 작동 실패는 시스템 결함이나 뜨임 현상(tempering)을 통해서만 일어나는 것이 아니며 단순히 화재 현상에 의해서 무력화될 수 있음을 명심하는 것이 중요하다.

화재 시 강제배기 장치의 작동은 건물 전체로 화재와 연기를 확산되게 할 수도 있다. 조사관은 화재 시 그것들의 상태를 판단하기 위해서 이러한 시스템에 대하여 검사할 필요가 있다. 화재조사관은 익숙하지 않은 시스템의 심사를 위해서 외부 자원을 사용하는 것에 대하여 고려해야 한다. 기계와 전기 감독자 또는 기술자는 화재조사관에게 매우 중대한 자산이며 그들은 보통 자신들이 할 수 있는 분야라면 도와주려고 할 것이다.

다음은 화재조사관이 익숙해져야 하는 건물 시스템의 유형들에 대한 예들이다.

- 방화 댐퍼, 방연 댐퍼, 그리고 방화 댐퍼와 방연 댐퍼의 조합
- 자동 스프링클러 시스템
- 화재경보기와 음성 통신 요소(voice communication components)
- 화재경보 모니터링을 위한 신호체계(signaling systems for monitoring fire alarms)

- 방화문과 방화창문
- 내화등급의 벽, 마루, 그리고 천정
- 후드와 기계적 환기 시스템을 포함하는 상업용 조리 기구
- 상업용 조리(commercial cooking)를 위한 자동 소화시스템
- 스탠드파이프 시스템(standpipe systems)
- 강제배기장치(HVAC)와 전기, 가스 공급 장치(HVAC and electrical and gas service utilities)

이와 같은 시스템("화재방호설비"장에서 더욱 자세히 기술하였다.)을 이해하는 것은 화재 시 시스템들의 작동여부, 그리고 만일 작동하지 않았다면 그 이유에 대하여 판단하는 조사관에게 도움을 줄 것이다. 그 가능성들에는 완전한 기계 고장과 비고의적인 행위들 예를 들어, 방화문에 물체를 고여두는 것 등이 포함될 수 있다. 고의적인 행위들도 가능성에 포함될 수 있는데, 시스템을 작동하지 못하게 하려 하거나 화재를 더 크게 만들거나 혹은 화재의 발견을 지연시키려는 의도적인 행위들이 이에 해당된다.

안전 팁

화재조사관은 그들의 안전에 위협이 되는 지역에 맞닥뜨리게 될 수 있다. 예를 들어 화재는 구조물의 붕괴를 초래하거나 구조적인 요소들을 취약하게 만들어 결국 붕괴를 초래할 수 있는 전기적 위험, 독성 증기와 분진, 물이 차 있는 구멍, 화재로 취약해진 마루와 계단, 쏟아지는 유리, 다른 관통의 위험들을 야기한다. 다른 유형의 건물 구조와 관련된 모든 위험들과 관련하여 조사관은 화재 현장을 검사하는 동안 자기를 보호하기 위한 수단을 강구해야 한다. 어떠한 것을 제거 또는 철거하기 전에 현장은 사진을 통해서 모두 기록되어야 하며 현장에서 물건이 없어졌다는 의혹을 없애기 위해서 모든 이해관계 당사자들에게 연락이 취해야 한다. 조사관 스스로 자신을 보호하기 위해서 고려해야하는 것들은 다음과 같다.

- 의심스럽다면 건물에 진입하기 전에 구조 공학자나 건물 관리자에게 그 건물이 구조적으로 견고하다는 것을 확인받아라.
- 건물의 완전성이 의심되는 장소마다 버팀목을 설치하라.
- 위험할 수 있는 벽, 마루 또는 천정들을 제거하거나 철거하라.
- 위험하게 배치되어 있는 유리를 제거하라.
- 고여 있는 모든 물을 퍼내라.
- 화재로 전기적인 요소가 손상된 지역에 전기가 차단된 것을 확인하라.
- 조사가 이루어지는 구역에서 나갈 수 있는 두 개 정도의 출구가 존재하는지 확인하라.
- 조사하는 모든 구역을 체크하기 위한 모니터링 장치를 사용하여 대기(공기, 기압)가 허용 수준 이내인지를 확인하라.
- 독성 화학물질이 있는 장소에서 보호복과 개인 보호 장비/자가호흡 장치가 없다면 조사를 하지 말아라.

설계, 건축, 구조의 요소

건물의 특성은 화재의 성장과 확산 및 제어에 영향을 미친다. 이러한 특성들에는 비단 능동적 혹은 수동적 방화시스템에만 국한되지 않고 화재 하중 하에서 구조적 요소들의 완전성과 성능 및 건축 시스템 등과 같은 건물의 유형들이 포함된다. 건물의 건축 유형에서부터 문, 창문, 모든 개구부에 이르는 모든 것들이 그 구조가 화재 및 폭발에 어떻게 반응할지와 건물이 받게 될 손상의 정도에 영향을 미칠 수 있다(예를 들어, 건물에 창문이 많은 경우 저폭발로 인한 구조적 손상의 양은 감소한다).

일단 창문이 깨지거나 문이 열렸을 때 추가적인 산소 유입은 화재의 규모와 속도를 크게 증가시킬 수 있다. 외부의 바람은 보호되지 않은 복도를 향해 불을 빠르게 이동시킬 수 있다. 조사관은 화재 시 규모와 확산 속도에 영향을 미칠 수 있는 환경과 물리적 조건에 대하여 반드시 조사하여야 한다. 환기 효과는 화재의 성장에 굉장히 큰 영향을 미친다. 발화부, 성장, 화재의 확대에 영향을 미칠 수 있는 추가적인 요소에는 내장재의 분포, 내장 마감재, 건물의 설미와 장치 등이 포함된다. 그림 5-1은 전형적인 단독주택(single-family dewelling)의 건축물 요소에 대하여 보여주고 있다.

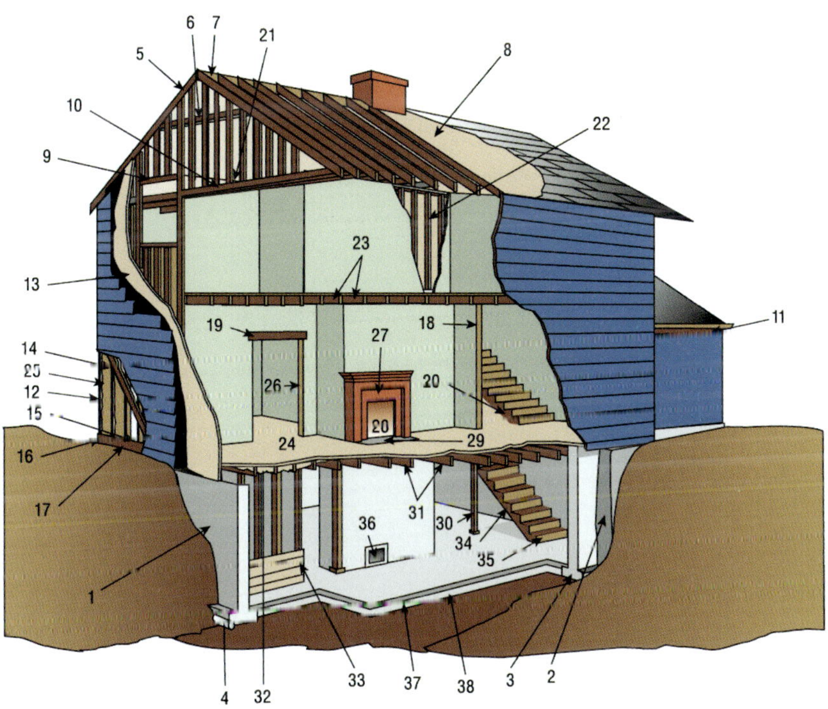

1. 기초 벽
2. Frost wall
3. 벽 기초
4. 주변 배수관
5. 서까레
6. 작은 연결보
7. 마룻대
8. 지붕 판자
9. 창문 헤드
10. 다락 장선
11. 상자형 대들보
12. 외벽 샛기둥
13. 벽 덮개
14. 부시
15. 외벽 깔도리
16. 박스 문틀
17. 문틀
18. Wall stringer
19. 문상방
20. Stair partition casing
21. 다락 단열
22. 샛기둥 간막이
23. 2층 장선
26. 피니시 플로어링
25. 벽단열
26. 크리프 스터드
27. 댐퍼 컨트롤
28. 에시도어
29. 난로
30. 기둥
31. 1층 장선
32. 속바닥
33. 지하간막이
34. 계단보
35. Tread and riser
36. 청소구멍문
37. 콘크리트 바닥판
38. Granual fill

그림 5-1 전형적인 단독주택

■ 건물의 설계

건물 화재에서 화재의 확산과 성장은 대부분 복사와 대류 열전달의 결과이다(이 분야는 이 책의 "기본 화재과학"장에서 논의되었다). 구획실 화재에서 화재확산에 중대한 영향을 미치는 요소들은 다음과 같다.

- 방의 크기
- 방의 형태
- 천정 높이
- 창문과 문의 위치
- 가구와 인테리어 마감
- 공조 설비(HVAC)
- 연료 패키지와 위치

구획실을 통해 특정 지역으로 화재가 확대되는 것을 막는 것은 화재안전 설계의 근본적인 목적이다. 조사관은 화재 확산에 영향을 미치는 다양한 건축기술과 재료를 접할 수 있는 준비가 되어있어야 한다.

건물의 하중

건물의 하중 또는 건물에 작용하는 힘은 생하중(live loads)과 사하중(dead loads)으로 분류된다. 생하중은 이동이 가능한 하중이다. 생하중은 사람, 바람, 가구, 세간, 장비, 기계, 눈, 우수 등과 같이 무게를 지탱할 수 있는 수용량으로 설계될 필요가 있는 일시적 하중의 무게를 말한다. 사하중은 마루 슬라브, 구조적 기둥, 지붕 덮개 등과 같이 지속적이며 움직일 수 없는 하중이다. 사하중은 구조적 요소, 기계 장비 등 건물의 일부인 재료의 하중이다. 건물의 설계와 사용되는 건축기술은 이 두 가지의 하중을 고려한다.

건물이 더 이상 이러한 하중들을 지탱하지 못하게 되는 어떤 상황들이 존재한다. 건물의 설계 한계를 넘어서는 하중이 적용되었을 때 불안정이 발생하여 결국 오류가 나타나게 된다. 예를 들어 다음과 같은 상황들이다.

- 과도한 눈의 하중
- 과도한 바람의 하중
- 재고품과 같은 추가적인 내용물
- 강제배기장치와 엘리베이터 장비와 같은 추가적인 기계적인 요소들
- 제한된 지역 내에 거대한 군중
- 소방 진압활동 시의 물

화재조사관 팁

화재조사관은 대부분의 일반적인 건물 설계와 구조뿐만 아니라 화재확산에 다른 영향을 미칠 수 있는 아트리움, 스타디움, 터널과 같은 특이한 건물이나 구획실에 대하여도 익숙해져야 한다. 특수한 설계들은 또한 특수한 재료들로 만들어질 수 있다.

구조적 변화

예를 들어 의도적인 건물의 개보수에 의해 구조적 변화가 발생할 수 있다. 화재가 성장 또는 진행됨에 따라서 구조적 지탱요소에 손상을 입게 되어 더 이상 설계된 하중을 견딜 수 없게 될 수 있다. 조사를 하는 동안 건물 외부의 조사는 항상 수행되어야 한다. 조사를 실시해야 하는 몇 개의 이유가 있다.

- 화재시 붕괴를 초래하여 조사관을 위험에 빠뜨릴 수 있는 잠재적인 구조적 만곡 상태를 판단하기 위해서
- 발견된 증거를 보존하기 위해서
- 외부에서 관찰된 소손부분을 해석하기 위해서
- 출입의 모든 잠재적인 방법을 확인하기 위해서
- 구조물 내에 사용된 시설을 확인하기 위해서

이러한 모든 항목들은 현장 조사를 시작하기 이전 처음 내부 조사를 할 때에도 필수적이다.

방의 크기

높이, 넓이, 특히 벽과 벽 사이의 거리 등 방실의 구조는 화재의 성장에 중요한 요소이다. 유사한 연료 패키지와 유사한 환기가 주어진 작은 방실은 큰 방에 비하여 플래시오버에 이르는 시간이 짧았다. 플래시오버는 발화되었던 방실 밖으로 화재가 확산되는 중요한 메커니즘이다. 과도하게 큰 방실은 플래시오버가 발생할 만큼 충분한 열에너지의 전달이 일어나지 않을 것이다.

구획

건물의 구획은 구역과 난위 구역의 세분으로노 간수된다. 발화실 밖으로 확산되는 화재의 일반적인 매커니즘은 열린 문이나 창문, 예상치 못한 개구부, 벽의 관통부를 통한 수평적인 이동이다. 계단, 시설의 통로 등 수직적인 개구부도 화재가 발생한 구획실의 밖으로 화재를 확산시키는 데에 기여한다.

조사관이 건물의 내부 벽을 조사하는 데에는 몇 가지 이유가 있다. 가장 중요한 첫 번째 이유는 어떤 것이 비-내력벽이며 어떤 것이 내력벽이지를 판단하기 위해서 검사되어야 한다.

내력벽을 따라서 구조적 요소를 제거하는 것은 건물에 과도한 스트레스를 발생시킬 수 있으며 이것은 구조물의 부분적인 붕괴 또는 전체적인 붕괴를 초래할 가능성이 있다.

두 번째로 조사관은 그 벽이 화염과 연기가 통과하는 것을 막을 수 있도록 건축되었는지 여부를 판단하기 위해서 이를 조사해야 한다. 방화벽과 연기차단벽(smoke barriers)이 특정 재료로 설치되어 있을 때 연기나 화염의 이동을 막을 수 있는지 검사되어야 하며 증명되어야 한다. 만일 내부의 벽이 조적으로 건축되어 있다면 벽의 반대편에서 관통되는 화재를 막을 수 있는 능력이 있을 것이다. 만일 그와 같이 되도록 설계되었다면 말이다. 만일 화재가 벽을 통해 확산되었다면 화재조사관은 화염이 통과될 만한 관통부가 있는지 벽에 대한 조사를 할 필요가 있다. 하도급자가 지역의 화재/건축 규정에 적합하도록 충분히 개구부를 막지 않고 선이나 다른 요소들을 설치하거나 구획된 격벽을 관통시키는 일은 드문 일이 아니다. 강제 배기장치의 화재와 연기 댐퍼는 적절한 기능을 하고 있는지 판단하는 조사가 이루어져야 한다.

방화문은 화재경보기가 활성화되었을 때 자동잠금장치가 동작하도록 되어 있는지 확인해야 한다. 만일 그렇게 되어 있다면 안전하게 열리거나 닫히는지 또는 닫히지 않도록 쐐기 등과 같은 것으로 받치고 있는지를 검사해야 한다. 만일 열리도록 받혀있다면 이 현장의 업무에서 보통의 상황인지, 일반적이지 않은 상황인지에 대하여 판단해야 한다. 이것은 화재 진압활동 시 소방대원들이 받쳐 열리도록 할 수도 있다.

내장재로부터 생성된 방출 열량이 이미 실험적으로 검증된 등급으로 적절하게 설계된 격벽을 약해지게 할 정도로 강렬한가?(화재가 시간온도곡선(time-temperature curve)을 따르고 있는지 여부를 유의하라.) 화재의 발화부와 확산에 대한 모든 문제들에 대하여 완벽한 판단을 내려야 한다.

틈새와 감추어진 공간

대부분의 건물에는 틈새와 감추어진 공간이 존재하며 이들은 발화실 밖으로 출화되는 메커니즘을 제공할 수 있다. 틈새는 일반적으로 밀폐재(fire stop)가 부족한 곳이다. 앞서 논의하였던 바와 같이 이러한 공간은 일반적으로 내벽과 외벽, 천정과 위층의 바닥 사이에 존재한다. 이 공간은 건물 내에서 건물의 골조와 내벽 그리고 외장재, 천정과 위층의 마루 또는 바닥의 사이 공간의 뚫린 곳을 통해서 화재를 전파시키는 데 기여할 수 있다. 밀폐재가 없는 것은 수직적인 화재확산도 가능하게 한다. 밀폐재가 설치되었다면 그것들은 화재확산을 제한하거나 멈추게 하는 완전성 유지를 보증할 만큼 점검이 되어야 한다.

감춰진 공간은 화재조사관들에게 또 다른 주의가 필요하다. 감춰진 공간을 확인하지 못하면 화재 패턴을 잘못 해석하게 될 수도 있다. 몇몇의 건축물에서 감추어진 공간은 종종 스프링클러 또는 조기경보장치, 방화칸막이가 설치되어 있다. 건축 규정들은 만일 감추어진 공간들이 비가연성 물질로 만들어져 있다면 종종 그 공간을 설치할 수 있도록 허락한다. 그러나 감춰진 공간은 때로는 가연성 물질의 수납장소로 사용되는 데 만일 그것들이 규정에 의해 금지되어 있다면 이 공간은 화재확산문제에 있어서 단속 대상이 된다.

계획된 설계도 대 준공 조건

건물의 원래 설계는 최종적으로 건축된 것과 조금 다르거나 전혀 다를 수도 있다. 따라서 조사관이 입수하게 되는 건물 도면은 최종 준공 구조를 반영할 수도 있고 그렇지 않을 수도 있다. 조사관이 실제 건물 구조와 관련하여 설계도면의 정확성을 판단하는 것은 최초 건축 설계와 다르게 변경된 상태들이 나타날 수 있기 때문에 매우 중요하다. 이러한 변경은 목격자의 진술, 거주자들의 사진 그리고 같은 계약자에 의해서 동일한 계획 하에 지어진 비슷한 건물에 대한 조사를 통해 화재 현장을 조사함으로써 확인될 수 있다.

건축물의 평면도를 구하라. 만일 주인이 정보를 제공해 줄 수 없는 경우에도 종종 지역 소방서의 화재진압 계획 파일에서 구할 수도 있다. 대부분의 소방서에서는 이 정보를 제공해 줄 것이다. 어떤 경우에는 세입자/집주인은 원래 주택의 복사본을 가지고 있을 수도 있다. 조사관은 건물이 있는 지역에서 각각의 건물 관리부(building department) 또는 원래의 설계사루부터 대부분 건물의 도면을 얻을 수도 있다. 이러한 평면도는 통상적으로 두꺼운 표지의 파일 또는 전산 자료로 보관된다. 건물 관리부에서 이러한 파일을 구하는 것은 적절한 허가를 받았는지의 여부에 따라서 결정된다. 건물의 내부 또는 외부를 개조할 때 많은 경우 벽, 전선, 기계적 시스템은 허가를 받지 않고도 변경할 수 있다.

■ 건물의 재료

건물의 재료는 화재의 발화와 성장에 영향을 미칠 수 있다. 재료의 유형과 화학적 조성, 열전도도 그리고 밀도는 화재의 성장과 속도에 결정적인 영향을 미칠 수 있다. 오늘날 일반적으로 사용되는 플라스틱이나 합성물질과 같은 건축재료들은 열방출률을 매우 크게 높일 수 있다. 열가소성 플라스틱은 불에 탔을 때 고체에서 액체, 기체로 변형되고 화염에 발화되어 방울로 떨어지거나 고여 드롭다운(drop-down)에 의한 손상 또는 패턴을 만들 수 있다. 열경화성 플라스틱은 바로 가연성 가스로 열분해되며 흐르거나 방울로 떨어지는 경향은 없다. 발화부 내에서 열가소성 물질의 드롭다운에 의해 고인 패턴(drop-down pool)과 의심스러운 액체가 연물의 패턴을 혼동하지 않기 위해서 플라스틱의 유형을 판단하는 것은 조사관들에게 중요하다. 표 5-1은 고려되어야 하는 몇 개의 요소를 포함하고 있다.

재료의 방향(orientation), 위치(position), 장소(placement)는 화재조건에서 재료가 어떻게 반응할지에 대하여 차이를 만들 수 있다. 예를 들어 카펫은 일반적으로 마루 위에 수평적으로 놓이는데 만일 벽에 수직적으로 놓여 있다면 카펫의 화재 확산은 매우 크게 증가한다.

표 5-1 건물의 재료

성질	영향 요소
가연성	– 최소 발화 점 – 최소 발화에너지 – 발화에 대한 시간/온도 관계
인화성	– 연소열 – 열방출률의 평균과 최고 열방출률 – 최고 열방출률에 이르는 시간 – 질량 감소율 – 공기의 유입(entrainment)
열관성	– 열에 대한 반응 – 발화 용이성 – 가연물 연소하중
열전도도	– 좋은 전도 대 나쁜 전도(good conduction versus poor conduction)
독성	– 물질이 연소하며 발생하는 가스의 양과 유형
물리적 상태와 내열성	– 상이 변하는 온도 – 다양한 상들이 연소하는 데에 요구되는 열의 총량
방향, 위치, 장소(placement)	– 수평인지 수직인지에 따른 물질의 다양한 연소특성 – Stainer Tunnel Test(NFPA 921, Section 7.2.3.7.2 참조)를 통해서 얻을 수 있는 화염의 확산속도

연료 하중의 방향, 위치, 장소

가연물의 화재하중은 내부 마감재를 포함하여 열적 단위 또는 나무 무게의 당량으로 나타내는 건물, 공간 또는 화재지역의 가연성 내용물의 총량이다. 많은 조사관들이 간과하는 것 중의 하나는 건물이나 구역 내에 있는 가연물의 방향, 위치, 장소이다. 가연물이 어디에 위치해 있고, 어떻게 설치되어 있는지는 물질이 어떻게 연소하고 화재가 얼마나 빠르게 진행되는가에 영향을 미칠 수 있다. 예를 들어, 불이 붙은 책상으로부터 3feet 떨어져 있는 쓰레기통과 책상의 바로 옆에 위치한 쓰레기통을 비교하였을 때 화재의 확산 가능성은 다를 것이다.

내부 마감재와 가구의 조성 또한 화재의 속도와 강도에 있어서 중요한 역할을 한다. 2inch×4inch의 참나무 조각은 2inch×4inch의 발사나무(balsa wood) 같은 밀도가 더욱 낮은 나무의 조각에 비하여 더 천천히 연소하며 숯이 될 것이다.

스테이너 터널 시험(Steiner Tunnel Test, ASTM E 84)은 화재와 건물 규정에서 대부분 사용되고 있는 화염확산표(flame spread indexes)를 만들었다. 이 스테이너 터널 시험은 천정에 매달려 있는 24 foot 길이의 스테이너 터널에서 재료의 샘플을 수평방향으로 놓고 태운다. 스테이너 터널에서 시험된 대부분의 물질들은 만약 설계된 대로 설치되지 않는 경우에는 벽이나 천정 마감재로 건물 설계에 적용되지 않는다. 건축물에 사용된 재료의 실제 화염 확산은 종종 다르고 그것의 ASTM E 84 화염 확산표의 등급과 관련이 없을 수도 있다(예를 들어 Class I, Class II, Class III.) 그러므로 화재와 건물 규정에 의해서 용인된 내부 마감재가 아니다. 이러한 시험으로 만들어진 화재 및 건물 규정에 입각해서 설계된 인테리어 마감재들은 거주 유형과 크기에 따라서 요구된다. 등급을 받지 못한 조립물(assembly)은 표준화된 화재 시험에 의한 조립물 반응에 관한 정보를 제공하지 못한다.

우리는 내부 마감재가 규정의 요구조건을 충족시키지 못할 때 발생하는 파괴적인 효과를 본적이 있다. 이러한 규정을 위반한 경우 다수의 사망사고를 초래한 많은 사례가 있었다. 이것은 화재조사관이 화재의 속도 또는 인명의 손실 원인에 대하여 설명할 때 도움이 될 수 있다.

■ 용도

조사관은 그 건물이 사용되는 동안에 용도 또는 사용 구분(occupancy classification)에 어떠한 변경이 있었는지에 대하여 판단해야 한다. 용도 또는 사용구분의 변경은 건물의 설계된 방화 시스템에 비하여 가연물 하중이 늘어나는 결과를 초래할 수 있다. 용도 변경은 때때로 원래의 설계와는 매우 다르게 실제 건물의 구조와 시스템 변화를 수반한다. 이러한 경우에 배출구, 자동/수동 방화설비 및 다른 안전장비들이 적절한 곳에 배치되지 않을 수 있다.

예를 들어, 본래 주택으로 설계된 대형 주택개조 소매점의 페인트 구역이 있는 스피링클러가 설치된 큰 건물을 생각해보라. 페인트 점은 진화 장비 표준에 따라서 랙 수납 방화 스프링클러 시스템을 갖추어 설계되었다. 이 구역은 높은 위험의 화재 하중을 고려하여 특별히 설계되었다. 주인은 페인트 구역을 다른 부분으로 옮기려고 결정하였지만 추가적인 스프링클러 진화장비를 추가하지 않았다. 에나멜, 페인트, 페인트 시너, 페인트 제거액과 같은 페인트 용품들이 있는 경우에 만약 화재가 이 구역에 발생한다면 표준 스프링클러 진화 시스템은 존재하는 가연물 하중에 비해 턱없이 부족하게 될 것이다. 추가적인 논의를 위해 이 책의 "결함분석과 분석도구"장을 보라.

건물 건축의 유형

세계적으로 많은 건축유형이 적용되고 있다. 본고는 가장 일반적인 유형에 대하여 설명하였다. 조사관은 건물의 구조적 요소에 근거하여 건축유형에 대하여 판단하고 기록해야 한다. 구조물의 완전성이나 화재 확산에 영향을 미칠 수 있는 건축요소, 위반사항, 구조변경 또는 그

화재조사관 팁

건물이 건축 또는 개보수되었을 때 변경된 용도분류에 대하여 판단하는 것은 중요하다. 용도가 달라지면 가연물 하중 등에 따라서 방화시스템도 달라질 필요가 있다.

외의 요소들의 서류를 확인해야 한다. 건축물 유형에 대한 다음 논의는 전형적인 특징의 목록이 포함되어 있다(보통 2 by 4로 부르는 벽의 목재 샛기둥은 공칭 수치를 말하는 것이다. 2 by 4의 실제 크기는 $1\frac{3}{4}$ by $3\frac{1}{2}$ inches이다. 이것은 실제 측정 수치이다).

■ 보통의 건축

보통의 건축물에서 외벽은 조적 또는 그 외의 비가연성 물질이다(그림 5-2). 이것은 다양한 건물에서 광범위하게 사용되기 때문에 일반적인 건축물로 간주된다. 마루, 지붕과 골조의 부분은 나무 조립물을 사용하거나 브래이스드(braced) 프레임[4] 또는 플랫폼(platform) 프레임[5] 공법이 사용된다. NFPA 220의 건물 건축 유형에 관한 표준 기준(Standard on Types of Building Construction)에서는 보통의 구조물을 Type Ⅲ 건축물로 구분한다. 개방된 수직통로, 가연성 물질, 그리고 다수의 천정은 건축물 유형에 있어서 화재확산에 영향을 미치는 요소들의 예이다.

© Ken Hammon/USDA

그림 5-2 보통 건축은 다양한 건물에 광범위하게 사용된다.

■ 목조 건축물

목조 건물에서 외벽과 내력벽은 나무 또는 다른 가연성 재료로 건축된다.

목조 건물은 일반적으로 주거용 또는 상업용 건축물과 관련이 있다. 경량의 목재 구조는 어떤 나무 건축물에도 사용될 수 있다. 목재 골조를 채용한 건물은 일반적으로 장선[6]과 수직기둥들에 있어서 중앙으로부터 16 inchs 의 간격을 두는 것과 같이 크기에 제한이 있다. 수직기둥들은 공칭면적 2-inch by 4-inch 또는 2-inch by 6-inch를 사용할 수 있다. 이러한 요소들만으로는 낮은 내화도(fire resistance)를 제공한다. 화염과 고온 가스는 장쇠 또는 샛기둥 사이 공간으로 관통하여 화재를 확산되게 할 수 있다. 그것들은 석고보드 또는 욋가지(lath)와 회반죽 또는 미네랄 타일과 같은 내화 재료로 씌워질 수 있다. 화재등급이 없는 재료를 씌우는 것도 어느 정도의 내화성능을 제공할 수는 있다. 내화벽은 벽의 한쪽에서 다른 쪽으

4) (목공) 가새를 대서 받치는 구조: 튼튼한 샛기둥 사이에 막대기 모양의 부재(部材)를 대각선으로 삽입한 골조

5) (목공) 플랫폼 프레임: 목조 건축에서의 그 골조 형태의 한 형식으로, 위층까지 하나로 뻗어 올라간 기둥이 없이, 각 층마다 마루 위에 사잇기둥을 설치한다.

6) 장선, 마루밑에 1자(尺) 가웃 가량의 사이로 가로 대어서 마루청을 받치게 된 나무.

표 5-2 보통 건축 대 골조 건축		
	보통의 건축물	골조 건축물
외벽	■ 석조 또는 비가연성 물질	■ 나무
내벽	■ 나무 조립물 ■ 플랫폼 또는 브라이스드 프레임 조립물	■ 나무 조립물 ■ 플랫폼 또는 브라이스드 프레임 조립물

로 벽을 통해 내부에 깔린 구성물 또는 가연성 재료로 전도되는 열을 항상 차단하는 것이 아니라는 것을 염두에 두는 것은 중요하다. 만일 건물이 목조 구조에 조적 외벽으로 되어 있다면 이것은 여전히 목조 건물로 본다. 경량 목조 건물의 마루 장쇠는 중앙으로부터 1.6 inch(0.4 m)의 공간을 띄어 만들지만 크기와 하중의 정도에 따라서 최고 36 inch(1 m)가 될 수도 있다.

목조건물의 아래쪽에 있는 장쇠와 샛기둥 사이에는 고온가스가 관통하고 발화공간으로부터 화염이 출화되는 공간이 존재할 수 있다. 이러한 것을 보정하기 위해서 목조건물은 ASTM 시험표준에서 2시간까지 화재에 견딜 수 있는 내화성 막으로 도포될 수 있다.

목조건물은 NFPA220에서 정의하였던 V타입 건물로 분류된다. 보통건물과 목조건물이 특성들은 표 5-2에 제시되어 있다.

플랫폼 프레임 건축

플랫폼 프레임 건축은 대부분의 현대 목조 건물에 사용되고 있다(그림 5-3). 이 방법에 있어서 벽은 플랫폼 또는 마루의 꼭대기에 놓이게 된다. 그러므로 플랫폼은 층에서 층으로 진행되는 수직적인 화재의 확산을 막는 역할을 한다. 이러한 유형의 건축물에서 관심을 가져야 하는 영역은 처마 안쪽에 감추어진 공간(처마와 처마돌림 띠 이래의 수평적인 또는 시설물들을 위한 개구부의 수직적인)이다.

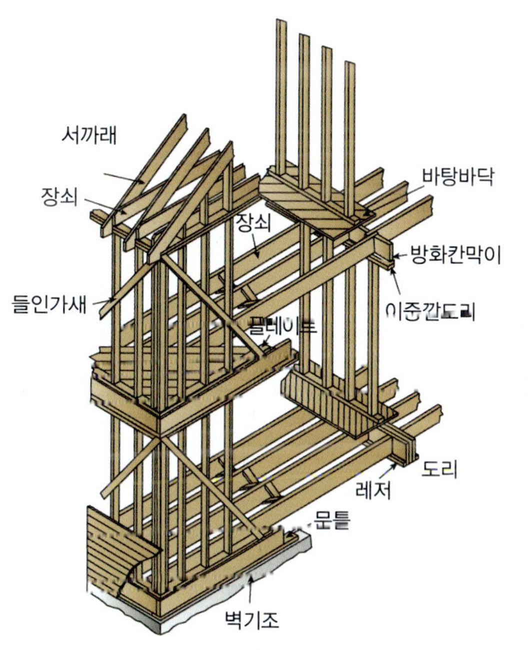

그림 5-3 플랫폼 프레임 건축물

발룬 프레임 건축

발룬 프레임 건축에서 외벽 샛기둥은 기초 벽으로부터 지붕선까지 연장된다(그림 5-4). 이와 같은 특징 때문에 건물 규정에서 샛기둥에 의해서 만들어진

안전 팁

마루나 지붕이 스펀지인지 여부를 알아보기 위해 확인하는 것은 현대의 경량 건축물이 가진 안전성을 보장해주지 않는다.

모든 수직경로에 방화 칸막이를 설치하도록 수 년 동안 요구되었다. 방화칸막이는 나무판자의 형태로 하거나 보온재와 같은 비가연성 물질을 빈공간에 채움으로써 만들 수 있다. 만일 방화 칸막이가 적절히 설치되었다면 건축물의 내화성능은 플랫폼 건축물과 같아질 수 있으나 방화차단벽이 부족할 경우에는 다락 공간으로부터 소락되어 발생하는 발화 또는 수직적인 화재 확산을 막을 수 없다. 어떤 방화칸막이는 건물의 배선, 배기장치 또는 그 외의 설비 등과 같은 시설을 설치하기 위해서 제거될 수도 있다. 발룬 프레임 건축은 무방비의 수직 통로를 통한 화재의 빠른 확대를 야기할 수 있으며 수평적인 확대는 장쇠와 수직 경로의 개방된 연결로 인하여 발생할 수 있다. 개방된 경로는 연소중인 잔해가 소락되게 할 수도 있으며 연소가스를 아래쪽으로 흘러가게 할 수도 있다. 화재가 시작한 장소에 비해 위쪽이 더욱 광범위하게 연소될 수도 있다. 수직통로를 통한 화재 확산 능력 때문에 발화부로부터 멀리 떨어진 곳이나 다른 층으로 건너 뛰어 화재가 발생할 수 있다.

그림 5-4 **발룬 프레임 건축**

안전 팁

발룬 프레임 벽에서 연소되는 화재는 건물의 구조적 완전성을 파괴한다. 붕괴는 심각한 위협이 된다.

플랭크와 빔 건축

플랭키와 빔 건축에 있어서는 4 by 10 또는 5 inch 등 더 큰 빔이 사용된다(그림 5-5). 빔은 중심으로부터 4 혹은 6 feet 수준으로 더욱 넓게 공간을 띄워 설치되며 이 빔들은 기둥에 의해 지탱된다. 화재확산을 제한하기 위해서 마루깔기의 최소 두께는 2 inch(5 cm)이며 일반적으로 홈이음 방식(tongue and groove type)을 사용한다. 이러한 건축물 유형은 감춰진 공간을 줄일 수 있으며 외부 마감은 구조적인 가치(structural value)를 가지지 않는다. 플랭크 앤 빔 건축은 지탱되지 않는 마감재의 구조물과 구조부재 간의 거리를 넓게 만들며 이것은 골조 구성물들이 여전히 서 있는 경우에도 구조 부분의 결함을 초래할 수 있다. 가연물에 노출된 내부의 넓은 지역은 화재의 전파를 용이하게 할 수 있다.

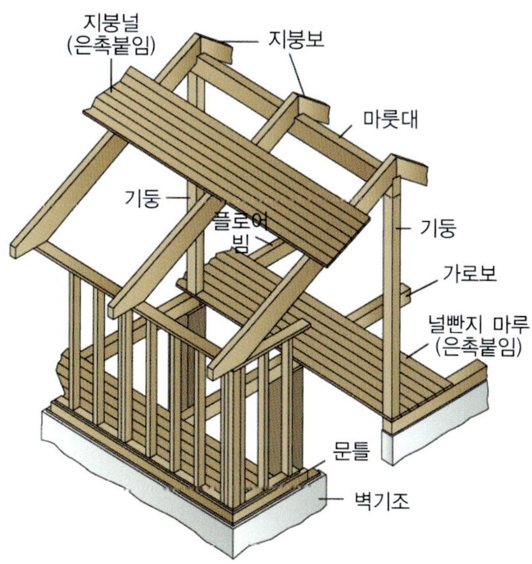

그림 5-5 프랭크와 빔 건축은 감추어진 공간이 양이 제한적이다.

포스트 앤 프레임 건축

포스트 앤 프레임 건축은 프랭키 앤 빔 건축과 유사하다. 구조는 서로 짜 맞추어진 식별이 가능한 골조나 통나무 기둥과 같은 더 큰 요소들을 사용한다. 예를 들면, 기둥이 대부분의 지지를 제공하고 골조가 외부마감을 위한 공간을 제공하는 전형적인 헛간 건축이 있다(그림 5-6).

그림 5-6 포스트 앤 프레임 건축

헤비 팀버 건축(중량목 건축)

헤비 팀버 건축물은 제일 작은 직경은 6 또는 8 inch(15–20 cm)인 가리지 않은 통나무들을 구조적 구성요소들로 사용한다(그림 5-7). 바닥 조립물은 2 inch (5 cm) 두께의 홈이음방식과 끝을 맞추는 나무를 사용하여 건축되며 감춰진 공간이 허용되지 않는다. 무거운 통나무 건축이 사용되었을 경우 건물규정은 2시간의 내화등급을 갖도록 요구하고 있다. 화재확산은 목재 구조 요소들, 개방된 공간 그리고 넓은 내부공간에 있는 가연물들 때문에 빠르게 진행될 수도 있다.

그림 5-7 무거운 통나무 건축은 외부 조적건축 벽과 내부벽, 기둥, 빔, 마루 조립물 그리고 나무로 만들어진 천정 구조물로 구성되어 있다.

현대의 통나무집은 외벽과 많은 구조적 요소들에 특별하게 내화처리된 통나무를 사용한다. 내부는 일반적으로 2 by 4 목조 틀을 사용하지만 내부 마감재는 전형적으로 외부의 내화처리된 통나무 벽과 같이 보이도록 마감된다. 이와 같은 건축과 재료 사이의 불일치는 빠르게 확산된 화재와 사고에서 혼란을 초래할 수 있다. 현대의 통나무집이 갖는 또 다른 위험성은 화재 화산을 촉진시키는 개방된 큰 공간들을 가지고 있다는 것이다.

내화처리된 목조 건축은 헤비팀버 건축의 초기 형태이다. 내화처리된 목조 건축은 Boston Mutual 화재보험사와 그 외 여러 보험사들이 공장들에서 발생하는 큰 화재 손실을 감소시키려는 요구의 영향을 받아 크게 발전하였다. 외벽은 조적이며 기둥과 빔은 무거운 통나무로 되었다. 벽들은 일반적으로 최소 2시간의 내화등급이 선정되었다. 내벽은 구획실 간의 내화문을 사용하였다. 이러한 유형의 건축물에서 감춰진 공간을 줄인 것은 건물의 내화도를 상승시켰다. 수직적 개구부를 막는 것은 화재의 통로를 차단하는 결정적인 역할을 한다. 화재 스프링클러 시스템은 이러한 건축에 사용된다. 수손을 줄이기 위해 벽 내부에 배수구들이 설치된다.

대안적 주거 건축

주거용 건축물에는 목조 고정식 건축(wood frame site-built construction)뿐만 아니라 제조된 주택(manufactured homes)및 철골 건축 등 다른 형태와 재료들도 사용된다.

제조된 주택은 구조가 한개 혹은 그 이상의 부분들로 지어지는 건축 기술이 적용된다. 이동 모드에 있어서 부품들은 너비가 8 feet (2.4 m) 또는 그 이상이며 길이는 40 feet (12.2 m) 또는 그 이상이다. 이런 부품들은 건축할 장소로 이송된 다음 조립되어 크기가 32 ft^2 (29.7 m^2) 또는 그 이상이 된다. 또 다른 유형의 제조된 주택은 쉽게 건축 장소까지 이동할 수 있도록 바퀴가 달린 강철 구조 위에 구조물을 세운다. 이러한 제조된 주택은 이동식 주택으로 간주된다.

제조된 주택(manufactured homes)은 건설비용이 비교적 적게 든다. 제조된 주택은 뾰족

그림 5-8 제조된 주택

한 지붕, 주거용 크기의 창문과 덮개를 씌운 데크와 같은 것들을 짜맞추는 것부터 시작한다. 제조된 집은 새시, 마루 시스템, 벽 시스템, 지붕 시스템의 4가지 주요 하위 조립품 및 요소들로 구성된다(그림 5-8). 일반적으로 새시는 두 개의 세로로 긴 강철 빔과 벽으로부터 모든 수직적 하중을 받는 강철로 걸쳐진 버팀대 요소들, 지붕 그리고 마루로 구성된다. 현장에 설치되었을 때, 이러한 하중은 안정 장치들로 분산되는데, 이러한 장치들에는 잔교(piers), 디딤(footings), 바닥 기초 등이 있다. 중심 빔들의 바깥쪽으로부터 뛰어나온 강철 구조물들은 새시의 너비를 전체 구조물의 대략적인 너비에 이르게 한다.

1970년대 중반부터 주택도시개발부(Department of Housing and Urban Development, HUD)의 표준 주택들은 더욱 견고한 건축을 제공하였다. 주택도시개발부(HUD)에서 승인한 구조의 건축물들은 나무 샛기둥을 포함하며 대부분은 석고보드 벽으로 내부를 마감하는 것이다. 바깥쪽은 금속, 비닐 또는 나무이다. 주택도시개발부에서 승인한 지붕시스템은 박공지붕 혹은 추녀마루(hip-style) 지붕선을 가진 더 강하고 더욱 견고하게 건축되는 구조이다. 지붕의 건축은 오리엔티드 스트랜드 보드(oriented strand board, OSB)[7] 또는 지붕 서까래 또는 목재 보에 붙여진 합판건축물들에 아스팔트 싱글을 덮는다. 벽체는 강철 타이로 지붕과 바닥 시스템 사이를 연결하여 완전한 단일체로 연결된다.

HUD 이전의 오래된 주택들은 보통 2 by 2 외부 샛기둥에 습기를 차단하기 위해 아스팔트 페이퍼(asphalt paper)를 덮는 형태로 건축되었다. 이 종이는 그 위로 알루미늄 스킨으로 덮여 있는 면을 샛기둥에 직접 부착한다. 내부벽은 일반적으로 단열재가 없이 벽의 빈 공간을 목재 패널로 가린 것이다. 지붕의 구조는 대부분 외부에 강철 표피를 갖는 평평한 나무틀이다. 이러한 유형의 건축물은 최소한의 건축 재료와 내화 성능의 내부 마감재 부족으로 화재 확산이 더 신속할 수 있다. 보나 최근에 만들어진 주택은 벽과 천정에 석고보드를 사용하며 규정에서 요구하는 연기 감지기를 설치한다. 비교해보면 그러한 건축물들에서의 화재는 땅에 지어진 주택과 유사하다. 화재의 확산은 HUD가 설립되기 전의 주택에 비하여 빠르지 않다. 집의 전원에 연결된 초기 감지장치의 사용은 더 큰 재산피해를 야기하는 대형 화재의 발생 기회를 감

7) (역자주) oriented strand board (OSB) : 방수성 수지로 도포한 후 압착하여 생산하는 판재로 직사각형 모양의 얇은 나무 조각을 서로 직각으로 겹쳐지게 배열하여 제작한 구조용 목재 판넬을 말한다.

소시켰으며 화재로 인하여 사상자가 발생할 위험성을 낮췄다.

모듈식의 주택(modular home)은 종종 시스템 주택 또는 조립식 주택(prefabricated home)으로 간주된다. 모듈식 주택은 땅에 건축하는 더 새로운 주택에서 발견되는 것들과 유사한 기술을 활용하여 통제된 환경에서 건축된다는 점에서 제조된 주택과 유사하다. 모듈식 주택은 다른 장소의 시설에서 생산되고 선택된 장소로 배달된 여러 부품으로 구성된 조립된 집이다. 모듈들은 크레인 또는 트럭을 이용하여 한 개의 주거용 건물로 조립된다. 모듈식 주택은 축 또는 골조가 없으며 오히려 계약자가 제공한 기초에 근거하여 지어진다. 모듈식 주택은 설계에 따라서 단층 또는 여러 층으로 만들어질 수도 있으며 구입자의 기호를 만족시키는 특별 제작도 가능하다. 이러한 유형의 건축 때문에 모듈식 주택의 화재는 땅위에 지어지는 목조 주택과 유사한 연소경향을 나타낸다.

그림 5-9 강철은 1,000°F(537°C)의 온도에서 강도를 잃기 시작한다.

강철프레임 주거용 건축물은 더욱 일반적이다. 땅 위에 지어지며 패널로 시공되고 조립식 규격 단위로 짓는 시스템으로 철골 공법을 이용한다. 철골 건축물은 비가연성이라는 점을 제외하고는 목조 건축물과 유사한 특성을 갖는다. 그러나 강철 골조는 고온의 열에 노출되었을 때 구조적 능력을 상실할 수 있다(그림 5-9).

제조된 나무와 적층보

적층보는 견고한 목재 보와 유사한 특성을 갖는 구조적인 요소이다. 이들은 한 개의 견고한 보를 형성하기 위해 접착 또는 합판으로 된 여러 장의 나무 널빤지로 구성되어 있으며 일반적으로 내장재로만 사용된다. 그것들은 글루램 빔(glulam beams)이라고 통칭한다. 그것들은 부러지기 전까지는 중량감 있는 버팀목의 역할을 할 것이다. 기후에 의한 효과는 그것들의 하중 내력을 약화시킨다. 조사관은 보의 전체사이즈는 물론 구성요소들의 개별적인 크기도 기록해야 한다.

목재 I-beam은 마루 장쇠에 비하여 단면적이 적다. 그러므로 규격화된 목재(dimentional lumber[8])에 비하여 더 일찍 타버리거나 기능을 상실할 수 있다. 시설의 설치 때문에 망이 뚫린 곳은 망의 구조적 완전성을 감소시킬 수 있다. I-beam은 화재 상황에서 붕괴를 지연시키기 위해서 반드시 석고보드로 가려야 한다.

8) 역자주 dimensional lumber : Lumber that is finished/planed and cut to standardized width and depth specified in inches.

경량 목재 트러스(Lightweight wood trusses)[9]는 설계에 있어서 다른 트러스와 유사하다. 개별적인 요소들은 나사, 스테이플, 접착제 또는 금속 연결판(gang nail plates), 또는 나무 연결판을 이용하여 조여진다. 목재 구성요소들이 타버리 전에도 연결판의 기능상실로 인하여 트러스의 결함이 발생할 수 있다. 트러스 구송요소 중 한 개가 부러졌을 때 나머지 구성요소들에 추가적인 하중과 압박을 가하게 되어 전체 트러스가 부러질 수 있다.

목조 결합물의 내화

내화 결합물은 내부에 깔린 구성요소들을 통해 열이 전도될 수 있다는 점을 고려해야 하지만, 내화 등급은 석고보드와 같은 비가연성 물질로 벽을 마감함으로써 그 성능이 향상된다. 설치 실무에서는 화재 안전성에 대한 시험과 평가에 사용된 것과 다를 수 있다. 그러므로 실무의 내화벽은 설치와 질에 따라서 예상한 시간보다 더 빠르게 기능을 상실할 수 있다.

■ 비가연성 건축물

비가연성 건축물은 상업용, 산업용, 그리고 고층 건축물에서 주로 사용된다. 이러한 유형의 건물에 사용되는 건축 재료들은 가연물 하중을 가중시기지 않는다. 기둥과 벽은 하중에는 강하지만 상력에는 약한 재료를 사용하여 건축될 수 있다. 이런 재료들의 예로는 벽돌, 석재, 무쇠, 일반 콘크리트를 들 수 있다.

강철과 같은 연성재료는 화재 상황에서 파괴되기 전에 변형이 일어날 것이며, 이 변형은 탄성이 있거나 없을 수도 있다. 이 탄성범위(elastic rage) 내에서 물질이 변형된 경우 하중이 제거된 후에는 강도가 감소되지 않은 상태로 원래의 형태로 된다. 소성 범위 내에서 물질은 변형되지만 계속해서 하중을 견딜 수도 있다. 어느 경우일지라도 구조물 재료의 신장과 변형은 건물의 붕괴 또는 손상을 초래할 수 있다.

금속 건축

금속은 마감 처리되지 않은 공간에서 노출된 것을 쉽게 발견할 수 있으며 플래시오버에서 3분의 짧은 시간 내에 기능을 상실할 수 있다. 내화시험들은 구성요소가 화재 상황에서 얼마나 견딜 수 있는지를 절대적으로 알 수 있는 지표가 되지는 않는다. 이러한 시험들은 계산된 상황 하에서 엄격히 통제된 방법으로 수행된다. 강력한 화재의 현장들은 예상할 수 없으며 연구실의 실험과는 다른 상황들을 생성할 수 있다. 조사관들은 건물이 상황 및 그 내부의 마감재와 환기효과에 익숙해질 필요가 있으며, 예상보다 더 빠른 붕괴를 야기할 수 있는 금속이나 강철이 있었는지 여부를 판단해야 한다. 표 5-3은 금속 건축물의 몇 가지 특징에 대하여 설명하고 있다.

---

9) 역자 주 : 탈장대 [명사] 트러스(지붕 · 교량 따위를 버티기 위해 떠받치는 구조물

표 5-3 강철 대 조적/콘크리트

물질	요소
강철	전기를 통할 수 있다. 열전도 성능이 좋다. 화재의 강력한 온도에 의해서 내력강도를 잃을 수 있다. 화재에 노출됨으로써 변형되거나 찌그러지거나 붕괴될 수 있다. 만곡되는 양은 화재의 열, 노출 지속시간, 물리적 배열 그리고 철의 조성비율에 달려 있다.
벽돌과 콘크리트	질량 때문에 일반적으로 강철보다 많은 열을 흡수한다. 단열 성능이 우수하다. 쉽게 가열되거나 강철처럼 주변으로 열을 쉽게 전달하지 않는다. 벽돌과 콘크리트는 같은 온도 하에서 강철과 비교하였을 때 내력이 더욱 높다.

콘크리트와 조적 건축

콘크리트와 조적 건축은 그것들의 질량과 높은 밀도 그리고 낮은 열전도도로 인하여 고유의 내화성능을 가지고 있다(그림 5-10). 그것들은 압력에는 강하지만 장력에는 약하다. 구조적 결함은 종종 연결부에서 발생한다. 이러한 결함은 콘크리트 또는 벽돌을 통해 또는 고온의 화염과 접하거나 노출된 표면으로부터 전달된 열에 의해 성장한 결함과 관련이 있다. 구성요소들 사이의 강철 연결부에서 나타나는 결함은 구조물 화재에서 나타나는 범위 내의 온도에서 발생한다.

그림 5-10 콘크리트는 비가연성이며 강화된 강철 심 주변에서 열적인 보호를 하고 있다. 이 사건의 경우 열적 보호가 제대로 이루어지지 않았다.

건축 조립물

조립물들은 내화성능이 있던, 없던 간에 완전한 상품을 만들기 위해서 생산된 부분들을 합치는 것이다. 조립물들은 예를 들어 벽, 바닥 혹은 천정을 형성하는 구조적 요소 등과 같은 각 요소들의 집합이다. 문은 더 큰 구획의 일부를 형성하며 한 개의 구성요소라고 볼 수 있다. 대부분의 비-내화등급의 조립물은 화재 또는 연기에 대하여 내력을 제공하지 못한다. 한 개의 조립물의 결함은 또 다른 조립물의 결함을 주도할 수 있다. 조립물들이 화재에 반응하는 방식은 때때로 화재가 어떻게 성장하고 확산되는지에 영향을 미친다. 조립물은 완전한 유닛으로 설계되기 때문에 유닛의 완전성과 화재 시 그것의 수행 능력은 생산되고 설치되고 의도된 상태로 유지되는 유닛에 달려 있다. 다양한 요인들이 조립물을 손상시킬 수 있고 이로 인하여 유닛이 애초에 설계되고 시험된 만큼 기능을 하지 못하게 될 수도 있다. 예를 들어, 구획된 화재 장소와 다른 장소 사이의 방화문이 열려 있거나 또는 공사 인부가 한 쪽에서 다른 쪽으로 시설을 관통시키면서 벽에 구멍을 뚫고 관통부를 적절하게 막지 않음으로써 천정 타일 위로 내화벽이 관통되는 경우가 있을 수 있다. 벽에 남겨진 구멍, 천정 타일이 떨어져 나가거나 매달려 있지 않은 곳, 충분한 화재 또는 연기 댐퍼가 없이 덕트가 통과된 구역 등은 화염의 통로가 될 수 있다.

내화 조립물들은 특정한 화재 시험 기준과 시험 조건들에 의해서 등급화된다. 구조물 내에서 나타나는 실제 화재상황은 더욱 심할 수 있으며 조립물은 화재 시험을 통해 검증된 시간적 등급보다 더욱 짧은 시간 내에 기능을 하지 못하게 될 수도 있다. 화재조사관은 내화 조립물들을 알아내고 화재 후에 전체 조립물들 내의 요소들에서 어떤 결함이 있는지를 확인하기 위해 그것들을 조사해야할 필요가 있다.

■ 마루, 천정 그리고 지붕 조립물

마루, 천정 그리고 지붕 조립물은 화재조사관은 물론 화재 진압 요원들에게도 특별한 관심이 요구된다. 구조적 요소가 화재 상황에 노출되었을 때 이러한 조립물은 처음부터 기능을 하지 못할 때까지 존재하게 된다. 결함의 유형에는 붕괴, 굴절, 이탈, 열전달 및 화재에 의한 관통이 포함된다.

마루, 천정 및 지붕 구조물들의 결함에 영향을 줄 수 있는 요인들에는 구조적 요소의 유형, 각 요소들로 인한 보호, 사용 기간, 하중, 보의 간격들이 포함된다. 진화작업 중 소화수와 같이 추가되는 하중은 결함 발생에 기여할 수 있다. 시설을 위해 조립물들에 구멍을 뚫어 관통시키는 것도 일반적인 일이다. 비록 관통부위는 내화 조립물들을 마감하도록 요구하고 있지만 그렇지 않은 경우들이 많다. 마루 조립물들은 아래쪽에서 화재가 전파되는 방식으로 시험된다. 지붕의 안정성은 화재 진압 요원들의 작전 수행과 여러 화재 역학에 있어서 중대한 요소이다.

화재 현장에서 발생할 수도 있는 잠재적인 붕괴는 화재조사관들에게 매우 중요한 관심 영역이다. 화재 상황에 노출되었을 때 구조적 요소들은 그 강도를 유지하지 못하게 될 것이다. 석고보드 벽과 같이 구조적 요소들에 적용된 보호조치는 구조적 요소들에 즉시 불이 붙는 것을 막기 위한 것이다. 그러나 일단 이러한 보호조치가 기능을 하지 못하고 구조적 요소들이 영향을 받을 경우 그들의 내하중 능력은 감소한다.

■ 벽

벽은 화염과 연기 확산의 장벽으로 작용하고 다양하고 광범위한 표준에 의해 광범위하고 다양한 유형으로 만들어진다. 그것들은 내화 등급 또는 내력벽일 수도 있고 또는 아닐 수도 있다(그림 5-11).

이러한 조립물에 있어서 시설물들 설치를 위한 관통은 일반적이며 내화 조립물에 있어서 이러한 곳은 메꿔져야 한다. 방화벽은 내화도와 구조적 안정도를 높이면서 화재의 확대를 막기 위해서 건물을 나누거나 큰 건물의 내부를 구획한다. 내화벽도 화재와 연기의 경로를 막는다. 방화벽과 내화벽은 제연경계벽과 같은 요구사항을 만족시킬 필요가 없다. 예를 들어 벽, 마루, 천정 조립물과 같은 제연경계벽은 연기의 이동을 차단하도록 설계되고 시공된 수직적, 수평적으로 연속적인 막(membrane)이다. 내화벽 또는 방화벽에서 사용하는 석고보드는 X타입 석고보드일 것이다. 비내화벽은 다양한 수준의 내화성을 가질 수 있다. 내화등급이 없는 조립물은 그러한 유형의 벽, 천정 또는 마루 요소에 대하여 어떠한 시험도 없었다는 것을 말한다. 비록 그것들이 건물 내의 화재 확산에 있어서 어느 정도의 내화성능을 가지고 있다고 하지만 이러한 요소들이 기능을 상실할 때까지 걸리는 기간은 밝혀지지 않았다. 연기 댐퍼와 관련된 요소들은 연기의 통로를 차단하도록 설계되어 있다. 이러한 차단벽들은 화재의 경로로부터 보호하기 위해 개구부를 차단할 수도 혹은 차단하지 않을 수도 있다.

그림 5-11 A. 내력벽은 구조적 지탱을 제공한다.
B. 비내력벽은 오직 그것의 자중(own weight)만을 지탱한다.

■ 문

그림 5-12 방화문에는 그것의 분류와 형식을 나타내는 라벨이 달려 있다.

문은 건물 전체로 화재가 확산되는 것을 막는 중요한 요소로서 역할을 한다. 문은 다양한 재료로 만들어지는 모든 개구부는 내화문을 가지고 있어야 하며 설치된 문조립물들과 관련된다. 내화조립물은 내화성능이 있는 문틀, 경첩, 폐쇄장치, 잠금장치와 만일 설치되었다면 유리창도 포함된다. 방화문은 다양한 재료와 방법으로 만들어지며 내화도를 가지고 있다. 방화문은 딱딱한 나무, 금속, 나무 또는 광물질이 내부에 들어 있는 금속으로 만들어질 수 있다. 방화문의 단열정도는 특히 다층건물에서 피난에 도움을 주며 개구부의 반대쪽 근처의 가연성 물질이 발화하는 것을 어느 정도는 막을 수 있다. 연기, 열, 불을 효과적으로 차단하기 위해서는 방화문이 반드시 닫혀 있어야 한다. 내화(fire-resistance-rated) 벽에 설치되는 모든 문은 내화등급(fire protection-rated)의 문 조립물로 설치되어야 한다(그림 5-12).

그 문의 시간적인 내화성능은 방화의 등급에 달려 있으며 이것은 일반적으로 벽 시스템의 등급에 비하여 짧다. 내화등급의 문 조립물은 시스템의 일부로서 다음과 같은 기능적 요소들을 갖추어야 한다.

- 경첩 (Hinges)
- 폐쇄장치 (Closures)
- 잠금장치 (Latching devices)
- 유리창 (Glazing)

방화문에 대한 추가적인 정보를 원한다면 NFPA 80, Standard for Fire Doors and Other Opening Protectives를 보시오.

■ 감춰진 공간

강제배기(HVAC)시스템, 하수배관, 전기적 시설, 컴퓨터 또는 진화선 그리고 그 외의 기능들을 설치하기 위해서 관통된 곳에는 일반적으로 감춰진 공간이 있다. 이러한 관통부는 그것이 통과한 벽 또는 마루의 내화등급에 맞도록 밀폐되어야 한다. 건축 이후에 여러 차례의 계약자(contractors) 또는 다른 관계자들(others)이 생겨나며 그들에 의해서 그런 등급의 구획 내에 충분히 폐쇄되지 않은 개구부가 생성된다. 조사관은 한 구역에서 다른 구역으로 향하는 화재와 연기의 통로가 생성되었을 수 있는 가능성에 대하여 조사해야만 한다.

건물 시스템에 미치는 날씨의 영향

가혹한 날씨는 조사를 지연시킨다. 또 안전하고 효과적으로 업무를 수행하려면 날씨에 따라서 특별한 복장이나 장비의 사용이 필요하다. 폭설 또는 폭우 등 극심한 날씨에 지붕 위에 고인 것들을 효과적으로 배수할 수 없을 때에는 구조적 요소에 예상치 못한 하중을 증가시켜서 붕괴 가능성이 발생된다. 이것은 특히 화재가 발생한 이후에 취약해진 구조물에서 더욱 발생하기 쉽다.

화재 동안 풍향과 풍속, 습도 그리고 대기온도는 화재의 성장에 영향을 미칠 수 있다. 높은 습도 수준은 가연물의 습기를 높이는 반면 높은 온도는 가연물 습기의 증발 속도를 높인다. 풍향은 화재의 환기효과에 영향을 미칠 수 있다. 허리케인이나 토네이도에서 나타나는 것과 같은 풍속은 몇 톤의 압력을 벽에 가할 수 있다. 극도의 힘 또는 하중을 받고 있는 경우 발화부와 발화원인 검사를 수행하는 동안 적절한 안전을 보장하기 위해서 건물 진입 전 추가적으로 버팀장치를 설치할 필요가 있다.

건축재료

보호되지 않은 구조적 강재는 고온에서 강도가 감소하므로 건물 화재에 의해 발생하는 열에 노출되는 것을 막아야 한다. 강재를 보호하기 위해서 요구되는 적절한 단열은 다양한 방법으로 시공할 수 있다. 구조적 강재를 보호하기 위한 한 가지 방법은 콘크리트를 붓거나 차단벽과 같은 보드 시스템 등의 물질로 둘러싸는 것이다. 보드 시스템의 예로는 석고와 규산칼슘이 있다. 표면 처리는 방화처리(fireproofing) 또는 발포성 코팅이 사용될 수도 있다.

덜 일반적인 보호방식은 속이 빈 재료들을 채우는 것이다. 이것은 강재의 온도 증가를 막는 열흡원으로 작용한다. 철근 콘크리트는 보호코팅으로 사용될 수 있지만 이는 콘크리트의 밀도, 골재, 함유된 습기를 포함하여 콘크리트의 내화도에 영향을 미칠 수 있다. 목재로 씌우는 것은 화재 동안 충분한 구조적 완전성을 제공할 수도 또는 그렇지 않을 수도 있다. 나무의 크기와 함유된 습기는 화재에 의한 복사가 나무의 발화지연 및 연소의 감소에 영향을 미치는 요소로 고려된다.

조사에 있어서 수동적 방화시스템의 영향

건물에 수동적 방화시스템이 설치되었는지를 검사하는 것은 조사관 업무의 일부이다. 수동적 방화시스템은 화재의 확산을 제어하기 위한 내화등급의 구획을 만들기 위해 사용되는 내화등급의 벽과 바닥 조립물들로 가장 잘 정의될 수 있다. 이러한 것들은 발화 구획 내에서 발생한 화재, 고온 및 가스 확산을 막기 위해 사용되거나 화재진압과 피난 과정을 돕기 위한 재실의 분리, 방화 칸막이 및 방화벽의 형태일 수 있다. 조사관은 이러한 제공된 시스템들 중에서 기능을 하지 못한 것이 있는지의 여부에 대하여 반드시 판단해야 하며 만일 그렇다면 왜 그런지에 대하여도 판단을 해야 한다. 또한 화재의 성장과 발전에 기여했을 수도 있는 시스템의 손상이 어느 정도인지에 대한 관심도 가져야 한다. 기능을 하지 못한 문제들은 다음의 것들 때문일 수 있다.

- 적절하지 않은 설계 (Improper design)
- 적절하지 않은 설치 (Inadequate installation)
- 사용 및 관련된 위험의 변경 (Change in occupancy and associated hazards)
- 설치 초기 구획벽의 피괴 또는 적용된 코팅의 손상 (Breaches in compartment walls or damage to applied coatings after initial system installation)

■ 시스템의 설계와 설치 변수

수동적 방화 시스템을 조사할 경우 조사관은 각 시스템과 요소들이 화재의 성장에 역할을 하였는지 여부에 대하여 반드시 평가해야 한다. 만일 그러하였다면 건축의 질, 사용된 재료와 각 요소들의 두께에 대한 분석은 시험을 통해서 적용가능한 모든 규정과 비교하며 함께 평가되고 기록되어야 한다. 조사관은 그 건물의 건축 허가일(date of the construction)과 그 당시의 유효했던 규정, 표준, 가이드와 제조사 지침서, 또는 최근 요구되는 규정의 업데이트가 있었는지 여부를 고려해야 한다. 거기에는 문, 문틀, 문의 철물과 문을 둘러싸고 있는 건축물을 포함하여 문과 개구부의 내화등급에 대한 분석도 있어야 한다. 창문의 유리(유형, 두께 그리고 판유리의 구성요소들), 개구부의 철물/기계장치 그리고 창틀과 창문을 둘러싸고 있는 건축물을 포함하여 보호되는 개구부의 창문은 반드시 평가되어야 한다.

내화벽/구획벽/마루와 천정의 배관 관통부는 화재 성장에 어떤 영향을 미쳤는지를 알아보기 위해 반드시 검사되어야 한다. 만일 연기 또는 방화댐퍼가 설치되었다면 이것은 잘 작동되었는지, 모든 관통부가 적용되는 기준, 표준, 제조사 지침에 따랐는지 여부를 판단하기 위해 반드시 검사되어야 한다.

■ 기록과 자료의 수집

화재 현장에 수동적 방화 시스템이 있을 경우 당시의 조사과정에서 보고서에 적절한 기록을 포함시키는 것은 중요하다. 설계도, 기능블록 설계사양(design specifications), 준공노(as-built drawings,), 규제기관에 의해 승인된 등가의 또는 대안적인 방화 수준 그리고 조립물과 관련된 서류 등에 대한 기록이 포함되어야 한다. 건물 및 화재에 대한 허가서 사본들 : 측량; 도표와 사진들; 보수관리, 점검 및 시험 기록들이 화재 현장을 적절하게 기록하기 위해 확보되어야 한다. 조사관은 수동적 방화 시스템이 최근의 용도와 연료하중에 부합하는지를 확인하기 위해서 최초 설치 이후에 발생할 수 있는 용도변경에 대해서도 기록해야만 한다.

조사관은 어떠한 증거도 훼손되는 일이 없도록 주의를 기울여야 하며 논란이 되지 않도록 수동적 방화시스템은 보존되어야 한다.

■ 규정의 분석

화재조사관으로서 수동적 방화시스템의 설치에 관한 정보가 나와 있는 곳과 규정에 익숙해지는 것이 필요하다. 당신이 익숙해져야 하는 규정은 아래에 정리되어 있다. 각 지역의 건축관련 기관에서 일하는 공무원과 상담을 할 수 있으며 방화 업무 관련자(fire prevention staff)가 당신을 도와줄 것이다.

- 건물 규정 (Building codes)
- 화재 규정 (Fire codes)
- 유지관리 규정 (Property maintenance code)
- NFPA 101, 인명 안전 규정 (만일 관련기관에서 적용하였다면)
- 부분적인 규정 개정안 (Localized code amendments)

허가 신청서와 건축허가를 통해서 수동적 방화시스템을 설치하였을 당시 어떠한 규정의 영향을 받았는지를 알 수 있는 날짜를 알 수 있다. 각 규정과 각 법률명과 특별 법규는 설치가 당시의 규정에 부합하였는지를 판단할 때 모두 중요하다. 건축규정은 다음의 요구사항들을 포함하고 있을 것이다.

- 건축물의 유형 (Type of construction)
- 내화 등급 건축 (Fire-resistance-rated construction)
- 유리와 창살, 석고보드와 회반죽 등에 대한 요구사항들
- ASTM과 UL의 실험방법에 대한 예 (Specific examples for ASTM and Underwriters Laboratory)

■ 설계 분석

승인된 건축물 기록에서 찾을 수 있는 것들의 목록은 다음과 같다.

- 도면 (Drawings)
- 설계서 (Specifications)
- 설계 계산서 (Design calculations)
- 평면도 (Floor plans)
- 세부사항 (Details)

- 수직 단면도 (Cross-section elevations)
- 작업 순서도 (Schedules for the work)

■ 설치 분석

단지 승인된 건축 기록과 일치하도록 건축되었다는 것만으로는 적용 가능한 규정이 준수되었다는 것을 의미하지는 않는다. 승인된 지역 법률과 관련하여 규정에 대한 조사가 항상 이루어져야 한다. 또한 건축 허가와 정밀 검사 종료 절차에 대한 조사도 항상 이루어져야 한다.

■ 컴퓨터 모델링

만일 수동적 방화시스템의 성능을 점검하기 위해서 컴퓨터 모델링이나 계산이 사용되었다면 평가에 사용한 벽과 천정 그리고 바닥의 열적인 특성이 필요할 것이다.

■ 시험과 유지관리

화재조사관은 수동적 방화시스템의 주기적인 검사 또는 시험에 대한 요구사항이 있는지를 알아보아야 한다. 그러므로 방화감독관을 포함하여 건물주는 시스템이 손상을 입거나 위반이 없는지에 대하여 보증하는 유지관리가 요구된다. 발화부와 발화원인을 판단하는 동안 화재조사관은 표 5-4에 있는 요소들을 검사해야 한다.

표 5-4 수동적 방화 시스템의 구조적 손상에 대한 고려사항

요소	고려사항
관통부	■ 밀봉이 적절히 되었는가?
조인트 시스템 (Joint system)	■ 시스템의 내화등급이 화재 전파를 막는 데 실패하였는가? ■ 전체 길이에 대해 조인트 내부 또는 근처에 확실하게 있었는가? ■ 건물 규정에 내화 조인트 시스템에 대한 예외 조항이 있었는가?
방화문	■ 필요한 모든 부품들이 방화문에 포함되었는가? ■ 닫힘 장치는 적절하게 작동하였는가? ■ 가능하다면, 방화문의 등급 검사가 기록되어야 한다.
방화유리	■ 유리의 두께는 적정하였는가? ■ 망입 유리가 요구되었는가? ■ 유리 등급에 대하여 구성은 적정하였는가?
덕트 및 이송 개구부	■ 방화댐퍼, 방연댐퍼, 천정댐퍼(ceilung radiation damper)를 요구하였는가? 만약 요구되었다면, 화재, 연기에 의해 작동되었는가 아니면 자동으로 작동하였는가? ■ 필요에 따라 작동하도록 기동장치와 방법을 점검하라.
화이어블로킹(fire blocking)과 드래프트 스토핑 (draftstopping)	■ 구조적으로 가연성의 숨겨진 공간에서 화이어 블로킹이나 드래프트 스토핑을 요구하였는가? ■ 정확한 위치에 화이어 블로킹이나 드래프트 스토핑을 설치하였는가? ■ 그 등급에 맞는 재료이고 두께는 적정한가?

요 약

검토를 위한 준비

- 구조물의 설계, 재료 그리고 건축 유형은 내부에서 발생할 수 있는 화재에 영향을 미친다.
- 현대 설계의 고려사항과 건축물 특징은 재앙적인 화재에 대한 분석의 결과이다.
- 건물의 특징은 화재의 성장, 확대 그리고 통제에 영향을 미친다. 이러한 특징에는 능동적, 수동적 방화 시스템에만 제한되지 않는 건축물의 유형, 화재 하중 하에서 구조적인 요소의 완전성과 성능, 건물 시스템 등이 포함된다.
- 조사관은 건물의 구조적 요소에 기반하여 건축물의 유형을 판단하고 기록해야 한다. 구조물의 화재 확산 또는 완전성에 영향을 미칠 수 있는 구조적 요소, 위반사항, 구조변경 또는 다른 요소들에 대한 기록을 주의해야 한다.
- 조립물이 화재 시 반응하는 방식은 종종 화재가 어떻게 성장 및 확대되는지에 영향을 미친다. 왜냐하면 조립물들은 한 개의 완전한 유닛으로 설계되었기 때문에 화재 시에 유닛의 완전성과 그 성능은 요구된 의도된 형태로 제작, 설치 그리고 유지되는 유닛에 달려 있다.
- 바람이 화재를 확대시키고 강수와 강우가 하중을 증가시키고, 증가된 습도가 가연물의 습기를 높이고, 온도의 상승이 증발 속도를 높이는 등 기후는 시스템에 영향을 미칠 수 있다.
- 화재의 확대는 건축물에 사용된 강재, 철근 콘크리트 그리고 나무 등과 같은 재료에 의해서 영향을 받는다.
- 수동적 방화시스템은 화재 확산을 통제하기 위한 내화등급의 구획 지역을 만드는데 사용되는 내화등급의 벽과 바닥 조립물들로 가장 잘 정의될 수 있다. 이러한 것들은 재실 구역, 방화벽, 또는 발화구획 내에서 발생한 화재의 높은 열과 가스의 확산을 막기 위한 방화문의 형태가 될 수 있으며 화재진압 또는 피난과정에 도움이 된다.

주요 용어

조립물 (Assemblies)
완전한 상품을 이루기 위해서 합쳐져야 하도록 제조된 부품들

발룬 프레임 건축 (Balloon frame construction)
외벽 샛기둥이 기초 벽으로부터 지붕선으로 가는 건축 유형. 바닥의 장쇠는 리본 보드를 사용하여 벽에 붙어있고 지하와 다락을 포함하여 바닥들 사이에 개방된 샛기둥 통로를 만들게 된다.

구획 (Compartmentation)
화재를 제한된 발화실 안에 가두어 건물의 다른 지역으로 연기의 이동을 최소화하는 개념

사하중 (Dead load)

구조적 요소, 지붕 덮개, 기계장치 등과 같이 건물의 일부인 물건의 무게

내화벽 (Fire barrier)

방화벽과는 다른 내화 성능을 갖는 벽, 방화벽과 내화벽은 제연경계벽의 자격요건에 부합할 필요는 없다.

해비 팀버 건축 (Heavy timber constuction)

예를 들어 기둥, 보, 아치, 마루, 지붕고 같은 구조적 요소에 의한 건축 유형은 보호조치가 없이 견고한 넓은 단면적(기준에 따르면 최소 직경이 8 또는 6 inch(200 또는 150 mm)을 가지는 나무 합판으로 만들어진다.

사이의 공간 (Interstitial spaces)

건물 골조와 내벽, 외장 사이의 공간 및 천정과 마루의 아랫면 및 데크의 위쪽 사이의 공간

합판으로된 보 (Laminated beams)

견고한 목재빔과 동일한 성격을 가지는 구조적 요소, 이것은 많은 나무 널빤지를 함께 붙이거나 합쳐 한 개의 견고한 보를 형성하도록 만들어진다. 기후의 효과로 인하여 그것의 하중 내력이 감소하기 때문에 실내용으로 설계된다.

경량 목재 트러스 (Lightweight wood trusses)

설계에 있어서 다른 트러스와 비슷하다. 각 요소들은 나사, 못, 접착제, 금속 거싯 플랫 또는 목재 거싯 플랫으로 조여진다.

생하중 (Live load)

구조물의 가구, 세간, 장비, 기계, 눈 또는 비의 하중과 같은 하중 내력의 요소가 되는 한시적인 하중

제조되는 집 (Manufactured housing)

한 개 또는 한 개 이상의 부분으로 지어지며 이 부분들은 제작되어 건축 장소로 이동되어 구조물을 짓는 건축기술

내화목 골조 (Mill construction)

중량목 건설의 초기 형태로 공장의 대형 화재로 인한 손실을 감소시킬 필요성을 인식한 보험회사들을 통해서 영향을 받아 개발되었다.

조립식 건물 (Modular home)

공장에서 전부 또는 부분적으로 제작되어 건설 장소에 놓여지는 주거용 구조물

요 약

불연 구조 (Noncombustible construction)

상업적 또는 산업적인 창고와 고층건축물에 처음으로 사용된 건축방법으로 대부분의 건축요소들은 불연성 재료이다. 구조 자체는 화재에 가연물 하중을 가중시키지 않는다. 이러한 재료들의 예로는 블럭, 석재, 강철, 조적 벽돌, 주철, 콘크리트가 있다.

보통의 건축 (Ordinary construction)

외부 벽은 조적 벽돌이나 그 외의 비가연성 물질로 되어 있고 지붕과 마루, 벽 조립물은 나무로 되어 있는 건축 유형

판자와 보 건축 (Plank-and-beam construction)

전형적인 목재 짜맞추기에서 사용되는 많은 작은 나무 요소들을 대체하여 큰 요소들을 사용하는 건축 유형

플랫폼 프레임 건축 (Platform frame construction)

최근 주거용 주택과 경량 상업적 건축에 사용되는 가장 일반적인 건축방법. 이 건축 방법에서는 건물을 세움으로써 개별의 플랫폼이나 바닥들이 나타난다.

포스트 앤 프레임 건축 (Post-and-frame construction)

플랭크 앤 빔 건축과 유사하다. 이 구조물은 대형 요소들을 사용한다. 예로서 전형적인 헛간 구조 기둥이 주요 하중을 받으며, 프레임에 적용되는 외장이 직접 부착된다.

제연 차단벽 (Smoke barrier)

연기의 이동을 막기 위해 설계되고 설치된 수직적 또는 수평적인 연속적인 막

처마 안쪽 (Soffits)

처마의 아래의 수평적인 면

철골조 주거용 건축 (Steel-framed residential construction)

목조 건축과 유사한 성격의 건축이지만 이것은 비가연성이다. 그러나 철골은 극심한 화재에 노출되었을 때 구조적인 능력을 상실할 수 있다.

목재 I빔 (Wood I-beam)

천정과 바닥에 거미줄 같은 빔으로 스트랜드 보드와 합판으로 개량된 통나무 또는 작은 직경으로 건축된 구조물.

목조 건축 (Wood Frame Construction)

외벽과 내력 요소들이 나무로 되어 있는 건축유형, 이 건축유형은 주거용 건축물과 임시적인 경량 상업적 구조물과 관련되어 있다.

실전 화재조사관

당신은 3층짜리 벽돌조 창고에서 발생한 화재를 조사하고 있는 중이다. 창고는 1880년대에 지어졌으며 1층에는 작업실 공간, 2층과 3층에 각 창고 공간으로 사용하기 위해서 리모델링을 하였다. 이 구조물은 2, 3층이 심하게 손상되어 부분적으로 1층까지 붕괴되었다. 건물에 입은 손상 때문에 건물은 진입하기에 안전하지 않은 것으로 간주하였다.

붕괴된 마루와 큰 목재 빔과 데크의 잔해를 제거한 다음 구조물 안으로 들어갈 수 있었다. 당신은 목공작업장 내에서 오래된 화물 엘리베이터 샤프트에 설치되었던 집진 장치에서 발화한 것을 지목하며 극심한 화염과 열에 의해 손상된 화재의 이동 패턴을 확인하였다. 당신이 2층의 남아 있는 부분을 검사하였을 때 다수의 문서기록이 담긴 골판지 파일 박스를 찾았으며 그 박스는 심하게 탄화되었지만 읽을 수 있는 것이 남아있어 그 공간을 임대하고 있는 배관회사와 관련된 것이라는 것을 알 수 있었다.

1. 다음 중 수직적 화재확산에 기여한 요소는?
   A. 건축 재료 (Constructional materials)
   B. 문과 창문들 (Door and windows)
   C. 엘리베이터 샤프트 (The elevator shaft)
   D. 저장된 파일 파스 (The stored file boxes)

2. 이 구조물은 어떠한 건축 유형에 가까운가?
   A. 목조 (Wood frame)
   B. 방화 목조 (Mill construction)
   C. 일반 (Ordinary)
   D. 내화건축 (Fire resistive)

3. 2층에 위치하고 있는 저장된 상자는 어떠한 유형의 하중인가?
   A. 사하중 (Dead load)
   B. 생하중 (Live load)
   C. 고정하중 (Fixed load)
   D. 정하중 (Static load)

4. 발화실에서 화재를 막기 위해서는 다음 중 어떤 것이 건물 건축에 적용되어야 하는가?
   A. 방화구획 (Fire blocking)
   B. 통풍막이 (Draft stopping)
   C. 구획화 (Compartmentation)
   D. 위의 모든 것

화재방호설비

학습 목표

이 장을 학습한 후 여러분은 다음 사항을 할 수 있다.

- 일반적인 화재경보와 감지 시스템의 작동특성에 대한 설명 NFPA 4.2.8
- 수계 소화설비의 작동특성에 대한 설명 NFPA 4.2.8
- 비 수계 소화설비의 작동특성에 대한 설명 NFPA 4.2.8
- 소화설비 요소 분석요소에 대한 논의 NFPA 4.2.8
- 어떻게 화재방호설비에 대하여 문서화할지에 대한 논의 NFPA 4.2.8

기능습득 목표

이 장을 학습한 후 여러분은 다음 사항을 할 수 있다.

- 화재조사 시 소화설비에 대한 문서화 NFPA 4.2.8

NFPA 참고 문헌

NFPA 13, *Standard for the Installation of Sprinkler Systems*

NFPA 13D, *Standard for the Installation of Sprinkler Systems in One- and Two-Family Dwellings and anufactured Homes*

NFPA 13R, *Standard for the Installation of Sprinkler Systems in Low-Rise Residential Occupancies*

NFPA 25, *Standard for the Inspection, Testing, and Maintenance of Water-Based Fire Protection Systems*

NFPA 72, *National Fire Alarm and Signaling Code*

NFPA 921, *Guide for Fire and Explosion Investigations*

NFPA 2001, *Standard on Clean Agent Fire Extinguishing Systems*

CHAPTER

6

FESHE 과정 결과물

화재조사 I

7. 건물의 설계와 소화설비는 화재의 진행에 어떠한 영향을 미치는지 설명하라.

화재조사 II

이 장에서는 화재조사 II (FESHE)의 과정에 대한 결과물은 없다.

당신은 화재조사관

당신은 밤사이 지방의 한 식당에서 발생한 화재사건을 조사 중이다. 사고현장 지휘관은 종업원들이 주방의 튀김용 냄비에서 화재가 발생한 것을 발견하였을 때 그들은 가게 문을 닫을 준비를 하느라 아직 건물에 있었으며, 소화기로 불을 끄려 시도했지만 실패했다고 말했다. 최초 소방관이 도착했을 때 불길은 주방 바로 위의 지붕에서 관찰되었다.

주방의 피해를 조사할 때, 당신은 여러 조리기구들 위에 매달려 있는 몇 개의 분말소화설비 노즐(dry chemical suppression system nozzles)에 대해 기록하였다. 육안 검사에 의해서 몇 개의 퓨저블 링크(fusible links)가 녹아있고, 이를 통해서 소화설비와 화재경보설비가 작동되었다는 것을 알 수 있었다. 더불어 당신은 주방 출입구 근처에 있는 벽걸이 소화기들을 주목했다. 화재를 발견한 종업원들을 인터뷰하던 중, 당신은 그들이 식탁들을 치우는 동안 튀김용 냄비 곁을 지키지 않았다는 사실을 알게 되었다. 그들이 말하길 주방으로 돌아왔을 때, 튀김용 냄비는 이미 불길에 휩싸여 있었고, 불길은 뒷벽을 태우며 퍼지고 있었다고 한다. 그들은 식당으로 돌아가서 앞문 앞에 있는 작은 소화기를 가져왔지만 주방은 이미 연기로 가득 차있어 다시 들어갈 수 없었다고 하였다.

1. 당신은 분말소화설비에 관하여 어떠한 정보가 필요한가?
2. 당신은 조리기구와 음식재료에 대한 어떠한 정보가 필요한가?
3. 당신의 조사와 관련하여 인간의 행동이 어떻게 중요한가?
4. 사전 조사보고서의 검토는 당신의 조사에 있어서 당신을 어떻게 도와줄 것인가?

개요

능동적 화재방호설비 (active fire protection system)를 갖춘 건물들은 조사관들에게 가치 있는 분석재료가 될 수 있는 정보를 제공한다. 시스템이 설치되었을 때 시스템의 종류와 코드와 성능의 기준에 따라서 그 시스템이 얼마나 많은 정보를 제공하게 될지는 상이할 수 있다. 하지만 가장 기본적인 시스템조차도 조사관은 언제 어디서 불길이 시작되었고 시스템의 작동이 불길에 어떻게 영향을 주었는지에 대하여 판단할 때 도움을 줄 수 있다.

조사관들은 이 정보를 완벽하게 이용하기 위해서 다양한 종류의 방화시스템에 대하여 기본적인 지식들을 습득하고 발전시켜야 한다; 관련된 장치와 요소들; 디자인, 설치, 그리고 각 종류의 시스템에 대한 작동특성들; 그리고 순환작업, 실험, 그리고 시스템 유지의 요건. 이는 설계도와 분석에 익숙해지는 것 등을 포함한다. 제조사들의 서류와 자료들; 그리고 점검, 실험, 유지보수 보고서와 기록뿐만 아니라 어쩌면 가장 중요한 것은, 조사관이 재점검과 분석, 그리고 공중 응급연락망과 파견 센터(public emergency communication and dispatch center)의 시스템 작동기록을 이해해야 하는 것이다(공공응급통신&파견센터는 공식 등록된 감시기관으로서 제3의 감시센터이며, 이벤트 자료는 마이크로프로세서 기반의 화재경보제어장치를 통해 기록되고 유지된다).

능동적 화재방호설비(active fire protection system)는 일반적으로 화재경보와 감지시스템, 소화 시스템, 그리고 통제와 관리시스템이라는 3가지 분류로 나눌 수 있다(통제와 관리시스템의 역할들은 다른 종류의 방화시스템들과 함께 가볍게 논의하였다). 각각은 소화약제나 작동 시 일어나는 특정 성능과 같은 특성들을 기반으로 세분화된다. 건물이 다른 능동적 화재방호설비로 구축되어 있을 때 이 모든 시스템들은 일반적으로 몇 가지 방식을 통해 접속하고, 통신하며, 소통한다.

화재 경보 시스템은 청각적으로 또는 시각적으로 경보를 알리는 상호 연결된 요소들과 장치를 통해 건물 사용자가 대응할 수 있도록 구축되었다. 소화시스템들은 화재를 제어하거나 즉시 소화시키기 위해 물과 화학 약제, 가스 약제와 같은 다른 첨가물들을 사용한다. 물을 기반으로 하는 소화시스템은 일반적으로 스프링클러설비이다. 그리고 특별한 위험이 있을 경우에는 화학 약제, 가스 약제 또는 비 수계 소화설비가 사용된다. 화재 시 연기나 가스를 고립시키거나 또는 가둬두거나, 제거하기 위해서 환풍기를 작동시키고, 문과 화재댐퍼를 닫고, 장비를 폐쇄하기 위해서 더 나아가서는 긴급 출동대원들이 건물 안으로 진입할 수 있도록 미리 엘리베이터를 지정된 위치로 옮겨놓거나 출구를 열기 위해서 화재 시스템의 통제와 관리는 전형적으로 다른 건물들과 연결되어 있다.

이 장은 조사관이 능동적 화재방호설비에 대처할 수 있는 필수 기술과 지식을 향상시킬 수 있도록 다양한 시스템의 종류, 카테고리, 요소, 디자인, 설치, 그리고 작동 특성들에 대한 기본적인 정보를 제공한다. 하지만 이 밖에도 시스템과 요소들에 대하여 더 많은 정보를 제공하는 많은 재원들이 있는데 이는 조사관이나 이해관계자들에게 큰 도움이 될 것이다. 조사관들은 화재 탐지, 경보, 방사, 억제에 관한 화재보호시스템을 탐구, 분석, 기록하고 유의하여 결론을 내기위한 방법과 전략들을 향상시킬 수 있는 확고한 지식을 형성해야 한다.

화재경보설비

■ 일반정보

시스템의 목적

건물 화재에서 생존여부는 재실자들이 화재발생을 인지하고 밖으로 피난할 때까지 걸리는 시간에 달려 있다. 보다 나은 방법으로 설계, 시공, 시험 및 유지 관리된 화재경보 시스템은 재실자들이 화재에 대응할 수 있도록 알려줌으로써 더 많은 생존기회를 제공할 뿐만 아니라, 화재상황에서 화재경보설비는 직접적인 경보를 비상통신파견센터(emergency communication dispatch center)와 제3의 집단에 제공하여 개개인이 신고할 필요 없이 올바른 대처를 바로 시작할 수 있도록 할 수 있다. 이 경보는 긴급 출동을 앞당김으로써 재산피해를 최소화하고, 생명을 구할 수 있을 것이다.

시스템 구성요소

화재경보설비는 일단 작동하면 재실자들의 대응을 위한 시각 및 청각신호를 발생시키는 여러 요소들과 장치가 상호 연결된 집합체이다. 화재경보설비의 기본적인 3가지 요소는 제어장치, 작동장치, 경보장치이다. 이러한 요소들 내에는 다양한 기능을 수행하는 수많은 다른 장치와 요소들이 있다. 제어와 관련된 장치는 1차전원, 2차전원 등 전원 공급장치와 작동장치 회로와 경보회로 등이다. 연기 또는 열 감지기와 같은 작동장치들은 화재상황에 자동적으로 반응하여 화재경보를 울리는 반면 수동 화재경보기는 사람이 장치를 작동시키는 것이 필요하다. 경종, 나팔, 화재경보등과 같은 장치들은 재실자들이 대응할 수 있도록 청각적, 시각적인 경고를 한다.

일반적 시스템 작동

화재경보설비는 화재상황에서 작동장치가 자동적으로 감지하여 작동하거나 화재를 발견한 재실자들이 작동시켰을 때 작동한다. 일단 작동장치가 작동되면 경보장치를 활성화시키는 제어 장치로 신호를 전달한다. 더불어 재실자들에게 경보를 알리기 위해서 시스템은 현장 또는 다른 곳에 설치되어 경보신호를 접수하는 감시장소로 신호를 전송한다. 최근의 대부분 화재경보설비는 별도의 안전 조치를 위해 다른 건물의 유지관리 시스템, 방화시스템과 연동된다. 이러한 안전조치는 계단실, 엘리베이터 수직통로, 연결통로 가압을 위해 팬을 가동시키는 것과 건물을 구획하기 위한 제연댐퍼와 문을 닫는 것, 엘리베이터를 멈추고 미리 예정된 층으로 옮겨 놓는 것, 진입과 피난을 확보하기 위해 일부 문의 잠금을 해제하는 것도 포함될 수 있다.

어떤 시스템들은 50년이 넘게 사용되어 지고 있다. 그러나 가장 오래되고 기본적인 시스템들조차 조사에 유용한 정보를 제공할 수 있다. 경보가 울리면 화재경보 장치는 층수나 작동되는 장치의 위치 식별기에 불이 켜지는 것처럼 간단하게 정보를 제공할 수 있다. 하지만, 현대적인 경보장치는 그래프와 터치스크린으로 건물의 면적과 장치의 종류, 경보신호의 종류, 층, 그리고 층에 있는 장치의 정확한 위치를 포함하는 이해하기 쉬운 숫자 및 글자정보를 제공할 수 있다. 기본적인 시스템 작동의 이해는 조사관을 크게 도울 것이고 유용한 정보를 제공할 것이다.

■ 주요 시스템 구성요소

화재경보 제어유닛

2가지 종류의 화재경보 제어유닛(FACUs)은 아직까지도 사용되고 있다: 종래의 기술과 주소지정 기술(addressable technology), 과학기술의 발전에도 불구하고 기본적인 정보, 작동, 그리고 감시기능만 제공하는 종래의 기술유닛은 50년 이상 존재해 왔지만, 기술의 발달에도 불구하고 정보, 작동 및 감시기능에서 기본적인 기능만 제공한다. 특히 경보설비장치가 거의 없는 소규모 건물에서 아직까지 이러한 종류의 유닛이 제한적으로 사용되고 있으며, 그것은 이벤트가 발생되어 건물을 통해 이동하는 데 많은 시간이 걸리지 않는다. 주소 지정기술 장치는 최초 출동자가 시스템 무결성을 관찰하여 시스템과 구성요소들을 올바르게 작동할 수 있도록 화재 이벤트에 대한 광범위한 정보를 제공하고, 다른 건물들의 화재보호와 생명안전시스템에 인터페이스(interface)를 제공하기 위해 첨단 컴퓨터와 회로 기술을 사용한다.

화재경보 제어유닛은 3가지 다른 종류의 신호들을 만들어내고, 각각은 특정한 목적을 갖고 있다. 경보 신호는 건물 거주자들에게 경보를 알려 건물에서 피난하도록 하거나 소방서에 신고를 하거나 인명 보호를 위한 다른 필요한 조치를 취한다. 고장에 대한 경보 신호는 화재경보설비의 무결성에 문제가 있을 경우 수리에 책임이 있는 건물 기술자 또는 정비요원에게 알린다. 시스템 무결성(system integrity)문제들에는 누전지락사고, 시스템 전선의 고장이나 구성요소의 실패, 통신문제들, 장치의 제거 등이 있다. 감시경보신호(supervisory alarm signal)는 책임 부서(건물수리공이나 정비요원)에 시스템의 정상상태가 변경되었다는 것을 통보하기 위한 것이다. 정상상태의 변화들은 전자 작동식 소화설비 제어 밸브(electronically supervised fire suppression system control valves)를 닫는 것, 높고 낮은 건식 스프링클러 시스템 파이프의 기압, 그리고 적정 범위 밖의 공기와 물의 온도 등을 포함한다. 부가적인 변화들은 수심이 얕은 물탱크, 너무 낮거나 높은 수압, 그리고 관련 구성요소와 펌프의 테스트를 위해 소화펌프를 작동시키는 것과 같은 비화재시 방화장비 작동 등을 포함한다.

이 셋 중 어느 하나의 신호라도 원활하게 하기 위해서는(대부분의 경우 화재경보제어장치를 초기화) 신호의 원인이었던 조건은 반드시 조사되고 해결되어야 한다.

전원공급

전원공급장치는 화재경보유닛의 구성요소이며, 시스템구성요소, 그리고 시스템 장치에 전

> **화재조사관 팁**
>
> 화재조사관은 시스템의 상태와 화재 이전, 화재 시점과 이후의 이벤트 순서를 확인하기 위해서 화재 경보 제어 장치 또는 다른 외부 감시 시설에 의해 제공되는 모든 경보, 문제 또는 감시 신호 정보를 분석해야 한다.

력을 공급하는 필수적인 장치이다. 여기에는 2가지의 전원이 요구되는데 1차전원은 일반적으로 지역의 산업용 전기이고 2차전원 또는 대체전원은 일반적으로 재충전이 가능한 배터리이다. 공장, 산업, 천연가스, 디젤연료나 증기엔진에 관련된 삽화들을 보면 발전기들은 1차전원과 2차전원의 역할을 모두 한다. 1차전원과 2차전원 공급기구들의 설계용량은 모든 회로, 구성요소, 장치, 그리고 부수적인 안전한계에 대한 전류 견인량(current draw)을 고려한다. 이는 특히 2차전원에 있어 중요하다. 왜냐하면 법규에서 시스템이 실패 없이 2차전원을 유지시키고 작동시켜야할 최소시간을 정하고 있기 때문이다.

발신장치

발신장치가 자동, 또는 수동으로 화재경보제어장치와 상호작용한다는 것은 화재경보설비를 작동시킨다는 것이다. 자동 발신장치는 관찰된 환경의 변화를 감지하면 시스템을 작동시키고, 수류감지기와 구성요소 감시장치 등의 다양한 화재 감지기를 포함한다. 화재감지장치는 스폿식(spot type)이거나 라인식(line type)이거나 비디오 이미지를 사용하는 것일 수 있다. 스폿식 감지기는 연기나 열 감지기와 같은 단일요소장치로서 일반적으로 천장에 설치되고, 제조자에 의해 정해진 특정한 면적을 보호한다. 라인식 감지기는 위험을 방지하기 위해 열이나 전기에 민감한 줄이나 빛을 이용하여 건물 면적의 지속적인 길을 따라간다. 비디오 감지기는 연기나 화재 발생에 따른 디지털 이미지안의 픽셀 변화를 분석하기 위해 고화질 비디오카메라를 이용한다. 수류와 발신장치 감시는 이 장의 추후에 다시 언급된다.

수동 발신장치(manual initiating device)는 사람이 장치를 작동시켰을 때 화재경보시설비에 신호를 보낸다. 수동발신장치는 수동 화재경보기함과 전자밸브 감시장치로 제한된다. 수동 pull station으로도 알려진 수동 화재경보기함들은 모두 동시에 기본적으로 같은 방법으로 작동이 되지만, 발생되는 신호의 종류와 몇몇의 함들이 작동되는 방법에는 약간의 다른 점들이 존재한다. 차이점들은 다음 부분에서 언급되고, 경보기함을 작동하는 싱글액션이나 더블액션의 필수인 코드화되고, 코드화되지 않은 신호법들을 포함한다. 탬퍼 스위치로도 불리는 전자밸브 감시장치의 작동은 바퀴나 핸들을 돌려 특정 거리를 움직이고 감시알람을 개시하는 것을

화재조사관 팁

건물의 개보수 공사를 할 때 화재경보 시스템을 업그레이드 또는 추가하는 것은 일반적인 일이다. 어떤 화재 경보 장치들은 기능을 추가하기 위한 확장기능을 지원하지 않는다. 임의의 회로 구성요소 및 장치를 추가 할 때 장치의 오류가 시스템의 고장으로 이어질 가능성도 높아지기 때문에 이러한 확장을 위해서는 공급 전원이 미치는 영향을 고려하는 것은 중요하다. 이 문제를 해결하기 위해, 전원 확장 패널 설치는 주전원을 보완하고 시스템의 확장을 지원하기 위한 추가 용량을 제공한다. 전원 확장 패널은 일반적으로 필요한 건물의 영역에서 설비실에 위치하며, 추가 전력을 제공하고, 주 화재 경보 제어 장치와 같은 백업/보조 전원을 필요로 한다.

포함한다.

■ 연기 감지

연기 감지기는 화재로 발생한 열이 아닌 연기의 입자에 의해서 경보를 발생시킨다. 연기 감지기들은 생명안전장치로 여겨지는데 왜냐하면 연기는 다른 감지 시스템들이 작동하기 전에 커지기 때문이다. 연기 감지기는 방사능원소를 이용하거나 빛을 퍼지게 하는 것 2가지 중 1가지 원리로 연기를 감지한다. 두 감지기 모두 신뢰할 만하지만, 화재의 종류나 조건에 따라 한 종류는 다른 종류보다 더 빨리 반응한다. 감지기를 선택하는 것은 주변 환경, 건물의 건축과 디자인적 특징, 건물 내 수용품과 그 수용품의 연소성, 방의 모양과 천장 높이, 그리고 공기흐름과 환기조건을 비롯한 몇 가지 요소들을 기반으로 한다. 이 요소들을 고려하여 어떠한 작동원리와 장치가 조건에 정확히 부합하는지 결정할 수 있다.

연기 감지 vs. 연기경보

많은 사람들에게 연기 감지기와 연기경보기는 같은 장치겠지만, 하나는 주로 상업적 시설에 설치되고, 다른 하나는 주거지역에 설치된다. 연기 감지기는 일반적으로 상업적 시설에 설치되는 화재경보설비의 구성요소이다. 이는 화재경보 제어장치를 통해 경보를 작동시키고 전력을 공급하기 위해 화재경보 제어장치에 의존한다. 연기경보기는 가정용 전력을 받는 감지기로서 대체전력을 위해 배터리를 가지고 있고, 통합적인 음향장치를 포함하며, 다른 연기경보기와의 연결이 요구되는데, 이 방식은 만약 한 곳의 경보가 울리면 모든 곳의 경보가 울리는 것으로 multi station smoke alarm이라고 불린다. Single station smoke alarms라 불리는 몇몇의 연기 경보들은 독립되어 설치될 수 있고 배터리만을 전원으로 사용할 수도 있다. 어떤 상황에서는 연기경보는 보안, 의료, 가스 감지, 화재신호 등 모든 것이 제3집단에서 경보를 받고 적절한 조치를 취할 수 있도록 알려주는 감시패널로 보고되는 복합식 시스템 중의 한 부분이다. 다른 상황들에서는 연기경보기는 완전한 상업적 시스템과 비슷하게 작동하는 화재경보 시스템의 한 부분이다.

화재조사관 팁

연기 감지기는 여전히 가장 조기에 경보하는 생명 안전장치 중 하나이지만, 이들은 한계를 가지고 있다. 예를 들어, 스포트형 연기 감지기는 시간이 지남에 따라 지나치게 민감하거나 충분한 감도가 되지 않을 수 있고, 안정적으로만 특정한 영역을 커버한다. 감도 수준은 검출기가 설치되어있는 환경에 적합해야하기 때문에 문제가 될 수 있다. 너무 민감한 경우, 오작동이 발생한다. 또한 감지기의 민감도가 충분하지 못한 경우 검출기는 적절한 경고를 제공하기 위해 빠른 속도로 반응하지 않을 수 있다.

이온화

이온화 연기 감지기들은 화재를 감지하기 위해 적은 양의 방사능 물질과 두 개의 전기를 띤 판들을 이용한다. 방사능 물질들은 공기 입자가 감지기의 센싱 챔버 내에서 도전성 기체로 바꾼다. 이온화된 입자가 반대 극성을 띄는 판에 달라붙으면서 발생하는 기체의 도전성 때문에 작지만 측정 가능한 전류가 발생한다. 연기 입자가 센싱 챔버 내로 들어갔을 때 판 사이 공기 입자의 전류량은 감소된다. 일단 전류량이 미리 설정된 수준 이하로 감소하면 감지기는 활성화된다(그림 6-1). 이온화 감지기는 일반적으로 불타는 종이와 같이 연기보다 화염이 빠르게 번지는 화재에 적합한 스폿식 감지기들이다

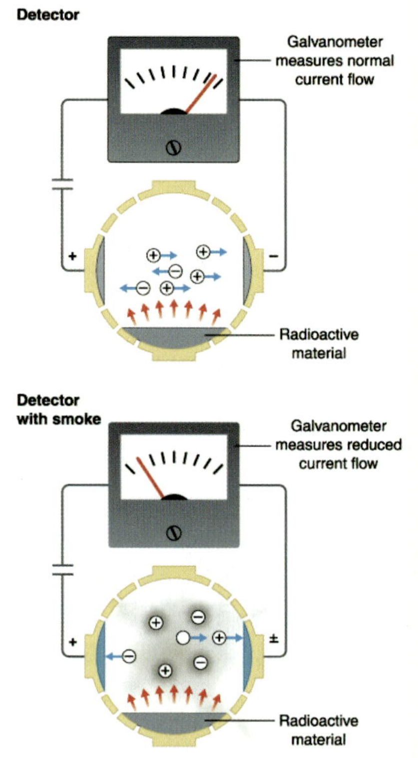

그림 6-1 이온화식 연기 감지기의 작동 원리

광전식(photoelectric)

광전식 감지기는 광원과 광전지를 사용하여 경보를 작동시킨다. 감지챔버 내에는 작은 광원과 광수신기가 직각을 이루며 설치되어 있다. 연기 또는 다른 입자물질이 감지챔버 내로 침입하면 광원은 그 입자에 의해 광수신로 굴절되어 감지기가 작동한다(그림 6-2). 급격하게 발전하는 화재에 비하여 연기 입자가 길어지는 훈소 화재에 있어서 광전식 연기 감지기는 더욱 빠르게 반응할 수 있는 전형적인 스포트식 감지기이다. 입자들이 작아지는 경향이 있는 화염연소에서는 많은 빛을 굴절시키지 않기 때문에 알람의 작동을 지연시킨다.

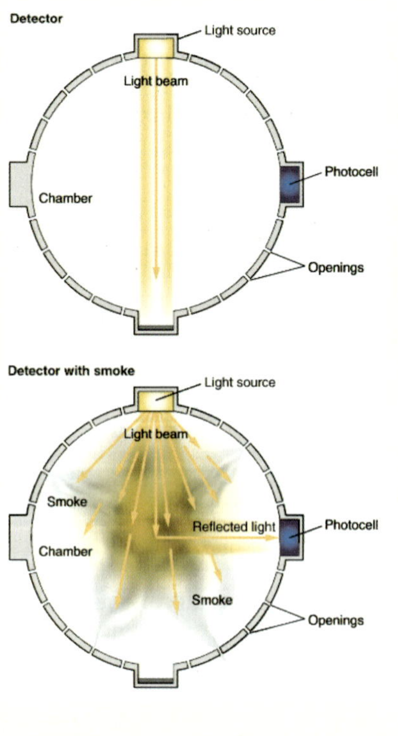

그림 6-2 광전식 연기 감지기의 작동 원리

공기 흡입식(air sampling)

공기 흡입감지로도 알려진 에어 공기흡입형 감지기는 가장 세련된 연기 감지방법 중 하나이다. 공기흡입형 감지시스템은 공기를 시스템에 의해 보호된 건물 안에 위치한 파이프의 견본 구멍을 통해 감지실로 지속적으로 공급하고 분석한다(그림 6-3). 분석을 위해 지속적으로 공기를 공급하며 화재의 연소단계 이전에 물질이 분해되면서 발생하는 감지가 불가능한 부산물을 감지함으로서 재실자들이 이를 인식하기 전까지 오래 걸리지 않는다.

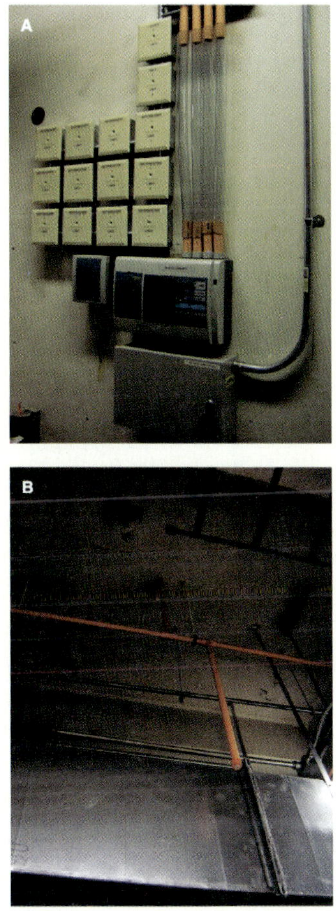

그림 6-3 A. 공기흡입식 연기 감지 시스템 제어판 / 분석기.
B. 이러한 관의 단부는 제어 패널 / 분석기로 분석 공기 샘플을 캡처하는 작은 구멍이 있다.

매우 초기 단기의 연소생성물을 감지하기 위해서 다른 종류의 감지방법과 작동방법이 적용되어 있다. 이 방법에는 광원과 얼마나 많은 양의 빛이 대기 중 입자에 의해 반사되는지를 측정하는 것과 시험 환경에서 스포트식 광전 비색 감지(filtered photoelectric detection)와 공기 포집 기술을 사용하는 것이다. 공기 흡입형 감지기의 최대 장점은 감지기가 입자를 분석하여 문제가 발생하였다는 것을 판단하면 시스템이 다양한 수준의 경보로 활성화될 수 있다는 점이다. 최초의 수준은 시스템이 비정상적인 공기를 감지했나는 경보를 알리고 두 번째 수준은 잠재적인 화재가 있다는 것을 알리고 최고 수준으로 화재가 진행되고 있나는 것을 알린다.

공기 흡입식 감지 시스템은 단독적으로 설치하거나 전체 화재보호전략의 일부가 될 수 있다. 공기 흡입식 연기 감지 시스템의 설치에 대한 가장 높은 가치는 유지보수가 제한되거나 중단되지 않는 공정, 밀폐된 장소에서의 작동할 수 있다는 것이다. 역사적 건물들, 통신 시설들, 컴퓨터/서버 작동센터들, 생산시설들, 변전소, 반도체 제조 시설, 창고, 항공기격납고, 직물공장, 그리고 아트리움은 이 종류의 감지가 적절한 시설들이다.

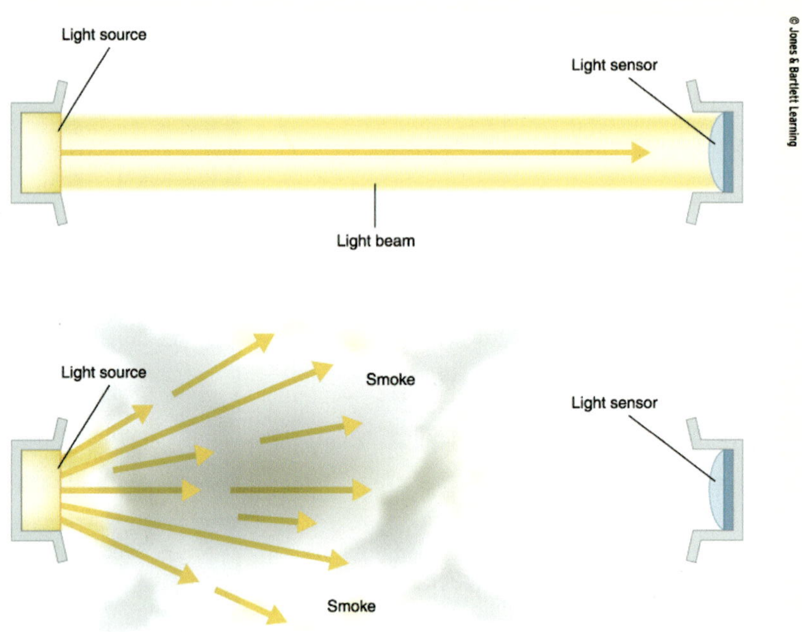

그림 6-4 빛 차폐 광전식 연기 감지기에 대한 동작 원리

빔 연기 감지기

빔 연기 감지기는 소화 구역을 거쳐 수신기에 광선을 보낸다. 연기 또는 그 외의 방해 물질에 의해서 수신기에 조사되는 광도가 감소하면 알람이 작동된다(그림 6-4). 빔의 조사는 전송기와 수신기 사이 거리 300 피트와 너비는 약 60 피트의 범위이다. 이 유형의 연기 감지기는 이 종류의 연기감지기는 스포트 감지기가 실용적이거나 효율적이지 못한 곳에 적합하다. 아트리움, 콘서트 홀, 창고, 체육관, 그리고 공장 등에서 볼 수 있는 매우 높은 천장들은 이 종류의 감지기에 적합하다.

덕트 연기 감지기

덕트 연기 감지기는 건물에 배관을 타고 흐르는 공기를 포집해 내기 위해 많은 상업적 공기 분배 시스템에 설치된다(그림 6-5). 코드에 따라, 감지기는 경보신호나 감시신호를 작동시킬 수 있다.

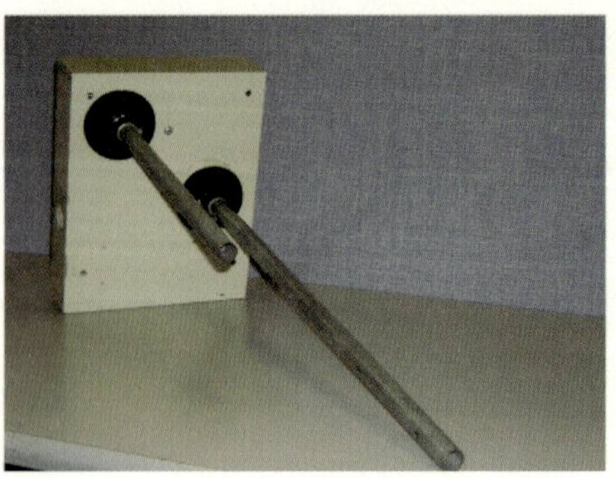

그림 6-5 덕트 감지기 공기흡입 튜브는 공기 샘플을 수집하기 위해 배관 내부에 배치되어 있다.

감지기가 공기흐름 중 몇몇의 특정한 물질을 감지하게 되면, 덕트 감지기는 관련 장치를 멈춰버린다. 장치를 멈춰

© A. Maurice Jones, Jr./Jones & Bartlett Learning

그림 6-6 공기 관로에 설치된 덕트 감지기

© A. Maurice Jones, Jr./Jones & Bartlett Learning

그림 6-7 찾을 수 어렵거나 숨겨진 덕트 감지기 원격 표시기

버림으로써 연기와 독가스가 건물 층 한쪽에서 다른 쪽으로 확산되는 것을 막고 그리하여 연소 생산물질에 노출되는 것을 방지하고 거주민들의 생명에 위협을 막는다.

덕트 연기 감지기들은 모든 공기분배시스템에 설치되지는 않는다. 장치의 특정량의 3제곱피트의 분당 기류 수용력이 있는 곳에 설치된다. 더불어 덕트 연기 감지기들은 설치 현장의 공기 속도, 온도, 습도 등 조건을 극복하고 작동할 수 있어야 한다.

덕트 연기 감지기는 배관 설비의 내부 또는 내부에 장치의 내부에 기체 포집 튜브를 연결하여 외부에 장착될 수도 있다(그림 6-6). 일부는 배관 흡입구 앞에 설치되어있으며 대부분의 덕트 감지기들은 천장 위나 감지기의 작동여부 확인, 관찰, 검사, 유지보수 등을 하기 어려울 정도로 매우 높은 곳에 장착되어 있다. The National Fire Protection Associations NFPA 72, National Fire Alarm and Signaling Code에서는 모든 감지기는 천정 마감으로부터 10피트가 넘는 곳이나 잘 보이지 않는 곳에서는 가열, 환기 등 대기의 조건을 확인할 수 있는 원격 감시장치를 설치하도록 요구하고 있다. 원격 표시등 또는 경보 장치는 최초 출동자 또는 건물 유지관리자가 빠르게 접근할 수 있도록 벽과 천정 또는 감지기와 가능한 가장 가까운 거리에 부착한다(그림 6-7).

■ 열 감지

열 감지기는 가장 신뢰할 만하고 오랫동안 사용되어온 감지장치 중 하나이다. 이 종류의 감지기는 높은 화재 열 방출이 있고, 화재감지속도가 걱정되지 않는 온도변화가 큰 환경에 적합하다. 열 감지기들은 미리 지정된 온도나 온도 변화의 특정한 비율을 인식함으로써 열의 변화를 감시한다. 열 감지에는 가연물, 위험요소, 화재의 성장 등에 따라서 3가지 작동원리(고정된 온도, 상승률, 보상율)가 있는데 이는 어떤 종류의 감지기가 설치되어야 하는지를 결정한다. 정온식 열 감지기(fixed temperature detectors)는 감지요소의 온도비율에 도달하면 작동하고, 차동식 감지기(rate of rise detectors)는 지정된 시간 동안의 온도 변화를 측정하고, 보상식 감지기(rate compensation detectors)는 미리 지정된 공기 온도에 반응한다.

대부분의 열 감지기들은 스포트식이지만 특정한 환경에서는 라인식 감지기들이 적절한 경우도 있다. 열 감지기들은 연기가 아니라 화염에 의해 발생하는 열에 의존하기 때문에 일반적으로 연기 감지기와 같은 다른 감지기들에 비해 화재에 반응하는 속도가 느리다. 이러한 이유 때문에 열 감지기들은 생존안전장치로 구분되지 않으며, 특별한 승인이 있지 않는 이상 연기 감지기들을 대체할 수는 없다. 열 감지기가 연기 감지기를 대체하는 경우는 일반적으로 연기 감지기에 오작동이 발생하게 하는 주위 환경 때문이다.

■ 복사에너지 화재감지기

복사에너지 감지기는 연기나 열이 의존하지는 않는 대신, 불꽃이나 불티에서 나오는 특정한 양의 보이거나 보이지 않는 빛 스펙트럼을 감지한다. 이 감지기들은 불을 사용하지 않는 공장이나 산업 시설에서 일반적으로 큰 방사에너지가 발생하는 경우에 적합하다. 복사에너지 감지기는 전형적으로 높은 위험이 있는 곳, 시설의 가치가 높은 곳, 민감한 감지가 중요한 곳, 작은 화재의 원격 감지가 중요한 곳에 주로 설치된다. 복사에너지 감지기의 적합한 유형을 선택하는 것은 환경에 대한 주의 깊은 평가, 존재하는 가연물의 유형, 오작동 경보 또는 전혀 작동하지 않을 수 있는 다른 비화재 복사 에너지의 방향에 대해 관심을 기울여야 한다. 이 감지기들은 인쇄점포, 도장시설, 비행기 격납고, 목공시설, 방직공장, 박물관, 군수품 기관, 그리고 컴퓨터실 등 휘발유를 소유하고 보관하며 충전하는 고위험 장소에서 주로 볼 수 있다.

화염 감지기

화염 감지기는 빛 스펙트럼의 특정 부분을 감지하도록 만들어졌다. 이 감지기는 자외선, 적외선, 자외선/적외선(UV/IR), 또는 적외선/적외선(IR/IR) 범위에서 작동한다. 이 중에서 자외선/적외선(UV/IR)과 적외선/적외선(IR/IR) 감지기들은 두 개의 감지 요소를 갖고 있고, 그 두개의 요소로 하여금 경보를 작동하기 전 빛 스펙트럼의 특정 대역을 감지하도록 요구한다. 이중 감지는 실제 화재 감지를 개선하고 비화재 방사 에너지요소들의 감지 가능성을 감소시킨다. 방사 에너지 감지기들이 작동하기 위해서는 보호 구역에서 방해받지 않는 시각을 가져야 하고 에너지를 감지하기 위해 충분히 가까워야 한다. 만약 이것이 문제라면, 위험지역을 완전히 감시할 만한 추가의 감지기들이 필요하다.

불꽃/불티 감지기

불꽃/불티 감지기들은 특정 연료에 의한 것이 아니고 제조과정에서 발생할 수 있는 불꽃이나 불티를 찾는다. 일반적으로, 불꽃과 불티 감지기들은 제조 과정을 통해 고체 물질들이 움직일 수 있고 불꽃이나 불티의 발생 가능성이 높은 컨베이어벨트나 배관의 내부나 근처에 설치된다. 불꽃/불티 감지기들은 적외선 범위에서 작동하며 밀폐되고 어두운 환경에 설치되어야만 한다. 불꽃이나 불티가 감지되면, 일반적으로 초고속 물 스프레이 시스템에 연결된 물 스프레이 노즐과 같은 몇몇 종류의 소화 시스템이 작동한다.

■ 기타 종류의 감지기들

기체 감시 화재 감지는 독가스나 다양한 종류의 기체와 탄화수소 사용에 관련된 증기를 감지하도록 설계되었다. 상업적, 산업적, 위험환경(해양석유와 석유가스, 석유, 가스, 석유화학 기관, 가스터빈, 공조 공기 흡입, 유정, 밀폐된 기체 처리 배관)에 위치한 거주시설들을 위해 설치된 적외선, 반도체, 전기화학, 촉매와 같은 다양한 기술들이 있다.

가스 화재 감지기(gas-sensing fire detectors) 혼합 가스/연기 감지기와 같이 가스만 감지할 수 있도록 제조할 수 있다. 어떤 장치라도 장치가 올바르게 작동될 수 있도록 정밀한 감지, 점검, 실험, 유지가 필요하다.

■ 경보장치

재실자 경보는 재실자들의 이동과 대피를 위한 것으로 화재 경보 시스템의 가장 중요한 기능이다. 발신장치가 작동 신호를 화재경보 제어장치에 보내면, 시각 또는 청각적인 건물 경보를 울리기 위해 신호를 경보장치에 보낸다. 나팔, 벨, 스피커, 차임벨, 사이렌, 버저, 다양한 종류의 램프, 스트로브 빛을 포함하여 재실자들에게 잘 전달할 수 있는 다양한 종류의 시각, 청각적인 경보장치들이 있다.

경보장치의 종류, 숫자, 그리고 위치는 건물의 용도와 거주자들, 건물의 구조, 방의 크기, 환경, 그리고 얼마나 많이 어떠한 종류의 시각, 청각적인 정보가 통신되어야 하는지 등의 다양한 요소들에 달려 있다. 공공경보(Public mode notification)는 이 모든 요소들을 고려하여, 경보신호를 건물로 전파하고, 건물의 특정 감시지역으로 신호를 보내는 것을 전용경보(private mode notification)라고 한다. 공공경보는 사무실 건물, 가게, 영화관과 같이 사람들이 경보작동에 조치를 취할 수 있는 거수지에 적합하다. 전용경보는 숙련된 사람들이 경보를 듣고 경보를 중단시키고, 적절한 조치를 취할 수 있는 곳에 경보가 울리도록 해야 한다. 전용경보는 병원, 요양시설, 교정시설과 같은 거주지에 움직임이 제한되거나 사람들이 심적으로 육체적으로 대응을 할 수 없는 곳에 적합하다.

작동 시 경보장치는 코드신호(coded signal)와 코드와 되지 않은 신호(uncoded signal), 또는 문자 신호(textual signal)를 전파한다. 코드신호는 특정한 간격을 갖고 미리 지정된 수의 시청각적 패턴을 보내는데, 이는 종종 발신장치의 위치를 인지하는 데 도움을 준다. 코드화 되지 않은 신호는 발신장치와 시스템이 초기화될 때까지 지속적인 잘 들리고 보이는 신호를 전파한다. 원문신호는 스피커, 화재경보에 글자와 숫자로 쓰인 정보나 문자표시패널(annunciation panel), 또는 사진미리 녹음된 음성 매세지가 될 수 있다.

문자 표시패널은 경보패널의 한 종류로서 빛 패널, LCD/alphanumeric text, 그래픽 디스플레이, 또는 터치스크린 비디오 모니터를 통해 응급응답자에게 중요한 정보를 제공한다. 이 패널은 일반적으로 건물 입구에 위치해있으며 중요한 정보를 제공하기 위해 화재경보 제어장치와 공유한다. 정보는 시작된 신호의 종류, 작동된 시스템이나 장치, 그리고 층수와 지역과 같은 시스템과 장치의 위치를 포함한다. 패널에 의해 전해진 정보는 특정 시스템, 건물의 구역, 사건 동안 발생한 신호의 종류와 숫자를 알려주기 때문에 부수신기는 조사관들에게 굉장히 중요하다.

■ 시스템의 작동과 설치 변수

FACU 특징

FACU는 시스템의 “뇌”로 자주 묘사되는 이 장치는 화재경보설비의 구성요소와 장치들이 접하는 지점에 있으며 화재경보설비에 있어 가장 중요한 부분 중 하나이다. 이것의 기능은 들어오는 신호를 받는 것이다; 들어오는 신호 요소들을 해석하고 관리하는 것; 그리고 적절한 경보, 문제감시 및 발생신고를 전달하는 것. 이는 모든 시스템 장치에 전력을 지원하는 것, 발신장치로부터 자동과 수동 입력 신호들을 진행시키는 것, 시스템 회로와 전력공급기의 온전함을 보여줄 수 있는 것, 경보장치를 작동시키는 것, 그리고 화재 시 다른 건물과 제어시스템을 공유시키고 작동시키는 것을 포함한다.

시스템의 종류와 화재경보설비가 언제 제조되었는지 그리고 설치되었는지는 화재경보설비의 작동 능력을 결정짓는다. 몇몇의 시스템들은 오직 기본적인 경보 기능밖에 하지 못하는 반면, 다른 시스템들은 다른 건물 시스템들과 교류하고 제어한다. 현대의 FACU들은 패널 메모리 회로에 정보를 보관하고, 정보를 프린터에 보내고, 전매그룹이나 제3의 감시 집단에 시스템 상태에 관한 정보와 사건의 발단과 결론들을 보내고, 경보상태를 승인하고, 경보상태를 조용히 시키고, 시스템을 초기화한다.

화재조사관 팁

최초 출동자들이 도착하였을 때 방화 시스템의 상태에 대한 정보가 출력되기 때문에 패널에 의해 전달된 정보를 관찰한 출동대원을 인터뷰함으로써 귀중한 정보를 얻을 수 있다.

장치의 위치와 간격

제조자들의 가이드라인 NFPA 72에서(어떤 경우에는 지역의 법규가) 장치와 경보장치의 설치와 작동을 규제한다. 설계 전문가들, 계약자, 법규 관리관(code officials), 점검원들은 작동을 위한 최소한의 요구조건들을 충족시키는 NFPA 72를 사용하며 뿐만 아니라 여기에는 이 시스템에 대한 적용, 설계, 설치, 점검, 실험, 유지 조건을 위해 고려하는 중요한 정보가 있다. 또한 NFPA 72는 구성요소, 하드웨어, 시스템종류, 계산, 전력 조건, 보충적 통합, 인터페이스 지도에 관한 정보를 제공한다. 비록 NFPA 72에는 설치설명서나 승인가이드가 아닐 뿐만 아니라 요구조건들을 충족시킬 만한 방법을 제공한다는 사실에 대하여는 책임이 없다는 것을 분명히 명시하고 있지만 이는 건물을 평가하는 데 있어 화재 경보와 감지 시스템의 작동 문제를 일으킬 수 있는 환경, 디자인, 특징, 방 구조와 천장 높이를 포함한 건축특성을 고려하는 것이 중요하기 때문이다.

내부 시스템 통신

대부분의 화재경보와 감지 시스템 요소들은 특별한 목적과 설치 요소에 부합도록 전선과 케이블로 연결된다. 배선은 통신, 개시, 작동, 그리고 시스템 요소들과 회로와 장치에 전력 전달을 위한 전달 도구이다. 시스템 구성요소들을 연결하기 위한 배선의 이용은 첫 화재경보 시스템들이 만들어지고 설치된 이래로 기준이 되어왔다. 하지만 지금은 무선 시스템들과 장치들이 화재 보호와 건축산업의 승인과 동의를 이끌어낸 배선시스템들과 같은 기준과 요구조건을 만족시키고 있다.

전달 방법

화재경보설비와 제3의 감시집단 사이의 통신을 위한 많은 승인된 시스템들과 수단들이 있다. 감시 시설에서 신호가 수신되는 것을 보장하기 위해서는 2가지 전달 방법들이 요구된다. 이 이중의 전달 방법은 주된 전달 링크가 실패하면 자동으로 예비의 링크로 연결됨을 보장한다. 가장 자주 사용되고 승인된 주된 방법들은 하드와이어(hard-wire)와 섬유광학 통신, 일방 라디오 전달, 쌍방향 라디오 주파수 다중, 디지털 무선 기술, 또는 인터넷 통신 규약을 포함한다. 주된, 예비의 통신 링크 모두 감시를 요구하고 조사의 그 어떠한 실패도 보고해야 한다. 24시간 이하의 간격으로 두 링크들은 링크의 통합과 지속성을 위한 자동으로 테스트하는 것을 요구한다.

화재조사관 팁

규제사항, 설치 조건, 제조사의 지침은 반드시 설치되어야 하는 케이블과 전선의 유형과 설치되었을 때 피복손상이나 화재가 발생하는 장소에 대하여 정한다.

■ 감시되고 제어되는 시스템

중앙시설

중앙시설서비스는 시스템이 제공하는 보호건물에서 고성능이며 효율적이고 적절한 모든 화재 보호 시스템 관련 이슈들에 대한 처리를 공개한다. 중앙시설서비스는 보호건물과 비감시 기관에서 서비스를 제공할 책임이 있다는 계약아래에 있는 서비스 제공자이자 지역 서비스 회사이다. 그들의 책임들은 설치, 실험, 그리고 현장서비스(site service)에 답변을 제공하는 것을 포함한다; 신호감시; 신호 재전송; 그리고 기록 유지. 중앙기지 서비스 제공자들은 엄격한 실적을 만족시켜야 하고 발급기관으로부터 기준과 요구조건이 만족된다는 회계감사를 받아야 한다.

중앙기지가 신호를 수신하고 인지하면 기지 기술자는 적절한 조치를 취해야 한다. 만약 신호가 경보이면, 중앙 시설은 소방서에 알리고, 시스템을 끄고 리셋하기 위해 경보 2시간 내에 도착해야만 하는 출동자를 보낸다. 만약 신호가 감지되면 출동자는 2시간 내에 도착해야 한다; 하지만 장애신호에는, 도착이 4시간 내로 요구된다. 감시신호나 장해신호는 현장의 출동자에게 30분의 도착시간 동안 조사 할것을 요구한다.

사설시설

사설감시시설 화재경보 시스템들은 그들의 기관에서 화재경보 설비 신호들을 감시하기 위해 건물과 재산 소유자들을 책임 집단으로 정한다. 일반적으로 사설시스템들은 수많은 재산이나 화재경보설비들로 이루어져 있거나 일반지역이나 개인 소유주가 제어하고 있는 건물지역에 퍼진다. 모든 신호들은 중앙감시구역, 지역 감시 구역, 그리고 자치주에 있는 중앙감식 구역으로 전송된다. 감시기관은 경보신호를 감시하고 소방서에 전송하는 숙련된 기술자들에 의해 24시간 동안 운영된다. 그리고 만약 신호가 접수되면 기관의 긴급출동 대원에게도 제공된다. 또한 감시기관 직원들은 긴급출동 대원에게 가깝거나 먼 위치에 상관없이 어떤 문제나 감시 신호들을 전파한다.

사설시스템들은 또한 엘리베이터 제어, 연기 제어, 계단실의 가압, 계단실과 비상문 폐쇄와 개방, 제조나 다른 과정들 폐쇄등 모든 종류의 건물제어 기능을 다루도록 구축될 수 있다. 만약 화재가 발생하거나 공정에서 다른 비상사태가 발생한 경우에도 지속적으로 작동할 수 있도록 건물이나 방의 감시 장비들은 내화성 물질로 만들어져야 하고 위해공정으로 분리되어야 한다.

원격시설

원격 감시시설의 화재경보 시스템은 원격의 보호 중인 자산의 화재경보 설비에서 발생한 경보, 문제, 감시신호을 보고한다. 몇몇의 소방서들은 신호가 일방통신의 전화 선로이나 일방적인 통신회로인 소방서 주파수를 경유하여 곧바로 화재나 공공의 안전 통신 센터로 전달되도록 한다. 신호가 화재나 공공의 안정통신 센터로 가지 않으면, 신호들은 숙련된 직원들이 신호를 항상 감시하는 승인된 위치로 간다. 화재 경보 신호는 직원으로 하여금 시스템을 감시하고 문제나 감시신호가 즉각적인 조사와 문제 해결을 위해 주인이나 주인의 대리인에게 보고되는 소방서로 곧바로 연결하도록 요구한다.

분석

만약 조사관이 조사 도중 건물이 어떠한 화재보호시스템을 갖추고 있었다는 사실을 발견하면, 이 시스템들은 혹시라도 화재 시에 한 역할을 밝히기 위해 기록하고 분석해야 한다. 화재조사관들은 조사할 때 적절하고, 용인되고 적합한 재원들, 기술과 방법을 사용하기 위해 주의를 기울여야 한다. 조사관들은 컨텐츠와 적절한 산업의 적용과 법원에서 받아들여진 NFPA1033 (*Standard for professional qualifications for fire investigator, and NFPA921, Guide for Fire and Explosion Investigator*)와 같은 문서에 있어 잘 알고 있어야 한다. 이와 이밖의 다른 문서들은 화재 조사를 위한 자격과 시스템적인 가이드 라인을 제공한다.

NFPA 921에 정리되어 있듯이, 화재조사는 화재의 원인을 찾을 때 분석적인 과정이 이어지는 체계적이고 시스템적인 접근을 해야 한다. NFPA921에서 권장하도록 적혀 있는 시스템적 접근은 과학적인 방법이다.

과학적 방법은 조사관을 도와 화재의 근원, 원인, 그리고 책임 등을 고려해 신뢰할 수 있는 결론을 내는 몇몇의 단계들로 구성되어 있다. 과학적 방법의 두가지 중요한 요소들은 자료를 수집과 분석에 관한 것이다. 건물에서 화재가 발생하면, 건물, 건물 시스템(모든 화재보호 시스템을 포함한), 그리고 건물 콘텐츠들은 모두 문서화되고 분석되어야만 한다. 더 나아가, 모든 목격자와 최초 출동자들은 적절한 정보를 모으기 위해 모두 인터뷰해야 한다. 적어도 조사관은 타버린 구조 내에서 화재보호 시스템의 역할과 관련된 분석 및 적합한 정보를 이끌어 낼 수 있는 재원들을 수집해야 한다.

설치 고려사항

화재 후 조사를 할 때, 조사관은 반드시 화재경보 설비의 모든 문서를 수집하기 위해 노력해야 한다. 이 문서에는 제조자의 자료도 포함해야 한다; 설계도; 설치, 점검, 실험, 서비스 그리고 유지 기록; 그리고 모든 파견과 출동 기록들. 뿐만 아니라, 조사관은 어떠한 건물 건축 및 화재 법규(fire code) 및 설계 기준이 설치당시에 시행 중이었는지 밝혀야 한다. 이 정보에 대한 검토와 분석은 조사관들에게 원래의 시스템과 화재 당시의 설치상태를 비교할 만한 근거를 제공할 것이다. 이 검도와 분석은 건물의 특징과 건설에 어떠한 혁신적인 변화가 있었고 어떠한 변화가 발신장치와 경보장치의 작동에 영향을 주었는지 등과 같이 주거지의 용도에 특정한 변화가 있었는지를 판단하기 위해서 중요하다.

검토와 분석의 부분과 같이 조사관은 인터뷰 하는 사람이 승인 실험을 포함한 시스템 디자인과 설치의 검토와 승인에 책임이 있을 뿐만 아니라, 디자인과 설치에 관련된 모든 디자인 전문가들이나 계약자들, 최초의 설치 승인이나 정기적 점검, 실험, 서비스, 유지승인에 책임이 있는지를 고려해야 한다. 검토와 분석의 일부로서 조사관은 승인 실험을 포함한 시스템 설계과 설치의 검토와 승인에 책임이 있는 자, 디자인과 설치에 관련된 모든 디자인 전문가들이나 계약자들, 최초의 설치 승인이나 정기적 점검, 실험, 서비스, 유지승인에 책임이 있는 자를 인터뷰 대상으로 고려해야 한다.

작동능력

어느 조사에서든 굉장히 중요한 부분은 화재경보설비의 상태, 작동능력, 그리고 화재당시의 기능성을 입증하는 것이다. 시스템이 일반적인 준비상태에 있었는지 또는 문제경보(trouble alarm)나 감시경보상태였는지에 따라, 시스템이 화재사건에 어떻게 반응했는지 파악하는 데에 중요한 역할을 할 수 있다. 문제경보나 감시경보는 몇몇의 또는 모든 시스템이 제역할을 하지 못하게 할 수 있다. 뿐만 아니라, 조사관들은 시스템이 사건 당시 1차전원이나 2차전원에 의해 켜졌는지에 대해 파악해야 한다. 배터리와 같이 시스템이 2차전원에 의존했을 때, 한정된 전력 때문에 충분하지 않은 작동능력을 발휘하기 때문에 이는 매우 중요하다. 화재경보설비는 일반적인 준비조건에서 특정 시간과 1차전원 소진 이후에 작동되지만 시스템들은 오직 예비 전력이 최고 경보모드일 때 한정된 시간만 작동할 수 있는데, 이는 한정된 경보를 의미한다.

조사의 다른 굉장히 중요한 부분은 적절한 때에 설계 파라미터 상황에서 발신장치가 요구된 대로 기능을 했는지 파악하는 것이다.

연기경보 작동에 대한 분석

어떻게 그리고 언제 화재가 감지되거나 발견되었는지 그리고 화재가 시작되는 것이 어떻게 발견되었는지 등을 포함하는 사건의 타임라인을 확인하고 이해하는 것은 화재조사관에게 중요하다. 만일 화재경보 시스템 또는 연기 경보기의 작동이 사건 경보의 시작이었다면 이러한 정보는 발화부를 결정하거나 감시장치 또는 연기 감지경보의 작동 여부에 대한 판단을 할 수 있기 때문에 그것은 특별히 더 중요하다. 부분적으로 작동을 발신장치 또는 연기 감지기의 판단은 첫 번째로 도착한 소방관, 건물 재실자, FACU, 911 긴급 파견센터 그리고 사설 또는 제3의 감시 센터를 통해서 정보를 얻을 수 있다.

조사관은 화재의 성장과 확산에 대하여 기록하기 위해 건물 재실자와 소방관에 대하여 인터뷰해야 한다. 그리고 그들의 화재경보 시스템의 경보장치와 관련된 소리 또는 신호에 대한 관찰사항을 상호 비교해야 한다. 시스템의 작동을 확인할 수 있는 시각적, 청각적 신호는 시끄러운 음향 또는 전화 벨소리부터 방향 지시 음성과 플래싱 스트로보까지 다양하다. 조사관은 화재경보 시스템의 장치의 연기와 그을음 또는 열적인 영향에 의해 변형된 화재경보설비를 검사하여 어떤 장치가 가장 초기에 작동하였는지 혹은 작동을 하지 않았는지 그 흔적을 검사해야 한다.

연기 퇴적에 대한 분석

화재조사관은 연기 감지기, 연기 경보기 그리고 다른 시스템 요소들의 그을음 축적 상태, 그을음 패턴, 그리고 열에 의한 변형에 대하여 다른 다양한 표면의 화재 패턴을 관찰하는 마찬가지의 방법으로 검사, 분석, 기록해야 한다. 지나친 그을음, 연기의 얼룩 그리고 그을음 축적의 변색은 조사관들이 화재의 발화부, 확산, 성장과 화재 역학에 대하여 판단할 때 도움을 줄 수도 있다. 더불어 조사관은 시스템 장치들이 노출되거나 영향을 받을 수도 있는 편중된 가연물과 환기효과의 여부에 대하여 확인해야 한다. 조건의 분석은 연기 감지기와 연기 경보 장치가 활성화되었는지 이벤트가 이루어지는 동안 작동하였는지를 판단할 때 도움을 줄 수도 있다.

경보 작동 시간

화재경보설비 발신장치의 작동을 이해하고 입증하는 것은 조사관으로서 굉장히 중요한 의무이다. 이것은 증거물의 수집, 문서화 그리고 현장으로부터 수집한 증거물과 사실자료들을 분석하는 전체적인 화재 현장의 검사와 관련이 있다. 수집된 자료는 화재 현장의 컴퓨터 모델링 점검과 입력 자료를 기반으로 한 화재 경보 시스템 장치의 작동에 사용될 수 있다. 이 모델들은 화재경보설비의 작동 또는 작동하지 않음을 확인할 때 도움을 줄 수 있다; 하지만, 모델들의 올바른 사용은 충분한 지식, 이해, 그리고 경험을 요구하기 때문에 컴퓨터 모델을 사용할 때에는 조심성이 있어야 한다.

화재규모 판단

특히 연기 감지기와 같은 발신 장치로 취급되는 것 등 시스템의 작동과 관련하여 화재의 규모와 전파 효과에 대하여 이해하는 것은 화재의 규모, 발화부, 확산에 대하여 판단할 때 조사관에게 도움이 될 수 있다. 전에 말했듯이 조사관에게 화재경보발신장치 작동을 확인하는 것은 중요하고, 발신장치의 미작동을 확인하는 것 역시 똑같이 중요하다. 이것들을 증명함으로써 조사관은 아마 화재경보설비를 화재사건의 특정시기에 화재 규모를 파악할 수 있는 재료로 사용할 수 있을 것이다. 수많은 정보들은 조사관들이 이것을 확인할 수 있도록 도와준다. 제조자들의 설명서와 자료, 설계 기준, 그리고 계산들은 시스템의 특징들과 화재 규모를 고려한 반응성을 판단할 수 있게 사용된다. 만일 시스템이 활성화되어 적절히 작동되었음을 나타낸다면 경보가 작동한 시점은 그 화재에서 최소 규모였다는 것으로 인정된다. 반면, 적절하고 올바른 설치를 가정하고 , 만약 시스템이 작동되지 않는다면 화재의 성장이 시스템 작동 수준까지 미치지 못했기 때문에 화재는 최대의 규모로 인정될 것이다.

타임라인의 전개

능동적인 화재 경보 시스템은 화재조사관에게 다양한 자료 포인트를 제공할 수 있다. 만약 화재에 의해 손상되거나 파괴되지 않았다면 화재경보시스템 제어패널과 경보패널(annunciation panels)은 시스템 작동과 작동정보에 좋은 재원들이다. 사건의 가혹도에 상관없이, 1차전원과 2차전원이 결렬되거나 연결되거나, 조사관들은 그 장소에서 일어난 이벤트를 증거로 남기기 위해서 화재 제어패널과 경보패널의 사진을 찍어야 한다(그림 6-8). 그 이유는 만약 1차 전원의 손실이 있다면, 짧은 제한된 시간동안만 2차전원의 재원들이 시스템을 지원할 것이고 , 2차재원이 끝나면, 시스템 자료는 사라질 수 있기 때문이다.

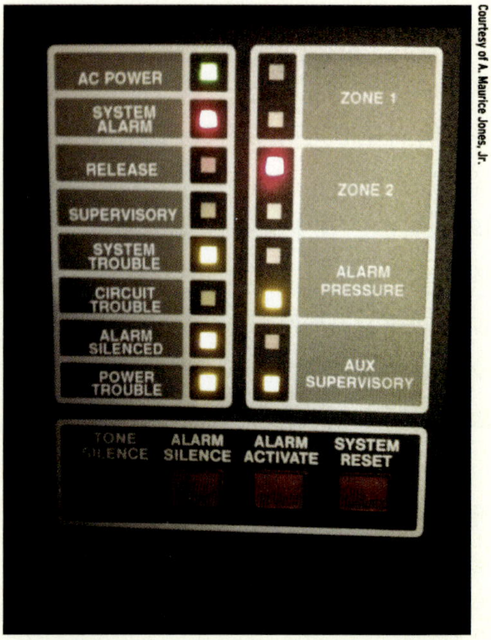

그림 6-8 조사자는 항상 그 귀중한 이벤트 정보가 저장되어 있는지 확인하기 위해 화재 경보 제어 패널 경보 패널 디스플레이의 사진을 취해야 한다.

화재경보 시스템이 얼마나 오래되었는지 그리고 그 종류에 따라 제공할 수 있는 정보의 양은 다양할 수 있다. 어떤 것들은 시스템의 상태와, 종류, 시간 그리고 특정한 발신장치의 작동위치를 나타내지만 어떤 시스템들과 패널들은 오직 작동된 장치와 일반적인 위치에 관한 일반적인 정보만 제공할 것이다. 정보는 장치나 구역, 문자, 또는 그 둘의 혼합과 관련된 지시등과 같은 것으로 나타날 것이다. 뿐만 아니라, 원격, 사설, 그리고 제 3의 외부 집단에 의해 제공된 시스템 감시의 입증은 조사관에게 언제 어떻게 화재경보설비가 작동했는지에 관한 유용한 정보를 제공한다.

조사관들은 경보제어와 경보 패널의 용도와 작동 성능을 고려하여 그들의 능력이 충분한지 주의해야 한다. 만약 조사관이 장치나 시스템들에 있어 지식이나 경쟁력을 갖고 있지 않아 시스템이 영향을 받으면, 시스템상의 오류, 변질, 손실 등의 위험이 있다. 그러므로 시스템의 역량을 파악해서 숙련된 사람들만이 자료에 안전하게 접근 될 수 있도록 해야 한다. 작동 상태나 이 책임들을 이해함으로써 화재경보 시스템 자료 조사를 위한 넓은 범위의 도구 사용을 할 수 있다.

화재의 발전과 확산에 대해 관찰한 것을 문서화하기 위해, 그리고 그 관찰들을 관련시켜 화재 경보시스템 패널로부터의 자료를 수집하기 위해 조사관들은 거주자, 목격자, 그리고 화재

출동자를 인터뷰하는 것이 매우 중요하다. 이는 화재경보설비의 사용자 작동 경보, 인터뷰 응답자의 위치, 그리고 인터뷰 응답자가 수동 화재경보기함을 작동시키는 등의 경보 개시를 위해 어떠한 행동을 취했는지에 대한 시청각적 정보를 포함한다. 인터뷰를 통해 얻은 화재경보설비 작동 자료와 정보의 이용은 사건의 타임라인의 작성과 입증을 통해 사건의 화재원인, 발달, 그리고 확산을 파악하는 데 도움을 준다.

열적 손상

화재 경보 시스템 구성요소들은 올바르게 작동할 수 있도록 만들어진 온도 범위가 있다. 조사관은 그 어떠한 것이라도 시스템 작동에 영향을 미쳤는지 반드시 연기, 열, 가스, 그리고 불꽃으로 인한 손상이 있는지 전체시스템을 평가해야 한다. 예를 들어, 연기경보를 포함한 경보장치의 열적 영향은 시청각적 신호나 그 어떤 경보 신호를 생산하는 장치의 능력에 영향을 줄 수 있다. 그 어떤 장치라도 장치를 작동시키는 설치한도 밖의 환경(온도를 포함한 설립된 작동 범위 외)에 노출되면, 장치들의 성능은 민감하게 감소되거나 고장난다.

화재 경보효과

화재경보설비가 언제 적절히 설계되었는지, 설치되었는지, 점검되었는지, 실험되었는지, 서비스되었는지는 화재발생 초기에 재실자들에게 매우 효과적으로 경보를 알려줄 것이라고 보증되어 왔다. 하지만 정확한 작동 순서에 있는 시스템조차도 조사관에게 거주자들이 시스템 작동과 차후의 신호 작동에 반응하지 못했던 상황에 대하여 조사하게 될 수도 있다. 취침 시 소리에 대한 반응과 같이 잘 들을 수 있는 능력, 다치지는 않았는지, 그리고 그들에게 장애가 있는지 등 많은 요소들은 거주자들의 반응에 영향을 끼친다. 조사관들에게 시스템의 유효성을 확인하기 위해 거주자들이 반응하지 못한 이유를 해석하는 것은 필수적이다.

인간의 행동에 미치는 영향

화재방호시스템의 존재는 인간의 행동에 긍정적 또는 부정적 영향을 미칠 수 있다. 몇몇의 사람들은 시스템들의 지연과 작동하지 않은 결과로 화재경보신호에 대하여 잘못된 안전 정보로 대응할 것이다. 뿐만 아니라, 몇몇의 사람들은 특정종류의 나팔, 벨이나 음성 메세지등의

안전 팁

어떤 조사 과정에서 조사관은 감전 및 손상으로 인한 부상을 방지하기 위해 전문 기술을 소유하거나 훈련된 감독관의 주관 하에 진행하는 작업이 없이 화재 경보 시스템의 내부 구성 요소를 액세스하거나 변조를 시도해서는 안 된다. 시스템이나 중요한 자료가 손실될 수 있으며 구성 요소. 고장 또는 감시 신호는 시스템의 전원 문제와 관련이 있을 때 특히 중요하다.

들리는 경보보다 나은 대응을 한다. 오작동으로 밝혀진 반복적인 기존의 경보들과 거주자들이 확실한 무엇을, 어디서 언제 대피해야 하는지 지에 대한 사항을 전달받지 못해서 건물 거주자들이 화재경보 작동에 대응하지 못하는 경우도 있다. 조사관들에게 화재 사건 직후 인간의 행동을 이해하는 것은 중요하다. 중요한 정보는 화재경보 작동에 대한 거주자들의 행동을 고려하여 수집되고 분석되어야 한다. 거주자에게 화재경보시스템 작동시의 경각심과 적절한 대응에 대하여 알려주는 것은 조사관에게 중요하다.

수계 소화시스템

■ 시스템의 목적

수계 소화설비의 목적은 화재를 소화하고 제어하는 노력으로 성장하는 화재지역에 충분한 물을 방사함으로써 재산상의 보호와 인명안전을 제공하는 것이다. 이는 온도의 변화, 화재경보와 감지시스템 자동 발신장치의 작동, 그리고 수동 화재경보기에 의해 작동되는 몇몇 종류의 시스템을 비롯한 자동 작동에 의해 이뤄진다.

■ 일반적 시스템 작동

수계 소화시스템에 대한 주요 소화 메커니즘은 화재지역을 냉각시키고 화재의 확산을 막고 화재지역을 냉각시키기 위해 충분한 양의 물을 방사함으로써 열을 감소시키는 것이다. 다른 물질이 다른 양의 에너지를 발생시키기 때문에 충분한 양의 물은 많은 요소에 의존한다. 그러므로 화재를 제어하기 위해, 특정 지역으로 충분한 물을 전달할 수 있는 적절하고 신뢰성 있는 물 공급원이 필요하다.

다른 소화 메커니즘은 냉각효과뿐만 아니라 화재와 산소로부터 가연물을 제거하는 포용약 플랭킷(foam solution blanket)을 만들기 위하여 물과 폼 농축액을 혼합시키는 것을 포함한다. 이러한 경우에 있어서, 물의 양은 그러한 위험에 적합해야 하며, 너무 많은 물은 화재를 제어하거나 소화할 수 없는 용액이 되거나 또는 너무 많은 폼 농축액은 화재가 제어되거나 소호되기 전에 사라지기 때문에 폼과 물은 적절히 혼합되어야 한다.

■ 수계 시스템의 종류

수계 스프링클러설비는 4가지 종류의 설비로 분류된다; 습식, 건식, 준비작동식, 그리고 델류지(표 6-1). 이러한 설비는 상업시설과 산업시설에서 가장 많이 설치되는 설비이며, 대부분의 다른 수계 스프링클러설비는 이러한 설비의 몇몇 형태이다.

모든 이러한 설비는 설계 및 설치 기준으로서 NFPA 13, Standard for the Installation of Sprinkler Systems을 사용한다. 특정 형태의 시스템 설치는 두 가지 요소에 의존한다; 보호해야 하는 위험과 작동환경. 많은 경우에 있어서, 4가지 형태의 시스템은 위험과 상황에 대하여 적합할 것이지만, 다른 NFPA기준이 특정 위험상황을 다루기 위해 참고될 필요가 있을 것이다.

표 6-1 수계 시스템의 종류

분류	설명	적용
습식 스프링클러 설비	■ 항상 배관에 물이 있다. ■ 스프링클러헤드가 충분한 열에 노출되는 상황이 발생되면, 물이 화재에 즉시 방사되기 때문에 선호된다.	■ 물이 얼거나 부속품, 파이프 및 구성품을 손상시키지 않게 하기 위하여 주위는 40°F 이상을 유지하여야 한다. ■ 일반적으로 상점, 사무실, 가정 내에 설치된다.
건식 스프링클러 설비	■ 이러한 시스템의 배관 내로 공기, 드문 경우에 있어서 질소로 가압시킨다. ■ 필요할 때까지 시스템에 물을 해제하지 않도록 공기 또는 가스가 건식배관 밸브의 클래퍼에 압력을 유지한다. ■ 스프링클러헤드는 배관의 압축 공기 또는 가스를 방출 활성화해야 한다. ■ 충분한 압력이 손실되면 밸브가 열리고 물 배관을 쇄도한다. ■ 물이 효과적임을 특정 기간(일반적으로 60초) 내에 개방형 스프링클러헤드에 도달해야 한다.	■ 주로 주위가 적어도 40°F로 유지할 수 없는 경우에 사용된다. ■ 일반적으로 열기가 없는 창고, 하역장, 다락방, 주차 차고에 설치되어 있다.
프리액션 스프링클러 설비	■ 프리액션밸브를 개방하기 위하여 발신장치와 전용 화재경보 제어유닛을 연결한다. ■ 발신장치는 보호구역에 위치하고 있다. ■ 3개의 동작 구성은 파이프에 물을 공급하기 전에 발생되는 하나 또는 두 개의 활성화 이벤트를 필요로 한다(예를 들어, 스프링클러헤드의 활성화, 열 또는 연기 감지기의 활성화, 또는 수동방식에 의한 작동). 발생되는 다양한 활성화 이벤트에 대한 필요성은 실제 화재가 발생하는 더 높은 특정한 수준을 제공한다.	■ 통신 센터, 서버공간, 컴퓨터의 운영 센터, 냉동고, 문서보관 센터, 박물관 및 도서관을 포함한 고가의 시설을 보호한다.
준비작동식 스프링클러 설비	■ 모든 스프링클러헤드와 노즐은 대기에 개방되어 있다. ■ 위험에 대해 모든 개방형 스프링클러헤드와 노즐에서 물을 공급하고 델류지 밸브를 개방하기 위하여 전기, 수계, 또는 공압의 발신장치와 상호 연결한다. ■ 빠르게 성장하는 화재가 확대되는 것을 방지하기 위하여 그 위험에 많은 물을 공급한다. ■ 적절한 물의 공급, 요구되는 물을 공급하기 위하여 소방펌프의 잦은 기동, 그리고 요구되는 시스템 설계를 충족이 필요하다. ■ 일반적으로 특정위험을 보호하기 위하여 물과 폼 농축액을 혼합한다.	■ 화재의 확산을 방지하기 위하여 전체의 공간에 물을 방사할 필요가 있는 고위험 시설을 보호한다. (예를 들어, 항공기 격납고, 발전소, 목공시설 냉각탑, 정유, 폭발물과 무기 공장, 화학 제품 저장 또는 처리 시설)

특수 스프링클러설비

표준화된 자동식 스프링클러설비의 사용이 응용장치와 특별한 건물, 공정, 또는 위험요소에 대해 적응성이 없는 몇몇 상황들이 있다. 이러한 상황에서, 저팽창, 중팽창 및 고팽창 포설비; 압축 공기 포설비; 포-수계 스프링클러/포-수계 분무설비를 포함하여 특수화된 스프링클러 설비와 고정식 수계 분무설비가 그러한 위험을 보호하기 위하여 설치된다(표 6-2). 이러한 설비는 표준형 자동식 스프링클러설비가 적응성이 없는 장소, 충분한 소화약제가 필요한 장소 또는 특수 장비와 구성요소가 요구되는 장소에 사용된다.

4가지 대표적인 자동식 스프링클러설비와 3가지의 특수설비 사이에 유사성이 있다; 물이 주요한 소화약제이고, 자동식 설비이며; 구성요소가 같거나 유사하며; 모든 구성요소는 자동으로 작동하고 같은 형태의 밸브를 사용한다. 그러나, 특수설비는 스프링클러헤드를 사용하는 대신 특수 분무 노즐을 포함하여 설비의 특정 형태에서 물과 포약제를 사용하며, 특수 구성요소가 물과 포약제를 혼합하고, 설비 및 적용방법에 있어서 몇몇 주요한 차이점이 있다.

주거용 스프링클러 시스템

주거용 스프링클러 시스템의 장점은 자산 보호, 개발된 상업용 화재 스프링클러 시스템, 요구 수량 시스템 감소에 의한 인명 안전, 특수 유형 스프링클러헤드의 개발 그리고 화재 발생에 취약한 장소에 스플링클러설비를 설치하는 것 등 전체적인 목적의 변화로부터 확인할 수 있다. 각각은 방안에서 화재가 시작된 곳의 누전현상을 방지하고 거주자들이 대피하고 구조될 수 있도록 주거용 화재 스프링클러 시스템의 설계 목적을 달성하는 데 기여한다.

상업용 스프링클러설비와 주거용 설비 사이에는 많은 유사성이 있지만, 차이점도 많이 있다. 첫째, 주거용도를 특별히 다루는 2가지 NFPA 기준이 있다; NFPA 13D, Standard for the installation of Sprinkler Systems in One-and Two-Family Dwellings and Manufactured Homes and NFPA 13R, Standard for the Installation of Sprinkler Systems in Low-Rise Residential Occupancies. 이러한 기준은 물 공급, 설계, 설치, 구성요소, 그리고 시험에 있어서 NFPA 13과 다른 요구사항을 제시한다. 대다수의 주거용 스프링클러설비는 수계설비이며, 상업용 설비와 비슷한 구성요소를 가지고 있다. 그러나, 그 설비가 적절히 작동하고 그 설비에 공급하는 설계 요구사항에 근거하여 더 적은 물이 필요하기 때문에 그러한 구성요소는 일반적으로 작은 규모인 경향이 있다.

몇몇 NFPA 13D와 NFPA 13R 설비는 신뢰성 있는 지역 수계설비에서 분기된 적절한 크기의 수도라인에 의해 공급되는 물을 공유하지만, 대부분의 물 공급자는 화재 물 공급라인과 가정용을 분리하길 요구한다. 자동식 펌프가 설치된 적절한 크기의 물 공급원에서 상수도가 분기되는 예가 있다. 이러한 설비는 상수도 급수시설, 자동식 물 공급원, 또는 주요 물 공급원으로서 물이 없는 지역에서 일반적이다. 스프링클러설비의 일부분으로서, 자동으로 배관에 물을 충만시키는 적절한 용량의 저장탱크는 필요할 때까지 물을 보유하고 있다. 이러한 방식은 NFPA 13R에 필요한 저장탱크의 용량크기 때문에 NFPA 13R이 아닌 대부분 NFPA 13D와 관련이 있다. NFPA 13D와 NFPA 13R 기준은 모두 많은 양의 물 공급원을 나타내고 있지만, 그러한 물 공급원에 상관없이 그것은 자동이며, 그 설비에 적절한 양의 물을 공급해야 한다. NFPA 13과 NFPA 13D/NFPA 13R 설비 사이의 다른 중요한 차이점은 주거용 스프링클러헤드의 사용과 거주 유닛(unit) 내에 스프링클러헤드가 위치하는 것이다. 첫 번째 차이점은 주거용 스프링클러헤드는 표준형 상업용 스프링클러헤드와 다른 시험기준을 충족시켜야 한다. 주거용 헤드는 위험한 화재 부산물과 온도가 재실자의 구조 또는 안전한 복도를 억제하는 수준에 도달하는 것을 방지하여야 한다. 두 번째 차이점은 NFPA 13D와 13R설비는 주거지의 특정 위치에 헤드의 설치가 면제된다. 이러한 위치는 화재가 발생될 장소일 가능성이 적다고 간주되며, 통계적으로 이러한 장소에서 화재가 발생될 가능성이 낮다. 이러한 기준은 44 ft2 이하의 목욕실, 옷장 그리고 24 ft2 이하의 식료품 저장실, 그리고 3 ft를 초과하지 않는 가장 낮은 공간을 포함하여 스프링클러헤드가 요구되지 않는 많은 위치를 열거한다. 그리고 천장은 제한되거나 비가연성 물질이다. 또한, 창고, 개방된 현관, 간이 차고, 다락방, 설비공간, 그리고 은폐된 공간이 포함된다.

■ 수계 소화시스템 주요 구성요소

비록 설비의 형태에 특수한 구성요소를 포함하는 특수 수계설비가 있지만, 모든 수계 화재방호는 자동식 스프링클러헤드, 노즐, 파이프, 파이프 지지대 그리고 안전조립품, 부속품, 게이지, 그리고 다양한 형태의 밸브를 포함하여 동일한 기본 구성요소를 사용한다. 이러한 구성요소는 다양한 설비의 건물블록(building blocks)을 형성하며, 대부분의 경우에 있어서 설비 사이에서 주요한 차이점은 수계 소화시스템에서 알람밸브, 건식밸브, 프리액션밸브 또는 델류지 밸브와 같이 설비에서의 밸브형태이다.

매우 중요한 점은 테스트될 때 구성요소가 작동해야 하는 상태에서 그 구성요소가 요구되는대로 작동하는 것을 확인하기 위하여 모든 구성요소가 국제적으로 승인된 평가기관으로부터 분류되고, 승인되며, 라벨하되는 것을 요구한다는 점이다. 이러한 관리감독이 없다면, 스프링클러설비가 없는 건물을 대피할 때 구성요소는 실패할 수 있다.

표 6-2 특수 수계설비

분류	설명	적용	NFPA 기준
물분무	▪ 특수 스프링클러헤드와 분무 노즐은 매우 미세한 물분무 입자를 방사하며, 이러한 설비에서 분사되는 입사의 99%는 1000마이크론 이하여야 한다. ▪ 냉각, 산소의 대체, 복사열 차단에 의한 소화 ▪ 설비의 작동압력에 따라 분류(저압, 중압, 고압)되며, 헤드 또는 노즐에 공급하는 배관은 1개 또는 2개이다. ▪ 기존의 스프링클러설비보다 더 적은 물을 분사하는 장점이 있다. 몇몇 설비는 스스로 화재를 완전히 소화하도록 설계된다. ▪ 다른 스프링클러설비와 비교할 때 설계비용과 설치비용이 고가인 단점이 있다. 독립 저장탱크설비는 한정된 물을 저장, 예비탱크의 필요성, 시험받고 승인받기 위한 특정 응용장치의 필요성, 물의 질이 좋지 못한 경우 노즐의 막힘 가능성이 있다.	대지, 바다, 그리고 공기 적용장치 컴퓨터실, 테이터센터, 실험실, 보관사고, 박물관, 역사건물, 전자제어실, 통신설비, 터널, 지하전송시설, 보트, 요트, 선박, 여객선, 연안 장치실, 항공기 차고설비, 그리고 항공기 격납고	NFPA 750, Standard on Water Mist Fire Protection Systems
저팽창, 중팽창, 그리고 고팽창 포	▪ 인화성액체와 가연성액체를 포함하는 위험을 보호한다. ▪ 폼은 물 또는 연료보다 더 적은 농도를 갖으며, 액체의 표면 위로 자유롭게 이동할 수 있다. ▪ 포 농축제로부터 생산된 폼은 폼 수용액을 생산하기 위하여 물과 혼합된다. ▪ 폼 농축제는 1%, 2%, 6% 혼합비로 혼합이 가능하다. ▪ 각각의 농도는 물과 혼합하는 농도의 양을 나타내며, 그 최종 혼합물은 100%이다. ▪ 물과 포 농축액은 포 수용액을 형성하기 위하여 혼합하지만, 공기가 포 거품을 형성하기 위하여 기계적인 방법으로 주입된다. ▪ 포 약제는 포의 팽창비율에 따라 3가지의 카테고리로 분류된다; 저팽창, 중팽창, 그리고 고팽창 ▪ 팽창은 물과 포 농축액의 제조사의 지정 비율로 혼합하는 작용이다. ▪ 저팽창포는 물과 포의 비율이 2:1에서 20:1 비율까지 증가한다. 중팽창포는 20:1에서 200:1 비율까지 증가한다. 고팽창포는 200:1에서 1000:1 비율까지 증가한다. ▪ 수성막포(AFFF), 알코올형 수성막포(AR-AFFF), 불화단백막포(FFFP), 단백포, 그리고 불화단백포를 포함하여 포 농축액의 다른 형태가 있다.	인화성 및 가연성 액체 실외 저장탱크, 방유턱, 내부 인화성 및 가연성 액체 저장설비, 연료 보관 랙	NFPA 11, Standard for Low-, Medium-, and High-Expansion Foam

분류	설명	적용	NFPA 기준
	■ 몇몇 포는 특정 응용장치를 위해 설계되는 반면, 다른 폼은 많은 다른 위험에 사용이 적합한 특성이 있다.		
압축공기 폼 설비	■ 고팽창비율 포를 제조하기 위하여 공기 또는 질소, 물, 그리고 포 농축액를 혼합한다. ■ 포 농축액은 일반적으로 5에서 500갤런 범위의 비 압축탱크 내에 저장된다. ■ 고압 매니폴더와 압력조정장치가 결합된 고압 공기 실린더는 공기 또는 질소를 공급한다. ■ 압축공기 포설비는 파이프를 설치하여 포를 전송하는 특수 노즐로 흘리는 혼합챔버를 사용한다.	인화성 및 가연성 액체, 액체 유출 화재, 3차원 화재, 임야 화재, 그리고 몇몇 구조물 진화 작업	NFPA 11, Standard for Low-, Medium-, and High-Expansion Foam
폼-물 스프링클러 / 폼-물 분무설비	■ 동반 소화약제로써 포와 물을 사용한다. 포-물 소화약제는 주요 약제로써 사용되고, 물은 2차적 약제로써 사용된다. ■ 이러한 설비에 공급되는 포가 고갈될 때, 물은 차단될 때 까지 계속 공급된다. ■ 주요 실계목표는 화새를 소화하는 것이지만, 적합한 예방, 제어 그리고 노출보호에도 적절하다. ■ 포-물 스프링클러설비는 건물 또는 구조물 그리고 장비를 보호한다. ■ 포-물 분무설비는 건물 또는 구조물 내에 있는 장비의 일부 또는 특정 위험을 보호하기 위하여 방향성 폼 응용장치를 사용한다.	항공기 격납 그리고 석유 분배 그리고 저장시설을 포함하여 B급 인화성 및 연소성 액체위험; 특정 A급 위험에 사용이 접합	NFPA 16, Standard for the Installation of Foam-Water Sprinkler and Foam-Water Spray Systems
물 분무 혼합설비	■ 화재를 제어, 예방, 소화 또는 노출 예방의 목적으로 위험의 주위, 내부, 그리고 표면에 농축되고 방향성 물분무 형태로 분사하도록 설계된다. ■ 자동 또는 수동으로 개방되는 자동식 물공급장치를 필요로 한다. ■ 노즐은 자동 또는 개방형이다. ■ 자동식 노즐은 자동식 스프링클러헤드와 동일한 기술(열 감시 유리벌브/퓨저블 링크)을 사용하며, 설계된 온도등급에 도달할 때 작동된다. ■ 개방형 노즐은 대기에 개방되어 있다.	설비를 보조하거나 주위에 있는 장치 또는 구조물, 변압기, 오일 스위치, 모터, 케이블 트레이, 종이, 목재 석유류, 인화성 액체 그리고 가스, 그리고 특정 위험물질	NFPA 15 Standard for Water Spray Fixed Systems for Fire Protection

스프링클러와 분무 노즐

자동 스프링클러헤드와 노즐들은 제한된 범위에 지정된 비율로 물을 배분하는 분무 장치이다. 이 장치의 목적은 화재의 초기단계에서부터 화재의 성장을 제어하고, 제한함으로써 화재에 의해 발생되는 열을 물을 분사하여 감소시키는 것이다.

스프링클러헤드는 설정된 온도에서 작동하는 열-반응 장치이다. 화재의 성장에 의해 발생되어 스프링클러헤드를 포함하여 천장과 모든 장소로 이동하는 열은 더 높은 온도에 도달하기 쉽다. 스프링클러헤드가 헤드에 위치한 열 감지요소의 설정 작동온도에 도달할 때 헤드에서 멀리 떨어진 물을 차단을 개방하고 헤드로부터 물을 방출하여 화재표면에 분사하게 된다. 각각의 헤드는 독립적으로 작동한다. 그래서 단지 설정 작동온도에 도달하는 헤드만 작동하여 물을 분사한다.

스프링클러헤드의 중요한 특징은 국제적으로 승인된 시험 공인기관을 통해 제조회사로부터 승인되고 분류된다. 그 분류와 승인은 일단 평가과정에서 헤드가 의도된 대로 작동하면 부여된다. 게다가, 분류와 승인은 헤드에 대한 적용, 설계, 그리고 설치 기준을 구체화한다. 그들의 분류 또는 승인 시방서에 맞지 않게 설치된 스프링클러헤드는 적절하게 작동되지 않을 것이며, 화재를 제어하기 위한 전체적인 스프링클러설비에 심각한 문제를 야기할 것이다.

스프링클러헤드는 온도등급, 성향, 그리고 K-Factor를 포함하는 특성에 의해 정의되며, 이러한 특성은 특정한 환경에서 사용될 수 있도록 헤드에 표기된다. 온도등급의 범위는 135°F에서 350°F이다. 스프링클러헤드의 온도등급은 벌브 내부의 액체 색깔, 감지부 또는 프레임에 코팅하거나 색을 칠하는 공장, 또는 감지부 또는 프레임에 새겨진 색깔에 의해 결정된다(표 6-3). 다른 종류의 카테고리와 서브 카테고리로 분류되는 많은 종류의 스프링클러헤드가 있으나, 일반적으로, 모든 헤드는 하향식, 상향식 또는 측벽형으로 분류하는 경향이 있다. 계산을 수행할 때, K-Factor는 제조사에 의해 오리피스 크기를 나타내는 헤드에 부여되는 가치이다. K-Factor 수가 클수록, 오리피스가 클수록 헤드로부터 더 많은 물을 분사하는 것을 의미한다.

표 6-3 온도 등급, 분류 및 색상 코딩(NFPA 13, Table 6.2.5.1)

최대 천장 온도		온도 비율		온도 분류	색	유리벌브 색
°F	℃	°F	℃			
100	38	135–170	57–77	보통	무색 또는 검은색	오렌지색 또는 빨간색
150	66	175–225	79–107	중간	흰색	노란색 또는 녹색
225	107	250–300	121–149	고온	파란색	파란색
300	149	325–375	163–191	최고온	빨간색	보라색
375	191	400–475	204–246	최특고온	녹색	검은색
475	246	500–575	260–302	초고온	오렌지색	검은색
625	329	650	343	초고온	오렌지색	검은색

각 스프링클러 헤드는 헤드의 유형, 온도 등급, 목록 또는 승인, 모델 번호, K-Factor, 제조 연도 및 스프링클러 식별 번호를 최종 사용자에게 알리기 위해 헤드에 적용되는 특정 특성과 상당한 정보를 갖는다. 노즐은 또한 국가 인정 시험 및 인증기관의 승인을 받아야 한다. 노즐은 일반적으로 특수 위험 응용 분야에 사용되며 특수한 물 분사 패턴을 적용하도록 설계되었지만 대부분 열 감지 요소가 없다. 보호 대상에 따라 노즐이 위험 요소 또는 장비를 둘러싼 위험 또는 장비에 직접 다량의 물을 분사한다.

그림 6-9 **자세한 관찰을 통해 제조업자, 모델, 작동 온도, K-factor, 제조년도, 스프링클러 식별 번호 및 제3자 시험기관에서 받은 인증에 대한 정보 등 스프링클러 헤드 특성들을 알 수 있다.**

파이프와 피팅

결합된 파이프와 피팅은 물을 스프링클러 헤드로 이송시키는 도관을 형성한다. 파이프와 피팅은 미국 재료 시험 학회(ASTM), 미국 기계 학회(ASTM), 미국 기계 학회(ASME), 미국 표준 협회(ANSI) 및 미국 용접 협회(AWS)를 포함하여 스프링클러 시스템의 일부로서 허가되기 위하여 국제 인증기관으로부터 특정 기준을 초과하거나 만족하도록 요구된다. 또한 파이프와 피팅은 175 psi의 최대 허용 시스템 작동 압력을 처리하거나 예상 압력 175 psi 이상에 적합한 등급을 지녀야한다. 철, 흑색 강, 아연도금 강, 구리, 특정 합금 재료 및 CPVC를 포함하여 파이프용으로 승인된 여러가지 재료가 있다.

피팅은 주조 및 전성 철, 강철, 가공 탄소강 그리고 구리 및 CPVC로 만들어진 엘보우, 티, 플레인, 십자형, 유니언, 커플 링, 부싱, 플러그 및 리듀서를 사용하여 파이핑, 밸브, 스프링클러 헤드 및 기타 구성 요소를 연결한다.

접합 방법에는 나사산, 그루브 가공, 용접 가공, 용접, 납땜, 열 융착, 납땜, 압력 또는 접착제가 포함된다.

화재조사관 팁

주변 온도가 정상적인 높은 온도보다 낮은 온도 등급의 스프링클러 헤드를 설치하면 스프링클러 헤드가 바람직하지 않게 작동할 수 있다. 반면, 헤드의 온도 등급이 너무 높으면 지연된 활성화로 인해 화재가 제어하기 어려울 정도로 확산될 수 있다.

Courtesy of A. Maurice Jones, Jr.

그림 6-10 **많은 습식 소화설비의 고장은 제어 밸브가 닫혀있어서 발생한다. 제어 밸브가 닫혀 있어서 전자 감시장비가 사용 불가능한 상태였고 감시 경보 또한 울리지 않게 되었다.**

시스템 밸브

모든 자동 화재 스프링클러 시스템에는 적어도 하나의 물 제어 밸브가 설치되어 있어야한다. 밸브의 목적은 시스템으로의 물의 흐름을 허용하거나 방지하는 것이다. 정상 상태에서, 제어 밸브 또는 밸브는 완전히 열려 있어야하며 물이 시스템을 통해 자유롭게 통과할 수 있도록 열어두어야 한다(그림 6-10). 그러나 시스템에서 수정, 유지보수, 서비스 또는 수리가 필요한 경우 시스템을 종료 할 수 있다. 작업이 완료되면 시스템을 다시 가동하기 위해 닫힌 밸브를 다시 열어야한다.

물 제어 밸브가 열려 있거나 닫혀 있는지를 알기 위해 모든 자동 스프링클러 시스템 용수 제어 밸브는 표시형 밸브여야 한다. 표시형 밸브는 사람이 밸브를 보고 밸브가 열렸는지, 부분적으로 열리는 지 또는 닫히는지를 결정한다. 또한 모든 지시 밸브는 영구 부호로 식별되어야 하고 밸브가 제어하는 설비의 영역을 나타내야한다. 화재 스프링클러 시스템 표시 밸브는 대개 2 인치 이상이며 외부 나사 및 요크 유형(OS & Y), 버터 플라이 표시기 유형, 벽 포스트 표시기 유형(WPIV) 및 포스트 표시기 유형(PIV)이 포함된다.

프로포셔너

팽창포설비는 적절한 비율로 물과 포 농축액을 혼합하는 프로포셔너라고 불리는 기계적 장치를 필요로 한다. 벤츄리, 프레셔 그리고 프레셔사이드 프로포셔너를 포함하여 다른 혼합장

안전 팁

가압수는 매우 위험할 수 있다; 그래서, 조사자는 조사되거나 분석된 사건과 관련하여 밸브 위치의 목적을 이해하고 그 장소를 조사하기 전에 소화설비 제어밸브를 작동하지 말아야 한다. 만약 고장난 스프링클러 라인 또는 개방/활성화된 스프링클러헤드로 인해 밸브가 폐쇄된 것이라면 폐쇄된 밸브를 개방함으로써 물에 의해 상당한 피해를 입을 수 있다. 개방된 밸브를 폐쇄함으로써, 일부 또는 전체 설비가 폐쇄될 것이며, 그래서 만약 설비가 활성화되어 있다면 물의 흐름이 차단될 것이다. 만약 조사자가 그러한 상황에 대한 지식이 없다면, 전문가에게 도움을 구하거나 물의 범람, 손실, 상해, 또는 물의 공급이 없어 제어하지 못한 화재를 피하기 위하여 훈련된 사람의 감독을 받아야 한다.

치가 있다. 벤츄리 프로포셔너는 개방형 오리피스를 통해 물을 방사하며, 이러한 오리피스는 포 농축액을 저장공간에서 물줄기 내부로 흘리는 낮은 압력을 만든다. 프레셔 프로포셔너는 농축액을 탱크에서 프로포셔너로 밀어냄으로써 포 농축액을 보유하고 있는 저장탱크 내부의 접이식 블래더(bladder)에 압력을 가하기 위하여 유입되는 물을 저장탱크로 주입한다. 프레셔 사이드 프로포셔너는 물 공급장치에 포 농축액을 보내기 위하여 펌프와 대기압 탱크를 사용한다. 그러한 프로포셔너는 포와 수압을 조절함으로써 적절한 비율을 맞춘다.

물 공급

수계 소화설비의 가장 중요한 요소 중에 하나는 최소 하나 이상의 물 공급장치에 접속하는 것이다. 자동식 물 공급장치는 물의 공급을 위하여 설비의 어떤 부분에도 작동을 위한 사람이 필요하지 않다. 물은 우물, 강, 호수, 지방 수계설비, 저장탱크, 물 보유시설, 그리고 물탱크를 포함하여 하나 또는 많은 다른 공급원에서 공급될 수 있지만, 자동식 수원은 적절한 압력으로 설비를 지지해야 하며, 화재를 확실히 소화하거나 제어하기 위하여 견고할 필요가 있다. 만약 이러한 요소에 결함이 있다면, 설비는 요구되는 대로 작동하지 않을 것이며, 위험 또는 재산을 보호하는 데 실패할 것이다. 물 공급장치는 압력, 유속, 견고함에 변동이 없음을 확인하기 위하여 주기적으로 재평가되어야 한다.

■ 시스템의 작동과 설치 변수

근본적으로, 모든 수계 소화설비는 스프링클러설비의 몇몇 형태이다. 시스템 설계에 대한 기본은 위험수준, 점유공간 그리고 건물 또는 구조물의 사용, 저장 공간, 연료하중의 형태와 양, 열방출률, 소유품, 그리고 건물자재를 포함하여 많은 요소에 의존한다. 이러한 요소는 설계방법, 스프링클러설비의 형태, 그리고 위험을 보호하기 위해 설치되는 헤드의 형태를 선택하는 데 중요한 역할을 한다.

스프링클러의 위치와 간격

자동식 스프링클러헤드는 건물을 통해 마구잡이로 설치되는 것이 아니다. 이것들은 화재 발생 후 소화를 위해 위치되고 충분한 양의 물을 지정된 면적에 배출된다. 하지만 헤드가 설치되기 전에, 위험요소에 대한 평가는 설계 전문가에 의해 이루어져야 한다. 설계에 대한 대부분의 평가는 시스템이 보호해야 하는 주거시, 상품, 저장배열을 분류하는 것에서 시작한다. 주거지, 상품, 저장 배열의 조합들은 화재 발달로 에너지를 발생시키는 연소특성을 만든다. 에너지 방출의 단계를 기반으로, 시스템 설계는 불로부터 에너지를 흡수하여 더 크게 번지지 않도록 하기 위해 충분한 양의 물을 전달해야 한다. 연소성, 연소물질의 양, 그리고 상품들, 물질, 생산품의 열방출 비율을 평가하는 것은 위험요소 분류와 설계 접근을 파악하는 데에 있어 결정적이다.

헤드의 위치와 간격은 물리적 환경과 위험요소로부터 보호하기 위해 얼마나 큰 면적을 헤드가 봉쇄해야 되는지 규정과 기준을 정리한 요구조건의 기능이다. 위험요소가 크다고 판단이 되면, 스프링클러 헤드들은 좁은 간격으로 설치된다. 위험요소가 작다고 판단되면, 스프링클러 헤드들은 비교적 넓은 간격으로 설치된다. 간격의 범위는 고위험 환경에서의 90 제곱피트에서부터 저위험 환경의 225 제곱피트까지일 수 있다. 이 간격 조건들은 스프링클러를 설치한 상업이나 산업적 주거지를 위한 것이다.

스프링클러 헤드의 위치와 간격을 결정하는 또 다른 요인은 위험을 보호하는 스프링클러 헤드의 선택이다. 스프링클러 헤드는 소방 시스템 기기의 다른 작품과 마찬가지로 평가 및 승인 과정을 거쳐야 사용을 위해 지정되는 경우, 사용 및 설치는 제조자의 사양 및 채용 규격·기준의 요구 사항 에 따라야 한다. 스프링클러 헤드의 종류의 다양성이 있기 때문에 사용할 수 있으며 특정 조건이나 상황이라면, 그것은 제조사의 사양을 충족하고 적용되는 코드의 요구 사항의 범위 내인으로 간격 225 제곱피트를 초과할 수 있는 헤드의 사용을 가능하게 할 수 있다.

헤드 간격을 적절히 조정하는 것이 위험 요소를 보호하는 것과 마찬가지로 구조의 모든 구성 요소에 대한 헤드의 위치는 성공적인 활성화와 소화수 배출을 보장하는 데 중요하다. 벽, 천장, 장애물 및 장비 헤드에서 얼마나 멀리 떨어져 있어야 하는지를 결정하는 규정 및 표준의 설치 요구 사항이 있지만 특정 조건에 대해 완화를 제공하는 예외가 있다. 일반적으로 스프링클러 헤드 디플렉터는 구조물의 어느 부분에서나 1 ~ 12 인치 사이에 위치 할 수 있지만 특별한 보관 상황에서는 18~36 인치가 필요하다.

파이프 규모와 배열

화재 스프링클러 시스템의 파이프의 크기와 배열은 차용규범에 정리된 위험요소 평가에 의해 결정된다. 위험요소의 수준이 결정되면, 설계에 파이프 스케줄을 사용할지 아니면 수압 설계 방식을(hydraulic design method) 사용할지 결정되어야 한다.

파이프 스케줄들은 파이프 규모들과 위험요소 분류에 따라 파이프가 지지할 수 없는 수많은 스프링클러헤드에 관한 리스트이다. 특히 화재 스케줄은 특정 규모의 파이프는 특정수의 헤드를 부착할 수 있다고 한다. 큰 파이프는 작은 파이프보다 많은 헤드를 가질 수 있지만, 시스템에 부착된 헤드의 전체수는 가장 큰 파이프 사이즈와 위험요소 분류에 따라 고정된다. 파이프 크기가 줄어들면, 시스템과 특정 사이즈의 파이프에 있는 헤드의 수는 줄어든다. 이 시스템들은 1970년대까지 일반적이었으나, 스프링클러 기준과 파이프 스케줄 시스템에 대한 제약 때문에 수압 설계의 등장으로 새로운 파이프 스케줄 시스템들은 드물게 설치되었다.

현재, 다수의 시스템들은 수압 설계 방식에 의해 계산된다. 파이프 스케줄과 달리, 이 방법은 파이프 사이즈를 시스템 특정 부분에서의 마찰 손실의 계산으로 결정된다. 이 계산들을 기반으로, 파이프들이 시스템을 통해 비슷한 사이즈로 되는 것은 일반적이다. 만약 계산들이 작은 파이프들이 시스템 물조건에 부합하는 압력과 흐름을 지지할 수 있는 것을 결정한다면, 작은 파이프들은 설치비용을 줄이기 때문에 사용될 것이다.

스프링클러 범위와 분배

대부분의 설계문제, 위험요소, 또는 환경조건 등을 제어할 수 있도록 제조된 많은 다른 종류의 스프링클러헤드가 있다. 헤드는 3개의 설치 방향 중 하나로 설치된다 : 하향식, 상향식, 그리고 측벽형. 하향식 헤드는 물을 밑으로 배출하고 상향식 헤드는 물을 위로 배출하며, 측벽형 헤드는 물을 수평하게 배출한다. 스프링클러헤드는 독특한 물 배출 방식과 선반 보관대, 다락, 털 창고를 포함한 특정한 환경적, 설치적 조건을 위한 물방울 크기에 대하여 설계 되고 제조된다. 다양성은 보호 목적에 부합하는 많은 의견들과 함께 전문적 설계를 제공한다. 왜냐하면 선택된 헤드는 화재를 제어하기 위해 반드시 충분한 물을 고급하고 특정 면적을 채워야 하기 때문이다.

스프링클러 헤드가 작동할 때, 특정 면적의 물 배출 방식을 발전시키고, 흐름 비율이 설계 목적에 부합하도록 한다. 설계 목적을 충족시키는 것은 적절한 물 공급이 가능한지를 요구한다. 만약 물의 공급이 충분하지 않으면, 불이 제어되지 못할 수도 있다. 배출 방식, 보급, 그리고 흐름속도 등은 스프링클러 설계에 따른 기능들이다. 두 개의 스프링클러헤드의 구성요소들 - 오리피스와 디플렉터- 은 배출 방식과 흐름속도를 향상시키는 데 있어 굉장히 중요하다. 오리피스의 크기는 헤드로 부터 얼마나 많은 물이 나오는지, 물의 도달, 물방울의 크기를 결정한다. 위험수준이 높으면 화재 확산이 빠르게 진행된다. 그러므로 많은 양의 물방울을 배출할 수 있는 헤드를 명시함으로써 불기둥을 뚫고 화재를 제어할 수 있는 필수적인 보호를 제공할 것이다. 물 전달에 있어 중요한 것은 적절한 흐름과 배출을 위해 대부분의 원격 헤드에서 최소 7 psi 이상의 충분한 압력이다.

물 흐름 속도와 압력

스프링클러설비를 설계할 때, 가장 먼저 파악하여야 할 것 중 하나는 주거지의 위험수준이다. 이러한 파악을 기반으로, 먼 지역에 도달하기 위해 필요한 압력과 물의 흐름이 결정된다. 만약 그 지역에 공급되는 양이 충분하면, 다른 시스템들의 부분에 충분한 것보다 낫다. 왜냐하면 다른 것들은 물 공급원으로부터 더 가깝기 때문이다. 제조 설명서에 명시한 대로 적절히 작동하려면 스프링클러헤드는 특정양의 압력을 요구하기 때문에 압력은 굉장히 중요하다. 만약 작동 압력이 너무 낮으면, 헤드는 화재 제어를 위한 충분한 양의 물을 흘려보내지 못할 것이다.

헤드로부터 먼 지역까지 흐르는 물의 양을 설계밀도(design density)라고 부른다. 설계밀도는 어느 정도의 물이 화재의 종류와 크기를 제어하기 위해 필요한지에 관한 수년간의 실험을 기반으로 정해진다. 이 가치들은 NFPA 13에 있는 밀도/면적 곡선에 명시되어있다. 이 곡선들은 스프링클러헤드가 원 거리와 같은 특정 지역에 공급하는 최소한의 물의 양을 나타내는 그래픽 묘사를 제공한다(그림 6-11). 경미한, 보통의, 위험한 수준이나 다른 위험한 상황에 대한 곡선이 있다. 설계 전문가가 특정 지역에 제곱피트당 1분간 방사되는 물의 양(갤런)으로 측정되는 밀도를 선택할 수 있는 각각의 곡선에 많은 점이 있다. 이 곡선은 물의 흐름과 최소 최대의 밀도와 면적 한도로 채워진 면적에 균형을 맞추도록 설계되었다. 대부분의 설계 전문가들은 곡선이 허락하는 한, 가능한 한 많은 양의 물을 흘려보낼 것이고, 잘 작동하는 수압 계산은 더 정확한 압력을 제공하고 설계 유동성을 허락하는 시스템을 통해 흘려보낼 것이다.

작동 메커니즘과 기준

스프링클러에서 화재로 물을 보내기 위한 방법에는 여러 가지가 있다. 습식이나 건식 스프링클러설비와 같이 많은 스프링클러설비들은 열 작동 스프링클러헤드를 사용한다. 설정된 온도에 도달하면 디스크가 물이 흐르도록 헤드 구멍을 막을 수 있도록 열 작동 요소들이 나온다. 일반적으로, 열감지 요소는 유리거나, 잘 깨지는 유리벌브, 기용성의 땜 링크나 화학펠릿이다.

열 감지 요소와 함께 스프링클러헤드의 선택은 많은 요소들을 기반으로 하고, 상황에 적절한 헤드를 사용하는 것이 중요하다. 요소들은 주거지 조건, 환경, 물 공급, 그리고 보호 목적 등을 포함한다. 이 요소들은 얼마나 헤드가 빠르게 작동하는지에 영향을 줄 수 있다; 그러므로, 상황에 맞는 헤드를 고르는 것은 상당히 중요하다. 이것이 지정된 작동온도 이상에 노출되면 작동을 하는 데 걸리는 시간을 응답 시간 지수(response time index)라고 불린다. 낮은 RTI는 헤드가 더 빨리 작동해야 함을 보여준다. 이 시스템은 거주자들을 보호하기 위해 설계되었기 때문에 낮은 RTI를 갖은 헤드는 특정 거주지나 스프링클러 시스템이 재산보호를 위해 특정 종류의 헤드에 의존하는 곳을 위한다.

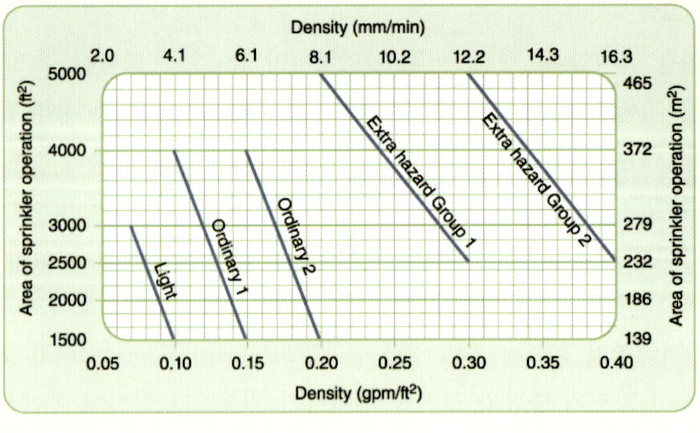

그림 6-11 NFPA 13 밀도 / 지역 곡선

델류지 설비와 같은 다른 시스템들은 물을 뿌리기나 물 흐름의 개시를 하는 열감지기와 같은 열 작동 장치와의 작용 장치에 의존하는 개방형 스프링클러헤드를 사용한다. 아직까지 준비작동식설비와 같은 다른 시스템들은 스프링클러헤드와 화재 감지기가 물의 석방을 제어하는 폐쇄형 스프링클러헤드와 화재 감지기를 사용한다.

감시되고 제어되는 시스템

스프링클러설비는 책임을 지고 정상적인 시스템 상태 변화를 인지해야 하기 때문에 다양한 장치와 시스템들을 통해 감시되고 제어된다. 상태 변화는 물의 흐름 상태, 기압이 변화, 밸브의 닫힘 여부, 온도의 변화, 수심의 변화 등이 있을 수 있다. 일반적으로 감시는 화재경보설비와 연계되어 진행된다. 이 경보는 지역적이거나 책임 집단에 알리는 외부 조직으로부터 보내진다.

유수 개폐기(water flow switch)는 습식 스프링클러설비에서 발견된다. 스프링클러설비는 건물의 사이즈나 건물 안의 시스템의 개수에 따라 1개 또는 여러 개의 유수개폐기를 갖고 있다. 이는 파이프 내에 파이프의 지름보다 조금 작은 유동적인 둥근 플라스틱 페달과 날개를 사용한다. 개폐기를 작동시키기 위해 페달은 지정된 수류와 함께 움직이고, 작동 시, 신호는 화재경보를 켜기 위해 화재 경보 패널로 보내진다. 개폐기가 수류가 멈춰 정상 준비상태로 돌아오면 화재 경보 시스템이 리셋이 되도록 놔두고 서비스로 돌아간다.

파이프를 통해 들어가는 물의 속도와 힘은 페달을 날려버리고 파이프의 어느 부분을 막을 수 있기 때문에 수류 개폐기들은 건식, 준비작동식, 델류지 설비에 설치된다. 유수 개폐기는 스프링클러설비와 물 공급장치 사이에서 수격을 보상하기 위한 지연 메커니즘이 있다. 지연이 되지 않으면 수격에 따른 여러 개의 오작동 경보를 낼 수 있기 때문에 메커니즘 지연 장치는 일반적으로 30초와 60초 사이에 지정된다.

압력경보스위치(pressure alarm switch)는 건식, 델류지, 준비기동식, 그리고 기계 벨 경보를 이용하는 오래된 습식 스프링클러설비의 수류를 감지하기 위해 사용된다. 압력 스위치들은 지정된 한계점이 압력 기준치를 올라가거나 떨어지면 작동한다. 시간 지연 메커니즘은 없다; 압력 기준치에 도달하면, 신호는 경보 패널로 보내진다. 뿐만 아니라, 수류 개폐기와 달리 압력 스위치는 수동적 리셋을 요구한다.

압력스위치는 수류를 감시하는 데 쓰일 뿐만 아니라, 건조와 준비기동시스템과 압력탱크에서의 압력 변화를 감시하는 데에도 사용된다. 조건이 변하면, 압력 스위치는 낮고 높은 기압 조건을 알리는 감시신호를 발생시킨다.

한 밸브가 잘못된 위치에 가면 전체 화재억제시스템이 고장날 수 있기 때문에 화재 경보시스템을 통한 물 제어 밸브의 전자 감시는 중요하다. 감시는 탬퍼 스위치(tamper switch)라는 장치를 통해 이루어진다. 이 스위치는 밸브의 한 부분으로 합쳐지거나 외부적으로 밸브에 부착된다. 밸브 핸들을 살짝 돌림으로써, 화재경보설비로 신호는 보내지고, 지역 감시 신호가 개시되고 몇몇의 경우에는 외부 집단에 알리기도 한다.

시스템보장에 중요한 다른 감시 장치들은 공기와 수온감지기와 수위감지기를 포함하여 요구한대로 작동할 것이다. 온도 감지기는 건물이나 시스템 안의 온도가 정상 범위를 넘어서 시스템을 쓸모없게 만들 수 있는 감소나 증가를 감지한다. 수심 감지기는 얼마만큼의 물이 저장탱크에 있는지 감시하고, 만약 수심이 정상범위보다 떨어지거나 오르면 책임 집단에 적절한 조치를 취하도록 알린다.

비 수계 소화시스템

■ 일반 정보

비 수계 소화시스템은 물이 발생된 위험에 적합하지 않을 때 수계 소화설비의 대체재로 사용된다. 이러한 형태의 소화는 특별하고 구체화된 위험, 과정 및 장비를 보호하기 위하여 가스와 화학약제를 사용하기 때문에 특별 위험 소화(special hazard fire suppression)라 불린다.

시스템들의 목적

소화약제를 선택할 때 물은 일반적으로 1순위이자 확실한 선택이지만, 가끔 효과가 매우 작거나 없을 수 있고, 추가적인 작업을 요구하거나 위험요소들에 적합하지 않고, 또 다른 경우에는 상황을 악화시킬 수 있다. 이러한 상황에서, 비 수계 소화설비의 사용은 물을 기반으로 한 소화약제를 사용하는 경우의 문제보다 부적절하다고 생각되는 어려운 화재 상황을 통제하는 수단으로 제공한다. 가장 일반적인 비 수계 시스템은 습식 및 건식 화학 물질, 건조 분말, 및 가스 약제이다.

시스템 구성

많은 비 수계 소화설비의 구성요소는 관련된 시스템과 약제가 어떻게 화재상황과 시나리오를 제어하는지를 분석하고 연구하는 광범위한 실험적 테스트를 거친다. 그러한 실험적 자료를 기반으로, 제조사는 구성요소의 형태, 크기, 적정 위치, 설계 기준 및 설계 제한사항을 제공하는 공학적 조립식 시스템을 제공할 수 있다. 수계 소화설비와 달리 구성요소의 대부분을 교환할 경우, 비 수계 소화설비의 구성요소는 시스템의 종류 및 사용되는 고유의 약제에 속하므로 상호 교환될 수 없다.

■ 소화약제

가스계 소화약제는 세 가지의 기본적 카테고리로 분류된다; 할론, 할론 대체재 및 불활성 가스. 화학약제는 건식 또는 습식 화학약제이거나 화학 기반의 건식 분말이다.

할론 및 할론 대체물질

할로겐화 탄화수소(할론) 믹스 탄소와 주기율표에서 할로겐계에서 하나 이상의 원소 : 불소, 염소, 브롬 또는 요오드. 할론 가스의 화학 구조는 약제를 구성하는 각 요소의 원자수는 번호체계를 기반으로 한다. 할론 1301은 1개의 탄소, 3개의 불소, 0개의 염소 및 1개의 브롬 화합물이 있는데, 예를 들어, 할론 1211은 1개의 탄소, 2개의 불소, 1개의 염소 및 1개의 브롬으로 구성된 혼합물이다. 이러한 할론 중 어느 것도 요오드를 사용하지 않기 때문에, 해당하는 번호는 식에 연결한다. 할론 1211과 1301은 화재 방호설비와 소화기와 함께 지속적으로 사용되는 단지 두 개의 할론 소화약제이다.

할론 물질은 낮은 농도 수준에서, 비 부식성, 무색, 무취, 비전도성 및 비독성입이다. 그러나 대기 중의 오존층 파괴에 대한 약제의 공헌을 위해 1987년 몬트리올 의정서에서 세계의 거의 모든 국가가 서명한 계약은 새로운 할론 제품의 제조 또는 수입을 금지했다. 회수된 가스와 기존의 매장된 할론가스가 고갈되기까지 수 년간은 여전히 사용이 허용된다. 그러나 제조업체는 시스템의 교체부품생산을 중지했고, 이전 할론 시스템에 대한 거의 없거나 전혀 없는 기술자 지원을 제공하지 않고 있기 때문에 결국 모든 할론 시스템은 폐기될 예정이다.

이 문제를 극복하기 위해 제조업체들은 새로운 화재 약물인 할로겐화탄소(청정약제)의 개발을 시작했다. 목표는 환경적으로 안전하고 비전도성 가스를 생산함으로써 환경 문제와 잠재적인 독성에 대처하고, 증발 시 잔류물을 남기지 않는 것이다. 그것은 동일한 수준의 보호를 제공하기 위해 청정약제와 다른 구성 요소를 가지고 갔기 때문에 환경 문제를 해결하는 데 성공했지만, 청정약제는 할론약제와 직접 교환하지 않는다.

할로겐화탄소를 기반으로 하는 약제 또는 불활성기체를 기반으로 하는 약제: 청정 약제는 두 가지 범주로 분류된다. 할로겐화탄소 기반의 약제는 화염의 반응영역에서의 열을 제거함으로써 저해되지 않는 연쇄 반응을 중단하여 화재를 진화한다. 5개의 하위 카테고리 FC, FK, FIC, HFC 및 HCFC에 할로겐화탄소 기반 약제 그룹. 이들 이름은 탄소, 염소, 브롬, 불소, 요오드 및 수소를 포함할 수 있는 화합물의 화학 성분을 확인한다. HFC-227e(헵타 플루오로 프로판, C_3F_7H)는 가장 일반적으로 사용되는 청정소화약제의 하나이고, 그것은 상품명 FM-200이라 한다.

불활성약제는 연소를 지속하지 않을 수준으로 보호된 영역에서 산소를 줄일 수 있다. 불활성기체는 IG 식별 헬륨, 네온, 아르곤, 질소, 이산화탄소등이 소량 혼합되어 있다. IG-541 (N_2ArCO_2)은 질소, 아르곤과 약 8%의 이산화탄소이 조합이고, 상품명은 이너젠 가스(Inergen Gas)라 하고 있다.

불활성가스

몇 가지를 제외하고 이산화탄소(CO_2) 가스는 거의 모든 가연성 물질, 인화성 및 가연성 액체 및 전기 화재에 대한 아주 좋은 소화약제이다. CO_2은 잔류물을 남기지 않는 무색, 무취, 불연성, 비전도성 가스이다. 무엇이 CO_2를 좋은 소화약제로 만들지는 그것이 대체하고 지속적인 연소에 필요한 공기 속 산소의 농도를 15% 이하로 낮추는 데 있다. CO_2는 공기보다 약 50% 정도 무겁기 때문에 연료로부터 공기를 분리하며, 특히 심부화재를 소화할 때 효과적이다. 직접 또는 간접적으로 제한된 공간에서 CO_2를 방출시키는 것은 누구에게도 노출 가능성이 있으며 이는 위험할 수 있다. 따라서 전 구역에 방출 전 경고를 활성화한 후 지역에서 일하는 모든 사람을 남겨두어서는 안 된다.

그 환경의 온도와 압력은 CO_2가스가 기체, 고체 또는 액체로 존재할지를 결정한다. 소화약제로 사용하는 경우에는 가스를 팽창시켜 위험을 제거하는 구름을 형성하기 위해 공기 중의 수분과 결합하여 고도로 가압된 액체로 탱크에 저장되어 있다.

분말약제

분말 화학 소화약제는 인접 영역에 발화하고 화염이 확산되는 것을 막기 위해 연료로부터 산소를 차단하고, 표면을 질식시켜 불길을 제거하는 작은 고체 가루 입자이다. 코팅된 분말 화학 소화약제가 위험의 표면적을 엎어 씌운다. 또한 분말 화학 소화제는 가연성 액체나 가스와 반응하지 않으면 전도성이 없다. 입자의 송출 매체는 가압 질소, 이산화탄소, 또는 공기를 사용하고, 소화기 및 호스 라인에서 사용하기 위한 분말 화학 약제의 적합한 흐름 분포를 촉진하기 위해 가스 중에 현탁되어 있다. 활성화시 입자/가스 혼합물은 배관 저장 용기의 노즐에서 유출된다. 이러한 물질은 위험하거나 독성이 있지 않지만, 가시거리를 제한하고, 호흡기 질환을 유발시킬 수 있는 증기운을 생성한다. 위험 및 보호 요구 사항은 노즐의 대체품과 노즐과 형태를 결정한다.

건식 화학약품기반 중탄산나트륨

중탄산나트륨 기반의 약제는 보통 건식 화학물질로 알려져 있다. 베이킹 소다와 마찬가지로, 탄산수소 나트륨은 가장 오래되고 가장 널리 사용되는 건식 화학약제의 하나이다. 중탄산나트륨은 B급 화재에 관련된 몇 가지 기름 화재에 적합하다. 조리 작업을 보호하기 위해 사용되는 경우, 약제는 화학적 위험의 표면을 덮고 비누 같은 액체를 만드는데, 지방과 반응한다. 기름, 지방, 건조 화학약제와 반응을 비누화반응이라 한다. 그러나 크고 에너지 효율적인 조리기구는 더 높은 온도에서 조리기름을 가열하기 때문에, 조리와 관련된 건식 화학약제는 감소

화재조사관 팁

일부 건조 화학 약품의 잠재적 증거를 오염, 특히 전자 장비와 구성 요소, 습기에 노출되면 고장의 원인이 된다. 부식이 남지 않기 때문에 적시에 조사가 중요하다.

하고, 건식 화학약제는 충분한 냉기와 재발화를 방지하기 위한 격리를 제공할 수 없다. 중탄산나트륨은 일반적으로 A급 화재에 사용을 권장하지 않지만, C급 화재에서는 적응성이 좋다. 다른 건식 화학약제와 구별하기 위해, 중탄산나트륨은 파랑과 흰색으로 채색되어 있다.

중탄산칼륨 분말약제

더 작은 양으로도 훨씬 큰 소화능력을 제공하기 위한 소화약제가 필요하기 때문에 중탄산칼륨, 염화칼륨, 우레아계 칼륨소화약제는 중탄산나트륨보다 효과적이라고 생각된다. 이 소화약제는 조리 업무와 관련된 것을 제외하고는 B급 화재에 적합하다. 약제는 또한 C급 화재에 효과적이지만 A급 화재에는 권장하지 않는다. 중탄산칼륨은 다른 건식 화학 물질로부터 그것을 구분하기 위해 보라색이다.

다목적 분말약제

인산암모늄은 클래스 A, B, C 화재에서 매우 적응성이 좋은 다목적 건조 화학 물질이다. 하지만 특히 저지방 튀김기를 포함하여 요리 업무에 관련된 화재에는 적응성이 없다. 가열하면 약제는 분해 물질에서 산소를 분리하기 위해 가열된 재료를 고집 한 용융 잔류물을 형성하고 있다. 인산암모늄은 다른 건조 화학 물질로부터 그것을 구별하기 위해 노란색이다.

포분말약제

대부분의 건조 화학약제는 발포제와 호환성이 있지만, 호환성을 확보하기 위해 제조업체에 문의해야 한다. 호환되는 것으로 알려져 있을 때, 건식 화학약제는 종종 폼 또는 청소제와 같은 다른 소화약제와 함께 2중 소화약제시스템의 일부로서 결합되어 있다. 많은 다른 2중 소화시스템은 휴대 가능하고, 산업시설에서 사용된다.

안전 팁

가스계 소화약제가 방출되는 장소에 진입하기 전에, 특히 CO_2소화설비에 의해 보호되는 지역, 모든 비상 대원들과 조사자는 공기호흡기(SCBA)를 착용해야 하며, 진입의 안전을 보장하기 위하여 산소의 양, 잔류 가스계 소화약제, 또는 다른 가스의 존재를 결정하기 위해 공기의 질을 측정해야 한다.

화재조사관 팁

*건식 화학 시스템 및 소화약제의 제조사는 업무용 주방 용도에 고정 건식 화약약제 시스템 및 부품을 생산 중지하였다. 이것은 건식 화약약제가 주방화재의 소화와 제어를 위한 UL300 테스트 기준에 충족되기 위한 승인을 얻지 못한 것이 원인이다.

습식 약제

습식 화학 소화약제는 그 자체가 수용성 솔루션이다. 물은 초산 칼륨, 탄산 칼륨, 구연산 칼륨, 또는 혼합하여 약 및 다른 첨가제의 혼합물은 알칼리성 용액을 형성한다. 일반적인 건식 화학 소화약제와 같이 습식 화학 소화약제는 연료와 산소를 분리시키는 비누화 폼 막을 형성하기 위하여 지방 또는 조리기름과 함께 반응한다. 비누화 폼 막은 재발화를 방지하기 위하여 연료를 냉각하고, 질식시키고 분리함으로써 가연성 증기를 제거하거나 감소시킨다. 산업용 주방은 많은 다른 소화약제를 사용하는 반면, 상업용 주방은 그 소화약제가 저지방 튀김기와 같은 주방용기에서 시작된 K급 화재에 가장 효과적인 소화약제이기 때문에 습식 소화약제를 사용한다. 범위; 철판, 그릴, 냄비, 또는 char 체인 및 직립 브로일러.

■ 주요 시스템 요소

소화약제공급

소화약제를 저장하는 용기는 소화약제와 반응하지 않으며, 위험을 보호하기 위하여 필요한 양의 약제를 저장하기 위한 크기(일반적으로 금속재료)로 제작되어야 한다. 그 용기는 또한 발생하는 압력을 처리할 수 있어야 한다. 이것은 용기의 높은 수준에 가압될 수 있는 가스 기반의 약제를 위해 특히 그렇다. 모든 화재 방화 구성요소와 시스템과 같이 그것들은 공인된 기관과 국제 공인 시험에 의해 목록화되고, 승인되며, 분류되어야 한다.

압력원

소화약제와 시스템의 형태에 따라 몇몇 용기는 단지 약제만 저장할 것이며, 용기로부터 약제는 방출하기 위해 밸브를 작동시키거나 용기의 외부로 약제를 방출하는 작동에 따라 압력용기와 2차적인 압력 카트리지가 있을 것이다. 일반적으로 압력 카트리지 또는 용기가 분사제로서 질소 또는 이산화탄소 가스가 충전되어 있다. 이것은 건식 화학 시스템과 일부 습식 화학 시스템과 함께 일반적이다.

배관 분배

배관에 사용되는 재료는 불연성이어야 하며, 배관을 통해 흐르는 약제와 호환성이 있어야 한다. 또한 배관은 예상되는 저장량과 작동압력 그리고 파이프가 부식성으로 되거나 비부식성으로 되는 것을 방지하는 환경을 조절할 수 있어야 한다. 시스템과 소화약제에 따라, 가장 많이 사용되는 재료는 검은 철, 크롬 도금, 스테인리스 스틸, 아연 도금 강판, 구리, 황동을 포함하는 금속의 몇 가지 유형이다.

밸브, 호스, 부속품

소화설비의 일부인 모든 밸브, 호스, 이음쇠, 또는 구성 요소는 국제적으로 승인된 시험과 승인기관으로부터 목록화되거나 승인되거나 또는 설비 사용을 위해 라벨화되어야 한다. 설치되어 있지만, 설비와 함께 사용하기 위해 목록화되지 않거나 승인받지 못했거나 라벨화되지 못한 밸브, 호스, 부속품 또는 다른 구성 요소는 부적절하게 작동하거나 작동에 완전히 실패하여 화재를 제어하지 못하는 결과를 발생시킬 것이다.

노즐의 분배

노즐은 위험한 장소에 소화약제를 배분한다. 각각의 노즐이 목록화, 승인 또는 특정 지원 분야에 대한 라벨화를 요구하는 의도된 분야이기 때문에 각 설비의 제조사는 그것의 특정한 소화시스템을 위한 노즐의 다른 형태를 만든다. 노즐은 화재에 노출되면 기능을 못하거나 형체가 변하지 않는 불연성, 내 부식성 재료로 만들어져야 한다. 게다가, 노즐은 양호한 식별을 위해 영구적으로 표시되어야 하며, 정상적인 노즐이 위험한 상황을 보호하고 예상되는 압력분산에 문제가 없는 위치에 놓여 져야 한다.

구동 시스템

소화 시스템은 위험한 위치에 소화약제를 방출하기 위해 자동 및 수동 작동 방법을 사용한다. 구동 시스템은 휴즈블 링크(fusible links), 열 감지기, 연기 감지기, 스프링클러헤드 그리고 수동 화재경보기를 포함한다. 일반적으로 이러한 구동 시스템은 경보 신호를 발생시키는 감지시스템과 경보시스템을 연결한다. 휴즈블 링크는 습식과 건식 화학 시스템에서 주로 일반화 되어 있으며, 열감지기와 연기 감지기는 가스 시스템에서 일반화되어 있다. 열감지기, 연기 감지기 그리고 스프링클러헤드는 일반적으로 팽창 폼 시스템과 관련이 있다.

시스템 감시 및 제어

스프링클러설비와 같은 소화설비는 설비의 정상상태가 변화되었다는 것을 인식하기 위하여 다양한 장치와 설비에 의해 감시되거나 제어된다. 상태의 변화는 시스템 작동, 용기 압력의 변화, 밸브 폐쇄, 온도 변화 또는 시스템 누설에 의해 발생할 것이다. 전형적으로, 감시는 관할당국에 통보할 지방 조직에 송신되는 신호와 함께 건물 화재경보 및 감지시스템과 함께 작동된다. 대부분의 가스 기반 시스템은 소화약제를 분출하기 전에 위험한 지역에 사람이 존재할 수 있는지를 인지하기 위한 사전 위험 경보와 같은 특별 안전기능을 지닌 이차적인 화재경보 패널을 필요로 한다.

■ 시스템의 작동 및 설치 변수

노즐의 위치와 간격

노즐의 위치와 간격은 제조자의 설치지침과 적용 규범 그리고 기준에 따라 결정되지만, 노즐의 형태와 위험도는 그 배치에 영향을 미칠 것이다. 비 수계 기반의 소화설비는 공학적 처리 또는 사전 설계된 시스템이기 때문에, 위험에 대한 적절한 보호를 보장하기 위하여 시스템 디자인과 노즐 설치 요구사항을 정확히 따르는 것이 중요하다. 일반적으로, 더욱 위험한 수준일수록 그 위험을 보호하기 위하여 더 많은 노즐, 근접한 설치가 요구된다.

파이프의 크기와 배치

소화설비에 따라, 파이프의 크기와 배치는 수리적으로 계산되거나 제조자에 의해 실험실 테스트에 기반하여 사전 설계된다. 사전 설계된 시스템은 일반적으로 변하지 않는 잘 알려진 위험을 보호하는 장점이 있으며, 이것은 제조자의 가이드라인을 따르기 쉽게 만든다. 그러나, 보호 지역의 크기, 위험의 크기, 또는 환경의 상태로 인해 위험이 변할 때, 수리적 계산의 사용은 파이프의 크기와 위치를 결정한다. 소화약제가 파이프와 노즐을 통해 흐르기 때문에 그 결정은 파이프의 크기, 길이, 그리고 다른 시스템 장치와 구성요소와 관련된 유동률, 마찰손실에 근거한다.

노즐의 적용범위 및 분배

노즐은 노즐의 토출 특성에 따라 위험과 사용 가능한 압력에 대한 적절한 보상을 제공하도록 소화약제를 전송하도록 설계되어 있다. 대부분의 위험을 보호하기 위한 다양한 노즐이 있으며, 이러한 노즐은 전영 방출설비 또는 국부 방출설비에 사용될 수 있다. 국부 방출설비는 화재를 질식, 냉각 그리고 소화시키기 위해 장치, 프로세스, 작동 또는 특정지역 또는 그 내부로 직접 노즐을 사용한다. 전역방출설비와 함께 사용되는 노즐은 소화약제를 구조물의 내부 또는 구획장소로 이송한다. 노즐의 수와 위험을 보호하기 위해 필요한 소화약제의 양은 지역의 규모, 제조사의 설계, 설치 요구사항, 그리고 위험의 형태에 의존한다.

작동 메커니즘과 기준

비 수계 소화설비는 그 위험에 소화약제를 방출하기 위하여 자동 및 수동 작동방식을 사용

화재조사관 팁

조사자는 시스템의 설치, 모델 요구사항을 변화시키는 적용 규정에 대한 개정, 그리고 승인되고 설치 요구사항으로부터의 허용된 편차를 정확히 분석하고 인지하기 위하여 그 분야에 재원을 충당하거나 정통해야 한다.

한다. 다른 종류의 화재감지기는 화재경보와 감지시스템을 연결하는 데 사용될 수 있다. 작동은 소화설비와 함께 장착된 감지장치를 통해 가능하다. 대부분의 작동은 자동이지만, 몇몇 시스템은 소화설비를 작동하기 위해 수동적 방법을 사용한다.

감시 및 제어 시스템

소화설비는 시스템의 정상상태가 변화하는 것을 확실히 인지하기 위해 다양한 정치와 시스템에 의해 감시되고 제어된다. 상태변화는 시스템 작동, 용기압력의 변화, 밸브 폐쇄, 온도변화, 또는 시스템 누설에 따른다. 전형적으로, 감시는 관할 당국에 통보하는 지역 조직에 보내지는 신호와 함께 건물 화재경보 그리고 감지시스템에 따라 작동된다. 대부분의 가스 기반 시스템은 소화약제를 분출하기 전에 위험한 지역에 사람이 존재할 수 있는지를 인지하기 위한 사전 위험 경보와 같은 특별 안전기능을 지닌 이차적인 화재경보 패널(panel)을 필요로 한다.

분석

■ 규징 분석

지방자치제에 의해 채택된 규정과 기준은 특정 위험에 대하여 수계 및 비수계 기반 소화설비의 요구사항을 정립하는 문서이다. 전형적으로, 규정은 하나의 시스템을 설치하기 위한 요구사항과 설계, 설치, 조사, 시험 그리고 그 시스템을 유지하기 위하여 사용되는 기준을 정립한다. 이러한 규정과 기준은 그 시스템의 잔류 수명과 구조물을 통한 설계로부터 설치된 환경을 위한 요구사항을 정립한다. 몇몇 지방자치단체는 NFPA규정과 기준을 채택한 반면, 다른 지방자치단체는 International Code Council(ICC) 규정을 채택했다. 그러나, 조사자는 건물이 준공될 당시 어떠한 규정과 기준이 유효한지 그리고 어떠한 규정과 기준이 화재가 발생될 당시 유효했는지를 결정하는 것은 매우 중요하다. 그 요구사항은 매우 다를 수 있으며, 이러한 정보는 무엇이, 왜, 그리고 어떻게 수계 소화설비 그리고 비수계 소화설비가 화재발생 동안 작동했는지에 직접적으로 영향을 끼친다. 일반적으로, 만약 건물이 준공될 당시부터 점유 상태나 사용을 변화시키지 않았다면, 규정과 기준은 그대로 남아있지만, 이러한 정보를 찾기 위한 조사는 적절한 결정을 하는데 결정적이다. 규정 요구사항을 정립하는 것은 지역 규정 개정, 수정, 또는 보험기반의 요구사항이 존재하는지를 결정하는 것을 포함한다.

화재조사관 팁

어떠한 조사에 있어서 매우 중요한 사항은 시스템 분석, 테스트, 그리고 유지관리 요구사항, 절차; 그리고 적용 가능한 NFPA기준과 제조사의 요구사항으로부터 유도된 규정 요구사항을 기반으로 한 규정을 확인하는 것이다.

표 6-4 NFPA 화재보호설비 기준
NFPA 10, Standard for Portable Fi re Extinguishers
NFPA 11, Standard for low-, Medium-, and High-Expansion Foam
NFPA 12, Standard on Carbon Dioxide Extinguishing Systems
NFPA 12A, Standard on Halon 1301 Fire Extinguishing Systems
NFPA 13, Standard for the Installation of Sprinkler Systems
NFPA 13D, Standard for the Installation of Sprinkler Systems in One-and Two-Family Dwellings and Manufactured Homes
NFPA 13R, Standard for the Installation of Sprinkler Systems in Low-Rise Resident ial Occupancies
NFPA 14, Standard for the Installation of Standpipe and Hose Systems
NFPA 15, Standard for Water Spray Fixed Systems for Fire Protection
NFPA 16, Standard for the Installation of Foam-Water Sprinkler and Foam-Water Spray Systems
NFPA 17, Standard for Dry Chemical Extinguishing Systems
NFPA 17A, Standard for Wet Chemical Extinguishing Systems
NFPA 20, Standard for the Illustration of Stationary Pumps for Fire Protection
NFPA 22, Standard for Water Tanks for Private Fire Protection
NFPA 24, Standard for the Installation of Private Fire Service Mains and Their Appurtenances
NFPA 25, Standard for the Inspection, Testing, and Maintenance of Water-Based Fire Protection Systems
N FPA 70, National Electrical Code
NFPA 72, National Fire Alarm and Signaling Code
NFPA 750, Standard on Water Mist Fire Protection Systems
NFPA 2001, Standard on Clean Agent Fire Extinguishing Systems

수계 소화설비와 비 수계 소화설비 모두 전형적으로 NFPA규정과 기준에 의해 설립된 기준을 만족하도록 요구된다. NFPA기준은 보호될 필요가 있는 위험과 점유의 형태에 따라 요구되는 시스템의 형태에 적합하다. 조사자가 모든 종류의 화재보호시스템을 다루는 NFPA기준이 있다는 것을 아는 것이 중요하다(표 6-4).

ICC-설립 모델 규정 시리즈는 기 설치된 환경에 적합한 최소한의 요구사항의 플랫폼을 제공한다. 이러한 최소한의 요구사항은 지역에서 지역으로 다양한 특정 지역자치단체의 요청사항을 반영하기 위해 개정될 수 있다.

■ 설계 분석

화재조사자가 소화설비가 화재에 대응하고 지속적으로 작용하는지에 대한 작동과 영향을 해석하기 위하여, 그 조사자는 그 시스템 설계, 기능, 그리고 능력에 대한 기초사항을 이해해야 한다.

하나의 시스템 설계는 그것이 보호해야 하는 위험과 관련된 수많은 고려사항들을 가지고 있다. 설치된 시스템이 설계된 대로 설치되고 승인되었다고 추정하기 위해서 설치된 시스템이 그 위험을 지속적으로 보호할 수 있었는지를 평가하는 것은 조사자에게 달려 있다. 위험수준이 변화하는 것이 일반적이기 때문에 이것은 조사의 매우 중요한 부분이다. 만약 위험수준이 증가하게 되면, 그 시스템은 화재를 소화하거나 제어하기 위해 필요한 소화약제를 전송하도록 설계되지 않을 것이다. 이러한 평가방법은 조사자의 훈련에 의존한다. 그러므로, 화재보호 엔지니어, 전문적인 설계, 또는 설계 기술에 대한 자문이 필요하다. 추가적인 정보는 제조사, 건물 규정, 그리고 NFPA 설계와 설치 기준을 통해 가능하다. 최소한, 조사자는 필요시 기술적인 도움을 위한 재원을 충당하고 이러한 문서에 접근하는 능력과 지적수준을 갖춰야 한다.

■ 위험 방호

수계 소화설비 또는 비 수계 소화설비의 선택은 속성에 따라 위험의 고유한 특성에 근거를 둔다. 게다가, 시스템의 특정 형태를 설치하기 위한 몇몇 요구사항은 건물 규정 요구사항 또는 보험회사요구사항에 따르게 된다. 일단 위험이 결정되면, 시스템의 설계는 적절한 전송시스템과 어떻게 그 시스템이 감지하고 작동하며, 얼마나 많은 소화약제가 필요한지, 어떻게 그것이 적용비율과 농도에 적용될 것인지를 고려할 것이다. 위험은 자주 변하게 된다. 그러므로, 조사자가 그 위험과 상태를 평가하고 그 시스템이 그 작동에 적합한지를 결정하기 위해 고안된 위험과 관련하여 설치된 시스템의 형태를 분석하는 것은 매우 중요하다. 예방에 요구되는 위험에 대한 지식은 수계 소화설비 또는 비 수계 소화설비에 있어서 화재발생 중에 그것의 작동 및 기능과 관련된 더욱 철저하고 집중화된 시험을 가능하게 한다.

이러한 요점을 설명하기 위하여, 수년간에 걸친 화재 현장 자료와 화재 현장의 분석과 실험실 테스트는 연료의 잠재적 결과물과 연료의 양과 관련 있는 위험을 분류하는 표를 만들었다. 그 정보에 근거하여, NFPA 13은 연료의 잠재적 결과물과 연료의 양과 관련 있는 위험을 분류하는 표를 개정하였다. 그 결과로 초래된 밀도/지역은 위험한 상태에서 화재를 소화하거나 제어하기 위해 필요한 수 평방피트의 특정지역에서 평방피트마다 소화수의 양이 리스트화 된다. 그 위험 상태 분류는 아래와 같다:

- 경미
- 보통(그룹 1과 2)
- 극노도 위험(그룹 1과 2)
- 특별 관리

그 아이디어는 거주하는 상태에 따른 연료하중을 평가하고, 그러한 상태와 위험한 분류를 관련짓기 위함이다. 예를 들어, 학교는 경미한 위험 건물 또는 점유지로 설계되고, 그러므로 극도로 위험한 그룹 1로 분류되는 제재소와 같이 화재를 제어하고 스프링클러헤드에서 많은 물을 방사할 필요가 없다.

수계 소화설비와 함께 동반되는 관심 있는 이슈 중에 하나는 점유지의 변화 또는 화재를 제어하는 소화설비의 능력에 영향을 끼치는 건물의 사용과 직접적으로 관련이 있다. 건물이 점유상태 또는 특별한 용도에 따라 설치되고 설계되는 것은 일반적이지만, 점유상태 또는 다른 용도에 대한 이후의 변화는 그렇지 않다. 그러한 변화는 문제점으로 드러나지 않을 것이지만, 만약 점유지 상태 또는 그 용도가 위험의 수준을 증가시키고 수계 소화설비가 그 위험을 제어하지 못한다면, 화재는 그 소화설비를 압도하여 재앙에 이르게 될 것이다. 예를 들어, 만약 하나의 건물이 공용 세탁소가 드라이크리닝 점포로 되었다면, 세탁물이 보통의 위험등급 1그룹이기 때문에 수계 소화설비는 증가된 위험수준을 보충하기 위하여 변화될 필요가 있다. 비록 그 용도와 점유 상태가 동일하거나 매우 유사하게 보일지라도, 드라이크리너 점포는 의류의 양(화학제품의 경우에 있어서) 때문에 더 큰 화재하중을 가지고 있지만, 세탁소는 더 낮은 위험도를 지닌 물과 비누를 사용한다.

■ 배치

다른 종류의 건물시스템에 따라, 수계 소화설비와 비 수계 소화설비는 화재발생 중에 최상의 기능을 하기 위하여 적절히 설계되고, 설치되며, 검사되고, 테스트 및 유지 관리되어야 한다. 수계 소화설비와 비 수계 소화설비는 화재를 완전히 진화하거나 제어하도록 설계된다. 설계 목표치, 스프링클러헤드 그리고 노즐 배치를 수행하는 것은 매우 중요하다. 화재 현장 조사의 과정 중에, 조사자는 스크링클러와 노즐의 위치 그리고 벽, 천장, 보관품 배열, 선반, 전등기구, 덕트, 그리고 다른 상태의 간격을 문서화해야 한다. 조사의 일부로서, 화재조사자는 스프링클러헤드 또는 노즐이 설치되어 있는지, 손상을 입었는지, 또는 부적절하게 위치하고 있는지, 화재확산을 막지 못하고 부적절하게 제어했는지를 결정해야 한다. 추가적으로, 조사자는 효과를 결정하기 위하여 그러한 위험, 연료, 또는 스프링클러헤드 또는 노즐에 의해 보호되는 과정을 검사하고 문서화해야 한다.

화재조사관 팁

조사자는 화재 이후 분석하는 도중에 설치된 시스템의 기능에 대한 시스템 설계 자료를 습득하고 분석하는 것을 반드시 수행해야 한다. 이것은 시스템 설계 특성, 점유 분류, 그리고 제품 또는 상품의 보호가 설계 기준, 승인된 시스템 도면, 건물의 사용, 그리고 건물 배치 등을 결정짓는 것을 증명하는 것을 포함한다.

조사자는 설치된 시스템에 대한 비교를 위하여 설계기준이 그 시스템에 적용되었는지 그리고 승인된 계획서, 참고 기준, 제조사 자료 시트를 검토했는지를 확인하여야 한다. 특별히 중요한 것은 스프링클러헤드 또는 노즐에 대한 제조사의 자료 시트의 검토이다. 조사자는 설치된 시스템이 화재를 제어할 수 있는 능력이 있는지 또는 화재확산을 가능하게 하는 어떠한 시스템의 조작이 화재발생 전에 이루어졌는지를 확고히 검토해야 한다. 많은 문제들이 시스템 작동에 영향을 미칠 수 있지만, 스프링클러헤드와 노즐의 배치는 소화약제의 성공적인 분배에 결정적인 역할을 한다.

■ 용량

수계 소화설비와 비 수계 소화설비는 일반적으로 설계된 지역에 스프링클러헤드와 노즐을 통하여 물 또는 소화약제의 미리 계산된 양을 전송하고, 화재 호스에 대한 물의 추가적인 양을 공급하도록 설계된다. 적합한 시스템 설계는 위험 분류 그리고 점유 형태에 근거며, 조사자가 화재발생 중에 그 설치된 시스템이 어떻게 반응하고 얼마의 용량으로 설계되어야 하는지를 이해하는 것은 필수적이다. 예를 들어, NFPA 13은 산업시설이 밀도/지역 커브가 1500 평방피트 이상 매 평방피트마다 0.10갤런의 물이 필요한 경미한 위험에 근거하기 때문에 경미등급으로 분류한다. 반면, 설계된 1500평방피트 내의 모든 스프링클러헤드는 최소한 평방피트마다 0.10갤런의 물을 공급해야 한다. 이러한 정보는 시스템의 중요한 설계특성을 설명하는 수압 자료 명판의 일부이다(그림 6-12). 시스템 설치의 요구사항으로서, 수압 자료 명판은 그러한 정보를 적용하는 시스템 밸브 또는 그 수위에 붙일 필요가 있다. 이것은 그 설치된 시스템이 화재발생 시 위험한 상태에 적합했는지를 결정하는데 매우 가치 있는 정보가 될 수 있다.

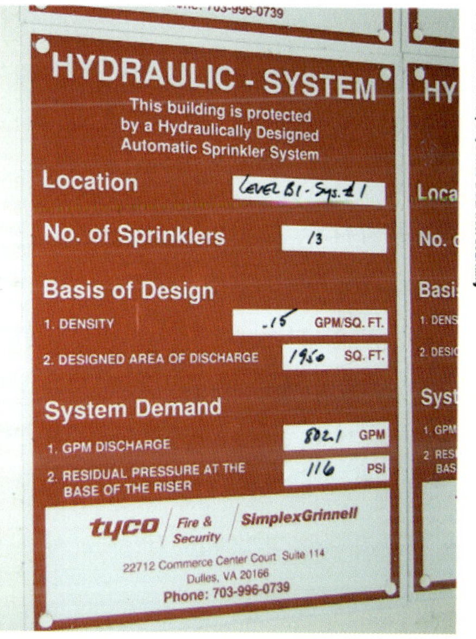

© A. Maurice Jones, Jr./Jones & Bartlett Learning

그림 6-12 이 수압 자료 명판은 화재조사 시 가치를 부여할 만한 동작특성과 화재 스프링클러 시스템 설계에 관한 정보를 제공한다.

사고 이후 분석과정에서, 조사자는 화재발생 중에 작동된 장치의 수를 문서화해야 한다. 작동된 장치의 개수와 위치에 따라, 조사자는 시스템 설계가 그 위험에 적절했는지 또는 다른 요소가 시스템 작동을 위태롭게 했는지를 결정해야 한다. 조사자가 적절하고 허용 가능한 연료하중, 밸브 폐쇄, 물 공급 감소와 같은 시스템 부당변경의 가능성을 포함하여 모든 완화요소를 결정하고 문서화하는 것은 매우 중요하다.

■ 적용 범위

현장의 문서화는 시스템 적용범위를 결정하는 데 있어서 조사자의 매우 중요한 역할이다. 소화설비가 공급하는 범위의 양은 언제 건물이 지어졌는지, 준공될 당시의 법적 기준, 그리고 시스템 형태에 적용되는 설계기준을 포함하여 많은 요소에 의존한다. 그러므로, 화재피해와 화염확산을 평가하고 분석하기 위하여, 조사자가 구조물 소화설비의 방호를 결정하는 것은 중요하다. 소화설비의 범위와 형태는 화염전파와 화재피해에 직접적인 영향을 끼칠 것이다. 예를 들어, 충분히 보호된 건물은 화염확산과 화재피해가 최소화될 것이지만, 보호되지 못하거나 제한된 건물은 아마도 급격한 화염확산과 중대한 화재피해를 입을 것이다. 적용 범위에 대해 요구사항을 결정하는 데 도움이 되는 사항은 그 시스템을 조사하고, 승인하고, 검토한 지방관할부서를 통해 획득될 수 있다.

전체 적용범위

조사자가 기본적인 규정, 설계 기준용어 그리고 정의를 이해하고 습득하는 것은 매우 유익할 수 있다. 만약 시스템이 전체 적용범위로 설계된다면, 숨겨진 공간을 포함하여 설계 요구사항은 건물 내부의 모든 공간을 포함한다. 일반적으로 소화설비 범위의 장소 내에서 내화구조와 같은 수동적 보호를 필요로 하는 예외적인 경우도 있을 것이다. 전체 적용범위 시스템은 특정 규정에 정의된 한계치를 초과하는 많은 상업적 재산에 있어서 일반적이며, 그리고 적용범위의 요구사항을 결정하는 것은 그 시스템을 검사하고, 승인하고 검토하는 지역 관할부서를 통해 가능하다.

부분적 & 선택적 방호

부분적 또는 선택적 방호는 완벽하거나 특정 방호를 요구하지 않는 건물에 있어서 점유상태와 용도에 기초하고 있다. 이러한 방호수준은 건물의 일부분이 수계 소화설비에 의해 보호되기 위해 더 높은 위험수준을 갖도록 허용한다. 이러한 보호되고 방호되는 영역은 특정 규정과 기준 요구사항에 의해 설계된다.

지역 방호

화재조사자가 설비 또는 기계 주위의 건물의 일부분이 아닌 장치 또는 기계의 단지 국소부분을 보호하는 소화설비를 우연히 접할 기회가 있을 것이다. 일반적으로, 이러한 상황은 특정 보험회사의 요구사항 또는 소유주의 선호 때문에 발생한다. 이러한 경우, 조사자는 방호에 요구되는 규정과 다르지 않게 부분방호로 설계된 시스템에 접근해야 한다. 디자인 파라미터는 타당하고 적절한 기능성을 위해 조사되어야 한다.

■ 설치

NFPA1033에 따르면, 화재조사자는 화재방호설비를 포함하는 다양한 주제에 대한 최신정보를 익혀야 한다. 화재조사자는 화재방호설비를 분석하고 조사하고 문서화하기 위하여 최소한의 지식, 능력 또는 적절한 재원을 가져야 한다. 현상의 상태에 기초하여, 시스템과 설치분석을 완료하는 데 도움이 되기 위하여 전문적 설계 또는 기술자를 독려하는 것을 실용적이다.

복잡하고 섬세한 공학적 분석을 요구하기 때문에 조사자가 소화설비를 시험하는 데 도움이 되는 적합한 기술재원과 시스템 설계 그리고 설치기준에 대해 익숙한 것은 매우 유용하다. 조사자는 시스템 기능과 화재와 관련된 세부사항을 이해하기 위하여 그 시스템 인근의 점유자와 인터뷰해야 한다. 공학자, 전문 설계사, 제조사의 대표, 그 시스템을 조사하고, 설계를 승인하고 검토하는 규제당국의 직원 그리고 설지업자와 시스템정보를 알아내기 위하여 인터뷰해야 한다.

수계 소화설비 설치에 대한 시험, 분석, 그리고 문서화는 인입되는 물 공급과 함께 시작되어야 한다. 예를 들어, 스프링클러설비 시험은 물이 그 시스템에 공급되는 장소에서 시작되어야 한다. 최초 체크되는 항목 중 하나는 충분한 물 공급이 있었는지를 확인하기 위하여 메인 물 공급 밸브가 개방되어 있는지에 대한 것이다. 그 시험은 시스템 제어밸브가 개방되어 있는지를 확인하기 위하여 시스템 공급라인을 따라 진행된다. 일단 물 공급이 확인되면, 그 분석은 레이저, 주요 공급 파이프, 제어밸브, 소형 가지배관, 물 공급 장치 또는 스프링클러배관과 같은 구성요소를 확인한다. 조사자는 그 시스템을 통하여 시험, 작동 그리고 설치 구성요소를 확인해야 하며, 작동과 설치의 부적절한 구성요소를 문서화해야 한다. 부적절하게 설치된 구성요소의 예는 부정확한 스프링클러헤드, 늦게 작동한 스프링클러헤드이다.

■ 시스템 성능

조사자는 어떻게 시스템이 작동하는지 또는 그 시스템이 작동 전혀 자동하지 않는지를 분석하고 문서화해야 한다. 조사자에게 상황에 따라 복잡하고 세부적인 공학적 분석을 요구되기 때문에 소화설비의 시험에 보조하기 위한 적절한 기술적 능력을 갖는 것은 매우 도움이 된다. 조사의 다른 국면에서, 원인과 효과에 관련된 결정에 도움이 되기 위하여 조사자는 공학자, 설계 전문가, 제조사의 대표자, 그리고 관련 있는 사람을 인터뷰할 수 있다. 게다가, 설치 그리고 시스템 반응에 영향을 미치는 이상 징후가 나타나는 동안 시스템 정보를 알기위하여 설치 업자와 인터뷰해야 한다. 화재의 영향과 시스템 성능의 관련성을 이해하고 정립하는 것은 조사자가 타임라인을 작성하고, 복잡한 자료 및 정보를 획득하는 데 도움을 줄 수 있다.

시스템 성능에 대한 평가는 사고발생에 있어서 소화설비의 역할에 대해 시험하고, 분석하고 문서화함으로써 조사자에게 철저한 고장 분석과정을 적용하도록 요구하는 설치 분석과 유사하다. 부적절한 설치는 시스템 성능에 영향을 미칠 것이다; 그러므로, 조사자는 그 시스템이 적절하게 작동했는지 또는 그 시스템이 왜 제대로 작동되지 않았는지를 확인해야 한다. 조사자는 그들의 지식, 기술, 능력을 초과하지 않도록 주의하여야 한다. 미리 언급했듯이, 조사자는 성능분석과 적절한 시스템을 완성하는데 도움이 되기 위하여 즉시 사용가능한 적절한 재원을 가지고 있어야 한다.

■ 시험 및 유지보수

소화설비가 실패하는 주요원인 중에 하나는 부적절한 검사, 테스트 그리고 유지관리이다. 시스템은 기능과 작동을 확인하고 증명하기 위하여 제조사의 권장사항과 채택된 기준에 따라 규칙적으로 테스트되고 유지관리되어야 한다.

조사의 일부로써, 조사자는 모든 기록, 유지관리 기록, 그리고 시스템에 대한 문서를 요청해야 한다. 수계설비는 NFPA 25, *Standard for the Inspection, Testing, and Maintenance of Water-Based Fire Protection Systems*의 요구사항에 근거하여 검사되고, 테스트되고, 유지관리 되어야 한다. 게다가, 시스템의 형태에 따라 구체화시키는 다른 NFPA 기준들은 검사, 테스트 그리고 유지관리 가이드라인을 제공한다. 이러한 정보는 검사, 테스트, 그리고 유지관리에 요구되는 최소사항이 수행되고 그래서 조사자가 언제, 어떻게, 그리고 누가 그 시스템에 관련되었는지를 결정하는데 매우 중요하다. 소유주, 소유주의 대표 또는 테스트 및 유지관리업자에 의해 남겨진 기록을 검토하는 것과 더불어, 조사자는 요구되는 조사 태그(tag)가 그 시스템에 부착되었는지를 문서화해야 한다. 조사자는 기록, 검색 자료, 검색 조건, 수정사항, 그리고 시스템의 상태를 비교하고 대조해야 한다.

화재조사자는 시스템이 외부의 보안회사와 연결되어 있는지를 알아내야 하며, 시스템의 작동, 기능, 그리고 공지(notification)와 관련된 자료를 요구해야 한다.

■ 발화지점 및 원인

화재조사의 과정은 화재확산, 발화지점, 발화원인 그리고 책임을 결정하기 위한 시스템적인 접근에 기초를 두고 있다. 습득된 시스템적인 접근은 조사자가 현장조사, 검색, 그리고 상대적이고 설득력 있는 조사에 기초하여 발화지점, 발화원인 그리고 확산을 설명하는 귀납적 방법을 이용하여 다른 테스트이론을 개발하도록 요구한다.

조사자는 가설을 세우고 강화하나 폐기하기 위하여 시스템 시험에서 유도된 정보를 이용할 수 있다. 반대로, 시스템 자료는 가설을 배제하기 위하여 사용될 수도 있다. 예를 들어, 만약 구조물에서 화재확산이 소화설비에 의해 보호된다면, 어떻게 그리고 왜 그 시스템이 작동해서 화재를 제어하거나 소화하는 데 실패했는지를 지적하는 시스템의 구체화된 시험은 조사자에게 발화지점, 발화원인, 확산, 그리고 책임과 관련된 결론 또는 가설을 개발하는 데 도움이 될 것이다.

■ 타임라인

소화설비로 보호된 건물의 내부에서 발화지점, 발화원인 그리고 화재확산과 관련된 가설을 세우기 위하여 조사자는 시스템 작동과 관련된 모든 자료를 확인해야 한다. 이것은 현대의 화재경보시스템 제어패널과 현장에 설치되거나 외부에 위치한 보안회사의 활동기록에 있어서 유효한 시스템 기능을 전자적 감시를 통하여 수집된 자료를 포함한다. 조사자는 화재사고에 대한 가설들을 세우고 입증하기 위한 현장 증거물과 모든 자료 소스를 수집해야 한다. 이러한 자료는 조사자가 발화와 확산을 설명하는 데 더욱 도움이 될 수 있는 타임라인을 작성하는 데 도움이 될 수 있다. 시스템의 물리적 실험 이후에, 조사자는 제공된다면 시스템 기능의 전자적 감시와 관련된 모든 자료를 수집하여야 한다.

모든 수계 및 비 수계 소화설비는 커뮤니티센터, 등록된 회사, 또는 제3의 업체에서 전자적으로 감시되도록 규정에 의해 요구된다. 감시장비는 시스템의 정상적인 상태에서 변화를 통신하기 위하여 사용된다. 감시되는 변화는 소화설비 내에서 소화약제의 흐름을 감지하는 것을 포함한다. 다른 부수적인 기능은 연료제어, 전원 차단, 제어밸브 조작 그리고 밸브가 개방되었는지 폐쇄되었는지를 지시하는 움직임뿐만 아니라 온도, 공기, 가스, 수압의 변화를 포함하여 감시된다.

발화지점, 발화원인, 그리고 화재확산과 관련된 타임라인과 가설을 세우기 위하여, 조사자는 시스템 작동과 관련된 모든 자료를 확인해야 한다. 이것은 현대의 화재경보시스템 제어패널과 현장에 설치되거나 외부에 위치한 보안회사의 활동기록에 있어서 유효한 시스템 기능을 전자적 감시를 통하여 수집된 자료를 포함한다. 조사자는 화재사고에 대한 가설을 설립하고 입증하기 위하여 모든 자료 소스와 현장 증거물을 관련지어야 한다.

■ 화재크기의 추정

시스템 반응과 최초 그리고 연속적인 시스템 구성요소 작동에 대한 분석을 통하여 조사자는 화재의 크기, 지점, 성장 그리고 확산을 추정할 수 있다. 화재경보시스템에 의해 제공되는 정보와 함께, 조사자는 소화설비 구성요소와 초기 장치의 비작동 뿐만 아니라 시스템 작동 시간에 대하여 확인할 수 있다. 예를 들어, 화재의 크기를 추정하는 하나의 방법은 파열성 벌브(bulb) 또는 가용성 링크(link)를 사용하는 스프링클러헤드 또는 노즐의 작동에 기초한다. 스프링클러헤드의 작동점은 스프링클러헤드 또는 노즐의 RTI에 의해 추정될 수 있다. 화재경보설비에 의해 제공된 정보와 함께, 조사자는 시스템 작동시간을 결정할 수 있다. 그러나 중요한 것은 최초 장치, 스프링클러헤드, 또는 노즐, 그리고 다른 시스템 구성요소가 작동하지 않았다고 결정하는 것이다. 이용할 수 있는 정보원은 제조사의 스펙과 자료 시트, 설계기준, 그리고 계산을 포함하며, 화재 사이즈와 관련된 반응성과 시스템 특성을 평가하기 위하여 사용될 수 있다. 만약 시스템이 적절히 잘 작동한다면, 경보당시 화재는 최소 크기였을 것이다. 반면, 시스템이 작동하지 않았다면, 그 경보시스템은 최대의 화재크기에서 작동되었을 것이다.

■ 화재 모델링

화재조사 분야는 끊임없이 변화하며, 특히 기술의 발달과 영향에 관해서는 다른 분석적 분야와 유사하다. 화재조사는 적용가능한 과학과 공학적인 원리 및 과정에 따라 수행되는 과학적 방법에 의존한다. 화재현상을 분석하고 더 많이 이해하기 위하여 그러한 원리를 이용하는 기술적 도구는 컴퓨터 화재 모델링(fire modeling)이다.

컴퓨터 화재 모델링(fire modeling)은 연료로부터 유도된 예측된 화재크기에 근거하여 화재 성장과 전파 타임라인을 설립하는데 도움을 줄 뿐만 아니라, 화재의 상태와 거동을 예측하기 위하여 수학적 자료와 입력값을 사용한다. 화재 모델은 시스템 기능을 설명하기 위하여 조사자에게 추가적인 세부사항을 제공할 수 있다. 컴퓨터 화재모델은 시스템 작동시간과 거동을 예측할 수 있으며, 어떻게 그 시스템이 화재와 주변지역에 영향을 끼치는지를 이해하도록 도움을 준다.

컴퓨터 화재모델은 조사자에게 결정과 가정을 설립하도록 도움을 줄 수 있는 추가적인 도구이다. 그러나, 조사자는 컴퓨터 화재모델을 사용하는 것과 관련하여 자신의 능력과 기술을 초과하지 않도록 주의하여야 한다. 이러한 조사 도구를 사용하는 것은 과학적 시험을 정립할 수 있는 신뢰성있고 유효한 결정을 하기 위하여 혹독한 훈련, 교육, 그리고 경험을 필요로 한다. 만약 조사자가 그러한 배경지식이 없다면, 모델링을 완성하기 위하여 외부 자원이 이용되어야 한다.

■ 인간의 행동에 미치는 영향

인간의 행동에 관한 모든 요소는 화재와 소화설비의 상호작용의 분석을 포함하여 검토되어야 한다. 조사자는 시스템이 작동하는 동안 그리고 그 전에 점유자의 인지와 반응을 분석하는 것은 매우 중요하다.

적합하게 설계, 설치, 분석, 테스트 및 유지관리 되는 소화설비로 보호된 건물은 점유자에게 그러한 소화설비가 없는 건물보다 화재로부터 생존할 가능성을 상당히 높여준다. 화재경보시스템과 접속할 때, 그 시스템의 작동은 화재 발생의 환경과 상황에 적절히 대응하기 위한 더 많은 시간을 확보함으로써, 점유자에게 적대적 화재의 상태를 경보할 뿐만 아니라 소화설비가 화재를 제어하거나 소화할 수 있도록 할 수 있다. 반응하고 대응하는 적절한 시간을 갖는 것은 생존을 위해 매우 중요한 요소이지만, 점유자들은 시스템이 작동 준비가 되어있고, 이러한 시스템이 작동 전 대기 중에 존재하는 연기와 가스를 제거하지 않기 때문에 대응할 더 많은 시간을 확보하고 있다고 당연시해서는 안 된다.

몇몇 종류의 소화약제 노출은 화재지역에서 대피하거나 피난처를 찾는 과정에서 시야 또는 호흡을 저해시키고, 점유자들의 방향감각을 혼란시키거나 사람들의 건강을 해칠 것이다. 비록 매우 드물지만, 화재조사자는 시스템이 정상적으로 작동하더라도 사망과 부상이 발생할 수 있으며, 모든 인간행동과 관련된 면이 문서화되어야 하고 화재와 시스템의 상호작용에 관하여 분석되어야 한다는 것을 명심해야 한다. 조사자는 시스템이 작동하는 동안 그리고 그 전에 점유자의 인지와 반응을 분석하는 것은 매우 중요하다. 이러한 정보는 조사자가 화재의 발생지점, 성장, 확대 및 원인을 결정하는 데 도움을 줄 수 있다.

화재 방호 시스템의 문서화

■ 설계 문서

NFPA 1033에 따르면, 화재조사자는 화재 보호설비를 포함하여 다양한 주제의 최신의 기본적인 지식을 유지하여야 한다. 그렇게 하기 위하여, 화재조사자는 적절히 검토하고, 문서화하며 소화설비를 분석하기 위한 지식, 능력, 적절한 재원을 가지고 있어야 한다. 현장의 상황에 근거하여, 시스템과 설치분석을 완벽하게 하는데 도움을 줄 수 있는 전문적인 엔지니어 또는 다른 분야의 전문가를 동반하는 것도 좋은 방법이다.

화재방호설비에 대한 검토, 문서화 그리고 분석에 초기 접근은 그 시스템을 설치하고 배치하는 데 있어서 어떠한 규정과 기준이 사용되었는지를 인식하고, 검토 및 비교분석을 위해 설계문서를 획득하는 것이다. 조사자는 과거 또는 현재 시스템의 존재에 역할을 하고 있는 추가적인 설계정보 뿐만 아니라, 그 시스템이 설계되거나 설치될 당시 강제하고 있는 규정과 기준의 버전을 확인해야 한다.

전형적으로, 화재방호설비는 NFPA 기준에 따라 설계되고 설치된다. 그러나, 시스템설계를 위해 보험에 가입된 시설에서 사용되는 설계기준, 보범 경영 그리고 많은 자료 시트를 발간하는 FM Global과 같은 다른 재원이 사용되거나 참고될 수 있다. 비록 이러한 관점이 NFPA 또는 FM Globla 설계기준에 일반적으로 근거하고 있지만, 손해보험회사는 또한 구체적인 보상범위(coverage) 또는 설계를 요구할 것이다. 조사자에게 필요한 설계정보는 건물주, 시스템과 건물의 설계자, 시스템 설치업자 또는 지역 관할공무원을 통해 획득될 수 있다. 조사자는 그들 각각의 역할, 조사의 범위(사적인 또는 공적인)를 이해해야 하며, 필요한 문서를 그들의 마음대로 획득하기 위한 도구를 인지하고 있어야 한다.

■ 승인 기록

일반적으로, 화재방호설비는 제안된 시스템의 형태에 적합한 설계기준을 참조하는 화재 및 건물 규정에 의해 요구되고 규제된다. 허가과정은 제안된 시스템을 검토하고 그 설계가 최소한의 규정과 기준을 만족시키는지를 확실히 하기 위해 매우 중요하다. 전형적으로, 화재와 건물규정은 지방 또는 정부의 화재 또는 건축관련 공무원에 의해 승인 및 검토를 위해 제출되는 허가신청서, 계획서, 계산치, 그리고 제조사의 자료 시트를 요구한다.

조사자가 승인과정과 승인이 시스템 설치에 요구되는 사항인지를 이해하는 것은 중요하다. 사법권이 승인을 요구하지 않는 경우는 매우 드물다. 그래서 조사자는 화재 시나리오 또는 다른 사고와 관련된 화재방호설비에 대하여 어떻게 그리고 어디에서 모든 승인정보를 획득할 것인지를 결정할 필요가 있을 것이다. 승인 자료는 조사자가 시스템 기능의 진정한 이해를 설립하는 데 도움을 줄 수 있다. 조사자에게 매우 중요한 것 중의 하나는 시스템 승인과 허가가 완료되었는지를 확인하는 것이다. 승인파일은 최초 승인, 설계도면, 추가적인 요구사항, 최초 시스템 설계의 거절요소, 그리고 설치분석 및 테스트 문서를 포함할 것이다.

■ 청구서 및 계약서

앞에서 언급했듯이, 조사자는 발화지점과 발화원인을 적합하게 결정하기 위하여 그리고 화재의 전파와 확산에서 중요한 역할을 하는 요소 또는 완화시키는 환경을 확인하기 위하여 가능한 모든 자료를 수집하고 분석해야 한다. 조사자는 설치된 시스템과 관련된 계약서와 청구서를 포함하여 화재방호설비와 관련된 모든 기록을 요구하고 검토해야 한다.

■ 설치 문서

화재방호시스템은 관할 당국에 의한 검토와 개선을 위한 설계 문서의 작성을 필요하게 만드는 채택된 규정과 기준에 따라 설계되고 설치된다. 이러한 문서는 시스템 구축을 위한 최초 플랫폼(platform)이다. 일단 시스템 설치가 완료되면, 설계와 설치에 있어서 변동사항에 대하여 문서화하는 과정에서 만들어진 준공도면을 갖는 것이 일반적이다. 그러나, 준공도면은 어떠한 변동사항이 규정 또는 참조된 기준을 침해하지 않는지를 확실히 하기 위하여 관할당국에 의해 검토되어야 한다. 어떠한 경우에 있어서, 조사자는 준공도면이 설치된 시스템과 일치하는지를 확인하기 위하여 설치된 시스템과 비교를 위한 준공도면을 획득하여야 한다.

■ 검사 및 유지 보수 기록

화재방보설비는 그 시스템의 형태와 채택된 규정 또는 그 시스템과 관련된 기준에 근거하여 주기적으로 분석되고, 테스트되며 유지관리되도록 요구된다. 시스템 설계와 설치요구사항 이상으로, 주기적인 분석, 테스트 그리고 유지관리 기록은 시스템 기능을 확인하는데 결정적인 역할을 한다. 이러한 기록이 작동중인 시스템의 이행과 기능에 대한 프로파일(profile)을 제공하기 때문에 조사자가 분석, 테스트 그리고 유지관리 기록을 획득하는 것은 매우 중요하다. 적절한 문서화는 화재상황에서 시스템의 개연적인 수행에 대한 좋은 지표를 제공할 것이다. 이러한 문서는 분석, 테스트, 유지관리를 수항하는 건물 소유주, 건물 대표자, 보험회사, 전문적인 공학자, 계약자, 또는 Fire Marshal Office와 같은 지방 규제당국을 포함하여 여러 가지 재원을 포함할 것이다.

■ 제품내역

화재방호설비가 제안되고, 설계되고, 설치될 때는 언제든지, 그 시스템은 제조사로부터 사용되는 부속품 및 모든 부분에 대한 세부정보와 자료를 가지고 있어야 한다. 이러한 제조사 자료와 제품내역은 시스템 장치, 설치 그리고 기능과 관련된 다양한 정보 및 지침을 제공한다. 제품내역은 시스템의 구성요소와 작동과 관련하여 조사자에게 가치 있는 이해와 인지를 제공할 수 있다. 게다가, 그러한 자료는 장치의 허용치와 한계치를 확고히 할 수 있으며, FM Global, Underwriters Laboratories (UL) 또는 다른 국제인정 시험기관과 같은 승인 기관에 의해 완성되는 설비테스트 및 승인기준을 설명하고 확실시 할 수 있다. 조사자는 그 시스템이 설치 이후 중요한 변동사항이 발생되었을 때 요구사항에 대하여 더 많이 이해하기 위하여 현재 그리고 시스템이 설치될 당시에 참조된 시스템 내역을 획득하여 검토하여야 한다. 시스템 설치 이후 언급되거나 발견된 시스템 기능과 관련된 어떠한 결함, 실패, 또는 필요한 교정사항을 이해하는 것은 필수적이다.

■ 경보/작동내역

조사자가 혹독한 화재상황을 겪은 건물의 내부의 화재방호설비에 대한 형태와 용량을 확인하고 이해하는 것은 중요하다. 특히 중요한 것이 화재경보설비이다. 화재의 화재발생 건물의 점유자에게 화재사실을 알리는 것 외에, 이러한 시스템은 시스템 자료가 기록되고 유지되는 이부 감시업체에 이해 감시된다. 만약 가능하다면, 조사자는 적합한 방법으로 가능한 한 빨리 그 자료를 복구해야 한다.

조사자는 현장조사 중에 화재경보설비의 용량에 대한 기본적인 이해가 있어야 한다. 예를 들어, 그 시스템은 구역방식(zoned system, 그 건물의 일반적인 지역에 관련된 정보를 제공)인가? 또는 주소형 방식(addressable system, 특정 장치와 위치, 사고발생 시간, 그리고 장치의 상태와 관련된 정보를 제공)인가? 주소형 화재경보 패널(pannel)은 마이크로프로세서(microprocessor) 기반이며, 그래서 화재경보 패널에 의해 감시되는 화재경보설비와 관련된 사고에 관하여 상당히 많은 정보와 기록을 보유한다. 조사자는 화재경보 패널이 분석될 수 있는 화재와 관련된 어떠한 시스템 정보를 갖는지를 결정해야 한다. 만약 화재경보설비에 대한 조사가 조사자의 지식, 기술 그리고 능력을 초과한다면, 조사자는 업무를 완성하는 데 도움을 주는 외부 전문가 또는 시스템 기술자와 같은 이용 가능한 적절한 재원을 찾아야 한다. 작동을 확인하는 것과 더불어, 조사자는 그 시스템이 주 전원으로 작동했는지 또는 배터리 또는 발전기와 같은 2차 전원으로 작동했는지를 확인해야 한다.

■ **기록 변조**

화재 현장은 발화지점, 발화원인, 화재확대 그리고 책임을 결정하는데 사용되는 증거를 남긴다. 이러한 과정 중에, 화재조사자는 수용 가능한 권고와 관례에 따라 화재 현장 증거물을 확인하고 수집하고 다루기 위한 적절한 절차, 방법, 기술 그리고 지침을 숙지해야 한다. 조사자는 현장에 대한 문서화와 조사 중에 증거물의 파손을 방지하기 위하여 항상 주의하여야 한다.

화재 현장의 증거물은 많은 종류의 방법으로 분명해질 수 있다. 화재 현장 내부의 화재경보설비는 물적 증거로 고려될 수 있으며, 적절히 보호되고 보존되어야 한다. 앞에서 언급했듯이, 현재 주소형 화재경보 패널은 보존되어야 하는 시스템 사고기록을 포함하고 있지만, 그러한 자료는 분실하거나 누설하지 않는 훈련된 사람에 의해 획득되어야 한다.

화재경보설비와 관련된 증거물는 그 자체로 물리적 시스템으로 제한되지 않는다. 그것보다는 증거물은 도면, 보고서, 계약서 그리고 경보 자료와 같이 시스템과 관련된 문서로 구성될 수 있다. 조사자는 문서화된 증거물을 파기하거나, 교체하거나, 조작하거나 또는 분실하지 않도록 상당한 노력을 기울여야 한다. 조사자가 증거물 문서화에 대한 모든 근본적인 절차가 철저히 수행되는지를 확인하고 그러한 업무에 대한 의무를 이해하는 것은 중요하다. 증거물 문서화는 사진, 일지, 복사물, 그리고 재료와 방법의 적절한 수집에 대한 사용을 포함해야 한다. 증거로 사용가능한 항목과는 상관없이, 조사자는 증거물에 대한 관리 영속성을 적절히 유지해야 한다.

요 약

검토를 위한 준비

- 화재방호설비를 갖춘 건물은 조사자에게 가치있는 분석도구를 제공한다. 그 시스템이 설치될 당시의 시스템 형태, 코드, 그리고 기준은 그 시스템이 설계되는 데 얼마나 많은 정보가 제공되는지를 결정하는 요소이다.
- 화재경보설비는 화재긴급상황에 있어서 개인에게 통보할 필요없이 적절한 서비스를 초기화하는 등록된 제3의 서비스 공급업자에게 비상통신전송센터(emergency communication dispatch centers)에 직접 신호를 보낸다. 이러한 경보는 생명을 구하고 재산상의 손실을 줄이는 데 도움을 주는 비상대응을 신속히 처리할 것이다.
- 수계 소화설비의 목적은 화재를 소화하고 제어하는 노력에 있어서 적절한 비율로 화재지역에 충분한 양의 물을 공급함으로써 인명을 구조하고 재산의 손실을 줄이는 데 있다.
- 비 수계 소화설비는 물이 관련된 위험에 최상의 선택이 아닐 경우 수계 소화설비에 대한 대체재로 사용된다. 이러한 설비는 특별하고 구체적인 위험, 과정 그리고 장비를 보호하기 위하여 가스와 화학 기반의 약제를 사용하기 때문에 특별위험 화재방호(Special Hazard Fire Suppression)라고 불린다.
- 코드분석, 위험보호, 시스템 대체 및 설치, 테스트와 유지관리 그리고 다른 고려사항을 포함하여 수계 소화설비와 비 수계 소화설비에 대한 분석은 유사하다.
- 화재방호설비에 대한 문서화는 설계, 허가기록, 송장 그리고 계약서, 설치 문서, 분석 및 유지관리 기록, 제품 내역, 경보/작동 내역, 그리고 어떠한 변경사항을 포함한다.

주요 용어

능동적 화재경보설비 (Active fire protection system)
화재상황이 감지되면 능동적으로 자동으로 작동하는 화재방호시스템의 형태

주소형 기술 (Addressable technology)
장치와 시스템 구성요소가 자료 주소를 할당하고, 양방향 통신하며, 그리고 입력신호에 기반한 작동을 수행할 수 있는 화재경보 및 감지시스템

공기 샘플 연기 감지 (Air sampling smoke detection)
분석을 위한 감지챔버 내부에서 보호된 지역으로부터 공기를 유출하도록 설계된 연기 감지의 한 방법

경보 스위치 (Alarm pressure switch)
모든 습식 소화설비에 설치된 초기장치의 형태; 그 장치는 수압이 한계점에 도달하면 화재경보를 발생시킨다.

경보 신호 (Alarm signal)
점유자에게 화재비상을 알리는 경보신호

경보 패널 (Annunciation panel)
화재경보시스템의 구성요소와 장치와 관련된 상태, 상황, 그리고 위치정보를 최초 응답자에게 제공하는 램프, 문자표시장치, 또는 다른 방법을 사용하는 장치

압력 균형 장치 (Balanced pressure proportioner)
물 공급장치와 함께 시스템의 내부로 폼을 주입하기 위하여 대기 중의 탱크와 펌프를 사용하는 균형장치

중앙 서비스 (Central station service)
화재경보시스템을 유지관리, 처리, 기록 및 대응하기 위하여 적절한 조치를 취하는 훈련받고, 자격이 있는 전문가로 구성된 조직으로부터 화재경보신호를 수신하는 시설

코드 신호 (Coded signal)
작동하는 최초 장치의 위치를 확인하기 위하여 음파형태 또는 미리 결정된 가시적 표시를 발생시키는 신호

종래의 기술 (Conventional technology)
화재경보 제어 패널과 시스템 장치 사이에서 제한된 통신을 제공하고 그 장치 및 그 장치의 위치와 관련된 발생정보를 제공하는 화재경보 및 감지시스템에 사용되는 기술

델류지 스프링클러설비 (Deluge sprinkler system)
모든 스프링클러헤드로부터 동시에 물을 방사하는 개방형 스프링클러헤드가 장착된 자동화 화재 스프링클러설비의 한 형태

밀도/면적 곡선 (Density/area curves)
스프링클러헤드로부터 필요한 양의 물의 흐름과 다른 위험분류를 위해 물에 의해 보호되어야 하는 지역 사이의 관계를 나타내는 그래프

설계 밀도 (Design density)
화재를 소화하고 제어하기 위하여 스프링클러시스템의 대부분의 필요부분 내에서 스프링클러헤드로부터 방사되어야 하는 미리 결정된 최소한의 물의 양

분말 화학 소화제 (Dry chemical extinguishing agents)
연소되는 물질을 약화시키고 제거하는 중탄산나트륨 또는 인산암모늄 기반으로 만들어진 건식 분말 소화약제

건식 스프링클러설비 (Dry pipe sprinkler system)

시스템 배관을 통해 물이 흐르는 동안 건식밸브의 클래퍼(clapper)를 개방시킴으로써 공기 또는 질소의 압력을 감소시키기 위하여 스프링클러헤드가 작동할 때까지 파이프 내부의 공기 또는 질소를 압축하는 자동 스프링클러헤드가 장착된 자동화 스프링클러설비의 한 형태

덕트 연기 감지기 (Duct smoke detectors)

연기를 감지하자마자 공조시스템 덕트 또는 환기덕트를 통해 이동하는 공기를 샘플링하는 연기 감지기. 그러한 연기 감지기는 공기 분배유닛을 폐쇄하거나, 관련된 연기댐퍼를 닫거나 또는 연기 감지시스템 작동을 초기화하는 신호를 보낸다.

전자 밸브 감시 장치 (Electronic valve supervisory device)

수계제어밸브에 설치되거나 통합시키는 스위치 또는 장치. 이러한 장치는 밸브 위치의 변화 또는 이동을 감지하고 정상적인 개방위치가 변화하는 신호를 발생시킨다.

화재경보 제어유닛 (FACU, Fire alarm control unit)

화재경비 시스템 회로와 장치의 통합작용을 감시하고, 최초 장치로부터 발생된 신호와 매뉴얼을 처리하고, 통지장치를 관리하며, 화재상황에서 건물 시스템과 다른 화재방호를 작동시키거나 제어하도록 상호작용하고, 모든 시스템 장치에 전원을 공급하는 장치

화재 경보시스템 (Fire alarm system)

건물 점유자가 적절히 대응하도록 자동 및 수동의 초기 작동장치 상태를 알리고 감시하도록 구성된 그룹

화염 검출기 (Flame detectors)

가시광선 및 비가시광선 스펙트럼의 특정 부분을 감지하는 복사에너지 검출기

폼 농축액 (Foam concentrate)

폼 제품의 농축된 형태

포 용액 (Foam solution)

포 농축액과 물을 적절한 비율로 혼합하여 만들어진 용액

마찰 손실 (Friction loss)

물이 수계시스템을 통해 공급원으로부터 흐름에 따라, 파이프의 직경, 길이, 크기, 형태, 그리고 부속품의 형태 및 크기 그리고 파이프 내의 다른 구성요소에서 변화로 인해 발생되는 압력 저하

가스감지용 화재감지 (Cas sensing fire detectıon)

탄화수소를 처리하는 과정에서 생성된 특정가스, 유독성 가스, 또는 다양한 가스와 증기를 감지하도록 설계된 감지기의 한 형태

할로겐화탄소 (청정 약제, Halocarbons)

탄소, 수소, 염소, 불소, 브롬 또는 요오드로 구성된 화학 약제

할로겐화탄화수소 (Halon, Halogenated hydrocarbons)

탄소와 할로겐계 요소(불소, 염소, 브롬 또는 요오드)로부터 하나 이상의 원소와 혼합된 화합물

열 감지기 (Heat detectors)

온도변화의 특정 비율을 감지하거나 설정된 온도에 도달하는 것을 감지한 후 작동하는 초기 작동장치

수계 자료 명판 (Hydraulic data nameplate)

위험성, 설계 밀도, 원거리 면적의 크기, 물 공급장치의 요구되는 수압과 양, 그리고 시스템이 공급하는 위치를 포함하는 정보를 제공하는 스프링클러설비 또는 그 근처에 붙여지는 영구적이고 엄격한 표시

수리학적 설계 (Hydraulic design)

시스템 전체를 통해 파이프의 크기를 결정하기 위한 목적으로 스프링클러 시스템 배관을 따라 각 지점에서 압력과 유동을 결정하는 수리학적 방법

불활성 가스 (Inert gas)

화염을 포함하거나 반응하지 않고 헬륨, 네온, 아르곤, 질소, 그리고 적은 양의 이산화탄소를 포함하는 가스

초기 작동장치 (Initiating device)

자동 및 수동적인 방법으로 화재경보와 감시신호를 발생시키는 시스템의 장치와 구성요소

이온화 연기 감지기 (Ionization smoke detectors)

적은 양의 방사성 물질을 이용하며, 감지 챔버 내에 측정 가능한 유동을 발생시키기 위하여 공기입자를 전자적으로 공급하는 연기 감지기; 일단 감지챔버 내로 연기가 유입되면, 유동은 알람을 경보하는 수준이하까지 저하됨.

K 계수 (K-Factor)

스프링클러설비의 특정위치에서 물의 흐름 또는 수압을 계산할 때 사용되는 스프링클러헤드의 오리피스에 대한 허용 계수를 나타내는 수치

선 형태의 감지기 (Line-type detector)

광범위한 지역을 커버하기 위한 감지소자로서 다른 방향으로 설치되는 튜브 또는 선을 사용하는 감지장치의 한 형태

수동 화재경보 상자 (Manual fire alarm box)

장치를 작동시키기 위하여 그 장치와 물리적으로 접하여 있는 사람이 필요한 초기 작동장치의 한 형태

비 코드와 신호 (Noncoded signal)

리셋되기 전까지 계속 작동되는 일정한 가시적 또는 음파 신호

비 수계 소화설비 (Non-water-based fire suppression)

가스 또는 화학 기반의 약세를 사용하여 소화설비의 한 형태

경보 기기 (Notification appliances)

재설정 될 때까지 활성화 된 상태에서 일정의 시각적 또는 오디오 신호

광전식 감지기 (Photoelectric detectors)

연기입자에 의해 가려지거나 광원을 반사할 때 경보를 발생시키기 위하여 감지챔버 내부에서 수신하고 광원을 사용하는 연기 감지기

파이프 두께 (Pipe schedule)

위험분류에 근거하여 파이프가 지탱할수 있는 스프링클러헤드의 개수와 파이프 그기의 목록

준비작동식 스프링클러설비 (Preaction sprinkler system)

화재감지장치와 상호작용하며, 화재감지기가 작동하고 스프링클러헤드로 물이 공급되도록 하는 자동식 스프링클러헤드가 장착된 자동식 스프링클러설비의 한 형태

압력 분배장치 (Pressure proportioner)

접이식 용기에 압력을 가하거나 혼합 분배장치에 탱크의 농축액을 주입하기 위하여 폼 농축제 탱크의 내부로 물을 직접 공급하는 분배장치

전용모드 통보 (Private mode notification)

훈련된 사람이 적절한 대응절차를 해석하고 수행할 수 있도록 하기 위하여 하나의 시설 내부의 위치로 보내지는 경보신호

빛 감지기 (Projected beam detectors)

위험지역을 지나 수신기로 빛을 투영하는 화재감지기; 일단 빔이 방사되면, 감지기는 경보를 발한다.

사설감시실 화재경보설비 (Proprietary supervising station fire alarm system)

지속적인 감시와 훈련된 사람에 의해 감시하는 하나의 장소 또는 여러 장소에 위치한 화재경보설비의 그룹

공공모드 통보 (Public mode notification)

점유자들이 적절한 행동을 취할 수 있도록 건물의 점유자들에게 시각적 또는 음향적 경보를 건물 전체에 발하는 경보신호

요 약

복사에너지 감지기 (Radiant energy-sensing detectors)
연기 또는 열기류에 의존하여 작동하지 않는 화재감지기의 한 형태; 대신, 그 감지기는 화염, 스파크, 잔염에 의해 발생되는 가시적·비가시적 광 스펙트럼의 특정영역을 탐지한다.

일반적인 건식 화학약제 (Regular or ordinary dry chemicals)
단지 B급 화재와 C급 화재에 적응성 있는 건식 화학약제

원거리 지역 (Remote area)
스프링클러설비 내에서 수압적으로 가장 먼 파이프의 최소 면적(평방피트). 그 지역에 위치한 모든 스프링클러헤드에서 사용 가능한 최소 설계농도가 되어야 하는 지역이다.

원거리 감시실 화재경보설비 (Remote supervising station fire alarm system)
보호되고 적절한 조치를 취하도록 훈련된 직원으로 구성된 시설로부터 멀리 떨어진 지역으로 경보, 문제, 감시신호를 발생시키는 화재경보설비

주거용 스프링클러설비 (Residential fire sprinkler systems)
낮은 수압과 적은 열 방출에 의해 구성된 조기반응형 자동화 스프링클러헤드로 장착된 자동식 스프링클러설비의 한 형태

응답 시간 지수 (RTI)
스프링클러헤드가 설정된 작동온도 이상의 온도에 노출될 때 작동하는 시간

연기 경보기 (Smoke alarm)
전원, 감지장치 그리고 경보장치가 장착된 단일 또는 복수의 연기 감지기

연기 감지기 (Smoke detectors)
가시적·비가시적 연기입자를 감지하는 화재감지기

화염 감지기 (Spark/ember detectors)
가시적·비가시적 광 스펙트럼의 특정 영역을 감지하는 복사 에너지 감지기

스포트형 감지기 (Spot-type detector)
특정지역의 고정된 위치에 감지요소가 있어 방호하는 감지장치의 한 형태

감시 경보신호 (Supervisory alarm signal)
화재경보 패널과 통합되거나 연결된 장치 또는 화재방호설비의 정상적인 상태에 변화가 발생될 때 신호를 발생시키는 화재경보설비의 한 형태

탬퍼 스위치 (Tamper switch)
화재방호설비 밸브의 정상적인 위치에서의 변동사항을 감지하고, 밸브가 정상상태를 벗어날 때 감시신호를 발생시키는 장치

조직적 신호 (Textural signal)

음성, 사진, 문자를 통해 구체적이고 지속적인 정보를 제공하는 메시지 신호

고장 경보 신호 (Trouble alarm signal)

전원 또는 구성요소의 고장, 장치 제거, 통신장애, 지락사고, 또는 시스템 배선의 단선과 같은 시스템의 내부에서 발생된 문제점을 지시하는 신호를 발하는 경보시스템의 한 형태

벤츄리 프로포셔너 (Venturi proportioner)

개방상태에서 낮은 압력을 발생시키는 개방형 오리피스를 지나는 물을 사용하는 조절기. 이러한 조절기는 물줄기 내부로 폼을 주입한다.

영상 검출기 (Video detector)

연기와 화염발생으로 인한 픽셀의 변화에 대하여 디지털 이미지를 분석하기 위하여 고성능 비디오카메라를 사용하는 화재감지기의 한 형태

물 제어 밸브 (Water control valve)

물의 흐름을 제어하는 데 사용되는 장치

물 유동 스위치 (Water flow switch)

습식 스프링클러설비에 설치되는 초기 작동장치의 한 형태; 시스템 파이프를 통해 물의 흐름이 일정할 때 경보신호를 발생시키기 위하여 파이프 내부에 삽입되는 패들(paddle)

물분무설비 (Water mist system)

복사열을 차단하고, 산소를 대체하며, 냉각함으로써 소화하는 매우작은 형태의 물방울을 방사하는 노즐을 사용하는 고정식 화재방호설비

습식 화학 소화약제 (Wet chemical extinguishing agents)

칼슘 초산염, 탄산칼륨, 구연산칼륨, 그리고 몇몇 물질과 물을 혼합한 소화약제; K급 화재의 소화에 주로 사용된다.

습식 스프링클러설비 (Wet pipe sprinkler system)

스프링클러헤드가 작동할 때 즉시 물이 흐를 수 있도록 항상 배관에 물이 차있는 자동식 스프링클러헤드가 장착된 스프링클러설비의 한 형태

실전 화재조사관

당신은 대규모 상업용 건물에서 화재를 조사토록 요청받았다. 그 화재는 2층 사무실의 환기 시스템 내부에 위치한 덕트 감지기로부터 경보신호를 최초 수신한 경비설비 감시회사에 의해 최초 신고 되었다. 덕트 감지기가 경보를 발하고 약 2분 후에 그 경보회사는 2층을 방호하는 스프링클러설비로부터 물 유동경보를 수신하였다.

소방관은 그들이 도착했을 때, 경보설비의 소리를 들었고 1층의 중심부 주위의 천장을 통해 물이 흐르는 것을 인지하였다. 화재가 소화되었다고 결정한 이후, 소방관은 경보설비의 중지하고, 메인 제어밸브를 통하여 스프링클러설비에 물의 공급을 중단하였다. 화재가 발견된 실내의 당신의 조사는 2층의 중심부 근처에 위치한 창고가 포함되었고, 그 장소에서 3개의 스프링클러헤드에 의해 소화되었다. 발화지점 주위의 잔해물 제거와 재구성을 하자, 당신은 담배의 잔여물뿐만 아니라 쓰레기, 탄화된 종이를 포함하는 금속 캔의 잔여물을 위치시켰다. 2층에서 근무하는 많은 종업원과 인터뷰를 시작했을 때, 당신은 한 여성이 담배를 피웠던 것을 알았다.

1. 다음 중 어느 것이 화재 경보 시스템의 기본적인 구성 요소 그룹으로 간주되지 않는가?
   A. 경보기능이 있는 가전제품
   B. 제어 유닛
   C. 초기 작동장치
   D. 소화설비

2. 어떤 종류의 신호와 정보가 화재경보 또는 경보패널에 가장 나타날 가능성이 높은가?
   A. 1층 스프링클러와 덕트 감지기 경보
   B. 1층 스프링클러와 덕트 감지기 경보, 2층 밸브 수퍼비조리, 1층 시스템 비경보
   C. 2층 스프링클러와 덕트 감지기 경보, 2층 밸브 수퍼비조리, 1층 시스템 비경보
   D. 2층 스프링클러와 덕트 감지기, 1층 밸브 수퍼지조리, 1층 시스템 비경보

3. 아래의 항목 중 어떠한 정보가 소화설비와 감지설비의 효과를 결정하는 데 유효할 것인가?

A. 제조업체의 설명서

B. 검사 기록

C. 허가서

D. 위 항목 모두

4. 어떠한 스프링클러설비의 형태가 이러한 건물에 가장 설치될 확률이 높은가?
건물내의 어떤 유형의 스프링클러시스템이 설치되었을 가능성이 높은가?

A. 건식설비

B. 준비작동식 설비

C. 델류지 설비

D. 습식 설비

전기와 화재

학습 목표

이 장을 학습한 후 여러분은 다음 사항을 할 수 있다.

- 기본적인 전기이론에 대한 설명
- 건축물 전기시스템의 구성요소에 대한 구분 및 설명 NFPA 4.2.8
- 전원에서 발화원이 존재해야 하는 상태 열거
- 전기시스템의 손상에 대한 묘사
- 정전기에 대한 설명

기능습득 목표

이 장을 학습한 후 여러분은 다음 사항을 할 수 있다.

- 옴의 법칙에 근거한 계산
- 회로에 적절한 과전류보호 장치가 설치되었는지에 대한 결정
- 전기패널에서 트립(trip)된 차단기 또는 용융된 퓨즈를 확인한 후 회로가 과전류 또는 과부하상태인지에 대한 구분
- 화재로 인해 소손된 전기 전도체에 대한 설명과 소손이 전기적 작용에 의한 결과인지 화재로 인지에 대한 결정

NFPA 참고 문헌

NFPA 70, *National Electrical Code, NEC*

NFPA 70E, *Standard for Electrical Safety in the Workplace*

NFPA 77, *Recommended Practice on Static Electricity*

NFPA 921, *Guide for Fire and Explosion Investigations*

CHAPTER

7

FESHE 과정 결과물

화재조사 I

8. 빌화원으로써 전기의 기본원리에 대하여 설명하라.

화재조사 II

6. 전기화재의 원인을 분석하라.

당신은 화재조사관

당신은 지하 다용도실에서 발화된 독신자 거주지에서 화재조사를 하고 있다. 다용도실은 화염과 열에 의해 심하게 소손되었으며, 다용도실 내에는 전기패널이 설치되어 있다. 많은 회로가 설치된 전기패널은 심하게 소손되었다.

당신은 각각의 회로에 대한 검사를 시작함에 따라, 다용도실의 전기콘센트 잔여물이 남아있는 남측 벽체(south wall)를 따라 회로를 배치시킨다. 전기콘센트의 잔류물에 남아있는 전도체 중 하나는 소손되었고, 그 소손된 전도체는 당신이 아크(electrical arc)에 의해 발생되었다고 믿는 현상에 대하여 설명한다. 남아있는 회로는 손상되지 않았으나, 그 회로의 절연은 여러 도전체를 통해 발생된 산발적인 아크로 인해 파괴되었다.

거주자와의 인터뷰에서, 그 거주자는 지하의 반대편에 설치된 배수펌프가 연장코드를 통해 전기콘센트에 연결되어있다고 설명한다. 그는 눈이 녹아 배치펌프가 더욱 자주 작동했으며, 최근 소음이 더욱 심해졌다고 설명한다.

1. 이 화재를 조사하는 과정에서 왜 전기와 전기시스템을 이해하는 것이 중요한가?
2. 전기 전도체에 대한 크기가 어떻게 당신의 화재조사에 영향을 미치는가?
3. 화재원인을 결정하는데 당신은 어떠한 발화원을 활용하겠는가?
4. 이 화재가 전기콘센트의 결함에 의해 발생하기 위하여 어떠한 상태가 되어야 하는가?

개요

이 장은 전기기초와 전기 시스템에 대해 소개하고 있다. 전기적인 손상이 화재의 영향인지 또는 화재의 원인인지를 결정하는 것은 결코 쉽지 않다. 최소한 전기에 대한 기본적인 이해가 필요하고, 특히 전기요소에 대한 지식이 필요하다. 전기요소는 전압(volts), 전류(amps), 저항(ohms) 그리고 전력(watts [W])으로 구분된다. 그 요소들이 어떻게 작용하는지를 이해하기 위한 실증적인 방법은 점등장치와 같은 적절한 측정장치를 사용하여 기본회로를 테스트를 하는 것이다. 이것은 전압과 전류의 비례관계(전압의 증가는 전류를 증가시킴)와 하나의 회로(스위치가 개방되면 램프가 꺼짐)에 대한 개념을 포함한다.

만약 조사자가 전기장치에 대해 분석할 자격이 없다면, 자격이 있는 사람(일반적인 전기 엔지니어)이 수행하여야 한다. 전기시스템을 조작하는 것은 더욱 많은 주의가 필요하다. 이 시스템이 활선상태 또는 "live" 상태라면, 초기에 접근해서 처리되어야 한다. NFPA 70E, 작업장 전기안전기준(Standard for Electrical Safety in the Workplace)은 전기작업 중에 전기쇼크, 아크-섬광, 아크-폭발의 위험을 보호하기 위한 중요한 도구이고, 인식하지 못한 활선상태의 회로에 접근하기 전에 가이드로 사용되어야 한다. NFPA 70E는 또한 작업자가 업무를 수행할 때 올바른 개인 보호장치(PPE)를 선별하기 위한 여러 개의 표를 가지고 있다. 이러한 다섯 개의 다른 위험(hazard/risk)분류(HRCs): 0,1,2,3, and 4.

전기회로와 전기장치를 분석하기 전에, 설치에 대한 HRC는 평가되어야 한다, 그리고 조사자는 시스템의 전원이 꺼졌는지 그리고 전기적으로 안전한 상태가 되었는지에 대한 확인 작업을 해야 한다. 예를 들어 작업자가 전기안전경계(600[V] 장치로부터 48인치(inch)[1.2m]) 내에 있으면 활선상태의 장치를 만지지 않더라도 NFPA 70E의 표에 명기된 PPE를 입어야 한다. 이것은 전원이 꺼졌는지를 확인하기 위한 전압측정과 같은 작업이 포함된다. 폭발은 작업자들이 내화(flame-resistant, FR)복을 포함하여 PPE를 입도록 요구하는 작업으로 간주된다. 이러한 PPE는 전기쇼크 보호용이 아니라 아크-화염과 아크-폭발 보호용이다.

전기기초

선기기초에 대하여 설명하기 위하여, 수계시스템과의 비교가 종종 사용된다. 그러나 수계시스템과 전기시스템은 완전히 유사하지 않다는 데 유의해야 한다. 첫째, 비교할 때 수계시스템을 물을 공급원으로 순환시키는 폐쇄시스템으로 생각하는 것이 중요하다. 수영장의 여과시스템은 좋은 비교대상이다; 수영장(공급원)으로부터 물이 흐름, 여과장치(회로)를 관통, 수영장으로 재공급(return/neutral). 소방호스와 같은 물 방출시스템에 대한 비교는 적절하지 않다. NFPA 921, 화재폭발 조사 가이드(Guide for Fire and Explosion Investigations)는 전기와 간단한 회로의 설명을 돕는 그래프를 포함한 기초 전기분야를 포함한다. 표 7-1은 전기시스템과 수계시스템에 대한 비교를 나타낸다.

표 7-1 전기시스템과 수계시스템의 비교

수계시스템	전기시스템
펌프는 물을 이동시키는 힘을 생산한다.	발전기/배터리는 전자를 이동시키는 기전력을 발생시킨다.
압력은 평방인치(square inch)당 파운드(pounds)로(psi) 측정되며, 압력게이지로 측정된다.	전압(E)은 볼트(V)로 측정되며, 전압계로 측정된다.
물은 파이프를 통해 순환하면서 일을 한다.	전자는 전선을 통해 이동하면서 일을 한다.
물의 양은 분당 갤런(gallons)(gpm)으로 측정되며, 유량계로 측정된다.	전류는 암페어(A)로 측정되며, 전류계로 측정된다.
측정값은 물의 흐름을 조절한다.	스위치는 전기의 흐름을 조절한다.

수계시스템	전기시스템
■ 개방(Open): 물이 흐름 ■ 폐쇄(Closed): 물이 흐르지 않음	■ 꺼짐(off): 회로 개방, 전기가 통하지 않음 ■ 켜짐(On): 회로 폐쇄, 전기가 통함
마찰은 파이프의 저항 또는 파이프를 통한 호스의 마찰이며, psi로 측정된다.	저항(R)은 전자가 이동하는 전선의 두 지점 반대측이며, 옴(Ω)의 단위로 측정된다.
마찰손실은 파이프의 두 지점의 압력손실의 양으로 측정된다.	전압강하는 회로의 두 지점 사이에서 전압이 낮아지는 양이다.
파이프 또는 호스의 사이즈는 내부 직경의 인치(inchs)로 측정된다. ■ 큰 파이프 = 많은 흐름 ■ 작은 파이프 = 적은 흐름	전선의 사이즈는 AWG 또는 전선 게이지 크기이다: ■ 큰 사이즈 = 대전류 ■ 작은 사이즈 = 저전류

■ 옴의 법칙

저항회로에 대한 전기의 기본법칙(인덕턴스와 커패시턴스가 포함되지 않는 조건)을 옴의 법칙(Ohm's law)이라 부른다. 옴의 법칙은 전압, 전류 그리고 저항과의 관계를 정의한다. 3개의 요소 중 두 개의 값을 안다면 나머지 하나의 값을 결정하는 것은 가능하다. 이러한 요소들의 값과 각각의 관계에 대한 지식은 화재를 발생시키거나 그것의 발화에 기여하기 위해 충분한 열이 발생되었는지를 이해하는 근본이 된다. 옴의 법칙은 표 7-2에서 보는 것과 같다.

전압은 계산식에서 E 또는 V의 문자로 표현된다. 그래서 두 문자는 공식에서 교체 사용될 수 있다. 그러나 전압의 단위를 언급할 때, 항상 V가 사용된다. 전류는 계산식에서 A로서 압축된 단위인 I로 나타낸다.

옴의 법칙:
전압 = 전류 × 저항 ($E = I \times R$)
볼트 = 암페어 × 옴

이 법칙을 사용함으로써, 이 공식에서 전류와 저항을 구하기 위하여 다음과 같이 재배열할 수 있다,

$$\text{전류} = \frac{\text{전압}}{\text{저항}} \qquad I = \frac{E}{R} \qquad \text{암페어} = \frac{\text{볼트}}{\text{옴}}$$

$$\text{저항} = \frac{\text{전압}}{\text{전류}} \qquad R = \frac{E}{I} \qquad \text{옴} = \frac{\text{볼트}}{\text{암페어}}$$

안전 팁

PPE는 때때로 활선상태가 아닌 전기시스템의 작업에 필요하다.

표 7-2 옴의 법칙 관계

물리량	기호	단위
전압	E	볼트(Volts)
전류	I	암페어(amps)
저항	R	옴(Ohms)
전력	P	와트(Watts)

전기회로를 분석할 때 물리량 사이의 관계뿐만 아니라 기호와 단위 사이의 차이에도 주목할 것

화재 이후 회로에 대한 더욱 유용한 측정방법 중에 하나는 저항을 측정하는 것이다. 일반적으로, 조사자가 저항값을 안다면, 전압이 고정된 상태에서 전류를 결정할 수 있고, 전체 발생된 전력을 계산할 수 있다. 전력(다음 절에서 언급)은 국소적인 과열 또는 가연성 물질에 상응하는 발화점을 상승시킬 수 있는 더 높은 열 유동률을 확인하기 위해 사용될 수 있다. 간단한 전열기의 전기저항은 VOM(volt/ohm/multimeter) 또는 멀티미터라는 특정 계측기로 파워코드의 두 플러그 단자 사이의 검침값을 읽음으로써 측정된다. 그 결과값은 옴으로 나타내는 전열기 전열체의 저항이다. 앞에서 언급한 것처럼, 조사자는 특정 가전제품에 의해 사용되는 전류는 전압을 저항으로 나누어 결정할 수 있다.

조사자는 이 계산방법을 사용하여 특정회로에서 모든 가전제품(간단한 저항성 장치라면)의 전류를 계산할 수 있다. 조사자는 전압과 전류값을 얻고 저항을 계산함으로써 특정 가전제품에 어떤 저항이 사용되었는지 결정할 수 있다. 이러한 가전제품에는 명판이 인쇄되어 있기 때문에 측정이 불필요할 수 있다. 조사자는 어떤 저항인지를 결정하기 위해 표 7-2와 옴의 법칙을 적용하여 전압을 전류값으로 나눈다.

■ 전력

전압, 전류, 그리고 저항을 알면 에너지의 흐름을 정의하는 다른 관계를 유도할 수 있다. 전력은 헤어드라이어, 전기모터 또는 전구와 같은 전기회로에서 일률로 나타낸다. 전력은 와트(Jouls/second)로 측정된다. 대부분의 사람들에게 더욱 익숙한 전력의 다른 단위는 기계장치의 일률로 표현하기 위해 사용되는 마력이다. 전력의 세 번째 단위는 용광로와 같은 열원을 묘사하기 위해 사용되는 BTU/hous이다. BTU는 영국열량단위를 의미한다.

기호는 P이다. 전력을 계산하기 위한 공식:

전력 = 전압 × 전류 ($P = E \times I$)

화재조사관 팁

종종 내부 스위치, 릴레이, 또는 소손된 전도체 때문에 콘센트 플러그에서 직접 발열체 측정되지 않을 수 있다. 그 발열체를 장치의 내부에 직접 연결하는 것이 필요하다.

1킬로와트는 3415BTU/hour 그리고 1.34마력과 같다.

동력과 전력은 모두 전형적으로 모터의 명판에 나타난다. 모터의 동력(출력)은 일반적으로 마력에서 표현된다. 전력(입력)은 킬로와트로 표현된다. 정격전력은 열을 발생시키는 모터의 손실과 같은 양으로서 (킬로와트로 변환된) 마력보다 높다. 이러한 열원에 대한 논의는 이 문서에서 논외로 하고, 다른 작동상황에서 모터를 평가하고 온도상승을 견디는 것을 포함하여 더 많은 정보는 모터 또는 장치의 제조업체와 연락함으로써 얻을 수 있다.

■ 전압, 전류, 저항 그리고 전력의 관계

조사자가 전압, 전류 및 저항의 관계 그리고 이 물리량으로부터 어떻게 전력을 계산하는지를 이해하는 것은 중요하다. 이러한 지식은 화재원인으로 작용할 수 있는 전기에너지를 이해하는 데 도움이 된다. 예를 들어, 전압과 저항 또는 전압과 전력 또는 전력과 저항을 알면 조사자는 회로가 과부하상태인지, 과전류차단기가 회로에 부합하게 적절히 설치되었는지를 확인하여 얼마나 많은 전류 또는 에너지가 가전제품에 의해 사용되었는지를 결정할 수 있을 것이다. 옴의 법칙 휠(wheel)은 다른 두 개의 물리량의 관점에서 하나의 변수를 결정하는데 유용하게 사용된다(그림 7-1).

이상적으로, 조사자는 개별 장치의 필요전력을 결정하고 그 장치를 분석함으로써 많은 부하가 설치된 회로의 총 필요 전력과 총 전력량을 구할 수 있다. 제품의 명판정보는 중용한 전기적 파라미터(parameter)와 관련된 정보를 제공한다. 종종, 이러한 값들은 전류, 전력 또는 전압으로 주어진다. 이러한 값들은 전형적인 최대값(명목상 전압의 최대치)이며, 최대전력 사용 중 장치의 활성화된 작동을 가정한다는 것을 명심해야 한다. 명백히, 세척기는 최대 정격전류를 흘리지 않을 것이다. 만약 회전 사이클 또는 불안전한 운동이 아니라면 최대 관성을 극복하기 위해 필요한 전력 상태에서 최대정격 전력을 사용하지는 않을 것이다. 전력사용이 역동적이고 제품의 작동에 의존한 초과시간이 다양하기 때문에, 가지회로의 과부하상태는 간헐적으로 작동하는 다양한 부하와 함께 증대된다.

옴의 법칙을 사용함으로써, 우리는 언제 회로에서 저항이 감소되고, 비정상적으로 높게 전류가 증가하는 사고가 발생되었는지를 안다. 그러나, 전로 상에 충

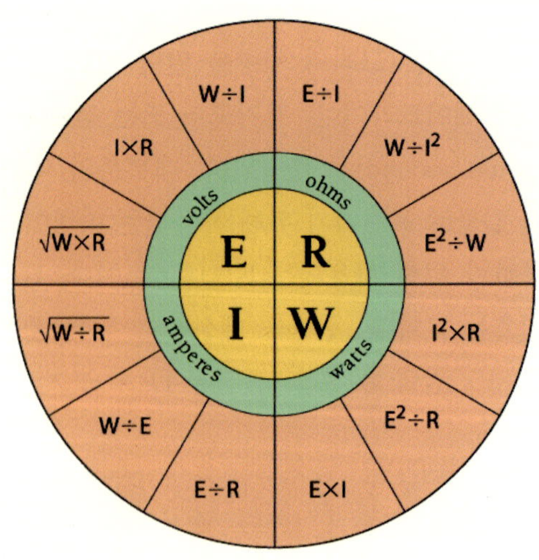

그림 7-1 옴의 법칙 휠(The Ohm's law wheel).

분한 저항이 존재한다면, 단락전류는 지속될 것이다. 그래서 비록 회로에서 사고로 인해 저항이 낮아지더라도, 회로차단기가 트립(trip)되기 위해 요구되는 양보다 낮은 전류가 흐르는 동안 충분히 높은 에너지를 소비할 수 있다. 예를 들어, 만약 사고가 저항이 100옴인 두 전도체 사이의 탄화도전로를 통해 발생된다면, 사고로 인한 전류는 1.2[A]일 것이고, 그 회로의 차단기는 트립(trip)되지 않을 것이다. 그러나, 그 회로의 저항이 0.2[Ω] 정도로 매우 작다면, 그 회로 차단기는 즉시 차단(open)되며, 사고를 통해 600[A] 이상의 전류가 흐를 것이다. 위의 예에서, 100[W] 이상의 전력이 사고경로를 통해 소모되고, 근집한 가연성 물질을 발화시키기 위한 충분한 열이 발생된다.

그림 7-2는 전압(A), 전류(I), 저항(R) 그리고 전력(P)의 관계를 나타낸다. 저항(R)은 전압이 인가되지 않은 상태(0V)에서 측정되어야 한다는 점에 유의해야 한다.

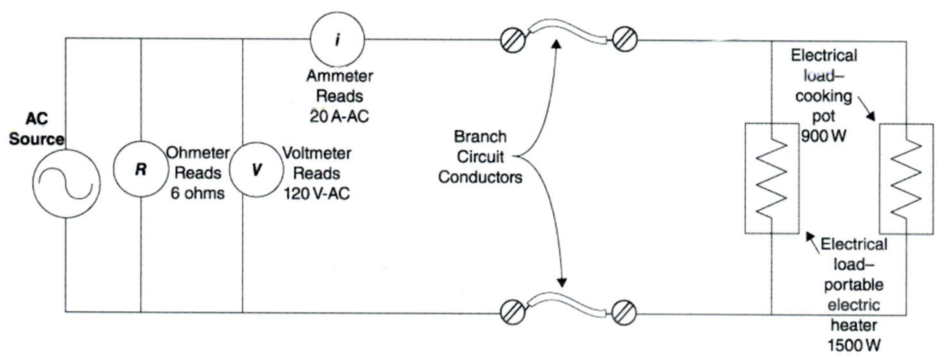

그림 7-2 전압(V), 전류(I), 저항(R), 그리고 전력(P)와의 관계

■ 과부하 상태

만약 한 회로에 그 회로의 전류용량을 초과하는 전력이 필요하게 된다면, 그 때 과부하상태가 발생되는 것이다. 과부하는 장치의 정상상태를 초과하여 작동시키거나, 최대 전력사용으로 작동시키거나 또는 선선의 정격용량을 초과하여 사용하는 것이며, 이러한 상태(충분히 오랜시간 동안 지속될 때)는 손상 또는 위험한 과열이 발생될 것이다. 단락 또는 지락과 같은 순간적인 사고는 상당히 큰 과전류가 흐르지만 과부하는 아니다.

과부하는 회로에서 과열을 야기하는 다양한 요소를 발생시킬 수 있다. 만약 도체/접촉 면적의 과부하 영역 또는 구성요소가 충분이 발열하고 가연물이 근접하게 위치한다면, 발화될 것이다. 그러나 과부하상태의 회로가 화재를 발생시켰는지를 결정할 때, 3가지 요소(산소는 현재 존재하는 것으로 간주한다)가 고려되어야 한다. 조사자는 과부하가 발생되었는지를 결정하기 위해 회로와 회로상의 장치를 조사해야 한다. 대부분의 전기회로에는 안전율이 설치되어 있기 때문에 한 세대의 회로에서 단지 몇몇 전등에 의한 부하가 과전류차단기를 작동시키거나 과열을 발생시키지 않을 것이다. 과열이라고 할 수 있는 심각한 회로의 과부하는 일반적으로 그 회로에 과전류차단기가 보호하도록 설계된 값보다 훨씬 더 많은 전류를 필요로 한다. 만약 적절한 전류등급이 선택되었다는 것에 의심이 된다면, 과전류 보호장치를 확인하는 것이 중요하다.

적절히 설계된 배전시스템은 거주자가 사용하는 상태에서 각각의 분기회로에 최대 전류값을 고려하며, 과부하상태를 예방할 것이다. 조사자는 회로 또는 장치에서 사고의 발생 가능성 때문에 잦은 차단기 트립, 사용 중에 경고 문구와 같은 입증되지 않은 정보에 대해 고려해야 한다.

말단부, 스위치 또는 다른 기계적 접속에서의 고저항 접속과 같은 문제는 부적절하게 접속된 배선에서 발생될 수 있으며, 차단기 트립점(trip point)을 초과하는 것을 방지하기 위하여 접속점에서 충분히 높은 저항이 존재한다. 이러한 형태의 접촉은 적절한 용량의 회로 보호장치를 사용함에도 불구하고 접촉점에서 과열을 야기하며, 인접한 가연물을 발화시킬 수 있다. 그러한 과열은 상당히 많은 양의 전류를 필요로 하고, 일반적으로 분기회로의 정격을 훨씬 초과한다.

■ 와이어 게이지

전선의 직경은 일반적으로 미국 와이어 게이지(AWG)에 의한 크기로 측정된다. AWG의 수치가 작을수록 전선의 직경은 크다. 일반적인 가정집의 배선은 14 그리고 12 AWG(구리의 경우)이다. 가정에는 많은 전류를 사용하고 굵은 전선으로 설치된 특정 전기회로가 있다. 전기레인지, 드라이어, 또는 온수기와 같은 가전제품에는 종종 6, 8, 10 AWG 전선으로 공급된다.

전기시스템에서 와이어 게이지는 수계시스템에서 관(pipe)의 지름과 유사하다. 굵은 전선(작은 게이지 수치)은 큰 직경의 파이프와 같다. 송수관의 막힘 현상은 전선의 절단 또는 절개와 같다. 물의 양(전류)은 일정 압력(전압)하에서 감소한다.

NFPA 70, 국제 전기코드(The National Electrical Code)는 전선의 크기, 형태, 그리고 수량을 절연면에 표기되는 것을 요구한다. 예를 들면, 거주지의 배선은 "NM-B 12/2 with ground"로 지정될 것이며, 그것은 두 개의 전류 전도체와 접지도체(grounding conductor) 또는 활성(hot), 중성(neutral), 그리고 접지도체로 구성된 12 AWG의 비금속 케이블을 의미한다.

■ 전류용량

전류용량은 암페어(amps 또는 A)로 나타내는 전류 흐름의 양이며, 단위 시간당 갤런(gallons)으로 표현되는 물의 흐름과 유사하다. 전류용량은 도체가 온도등급을 초과하지 않고 사용되는 상태에서 지속적으로 전류를 흘릴 수 있는 전류의 양이다. 온도는 도체 내부의 저항에서 열의 형태로 손실된 전력으로 인해 전류와 함께 상승한다. 도체의 전류용량은 주위 온도, 절연체의 온도등급, 주위환경에 열을 발산하는 전도율, 그리고 도전체의 저항률을 포함하여 여러 요소에 의존한다. 전류용량 테이블은 다양한 형태의 절연체, 주위온도, 그리고 케이블 결속/라우팅(routing)방법에 사용되는 도전체에 대하여 NFPA 70 Table 310.15(B)(16)(a)부터 310.(B)(21)에서 인용하였다.

■ 교류와 직류

건물, 구조물, 그리고 거주지에서 사용되는 대부분의 전류가 교류(AC)라는 것을 이해하는 것은 중요하며, 그 전류는 전압이 반복되는 사이클에서 - 에서 + 로 교차되어 변화하는 동안 한 사이클(일반적으로 트랜스)에서 상류전원으로부터 내부와 외부로 흐른다. 그래서 교류라는 용어를 사용한다. 또한, 시스템이 "AC"라고 말할 때, 유사한 형태로서 변하는 간단한 (저항성) 부하 때문에 전압과 전류 모두를 언급하는 것이다.

거주지의 경우, 서비스 패널(service pannel)은 국소 전원으로 간주된다. 간단한 부하와 함께, 송전선을 통해 공급된 전압은 전원으로부터 전류를 끌어 반복 사이클로 전송한다. 하나의 전압 사이클은 한 사이클 동안 최대 정(+)전압에서 최대 부(-)전압까지 변하는 동안 양의 값과 음의 값을 포함한다(그림 7-3). 최대치 또는 반응 효과가 논의되지 않는다면(그 예로 절연 괴등급 또는 전력요소를 포함), 일반적으로 사용되는 용어는 전압과 전류의 양극 스위치가 아닌 부하로 전류가 흐르게 하는 AC전압으로 언급된다. 미국에서, AC 주파수는 헤르츠(Hz) 또는 초당 사이클 수로 측정되며, 그 주파수는 60 Hz(초당 60사이클)이다. AC전압은 한 경로 또는 사인파로서 묘사되는 전압파형을 따른다.

그림 7-3에서, L1과 L2전선 그리고 종단부는 전기 단자가 지면에 대하여 전압을 나타내기 때문에 때때로 "활서(hot)"이라 불린다. "L1과 중성선"단자는 일반적으로 가정에서 사용되며, 120볼트 AC 시스템으로 알려져 있다. 그 최대 전압은 약 170볼트이다. "L1과 L2"단자를 사용하면, 240볼트(최대 340볼트)가 유도될 수 있다. 게다가, 변압기를 사용함으로써, 시간에 따라 변하는 파형 또는 위상을 갖는 다른 전압이 유도될

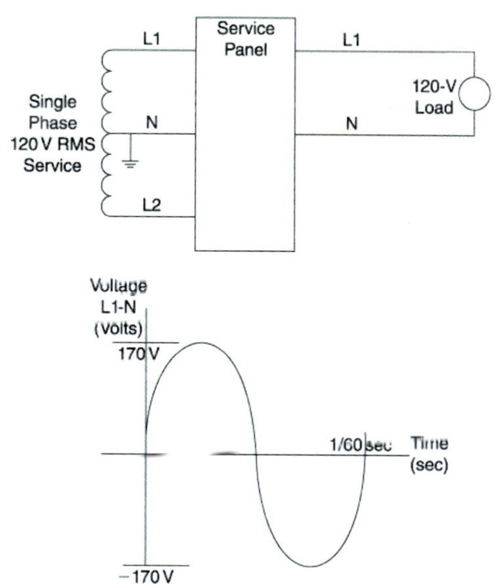

그림 7-3 단상 AC 사인파 - 120V RMS 거주지 사용

수 있으나, 일반적으로 거주지에서는 사용되지 않는다.

전기를 사용하기 시작한 초기, AC시스템이 폭넓게 사용될 때, 엔지니어들은 AC시스템의 전압레벨을 더욱 익숙한 직류(DC) 시스템으로 계산하기 위하여 수학계산을 고안했다(DC는 이 절 다음에 보다 상세하게 다뤄진다). 이러한 계산을 실효값(root mean square, RMS)이라 부른다.

평범한 주택의 AC전압원에 대하여, RMS값은 최대 전압값을 $\sqrt{2}$로 나눈 값이며, 다음과 같다.

$$\mathrm{VRMS} = \frac{\mathrm{V_{peak}}}{\sqrt{2}}$$

AC전압의 RMS값은 일반적으로 사용되며, 다른 조건이 없다면 이 책의 다른 부분에서 간주될 것이다. 그래서 주택에서 사용되는 120V는 170V의 최대치인 120-V RMS이다.

그래서 AC전압은 정(positive)에서 부(negative)로 1초에 60번 변한다. AC전류는 전압을 뒤따르고, 또한 일반적으로 사인파형으로 보이지만, 어떤 형태의 부하가 사용되는지에 따라 변할 수 있다. 만약 장치 또는 부하가 저항성이라면, 전류는 사인파형(sine wave)을 따른다. 만약 부하가 전자제품과 같은 복잡한 장치라면, 전류는 내부회로가 AC 사이클 동안 여러 경우에 있어서 다른 양의 전류를 사용하기 때문에 상당히 다를 수 있다. 이것은 사인파에서 예상하는 양 보다 상당히 많은 최대 전류를 흐르게 할 수 있지만, 대부분 지속시간이 짧기 때문에 전기 시스템에서 스트레스는 없다. 사인파형(sine wave)과 유사하게 전류파형을 제어하는 것은 바람직하다, 그리고 최근 제조되는 가전제품과 전자기기는 부하 소음과 이것의 조화(harmonics)에 대한 Underwriters Laboratories (UL), Canadian Standards Agency (CSA), 그리고 European Committee for Standardization (CEN) 규정을 만족하도록 요구된다. 전력 전기기술의 발전은 비용 효율적인 요소를 제공한다.

현대의 전자장비는 내부의 전력, 아날로그, 그리고 디지털 부속품에서 복잡한 전자기술이 내장되어 있다. 그러한 장비에는 작동을 위한 두뇌로서 작용하는 마이크로콘트롤러(microcontroller) 또는 주문형 직접회로(application-specific integrated circuit, ASIC)가 내장되어 있다. 이것이 조사자에게 주는 의미는 전력에 대한 계산이 간단하지 않다는 것이고, 당신이 전원의 투입(power-up)과 차단(power-down) 시퀀싱(sequencing) 그리고 그 장비가 작동하는 다른 모드에 관하여 익히기 위해 제조사에서 제공하는 매뉴얼을 반드시 읽어야 한다는 것이다. 최근에 생산된 세척기는 이러한 장비의 한 예이다. 그러한 전력 시퀀싱(sequencing)과 전환 모드는 ASIC에 의해 조절되며, 소비전력은 일정하지 않고 단속적(intermittent)이다. 그래서 과전류 보호장치와 도전체 치수는 전형적인 최대전력 사용레벨을 기초로 하여 선택된다.

직류(DC) 시스템은 전류를 전원측에서 부하로 그리고 단극 경로를 통해 회로로 회귀하여 흐르게 한다. 이러한 형태의 시스템은 고정설비, 제어된 전압레벨, 몇몇 가전제품 그리고 제어

시스템과 같은 안정성을 요구하는 장치에서 발견된다. 직류 전압은 사인파형과 같이 시간에 따라 변하지 않고, 일정한 값으로 유지된다. 핸드폰 또는 전기자동차와 휠체어와 같은 이동장비는 또한 DC전압을 사용한다. 몇몇 휴대장비는 그것이 어떤 형태에 적합한지에 따라 AC와 DC 두 개의 전원을 가질 수 있다. 휠체어 또는 산업용 청소기는 평상시에 배터리를 사용하지만 배터리가 충전될 때에는 AC전원을 사용하는 한 예이다. 조사자는 전기전원과 부하가 화재의 발화원에서 배제하거나 발화원임을 결정하기 위해서는 반드시 작동 중이어야 한다는 것을 명심하여야 한다. 휠체어에 장착된 배터리 연결 충전기는 의지모터에 전원을 인가하지 않기 때문에 발화원에서 배제될 수 있다. 그러나 충전기는 AC와 배터리로부터 인가되는 DC전압의 두 전원으로부터 전력을 공급받는다.

■ 단상 서비스

건물에 설치된 단상 120V AC시스템은 세 개의 전선을 필요로 한다: 때때로 활선(hot legs)라 불리는 두 전선(L1/L2)과 건물의 외부에 설치된 변압기의 식근에 접지된 중성선. 만약 전봇대가 사용되거나 지하 분전반에 위치한다면, 접지된 분배시스템은 일정한 간격으로 접지된 중성선을 가질 것이다. 앞에서 언급한 것처럼, L1/L2전선과 중성선 또는 접지 사이의 전압은 최대 170V 또는 120V RMS 값을 갖는다. 만약 L2와 중성선 사이의 전압과 L2와 중성선 사이의 전압을 측정한다면, 각각 같은 값을 나타낼 것이다. L1/L2전선 사이의 전압은 최대 340V 또는 240V RMS값을 갖는다. 이러한 단상 시스템은 주택 또는 소규모 건물 등에서 종종 볼 수 있다.

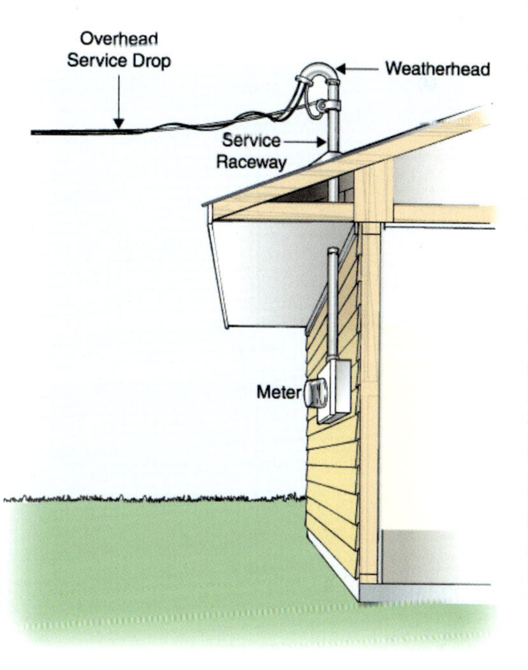

그림 7-4 3중 가공인입선

단상 케이블은 지상 또는 지하를 통해 건물로 인입된다. 지상을 통해 인입되는 전선을 가공인입선(service drop)이라 한다. 3중 가공인입선에서 활선(hot conductors)는 일반적으로 절연되지 않은 중성선 주위를 감싸도록 설치된다(그림 7-4).

다른 형태는 L1/L2와 건물로 인입되면서 분리되는 중성선을 가지고 있다. 지하로 인입되는 전선을 지중인입선(service lateral)이라 하며, 이때 중성선은 항상 절연되어 있다. L1/L2 또는 활선도체(hot conductors)와 중성선 또는 접지 사이의 전압은 120V이다. L1/L2 또는 활선도체(hot conductors) 사이의 전압은 240V이다. 인입측의 세 전선은 일반적으로 여러 가닥으로 매듭진 알루미늄이고, 일반적으로 분기회로에 설치된 것보다 더 크다. L1/L2전선 사이의 전압은 240-V 사인파형이다(그림 7-5).

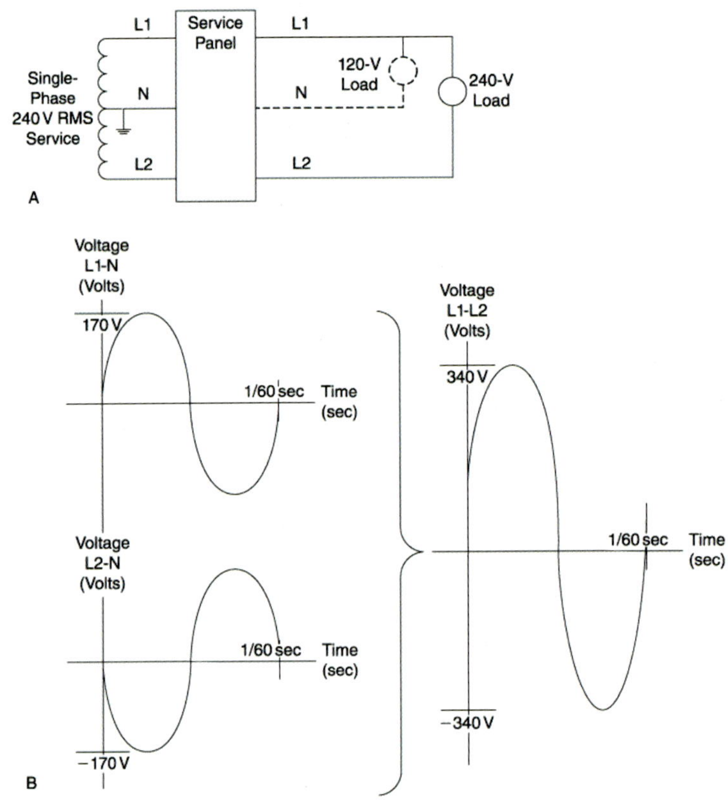

그림 7-5 가정용 단상 AC 240V RMS 사인파, A. 인입구, B. 파형

■ 3상 시스템

3상 시스템에서, 전력은 대지 또는 중성선에 대하여 3개의 전선에서 발생된다. 3개 전선의 사인파형은 한 전선이 최고 전위를 가질 때, 다른 두 전선은 사인파형에서 다른 전위를 갖도록 상의 변형(out of phase)이 발생된다. 이러한 상 변형은 120도의 전기적 위상으로 인해 발생된다. 그래서, 각 전선에서의 최고 전압은 앞선 위상과 120도의 차이를 두고 나타난다(그림 7-6).

3상 시스템은 4개의 전선이 필요하다: 3개의 절연된 활선도체(hot conductors)와 중성선 또는 접지로서 하나의 독립된 전선. 3상전류 통전선과 중성선은 부하로 전류를 흘린다. 3상 시스템은 대형 다가구 주택뿐만 아니라 종종 산업현장과 대규모 상업용 건물에서 발견된다. L1/L2/L3 또는 활선도체(hot conductors) 사이의 AC전압은 480V, 240V 또는 207V가 될 수 있다. L1/L2/L3와 중성선 사이의 전압은 277V, 240V, 또는 120V가 될 수 있다. 이러한 값은 RMS값이라는 것을 명심해야 한다; 그림 7-6에서 보이는 값은 최대값이기 때문에 다르다. 대형 상업시설과 산업시설에서 일반적인 형태는 480/277V(그림 7-6의 배선과 파형에서 보는 것과 같이), 277V는 조명용으로 사용된다. 전력망은 Y형 변압기로서 그림 7-6에서 보이지만, 델타형 변압기 또는 중앙 분기된(center tapped) 델타 변압기로도 될 수 있다. 변압기 타입과 특성은 전문적인 주제로서 이 책에서는 논의되지 않지만 조사자는 변압기가 가정 또는 산업체에 공급되는 필요성을 충족시키기 위해 감압(또는 승압)의 용도로 사용된다는 것을 알아야 한다.

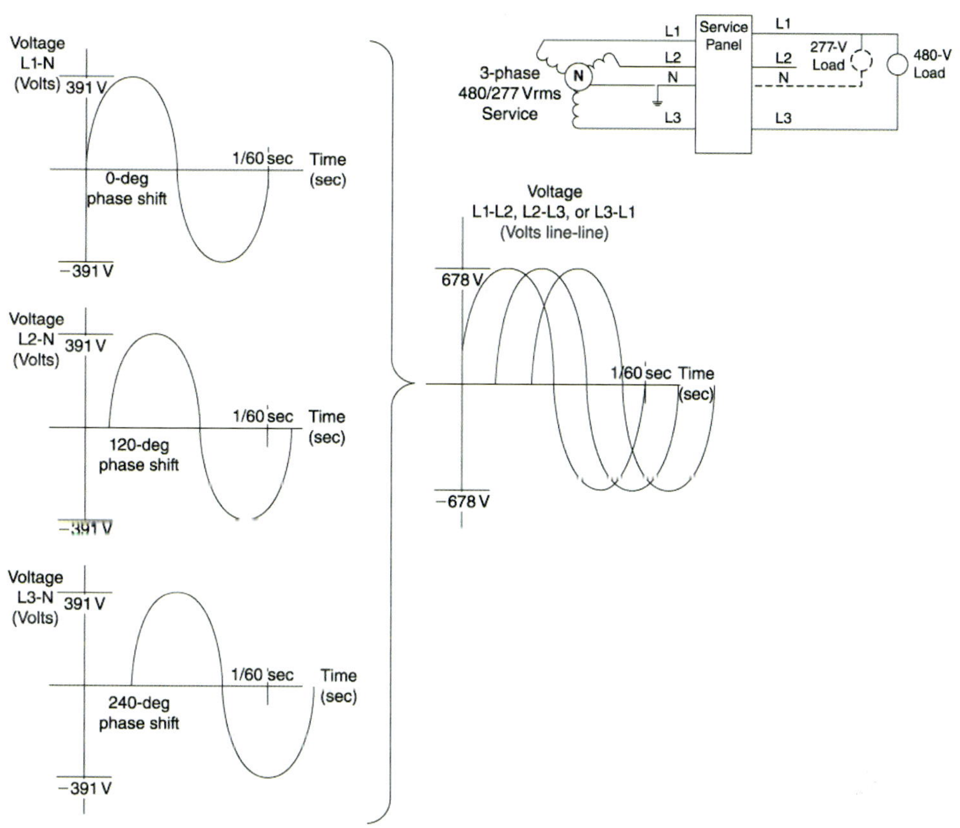

그림 7-6 가정용 480/277V RMS 3상 AC 사인파형

대형 건물에는 전력공급을 위하여 하나 이상의 인입구가 있다. 전력수요가 높은 건물의 내부에서 인입측은 매우 높은 전압(예, 4,000V)이고, 내부의 변압기는 전압을 감압할 것이다.

건물 전기시스템

이 절은 건물 전기시스템의 구성요소에 대하여 설명한다. 이 시스템은 거주지와 소규모 상업건물에 해당한다. 대규모 건물은 더욱 복잡할 것이다.

■ 인입구(계측기와 베이스)

인입구는 건물의 전기공급의 핵심이다. 그것은 전력 공급장치와 개인용 배전시스템 사이의 전이점이다. 변압기와 인입구 장치의 사이에는 과전류 보호 장치가 없다는 것에 주목하는 것이 중요하다. 비록 변압기의 주요부분에는 퓨즈가 설치되지만, 그 목적은 변압기의 피해를 줄이고 전력망을 보호하는 것이다. 인입구 장치에 과전류 보호 장치가 없다면, 고에너지 사고가 지속되는 결과를 발생시키며, 또한 인입구 장치 또는 케이블의 구조에도 심각한 손상을 발생시킬 수 있다.

인입구 장치는 아래의 구성요소를 포함한다:

- **웨더헤드(weatherhead)**: 전선이 통과하는 전선관으로 물이 스며들지 못하도록 제작된 건축물 인입구 케이블 접촉점. 지중 인입구 장치는 전도체가 지중에서 메인 패널의 내부로 직접 인입되기 때문에 웨더헤드(weatherhead)를 가지지 않는다.
- **계량기 베이스**: 케이블이 웨더헤드를 통해 인입되고 전기 사용량을 측정하는 전기 계량기에 연결하기 위해 전선관을 통해 인출되는 구성요소.
- **계량기**: 전기의 흐름을 측정하기 위하여 계량기 베이스에 체결되는 전력-시간 계량기

인입구 장치는 구조물의 케이블 인입측에 대부분 위치한다. NEC 코드는 주요 연결부의 위치에서 구조물에 케이블 인입지점까지의 최대거리를 정의하지 않지만, 가능한 짧도록 추천한다.

인입구 장치는 인입구 인근의 전기 패널에 설치된 메인 차단기와 과전류 보호장치(퓨즈와 차단기)를 포함한다. 그 주요한 차단기능은 전력을 차단하는 메커니즘(mechanism)과 과전류 보호 장치에 의한 보호를 제공한다. 일부 전기 서비스에는 하나 이상의 메인 차단기가 설치되

> **화재조사관 팁**
>
> 전기에너지의 저장과 흐름의 기본 원리에 대한 지식은 어떻게 전기소자와 시스템이 화재를 동반하면서 심각하게 결함이 생길 수 있는지 또는 위태롭게 되는지에 대해 이해하는 데 필연적인 요소이다.

어 있다. 메인 전기패널은 분기회로를 통해 구조물의 내부의 다른 장소에 전력을 공급한다(그림 7-7). 이 패널은 때때로 회로 차단기 패널, 서비스 패널, 분전반, 또는 부하 센터 등 다른 명칭으로 불린다. 만약 메인 차단이 포함되면, 메인 패널(main panel)이라 한다. 만약 분기 패널이 사용되면, 서브패널(subpanel)이라 한다. 대규모 건축물에서 일반적으로 메인 패널은 여러 개의 소형 패널을 담당하는 것을 볼 수 있다.

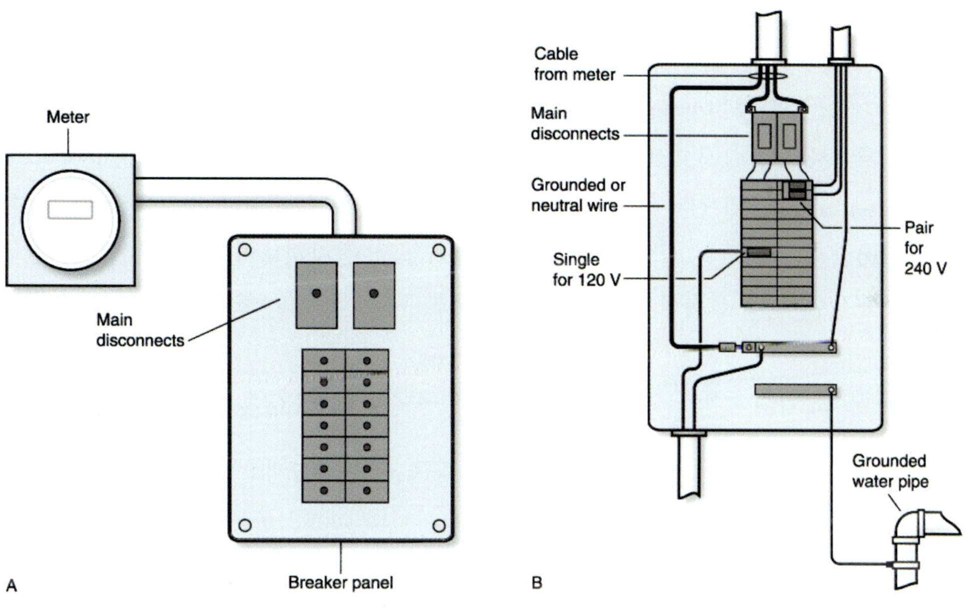

그림 7-7 A. 인입구와 차단기, B. 메인 전기 패널의 다이어그램(diagram)

중성선 연결의 결함은 건축물에서 전기적 위험을 발생시킬 수 있다. 예를 들면, 120/240V 시스템에서, 중성선 단자가 서비스 패널(service panel) 또는 변압기에서 의도하지 않게 분리되거나 중성선이 단선될 때 이러한 상황을 부하에 불균형 전압이 인가될 수 있는 중성선 개방(floating open) 또는 중성선 부상(floating neutral)상태라 한다. 이러한 상황이 발생되면, 각각의 단자는 0V에서 240V의 전압을 띠게 된다. 두 단자 사이의 전압은 120V로 고정된 전압이 아닌 240V를 유지하지만, 부하측은 240V까지 상승하는 다양한 값을 갖게 될 것이다. 이것은 건물의 민감한 회로와 가전제품에 피해를 발생시키고, 거주자들에게 전기쇼크위험을 야기시킬 수 있다. 이러한 징후는 조명등이 너무 밝거나 어둡거나 또는 가전제품이 과열되거나 과전압이 인가되거나 아니면 고장이 발생되는 것들이다. 이러한 상태는 건물 전기설비의 부적절한 접지설비에서 발생되는 것은 아니다.

■ 접지

접지는 시스템과 대지(ground) 사이에 전기적인 접촉을 만드는 메커니즘이다. 견고한 접지는 만약 사고가 발생되면 안전한 회귀 경로를 위해 필요하다. 접지가 없다면, 회로 또는 부하에 부과된 에너지가 원치 않는 위치 또는 경로(사람의 몸과 같은)를 통해 흐를 것이다. "활선(hot)" 또는 충전도체가 수도관 또는 가전제품의 금속 케이스와 같은 접지도체와 연결되면 전류가 지면으로 흐를 때(지락 전류), 회로에 전기가 통해 흐르는 것을 방지하는 과전류 보호장치가 개방된다. 조사자는 전기시스템이 연중 전원이 인가되어 있고, 설비가 설치되어 있는 동안 다른 필수품이 대체될 수도 있다는 것을 고려해야 한다. 만약 가전제품 또는 수도관의 금속외함에서 충전된 도체에 사고가 발생될 때 접지가 제 위치에 있지 않으면, 그때 이 금속 구성품은 전기적으로 충전상태(energized)가 될 수 있다.

만약 어떤 사람(전기적으로 전도성이고, 접지에 연결되어 있는)이 비접지식 전로(ungrounded circuit)에 접촉하면, 그는 대지로 전류가 흐르는 지락 경로가 될 것이다. 예를 들어 이러한 시나리오는 사람이 접지되어 있지 않고 접지경로가 되는 전선관을 만질 때 발생한다. 추가적으로, 접지경로는 지면 상태 또는 다른 조건들 때문에 원위치에서 이동될 수 있다.

현재의 NEC는 인입구에서 접지를 구성하는 두 가지 대체방안에 대하여 요구한다:

1. 지면의 아래로 최소한 10피트(ft, 3m) 연장하여 금속 수도배관에 차단기 패널(breaker panel)/퓨즈 패널(fuse panel)/인입구 패널(service panel)을 연결
2. 최소 8피트(ft, 2m) 길이의 아연 도금된 금속막대나 파이프 또는 구리막대를 포함하는 접지극에 차단기 패널(breaker panel) 또는 퓨즈 패널(fuse panel)을 연결하며, 반드시 땅속 내부에 설치되어야 한다.

어느 경우에나 패널과 파이프 사이에 연결이 되어 있어야 한다. 이것은 알루미늄 전도체 또는 구리가 사용된 파이프나 접지도체를 서비스 패널 내의 접지봉에 연결하는 것으로 해결된다. 또한, 최소한의 두 접지전극이 효과적인 접지를 구성하도록 연결되어야 한다. 조사자는 전극에 대하여 인식하기 위해 NEC 가이드라인을 살펴야 한다.

전기는 일반적으로 고전위(전압)에서 대지로 흐르고 전류가 흐르는 모든 가능경로를 취하기 때문에 사고전류가 의도하지 않은 경로로 흐르는 것을 방지하기 위해 건전한 접지시스템을 갖는 것이 중요하다. 비록 적은 전류가 화재를 발생시키기에 불충분하지만, 사람의 부상에 대한 위험은 존재한다. 추가적으로, 접촉점, 스위치 그리고 아울렛 박스(outlet boxes)와 같은 분산 전기장치의 "격납(containment)"구성품은 반드시 전도체를 접지도체에 연결하거나 전선관에 연결하여야 한다. 이러한 격납박스는 아크(arc)와 접촉점에서의 사고로부터 가연성 물질을 차폐하는 작용한다. 모든 접촉과 이음(splices)은 그 격납박스 내에서 이루어져야 한다. 때때로,

화재조사 중 전선너트 또는 말단부가 접속 배선함(junction box)의 외부에서 보이기도 한다. 그러나 실제로 접속점은 건물의 붕괴 또는 화재피해의 확산에 의해 접속 배선함의 외부로 나왔을 것이다.

■ 과전류 보호

과전류 보호는 과도한 전류가 흐를 때 전도체에 발생하는 손상을 방지하는 전류차단장치를 직렬로 연결함으로써 제공된다. 달리 말하면, 과전류 장치의 목적은 비정상적으로 많은 양의 전류가 감지될 때 회로의 내부로 전기의 흐름을 막는 것이다. 과전류 보호장치는 복구 가능하거나 복구가 불가능할 수 있다. 현재 대부분의 과전류 보호장치는 복구가능하며, 이것은 트립(trip)된 이후에 회로를 보호가기 위해 재사용이 가능하다는 것을 의미한다. 일단 과전류 보호장치가 트립되면 지락사고인지 과부하인지 또는 회로단락인지 원인이 명백해야 한다. 수명이 다한 상태에서 트립되는 것은 가능하다(콘센트형 누전차단기(GFCIs))는 지락사고가 아닌 사용기간이 길어짐에 따라 다른 이유로 트립된다). 이러한 보호장치는 두 개의 전류등급을 갖는다: 정격전류(regular current rating)와 정격차단전류(interrupting current rating). 회로차단기는 단락 또는 지락과는 대조적으로 과부하로 인해 트립된 것이 확정될 때까지 리셋(reset)되면 안 된다. 이것은 전도체가 손상을 입지 않았음을 보장하는 것이다.

정격전류는 보호장치가 정상상태에서 회로에 흐르게 하는 전류의 최대치이다. 이 값의 이상에서 보호장치는 개방되며, 전류의 흐름은 차단된다. 가정용에서 확인되는 일반적인 수치는 15A, 20A, 30A, 그리고 50A이다. 그 장치의 개방에 필요한 시간은 전류의 지속, 과전류의 양, 그리고 주위온도에 의존한다. 과전류 보호장치가 장기적인 기간 동안 적은 양의 과전류를 흘리는 것은 가능하다. 높은 주위 온도에서 지나치게 오랜시간 동안 한계전류를 밑도는 전류에서 과전류 장치가 트립되는 것은 가능하다.

정격차단전류는 그 장치의 차단할 수 있는 최대전류이다. 이것은 흐를 수 없는 것처럼 보이는 전류의 양이다; 그러나 접촉은 고전류에서 견고한 용접을 할 수 있으며(contacts can weld shut at high currents), 만약 큰 전류가 차단되지 않으면 재앙이 될 수 있다.

여러 종류이 회로 보호장치가 있다. 대부분은 퓨즈와 회로차단기이다. NFPA921 section 9.6.2.1은 퓨즈를 작은 홀더에서 가용체(fusible element)가 설치된 비기계적 장치"로 정의한다. 표 7-3은 다양한 퓨즈를 소개한다.

회로차단기는 종종 열에 노출되거나 정격 트립전류(rated trip current)를 초과하는 과전류가 흐를 때 개방된다(그림 7-8). NFPA921 Section 9.8.5.1은 회로차단기를 "과전류상태에서 자동으로 또는 핸들의 조작에 의한 수동으로 개방시키는 스위치"로 정의한다.

전류가 자체등급에서 소량 증가할 때 회로차단기가 작동하기 위해서는 수분이 걸리는 반면, 차단기의 자체등급보다 크게 높은 경우 보다 빨리 작동한다. 이러한 현상은 제조사로부터 제공되는 차단기 또는 퓨즈의 시간-전류곡선에 의해 설명된다.

표 7-3 회로 보호장치의 종류

종류	적용	전류	내용
플러그(에디슨으로도 언급)	▪ 구형 응용장치: 신규설비에는 적용되지 않음	30A 또는 그 이하	▪ 다른 등급을 갖는 퓨즈는 모두 교체될수 있으므로 상위 등급의 퓨즈(예, 15A용량 회로에 30A용 퓨즈 사용) 사용 가능 ▪ 회로를 완성하기 위해 1페니(penny)를 사용함으로써 퓨즈를 우회 가능
S 타입	▪ 신규 설치		▪ 측로 생성을 더욱 어렵게 하기 위해 제작됨 ▪ 아답터 설치를 위해 사용될 수 있음
시간지연 퓨즈	▪ 과전류 차단 허용 ▪ 정상전류의 6배까지 허용		
카트리지 퓨즈	▪ 순시 작동 또는 시간지연 ▪ 단일 사용 또는 대체품(온수기, 레인지 등) ▪ 100A이상의 전류는 상업시설이나 산업시설에서 발견됨	30A 이상의 회로	

차단기 또는 퓨즈에 대한 시간-전류곡선(특성 트립곡선(characteristic trip curve)으로 알려지기도 함)은 장치가 특정레벨의 전류에서 차단되도록 요구하는 시간을 정의한다. 더 많은 전류가 흐르면, 더 빨리 트립된다. 예를 들면, The American Electrician's Handbook은 일반적인 100A 차단기는 135A에서 트립되기 위해 30분이 소요되며, 500A에서 트립되기 위해 10초가 소요된다.

표준 차단기와 더불어 두 개의 다른 보호장치는 사용이 제한되지는 않지만 침실과 욕실을

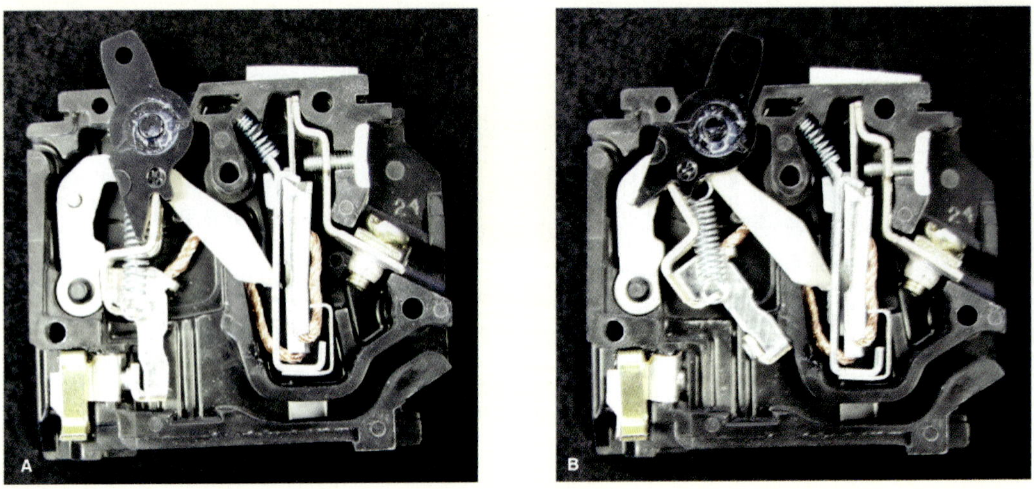

그림 7-8 A. (ON)상태에 있는 15-A 주거용 차단기, B. (OFF)상태에 있는 15-A 주거용 차단기

포함하여 특정장소에서 사용된다. 이 장치는 누전차단기(ground-fault circuit interrupter, GFCI)와 아크차단기(arc-fault circuit interrupter, AFCI)이다. 누전차단기는 보통의 차단기와 같이 과전류상태에서 동작하며, 또한 활성선과 중성선 도전체 사이의 전류 불평형을 감지한다. 더욱 구체적으로, 만약 누전차단기를 통해 나온 전류가 누전차단기의 회귀전류보다 크다면 전류는 다른 경로를 통해 흘러야 한다(누전). 일단 이러한 상황이 감지되면, 누전차단기는 트립되며, 전류흐름을 차단하고 그 결과 회로를 차단시킨다. 아크차단기는 비정상적인 상태/파형을 감시하며, 현재 새로 건축되는 거주지에 설치되도록 요구된다. 지역(주 단위의 전기위원회)의 요구사항은 아크차단기의 사용을 위한 구체화된 통합시간과 요청지역에 관하여 NEC가 준수하도록 결정하는 것이 논의되어야 한다. 회로 또는 부하에서 발생된 아크는 최고 35,000°F(19,426℃)까지 상승하기 때문에 화재를 발생시킬 수 있다; 아크차단기는 정상적인 회로전류와 부하로 흐르는 아크전류(arcing current) 구분하며, 아크 상태가 감지될 때 회로를 차단시킨다. 일반적인 스위치의 개방 또한 스위치에서 작은 아크를 발생시킬 수 있으나, 아크차단기는 그것 때문에 작동하지는 않는다.

표 7-4는 복구 가능한 회로 보호장치의 종류를 보여준다.

표 7-4 재사용 가능한 보호장치의 종류

종류	전류	내용
메인차단기	100A에서 200A (주거용)	■ 메인패널에서 회로 차단 ■ 한쌍의 차단기 ■ 함께 고정된 핸들
분기차단기	15A에서 20A(범용 조명 또는 콘센트회로); 30A, 40A, 50A (레인지, 온수기 등)	■ 스위치 ■ 건물 전체로 전기를 분배하는 분기회로에서 사용됨 ■ 일반적으로 핸들에 인쇄된 등급 ■ 수동으로 트립(trip)될 수 없음(수동으로 "off"위치에 놓임); 외부열 또는 물리적 충격에 의해 트립(trip)될 수 있음 ■ 핸들이 "on"위치에서 보인다 하더라도 트립(trip)일 수 있음 ■ "off"위치는 트립(trip)일 것임 ■ 페놀수지의 외함 ■ 외함은 녹거나 연소상태로 유지되지 않음 ■ 화재에 의해 파괴될 수 있음 ■ 차단기의 상태를 결정하기 위해 육안조사에 의존하지 말것
누전차단기(GFCIs)		■ 비정상적인 상태에 대한 전류흐름을 감시 ■ 아래의 장소와 같이 기전제품을 사용하는 동안 사람이 대지와 면해있을 장소에 사용됨 • 침실 • 욕실 • 부엌 • 테라스/창고

표 7-5 전형적인 두선과 접지 분기회로(Ground Branch Circuit) 내의 도전체

도전체 종류	기능	지락보호	설명	내용
비접지	활선	보호장치에 접속	부하로 전류 전송	모든 회로는 이 도전체를 갖고 있어야 한다.
접지된	중성선	접지블록에 접속	전원으로 전류 전송	모든 회로는 이 도전체를 갖고 있어야 한다.
접지	대지	대지에 접속	대지로 전류를 흘려 보호	이것은 회로가 사용되는데 필요하지 않다. 접지는 분리된 도전체 대신 금속관을 통해 공급된다.

■ 차단기 패널

열 또는 전기사고는 차단기 패널의 내부 부품에 손상일 입힐 수 있다. 만약 범용 플라스틱으로 만들어져 있다면, 절연물과 몰드(molded)된 차단기 부속품은 녹을 수 있으며, 버스바(bus bars)와 충전 금속체가 대지 또는 다른 개체에 닿을 수 있다. 내열 플라스틱은 녹지는 않지만 고온에서 깨질 것이다. 건물의 인입구 케이블은 패널을 통해 버스바(bus bars)로 분배된다. 대게 보호되지 않은 부속품 때문에 절연과 분리가 유지되지 않는다면 패널의 벽체에 천공(blow holes)을 야기하는 아크(arcing)와 손상이 발생할 수 있다. 만약 절연파괴온도 이상으로 과열되면 전선관 내의 절연된 도전체는 아크를 발생시키고, 전선과 내에 천공(blow holes)을 야기할 수 있다. 아크손상 패널의 내·외부 회로의 분석은 패널 내부의 아크(arcing)가 발화원이였는지 또는 화재로 인해 그 패널에 생성된 열적 손상의 결과인지를 결정하기 위해 필요하다.

■ 분기회로

분기회로(Branch circuits)는 차단기 또는 퓨즈로부터 건물 전체에 전기를 분배시키는 회로이다. 각각의 회로는 자체 과전류 보호장치를 가지고 있어야 한다(차단기 또는 퓨즈). 건물의 내부에서 여러 개의 부하로 보내는 도전체를 갖는 서비스패널(service panel)에서 하나의 접속점을 갖기 때문에 분기라 한다. 표 7-5는 주거용 분기회로에서 보이는 도전체를 열거하고 있다.

■ 도전체

많은 크기의 도전체가 있다. AWG수치 또는 게이지는 전선의 직경을 의미한다. 큰 게이지일수록 전선의 직경은 작다. 예를 들어, 15-A 회로는 14-AWG(알루미늄이라면 12-AWG) 이하의 전선을 사용해야 하며, 반면 20-A 회로는 12-AWG(알루미늄이라면 10-AWG) 이하의 전선을 사용해야 한다. 고전력 회로는 6-8 AWG 전선을 사용한다. AWG는 도전체의 전류용량을 결정하는 크기와 관련된다. 절연종류, 전도체 본딩(bonding), 케이블 운송방법, 그리고 주위 열 또한 도전체의 크기에 영향을 끼친다. 도전체는 요구되는 크기보다 커야하며, 작으면 안 된다. 크기가 작은 도전체는 큰 전류흐름에 더 큰 저항을 띠며, 도전체의 전류용량을 초과할 때 많은 열이 발생된다. 과도한 용량의 차단기(때때로 과용량 퓨즈라고 불림)는 차단기(또는 퓨즈)의 정격용량이 그 도전체의 전류용량을 상당히 초과할 때 도전체에서 과열을 발생시키며 위험한 상황을 초래한다.

대부분의 도전체에 사용되는 금속은 구리, 알루미늄, 그리고 구리피복 알루미늄이다.

구리 도체

구리 도체에는 순수한 구리가 사용된다. 구리의 녹는점(melting temperature)는 약 1,980°F(1,082℃); 그러나 표면에 형성된 구리산화막이 녹지 않는 중심부(unmelted core)에서 이탈될 수 있기 때문에 표면용융은 순수 구리보다 낮은 온도에서 녹을 것이다. 화재가 구리 도체에 가해질 때 구리 도체는 길이를 따라 넓은 영역에서 가열된다(도체의 국소적인 작은 영역에서 발생되는 아크(electrical arcing)와는 대조적으로). 화재가 외부에서 구리도체에 가해질 때 조사자는 표면용융과 산화구리(copper oxide)의 형태를 관찰할 것이다.

비록 도체가 열에 의해 용융되었는지 아크(electrical arcing)의 발생에 의해 용융되었는지를 결정하는 것은 항상 쉽지 않지만, 일반적으로 화재로부터 수열될 때 구리 도체는 뾰족한 돌기(pointed ends), 용적(globules), 그리고 가늘어진 형태를 형성한다. 그에 반해 일반적으로 아크가 형성된 도체에는 급격히 용융될 때 정상적인 도체에 명확한 경계 구분선(a clear line of demarcation)이 나타난다. 이러한 급격한 용융은 인접한 전선상에서 용융된 지점(melted spot)과 동반된다. 구리 도체가 화재 이후에 여러 가지 다양한 형태를 나타날 수 있다는 것에 주목하는 것이 중요하다. 몇몇 도체는 자체 절연성을 잃고 산화되며, 그 표면은 산화동(cupric oxide)으로 검게 변한다. 다른 도체 표면은 산화물이 포함되어 있지 않거나 불그스름한 아산화동(cuprous oxide)으로 쌓일 것이다. 도체의 상태와 변색에 영향을 미칠 수 있는 다른 화합물도 나타날 것이다.

구리 도체의 녹는점은 "합금(alloying)" 또는 저온용융(eutectic melting)에 의해 영향을 받으며, 이러한 현상은 알루미늄, 아연과 같은 다른 금속이 녹아서 구리와 접촉하여 녹는점을 더 낮은 온도로 변화시킨다. 이러한 현상은 화재발생 중 금속의 낙하(drip) 또는 튀김(splash)又는 구리도체와 접촉할 때 종종 발생한다. 대개 조사자는 구리 용융부분의 변색을 관찰함으로써 이러한 현상이 발생된 것을 결정할 수 있다. 이러한 변색은 은색 또는 황동색일 것이다. 이것은 화재의 결과이지 화재의 원인은 아니다.

알루미늄 도체

도체에는 순수 알루미늄이 사용된다. 알루미늄 도체는 주로 신축 설비에서 인입구 도체로 사용되며, 기존 설비에서는 분기회로에 사용될 것이다. 대형 가전제품(온수기, 레인지, 오븐,

에어컨 등)에 전원 공급용 회로는 종종 알루미늄으로 제작된다. 알루미늄 도체의 전도성은 구리보다 낮으며, 같은 용량의 구리 도체보다 2AWG만큼 크다(10AWG 알루미늄 = 12AWG 구리). 알루미늄의 녹는점은 약 1,220°F(660℃)이다. 알루미늄 산화물은 표면에 형성되지만, 알루미늄과 혼합되지는 않는다. 그래서, 표면용융이 발생하지 않는다. 알루미늄은 전선을 통해 전체 용해될 수 있으며, 알루미늄 산화물의 표면을 통해 흐를 수 있다. 화재로 인한 열기는 알루미늄 도체를 완전히 녹일 수 있으며, 그러한 현상은 도체에 아크가 발생되었는지를 결정하는 데 나쁜 영향을 미친다.

구리-도금 알루미늄

구리-도금 알루미늄은 일반적으로 사용되지 않는 도체의 종류이다. 이름에서 의미하는 것처럼 알루미늄 도체는 구리로 도금되어 있다. 이 도체의 녹는 특성은 알루미늄과 유사하다.

절연

도체의 절연은 원치 않는 경로를 통한 사고 또는 누설을 방지한다. 절연은 전기를 통하지 않고 도체에 쉽게 적용될 수 있는 물질을 포함하며, 상승된 온도에서 지속되는 동안 자체의 특성을 유지한다. 공기는 도체가 분리 상태를 유지할 때 고전압에 대하여도 절연체가 될 수 있다. 먼지, 오염물질 또는 연소생성물이 공기 또는 절연을 오염시킬 때 아크가 발생될 수 있다. 도체의 응용장치(applications)와 절연등급은 온도등급을 열거하고 그 종류를 정의하는 절연물의 표면에 표시된다. 도체의 구조와 응용장치에 대한 추가적인 정보는 NEC의 Table 310.104(a)에 기재되어 있다.

일반적인 절연체로 사용되는 폴리염화비닐(polyvinyl chloride, PVC)은 열 또는 경년에 따라 깨질 수 있으며, 화재장소에서 염화수소(hydrogen chloride)를 증발시킬 것이다. 고무는 1950년대까지 일반적인 절연물질이었다. 고무는 경년에 따라 깨질 수 있고, 일단 깨지면 도체를 쉽게 파괴시킬 수 있다. 고무는 화재에 노출될 때 탄화되고, 재를 남긴다. 도체로 사용되는 다른 물질은 폴리에틸렌과 폴리올레핀(polyolefins)을 포함한다. 이러한 물질은 일반적으로 거주지의 가전제품의 높은 고전류 회로에서 사용된다. 나이론 재킷은 열적 안전성을 향상시키기 위해 사용된다.

도체의 색깔은 일반적으로 그 도체의 기능을 의미한다; 녹색은 일반적으로 접지도체장치를 의미한다; 흰색과 밝은 회색은 중성선 도체(neutral)를 의미한다; 그리고 녹색, 흰색 또는 밝은 회색을 제외한 다른 색은 활성선 또는 충전 도체를 의미한다. 120-V 회로에서, 전선(L1 또는 활선은 종종 검은색이다. 비금속성 케이블 240-V 회로에서, 두 개의 활성선(L1, L2)는 일반적으로 검은새과 적색이다. 3로 또는 4로 스위치에서 사용될 때 특정 응용장치에서 흰색 또는 회색 도체가 활성도체로 사용되기 때문에 주의할 필요가 있다. 활성상태가 아니라고 증명되기까지 조사자는 모든 도체가 활성상태라고 간주하도록 권고 받는다. 이런 이유 때문에,

검전기(voltage sniffer)가 조사자가 다루도록 추천받는 장치이다.

■ 말단부와 특정조작부/장치

회로는 스위치, 소켓(receptacles), 또는 가전제품과 연결되거나 그 지점에서 종결된다. 스위치는 소켓 또는 가전제품에 흐르는 전류를 제어하기 위해 사용되며, 단자나사, 접속 터미널(push-in terminals) 또는 둘 다를 가지고 있다. 영구적인 조명기구는 전형적으로 조명회로를 제어하는 조광기(dimmer) 또는 벽면 스위치를 포함하여 벽체 또는 천장 내부의 전기박스에 설치된다.

Back-stabbed(push-in terminal) 소켓은 도체가 단자나사(screw terminal)에 체결되는 것이 아니라 소켓의 후면에 꼽는(push-in) 형태이다. 좁은 접촉면적 때문에 꼽는(push-in) 형태의 제품은 저항열(resistance heating)과 같은 문제를 발생시킨다. 앞에서 언급한 바와 같이, 말단부 또는 연결부는 체결불량(faulty connections) 때문에 야기되는 저항성 열이 발생할 수 있는 부분이다. 스위치는 조명회로의 내부 흰색(중성선) 측이 아닌 검은 도체(활성선)에 위치한다. 산업현장에서는 일반적로 스위칭 부하에 접속기구(contactors)를 사용한다. 릴레이 또는 수동 점멸기가 접촉코일에 전원을 인가하는 데 사용된다.

두 종류의 120-V 콘센트(receptacles)가 있다; 15-A와 20-A회로에서 2구 콘센트 그리고 30-A 또는 그 이상의 회로에서 단구 콘센트. 콘센트는 반드시 분극(polarized)되어야 하며, 플러그 접지극(neutral blade)은 콘센트에서 중앙 개방부에 접속되어야 한다. 콘센트는 신축 설비에서 반드시 접지되어야 한다. 콘센트는 단자나사(screw terminal), 접속단자(push-in terminal) 또는 둘 다 가지고 있을 것이다. 활선 도체(일반적으로 검은색)는 금속나사에 체결되어야 한다. 중성선 도체(흰색)는 무색 나사에 체결되어야 한다. 녹색나사는 접지용이다.

조명을 위한 특수 설비는 일반적으로 벽이나 천장의 정션 박스에 연결된다. 때로는 이러한 장치에는 과열 방지스위치가 있어 장치 과열을 방지합니다. 종종 이러한 유형의 조명기는 IC 형태로 지정되며, 이것은 절연 콘택트 (IC) 등급을 의미한다.

누전차단기의 말단부는 욕실, 부엌, 또는 다른 젖은 장소이다. 그 말단부는 전류가 인입되고 인출되는 양을 감시하고 그 전류의 차이가 5mA를 초과할 때 드립시킨다. 이상적으로, 누전차단기는 인체사고를 유발하는 충분한 사고전류가 흐르기 전에 전류의 흐름을 차단하도록 의도된다. 방폭형 구조는 폭발성 분위기에 노출되는 모든 시설물에 사용되어야 한다. NEC의 Part III of Article 501은 위험한 장소에서 사용되는 장치에 대하여 설명하고 있다.

전기에너지에 의한 발화

전기적으로 발화되기 위해서는 아래의 상황이 존재해야 한다.

- 전선은 전기적으로 충전되어 있어야 한다(전원이 인가되어야 함).
- 충분한 열과 온도가 발생되어야 한다(충분한 열에너지가 최초 가연물을 발화시키기에 위해 발생된다; 이 책의 "발화원인 결정"장 참조)
- 가연물은 전기적 사고로부터 생산되는 열에너지에 의해 발화될 수 있어야 한다.
- 열원과 가연성 물질은 가연물이 가연성가스를 발생시키기 위해 충분한 시간동안 충분히 근접되어야 한다.

충분한 열에너지를 발생시키는 방법에는 아래 항목을 포함한다:

- **저항열(Resistance heating)**: 발열체(의도적) 또는 저항성 접속(비의도적)과 같은 전류가 고저항의 개체를 통해 전류가 흐를 때 발생되는 전기적인 사고.
- **지락(Ground fault)**: 설비의 고장 또는 접지가 불량한 장소에서 의도된 회로경로를 벗어나 비의도적 경로를 통해 과도한 전류를 흐르게 하는 전기적인 사고.
- **파팅 아크(Parting arcs)**: 전선 또는 스위치 접촉부가 분리될 때 그리고 전류가 차단될 때 발생되는 아크. 이것은 스파크를 동반하며 매우 짧은 시간 동안 순간적인 아크를 발생시킨다.
- **과전류(Excessive current flow)**: 가전제품 또는 도체를 통해 비정상적으로 많은 양의 전류가 흐를 때 발생(예, 14-AWG의 전선에 8A를 초과하는 50A가 흐를 때).
- 램프용 전구, 히터에 가연물의 근접, 요리장치.
- 일반적으로 대기 또는 차가운 공기에 노출된 발열체와 같은 한정된 공간 내부의 열 그러나 그 열은 다발체 또는 담요의 아래에 체류하고 있다. 한정된 열의 다른 예는 모니터 또는 먼지, 절연물 등으로 쌓여진 발라스트(ballast)와 같은 열 발생체이다.

전류는 전원에서 부하로 그리고 비록 이것이 의도된 경로가 아니라 할지라도 이러한 흐름을 허용하는 경로를 통해 흐른다. 만약 접지된 장치와 접지기구가 직접 연결도면, 그것을 단락(short circuit)이라 한다. 전선과 도체와 같은 대부분의 물질을 통해 전기가 흐를 때 전류가 통하는 물질의 내부저항 때문에 열이 발생된다. 도체(용량)의 크기에 대한 계산된 안전한 여유율을 두고 사용된다면 열은 정상상태에서는 소멸된다. 때때로 열은 스토브(stove)의 발열체가 바람직한 예이다. 정격크기 이하의 도체를 통한 전류의 흐름과 같이 때때로 전류는 바람직하지 않다.

■ 열발생 장치, 과전류 그리고 접촉불량

몇몇 장치는 열을 발생하도록 제작된다. 이러한 경우에 그 장치의 설계는 열을 안전하게 소멸시키도록 허용한다; 그러나 열이 안전하게 소멸되지 않고 가연성 물질에 근접하게 위치한다면 발화가 가능하게 된다. 예를 들면, 섬유 또는 의류가 할로겐램프의 위에 있다면, 그 물질을 통해 흡수된 열은 열이 충분하거나 인근에 아크가 발생되면 발화될 수 있는 가연성기체를 발생시킬 것이다. 심지어 소비전력이 적은 형광등도 가연물을 발화시킬 충분한 열을 발생시킬 수 있다. 이러한 자기발열(self-heating)은 섬유의 내부에 감싸거나 셀룰로오스(cellulose)섬유 내부에 램프를 가둠으로써 발생된다.

다른 경우에 있어서, 열발생 장치가 화재(방화)를 발생시키기 위해 또는 가연물에 열원을 근접시킴으로써 안전한 상태를 파기하여 위하여 고의적으로 사용된다.

접촉불량은 다른 열발생 매체이다; 접촉불량은 접촉이 불량한 지점에서 열을 발생시키며 또한 접촉 불량한 지점에 산화막을 형성한다. 이러한 산화막은 열을 발산하는 접촉저항을 증가시킨다. 이러한 형태의 접촉면은 저항가열(resistance heating)을 야기한다. 이 접촉점에서 저항이 증가되지만 회로는 정상적으로 작동한다. 과열점(hot spot)은 불빛(glow)를 발생시킬 수 있다. 이 과열점 인근에 가연물이 위치한다면, 발화될 수 있다. 전선의 연결부는 과열점(hot spot)이 발생되면 가연물의 발화가능성을 낮추는 특정 전기박스 또는 동봉된 기구의 내부에 위치할 필요가 있다. 15~20A의 전류, 최대 40W의 전력은 접촉불량 지점에서 1,000°F(538℃)을 초과하는 온도를 발생시킬 수 있다. 중요하게 보이지 않을지 몰라도 이 열은 긴 거리에 분포된 것이 아니라 매우 집중되어 있다. 14-AWG크기의 60피트(20미터) 코드는 이 예의 접촉불량과 동일한 저항을 가지고 있다.

■ 과전류

적절히 설계된 회로에서, 과전류는 도체를 통한 일시적인 전류의 과도한 흐름이다. 과전류가 발생하기 위해 사고(단락과 같은)가 발생되거나 과도한 부하가 한 회로(예, 많은 가전제품 사용)에 사용되어야 한다. 전류가 지속되지 않는다면 회로는 이러한 순간적인 과전류를 조절할 수 있다.

이 장의 앞에서 인급한 바와 같이, 과부하는 도체를 통해 전류의 지속적인 초과흐름이다. 화재의 가능성에 영향을 미치는 요소는 과부하의 크기 그리고 과부하상태의 지속시간이다. 크고 지속되는 과전류는 도체에 절연물을 녹일 수 있고, 주위 물질을 가열할 수 있다.

정격보다 작은 사이즈의 코드(cords)는 정격 보다 훨씬 많은 부하가 사용된다면 과열을 발생시킨다. 1200-W 가전제품은 120-V 발단부에 12-AWG전선을 체결할 것을 요구한다. 만약 12-AWG 대신에 18-AWG가 사용된다면, 10-A의 평상시 전류흐름은 18-AWG의 정격전류인 5-A보다 훨씬 크게 되지만, 차단기의 용량이 20A이기 때문에 회로는 제 기능을 할 것이다.

만약 다발로 묶이거나 감싸이거나 무언가에 씌워지면, 발화를 야기하는 과열상태를 야기할 수 있다(그림 7-9). 과전류 차단기가 작동하는 적절히 설계된 회로에서 화재를 야기할 수 있는 과부하는 일반적으로 발생되지 않는다.

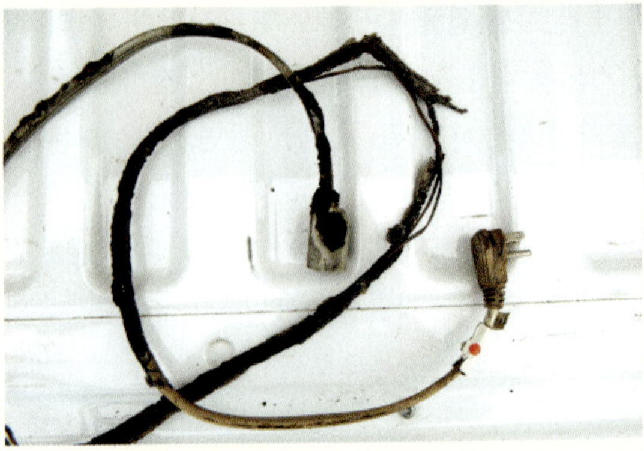

그림 7-9 화재로 인해 손상된 전기코드

열을 발생시키는 장치(heat-producing device) 또는 정격보다 작은 사이즈의 도체의 온도는 도체 사이의 절연을 파괴시킬 수 있다. 도체가 자유대기상태에 있지 않는다면 이러한 절연상태는 가중된다. - 예를 들면, 도체가 담요에 덮혀 있는 상태. 과전류가 지속된다면, 절연의 탄화기 진행되고 상당한 양의 전류가 흐를 수 있는 경로를 만들게 된다. 약 392°F (200℃) 정도로 과열될 때, PVC 절연은 열분해를 시작하고, 가연성 증기를 발생시킨다. 만약 과열된 환경에서 절연파괴로 인한 아크가 발생되고, 주위에 가연성 물질이 위치한다면 화재가 발생될 수 있다.

그림 7-10 분기된 과전류보호

그림 7-10에서, 에어컨 퓨즈 체결의 과전류보호는 두 개의 구리 파이프로 분기하게 하는 것이다. 이것은 에어컨의 압축기 모터의 회전자 구속 또는 결함 때문에 위험한 과부하 상태를 발생시킬 수 있다.

오염된 물 또는 접촉점 또는 나도체(bare conductors)에서의 부식은 탄화 트래킹 과정을 발생시킬 수 있다. 장치 또는 도체의 일반적인 절연특성의 약화는 누설전류를 흐르게 한다. 시간, 열 또는 진동과 함께 이러한 취약한 상태는 단락(short circuit)을 발생시킨다.

■ 아크

아크는 도체가 소멸된(missing)된 간격(gap)을 통해 발생되는 고온 방전이다. 아크의 온도는 전류, 전압차 그리고 금속의 종류에 따라 수 천도까지 될 수 있다. 공기의 간격 사이에서 자발적인 아크가 발생되기 위해서는 비교적 큰 전압이 인가되어 있어야 한다. 120/240V 시스템에서, 정상상태에서 아크는 자발적으로 발생되지 않는다. 그러나 120/240V 시스템에라도 전류가 흐르는 동안 도체가 분리되어 있을 때 특별한 형태의 아크가 발생될 수 있다. 이러한 현상을 파팅 아크(parting arc)라 한다. 절연이 약해진 코드에 대해 논의될 때, 이러한 아크는 일반적으로 짧은 시간 동안 지속되기 때문에 가연성 증기 또는 가스가 존재하지 않는다면 가능성 있는 발화원이 되지 않을 것이다.

아크는 지속시간이 짧기 때문에 일반적인 고체 가연물이 아크로 인해 발화될 가능성은 매우 낮다. '0' 전위를 기준으로 최대 양전압에서 부전압으로 변하는 AC전압의 사이클 때문에 아크는 짧고 국소적으로 발생된다. 질량대비 면적이 작은 가연물과 연소를 유지하기 위해 충분히 가열될 수 없는 가연물은 발화되지 않을 것이다. 가스 또는 증기와 같은 질량대비 넓은 표면을 가진 가연물은 연소를 유지할 수 있지만, 가스와 공기의 적절한 비율을 유지해야 한다. 그 비율은 LFL (lower explosive level)과 UFL (upper explosive level)로 정의되는 두 가지 레벨 사이에 있어야 한다. 아크에 의해 발화될 수 있는 가연물은 섬유, 먼지, 종이티슈, 휘발성 가스와 증기 그리고 보푸라기실(lint) 등이다. 짧은 시간동안 지속되는 아크는 일반적인 상태에서 고체 가연물을 발화시키는 충분한 에너지를 가지고 있지 않다. 전원이 인가된 확장코드를 뚫는 못 또는 금속 칼 등의 도체와 도체 사이의 사고는 아크보다 회로의 단락과 회로 보호장치의 개방을 더 잘 시킬 것이다.

고전압 아크

고전압은 건물의 인입구 주위의 변압기 연결부에서 존재하며, 건물의 일부 또는 인입구의 도전성 구성품에 사고로 인해 인가될 수 있다. 번개는 또한 건물 전기설비 입구에서 고전압 서지(surge)를 발생시킬 수 있다. 이러한 사고는 전선에 수백볼트의 과전압을 인가하며, 수천볼트에서의 아크로 절연파괴를 야기할 수 있다.

파팅 아크

파팅 아크(parting arcs)는 전원이 인가된 상태에서 전기적 경로가 개방될 때 발생되는 짧은 방전이다. 그 예는 스위치의 개방, 플러그의 분리, 그리고 지속적인 아크를 발생시킬 수 있는 모터의 브러쉬를 포함한다. 전류가 흐르고 있을 때 플러그를 분리하는 것은 그 도체에 육안으로 확인 가능한 아크를 야기한다. 일단 도체가 분리되면, 전류가 정지하기 때문에 열 발생은 중단된다. 개방과 투입하는 표면의 접촉은 이러한 아크에 노출되며, 종종 구멍(pitting)과 거친 표면을 나타낸다. 파팅 아크는 전형적으로 DC전압을 사용하는 아크용접 시 발생하며, 이러한 DC전압은 0전압에서 전류가 흐르지 않기 때문에 아크가 지속되도록 허용한다.

파팅 아크는 온도퓨즈(thermal cutoff devices)의 내부에서도 발생할 수 있다. 이러한 퓨즈는 모터 케이스 내부의 모터권선, 변압기 권선 또는 발열체에 설치된다. 퓨즈가 열에 의해 작동되기 때문에 일반적으로 275°F (135℃) 정도로 충분히 가열되면 회로를 차단할 것이며, 모터 또는 구성품은 스스로 리셋(reset)되고 회로를 통전시키기 전에 모터 또는 구성품은 냉각될 수 있다. 이러한 장치는 수 천번의 작동 사이클을 통해 제작되지만, 만약 구성품들이 먼지로 쌓이게 되면 상승된 온도에서 작동 중에 사고가 발생될 수 있다. 사고가 발생될 때, 접촉면에서 더 많은 물질이 제거되기 때문에 아크는 스파크(sparking)와 함께 동반된다. 추가적으로, 금속의 접촉은 파손점을 악화시킬 수 있다. 그 지점에서 차단(cutoff)이 되지 않거나 또는 차단이 지연되면 그 장치는 모터회로의 저항을 증가시키거나 과열될 것이다. 이러한 실패동작은 재앙을 불러올 수 있다.

단락 또는 지락은 최초 접촉지점의 금속을 녹일 것이다. 아크는 금속부분에서 발생하며, 즉시 냉각된다. 그것은 스파크를 유도한다. 몇몇 큰 용량의 전원장치와 모터는 높은 유입전류 때문에 접속할 때 아크가 발생할 것이다.

아크 트래킹

아크 트래킹은 고전압 시스템에서 관측되며, 실험적으로 120/240V 시스템의 내부에서 보여 진다. 이러한 아크 트래킹은 불연재료의 표면에서 발생되며, 전류가 흐르는 동안 전류의 경로를 확대시킨다. 이러한 아크경로 또는 아크 트래킹은 작게 시작해서 지속적으로 커질 것이다. 그 현상은 표면에 소금, 도전성 먼지 또는 액체 등으로 오염될 때 시작된다. 이러한 오염은 물질의 변형을 야기한다. 아크 트래킹은 표면이 먼지, 소금 또는 미네랄 침전을 포함하는 물로 오염될 때도 발생된다. 똑똑 떨어지는 물은 이러한 형태의 오염을 포함한다. 종종 아크는 전류의 흐름을 중지시키고 젖은 경로를 건조시키기 위한 충분한 열을 발생시킬 것이다. 만약 전류가 흐르는 과정에서 그러한 오염된 물이 보충된다면 금속 또는 부식물이 침전될 것이다. 아크 트래킹은 DC전류에서 더욱 잘 발생된다.

피드백 온도제어를 갖는 저전압 시스템에서 회로 보드의 오염은 민감한 아날로그 회로에서 읽혀지는 잘못된 신호를 발생시킨다. 이러한 회로는 때때로 오염물질이 인쇄회로기판(PC)의 표면에 부착되는 것을 막기 위한 습기방지재로 코팅된다. 그렇지 않으면 가전제품을 가열하거나 오작동을 발생시킴으로써 오염물질이 제어시퀀스를 방해할 수 있다. 에러 상태에서 작동하는 서미스터(thermistor)는 측정회로의 민감한 부분이 오염되면 발열체를 과열상태로 유도할 수 있다(서미스터는 저항의 변화에 의해 온도를 측정하는 센서이다). 서미스터가 밀폐되어 있다하더라도, 보호되어 있지 않으면 PC보드에 연결된 측정회로는 습기에 오염될 수 있다.

스파크

스파크는 아크에 의해 발산되는 금속입자이다. 고전류 지락이 발생될 때, 수백에서 수천 암페어의 전류가 흐를 것이다. 그 에너지는 금속을 녹이고 스파크를 발생시키기에 충분하다. 보호장치가 일반적으로 즉시 차단시키기 때문에 이러한 사고는 단지 한 차례 정도 발생된다. 만약 금속이 구리 또는 철이라면, 그 입자는 대기 중으로 분산되기 때문에 냉각된다. 만약 금속이 알루미늄이라면 그 입자는 대기 중으로 분산되는 과정에서 연소하고 주위의 가연물을 발화시키기 쉽다. 그러나 일반적으로, 비록 스파크가 쉽게 연소되는 물질을 발화시킬 수 있다 하더라도 일반적인 가연물을 발화시키는 발화원은 아니다. 스파크 입자의 크기는 총 열함유량을 결정하기 때문에 중요하다. 인입구 도체에서의 아크는 분기회로보다 더 빈번하고 크게 발생할 수 있다.

■ 고저항 결함

고저항 결함은 사고지점을 통해 보호장치가 트립되기에 전류의 흐름이 충분하지 않을 때 발생하다. 이러한 결함은 얼마나 오랫동안 그 사고가 지속되는지에 의존하면서 과열을 증진시키며, 가연물을 발화시킬 수 있을 것이다. 화재와 열이 본 결함의 증기를 훼손시키기 때문에 화재 이후에 고저항 결함의 증거를 찾기는 어렵다. 도체의 단화된 절연물을 통한 아크는 보호회로를 개방(차단)시키지 않는 고저항 결함이다. 이러한 상태에서 아크를 수반하는 다양한 사고가 발생될 수 있다.

전기시스템의 손상 분석

전기회로의 고전위 에너지 때문에 회로에서 결함이 있거나 아크가 발생되는 부품으로부터 상당히 큰 손상이 발생할 것이다. 화재의 열기로 인한 손상을 구분하는 능력은 조사자의 주요한 능력이며, 이러한 능력은 화재를 발생시키는 데 전기가 중요한 역할을 했는지를 결정하는 데 있어서 성공과 실패를 구별지을 수 있다.

■ 아크 맵핑

아크 맵핑은 크고 작은 규모의 사고에서 화재조사의 중요한 영역이다. 그것은 구조물의 내부에서 아크의 위치를 정의하는 데 유용하며, 조사자는 건물 또는 제품의 내부에서 발화지점을 찾는 데 사용할 수 있다. 아크 맵핑은 회로의 내부에서 발생된 아크를 구분하기 위해 전기회의 주의 깊은 분석을 요구한다. 각각의 회로에 대한 맵핑은 추가적인 분석을 필요로 하는 지역을 구분하는 데 도움을 줄 수 있다.

도체가 절단된 지점의 부하측(downstream) 전원은 단전된다; 그래서 추가적인 전기적인 사고는 발생하지 않는다. 만약 열에 의해 손상을 입지 않았다면, 도체와 절연물은 여러 도체로부터 온전한 상태를 유지할 것이다. 회로 보호장치가 개방되지 않는 다면 최초 절단점의 전원측(upstream)에서 회로는 전원이 인가된 상태로 유지될 것이며, 회로는 지속적으로 아크가 발생될 것이다. 여러 개의 아크가 발생된 도체에서 1차 아크(first arcing)는 전원에서 가장 먼 지점에서 발생된 것이다. 그리고 추가적인 아크는 전원측으로 이동되는 과정에서 연속적으로 발생할 것이다. 조사자는 1차 아크를 구분하기 위하여 가능한 많은 도체를 찾도록 노력해야 한다. 이것은 도체의 사고지점을 정의할 것이다. 도체의 최초 사고지점의 구분은 다음을 정의하는 데 도움을 줄 것이다;

- 화재가 회로에 가해진 지점
- 가능성 있는 발화지점
- 가능성 있는 발화원인(전기적인 사고로 인해 발생된)

전선관 내부의 가지회로는 전선관의 내부에서 상당한 크기의 아크와 에너지 방출을 의미하는 천공(blow holes)이라고 불리는 구멍을 가질 것이다. 전기패널 또한 화재 발생 중 금속벽체에 천공이 발생될 수 있다.

■ 단락과 지락 파팅 아크

단락은 전류가 전원이 인가된 도체로부터 접지, 반대극성의 도체 또는 금속의 접지체로 흐를 때 발생할 것이다. 서지전류가 흐르게 된다. 접촉지점에서 작은 공극(void)과 파팅 아크(parting arc)를 발생시키면서 용융이 발생된다. 파팅 아크는 단지 접촉지점의 금속을 용융시킨다; 인접한 또는 주위의 영역은 용융되지 않는다. 그래서 인접한 영역이 용융되었다면 조사자는 화재가 그러한 현상을 야기한 원인 또는 최초로 발생된 아크손상을 규명할 수 있다. 만약 상당히 많이 용융되었다면 최초의 파팅 아크(parting arc) 영역을 구분하는 어려울 것이다. 아크가 발생된 접촉점의 표면은 일반적으로 톱니모양(notched) 또는 구슬모양(beaded)으로 나타난다. 손상과 동반되는 지점은 사고가 아크손상의 두 지점 사이에서 발생된 것이라는 것은 확신시켜 준다. 아크가 절연된 도체에서 발생되기 위해서, 절연물은 최초 지점에서 이탈되어야 한다. 큰 사고는 전선을 분리시킨다. 이것은 아크가 발생된(arced) 그리고 절단된(severed)이라는 용어로 사용되며, 전선을 분할체로 파괴시킬 수 있으며, 낙하되어 소실되기도 한다. 조사자는 어떻게 절연이 파괴되거나 제거되었는지 그리고 어떻게 도체가 다른 도체와 접촉했는지를 결정해야 한다.

정격코드에서의 손상은 단단한 도체보다 더 적게 나타난다. 전등과 가전제품에 사용되는 코드는 여러 가닥에 금이 있거나 절단되어 있을지도 모르고 또는 모든 가닥이 절단되거나 퓨즈로 연결되어 있을지도 모른다(표 7-6).

전기 전도체의 손상을 해석할 수 있는 방법은 여러가지가 있다. 예를 들어, 숯을 통한 아크 처리, 아킹 분리 (arcing) 등이 있다. 이 손상의 예가 표 7-6에 나와 있다.

■ 탄화물을 통한 아크

화재에 노출된 절연물은 탄화될 수 있다. 절연물은 탄화됨에 따라 충전된 도체 사이의 산발적 아크(sporadic arcing)를 가능케 하는 전도성을 띠게 된다. 이러한 아크는 아크의 반복과 지속에 따라 접촉지점의 표면을 용융된 상태로 남겨두거나 그 도체 전체를 녹일 수 있다(그림 7-11). 만약 아크가 지속되면, 도체는 일반적으로 말단부에 단락흔(beads)을 형성하면서 절단될 수 있다. 전선의 아크에 의해 발생된 열이 최초 접촉지점 주위의 매우 좁은 면적에 가해지기 때문에 이것을 국소가열이라 한다. 넓은 영역의 열에 의해 야기된 용융은 탄화물을 통한 아크(arcing through char)에 의해 생성된 단락흔 보다 더욱 점진적이거나 둥근 형태를 가지고 있다.

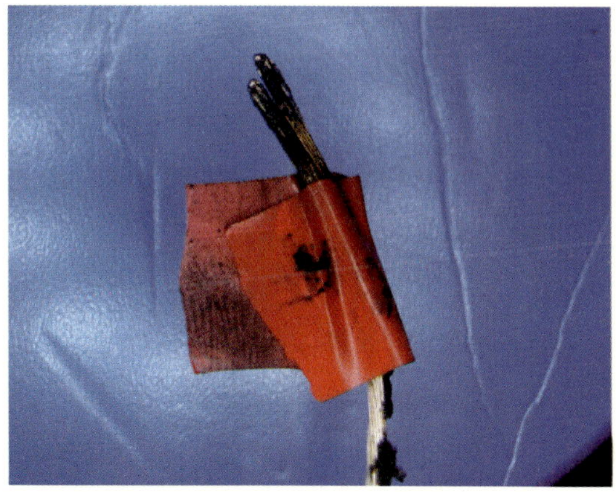

그림 7-11 탄화물을 통한 아크(arcing through char).

표 7-6 도체 손상의 유형

손상유형	형태	결과	화재의 원인?
탄화물을 통한 아크	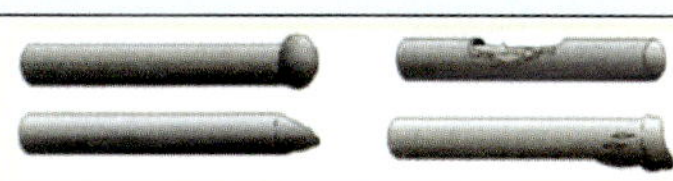	화재열의 직접가열	아니요, 항상 화재의 결과임
파팅 아크	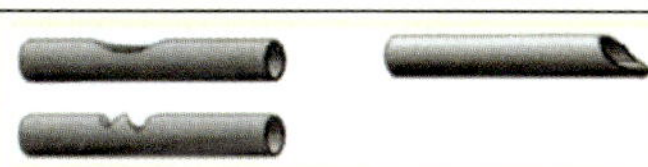	약 400℉(250℃)로 가열(직접가열 아님)	대부분 그렇지 않음
과전류		단락 또는 장치 내부의 결함과 과전류보호장치의 결함	예, 그러나 화재의 결과일수도 있음
화재	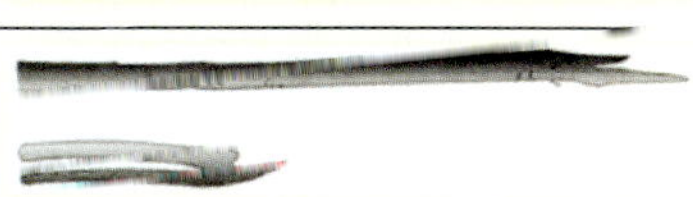	케이블이 확산된 화염에 노출	N/A
과열 접속		견고하지 않은 체결	예
기계적	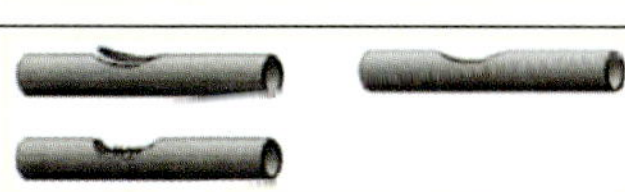	무언가에 긁히거나 파임	아니요
합금		전선 위에 용융된 알루미늄	아니요

표 7-7 도체의 잠재적인 지표(Potential Indicators of Conductors)

단락흔(beads)	용적(globules)
국소적 가열	화재의 용융 또는 과부하와 같은 전체적인 가열
명확한 선으로 구분	

종종, 조사자는 여러 개의 아크지점을 확인할 것이다. 수 인치(inchs)의 도체가 파괴될 것이다. 도체의 말단부는 절단될 것이며, 그 말단부에서 단락흔(beads)이 발생될 것이다; 단락은 도체를 두 개의 개체로 용융시킬 것이다. 전선관의 내부에서 한 지점 또는 여러 지점을 따라 구멍으로 용융될 것이다. 표 7-7 도체의 손상이 화재, 아크 또는 과부하로부터 발생되었는지를 결정하는데 도움이 되는 일반적인 지침을 제공한다. 이러한 손상은 그 자체적으로 화재의 원인으로 작용하였는지 아닌지를 나타내지는 않는다.

인입구 도체에는 과전류 보호장치가 없으며, 만약 전기적인 사고가 발생된다면 도체의 수 피트(feet)가 부분적으로 용융되거나 파괴될 수 있다. 전력이 공급되는 전선에 의해 차단되지 않으면 아크는 인입구 도체에서 지속될 수 있다. 만약 2차측 전류가 수백 암페어의 전류로 흐른다면 공급변압기의 1차 퓨즈는 용융될 것이다. 35-KVA 변압기의 1차측 12,000-V에 설치된 2-A 퓨즈는 200-A의 2차측 전류를 유지시킬 것이다. 인입구 연결에 사용되는 도체는 일반적으로 구리보다 저항이 높은 알루미늄으로 제작된다. 그래서 큰 구경의 전선이 사용된다. 그 지점에서의 결함은 많은 전류 때문에 알루미늄을 용융시킬 만큼의 높은 온도를 발생시킨다.

■ 과열 접속

접속불량(poor connection)은 과열되는 장소일 가능성이 높다. 가능한 발화원인은 저항을 증가시키는 느슨한 접속 또는 접속지점에서의 산화막 형성이다. 접속불량은 종종 접속 지점에서 색깔의 변화에 의해 증명될 수 있다. 접속이 불량한 지점에서 금속 연결의 부분은 파괴되거

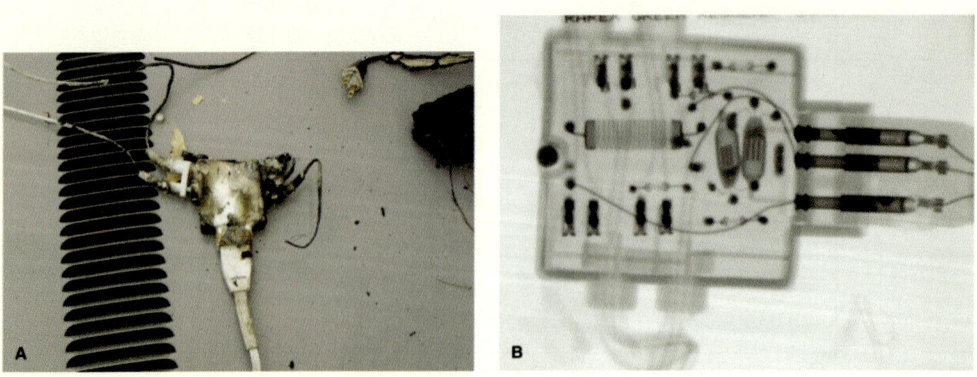

그림 7-12 A. 접속불량의 사진. B. 접속불량의 X-ray사진.

나 형태가 변형되어 발견된다. 불량한 접속은 과열, 산화막, 적열지점의 구멍, 아크, 그리고 심지어 금속의 파괴를 야기할 수 있다(그림 7-12).

■ 과부하

이전에 설명된 것처럼, 과부하는 화재의 위험을 발생시키고 손상을 야기하기에 충분히 큰 전류의 흐름이다. 이러한 현상은 전류가 정격용량을 초과할 때 발생한다. 선상의 규모는 과전류의 지속과 전류의 양에 의존한다. 과부하가 가장 잘 발생할 만한 장소는 큰 가전제품(예, 에어컨, 히터, 냉장고)의 확장코드와 같은 연선이다. 이 현상은 적절한 과전류 보호장치가 설치된 회로에서 발생되기 힘들다. 과부하의 결과는 도체의 내부를 과열시키고, 도체의 전체 영역을 따라 발생한다(가늘어진 부분을 제외하고). 만약 과부하가 심하다면 도체는 인접한 가연물을 발화시키고 도체를 용융시킬 수 있다. 도체가 일단 녹으면, 전류의 흐름은 중단되고, 과열은 정지할 것이다. 화재로 인해 회로에 과전류가 발생될 수 있기 때문에 과전류에 의한 용융은 반드시 발화의 지표가 되지는 않는다. 과전류의 결과는 도체 상에서 절연의 슬리빙(sleeving)처럼 보일 것이다. 이러한 과열과 슬리빙의 증거는 대부분 과부하가 도체의 전체 영역을 따라 발생되는 것처럼 코드 회로의 전체 영역을 따라 관찰된다. 가전제품과 짧은 도체 경로에서 제한된 과부하의 영역이 될지도 모른다.

과부하는 도체를 용융시킬 수 있다. 이러한 현상을 방지하는 첫 번째 포인트는 전류와 과열을 정지시키는 것이다. 다른 명백히 용융된 점(spot)은 offsets으로써 응고된다. 만약 과부하가 부하측 사고로 인해 야기되면, 전원측에서 가장 먼 위치에서 아크가 발견되어야 한다.

조사자는 전선 상에서 전기에 의해 발생되지 않은 결과를 관할할 수 있다. 도체의 표면색깔(검붉은 색에서 검은 산화, 녹색, 또는 파랑)을 포함하는 이러한 결과는 화재장소에 위치해 있었다는 것 외에 화재원인을 결정하는 데 가치가 없다.

■ 아크에 의한 용융

아크가 발생되면 아크의 지점에서 고온이 발생되며, 그 아크는 단락 발생 중 매우 급격한 과전류 발생 때문에 아주 작은 영역에서 도체를 용융시킬 수 있다. 그래서 아크에 의한 손상은 국소적이며, 도체의 주위와 손상된 지점 사이에 구분이 명확한 선이 생성된다. 장갑은 아크에 의해 발생된 도체상의 작은 흔적을 닦는 데 사용될 수 있다. 그 과정은 아크의 흔적이 감지될 때까지 장갑을 낀 손으로 전선 전체를 닦는 것이다. 더욱 중요한 조사 포인트는 표면의 거친 면이 아크 또는 다른 사고로 인해 발생되었는지를 구분하는 것이다. 종종 이러한 손상을 구분하기 위해서 확대경이 필요하다. 때때로 아크가 스파크를 발생시키고 표면 주위에 부착된 물질을 제거한다. 더욱이 금속분석은 아크를 포함하는 용융흔적이라 확신되는 흔적이 있는 도체에 대해 행해질 수 있다.

■ 화재로 인한 용융

구리도체는 표면에서 처음에는 수포모양이 발생되며 파괴된다(그림 7-13). 일부 구리는 표면을 따라 흐르고, 매달려 있는 방울형태를 보이기도 한다. 게다가 용융은 작은 방울과 수축을 형성하기 위해 얇은 영역을 형성하고, 도체의 표면은 연화된다. 재 응고된 구리는 형태와 사이즈에서 규칙적인 방울형태를 형성한다. 명확한 경계 구분선이 보이지 않는다. 도체를 용융시키는 전기에너지가 국소적으로 발생되기 때문에 전기적인 손상은 일반적으로 국소적이고 한정된 영역에서 용융된다.

그림 7-13 용융될 때, 구리도체는 처음에는 수포모양이 발생되고 표면이 파괴되며, 이후에는 표면이 연화되기 전에 작은 물방울형태를 형성한다.

화재에 의해 용융된 연선 도체는 용융점에 도달함에 따라 딱딱하게 된다. 게다가 열은 개개의 연선을 함께 용융시키고, 표면을 불규칙적으로 만든다. 지속적인 가열은 도체의 형상을 유사하게 만든다. 큰 구경의 연선에서 각각의 연선은 녹고, 분리되며 유사한 물방울 형태가 형성될 것이다.

알루미늄 도체는 낮은 녹는점을 가지고 있다. 알루미늄은 화재에 녹고, 불규칙적인 형태로 응고된다. 그것들은 화재의 원인을 결정하는 데 아무런 도움이 되지 않는다.

■ 합금

합금은 녹는점을 포함하여 물리적 특성이 다른 금속의 결합이다. 알루미늄-구리 합금은 구리의 표면에 알루미늄이 낙하하고 표면에 고착되면서 시작될 수 있다. 열이 지속되면 녹은 알루미늄은 구리표면을 뚫고 합금을 형성할 수 있다. 합금은 순수한 구리 또는 알루미늄보다 낮은 녹는점을 가지고 있다. 조사자는 거친 회색영역 또는 은색으로 빛나는 영역으로 합금을 관찰할 수 있다. 구리-알루미늄 합금은 깨지기 쉽다. 화재발생 중에 합금된 물질이 낙하되면 조사자는 합금으로 생성된 구멍에 유의해야 한다. 화학적 분석은 합금의 존재를 증명할 수 있다. 다른 종류의 합금은 황동(구리-아연) 그리고 청동(구리-주석)을 포함한다. 은은 릴레이, 서모스탯, 그리고 전기접촉기와 같은 전기기계 스위치의 접촉 표면에서 종종 사용된다. 표면상에 구리와 은은 각각의 녹는점 이하의 온도에서 합금을 형성할 수 있다.

■ 기계적 홈

기계적 홈은 현미경의 관찰에 의해 아크와 구분될 수 있다. 기계적인 홈은 절연물에서 대부분 스크래치(scratch), 패임(dents)형태와 도체의 변형으로 보여 진다. 스크래치와 패임형태는 전기에너지에 의해 야기된 표면의 용융으로 나타나지 않는다.

■ 고려사항과 주의사항

몇몇 기존 이론들은 화학, 물리학 및 전기학의 기본 지식에 근거한 연구에 의해 증명되지 못하고 있다. 그래서 조사자는 기본적인 연구결과를 검토하고 전기적 결함을 설명하기 위해 사용되는 가설을 학습할 필요가 있다. 아래의 항목이 이러한 가설을 세우는 데 주의시킬 것이다.

규격 이하의 도체

도체의 사이즈는 회로용량을 설계하는데 중요한 안전요소이다; 15-A 회로에 20-A를 적용하는 것은 항상 과열을 야기하지는 않는다. 사실, 과전류는 필연적으로 화재를 발생시키는 것이 아니라 열을 증가시키는 것이다. 조사자는 회로가 NEC의 허용치보다 더 많은 전류를 흘리는지를 주위 깊게 살펴야 한다. 조사자는 또한 화재의 특수한 환경을 고려해야 한다. 일반적으로, 규격이하의 도체와 그 자체만으로는 화재의 원인이 되지 못한다. 예를 들면, 전선이 나전선이거나 절연이 되어있지 않다면 14-AWG 도체에서 20-A의 전류를 흘리는 것은 발화를 시킬 만큼 충분한 열을 전선에 가하는 것이 아니다. 그러나 화재는 전선이 섬유류 절연물의 아래에 배선되어 있을 때 상당한 양의 과전류(14-AWG 도체에 20-A의 전류가 흐름)가 흐르는 다락방에서 관찰되곤 한다.

움푹 파이거나 늘어난 도체

움푹 파이거나 늘어나서 국소적인 영역에서 단면적이 줄어든 도체는 정상적인 부하가 설치된 상황에서 과열이 발생되었다고 말할 수 없다; 그러나, 도체의 기계적인 늘림은 위험한 상태가 될 수 있으며, 손상된 부분을 구부리는 것은 도체가 균열되고 끊어질 만큼 취약하게 만들어 아크가 발생될 것이다. 도체를 파괴시키지 않고 충분히 양호한 상태를 유지하면서 단면적을 줄이기 위해 구리도체를 늘리는 것은 쉽지 않다.

파괴되거나 손상된 절연

절연물은 경년과 열에 의해 악화된다. 고무는 열가소성 플라스틱보다 더 빨리 악화된다. 고무는 깨지기 쉽게 되며, 구부려질 때 금이 갈 것이다. 도전물질 또는 액체가 크랙 사이로 들어가지 않는다면 크랙은 전기적인 전도를 허용하지 않는다; 그러나, 공기의 절연강도는 절연물질 보다 약하며, 이러한 절연물은 아크가 발생되기 위하여 더 큰 전위가 필요하다.

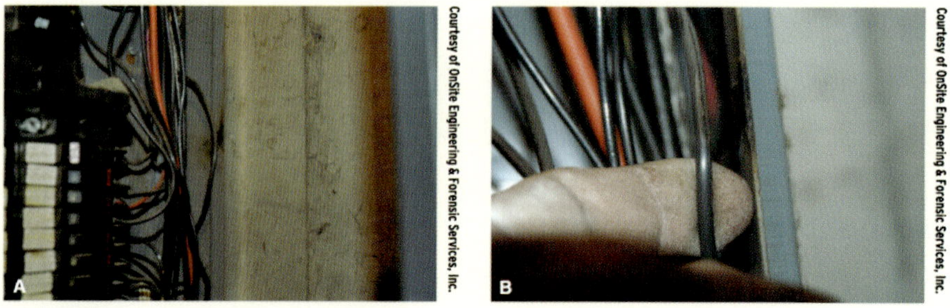

그림 7-14 손상된 절연에 의한 지락

기계적 결함과 진동 또한 절연을 악화시킨다. 그림 7-14에서, 전기설치업자가 절연물을 잘라냈으며, 그로 인해 전기패널에서 지락이 발생된 것을 보여주고 있다.

과도하거나 잘못 박힌 스테이플

적절한 강도로 박힌 스테이플은 도체에 즉시 결함을 발생시킬 만한 손상을 입히지 않는다; 그러나, 과도할 정도로 단단하게 설치되면, 절연물이 압력을 가하는 방법에 따라 고저항 접촉이 발생할 것이다. 이러한 종류의 고저항 접촉은 전선이 설치된 이후 수년 또는 수개월 동안 발생할 수 있다. 이러한 종류의 결함이 존재하더라도 이러한 결함이 화재를 확대시키는 영향보다 발화원으로 작용할지에 대한 것은 의문이다. 다락방 화재 시 금속제 스테이플은 쉽게 가열되며, 스테이플의 아래에 위치한 전선의 절연물은 화재에 쉽게 영향을 받아 스테이플의 아래에서 아크가 발생될 수 있다. 이러한 이유로, 아크는 일반적으로 스테이플의 바로 옆에서 발견되며, 일반적으로 화재의 원인으로써 오판된다. 이러한 현상의 실제 예는 목걸이를 차고 사우나에 들어가는 것이다. 그 목걸이는 당신의 피부보다 더 빨리 당신의 목을 가열할 것이다.

모서리에 부적절하게 스테이플을 설치하는 것은 여러 도체에 영향을 미칠 수 있고, 단락을 발생시킬 수 있다. 이러한 현상은 스테이플이 잘못 설치된 장소에서 화재 이후에 발생되는 증거가 될 수 있다. 과전류 보호장치는 전기의 흐름을 차단하고 과열을 차단해야 한다. 이러한 사고로부터 발생되는 파팅 아크(patting arc)는 절연물 또는 목재를 발화시키기에 충분하지 않다. 만약 스테이플의 다리(leg)가 절연물을 뚫고 충전된 도체와 접지된 도체에 접촉한다면 단락이 발생될 것이다. 만약 스테이플이 충전된 도체를 절단하고 고저항 결함이 발생되면, 접속 부분에 과열이 발생될 것이다.

단락

단락 또는 도체-도체 사이의 결함은 일반적으로 과전류 보호장치가 작동하기 전에 인근에 위치한 가연물을 발화시키기 위한 충분한 열을 발생시킬 수 없다. 만약 과전류 보호장치가 작동하지 않는다면, 그때 아크(arc)와 함께 과부하가 발생될 것이며, 인근 가연물을 발화시키기 위한 충분한 열을 발생시킬 것이다.

단락흔이 생긴 도체

단락흔이 생성된 도체는 그것 자체로 화재의 원인이라는 것을 의미하지 않는다. 단락흔은 화재가 선선에 손상을 주고 사고를 발생시킨 결과이다.

■ 증거 수집

손상된 도체는 잠재적인 증거이며, 변형되기 전에 화재 현장에서 기록되어야 한다. 조사자는 증거의 훼손을 염두에 두어야 하며, 전기장치의 제거 또는 조작할 때 발생되는 문제점을 인식해야 한다(이 책의 "Legal Considerations"의 훼손에 대한 논의 참조). 그리고 훼손을 행함에 있어서 타당함과 필요성에 대한 충분한 고려 없이 그러한 장치를 훼손해서는 안 된다. 문서화하는 것은 방의 내부에서 손상된 부분을 위치시키는 것이다; 손상된 도체가 연결된 스위치, 콘센트, 접속부 그리고 분기회로 등; 분기회로에 대한 과전류 보호장치를 기술하는 것. 사진과 손상된 도체에 대한 위치의 스케치(sketch)는 이후의 분석에서 유용하게 사용된다.

조사자는 방 안의 손상된 부분의 지점에 밝은 색의 깃발 또는 유색의 테이프를 붙여야 하며, 방 안에서 그것들의 위치를 전체적으로 감지하는 데 도움을 주기 위하여 수 피트(feet) 떨어진 지점에서 회로에 손상된 부분을 촬영해야 한다. 도체의 이동이 더 많은 손상을 야기한다면, 이러한 현장의 크게 확대된 사진이 촬영되어야 한다. 도체의 길이가 제거되는 것에 대하여, 방안에 남아있는 잔류물에 생성된 표시와 함께 절단된 부분의 인근에 위치표시가 추가될 수 있다. 이것은 조사팀이 필요시 더 많은 증거를 수집하도록 도와줄 것이며, 위치표시는 방의 내부에서 도체의 도안을 만드는데 사용될 것이다.

현장에서 중요한 업무를 수행하는 중에 방을 스케치하는 것은 이후에 더 많은 분석을 하고 보고서를 작성하는 데 도움을 줄 것이다. 다른 연결되거나 인근에 위치한 도체, 스위치, 전등 부하, 그리고 콘센트를 포함하여 절단된 도체의 위치와 손상된 부분을 스케치에 포함시켜라. 손상되고 인근에 위치한 도체에 연결된 각각의 회로와 관련된 스위치와 과전류 보호장치는 화재 발생 중에 회로가 활선상태였는지(또는 아닌지)에 대한 가능성 있는 증거로써 이러한 문서화에 포함되어야 한다. 때때로 스위치 또는 콘센트를 포함하여 회로 일부의 제거는 손상된 부분과 더불어 정당화되기도 한다. 이것은 온전한 상태로 유지될 수 있고, 회로의 기능과 화재 중 작동상태 또는 이후에 회로에 대한 고장분석을 하는 데 도움을 줄 것이다.

만약 손상된 도체가 회로에서 절단된 것이라면, 당신이 절단한 것은 손상된 것과 상당한 차이가 있다. 도체의 표면에서 닦여진 물질이 이후에 분석하는데 필요하기 때문에 현장에서 보이는 도체는 닦아서는 안 된다. 각각의 증거는 이후에 연구되기 위하여 주의 깊게 라벨(label)이 붙여야 하며, 운송을 위해 각각 포장되어야 한다. 발견된 장소에 대한 라벨과 위치는 증거물에 첨부되어야 한다. 도체에 흠집(nicking), 뒤틀림(kinking), 마모(abrasion)에 의해 더 많은 손상이 발생되는 것을 방지하기 위해, 긴 구리도체는 코일모양으로 정리하는 과정에서 깨지지 않고 손상된 부분이 접히지 않는다면 플라스틱 가방 또는 수축 랩(wrap) 안에 조심스럽게 코일모양으로 감길 수 있다. 긴 전선관과 격자형 도체는 가능하면 접혀져야 한다. 젖거나 축축한 증거물은 저장되기 전에 건조되어야 한다. 이것은 저장소로 이송되는 마지막 지점에 행해질 수 있다. 가방을 열어둔 채로 두는 것은 증거물에서 습기의 영향을 줄이는 데 도움을 준다. 운송 중에 손상을 방지하기 위하여 하드커버의 가방에 두어라.

정전기

정전기는 물리적인 접촉과 마찰 또는 한 물체에서 다른 물체로의 이동에 의해 발생된 정전하의 축적에 의해 발생된다. 정전기를 발생시킬 수 있는 상황은 카펫 위를 걷는 것, 롤로를 이용한 컨베이어 벨트의 이동, 그리고 액체의 흐름 등이다.

정전하는 두 종류의 충전된 표면이 각각 분리될 때 발생될 수 있으며, 분리된 양전하와 음전하의 순간적인 재결합은 전기적인 아크를 발생시킨다. 하나의 정전하는 시간이 흐르면 발생될 수 있다. 정전기를 완벽하게 방지하는 것은 어려운 일이다. 가능성 있는 발화원이 되기 위해서는 조건이 이상적이어야 한다. 만약 가연성 분위기에서 방전이 발생하지 않는다면 가능성 있는 발화원이 될 수 없다.

정전기는 다른 물체와의 작용에서 액체의 유동에 의해 발생될 수 있으며, 파이프를 통한 유동, 혼합, 주입, 펌프작용, 분사, 여과 그리고 교반(agitating)을 통해 흐를 수 있다. 정전기는 액체의 내부에 축적될 것이며, 특히 탄화수소계열의 액체에 많이 축적될 것이다. 만약 충분한 정전기가 축적되면, 아크가 발생될 것이며, 만약 그 장소에 가연성 증기-공기의 혼합기가 체류한다면 화재의 원인이 될 것이다. 낮은 액체 전도성은 더 많은 전하를 만들고 체류할 수 있다는 것을 의미한다. 액체의 표면전하는 가장 큰 관심사이다.

완화시간(relaxation time)은 전하가 소멸되기 위한 시간으로 정의한다. 이 시간은 수초에서 수분까지 걸릴 수 있으며, 액체의 전도성, 액체가 탱크의 내부로 주입된 비율, 액체가 탱크로 주입되는 방법에 의존한다. 만약 액체와 금속성 탱크표면 사이의 전위가 충분히 크다면, 공기는 이온화되며, 액체와 탱크표면 사이에서 아크가 발생될 것이다; 그러나 액체의 표면과 금속 탱크표면 사이의 아크는 탱크 내부의 돌출부(projection)와 표면의 사이보다는 아크가 발생될 가능성이 적다. 돌출부는 스파크 촉진자(promoter)로 알려져 있다. 접지와 본딩으로도 이러한 내부 전하를 제거할 수 없다. 만약 탱크 또는 컨테이너가 접지되어 있지 않다면,

탱크와 인접한 물체 사이에서 아크가 발생할 것이다.

환적(switch loading)은 이전에 다른 특성을 갖는 액체를 저장하는 탱크의 내부로 그것과 다른 액체를 주입할 때 발생한다. 정전하는 더 많은 가연성액체로부터 증기를 발화시킬 수 있다.

분무는 분사되는 표면과 접지되지 않는 스프레이 노즐 또는 스프레이 건(gun)에 상당한 양의 정전하를 발생시킨다. 만약 분사된 물질이 가연성이라면, 그때 발화가 발생될 수 있다. 고압력 분사 작용은 낮은 압력의 분사작용보다 더 높은 전위의 정전하를 발생시킨다.

정전기는 이동하는 가스 증기가 금속 산화물, 입자, 먼지 그리고 스프레이 또는 액체 방울 등과 혼합될 때 축적될 수 있다. 그러한 가스가 접지되지 않은 전도성 물체측으로 이동하면, 그 전도성 물체에 정전기가 축적될 것이다. 만약 정전하가 충분하고 가연성 분위기가 조성되어 있다면, 그때 아크는 다른 접지된 물체 주위에서 발생될 것이며, 그로 인해 가스는 발화될 것이다.

먼지의 발화에 필요한 최소 에너지는 10 ~ 100 milli-joules (mJ)이다. 이러한 전하에너지는 인체로부터 발생되는 정전기 아크의 에너지(20 ~ 30 mJ)보다 낮을 수 있다. 인체는 50퍼센트 이하의 상대습도의 대기에서 전하를 축적할 수 있다. 이러한 전하는 수천볼트 이상이다.

겹겹이 쌓인 옷이 분리될 때, 옷이 사람의 몸에서 분리될 때 또는 겹겹이 쌓인 옷이 완전히 제거될 때 전하는 축적될 수 있다. 이러한 현상은 옷이 유사하지 않는 섬유일 때 일반적으로 발생된다.

정전기가 발화원으로 가능하기 위해서는 방전될 때 방출 에너지가 최소한 가연성 혼합물의 최소발화에너지(MIE) 이상이어야 하며, 대기 중에서 350V까지 되어야 한다. 이러한 에너지는 아크가 발생될 전도성 표면을 가열하기 위해 필요하고, 정전하 발화에 필요한 최소한의 에너지가 현실적으로 1500V이다. 먼지와 섬유는 가스와 증기가 발화되기 위한 에너지보다 최소한 10~100배 이상의 에너지가 필요하다.

■ 정전기의 축적 제어

정전하는 가습, 본딩 그리고 접지를 통해 제거되거나 분산될 수 있다. 가습은 물질 내부에 수분을 가하는 것이다. 물질 내부에 수분이 많을수록 도전성이 증대되며, 정전하의 축적이 적어질 것이다. 수분의 양은 주위 공기의 상대습도와 관련된다.

상대적 고습도 상태의 대기(습도 50% 이상)에서 물질과 공기는 평형상태에 도달하고, 적절한 전도성을 띨 만큼 충분한 습도를 함유하며, 정전기 축적을 충분히 막을 수 있게 된다.

낮은 상대습도의 대기(상대습도 30% 이하)에서, 물질은 건조되고 좋은 절연체가 되어서 정전하가 더 쉽게 축적될 것이다. 공기 그 자체의 도전성은 습도에 의해 변화되지 않는다.

본딩은 두 개 이상의 도전성 물체를 그 도체 사이의 전위를 감소시키기 위해 전기적으로 연결하는 것이다. 접지는 대지에 물체를 전기적으로 연결하는 과정이다. 접지는 대지와 물체

사이의 전위를 줄인다. 지면 아래에 내장된 파이프와 탱크와 같은 물체는 자연적으로 본딩되어 있다. 접지와 본딩은 그러한 효과를 결정하기 위해 테스트되어야 한다.

■ 정전기 아크에 필요한 조건

정전기 아크가 발화원으로 작용하려면 아래의 5가지 조건이 만족되어야 한다.

1. 정전하가 발생할 수 있는 수단이 존재해야 한다.
2. 전하를 축적하고 유지시킬 수 있는 수단이 존재해야 한다.
3. 충분한 에너지를 가진 정전기 방전 아크이 발생되어야 한다.
4. 최소한의 발화에너지와 적절한 공기의 혼합물을 가진 연료 공급원이 존재해야 한다.
5. 연료 공급원과 정전기 아크의 공존해야 한다.

NFPA921 Section 9.12.5.2.4에 따라 정전기 아크 발화가 발화원으로써 의심된다면, 적절한 자격이 있는 전기조사가가 회로 접지경로와 관련된 접속부를 조사해야 한다.

■ 정전기 발화의 조사

정전기 발화의 조사는 정황증거(circumstantial evidence)의 수집을 포함한다. 위에서 언급한 다섯 가지 조건이 반드시 존재해야 한다. 조사자는 관련된 물질을 조사함으로써 어떻게 정전기가 발생되었는지를 결정해야 하며, 물질의 전도성, 이동, 접촉 그리고 분리를 결정해야 한다. 추가적으로, 조사자는 접지, 본딩 또는 물질의 전도성의 존재 또는 부재를 통해 어떻게 전하가 축적될 수 있었는지를 확인해야 한다. 조사자는 상대습도를 결정해야 하고, 정전기 아크의 전위를 확인해야 하며, 아크가 가능성 있는 발화원이 되기 위해 충분한 에너지를 포함하는지를 결정해야 한다. 그리고 아크와 연료가 근접한 위치에 있었는지를 결정해야 한다. 목격자 진술서와 정황증거는 발생 가능한 아크의 위치를 결정하는 데 도움이 된다.

또한 중요한 것은 실제 방전 에너지이며, 발화 시 연료의 존재이다. 비록 아크가 낮은 전압으로 방전될 수 있지만, 1500V의 전압은 발화가 발생되기 위한 경계보다는 낮아 보인다. 먼지와 섬유는 증기와 가스의 발화에 필요한 에너지보다 일반적으로 10 ~ 100배의 에너지가 필요하다.

■ 번개

번개의 특성은 아래의 항목을 포함한다;

- 1/2~1/3 inch(1.27~1.9 cm) 직경의 코어 에너지 플라스마(core energy plasma)
- 초고온의 이온화된 4 inch(10.2 cm) 두께의 공기 채널에 둘러싸여 있음
- 평균 14,000V이지만 200,000A를 초과할 수도 있음
- 최대 15,000,000V에 이를 가능성도 있음

번개는 종종 지상에서 가장 큰 물체를 때리며, 대지로 경로를 따라 흐른다. 번개는 4가지 방법으로 구조물의 내부로 진입한다; 구조물의 최상부의 금속성 물질에 뇌격, 구조물 자체를 뇌격, 큰 구조물 주위 또는 대지에 인접한 부분에 뇌격, 그리고 건물과 수평하게 이동 또는 가공도체를 뇌격하여 그 도체를 통해 건물의 내부로 전도. 뇌격(lightning strikes)은 높은 전위(수백~수천볼트), 큰 전류(수천 암페어), 그리고 매우 높은 열에너지를 이송하며, 이때 온도가 상승한다. 손상은 표시되거나 건물의 형태를 파괴할지도 모른다. 조사자는 구조물의 손상 또는 전기시스템의 손상으로써 번개 뇌격에 의한 손상의 결과를 관찰해야 한다. 조사자는 건물의 도체가 접지되어 있는지에 특별한 주위를 기울여야 한다. 건물 내부의 배선 전압(120V)과 그보다 낮은 전압(50V) 시스템은 번개로 인해 손상받기 쉽다. 몇몇 장치는 서지보호장치와 서지모니터를 포함한다. 이러한 장치는 그것들이 전원도체와 신호 접속장치에 발생된 에너지를 흡수하거나 반사할 수 있다면 유용하다. 번개감지 네트워크와 번개관련 보고서는 뇌격의 위치와 시간을 결정하는 데 도움을 줄 것이다.

요 약

검토를 위한 준비

- 전기적 손상이 화재의 원인인지 아니면 화재의 결과인지를 결정하는 것은 최소한 전기와 구체적으로 전기의 물리량에 대한 기본적인 이해를 필요로 한다; 전압(volts), 전류(amps), 저항(ohms), 그리고 전력(watt[W]).
- 회로에서의 옴의 법칙, 전력의 계산 그리고 전류의 흐름을 포함하여 전기의 기본 원리를 이해하는 것은 회로에서 가능한 전기에너지를 수량화하는 데 도움을 준다. 에너지의 양과 함께 당신은 회로의 부하와 도체의 분산에 초점을 맞출 수 있다.
- 건물의 전기시스템은 인입구, 접지, 전류 보호장치, 차단기 패널, 분기회로, 도체, 콘센트 그리고 특수장치를 포함한다.
- 다음의 상황은 전기가 발화원으로 작용하기 위해 반드시 필요하다.
- 배선(전선)이 전기적으로 충전(전원 인가)되어 있어야 한다.
- 충분한 열과 온도가 발생되어야 한다.
- 가연물 물질이 전기적 결함으로 인해 발생된 전기에너지에 의해 발화될 수 있는 물질이어야 한다.
- 가연물에서 가연성 증기를 발생시키기 전에 열원과 가연성 물질이 충분히 근접해 있어야 한다.
- 전기회로의 높은 전기에너지 때문에 상당한 크기의 손상이 회로의 소자와 구성요소에서 아크 또는 결함으로 인해 발생될 것이다.
- 정전기는 한 물체와 다른 물체 사이의 이동 또는 지속적인 마찰 그리고 물리적인 접촉으로 인해 정지된 전하가 축적되어 생성된다.

주요 용어

합금 (Alloying)

하나 또는 그 이상의 금속이 용융된 상태에서 두 가지 이상의 금속이 혼합된 형태

교류 (Alternating current, AC)

전압은 1초에 60사이클의 사인파형으로 시간에 따라 변화한다. 부하가 저항성 부하라면 회로에 사인파형의 전류가 흐를 것이다.

전류용량 (Ampacity)

도체가 자체의 온도등급을 초과하지 않고 사용하는 상태에서 지속적으로 흘릴 수 있는 암페어로 나타낸 전류의 양

전류의 세기 (Amperage)

1초에 1쿨롱의 전하의 흐름과 동일한 전류흐름의 단위; 1쿨롱은 6.24×10^{18} electrons

아크 (Arc)

탄화된 절연물과 같은 매개물을 통하거나 도체에 결함이 있는 위치의 간극(gap)을 통해 발생되는 고온의 섬광을 발생시키는 전기방전

아크가 발생되어 절단된 (Arced and severed)

전선의 말단부에서 아크가 발생될 때 형성되며, 전선을 분리시키는 가능성 있는 결과

아크차단기(Arc-fault circuit interrupter, AFCI)

가정용 전기배선에서 아크로 인해 야기되는 화재를 예방하기 위해 제작됨. 회로는 전류의 흐름을 지속적으로 모니터링한다.

아크 맵핑 (Arc mapping)

전기아크가 전기회로를 포함하는 기록(문서화)과 전기아크가 손상을 발생시킨 위치에 대한 분석

천공 (Blow holes)

전선관 또는 분기회로의 금속 패널에 생성된 식별 가능한 구멍. 천공은 전선관 또는 패널의 내부에서 에너지 방출과 중대한 아크의 흔적이다.

가지회로 (Branch circuits)

전등, 소켓 그리고 다양한 고정된 가전제품을 연결하는 각각의 회로

직류 (Direct current, DC)

전압이 시간에 따라 변하지 않고 일정한 값을 유지하는 것. 부하가 저항성 부하라면 전류 또한 일정한 값을 유지할 것이다.

전력 (Electrical power)

헤어드라이어, 전기모터 또는 전구와 같은 전기회로에서 (전기에너지를 사용하는)일의 비율

공융용융 (Eutectic melting)

개별 금속의 녹는점 보다 낮은 녹는점을 갖는 금속의 결합

누전차단기 (Ground-fault circuit interrupter, GFCI)

전류가 Class A 장치에 적합한 값을 초과하여 대지로 흐를 때 설정된 시간 내로 한정시키거나 회로를 차단하도록 하여 인체를 보호하도록 제작된 장치

접지 (Grounding)

고의적 또는 사고로 인해 전기회로와 장치 사이가 그리고 대지와 대지를 대체하는 전도성 물체와 전기적으로 연결되는 것

고저항 결함 (High-resistance fault)

열이 발생되기 위해 충분한 전류를 허용하는 의도되지 않은 경로 그러나 보호차단기를 차단시키기에는 충분하지 않다.

마력 (Horsepower)

에너지의 사용과 생산을 표현하기 위해 사용되는 전력의 단위. 1 kW는 1.34마력과 동일하다.

활선 (Hot legs)

단상 시스템에서 절연된 두 도체(3상 전력이라면 3개의 도체), 일부에는 L1, L2 또는 전선전압이라 부른다.

정격차단전류 (Interrupting current rating)

장치가 차단할 수 있는 전류의 최대량

주차단 (Main disconnect)

메인이 전체 시스템전력을 기계적으로 차단하며, 전선과 과전류 보호장치의 부하측을 과도한 전류로부터 보호한다.

계량기 (Meter)

한 장소에서 소비되는 전기의 양을 측정하기 위한 장치에 체결되는 적산전력량계

계량기 베이스 (Meter base)

사용되는 전기의 양을 측정하는 계량기에 체결되어 웨더헤드(Weatherhead)를 통해 인입되고 전선관을 통해 인출되는 케이블 공급하는 구성요소

옴의 법칙 (Ohm's law)

전압, 전류 그리고 저항과의 관계를 정의하는 전기의 기본 법칙. 만약 3개의 물리량 중 2개의 값을 알면, 나머지 1개의 값을 결정할 수 있다.

과전류 (Overcurrent)

도체의 전류용량 또는 장치의 규정전류를 초과하여 흐르는 전류; 과전류는 과부하, 단락 또는 지락의 결과가 될 수 있다.

오버퓨징 (Overfusing)

회로 보호장치의 용량이 도체의 전류용량을 현격히 초과할 때 도체의 내부에서 열을 증가시키는 상황을 초래하면서 발생되는 위험한 상태

과부하 (Overload)

정상상태, 과도한 부하사용 또는 규정된 전류용량을 초과한 장치의 사용은 충분한 시간이 지속되는 동안 위험한 과열 또는 사고를 야기할 수 있다.

정격전류 (Regular current rating)

5A, 20A, 또는 50A와 같이 보호장치가 차단시키는 전류의 등급

지연시간 (Relaxation time)

전하가 소멸되기 위한 시간

저항발열 (Resistance heating)

발열체(고의적) 또는 저항성 연결(비고의적)과 같이 높은 저항을 통해 전류가 흐를 때 발생한다.

저항성 회로 (Resistive circuit)

인덕턴스와 커패시턴스를 포함하지 않는 회로

실효치(계산) (Root mean squared, RMS)

교류전류(AC) 시스템을 더욱 익숙한 직류(DC) 시스템으로 계산하기 위한 수학적 계산

가공 인입선 (Service drop)

전봇대 또는 가공 구조물로부터 인입되는 도체이며, 구조물에서 인입구 도체와 연결된다면 용접이 필요하다.

인입구 (Service entrance)

인입구가 건물로 인입되는 지점

인입구 장치 (Service equipment)

차단기, 스위치, 퓨즈 그리고 다른 장신구로 구성되는 필수장비는 건물, 다른 구조물 또는 다른 지정된 장소의 인입구 도체의 부하 말단에 연결된다. 그리고 공급된 전력을 차단하고 제어하도록 고안되어 있다.

지중인입선 (Service lateral)

지중으로 인입되는 전선

사인파 (Sine wave)

AC전압 흐름의 파형. 한 예는 0V에서 최대 170V를 갖는 120V의 AC전압이며, 1초에 60사이클로 반복된다.

정전기 (Static electricity)

정전기는 물리적 접촉, 분리 그리고 전하를 발생시키는 여러 가지 방법으로 물질에 남아있는 전기 전하

환적 (Switch loading)

탱크 또는 구획공간으로 다른 증기압과 인화점을 갖는 물질이 인입되는 것을 설명하기 위한 용어

서미스터 (Thermistors)

저항의 변화에 의해 온도를 측정하기 위해 사용되는 센서

시간-전류곡선 (Time current curve)

특정양의 전류등급에서 차단되는 전류 보호장치에 대하여 필요한 시간을 나타낸 곡선

검전기 (Voltage sniffer)

전압기 인가되어 있거나 인접한 위치가 충전상태일 때 점등되거나 경보(beep)를 발생하는 비접촉 전압 감시장치

웨더헤드 (Weatherhead)

구조물에 인입구 케이블이 연결되는 지점, 웨더헤드는 전선을 이송하는 전선관으로부터 물의 침입을 방지하도록 고안 된다.

실전 화재조사관

당신은 작고 아름다운 상점에서 화재조사를 하고 있다. 화재는 상점 전체 상당한 피해를 끼쳤으며, 상점은 화재 발생 시점에 영업은 하지 않았다. 당신이 상점의 주인과 인터뷰 할 때 소방관은 화재의 소화를 마무리 하고 있다.

상점의 주인은 자신이 알고 있는 건물에서 어떠한 문제도 없다고 말한다; 그러나, 그녀는 때때로 너무 많은 장치가 동시에 사용될 때 차단기가 "트립"되었다고 말한다. 그녀는 그 전에도 최초의 상황에서 여러 번 차단기를 초기화시켰다.

일단 내부에서 당신은 상점의 인테리어를 조사하기 시작하고, 최초 발화된 지역을 확인한다. 체계적으로 연소잔류물을 제거한 이후, 당신은 마루에서 용융되 채 심각하게 손상된 전원장치와 연결된 드라이어, 고데기 그리고 왁스히터(wax heater)의 잔해물을 찾아낸다.

1. 어떠한 사고가 화재의 원인으로 작용할 수 있는가?
   A. 과부하
   B. 정전하
   C. 탄화물을 통한 아크
   D. A와 C

2. 전기에너지에 의한 발화는 아래의 모든 항목이 필요하지만, 제외되는 것은:
   A. 전원이 인가된 회로
   B. 충분한 열과 온도
   C. 전기적인 아크
   D. 가연성 물질의 근접

3. 아크 맵핑은 조사자가 무엇을 하는데 유용한가:
   A. 한 도체의 전선 게이지를 식별
   B. 발화기기와 발화지점의 결정
   C. 한 회로에서 흐른 전류의 양을 계산
   D. 위의 모든 것

4. 회로의 내부에서 전류의 양은 어떤 단위로 측정되는가:
   A. 볼트
   B. 와트
   C. 옴
   D. 암페어

5. 만약 증거로써 전기 구성품을 수집한다면, 당신은 무엇을 해야 하나:
   A. 증거의 위치를 표시하는 영역을 스크래치함
   B. 회로의 차단해야 하는 위치를 표시하고 촬영
   C. 손상된 영역의 외부 회로를 차단
   D. 위의 모든 것

건물 연료가스 시스템

학습 목표

이 장을 학습한 후 여러분은 다음 사항을 할 수 있다.

- 연료가스시스템의 구성요소와 그러한 구성요소가 화재와 폭발조사에 어떻게 도움을 줄 수 있는지에 대한 설명
- 연료가스의 특징에 대한 논의
- 천연가스시스템의 구성요소에 대한 논의
- LP가스시스템의 구성요소에 대한 논의
- 연료가스시스템에 대한 일반적인 구성요소에 대한 설명
- 건물에서 연료가스시스템에 대한 일반적인 배관에 대한 설명
- 필요한 장치와 설비에 대한 논의
- 연료가스 사용 장치 확인
- 연료가스시스템을 조사하는 방법에 대한 설명

기능습득 목표

이 장을 학습한 후 여러분은 다음 사항을 할 수 있다.

- 연료가스 시스템에 대한 화재 및 폭발조사 수행

NFPA 참고 문헌

NFPA 54, *National Fuel Gas Code*

NFPA 58, *Liquefied Petroleum Gas Code*

NFPA 70, *National Electrical Code*

NFPA 921, *Guide for Fire and Explosion Investigations*

CHAPTER

8

FESHE 과정 결과물

화재조사 I

이 장에서는 화재조사 I (FESHE)의 과정에 대한 결과물은 없다.

화재조사 II

이 장에서는 화재조사 II (FESHE)의 과정에 대한 결과물은 없다.

당신은 화재조사관

심각한 폭발현장에서, 당신은 현장을 문서화하고 현장의 잠재적 증거물을 확인하기 시작한다. 당신은 도로와 집의 잔여물 사이에 굴착된 도랑 근처에서 심각하게 파괴된 굴삭기를 관찰한다. 당신이 도랑을 조사함에 따라, 당신은 수도관과 천연가스관을 관찰하고, 그 배관이 인접해 있으며, 천공이 나 있고, 여러 방향으로 구부러져 있는 것을 관찰한다. 그 폭발을 목격한 주민은 자신이 무엇이 발생되었는지를 안다고 믿기 때문에 당신에게 설명한다.

1. 당신이 목격자에게 어떠한 질문을 할 것인가?
2. 연료가스시스템에서 어떠한 요소가 당신의 조사에 중요한 작용을 하는가?
3. 이 조사를 행하여 당신은 어떠한 정보를 얻는가?
4. 어디서 누설이 발생하였다고 생각할 수 있는가?

개요

모든 화재 현장조사 중에, 그 현장과 연료가스시스템의 상태는 문서화될 필요가 있다. 화재와 폭발사고는 종종 이러한 시스템의 결함의 결과이기도 하다. 사고가 연료가스시스템을 포함하여 발생될 때, 그 사고는 폭발과 격렬한 화재를 포함하는 대형사고로 진행되기도 하며, 종종 구조물의 대부분이 파괴되거나 구조물의 인근 또는 내부에서 사상자를 발생시키기도 한다. 화재조사관은 연료가스와 그것들을 사용하는 시스템에 대하여 알아야 한다. 건물연료 시스템의 이해를 돕는 주요 요소에 대한 기준문서는 아래와 같다:

- NFPA 54, 국제 연료가스 규정
- 49 CFR Part 192, “파이프라인에 의한 천연가스와 다른 가스의 수송: 최초 안전기준”
- NFPA 58, 액화석유가스 규정

연료가스 시스템

건물의 연료가스 시스템은 건물 내부의 온도를 제어하고, 물을 가열하고, 요리를 하거나 제조공정에 에너지를 공급하는 데 사용될 수 있다. 건물의 내부에서 사용되는 가장 일반적인 두 개의 연료가스는 천연가스와 프로판가스이다.

■ 화재와 폭발조사에 대한 연료가스의 영향

건물 또는 가스기기의 연료가스 시스템은 초기 연료원, 최초 발화원 또는 연료와 발화원 모두로써 작용할 수 있다. 그러한 연료시스템은 건물을 통해 빠르게 화염을 확산시킬 수 있나. 연료선달 시스템에 결함이 있고, 그 연료가 발화원과 만날 때 연료가스는 최초 가연물로 작용함으로써 발화를 지속시키는 본질로 작용할 수 있다(그림 8-1). 그때 연료가스는 화재의 성장과 확대에 영향을 미칠 수 있다. 만약 연료가스가 화재로 유입되녀, 그 연료가스는 화재의 확산과 성장의 요소가 된다.

그림 8-1 천연가스 폭발현장

■ 연료원

연료의 개입은 대부분 연료전송 또는 저장시스템의 구성체에서 발생된다. 그러한 연료는 대부분 벌크연료 공급체를 포함하는 용기, 벌크 공급체에서 가스기기 또는 가스기기 자체 내부의 시스템으로 공급되는 배관에서 누설된다. 이러한 누설된 연료를 누설가스(fugitive gas)라 부른다. 누설가스는 공기와 신속히 혼합되고, 매우 작은 발화원에 의해서도 쉽게 발화된다. 대부분의 연료가스의 발화온도 범위는 723°F에서 1,170°F(384℃~632℃)이다. 이러한 가스의 최소 발화에너지는 0.2mJ이다.

■ 발화원

누실가스가 공급된 가스기기 내부에서의 발화용 불씨와 나화(open flames)는 종종 발화원으로 작용한다. 발화원은 또한 가스기기로부터 발생된 정전기 아크, 전기아크, 스위치 또는 가스기기의 접촉에 의한 아크에 의해 발생될 수 있다. 종종, 여러 가지 가능성이 있기 때문에 누설연료가스를 발화원으로부터 격리시키는 것은 어렵다.

누설된 연료가스는 연료가스가 공급된 가스기기 또는 가스장치 주위에서 주로 발생할 것이다. 일단 가스기기가 포함되면, 화재는 이러한 가스기기의 인근에 있는 가연성 가스를 발화시킬 것이다.

■ 발화와 연료원으로서 가스시스템

버너와 발화 불꽃과 같은 연료가스의 시스템과 장치는 연료의 공급원과 화재 또는 폭발의 발화원으로써 작용할 수 있다. 예를 들어, 이러한 현상은 온수기 내부의 결함이 있는 배관 또는 기계장치에서 가스가 누설될 때 발생할 수 있으며, 결국 발화불꽃에 도달될 때 발생될 것이다.

추가적으로, 연료가스는 초기 연료와 화재의 연료로 작용할 수 있다. 발화원에 최초 연료를 공급한 이후, 가스시스템은 화재가 성장하도록 지속적인 연료를 공급할 것이다. 누설연료가스에 의해 공급된 에너지의 양은 누설된 연료의 양 또는 누설의 크기에 의해 결정된다. 특히 누설이 화재의 성장 동안 지속된다면 그리고 화재의 성장을 허용하는 지역 내에서 가연성가스가 있다면, 누설연료가스는 화재의 성장과 확대를 가속시킬 수 있다. 추가적인 가연물이 없이 공기에서 연소하는 연료가스는 화재의 성장을 가속시키지 않을 것이다.

■ 추가적인 화재확산

화재는 이러한 누설연료가스 때문에 건물의 다른 지역으로 확대될 수 있다. 그것은 별도의 화재로 나타날 것이며, 가스의 확산과 관련이 있다. 이러한 현상은 종종 가스가 발화되기 전의 시간 동안 확산될 때 발생될 수 있으며, 다른 지역에서 대형화재가 발생시킬 수 있다. 이러한 현상은 가스가 건물의 다른 지역으로 화재가 확대되는 상황에서 확산될 때 발생할 수 있다. 표 8-1은 일반적인 가정에서 대부분 사용되는 천연가스와 프로판(액화석유가스, LPG)의 특성을 설명하고 있다.

연료가스의 특징

조사자는 화재 또는 폭발사고를 발생시킬 수 있는 의심되는 연료가스의 개별적인 특징을 알아야 한다. 각각의 연료가스의 특징에 대한 이해는 조사자로 하여금 화재와 연소패턴을 정확히 해석하는 데 도움을 준다.

표 8-1 천연가스와 프로판의 특성

	천연가스	프로판 가스
구성	탄화수소 가스	95%프로판과 프로필렌
밀도	공기보다 가벼움	공기보다 무거움
	0.59~0.72의 대기밀도	1.5~2.0의 대기밀도
폭발하한계	3.9~4.5%	2.15%
폭발상한계	14.5~15%	9.6%
발화온도	900℉~1170℉(483℃~632℃)	920℉~1120℉(493℃~604℃)
BTUs(per cubic foot)	1030	2490
운송	소비자에게 직접 배송시스템으로 통한 운송	사용자의 특성에 따른 탱크 저장과 탱크로리를 통한 운송

■ 천연가스

천연가스는 원유를 시추하는 과정에서 대지의 내부에서 생성된 가스의 혼합체이다. 높은 농도의 메탄가스(72~95%)에서 질소, 에탄, 프로판, 부탄, 헥산, 이산화탄소, 그리고 산소와 같은 다른 가스가 다양한 비율로 발견될 수 있다.

순수한 천연가스는 공기보다 가볍고, 0.59~0.72의 비중을 가지고 있다. 연소범위는 3.9~15%이고, 발화온도는 900°F~1,170°F(482℃~632℃)이다.

■ 상업용 프로판

천연가스와는 다른 프로판은 원유를 정제하는 과정에서 생산된다. 상온과 대기압에서 프로판의 액화되는 능력 때문에 액화석유가스(LP가스)는 운송, 저장되기 쉬우며, 먼 지역의 사용자 또는 휴대용으로 천연가스보다 더 적합하다. 상업용 프로판은 최소 95%의 프로판과 프로필렌 그리고 5%의 다른 가스로 구성된다.

프로판은 1.5~2.0보다 무거운 대기밀도를 가지고 있으며, 2.15~9.6%의 폭발범위를 가지고 있으며, 발화온도는 920°F~1120°F(493℃~604℃)이다.

■ 기타 연료가스

다른 가스 또한 상업적이거나 개인적인 조사를 수행할 때 조사자에게 흥미가 있다. 상업용 부탄은 부탄과 부틸렌(최소 95%), 5%의 다른 가스로 구성된다. 프로판 HD5(95% 프로판)는 모터의 연료로 사용되며, 상업용 프로판보다 더 제한적으로 사용된다.

특별한 제조공정이 사용되거나 수소, 아세틸렌, 코크스로 가스와 같은 다른 가스를 생산한다.

■ 부취제

법적으로 부취제는 LP가스, 상업용 천연가스에 포함된다. 천연가스가 부취를 풍기지만 LP가스와 천연가스 자체로는 냄새가 나지 않는다. 가스 공급회사는 가스에 안전요소로서 부취성분을 첨가하여 사람들이 가스의 존재를 감지할 수 있게 한다. NFPA 58에서, 부취제는 연료가스가 연소하한계(LEL)인 15% 미만의 농도일 때 감지될 수 있어야 한다. 부틸 메르캅탄(Butyl mercaptan)은 천연가스에 가장 많이 사용되는 반면, 에틸 메르캅탄 또는 티오팬(thiophane)은 LP가스에 가장 많이 사용된다. 전형적으로, 천연가스는 전송 파이프라인 시스템의 내부에서 운반되는 동안 악취는 나지 않는다. 부취제는 천연가스가 사용자에 의해 사용되는 분배시스템으로 유입될 때 발생된다. LP가스의 경우, 부취제는 대형 분배시설로 운반되기 전에 첨가된다.

만약 조사 중 연료가스가 포함된 것으로 드러날 경우, 조사자는 부취제의 존재를 확인해야 한다. 종종 조사자는 조사 중에 부취제의 냄새를 인지할 수 있다.

프로판의 가스 샘플은 정확한 측정치를 제공하지 않기 때문에, 연구분석을 위해 액체 샘플을 채집함으로써 검사 되어야 한다. LP가스 샘플은 스테인튜브(stain tubes)가 확보되어야 하며, 샘플을 채집하는 기술이 승인되어야 한다. 모든 부취제에 대하여 보편적인 스테인튜브가 없기 때문에, 조사자는 부취제를 인지해야 하고, 적합한 스테인튜브를 사용해야 한다. 조사자는 가스 샘플을 채집하기 위해 그 분야의 전문가의 도움을 받는 것을 추천한다. 일단 채집되면, 샘플은 부취제의 샘플을 분석할 수 있는 실험실로 가능한 빨리 옮겨져야 한다. 분석이 가능한 실험실인지는 샘플이 전송되기 전에 조사자에 의해 결정되어야 한다.

반면 천연가스 샘플은 테들라백(tedlar bags)을 사용하여 수집되어야 하며, 감지장치를 사용하여 현장에서 검사되어야 한다.

가스 시스템

다양한 가스의 수송시스템은 수요자의 건물과 가스기기로 파이프를 통해 직접 전송되는 것과 유사하다. 그러나 한 가지 다른 점은 천연가스는 지하 공급 서비스라인(분배라인의 형태)을 통해 중앙에서 공급된다는 것이다. LP가스 또는 다른 종류의 저장가스는 소비자의 위치에서 벌크의 형태로 저장된다.

천연가스 시스템

천연가스는 수송 파이프라인을 통해 공급되며, 소비자의 위치에 있는 계량기를 통하기 전에 메인 파이프라인과 본 배관 또는 지중 배관으로 공급된다. 표 8-2는 천연가스 공급시스템과 전형적인 가스압력을 설명하고 있다.

표 8-2 공급자로부터 소비자에게 공급되는 천연가스 공급시스템

시스템의 형태	일반적인 사용	압력
전송 파이프라인	메인 설비에서 지역단위로 천연가스를 운송하기 위해 사용	저장소/생산시설로부터 1,200ps i(8,275kPa) 가스
메인 파이프라인	가스를 분배하기 위해 사용(1,000kPa); 전형적으로 60psi	다양함;150psi를 초과하지 않음; 중앙 그리드 시스템:400kPa 또는 그 이하
서비스라인(지중인입)	메인 파이프라인과 사용자를 연결하기위해 사용	4~10inch 범위의 급수관(1.0~2.5kPa)
계량	파이프를 통해 공급되는 가스의 양을 측정	4inch 급수관에서 수 psi까지 사용자의 필요에 따라 다름

LP가스 시스템

LP가스 분배 시스템은 LP가스 저장탱크가 종종 사용자의 부지에 위치하는 것을 제외하고 천연가스 시스템과 유사하다. LP가스 저장탱크는 LP가스 저장탱크는 벌크형태의 저장소일 수 있고, 천연가스와 유사하게 지하 파이프로 공급될 수도 있다.

■ LP가스 저장용기

이동식 탱크, 카고탱크, 실린더 그리고 용기의 차이는 NFPA 58에서 설명된다. 아래의 설명은 이러한 시스템에 대하여 소개하고 있다.

탱크

탱크는 1,000갤런(4,000리터) 이상의 컨테이너로 정의 된다(표 8-3). LP 저장탱크의 구조 및 설계는 American Society of Mechanical Engineers (ASME)에 의해서 정해진다(그림 8-2). 저장탱크 내부의 일반적인 압력은 LP가스의 온도에 따라 결정되지만, 200~250 psi (1,400~ 1,700 kPa) 만큼 높은 압력을 유지하며, 5% 이상의 액화가스가 전송되지는 않는다.

카고탱크는 차체에 영구적으로 장착된 용기이며, LP가스의 운송을 위해 사용된다. 이동식 탱크는 LP가스의 운송을 위해 사용되지만, 차체에 장착되지는 않는다. 그 양은 1,000 lb (450 kg)을 초과 한다

그림 8-2 LP가스 저장탱크

표 8-3 LP가스탱크 도표

	150갤런	250갤런	500갤런	1000갤런
길이	85"	92"	120"	190"
직경	25"	30"	27"	41"
무게	320 lbs	485 lbs	950 lbs	1,750 lbs

실린더

실린더는 소형 용기이다. 실린더는 1000 lbs (450 kg) 이하의 용량을 갖는다. 실린더의 구조와 디자인은 미국교통국(U.S. Department of Transportation)의 규정에 의해 정해진다. 실린더의 압력은 200~250 psi (1,400~1,700 kPa)의 탱크 또는 컨테이너의 압력과 같을 수 있다. 실린더는 주택, 산업시설, 이동식 주택, 캠핑카 그리고 외부의 바비큐그릴 그리고 차량용 연료 등에서 가장 많이 사용된다(그림 8-3).

그림 8-3 LP가스 실린더

■ 컨테이너 부속품

압력 릴리프 장치, 제어밸브 그리고 게이지 등의 탱크의 입구와 다른 컨테이너에 연결된 장치를 컨테이너 부속품이라 한다(그림 8-4). 아래 사항은 이러한 장치를 설명하고 있다.

그림 8-4 LP가스탱크 게이지

릴리프장치

용기는 미국교통국(U.S. Department of Transportation)에 의해 제제를 받으며, 가용성 플러그 또는 릴리프밸브 설치를 의무화 한다. 압력 릴리프장치는 용기의 파열과 설계 최대압력을 초과하는 것을 방지하기 위한 압력 또는 온도 작동형이다.

릴리프밸브는 특정 압력에서 개방되도록 설계되며, 일반적으로 약 250 psi (1,700 kPa)에서 작동된다. 릴리프밸브는 예외는 있을 수 있지만 일반적으로 증기를 배출하는 용기의 내부에 위치한다. 용기의 압력은 LP가스의 온도와 직접적으로 관련이 있다. NFPA 58은 가스의 온도를 안다면 용기 내부의 압력을 결정하는 방법을 제공한다.

가용성 플러그는 용기의 내용물을 환기시키고, 개방하는 열적 작동장치이다. 이 장치는 한번 작동하면 재사용이 불가능하다. 액체용량이 1,200 lbs (540 kg) 이하인 저장탱크는 가용성 플러그가 설치되어 있을 것이다. 이러한 플러그의 녹는점은 208°F(98℃)과 220°F(104℃) 사이이다.

유량제어 접속

몇몇 용기의 부속품은 용기에서 흐르는 가스를 조절한다. 가장 흔한 것이 차단밸브(shutoff valve)이다. 설비의 내에서 과류방지체크밸브는 용기에서 가스의 흐름을 모니터한다; 이러한 밸브는 설정된 양을 초과하여 흐르는 경우 작동한다. 또한 용기 또는 분배시스템의 내부로 가스가 유입되는 것을 방지하는 역류밸브라는 밸브도 있다.

액면 게이지장치

용기의 표면에 프로판의 액면을 나타내는 장치가 있다. 액면 게이지장치의 형태는 최고레벨을 표시하는 고정된 레벨게이지와 가변게이지를 포함한다. 가변 액면게이지의 형태는 부유, 자성, 회전, 그리고 슬립튜브를 포함한다.

압력게이지

압력게이지는 용기의 내부 압력을 측정하는 용기 부속품의 다른 형태이다. 그 게이지는 탱크와 직접 연결되어 있거나 때로는 밸브를 통해 연결되어 있다. 압력게이지는 탱크 내부의 프로판의 양을 나타내지는 않는다.

압력조정기

압력조정기는 압력을 줄이기 위해 가스공급장치를 통해 부착되어 부하설비 또는 가스기기에 의해 사용될 수 있도록 한다. 프로판시스템에서 2가지의 모드에서 프로판의 압력을 줄이는 멀티(2가지) 조정기가 있다. 종종, 2가지 모드 조정기가 있는 경우, 하나의 조정기는 탱크에 위치할 것이고, 나머지 하나는 가스기기의 인근 또는 구조물 인입 연료배송 시스템에 설치될 것이다. 가스기기에서 약 11 inch에서 14 inch 급수관(2.74~3.5 kPa)으로 사용하기 위해 제한된 LP가스 압력을 볼 수 있다.

프로판 압력은 탱크압력에서 장치에 의해 사용될 장소로 줄여야 한다. 탱크압력은 프로판 액체의 온도에 따라 다양하게 변할 것이다(표 8-4).

표 8-4 프로판의 온도와 관련성 때문에 프로판 탱크 내부의 일반적인 압력	
온도	압력
0℉ (-18℃)	28psi (190kPa)
70℉ (21℃)	127psi (876kPa)
130℉ (54℃)	286psi (1970kPa)

기화기

기화기는 액체 프로판이 쉽게 기화되기 위하여 사용된다. 기화기는 산업시설의 사용 또는 추운 환경과 같이 많은 양의 프로판의 사용이 요구될 때 주로 사용된다 (그림 8-5). 기화기는 액체를 기체로 변환시키기 위하여 액체 프로판을 가열시킨다.

그림 8-5 기화기

일반적인 연료가스시스템 구성

건물이 단독주택, 음식점 또는 대형 제조시설인지 아닌지에 상관없이, 건물의 연료가스시스템은 다양한 분배 배관, 밸브, 버너, 그리고 조정장치를 포함할 것이다. 이러한 다양한 구성요소는 연료가스를 가스기기에 안전하게 공급하기 위하여 설치, 디자인 및 사용된다. 조사자는 그러한 구성품이 화재 또는 폭발사고와 관련되거나 원인을 야기했다는 결론을 내기 위해서 이러한 구성품에 대하여 면밀히 조사해야 한다.

그림 8-6 대형 천연가스 계량기

■ 압력조정기

가장 일반적인 형태의 압력

표 8-5 가스기기에서 사용압력

용도	압력
비산업 천연가스 기기	4~10inch 급수관(1~2.5kPa)
비산업 프로판 기기	11~14inch 급수관(2.7~3.5kPa)

조정기는 압력을 조정하는 스프링이 설치된 다이어그램 타입과 레버타입이다. 사용된 가스의 양은 일반적으로 알려진 가스계량기로 알려진 압력조정기를 통해 측정된다(그림 8-6). 그러한 조정기에서의 개방은 그 장치가 적절히 작동되어야 가능하다. 만약 개방구가 막히거나 차단된다면, 압력조정기는 적절히 작동하지 않을 것이다. 춥거나 범람하기 쉬운 환경에서 물이나 얼음의 축적이 개방구의 개방을 방해하지 않는 위치에 조정기를 위치시키는 것은 중요하다. 표 8-5는 가스기기에서 일반적인 사용압력에 대하여 설명하고 있다.

■ 인입관 시스템

인입관은 메인배관에서 사용자측으로 연료가스를 운송한다(그림 8-7).

이러한 메인가스배관과 인입관의 재질은 연철(wrought iron), 구리, 황동, 알루미늄합금, 또는 플라스틱이 가장 많이 사용된다. 인입관은 종종 지하에 매설되며, NFPA 58에 의해 규정된다. 지하 배관은 물리적인 손상을 피하기 위하여 매우 깊게 매설되어야 하며, 부식으로부터 보호되어야 한다. 만약 배관이 건물 또는 공공시설의 지하로 매설되는 경우, 규정된 금속관에 매입되어야 한다.

그림 8-7 20inch 메인 가스배관

■ 밸브

밸브는 가스의 흐름을 제어하기 위해 배관시스템에 설치될 것이다. 이러한 밸브는 대지에서 가스배관이 종료되는 지점에서 계량기 또는 조정기 전에 설치될 것이다. 밸브는 각각의 장치 또는 가스기기 전에 위치한다. 일반적인 연료가스시스템에서 사용되는 다양한 종류의 밸브가 있다. 몇몇 밸브는 자동으로 작동하고, 가스기기에 의해 개방, 폐쇄 또는 부분적으로 개방되도록 제어된다. 이러한 몇몇 자동밸브는 화재 또는 과도한 유동과 같은 긴급상황에서 자동으로 폐쇄되도록 고안 된다. 가스기기에서 일반적으로 사용되는 밸브는 개별 버너밸브, 메인 버너 조절밸브, 그리고 수동 리셋밸브이다(표 8-6).

표 8-6 용도에 따른 밸브형태

밸브형태	사용용도
자동밸브(Automatic valve)	가전기기의 작동 중 버너에 가스공급을 제어하는 밸브와 작동 메커니즘을 포함함. 작동메커니즘은 가스압력, 전자적인 방법 또는 기계적인 방법에 의해 작동됨.
자동 가스 차단밸브(Automatic gas shutoff valve)	연료가스연소장치에 가스를 차단하기 위하여 자동가스차단장치와 연결되어 사용됨.
개별 버너밸브(Individual burner valve)	개별버너에 가스공급을 제어하는 밸브
메인 버너제어밸브(Main burner control valve)	메인버너 매니폴드로 가스공급을 제어하는 밸브
수동리셋밸브(Manual reset valve)	가스공급파이프에 설치되고 불안전한 상태 발생 시 차단시키기 위한 자동차단밸브. 수동으로 리셋하기 전까지 상시 폐쇄되어 있음.
릴리프밸브(Relief valve)	초과압력을 배출함으로써 압력용기의 파열을 방지하기 위해 고안된 안전밸브.
인입차단밸브(Service shutoff valve)	전체적인 파이프시스템에 가스의 공급을 차단하기 위해 사용되는 밸브(일반적으로 인입측 계량기 또는 공급원과 사용자파이프시스템 사이에 가스공급자에 의해 설치됨)
차단밸브(Shutoff valve)	개별 가전기기 또는 장치를 차단하기 위해 사용되는 밸브(파이프시스템에 설치되며, 사용자에 의해 작동되고, 쉽게 접근이 가능함)

■ 가스버너

대부분의 가스사용 장치는 몇 가지 형태의 가스버너를 사용한다. 가스기기에서 가스버너 또는 오리피스는 천연가스와 프로판가스 사이에서 교체될 수 없다. 버너에 의한 가스 발화는 수동발화, 불꽃발화 그리고 불꽃이 없는 발화기를 포함하여 몇 가지 방법으로 발생될 수 있다. 버너가 수동발화에 의해 발화될 때, 사용자는 스파크 또는 화염을 인가할 것이다. 가스버너는 버너 인근에 위치한 가스기기 내부의 발화불꽃, 소형 화염에 의해 발화될 것이다. 발화불꽃은 가스를 발화시키기 위하여 충분히 가까워야 하며, 또한 충분한 크기를 유지해야 한다. 몇몇

그림 8-8 가열로 버너와 가스제어밸브

제품에서, 발화불꽃은 지속적으로 연소하며, 다른 제품에서 버너는 전자적으로 발화되기도 한다. 전자적으로 발화불꽃이 발생되는 가전기기에서, 전기아크가 발화불씨를 생성하며, 차례차례 버너를 발화시킨다. 불꽃이 없는 버너는 발화불꽃을 가지고 있지 않지만, 전기아크 또는 저항성 발열소자에 의해 발화된다. 대부분의 시스템은 버너가 발화되지 않을 때 가스의 흐름을 막는다.

그림 8-8은 가열로의 버너와 가스 제어밸브를 보여준다. 그림 8-9는 보일러에서 발화용 전선과 제어밸브를 보여준다.

그림 8-9 보일러 발화전선과 가스제어밸브

건물의 일반적인 가스배관

이 절은 연료가스 배관시스템에 관하여 부하설비와 건물 내부에 설치된 일반적인 배관 구성요소에 대하여 설명한다. 배관의 사이즈는 파이프와 연결된 장치에 의해 요구되는 최대 가스흐름에 의해 결정된다. 건물에서 일반적인 배관은 인입배관 관련 부분에서 설명한 것과 유사하다. 배관재질은 연철(흑색배관), 구리, 또는 황동을 포함한다. 골판지 모양의 스테인리스 철강튜브(CSST)는 상업시설과 가정용 가스기기에 또한 사용되며, 바닥틀, 천장틀, 또는 벽체의 내부를 따라 설치될 수 있다. 알루미늄합금도 사용되나, 지하 매설용으로는 적합하지 않다. 플라스틱은 외부 또는 지하 매설용으로 사용되지만, 실내에서는 사용되지 않는다. 조사를 수행할 때 배관 구성요소의 증거가치를 유지시키는 것은 중요하다. 배관시스템의 일부는 제거 되서는 안되며, 만약 배관이 절단될 필요가 있다면, 조사자는 재구성을 위해 모든 변화되는 사항을 기록해야 한다.

안전 팁

적절한 연습 없이 연료가스시스템을 분해하거나 검사하면 안 된다. 훈련된 가스 전문가 또는 연료가스시스템과 관련된 사고조사에 경험이 많은 조사자는 시스템에 누설이 있는지 체크해야 한다. 적절히 분석하고 검사하기 전에 시스템을 교체하거나 시스템의 구성품을 미리 제거하는 행위는 법적인 절차에 악영향을 줄 수 있는 파손에 대한 구상을 야기할 수 있다.

안전 팁

수년간, 골판지 모양의 스레인리스 강철튜브(CSST)는 번개 이후에 누설되거나, 과전류 사고는 화재를 야기 시킨다는 의심을 받아왔다. 다른 가스 분배시스템과 같이, CSST는 기술자에 의해 설치되어야 하며, 그 시스템은 이러한 위험을 감소시키기 위하여 적절히 접지 및 본딩되어야 한다.

■ 체결과 이음

체결과 이음은 나사로 조여지거나, 플랜지 가공되거나, 또는 용접되는 것이다. 나사조임 체결은 꿰어서 체결하는 것이다. 플랜지 체결은 파이프의 말단을 결합하는 특정장치를 사용하여 연결되고, 연결을 견고히 하기 위한 체결 또는 용접작업이 필요하다. 몇몇 상황에서, 압축체결-밀폐를 위해 배관에 체결을 압축하는 장치를 포함-이 사용될 것이다. 단지 실외에서 사용되는 플라스틱 배관은 꿰어지지 않을 것이다.

그림 8-10 메인차단밸브는 건물 전체에 흐르는 가스의 흐름을 제어한다.

■ 배관설치

배관설치는 NFPA 54와 NFPA 58에 의해 규정된다. 배관설치는 건물의 구조를 약하게 해서는 안 된다. 배관은 다른 배관 또는 가스기기가 아닌 적절한 장치로 지지되어야 한다. 배관은 가스기기 주위에서 이질성 물질을 적절히 포집하기 위해 물방울관이 설치되어야 한다. 사용되지 않는 모든 배관의 말단 또는 개방구는 가스의 누설을 방지하기 위하여 밸브에 의한 제어가 아닌 캡으로 마감 처리되어야 한다.

■ 주차단밸브

주차단밸브는 비록 오래된 건물에서는 내부에 위치하기도 하지만 일반적으로 건물의 외부에 위치해야 한다(그림 8-10). 메인차단밸브는 필요시 전체적으로 차단시키기 위하여 각각의 분기조정기의 상부에 위치하여야 한다. 만약 조사자가 메인차단밸브가 누설되거나 고장 난 것으로 의심한다면, 조사자는 그 가스기기를 조사하는 훈련을 받아야 한다.

■ 금지구역

NFPA 54와 다른 가스설치코드에 의해 요구되는 것과 같이, 천연가스배관은 공기덕트, 드레스슈트, 굴뚝, 가스배출구, 환기덕트, 요리운반용 승강기, 또는 엘리베이터 샤프트를 관통하면 안 된다. 게다가, 가스배관은 부식에 노출되거나 손상될 수 있는 지역에 설치되어서는 안 된다.

■ 전기적 본딩과 접지

배관시스템의 지상 설치부분은 전기적으로 본딩되고, 접지될 필요가 있다.

일반적인 가스기기와 요구사항

가스기기는 사용하는 가스의 형태와 호환성이 있어야 한다. 가스기기가 천연가스에 적합하도록 제작되었지만 프로판이 사용되거나, 또는 프로판에 적합하도록 제작되었지만 천연가스가 사용된다면, 화재 또는 폭발을 포함한 재앙이 야기될 수 있다.

가스기기는 손상되지 않는 위치에 설치되어야 한다. 그러한 가스기기는 가스증기를 발화시킬 수 있기 때문에 가연성 증기가 축적되는 장소에 놓여서는 안 된다. 특정한 상황에서, 만약 가스기기가 바닥의 상부에 위치한다면 자동차 적재함과 같은 장소에 설치될 수 있다.

화재조사관 팁

주차단밸브를 찾는 것은 어려울 것이다. 그 것은 관목, 식물, 또는 다른 은폐구조물에 숨겨져 있을 것이다.

■ 가스기기 설치

시스템 압력이 가스기기의 조작 설계치보다 높은 장소에 추가적인 조정기가 설치되어야 한다(이러한 상황은 다수의 조정기에 대하여 설명하는 이 장의 전에 설명되었다).

가스기기는 차단 또는 유지보수를 위해 접근이 용이한 장소에 설치되어야 한다; 그러나, 항상 그러한 상황은 아니다. 예를 들어, 운두가 깊은 튀김기와 그릴탑(grill top)와 같은 상업용 요리기기는 가스의 공급을 차단하기 위해서 벽에서 떼어놓는 총괄유닛이 필요하기 때문에 일반적으로 가스기기의 뒷부분에서 위치한다.

가열기기가 가연성 물질 또는 품목을 발화시키지 않도록 하기 위하여 건물 구조물을 포함하여 가스기기와 가연물질 사이에 공간은 청결을 유지해야 한다. 청결을 위해 최소한으로 필요한 사항은 가스기기 그 자체에서 종종 표시된다. 가스기기와 부속품은 NFPA 54에 부합되어야 하고, 관할당국에 의해 승인되어야 한다. 가스기기에 대한 전기적인 결합은 NFPA 70, 국제전기코드(National Electrical Code)에 적합하여야 한다.

■ 배출구와 공기공급

배출은 건물의 내부에 연소의 생성물이 축적되는 것을 방지하지 위하여 필요하다. 규정에서는 연료연소기가 배출되도록 요구하고 있다. 그러나 레인지, 오븐, 그리고 소형 히터를 포함하여 몇몇 설비에는 적절히 사용된다면, 그 기기는 심각한 연소생성물을 생산하지 않기 때문에 배출이 요구되지 않는다.

신선한 공기의 공급 또는 건물의 외부로 연소가스의 배출은 종종 가스사용기기의 적절한 사용에 필요하다. 만약 공간의 크기가 충분하면, 연소가스장치가 때때로 불필요하다. 많은 신규 가스기기는 연소가스가 가스기기로 직접 유입되도록 설계된다. 부적절한 연료/가스 혼합 때문에 가스기기 버너가 비효율적이기 시작할 때, 탄소는 연소 챔버와 연도의 내부에 축적되기 시작할 것이다(그림 8-11). 시간이 흐름에 따라, 이러한 축적물은 연도를 통한 연소생성물의 흐름을 막을 수 있고, 화재를 일으킬 가능성도 있다.

그림 8-11 부적절하게 작동하는 보일러 버너의 내부에서 탄소의 축적

■ 가스기기 제어

연료가스기기는 일반적으로 아래와 같이 구분된 제어기능이 있다.

- 온도제어
- 발화와 차단장치
- 가스기기 압력조정기
- 가스흐름제어 부속품

연료가스 부하설비

NFPA 921, 화재폭발조사가이드(Guide for Fire and Explosion Investigations), 는 일반적인 연료가스 부하설비의 항목을 제공하며, 그러한 설비에 대하여 설명하고 있다(표 8-7).

조사자는 가스부하설비의 다른 형태에 대해서 접했을 것이나, 모든 부하설비는 가스를 조절하고, 가스의 흐름을 제어하며, 가스를 연소시키기 위해 필요한 사항은 유사하다. 가장 일반적인 형태의 가스부하설비는 공기가열장치, 온수장치, 요리기기, 엔진, 조명기구, 소각로를 포함한다.

여러 다른 형태의 가스기기는 그들의 작동에 있어서 연료가스를 사용한다. 이러한 가스기기는 온수기, 가열로, 의류건조기, 그리고 레인지를 포함한다(그림 8-12). 조사자는 이러한 4가지의 일반적인 연료가스기기의 작동과 형태에 익숙해야 한다(이 책의 가스기기 장 참고).

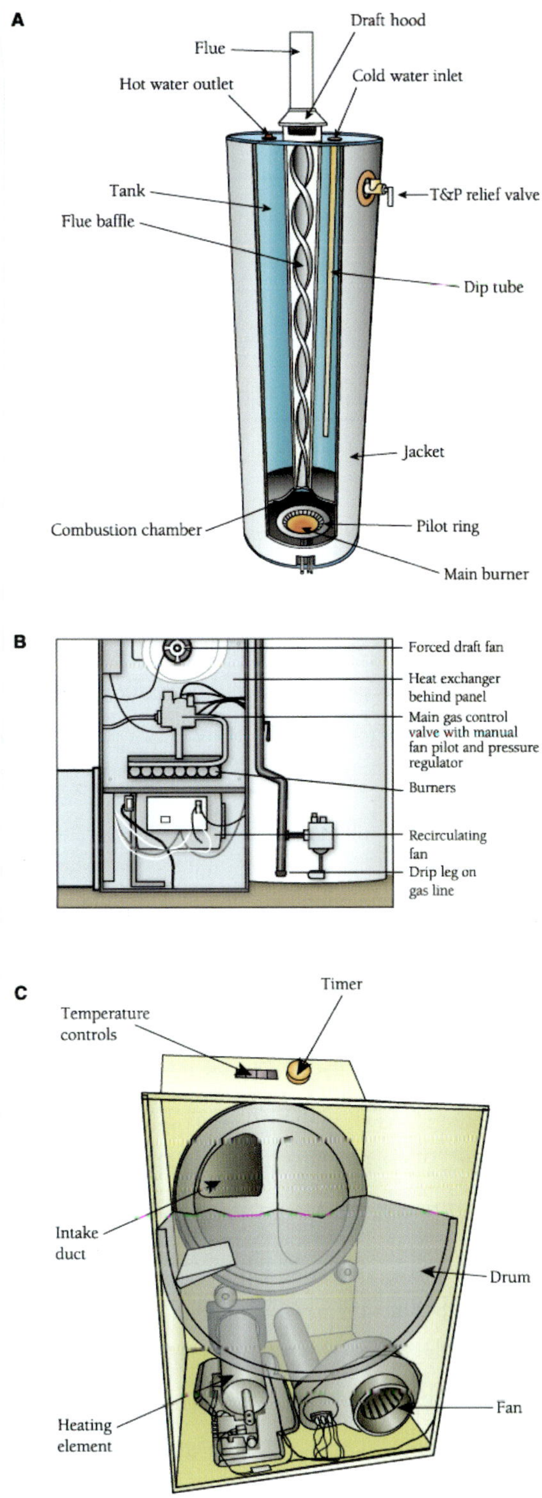

그림 8-12 A. 온수기 구조, B. 가열로 구조, C. 의류건조기 구조.

표 8-7 일반적인 연료가스부하설비

설비	설명
공기가열장치	보일러, 강제 공기가열기, 히터, 바닥가열기, 복사난방기, 덕트가열기, 의류건조기
온수장치	휴대용 또는 산업용수 가열 직화버너
요리기기	레인지, 스토브버너, 오븐속 그릴, 그리고 요리용 오븐
냉장고와 냉각기	냉각 흡수장치와 냉각시스템
엔진	자동차 엔진과 서비스차량에서의 예비전원장치(탱크트럭의 펌프 또는 발전기와 같은)
조명기기	외부의 조명으로 사용되는 가스램프; 거주지의 사례는 도로, 파티오, 베란다, 그리고 수영장; 상업시설의 사례는 도로, 쇼핑센터, 그리고 호텔
소각로, 변기, 배출후기연소기	휴지, 쓰레기, 폐기물, 동물배설물, 유기물 쓰레기, 그리고 산업용 폐기물의 소각

연료가스시스템 조사

연료가스시스템의 분석은 화재 또는 폭발의 원인 또는 발화원을 내포하고 있는지에 대한 정보를 제공할 수 있다. 화재조사의 모든 분야로서, 연료가스 시스템과 그 시스템의 각 구성요소에 대한 분석은 체계적인 방법으로 철저히 행해져야 한다. 이러한 체계적인 분석은 시스템을 측정하고 도표화하며, 밸브, 커플링 또는 커넥터를 포함하여 배관과 분배시스템 재료를 측정하고 확인하는 과정을 포함하여 연료가스시스템에 대한 적절한 문서화를 포함한다. 이러한 문서화는 연료가스의 본질을 포함하여 가스기기로부터 시스템에 관한 상세한 정보를 포함해야 한다. 표기법은 밸브 또는 다른 제어장치의 위치(개방 또는 폐쇄)에 의해 작성되어야 한다. 유동과 압력은 적절히 측정되고 문서화되어야 하며, 파손, 크랙, 또는 천공과 같은 시스템 내부의 결함은 주시되고 문서화되어야 한다. 어느 정도 잘 작동하는지 그렇지 않은지에 대하여 결정하는 것이 목적이다. NFPA 921은 조사를 행하는 가이드를 제공한다. 조사자는 건물의 연료가스시스템과 관련되어 화재 또는 폭발사고 전에 어떤 상태였고, 어떤 행위가 있었는지를 결정하기 위하여 모든 목격자, 소유자, 소방관과 인터뷰해야 한다. 장치의 이동, 가스기기 보수, 그리고 새로운 구조물의 설치 등과 같은 특정한 행위는 조사자가 고려해야 하는 요소이다.

■ 가스기기에 대한 규정과 기준

조사자는 필요 시 추가적인 전문지식 또는 재원으로 불리는 적합한 규정과 기준을 준수하여 결정하기 위하여 장치와 시스템의 설계, 제조, 구조, 그리고 설치에 대하여 평가해야 한다. 다양한 형태의 가스시스템에 대하여 설치에 필요한 요구사항은 차이가 있다. 가스기기 자체의 구조와 디자인은 미국가스연합회(American Gas Association)와 같은 승인당국에 의해 종종 규제된다. 가스기기에 대한 설치매뉴얼은 종종 설치 요구사항과 관련한 정보를 제공한다.

■ 누설원인

가스가 가연물로 작용하는 화재 또는 폭발의 주요한 원인은 연료가스 운송시스템 또는 가스기기 자체에서 발생된 누설을 포함한다. 대부분의 일반적인 누설은 배관의 접속점, 켜져 있지 않은 발화용 불씨 또는 버너, 마감되지 않은 배관, 작동 불량인 가스기기와 제어장치, 배관 내부의 부식지점, 그리고 배관의 물리적 손상지점에서 발생된다(그림 8-13).

파이프 연결

나사산이 양호한 연결에 적합하지 않은 경우, 파이프와 커플 링 사이의 접합부가 부적절하게 결합되거나 나사산이 있는 경우 또는 파이프 접합 화합물을 부적절하게 사용하는 경우 파이프 접합부에서 누설이 발생할 수 있다.

그림 8-13 이 온수기는 가스기기의 옆에 보관된 가연물을 포함하고 누설을 개시한 화재에 의해 소손되었다.

켜지지 않은 발화용 불씨 또는 버너

대부분의 현대 가스이용 장치는 발화용 불씨 또는 버너가 켜져 있지 않으면 버너로 가스의 흐름을 차단시킨다. 만약 감지시스템이 작동되지 않거나 자동차단밸브가 작동하지 않는다면 이러한 시스템의 내부로 가스의 누설이 가능하다. 켜지지 않은 발화용 불씨에서 흐르는 가스의 양은 가스가 공간에 갇혀있지 않거나 충분한 시간 동안 누설이 확산된다면 일반적으로 화재 또는 폭발을 발생시키기에 충분하지 않다. 발화되어 있지 않지만 켜져 있는 버너는 화재 또는 폭발에 연료를 제공하기 위한 충분한 가스를 공급할 수 있다. 몇몇 설비는 버너의 화염을 모니터하는 안전장치가 설치되어 있으며, 이러한 장치는 버너에 화염이 없다면 가스의 흐름을 차단하는 기능을 한다. 이 설비는 켜지지 않은 버너에 가스의 흐름을 차단할 수 있다; 그러나, 감지장치가 고장나거나 가스밸브가 불량하면, 가스는 계속 흐를 것이다. 특히 요기기기에서 이러한 감지장치가 없는 버너를 보는 것은 일반적이다.

마감되지 않은 배관과 배출구

가스배관과 배출구의 말단에 캡(cap)이 없으면 가스기기는 연료가스라인에서 분리될 것이다. 만약 차단밸브가 개방되어 있으며, 가스는 마감되지 않은 배관에서 누설된다.

작동 불량인 가스기기와 제어기

이탈 가스는 가스기기 제어기 내부의 제어장치, 밸브, 이음쇠, 그리고 배관접속부의 주위로 누설될 것이다(그림 8-14). 예를 들어, 먼지 또는 파편은 밸브가 폐쇄되어야 할 때 가스가 흐르게 하는 원인을 제공할 수 있다. 추가적인 전문지식 또는 자원이 그러한 장비를 분석하는 데 필요할 것이다.

그림 8-14 튀김기가 적절히 연결되지 않은 상태에서 발화된 천연가스배관의 사진

가스압력조정기

가스조정기 내부의 다이어프램에서 고장이 발생될 수 있으며, 이것은 조정기에서 누설을 허용할 것이며, 본질적으로 시스템에 과잉압력을 발생시킬 것이다. 고장은 가스의 인입을 제어하는 고무형태의 실(seals)에서 발생할 수 있으며, 그러한 고장은 고정기의 주위에 누설을 발생시키며, 본질적으로 시스템 내부에 과압을 허용할 것이다. 조정기로의 배출은 그 시스템에 과도한 압력이 가해지면 막히거나 실패할 수 있다.

부식

통계는 부식이 모든 알려진 가스누설의 30% 이상을 발생시킨다고 나타낸다. 부식은 대진의 상부 또는 하부에서 발생될 수 있다. 일반적으로, 이러한 고장형태는 오랜 시간이 걸린다. 부식은 전형적으로 녹, 전기분해, 또는 미생물학적 유기체에 의해 야기될 수 있다. 가요성 금속 가스기기 연결부는 부식, 충격에 의해 종종 깨지며, 많은 화재와 폭발의 요인이 된다.

시스템에의 물리적 손상

조사자는 가스의 누출지점은 실질적 손상부로부터 멀리 떨어져 있을 수 있다는 것을 명심해야 한다. 변형은 배관의 연결부 또는 결합부에서 나타날 수 있다. 손상은 배관의 나삿니가 있는 부분에서 종종 발생된다. 매설되거나 은폐된 배관은 건축물에 의해 종종 손상되기도 한다

화재조사관 팁

조사자는 설비의 오작동 또는 이러한 설비의 주위에 가연물의 부적절한 보관이 화재를 야기할 수 있는 것을 간과해서는 안 된다.

(그림 8-15).

만약 조사자가 연료가스가 화재조사의 요인일 것이라고 의심한다면, 조사자는 분해하기 전에 가스공급시스템의 누설을 검사해야 한다. 그러한 평가를 수행하는 전문지식이 필요하다.

그림 8-15 파손된 폐기물라인을 관통하는 가스라인. 플라스틱 노랑 가스라인을 절단한 배수배관의 송곳니가 적색테이프의 뒤에서 보여 진다.

■ 압력테스트

가스공급시스템은 그 시스템 내부에 내포된 압력을 초과하지 않도록 가압되는 것이 바람직하다. 때때로 압력은 최소 1in.에서 4in. w.c(248.8~996.4 kPa)까지 나타난다. 배관의 손상된 영역은 조사자가 손상된 부분을 검사할 수 있도록 보존되어야 한다. 증거물이 누설이 발생된 지점에서 무심코 손상될 수 있기 때문에 검사하기 전에 시스템의 구성품을 분해하거나 해체하면 안 된다. 조사자는 누설이 발생하지 않고 적절한 부속품이 설치된 공간으로 그 배관을 분리시켜야 한다.

가스계량기 검사

시스템의 내부로 가스를 재주입하는 것이 안전하다면, 가스계량기의 검사가 가능하다. 가스계량기는 시스템으로부터 누설되는 가스를 감지할 수 있다(그림 8-16).

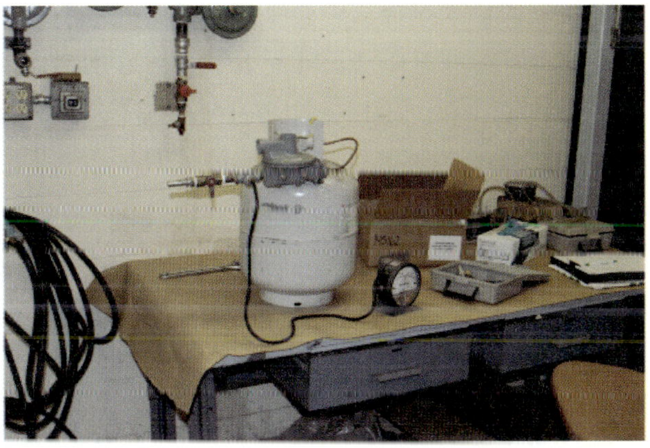

그림 8-16 가스조정기 검사

압력강하방법

가스배관을 체크하기 위하여, 시스템은 공기 또는 불활성 기체로 가압된다. 검사의 종류는 시스템을 0.5psi (3.4kPa) 이하로 작동시키는 것이 적절하다. 공기 공급이 막혀진 상태에서 시스템이 가압되고, 압력게이지에 의해 압력이 감시된다.

■ 누설지점 찾기

연료가스배관에서 누설지점을 찾기 위해 다양한 방법이 사용된다 - 예를 들어, 비누거품검사 또는 가스탐지기 사용.

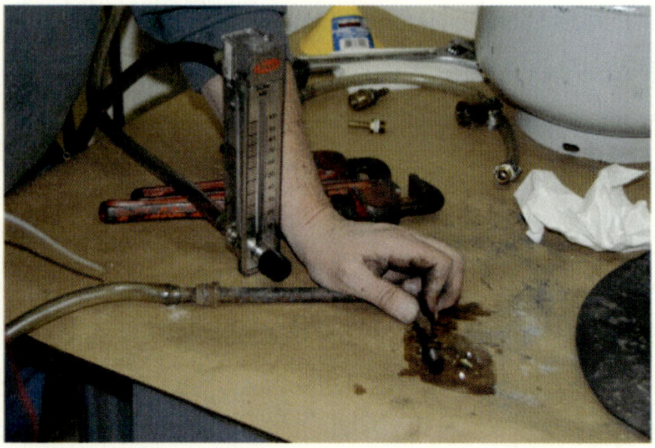

그림 8-17 비누거품검사

비누거품검사

비누거품검사는 가압된 시스템 내부에서 누설지점을 찾는 간단한 방법이며, 문제가 되는 배관에 비누를 묻히는 작업이 동반된다. 만약 거품이 관찰된다면, 그 위치에서 누설이 발생되는 것이다(그림 8-17).

가스탐지기 검사

인화성가스 검사기, 가연성가스 검사기, 폭발계량기, 또는 "탐지견"과 같은 검사장비는 가스, 탄화수소가스, 또는 증기의 존재를 감지하기 위해 사용된다.

가연성가스 측정기는 가스감지검사에 사용되며, 다른 가스의 존재 또한 감지할 수있다. 건물의 외부에서 이러한 방법을 사용할 때, 조사자는 대지로 빠져나갈 수 있는 배출구 또는 배관을 포함하여 모든 가능성 있는 지점에서 누출가스를 검사해야 한다. 실내에서 행해지는 가스 측정기검사에서, 조사자는 가스배관의 결합부와 접속함을 검사해야 한다.

만약 조사자가 대지로 가스의 누설이 의심된다면, 적절한 조사절차는 바홀(bar holes)을 사용하는 것이다. 지하매설배관의 인근에서 지하로 여러 개의 구멍을 낸 후, 각각의 구멍에서 측정이 진행되고, 도표화되거나 차트화 된다. 이러한 조사의 형태는 잠재적으로 누설의 영역을 찾아낼 수 있다. 공익기업에서는 지하 가스배관을 찾기 위하여 전자위치장비를 사용한다.

외부의 검사는 식생조사(vegetation survey)를 포함한다. 장시간 누설된 가스 주위의 위치한 초목은 죽거나, 갈색으로 변하거나, 또는 성장이 멈추게 된다.

■ 유동률과 압력 검사

언제든지 연료가스시스템은 화재의 발화와 관련된다고 의심받기 때문에, 그 시스템의 작동중인 구성품은 적절히 작동되는지를 결정하기 위하여 검사되어야 한다. 검사는 조정기의 작동압력과 안전장치를 분석하고, 시스템 내부에 누설을 찾기 위하여 현장이나 실험실에서 행해질 것이다. 이전에 언급했듯이, 검사는 반드시 숙련되고 이러한 검사를 수행하는 데 충분한 지식이 있는 사람이 수행해야하며, 만약 인화성 가스가 검사되면, 모든 잠재적인 발화원이 제거되어야 한다.

만약 조사자가 가스배관의 일부가 수집되어야 한다고 결정하면, 구성품의 증거가치를 확인하는데 주의를 기울여야 한다. 고립된 영역의 외부에서 배관을 절단함으로써 시스템에서 관심부를 제거하는 것이 바람직하다(그림 8-18). 나사연결, 유니언(unions), 티(tees), 또는 엘보를 해체하는 것은 부적절하거나 느슨한 결합의 증거를 파괴하거나 손상을 입히는 것이기 때문에 해체되어서는 안 된다. 관심 영역을 제거할 때, 전체적인 시스템과 관련된 분리영역의 초기 형상이 보존되어야 한다.

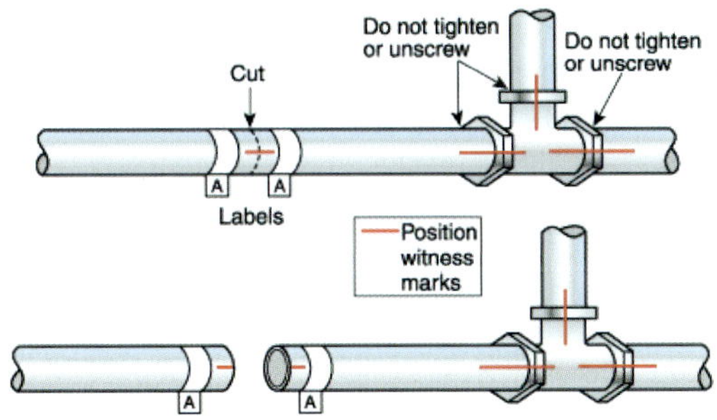

그림 8-18 관입방법, 관련 있는 절단부의 말단부를 조합하는 방법으로 연료가스배관에 파손시키지 않는 마킹과 절단부분이 기록될 것이다.

■ 연료가스의 지하이송

가스가 대지로 배출되거나 구조물의 내부로 인입되기 전에 지하로 굉장히 먼 거리를 이송하는 것이 가능하다. 가스는 지하 가스관, 지하 수도관, 지하 전선 또는 통신관, 또는 지하 배수토관으로 인입될 수 있다. 가스는 지반의 구멍 또는 크랙을 통해 이송됨으로써 구조물의 내부로 인입될 수 있다. 얼어붙은 땅과 같은 계절변화는 가스가 다른 방향으로 흐르거나, 지하의 먼 거리를 이송되는 원인을 제공할 수 있다.

가스가 흙과 같이 필터역할을 하는 매개물을 관통할 때, 그 매개물은 가스의 부취(냄새)를 제거할 수 있다. 가스는 그때 냄새가 제거될 수 있으며, 감지되지 않을 수 있다. NFPA 54는 가스계량기가 발화원으로부터 최소한 3피트(0.9미터) 떨어진 위치에 설치되고, 손상을 감지할 것을 요구한다. 부취성분은 용기시스템 또는 배관으로 흡수되면서 제거될 수 있다. 이러한 현상은 새 금속배관 또는 플라스틱배관 또는 용기 또는 구성품을 오랜 시간 사용함으로써 발생할 수 있다. 부취성분의 손실은 사용량의 감소로서 계절적 변화 중에 감소된 유농률의 결과로써 발생하거나, 철금속 용기의 집축의 결과로 메르캅탄(mercaptan)부취제가 산화될 때 발생할 수 있다. 부취제는 또한 오염 또는 응축의 결과로 용기 또는 배관시스템의 내부에서 고여있는 물 또는 다른 액체의 내부에 흡수될 것이다.

요 약

검토를 위한 준비

- 모든 화재 현장조사 중에 연료가스시스템의 존재와 상태는 검사되고 문서화될 필요가 있다.
- 연료가스시스템은 천연가스 또는 프로판가스와 유사할 것이다.
- 각각의 연료가스의 특성을 이해하는 것은 조사자가 화재와 손상패턴을 정확히 해석하는데 도움을 줄 것이다.
- 다양한 연료가스의 운송시스템은 가스가 소비자 건물과 가스기기로 직접 인입되는 모든 배관과 유사하다.
- 천연가스는 소비자의 장소에 있는 계량기와 연결되기 전에 운송 배관라인, 그 배관라인은 메인 배관라인(mails), 간선배관 또는 지중인입배관을 통한다.
- LP가스 분배시스템은 LP가스 저장공급장치가 소비자의 장소에 종종 위치하는 것을 제외하고 천연가스시스템의 작동과 유사하다.
- 모든 건물의 연료가스시스템은 다양한 분배 배관, 밸브, 버너, 그리고 압력조정장치를 포함하며, 이러한 장치는 가스기기에 안전하게 연료가스를 운반하기 위해 사용되고, 설계 및 설치된다.
- 조사를 수행할 때 배관과 그 구성품의 가치 있는 증거물을 보존하는 것은 중요하다.
- 가스기기가 천연가스용으로 설계되었으나 프로판이 사용되거나, 프로판용으로 설계되었으나 천연가스가 사용되면, 화재 또는 폭발을 포함하여 재앙이 발생될 수 있다.
- 가스 사용설비의 가장 일반적인 형태는 공기가열기, 온수기, 요리기구, 엔진, 조명기구, 그리고 소각로가 있다.
- 화재조사의 모든 분야에서, 연료가스시스템과 그 시스템의 각 구성품에 대한 분석은 체계적인 방법으로 철저히 행해져야 한다.

주요 용어

역류밸브 (Backflow valve)

가스가 분배시스템 또는 용기로 재인입 되는 것을 방지한다.

바홀 (Bar holes)

중량물의 금속봉 또는 드릴에 의해 대지 또는 도로의 표면 내부로 유도된 구멍. 가스검지기는 가스누설 위치를 검지하기 위하여 그 구멍으로 삽입된다.

가연성 가스측정기 (Combustible gas indicator)

기체 시료에서 가연성 증기가 존재하는지를 측정하는 장치. 몇몇 단위는 가스/공기 혼합물의 폭발 하한계를 측정할 것이다.

상업용 프로판 (Commercial propane)

원유를 정제하는 과정에서 생성되며, 95%의 프로판, 프로필렌 그리고 5%의 다른 가스를 포함하는 액화가스

용기 부속품 (Container appurtenances)

릴리프밸브, 제어밸브, 그리고 게이지와 같이 탱크와 다른 용기의 개방구와 연결된 장치

고정된 준위게이지 (Fixed level gauge)

최대 허용충전용량에 도달하는 탱크 또는 실린더에 가스를 주입할 때 측정하기 위하여 중요하게 사용됨. 고정길이 상부 또는 하부의 액체준위를 측정하지는 못함

연료가스 (Fuel gas)

단지 기체상태의 천연가스, 액화석유가스를 포함, 액화석유가스-공기혼합물, 제조가스, 그리고 이러한 가스의 혼합물-연료가스 또는 혼합물의 인화성성분과 함께 폭발범위 내의 공기혼합물은 상업적으로 분배되는 상품임.

누출가스 (Fugitive gas)

배관, 저장소, 또는 사용시스템에서 누출되고, 화재와 폭발에 대하여 쉽게 발화되는 연료가스

가용성 플러그 (Fusible plugs)

열적으로 작동하여 용기의 내용물을 배출하고 개방시키는 장치

가스버너 (Gas burner)

연료가스와 공기를 적절히 혼합하여 화염을 발생시키는 장치

액화석유가스 (Liquefied petroleum, LP gas, propane)

보다 효율적인 분배를 위하여 상용압력과 표준온도에서 액화상태로 응집되는 액화석유가스

폭발하한계(Lower explosive limit, LEL)

일정한 산소농도에서 연소가 발생될 수 있는 가스의 가장 낮은 농도; 최소발화한계(LFL)로 알려져 있음

천연가스 (Natural gas)

지하 공간으로 깊숙이 시추함으로써 복원된 대형 탄화수소가스, 원유와 함께 종종 자연적으로 생성됨

압력게이지 (Pressure gauge)

탱크 내부의 압력을 나타내는 용기 부속품의 한 형태. 게이지는 탱크또는 때때로 밸브와 직접 연결된다. 압력게이지는 탱크 내부의 액화프로판의 양을 나타내지는 않는다.

릴리프밸브 (Pressure relief valve)

특정압력(일반적으로 250psi[1700kPa])에서 개방되도록 설계된 밸브. 용기에서 일반적으로 증기를 배출하는 장소에 위치한다.

차단밸브 (Shutoff valve)

개별적인 장치와 설비를 차단하기 위하여 사용되는 밸브(배관시스템에 위치하고, 쉽게 접근이 가능하며, 사용자에 의하여 조작됨)

기화기 (Vaporizers)

산업시설과 같이 많은 양의 프로판이 요구되는 장소에서 프로판을 기화시키고 가열시키기 위하여 사용되는 장치

가변게이지 (Variable gauge)

용기, 주요탱크, 또는 대형 실린더의 액체의 양을 지침하는 게이지. 실질적으로 액체의 높이를 표시한다.

배출 (Venting)

외부로 가스(배기가스 등)를 배출할 뿐만 아니라 연소생성물을 제거함

실전 화재조사관

당신은 아파트단지의 옷장에서 발생한 소규모 화재보고서에 대응하고 있다. 당신이 도착할 때, 그녀가 옷장을 열었을 때 무언가를 보았고, 천연가스배관에서 소형 화염을 목격하였다고 임차인은 진술한다. 당신이 옷장을 검사할 때, 당신은 난로로 천연가스를 공급하는 주름진 스테인리스 철강튜브(CSST) 가스관에서 반사하는 화염을 관찰한다. CSST의 정밀검사로 CSST가 black pipe supply line와 견고히 접촉되어 있다는 것이 드러났다.

임차인과 인터뷰하는 동안, 그녀는 건물이 4일전에 번개를 맞았고, 전기설비의 일부에 손상을 입었다고 진술했다; 그러나, 옷장은 전혀 조사되지 않았다. 그녀는 옷장을 열기 전에 가스의 냄새 또는 화염을 목격하지 못했다고 진술한다.

1. 연료가스시스템에서 가스의 누설을 감지하는 가장 간단한 방법은 무엇인가?
   - A. 압력측정
   - B. 비누거품검사
   - C. 육안검사
   - D. 가스탐지조사

2. 아래 항목 중 연료가스의 누출을 야기하는 것이 무엇인가?
   - A. 배관 시스템에 기계적인 손상
   - B. 느슨한 연결과 장치의 결함
   - C. 가스기기 또는 장치의 오작동
   - D. 위의 모든 것

3. 프로판가스에 사용되는 부취제는 무엇인가?
   - A. 에틸 메르캅탄
   - B. 부틸 메르캅탄
   - C. 니트릴 메르캅탄
   - D. 에틸 메르캅탄

4. 아래 항목 중 천연가스 설비가 승인되지 않는 지역은 무엇인가?
   - A. 생활공간
   - B. 건물의 외부
   - C. 지하
   - D. 옷장

화재관련 인간거동

학습 목표

이 장을 학습한 후 여러분은 다음 사항을 할 수 있다.

- 화재사고에서 인간의 반응에 대한 일반적인 고려에 대한 논의
- 발화와 관련된 요소의 확인
- 어린이 불장난을 나이에 따라 세가지로 분류하고 불장난 이유에 대한 논의
- 징후를 알아챘을 때 거주자가 반응할 수 있는 방법에 대한 논의

기능습득 목표

이 장을 학습한 후 여러분은 다음 사항을 할 수 있다.

- 화재와 관련된 인간행동 분석
- 전반적인 화재조사에 대한 인간행동의 통합
- 위험경고, 제품 디자인 처리에 있어 기준, 지침, 규정 참조

NFPA 참고 문헌

NFPA 921, *Guide for Fire and Explosion Investigators*

CHAPTER

9

FESHE 과정 결과물

화재조사 I

이 장에서는 화재조사(FESHE)의 과정에 대한 결과물은 없다.

화재조사 II

이 장에서는 화재조사 II (FESHE)의 과정에 대한 결과물은 없다.

당신은 화재조사관

사망자 3명과 부상자 여러 명이 발생한 지역 음식점 화재에 대해 조사를 실시해달라는 요청을 소방대 측에서 해왔다. 여러분은 현장에 있다가 연기중독으로 부상을 입은 손님 몇 명을 대상으로 인터뷰를 실시했고, 손님들은 튀김냄비에서 소규모 화재가 발생했을 당시 주방에 4~5명이 있었다고 말했다. 사고현장 지휘자를 만났을 때 그는 여러분을 사망자 3명이 발견되었던 건물 뒤쪽 냉각기로 안내했다. 사고현장 지휘자는 화재 진압 후 닫혀있는 냉각기 안에서 희생자들을 발견했다고 진술했다.

1. 왜 냉각기 안에 희생자가 있었는가?
2. 목격자가 화재가 초기에는 소규모였다고 증언했음에도 왜 희생자가 있었는가?
3. 희생자와 관련하여 고려할 개인적/집단적 특성은 무엇인가?
4. 화재 및 연기 감지기와 화재진압설비가 갖춰져 있다는 사실이 조사에 어떤 영향을 미치는가?

개요

이 장은 NFPA 921, Guide for Fire and Explosion Investigations(화재폭발조사 가이드)의 11장 "Fire-Related Human Behavior"(화재 관련 인간의 행동)를 기초로 하고 있다. 화재 관련 인간의 행동은 1970년대에 등장한 고유 연구 분야다. 화재의 원인, 전개, 결과는 모두 직간접적으로 인간의 행위 및 행위의 부재와 관련되어 있다. 목격자나 거주자의 행동에 대한 이해는 화재 현장 조사에 필수적이다. 목격자나 거주자가 특정 방식으로 행동한 이유를 이해하면 조사관이 특정 화재의 영향을 평가하는 데 도움이 된다.

인간 반응에 대한 일반 고려사항

최근 수십 년간 실시된 연구에 따르면 화재 전, 중, 후에 나타나는 개인이나 집단의 행동은 화재와 관련된 인간의 행동에 대한 중요한 통찰력을 제공한다. 이 행동에 영향을 미치는 요인으로는 개인의 특성, 개인이 속한 집단이나 모집단의 특성, 화재가 발생한 장소의 물리적 환경, 화재 자체의 특성이 있다.

■ 개인의 특성

개인의 행동은 신체적 제한요인, 인지적 이해 제한요인, 물리적 환경에 대한 지식과 같은 생리학적 요인에 의해 형성된다. 이 모든 요인이 위협을 평가하고 이에 대응하는 개인의 능력에 영향을 미친다.

신체적 제한요인

개인의 연령(이동성과 관계가 있음), 신체적 장애, 정상 생활을 불가능하게 하거나 제한하는 부상, 질병, 화학적 장애는 개인이 화재 전이나 화재시 적절한 조치를 취하는 능력에 악영향을 미친다. 노약자는 이러한 제한요인에 더 취약하다.

인지적 이해 제한요인

인지적/정신적 제한요인은 신체적 제한요인과 함께 개인이 화재나 폭발을 인식하고 이에 적절하게 대응하는 능력에 영향을 미칠 수 있다. 인지 능력을 제한할 수 있는 요인에는 연령(정신적 이해력과 관련이 있음. 예; 탈출하는 대신 숨는 어린이의 행동), 휴식의 정도, 술의 섭취, 합법적 또는 불법적 약물의 복용, 발달장애, 정신질환, 연기 및 독가스 흡입이 있다. 인지적 이해 제한요인은 개인의 대응 시간에 상당한 지연을 유발하여 부상이나 사망 위험을 높게 만든다.

물리적 환경에 대한 익숙함

신체적 제한요인과 인지 장애가 자신의 집에서 길을 잃게 만드는 등 익숙함의 이점을 최소화할 수는 있지만, 환경에 대한 개인의 익숙함은 탈출 가능성을 높여준다. 익숙하지 않은 대규모 건물에서 개인은 들어온 경로로 다시 나가려고 하는 경향이 있다. 이는 아마도 환경에 대한 지식이 부족하거나 극단적 상황에서 뇌가 가장 최근의 진입 방식을 고수하기 때문일 것이다.

■ 집단이나 모집단의 특성

위협에 대한 개인의 대응은 개인이 처해있는 환경에만 영향을 받는 것이 아니다. 다른 사람과 상호작용을 할 때 영향을 받는 기타 주요 요인으로는 개인이 속한 집단의 크기와 구조, 집단의 영속성, 집단의 역할과 규범이 있다.

집단의 크기

위협이나 위협이라고 알려진 것에 대한 개인의 대응은 개인이 관련되어 있는 집단의 크기에 의해 조절된다. 소규모 집단은 위협과 관련된 개인의 대응 시간에 유리한 반면, 대규모 집단은 적절한 시간 내에 대응하지 않는 경향이 있다. 이는 자신이 처음이 되지 않으려거나 집단의 운용을 방해하지 않으려는 개인의 바람 때문일 수 있다.

집단 구조

집단의 구조가 공식적으로 확립되어 있으면 자신을 집단의 일원으로 여기지만, 중요하거나 권위가 있는 직책을 맡지 않은 개인은 중요하거나 권위가 있는 직책을 맡은 사람이 상황에 대응할 때까지 대응을 지연한다. 이러한 유형의 집단으로는 학교, 병원, 요양원, 종교 시설의 모집단이 있다.

집단의 영속성

연구에 따르면 집단 내에서 개인들이 서로 느끼는 익숙함의 정도 또한 대응 시간에 영향을 미친다. 집단이 확실히 자리를 잡고 있고 구성원이 서로를 잘 알고 있다면 집단이 새로 형성되고 구성원이 서로에 대해 익숙하지 않은 경우보다 개인이 더 빠른 시간에 반응을 하고 서로에게 정보를 알리게 된다. 영속성이 높은 집단의 예로는 가족, 스포츠 팀, 성가대, 동호회가 있다.

역할과 규범

성별, 사회계층, 직업, 교육수준 등에 따른 집단의 역할과 규범 또한 위협에 대한 대응에 영향을 미칠 수 있다. 성 역할이 좋은 예가 될 수 있다. 연구에 따르면 화재나 폭발 시 남성은 위협을 억제 또는 제거하려는 활동에 참여할 가능성이 높지만 여성은 위협을 보고하는 활동에 참여할 가능성이 높다.

■ 물리적 환경의 특성

연소 중인 구조물의 특성은 그 안에 있는 개인의 대응에 영향을 미친다. 대응에 영향을 미치는 요인으로는 비상구의 위치, 비상구의 개수, 구조물의 높이, 화재경보설비와 화재진화설비의 작동 등이 있다.

비상구의 위치

비상구가 명확히 표시되어 있는 것이 중요하다. 건물에 익숙하지 않을 경우 거주자는 높은 수준의 스트레스 상태에서 대응하여 예기치 않은 행동을 할 수 있다. 또한 이전에도 언급했듯이 건물에 익숙하지 않은 거주자는 들어온 문으로 다시 나가려고 한다. 이는 들어온 문이 위협이 있는 방향인 경우에도 마찬가지다.

비상구의 개수

피난에 사용할 수 있는 비상구의 개수는 거주자의 행동에 커다란 영향을 미친다. 비상구 통로의 개수가 너무 적거나 비상구가 막혀있거나 출입금지라면 거주자는 추가 위험에 노출된다.

구조물의 높이

화재 시 고층 건물에 있는 것이 더 위험하다고 생각하는 사람들이 있다. 이러한 오해는 비상시에 창문 밖으로 뛰어내리는 등의 예측 불가능한 행동을 유발할 수 있다.

화재경보설비

화재경보설비는 거주자가 위협을 인지하도록 도울 수 있다(그림 9-1). 연구에 따르면, 음성이나 지시형 메시지를 사용하면 비상등이나 경보장치만을 사용했을 때보다 더 나은 대응을 이끌어낼 수 있다.

그러나 안타깝게도 이전에 몇 번의 오경보가 발생한 적이 있다면 사람들은 실제 화재 비상상황이 확인될 때까지 대응을 늦추는 경향이 있다. 이러한 지연으로 인해 거주자가 갇혀서 탈출하지 못할 수도 있다.

그림 9-1 화재경보설비는 거주자에게 알리기 위한 경보장치와 비상등을 포함할 수 있다.

화재진압설비

화재진압설비가 갖춰서 있나는 사실은 거주자의 대응에 긍정적 및 부정적 영향을 미칠 수 있다(그림 9-2). 화재진압설비가 있을 경우, 긍정적 영향은 일반적으로 거주자가 위협에 대응할 시간을 가지게 된다는 점이다. 불행히도, 거주자의 마음속에 그 시간이 과장되서 너무 길게 잡혀 있을 수 있다. 방출되는 화재진압설비의 단점은 탈출 시 거주자의 가시성을 감소시키는 것이다.

그림 9-2 스프링클러는 화재진압설비가 갖춰져 있음을 나타낸다.

■ 화재의 특징

위협에 대한 개인이나 그룹의 반응은 위해와 위협의 인지로 인해 달라진다. 시각/후각적 지시인자가 반응을 좌우한다. 화재의 특징은 사람들은 행동에 영향을 미치는데, 여기에는 화염, 연기의 존재, 독성 가스 및 산소결핍의 영향 등이 있다.

화염의 존재

대부분의 사람들은 화재로 인해 나타나는 위협을 이해하지 못한다. 사람들은 화재를 별로 경험해보지 못했고, 작은 화염이 있는 것이 위험하지 않다고 잘못 확신하는 경우가 있다. 사람들은 대부분 화재가 급격하게 성장하고, 공기 중으로 독성가스 및 생성물을 토해낼지 모른다. 이러한 원리들을 잘 이해하지 못하기에 사람들은 위험의 근원으로서 조그만 화염을 간과하곤 한다.

연기의 존재

구조물에서의 연기의 존재는 또한 다르게 이해될 수 있다. 인간을 무력하게 하는 영향과 연기의 독성물질에 대한 지식에 대해 잘 모르고 있을 수 있다. 옅은 색상의 연기가 짙은 연기보다 덜 위험하다는 오해가 있다. 사실 둘 다 잠재적으로 치명적일 수 있다.

독성가스와 산소결핍의 영향

대부분의 사람들이 화재의 거동에 대해 이해가 없다. 결과적으로, 연소과정에서 화재가 산소를 소비하는 것을 알지 못한다. 닫힌 공간에서는 이러한 원리로 인해 가용산소가 없어진다. 산소 결핍으로 산소가 15% 이하 농도로 내려가면 재실자의 근육이 손상되고 정신적 능력에도 치명적이게 된다. 또한, 연소과정에서 독성 부산물을 방출하고 이것을 흡입하게 되면 재실자에게 영향을 주고 결국 사망에 이르게 된다(화재거동에 대한 정보에 대해서는 이 책의 "기본 화재과학"장 참조).

역사속에서 화재 피해를 야기한 인간 거동에 대한 예

많은 대규모 화재 사고는 대규모 인명피해를 냈다. 화재의 피해에 기여하는 많은 요소들이 있는데, 방화, 열생성 장치의 부적절한 사용, 법규의 위반, 거주자의 반응 등이 중요한 역할을 한다. 여러 가지 예가 아래에 나와 있다.

■ 스테이션 나이트클럽 화재

2003년 2월 20일, Great white 밴드가 로드아일랜드 주 West Warwick의 붐비는 나이트클럽에서 공연하고 있었다. 밤 11시 7분 경 그 밴드가 오프닝 곡으로 Desert Moon을 연주하기 시작했다. 공연의 일부로서, 밴드는 세 개의 불꽃을 터트렸고, 이것은 무대 벽 쪽으로 불꽃분수를 쏟아냈다. 무대 벽에 있던 그 스티로폼 물질의 발화가 100명이 넘는 목숨을 앗아간 화재의 시작이었다. 그날 밤, 한 티비 뉴스는 아이러니하게도 나이트클럽 화재안전에 대한 방송을 위해서 그 공연 이벤트를 녹화하고 있었다. 그래서 이 미국역사상 가장 끔찍한 화재가 비디오로 녹화되었다.

비디오를 보면, 화재의 움직임과 인간의 행동이 너무도 실감나면서 끔찍함을 볼 수 있다. 관람객들은 물론, 밴드 멤버들조차 벽 장식물에 불이 붙은 것을 보지 못했고, 그 위험을 직시하지 못했다. 발화 후 24초 후에 손님들이 불이 붙은 것을 발견하고, 밴드가 공연을 멈추고 발화 후 30초부터 손님들이 빠져나가기 시작했다. 손님들 일부는 이미 술에 취한 상태였다.

이 건물에는 다른 세 개의 비상문이 있었음에도, 대부분의 손님들은 중앙 통로(본인들에게 가장 익숙한)로 나이트클럽을 빠져나가려 했다.

결과적으로 갑작스런 탈출로 인해 주 출입문은 사람들로 꽉 막히게 되었다. 문은 희생자들로 이내 꽉 채워졌다. 결과적으로 96명이 화재로 사망하고, 4명이 지역의 병원에서 죽었다. 추가적으로 230명이 부상당하고, 132명만 부상없이 탈출했다.

■ 그랜드호텔 카지노 화재

1980년 11월 21일 네바다 주 라스베이거스의 MGM 그랜드호텔 카지노의 빈 식당에서 화재가 발생하여 85명이 사망하고 650명이 부상당했다. 이 화재는 벽의 인방(soffit)에서 발생했는데, 같은 은폐공간에 있는 구리재질 냉장 라인의 설치 후에 발생한 것으로 추정된다. 이는 패스트리 진열 케이스를 위해 설치된 것이다. 냉장장치 팬이 제대로 고정되어 있지 않아 진동이 발생하고, 이 진동이 전선관과 직접 접촉하여 설치된 냉장라인을 타고 전달되었다. 시간이 지나면서 이러한 진동이 고장을 일으켜 재앙적인 화재로 이어졌다.

화재는 벽지, PVC 배관, 플라스틱 거울 등을 타고 퍼졌고, 로비까지 확산되어 스트립 도로로 이어지는 현관까지 화구(fireball)를 내보냈다. 화재 확산의 한 원인은 화재가 발생한 호텔/카지노 구역이 스프링클러 설치 면제 구역이었던 사실이다. 고장난 댐퍼로 인해 호텔의 공조설비를 통해 확산된 독성 연무로 인해 대부분의 화재가 발생하였다. 연기 흡입과 일산화탄소 중독으로 화재 상층부에서 많은 사상자가 발생하였고, 이것은 건물 상부로 독성가스와 연기를 이송하는 굴뚝 역할을 한 계단에서 발생하였다. 호텔투숙객들은 객실 문이 잠기고 유일한 탈출구가 지상층과 옥상이었기에 계단에서 갇힌 상태로 피해를 입었다.

미국방화협회의 조사에 의하면, 호텔 이용객들은 패닉상태에 빠지지 않았으며, 다른 사람들에게 주의를 주고, 수건 등을 문틈에 끼워 넣고, 얼굴에 젖은 천을 덮는 등 생명을 구하기 위해 이성적인 행동을 하였다.

몇 달 후 1981년 2월 10일에 라스베이거스 힐튼에서 방화 화재가 발생하였다. MGM 그랜드호텔 화재조사에서 배운 교훈으로 인해, 소방관들은 지역 방송국 네트워크를 이용하여 호텔투숙객들에게 화재사실을 알리고 홀과 계단에서 벗어나라고 알려주었다. 그 결과 단 8명의 사람만이 화재로 희생당했다.

■ 키스 나이트클럽 화재

2013년 1월 27일, 브라질 산타마리아의 키스 나이트클럽에서 옥외용 불꽃놀이 용품을 실내에서 사용하다 화재가 발생하여 242명이 죽고 168명이 다쳤다. 스테이션 나이트클럽 화재와 같이, 불꽃장치가 무대부 천장의 음향 장치(acoustic foam)에 불을 붙였다. 화재가 일어나자, 사람들이 우르르 도망가기 시작했다. 도망치려 했지만 비상구 표시도 실제 비상구도 부족했기 때문에 피난하기는 여의치 않게 되었다. 대부분의 희생자들은 연기흡입으로 사망하였고, 화장실에 숨거나 비상구를 잘못 알아 죽게 되었다. 150명이 넘는 사람들이 주출입구로 모여들었고, 나이트클럽 내에 연기가 가득하게 되었다.

건물사용허가 발부과정에서 비상탈출구 숫자에 대한 거짓정보 제공, 소화기 비치에 대한 거짓 정보로 인해 화재의 피해가 더 심각해졌다.

이 재앙적 사건 후, 브라질 행정기관에서는 유사한 나이트클럽에 대한 안전점검을 수행하고, 안전에 문제가 큰 58개 시설을 폐쇄 조치했다.

발화에 관련된 요소

화재와 폭발사건은 화재 전 또는 화재진행중 사람들의 행동 또는 불행동(ommission)의 결과로 인해 발생한다. 이러한 행동들은 화재의 확산을 촉진하거나 막을 수도 있는 것들이다. 조사관은 이러한 행동들을 평가할 필요가 있다. 이러한 행동들에는 문의 개방 또는 닫음, 방화설비의 작동, 구조의 노력 등이 있다. 화재 개시에 관한 주요 영역은, 부적합 유지관리, 설비나 전자제품의 작동, 부주의한 청소, 제품 사용설명, 경고, 리콜 미준수, 화재예방 법규/기준 위반 등이 있다.

■ 부적절한 유지관리와 운용

대부분의 설비의 수명기간 동안, 사전에 결정된 유지관리 및 청소 일정이 있다. 이것은 제조자로부터 주어지며 고장을 예방하기 위해 준수해야 한다. 설비가 폭발 또는 발화될 수 있는 것일 때, 이 필수 유지관리 요건들은 무척 중요하다. 또한, 설비 또는 기기의 운용규정도 안전을 확보하기 위해 설계된다. 이러한 두 영역중 하나라도 무시되거나 부적절하게 수행되며, 이러한 누락이 화재나 폭발로 이어질 수 있다. 조사관은 모든 유지관리 기록과 운용규정을 세심하게 확인하여야 한다. 만일 어떠한 화재가 부적절한 유지관리 또는 운용에 뒤따라 이어졌다면, 그 사람이 이러한 기록을 자발적으로 내놓지 않을 수 있다.

■ 청소

대부분의 가정용 기기, 특히 화재나 폭발을 야기할 수 있는 것들은 가연물과의 이격거리를 알려줘야 한다. 예를 들어, 종이 제품이나 액체 촉진제는 water 히터의 pilot light 근처에 보관하면 안 된다. 무심코 버린 성냥이나 담배꽁초 같은 흡연관련 물건들로 인해 화재를 일으킨다. 조리구역에 형성된 그리즈나 잘못 보관되고 있는 용액들도 또 다른 위해요소들이다. 조사관은 화재/폭발의 요인이 될 수 있는 청소의 부정기성에 대해 유념해야 한다.

■ 제품 라벨, 안내, 경고

라벨, 안내, 경고문은 오용 또는 남용을 막기 위해 제품에 부착된다(그림 9-3). 제조자 라벨은 제품의 성능을 표시한다. 안내문은 제품을 어떻게 사용할 수 있는지에 대한 가능한 모든 정보를 제공한다. 경고문은 제품이 의도대로 사용되지 않는 경우 어떠한 위험이 있는지와, 제품의 위험에 대해 알려준다. 적절한 경고문구는 4가지 요소를 포함한다. 위험을 알려주는 경고 단어, 위험의 기술, 위험을 피하는 방법에 대한 기술, 위험의 결과에 대한 설명 등이다.

© Michael Ledray/ShutterStock, Inc.

그림 9-3 화재조사관은 물건에 붙어있는 어떠한 라벨, 안내문, 경고문도 다 읽어야 한다.

경고 문구는 사용자의 주의를 환기시키기 위함이다. "주의", "경고", 그리고 "위험"은 일반적인 경고성 단어이다.

위험의 기술은 위험의 속성 및 그 범위 및 부상 리스크의 정도를 알려준다. 경고는 어떻게 그 리스크를 회피하는지, 그리고 그 위험의 결과에 대해 알려준다.

정부와 산업계는 오랜 동안 수용이 가능한 라벨, 경고, 제품 안내문구에 대한 가이드와 기준에 대해 정립해 왔다. American National Standards Institute (ANSI), Underwriters Laboratory (UL), FM Global와 같은 연구기관들과 여러 미국의 법규 및 규정들은 이러한 요구사항들에 대해 언급하고 있다.

■ 리콜

리콜 통지는 제품이 소비를 위해 퍼진 후에 하자가 발생한 사실을 알고 그것을 소비자들에게 알려주는 하나의 방법이다. 대부분의 경우, 리콜이 발생하는 것은 해당 제품을 의도된 대로 사용하더라도 위험한 상황이 발생할 수 있음을 인지한 경우이다. 만일 개인이 리콜 통지를 무시하고 그 물건을 계속 사용하는 경우, 그 결과는 화재, 폭발, 또는 다른 재앙적 결과를 초래할 수 있다. 리콜 통보는 소비자 제품 안전 위원회에서 확인할 수 있다.

화재조사관 팁

ANSI Z535.4, 제품안전 표시 및 라벨에 의하면,

- 주의: 회피하지 않으면 경미/중간 정도의 부상에 처할 수 있는 위험 상황이 잠재적으로 있을 수 있음을 의미
- 경고: 회피하지 않으면 사망/중상에 처할 수 있는 위험 상황이 잠재적으로 있을 수 있음을 의미
- 위험: 회피하지 않으면 경미/중상에 처할 수 있는 위험 상황에 바로 직면할 수 있음을 의미

■ 화재안전 규정과 기준의 위반

조사관은 화재안전 규정 및 기준을 위반하는 것이 화재/폭발을 초래할 수 있음을 반드시 인식해야 한다. 위반은 의도적이거나 그렇지 않을 수 있다. 조사관이 발화지점과 원인을 조사할 때, 어떤 물건의 심각한 오용 또는 남용, 부주의, 또는 사건에 기여한 요소들이 있는지 결정하는 것이 종종 어려운 상황에 직면한다. 사건의 잠재적 원인과 연관된 어떠한 패턴이 있을 수 있으므로, 조사관은 훈련 기록, 유지관리 기록, 그리고 기타 문서를 검토해야 한다. 지역 화재예방국에서 발부한 위반사항도 확인하라.

아동과 화재

아동들은 여러 가지 이유로 불을 지른다. 예를 들면 호기심, 혼란, 분노, 복수 또는 관심을 끌고 싶어서다. 조사관은 화재발생지역 및 원인 결정을 조사 중에 이러한 사실을 유념해야 한다. 아동 방화범은 세 가지로 나눌 수 있다. 유아 방화범(2~6세), 아동 방화범(7~13세), 청소년 방화범(14~16세)

■ 유아 방화범

유아 방화범은 2세에서 6세의 아동 그룹이며, 어른들의 시야에서 벗어나 숨겨진 장소에서 호기심으로 불을 지른다. 이 나이의 아이들은 일반적으로 화재로 인해 어떠한 피해를 주려는 의도를 형성하진 않는다.

■ 아동 방화범

아동방화범(7~13세)의 화재는 정신적 또는 감정적 문제를 보여주는 것으로, 대개 결손가정 또는 육체적/정신적 트라우마나 학대로 인한 경우가 많다. 이러한 화재들은 집이나 때로는 교육기관 등에서 벌어진다.

■ 청소년 방화범

청소년방화범(14~16세)은 일반적으로 스트레스, 걱정, 분노, 또는 심리적/감정적 증상을 가진다. 이러한 화재의 일반적은 목표물은 학교, 교회, 빈 건물, 들판, 버려진 땅 등이다. 이 화재는 종종 분열 행동, 가족 붕괴, 경제적 빈곤 등과 연관된다.

'방화'장에서의 이러한 화재의 동기에 대하여 논의한 부분을 참고하라.

화재조사관 팁

유아 방화범: 2~6세
아동 방화범: 7~13세
청소년 방화범 14~16세

화재 인식과 대응

화재 상황에서, 위험을 인지하는 거주자의 능력이 생존에 무척 중요하다. 거주자는 화재사고와 관련하여 인지되고 실제적인 위험에 대해 적절하게 대처할 수 있어야 한다. 인지 감각은 육체적, 정신적 상태나 화학적 물질(알코올, 약물)로 인해 영향을 받는다.

거주인들의 행동은 아래 네 가지 요소에 바탕을 둔다.

그림 9-4 인터뷰를 통해 화재조사관은 중요한 정보들을 얻을 수 있다.

1. 시각: 화재, 연기, 시각경보, 섬광을 직접 봄
2. 소리: 화염의 탁탁거리는 소리, 창문 붕괴, 화재경보음, 개가 짖음, 아이가 울음, 목소리, 외침
3. 지각: 기온상승 또는 구조 붕괴
4. 냄새: 연기 냄새

거주자가 위협(화재나 폭발)을 알아챘을 때, 그 사람은 어떻게 반응을 해야 하는지에 대해 결정을 해야 한다. 거주자는 몇가지 선택을 한다. 문제를 무시, 관찰, 불을 끄기, 경보를 울리기, 다른 사람에게 도움을 주거나 구조, 탈출 후 재진입, 도망가기, 그대로 있기 등이다. 최종 결정은 거주자의 정신 상태에 따라 달라진다.

탈출 능력은 탈출경로 인지, 탈출경로까지의 거리, 화재 조건(연기, 열, 화염), 막다른 복도의 존재, 방화물 존재, 피난경로의 사람들, 개인적인 신체결함 등에 영향을 받는다. 생존자들과의 인터뷰를 들으면, 사람들이 화재 전과 후에 어떻게 행동했는지 알수 있는 유익한 정보를 얻을 수 있다(그림 9-4)

개별 인터뷰는 아래와 같은 내용들을 파악하는 데 도움을 준다.

- 화재 전 조건
- 화재와 연기의 발달
- 가연물 구성과 그들의 위치 및 방향
- 화재 또는 폭발의 발견 전, 중간, 그리고 그 후의 피해자 행동
- 개인별 행동 및 생존 여부(피난 또는 피신)
- 생존자들의 결정 및 그러한 결정 이유
- 플래시오버, 구조 붕괴, 창문 붕괴, 화재경보음, 연기의 최초 목격, 화염의 최초목격, 소방대 도착, 건물 내 다른 사람들과의 연락 등 화재 관련 중요 사건

요 약

검토를 위한 준비

- 조사관들은 재실자나 목격자가 왜 특정한 방식으로 움직이는지 이해한다면 특정한 화재의 영향성을 더 잘 평가할 수 있다.
- 행동에 형향을 미치는 요소들은 개인의 성격, 개인이 속한 집단의 성격, 화재가 일어난 장소에서의 물리적 환경의 특징, 화재 자체의 특징을 포함한다.
- 화재와 폭발사건은 한명 또는 그 이상의 개인들에 의하여 화재 전이나 화재 진행 중에 일어날 수 있는 행위 또는 부작위 결과로서 자주 발생한다.
- 어린이들은 호기심, 좌절, 분노, 복수 또는 관심 끌기 같은 여러 이유 때문에 화재를 일으킨다. 화재를 일으키는 어린이들의 연령 카테고리는 다음과 같다. 유아 방화범(만 2~6살), 아동 방화범(만 7~13살), 청소년 방화범(만 14~16살).
- 화재상황에서, 재실자가 위험을 인식하는 능력은 그들의 생존에 중요하다. 재실자는 반드시 사건과 연계되어 감지된 위험과 실제 위험에 적절하게 대응할 수 있어야 한다.

주요 용어

유아 방화범 (Child firesetter, 만 2~6살)

자신들의 집이나 집 근처에서 일어나는 화재에 대해 종종 책임이 있는 유아

아동 방화범 (Juvenile firesetter, 만 7~13살)

자신들의 집이나 집 근처 주변에서 일어나는 화재에 대해 종종 책임이 있는 아동

청소년 방화범 (Adolescent firesetter, 만 14~16살)

자신들의 집 외의 장소에서 일어나는 화재에 대해 종종 책임이 있는 청소년

리콜 알림 (Recall notices)

소비를 위해 출고된 이후에 확인된 제품의 결함을 소비자들에게 알리는 방법

위험 상태 (Statement of the danger)

제품의 위험 본질과 특징 및 부상의 위험에 대한 심각성을 확인하는 경고

실전 화재조사관

노부부의 죽음을 초래한 화재조사를 진행하면서 당신은 여러 이웃들을 인터뷰하였다. 이웃들은 남편이 집을 나왔고 그러는 동안 그의 아내가 아파서 누워있어 도망 나올 수 없었다고 하였다. 이웃들은 남편이 화재의 후면에서 화재진화를 시도한 후에 아내를 구하기 위하여 앞문을 통해 다시 들어갔었다고 하였다.

남편은 얼굴을 바닥에 대고 부엌을 향하여 누운 채 발견되었다. 부엌은 앞문으로부터 아내 침실의 반대방향에 위치해 있었다.

1. 아내가 탈출하지 못한 점에서 가장 큰 역할을 한 요소는?
   A. 물리적 환경
   B. 물리적 한계
   C. 연기의 존재
   D. 불꽃의 존재

2. 다음 중 운동신경과 정신능력의 장애가 시작되는 산소농도는 몇 퍼센트 이하인가?
   A. 21%
   B. 19%
   C. 15%
   D. 12%

3. 무엇 때문에 남편은 아내가 있던 장소로부터 반대방향으로 이동하였는가?
   A. 남편 나이
   B. 부엌에서의 불
   C. 실내의 독성가스
   D. 낯선 물리적 환경

4. 당신은 화재가 노부부 집의 후면 옆에 있는 통에 나뭇잎과 나뭇가지들을 넣고 발화시킨 6살 어린아이 때문으로 결정하였다. 그 어린이는 어떤 그룹의 방화범에 해당하는가?
   A. 유아 방화범
   B. 아동 방화범
   C. 십대 초반 방화범
   D. 청수년 방하법

법적 고려사항

학습 목표

이 장을 학습한 후 여러분들은 다음 사항을 할 수 있다.

- 화재 및 폭발조사에 대한 법적인 고려사항 등 확인 NFPA 4.1.5 NFPA 4.2.1 NFPA 4.6
- 재판 증인으로 조사관의 역할 묘사 NFPA 4.1.4 NFPA 4.1.5 NFPA 4.7 NFPA 4.7.1 NFPA 4.7.2 NFPA 4.7.3
- 조사에서 증거의 유형을 기술하고 확인 NFPA 4.1.5 NFPA 4.2.1 NFPA 4.6 NFPA 4.6.1 NFPA 4.7.3
- 방화, 방화의 형태 그리고 법적인 영향에 대한 논의 NFPA 4.1.5 NFPA 4.6 NFPA 4.7.2 NFPA 4.7.3
- 화재관련 범죄행위 식별 NFPA 4.1.5 NFPA 4.6 NFPA 4.7.2 NFPA 4.7.3
- 화재조사 소송에서 민사소송의 역할에 대한 설명 NFPA 4.1.5 NFPA 4.7.2 NFPA 4.7.3

기능습득 목표

이 장을 학습한 후 여러분들은 다음 사항을 할 수 있다.

- 당신이 증인으로 적합하기 위해 당신의 이력서를 수정하고 준비
- 증언을 전달하는 효과적인 기술로 입증 NFPA4.7.3

NFPA 참고 문헌

NFPA921, *Guide for Fire and Explosion Investigations*

CHAPTER

10

FESHE 과정 결과물

화재조사 I

2. 화재조사에 적용을 할 때 헌법개정조항의 함축된 의미를 설명하라.
3. 화재조사에 영향을 미칠 주요 판례법의 결과를 확인하라.

화재조사 II

1. 검색, 압수 그리고 체포를 할 때 법의 규칙을 설명하라.
2. 법정에서 증언을 할 때 화재조사관 태도와 역할을 설명하라.

당신은 화재조사관

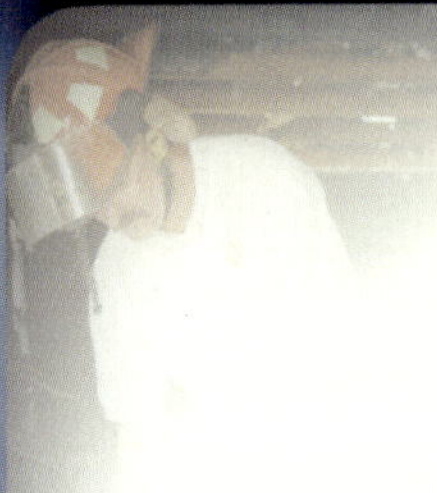

화재조사관이 단독주택의 조사를 행한 그날 이후, 화재조사관은 주택소유자들이 융자금 상환을 계속할 수 없어 불을 의도적으로 냈다고 믿는 주택소유자의 한 친구를 만났다.

이 사람은 과거에 주택소유자들이 보험회사에 "다시 집을 파는 것"에 대하여 수차례 언급을 하였고 어떻게 화재가 시작되었는가에 대한 온라인 조사를 실시했다고 진술하였다.

화재조사관과 화재조사대원은 다음날 가정용 컴퓨터를 복구하기 위해 화재 현장에 다시 갔으나 주택들은 이미 판자로 막아져 있어 안전하였다.

화재조사대원은 주택소유자가 도착하면 사용된 합판을 제거하기 시작하면서 왜 당신들이 거기에 있는지 질문을 한다.

1. 거주지에 다시 들어갈 수 있는 당신의 권한에 영향을 미치는 가능한 법적 문제는 무엇인가?
2. 화재조사관 조사에 관련된 증거가 어떤 영향을 미칠 것인가?
3. 주택소유자를 인터뷰하는 동안, 화재조사관이 알아야 하는 법적권리는 무엇인가?
4. 화재조사관의 조사가 주택소유자에게 형사소송과 민사소송에 어떻게 영향을 줄 것인가?

개요

대부분 자격을 갖춘 화재조사관들은 화재조사관의 전문적 자격기준인 NFPA1033와 화재 및 폭발조사관의 안내서인 NFPA 921로 기초훈련을 받는다. 그럼에도 불구하고, 많은 조사관들은 이 문서들이 소송에 사용하는 경우에 잠재적 영향을 알고서 놀란다.

NFPA1033에서 조사관들이 다양한 법적인 주제에 관하여 기본적인 지식을 갖출 것을 요구한다. 또한 법적절차에서 증언을 하고 기록물을 작성하는 기술을 개발하는 연구자도 필요하다. NFPA1033는 화재조사관의 역할을 하고자 하는 사람을 위한 국가 전문 자격의 표준이다. 이것은 공공부문과 민간부문에서 자격을 갖추어 화재조사관이 되는 최소한의 작업 성능 요건 등을 나타낸다. 이것은 모든 화재조사관에게 벤치마크로서 역할을 한다. 이것은 네 가지 방법으로 작업을 수행한다.

1. 화재조사관은 특별히 지정된 16개의 폭넓은 범위의 주제와 고등학교 수준 이상의 기본적인 지식을 유지한다.
2. 화재조사관은 7가지 중요한 책임감을 인식한다.
3. 화재조사관의 작업을 포함한 작업 성능 요구사항을 정확히 파악한다 .

4. 화재조사관이 일에 포함된 각 작업을 수행하는데 필요한 지식과 기술을 나열한다.

NFPA 921과 NFPA 1033은 밀접하게 관련되어 있어 함께 읽는 게 유용하다. NFPA 1033의 정보 근원인 NFPA 921과 특별하게 상호 참조하는 NFPA 1033에서는 조사관들이 16개의 주제 목록에 관한 지식 기반을 갖출 것을 요구한다. 더욱이, NFPA 1033에서는 조사관의 기본적인 방법론과 절차상의 문제에 관하여 조사관들이 NFPA 921을 찾아볼 것을 추천한다. 그리고 이것은 화재조사관들의 필수인 NFPA 1033에 나열된 기술과 관련이 있다. NFPA 921은 안내서로 정의되고 NFPA 1033은 표준(기준)으로서 정의될지라도, NFPA 921은 법정소송에서 전문가 증인인 조사관의 자격을 평가하는 데 이용하는 근원으로 자주 인용된다. 또한 NFPA 921은 NFPA 1033에서 나열된 법률에 관련된 주제를 다루는 법적 고려사항의 내용을 가지고 있다.

조사 중 법적 고려사항

모든 조사는 법적절차가 진행하는 중에 조사할 수 있다. 법적(소송) 절차는 불법행위 또는 계약에서 형사고발과 민사소송을 포함할 수 있다. 법은 사속적이고 관할 구역에 따라 다양하다. 조사관은 준거법과 지방변호사에게 지도를 받아 잘 익히도록 충고를 받아야 한다. 적절한 법적 요구사항을 준수하는 것은 조사관의 증언을 인정받고 신뢰하는데 확실히 도움을 줄 것이다.

■ 조사를 행하는 권한

화재 현장조사를 행하는 데 법적권한은 법이나 계약으로 부여받을 수 있다. 법집행과 공공부문 조사의 권한은 법령, 조례, 관련된 판례나 기관규칙에 의해 부여된다. 조사관 권력의 범위와 한계는 법과 법을 세우는 법원결정을 포함하고 있다. 또한 해당 주 또는 연방 법률에 따라 공공부문 조사관의 권한에 대한 헌법적 제한이 있을 수 있다.

민간부문에서, 조사관의 권한은 조사를 승인한 조직이나 한 사람으로부터 파생된 계약권리이다. 한 가지 예로는 부동산 소유자의 대리인으로서 활동하는 부동산 소유자나 변호사가 어디에 조사관을 고용하고 조사의 범위와 목적을 정의하는 경우가 있다.

때때로, 부동산소유자는 조사를 선동하는 데 직접 책임이 없다. 소유자는 화재가 발생한 곳의 재산에 대하여 특권이나 책임보험을 가지고 있는 경우, 일반적으로 소유자의 보험회사는 조사를 유지하도록 지시한다. 이 상황에서 부동산 소유자는 제3자에 속한다고 말한다. 보험금 청구를 조사할 수 있는 권한은 보험정책의 약관에 따라 부여된다. 일반적으로 청구인은 손실금(재산보험의 경우) 지급을 받을 수 있는 자격이 되거나 책임 주장(책임보험의 경우)에 대한 변론을 하기 전에 보험회사에 화재 현장 조사를 실시할 수 있도록 허락을 요구할 수 있다.

모든 주와 콜롬비아 특별구는 보험회사가 법 집행기관에 화재의 범죄행위 결과를 보고하는 형태의 면책을 채택해오고 있다. 이 법령은 방화-보고/면책행위로 알려져 있다. 대부분 법령은 전국보험 감독관협회에 의해 만들어진 모델 법을 기반으로 한다. 이러한 행위는 방화 조사에서 보험회사와 법 집행기관 간의 정보교환을 촉진하기 위한 것이다. 이러한 방화-보고/ 면책행위들은 보험회사가 방화로 인한 손실을 특정한 법 집행기관에 보고하는 것을 필요로 한다. 또한 보험회사는 의심스러운 화재를 보고하는 데 몇몇의 행위를 허락한다. NFPA 921에서는 화재의 결정에 대한 증거의 정확성이나 허용으로 의심스러운 출처를 인정하지 않은 것을 주목하라; 그러나 이것은 법령의 일부에서 사용하는 언어이다. 지정된 공공기관은 공개하기 위해서 보험회사에 필요 정보 및 문서의 유형을 서면으로 요청할 수 있다. 이것은 화재 주제(subject fire)에 대한 정보를 포함할 수 있으며 심지어는 보험 또는 피보험자에 대한 정보를 포함할 수 있다. 대부분의 관할 구역에서, 행위들은 민사나 형사소송에 이용될 때까지 정보는 기밀로 유지해야 한다고 요구한다. 이러한 정보를 제공하는 대가로, 보험회사들은 민사 또는 형사 책임으로부터 법적 면제특권을 부여받는다.

공공기관에 정보 제공 관한 요구 이외에, 보고된 많은 면책행위들은 기관에서 보험회사로 민사소송의 조사에 도움을 주는 정보교환을 허가하는 상호조항을 등이 있다. 또한 보험회사끼리 직접 정보의 교환을 하는 일부 행위도 승인한다.

면허 요구사항

많은 주에서, 비-공공부문 및 법 집행화재조사관은 사립탐정 혹은 민간화재조사관으로 조사를 수행하기 위해 면허를 취득해야 한다. 이것은 필기 시험과 수수료 지불로 이루어진다. 법령의 일부에서 예를 들면, 보험회사의 직원이나 보험청구 사정인들에게 면제가 있다. 다른 법령은 일부 주와 상호 관계를 제공한다. 당신이 민간부문에서 조사할 계획이 있다면, 당신이 조사를 행하는 주(州)에서 당신이 법적 요구사항을 준수하고 있는지 각 주(州)의 법적요구사항을 확인하라.

또한 주(州)가 전문엔지니어의 라이센스을 허용하는지 알고 있어야 한다. 당신이 출처와 원인조사를 계획하는 엔지니어라면, 당신은 각 주(州)에서의 관련된 법령과 면허 요구사항을 확인하여 조사관과 엔지니어 각자의 일을 어떻게 정의하고 있는가를 알아야 한다.

■ 출입권리

조사관은 화재나 폭발조사를 행하는 법적 권한을 가진 경우라도 출입권리 또한 있어야 한다. 이 권리는 동의에 의하여 승인도 얻을 수 있다. (공공) 부문 조사의 경우, 조사관은 건물에 들어가 화재 현장을 조사하거나 증거를 수집하기 위한 법제권한이 있어야 한다.

다시 말해서, 법령에서는 사람이 어떤 화재에서 부상을 입었는지 조사할 것을 요구할 수 있지만, 자동권리의 법령에 의해서 현장에 출입 권한을 받은 민간 조사관을 요구할 수 없다. 헌법보호는 조사관이 출입 법적권리를 가지기 전에 발행된 수색영장을 필요할 수 있다. 당신의 속한 주와 지역의 법률과 법규를 이해하는 것과 당신의 주 및 지방 검사자와 협의하는 것은 관련증거 수집, 조사를 행하는 능력과 출입권리에 대한 올바른 이해를 제공할 것이다.

공공부문에서, 타버린 건축물의 임차인에 대한 변호사는 건물의 현장조사를 행하는 조사관을 고용할 수 있다; 그러나 조사관은 조사가 들어가기 전에 현장을 제어하거나 혹은 부동산의 소유자가 갖는 공공기관의 동의가 필요할 수 있다.

조사관이 법적 권한이나 필요한 동의 없이 현장에 들어가 조사나 증거를 수집을 하면 무단침입과 같은 민사책임에 대한 조치, 형사책임에 대한 처벌에 직면할 수 있다.

또 다른 가능성 있는 파급은 현장의 불법 침입으로 얻어진 증거는 재판에서 증거로 인정하지 않을 수 있다는 것이다. 공공부문(정부)조사 및 보험조사 동안에, 현장의 보안 및 화재 패턴과 관계있는 증거의 보존은 매우 중요하다. 정부 조사관은 화재 진압 후 화재 현장을 관리하는 당사자와 의사소통하기를 위해 노력을 해야 한다. 책임당사자는 다른 이해 관계자가가 추가 조사를 할 때까지 현장을 보존할 필요를 통보해야 한다.

■ 공공부문 조사관 출입권리

화재 조사 권한은 조사관에게 화재 현장의 출입권리을 반드시 부여하지 않는다. 공공부문/법집행 조사관들은 압수 수색 법률에 따른 헌법의 한계에 구속된다. 화재 현장조사는 단지 다른 범죄 현장조사와 같이 압수 수색으로 간주된다.

네 번째 개정된 미국헌법과 주 헌법의 평행(병렬)규정에 따라, 화재 현장의 모든 항목들은 정당화돼야 한다. 화재 현장 조사를 수행하기 위해 압수 수색을 정당화하는 경우는 일반적으로 네가지 상황이 있다.

1. 동의
2. 위급한 상황
3. 관리(행정)수색영장
4. 범죄수색영장

동의

네 번째 수정조항을 따르는 수색(검색)동의는 확실하게 가장 편리한 출입 방법일 것이다. 화재 현장조사 시작이 지연될 때마다, 시기와 조사기간에 대한 모든 법적인 문제를 제거하기 위

> **화재조사관 팁**
>
> 공공부문 조사관은 화재 현장을 다루는 자신의 관할구역의 지방검사를 알고 만나야 한다. 그리고 검찰관은 화재범죄조사 및 수색영장을 발부하여야 하는 상황을 통보하기 위해서는 프로토콜을 작성해야 한다.

해 검색에 대한 동의서을 얻어야 한다; 그러나 검색할 수 있는 합법적인 동의를 얻기 위해서는 엄격한 요구사항이 있다. 무엇보다도, 동의는 적절한 자(당사자)로부터 취득해야 한다. 적절한 자로서 재산(건물)의 소유자가 동의를 주는 경우는 종종 있지만, 항상 그런 것은 아니다. 적용되는 시험은 "토지(부지)에 대한 일반적인 권한 및 통제"이다. 비록 소유자나 집주인이 임대의 협약에 따라 가옥을 검사하고 들어갈 수 있는 권리가 있을지라도, 개인에게 임대 또는 임대된 부동산(재산)은 일반적으로 소유자보다는 임차인 혹은 점유자의 동의가 필요하다.

동의를 부여하는 사람은 자신의 일반적인 권위와 통제하에서만 영역의 검색 권한을 부여할 수 있다. 룸메이트의 경우, 한 룸메이트는 별도의 침실이나 개인 벽장과 같은 다른 개인 영역의 검색을 부여할 수 없다. 모든 검색 동의에서, 일반적인 권한과 동의를 하는 사람의 통제 내에서 그 지역을 검색할 수 있다.

비록 항목의 다른 방법 중 하나가 상황에 적합할지라도, 법원은 항목 중 안전한 방법으로 실행된 영장인 것을 확인하고 항상 가능할 때마다 동의를 요청해야 한다.

조사관은 화재 현장조사를 동의에 받아 수행될 때, 동의를 하는 사람은 검색의 범위를 제한할 수 있으며 심지어는 언제든지 동의를 철회할 수 있다. 화재 현장을 검색하는 동의는 항상 서면으로 받아야 하고 목격이 되어야 한다.

긴급한 상황

공공부문/법집행 조사관(law enforcement)는 긴급한 상황이 존재할 때마다, 공공안전의 이익을 위해 즉각적인 응답 요구와 압수수색을 수행하는 권리가 있다. 미시간 v. 타일러 미시간과 v. 클리포드에서 미국 대법원의 결정은 이 규칙에 따라 화재조사관의 출입 권리 범위를 나타내고 있다. 모든 화재는 소방대 응답을 요구하는 공공안전 비상사태로 간주된다.

화재가 보고되면, 긴급 상황에서 화재를 진압하기 위해 건물로 진입할 수 있도록 한다. 비슷하게, 화재의 원인을 결정하는 것은 정부 응답 부분이고 강력한 공공 안전 정의에 의해 지지를 받는다. 그러므로 화재 현장의 조사는 모든 화재를 둘러싼 긴급한 상황의 부분으로서 권한을 부여받는다.

화재 현장에 들어가고 조사를 행하는 개방형 권한은 없다. 화재 현장 조사가 다양한 사실들과 상황(정황)에 따른 적절한 시간 내에 수행되었는지 아닌지, 그리고 조사관의 활동이 까다로운 상황이라면, 조사가 "적절한 시간" 내에 수행되었는지는 조사관의 판단에 의해 결정될 것이다.

일반적으로 조사는 화재의 억제 및 소화 후 가능한 기회에서 시작해야 한다. 화재가 둘러싸고 있는 긴급한 상황의 일부일 때 조사 시작을 지연하는 것은 정당화 되는 이유가 있어야 한다. 밝아오는 낮을 기다리는 지연은 일반적으로 허용하는 것으로 간주한다; 그러나 조사를 편하게 하기 위해서 늦게까지 기다리는 등의 것은 불법 압수 수색을 초래할 수 있다. 화재조사관은 화재 조사를 위해 호출될 때 항상 즉시 응답해야 한다.

또한 조사관은 적절한 속도로 조사를 진행하고 불필요하게 길게 연장하지 않은 것을 확인해야 하므로 조사는 "적절한 시간" 안에서 계속할 수 있다. 긴급한 상황의 교리에 의존하는 조사관은 조사가 왜 지연되었는지, 화재크기, 날씨, 안전문제, 필요한 작업(NFPA 921과 NFPA 1033으로 요약된 것 포함)과 같은 요소 등과 다른 해당 정보를 포함한 증거서류를 제공할 수 있다.

조사관은 "적절한 시간"이 무엇인지 의심이 갈 때 법적인 조언을 찾아야 한다. 또한 긴급한 상황이 존재할 때만 의존하기보다는 가능할 때마다 동의를 얻는 것이 좋다.

행정적 수색 영장

행정적 수색 영장은 공공부문/법집행 조사관의 출입에 관한 세 번째 방법으로, 미시간 v. 타일러 사건에서 미국대법원의 특별한 승인을 받았다. 이것은 조사관이 거의 사용하지 않았으며 심지어는 법원에서도 인정하지 않았다. 행정수색 영장은 화재가 지나간 후 합리적인 시간이 있는 상황을 위한 것이고 수색할 동의가 거부되거나 그렇지 않으면 사용할 수 없다. 이것은 발화와 원인을 확인하기 위해 화재 현장에 출입을 하는 제한된 목적으로 선서를 하고 쓴 진술서를 관할 법원의 판사에게 제시할 필요가 있다. 신청자는 선서진술서에서 보여주어야 한다:

1. 누구든지 관할지역에서 화재 현장을 조사하는 행정권한을 가지고 있다. 즉 관련 화재 규정에 의해 주어진 권한이다.
2. 화재가 발생하였다는 것(조사자가 이때 합법적으로 건물(가옥)에 들어갈 수 없을지라도)
3. 법원의 권한은 화재조사에서 발화와 원인을 밝히는 행정책임을 수행하기 위해 필요하다.

미시간 v 클리포드가 기술한 것처럼, 방화 또는 범죄의 증거가 있다면 관리(행정)수색영장은 사용할 수 없다. 행정수색영장에 따른 화재 현장조사로 범죄의 증거를 드러내거나 건물을 더 조사할 때는 범죄수색영장이 필요하다.

범죄수색영장

범죄수색영장은 조사를 수행하기 위한 목적으로 화재 현장에 출입하기 위한 네 번째 대안이다. 이 방법은 법적 영장을 신청할 수 있는 정부 대리인에 의해 선서한 진술서의 제출에 따른 법적권한이다.

행정(관리)수색 영장과는 달리, 범죄수색영장은 타당한 이유, 범죄가 발생했다는 확립, 범죄의 증거를 건물(가옥) 내에서 찾을 수 있을 때 발행된다. 진술서는 신뢰할 수 있는 정보와 근거를 찾고자 하는 신청자에게 알려진 특정 사실을 입증해야 한다. 조사가 행해지는 건물(가옥) 내의 특정지역은 정확하게 식별되어야 한다. 진술서 및 영장신청에 대한 작성은 검사 또는 법률자문이 도와주는 것이 좋다.

■ 민간부문 조사관 출입권리

민간부문에서의 화재 조사인 경우, 직면할 헌법적 문제가 없다. 민간 조사관은 거의 독점적으로 출입 동의를 얻어 이용한다. - 소유자 또는 점유자가 해준 동의나 보험정책의 규정에 따른 함축된 동의, 출입의 권리는 법원의 명령에 의해 부여할 수 있다. 소유자 혹은 점유자가 현장의 접근을 거부한다면, 민간 조사자는 법원의 명령없이 화재 현장에 들어갈 수 없다; 그러므로 피보험자가 자신의 보험회사의 화재조사관에게 화재 현장의 접근을 거부한다면, 보험 청구는 거부 될 수 있다. 민간 조사관에게 화재 현장 접근이 허락되면, 민간 조사관은 조사범위에 대해 잘 알고 있어야 한다. 예를 들어, 세입자의 이익을 나타내는 조사관은 건물 소유자에 속하는 이익을 압수하지 않는다는 것을 알고 있어야 한다.

■ 증인면담 및 심문

재판에서 법적으로 허용되는 증인의 진술에 대한 증거인터뷰(면담)를 실시할 때, 공공부문의 조사관이 해결해야 할 특별한 헌법적 문제가 있다. 이러한 문제는 자기 부죄에 맞서는 다섯 번째 보호 수정조항과 여섯 번째 변호인 수정 권리를 포함한다(즉 심문하는 동안 참석할 변호사를 갖는다)(그림 10-1). 이러한 문제는 미란다 원칙(미란다 v. 애리조나)의 질문(심문)지침의 기초이다.

그림 10-1 목격자는 변호사의 입회하에 질문을 받을 권리가 있다.

다섯 번째 수정안에서, 사람은 자신에 대한 증언이나 기소된 후에 이용하는 유죄 증언을 하도록 강요할 수 없다. 여섯 번째 수정안은 헌법상의 "변호할 권리" 즉 미란다 원칙에 따라 제공된 보호 부분이 포함되어 있다. 미란다 원칙에서는 심문을 받은 증인이나 구금되어서 인터뷰를 한 증인들의 진술을 법적으로 취할 수 있고 나중에 증거로 사용되기 전에 어떤 경고를 받게 된다. 미란다 원칙은 네 가지 구성요소가 있다.

1. 침묵과 진술을 거부할 권리가 있다.
2. 어떤 경고에 대한 진술서는 증인에 맞서는 증거로서 나중에 사용할 수 있다.
3. 심문 동안에 증인을 대표하는 변호사를 선임할 수 있는 권리를 준다.
4. 피고가 변호사를 고용할 여유가 없는 경우, 심문하기 전에 무료 변호사를 제공받을 수 있는 권리가 있다.

미란다 원칙에서는 만약 심문을 받는 사람이 구금된 상황이라면 많은 경고를 받게 될 것이며 조사관에게 말하기 전에 이런 권리를 포기하는데 동의해야 한다고 나타내고 있다. 그렇지 않으면, 심문을 받는 사람에 의해 만들어진 진술서는 재판에서 허용되지 않는다. 이 원칙은 정부기관을 대표하거나 요청에 따라 직무대행을 하는 조사관에 의해 행해진 질문에 적용된다. 증인의 단순한 질문은 미란다 원칙을 자체적으로 송장을 하지 못한다; 인터뷰나 심문은 구금된 상태에서 이루어져야 한다. 구금 여부를 판단할 때, 법원은 다음을 포함한 다양한 요인을 고려해야 한다.

- 증인(목격자)을 감금 또는 체포에 대한 면접관의 명백한 권위. 체포할 힘이 부족한 일반 시민이나 공무원은 미란다 원칙을 준수하지 않아도 된다.
- 심문의 장소(위치). 증인이 활동의 자유가 전혀 없다면, 인터뷰는 구금된 것으로 간주될 가능성이 있다. 잠긴 방 또는 잠긴 시설에서 인터뷰가 있거나, 정부대표자가 출구를 차단하거나, 수갑을 채운 채로 인터뷰를 받을 경우 문제가 발생할 수 있다.
- 심문 시간과 문맥. 인터뷰가 더 지속되고 더 심해질 경우 그것이 비록 단순한 증인 인터뷰로 시작했을지라도 구금심문으로 간주될 가능성이 크다.
- 심문에서 참가자(감시자). 수많은 면접관과 관객, 특히 법집행 공무원은 단순한 증인 인터뷰를 구금 심문으로 변경하기에 충분한 위협적인 상황으로 간주될 수 있다.

심문 대상자가 구금으로 간주될 수 있는지에 대한 의문이 있을 경우, 가장 좋은 방법은 모든 미란다 권리의 개별 조언을 하는 것이다. 개인이 미란다 경고를 받거나 진술서에 동의를 할 때, 권리의 서면 포기는 목격 하에 서명해야 한다. 심문은 가능한 테이프 녹음이나 비디오테이프로 녹화를 해야 한다. 일반적으로 좋은 규칙은 두 명의 조사관이 심문을 행하는 것이다. 이것은 인터뷰 방이 작은 경우 특히 중요하다.

■ 체포와 구금

네 번째 수정조항은 부당한 검색 및 억류를 금지하는 것이다. 이것은 사람의 억류도 포함한다. 법 집행공무원과 같은 정부관리가 체포를 하거나 사람을 감금(억류)할 때, 이것은 압류와 마찬가지로 적용된다.

정부가 사람을 통제를 할 때 압류가 일어난다. 모든 억류는 네 번째로 개정된 보호 장치를 따라야 한다. 이러한 보호 장치는 압류가 체포에 해당하는지 아닌지에 따라 다르다. 사람이 체포되거나 단지 구금되는 것은 환경의 상태에 따라 결정된다.

시간이 지나, 대법원은 구금과 체포를 지배하는 규칙 전체를 개발하였다. 여기에는 법집행 권한을 행사하는 화재조사관이 적용할 수 있는 규칙이 요약되어 있다.

체포

체포를 하려는 공무원은 체포를 하기 위한 합당한 이유가 있어야 한다. 피의자가 범죄를 저질렀다는 정보를 가져야 한다는 의미이다. 가능한 원인을 지지하는 정보는 공무원의 개인적인 지식이나 경찰 성명서, 게시된 공지, 증인의 진술, 신뢰할 수 있는 정보와 같은 다른 근원을 기반으로 할 수 있다.

사람의 권리가 침해되고 불법 체포를 한다면, 헌법에 의해 모든 해결이 가능하다. 예를 들면, 판사는 그 사람에 대해 고소를 기각할 수도 있고, 체포에 따른 증거는 법정에서 배제될 수 있다.

구금

사람이 범죄를 저질렀다고 합리적인 의심이 든다면 공무원은 이 사람을 구금(억류)할 수 있다. 합리적 의심은 막연한 의심보다는 가능성이 있는 의심이다.

공무원이 모든 사람에게 줄 수 있는 정보를 가지고 있을지라도 합리적인 의심은 모든 상황에 따라 달라진다. 구류는 짧게 해야 하고 공무원이 의심을 확인하고 반증하기 위해서 한정된 조사를 행하는 것이 필요하다.

■ 증거 파기

법적 문제로서 증거의 파기는 수백 년 동안 존재하고 있지만 최근에 상대적으로 큰 중요성을 가지고 있다. 지금은 모든 화재 현장 조사에서 발생하고 있는 문제이다. 파기가 전통적으로 민사소송에서 버려진 문제일지라도, 그것은 형사사건에서 나타날 수 있다.

증거 파기는 어떤 화재 현장조사의 불가피한 부산물이다(그림 10-2). 매우 진정한 의미에서, 전체 화재 현장은 사건에서 중요한 증거이다. 조사관이 화재 잔해와 증거를 이동하여 현장조사를 행할 때, 현장 그 자체는 반드시 변경된다. 철저한 현장조사가 계층적 처리(layering process) 방법을 이용하여 잔해(쓰레기)를 이동시켜 행해질 때, 그 결과는 오직 평판만 남고 실제적으로 증거가 없는 현장이 될 수 있다.

그림 10-2 증거의 손상은 거의 모든 화재 현장에서의 문제이다. 이 건조기는 소방대원에 의해 해체되었다.

지역코드 규정에서는 종종 지방자치제가 공공안전을 위해서 화재로 손상된 건물을 즉시 철거하도록 허용하고 있다. 민간 부문 조사관은 증거의 파기를 방지하기 위하여 법정 명령구제에 호소할 수 있고 현장의 증거자료와 가능성 있는 증거도 허용할 수 있다. 파기가 인정된 경우에, 조사관은 그 상황에서 가능한 철저히 노력해야 한다.

증거가 현장에서 수집되고 제거될 때, 많은 변화가 일어날수 있다. 화재 현장에서 발견된 장비와 기기의 검사는 비파괴 시험을 포함할 수 있다. 비파괴 시험은 변이, 변경 혹은 파괴를 구성한다. 각각의 상황에서, 후에 다른 조사관이 화재 현장에서 증거를 조사할 수 없는 것을 알았을 때 파기의 보상청구에 직면할 수 있다. 왜냐하면 화재 후 남아있는 증거를 더 이상 사용할 수 없기 때문이다.

파기가 일어난 것으로 확인된 경우, 법원은 파기의 원인이 된 책임자의 활동에 제재를 취할 수 있다. 이러한 제재는 다음을 포함한다.

- 증거파기에 대한 책임자의 증언 금지
- 화재 현장조사에 대한 책임자의 증언 금지
- 증거파기로 책임자에게 손해를 주었는지 추론할 수 있는 배심원의 지시
- 책임자의 증거를 들어내고 증거파괴로 처벌된 당사자를 위한 판단

게다가, 일부 주의 법원은 파기의 불법 행위를 인정하고 있으며 파기자는 자신의 행동에 대하여 소송을 받는다.

파기 개념은 공정성에 대한 기본 문제이다. 한 조사관이 분실, 파기 또는 물리적 증거를 변조하여 다른 조사관에게 피해를 준다면 법원은 균형을 위하여 파기의 규칙을 사용할 것이다. 법원이 주는 승인은 피해자가 가해자에게 대항하여 자기의 권리를 위해 증거를 이용하거나 자신을 방어하기 위하여 증거를 조사하고 독자적으로 심사할 수 있고 올바르게 설계할 수 있도록 한다.

모든 조사관들을 위하여, 파기의 권리는 상식적인 접근을 피하는 것이 최선일 수 있다. 증거는 불필요하게 폐기, 파기, 분실되지 않아야 한다. 다른 사람의 이해관계(제품책임사건)에 중요한 증거가 발견될 때마다 증거는 즉시 보존해야 하고 통지는 증거로 인해 잠재적 이익을 갖는 모든 당사자에게 보내야 한다. 현장부분을 조사하는 동안, 증거는 그 위치에서 고정되어야 하며 화재 현장 전체를 명확하게 표시하여 증거의 불법 이동을 방지하고 보호되어야 한다. 증거가 현장에서 제거될 때까지 보안은 계속되어야 한다. 물적 증거의 파기시험은 모든 이해관계자에게 통지가 선행되어야 하며 전문가가 시험에 참여하고 관찰할 수 있는 기회를 허용한다.

NFPA 921은 "사람, 단체 또는 조직 등 이해 당사자(관계자)를 정의한다. 여기에는 특정 사건의 조사로 영향을 받을 수 있는 법적권리와 이해당사자들, 그들의 대표들을 포함한다. (NFPA 921 제 3.3.110, p.17)" (범죄 수사 동안, 수집된 증거를 이해 관계자에게 통지하는 것을 반드시 할 필요는 없다.)

화재 현장조사에서 화재잔해를 조사하고 이동할 때 증거의 불필요한 변경은 특히, 이동 전과 이동 중, 그리고 이동 후까지를 적절히 문서화하고 사진으로 남겼다면, 일반적으로 파기로 여기지 않는다. 그러므로 모든 화재 현장에서 이용되는 적절한 화재 현장서류는 파기로 주장

하는 것에 대한 첫 번째 방어선이다.

화재의 요인으로 추정된 특별한 증거가(장비 또는 기기) 발견될 때, 이러한 품목들은 항상 주의 깊게 보존해야 하고 즉시 모든 이익당사자(관계자)에게 통지해야 한다.

수사기관의 확정된 조서를 가지고 있으면 그 파기는 실질적으로 감소된다.

초기현장 조사를 통하여 모든 이해당사자에게 제공된 공고의 성질과 내용은 전문가를 보유할 수 있는 기회와 다음과 같은 조사에 참여하는 것이다.

- 이해관계자에게 알림(전화, 편지, 이메일을 통하여; 구두 통지는 서면으로 확인되어야 한다)
- 이해관계자에 대한 공지의 성질
- 공지의 내용
  - 사건의 날짜
  - 사건의 성질
  - 사건의 위치
  - 손실(피해, 죽음, 부상)의 성질과 정도
  - 다음의 활동 날짜
  - 현장에 영향을 미치는 환경(예; 철거명령 또는 환경조건)
  - 어떤 날짜에 의한 요청 의뢰
  - 정보 접촉은 알려준 사람에게 답장을 주는 일이다.
  - 현장을 제어하는 개인이나 기관의 신분
  - 통지가 간 모든 당사자(관계자)의 명단

NFPA 921은 공공부문 조사관들이 민간부문의 조사관들과 다른 통보의 책임이 있다는 것을 인정할 수 있다. 더욱이, 이러한 통보를 주는 의무가 화재를 둘러싼 환경뿐만 아니라 관할구역, 범위 및 조사관의 진행절차에 따라 다양하다.

조사관의 재판 증언

재판에서 성공적인 증언을 하기 위해서는, 당신이 실제의 목격자(증거 기술자와 같은)이든 전문가 증언이든 간에, 법정과 민사 및 형사 소송 절차에서 편안함이 매우 중요하다. 이 학습 과정은 재판으로 이어지는 진행 단계를 알고 재판 전이나 재판에서 받은 구두와 서면 형태의 증언으로 시작한다.

■ 보고서

어떤 소송에서 전문가 증인이 보고서를 준비하든 그것은 여러 가지 요인에 따라 달라진다. 이들 중 일부는 다음과 같다.

- 형사 또는 민사 규칙 절차 이든 간에 법정에서 증언을 하게 위해서 보고서를 준비하는 전문가 (as does Federal Rules of Civil Procedure [FRCP] Rule 26[a] [2] [B])
- 재판전략은 전문가 증언과 변호사에 의해 결정된다.
- 이 분야의 뒷장에서 요약된 바와 같이 준비된 보고서 장점과 단점
- 증거인 보고서의 허용과 공개여부는 반대 당사자의 필요에 따른 고려사항. 이것은 형사사건에서 특히 관심이 될 것이다.
- 내부절차(회사나 부서) 혹은 당신이 따르는 산업표준지시는 NFPA 1033, ASTM E 620 및 ASTM E 678을 포함한다. 예를 들면, 민간 조사관은 일반적으로 수행하는 모든 중요한 조사 보고서를 준비한다. 만약 이들의 보고서가 의견이나 결론을 포함한다면, 그것들은 법집행에서 전문가의 보고서로 고려된다.

화재조사관 팁

현장 조사관은 조사에 참여하지 않은 사람과 잠재적 결과물에 관하여 토의하지 않아야 한다. 조사는 어떤 질문에 대한 적절한 응답이다.

화재조사관 팁

법률이 필요 없는 곳이나 보고서를 작성하는 전문가인 변호사가 당신을 호출하는 상황에서 보고서를 준비하기 위해 당신이 결정을 하는 데 도움이 될 고려 사항이 있다.

- 조사와 재판에서 상당한 시간이 지날 수 있다. 조사 완료 후에 보고서가 곧 준비가 된다면, 그것을 살피는 것은 재판에서 당신의 기억을 새롭게 하는 데 도와줄 수 있다.
- 정리가 잘된 보고서는 재판에서 직접적인 조사의 구체화를 증명하기 위해 변호사가 이용할 수 있다.
- 보고서는 검토된 자료, 이행된 조사와 시험, 각자의 의견까지 주는 유용한 분석의 요약서를 제공한다. 이 요약서는 당신의 변호사가 재판을 준비하고 전문가들과 목격자의 사실 증언과의 편성하는 데 도움이 될 것이다.
- 보고서는 당신의 전문 분야를 넘어 부정확하거나 불완전 정도범위에서, 보고서는 당신 의견의 허용에 도전하거나 교차심문에서 당신에 대한 효과적인 도구로 사용할 수 있다.
- 모든 조사가 완료되기 전에 최종 의견으로 보고서를 작성한다면, 당신의 의견 중량감이나 허용은 FRE 규칙(702)에 따라서 충분한 사실이나 자료를 기반으로 하지 않는 기준에 위협이 될 수 있다.
- 당신의 증거를 요구하는 변호사가 당신과 함께 보고서를 기안하고 준비한다면, 상내가 이 성보를 발견할 수 있고 당신의 전문증거의 무게와 신뢰를 약화시킬 수 있다.

전문가의 보고서는 상대편의 검색여부 보고서를 언제 준비하든지 결정에 영향을 미칠 것이다. 가장 좋은 과정은 보고서(심지어 초안 혹은 예비 보고서)를 준비하기 전에 증언을 요구하는 변호사와 그 내용의 성격을 준비하는 문제로 논의하는 것이다.

전문가의 보고서 내용은 절차규칙, 당신의 평소 연습, 그리고 당신이 보유하거나 전문가 증인으로 불리는 변호사의 요구사항 등을 포함한 다양한 요인에 의해 결정된다. 민사사건의 경우에, 연방법원과 많은 주 법원은 준비된 보고서와 재판에서 증명할 수 있는 전문가에 의한 다른 당사자들에게 공개하는 것을 요구한다. 연방관할권에서, 이 요구사항은 FRCP 규칙 26(a)(2)(B)에서 반영된다.

법적 절차 규칙뿐만 아니라 당신의 보고서가 완성되었음을 확신하다면, 당신이 준비한 모든 보고서는 정확하고 읽기 쉽고 이해하는 것이 매우 중요하다. 조사와 분석 동안에, 그것이 적용될 때 상세하게 과학적인 방법으로 모든 단계에 대해 설명한다. 당신이 검토하고 조사한 문서의 기록들로부터 사실을 확인하고 또 확인하라. 주의 깊게 당신의 보고서를 교정하라. 당신의 글 스타일은 전문적이면서 강하고, 철자가 틀리지 않은 문법으로 표현해야 한다. 그 보고서는 보고된 결론 사실을 이해하고 화재용어에 익숙하지 않은 사람에게도 이해시킬 수 있어야 한다. 보고서 작성에 대한 자세한 내용은 이 글의 문서 장을 참조하라.

당신의 쓰기 능력이 약할 경우, 독서나 코스 과정을 통해서 적절한 문법을 훈련하여 얻어야 한다. 공공도서관에는 글쓰기에 관한 많은 책들이 있다. 부서나 사무실에서 다른 수사관이 비판적으로 내부의 일관성, 문법, 철자에 대하여 당신의 보고서를 검토한다.

조사보고서에서는 화재조사관의 행동, 관찰, 결론에 대하여 완전하고 정확하게 요약해야 한다. 개인이나 조직의 연습 범위에 따라, 보고서는 묘사, 사진, 비디오, 인터뷰, 도표, 그리고 정보를 제공하여 만들어진 문서들을 포함할 수 있다. 그 보고서만으로도, 화재조사관은 설명할 수있고 발단과 원인의 결정을 지지하고 설명할 수 있어야 한다.

■ 법정에서 증언

전문가의 증언이든 사실증거(아래에서 설명)이든 간에, 조사관은 증언의 주제 및 증인의 생각을 완전히 이해를 했는지를 확실히 하기 위해 변호사들과 긴밀한 연락을 한다. 조사관은 어떤 문서를 제공하고 법정에 가져가야 하는지를 알아야 한다.

조사관은 적절한 사무용 복장이나 유니폼을 입으면서 행실을 조심하고 전문적인 몸차림으로 법정에 있는 동안 전문성, 신중한 태도를 항상 유지해야 한다. 법정에서 증언이나 청취과정에서 증언이 자주 무시되는데, 이것은 그들이 다른 목격자의 증언을 듣는 것을 법정에서 허용하지 않는다는 의미이다. 법원의 격리명령의 위반을 가능한 한 피하기 위해, 증인은 부를 때까지 법정 밖에서 정렬하여야 하고 변호사가 아닌 다른 사람과 사건을 논의하는 것을 자제하여야 한다.

일반적으로 모든 증인은 앉기 전에 증언을 위해 진실을 말할 것을 맹세한다. 변호사가 호출하는 증인은 직접적인 심문이나 개방형 질문을 받는다. 그 다음의 상대 변호사는 교차(반대)심문으로 주요한 질문을 한다.

처음의 변호사는 보통 추가적인 직접 심문에서 개방형 질문을 할 수 있는 기회를 제공 하고 교차(반대) 심문을 허용할 수 있다. 일부 사법권 관할에서 판사나 배심원은 증인에게 질문을 할 수 있다. 화재조사관의 행실은 증언하는 동안 항상 전문적이고 객관적이어야 한다. 질문에 명확하고 간결하게 답변을 하고 판사 및 배심원과 눈을 마주쳐야 한다. 불안해하는 행동과 표정뿐만 아니라 불필요한 움직임을 피하고 무릎에 손을 얹어야 한다. 당신이 질문을 이해하지 못하면, 질문을 반복하거나 설명할 수 있도록 부탁해야 한다. 모든 변호사를 전문직업인으로 취급하고 화난 모습 혹은 경멸의 표시를 하지 마라. 허용될 때 증인은 진술을 하고 증거들을 설명하라.

때때로, 변호사는 증언하는 동안 질문이나 대답에 이의를 제기할 수 있다. 이의를 제기하려면, 조사관은 판사가 판결을 할 때 까지 항상 대답을 중지해야 한다. 일반적으로 판사가 묻는 질문에 반대를 한다면, 증인은 대답하지 않아도 된다.

증거의 형태

증거는 다양한 방법으로 분류될 수 있다. 일반적으로 민사나 형사 화재 재판의 기초를 형성하는 증거의 범주는 네 가지이다.

1. 물적 또는 물리적 증거
2. 임증 증거
3. 문서의 증거
4. 증언 증거

이러한 범주는 특징적이지 않고 어떤 증거는 하나 이상의 범주에 속하는 것이다.

■ 물적 또는 물리적 증거

물리적 증거는 법정에서 판사와 배심원에 의한 조사로 나타낼 수 있는 물리적 항목을 의미한다. 화재 현장에서 관련된 물리적 증거의 범위는 방대하다. 그것은 방화범이 현장에서 남긴 희생자의 매우 작은 옷 섬유까지 모든 것을 포함한다(그림 10-3).

그림 10-3 수집된 물리적 증거

보통 물리적 증거는 전문가에 의해 조사되고 분석에 의해 알 수 있다. 또한 도표나 사진으로 나타낼 수 있으며 실증적 증거의 대상이 된다.

NFPA 921의 17장은 화재 현장에서 증거의 보존, 수집, 인식에 대한 권장사항과 함께 화재의 기원, 원인, 확산, 또는 책임의 문제와 관련된 물리적 증거를 다루고 있다. 화재사망 또는 부상의 경우, 물리적 증거는 사망자의 유적과 희생자의 부상을 포함할 수 있다. 이러한 유형의 증거는 NFPA 921 25장에 다루고 있다. 물리적 증거 수집의 실제방법은 NFPA 921에 설명한 대로 증거를 수집하고 처리하기 위한 기술표준을 준수해야 한다. 재판에서 허용되기 위해서는, 증거가 제대로 전송, 저장 그리고 법적으로 관리의 영속성을 구축하였는지 인증되어야 한다(증거를 가지고 있는 사람들의 기록과 어떻게 이동되었는지). 비록 관리의 영속성이 입증된다고 할지라도, 배심원이 본 불탄 시체를 물리적 증거로 허용하기에 너무나 불리해서 오판할 수 있다. 범죄사건에서, 화재 현장의 물리적 증거의 수집은 검색과 압류에 대한 헌법적 제한이 적용된다. 물리적 증거의 수집과 소유의 권리는 헌법 기준을 준수해야 한다.

변경, 파괴 혹은 손실된 증거는 파괴된 증거라고 불린다. 이것은 법정에서 채택될 수 없을뿐더러 그것의 존재는 허용하지 않는 파괴된 증거에 의존하는 전문가의 보고서와 같은 다른 증거를 가져온다. 일부의 경우, 파괴의 책임이 있는 조사관은 증언이 금지될 수 있다. 극단적인 경우, 파괴된 증거는 사건에서 완전히 묵살될 수 있다.

■ 입증 증거

입증의 증거는 법정에서 사용되는 증거의 중요한 형태이다. 증거는 사건에 관련된 중요한 문제를 설명하는데, 사진, 그림, 또는 차트 등과 같은 물증의 형태를 포함한다. 또한 입증의 증거는 화재 현장에서 수집된 항목뿐만 아니라 다른 명백한 증거항목(반대 목격자 증언)을 참

화재조사관 팁

입증의 증거는 흥미가 있기 때문에 매우 강력할 수 있다. 그리고 적절하게 준비하고 제시하는 경우라면, 배심원의 관심을 끌 수 있기 때문이다. 만약 당신이 차트, 컴퓨터 모델, 시뮬레이션, 또는 사진과 도표를 포함한 PPT와 같은 설명 증거를 제시한다면,
여기에 몇 가지 제안이 있다

- 당신은 증거를 보여주거나 미리 변호사에게 모의조작 설명을 확실히 한다
  변호사는 법원이나 상대측에 정보를 공개할 수도 있으며 이런 증거를 허용하는 재판 전에 제안(조치를 취할 법원에 요청)을 할 수 있다.
- 차트, 그래프, 모델 혹은 시뮬레이션이 모든 세부사항에서 정확하게 증언할 수 있도록 준비해야 한다
- 설명 증거에 이의신청을 하는 하나의 방법은 숨겨진 사실이나 증거를 기반으로 한 자료가 허위 또는 잘못을 보았다는 것을 인식하라. 따라서 숨겨진 사실의 세부사항을 재판과정에서(즉 목격자 증언, 문서, 물리적 증거에서) 제공하도록 준비되어야 한다.
- 만약 당신이 시뮬레이션을 실행하거나 설명을 행하다면, 당신은 연습을 하고 예상대로 작동했는지를 확인하라

조할 수 있다.

법원에서 사용되는 설명 증거의 일반적인 형태는 다이어그램, 차트, 일정, 모델 및 전문가 증인 또는 변호사가 배심원에게 화재 현장을 설명하거나 입증하기 위한 기타 증거를 사용한다. 이러한 증거에 대한 기본적인 법적 규정은 법원에서의 문제와 관련이 있고 이러한 문제들을 이해함에 있어서 배심원에게 유용하지 않다. 그러나 일반적으로 이러한 증거의 허용은 정확성이나 가정에 대한 신뢰성 혹은 이런 논증에서 나올 수 있는 사실들에 달려 있다. 실증 증거(사진, 필름, 혹은 디지털 미디어)의 일부 형태는 일반적으로 사람이 찍은 사진으로(그렇게 하는 것이 바람직하지 않지만) 하는 입증과 증거를 보관한 요구물로 인증을 할 필요가 없다. 사진, 비디오, 슬라이드 혹은 디지털 미디어는 문제의 정확한 묘사와 공정하다는 것을 보여줌으로써 인증을 받아야 한다.

■ 문서 증거

법정에서 사용되는 세 번째 증거는 문서증거이다. 이 범주는 서면기록이나 그 사건에 관련된 문서 유형을 포함한다. 사무 기록, 사건기록, 전화기록, 은행기록, 보험정책, 요구서류, 서신, 목격자가 쓴 진술서, 조사노트 그리고 기록된 인터뷰 내용들은 문서증거의 예이다 (그림 10-4).

그림 10-4 문서 증거

다시 한 번 더, 고려할 수많은 법적문제가 있다. 첫째, 증거는 제대로 얻어야 한다. 형사사건에 관련하여, 공공부문 조사관은 4번째 개정안 압수수색뿐만 아니라 5번째 자기부죄(예를 들면, 목격자 인터뷰의 문제는 범인이다) 개정문제를 고려해야 한다.

공공부문과 민간부문 조사관은 모든 문서 증거의 관련성과 신뢰성의 기준에 따라 법정에서 적절히 인증해야 한다. 업무기록, 은행기록, 전화기록, 기타 증빙서류의 경우에서, 인증은 통상 문서의 확실성과 정확성을 확인하기 위해 기록 보관인 증언이 요구된다. 만약 정보를 법원 밖에서 얻었다면, 문서증거는 전문증거로 법적 노선의 대상이 될 수 있다; 그러나, 적절한 법적 기반이 마련되고 나면, 문서증거가 사용될 수 있는 전문증거에 대한 규칙에 많은 예외가 있다.

전문도전(hersay challenges, 제3목격인의 증거진술)을 방지하기 위해, 조사관들은 검사와 재판에서 제대로 된 증거 서류를 확인하고 제시하는 변호사와 함께 일을 해야 한다.

■ 증언 증거

재판에서 증거의 네 번째 형태는 증언증거이다. 이것은 증인의 맹세와 확언한 구두증언과 상대방에 의해 반대 심문을 받는 구두 증언이다(그림 10-5). 관련성과 신뢰성이 있는 재판에서 증언증거가 인정되는 기본 요구 사항일지라도, 그것은 증거의 규칙에서 전체 요구사항이 적용되고 다양한 이유로 금지될 수 있다. 예를 들면 증인이 모든 증언에서 자격이 되지 않는 경우, 증언이 그 사건에서 무관하거나 중요하지 않는 경우, 증언이 다른 사람이 증언한 부적절한 진술서를 포함할 경우, 증언이 추측에 근거하거나 사실무근, 증언은 증언자 의견을 주는 자격이 없는 증언자의 의견을 포함할 수 있다(보통 전문가 증인은 증언자 의견을 주는 자격이 된다). 전문가 증언의 경우에, 특히 전문가의 증언의 기원 및 원인일 경우, 이 장 뒷부분인 전문가 증인 세부항목에서 나열된 것처럼, 전문자격을 갖춘 전문가 증언을 제시하기 위한 몇 가지 요구사항이 있다.

그림 10-5 증언

증언 과정에서, 조사관은 진술서, 질의서, 조서 및 법정 증언을 포함할 수 있다. 진술서는 사실이나 의견을 자발적으로 쓴 서면문서이다. 진술서는 선서로 이루어지고 증인이 서명하여 만들어진다. 질문서는 소송에 참여하는 당사자가 다른 관련 당사자에게 제공하는 일련의 질문이다. 질문서의 답변으로 알려진 응답은 제공된 자에 의해 생성된다. 모든 질문서 형태는 선서로 행해지고 각 당이 서명한다.

선서는 맹세로 하는 구두증언이다. 증인이나 선서를 한 증인에게는 소환장에 의해 증인심문이 통지된다. 절차는 일반적으로 사무실에서 이행하지만 속기사의 이용과 함께 선서로 진행한 법적 절차이다. 여러 당사자가 법률 조언을 할 수 있으며, 각각은 선서를 한 증인에게 질문할 수 있는 기회가 주어진다. 글로 옮긴 기록문서는 후에 선서증인에 의해 검토, 수정되어 만들어진다. 법정에서 소송이 계속 진행된다면, 선서증언 기록물은 사용할 수 있다.

만약 민사 혹은 형사 사건이 항변이나 조정을 통해 해결되지 않는다면, 사건은 재판으로 진행한다. 재판은 판사와 배심원이 주재한다. 판정이 이루어진 후, 항소는 그 결과에 만족스럽지 않은 자가 행할 수 있다.

사실 증인

사실 증인은 직접적으로 자신의 알고 있는 지식 범위 내에서 문제에 대해 증언을 하는 사람이다. 이러한 증언의 유형은 사실의 증인으로 알려져 있다. 왜냐하면 증인이 개인적으로 경험했던 사실, 즉 보고, 듣고, 만져보고, 냄새 맡아보고, 맛본 것 등에 관하여 증언을 하기 때문이다. 사실 증인들이 주는 의견의 종류에 따라 그들의 증언이 제한된다.

모든 증인과 같이, 사실 증인도 증언에 만족해야 한다. 이것은 그들이 관찰할 수 있고, 기억하고 법정에서 증언을 전달할 수 있어야 한다는 것을 의미한다. 또한 그들은 이해하고 맹세의 본성과 진실을 말한 의무에 감사할 수 있어야 한다. 증인들은 자신의 역량을 성공적으로 도전하거나 연방 또는 주 규칙을 다른 방법으로 제공하지 않는 한 일반적으로 유능하다고 생각할 수 있다. 이 영역에서 변호사는 부족한 증인의 역량에 이의를 제기할 수 있다(예를 들면, 아주 어린아이거나 만성정신질환으로 고통을 갖는 사람).

증인이 유능한 경우에도, 상대변호사는 여러 가지 분야에서 신뢰나 믿지 않은 것을 보여주기 위해 나음과 같은 교차 시험에 의한 증언에 이의를 제기할 수 있다.

- 증인이 편견을 갖거나 그 경우의 결과에 이권을 가지고 있다. (예를 들면, 증인은 자기편 증언한 자와의 긴밀한 밀접한 관계를 가지거나 경찰 등의 반대 증인에 대한 일반적인 편견을 가질 수 있다.)
- 증인의 지각력을 신뢰할 수 없는 경우(증인이 너무 멀리 떨어져 있어 듣지 못했거나 동일 시간 때에 조명과 장애물이 있어서 보지 못했던 것의 경우)
- 재판에서 목격자의 증언은 동일한 사건에 대한 이전의 구두 진술이나 서면 진술과 모순된다.
- 목격자들의 증언은 물리적 증거, 증거서류 또는 기타 증인의 증언과 같은 다른 증거와 모순된다. (아마도 증인은 오후 1시에 화재의 발생을 본 것에 관한 증언한 곳, 화재호출을 기록하는 911은 12시 정오에 등록된다; 증인은 사신 재산의 전부가 불탈 때 집에 있었다라고 하지만, 현상을 선별하는 조사관은 사진이 벽에서 떨어진 것과 옷장과 서랍장에서 옷이 누락된 것을 발견하였다.)

사실 증인(fact witnesses)은 사건에서 방관자 또는 목격자로 제한하지 않는다. 조사관은 언젠가 형사 또는 민사소송에서 사실의 증인이 될 것이다. 화재가 소멸되기 전이나 화재조사팀이 떠나기 전에 당신이 현장에 있었다면, 당신은 화재 진압 및 점검활동의 관찰내용에 대한 사실 증인으로서 증언할 수 있다. 당신이 수집, 처리, 물리적 증거를 이동한 것에 관하여 증언하는 경우, 당신은 사실 증인으로 행할 수 있다. 당신은 증거의 의미에 대한 의견을 만드는 그 범위에서 전문가 아닌 사실 증인이다.

증거기술자(특별하게 문서로 증명, 문서수집, 보존, 증거 수송에 관하여 훈련된 사람)는 그들의 일을 적절하게 하기 위해 특별한 훈련이 요구된다; 그러나, 그들은 전문가로서 화재나 폭발 영향의 증거에 대한 의견을 줄 수 있는 충분한 과학적, 기술적 혹은 다른 특별한 지식을 갖는 자격을 가지고 있지 않다.

사실 증인들의 증언은 연방의 증거 규칙(FRE Rule 701)이나 주 법정에서 비교규칙에 의해 제한되어 있다. 701 규칙은 사실증언이 주는 사실 의견의 유형을 효과적으로 제한한다. 그들은 차량이 빠른 속도로 이동하거나 사람이 술에 취하거나, 피곤하다거나, 행복하거나 미쳤거나 혹은 건물이 화염에 싸여있는 것을 보았을 때 생각했던 의견을 줄 수 있다; 그러나, NFPA 921과 NFPA 1033에서 기초훈련을 받은 증거기술자는 전문가 증인으로 자격을 규정하지 않으면 법정에서 화재의 발단, 원인, 확산 혹은 책임에 대한 사실 증언을 할 수 없다.

전문가 증언

전문가 증언은 법정에서 특별한 역할을 맡는다. 전문가 증언은 자신의 지식(사실 증거처럼)에서 그들에게 재판 전 혹은 재판 중에 알려진 사실뿐만 아니라, 그들이 추정한 사실 또는 일반적으로 특정 분야의 전문가에 의해 합의된 사실에 관하여 증언할 수 있다. 가장 중요한 것은, 전문가는 화재나 폭발에 대한 의견을 줄 수 있는 자격이 있다는 것이다(그림 10-6).

그림 10-6 전문 증인

전문가가 줄 수 있는 의견의 본질은 전문가가 증언하는 관할지역의 규칙에 의해 어느 정도 제한된다. 어떤 주에서, 전문가는 배심원이 결정한 긍정적인 문제에 의견을 줄 수 없다. 예를 들면, 어떤 주에서, 전문가는 기계에서 어떻게 방화(불이 일어날 수 없는 곳[NFPA 921 Section 3.3.108, p 17]에서 의도적으로 불을 낸 화재로 정의[NFPA 921])가 시작되었는가의 의견을 줄 수 있으나 피고(민사소송이나 형사소송에서 고소당한 사람)에 의해 시작된 방화라고 말하는 것을 허용하지 않는다.

만약 당신이 전문가로 증언한다면, 당신을 목격자로서 요청하는 변호사와 함께 당신의 의견을 어떻게 제시할 것인지, 증언을 어디 부분까지 제한을 둘 것인가에 관하여 문의하라. 모든 관할 지역에서 전문가의 의견에 대한 다른 제한은 의견이 소송에서의 문제와 관련이 있어야 할 것이다. 그리고 법정에서 인정하는 전문가의 자격 안에 들어가야 한다. 그러므로, 만약 기원과 원인 전문가가 전문적인 경험, 지식, 복사기를 다루는 교육이 없다면, 법정은 복사기의 설계 결함이 화재의 원인이었다는 증언을 하는 전문가 증언을 허락할 수 없다. 유사하게, 판사는 프로판의 냄새를 맡지 못했다는 이유 때문에 프로판 폭발의 역학적 관계를 증언을 할 자격이 있는 사람을 허락할 수 없다.

앞서 말한 것처럼 전문가는 증언하기 전에, 극복해야 할 몇 가지의 장애물이 있다

전문자 증언의 허용성과 관련성

증거의 모든 다른 형태와 같이, 전문가의 증언 증거는 소송에서의 문제와 관련이 있어야 하고 신뢰할 수 있어야 한다; 그러나, 전문가의 증언의 신뢰성의 척도는 복잡한 분석으로 이루어질 수 있다. 연방법원 소송과 최근 여러 주의 법원관할구역에서, 전문가 증언은 Daubert 규칙이 적용된다(Daubert v. Merrell Dow Pharmaceuticals). Daubert 규칙에서, 예심 판사(trial judge)는 전망있는 전문가 증인의 증언을 심사하는 데 중요한 역할을 한다. 판사는 제시한 결론과 이들의 결론에 도달하기 위해 사용된 기술과 방법들에 관하여 전문가 증언의 신뢰성 구성요소를 평가해야 한다. 판사는 전문가의 증언을 평가함으로써 많은 다양한 요소들을 고려할 수 있다. 이러한 요소는 다음을 포함하지만 이것으로 제한되지는 않는다 :

- 이론 또는 기술이 있거나 분석 될 수 있는지와 이것들을 기초가 되는 가정은 위조 될수 있는지 여부
- 이론 또는 기술이 동료검토 혹은 출판물에 지배를 받는 여부
- 이론이나 기술이 알려지거나 오류의 잠재율 여부
- 기술 작업을 조절하는 존재 및 표준 유지
- 관련된 과학계에서 이론이나 기술의 일반적으로 수용되는 여부

이러한 일반적인 표준 외에도, 판사는 소송에서 배심원들의 증언을 충분히 신뢰할 수 있는가를 특별한 사실에 관한 적절한 질문으로 묻는다.

일부 관할권에서는 전문가의 증거 신뢰성을 측정하는 데 다른 기준을 적용한다. Daubert에서 결정하기 전에, 1923년 연방항소법원의 결정에서 나온 프라이 테스트 시험에서 새로운 과학이론이나 기술을 기반으로 한 전문가의 증언이 “일반적인 수용”으로 알려진 프라이 V 시험을 통과했나. 일부 주에서는 새로운 과학적 증거에 대한 Frye test를 계속 적용하고 있다. Daubert와 Frye의 요소를 사용한 수정된 테스트를 사용한다. Frye 혹은 Daubert가 표준이든지 아니든지 관계없이, NFPA 921은 미국의 모든 관할지역에서 화재조사자의 이론 혹은 기술이 관련된 과학 사회(즉, 화재조사자의 공동사회)에서 일반적으로 수용을 하는지 아닌지를 측정하기 위해서 이용할 수 있다.

Daubert 규칙이 적용되는 관할지역에서, 전문가 증언은 반대 당과 재판관 모두에 의해 조사된 결과물과 그들의 증언에 특별하게 강한 도전을 기대할 수 있다. Daubert 도전의 응답에서, 조사자는 목표물과 문서화된 근원을 참조함으로써 조사에 사용된 방법들과 조사자가 내린 결론을 신뢰할 수 있게 검증을 진술할 수 있어야 한다.

전체 NFPA 921 문서의 친숙함과 적절한 분야에서 다루는 질문의 어떤 문제를 쉽게 인용할 수 능력은 조사관이 Daubert 도전에 효과적인 응답을 가능하게 할 것이다. NFPA 1033은 화재조사관을 위한 산업별 표준비율이고 이장에서 기술한 바와 같이 NFPA 1033은 NFPA 921을 참조하였기 때문에, NFPA 1033은 신뢰성 척도로서 NFPA 921을 이용한 추가적으로 비중을 둔다.

전문가의 자격

우리가 보았듯이, FRE 규칙에서 첫 번째 허용 요건은 전문가로서 증언하는 것이다. 증인은 지식, 기술, 경험, 훈련 또는 교육을 받은 전문가로서 자격을 갖추어야 한다. 재판 판사는 전문가 자격 여부를 결정하는 사람이다. 이 결정은 선행사례의 소송 안내자인 판사의 재량에 바탕으로 두고 있다. 변호인은 반대 전문가의 자격을 규정할 수 있다. 다시 말해서, 그 분야에서 전문가의 증언의 허용성에 도전하지 않는다면 자격을 인정한다. 또한, 변호사는 전문가 의견 증언이 충분한 증거가 되지 않거나 증인이 전문가로 자격이 되는지를 입증하는 것을 시도할 수 있다. 그러나 전문가가 원래 선호하는 것보다는 한정된 분야나 문제에서 인정한다.

만약 전문가의 자격요건에 이의가 없다면, 법정재판에서는 일반적으로 자격을 갖춘 전문가로 인식할 수 있을 것이다. 만약 자격요건에서 이의가 있다면, 법정은 문제에 대한 증거를 들을 수 있다.

화재와 폭발현장에서 전문가의 자격에 대한 이의는 일반적으로 성장하고 있다. 이들의 도전들의 대부분은 벤치마크로서 NFPA 921과 NFPA 1033을 이용하여 액자화되어 있다.

변호사와 판사들이 전문가임을 나타내는 자격들을 평가할 때 고려하는 정보 유형들이 당신의 CV에 나타나야만 하고 당신의 CV가 리스트에 있는 각각의 항목들에 대하여 정확하고 공정함을 확실히 하도록 양심적이어야 한다. 또 특정 사건에서 증언을 하기에 앞서, 사건에서의 쟁점들에 관련된 특정한 측면들에 초점을 맞춰 당신의 CV를 검토하라. 당신의 자격들이 항상 정확 할지라도, 당신은 판사 또는 배심원단에 당신의 전문 지식이 어떻게 한 사건에서 특정 쟁점들을 다루는 당신에게 자격을 부여하는지에 대한 의미로서 CV를 제시해야만 한다.

NFPA 1033은 (그리고 법 시스템이 기대한다.) 전문가들이 그들의 영역분야를 지속시키기를 요구한다. 적당한 시간을 전문 저널과 다른 출판물들을 읽는 데 시간을 할애하고, 세미나와 협회 미팅에 참석, 그리고 당신의 자격을 향상시키고 유지하기 위해 계속적인 정규적 교육을 받기를 강조한다.

증인 조사

증인의 질문은 통상적으로 직접과 교차조사(cross-examination)의 과정을 따르는 두 개 이상의 반대편 당을 포함한다. 직접 조사는 증거를 제시한 당사자가 먼저 수행한다. 직접 조사를 한 후, 반대편 당은 교차질의 조사를 수행할 수 있다. 교차 조사의 목적은 직접 조사에서 추출하거나 증언에 이의를 제기하는 것이다.

화재조사관 팁

전문가의 자격요건의 기본 구성은 다음을 포함한다.

- 개인적 배경 정보(이름, 나이, 기업 혹은 고용주의 현재 직위, 현재 직위에서의 직무)
- 정규 교육(학교, 단과대학 또는 대학 출석, 출석한 날짜, 졸업증서 혹은 학위, 취득한 전문화)
- 기술과 경험(화재나 폭발현장에서 전문가로서 증언하는 자격에 관련하여 강조된 것)
- 전문 면허 또는 자격증(면허 또는 자격증의 날짜, 면허/인증하는 부서, 재인증 날짜 그리고 면허증/자격증이 인증된 관할지역을 포함한 – 즉, 주, 국가, 국제)
- 우수성과 상(당신의 직업에 관한 전문적 지식에 관련된 일)
- 간행물(공식적인 인용형식과 공동서사의 이름을 포함, 작품의 제목, 당신들의 행한 일의 부분에서 저널 또는 수집의 표제, 발행자의 이름과 도시, 출판날짜)
- 전문협회의 회원과 사무실(위원회 구성 혹은 위원장 및 기타 특수 시설 포함, 임명만 되고 활동을 하지 않은 위원들의 이름만 있는 구성원 목록에 대하여 주의하라)
- 전문적 발표(세미나, 회의에서의 강연)
- 대학교수 혹은 가르침 임명 또한 당신은 다음의 추가적인 정보를 추적한다. 변호사가 증인으로 당신을 부르고 공탁에서 반대 변호사에 의하여 혹은 당신이 반대심문을 받을 때 제시한 질문들이 주제가 될 수 있다.
- 당신이 구독하거나 규칙적으로 읽는 출판물
- 당신의 분야에서 읽은 책들, 혹은 NFPA 921과 NFPA 1033을 포함한 코스과정에서 취득한 기본 책들, 그리고 NFPA 화재보호 핸드북과 같은 다른 책
- 당신의 증언했던 다른 소송(예비동작과정에서 증언, 재판증언에서 진술서, 선서, 증언 등을 포함)

변호사와 판사의 유형은 당신의 이력서에 전문적인 자격이 나타났을 때 평가가 고려될 것이다. 당신의 이력서는 나열된 각 항목에 대한 공정하고 정확한 것을 보장하기 위해 꼼꼼해야 한다. 특정한 상황의 증언을 준비함에 있어서, 그 경우의 문제에 관련된 구체적 특정 측면에 초점을 맞추고 당신의 이력서를 검토한다. 당신의 자격요건이 항상 정확할지라도, 당신은 판사나 배심원에게 당신의 전문적 지식으로 어떻게 특정문제를 해결하기 위한 방법을 제시해야 한다. NFPA1033에서는 (그리고 법석 시스템이 예상) 전문가들이 그들의 현장에서 머물러야 하는 필요성을 기억하라. 전문 잡지 및 기타 간행물을 읽기에 너의 자격을 향상시키고 개선하는 데 필요한 세미나 및 관련회의에 참석하고 정규교육 취득을 하는 충분한 시간을 할애하라.

방화

방화는 법에 따라 가장 오래된 형사범죄 중 하나이다. 그것은 영국의 초기 관습법으로 거슬러 올라가서 그것이 세 가지 사형 죄 중 하나였다(반역죄와 살인과 함께). 영국의 관습법에서 방화 범죄는 밤에 다른 사람 집을 악의적으로 불타게 하는 것으로 정의되어 있다. 몇 세기를 거치는 동안, 이것은 범죄로 여겨지는 의도적으로 불을 내는 형태가 되었다. 형법은 이래로 미국에서 성문화하고 수정되었다.

오늘날에는 방화범죄가 여러 형태로 저질러지고 있다. 주택, 건물, 차량, 항공기, 선박, 개인 재산 및 기타 다른 구조물과 재료에 화재나 폭발의 원인을 포함한다. 방화범죄의 요소는 관할권지역마다 다르다. 조사관은 자기 주와 연방정부의 방화법령을 면밀하고 알고 있어야 한다.

대부분의 방화범죄는 구속형이나 벌금형으로 처벌 중범죄이다. 점유물에서 방화는 일반적으로 1급 정도의 방화로 일부지역에서는 종신형으로 오랜시간 동안 투옥되는 처벌이 된다. 2급 방화나 3급 방화는 일반적으로 흉악범죄로도 처벌이 된다. 방화법령에 지정되지 않는 재산의 다른 유형의 의도적인 연소는 기물파손 또는 범죄가 되는 장난으로 고려될 수 있다.

NFPA 921 12.5.6.3 부분은 조사관이 방화범죄인지 아닌지 결정하려할 때 요인 목록을 포함한다. 그러나 각각의 관할구역과 그 구체적인 자격요건을 포함하는 관할구역의 방화법령을 반드시 참조해야 함을 기억해야 한다.

콜롬비아의 모든 관할지역은 방화보도/면책규정을 제정한다. 이 법령은 일반적으로 보험회사가 현지 법 집행기관에 방화가 의심되는 행위를 보고하고 범죄행위의 결과일지도 모르는 화재에 관하여 공무원에게 보험 청구 정보공개를 위한 메커니즘을 제공해야 한다. 이 프로세스는 보험료 파일에 포함된 정보의 요청과 인용한 해당 규정을 지방자치기관에서 기록 요청에 의해 개시된다. 규정 요구사항은 민사책임에서 보험회사를 보호한다. 요구를 따르지 않은 태만은 보험회사에 대해 형사고발될 수 있다

■ 정황 증거

검찰관은 종종 불의 시작을 목격한 증언보다는 정황적 증거로 방화를 증명해야 한다. 정황 증거는 개인의 감시가 아닌 추론에 근거한 증거이다. 방화 범죄는 일반적으로 세 가지의 증거를 필요로 한다:

1. 방화에 의한 불
2. 누군가 범죄적으로 의도하여 불을 일어나게 한것
3. 피고가 누군가와 계획적으로 불을 지른 것

어떻게 불이 시작됐는지 목격한 증인이 없다면 조사관은 불의 원인과 누가 잘못을 했는지

정황증거에 의존하여 밝혀내야 한다.

NFPA 921, 24장은 조사관이 고려하는 것에 대한 지시자의 많은 리스트, 고의적 불인지에 대한 추론으로 이어지는지, 다른 증거와 함께 있을 수도 있는 것을 포함한다. 예를 들면 다음과 같다.

- 많은 불: 두 개 혹은 많은 분리된, 변수의, 일제히 일어나는 불
- 트레일러: 화재를 어느 지역에서 다른 곳으로 확산시키기 위해 의도적으로 연료를 개요하거나 기존의 연료를 조작하는 것
- 방화를 위한 장치: 방화를 일으키는데 사용된 기계장치, 불이 붙은 담배를 책의 속에 놓은 것과 불이 붙을 수 가연성 물질의 상자에 지탱하거나 혹은 화염병과 같은 것을 말한다.
- 가연성 액체의 존재는 불이 시작된 지역에서 불이 시작되거나 퍼지는 장치 외엔 설명할 수 없다.

화재가 방화로 분류된다면, 다음 단계는 방화범을 확인하는 것이다. 불을 지르는 이유와 기회를 가지고 있는 누군가를 조사하는 것도 포함한다. 동기는 NFPA 921에서 내재된 욕망이나 충동 바로 "원인, 이유, 구체적 행동을 유발하거나 유도하는 것(NFPA 921 Section 24.4.9.1.1 p 241)"이라고 정의한다. 범죄의도에서 동기를 구별하는 것은 범죄의 요소로서 의도를 입증할 필요가 있다. 범죄 의도는 아무 타당한 이유, 핑계나 변명거리 없이 범죄행동(때때로 생략됨)을 저지르는 마음상태이다. 그에 반해, 동기는 행위 뒤의 이유이다. 사람은 방화를 하기 위한 동기를 가지고 있지만 화재와는 아무런 관련이 없다.

예를 들면, 재정적으로 어려울 때, 피보험자는 재정적인 동기 때문에 그녀의 집에 불을 낼 수도 있다. 잘 튀긴 감자를 스토브에서 요리하는 동안에 졸다가 잘못해서 불이 났을 수도 있다. 비록 그녀가 자신의 집을 태울 동기가 있었을지라도 이런 상황에 불은 돌발적으로 일어난 것이다. 다시 말해서, 사람은 범죄 의도 없이 불의 원인이 되는 동기를 가질 수 있다. 범죄 목적 없이는 그녀는 방화를 저지른 것이 아니다.

동기가 일반적으로 방화 범죄 요소를 필요로 하지 않을지라도, 검찰관은 배심원에게 제출하는 증거의 동기를 원한다. 왜 그 사람이 심각한 방화범죄 같은 것을 저질렀는지 설명이 없다면 배심원은 아마도 유죄를 고려할 것이다. 이것은 사람의 본성이 누군가 범죄를 왜 저질렀는지 알기를 원하기 때문이다. NFPA 921, 24장에 방화 동기에 대한 전통적인 분류가 요약되어 포함한다.

동기를 밝히고 방화를 화재로 분류함 이외에도, 건물이 방화 성황사건과 관련된다면 불을 낼 기회를 가진 누군가를 확인하여 분류하여야 한다. 기회는 누가 불이 시작된 시간에 있었는지 그 현장에 접근했는지 조사를 수반한다. 화재시 용의자의 행방에 관한 목격자 기록과 가스나 다른 영수증 및 전화기록과 같은 일련의 문서들은 이 문제를 밝힐 수 있을 것이다. 침입한

증거가 없는 잠겨진 가옥물에 일어난 화재의 경우, 열쇠를 가지고 있거나 접근할 수 있는 사람들이 중요한 고려 사항이다. 제일 강력한 정황적인 경우는 불을 지른 특별한 기회를 가진 누군가의 증거에 이르는 것이다.

기타 화재관련 범죄행위

방화 외에도 다른 범죄가 화재 현장조사에 관련이 될 수 있다. 이러한 화재관련 범죄는 다른 곳에서 테러행위, 다른 한 쪽 끝에는 문화의 고의적 파괴를 포함하여 많은 것을 포함한다. 이들은 화재조사에 관련될 수 있는 잠재적인 범죄 중 일부이다.

- 화재방치
- 보험사기
- 공인되지 않은 화재
- 화염폭탄과 불을 지르기 위한 장치를 소유하거나 제조하는 것
- 들불 방화
- 가정 폭력
- 위험에 빠진 어린이/아동 학대
- 살인과 살인미수
- 소방관을 위험에 빠뜨리거나 상처를 입힘
- 소방관 방해
- 화재 진압과 화재 알림 시스템을 망가뜨림
- 중과실치사
- 화재 불신고
- 공공기물 파손이나 고의적 기물파손
- 절도/무단침입

추가적으로 이런 범죄들은 사실상 다른 유형의 범죄활동의 조사과정에서 노출될 것이다. 화재는 다른 범죄들의 증거를 덮게 할 수 있다.

■ 입증 책임

범죄 사건에서, 기소는 합당한 의심을 통해 반드시 피고의 유죄를 증명해야 한다. 불법행위나 계약과 같은 민사소송에서 입증책임이 더 무거운 부담이 된다. 대부분 민사소송에서, 원고는 증거의 우선에 의해서 자기의 주장을 증명해야 한다. 때때로, "가능성이 있다(십중팔구)." 혹은 증거에 "개연성 있다(확률의 균형)."고 일컬어진다.

그러나, 원고가 범죄행위에 필적하는 불법행위에 관여했다고 주장하는 민사소송에서 피고는 "명확하고 설득력 있는" 증거로 방어를 해야 한다. 이것은 일반 민사소송에서 증거가 큰 역할을 한다. 예를 들어, 보험회사는 보험을 든 누군가에 의해 만들어진 주장에 방어할지도 모른다. 보험에 가입된 자신 소유의 재산이 타버린 것이나 손실부분을 부풀어 주장하는 보험사기로 주장할 수도 있다. 이 상황에서, 피고 보험회사가 명확하고 설득력 있는 증거, 즉 사실이라고 하는 높은 가능성을 보여주는 것으로 입증해야 한다. 이러한 "명확하고 설득력"을 갖는 증거는 "합당한 의심"보다는 덜 중요하다. 방화 또는 사기등과 같은 형사소송에서 검찰관은 민사소송에서 원고의 부담보다 훨씬 크다.

민사소송

화재조사에 있어서 민사소송은 형사소추보다 훨씬 더 많이 행하여진다. 화재 현장 검사를 실시하는 공공기관의 조사관은 화재에 관련된 자신의 조사와 후속 기소의 결과에 관계없이 민사소송에 참여할 수 있다. 민간조사관의 경우, 민사소송의 가능성은 실제적인 확실성에 있다.

민사소송은 하나 이상의 동작 요인이 발단이 될 수 있다. 행동 원인은 한 사람이 다른 사람으로부터 법적구제를 받을 상황이다. 일반적으로 이것은 소송의 기초가 되는 법 이론에 의해서 설명된다. 화재나 폭발의 결과로 시작할 수 있는 행동에 대한 몇 가지 원인의 예는 계약의 위반, 제품책임, 과실, 화재규정 위반에 따른 민사소송 또는 방화와 같은 의도적 과실에 대한 민사사건이다. 화재 현장 조사관은 민사소송 절차에서 증언을 할 때 효과적으로 응답하기 위하여 민사소송 원칙을 이해하고 있어야 한다.

물론, 형사 및 민사소송간의 근본적인 차이는 있다. 이러한 차이점 중 하나가 형사소송에서의 진행 결과가 훨씬 길다는 사실이다. 개인의 삶과 자유는 형사사건에서 위태롭다; 재판에서 유죄로 결정된 형사피고인은 징역의 예상에 직면해 있다. 민사사건에서 개인의 삶과 자유는 위태롭지 않으나 재정적인 자유는 위험한 상태에 있을지라도, 민사사건과 그들의 결과는 보통 배상을 금전으로 지급받을 것에 관심이 있다. 민사소송에서 화재소송의 사건은 일반적으로 서로 이해관계가 있는 사건이다. 이러한 이유로, 그들은 소송당사자와 변호사에 의해 진지하고 공격적인 소송을 제기한다.

민사소송에서 화재소송의 사건은 직접적으로 공공부문 조사관의 행동을 포함할 수 있으며 자신의 조사보고서로 끝낼 수 있다. 자주, 소송당사자는 사건에서 공정한 증인을 할 수 있는 전문가를 이용하기 위해서 공공부문 조사관을 찾는다. 한편, 민간 부문 조사관은 자신들의 증거와 결과물을 제출하는 것으로 이의를 제기한다. 공공 부문 조사관이 민사소송을 할 때, 사건을 증언하기 위해 이용되는 오명은 요인이 아니다.

민사소송의 절차는 기본적으로 대부분의 측면에서 형사사건의 절차와 동일하다고 하지만 상당한 차이가 있다. 민사소송의 탐색단계는 일반적으로 형사소송보다 더 길고 더 많은 것을 포함하고 있어 복잡한다. 수십 명의 증인이 진술할 수 있다. 수백 건의 기록물들을 소환할 수 있으며 수많은 절차 방법은 소송당사자에 의해 파일화할 수 있다.

증거개시절차의 형태는 질문서, 조서, 보고서로 만들어지는 요구물로 구성되어 있다. 만든 요구물은 특정한 문서나 내역을 명시할 것이고 지정한 시간 내에 응답해야 한다. 만약 소송을 하지 않은 당사자가 문서나 다른 항목을 필요로 한다면, 소환장은 지정된 위치, 특정한 날짜에 해당 문서의 생산에 대한 것을 그들에게 제공될 수 있다. 질문서는 다른 사람이 쓴 일련의 문제들이다. 질문서의 응답은 기록에 의해서 제공된다. 생산과 질문서의 요청에 대한 응답은 맹세하에서 만들어지며 응답자에 의해 서명된다. 조서는 증인이나 전문가에 의해 작성된 구두증언이다. 이 과정은 선서를 하고 행해지며 속기사에 의해 기록된다. 재판이 진행된다면, 글로 옮긴 조서는 법정에서 사용할 수 있다. 전문가에 의해 작성된 보고서는 자료를 제공한 동안에 사용할 수 있다. 서면 보고서는 수행한 활동, 검토된 자료을 수집하고 전문가는 이러한 의견에 기초를 두고 해결할 것이다.

전문가가 증언을 하기 전에, 전문가에 의해 발행된 출판물과 수행업무에 대한 보상 문서를 포함할 수 있다. 연방법원 사건에서, 전문가로 증언하게 되는 증언자는 민사소송 연방규칙 26에 따라 소송을 하는 초기단계에서 특정 공시를 해야 한다. 소송을 착수하기 전에, 모든 전문가 증언은 다른 편과 구별하기 위해서 드러난 사실을 서면으로 작성해야 한다. 전문가의 예상 증언의 내용은 전문가의 보고서의 사본과 분석을 함께 공개해야 한다. 아직 보고서를 준비하지 못한 전문가는 규칙 26을 준수해야 한다. 공개는 소송에서 의견과 결론을 도달하기 위해서 다른 것들 중에서도 목격자에 의해 고려된 사실 또는 자료를 포함해야 한다.

또한, 전문가는 자신의 학력, 고용에 대한 정보 역사, 전문 자격, 수수료 부과, 작성된 합의서 나 출판물, 전문가로서 전에 했던 증언 등을 갖춘 현재의 CV(영문이력서)와 이력서를 제공해야 한다. 이전의 했던 증언에 관한 정보는 어떤 소송의 스타일(이름), 소송이 행해졌던 법정, 사건소송을 맡은 변호사와 증인을 고용한 소송자가 포함된 내용을 상세하게 제공되어야 한다. 이 정보는 4년 내에 진행한 전문가가 전문가 증인으로서 증인한 법정 장소에서 필요하다. 횟수가 증가함에 따라, 화재조사관은 민사소송에서 단순한 관중보다는 자신 스스로를 찾는다. 소송은 기관 및 회사뿐만 아니라 공공 부문 조사자와 비슷하게 민간 조사관에게도 되고 있다. 화재 현장 조사관은 형사 및 민사 사건에서 증거의 파기와 부정직한 보험 요구뿐만 아니라 부적절한 조사, 잘못된 결과, 불법체포 및 형사소송에서 무고에 대하여 과실의 주장과 전문적인 책임을(위법행위) 주장한다

■ 과실

과실은 상해에 대하여 다른 사람을 보호하기 위해 설립된 법적 기준에 속하는 행위이다. 화

재나 폭발의 부주의에 대한 행동의 원인은 대부분의 사람들이 상상하는 것보다는 여러 가지 방법을 개발할 수 있다. 과실의 본질은 부주의이다.

과실은 단순한 부주의로 발생하는 예기치 못한 사고에서부터 다른 사람의 권리, 재산, 안전을 무시하는 범위까지라 할 수 있다. 과실에 대한 방어가 많이 있다. 민사소송을 법정에까지 가져간 원고의 행위는 주요한 고려 사항이다. 만약 원고 자신의 과실로 부상을 당해다면, 결과는 주의 법에 따라 달라진다. 대부분의 주에서, 원고의 피해 보상은 원고의 잘못의 비율에 의해 감소될 것이다. 다른 주에서, 원고의 주장은 완전히 금지될 수 있다.

과실로 인해 발생한 손해의 몇 가지 예는 다음과 같다.

- 화재의 원인, 흡연 물질의 부주의 처분(담배 등)
- 유지류와 같은 요리 사고
- 법에 의해 요구된 부적절한 낙뢰 보호로 인한 화재
- 벽난로 또는 캠프장이 불구덩이에서 확산 화재
- 부적절한 사용, 유지, 가스의 수선, 전기 시스템 또는 기구의 수리로 인한 화재

다음 부분에서 볼 수 있듯이, 부주의는 사람이 화재의 원인이 되는 화재안전 법을 위반했을 때, 때때로 추론되거나 증명될 수 있다. 안전 기준(코드)의 위반은 화재의 원인을 몰랐을 때 부주의 행동으로 볼 수 있다. 생활 안전 기준을 위반한다면, 화재로 누군가가 부상이나 사망 원인이 되거나 화재의 갑작스런 확산으로 안전 법률의 위반을 추적 할 경우에는 책임 있는 사람이 부주의에 대한 책임을 질 수 있다.

■ 제조물 책임

결함이 있는 제품의 제조업체나 판매자는 해당 제품으로 부상당한 자에 대해 책임을 질 수 있다. 부상을 가져올 수 있는 결함은 제조상의 결함, 부적절한 경고나 설계 결함 등이 있다. 이것의 법률영역은 일반적인 법 원칙과 법령에서 온다. 또한 이것은 제조업체의 책임이라고 불린다.

화재 사고는 자주 생산물 배상 책임 요구를 초래한다. 이러한 요구를 하는 제품이 많으며 다양하다. 이것들은 자동차, 기구, 가전제품과 전기, HVAC, 또는 가스 시스템과 같은 건축물 시스템의 구성 요소를 포함한다.

제조물 책임 요구는 소비자가 프로판이나 천연 가스를 사용했을 때 냄새를 맡지 못하고, 누출이 감출되지 않아서 결국 화재나 폭발의 원인이 됐을 때 발생할 수 있다. 어떤 제품이 화재 원인이나 불이 확산을 가져왔을 때, 여러분은 조사를 하는 방법들을 많이 개척해야 하는 것이 중요하다. 몇 가지 조사 작업에 필요한 간략한 개요는 다음과 같다;

- 화재 현장에서 제품을 취급하기 전에, 증거의 파기에 관한 내용은 NFPA 921 항의 12.3.5에서 검토해야 한다. 변경하거나 파괴시험을 행하기 전에 제품을 문서화 하고 이익당사자는 통지서에 있는 요구사항을 주목해야 한다.
- 제조업체로부터 판매자와 사건시점에서 소유했던 소비자까지 되도록 많은 제품에 관리연속성을 세우는 것이다. 이것은 여전히 사용할 수 있는 문서 및 정보의 수집을 의미한다; 상품의 구입에 대한 영수증; 포장(박스, 경고 라벨); 사용자 매뉴얼; 보증카드; 시리얼 넘버; 제조사, 모델, 제조날짜의 정보이다. 어떤 경우에는, 소비자에게 도달하기까지의 제품의 수송 및 창고에 보관된 방법을 추적할 필요가 있다.
- 화재나 폭발의 원인이 되는 결함이 있는 제품의 구성 부품을 식별하는 것이다. 다른 회사가 분리된 부품 제조에 대한 책임여부가 있든 간에 가능한 많은 세부 사항을 얻는 것이다
- 사람에 의한 사용(또는 오용), 소유자, 서비스 및 정비 이력 및 기록을 포함한 제품 이력을 추적한다.
- 전문가 한사람의 이상을 보유하는 것. 제품이나 구성 요소를 검사하고, 제조에 있어서의 결함에 대한 의견, 경고 라벨, 생산품이나 구성요소의 디자인을 제공한다. 또한 전문가들은 손실을 가져온 제품을 수리나 변형을 하여 고치든 간에 고려하여 요청해야 한다.
- 제품의 모범 견본을 얻기 위하여, 동일한 제조사, 모델, 제조 날짜가 같은 손상되지 않은 제품을 화재로 손상된 제품과 비교하여 이용할 수 있다.

화재 후에 제품의 원형보존과 관리영속성을 유지하는 것은 매우 중요하다. 이것은 화재 현장에서 촬영, 다이어그램 그리고 비디오 녹화를 통해 적절한 방법을 이용하여 문서화되어야 한다. 제품이 더 손상되거나 제품을 이동한다면, 제품을 이동하기 전에 휴대용 X 선으로 내부 구성 요소의 상태를 기록할 수 있도록 촬영하는 준비를 할 필요가 있다. 조사관은 손상된 제품을 포장 및 보존할 때 창의적 사람이 될 필요가 있다. 예를 들어, 플라스틱 부분이 녹아 주방카운터에 달라붙는 커피 메이커를 이동하여 기구가 더이상 손상되지 않도록 할 수 있다.

■ 엄격한 법적 책임

소비자의 신변안전을 과도하게 위협하는 결함이나 위험한 제품에 대해 판매자가 책임이 있는 사건에서 법원은 엄격한 법적 책임을 적용한다. 이 개념은 제품의 제조 및 판매에 관련된 모든 사람에게 적용된다. 판매를 위해 대중에게 제품을 제공하는 이론에 기반을 두고 제조업자는 제품이 사용 목적에 안전하다고 표현한다. 엄격한 법적 책임을 기준으로 할 때, 제품의 법적 책임 사건을 증명하기 위해서는 원고는 일반적으로 제조업자 또는 판매자의 부분에서 부주의를 입증할 필요가 없다.

요 약

검토를 위한 준비

- NFPA 921과 NFPA 1033은 소송에서 전문가의 자격을 평가하고 현실성 있는 의견에 도전하거나 지지하기 위해서 사용할 수 있다.
- 모든 조사의 양상은 법적절차 동안에 면밀히 조사할 수 있다.
- 화재 현장조사를 행하는 법적권한은 법이나 계약으로 받는다. 조사의 권한의 범위와 한계는 법과 법을 해석하는 법원결정을 포함하고 있다.
- 조사관은 화재나 폭발조사를 행하는데 법적권한을 가지고 있더라도, 출입 권리 또한 존재해야 한다.
- 법정에서 인정되는 증인의 진술을 위하여 인터뷰를 행할 때, 공공부문 조사관이 진술해야하는 특별한 헌법적인 문제가 있다. 이런 문제들은 5번째 수정안인 불리한 진술을 강요받지 않을 보호와 6번째 수정안인 변호인의 도움을 받을 권리를 포함한다.
- 압류는 정부가 사람을 통제할 때 일어난다. 사람을 체포하고 구금하는 것은 4번째 수정안 보호 장치를 지켜야 한다. 상황에 따라 사람이 조사목적으로 구금되든지 체포되든지 간에 결정이 된다.
- 증거의 파기는 어떤 화재 현장조사에서 반드시 있는 부산물이다.
- 민사, 형사소송 때 재판에서 성공적인 증언하기 위해서는, 당신이 사실 증인이든지 전문가 증인이든지 간에 법정에서 편안하게 마음을 갖는 것이 중요하다.
- 전문가 보고서 내용은 당신을 보유하거나 전문가 증인으로 부르는 변호사의 요구, 당신의 습관 절차규정을 포함한 다양한 요인들로 결정될 것이다.
- 증거는 다른 여러 가지 방법으로 분류할 수 있다: 실물 증거, 실증증거, 문서증거, 증언증거
- 방화범죄는 많은 유형별로, 즉 거주지, 건물, 자동차, 항공기, 선박, 개인소유지 그리고 다른 구조물과 재료에서 불이나 폭발로 서실러 진다.
- 검찰은 소송 방화를 화재 시작을 본 목격자의 증언보다는 정황증거로 입증해야 한다.
- 방화 이외에도, 다른 형사범죄는 화재 현장조사에 관련이 있을 수 있다. 화재에 관련된 범죄는 공공기물 파손자와 테러리즘을 포함하여 많이 있다.
- 범죄의 문제에서, 검찰은 합리적인 의심을 넘어 피고의 죄를 증명해야 한다. 이것은 불법행위나 계약을 다루는 민사소송에서 입증 책임보다는 더 무거운 책임이다.
- 화재 현장조사를 하는 공공기관의 조사관은 자신의 조사 성과와 차후의 소추의 결과에 관계없이 화재에 관련된 민사소송에 관여할 수 있다.
- 태만은 단순한 부주의로 일어나는 계획되지 않은 사건에서부터 권리, 소유물, 안전의 모든 것에 대한 무관심에 이른다.

- 화재사건은 제조물 책임소송을 자주 가져온다. 이런 소송을 하는 제조물은 많으며 다양하다. 또한 자동차, 가전제품, 건물의 구성물도 포함할 수 있다.

주요 용어

선서진술서 (Affidative)
선서와 저자의 서명으로 만들어진 사실이나 의견을 자발적으로 쓴 진술서

방화 (Arson)
악의를 갖고 의도적이거나 무모하게 화재나 폭발을 저질른 범죄. 방화의 법적 정의는 법령이나 관할권지역에서 다양한 사법결정으로 정의된다.

관리연속성 (Chain of custody)
조사활동으로 얻어진 증거의 소유을 문서화하는 책임의 흔적

정황증거 (Circumstance evidence)
개인의 지식보다는 논리적 추론을 기초로 한 간접적인 사실의 증거

동의 (Consent)
점유물을 조사할 수 있도록 소유자나 점유자가 허락하는 것

헌법 (Constitutional law)
미국의 헌법을 기본으로 한 법

피고 (Defendant)
클레임에 대항하여 법정에 나오는 실제인

입증증거 (Demonstrative evidence)
사건에 관련된 증거를 도표나 사진으로 나타내는 물증의 형태

선서, 증언 (Deposition)
재판전에 구두로 하는 선서의 하나의 형태

문서증거 (Documentary evidence)
사건에 관련된 것을 문서로 남긴 기록

증거 기술자 (Evidence technicians)
문서기록, 수집, 보존, 증거전송을 하도록 특별하게 훈련된 자

전문가 증인 (Expert wilness)

전문지식, 기술, 경험이나 사안의 교육을 받아 자격이 주어져서 법정에서 인정된 사람

사실증인 (Fact witness)

개인지식이나 경험에서 나온 사실을 증인하는 자 (lay witness 불림)

방화 (Incendiary fire)

화재가 일어날 수 없는 지역에서 고의적 화재를 내는 것

사건의 이해관계자 또는 당사자 (Interested parties)

특별한 사건의 조사로 영향을 받을 수 있는 법적권리자나 이해관계자

추궁 (Interrogatory)

소송에서 원고와 피고에게 주어진 일련의 질문

사실증거 (Lay witness)

개인의 지식이나 경험에서 나온 사실에 대해서 증언하는 사람

행동 (Motion)

소송절차 동안에 사실, 문서기록, 증거에 관하여 확인하는 재판요구. 행동은 포함된 사실, 문서기록, 증거의 허용으로 논의할 수 있다

부주의 (Negligence)

유사교육을 받은 사람이 돌보지 않은 것을 말한다.

원고 (Plaintiff)

법원에 청구를 제공한 자

파기 (Spoliation)

소송절차중에 보존의 책임을 갖는 자에 의해 증거나 잠재적 증거의 문서손실, 파괴, 물질의 재료 변경

증언증거 (Testimonial evidence)

선서로 맹세하고 목격자의 구두증언이나 확인된 사실 그리고 반대쪽의 반대심문 조건으로 하는 것

불법행위 (Tort)

손해에 대한 잘못된 법적 요구를 선도하는 시민

재판 (Trial)

증거의 허용을 판단하는 판사가 주재하는 소송절차. 재판에서는 사실의 발견자로서 배심원을 자주 이용한다

실전 화재조사관

범죄 재판을 준비하는 동안에, 검사관이 사건을 검토하기위해 당신과 만나기를 요구하였다. 검사관은 당신의 훈련과 경험 그리고 화재 조사에 연관되어 당신이 증언한 경우의 목록을 이야기 하게 하면서 시작하였다. 그 다음, 그는 당신이 당신의 조사가 발견한 것, 특히 증거와 당신이 조사 하는 동안 얻은 목격자 진술에 대해서 설명해 줄 것을 요구하였다. 당신은 그에게 당신이 금속 막대와 그것에 묶여있는 천류와 가솔린의 존재를 실험적 분석으로 복구해낸 몇 가지 발화성 액체 시료들을 알려주었다. 그 다음 당신은 몇몇 가족 구성원들이 그들이 피고가 "그의 집을 불태운다"라는 이야기를 우연히 들었음에 대한 구술을 했음을 설명하였다. 당신이 사건에 대한 당신의 개요를 마칠 때, 검사관은 불편해 보이며, 당신이 찾은 증거에 대한 각각의 항목들에 대한 중요성이 무엇인지에 대한 구체적인 질문과 목격자들에 대한 신뢰성을 물어보기 시작하였다. 질문들에 답을 한 후, 검사관은 너무 지나치게 정황적 증거에 의존되어 있고, 목격자들 중에 몇몇이 피고에 직접적으로 연관되어 있으므로 그들의 증언을 철회할지 모른다고 보기 때문에 난처하다고 말하였다.

1. 가족구성원의 진술은 어떤 유형의 증거로 보여지는가?
   - A. 정황
   - B. 진실
   - C. 진술
   - D. 증명서

2. 증거의 책임을 유지하는 데 사용되는 문서를 무엇이라 부르는가?
   - A. 동의서
   - B. 구금형태의 구속
   - C. 이력서
   - D. 미란다 권리

3. 화재를 발견한 목격자의 증언은 어떤 형태인가?
   - A. 전문가 증언
   - B. 직접적인 증언
   - C. 사실증인
   - D. 위의 어느 것도 해당하지 않음

4. 화재 조사중 수색과 압류는 어느 수정안에서 다루고 있는가?

A. 첫번째 수정안
B. 네번째 수정안
C. 다섯번째 수정안
D. 10번째 수정안

5. 물리적 증거를 변경하거나 손실, 파괴에 대한 법적 용어는 무엇인가?

A. 증거 변조
B. 증거 파기
C. 증거 제거
D. 위의 모든 것

안 전

학습 목표

이 장을 학습한 후 여러분은 다음 사항을 할 수 있다.

- 화재 현장에서 안전을 위해서 화재조사자의 책임을 논의 NFPA 4.2.1 NFPA 4.2.2 NFPA 4.2.3
- 위험요인(hazard)과 위험성(risk)평가를 어떻게 할지 묘사 NFPA 4.1.3 NFPA 4.2.1 NFPA 4.2.2 NFPA 4.2.3
- 화재와 폭발지역에서 사용될 수 있는 안전복장과 장비 묘사 NFPA 4.2.1 NFPA 4.2.2 NFPA 4.2.3
- 화재조사자를 위한 개인건강과 안전의 역할 묘사 NFPA 4.2.2 NFPA 4.2.3
- 현장안전에 영향을 줄 수 있는 인자들을 확인하고 묘사 NFPA 4.2.2 NFPA 4.2.3
- 화재조사자 안전에 대한 범죄행위들 또는 테러행위들의 영향에 대한 논의 NFPA 4.2.1 NFPA 4.2.2 NFPA 4.2.3
- 화재조사자들이 현장에 떠난 후 물질들에 관련된 안전에 대한 논의 NFPA 4.2.2
- 화재조사자 안전에서 의사소통의 역할에 대한 논의 NFPA 4.2.1 NFPA 4.2.2
- 화재조사자 안전을 유지하기 위한 미국 산업안전보건청(OSHA, Occupational Safety and Health Administration) 표준의 역할에 대한 논의 NFPA 4.1.3
- 공적으로 관련된 안전관련 가능성에 대한 논의 NFPA 4.2.1 NFPA 4.2.2

기능습득 목표

이 장을 학습한 후 여러분은 다음 사항을 할 수 있다.

- 위험요인들(hazards)을 발굴하고 제거하거나 또는 화재 현장검사의 개시 이전에 완화시키기 위해서 화재 현장 위험요인평가를 수행 NFPA 4.1.3 NFPA 4.2.1 NFPA 4.2.2 NFPA 4.2.3
- 화재장소를 확보하고 개개인과 주변인 보호 NFPA 4.2.1 NFPA 4.2.2
- 화재조사자들을 보호하는 데 최선의 복장 및 장비 결정 NFPA 4.2.2

CHAPTER

11

NFPA 참고 문헌

NFPA 472, *Standard for Competence of Responders to Hazardous Materials/ Weapons of Mass Destruction Incidents*

NFPA 473, *Standard for Competencies for EMS Personnel Responding to Hazardous Materials Incidents/Weapons of Mass Destruction Incidents*

NFPA 921, *Guide for Fire and Explosion Investigations*

NFPA 1404, *Standard for Fire Service Respiratory Protection Training*

NFPA 1500, *Standard on Fire Department Occupational Safety and Health Program*

NFPA 1852, *Standard on Selection, Care, and Maintenance of OpenCircuit SelfContained Breathing Apparatus (SCBA)*

NFPA 1971, *Standard on Protective Ensembles for Structural Fire Fighting and Proximity Fire Fighting*

NFPA 1977, *Standard on Protective Clothing and Equipment for Wildland Fire Fighting*

NFPA 1981, *Standard on OpenCircuit SelfContained Breathing Apparatus (SCBA) for Emergency Services*

NFPA 1982, *Standard on Personal Alert Safety Systems (PASS)*

FESHE 과정 결과물

화재조사 I

9. 잠재적인 건강과 안전 위험요인(hazard)들을 인식하라.

화재조사 II

이 장에서는 화재조사 II (FESHE)의 과정에 대한 결과물은 없다.

당신은 화재조사관

19세기 농가의 지하층화재에 대한 조사를 시작하기에 앞서, 당신은 1층 거실의 큰 구멍을 주목한다. 진압대원은 1층 들보의 대부분이 심각하게 불에 타고, 지하층이 광범위하게 손상입었음을 언급하였다. 당신은 1층 방들을 조사하고 바닥이 연약하게 느껴지고 나무 데크의 일부가 당신의 몸무게에 의해 부서지는 느낌의 여러 장소에 주목한다. 이 때, 당신은 그 장소로부터 천천히 물러나와 사건 책임자를 만나 당신의 관심사항을 설명한다.

1. 현장에 존재하고 있는 조사자가 고려해야 하는 안전위험요인들이 무엇인가?
2. 조사하는 동안 당신의 안전에 영향을 주는 화재의 진압을 어떻게 할 것인가?
3. 조사하는 동안 당신과 다른 사람들을 보호하기 위해 취할 수 있는 과정들은 무엇인가?
4. 당신의 조사에 적용될 수 있는 안전 표준들은 무엇인가?

개요

조사자가 받는 훈련은 오랜 동안, 안전하고, 건강한 경력을 위해 필수적인 기초를 제공한다. 그러나 오늘날의 급변하는 사회에서 화재조사자는 항상 안전 분야의 훈련과 지식을 업데이트해야 한다. 안전은 모든 화재 현장에서 제일의 관심사항 중의 하나여야 한다. 화재조사자들은 소방활동 중에 활용되는 안전수칙을 따라야 한다. 또한 화재 현장의 위험요인들로부터 자신들과 다른 이들을 보호하고 인식하도록 훈련되어야 한다. 관리자는 조직 정책과 절차를 만들 때 안전표준들을 구성해야 하며 다른 참고자료 중에서 11장에 기술된 서류들을 참고해야 한다.

화재조사관은 화재 현장의 물리적 위험요인뿐만 아니라 현장에 존재하는 화학물질들과 다른 독성물질까지도 관심을 두어야 한다. 화재조사관들은 반드시 독성물질들에 대해 장기간 반복적인 노출이나 한차례 유해수준의 노출까지도 인식해야 한다. 조사의 결과로 심각한 건강문제와 사투하는 수많은 화재조사관들의 경우가 있다. 건강해서 정상으로 예측되는 화재조사자들의 그룹들이 일반인보다 암 발생률이 더 높다. 거의 너무 자주, 소방관들이 화재에 의해 생성되거나 화재시의 독성물질 또는 생물학적 화합물들에 대한 대처방법으로 인해 야기된 질병들에 굴복하고 있다. 플로리다의 포트 로더데일(Fort Lauderdale), 뉴저지의 뉴어크(Newark)와 뉴욕시 소방서들의 사람들이 화재를 경험하고 화재가 잊혀진 후에 유사암에 걸린 경우이다. 따라서 조사자는 사건의 조사단계 동안에 화재 현장에서 작업하는 모든 이들의 안전을 보장하기 위해 각각의 화재 현장에서의 물리적 위험요인들뿐만 아니라 화재조사의 건강

위험요인을 고심해야 한다.

미국 산업안전보건 국가연구소(NIOSH)와 미국 주류담배총포국(ATF)의 1998년과 2007년의 연구에서 조사자의 옷을 오염시키는 점검작업 과정과 과정 후에 존재한 수많은 화합물들이 조사자와 조사자의 동료들과 가족들 모두의 건강에 영향을 줄 수 있음을 알아냈다. 이러한 연구결과는 현장에서 화재조사관들이 입는 보호복의 추천을 유도했다.

화재 현장에서 안전에 대한 책임

화재조사관은 어떠한 원인조사과정 동안에 많은 안전모를 써야 한다. NFPA 921(화재 및 폭발조사에 대한 안내)은 화재 현장들이 그들의 본성에 의해 조사자의 즉각적이고 장기적인 건강을 위협하는 다양한 위험요인들이 존재하는 위험한 장소임을 언급하고 있다. 화재조사관은 독성기체와 손상된 구조물과 때때로 범죄자들까지도 존재하는 장소에서 작업하게 되는 것을 예상해야 하며 따라서 항상 주의할 것을 훈련해야 한다. 따라서 조사자들은 화재 현장에서 존재하는 위험요인들과 각 현장에 존재하는 위험요인들의 인지와 현장보존문제뿐만 아니라 안전을 위한 현상의 통제를 유지하는 것으로부터 자신과 타인(예를 들면 현장에서 일하는 근무자들)을 보호할 의무가 있다.

조사과정은 사건의 응급과정의 일부로 간주되는 것이 아니며 화재조사가 응급 상황 하에서 수행되는 경우는 매우 드문 일이다. 그럼에도 불구하고, 사건의 초기과정의 입장이라면 동일한 안전표준들을 유지하는 것이 중요하다.

■ 단독 현장조사

화재 현장은 화재조사관의 건강과 안전에 영향을 줄 수 있는 수많은 위험요인(hazard)들을 포함한다. 이러한 위험요인들의 일부는 장기적인 영향들을 갖는 반면에, 다른 위험요인들은 조사자의 건강과 안전에 즉각적인 위험성(risk)을 보인다. 이상적으로, 조사자는 어떠한 화재 현상소사 농안에 홀로 작업하지 않아야 한다. 접하게 될 문제들을 다루고 위험을 평가하기 위한 추가적인 눈과 손을 제공하기 위해 적어도 2명의 조사자가 존재해야 한다. 만약 조사자가 부상하거나 갇히는 경우 두 번째 조사자가 도움을 제공하거나 도움을 요청할 수 있다. 화재조사가 시작하기 전에 작업지역은 안전한 것으로 간주해야 한다.

인진 팁

손상된 구조부재로 된 방에서 일할 경우 돌출된 못(stud), 파이프(pipe)와 다른 높고 낮은 위험요인들의 끝부분을 화재선 배너테이프로 묶어라. 당신이 조사초기에 피한 위험요인들을 망각할 수 있고 화재 패턴을 파거나 관찰하는데 집중하다가 다칠 수 있다.

불행히도 재정적인 또는 인력 제한으로 해서 즉각적인 위험요인이 존재함에도 화재조사관들이 가끔 화재 현장에서 홀로 작업하기를 요구받기도 한다. 이러한 상황이 되면 조사자는 예상 작업영역과 조사를 마무리하는 데 소요되는 예상 작업시간을 장소에서 떨어져 있는 동료에게 보고할 필요가 있다. 조사자는 항상 양방향 무전기, 휴대폰, 또는 다른 통신수단을 가지고 있어야 한다. 예상치 못한 지연이 있는 경우, 조사자는 떨어져 있는 동료에 지연사실을 보고하고 예상되는 완료시간과 작업영역을 조절해야 한다. 현 상태에 안주하는 것(작업에 빠져 있는 것)을 막기 위해 조사자는 떨어져 있는 책임자와 부지런히 통신해야 하며 계획대로 조사자가 듣지 못한다면 떨어져 있는 동료는 조사자와 접촉해야 한다.

■ 기술인력 보호하기

화재조사는 때때로 조사자가 다룰 자격이 없을 수 있는 기술적 고려사항을 포함한다. 이런 경우 조사에 참여하기 위해 추가적인 전문가들을 호출한다. 이러한 전문가들은 비록 자신의 전문영역에 대해서는 많은 교육을 받았을지언정 화재 현장에서 안전하게 작업하는 방법은 알지 못할 경우가 있다. 조사에 도움을 주는 모든 사람들이 위험요인들을 깨닫고 작업영역을 안전하게 만드는 주의사항을 인지하고 있는지 확인하는 것이 조사자의 책임이다.

■ 주변인 보호하기

화재 현장은 대부분의 사람들에게 이질적인 파괴의 현장이다. 이러한 이유로 인해 화재 현장(특히 큰 손실의 화재 현장)은 때때로 파괴를 목격하기 위해 온 군중들을 끌어모은다. 일부 화재 현장은 배회하는 수많은 사람들로 거의 서커스와 같은 분위기를 나타낸다. 이러한 개인들은 화재 현장의 위험요인에 자신을 노출하는 사건이 될 수 있을 만큼 근접하려고 시도한다. 화재조사관은 현장에서 안전거리를 유지하기 위해서 로프, 화재라인 또는 저지선 테이프와 같은 표시장비를 사용하여 주변인을 충고하기 위해 경찰관 또는 소방관의 도움을 요청해야 한다. 화재조사관은 현장에 대한 책임이 있으며 이 책임은 위험한 장소에서 헤매는 누군가의 안전과 보호를 포함한다(그림 11-1).

그림 11-1 위험지역의 예

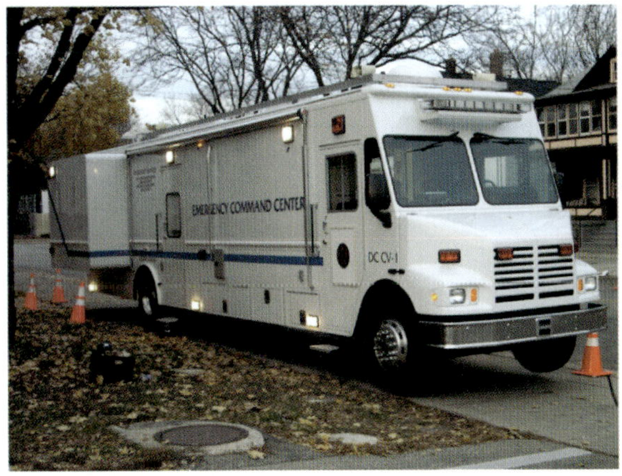

Courtesy of Lieutenant Bradley E. Olson, IAAI-CFI

그림 11-2 화재 현장의 혼란과 위험으로부터 떨어져 인터뷰를 진행하기 위해 안전하고 안심되는 장소를 확인하라.

화재로 손상된 건축물의 거주자들과 중요하지 않은 응답자를 포함한 모든 주변인들은 화재 현장으로부터 안전거리를 유지해야 한다. 화재조사관(또는 해당하는 경우 사건 책임자)은 자신의 특정영역에 취약지점을 설정하거나 조정하고 적용해야 한다. 화재억제팀은 이미 현장의 취약지점들을 식별할 것이고 사건 책임자는 취약지점들과 일반현장안전을 제어할 것이다. 취약 지점은 마커(marker), 바리케이드, 차량 또는 특별한 현장테이프로 식별해야 한다. 사건 책임자와 또는 조사책임자는 현장의 위험성을 모든 사람에게 알려야 한다. 자신들의 임무의 일환으로 교차된 현장테이프에 익숙한 경찰관, 소방관 또는 계약직 직원들에게 보편적인 현장테이프의 존재는 붕괴위험성을 필수적으로 표시하지 않으므로 대응자들은 말로서 취약지점의 존재를 알려야 한다. 화재장소에 너무 가까이 배회하는 주변인들은 화재 현장에 존재하는 무수한 위험요인들 중 어떤 하나에 의해 다칠 수 있다. 또한 화재조사관도 화재 현장의 혼란과 위험들로부터 멀리 떨어진 안전하고 안심되는 장소에서 인터뷰를 진행해야 한다(그림 11-2).

현장이 정부의 통제 하에 있을 동안 화재조사관은 주변인들 또는 다른 사람들에 의해 화재 현장이 무단 침입되는 것을 막기 위해 경찰이 화재 현장에 머무를 책임자를 지정하도록 요청할 수 있다. 적절한 보안을 유지하고 증거를 보존하기 위해 조사자는 현장출입 권한부여자의 기록일지를 관리해야 하며 그러한 일지를 관리하는 또 다른 권한부여자를 확인해야 한다. 어떠한 비권한자가 현장에 들어간다면 조사자는 그 사람의 신원과 출입일자와 시간, 출입한 지역을 기록해야 하며 현장을 떠날 것을 요구해야 한다.

화재조사관 팁

폭발 또는 화재조사현장에서 통제하는 사람은 최소한 다음 항목들과 정보를 가지고 있어야 한다.

- 구급 상자
- 지역 응급통지 전화번호
- 응급의료처치기관의 위치에 대한 지식
- 비상통지신호

위험요인과 위험성 평가

조사자가 화재 현장에서 수행해야 하는 첫 번째 임무 중의 하나는 위험요인(hazard)들과 위험성(risk)들의 평가이다. 여기에는 3단계의 과정으로 이러한 세부적인 평가가 조사자에게 허용될 것이다.

1. 위험요인(hazard)들을 확인하라
2. 위험요인(hazard)들의 위험성(risk)을 결정하라
3. 위험요인(hazard)을 제어하라

■ 위험요인 확인

현장에서 확인되는 위험요인들은 다음과 같이 분류될 수 있다.

- 육체적인 위험요인들: 조사자가 미끄러지거나 발을 헛딛거나 떨어질 수 있는 많은 장소가 있는가?
- 구조적인 위험요인들: 건물이 구조적으로 정상적인가?
- 전기 및 가스 위험요인들: 전기 및 가스시설이 아직도 연결되어 있는가/그대로인가?
- 화학적인 위험요인들: 물질안전보건자료(MSDS) 또는 안전자료(SDS, Safety Data Sheet)가 있는가? 또는 존재하는 화학적 위험요인들을 유지하는 데 이용할 수 있는 다른 참고물질들이 있는가?
- 생물학적인 위험요인들: 박테리아, 바이러스, 곤충, 식물들, 사람들 또는 동물들에 기인한 위험요인의 위험성이 있는가?
- 기계적인 위험요인들: 장비는 아직 작동 또는 기능하는가? 기술적인 숙련가를 요구하는 특별한 기계가 있는가? 모든 경비들은 모든 이동장비에 대한 준비가 되어 있는가?

■ 위험요인의 위험성 결정

모든 화재 현장이 조사자에게 일정 형태의 위험요인을 제공할지라도 각각의 위험성의 수준은 다를 것이다. 조사자는 현재의 위험요인을 평가하고 위험요인들이 접촉하여 만들어진 어떤 일의 가능성을 결정해야 한다. 이것을 아는 것이 위험요인을 제어하는 데 필요한 조치를 다루는데 도움이 될 것이다.

■ 위험요인 제어

위험요인이 식별되면 조사자는 위험성(risk)의 수준을 적절한 기준 또는 허용가능한 범위로 비교함으로써 위험성들을 완화시킬 가장 효과적인 방법을 결정해야 한다. 위험성들은 다음과 같이 제어될 수 있다.

- 손상된 구조분야를 강화하기 위한 버팀목, 서류화 후의 철거 또는 이러한 복잡한 공학적 제어의 경우는 구조기술자의 서비스를 구할 것
- 효과적인 신호체계, 차단테이프의 사용으로 장소의 분리로 위험요인을 사람에게 알리고 핵심인사의 출입을 제한하는 것 같은 행정상의 제어
- 현장평가에 의해 필요하다고 인정되는 신발(boots), 장갑, 헬멧, 의복, 보안경을 포함한, 보다 높은 수준의 개인보호장비(PPE)의 적절한 선택과 사용. 이것은 일반적으로 제어조치로 가장 효과적인 것으로 간주되지만 조사자에 의해 접한 조건하에서 적합한 것이어야 한다.

안전복장과 장비

그림 11-3 헬멧, 겉옷(coat), 바지, 보호용 후드(hood), 장갑, 부츠, SCBA, 개인경고안전시스템(PASS)으로 구성된 완벽한 구조물용 소방앙상블

© Jones & Bartlett Learning. Photographed by Glen E. Ellman

화재조사관이 화재가 진압되기 전에 불타는 건물 안으로 들어갈 타당한 이유가 거의 없지만 화재조사관은 원인조사를 수행하는 동안 육체적, 생물학적, 화학적, 방사선학적 위험요인들로부터 자신을 보호해야 한다. 독성가스들, 유해화학물질, 석면, 가연성 가스들, 산소결핍상황은 거의 모든 화재 현장에 있는 몇 가지 위험요소이다.

화재사건의 초기단계에서는 화재조사관은 인터뷰를 진행하고 현장의 문서화뿐만 아니라 잠재적으로 드러난 기록 또는 공술 증거를 위해 주변지역을 수색하기 위해 바쁠 것이다. 화재가 소화되기 전에 건물에 들어갈 필요를 느끼는 경우가 발생한다면 화재조사관은 구조물용 소방장비와 자급식 공기호흡기(SCBA)를 갖추어야 하며 그 장비의 적절한 사용을 훈련받아야 한다(그림 11-3).

이 보호복과 장비는 NFPA의 요구사항들을 충족하거나 초과해야 한다. 마치 경찰관들과 소방관들이 자신의 방탄조끼와 방화복과 자급식공기호흡기(SCBA)에 의해 안전하게 되는 것처럼, 화재조사관들은 모든 화재 현장에서 착용해야 하고 사용해야 하는 그들에게 적용될 수 있는 보호복장과 장비를 가지고 있다. 화재조사관들은 현장에서 사용하는 의류와 장비의 올바른 사용, 제한사항 및 오염제거(또는 처분)에 대해 훈련을 해야 한다. 보호복장과 장비는 화재조사관이 현장을 떠나기에 앞서 적절하게 오염물질을 제거해야 한다. 이것이 가능하지 않다면 장비와 복장은 현장에서 제거할 수 있으며 오염물질이 확산되지 않는 방식으로 옮겨져 이후에 제조업체의 지침에 따라 세척한다.

■ 안전모

보호용 복장은 모든 화재조사 중에 반드시 착용해야 하는 안전모에서 시작해야 한다. 원하는 수준의 보호를 제공하기에 충분히 튼튼한 안전모를 선택하는 것이 중요하나 광범위한 조사작업 동안 착용하기 위해 편안한 것도 중요하다. 이러한 안전모는 충격위험과 전기적 위험에 더욱 착용해야 한다. 부적절한 건축용 안전모 또는 승인되지 않은 안전모는 충격 또는 감전에 의한 손상을 야기할 수 있다. 또한 모든 것이 흡수되는 상황일수도 있지만 대부분은 심각한 충격을 받는다. 안전모는 충격 이후에 벗겨지지 않기 위해 턱끈을 가지고 있어야 한다. 턱끈은 잠재적 위험장소들에서 안전모를 착용한 어느 때든지 하고 있어야 하며 턱끈이 없기 때문에 안전모가 떨어질 수 있고 추가적인 파편들로 인해 심각한 머리손상을 야기할 수 있다. 안전모는 또한 사용자에 의해 쉽게 사용될 수 있도록 일체형 보안경을 갖춘 경우일 수도 있다. 이 보안경은 스크래치를 방지하는 제품으로 제작되어야 한다.

■ 보호복

화재조사관은 일상복의 오염을 방지하기 위해 보호복을 착용해야 한다. 이 복장은 소방관 복장 또는 작업복일 수도 있다. 화재조사관은 모든 화재 현장에서 독성물질에 노출되고 있다. 이 독성물질들은 적절한 사전조치를 취하지 않는다면 조사관의 의복에 배게 되고 조사관의 차량, 사무실 가구, 집을 포함하여 조사관이 접촉하는 어떠한 대상물에 노출된다. 이런 교차 오염은 조사관과 그 동료들과 가족들이 화재 현장으로부터의 독성물질에 노출되게 한다. 작업복

안전 팁

현장에서 일할 때 화재조사관들은 가끔 소방관 개인보호장비(PPE)를 착용한다. 소방관용 개인보호장비(PPE)는 까다로운 표준들에 의해 제조되어야 한다. 각각의 아이템들은 특정한 아이템이 표준의 요구사항을 충족하는지를 확인하는 영구적인 라벨(label)을 갖고 있어야 한다. 또한 세척 교육과 유지보수 교육뿐만 아니라 사용제한 교육이 제공되어야 한다.
소방관용 개인보호장비(PPE)에 대한 요구사항은 2가지 표준에 설명되어 있다.

- NFPA 1971, 구조적 소방활동과 근접 소방활동에 대한 보호앙상블의 표준
- NFPA 1977, 황무지 소방활동을 위한 보호복장과 장비에 대한 표준

SCBA와 PASS를 위한 요구사항은 2가지 표준에 설명되어 있다.

- NFPA 1981, 응급서비스에 대한 개방형 자급식공기호흡기의 표준
- NFPA 1982, 개인경고안전시스템(PASS) 표준(Standard on Personal Alert Safety Systems (PASS))

훈련과 유지보수에 대한 다른 요구사항은 다음의 2가지 추가적인 표준들에 나와 있다.

- NFPA 1404, 소방호흡기 보호훈련에 대한 표준
- NFPA 1852, 개방형 자급식공기호흡기의 선택, 관리 및 유지에 대한 표준

또는 복장은 제조업체의 지시들에 따라 모든 화재 현장조사 이후에 세탁해야 한다. 이 절차는 때때로 다른 세탁물을 세탁하는 정상적인 세탁기가 아닌 순한 비눗물로 세탁하는 세탁기를 필요로 한다. 독립된 세탁기 또는 소방장비를 세척하도록 특화된 회사의 세탁기를 사용해야 한다. 모든 화재 현장에 존재하는 특정한 유독물들(벤젠과 시안화수소 같은)은 피부를 통해 흡수될 수 있다. 보호복의 부적절한 세탁은 다른 것뿐만 아니라 발암성물질에 반복적인 노출을 야기할 수 있다. 일회용 작업복의 사용은 당신의 보호복을 세척해야 하는 것을 없애준다.

■ 호흡 보호

오늘날의 화재조사관은 또한 모든 화재 현장에서 호흡의 보호를 다룰 필요가 있다. 이러한 호흡의 보호는 SCBA(Self-Contained Breathing Apparatus, 자급식공기호흡기), 카트리지 필터 마스크 또는 기계적인 환기와 같은 공학적인 제어의 형태로 나타낼 수 있다. 어떠한 형태의 호흡보호가 선택되든지 조사하는 모든 시간동안 작업지역이 모니터되어야 한다. 이상적인 보호는 작업지역으로부터 위험요소를 제거하는 공학적인 제어들을 사용하여 얻어질 수 있다. 양압 환기(positive- pressure ventilation)는 효율적이고 효과적으로 신선한 공기를 작업 장소에 제공할 것이다. 양압환기가 실용적이지 않을 때가 있을 수 있다. 이러한 조사동안에 화재조사관은 작업장소로부터 독성가스를 제거하거나 그 농도를 낮추기 위해 양압환기와 음압환기의 조화를 사용할 수 있다.

화재조사관은 화재조사가 수행되는 어떠한 장소를 환기시킬 수 있는 기계적인 환기에 대한 적절한 이론적 이해를 가지고 있어야 한다. 조사관이 호흡보호 없이 화재피해건물 내에 있기 전에 대기질 모니터링을 수행해야 하며, 이 모니터링은 조사기간 동안 주기적으로 반복해야 한다. 조사관은 비록 건물 내의 특정작업공간 내의 대기가 허용 가능할지라도 유해 대기가 밀폐된 또는 숨겨진 공간들이나 지하 및 기타 낮은 등급지역에 존재할 수 있음을 이해해야 한다.

호흡용 보호구가 사용될 경우 고용주는 장소 내에 기술된 호흡보호 프로그램을 가지고 있어야 한다. 호흡용 보호구를 사용할 가능성이 있는 모든 직원들은 닥친 위험에 대한 적절한 장비의 선택, 사용과 유지보수에 대한 교육을 받아야 한다. 훈련은 또한 어떠한 장비고장에 대한 응급절차도 다루어야 한다. 또한 의료 감독이 사용자의 신체적 능력과 한계들을 결정하기 위해 요구된다. 정기적인 의학적 검사들은 어떤 직원이 건강문제를 야기할 수 있는 잠재력을 가진 독소에 노출되었는지의 여부를 판단하는 데 필요할 수 있다.

자급식공기호흡기

환기만으로 독성농도가 안전한 수준으로 감소할 수 없는 경우가 많이 있다. 이러한 조사를 하는 동안, 호흡 보호구가 사용되어야 한다. 공기호흡기(SCBA)는 최고수준의 호흡보호를 제공한다(그림 11-4).

불행히도, 공기호흡기(SCBA)는 압축공기실린더 내에 제한된 호흡용 공기 때문에 사용자를 보호할 수 있는 시간의 양을 제한한다. 일반적으로 압축공기실린더는 착용자의 신체적 조건과 사용자가 경험하는 신체적, 정신적 압박의 수준에 따라 다를지라도 30분에서 60분의 호흡공기를 제공하도록 되어 있다. 또한 공기호흡기(SCBA) 안면부는 사용자의 시각적 능력을 제한하며 따라서 조사관의 현장관찰능력을 제한한다. 공급공기호흡기 (SABA, Supplied air breathing apparatus)가 장기간 공기를 호흡할 수 있는 대체장치이지만 호스가 90 m (300 ft)로 제한된다. 어떠한 호흡장치를 착용한 조사관은 호흡장비를 착용한 스트레스와 압박이 야기하는 신체상태의 모니터링과 수분보충, 휴식을 위해 30분 동안의 작업을 해야 한다. 조사관이 공급공기호흡기(SABA)를 이용하는 경우 조사관이 30분 작업시간을 연장하려는 유혹을 갖게 되고 위험한 압박과 스트레스를 높일 수 있으므로 피해야 한다.

그림 11-4 공기호흡기(SCBA)는 압축실린더 내의 공기 공급으로 사용되기 때문에 그 사용은 실린더내의 공기량에 의해 제한된다.

공기정화 호흡기

공기정화 호흡기(APR)은 특정한 화재 현장에 사용될 수 있다. 그러나 이런 유형의 호흡보호구는 심각한 제한점들을 갖는다. 사용자가 산소결핍(산소농도 19.5% 이하) 대기수준이나 또는 즉각적인 생명과 건강의 위험(IDLH, immediately dangerous to life and health)으로 간주되는 수준의 독소가 존재하는 장소로부터 보호받지 못하기 때문에 공기정화호흡기(APR)을 사용할 때는 공기 모니터링이 필수이다. 공기정화 호흡기는 독소 특정이므로 사용자는 가장 효과적인 필터를 선택할 수 있도록 현장에 존재하는 모든 위험을 알고 있어야 한다. 불행히도, 어떠한 화재 현장에 존재하는 모든 위험요소를 식별할 수 있는 방법은 없다. 화재에서 두 개 이상의 분자화합물이 알 수 없는 양의 열에 의해 분해될 때마다 어떤 물질이 생성되고 그 독성 수준이 어떤지를 정확하게 결정하는 것은 불가능하다. 조사관은 일반적인 위험요소들을 결정할 수 있지만 알려지지 않은 것이 어떠한 화재 현장에서든 항상 존재한다.

공기정화호흡기(APR)는 눈의 보호 및 눈의 보호 없이 사용된다. 그림 11-5는 눈 보호구 없는 일체형 APR형태를 보여준다. 일체형 눈보호구를 갖추진 못한 이러한 APR에 대해서 조사관은 눈을 보호하기 위해 환기형 고글을 착용해야 한다.

그림 11-5 공기정화 호흡기(APR)은 대기 중에 충분한 산소량이 존재하는 장소에서만 사용될 수 있다.

■ 눈 보호

화재조사관은 안전의 최대수준을 제공하기 위해 눈 보호구를 착용해야 한다. 화재파편이 공기가 되어 사용자의 눈에 접촉할 수 있기 때문에 헬멧 위의 얼굴가리개보다 편안하게 맞춰진 고글이 더 효과적일 수 있다. 눈을 완전히 보호하기 위해, 안전고글은 헬멧에 의해 제공되는 눈 보호장비와 더불어 사용되어야 한다. 조사관은 분명한 눈 손상 외에 눈을 통해 어떠한 독소가 빠르게 순환계와 신경계에 침투할 수 있음을 기억해야 한다. 눈 보호구는 또한 햇빛의 자외선(UV)을 차단해야 한다.

■ 발 보호

적절한 발 보호는 중요하고 경미한 건강위협 손상을 예방할 수 있다. 안전화는 발 끝에 떨어지는 무거운 물체로부터뿐만 아니라 못이나 뾰족한 물건을 밟음으로 인한 위험요소로부터 발을 보호한다. 적절한 방수화는 화재 현장에서 존재할 수 있는 독소들로부터 보호한다. 전통적으로 무릎 위로 올라와 단단한 무릎 패드를 사용한 허벅지까지 오는 소방관 부츠와 같은 고무부츠는 높은 수준의 보호를 제공한다. 조사에 사용되는 부츠는 NFPA 1971에 적합해야 한다.

■ 장갑

화재조사관은 모든 화재 현장에서 장갑을 착용해야 한다. 전통적인 소방관 장갑은 열과 물리적인 손상으로부터 제한적인 보호를 제공하지만 화학적인 보호를 제공하지는 않는다. 그러므로 화재조사관은 조사동안에 제한된 수준의 화학적 보호가 제공되는 내피장갑이 있는 이중장갑을 고려해야 한다. 내피장갑은 화재 현장에서 위험요소의 평가를 수행한 후 선택된 물실로 만들어져야 한다. 예를 들면 리텍스 장갑은 생물학적 물질로부터 보호받지만 습한 조건하에서 오랜시간 동안 착용하는 경우 효과적이지 않다. 평균적인 화재 현장에서 약간의 내천공성을 갖는 니트릴(nitrile) 장갑은 높은 수준의 보호를 제공한다. 내피장갑은 조사초기에 착용해야 한다. 교차오염을 방지하기 위해 조사관은 각각의 시료를 수집하기 전에 새로운 내피장갑을 착용해야 한다.

■ 안전 장비

각각의 화재 현장은 다르며 때때로 추가적인 장비가 안전한 작업환경을 제공하기 위해 필요할 수 있다. 모든 작업현장은 조사관이 효과적으로 위험요소를 평가하고 조사를 마무리할 수 있고 실족과 추락을 방지하기 위해 충분히 조명되어야 한다. 휴대용 조명이 거의 모든 화재 현장에서 요구되고 있지만 어떠한 경우는 밀폐된 작업장소에 발전기를 가져와야 하는 경우도 있는데 일산화탄소의 축적이 빠르게 심각한 건강상의 문제가 될 것이다. 더더욱 내연기관을 건물로 가져온 경우 화재조사관은 화재조사팀은 현장에 인화성 액체를 가져오지 않았다는 것을 더 이상 주장할 수 없다.

일부 조사는 생명선과 추락 보호를 요구한다. 이 장비는 제조자의 설명서에 따라 유지보수되고 보관되어야 한다. 조사관은 소방서에 가져온 것보다 현장에 있는 사다리들을 의존해서는 안 된다. 화재 현장에 있던 모든 사다리들은 화재의 영향을 받았을 수 있거나 건물의 소유가 화재 이전에 소홀히 다루거나 부적절하게 유지했을 수 있다. 사다리가 필요하다면 조사관은 의도한 사용을 위해 적절한 높이와 스타일인지, 조건에 적절한지 확인해야 한다.

일부 안전장비는 특별한 훈련과 경험을 요구한다. 조사관이 특별한 장비를 작동할 수 있을지라도 장비를 정기적으로 작동하는 작업자가 더 능숙하며 이용할 경우 유용할 수 있다. 예를 들어 버팀목 설치 장비 또는 다른 도시탐색구조기술들은 화재 현장에서 조사관을 보호하는 데 요구된다.

개인 건강과 안전

조사관은 모든 화재 현장에 존재하는 독소들에 손상을 야기할 수 있거나 노출될 수 있는 자만심에 대해 방어해야 한다. 화재조사관은 기회나 위험을 감수할 여유가 없다. 근무기간을 통해 이러한 위험성들과 노출들은 축적되고 생명을 위협하는 건강문제를 야기한다.

여기에는 개인의 건강과 안전을 위협할 수 있는 수많은 화학적, 생물학적, 방사선학적 위험요소들이 있다. 예를 들면 의료 또는 건축시설을 담당한 조사관은 이런 시설에 저장된 방사선물질에 노출될 수 있다. 그 외에 거의 모든 치명적인 화재 현장은 생물학적 위험요소들은 포함한다. 화재는 화재 희생자의 체액 대부분을 파괴하지 않는다. 혈액 검사는 거의 모든 치명적인 화재 피해자가 자신의 시스템에서 시안화물의 독성수준을 보여주며 일부 의료관들은 일산화탄소(일반적으로 화재 현장에 가장 널리 퍼진) 또는 시안화물이 화재희생자를 숨지게 한 것인

화재조사관 팁

화재 현장에서의 일반적인 안전회의는 필요한 경우 가끔 해야 하나 최소 1일 2회 실시한다: 안전회의의 이상적인 시간들은 하루의 시작, 하루 끝, 휴식시간에, 조사의 새로운 단계가 시작할 때.

지 의문할 정도로 높은 수준을 보인다. 심지어 인간외 생물학적 물질들은 알레르기 반응, 감염, 질병들의 야기할 수 있다. 화재 현장의 식물들, 동물들, 곤충들, 박테리아, 바이러스, 쓰레기 등으로부터의 생물학적 물질들이 잠재적인 위험을 나타낸다.

오늘날 사회에서 사용되고 있는 휘발성 혹은 유해성 물질들이 모든 화재 현장에서 나타난다. 벤젠, 톨루엔, 포름알데하이드, 기타의 것 중에 시안화물 같은 독소들은 모든 화재 현장에서 발견될 수 있다. 이 독성물질들은 그것들이 독성한계 또는 몸이 극복할 수 없는 형태 이상으로 민감한 표적장기에 도착할 때 문제를 야기한다. 독성반응은 노출된 양과 노출 정도에 좌우된다. 노출양은 급성이더라도 단일 사건의 노출은 개개의 독소 또는 만성의 유해 수준에 대해 개별적으로는 낮은 농도로 노출되는 반면에 장시간에 걸쳐 흡수된 독소는 해로운 축적이 나타날 때까지 피해자의 몸에 남게 된다.

조사관은 또한 화재가 소화된 후에 공기에 남아 있는 독소를 기억해야 한다. 화재사건의 조사단계 동안에 독성 가스는 냉각되고 방을 통해 가라앉거나 공기와 혼합되며 피부를 통해 흡수되거나 호흡을 통해 화재조사관에게 영향을 주게 된다. 그 외에 약품연구실 또는 유사한 회사에서의 화재를 통해 방출된 화학물질들은 유해한 화학적 오염 위험요소를 증가시킨다. 주택 화재일지라도 조사관들은 살충제와 기타 화학물질에 노출될 수 있다. 화학물질의 영향과 노출 경로에 대한 지식은 현장에서 그 독소들로부터 자신들을 보호하는데 도움을 줄 수 있다(표 11-1).

화재조사관은 또한 해로운 공기 미립자의 흡입, 섭취, 피부흡수의 위험성을 가지고 있다. 석면, 실리카 먼지, 중금속과 수많은 물질들이 수많은 화재 현장에 존재한다. 다른 오염물질처럼, 일 물질들 또한 조사관의 의복과 장비에 부착될 수 있다. 모든 현장안전의 일부처럼 적절한 장비와 사람의 오염제거가 실행되어야 한다.

화재가 산소를 소비하고 제한된 공간에 산소 부족 환경을 야기할 수 있기 때문에 발생될 수 있는 또 다른 위험요소가 잠재적으로 존재한다. 화재 현장에 존재하는 화학물질들은 그들의 공간이 부족함으로 인해 방출된다. 화재 현장의 일상적인 산물인 일산화탄소는 화학적 질식을 야기할 수 있다. 산소에 비해 205배 빠르게 헤모글로빈과 결합하는 일산화탄소는 신체세포에 대한 산소공급을 막는다. 덜 유독한 환경에서 이런 영향은 축적될 수 있고 심각한 노출을 유발하여 실신하게 한다. 담배흡연은 일산화탄소 축적 영향의 예이며 심지어 화재에 노출되지

표 11-1 화학적 노출

영향	경로	독성
■ 장소(Local)(접촉 장소) ■ 조직(Systemic) (장기에 영향을 주는)	■ 흡입(호흡) ■ 피부로 침투(피부나 눈으로 흡수) ■ 음식물 섭취(입을 통해) ■ 주사(오염된 물체로 침투)	■ 급성(단기에 많은 노출) ■ 만성(오랜 시간에 낮은 농도로 반복) ■ 축적(반복적인 노출) ■ 잠복(노출과 영향사이에 기간)

않은 개인이 10%에서 15%의 일산화탄소 수준으로 이끌 수 있다. 이러한 대기환경은 조사 도중에 변화될 수 있음을 명심하는 것이 중요하다. 안전한 대기환경이 독성으로 바뀔 수 있어 연속적인 대기 모니터링이 요구된다. 시안화수소(hydrogen cyanide) 그 자체는 훈소하는 합성물질로부터 노출되는 수준이기 때문에 조사현장에서 가장 위험한 가스들 중의 하나로 고려된다. 모든 화재 현장 조사에 시안화수소 검출기를 소지하는 것으로 고려해야 한다. 실족, 낙하 또는 결정적인 부상을 야기하는 물리적인 위험요소들은 모든 사람에게 잘 알려져 있다. 이러한 부상들은 화재 현장이 복잡하고 위험한 곳이기 때문에 발생한다. 화재조사관은 지속적으로 자신의 발을 인식하고 또한 주변에 서 있는 것과 작업영역 위에 매달려 있는 것을 주의해야 한다. 화재조사관들이 고민하는 동안 애완동물을 포함한 동물들이 위험요소를 제시할 수 있다.

화재조사관은 각각의 특정화재 현장에서 존재하는 위험요소들로부터 노출노선들을 차단하기 위해 적절한 개인보호구(PPE)를 선택하고 화재 현장을 평가해야 한다. 화재조사는 생명과 죽음의 상황은 아니다. 따라서 조사관은 화재의 기원과 원인을 확인하기 위해 건강과 안전이 위험해서는 안 된다. 해로운 물질들로부터 조사팀을 보호하는 데 이용할 수 있는 공학적 제어를 활용한다. 석면오염이 예상되는 건물화재라면 조사 전에 완화시킬 필요가 있다. 이 문제는 행하기보다 말하기는 쉽다. 그러나 적절한 경계와 만족을 거부함으로써 화재조사관은 모든 화재 현장에 존재하는 알려져 있는 해로운 물질들로부터 보호될 수 있다.

유해한 물질들은 또한 테러의 형태로 사용될 수 있음을 기억하라. 테러의 위협이나 범죄가 저질러지고 있음을 항상 고려하고 경고하라.

화재조사관은 장소관리자와 모든 가능한 위험요소를 논의하고 조사를 시작하기 전에 안전보건자료(SDS, Safety Data Sheet)와 장소안전계획을 활용한다(그림 11-6). 현장에서 사용되는 변화하는 주제들과 복잡성에 여러 가지 안전계획이 있을 수 있음을 명심하라(표 11-2).

표 11-2 비상 행동계획

계획(Plan)	설명
비상배기 계획	■ 현장이 갑작스레 안전하지 않게 된 경우 사용 ■ 비상탈출노선, 집합장소와 완전배기의 확인을 포함
비상의료 계획	■ 현장의 누군가는 의학적 돌봄이 요구될 때 사용 ■ 응급시설의 위치, 전화번호, 응급처치 키트를 포함
악천후 계획	■ 악천후가 있을 때 사용 ■ 그 현장에 대한 통지방법 및 회의장소를 포함
화재비상 계획	■ 조사도중 화재 또는 폭발이 발생한 경우 사용 ■ 소방서 위치, 전화번호, 통지방법, 비상탈출노선, 회의장소, 화재 현장에 대한 완전배기의 확인을 포함
그 외의 비상행동 계획	■ 현장의 특별한 이슈가 대두될 경우 사용 ■ 현장을 통제하는 사람에 의해 결정된 바에 따라 현장의 특별한 정보를 포함

Courtesy of Tanner Industries, Inc.

물질안전보건자료 (SDS)

암모니아 무수물(Anhydrous Ammonia)

T I

공 급 자 : Tanner 산업(주)

DIVISIONS:

NATIONAL AMMONIA	NORTHEASTERN AMMONIA
HAMLER 산업	BOWER 암모니아 & 화학

735 Davisville Road, Third Floor, Southampton, PA 18966; 215-322-1238

법인응급전화번호: 800-643-6226 CHEMTREC: 800-424-9300

설 명 서(Description)

화학명 : Ammonia, Anhysrous CAS REGISTRY NO : 7664-41-7
유사명 : Ammonia 화학군(Chemical Family) : 무기 질소화학물
화학식 : NH_3 분자량 : 17.03 (NH_3) 조성 : 99+% 암모니아

건강위험요소(Health hazard)의 명세서

위험요소(Hazard) 설명 :

A암모니아는 피부, 눈 호흡기와 점막에 자극적이며 부식성이 있다. 액체나 빠르게 확산되는 기체에 노출되면 눈, 폐, 피부에 심각한 화학적 화상과 통상을 야기할 수 있다. 노출에 의해 피부와 호흡기관련 질병을 증가시킬 수 있다.

발암물질로 미국산업안전보건청(OSHA)에서 인식되지 않음
국립독성프로그램에 기술되지 않음
암관련 국제연구소에 의해 발암물질로 기술되지 않음

암모니아에 대한 노출한계 : 증기(Vapor)

OSHA	50 ppm,	35 mg/m³ PEL	8 hour TWA
NIOSH	35 ppm,	27 mg/m³ STE: 15 minutes	
	25 ppm,	18 mg/m³ REL	10 hour TWA
	300 ppm,	IDLH	
ACGIH	25 ppm,	18 mg/m³ TLV	8 hour TWA
	35 ppm,	27 mg/m³ STEL 15 minutes	

독성 : LD50 (경구투입/쥐)

물성 데이터(Physical Data)

끓는점 : −28°F at 1 atm.
PH : N/A
기체비중 (공기=1) : 0.596 at 32°F
액체비중 (물=1) : 0.682 at 28°F (4℃ 물과 비교)
% 휘발 : 100% at 212°F
외관 및 취향 : 자극성 향의 무색액체 또는 기체
임계온도 : 271.4°F (133℃)
가스비적(specific volume) : 20.78 Ft³/Lb at 32°F and I atm.

증기밀도 : 0.0481 Lb/Ft³ at 32°F
액체밀도 : 38.00 Lb/Ft³ at 70°F
대략적인 어는점 : 108°F
중량(per gallon) : 5.15 pounds at 60°F
증기압 : 114 psig at 70°F
물에 대한 용해도 (물 100 lb에 대한) :
86.9 lbs at 32°F, 51 leb at 68°F
표면장력 : 23.4 dynes/cm at 52°F
임계장력 : 111.5 atm

수성: 2005년 9월 페이지 1 / 4 작성자: JRP

그림 11-6 이와같은 MSDS는 SDS로 전환되고 있다. MSDS처럼 SDS는 유해화학물질을 다룰 때 당신이 필요한 모든 정보를 제공할 것이다.

■ 조사관 피로

화재 현장의 복원과 조사는 때때로 오래 걸리고 지루하고 육체적으로 힘든 과정이다. 안전대책은 무거운 복장과 호흡보호구의 빈번한 사용을 요구한다. 이러한 모든 인자들은 조사관의 피로를 유발할 수 있다. 피로는 조사관을 피로하게 만들고 힘과 판단을 상실하게 하여 조사관을 위기에 빠지게 할 수 있다. 조사관 안전의 일환으로 안전한 환경에서 정기적인 휴식, 음식, 음료수를 제공하는 것이 중요하다. 위생 및 세정시설이 필요한다. 적절한 세정은 또한 오염물질의 흡수를 예방하는 데 도움이 된다.

현장안전에 영향을 주는 인자

화재나 폭발현장의 안전에 영향을 미칠 수 있는 수많은 요인들이 있다. 화재진압활동의 결과로서 구조물의 안정성은 하나의 예이다. 또한 유용한 공구가 조사자에게 위험요소로 작용하는데, 예를 들어 생명줄은 진압에 사용된 물에 매우 근접해 있을 수 있다. 이번 단락에서 이러한 위험요소들을 세부적으로 논의할 것이다.

■ 진압상황

화재조사관은 현장책임자의 허가없이 완전히 소화되지 않은 화재건축물에 들어가서는 안 된다. 그러한 출입이 필요하다면 조사관은 그러한 출입이 될 수 있는 훈련이 동반하지 않는 한 출입해서는 안 되며 화재 진압 요원과 동반해야 한다. 화재조사관은 또한 화재 진압 요원과 모든 진행중인 조사활동을 조정하고 조사관의 진행 및 출입해야하는 추가 영역에 대해 조언하는 현장책임자를 따라야 한다. "자율"에 대한 충동은 항상 거부해야 한다. 현장의 진압상황 동안에 우선순위는 화재를 소화시키고 생명을 보호하는 것이므로 상황이 비록 두 가지를 동시에 수행해야 하는 경우도 있지만 조사를 수행하지 않아야 한다(그림 11-7).

그림 11-7 조사관이 전체조사를 수행할 수 있기 전에 화재진압이 필요하다.

화재조사관이 소화된 건축물화재로 간주되는 곳에서 조사를 시작할 때 화재조사관은 건물에서 발생하는 재연화재의 가능성을 인지해야 한다. 재연화재는 화재조사관의 탈출을 차단하는 지점까지 성장할 수 있다. 이 때문에 탈출의 방법은 작업지역의 양 끝에 있어야 하며 소방 호스선들은 조사의 초기단계 동안에 그 자리에 있어야 한다. 조사가 완료되면 점검 작업은 화재가 완전히 소화되도록 하여 실시해야 한다.

조사관은 화재로 손상된 건물을 들어갈 때마다 가장 빠르면서 가장 안전한 탈출방법에 대해 인지하여야 한다. 가능하다면 조사관은 작업상소로부터 탈출하는 두 개의 별도의 방법을 확인해야 한다. 탈출의 한 방법은 창문이나 지붕에 놓여 있는 사다리가 될 수 있다. 이와 같은 형태의 탈출이 필요하다면 조사관이 조사지역을 있을 때 사다리는 항상 그 자리에 유지한다. 별도의 탈출방법은 조사 동안에 장애물이 없이 유지되는지를 위해 모니터링해야 한다.

■ 건축물 안전성

어떤 화재 현장에 들어가기 전에 조사관은 건축물의 안정성을 평가해야 하며 버팀목의 사용이나 철거에 의해 어떠한 물리적 위험요소들을 제거해야 한다. 구조물의 특성에 따라 조사관은 자격을 갖춘 구조물 엔지니어의 도움을 요청할 필요가 있다. 화재조사관은 화재에서 안전하게 남아있는 건물의 어떠한 부분도 안전하다고 간주해서는 안 된다. 무너지는 벽체는 바닥에 떨어질 때까지 또는 떨어지는 물체와 바닥 사이에 위치한 무언가에 부딪히기 전까지는 어떠한 소리도 내지 않음을 아는 것이 중요하다. 조사관은 또한 화재에 의해, 화재진압활동에 의한 물의 축적에 의해, 또는 얼음, 눈, 바람, 비와 같은 무게와 관련된 인자들에 의해 야기된 바닥의 숨겨진 구멍이나 취약함을 염두에 두어야 한다.

자유롭게 서 있는 굴뚝은 소방관들과 화재조사관 모두에게 상당한 위험성을 부여한다. 이런 구조물들은 건축물 구조부재에 따라 안정성이 달라진다. 건물이 손상된다면 그것은 굴뚝의 손상으로 인한 것이다.

트러스(truss)에 의해 지지받지 않는 건물의 일부는 또한 붕괴에 취약한다. 대부분의 건물은 공학적 원리와 지역 건축규정에서 요구하는 최소한의 재료로 세워진다. 규정에서 요구하는 이상의 추가적인 재료를 사용하여 건물을 건축하는 것은 드문 일이다. 또한 건물의 건설이 부족하고 적용할 규정이 세워져 있지 않거나 건물을 건축할 때 적용된 적합한 규정이 현재 규정에 부합하지 않는 건물일 경우에는 붕괴가 가능하다. 건물의 어떠한 일부를 제거하는 것은 건

화재조사관 팁

화재조사 커뮤니티는 화재진압 소방관들이 화재 현장을 파괴하지 말라고 가르친다. 발화원과 원인조사에 소방관의 역할에 대한 수업에서 조사관에 의해 현장이 서류화되고 조사될 때까지 최소한으로 유지할 필요성을 강조한다. 이런 교육 때문에 정밀조사는 보통 최소한으로 유지되며 화재진압작업은 화재의 진행방향에서 멈추면 일시 중단된다.

물의 나머지 부분에 의도하지 않는 하중을 주어 건물에 붕괴의 위험을 주게 된다. 지붕이 붕괴될 때 벽은 거의 자유롭게 서 있다. 벽이 무너지면 지붕과 다른 벽들은 중력의 힘에 굴복할 위험이 있다. 건물 건축의 모든 구성요소들은 상호연관이 있으며 어떠한 성분의 제거는 건물을 형성하는 장소에 위치한 시스템을 바꾼다.

건물하중

건물은 건물하중의 두 가지 다른 유형이 있다: 사하중(dead load)와 활하중(live load)(건물하중에 대한 자세한 정보는 이 책의 "건물 시스템"장 참조)

구조물을 설계할 때 설계자는 그 의도한 용도와 예상되는 활하중을 고려한다. 때때로 점유부의 변화 때문에 건물은 설계자가 의도하지 않은 방식으로 사용된다. 점유부가 주거용에서 상업용으로 산업용으로 변화할 때 벽들이 움직인다. 이런 변화는 일반적으로 건물의 설계를 고려하지 않으며 건물이 스트레스를 받게 놓인다. 불량한 유지보수, 불량한 수리, 건물 부재의 노화는 구조물에 스트레스를 더하게 된다. 화재는 최종적인 불쏘시개 또는 차후붕괴의 원인을 설정하는 수단일 수 있다. 나무 스터드(stud)나 들보(joist)가 화재에 의해 손상되거나 파괴될 때 주변 스터드나 들보들은 하중을 받게 된다. 스터드들은 붕괴 전에 짧은 시간동안만 지탱할 수 있다.

그림 11-8 위험스런 잔해 또는 회수되지 않는 증거를 제거하기 위해 조사관과 협력하여 작업하는 중장비 작업자 같은 기술인력

충격하중

구조물 안정성과 관련하여 또 다른 고려사항은 충격하중(impact load)으로 소방관이 사다리에서 지붕으로, 화재조사관이 마룻바닥으로 뛰어내림으로 인해 야기할 수 있는 갑작스레 가해진 충격이다. 이 갑작스런 하중은 이미 약화되거나 또는 과도하게 하중을 받은 구조부재들의 붕괴를 야기한다. 또한 부분적인 건물붕괴는 건물의 나머지 부분을 무너뜨리는 충격하중을 제공한다.

구조물의 가장 안정적인 형태는 석조건축 부재들의 감소패턴을 이용한 피라미드이다. 이 대건축물은 붕괴를 저지한다. 우리가 같은 건축부재를 선택해서 각각의 맨 위에 가각을 쌓아둔다면 불안정 상태를 야기한다. 독립구조로 서 있는 벽, 그것이 흉벽(난간벽, parapet wall; 지붕의 수준 위로 확장되는 벽의 일부)이든지, 더 이상 다른 구조부재에 의해 지탱하지 않는 어떠한 벽이든지, 버팀목 없이 지탱할 수는 없다. 독립구조로 서 있는 벽을 다루는 안전한 방법은 화재조사관이 결정한 시점에서 벽을 두드려 중력을 따르도록 허용하는 것이다.

건물의 안정성에 의문이 있는 건물에 대한 조사는 어떠한 화재조사팀도 긴장시킬 것이다.

조사팀은 위험조건을 완화시킴에 의해 작업지역을 안전하게 해야 한다. 건물의 안정성이 관심이라면 조심스런 철거와 건축물의 안정화를 활용해야 한다. 철거는 위험요소가 제거되기 때문에 가장 안전하다. 철거팀은 조사의 목적에 정통한 지식을 가진 훈련된 화재조사관의 직접적인 감독하에 작업해야 한다. 조사관은 조사팀의 관심영역을 파괴없이 건물의 일부를 제거하도록 장비작업자를 지휘할 수 있다. 경험많은 화재조사관과 협력하는 훌륭한 중장비 작업자는 증거의 파괴 없이 또는 조사 없는 화재건물의 위험한 부분을 제거할 수 있다(그림 11-8).

이 조심스런 철거는 화재 현장을 안전하게 하고 발화원과 원인조사를 성공적으로 이끈다.

■ 공공 설비

화재조사관은 때때로 화재 현장에서 연료를 접촉하거나 전기시스템을 만날 것이고 이 시스템들을 조사할 필요가 있을 것이다. 조사관은 화재진압 소방관에 의해 시스템이 끊어졌을 것이라는 부정확하게 추측할지도 모른다. 추측하면 안 된다. 전기시스템이 작동하는지, 연료시스템의 라인에 채워져 있는지, 급수가 작동하는지 현장에 들어가기 전에 결정해야 한다.

■ 전기적 위험요소들

화재조사관은 전기안전에 관해서 어떠한 것도 추측해서는 안 된다. 소방서는 나중에 다시 통전하기 위해 전원을 차단할 수도 있다. 그 외에 일부 건축물은 하나의 시스템은 종료되고 다른 하나의 시스템은 같은 건물 내에 공급되는 하나 이상의 전기공급원을 가질 수도 있다. 임시 배선은 때때로 정확하게 설치되지 않거나 접지되지 않거나 절연되지 않는다. 조사관에 위험성으로 초래할 수 있는 수많은 전기적 위험요소 시나리오가 있다.

- 측정기(meter)가 제거되거나 끊어졌을지라도 모든 전선들이 통전으로 가정하라.
- 떨어진 전선들을 경계하라.
- 전원선에 떨어진 안테나, 통전되어졌던 금속벽, 지하 배선에 대해 주의하라.
- 머리 위 전선들 근처에서 사다리와 다른 장비를 주의 깊게 작동하라.
- 절연체로서 고무 신발에 의존하지 마라.
- 전기시스템이 통전된다면 침수된 지하에 들어가지 마라.
- 화재 현장이 폭발성 분위기가 있다면 원격으로 전원을 차단하라.
- 전력회사와 소통하고 협조하여 그들의 전문지식을 사용하라.
- 캐거나 굴착 전에 매설된 전기 공급 케이블들을 찾고 피하라.
- 주변 건물들로부터의 연장코드, 비상조명장치, 예비용 발전기, 그리고 유사한 시설들이 연결되지 않을 수 있는 그 외의 전기 서비스에 대해 경계하라. 전원이 차단된 후에 이러한 전기장치들은 통전을 유지한다.
- 전기가 꺼져 있는지 결정하기 위해 측정기(meter)를 사용하라.

안전 팁

조사 시작 시 주머니에 소형 AC전압 검출기를 넣는다. 그것은 멀티미터보다 덜 성가시고 차단기 패널들의 전원, 출력, 전력량에 대한 테스트에 사용될 수 있기 때문에 항상 편리할 것이다. 또한 손상되지 않는 도체들의 절연체를 통해 전압을 검출할 수 있다.

안전 팁

통전된 전선들, 가전 제품들 또는 다른 장비 근처의 물 웅덩이를 경계하라.

조사관이 전원을 차단하지 않았다 할지라도 조사관은 적절한 전력회사가 하는 것을 확인해야 한다. 조사관은 전압계 또는 멀티미터 같은 테스트장비의 안전한 사용에 대한 지식이 있어야 한다. 이는 조사관이 전기에 대해 개인적으로 전기시스템을 조사하게 한다. 구조물에 공급되는 전압에 대해 테스트 장비가 정격인지 확인함으로 감전을 피해야 한다. 전원이 일단 차단 또는 중단되면 조사자에 의해 잠금(Lockout)/꼬리표 경고(Tagout) 프로세스가 이용되어야 한다.

■ 고여 있는 물

소화작업 자체가 건물의 구조부재에 스트레스를 가할 수 있다. 물은 무게가 8.35 lb/gal (3.8 kg/L)으로 분당 250 갤런(946.4리터)까지 방출하는 2.5인치(6.35 cm) 또는 1.75인치 (4.45 cm) 호스 라인은 호스 라인이 작동하는 매 분마다 건물에 2087.5 파운드(946.9 킬로그램)의 추가적인 활하중(live load)를 주게 될 것이다. 조사가 시작되기 전에 이 추가적인 하중은 배출해야 한다. 추운 날씨에서의 조사동안에 이러한 물의 제거는 어렵거나 불가능할 수도 있다. 물은 깊이를 알 수 없을 수도 있고 보이지 않는 위험요소들을 포함할 수도 있다. 마찬가지로, 고여 있는 소화약제 폼(foam)은 조사관으로부터 구멍들과 위험요소들을 숨길 수 있다.

소방관들은 때때로 건물로부터 물을 제거하기 위해 바닥에 구멍을 낸다. 화재조사관은 이러한 가능성을 인식하고 모든 구멍들의 위치를 식별해야 한다. 종종, 도심지역들에서 소방관들은 이러한 구멍들과 화재 자체에서 야기된 모든 구멍들은 메꾸기 위해 건물로부터 문을 사용한다. 이러한 문들은 화재조사관의 무게를 견딜 것으로 간주하면 안 된다.

범죄행위 또는 테러행위

화재와 폭발은 범죄행위 또는 테러행위에 이용될 수 있는 강력한 무기이다. 화재의 개시제로 사용된 장치일 경우에는 조사관은 현장에 추가적인 장치의 가능성을 고려해야 한다. 장치는 작동하는데 실패했거나 사람을 해치기 위해 고의적으로 남아있을 수 있다. 장치는 잔유물을 남길 수 있는 건물 내의 위험한 물질을 이용할 수 있으며 추가적인 노출을 형성한다.

■ 보조 장치

보편적으로 사용되는 테러 전술은 첫 번째 대응자들에 손상이나 부상을 야기하기 위해 초기 사건 이후에 폭발하거나 파괴되는 보조 장치를 두는 것으로 추가적인 공황상태를 형성한다. 현장에 있는 사람은 이상한 포장물이나 용기들은 조심해야 한다. 관리자는 확인된 또는 잠재적인 위험성들을 해결하기 위해 위험물질 또는 폭발물 전문가 자원을 활용할 필요가 있다.

■ 잔류화학물질

화재와 폭발은 다양한 화학물질들의 사용으로 시작되고 증진될 수 있다. 노출이 조사관을 손상시킬 수 있기 때문에 장비나 장치의 어떠한 가공물을 다룰 때 적절한 보호복과 호흡장비를 사용해야 한다.

■ 생물학적 테러와 방사능 테러

화재나 폭발의 한 부분으로서 테러리스트는 생물학적 성분들 또는 방사성 성분들의 사용을 이용할 수 있다. 이러한 형태의 성분들의 상당한 위험성을 가진 것으로 결정된 모든 현장은 모든 이들이 특별한 안전과 교육이 요구된다. 이것은 조사관들의 출입에 앞서서 현장의 안전 렌더링(rendering)을 포함할 수 있다. 현장을 안전하게 할 수 없다면 이러한 환경에서 작동하는 장비를 갖춘 훈련된 조사관들이 현장에 들어갈 수 있다.

■ 도구 및 장비에 대한 노출

조사에 착용하거나 사용한 모든 아이템들은 위험한 환경에 사용된 이후 오염의 위험성을 갖는다. 이러한 위험성을 염두에 두고 모든 아이템들을 다루고 청소해야 한다. 정화할 수 없는 장비는 적절한 방법으로 폐기해야 한다.

안전과 현장 외부 조사

조사관이 현장을 떠날 때도 안전과 잠재적인 노출문제는 끝나지 않는다. 증거와 장비를 포함한 현장으로부터 제거된 모든 아이템들은 안전한 방법으로 다뤄지고 표시되고 저장되어야 한다.

의사소통

화재조사관은 화재 현장에서 소방관과 협력하여 작업할 수 있어야 한다. 조사는 사건책임자를 통해서 사건명령체계(incident command system, ICS)내에서 수행되어야 한다.

화재조사관은 자신이 현장에 도착했을 때 사건책임자를 만날 책임이 있다. 사건 책임자는 조사에 가치가 있을 수 있는 화재에 대한 모든 적절한 정보를 중계할 수 있다. 이러한 정보의 전달 동안에 화재조사관은 또한 소방관들이 어떤 위험요소들을 발견했는지 여부를 결정해야 한다. 사건 책임자는 그 현장에 존재한 건물 안정성, 화학물질들, 또는 어떠한 다른 위험요소들에 대한 정보를 전달할 수 있다. 안전계획은 개인보호장구(PPE), 비상행동계획, 위험물질 및 육체적 위험요소들 같은 주제들을 공식화해야 한다. 현장 복잡성에 따라 안전계획은 공식적인 조직체계를 포함할 수 있다. 안전 회의는 하루에 몇 시간을 예약해야 한다.

비상행동계획은 탈출경로, 의료와 화재 비상, 책임, 악천후 및 기타 현장별 특정한 잠재적 위험요소를 해결해야 한다. 밀폐된 공간이 포함된 경우 장소 프로그램이 개발되어야 하고 밀폐공간-훈련받은 사람이 구현되어야 한다.

조사팀의 추적을 유지하기 힘든 장소나 대형 건물의 대형 손실을 조사하는 동안-특히 소화작업이 여전히 진행 중인 - 책임 시스템을 포함한 사건명령체계(ICS, Incident Command System)를 활용해야 한다. 조사팀은 책임자에게 보고해야 하고, 조사관이 작업할 지역과 그 장소에서 작업할 동안 포함될 수 있는 특별한 업무들을 검증해야 한다. 조사팀이 그 위치를 마무리했을 때 조사관들은 그 부분의 조사완료를 책임자에게 알려야 하며 그들이 작업할 새로운 장소를 확인해야 한다. 이 정보는 화재 현장에서 작업하는 모든 인원을 모니터하는 책임자와 사건 지휘자에게 허용된다.

화재진압장비가 현장을 정리한 경우 조사의 책임이 사건지휘자로부터 화재조사관으로 명령의 대면전송이 있어야 한다. 명령의 전송은 현장에 남아있는 모든 인원의 안전에 영향을 줄 수 있는 모든 관심영역을 파악해야 한다. 그 시점에서 조사관은 현장의 모든 이들의 안전과 현장통제에 대한 책임을 진다. 현장에 왔던 모든 인원은 모든 알려진 위험요소들, 개인보호장구(PPE) 요구사항, 피난신호와 응급의료절차에 대해 요약설명되어야 한다. 책임 조사관은 또한 현장의 보안에 대해 책임을 진다. 증거를 훼손하거나 제거할 수 있고 현장을 "눈으로 구경"하는 주변인을 막고 증거의 파괴와 제거를 방지하는 것이 필수이다.

산업안전보건청

산업안전보건청(OSHA)는 민간 및 공공 종사자가 안전한 작업장을 가지고 이 작업장 안전을 유지하는 다섯 가지 특정 요소를 확인하였다.

1. 관리 의무 및 직원 참여
2. 위험요소와 위험성 평가
3. 위험요소 예방과 제어
4. 안전과 보건 훈련 및 교육
5. 장기적인 의무

위험요소 식별, 평가, 예방에 관한 추가적인 정보는 NFPA 1500(소방서 산업안전보건 프로그램의 표준)에서 찾을 수 있다.

다음의 OSHA표준들은 화재조사관에게 가장 직접적으로 영향을 준다. 미국 외의 다른 나라들은 비록 유사한 규제기관들은 가졌다고 해도 이러한 표준들의 일부 또는 전부를 사용할 수 없을지도 모른다. 학생들은 조사관의 지역기관, 주, 지자체, 국가의 안전규정뿐만 아니라 그들의 부서 또는 회사정책에 적용되는 규정들을 확인해야 한다.

■ 29 CFR 1910.12,

29 CFR 1910.12의 OSHA 규정들, HAZWOPER(HAZardous Waste OPerations and Emergency Response, 위험한 폐기물 작업 및 비상대응) 표준은 위험물질 사고에 대한 비상대응과 위험한 폐기물 장소에서의 작업을 다룬다. 그들의 성질에 의해 모든 화재 현장은 잠재적인 위험한 폐기물 장소이다. 40 CFR(환경의 보호, Part 311)에 언급된 것처럼 HAZWOPER 표준은 위험한 폐기물 작업에 참여하는 주 및 지방 직원들에게 적용되는 29 CFR 1910. 120의 조항을 언급한다. 이것은 모든 직원들을 보호하며 주(State) OSHA계획을 가지고 있지 않은 주(State)에서 작업하는 공무원까지도 보호한다. 모든 화재조사관은 HAZWOPER 표준을 명확히 할 수 있는 다음의 NFPA 서류들과 친숙해야 한다.

- NFPA 472, 대량파괴사건들의 위험물질들/무기들에 대한 대응자들의 역량에 대한 표준
- NFPA 473, 대량파괴사건들의 위험물질 사건들/무기들에 대한 응급의료서비스(EMS) 인력의 역량에 대한 표준

이들 문서에 언급된 바와 같이, 조사관은 대응자가 보고한 점유상태, 용기의 모양, 표식, 냄새에 의해 위험요소를 인식하고 물질의 상태를 이해할 것으로 예상한다.

■ 29 CFR 1910.146, 허가가 필요한 밀폐공간

허가가 필요한 밀폐공간(Permit-Required Confined Spaces) 기준은 밀폐공간진입의 안전측면을 다룬다. 이 기준이 제정되기 전에 모든 밀폐공간사건 사망자의 60%가 구조자가 되려고 하는 것에 의해 발생했다. 화재조사관은 밀폐공간을 식별할 수 있어야 하며 적소에 적절한 예방조치 없이 밀폐공간에 들어가는 일이 없어야 한다. OSHA에 의해 정의된 것처럼 허가가 필요한 제한공간(permit-required confined spaces)은 다음의 범주를 포함한다.

1. 직원이 신체적으로 들어갈 수 있고 할당된 일을 수행할 수 있는 장소
2. 제한되거나 한정된 출입경로
3. 지속적인 직원거주를 위해 설계되지 않음

밀폐공간으로 들어가는 것은 특별한 훈련과 대기의 지속적인 모니터링, 추락보호, 공간환기, 자급공기호흡기(SABA, Supplied air breathing apparatus)의 착용을 요구한다. 추가적인 훈련지원과 보충인원이 또한 있어야 한다.

■ 29 CFR 1910.147, 위험 에너지의 제어 (잠금/꼬리표 경고)

조사팀이 예상치 못한 통전, 기계의 시동 또는 저장된 에너지의 방출이 조사관들의 부상을 야기할 수 있는 장비나 전선 주변에서 일을 할 때마다 팀은 OSHA의 위험 에너지의 제어(잠금/꼬리표경고) 표준을 고려해야 한다. 이 표준은 장비를 무능하게 하는 lockout/tagout 장치를 이용한다. 장치에 자물쇠를 설치한 장소에서 작업하는 모든 조사관과 각 조사관은 자신의 자물쇠에 유일한 열쇠를 보유한다. 그런 다음 조사를 완료하면 위험한 지역을 떠나는 각 조사관은 전원의 복구 또는 에너지 방출 전에 장치의 잠금을 해제해야 한다. 이 방법은 모든 조사관이 위험한 장소를 떠나기 전까지 장비에 에너지를 복구할 수 없음을 설명한다. 이 표준은 조사관이 중장비나 통전된 장비 내에서나 주변에서 작업하거나 물질이 방출되어 조사관이 휩쓸려 갈 수 있는 원격으로 작동할 수 있는 밸브가 있는 장소에서 따라야 한다.

추가적인 안전 사항

많은 소방관들이 화재조사에 참여하게 되었을 때 잊어버리는 한 가지는 도움을 주는 공무원으로서의 그들의 이미지를 공식적으로 모든 이들이 가지고 있지 않다는 것이다. 그들은 때때로 사법 확립의 일부로 볼 수 있다. 경찰관들처럼, 그들은 범죄자가 그들의 안전만을 위협하는 것이 아니라는 것을 깨달아야 한다. 개인 및 공공부문 조사관들은 종종 홀로 일하고 화재에 필수적으로 참여하지 않은 다른 이에 의해 공격받거나 불이 날 가능성과 같은 추가적인 위험요소들을 인지해야 하지만 단순히 법 집행 또는 권위 있는 사람을 싫어한다. 조사관은 화재가 .건물 내에서 고의적으로 발생될 수 있음을 깨달아야 한다. 방화를 저지른 사람은 자신의 이익에 앞서 다른 이들의 안전을 고려하지 않는다. 조사관은 조사를 진행할 때 방탄조끼를 착용하거나 모든 알려진 거리생존전술들을 이용해야 한다.

화재조사 영역은 보람 있는 직업일 수 있지만 화재조사관들은 위험요소들이 있다는 것을 인지해야 한다. 화재원인조사는 생사의 문제가 아니며 이 화재조사가 진행되면서 어느 생명도 위험해서는 안 된다. 모든 위험성은 항상 이득을 재보아야 한다. 어느 누구도 위험에 처해 있지 않다면, 조사관은 화재조사를 수행하는 데 자신의 생명 또는 건강의 위험성을 정당화할 수 없다.

요 약

검토를 위한 준비

- 화재조사관들은 화재 현장의 물리적 위험요소뿐만 아니라 현장에 존재하는 화학물질들과 다른 독성물질까지 염려해야 한다.
- 조사관들은 화재 현장에 존재하는 위험요소들로부터 자신과 다른 이들을 보호하고 각 현장에 존재하는 위험요소들은 인지하고 현장보존 문제뿐만 아니라 안전에 대한 현장 통제하에 머무를 의무가 있다.
- 위험요소와 위험성 평가과정의 3단계는
  - 위험요소들을 식별하라.
  - 위험요소들의 위험성을 결정하라.
  - 위험요소들을 제어하라.
- 조사관이 화재가 소화되기 전에 건물에 들어갈 필요를 느낀다면 조사관은 구조물 소방장비와 자급식공기호흡기(SCBA)를 갖추어야 하며 적절한 사용교육을 받아야 한다.
- 조사관은 모든 화재 현장에 존재하는 독성물질들에 대한 노출 및 또는 부상을 야기할 수 있는 자만심에 대해 경계해야 한다.
- 구조물 안정성과 공공설비들(utilities)을 포함하여 화재 또는 폭발현장의 안전에 영향을 줄 수 있는 수많은 인자들이 있다.
- 장치가 개시제로 사용되었다면 조사관은 장소 내에 추가적인 장치들의 잠재성을 고려해야 한다.
- 증거와 장비를 포함한 현장에서 수거된 모든 아이템들은 안전한 방법에 의해 취급, 표시, 저장되어야 한다.
- 화재조사관은 현장에 도착하였을 때 사건 지휘자를 만나야 한다. 사건 지휘자는 조사에 가치가 있을 수 있는 화재와 관련된 모든 정보를 전달할 수 있다.
- 산업안전보건청(OSHA)는 민간 및 공공 근로자들이 안전한 작업장을 가지고 이러한 작업장 안전을 유지하는 데 확인된 5개 특정요소를 가질 것을 요구한다.
- 개인 및 공공부문 조사관들은 종종 홀로 일하며 화재에 필수적으로 참여하지 않은 다른 이에 의해 공격받거나 불이 날 가능성과 같은 추가적인 위험요소들을 인지해야 하지만 단순히 법 집행 또는 권위 있는 사람을 싫어한다.

주요 용어

붕괴지역 (Collapse zone)

건축물 붕괴에 의해 영향을 받을 수 있는 건축물 주변의 거리. 이 지역은 건축물 붕괴에 대한 잠재성이 있음을 나타내는 전문적인 현장테이프나 표식에 의해 식별되어야 한다.

위험에너지의 통제 (Lockout/Tagout) 표준

연방 OSHA규정은 예상치 못한 통전, 기계의 시동, 저장된 에너지의 방출이 장비 또는 전선 주변에서 작업하는 조사관들의 부상을 초래할 수 있음을 나타낸다. 이 표준은 전기 장비를 무능하게 하는 lockout/tagout 장치에 사용한다. 세부사항은 29 CFR 1910.147.에서 찾을 수 있다.

HAZWOPER (위험한 폐기물 작업과 비상대응, HAZardous Waste OPerations and Emergency Response) 표준

연방 OSHA규정은 위험물질 폐기물 장소와 대응훈련을 나타낸다. 세부사항은 29 CFR 1910. 120에서 찾을 수 있다.

충격하중 (Impact load)

건축물에 갑작스럽게 가해진 하중

사건명령체계 (ICS, Incident command system)

사건에 대해 정해진 목적을 달성하기 위해 할당된 자원들을 효과적으로 관리하는 표준조직구조 하에서 시설들, 장비, 인원, 절차 및 의사소통을 조합하는 것

허가가 필요한 제한공간 표준 (Permit-Required Confined Space standard)

연방 OSHA 규정은 작업자가 들어가 할당된 작업을 수행할 수 있는 모든 공간, 입구 또는 출구가 제한된 곳, 지속적으로 작업자의 거주하게 설계되지 않는 곳에 대해 나타낸다. 세부사항은 29 CFR 1910.146.에서 찾을 수 있다.

실전 화재조사관

이른 아침, 당신은 금속 도금 공장에서의 대형화재의 조사에 도움을 주기를 요청받았다. 공장에서 사용한 여러 화학물질 때문에 소방관들은 공장에 진입하지 못하고 있으며 화재를 진압하기 위해 지난 수시간 동안 분당 갤런의 물이 사용되었다. 당신이 공장관계자와 이야기할 때 물의 양으로 인한 그의 관심사는 대부분의 화학물질들이 부식성 또는 독성이기 때문에 "도망치는 것"이다. 그 후 그는 조사에 대해 당신에게 조언할 회사의 화학자를 만날 것을 언급한다.

1. 이 화재에서 나타날 수 있는 가능성이 최소인 위험요소의 유형은 어느 것인가?
   A. 전기
   B. 붕괴
   C. 화학물질
   D. 테러

2. 화재가 진압되기 전에 건축물에 조사관이 들어가야 한다면 조사관은 다음 중 어느 것을 해야 하는가?
   A. SCBA 착용
   B. 소방 보호복 착용
   C. A와 B 모두 착용
   D. 위의 어느 것도 착용하지 않음

3. HAZWOPER은 무엇을 의미하는가?
   A. 위험한 폐기물 작업 및 비상교정
   B. 위험한 폐기물 작업자 및 비상 대응자
   C. 위험한 무기와 비상 대응
   D. 위험한 폐기물 작업 및 비상대응

4. 테러사건의 현장에서 조사관이 가장 관심을 가져야 하는 것은 다음 중 어느 것인가?
   A. 고인 물
   B. 밀폐 공간
   C. 보조 장치들
   D. 산소가 결핍된 대기

5. 전기회로가 통전되고 있는지 불확실한 경우 당신은?
   A. 스파크 테스트를 진행해야 한다.
   B. AC 테스트기나 멀티테스트기를 사용해야 한다.
   C. 회로의 통전이 해제된 것으로 가정해야 한다.
   D. 해당사항 없음

정보원

학습 목표

이 장을 학습한 후 여러분은 다음 사항을 할 수 있다.

- 정보의 신뢰성에 대한 논의 NFPA 4.6.1 NFPA 4.6.2
- 정보의 출처를 찾을 때 법적인 고려사항 확인 NFPA 4.5.2 NFPA 4.6.1 NFPA 4.6.2
- 정보의 다른 형태를 확인하고 설명 NFPA 4.6 NFPA 4.6.1 NFPA 4.6.2
- 조사에서 인터뷰를 어떻게 준비하고 수행할지에 대한 설명 NFPA 4.5 NFPA 4.5.1 NFPA 4.5.2 NFPA 4.5.3 NFPA 4.6 NFPA 4.6.1 NFPA 4.6.2
- 정보의 정부출처 확인 NFPA 4.6 NFPA 4.6.1 NFPA 4.6.2
- 정보의 민간출처 확인 NFPA 4.6 NFPA 4.6.1 NFPA 4.6.2

기능습득 목표

이 장을 학습한 후 여러분은 다음 사항을 할 수 있다.

- 정보의 다양한 출처를 통해 인접한 화재 현장 너머의 화재조사로 확장 NFPA 4.6.1 NFPA 4.6.2
- 조사에 관련한 정보를 모으기 위한 인터뷰 진행 NFPA 4.5.2 NFPA 4.6.2

NFPA 참고 문헌

NFPA 921, *Guide for Fire and Explosion Investigation*

CHAPTER

12

FESHE 과정 결과물

화재조사 I

이 장에서는 화재조사 I (FESHE)의 과정에 대한 결과물은 없다.

화재조사 II

11. 인터뷰 기술들을 논하라.
13. 화재조사에 이용할 수 있는 출처와 기술을 나열하라.
14. 배경조사를 수행하기 위한 순서를 서술하라.

당신은 화재조사관

사무실에 도착한 후에 당신은 며칠 전에 조사한 주택화재에 대한 정보를 언급하는 익명의 전화를 누군가로부터 받는다. 이 사람은 직장에서 발생한 사건 때문에 주택의 소유자와 화가 났기 때문에 이 집에서 화재가 시작되었음을 이야기하는 친구를 엿듣게 되었음을 언급한다. 발신자는 또한 자신이 관여하길 원하지 않고 자신의 이름이나 주소를 제공하기를 거부한다고 언급한다.

1. 다른 어떤 정보가 발신자로부터 유용할 수 있는가?
2. 당신은 어떻게 발신자의 신뢰성을 결정할 수 있는가?
3. 왜 익명의 발신자는 정보는 제공하지만 참여를 원하지 않는가?
4. 법적 문제는 어떤 것이 존재하는가?

개요

철저한 화재조사는 화재 현장의 조사와 현장서류의 평가로 시작된다. 추가적인 정보의 출처는 화재조사관에 의해 연구되고 분석되어야 한다. 이러한 복합적인 노력들은 발화원, 원인과 적절한 장소, 특정화재에 대한 책임설정의 기회를 지닌 조사관에게 제공된다.

기술의 발전은 정확하고 효율적으로 조사를 수행할 수 있도록 화재조사관의 능력을 매우 향상시켰다. 인터넷은 조사관들이 자료를 조회하고 정보를 찾는 데 요구되는 시간의 양을 급격히 감소시켰다. 조사관들은 안전경고와 리콜, 번개, 기후정보에 관한 것과 시/군 재산평가인 웹사이트에서 자산보유자 자료와 관련한 인터넷의 수많은 전자 자료베이스를 찾을 수 있다. 향상된 무선 및 통신장비는 조직과 기관들 간의 거의 즉각적인 정보교환을 가능하게 했다.

화재조사팀, 특수기동대, 공격팀들은 다른 커뮤니티로부터 그들 스스로 자유롭게 정보를 교환하고 그들이 경험한 사건의 추세나 유형을 식별할 수 있는 조사관으로 인정되는 많은 기관으로 더욱 인기를 끌고 있다. 또한, 이러한 팀의 구성원들은 현장에 대한 기술지원과 자원뿐만 아니라 경험을 제공하여 종종 서로 조사에 도움이 된다.

조사관들은 조사 중에 얻어진 어떠한 정보라도 얻어진 자료와 사실들이 정확하고 그들의 조사에 관련성이 있는지 확인하기 위해 주의해야 한다. 마찬가지로 조사관들은 조사가 타협이 되지 않도록 하기 위해 소방관과 화재조사관을 포함한 다른 당사자에게 정보가 유포되는 것을 주의해야 한다.

정보의 신뢰성

중요한 정보는 인터뷰, 서면 기록, 전자 자료, 영상 및 과학문서를 통해 화재조사관이 이용할 수 있다. 조사관은 정보의 정확성과 출처를 평가하는 것이 중요하다. 조사관의 상식, 지식 및 경험이 이러한 평가에 도움이 될 것이다. 조사관은 또한 출처의 평판과 조사에 특별히 관심을 기울여야 한다.

법적 고려사항

화재조사관에게 정보의 가용성은 법적인 고려사항에 의해 좌우된다. 정보자유법(The Freedom of Information Act)은 연방정부가 보유한 정보에 대한 공적 접근을 제공한다. 대부분의 연방기관들은 요청이 거부될 때 정보의 공개에 대한 절차와 항소과정을 만들었다. 또한 대부분의 주(州)들이 정부운영과 자신들의 업무성과들과 관련한 정보의 공시를 허용하는 유사한 법들을 제정했다. 조사관들은 이러한 법률을 인식하고 법률, 규칙 및 절차가 주(州)에 따라 크게 달라질 수 있음을 인식해야 한다. 대부분의 주들이 기록들을 진술하는 데 유사한 접근을 하는 법들을 가지고 있다. 특별허가된 대화(Privileged communications)가 그러한 것으로 남편-아내, 성직자-참회자, 변호사-고객 및 의사-환자와 같은 보호된 관계 내의 특정인에 의해 만들어진 진술이다. 이러한 대화는 일반적으로 주(州) 법에 의해 정의되며 주(州)마다 달라진다. 특별허가된 대화와 유사하나, 기밀 대화(confidential communications)는 발언자가 말하고자 하는 사람의 귀에만 이야기하는 상황에서 이루어지는 진술이다.

정보의 형태

조사관에 의해 수집될 수 있는 정보는 많은 형태가 있다. 그들은 말, 서면, 시각적인 것과 전자정보를 포함한다.

구두 정보는 말한 단어로 제한한다. 구두 정보는 증인의 인터뷰, 전화 통화, 녹음, 라디오와 TV방송, 전송문을 통한 것을 포함해 다수의 방법들로 수집될 수 있다. 예를 들면, 인터뷰 대상자가 사건의 목격자가 아닐지라도 기록된 구두 답변은 유용하고 정확한 정보를 제공할 수 있다.

기록정보는 서면 보고서 또는 문서, 참고자료 및 신문들과 같은 출처를 통해 얻어진다. 조사관은 종종 조사과정 전반에 걸쳐 기록정보를 받게 될 것이다. 조사관은 문서화를 요구해야 하며 원본 문서들에 대한 보호관리의 사슬을 유지해야 한다.

시각 정보는 시각 감각을 이용하여 수집된 정보로 제한한다. 출처는 사진, 비디오, 영화와 컴퓨터 애니메이션을 포함한다. 여전히 사진과 비디오영상은 화재사건의 고유한 정보문서를 제공한다.

전자정보는 컴퓨터와 휴대전화의 사용을 통해서 수집된다. 특별한 출처에 의해 관리되는 시스템은 조사관에게 필수정보이다. 예를 들어, 화재조사관이 화재 현장에서 발견한 특정화학물질 용기에 대한 정보가 필요하다면 조사관은 물질에 대한 자세한 내용을 찾기 위해 컴퓨터를 사용할 수 있으며 추가적인 정보가 필요하다면 제조업체와 접촉할 수 있다.

조사관은 유용하게 증명할 수 있는 모든 잠재적인 정보의 출처를 고려해야 한다. 인접한 건물 또는 자동인출기(ATM)의 보안카메라, 종업원의 시간기록용지, 경비회사, 전당포 기록, 부동산 중개업자들, 기계적인 부분, EZ Pass(=하이패스 같은) 요금 기록 및 다른 서비스 제공자는 조사관을 위해 중요한 정보를 모두 제공할 수 있다. 자신의 조사를 위해 정보가 적절하고 유용한 것인지 결정하는 것은 조사관에게 달려 있다.

인터뷰

인터뷰 중에 얻은 정보는 화재조사 동안에 얻은 가장 가치있는 정보임을 입증해야 한다. 증인, 소방관, 잠재적인 용의자의 인터뷰조차도 종종 화재의 기원과 원인에 대한 중요한 정보를 제공할 수 있다(그림 12-1). 효과적인 인터뷰는 적절한 준비와 문서를 통해 달성된다. 조사관들은 증인들은 찾고 확인하고 적시에 인터뷰하기 위해 가능한 한 빨리 인터뷰를 시행하려고 시도해야 한다. 종종 이 필수적인 인터뷰들은 현장에서 또는 차량 내에서 시행되고 있다. 필요하다면 후속 인터뷰는 증인의 집이나 직장 또는 조사관의 사무실을 포함하여 다양한 장소에서 진행될 수 있다. 이러한 인터뷰의 장소는 진행되는 인터뷰의 유형에 근거하여 고려되어야 한다. 경찰 또는 소방인력에 의해 수행되는 인터뷰 여부는 관할 또는 조사의 성격에 따라 좌우된다. 화재장소, 원인 및 확대에 관한 인터뷰는 가능한 경우 화재의 기원과 원인결정훈련을 받은 사람이 수행하여야 한다.

그림 12-1 화재의 기원과 원인에 대한 정보를 위해 증인, 소방관 및 잠재적인 용의자를 인터뷰

조사관은 증인의 신뢰성을 항상 증인 진술의 평가의 일환으로서 고려해야 한다. 화재조사의 결과에 특정한 관심을 갖는 증인은 신뢰성에 문제가 있을 수 있다. 그들의 진술은 조사관에 의해 알려진 객관적인 정보와 주의깊게 비교하고 신중하게 평가해야 한다. 증인이 거짓말할 동

기를 지니거나 자신에게 유리한 방법으로 사실을 왜곡할 때 신뢰성 문제가 발생한다. 예를 들어 증인이 민사 또는 형사책임을 초래할 두려움으로 화재원인에 대한 본인의 참여를 숨길 수 있다.

■ 인터뷰의 목적

화재조사관들은 인터뷰 동안에 화재사건에 대한 중요한 정보를 얻을 수 있다. 증인 인터뷰는 가능한 발화원, 연료 패키지 및 발화장소 내의 배치 또는 잠재적인 용의자 또는 이해당사자들을 밝힐 수도 있다. 예를 들어 화재조사관은 화재를 야기할 수 있고 발생시킬 수 있는 어떠한 행동이나 사건들을 결정하기 위해 건물 내에(또는 발화장소 내에) 마지막으로 있던 사람을 인터뷰하고자 할 수 있다. 화재 시에 없었던 증인조차도 조사관을 도울 수 있는 귀중한 정보를 제공할 수도 있다. 인터뷰 동안에 조사관은 제공된 정보를 기록하는 것뿐만 아니라 정보의 질과 유용성을 결정해야 하는 것이 중요하다.

■ 인터뷰 준비

현장조사를 수행하는 것과 마찬가지로, 인터뷰는 일정량의 기술과 훈련을 요구한다. 조사관들은 사건 시점의 사실들의 철저한 이해를 가지고 인터뷰를 수행하기 위해 준비해야 한다. 이러한 사실들은 조사관이 조사에 관한 정보를 유도하기 위해 만든 질문들을 포함하여 인터뷰를 수행할 계획을 만들어내도록 한다. 현장조사에 앞서 사건 지휘자와 소방관들과의 인터뷰는 그들이 설명한 특별한 상황과 그들이 도착했을 때 화재의 크기와 정도에 대한 정보를 조사관에게 제공할 수 있다. 조사관은 질문들을 준비하는 것을 선택해야 할지도 모르는데, 특정한 증인의 역할을 할 것으로 믿어지는 경우는 구체적인 질문을 하되, 예상치 못한 정보를 제공할 수 있는 증인의 경우는 질문 시 유연성을 유지해야 한다.

증인이 확인되면 조사관은 증인이 정확히 기억하는 사실들을 가능한 한 빨리 인터뷰해야 하며 다른 증인들과의 대화로 모호해지지 않게 해야 한다. 이러한 인터뷰들은 종종 현장에서 진행한다. 그러나 지정된 인터뷰실과 같은 다른 장소들이 더 적절할 수도 있다. 필요하다면 더 실용적으로 일정시간 후에 후속인터뷰를 수행할 수도 있다. 인터뷰는 현장 자체처럼 동적이어서 조사관은 각 증인에 대해 유연하고 적합함을 유지할 필요가 있다. 조사관은 증인에게 누구인지 알리고 요청하면서 적절한 자격증명을 제공해야 한다. 마찬가지로, 조사관은 표 12-1에 나열한 정보뿐만 아니라 인터뷰하는 모든 사람들의 신원을 확증해야 한다.

화재조사관 팁

알려진 사실들로 모든 증인진술들을 확인하라. 종종 증인들은 당신을 잘못 이끌거나 또는 너무 많은 도움을 주고자 하는 결과로 잘못되거나 부정확한 정보를 제공할 수 있다.

표 12-1 증인 정보

■ 성명	■ 집 주소
■ 생년월일	■ 집 전화번호와 휴대전화번호
■ 사회보장번호	■ 근무 장소
■ 운전면허번호	■ 회사 주소
■ 신체적 설명	■ 긍정적인 인식을 만드는데 적절할 것으로 보이는 다른 정보

이 정보는 당신이 후속인터뷰를 하거나 법정에서 증언할 목적으로 증인을 찾아야 한다면 나중에 유용할 수 있다. 화재 후 몇 개월 또는 몇 년이 지나 체포되거나 재판이 열릴 수도 있다. 주요 증인들은 직업을 바꾸거나 이사하거나 그 시점에서 참여하기를 꺼릴 수도 있다.

질문들은 증인으로부터 정보를 유도하기 위해 의미 있게 고안되어야 한다. 개방형 질문들은 증인들이 거의 이야기처럼 답변할 수 있기 때문에 대부분의 증인에 대해 가장 유용하다. 폐쇄형 질문은 일반적으로 의미 없고 설명이 없는 한두 마디의 답변들로 진행될 수 있다. 예를 들면, 조사관은 증인이 본 것을 알길 원한다. 폐쇄형 질문은 "당신은 화재를 봤나요?"일 것이고, 반면에 개방형 질문은 "정확히 무엇을 봤는가?"일 것이다.

두 질문의 유형들은 적절할 경우 유용하다. 개방형 질문은 초기 인터뷰 동안에 정보를 얻고자 시도할 때와 새로운 정보가 요구되는 후속인터뷰에서 가장 유용하다. 폐쇄형 질문들은 "예" 또는 "아니요"로 충분한 매우 명확한 반응들에 유용하다. 인터뷰에서 제공되는 정보 외에 조사관은 또한 증인이 선택한 단어뿐만 아니라 눈 맞춤과 신체언어(바디 랭기지)같은 비언어적인 단서를 고려해야 한다(비록 이러한 단서들이 증인의 나이, 성별, 문화적 배경에 따라 달라질지라도).

■ 인터뷰의 문서화

모든 인터뷰는 조사관이 나중에 제공되는 정보를 검토할 수 있는 방식으로 문서화되어야 한다. 조사관은 조사하는 동안 수많은 증인들에게 또는 한 증인에게 한 가지 경우 이상에 대해 문의해야 할지도 모른다. 이러한 진술들을 검토하는 것은 조사관이 얻은 정보를 분석하고 진술들이 합치하는지 또는 상충하는지를 결정하도록 돕는다. 이 분석은 추가로 조사할 수 있는 새로운 사실이나 정보의 출처를 조사관에게 제공한다.

안전 팁

인터뷰를 위해 접근할 때 누군가를 주의하라. 그 사람은 당신의 의도를 오해할 수도 있고 유니폼을 입은 사람을 싫어할 수도 있다. 조사를 하는 동안 장소에 상관없이 항상 당신 개인의 안전을 가장 최우선 순위로 삼아라.

비록 인터뷰를 문서화하는 수많은 방법들이 있지만 필기노트와 테이프 또는 디지털 녹화물이 가장 일반적이다. 필기노트는 필기구와 종이 외에 다른 특별한 장비가 필요치 않다; 그러나 악필은 나중에 노트를 판독하려고 할 때 분석을 더욱 어렵게 할 수도 있다. 테이프 레코더는 인터뷰의 완벽한 기록을 허용한다; 그러나 주변 소음, 다른 사람의 말, 장비의 고장은 조사관이 자신의 인터뷰 기록을 잃게할 수도 있다.

또 다른 방법은 인터뷰의 비디오녹화진술을 수행하는 것이다. 녹음된 진술과는 달리 말한 사람을 확인할 수도 있다; 그러니 현장에서의 사용은 제한적이며 실용적이지 않다. 그 외에, 주(州) 및 지역 법들은 인터뷰하는 사람의 동의 없이 비디오녹화진술의 사용을 금지할 수도 있다.

정부 정보원

정부기록들은 조사관에게 접근할 수 있는 풍부한 정보를 제공한다. 거리지도, 건축허가, 청사진과 재산소유권기록들은 조사관이 화재 현장조사에 필요한 중요한 자료의 일부를 포함한다. 시, 군, 주 및 연방정부들 모두는 배경정보에 적절하게 접근하도록 기록들을 관리해야 한다.

■ 시 정부

타운십(township), 마을(village) 및 시(city)는 지역 시 정부의 모든 형태이다. 이러한 존재들은 자신들의 관할구역에 특정된 법률들과 규정들을 생성하고 시행하며 시민들에 의해 승인된 세금징수 및 재산세들을 통해 다양한 서비스를 제공한다.

표 12-2는 시 정부들 내의 직책, 부서 및 기관을 나타낸다. 모든 지자체가 나열된 각각의 부서들을 갖추지는 않는다.

표 12-2 시 정부

시 정부의 형태	설명 / 혜택
시 서기	시의 자격(licensing) 및 시정에 관련된 모든 기록들은 관리
시 심사원	소구획 계획들, 지도 및 과세 대상 부동산을 포함한 부동산 관련한 모든 공적인 기록을 관리
시 재무	재산소유자의 이름들과 주소들, 재산의 법적기재사항들, 재산의 납세금액 또는 미납세액에 관한 공적 기록들을 제공
시 거리 또는 공공업무 부서	도로 및 길의 권리를 포함한 시의 도관들, 배수구들, 하수구들, 거리명들, 모든 신구 거리명들의 기록들과 지도들을 관리
시 건축부서	건축, 전기, 배관허가와 건축청사진들 및 파일문서와 관련된 기록들을 보유
시 보건부서	출생 및 사망 기록들과 긴깅 위험요소들과 관련된 조사기록을 관리
시 교육위원회	학교시스템에 대한 기록들을 포함하고 취학연령 범죄자의 식별과 위치를 도움
시 경찰서	지역범죄수사들과 증거 보관 및 보존에 관한 기록들을 제공
시 소방서	화재와 응급의료사건들과 인명안전점검들에 관한 기록들을 관리
다른 시 기관들	다양한 공공업무들, 공원들과 놀이, 물 분배를 포함

■ 카운티 정부

다음 단계의 정부는 카운티(county), 자치구(borough) 또는 교구(parish)이다. 카운티는 그 범위 내에 다양한 타운십(township)들, 마을(village)들 및 시(city)들로 구성된 주(state) 내의 하부조직이다. 시 정부(Municipal Government)처럼 구성원들에 의해 승인됨으로써 다양한 법률들과 법령들이 카운티를 통해 생성되고 시행된다.

표 12-3은 카운티 정부들 내의 직책, 부서 및 기관을 나타낸다.

■ 주 정부

주 정부는 연방정부(잠시 뒤에 언급)와 독립적이면서 함께 기능하는 하위국가 조직이다. 미국 내에서 주 정부들은 미국 헌법을 지원할 뿐만 아니라 자신들의 헌법에 근거하여 운영된다. 그 외에, 주 정부들은 운전면허, 사냥 및 낚시면허, 결혼 라이센스 및 출생증명서와 같은 권리를 제공한다.

표 12-4는 주 정부들 내의 직책, 부서 및 기관을 나타낸다.

■ 연방 정부

헌법에 의해 세워진 연방정부는 가장 높은 단계의 정부이다. 연방정부의 3부 – 행정부, 입법부 및 사법부 – 는 다양한 부서들과 기관들로 나눠질 수 있는 정부의 우선기능들을 포함한다.

표 12-5는 연방 정부들 내의 직책, 부서 및 기관을 나타낸다.

표 12-3 카운티 정부

카운티 정부의 형태	설명 / 혜택
카운티 등기소	부동산 소유권을 결정하는 법적서류들의 기록과 출생, 사망, 결혼 기록들뿐만 아니라 파산 서류들의 파일을 관리하는 책임
카운티 서기	민사소송, 유언 및 카운티 사업과 관련된 기타 서류들에 대한 공적 기록들을 관리
카운티 심사원	재산소유권들, 주소들과 과세값을 포함한 재산 및 토지에 관한 기록들을 관리
카운티 재무	재산소유자, 세금 우편물 주소, 법적 기재사항들, 재산에 대한 미납 또는 납부세액에 대한 정보를 제공할 수 있으며 또한 모든 카운티 재정기록들을 관리
카운티 검시관/의학 검사관	피해자들의 신원, 사망의 방법 및 원인뿐만 아니라 피해자 또는 피해자의 주변에서 발견된 모든 아이템들에 대한 정보를 제공
카운티 보안관서	카운티 범죄수사에 대한 정보 및 기술지원과 거짓말탐지기 서비스, 증거수집과 증거저장 및 보존을 제공
다른 카운티 기관들	공원들과 놀이, 보존지역들, 국토보안(Homeland Security) 및 비상관리를 포함한 다양한 부서들

표 12-4 주 정부

주 정부의 형태	설명 / 혜택
주 국무장관	회사들의 설립강령 및 연례보고서들, 마을(village)들과 시(city)들의 설립강령들, 상호 및 상표 등기에 관한 기록들을 관리
주 재무	금융 비즈니스를 나타내는 것과 관련한 공공기록 관리
주 인구동태 통계부서	출생, 사망 및 결혼에 관한 기록들을 관리
주 국세청	과거 및 현재의 개인들 또는 회사들의 세금 기록을 찾는 데 도움을 줄뿐만 이니라 자녀 양육기록들을 통한 개인의 위치를 찾음
주 규제부	전문 자격들, 자격시험들의 결과들, 규제기업들과 같은 정보에 대한 출처
주 교통부	고속도로 건설 및 개선, 자동차사고조사들 및 차량 등록 및 운영자 테스트와 규정들에 관한 정보를 제공
주 천연자원부	수륙, 강들, 호수들, 숲 지역의 보존과 보호에 대해 책임이 있으며 또한 사냥과 낚시면허, 폐기물 처리규정 및 미국 환경청(EPA)과의 협력에 관한 기록들을 제공
주 보험감독관의 사무실	유자격 보험회사들, 보험 대리인(과거 및 현재)과 컴퓨터 불만사항들에 관한 지원을 제공
주 경찰	주 범죄수사와 관련된 정보를 제공. 일부 주 경찰은 화재조사를 수행할 수 있거나 지역 기관들에 도움을 제공. 그 외에 자신들의 법의학실험실을 운영
주 소방서장 사무실	주 내의 화재사건, 건물검사기록들, 불꽃과 불꽃제조술, 보일러 검사에 관한 정보를 제공. 대부분의 주 소방서장은 또한 원인조사를 수행하는 것에 도움을 줄 수 있는 화재조사관들을 보유
다른 주 기관들	차량관리국(Department of Motor Vehicles), 국토안보국(Department of Homeland Security), 주류 단속(Liquor Enforcement)를 포함

표 12-5 연방 정부

연방 정부의 형태	설명 / 혜택
농무부	식량 스탬프(연방 정부가 저소득층에게 발행하는 일종의 식권), 고기 검사, 유제품들에 대한 기록들을 관리하고 미국 입업 서비스를 감독
상무부	고속도로 프로젝트들과 지역 바다에서의 선박낚시의 이름과 주소들, 무역리스트들, 특허들에 관한(제한하지는 않음) 기록들을 관리
국방부	5개 군사 분과들과 관련한 공공기록을 제공한다. 또한 모든 분과들은 자신들의 소사팀을 운영
보건복지부	사회보장 및 식품의약국(FDA)에 관한 기록들을 관리하고 조사팀은 운영
주택도시개발부	공공주택 및 연방지원에 관한 기록들을 관리
내무부	물고기와 게임 활동 및 인디언 업무에 관한 기록을 관리. 국립공원서비스도 이 부서에서 운영
노동부	초과근무, 임금 및 연령차별에 대항하는 것을 포함한 노사에 관한 정보를 제공
국무부	국내와 해외에서 운영하는 외국인과 기업들의 거주비자에 의한 조사를 지원
교통부	차량운송 및 위험물질들에 관한 기록들을 제공

연방 정부의 형태	설명 / 혜택
법무부	독점 금지 및 시민권리침해에 관한 기록들을 지원. 이 부서는 인권 부서(Civil Rights Division), 범죄부서(Criminal Division), 마약단속청(Drug Enforcement Administration), 연방수사국(Federal Bureau of Investigation), 이민귀화국(Immigration and Naturalization Service)을 포함한다. 주류담배총기류단속국(ATF, Bureau of Alcohol, Tobacco, Firearms, and Explosives)는 총기의 자격보유자들, 제조자들 및 수입업자들의 정보뿐만 아니라 화재과학 및 조사의 기술정보를 제공
우편국	우편검사원들이 메일시스템을 통해 발송된 정보를 제공
에너지부	국가의 에너지 정책들과 프로그램들에 관한 정보를 제공
미국 소방청	국가화재사고 보고시스템(NFIRS, National Fire Incident Reporting System)과 방화정보관리시스템(AIMS, Arson Information Management System)를 감독하고 화재조사에 관한 연구, 기준 및 기술정보를 제공. 또한 수많은 소방서비스 기반 프로그램들, 훈련, 교육, 정보 데이타베이스를 제공
해양대기청	과거와 현재 날씨 자료의 기록들을 관리
국세청	모든 연방 세법의 규정준수에 관한 공공 기록들을 관리. 연방 소득세에 관한 사항에 지원
국토안보부	미국 세관(CBP, U. S. Customs and Border Protection)은 미 해안경비대(U. S. Coast Guard)에 의해 인가받지 않은 허가 선박뿐만 아니라 수입업자와 수출업자들, 세관 브로커들, 트럭운전자들을 단속
미국 대통령 경호대	미국 통화의 위조에 관한 공공 기록들을 관리하고 모든 전현직 대통령들과 그 가족들뿐만 아니라 주(州)의 외국원수들에 대한 위협에 관한 조사를 수행
연방비상재난관리청	연방차원에서 선언된 자연 및 인적 재난들에 대한 연방 계획, 대응, 지원을 제공
다른 연방 기관들	다양한 다른 연방 기관들은 조사를 위해 유용한 공공 정보를 조사관에게 제공

민간 정보원

조사과정에 유용할 수 있는 서비스들을 제공하는 수많은 그룹들, 전문 서비스들, 조직들이 있다. 테스트 자료, 보험 기록들, 다양한 표준들이 정부기관들이 제공할 수 없는 가치 있는 자원들로 조사관에게 제공되도록 존재할 수 있다. 표 12-6은 화재조사관이 이용할 수 있는 민간 자원들의 설명을 제공한다.

화재조사관이 자신의 조사를 지원하기 위해 접촉할 수 있는 무한한 양의 잠재적인 정보출처들이 있다.

조사관이 모든 잠재적인 정보 자원들을 지속적으로 찾음으로서 조사관은 정상적으로 찾아지지 않을 수 있는 개인들이나 존재들을 식별할 수도 있다. 조사관은 자신의 조사 파일을 편집하고 자주 평가해야 한다. 이것은 조사관이 추가조사를 위해 장소들을 확인하는 것과 현재까지 수집된 정보와 문서들 사이의 관계를 평가하는 것과 보강증거를 확인하는 것을 허용할 것이다(뿐만 아니라 자신이 이미 가지고 있는 정보 내에 존재할 수도 있는 어떠한 모순까지지도).

표 12-6 민간 정보의 자원들

민간 정보의 자원들	설명 / 혜택
미국방화협회	조사를 지원할 수 있는 다양한 표준들과 가이드들을 개발, 생성 및 개정
미국 소방기술사회	조사관에게 유용하게 증명될 수 있는 다양한 서류들을 출간하는 것을 포함하여 소방공학의 향상을 위한 작업
ASTM 국제기준	화재시험에 대한 절차뿐만 아니라 설계단계 동안에 설계자에 의해 사용될 수 있는 자발적인 합의표준들을 개발
미국화재조사관협회	화재조사 주제들에 대한 훈련을 제공하고 국가인증위원회(National Certification Board)에 권한을 부여
국제방화조사관협회	화재조사관들을 위한 온라인 CFITrainer.net을 포함한 조사관들의 훈련프로그램들을 제공함. 화재조사관들을 위한 전문자격증명을 제공하고 방화 및 다른 관련 범죄들을 제어하기 위해 노력
미국 표준협회	국가합의표준들을 개발하는 체계들의 순서들을 공인함으로써 표준들의 개발을 용이하게 함
지역화재조사기관	주(state) 또는 도시(town)에 존재할 수 있으며 상담할 수 있는 연락처를 제공
부동산 업체	사기와 방화의 발각에 도움이 될 수 있는 건물과 건물의 소유자들에 관한 가치 있는 기록들은 관리
추상권 및 소유권 회사	이전 및 현 재산보유자들뿐만 아니라 조건부 날인증서 계정 지도들과 토지대장들에 관한 기록들을 관리
금융기관들	개인들과 기업들의 재무기록들 모두뿐만 아니라 대출회사들, 브로커들, 주식명의개서 대리인들의 형성까지의 다양한 기록들을 관리
보험산업	사기와 방화의 발각에 도움이 될 수 있는 건물과 건물의 소유자들에 관한 가치 있는 기록들은 관리
교육기관들	사람의 배경과 개인의 이해관계에 관한 정보를 제공
공공설비 회사	고객들의 자료베이스들뿐만 아니라 자신들의 분배기의 상황에 기술된 문제들까지 관리
무역단체들	자신들의 분야에 특화된 정보센터로 활동하고 일반적으로 무역잡지들을 만들고 발행
지역 텔레비전 방송국	종종 사건과 관련된 비디오테이프 복사본을 조사관에 제공
번개탐지네트워크	번개와 날씨자료는 화재 현장의 원인분석의 중요한 역할을 함
기타 민간 자원들	연구자가 조사의 특정한 필요에 따라 도움이 될 수 있는 수많은 다른 민간자원들이 존재

요 약

검토를 위한 준비

- 철저한 화재조사는 화재 현장의 조사, 현장서류의 평가, 정보의 추가적인 자원들의 연구와 분석을 포함한다.
- 조사관은 얻어진 정보의 정확성과 출처의 신뢰성을 평가하기 위해 상식, 지식, 경험을 사용해야 한다.
- 화재조사관에게 정보의 가용성은 법적인 고려사항들에 의해 좌우된다.
- 언어적 정보, 기술된 정보, 시각적 정보, 전자 정보를 포함하여 조사관에 의해 수집될 수 있는 정보는 많은 유형들이 있다.
- 인터뷰들 중에 얻어진 정보는 화재조사 중에 얻어진 가장 가치있는 정보로 입증될 수도 있다.
- 인터뷰 동안에 조사관은 제공된 정보의 기록뿐만 아니라 정보의 질과 유용성을 결정해야 한다.
- 조사관은 인터뷰를 수행할 준비를 하고 있어야 하며 사건 시점에서의 사실들의 철저한 이해가 있어야 한다. 이 사실들은 조사에 관련한 정보를 유도하기 위해 만들어진 질문들을 포함한 인터뷰를 수행하기 위한 계획을 조사관이 짤 수 있게 한다.
- 모든 인터뷰는 문서화하는 방식이어야 하며 나중에 조사관이 검토할 수 있도록 제공되어야 한다.
- 정부기록들은 조사관이 접속할 수 있는 풍부한 정보를 제공한다.
- 시(municipal) 정부들은 그들의 관할구역들에 특정된 법률들과 규정들을 만들고 시행하며 자신들의 시민들에 의해 승인된 징수세금 또는 소득세를 통해 적립된 다양한 서비스들을 제공한다.
- 카운티(county)는 주(state) 내의 하위부서로 그 구역 내에 다양한 타운십(township)들, 마을(vilage)들, 시(city)들로 구성된다. 구성원들에 의해 승인됨으로서 법률들과 법령들이 카운티를 통해 만들어지고 시행된다.
- 주(state) 정부는 국가하부 조직으로 독립적이면서 연방정부 내에 기능한다.
- 연방정부의 3개 부서들-행정부, 입법부, 사법부-는 다양한 부서들과 기관들로 세분화되어 정부의 우선적인 기능들을 구성한다.
- 조사하는 동안 유용할 수 있는 서비스를 제공하는 수많은 그룹들, 서비스들, 조직들이 있다.

주요 용어

기밀 대화 (Confidential communication)

발언자가 듣는 사람의 귀에만 들리도록 보이는 환경에서 만들어지는 진술들

신빙성 (Credibility)

믿을 수 있거나 신뢰할 수 있는 정도

조사 파일 (Investigative file)

현장으로부터의 구두, 기술, 시각적 정보를 포함하여 화재의 경우에 서류화된 모든 정보를 체계적으로 수집한 것; 조사관들과 다른 전문가들의 보고서들; 그리고 수행된 다른 모든 조사들 또는 연구

특별허가된 대화 (Privileged communication)

남편-아내, 성직자-참회자, 변호사-고객 및 의사-환자와 같은 보호된 관계 내의 특정인에 의해 만들어진 진술이다. 이 대화들은 증인, 배우자, 고객 또는 참회자의 선택에 의해 증인석에 상제적으로 등장하는 것으로부터 법으로 보호를 받는다.

실전 화재조사관

주택화재가 사실상 방화로 결정된 이후, 당신은 최근 6개월 내에 가족으로부터 주택을 구입했다고 주장하는 재산권의 현 소유자의 이웃을 인터뷰한다. 이 이웃 여자는 그들이 인접한 카운티에 새 집을 구입했지만 현 주택을 팔 수 없었다고 전 주인이 말했다고 주장한다. 몇 가지 질문들을 물은 이후 당신은 현재의 소유자들에 대해 색다르게 나타난 것이 있었는지를 묻는다. 이웃의 대답은 현재의 소유자들이 이사 왔다고 알려주는 어떠한 차량의 움직임이나 활동을 본 적이 없다고 했다. 그녀는 현재 소유자들은 집에서 거의 볼 수 없었고 지난 주 건물에서 전 주인들을 보았다고 진술한다.

이웃을 인터뷰한 이후, 당신은 기록 찾기를 수행하고 이 가족에 의해 소유된 이웃 카운티들의 여러 재산들을 찾아낸다; 작년도에 평가액 이하로 구매된 여러 개. 또한 연구는 지난 3개월간 이 재산들의 적어도 2개가 화재를 당한 것으로 결론짓는다.

1. 당신은 어디에서 재산소유자 기록들에 관한 정보를 찾을 수 있는가?
   A. 카운티 등기소(County recorder)
   B. 카운티 서기(County Clerk)
   C. 카운티 엔지니어(County Engineer)
   D. 카운티 심사원(County Assessor)

2. 일반적으로 인터뷰하는 사람으로부터 더 많은 정보를 유도해 내는 질문의 유형은 어느 것인가?
   A. 폐쇄형(Closed-ended)
   B. 개방형(Open-ended)
   C. 화려하고 과장적인(Rhetorical)
   D. 위의 모두

3. 일반적으로 증인으로부터 필요하지 않은 정보는 어떤 부분인가?
   A. 이름(Name)
   B. 전화번호(Telephone number)
   C. 생년월일(Date of birth)
   D. 태어난 곳(Place of birth)

4. 당신이 당신의 조사에서 확인한 다른 화재들에 대한 정보를 어디에서 찾을 수 있는가?

A. 지역 소방서(Local fire departments)

B. 주 소방서장 사무실(State Fire Marshal Office)

C. 연방비상재난관리청(Federal Emergency Management Agency)

D. A와 B 모두

조사계획

학습 목표

이 장을 학습한 후 여러분은 다음 사항을 할 수 있다.

- 화재조사에 사용되기 위해 사건에 대해 수집해야 할 기본 정보 확인
- 조사기능을 어떻게 구성할지 설명 NFPA 4.1.6
- 사전조사팀 회의의 역할에 대한 논의
- 전문인력과 기술 컨설턴트의 역할에 대한 논의 NFPA 4.1.4 NFPA 4.6.3
- 화재조사에서 사례관리의 역할에 대한 논의 NFPA 4.1.6

기능습득 목표

이 장을 학습한 후 여러분은 다음 사항을 할 수 있다.

- "팀 접근방식"이 필요한 경우 화재조사를 수행하는 데 준비되어야 하는 자원들을 포함한 사전계획 수립 NFPA 4.1.6 NFPA 4.6.3

NFPA 참고 문헌

NFPA 921, *Guide for Fire and Explosion Investigations*

CHAPTER

13

FESHE 과정 결과물

화재조사 I

이 장에서는 화재조사 I (FESHE)의 과정에 대한 결과물은 없다.

화재조사 II

이 장에서는 화재조사 II (FESHE)의 과정에 대한 결과물은 없다.

당신은 화재조사관

화재조사 대책본부의 일원으로 당신은 여러 개의 주거건물들이 포함된 대형화재를 돕도록 책임 맡은 여러 조사관들과 만나고 이웃관할을 책임 맡았다. 화재 진압 요원들은 화재진화를 지속하는 동안에 당신과 다른 조사관들은 조사의 범위를 논의하기 시작한다. 팀이 사건을 논의할 때 조사관들 중 한 명이 체계적이고 효율적인 방법으로 모든 업무와 행동이 마무리될 수 있도록 설정된 행동계획과 역할들을 제안한다.

1. 사전조사 회의를 수행하는 동안 무슨 정보가 유용할 것인가?
2. 어떤 조사행동들이 이 조사를 위해 담당될 필요가 있는가?
3. 조사팀이 전기시스템들, 가스설비시스템들 및 주거용 기계시스템들의 조사를 돕는 전문 인력을 어디에서 찾을 수 있는가?
4. 어떤 유형의 장비 또는 용품이 조사를 마무리하는데 필요할 것인가?

개요

어떠한 화재조사에 대해서 계획하기(planning)는 중요한 첫 번째 단계이다. 고려사항들은 화재 현장의 규모와 복잡성, 현장에서의 안전수준, 생명 손실에 대한 잠재성, 조사관들의 수, 손실, 중장비, 인력 및 예산의 유형에 대한 기술적 또는 전문가 지원을 포함하여야 한다.

그림 13-1 조사관의 직무 중의 일부는 업무들을 위임하는 것이다.

가능한 한 언제든지 팀 개념을 활용하는 것이 중요하다. 조사관은 조사의 모든 기능들을 수행하도록 요구될 수 있음을 인지하여야 하며, 뿐만 아니라 조사의 유형에 대해 사전 계획해야 한다. 화재 현장 조사는 현장조사, 복원, 사진, 스케치, 증거수집, 증인 인터뷰 및 다양한 기술들이 요구되는 다른 다양한 업무들을 포함한다. 팀 개념의 사용을 통해 담당 조사관은 업무들을 수행함에 최고의 자격을 갖춘 이들에게 이 기능들을 위임할 수 있고 따라서 철저하고 전문적인 조사를 보장하게 된다(그림 13-1). 조사관은 담당에 따라 이 기능들은 다수 또는 전부 수행하도록 요구될 수 있다.

팀 개념은 또한 부상의 경우에 동등한 안전과 보안을 제공한다. 조사가 조사관 혼자 행동하는 것을 요구한다면 안전문제는 여전히 중요하고 해결되어야만 한다. 이것은 안전을 확인하기 위한 전화보고 시간 또는 안전 확인을 갖는 것으로 포함할 수도 있.(이 책의 "안전"장 참조).

조사에 앞서, 조사관은 필요할지도 모르는 자원들을 확인하고 개발해야 한다. 예를 들면, 조사관은 조명, 카메라들, 도구들, 증거물 용기들 및 보호장비를 포함하여 조사를 수행하기 위해 필요한 장비를 갖추었는지를 확인해야 한다. 중장비 또는 잔해제거 같은 외부장비 또는 인력자원들에 대한 필요성 또한 확인되어야 한다. 책임 조사관은 이 기능들에 대해 사전 계획해야 하며 이들을 수행하는 자원들과 자금을 확인해야 한다. 정부기관들로부터의 전문가들, 전문 단체들, 거래 단체들, 컨설팅 회사들 또는 대학들이 조사에 도움이 될 수 있는지 확인할 필요가 있다.

다양한 분야들에 대한 전문가의 의견에 대한 사전계획은 특별한 유형의 사건에 대응할 필요가 있을 때 자원들을 제공할 것이다. 이는 다양한 배경들의 엔지니어들 또는 과학자들을 포함할 수도 있다; 예를 들면, 전기배선 시스템들, 전기 장비, 난방기기, 법과학적 잔해분석, 법과학적 신체분석, 화재 진압 및 탐지장비, 화재역학 및 화재확산.

조사관 사전계획의 중요한 부분은 현장 보안, 출입, 처리과정 및 통제활동들(에 국한되는 것은 아니지만)을 포함한 현장의 관리운용이다. 조사관은 사건지휘시스템 내의 조직과 조사팀의 작업을 이해해야 하며 팀을 조정하고 자원들과 팀을 운영하기 위해 연락책으로 활동해야 한다. 팀 개념은 필요할 때 개개의 팀 구성원들이 전기, 난방, 에어컨 및 기타 공학 분야들에서 보유한 특별한 재능들 또는 훈련을 활용해야 한다. 팀 리더의 지시에 따라 작업하는 다른 조사관들은 리더 조사관과 팀에 보고하고 조사를 완료하기 위한 기능들을 수행한다. 중장비 또는 잔해제거와 같은 외부장비와 인력자원들에 대한 필요성 또한 확인해야 한다. 리터 조사관은 이 기능에 대해 사선 계획해야 하며 그러한 기능들을 수행하기 위해 (자금을 포함한) 자원들을 확인해야 한다.

조사관들은 다음 섹션에 설명된 각각의 개념들과 기능들을 수행해야 한다.

화재조사관 팁

화재 현장조사는 자료 모으기, 사진, 스케치, 증거 수집, 증인 인터뷰, 현장 보안과 보존 및 다양한 기술들을 요구하는 다양한 업무들을 포함한다. 조사관이 적절하게 계획하는 것이 필수적이다.

기본 사건정보

모든 화재들이 독특할지라도 특정한 정보는 조사에 대해 초기 업무 동안에 모든 화재 현장들에서 모여져야 한다. 조사관은 이 시점에 모은 정보의 정확성이 뒤따를 수 있는 수많은 순서들과 필요들을 결정하는 가장 중요한 것임을 기억해야 하며 정보의 완벽한 숙지가 없을 때 사건을 다루기 위한 다음 계획이 결과들을 위태롭게 할 수도 있다.

초기 업무와 대응동안에 얻어진 기본 사건정보는 다음을 포함해야 한다.

- 사건의 장소
- 사건의 일시와 시간
- 보고자와 발견자
- 사건 시점에서의 기상조건들
- 사건의 규모와 복잡성
- 사건에 관련된 건물의 형태와 용도
- 손상의 특성 및 정도
- 현장 보안
- 조사의 목적

이 정보는 초기 대응을 위해 필요할 수 있는 자원들이 무엇인지 결정하는 도구들을 제공한다. 조사의 기본조건들은 사건에 대응하기 위해 인력 또는 자원들을 적절히 확인해야 한다. 예를 들면, 건축물의 안정성이 위태롭다면 구조적인 평가 또는 버팀목이 현장조사를 진행하기 전에 구조적인 평가 또는 버팀목의 설치를 요구할 수 있다. 또는 심각한 구조적인 위태로움 때문에 구조기술자 또는 공공건물 관리가 내부증거수집의 가능성을 빼앗아버리는 건물에 (빨간 표식을) 선고할 수도 있다. 그것이 여러 이해관계자들에 대한 잠재력의 큰 손실이거나 거기에 사망자들이 있다면 그 대응으로 중장비, 인력들, 환경적인 모니터링을 요구할 수도 있다. 완전한 자료가 업무를 완수하는 데 필요한 자원을 제공하는 수단이다.

날씨 또한 필요한 장비의 유형과 자원들에 중요한 역할을 한다. 동결될 것으로 예상되는 조건의 장소는 잔해제거과정 동안에 자료의 파괴 없이 조사를 수행하기 적합한 칸막이 구획이 마련될 때까지 열을 공급하고 건물을 밀봉할 필요가 있다. 반대로 더운 날씨조건은 잦은 휴식과 휴식처를 구비한 이른 아침조사를 요구할 수 있다.

보안은 조사 이전과 조사 동안에 거의 항상 논쟁이 될 것이다. 잠재적인 안전 논쟁들은 결코 간과할 수 없다. 화재 현장들은 종종 독특한 위험요소를 제공하므로 미리 계획해야 한다. 더욱 보편적인 안전논쟁들의 일부는 머리 위 위험요소들, 발 위험요소들, 미끄러짐과 추락, 구조적인 근본문제들 및 전기적인 문제들을 포함한다. 그러나 화재조사는 종종 화재 전에 존재했을 수 있고 화재 중에 발생했을 수 있는 위험한 화학물질들과 같은 다른 위험요소들의 분야가 있다. 이러한 위험요소들은 특별한 개인보호장구(PPE)의 사용을 요구할 수도 있다. 홀로 작업하는 조사관들은 또한 이러한 문제들을 이해하고 그것들에 대처해야 한다. 사전 계획의 일환으로서 홀로 작업하는 조사관은 안전 확인을 위해 다른 사람과 또는 한 사람이 다른 사람을 호출하거나 현장에 다른 이가 서서 시간을 정할 수 있다(이 책의 "안전"장 참조).

조사의 목적은 조사관의 부서 내 지위, 조직 또는 담당에 따라 변할 수 있다. 담당업무를 이해하는 것은 적합한 대응과 자원들에 대한 조사관의 계획을 돕는다. 담당업무는 발화원, 화재확산문제들 또는 특별한 장비 또는 안전장비들의 기능을 정의하는 것을 조사관에게 요구할 수도 있다. 공공부문 조사는 종종 범죄가 저질러졌는지를 결정하는 책임이 있다. 담당업무의 각 유형은 다른 자원들을 요구하는 독특한 문제들을 가져올 수도 있다. 예를 들면, 담당업무가 발화원인뿐만 아니라 원인에 대한 책임에 대한 이해까지 요구한다면 화재이후의 화재조사 자원들은 담당업무의 완수에 논쟁이 될 수도 있다.

조사기능들을 구성하기

조사를 계획하는 것에 책임이 있는 사람은 대응하는 데 요구될 수 있는 조사들의 기능들과 목적들을 확인해야 한다. 조사관은 사전에 조사에 대한 사전계획을 할 수 있고 자신들의 기술들과 조사관의 필요에 따라 잠재적인 자원들과 팀 구성원들을 확인한다(그림 13-2). 종종 조사 팀 구성원들은 현장조사를 수행하기 위해 요구되는 것뿐만 아니라 문서들과 인터뷰들을 수집하기 위해 현장으로부터 떨어진 조사까지 수행하기도 한다.

그림 13-2 조사에 앞서 팀 구성원들이 모인다.

계획하기 과정의 단계에서 팀 개념을 명심하는 것이 중요하다. 각 조사를 일반적으로 수행하는 6개 기본 기능들이 있다.

1. 리더십과 조율
2. 안전평가
3. 사진, 노트 작성, 지도 작성, 도표 작성

4. 증인 인터뷰하기
5. 현장 탐색하기
6. 증거수집 및 보존

또한 조사를 완수하기 위해 전문화된 역할들로 채워질 필요가 있을 수 있음을 명심하라. 예를 들면, 조사관은 화재 감지 및 제어, 전기, 난방 또는 에어컨 시스템들을 평가하기 위한 검증된 인력이나 화재확산 또는 발화역학을 평가하는 숙련된 인력들이 필요할 수도 있다. 화재조사관은 이용할 수 있는 재능들 또는 훈련을 활용해야 하며 자신의 팀 내에 활용가능한 인력의 모든 기능들을 충족해야 한다. 그러나 이것이 항상 가능하지 않을 수도 있고 외부 자원들이 요구될 수도 있다.

조사관이 조사를 수행하도록 배정되면 담당업무는 통상적으로 현장에서의 조사업무들뿐만 아니라 현장조사가 마무리된 후의 지속적인 조사까지도 포함한다. 그러므로 또한 사전 계획하기는 요구될 수 있는 모든 현장 이후의 후속조사에 대한 자원들을 포함해야 한다. 그러한 자원들은 종종 화재원인, 화재확산 또는 다른 논쟁들에 대한 책임을 결정하는 것이 필요하기도 하다.

자원들을 선택하는 이와 같은 유형의 선택력은 수집하는 자료의 여러가지 단계들을 통해서 조사를 지속함으로서 요구될 수 있다.

조사관은 담당업무의 완수를 위한 화재 이후 조사를 마무리하는 데 이용할 수 있는 자료, 문서 및 자원들에 대해 친숙해야 한다. 현장조사가 범죄행위가 있음을 결정한다면 조사관은 재정기록들, 재정이력, 건축기록들 및 사업명세서들과 같은 현장과는 별개인 자료를 어떻게 얻을지를 이해해야 한다. 유사하게 조사관의 책임이 확산문제를 결정하는 것이라면 조사관은 건물 시스템들, 화재확산 전문가들, 물건들의 화염확산 특성 및 코드들에 관한 정보를 얻을 필요가 있다.

그러므로 조사관에게 중요한 것은 배정된 조사들에 대한 자신의 책임을 깨닫는 것이고 그 조사를 마무리하기 위해 필요할 수 있는 자원들을 식별하는 것이다.

사전조사 팀 회의

팀 개념 하에서 사전조사 팀 회의는 팀 리더나 리더 조사관이 팀의 목표들과 목적들을 설명하고 팀 구성원들을 소개하는데 이상적인 공개토론장(forum)이다. 팀 리더는 관할 경계들, 조사를 수행할 법적 권한, 특정 책임들의 할당, 기본 정보의 수집과 같은 문제들을 전해야 한다(그림 13-3).

팀 리더는 또한 조사팀의 모든 각 구성원이 현장의 조건들과 모든 안전 고려사항들을 인지

화재조사관 팁

팀은 조사의 필요에 따라 구성된다.

하는지를 확인해야 한다. 팀 리더는 안전복과 현재 이용할 수 있는 필요 장비와 필요할지 모르는 다른 지원 장비에 대해 논의해야 한다.

팀 리더는 사전조사 팀 회의에서 만든 계획들을 나중에 복습하고 필요하다면 사건의 목적과 목표들을 달성하기 위해 팀 구성원들에게 상기시켜야 한다. 일단 조사가 시작되면 그 날 동안 수집된 관련정보에 관하여 모든 팀 구성원들에게 브리핑 할 것이다. 팀 구성원들은 업데이트 된 개요를 얻을 것이며 인터뷰 당사자들에 의해 얻어진 추가적인 정보와 전문 인력의 도움 등으로 얻어진 기회들을 갖게 될 것이다.

© Jones & Bartlett Learning. Photographed by Glen E. Ellman

그림 13-3 사전조사 팀 회의는 팀 구성원들간의 직접적인 대화를 고려한다.

■ 개인안전장비

화재조사관들의 사용을 위해 추천되는 수많은 종류의 보호장비들이 있다. 다음의 것들을 포함한다.

- 눈 보호
- 손전등
- 장갑
- 헬멧 또는 단단한 모자
- 호흡기 보호(유형은 노출에 좌우된다.)
- 안전 부츠 또는 안전화
- 방화복 또는 작업복

■ 도구 및 장비

화재조사를 위해 추천하고 있는 많은 도구 또는 장비가 있다(표 13-1).

표 13-1 추천 도구들 및 장비

흡수 물질	에어 블러스터(카메라 상점에서 찾을 수 있음)
도끼	배터리
빗자루	소성 측정기
카메라와 필름	숯 게이지/디지털 칼리퍼
노루발장도리	방향 나침반
증거 수집 용기	접착되는 증거물 라벨들
손수건	손도끼
탄화수소 검출기	사다리
조명	자석
마킹 펜	금속 탐지기/전극
페인트 브러쉬	종이 타월/걸레
주머니칼	플라이어/전선 커터
지렛대	갈퀴
밧줄	자/직선 자
톱	스크류드라이버(다양한 종류)
삽	체/선별 스크린
비누와 손 세정제 또는 물티슈	스티로폼 컵
줄자	테이프 기록기
집게	족집게
꼰 실	전압 감지기
전압계/저항계	물
쓰기/그리기 장비	

전문 인력 및 기술 컨설턴트

계획하기는 조사하는 동안 일정시간에서 가능성에 대해 항상 허용해야 하며 그것은 추가적인 인력 또는 컨설턴트들–사건 또는 조사의 특정 측면을 분석하는 데 도움이 되는 전문화된 인력–을 데려오는 것이 필요할 수 있다.

나중의 문제들을 피하기 위해 화재 현장조사관들은 그들의 전문성의 한계를 인식하고 그러한 한계를 충족하기 위한 자원들에 대해 사전계획하여야 한다. 문제는 조사관의 전문성을 뛰어넘을 때 발생하기 쉽다. 예를 들어 대부분의 조사관들은 기계장치의 전기시스템의 고장모드를 평가하는 훈련이나 지식을 가지고 있지 않다. 배정된 조사의 요구사항들과 유형을 확인하는 것은 조사관에게 자신의 한계들을 확인하는 것을 요구하는 것이다.

다른 조사관들과의 네트워킹이나 교류는 이러한 필요성들과 한계성들을 충족하기 위한 자원들을 식별하기 위한 특별한 혜택이다. 이러한 조사 네트워크들은 조사관이 이전에 활용된 적이 없는 추가적인 자원들이나 전문가들에 대한 필요를 찾은 결과로 사전계획하기 동안에 주목해야 한다.

이 장의 앞부분에서 언급한 것처럼 사건의 진행과정에서 이러한 자원들을 식별하는 것은 유리하다. 조사관은 어떠한 외부전문가와 이해의 충돌없이 확인해야 한다. 서로 다른 유형의 전문가들 또는 기술컨설턴트들이 있다. 컨설턴트의 자격이나 학위가 컨설턴트가 당신이 요구하는 정확한 유형의 자원인지를 보증하지 않는다. 전문가들 내에 특화된 영역이 있다. 예를 들면 전기엔지니어 또는 기계 엔지니어는 그(그녀)가 건물배선시스템문제 또는 상업용 오븐화재를 평가할 때에는 불필요할 수 있다. 전문가는 전기마이크로 회로기판에 경험을 가지고 있지만 건물배선에는 경험이 없을 수 있고 주거용 난방로에는 전문지식을 갖지만 상업용 오븐에는 아닐 수 있다. 이런 유형의 필요성의 예는 자료가 보고서들, 문서들 또는 재정적인 자료를 포함하여 분석되었을 때의 현장이후 조사일 수 있다. 이 단계의 조사는 화재의 책임 또는 동기에 대한 결론들 또는 이론들을 분석하고 확인하거나 확정하기 위한 역량을 가진 전문가와 자원들을 요구할 수 있다. 예를 들면, 건물이력의 평가, 건축기록들, 코드들 및 물질들의 화염확산특성들은 화재확산의 이론들을 지원하는 자료와 건물용도에 대한 책임을 지우거나 화재확산과 손상이 발생하게 한 물질에 대한 자료를 제공할 수 있다. 화재가 방화로 결정되면 재정이력의 법과학적 평가, 재고기록들, 또는 기타 자료가 방화에 대한 동기로 책임질 수 있다.

재료 엔지니어 또는 과학자, 기계 엔지니어, 전기 엔지니어, 화학 엔지니어/화학자, 구조 엔지니어, 소방 엔지니어, 화재공학 과학기술자와 화재공학 기술자, 업계 전문가, 변호사, 보험대리인/조정인, 촉진제 탐지견 팀을 포함하는 다양한 유형의 전문가들을 고려한다(표 13-2).

표 13-2 전문 인력

직책	설명
재료 엔지니어 또는 과학자	열과 화재를 포함하는 서로 다른 조건들에 물질들이 어떻게 반응하는지에 대해 전문지식을 가진 사람(즉, 금속에 대한 야금술 경험을 가진 자이거나 플라스틱들에 대한 고분자 과학자 또는 화학자)
기계 엔지니어	복잡한 기계시스템들 또는 장비(즉, 난방, 환기 및 에어컨[HVAC 시스템])를 분석할 자격을 갖춘 사람과 물질의 강도테스트를 수행할 수 있는 사람
전기 엔지니어	건물화재경보시스템들, 에너지 시스템들, 전력공급장치들 또는 다른 전기 시스템이나 부품들에 관한 정보를 제공할 수 있는 사람
화학 엔지니어/화학자	화학물질들이 관련된 장소의 가능한 실패유형들을 확인하고 분석하는 데 도움을 줄 자격을 갖춘 사람
화재과학 및 공학전문가들	발화지점으로부터의 화재확산 역학, 발화를 위해 필요한 에너지, 원인, 확산, 화재역학 및 화재방지와 탐지시스템의 반응을 이해하여 조언과 도움을 제공할 수 있는 다양한 숙련가들
화재예방 엔지니어	무엇이 화재를 시작하게 했는지 결정하는 발화원과 물질간의 관계를 다루거나 화재가 물질들과 건물들에 어떻게 영향을 주었는지를 다룰 수 있는 사람은 화재감지 또는 화재소화시스템이 어떻게 실패했는지의 분석을 도울 수 있고 건물과 화재 코드들, 화

직책	설명
	재테스트 방법들, 물질들의 화재성능, 화재의 컴퓨터 모델링에 대한 중요정보와 실패 분석을 도울 수 있음
화재공학 과학기술자	화재공학기술, 화재 및 안전공학기술, 또는 유사한 훈련이나 화재 과학, 화재조사, 화재억제, 화재소화, 화재예방, 위험물질, 화재관련 인간행동, 안전 및 손실관리, 화재 및 안전코드들과 표준들, 화재과학연구와 관련한 다양한 주제들을 공부한 관련분야의 과학학사 학위를 지닌 사람
화재공학 기술자	화재공학기술, 화재 및 안전공학기술, 또는 유사한 훈련이나 화재 과학, 화재조사, 화재억제, 화재소화, 화재예방, 위험물질, 화재관련 인간행동, 안전 및 손실관리, 화재 및 안전코드들과 표준들, 화재과학연구와 관련한 다양한 주제들을 공부한 관련분야의 과학 학위에 준하는 사람
업계 전문가	조사에 참여하는 특정산업, 일부 장비 또는 처리시스템에 관한 분야의 전문가
변호사	증거의 규정들, 수색과 압수법률들, 화재 현장에 대한 접근, 법원명령들, 문서폐기를 다루는데 법적인 지원을 제공할 수 있는 사람
보험대리인/조정인	화재 이전의 건물과 건물 안의 내용물들, 건물 내의 화재예방시스템들, 그 시스템들의 조건에 관한 정보를 제공할 수 있는 사람
탐지견 팀	인화성 액체들의 존재를 확인하고 실험실 분석을 위해 시료들을 수집하는 것으로 돕도록 하는 개들과 조련사의 팀들

사례 관리

화재조사는 참여한 적이 있는 모든 다양한 사람들에 의하여 조사를 통해 수집되고 생성된 정보를 구성하는 방법을 개발할 필요가 있을 것이다.

조사 동안에 편집된 노트들은 재검토해야 하며 노트들로부터의 정보는 보고서들에 제공해야 한다. NFPA 921은 보고서들이 만들어진 이후에라도 노트들은 파일 내에 남겨야 할 필요가 있는 증거라고 제안한다. 당신의 기록보존이 전자수단에 의한 것이라면 노트들은 스캔되고 저장할 수 있다. 팀 접근이 요구되는 조사는 리더 조사관이 때때로 보고서 작성을 요구한다. 팀 개념을 통해 편집된 경험적인 자료는 팀의 모든 참여자로부터 기록되는 것이 중요하다. 팀의 모든 노트들이 이와 같이 유지 관리되어야 한다.

조사의 복잡성은 스케치들, 도면들 또는 자료 수집의 세부사항을 지시한다. 단순하고 작은 화재는 한장의 스케치를 요구할 수 있지만 반면에 크고 복잡한 조사는 여러 장의 도면들-화재이동 도면들, 사진위치도면들-이나 또는 조사와 분석을 지원하기 위한 다른 시각적 목적들을 요구할 수 있다. 보고서의 복잡성은 종종 조사관의 책무에 의해 지시되거나 관할요구사항에 의해 위임되지만, 모든 경우에 있어서 경험적인 자료는 결론분석임을 주의해야 한다.

조사관의 관할 요구사항에 따라 화재발화원인을 정의하는 화재 현장조사보고서는 책무의 분석들을 포함할 수 있는 화재 이후의 조사로부터 분리될 수도 있다. 조사관은 조사가 필요한 자료와 적절한 서류결과물을 포함한 것을 확인하기 위해 이해하고 사전 계획해야 한다. 확실한 모든 자료는 형식(노트들, 도면들 등등)에 상관없이 유지 관리되어야 한다.

그림 13-4 조직화는 화재조사 직책의 중요한 역할의 하나이다.

화재 현장으로부터 화재이후 조사까지의 전반적인 조사의 사례관리는 당신이 조사의 범위를 충족하는 경험적인 모든 자료를 얻을 수 있도록 할 것이다. 적절한 사례관리를 통해 자신의 담당업무의 목적들을 충족하는 것이 조사관들의 책무이다. 관리와 자료 수집이 적절하다면 조사관은 필요에 따라 정보를 나중에 발간할 수 있다.- 보고서 또는 소송 프리젠테이션.

내부분의 경우 사례관리는 팀이 아닌, 조사관 혼자 수행한 조사일 수 있다. 이런 유형의 조사는 조사관이 적절한 조사, 자료 수집 및 발간을 위한 문서화를 위한 모든 적용할 수 있는 요구사항들을 충분하는지를 확인하는 많은 짐들을 질 필요가 있다(그림 13-4).

요 약

검토를 위한 준비

- 모든 화재조사에 대해 화재 현장의 규모와 복잡성, 현장에서의 안전수준, 생명손실에 대한 잠재성, 조사관의 수, 손실의 유형에 대한 기술적 또는 전문적 지원, 중장비, 인력 및 예산을 고려한다.
- 조사관은 이 시점에 모은 정보의 정확성이 뒤따를 수 있는 수많은 순서들과 필요들을 결정하는 가장 중요한 것임을 기억해야 하며 정보의 완벽한 수령이 없을 때 사건을 다루기 위한 다음 계획이 결과들을 위태롭게 할 수도 있다.
- 조사를 계획하기에 대한 책임이 있는 사람은 조사를 위해 사전 계획해야 하며 조사관의 필요와 기술들에 따라 잠재적인 자원들과 팀 구성원들을 확인해야 한다.
- 팀 개념 하에서 사전조사 팀 회의는 팀 리더나 리더 조사관이 팀의 목표들과 목적들을 설명하고 팀 구성원들을 소개하는 데 이상적인 공개토론장(forum)이다.
- 화재조사관들이 착용하도록 추천되는 수많은 종류의 보호장비들뿐만 아니라 갖추어야 할 도구들과 장비가 있다.
- 계획하기는 조사하는 동안 일정시간에서 가능성에 대해 항상 허용해야 하며 그것은 사건 또는 조사의 특정 측면을 분석하는 데 도움이 되는 전문화된 전문가로 된 추가적인 인력 또는 컨설턴트들을 데려오는 것이 필요할 수 있다.
- 화재조사관은 참여한 적이 있는 모든 다양한 사람들에 의한 조사를 통해 수집되고 생성된 정보를 구성하기 위한 방법을 개발할 필요가 있을 것이다.

주요 용어

사전 조사 팀 회의 (Preinvestigation team meeting)

회의는 현장조사에 앞서 진행된다. 팀 리더 또는 조사관은 관할 경계들의 질문들과 팀 구성원들에게 특정 책무를 할당한다. 개개인은 현장상황과 요구되는 안전 주의사항을 조언받는다.

실전 화재조사관

1층과 2층에는 목재사업이 있고 3층과 4층에는 많은 회사창고와 개인들이 입주한 4층 건물에서 대형화재가 발생하였다. 화재동안에 건물의 대다수가 무너지고 한쪽 벽에 의해 소방차 1대가 묻혔고 여러 인접 건물들이 손상을 입었다. 다음날 당신은 화재로부터 손상을 입은 여러 사업체와 개인들을 대표한 민간 화재조사자들과 여러 보험회사들로부터 전화를 받기 시작한다. 그들은 모두 자신들의 조사를 시작하기 원함을 나타낸다. 그러나 당신은 지역경찰서의 도움으로 현장의 통제감독을 유지하고 있다.

1. 조사를 계획하는 동안, 리더 조사관은 무엇을 시작해야 하는가?
   A. 현장 사진을 찍는다.
   B. 현장의 기본적인 정보를 얻는다.
   C. 부동산 소유주를 알아낸다.
   D. 증인 진술을 얻는다.

2. 조사관들은 (　　　　　　) 자원들을 확인하고 개발해야 한다.
   A. 화재사건 발생 전
   B. 화재사건의 신고 이후
   C. 필요성을 식별하는
   D. 위의 모든 것들

3. 사례 관리 시스템은 (　　　　　　)하도록 조사관에게 허용된다.
   A. 화재의 원인을 적절하게 문서화
   B. 잠재적인 발화원을 식별
   C. 단지 복잡한 조사들을 조율
   D. 조사 동안에 수집된 정보를 조합

4. 스프링클러 또는 경보시스템의 결함을 식별하도록 도울 수 있는 전문가는?
   A. 기계 엔지니어
   B. 구조 엔지니어
   C. 화재공학 과학기술자
   D. 화재예방 엔지니어

조사기록

학습 목표

이 장을 학습한 후 여러분은 다음 사항을 할 수 있다.

- 화재조사 현장 사진의 활용에 대한 설명 NFPA 4.3 NFPA 4.3.2 NFPA 4.6.2
- 화재조사 도표와 그림의 활용에 대한 설명 NFPA 4.3 NFPA 4.3.1 NFPA 4.6.2
- 화재조사 현장 필기(메모)의 활용에 대한 설명 NFPA 4.3 NFPA 4.3.3 NFPA 4.6.2
- 화재조사 현장 보고서의 활용에 대한 설명 NFPA 4.7 NFPA 4.7.1

기능습득 목표

이 장을 학습한 후 여러분은 다음 사항을 할 수 있다.

- 다양한 매체를 통한 화재 현장의 상황 기록 NFPA 4.3 NFPA 4.3.2 NFPA 4.3.3 NFPA 4.6.2 NFPA 4.7 NFPA 4.7.1

NFPA 참고 문헌

NFPA 170, *Standard for Fire Safety and Emergency Symbols*

NFPA 921, *Guide for Fire and Explosion Investigations*

CHAPTER

14

FESHE 과정 결과물

화재조사 I

이 장에서는 화재조사 I (FESHE)의 과정에 대한 결과물은 없다.

화재조사 II

9. 화재 현장 기록 과정을 나열하라.
13. 화재조사에 사용 가능한 소스와 기술을 나열하라.

당신은 화재조사관

당신은 며칠전 조사한 화재 현장에서 민간 화재조사관을 만나고 있다. 당신의 가솔린이 거실에 영향을 미치고 발화했다는 결정을 조사관에게 말해준 후, 조사관은 전기 서비스와 자연적 가스 미터를 포함한 구조 외부의 사진을 찍기 시작했다. 이 조사관은 그 다음 사진으로 기구와 구조를 포함한 내부를 기록하기 시작했고 창문, 문, 천장 높이 등과 같은 것들을 포함하는 화재 근원지 방에 대한 다이아그램을 만들기 시작했다.

1. 현장 평가를 마친 후에 다양한 다이아그램이 가지는 잠재적인 가치는 무엇인가?
2. 현장 녹화에 대한 비디오가 어떻게 유용하게 사용될 수 있을까?
3. 어떤 기록이나 보고서가 당신의 조사를 도와줄 수 있는가?
4. 장면 기록을 위해 디지털 사진을 사용하는 것이 어떤 장점이 있는가?

개요

화재나 폭발 장면을 기록하는 데 있어, 조사관의 목적은 조사관이 후에 관찰을 기억하거나 기록을 하기 위한 것이다. 이러한 자료의 축적은 법원 소송과정에서 결론과 의견 확인과 지지를 가능하게 해준다. 가장 자주 사용되는 문서 유형은 사진, 디지털 비디오 또는 비디오 테이프, 도표, 지도, 오버레이, 테이프 녹음, 메모, 보고서를 포함한다.

사진

장면 기록의 주요 방법은 영상 매체를 이용하는 것이다. 사진이든 디지털이든 또는 비디오든 조사관에게 보고서를 작성할 때 참고할 수 있는 점이 있는 현장의 사진을 제공한다. 이러한 사진들은 조사관과 다른 검사관들에게 현장의 상태에 대한 정밀한 묘사를 하고, 패턴 식별 과정을 도와준다. 게다가, 보고서가 실제 현장 검사 이후에 실행되었을 수 있기 때문에, 시각적 기록은 조사관이 조사했을 당시의 화재 현장 상태를 기억하기에 효과적인 방법이다.

법정에서 사진은 허용되고, 디지털 사진은 많이 이용되었다. 전형적으로, 법정은 사진을 객관적인 것으로 받아들이며, 바뀌지 않은(잘리거나 밝아지지 않은) 또한 과장된 것이라 보지 않는다. 법정에 사진을 제출한 사람은 그가 본 화재 현장과 사진이 동일함을 확신해야 한다. 또한 시간과 비용은 이를 성취하는 데 있어 중요한 것이다. 항상 사진이 적은 것보다는 많은 것이 더 선호된다.

시각적 녹화가 시작되기 전에, 조사관은 장비, 부대용품과 빛, 움직임 그리고 일반적인 카메라 셋팅을 포함한 사진에 대한 기본적인 이해가 있어야 한다. 이러한 이슈는 화재나 폭발의 색이 뚜렷한 검은색이기에 중요하다. 구조의 열 및 기계적으로 노출된 내부의 사진은 다양한 그림자와 음영은 사진에 묘사되어야 한다. 적절한 조명과 노출은 조사관의 기록이 그가 관찰한 것을 정확하게 반영한다.

현장에서 일어난 일을 정확하게 묘사하기 위해선, 다양한 형태의 기록을 얻는 것은 중요하다. 사진과 같은 결합에 사용되는 비디오테이프나 디지털 비디오는 더 효과적이다. 몇몇 조사관은 내부에서부터 외부를 녹화하는 동안의 설명을 제공할 것이다. 최종 결과는 또한 조사관이 시각적으로 본 것과 화재 손상, 화재 패턴과 다른 화재의 효과의 평가를 정확히 기억할 것이다.

조사관이 카메라나 비디오 장비에 더 익숙해지려면 많은 과정을 이용할 수 있다. 범죄 현장, 지역 또는 주의 사법 교육 학원, 대학교 코스, 카메라 클럽이나 공급 상점에서 이용될 수 있다.

■ 타이밍

현장이 바뀌거나 방해되거나 손상되는 등 다른 행동이 수행되기 전에 시각적 표현을 통해 가능한 빨리 장면을 녹화해야 한다. 또한, 장면을 빨리 기록함으로써 조사관은 후에 현장이 건물 붕괴나 다른 자연적, 기계적 위험으로부터 현장이 위험해지기 전에 현장 상태를 정확한 표현으로 보장할 수 있다. 가능하다면 공공부문의 화재조사관이 가질 수 있는 최고의 기회는 화재 시 화재 진압을 하는 것이고 구조 내에서의 화재의 실질적 움직임을 확인하는 것이다.

또한 이것은 감별, 재건 및 증거조사 단계를 통해 지속적으로 장면을 촬영하는 것이 유리하다. 완전히 발굴하고 재구성된 후에 장면을 촬영하는 것은 임의의 화재 현장 평가에 중요한 마지막 단계이다.

■ 기초

카메라가 어떻게 작용하는지 알기 가장 쉬운 방법은 인간의 눈과 비교해보는 것이다, 인간의 눈과 카메라는 각각 물체를 빛에 민감한 표면을 투사한다. 디지털 카메라는 눈의 망막과 비슷한 전하 결합 소자(CCD)를 갖는다. 홍채(눈)와 다이어프램(카메라)은 들어오는 빛의 양을 조절한다. 카메라 셔터 또한 빛이 들어오는 동안의 시간을 제어한다.

카메라들

많은 수의 카메라는 다양한 범주의 가격에서 이용될 수 있다. 카메라의 선택은 일반적으로 재정 자원과 조사관의 개인적 기술 수준에 입각한다. 자동 카메라는 가장 작동하기 쉬운 것이다. 이들은 뷰파인더의 가장 명백한 이미지에 초점을 두고 사진의 중요한 범위를 결정한다. 이러한 카메라들은 몇몇 조사관들에게 렌즈의 개방을 조정(f-stop), 셔터 속도 조절, 플래시

작동, 그리고 렌즈를 집중할 수 있기 때문에 편안함을 줄 수 있다. 이러한 기능은 미숙한 작가에게 많은 잠재적 함정을 제거한다.

반면에, 몇몇 기술이 있는 조사관은 그들이 포커스를 적응할 수 있고 즉각적인 상황에 맞게 세부 세팅을 바꿀 수 있고 자동 카메라 내장 옵션으로는 찍을 수 없는 특별한 사진을 얻을 수 있기에 수동 카메라를 선호하기도 한다. 대부분의 카메라는 조사관에게 선택권을 주는 자동과 수동 기능이 모두 있다.

적어도 5메가 픽셀의 해상도를 가진 카메라를 권장한다. 대부분의 디지털 카메라는 사진 촬영 후 2초나 2초가 더 지난 후에 사진을 보여준다. 이는 화재 현장 사진가에게 현장의 적절한 노출과 초점을 보여주는 사진을 찍을 수 있게 한다. 디지털 카메라는 또한 충분한 세부 사항을 볼 수 있도록 사진 확대가 가능한 기능을 제공한다. 대부분의 이러한 카메라들은 수백 장의 사진을 찍을 수 있는 여유가 있다. 저장을 쉽게 하기 위해 다양한 컴퓨터에 쉽게 다운 받을 수 있다. 기관 또는 회사 절차에 따라, 미디어 카드는 저장되거고 다른 것으로 대체되거나 삭제되고 서비스에 돌려보내진다.

이미지 인증

법정에서의 증거로 인증되기 위해선, 조사관에 의해 찍힌 사진이어야 한다. 그리고 컴퓨터 기술에 의해 사진이 명암, 색상, 대조가 보정될 수 있으므로 사진의 진실성과 정확성의 시험을 통과해야 한다. 반면, 사진이 개선된 경우, 원본이 보존되었고 향상의 정도의 기록은 조사관의 책임이다.

조사관들은 원본을 보존하는 단계를 거쳐야 하고 사진의 거짓을 판단하는 방법을 설립해야 한다. 원본 파일 이름으로는 원본이 바뀌고 저장되지 않도록 하는 컴퓨터의 소프트웨어 프로그램의 적절한 저장의 배치와 같은 이미지 저장을 위한 단계 또한 설립되어야 한다.

화재조사관 팁

추운 날씨에서 배터리는 빠르게 닳을 것이다. 백업으로, 항상 추가 배터리를 들고 다녀라. 추운 현장에서 카메라가 필요할 때까지 따뜻한 차량에 보관하는 것은 배터리 수명을 늘리는데 도움이 될 것이다.

화재조사관 팁

디지털 사진을 이용하는 경우, 그들이 요구되는 화질(예를 들어, 흐리거나 실수로 찍은 사진)이 아니더라도 그 어떤 사진도 삭제하지 말아라. 증거의 기소 또는 정보 은닉의 경우를 피하기 위해 사건 파일은 모든 사진을 가지고 있어야 한다.

렌즈

카메라 렌즈는 카메라의 검출기에서 빛을 모으거나 사진에 집중하기 위하여 사용된다. 카메라 렌즈는 사진의 품질을 결정할 수 있다. 조사관은 다른 결과를 내는 다양한 카메라 렌즈들을 이해해야 한다. 일부는 사진의 선명한 이미지를 위해 셔터 속도를 빠르게 하는 것을 필요로 하지만, 망원 사진과 확대 렌즈는 사진사에게 더 자세히 보고 먼 거리에서 정밀하게 보기 위해서 사용된다. 다른 형태의 카메라 렌즈는 세부 내용을 왜곡할 수 있다. 예를 들어, 어안 렌즈는 작은 방 내부를 높은 비율로 묘사할 수 있지만, 사진의 주위를 왜곡하거나 물건의 곡선을 과장할 수 있다.

렌즈의 초점 길이는 카메라가 주어진 렌즈에 의해 어떻게 보이는지를 나타낸다. 렌즈의 사이즈는 광각 렌즈에서부터 망원, 확대 렌즈로까지 다양하다. 필름 카메라로, 50mm 렌즈는 인간의 눈으로 본 것과 비슷한 광경을 보여주었다. 디지털 카메라로는, 특정한 동등성은 없지만 35mm 길이의 렌즈는 많은 카메라에 필적하는 것을 보여준다. 화재 현장 사진사들에서 사용되는 하나의 공통 렌즈는 화재 현장 사진의 노출에 효과적인 18-55mm이다. 화재조사관은 카메라와 렌즈의 오염을 피하기 위해 화재 현장에서 렌즈를 바꾸는 것을 피해야 한다.

소정의 초점 길이 렌즈에서, 개구 또는 f-stop의 크기는 상세하게 묘사된다. f-stop은 카메라 센서(디지털 사진)로 전해지는 렌즈에 오는 빛의 양을 조절한다. 높은 f-stop은 작은 조리개 개방을 의미하고 카메라 센서에 적은 양의 빛이 오게 하고, 낮은 f-stop은 많은 양의 빛을 허용한다.

일반적으로, 높은 f-stop이 선택되었을 때, 셔터 속도는 수용 가능한 정도의 밝기를 가지는 사진을 찍기 위해 더 느려질 필요가 있다. 빛 조건이 높은 f-stop을 허용할 경우, 사진은 이미지가 더 선명하게 보이는 거리의 범위를 가질 것이다. 달리 말해서, 피사계 심도는 더 높은 사진의 포커스 영역 내에 포함되는 물체의 범위를 증가시킨다.

교환 가능한 렌즈를 가진 디지털 카메라를 살 때나 사용할 때 조사관은 디지털 카메라 사용에 지식이 있는 사람의 도움을 받아야 한다. 전통적인 35mm 필름 카메라에 사용되는 렌즈의 초점 길이는 대부분의 디지털 카메라 렌즈에 사용되는 초점 길이와 다르다.

필터

카메라의 중립 UV 필터의 사용은 모든 화재 현장 사진에서 권장된다. UV 필터는 사진의 톤 또는 색상을 변화시키지 않아 법정에서 영향을 받지 않고, 렌즈의 섬세한 표면에 대한 보호를 제공한다

셔터 속도

셔터 속도는 전형적으로 두 번째 분획에 표시된다; 분모가 높을수록, 셔터가 빠를수록(예를 들어, 1/500초가 1/100초보다 빠르다.), 셔터가 열리는 시간이 짧을수록, 빠른 셔터 속도는

빠르게 움직이는 물체를 찍을 때 좋다. 이것이 화재 현장 사진에서 화제가 되지 않아도, 가능하다면, 카메라나 사진사가 준비가 안 되었거나 흔들렸을 때 사진을 망치는 위험성을 줄여준다. 그러나, 양호한 노출은 최소한의 빛을 필요로 한다. 조리개가 감소함에 따라(f-stop이 증가), 이에 따라 요구되는 빛의 양이 많아지고 더 긴 셔터 속도를 요구한다. 사진이 흐려지는 것을 방지하기 위해서, 일반적인 35mm 렌즈에서 셔터 속도 1/60초(60) 이하에서는 삼각대를 필요로 한다. 이러한 최소한의 속도는 망원 또는 확대 렌즈가 사용될 때 증가한다.

조명

조명은 사진에서 중요한 역할을 한다. 조사관이 얻을 수 있는 가장 쉬운 조명 소스는 태양이다, 조사하고 기록하는 시간이 낮이 아닐 때도 있지만. 이러한 상황들에서, 대체 조명 자원이 사용될 수 있다. 가장 인기 있는 것은 영구적으로 카메라에 연결되어 있고, 일시적으로 장착 분리가 가능하기 때문이다. 화재 현장에서 매우 어두운 부분, 밝은 부분, 불에 탄 표면 때문에, 이러한 현장은 사진 촬영을 하기 어렵다. 빛의 다중 노출을 제공할 수 있는 고퀄리티의 플래시는 화재 현장 사진 촬영에 필수적이다. 대체 조명 자원으로는 손전등과 같은 휴대용 조명이 있다. 플래시 또는 투광기로부터의 눈부심은 물체의 형태를 왜곡할 수 있다. 바운스 플래시, 빛 확산 및 다른 기술들이 이에 도움이 될 것이다.

어떤 경우에는, 사진이 찍힌 시간이 보는 사람들이 사진에서 어떤 것을 묘사하는지 이해하는 데 영향을 미칠 수 있다. 정오에 자연 조명에서 찍힌 사진과 황혼에 찍힌 사진과는 많이 다를 것이다. 많은 조사관들은 더 선명한 사진을 위해 그늘진 부분을 밝히기 위해서 플래시 장치를 쓴다.

상황에 따라 광원을 조사관이 조절할 수 있도록 카메라와 분리될 수 있는 플래시 장치를 쓰는 것이 권장된다. 이 기능은 조사관이 적절한 노출을 위해 빛의 양을 증가시켜 사진사가 카메라에 내장된 플래시를 쓸 수 있도록 한다. 슬래이브라 불리는 다중 플래시 장치와 원격 조정 장치는 넓은 영역을 조명할 수 있다.

링 플래시는 종종 확대 작업을 위해 사용된다. 이 전문화된 플래시 장치는 렌즈의 단부에 들어가고 아크 마크나 툴 마크로서 증거의 중요한 부분을 찍을 때 사용된다.

사진의 특수 유형

사진의 기술 발전은 조사관에게 새로운 사진 도구를 만들었다. 기록을 위한 적외선, 레이저, 파노라마, 현미경 사진은 조사관에게 유용하다.

■ 구성 및 기술

사진은 검사의 필수 부분이며, 조사관이 본 그대로의 현장 상태를 반영해야 한다. 사진은 화재나 폭발 현장의 조사에서 허용되는 검사의 철학을 따라야 하며, 예를 들어 최소한의 손상부분에서부터 최대 손상 영역까지 묘사해야 한다.

화재 현장에서 일반적인 기술은 외부 경계에서부터 기록을 시작하여 내부로 진행하면서 최소 손상 영역에서 최대 손상 영역으로 이어가는 것이다. 중요한 증거는 다양한 각도와 거리(사다리 아래에서와 같은)에서 찍힌 사진들로 기록되어야 한다. 연기 확산 또는 손상되지 않은 영역의 증거를 표시하기 위해, 화재 현장의 근원지와 같은 부분을 찍는 것이 아니라 화재 현장 전체를 찍는 것이 중요하다.

연속 사진

현장의 사진 기록은 현장의 연속된 사진을 보여주어야 한다. 상대적으로 작은 물체의 사진(예를 들어, 의자)은 문틀이나 라디에이터와 같은 고정된 다른 것들의 관계를 보여주기 위해서

Courtesy of Jamie Novak, Novak Investigations Inc. and the St. Paul Fire Department

Courtesy of Jamie Novak, Novak Investigations Inc. and the St. Paul Fire Department

Courtesy of Jamie Novak, Novak Investigations Inc. and the St. Paul Fire Department

그림 14-1 의자의 연속적인 사진

처음에 거리(방 출입구와 같은 곳에서)를 두고 찍은 것이다. 중간 거리에서 더 자세히 찍고, 마지막으로 가까이에서 물체를 확대해서 찍는 연속적인 형태를 갖는다(그림 14-1). 연속 사진은 관찰자로 인해 사진을 전체적으로 더 잘 이해할 수 있게 하고 주변 환경 물건들의 관계를 더 잘 이해하도록 한다.

모자이크

현장 전체를 묘사하는 다른 방법은 사진의 모자이크를 사용하는 것이다. 모자이크 사진은 이전 사진이 끝난 부분에 새로운 사진을 오버랩핑하여 큰 영역을 포함하는 일련의 사진이다(그림 14-2). 모자이크는 광각 렌즈가 사용될 수 없고 파노라마 뷰가 바람직하다고 생각될 때 사용한다. 모자이크를 만들려면, 조사관은 식별할 수 있는 랜드마크에 따라 사진의 폭을 식별해야 한다. 최종 외관이 특정 부분을 포함하는 하나의 큰 사진이 되도록 각각의 계속되는 사진은 랜드마크의 일부분을 포함해야 한다. 삼각대는 일관된 모자이크 패턴을 허용할 것이고 사진의 흔들림과 흐림을 완화할 것이다.

컴퓨터 프로그램은 디지털 사진의 일련에서 모자이크 사진을 디지털 식으로 따는 곳에 사용할 수 있다.

그림 14-2 공중 트럭에서 보는 창고의 화재 현장 모자이크

■ 사진 도표와 사진로그

장면을 기록할 때, 조사관은 현장 도표, 사진이 찍힌 곳을 식별, 사진의 방향, 도구의 위치, 사진 번호에 주석을 달아야 한다. 이는 사진 도표라고 언급된다(그림 14-3).

사진이 찍힌 시간을 아는 것이 중요한 경우가 있는데, 이는 도표에 기록되어야 한다. 많은 디지털 카메라는 사진에 날짜와 시간을 각인할 수 있다. 사진사는 그 또는 그녀의 이니셜, 날짜, 현장의 위치 및 기타 식별자를 통해 도표를 식별해야 한다. 이 도표는 화재 현장에 방문하지 않은 개인들에게 도움이 된다. 이는 그들에게 현장 상태의 모든 것과 조사 팀에 의해 어떤 것이 관찰되었는지를 제공한다. 거의 모든 디지털 카메라는 사진과 함께 저장된 날짜와 시간을 기록할 수 있다.

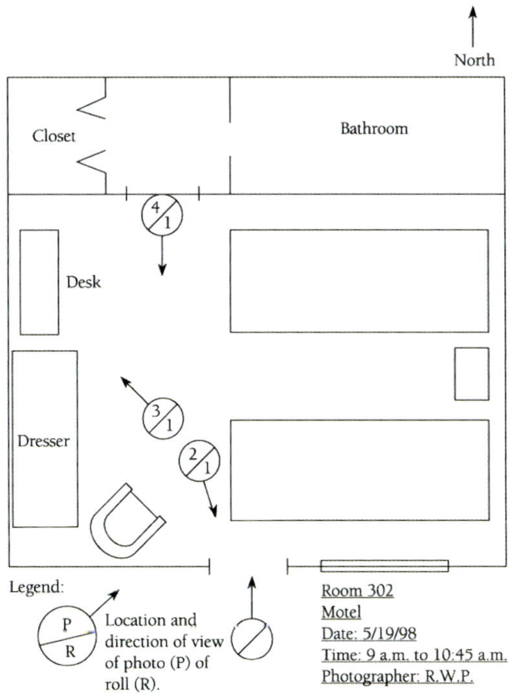

그림 14-3 사진 위치를 보여주는 도표

현장 사진은 각각의 사진과 관련된 사진의 목록이나 테이블을 제공하는 항목(예를 들어, 카메라에 의해 지정된 사진 번호)와 각 기록된 현장의 물건의 간단한 묘사와 같은 현장 사진이 동반되어야 한다. 사진 항목은 최소한 자막 목록, 사진의 날짜, 관련된 현장, 관련이 있다면 사건 번호 및 사진사의 정체성을 가져야 한다. 사진 항목은 조사관과 다른 이들에게 사진에 무엇이 묘사되었는지를 이해하고 기억하는 데 매우 효과적이다.

화재조사관은 사진 도표를 만들거나 사진이 찍힌 동안의 항목을 만들기 위해서 그리고 화재 현장의 사진을 위임하기 위해서 다른 조사관과 일을 해야할 수도 있다. 그러나 그 또는 그녀는 사진은 물건을 묘사하기 위해서 찍히고 있고 현장을 완전히 기록하기 위해서 사진이 찍힌다는 것을 고려해야 한다. 예를 들어, 조사관은 다른 각도에서 찍힌 사진 또는 특정 항목을 전하기 위한 세부 사항을 담은 사진들을 원할 수도 있다. 이러한 요구는 명확하게 사진을 찍는 조수에게 전달되어야 한다.

사진과 법원

사진의 잠재적인 용도 중 하나는 법정 증언이다. 모든 사진에 앞서 법정에서 인정되고, 이것의 사용에 많은 문제가 있을 수 있다. 사진은 사진의 내용이 진실해야하고 정확한 묘사를 가져야 한다. 법정은 소름끼치는 죽은 현장을 묘사한 것과 같은 배심원에게 너무 선동적인 사진은 제외할 것이다. 법정은 또한 사진이 명확성이 결여되고 문제와의 관련성이 떨어지는 사진도 거절할 것이다. 대부분의 법정은 화면에 투사되거나 묘사된 사진뿐만 아니라 인쇄된 사진 또한 허용할 것이다.

■ 비디오 사진

비디오는 시청자들이 현장을 볼 수 있게 하는 매체로 수용 가능한 매체가 되었다. 새로운 디지털 비디오 기술은 중요한 낮은 조명과 자동 초점 기능을 제공한다. 비디오 사용의 가장 큰 장점은 중요한 영역의 전체 장면을 기록함으로써 시청자들에게 장면을 인도한다는 것이다. 그러나 비디오는 현장 상태를 전달하는 단독 매체로는 사용되어선 안 된다. 여전히 사진은 현장을 기록하는 데 있어, 특히 증거 기록과 현장 상태를 기록하는 중요한 수단이다. 증언의 문서가 필요하다면, 비디오 카메라는 목격자, 용의자, 거주자, 소유자를 인터뷰하는 데 사용될 수 있다.

비디오 녹화는 현장을 기록하고 문서화하는 수단이다. 조사관은 현장을 동시에 기록하고 서술할 수 있다. 발표에 필수적으로 사용되지 않는 기록은 조사관 그 또는 그녀의 기억과 증거의 위치를 상기시키는데 사용될 수 있다. 대부분의 초기 디지털 비디오 카메라는 마이크를 끌 수 없다. 조사관은 나중에 부끄러움을 제공할 부적절한 언급이나 “즉흥의” 원인 분석을 피해야 한다.

■ 기록되어야 할 추천 행동

가능한 한 현장의 많은 것을 기록하는 것은 중요하다. 기록할 만한 것으로 추천되는 것은 도착 당시의 상황, 진압, 분해, 관찰자 그리고 화재 근원지 및 원인 결정이다. 화재, 그것의 색, 진압 행동에 대한 반응, 그리고 정밀 검사 절차의 진행은 화재조사관이 화재 원인과 근원지를 결정하는 데 중요하다. 사진은 또한 희생자나 구조에 대한 손상의 정도를 기록할 수 있다.

화재 현장 활동을 관찰하는 군중의 사진은 조사관에게 누가 조사에 대한 도움을 줄 수 있는지를 식별하는 데 도움을 준다. 이러한 사진은 또한 조사관이 여러 화재에서 보인 사람을 식별하고 법 집행 또는 소방 커뮤니티에서 알려진 개인을 식별하는 데 도움이 된다.

모든 화재조사관은 911에 신고한 사람이 핸드폰 카메라나 디지털 카메라로 그들이 본 초기 목격을 순차적으로 결정해야 한다. 많은 경우 미디어 뉴스 아울렛은 대형 화재에 반응하는 직원이나 기자를 가지고 있다. 이러한 전문가는 때때로 우수한 품질의 사진 장비를 가지고 오거나 기구가 오기 전에 현장에 도착한다. 리포터는 당신이 오기 전에 피해자나 목격자를 인터뷰하기 바쁠 것이고 항상 연락하고 있을 것이다.

화재조사관 팁

비디오 기록은 조사, 위치, 증거의 상태를 기록하는 데 사용될 수 있다.

진압 활동의 사진은 화재조사관이 왜 화재가 특정 방식으로 반응하는지에 대해 이해하는 데 도움을 줄 것이다. 또한, 진압 활동을 기록할 때, 소화전, 엔진 회사, 기구와 호스의 위치는 기록되어야 한다. 외부 사진은 중요하며 화재 현장의 위치를 실립하는 데 이용될 수 있다.

외부 사진은 도로 표지판, 집 번호, 또는 다른 식별 가능한 얼마 동안 남아있을 랜드 마크를 포함해야 한다(그림 14-4). 그들은 또한 화재 현장의 주변 위치, 화재 현상 외관의 모든 각도의 뷰를 포함해야 한다(그림 14-5). 외부 사진은 영향 받은 건물의 주소 숫자들을 찍어야 한다. 이는 기록과 수색 영장 발부에 유용하다.

그림 14-4 A. 도로 표지판은 식별 가능한 랜드 마크이다. B. 화재 번호는 주소 식별이 가능한 하나의 것이다.

구조 사진은 열과 화염의 노출 이후의 건물의 추가 손상을 기록한다. 이러한 사진은 열과 화염의 피해와 화재 확산 패턴을 기록하기 위해 다각도에서 찍혀야 한다. 구조적 고장 또는 결함은 화재의 결과에 영향을 줄 수 있으므로 사진에 찍혀야 한다. 촬영된 사진은 감독관, 검사, 법정 시스템, 보험 대표들에게 화재 현장 분석을 설명하는 데 유용하도록 찍혀야 한다.

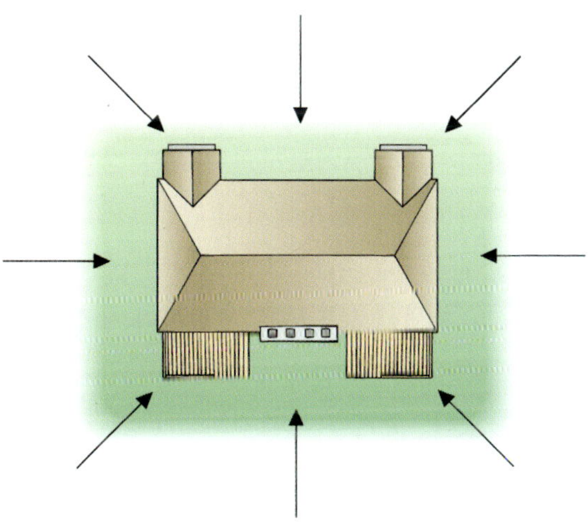

그림 14-5 모든 각도와 구석에서 찍은 현장의 사진

실내 사진은 조사관이 현장을 기록하고 더 철저하게 구조 내의 상태를 묘사하는 데 도움을 준다. 화재에 의해 생성되었거나 접근된 모든 중요한 포인트는 상당한 연기, 열과 화재 패턴과 함께 사진 찍어야 한다. 화재가 즉각적으로 발생한 방의 상태는 열 및 연기 조건을 기록하기 위해 사진 찍혀야 한다. 모든 열을 발생시키는 기구 또는 장치는 화재 근원지를 고려하기 위한 조건으로서 사진 찍혀야 한다. 가구와 기구의 상태는 열과 연기의 경로를 묘사하는 것으로 사진에 기록되어야 한다.

그림 14-6 화재 현장에서 발견된 모르토브 칵테일로부터 떨어져나온 심지

입구와 출입 경로의 상태, 특히 문과 창문은 기록되어야 한다. 사진은 화재 당시의 상태를 묘사해야 한다(문이 잠겼는지 열렸는지, 창문이 열렸는지 잠겼는지 등). 실내 화재 감지와 컨트롤 장치 또한 기록되어야 한다(스프링클러가 작동했는지, 소화기가 있었는지, 연기 감지기가 작동했는지와 같은). 시계는 화재나 열로 인해 물리적인 힘으로 멈추게 한 시간을 나타낼 수 있지만 배터리로 작동하는 시계의 경우 해석을 조심해야 한다.

구조에 존재하는 기능은 변압기, 패널, 미터, 레귤레이터 및 밸브와 같은 기구들과 다양한 조작상태를 포함해 기록해야 한다. 구조에 포함되는 기구들은 화재 당시 그것들의 위치와 상태를 포함해 기록해야 한다. 전기 배선, 연장 코드, 전원 코드, 가전제품 등의 모든 잠재적인 발화원의 문서로서 퓨즈 및 차단 회로의 상태는 중요하다. 화재 근원지 영역에서, 조사관은 제품의 상태와 모든 밸브와 컨트롤의 위치를 사진으로 문서화해야 한다.

현장 조사 동안, 증거로서의 가치를 갖는 모든 사진이 찍혀야 한다. 예를 들어, 그림 14-6에서의 사진은 화재 현장에서 발견된 화염병의 심지를 설명한다. 잠재적 증거의 사진은 시청자가 현장에 물건을 두게 하고 그것의 일반적인 모습을 볼 수 있게 해주어야 한다. 증거가 될 수 있는 더 자세한 사진들은 사진사가 현장에서 조명, 위치, 위험과 같은 제약 때문에 얻지 못할 때 이동을 한 후 얻을 수 있다. 고도의 가시적 자는 사진 내의 물체의 크기를 식별해 크기를 잴 수 있다. 증거를 보여주는 하나의 사진이 있어야 하고 증거 옆에 자의 사진이 있어야 한다.

사진은 현장에서 승객 또는 피해자의 행동과 위치를 조심해야 한다. 이러한 사진은 화재 당시의 생존자 또는 피해자의 위치, 그들이 취한 행동, 부상이나 죽음과 같은 심각한 결과를 기록해야 한다. 현장이 사망자를 포함한다면, 피해자의 위치는 정확하게 기록되어야 한다. 조명, 현장 위험성, 또는 다른 장애물 때문에 피해자의 상태가 완전하게 기록될 수 없다면 장애물 제거 후 최대한 빨리 추가적인 사진을 찍어야 한다.

증인이나 피해자가 그 또는 그녀가 잠재적으로 중요한 사건을 보았다고 보고하면, 사진사는 목격자의 위치에서 사진을 촬영하도록 시도해야 한다.

항공 사진은 조사관이 현장 배치와 차량 또는 몸 위성과 거리 수준의 사진, 같은 장면 배치와 같은 넓은 증거 물품은 조사관에게 사건 전후의 사진을 제공할 수 있다.

화재조사관은 위성사진, 1층 외부 사진, 공공장소 CCTV를 통해 화재 발생 전후의 현장모습을 알 수 있다.

■ 사진의 프레젠테이션

화재 현장 조사 사진을 제시할 때와 표시할 때, 조사관은 조사를 나타내는 사진이나 비디오를 선택해야 한다. 조사관은 어떤 매체가 지방 법원 시스템, 법 집행 기관, 소방서, 보험사에서 가장 수용할 수 있는지를 결정해야 한다.

비디오 제시는 현장 상태와 현장에서 취해진 행동을 전달하는 가장 효과적인 수단이다. 많은 법 집행 기관, 화재 및 경찰 학원, 학교 시스템, 그리고 법원은 컴퓨터나 비디오 제시에 필요한 장치를 가지고 있다. 사진 확대와 화면에 투사하는 것은 법원의 청문회에서 주로 볼 수 있나. 컴퓨터 프레젠테이션은 시각적 물질의 대량 발현을 위한 효과적이고 포괄적인 매체이다. 그들은 하나의 프레젠테이션에 여러 개의 형식을 통합을 가능하게 한다. 법정 프레젠테이션에서의 컴퓨터 장애를 위해 백업하는 것을 잊지 마라. 또한 화면 프레젠테이션이 법정의 모든 각도에서 보일 수 있도록 해라.

도표와 그림

화재조사관이 현장 도표와 그림을 통해 현장에 대해 기억하고 자세히 기술할 수 있다. 한 예로 도표는 현장에 대한 중요한 증인의 진술과 현장 사진을 맞춰보는 중요한 수단으로 사용된다. 현장 스케치는 화재조사관이 화재의 패턴, 화재의 성장, 그리고 현장 상황을 파악하는데 도움을 준다. 현장 도표와 그림은 정확한 근거에 의해 작성되어야 한다.

■ 도면의 유형

도표는 조사 후에 완료되는 공식적인 그림이다. 스케치는 일반적으로 자유도 또는 현장에서 완료된 최소한의 도구로 완료된 도표이다. 도면의 유형 간의 차이점은 인용 상세 정도, 건물의 구조 유형, 건물의 가구, 장비와 화재 근원지, 원인, 화재의 확산과 관련된 다른 중요한 요인들과 관련 있다. 모든 조사는 화재 현장 스케치를 포함해야 한다. 이는 형사 또는 민사 소송에 관련된 조사에 특히 중요하다.

표 14-1 세부 기록 내용

기록할 것의 종류	예
구역 및 지역 스케치	기구, 상수도, 또는 비슷한 것의 정보. 이는 조사 보고서를 포함한다.
평면도	방, 계단, 창문, 문 또는 다른 기능의 위치 식별
고도	내부 또는 외부 벽과 그에 대한 특정 정보를 보여주는 단면도
정보들	스위치의 위치, 제어기 또는 물체의 손상을 보여주는 특정 물체
분해 조립도	구성물 또는 부분 리스트의 집합을 보여주기 위해 사용한다.
3차원 표현	조사관은 이미 도면이 있던지 없던지 관계없이 3차원적 표현을 하기 위해 도면을 측정하고 기록해야 한다. 벽의 두께; 문의 틈; 천장, 벽, 바닥의 기울기는 측정되고, 얻어져야 하고, 기록되어야 할 정보들의 예이다.

화재조사관이 사용할 도면의 종류를 결정할 때, 그 또는 그녀는 도면에 표시되어야 할 것을 결정한다. 화재조사관이 상세한 도면을 만들 수 없는 경우, 그 또는 그녀는 화재 근원지, 지역 내의 항목 배열, 문 또는 창문의 위치를 묘사하는 초작을 그려야 한다. 초작은 또한 정확한 벽과 천장의 측정; 문, 창문, 다른 고정된 물체의 위치; 그리고 화재 근원지 내의 가구와 가전제품의 위치를 포함해야 한다. 그림 14-7은 스케치에서 만들어진 도표와 같이 구조의 기본적인 설계를 보여주는 예이다,

도면의 몇 가지 종류는 화재 현장 상태를 설명하기 위해 사용될 수 있다. 때때로 상세한 도면은 적절한 기록을 위해 필요하지만, 다른 경우엔 분석과 결론이 산단한 경우엔 초작으로도 충분할 것이다. 선택된 도면의 유형은 요구되는 세부 사항의 정도에 따라 달라진다.

현장이나 소송이 더 복잡할 경우, 조사관은 건축 계획 또는 시공 문서 등의 상세한 요소를 취득할 필요가 있다. 표 14-1이 필요한 정보들을 알려줄 것이다.

■ 그리기 도구 및 장비

조사관이 조사 현장 도표를 만들기 위해 쓸 수 있는 옵션은 다양하다. 가끔 현장의 규모와 복잡성 및 정보의 종류와 정도를 지시하는 조사가 포함된다. 치명적인 사건, 살인, 방화, 또는 대형 또는 상업적 화재와 같은 중요한 경우, 조사관은 장비 제조업체에서 건축적 계획 또는 도표를 얻어야 한다. 대형 규모 현장을 정확하게 표현할 때 측량사가 도움이 될 수 있다. 많은 큰 지방 자치 단체와 주 및 연방 법 집행 기관은 컴퓨터 도움을 받는 레이저 장치를 이용하여 매핑을 할 수 있을 것이다.

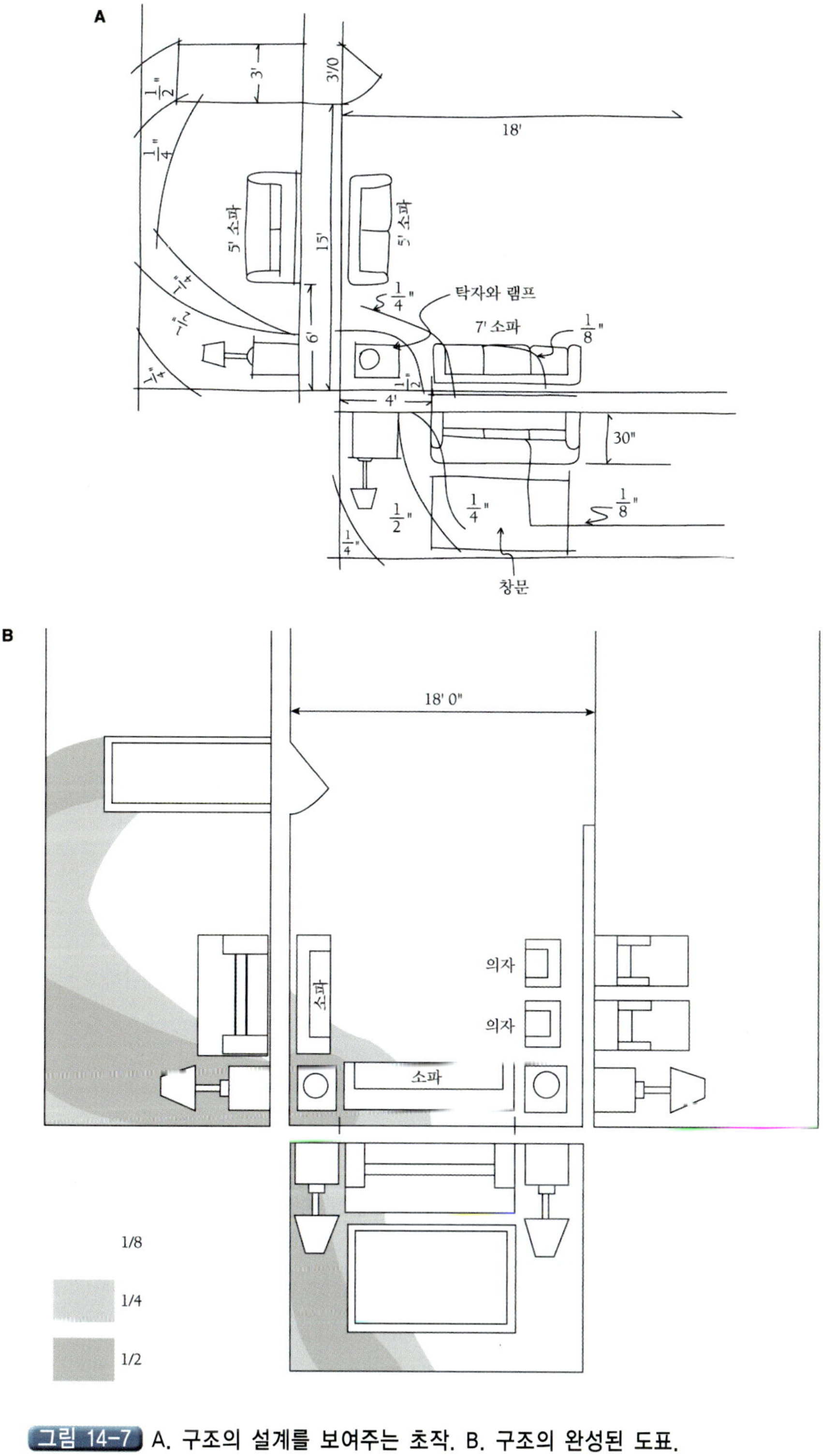

그림 14-7 A. 구조의 설계를 보여주는 초작. B. 구조의 완성된 도표.

컴퓨터 및 소프트웨어의 최근 발전은 조사관이 도표를 만들 때 다양한 종류의 프로그램을 사용할 수 있게 해준다. 컴퓨터 지원 그리기 프로그램(CAD)는 단독으로 쓰이거나 컴퓨터 화재 모델과 함께 쓰인다. 좋은 그리기 패키지는 조사관에게 많은 도구를 제공할 것이다. 몇몇 프로그램은 화재 전과 화재 후의 상태를 묘사하는 여러 층의 스케치를 제공한다. 어떤 종류나 프로그램이 사용되었던, 조사관은 디자인, 자동 치수 기입, 그리고 가구, 전기, 배관 및 HVAC 구성물을 포함하는 다양한 "libraries"의 유동성을 제공하는 하나의 것을 선택해야 한다.

■ 도표 구성요소

조사의 복잡성에 따라, 스케치와 도표에 포함되어야 할 많은 요소들이 있다:

- 일반 정보 : 조사관은 도표를 만들어낸 사람의 이름, 도표 제목, 그리고 준비 날짜를 식별해야 한다.
- 나침반 방향의 식별 : 대부분의 경우 스케치는 페이지의 북쪽 상단에 위치할 것이다.
- 규모 : 조사관은 규모를 확인하고 "확장 불가" 또는 "확장 가능"의 여부를 도면에 표시해야 한다. 도면을 확장할 경우, 조사관은 사용되는 규모를 명시해야 한다.
- 기호 : 조사관은 여러 목적에 동일한 기호를 사용하지 않고, 기호를 일관성 있게 사용해야 한다. 공학 또는 건축에 사용되는 기호를 사용하는 것이 추천된다. 화재 보호 기호는 NFPA 170, 화재 안전과 긴급 기호의 표준에서 찾을 수 있다.
- 설명 : 화재조사관은 기호가 어떤 것을 나타내는지를 나타내기 위해 화재조사관은 도면의 설명을 써야 한다.

■ 준비된 설계 및 건축 도면

준비된 설계 및 시공 도면은 건물의 디자인 또는 설계, 장비, 기구를 위해 만들어졌다. 항목 또는 건물이 건축 또는 사용 도중 수정되었을 수 있기에 도표 해석에서 주의해야 한다.

건축 또는 엔지니어링 도면

건설 단계에서, 다양한 도면은 도급자에 의해 사용된다. 이러한 도면은 오직 시설, 화재 감지와 억제 장치, 지형 또는 건축 과정에서 필요한 독특한 면만을 묘사한다. 조사관이 이러한 그림들과 친숙한 것이 도움이 될 것이다.

건축이나 엔지니어링 일정

더 큰 건물에서는, 구조 내에서 사용되는 장치의 종류를 설명하는 것이 필요하다. 이 종류의 자세한 목록은 스케줄이라고 알려져 있다. 스케줄은 구조 내에서 사용된 장비의 종류의 특정 종류에 따라 분류될 수 있다. 예를 들어, 문 스케줄은 구조 내의 문의 위치를 나타낸다. 다른 예로 내부 완공 일정을 포함한 일정이 사용된 곳엔 전기 일정, HVAC 일정, 그리고 배관 및 조명 일정의 사용이다.

설계 설명서

건축가 또는 엔지니어가 도면을 준비할 때, 건설에 사용된 재료의 종류는 설계 설명서에 나타나 있다. 설계 설명서는 재료의 특정 위치와 일치한다. 예를 들어, 설명서는 R-17 절연체가 다락방에 사용되었고, 5/8인치 합판이 침실과 같은 곳 바닥에서 사용되었음을 나타낸다. 이러한 도면은 도급자 또는 건물이 지어진 지역 사회의 건물 조사 부서에서 얻을 수 있다. 이 도면은 또한 건축 상승 도면을 포함한다. 이는 건물 전체가 손상되었을 경우 유용한 건물 밖의 그림을 포함한다. 가능하다면, 내부 계획도 얻어져야 한다. 이것들은 건물이 실질적으로 어떻게 지어졌고 원래의 계획과 어떻게 바뀌었는지를 알려준다.

필기

현장의 시각적 표현과 더불어, 조사관은 사진 찍을 수 없고 스케치할 수 없는 항목들을 보완하기 위해서 메모를 해야 한다. 이 필기는 현장 필기라고 지칭될 수 있다. 필기 항목은 이름과 주소, 모델 또는 일련 번호, 목격자 진술, 포토 로그, 항목의 식별, 재료의 종류 또는 연소 패턴이나 건물 상태와 같은 조사관의 관찰을 포함한다. 필기는 또한 목격자 인터뷰와 현장과 관련된 문서 검토에서 얻을 수 있다. 형식이 요구되지 않고 사건 보고서로 사용 안 될 수 있지만, 정보 수집을 위해 사용되는 형식이 있다. 형식은 조사관이 보고서를 준비하기 위해 필요한 정보를 수집하는 데 도움이 된다.

많은 조사관은 현장 조사를 하는 중 녹화된 목격자, 피해자, 용의자, 다른 사람들의 인터뷰를 찍는데 디지털 녹화 장치가 유용하다는 것을 알았다. 이러한 전자 진술과 메모는 디지털 사진과 다른 디지털 정보에 쉽게 다운로드할 수 있다. 추가적으로, 이러한 장치는 테이프를 필요로 하지 않고 24시간 동안 녹화할 수 있다.

조사관은 현상을 기록하는 단 하나의 매체에만 의존하지 않도록 주의해야 한다. 예를 들어, 휴대용 레코더 또는 다른 장치는 자료 수집의 유일한 장치로 사용되선 안 된다.

조사관이 화재 현장에 대한 정보를 설명하는 완성된 보고서를 완료할 준비가 되면, 그 또는 그녀는 중요한 조사 과정에서 생산되고 녹화된 기록을 찾을 것이다. 노트, 자료의 형태, 사진들, 그리고 스케치는 조사관이 정확하고 정밀한 현상 보고서를 제공하는 데 도움이 될 것이다.

많은 부서는 필기의 유지에 대한 정책을 설립하였다. 유지된 필기는 평가 또는 이해 관계자에 의한 "발견"에 따라 정보가 수집된 후 또는 보고서가 쓰인 이후 발생할 수 있다. 조사관은 그들의 조사 도중 그들의 부서/회사 정책의 필기 유지와 지지를 평가해야 한다.

보고서

보고서의 목적은 조사 도중에 생긴 관찰, 분석 그리고 결론과 의사소통하기 위한 것이다. 보고서는 일반적으로 설명 정보, 관련 사실과 의견과 결론을 포함하고 있다(표 14-2 참조).

모든 기관은 보고 과정에 대한 다른 형식을 가질 수 있다. NFPA 911은 보고서의 특정 형식을 규정하지 않는다. 사건이 법원에 갈 때, 절차의 규칙은 특정 보고서의 형식을 요구, 그리고/또는 정보의 특정 범주를 요구할 수 있다. 모든 보고서는 명확하고 정확하고 올바른 방법으로 수행되어야 한다. 이 보고서는 종종 조사관의 부서 또는 회사 외부 사람들에게 배포되기도 하고 잘 정돈되고, 잘 쓰인 보고서는 조사관의 신뢰성과 전문성에 좋은 인상을 준다. 보고서는 표현되고 과학적인 방법의 사용을 설명한 결론이나 의견의 기초를 포함해야 한다. 모든 자료와 조사관에 의해 고려된 가설을 지지하는 관찰을 포함하는 모든 관련된 정보는 포함되어야 한다. 목격자나 다른 소스에서 얻어진 정보는, 그들이 제공한 정보와 함께 목격자나 소스는 식별되어야 한다. 조사관은 조심스럽게 추측과 지원되지 않는 의견을 피해야 한다. 적절한 경우, 기술적 정의와 정보는 NFPA 921과 다른 관련된 서류에 대한 참조를 포함할 수 있다.

보고서는 조직적인 방식으로 쓰여졌을 때 가장 효과적이다. 카테고리로 나뉘어 쓰였다면 보고서의 정보를 이해하기 더 쉽다; 예를 들어, 조사관은 인터뷰, 물리적 관찰, 외부 연구, 결론 및 기타 항목으로 섹션을 나눌 수 있다. 조사관은 보고서 템플릿을 개발하거나 템플릿을 제공하는 소프트웨어를 활용할 수 있다. 가능하다면, 조사관은 각 보고서에 대해 동일한 형식을 사용해야 한다.

팀 설정에서, 다른 조사관은 조사의 다른 부분을 기록하기로 할당되어 있다. 예를 들어, 한 조사관은 그녀 자신이 실시한 인터뷰를 보고하기로 했다(또는 그녀가 서기로 활동한), 다른 조사관은 현장의 물리적 증거를 보고하고, 세 번째 조사관은 팀의 조사 결론을 보고하기로 할당되었을 때. 이러한 상황에서, 단 한 명의 조사관만이 주어진 주제에 따라 보고해야 한다. 이는 보고서 사이의 갈등과 혼란을 방지할 수 있다.

모든 보고서는 최소한 조사관의 논리와 다른 사람들의 결론과 인쇄상의 오류를 피하기 위해서 관리되거나 기술적 검토가 시행되어야 한다.

표 14-2 보고서 정보

정보의 종류	예
설명 정보	날짜, 시간 및 사건의 위치; 조사 날짜와 위치; 보고서가 준비된 날짜; 보고서를 요구하는 사람의 이름; 조사의 범위; 보고서의 성격
관련 사실	현장 묘사, 검사 항목, 수집된 증거; 가설 개발, 테스트, 결론의 기초를 형성하는 정보와 관찰
의견과 결론	조사관의 의견과 결론; 의견/결론이 기초가 되는 기본; 의견/결론에 의견을 표현한 각 사람들의 이름, 주소, 소속

요 약

검토를 위한 준비

- 화재 또는 폭발 현장 촬영에서, 조사관의 목표는 후에 조사관이 그 또는 그녀의 관찰에 대한 기억을 되살리거나 관찰을 기록하는 것을 도와주는 매체를 통해 현장을 녹화하는 것이다.
- 현장을 녹화하는 주 방법은 영상 매체를 통해 하는 것이다. 디지털, 스틸 또는 비디오 사진은 조사관에게 보고서를 쓸 때 참고하는 점으로 사용 가능한 현장 사진을 제공한다.
- 영상 매체를 이용하여 현장을 기록하는 것은 현장이 진압 또는 다른 행동으로 인해 변경, 방해, 또는 파괴되기 전에 조사에서 최대한 빨리 진행되어야 한다.
- 화재, 폭발 조사 현장에서 사진은 허용된 관행 내에서 찍혀야 한다.
- 비디오를 사용하는 것의 가장 큰 이점은 중요 부분에 대한 녹화를 통해서 시청자들에게 전체 장면을 제공할 수 있다는 데 있다.
- 현장에 대해 기록할 수 있는 만큼 하는 것이 가장 중요하다. 기록 활동에 대해 추천되는 행동은 도착, 진압, 분해, 관찰자, 그리고 화재 근원지와 원인 결정에 대한 조건을 기록하는 것이다.
- 컴퓨터 프레젠테이션은 대량의 시각적 매체의 발현을 위한 효과적이고 포괄적인 매체가 되고 있다.
- 조사관의 기억을 지지하고 현장의 세부 사항에 대한 기록을 위해 도표와 스케치를 이용한다.
- 유형의 차이점은 인용된 상세 정도, 건물 구조의 유형, 건물의 특성, 장비 그리고 화재 근원지, 원인, 화재 확산에 중요한 요인들과 관련이 있다.
- 조사관이 현장 도표를 생성하기 위한 다양한 옵션들이 있다. 종종 현장의 크기와 복잡성 및 조사가 포함된 형태와 세부의 정도가 포함된다.
- 현장의 시각적 표현뿐만 아니라, 조사관은 사진 찍을 수 없거나 스케치 할 수 없는 항목들을 보완하기 위해서 조사 메모를 작성해야 한다.
- 보고서의 목적은 관찰, 분석, 그리고 조사 도중 만들어진 결론과 소통하는 것이다. 보고서는 일반적으로 설명 정보, 관련 사실과 의견과 결론을 포함한다.

요 약

주요 용어

도표 (Diagrams)

현장 조사가 완료된 후 만드는 일반적 도표

모자이크 사진 (Mosaic photographs)

파노라마 뷰가 요구되고 광각 렌즈를 충분히 사용할 수 없을 때 사용된다. 모자이크는 사진은 주변을 더 잘 파악할 수 있게 오버레이 형태로 사진의 숫자들을 조합함으로써 얻을 수 있다.

사진 도표 (Photo diagram)

사진이 어느 방향에서 찍혔는지를 나타내는 도표

포토 로그 (Photo log)

촬영된 항목 또는 지역의 간단한 묘사와 사진 번호를 포함하는 화재 현장에서 촬영된 모든 사진의 기록 또는 차트

링 플래시 (Ring flash)

눈부심 감소와 확대 사진에 대해 적절한 조명을 제공

스케줄 (Schedule)

큰 프로젝트에 사용, 이는 장비의 종류를 자세히 나타낸다.

연속적인 사진 (Sequential photography)

알려진 지역에서의 작은 피사체와 그것의 상대적인 위치 사이의 관계를 나타낸다. 작은 피사체는 처음에는 그것의 주변을 보여주는 거리가 있는 곳에서 찍혔다. 추가적인 사진은 피사체가 프레임에 집중될 때까지 더 가까이에서 찍힌다.

스케치 (Sketches)

자유형 도표 또는 현장에서 최소한의 도구로 그려진 도표, 3차원, 2차원이 될 수 있다.

실전 화재조사관

당신의 고객은 당신이 작년에 조사한 화재에 대한 보고서를 준비하기를 요청했다. 당신이 사건 파일을 열 때, 당신이 현장 도표를 완료하지 않은 것을 기억하고, 목격자와의 인터뷰 도중 필기한 노트는 불완전하고 읽기 어렵다는 것을 알게 된다. 당신은 현장 사진을 다시 보고 당신이 현장 조사 중 찍은 몇몇 사진은 흐릿하거나 화재 원인을 정확히 묘사하기에는 너무 어두운 사진들이 있다는 것을 알게 된다. 당신이 조사를 기억한다고 해도, 특정 사실은 불분명하고 보고서를 완료하는데 어려움을 겪을 것이다.

1. 사진은 법정에서 오직 사용될 것이다. 이럴 때:
   - A. 양측 다 사진이 바뀌지 않았다고 동의할 때
   - B. 조사관이 그것이 사실이라고 하고 현장을 정확히 반영한 것이라고 주장할 때
   - C. 흑백 논리이다.
   - D. 모두 다

2. 외부 사진은 다음의 것을 제외한 모든 것을 포함해야 한다:
   - A. 날씨 조건
   - B. 집 번호
   - C. 표지판
   - D. 랜드 마크

3. 현장 조사가 이루어진 후 생긴 도표 문서는 어떤 것인가?
   - A. 스케치
   - B. 도표
   - C. 건축 도면
   - D. 기계적 도면

4. 조사 중 필기를 위한 가장 좋은 매체는 어떤 것인가?
   - A. 노트 패드
   - B. 디지털 오디오 녹음기
   - C. 미리 만들어진 양식
   - D. 조사관은 단 하나의 매체에만 의존해서는 안 된다.

물리적 증거

학습 목표

이 장을 학습한 후 여러분은 다음 사항을 할 수 있다.

- 화재 조사 현장에서 발견된 물리적 증거 종류의 식별 NFPA 1.3.7 NFPA 4.4 NFPA 4.4.2
- 어떻게 화재 현장과 물리적 증거를 보존할 수 있는지 서술 NFPA 1.3.7 NFPA 4.4 NFPA 4.4.2
- 물리적 증거의 오염을 어떻게 피할 것인지 서술 NFPA 1.3.7 NFPA 4.4 NFPA 4.4.2
- 물리적 증거를 어떻게 수집할 것인지 서술 NFPA 1.3.7 NFPA 4.4 NFPA 4.4.2 NFPA 4.4.4
- 물리적 증거를 어떻게 옮기고 저장할지 서술 NFPA 1.3.7 NFPA 4.4 NFPA 4.4.2
- 물리적 증거를 위한 조사와 시험 과정을 서술 NFPA 4.4 NFPA 4.4.2 NFPA 4.4.4
- 물리적 증거가 언제 어떻게 배치할지 서술 NFPA 4.4.2 NFPA 4.4.5

기능습득 목표

이 장을 학습한 후 여러분은 다음 사항을 할 수 있다.

- 추천 및 접수 방법을 이용하는 물리적 증거의 과정 NFPA 1.3.7 NFPA 4.4 NFPA 4.4.2

NFPA 참고 문헌

NFPA 921, *Guide for Fire and Explosion Investigations*

CHAPTER

15

FESHE 과정 결과물

화재조사 I

1. 현장 안전성과 증거 보존을 포함하는 화재 현장에 대응하는 소방관의 책임을 식별하라.

화재조사 II

7. 지문과 증거 수집/보존의 절차를 나열하라.

당신은 화재조사관

치명적인 화재를 조사할 때, 화재 진압 대원은 피가 묻은 큰 금속 파이프를 찾아냈다. 그들은 당신에게 파이프를 가져오고 그것이 어떤 불꽃이나 열 손상을 받지 않은 채 식당에 있었다고 말한다. 건물에 들어가고 화재 근원지에서의 피해자를 조사할 때, 당신은 화재에 의해 생긴 상처들은 보이지 않는다는 것을 알아차렸다. 추가적으로, 당신은 인화성 액체에 의해 바닥에 화재 패턴이 생겼음을 알아차렸다.

1. 화재 진압 대원과 그들의 방법이 물리적 증거에 어떤 영향을 미쳤는가?
2. 물리적 증거가 화재의 원인을 결정하는데 어떻게 도움을 줄 수 있는가?
3. 당신의 현장 조사 중 당신은 물리적 증거를 어디서 찾을 것인가?
4. 물리적 증거를 수집하고 보존하는 가장 좋은 방법은 무엇인가?

개요

실제 증거라고도 불리는, 물리적 증거는 특정 사실이나 주제를 증명 또는 반증하는 경향이 있는 물리적 또는 실존하는 항목이다. 화재 현장에서, 화재 패턴, 발화원, 안전 및 화재 감지 장치, 그리고 화재 원인과 관련된 물건을 포함하는 것들은 물리적 증거라고 여겨진다. 이러한 종류의 증거는 법원이나 다른 절차에서 그것이 제대로 식별되고, 기록되고, 수집되고, 보존되고 분석될 수 있다.

화재조사관은 화재 또는 폭발 현장에서 물리적 증거의 위치, 사진 촬영, 제대로 된 식별, 수집, 기록, 검사 및 저장, 그리고 시험을 위한 배치를 할 책임이 있다. 화재 지상에서 잠재적 물리적 증거보존의 첫 번째 단계는 소방 또는 화재 진압 동작 자체이다. 관할 지역의 화재조사관은 소방관에게 어떻게 증거 보존의 중요성을 알게 되는지 교육시키고 실수로 인한 물리적 증거의 손상을 피하는 방법을 가르침으로써 그들을 도울 수 있다.

화재조사관이 주장해야 하는 일반적인 일은 화재가 진압되었을 때와 정밀 검사가 끝날 때

안전 팁

화재조사관들은 특히 화재 현장에서 그들의 일과 관련된 위험을 인지해야 한다. 건물과 모든 시설의 무결성에 대한 신중한 평가는 지속적으로 필요하다. 모든 상황은 살충제, 화학 물질, 기타 위험과 같은 위험 요소들을 포함할 수도 있다. 화재조사관은 호흡 마스크, 장갑, 헬멧 및 기타 장비로 그들의 일상생활 속에서 그들의 건강과 안전성을 지키는 것이 권장된다.

실제 물리적 증거를 찾으려고 노력하는 것이다. 화재 조사와 집행 협회는 화재, 폭발, 교통사고, 그리고 기타 공동 작업에서 물리적 증거를 보존하는 훈련을 제공할 수 있다.

물리적 증거

화재 현장에서의 일반적인 물리적 증거는 조사관이 사실을 설립하는 데 도움이 되는 바닥에 있는 인화성 액체의 흔적, 강제 진입의 시점에서 생긴 자국 또는 중요한 밸브의 수정, 오류가 발생한 전기 회로, 지문, 혈액, 또는 다른 물리적 항목들을 포함한다.

소매점 로비에서의 발견된 녹은 촉진제 용기와 같은 것에서 물리적 증거는 명백할 수 있고, 또는 개발될 때까지 도구에 묻은 지문은 보이지 않을 수 있다. 조사관은 물리적 증거의 소스에 대한 발견에 있어 참을성이 있어야 하고 조직적이어야 한다.

화재 패턴, 화재 이후에 남는 시각적 또는 측정 가능한 물리적 효과는 인공적인 증거이다. 화재 현장에서의 인공 증거는 최초 연료 인화의 잔류물, 최초 연료를 발화시킨 발화원의 요소, 그리고 화재의 성장과 개발에 영향을 준 다른 매체들을 포함할 것이다.

화재조사관들은 화재 현장 밖에 있는 물체들을 인식해야 하고 화재 현장에서 수집되어야 할 증거를 식별해야 한다. 결정은 조사, 법적 요건, 한계의 범위를 토대로 진행될 것이다. 조사관은 물리적 증거가 될 때, 사고방식의 포괄성을 포함해야 한다. 물체가 잘못된 장소에 있는 것처럼 보이면, 조사 과정이 그렇지 않음을 입증할 때까지 그것은 잠재적인 증거로 간주한다.

화재조사관은 물리적 증거 인지에서의 훈련과 필요한 장비를 취득하여 결과를 향상시킬 수 있다. 화재조사관은 화재-손상 증거를 인식하는 것을 더 잘할 것이고, 도구 흔적, 신발 또는 타이어 흔적 그리고 지문은 범죄 현장 기술자가 더 잘 인식할 것이다. 복잡한 조사에 권장되는 방법은 인식, 수집, 분석 그리고 증거의 보존에 대한 능력이 있고 요구되는 모든 장비를 모두 가진 법 집행 범죄 현장 기술자와 긴밀한 협력 관계를 맺는 것이다.

일반적으로, 물리적 증거는 재판 또는 절차에서 그 중요성을 설정하는 실험실 조사와 전문증인의 증언이 필요하다. 화재조사관은 물리적 증거의 범주에 해당하는 수량, 포장, 저장 및 운송 방법을 결정하는 증거를 평가하는 법의학 실험실 기술자와 현장 조사 시 연락을 하고 있어야 한다.

물리적 증거는 직접적인 증거(CCTV와 같은 장치와 그들의 오감을 통해 감지하는 증인의 증언), 실증 증거(사진, 지도, X-rays, 시각적 테스트, 설명), 또는 정황 증거(보통 다른 사실을 입증하고 그들의 논리적 추론에 의해 그려지는)와 판사 또는 배심원에 의해 관찰되고 물리적으로 다른 형태의 증거와는 다르다.

화재 현장 및 물리적 증거의 보존

화재 현장 증거 보존은 일반적으로 초기 발화와 점검 시의 최초 응답자에 의해 시작된다. 이상적으로, 화재 현장은, 특히 화재 근원지의 방은 가능한 한 그대로 남아야 한다. 물리적 증거는 여러 형태를 취할 수 있으며 화재 또는 폭발 현장 조사에서 다양한 곳에 존재할 수 있다. 어떤 물리적 증거를 수집해야 하는지를 결정하는 것은 화재조사관에게 달려있다. 화재 조사에서의 가장 중요한 증거는 일반적으로 화재 근원지에서 발견되는 것을 이해하는 것도 중요하지만, 중요한 증거는 화재 현장 내의 다른 곳에서와 화재 현장 밖에서도 종종 발견되고 하긴 한다(그림 15-1).

그림 15-1 **물리적 증거는 일반적으로 화재 근원지 근처에서 발견된다.**

현장에서 보존된 증거의 가치는 종종 조사 끝까지 알려지지 않는다. 그것은 현장에서 제거된 파편 또는 쓰레기로 여겨지는 모든 매체는 촬영될 것이고, 포함될 것이고, 어디서 찾은 건지 위치가 표시될 것이다. 예를 들어, 기구의 조각이 없다면, 그것은 나중에 특정 위치에서 표시된 용기에서 발견될 수 있다.

인식, 기록, 수집 그리고 물리적 증거를 보존하는 기술은 전문 훈련과 경험에서 오고 조사관의 가장 중요한 능력이다. 경험 있는 화재조사관은 조사관의 개인 훈련이나 장비 능력을 초과하는 물리적 증거의 식별과 복구를 위해서 범죄 현장 기술자나 다른 증거 전문가를 현장에 불러야 하는 것을 이해한다.

식별, 기록, 복구 또는 보존에 있어서의 오류는 추후 분석과 법정에서의 사용을 불가능하게 할 수 있다. 물리적 증거의 부주의 또는 의도적인 약탈은 잠재적으로 조사관을 법적 제재를 노출시킬 수 있다.

■ 증거 보호

화재가 제압된 후, 내부 요원들은 잠재적으로 중요한 물리적 증거를 찾기 시작할 것이다. 화재 현장에서의 물리적 증거를 보호하기 위한 효과적인 방법은 많다. 최선의 방법은 화재 근원지 입구 또는 근처에서 접근 제한, 화재 감시, 추가 진압을 요구하는 지역에 소방관을 위치시키는 것이다. 훈련된 조사관은 이 과정에서 가능한 한 빨리 화재 현장으로 호출되어야 한다.

가솔린 컨테이너, 총, 강도에 사용되는 도구, 전기적 결함을 보이는 또는 유사한 물건과 같은 잠재적인 물리적 증거는, 종종 증거로서 "taped off" 또는 식별될 수 있다. 사고 지휘관(IC)은 잠재적 증거가 발견되면 항상 통지해야 한다.

수 년 동안 범죄 현장 기술자가 쓴 일반적인 기술은 "flag, bag, and tag"이다. 이 과정은 증거로서의 가치가 있는 물건을 식별할 때 그리고 물체에 흔적을 남길 때 현장의 초기 조사 시 측량사가 항목을 식별하고 보호할 때 쓰는 방식이다. 항목의 위치는 기록되고 기술자는 적절한 용기에 항목을 빈환하고 수집한나. 기술자는 내용물과 용기의 위치를 나타내고 유치의 사슬을 만들어내는 증거를 식별한다. 증거의 교차-오염을 피하기 위해, 현장에서 수집되고 발견된 각 증거를 위해 새로운 쌍의 장갑이 필요하다.

■ 화재 진압 요원의 역할과 책임

이전에 진술한 바와 같이, 화재 현장에서의 잠재적 물리적 증거의 보존의 첫 단계는 소방 또는 진압 동작이다. 소방관이 화재 근원지 또는 원인을 결정하는 책임이 없지만, 그들은 조사에서 중요한 역할을 한다. 현장 조사가 다 끝난 후에도 화재의 특정 원인이 밝혀지지 않을 수 있기에, 화재 현장에 특히 화재 근원지 영역에서 소방 및 보존 작업을 하는 것으로부터 물리적 증거를 보호하기 위해서 전문적인 접근이 필요하다. 소방관은 여러 화재, 방화 장치, 또는 인화성 액체를 포함한 방화의 지표를 찾기 위한 훈련을 받는다. 이러한 규칙은 미국 방화 협회(NFPA)의 소방관과 소방 공무원의 전문적인 자격에 명시되어 있다.

초기 화재 현장에서, 각각의 문과 창문의 보안은 중요하다. 잘 훈련된 소방관들이 현장의 첫 방문 때 경보음, 문과 창무니 개폐, 냄새 그리고 어디에 있는지 보이지 않는 물체를 포함한 조건들을 항상 기록해야 한다. 생명과 안전 문제가 제어되면, 사고지휘관은 화재 현장이 다른 파괴로부터 보호되는지를 보증해야 한다.

보존

화재의 실제 원인이되지 않을 수 있다고 알려져 있기 때문에 전체 현장 조사가 완료될 때까지, 화재 원인 조사는 살인 또는 차량사고와 같은 많은 다른 종류의 조사로부터 다르다. 중요한 물질적 증거가 화재 현장에 주어져있을 것인지 또는 어디에 위치 할 것인지를 예측하기는 어렵다. 이러한 이유로, 조사의 과정은 핵심 영역을 좁힐 수 있을 때까지 조사자는 잠재적인 증거로 전체 장면을 생각해야 한다.

일반적인 규칙은 가장 물질적인 증거는 일반적으로 방화에 원인이 있는 사람이 중요한 작업을 했던 곳에 위치한다는 점이다. 사람의 과실로 인해 초래된 방화 및 화재 사고의 대다수에서 발화원의 영역은 일반적으로 가장 중요한 증거를 발견하기를 기대한 곳이다.

화재 현장의 대부분에서, 화재 서비스 사고 지휘관은 단순한 자신의 경험과 훈련을 적용하여 발화원의 영역을 알아차릴 수 있다. 사고 지휘관은 불이 커질 때 존재했던 목격자로부터나 최초로 그 장소에 도착한 공공 안전 관리자로부터 추가적인 정보를 얻을 수 있다.

발화원의 지역에서 초기 진압은 항상 그곳의 증거를 보존하는 데 도움이 되는 것을 우선적으로 고려해야 한다. 발화원의 영역은 알려져 있고 화재는 구조의 다른 영역으로 확장 된 경우에는, 정기적으로 연출되는 억압하는 곳으로부터 darked down을 보존해야 하는 것이 충분할 때마다 바람직하다. 이러한 방법은 잠재적인 증거에 최소한의 영향을 미칠 경향이 있기 때문에 간접 천장 스프레이나 안개 스트림에 의한 화재의 공격은 항상 가장 좋은 때마다 가능하다.

화재 진압 작업에서 주의

발화원의 잠재적인 영역으로 직접적인 고기압, 직선의 물의 흐름이나 전체 방의 내용물인 창이나 밑으로 당기는 벽이나 천장을 점검하는 구식 소방 작업은 분명히 증거를 파괴하고 잘 관리 된 화재 현장 작업에서 멀어진다. 고압 물줄기나 양압 환기는 혼란적인 화재 피해 패턴을 만들 수 있고 물질적인 증거를 파괴할 수 있다. 이들은 대안이 없는 조건에서만 사용되어야 한다. 불의 기원의 영역 내에서 내용의 상단에 대해 설명하는 당기는 구제는 잠재적 교차 오염의 근원을 소개하고 피해야 한다. 모든 노력을 자신의 불이 나기 전의 위치에, 특히 발화원의 영역 내에서 화재 현장에 항목을 떼어내야 한다.

지역 사회에서 화재 진압 및 화재 조사의 긴밀한 협조는 화재 예방, 규정 적용을 극대화하면서 화재 진압 대원에 대한 문제 "서비스의 아웃 시간"을 최소화하고 효과적인 화재 조사 프로그램의 법 집행의 이점일 수 있다. 이러한 기존의 많은 문제에 대한 해결책은 가능한 한 빨리 소방 과정에서 현장 경험이 풍부한 화재조사관을 호출하는 것이다.

정밀 검사의 관리는 특히 발화원의 영역 내에서 매우 중요하다. 증거를 유지하는 단계에서 화재에 의해서 손상되지 않은 것은 손상 받을 영향이 있거나 추방될 것일 수도 있다. 발생된 지역에서 가구, 가전 제품, 및 기타 장비에 화재 운동과 강도 패턴 증거와 손상 패턴을 보여주는 벽과 천장은 점검이 발생하기 전에 문서화하고 분석해야 하는 중요한 증거이다. 매우 효과적인 화재 넉다운 및 정비 기술은 화재를 중지하고 증거의 부주의한 파괴를 최소화할 수 있도록 개발되었다.

그림 15-2 전자레인지의 손잡이 위치를 주목할 것.

화재 진압 인원은 그림 15-2의 기기나 회로 차단기에 밸브 또는 노브와 스위치를 조정하지 않도록 해야 한다. 차단기 패널에서 모든 차단기를 내리는 상황은 보통 간단하게 메인 차단기를 "끔"으로 내려서 완전히 피할 수 있다.

법 집행 기관에서 범죄 현장의 무결성을 유지하는 표준 방법 중 하나는 잠재적인 진입 시점에서 직원에게 게시하고, 문서를 검사하는 직원에게 현장에 항목을 세한하고, 증거를 수집하는 것이다. 이 발화원의 영역에 각 항목 점에서 화재 진압자에게 게시하여 화재 현장에 수행할 수 있다.

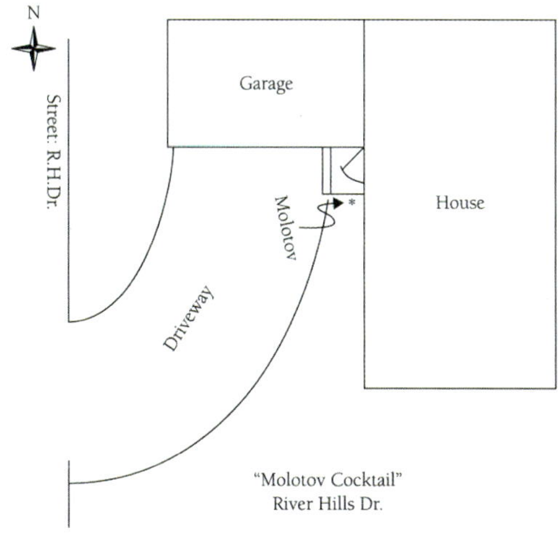

그림 15-3 증거의 위치(화염병)가 그림에 나타나 있다.

스위치나 밸브의 초기 위치는 종종 매우 중요하다. 화재 대원이 거리에서 전기 또는 가스 서비스를 중단하거나 유틸리티 입구에서 메인 밸브 또는 주 차단기를 차단하는 것이 가장 안전하다. 개별 가스기구는 항상 기기 뒤에 차단 밸브에 있으며, 이는 연료 가스의 흐름을 차단하는 데 사용되어야 한다. 진압 대원은 조사 중인 지역에 연료가 쏟아져 나오는걸 피하기 위해 그들이 화재 현장 외부에서 사용하고 있는 전동 공구에 연료를 공급한다.

훈련된 연구자는 환경과 지침 문서와 복구에 대한 책임을 지지할 수 있을 때까지 발견되는 경우 일반적으로 물질적인 증거가 남아 있어야 한다.

그림 15-4 증거의 위치가 사진에 기록되어 있다.

■ 화재조사관의 책임관과 역할

어느 증거는 발화원의 영역으로부터 제거하고, 그것을 수집하기 전에 그 위치와 위치를 나타내는 도면에서, 분석된 사진으로 문서화되어 고정될 필요가 있다. 필드 노트들은 발견 당시 증거의 상태를 문서화해야 하고 존재하는 다른 사람들의 목록을 작성해야 한다. 그림 15-3에서는 화염병의 위치는 그림에 설명되어 있다. 그림 15-4에서는 사진은 증거의 위치와 위치를 기록하는 데에 사용된다.

숙련된 수사관, 검사관, 의료 심사관은 신중하게 검토할 수 있고, 자신의 위치를 설명하기 전에 화재 현장에서 이러한 의심을 가속화하는 것이나 시체의 용기와 같은 물리적 증거의 이동에 대해 경고한다.

마찬가지로, 폭발장치의 조각이나 다른 물질적인 증거의 잠재적인 물질이 있는 불법침입의 증거가 있는 경우에는 일반적인 규칙은 건들지 않고 다시 싸우는 작업이어야 하는 증거이고 가능할 때마다 잠재적인 증거가 있는 곳으로부터 이차적인 물질을 멀리 놔야 한다(이 책의 "법적 고려사항"장에서 증거파기에 대한 절을 참조).

물리적 증거의 오염

현상조사 중에는 물리적 증거의 오염을 방지하기 위해 주의해야한다. 증거를 오염시키는 상황은 소방, 수리와 구제 작업, 증거 처리, 저장, 운송 중에 발생한다.

■ 수집하는 동안 오염

물리적 증거의 오염의 대부분은 오염된 도구와 보호 장비의 사용을 통해 수집하는 동안 발생한다. 이것은 증거 수집 사이트 잔여물로, 오염된 화재 현장이나 장소에서 물질의 의도하지 않은 이동에 따른 교차 오염이라고 언급된다. 네 개의 주요 잠재적인 화재 현장에서 교차 오염의 원인이있다 : 예를 들어 장갑, 증거함, 비상 장비와 같은 보호 장비 도구. 화재 진압 및 화재조사관은 교차 오염을 방지하기 위해 특정 청소 절차를 준수해야 한다.

증거 용기의 오염

새로운 용기는 증거를 수집하는 데 사용되어야 하고, 증거 수집가는 각각의 새로운 수집 때마다 깨끗한 일회용 장갑을 착용한다. 이러한 수집함과 같은 수집 도구의 사용은 또한 교차 오염을 방지에 도움이 된다. 사용하지 않는 파인트, 쿼트, 갤런의 칠을 한 스타일의 증거 캔 또는 그것에 상응하는 보관하는 잔여물이나 비교샘플보다는 화재조사관이 새로운 공급품을 나르는것을 추천한다. 다른 차량, 장비나 도구에 의한 수송이나 저장하는 동안 캔의 내부는 오염될 수 있다는 어느 정도의 가능성을 최소화하기 위해 응답차량에 넣기 전에 공급자로부터 받는 대로 즉시 캔을 밀봉하는 것은 좋은 습관이다. 물질적 증거의 다른 형태는 골판지

> **화재조사관 팁**
>
> 증거의 오염을 제한하기 위해 증거를 수집할 때 증거함 자체를 사용하는 것이 좋다.

박스들이나 비닐봉투에 놓을 수 있다. 물질적 증거의 수집을 훈련하는 것이나 증거기술자와 화재장소에서 가치있는 증거를 수집하는 잠재력을 극대화하고 오류를 최소화하는 상담은 중요하다.

도구

화재조사관이 화재 현상을 처리하는 특별한 도구 키트를 장착해야 한다. 이러한 도구는 다른 소방서 장비와 별도 보관해야하며 녹 방지 물질로 코팅해서는 안 된다. 화재 현장 검사가 완료된 이후에, 이러한 도구는 세제로 세척하고 강한 물의 흐름으로 세정되어야 한다.

화재조사관은 블레이드 강철 블레이드 도구(삽, 괭이, 벽돌 흙손, 부정 행위, 면도기 등), 발굴과 인화성 액체 증거 시료 채취를 위해 딱딱한 고무 블레이드와 함께 고무 청소기를 사용하는 것이 좋다.

증거 수집 사이트와 현장의 사이에서 계속해서, 화재 현장에 복용하기 전의 발굴이나 증거 시료 체취를 위해 사용된 각각의 공구를 청소할 필요가 있다.

연구사들은 촉진제 검출기 또는 사용할 수 있는 중요한 탄화수소 검출기가 있는 경우, 그것은 청소 후 사용하기 전에 도구를 재확인하는 데 사용할 수 있다.

원유에서 파생된 인화성의 액체는 일반적으로 스스로 물에 용해되지 않는다.

보호장비

시료 촬영 및 현장 시험이나 오염 지역을 피해 수거장소로 가기 위해서는 들어가기 전에 부츠를 깔끔히 하는 것이 중요하다. 연구자들은 화재 장갑을 착용한 상태로 액체의 잔류 시료를 처리하지 말아야 하지만 대신 잔여물의 잠재적 증거를 다루기 위해 일회용 장갑을 착용해야 한다. 새로운 것이거나 깨끗한 일회용 장갑들은 조사관의 주머니 또는 키트에 수반될 수 있다. 두 개의 처분 가능한 외과용 장갑들은 snap top과 더불어 35mm 필름 용기에 적절하게 딱 맞는다. 매 시간마다 조사자들은 증거 시료를 수집하고, 조사자들은 교차 오염의 기회를 최소화하기 위해 장갑과 수집 장비를 바꾸어 주어야 한다.

위험장비

소방관들은 도구들을 가져와서는 안 되고 발전기는 발화 지점의 유증기에 주력해야 한다. 조사자들은 나중에 이 지역에 연료의 손재 또는 부재에 관해 실험할 수 있다. 여기에 적용된 모든 가사 규정은 어떠한 상황(방화가 의심되는 화재의 영역으로 이동하기 전에 유증기를 포함한 어떠한 것을 다룰 수 있는 조사)에서도 적용된다. 만약 연료 전원 도구가 발화 지점 지역으로 이동해야 한다면, 조사자들은 이 사실을 경계해야 한다.

물리적 증거 수집

물리적 증거의 수집은 종류, 형태, 크기 그리고 증거의 조건에 따라 적용된다. 추가 문제인 처리와 특정 조각 포장 여부의 증거가 잠재지문이나 도구표시 같은 깨지기 쉬운 증거의 형태로 저하된다. 화재조사관이 적절한 증거의 조각을 어떻게 보존하고 다루는지에 대한 어떠한 의심이 있다면, 조사자들은 훈련된 기술자에 의한 증거의 도움을 받아야 합니다.

수집 방법은 다음과 같은 요인에 따라 달라진다.

- 물리적 상태 : 그것은 고체, 액체, 또는 기체인가?
- 물리적 특성 : 크기, 모양, 무게가 어떠한가?
- 허약성 : 증거가 붕괴 또는 파괴할 것인가?
- 휘발성 : 증거가 증발할 것인가?

많은 관할 내에서, 공공 안정성 화재조사관들은 화재의 원인에 대해 특히 관심을 가져야 하며, 반면 시민 화재 연구자들은 방화의 증거 그리고 부담 또는 부주의로 평가되는 증거를 우려할 필요가 있다.

일반적으로, 공공 화재조사관들은 일반 가전 제품, 배선, 고장이거나 화재를 유발하는 것들을 제거해서는 안 된다. 범죄적 원인이 되지 않는 화재가 평가될 때 공공 안전 조사관들은 재산 소유주로부터 보험사의 신원을 결정해야 하고 적절한 통지를 해야 한다. 대부분 경우는, 해당 부동산 소유주는 지역의 보험 대리인이나 신속하게 통지하는 중개인의 이름을 제공할 수 있다. 화재 현장이 구조적으로 불안정하거나 누군가 의도적으로 증거를 도용하거나 파괴하려는 가능성이 있는 경우에는 그 현장을 철저히 문서화하는 것이 좋고 보안 저장시설 증거는 제거하는 것이 좋다.

■ 수집된 물리적 증거의 문서화

수집된 물리적 증거를 문서화하기 위해서는 필드 노트, 보고서, 스케치, 및 도표를 사용하여야 한다. 이것은 측정과 사진 및 도표를 포함해야 한다.

조사자들은 증거를 수집한 사람들의 이름을 장면과 문서에서 제거한 증거의 각 부분을 포함하는 목록을 작성해야 한다. 이 문서는 물리적 증거가 이동하기 전에 시작해야 한다. 이것은 화재 조사들이 다음을 설정하는 데 도움을 줄 것이다:

- 조사에서 위치, 조건 및 관계를 제공함으로써 물리적 증거의 기원
- 변경되거나 오염되지 않은 물리적 증거

물리적 증거가 노트, 사진, 그림에서 고정되며 문서화 된 후에, 그것은 수집 및 보존 할 준비가 되었다. 심지어 짧은 시간 동안 경우에도 증거를 보관한 모든 당사자들에 대한 정보를 포함한 증거의 문서화를 확인하라.

■ 전통적 법과학의 물리적 증거 수집

전통적인 법정 물증은 포함되지만, 혈액, 손가락과 손바닥 인쇄, 체액 제한 타액, 머리카락과 섬유, 신발 노출, 도구 마크, 토양과 모래, 숯과 톱밥, 유리, 페인트, 금속, 필기, 의문 문서 및 일반적인 증거 추적 유형에는 제한이 있다.

전통적 신체 증거의 복구를 위한 특별한 절차는 증거의 조건과 유형에 전체적으로 의존하는 것이다. 증거의 특별한 유형을 복구하기 위해 장착되고 훈련된 화재조사관들은 할 수 있다. 그들은 지역, 주, 연방 법 집행 기관에서 훈련을 받은 증거 기술자를 데려와야 한다. 조사는 증거를 보고 실험할 실험실의 정책 및 절차를 따라야 할 뿐 아니라 ASTM 국제 표준을 따라야 한다.

■ 촉진제 시험에 대한 증거 수집

화재의 확산 속도 또는 성장의 비율 증가를 위해 사용될 액체 어떤 연료 또는 산화제이다. 촉진제는 고체, 액체, 또는 가스일 수 있다. ASTM E 1387, 인화성 액체에 대한 표준 시험 방법인 가스 크로마토 그래피, 또는 ASTM 전자 1618에 의한 화재 파편 시료 추출물의 잔류는, 가스 크로마토 그래피 – 질량 분석에 의한 화재 파편 추출물에 인화성 액체 잔류에 대한 표준 시험 방법은, 수집 또는 시험의 유형을 따라야 한다.

액체 촉진제 특성

가장 일반적으로 발생하는 방화 촉진제는 가솔린이나 등유 등을 띠는 액체이다. 이들 액체는 화재 환경에 특히 적절한 도구를 사용하여 당업자 조사자에 의해 회수 될 수 있는 증거로 그들의 동작을 제어하는 중요한 물성을 공유한다. 액체 촉진제는 쉽게 구조 부품, 가구 및 기타 파편에 의해 흡수된다. 그들은 일반적으로 물과 접촉(알코올은 예외)할 때 떠다닌다 ; 다공성 물질에 갇혀 일단 그들은 영구적이다.

액체는 대부분의 가스 또는 고체와는 다른 물리적 특성을 가지고 있다. 연소 촉진제로 가장 일반적인 때며 액체가 고유 화재 현장에서 모두 화재 전개 및 증거에 자신을 사용한다. 일반적인 액체의 주요 특성은 다음과 같다:

- 아래로 흐르는 액체와 낮은 지역에서 웅덩이를 형성하는 경향
- 대부분의 탄화수소 액체는 물보다 가볍고, 섞이지 않고, “무지개”색으로 배치(물 위에 떠 있는)될 수 있다. 일부 다른 인화성 액체(예를 들면, 알코올, 아세톤)는 수용성이다.
- 일반적으로 사용되는 대부분의 인화성 액체 촉진제는 실온에서 인화성 또는 폭발성 증기를 형성하는 경향이 있다.
- 일반적으로 사용되는 인화성 액체의 증기는 공기보다 무겁고 계단, 지하실, 하수구, 파이프 체이스, 엘리베이터 통로와 같은 곳 아래로 흐르는 경향이 있다.

- 연소 촉진제로 사용되는 많은 인화성 액체는 건물 재료와 자연 또는 합성 물질에 의해 흡수된다.
- 많은 인화성 액체는 많은 바닥 표면, 표면 마감제, 접착제를 얼룩지게 하는 경향이 있는 강력한 용매이다.
- 연소 촉진제로 이용되는 일반적 인화성 액체는 자연 발화하지 않는다.
- 주어진 인화성 액체 증기의 발화는 그것의 발화 온도 이상의 발화원을 발생시키는 가연성 또는 폭발의 범위에 있어야 한다.
- 인화성 액체가 바닥에 부어지고 발화될 때, 두 가지 큰 일이 발생한다:
  - 합성면(예를 들어, 비닐) 또는 액체 아래의 표면 처리(부드럽게 하기)의 많은 종류
  - 웅덩이의 가장자리에서, 액체 가장자리에 인접한 증기는 나무, 숯과 같은 바닥 표면을 일으키는 반면에 비닐, 녹음, 숯은 그렇지 않다. 바닥 표면 탄화(용융 또는 탄화)는 액체 가장자리에서 물러난다. 인화성 액체 밑의 바닥은 그 부분의 액체가 끓을 때까지 연소의 영향으로부터 보호된다.
- 실험은 가장 높은 온도는 연소하는 액체 웅덩이 중앙 위에서 생성되는 인화성 액체-촉진제 화재이다. 몇몇 실험은 인화성 액체의 최대 농도는 화재 패턴의 가장 자리에서 발견되고 최소 농도는 중앙 그리고 몇은 반대에서 발견된다. 이러한 불확실성은 가장자리와 중앙 둘 다에서 시료를 채취하는 것을 피한다.
- 알콜이나 아세톤과 같은 높은 증기 압력이 있는 인화성 액체는 표면을 "플래시와 태우기" 하는 경향이 있고, 반면에 케로신이나 테레빈유와 같이 높은 끓는점을 갖는 것은 "심지, 용융, 타오름"은 더 강한 패턴을 남긴다. 화재에 사용될 수 있는 통풍의 양은 화재 패턴 모양에 영향을 줄 수 있다.

일반적으로, 모든 화재 현장은 파편 발굴이 되기 전에 내부와 외부 사진 촬영이 되어야 한다. 잠재적 증거의 부분이 발견되면, 조사관은 각 장소를 촬영해야 하고 범죄 현장 스케치에 그것의 위치를 써야 한다.

표 15-1 인화성 액체 수집 영역

가장 바람직한 수집 영역	덜 바람직한 수집 영역
• 화재 손상된 부분의 가장 낮은 지역과 절연 영역 • 다공성 플라스틱과 합성 섬유에서 채취된 시료 • 패턴과 직접적인 접촉을 한 천, 종이 및 판지 • 내부 솔기, 찢김, 균열 • 바닥 배수 및 하중 열 또는 벽의 기초	• 깊게 불이 탄 나무 • 회색 재 • 바닥에 생긴 화재로 인한 구멍의 끝 • 절대적으로 비 다공성 표면에서의 시료 • 일반적으로, 가장 큰 열 또는 호스 스트림에 노출된 영역

촉진제 잔액 증거 수집의 주요 기술은 어떤 것을 수집해야 하고 어떤 것을 수집하지 말아야 할지 아는 것이다. 촉진제로 사용되는 인화성 액체는 그들이 주입한 그들의 표면의 대부분보다 더 잘 탄다. 조사관은 보호된 영역과 쏟아짐으로 생긴 패턴 내의 흡수성 재료 내부에서 더 강한 시료를 찾을 수 있고 더 잘 찾을 수 있다.

실험실 검증에 필요한 시료 수집을 위한 증거 영역 식별에 제대로 숙련 및 훈련된 인화성 촉진제 탐색견(AK-9) 팀의 지원을 받으면 매우 큰 도움이 된다. 두 번째 중요한 요소는 탐색견 팀은 어떤 조사자들보다 현장에서 신속하게 잠재적인 증거 영역을 검색하데 도움을 줄 수 있다는 것이다. 탐색견들은 차량, 의류, 도구 및 기타 장비들을 찾는데 도움을 준다. 탐색견 팀(AK-9)는 인화성 액체가 사용된 것으로 의심은 되지만 탐색이 지연되는 현장을 검색할 때에도 도움이 된다. 탐색견들의 촉진제 탐지만으로 인화성 액체가 존재한다고 확신을 하기에는 증거로써 충분하지 않으니, 반드시 실험적 검증을 통해서 인화성 액체의 존재 여부를 판단해야 한다.

인화성 액체 테스트를 위한 액체 시료의 수집

촉진세로 사용된 용기가 인화성 액체를 포함하고 있다고 또는 사건에 액체가 요인이었다고 의심이 되면, 증거 복구를 위한 일련의 권고안이 있다:

1. 후에 냄새 인식에 대한 증언을 할 수 있도록 어디서 조사관이 액체의 냄새를 인식했는지 찾아내라.
2. 살균된 피펫 또는 스포이드에 액체를 부음으로서 살균된 용기 내의 액체 시료를 수집하라. 뚜껑을 조이기 전에 용기 윗부분을 알루미늄 포일로 감싸는 것은 좋은 연습이 될 수 있다.
3. 화재 현장에서 용기를 제거하라. 안전한 표면에 적은 양을 붓고, 발화 속성에 대한 증언을 나중에 할 수 있도록 발화를 시도하라.

조사관이 불을 내기 위해 특정 유형 또는 브랜드의 인하성 액체가 사용되었음을 의심하는 증거를 가지면(남겨진 촉진제 파편의 냄새), 그 또는 그녀는 프로젝트에 참여하고 있는 화학자에게 알려야 한다.

살균된, 딱딱한 뚜껑이 있는(캡라이너가 부착되지 않은) 3 또는 4 온스(90~118ml)의 약국 병은 의심되는 순수한 발화성 액체 시료의 수집을 위해 권장된다. 살균된 스포이드 또는 피펫을 이용하여, 조사관은 2 또는 3 온스(60~90ml)의 액체를 수집해야 하고, 병뚜껑 위에 알루미늄 포일을 두어야 하며, 뚜껑을 조여야 하며, 병의 옆 부분에 라벨을 붙여야 한다.

살균된 붕대나 거즈는 물이 부어진 패턴 영역의 진압 표면에서의 의심되는 인화성 액체 잔여물의 광택을 감추기에 좋다.

유리병, 피펫, 스포이드의 유형은 일반적으로 법정 공급 업체, 법의학 실험실, 또는 약국에서 얻을 수 있다. 플라스틱 낚시 태클 박스는 피펫, 유리병, 거즈 패드, 그리고 증거 라벨의 공급을 유지하기에 편리한 용기를 만든다. 전문 용품을 어디서 얻을 수 있는지 법 집행 증거 기술자에게 문의하라.

■ 고체에 흡수된 액체 증거 수집

화재 현장에서 잔류 인화성 액체의 시료 채취는 잔류 인화성 액체의 실험실 식별을 최대화하는 방식으로 수행될 수 있다. 고체 물질에 의해 흡수된 액체 증거를 위한 대부분의 실험실 절차는 "헤드 스페이스" 증기를 여러 방식으로 실험하는 것을 포함한다. 헤드 스페이스는 화재 파편의 상단과 뚜껑의 하단 사이의 밀폐된 증거의 내부 공간을 의미한다. 화재 화학자들은 일반적으로 위의 1/3 부분을 빈 헤드 스페이스로 남겨두고 증거 용기의 2/3를 파편 시료로 채우는 것을 권고한다,

인화성 액체를 포함하고 있다고 의심되는 화재 파편의 수집, 보존, 분석을 위해 V자로 휜 새롭고 줄무늬의 강철 페인트 캔이 추천된다. 녹 억제의 추가적인 효과를 지닌 테플론 또는 유사한 물질로 흔적이 남은 증거 캔은 많은 국가에서 성공적으로 사용되었다. 가장 좋은 방법은 시료와 함께 빈 모형 캔을 실험실에 밀봉하고 제출하는 것이다.

시료를 적용한 후, 조사관은 가스의 누출로 이어질 수 있는 캔의 측면을 왜곡하지 않도록 노력해야 하고, 캔의 상단에 V자 형으로 단단히 뚜껑을 밀봉해야 한다. 일부 기관은 변조 방지 테이프로 뚜껑을 막는 것을 조사관에게 요구한다. 식별 마크나 증거 라벨은 증거 캔 뚜껑이 아니라 증거 캔 옆면에 있어야 한다.

가장 최근의 인화성 액체 잔류를 위해 사용된 열 처리된 플라스틱 증거 파우치는 알콜, 담배, 총기 및 폭발물(ATF) 실험실의 당국이 실시한 1991년 실험실에서 생긴 이전의 문제를 제거하였다. 이러한 종류의 증거 용기는 중요한 이점이 있지만 쉽게 구멍이 나는 경향이 있다. 조사관은 그것의 추천을 위해 자신의 연구소에 물어봐야 한다. 어떤 증거 용기가 선택되든, 시료 용기는 실험과 비교를 위해 제출되어야 한다.

인화성 액체 잔액을 포함하고 있다고 의심되는 재료의 시료를 얻기 위한 훈련은 주와 연방 화재 조사 학교에 의해 제공된다.

조사관은 항상 발화성 액체가 화재에 누출되면 빠르게 탄다는 것을 염두해야 한다. 인화성 액체 잔액을 시료 채취하는 것은 나무 바닥, 임계값, 문 케이스, 가구, 카펫에 부어진 의심되는 패턴의 바닥 표면과 절단면에서의 흡수면에서의 식별과 시료 채취를 포함한다. 가능하다면, 조사관은 파쇄, 분쇄 또는 파편 시료 잔류 증거를 조사하도록 해봐야 한다. 큰 고체 시료를 작은 조각들로 나누는 것은 잔류물의 추출면적을 증가시킨다. 과량의 물은 배출되어야 한다.

시료는 수직으로 실려야 한다(즉, "굴뚝 규칙") 시료를 허용할 때마다(예를 들어, 카펫 또는

패드 시료, 리놀륨 솔기, 종이, 판자 또는 천). 솔기와 나무 바닥 관절에 있는 시료 조각은 가능하다면 분쇄 또는 분열한 후 용기에 수직으로 실어져야 한다. 수직으로 적재된 시료 재료를 수집할 때, 그것을 실을 때 증거를 옆에 두는 것은 도움이 될 수 있다.

포장 없이 그것의 크기에 가장 근접한 용기에 가장 강한 시료가 배치되어야 한다. 조사관은 인화성 액체 잔액을 포함하고 있다고 의심되는 재료를 추가하는 것으로 시료를 희석하지 말아야 한다, 그러나 대신 작은 용기를 사용해야 한다.

시료에 인화성 액체의 강한 냄새가 존재할 경우, 가능한 한 보통 크기의 시료를 주의해야 한다(최소한 하나의 쿼트). 약한 냄새 또는 전혀 식별할 수 없는 인화성 액체 냄새가 존재한다면, 큰 크기의 시료를 주의해야 한다(1갤런보다는 작은). 성냥갑과 같이 작은 물체가 인화성 액체를 포함하고 있다고 발견되면, 물체는 알루미늄으로 밀봉되어야 하고 적절한 증거 용기 내에 밀봉되어야 한다. 화학자는 냄새를 통보해야 한다.

물리적 증거를 촬영할 때, 각 증거 사진에 영구적인 기능(예를 들어, 라디에이터, 벽, 벨브 또는 문 케이스)를 포함하는 것이 좋다고 고려된다.

화재 현장의 선 그리기와 기본적인 규칙은 가능하다면 둘 또는 그 이상의 고정된 증거 물체의 위치를 측정하는 것이다. 조사관은 항상 도면이 북쪽을 향하도록 자기 나침반을 이용해야 한다.

촉진제 테스트를 위한 고체 시료의 수집

고체 촉진제는 테르밋, 화재 시작 페이스트, 구입 가능한 복합 벽난로와 같은 상용 화학 성분을 포함할 수 있다. 일반적인 가정용 약품 및 화장품으로 만든 소이 화학 물질 또한 불을 내는 데 사용될 수 있다. 이러한 자료들은 위험한 부상을 방지하고 보존하기 위해 특수 처리 및 포장이 필요하다. 이러한 일이 발생하면 해당 지역 또는 국가 범죄 연구소에 조언을 구하라.

비교 시료와 모범 제품

시료 비교는 액체 시료 채취 또는 고체 재료가 인화성 액체 잔액을 포함하고 있다고 추정될 때마다 행해져야 한다. 이는 특히 예컨대 카펫 또는 비닐과 같은 공통 바닥 표면이 유희 베이스를 갖고 있나고 믿어질 때 그러하다. 비교 시료는 동일한 카펫이나 표면에서 수월히 얻어질 수 있고, 소파 또는 캐비닛과 같은 큰 물체의 밑에서 인화성 액체 잔액을 제거한 부분에서는 얻을 수 없다. 실험실 실험을 위한 오염되지 않은 카펫에서의 시료는 오염된 시료와 비교될 수 있는 화학적 성분이 기초를 설립하는 데 도움이 될 수 있다.

현장의 손상으로 인해 비교 시료가 사용되지 못할 경우들이 있다. 또한 비교 시료가 반드시 필요하지 않은 경우들도 있다. 그것은 필요하다면 결정을 내리기 위해 분석의 필요 여부에 따라 달려 있다. 그러나, 시료를 얻기 위해 초기 현장 평가를 끝낸 후에 다시 현장을 방문하는 것은 종종 힘들다; 따라서, 비교 시료는 가능하다면 초기 현장 평가에서 얻어져야 한다.

기구나 제어가 화재를 일으켰다고 추정되는 경우, 조사관은 발화 지점 영역 거주자의 인터뷰를 통해 모델 유형이나 소스를 쉽게 얻을 수 있다. 심각한 화재의 경우, 표본을 얻는 것이 종종 바람직하다. 제품 안전 정보에 대한 좋은 자원은 제조사 및 모델 리콜에 대한 정보가 있는 미국 소비자 제품 안전 위원회(CPSC) 웹 사이트이다. 이러한 정보는 화재 또는 감전의 위험에 대해 리콜된 제품을 포함한다. 기계적 또는 전기 엔지니어는 일반적으로 실패의 원인 결정에 대한 평가를 위해 참여하고 있다.

화재조사관은 훈련과 경험을 초과한 파괴적인 평가를 하지 않도록 주의해야 한다. 이 경우, 조사관은 보험 회사 및 실험이나 계획을 행해야 하는 손실을 유지하는 사람과 손상될 수 있는 증거를 제거하기 위한 상의를 해야 한다.

사기체 시료의 수집

조사관은 잠재적 폭발 위험이 존재하는 모든 영역에 출입할 수 없다. 시판 시료 채취 장치 및 배기 공기 시료 채취 장치를 포함한, 가스 증기의 시료를 수집하기 위해 사용될 수 있는 여러 방법이 있다. 이러한 상황을 마주하면 주 또는 연방 연구소에 문의하라.

■ 전기 장비 및 시스템 구성 요소 수집

전기 장비의 검사 전에, 가장 우선은 장비에 전류가 없어야 한다는 것이다. 만약 어떠한 문제가 있다면, 그 장비를 만지지 않는 것이 바람직하다. 자격을 갖춘 기술자가 현장으로 호출되어야 한다.

전기 패널 또는 스위치, 가전 제품, 제어 등과 같은 화재 손상 전기 장비는 움직임이 그것의 증거 가치를 저하하기에 검사되어야 하고 사진 찍어야 하고 현장에 대해 완벽히 기록되어야 한다.

가능하면, 기기 또는 의심되는 결함 회로는 그 자리에 남아있어야 하고 전문가가 검사를 위해 다시 가져와야 한다. 이러한 자원이 사용할 수 없고 건물이 화재 보험에 가입되어 있는 경우, 보험 회사에 문의하라. 대부분의 경우, 전기 고장이 화재의 원인이라고 생각되는 합리적인 근거가 있다면, 회사는 화재조사관을 돕기 위한 자격을 갖춘 전문가를 할당할 것이다. 비 방화 화재의 원인의 잠재적 증거는 다른 이해 당사자의 통지를 보류하고, 현장에 남겨져 있어야 한다. 현장과 잠재적 증거의 그룹 검사는 그 후 예약 될 수 있다.

화재조사관 팁

지문은 종종 화재 후에도 표면에 남아 있을 것이다. 조사관은 항상 잠재적 지문과 도구 마크를 위해 이동된 항목이나 증거를 가진 창문 또는 문의 위치를 찾아야 한다. 잠재 지문을 찾고 도구 마크를 찾도록 훈련되고 장비를 가진 조사관은 이러한 증거를 복구해야 한다. 그렇지 않으면, 지원을 위해 자격을 갖춘 범죄 현장 기술자에게 연락을 하라.

증거 수집을 위해 절단된 선은 다음의 리스트 중 최소한 하나를 참조해 확인해야 한다:

- 전선이 있는 장치나 기구
- 전전이 있는 회로 차단기 또는 퓨즈 번호나 위치
- 장치와 회로 보호 사이의 전선길

화재 원인이 의심이 되는 제조사나 모델이 있는 화재 현장에서의 손상되지 않은 제품이나 제어가 있는 경우, 화재조사관은 나중의 비교를 위해 시료의 수집에 대한 고려를 해야 한다.

수집된 물리적 증거의 식별

수집된 물리적 증거를 식별하는 첫 번째 단계는 증거가 발견된 곳을 사진 찍고 벽이나 문 케이스와 같이 고정된 물체에서의 정확한 위치를 측정하여 현장 도표에 증거를 배치하는 것이다.

그것은 방 또는 주변의 다른 주요 객체의 관계를 보여주기 위한 증거의 중요한 문서의 전체 사진을 허용하도록 연습되어야 한다, 두 번째 사진은 바로 주변의 개체들을 보여주고 사진 내의 항목을 확대한다. 증거의 네 번째 사진은 크기를 설정하기 위해서 측정된 규모로 찍혀야 한다.

© Jones & Bartlett Learning. Photographed by Glen E. Ellman

그림 15-5 증거 용기를 표시

증거 항목의 수집은 긍정적인 식별을 위한 증거 표시를 포함해야 한다(그림 15-5).

범죄 현상 절차는 표시, 태그 또는 증거 포기를 요구한다. 증거가 피괴되지 않을 경우 증거 자체에 직접적으로 마크하는 것이 좋다. 그렇지 않으면, 상품은 태그되거나 가방에 위치할 수 있다. 잠재 지문이나 도구 마크가 존재할 수 있는 위치에 증거의 조각을 표식을 남기지 않도록 조사관은 주심해야 한다.

물리적 증거, 태그 또는 식별을 위한 포장의 항목을 표식을 남길 때, 다음의 정보는 포함되어야 한다:

- 수집된 정보와 시간
- 사건 번호

- 위치
- 증거에 대한 간략한 묘사
- 항목이 어디서 언제 발견되었는지
- 증거를 수집하는 조사관(들)의 이름

증거 표시를 위해 사용되는 재료는 제거, 손상, 대체되어선 안 된다.

완전한 기록과 모든 물리적 증거에 대한 자세한 목록은 조사관에 의해 준비되어야 하고 유지되어야 한다. 목록은 다음의 것을 포함해야 한다:

- 특정 사건에 대한 증거의 식별
- 각각 증거/항목 번호 또는 문자
- 증거 수집 위치
- 증거 항목에 대한 간략한 묘사

물리적 증거의 수송과 저장

몇몇 쟁점에서, 물리적 증거는 검사 또는 실험실 실험을 위해 수송될 필요가 있다. 이 점에 대한 가장 큰 걱정은 물리적 증거의 통합을 유지하는 것이다.

조사관은 증거 수송을 위해 여러 가지 방법을 쓸 것이다. 가능하지 않다면, 증거는 우체국을 통해 보내지거나 일반적인 수송 회사에 의해 수송될 것이다. 특정 요구는 증거의 유형에 따라 달라진다.

실험실은 주어진 증거의 유형에 따라 가장 안전하게 수송할 수 있는 방법을 상의해야 한다. 폭발 장치, 가연성의 액체 또는 전기적 증거와 자동 차단기, 계전기 또는 온도 조절기와 같은 몇몇 재료는 일반적인 상황 하에 운반될 수 없다. 증거는 과도한 열, 습도 또는 다른 오염으로부터 유지될 수 있는 가장 좋은 방법으로 저장되어야 한다. 건조하고 어둡고 차가운 조건은 대부분의 증거에 선호된다. 냉동 또는 결빙은 증거의 유형에 따라 추천될 수 있다. 위험한 재료 운송에 대한 규제와 제한에 우편 서비스나 운송 회사와 상의하라.

모든 증거 운송을 위한 등기 우편물과 우편 전송 형식은 일반적으로 적절하다. 우편 전송은 제출된 증거의 자세한 목록, 요구되는 테스트의 유형과 범위 그리고 의문이 제기되는 상황을 포함해야 한다. 화재조사관은 검사관이 필요하다면 조사관에게 연락할 수 있게 그 또는 그녀의 이름, 주소 그리고 핸드폰 번호를 포함해야 한다. 포장물이 메일로 보내졌다면, 조사관은 등록된 메일 또는 상업적 택배 회사를 통해 보내야하고 등기 우편물과 서명 감시는 요구된다.

■ 관리 영속성

법과학적이고 법적인 요건은 증거가 긍정적으로 식별되고 증거가 법정에서 인정되는 부분에서 관리 영속성에 의해 유지되기를 지시한다. 증거의 조각은 무결성에 도전할 수 있다, 그래서 조사관은 보호권의 사슬이라고 불리는 증거의 정확한 역사적 회계를 유지하기 위해 필요하다(그림 15-6). 이 기록은 증거의 소유자로 온 당사자 모두를 자세히 설명한다. 증거 항목을 위한 관리 영속성을 보여주는 무능력함은 법정에서 증거의 타당성에 도전한다.

Crime Scene Search Evidence Report

Name of subject ____________

Offense ____________

Date of incident ______ Time ______ a.m. p.m.

Search officer ____________

Evidence description ____________

____

Location ____________

____

Chain of Possession

Received from ____________

By ____________

Date ______ Time ______ a.m. p.m.

Received from ____________

By ____________

Date ______ Time ______ a.m. p.m.

Received from ____________

By ____________

Date ______ Time ______ a.m. p.m.

Received from ____________

By ____________

Date ______ Time ______ a.m. p.m.

그림 15-6 관리 영속성 형식

가장 강력한 관리 영속성은 하나의 링크가 있나: 증거를 수집한 화재조사관. 가능하다면, 증거를 저장소에 두어야 함을 아는 조사관은 실험실에서 실험실로 운반하고, 다시 저장소로 운반하고, 법정으로 가져와야 한다. 가능하지 않다면, 지역의 요구 사항에 따라 증거의 보호권을 가지고 있는 사람에 대한 엄격한 책임을 유지해야 한다.

물리적 증거의 검사와 시험

증거 항목이 수집된 후, 이는 검사 또는 테스트를 위해 제출될 수 있다. 테스트는 종종 실패 분석을 위한 화학적 구성을 설립하기 위해 행해진다. 검사 및 테스트는 종종 증거가 증거로서의 가치에 영향을 주지 않으면서, 증거가 어떻게 변하는 지에 대해 요구한다. 파편은 케이스와 커버가 열리는 것처럼 또는 항목의 전체 검사를 허용하도록 제거되는 것과 같이 항목으로부터 제거될 수 있다. 조사관은 그 후 X-ray, 문지의 깊이, 밀도와 같은 테스트를 진행할 수 있다. 테스트가 증거를 바꾼다고 판단되면, 관심 있는 당사자들에게 테스트에 대한 반대 또는 대표 표본을 가질 기회를 가지도록 테스트 이전에 통지해야 한다.

■ 실험실 검사 및 시험

의심되는 인화성 액체 및 재료의 잔액 분석을 위해 많은 화재조사관이 실험실을 사용하지만, 현대 과학 연구소는 여러 물리적 증거에 대한 다양한 테스트를 제공할 수 있다. 화재조사관은 이러한 기능의 범위를 배우기 위한 범죄 현장 처리와 실험실 과학 교육을 얻어야 한다. 증거에 실시된 시험의 일부는 아래 표 15-2에 나열되어 있다.

■ 시료의 충분성

화재조사관은 각 시험에 대한 설립 목적과 기준에 대해 잘 알고 있어야 한다. 각 테스트는 정확한 테스트를 용이하게 하기 위해 최소량을 필요로 한다. 테스트가 실시되기 전에 시험 설비가 설립 기준에 따라 적절한 검사를 실시하고 있음을 확인해야 한다.

■ 비교 검사 및 시험

비교 검사는 일반적으로 실험실에서 수행되는 공학 시험의 함수이다. 화재를 일으킬 것으로 의심되는 복합 기기의 파괴적인 검사가 수행될 경우, 조사관들은 종종 목적 비교를 위해 표본을 획득하려고 시도할 것이다. 화재조사관은 종종 표본이 화재 현장 내에 존재할 수 있음을 알아야 한다. 그 예는 램프, 연장 코드, 콘센트, 스위치 또는 회로 차단기이다.

물리적 증거의 처분

화재 현장에서 당신의 기관이나 회사가 패키지, 라벨, 증거 저장을 어떤 표준 운영 절차를 통해 하는지 검토하라. 증거가 수집, 테스트, 저장된 후 항목이 얼마나 오래 유지될 수 있는지에 대한 의문이 생긴다. 많은 요인들이 저장 기간에 영향을 미친다. 법적으로, 살인과 같은 사건과 관련된 조사는 제한이 없어 증거는 몇 년 후에도 저장되어 있다가 가져올 수 있다. 심지어 형사 사건에서 유죄 판결이 된 후, 피고는 항소할 권리가 있으며, 증거는 항소가 진행되는 동안 유지되어야 한다. 다른 경우, 증거는 소유자에게 반환될 수 있다.

민사 사건도 증거가 법정까지 불릴 때까지 긴 시간이 있다. 일반적으로, 화재조사관은 조사에 관련한 모든 사람으로부터 처분 허가를 받을 때까지 모든 증거를 가지고 있어야 한다. 그 후, 증거 항목은 소유자에게 반환해야 한다.

증거의 처분은 안전하고 적시에 처분되어야 한다. 증거와 그 처분의 문서는 해당 관할 지역의 규정에 따라야 한다.

표 15-2 시험 증거 방법

시험 방법
가스 크로마토그래피(GC)
질량 분석법(MS)
적외선 분광 광도계(IR)
원자 흡광(AA)
X-ray 형광
(태그 밀폐식)인화점시험기(ASTM D 56)
클리블랜드 개방식 플래시와 인화점(ASTM D 92)
Pensky-Martens 밀폐 테스터로 인한 인화점(ASTM D 93)
태그 오픈 컵 장치에 의한 인화점 및 액체의 인화점(ASTM D 1310)
세타플래쉬에 의한 인화점(ASTM D 3828)
액체 화학 물질의 자연 발화 온도(ASTM E 659)
폭탄 열량계에 의한 탄화수소 연료의 연소열(정밀 방법) (ASTM D 4809)
의류 섬유의 난연성(ASTM D 1230)
천으로 뒤집어 씌인 가구의 담배로 인한 발화 저항(ASTM E 1352)
천이 씌인 가구 구성물의 담배로 인한 발화 저항(ASTM E 1353)
바닥 덮는 재료의 완성된 난연성(ASTM D 2859)
에어로졸 제품의 인화성(ASTM D 3065)
건축 자재의 표면 연소 특성(ASTM E 84)
지붕의 화재 테스트(ASTM E 108)
복사열 에너지를 사용하는 바닥 장판 시스템의 중요성(ASTM E 648)
방 화재 실험(ASTM E 603)
화학 물질 인화성의 농도 한계(ASTM E 681)
현재 가스 또는 화재 시 생성된 가스 측정(ASTM E 800)
재료 및 제품에 대한 열 및 가시적 연기 방출률(ASTM E 906)
가연성 분진에 대한 압력 상승률 및 압력(ASTM E 1226)
산소 소비 열량계에 이용되는 재료 또는 제품에 대한 열 및 가시적 연기 방출률(ASTM E 1354)
플라스틱의 빌화 특징(ASTM D 1929)
유전체 내전압(Mil-Std-220F Method 301)
절연 저항(Mil-Std-202F Method 302)

요 약

검토를 위한 준비

- 실제 증거라고도 불리는 물리적 증거는 특정 사실을 증명 또는 반증하는 물리적 또는 실존하는 항목이다.
- 화재 현장에서 일반적인 물리적 증거는 바닥의 인화성 액체의 흔적, 강제 진입 또는 중요한 밸브의 도구 마크, 오류가 발생한 전기 회로, 지문, 혈액, 또는 다른 물리적 항목 또는 조사관이 사실을 설립하는 데 도움이 되는 표식을 포함한다.
- 현장에서 보존된 증거의 가치는 조사가 끝날 때까지 모르기도 한다.
- 소방, 수리 및 인양 작업, 증거 취급, 저장, 운송 시 증거를 오염시킬 수 있는 기회
- 물리적 증거의 수집은 증거의 종류, 형태, 크기 및 증거의 상태의 영향을 받는다.
- 수집된 물리적 증거의 식별에서의 첫 번째 단계는 증거가 어디서 발견되었는지 사진 찍는 것이고 벽 또는 문 케이스와 같이 고정된 물체에서부터의 정확한 위치를 현장 도표에 표시하는 것이다.
- 조사관은 증거 운송을 위해 여러 가지 방법을 쓸 수 있다. 개인적 배달이 가장 선호되는 방법이다.
- 증거 평가 및 테스트는 증거의 가치에 영향을 주지 않고 증거가 어떻게 변경되는지를 요구한다.
- 화재 현장에서 기관 또는 회사가 패키지, 라벨, 증거 저장을 표준 운영 절차에 따르고 있는지 검토하라.

주요 용어

촉진제 (Accelerant)

화재를 일으키거나 화재의 확산 또는 성장률을 증가시키는 기름 또는 산화제, 주로 인화성 액체이다.

정황상 증거 (Circumstantial evidence)

보통 다른 사실에 주의하고 그들로부터 논리적 추론에 의해 그려지는 증거

교차 오염 (Cross-contamination)

화재 현장이나 증거 수집 현장에서의 의도적이지 않은 전송

실증 증거 (Demonstrative evidence)

사진, 지도, X-ray, 가시적 실험, 설명

직접적 증거 (Direct evidence)

그들의 오감 또는 CCTV와 같은 장비를 통해 행위를 감지한 증인의 증언

화재 패턴 (Fire patterns)

화재 후에 남은 시각적 또는 측정 가능한 물리적 영향

헤드 스페이스 (Headspace)

화재 파편의 상단과 덮개 부의 하단 사이의 밀폐된 증거의 내부 영역

물리적 증거 (Physical evidence)

특정 사실을 증명 또는 반증하는 물리적 또는 실존하는 항목. 실제 증거라고도 불린다.

실제 증거 (Real evidence)

특정 사실을 증명 또는 반증하는 물리적 또는 실존하는 항목. 실제 증거라고도 불린다.

전통적인 법과학 물리적 증거 (Traditional forensic physical evidence)

손가락과 손바닥 자국, 혈액과 타액과 같은 체액, 머리 또는 섬유, 신발 자국, 도구 마크, 토양과 모래, 나무와 톱밥, 유리, 페인트, 금속, 필기, 의문스러운 기록, 추적 증거의 일반적인 유형을 포함하지만 이에 한정되지 않는 증거

실전 화재조사관

당신은 대규모 자동차 부품 공급 업체의 지붕에서 발생한 화재의 조사를 실시하고 있다. 당신은 발화 지점 근처에서 화재의 원인으로 보이는 장비의 여러 부분을 식별한다. 소방 대원은 지붕의 큰 부분을 이미 제거했고 이 부분의 배기 팬을 제거했으며 팬에 전기를 제공하는 도관을 잘라내기 시작했다. 왜냐하면 그들이 연소의 "핫스팟"의 길에 있기 때문이다.

당신은 당신의 지붕의 항목에 대한 조사를 마칠 때까지 소방관들이 그들의 행동을 멈추기를 사고 지휘관에게 말한다. 당신은 지붕에서 휘발유로 작동하는 장치들을 발견했고 옆면이 새는 연료통을 발견했다.

1. 불이 꺼진 후 발화 지점과 잠재적 물리적 증거 영역을 보호하는 가장 좋은 방법은 무엇인가?
   A. 소방 대원들에게 물체를 제거하라고 시킨다.
   B. 입구 또는 접근 지역에 소방관을 배치
   C. 입구에서 시작되는 발화 지점을 점검
   D. 점검 중 소방 대원에게 큰 물체를 제거하라고 지시한다.

2. 어떤 것이 교차 오염의 원인이 아닌가?
   A. 적절히 청소된 금속 공구 청소
   B. 가스로 구동되는 발전기 사용
   C. 시료 사이의 동일한 장갑 사용
   D. 증거 용기를 개봉된 상태로 두는 것

3. 물리적 증거를 수집하기 전에 행해져야 할 것은 무엇인가?
   A. 현장에서의 사진
   B. 정확한 측정을 통한 현장 도표 작성
   C. A와 B 둘 다
   D. 해당 항목 없음

4. 도구 마크, 신발 또는 타이어 자국, 지문과 같은 전통적인 증거를 가장 잘 수집하고 보존할 수 있는 사람은 누군인가?
   - A. 화재조사관
   - B. 화재 조사 기술자
   - C. 경찰 검사
   - D. 범죄 현장 증거 기술자

5. 물리적 증거의 대부분의 유형을 보존하는 가장 좋은 위치는 어디인가?
   - A. 낮은 습도에 어둡고, 건조한 곳
   - B. 50퍼센트의 습도 이하의 밝은 곳
   - C. 낮은 습도와 따뜻한 곳
   - D. 50퍼센트 이하의 습도를 가진 어두운 곳

발화지점 결정

검토를 위한 준비

이 장을 학습한 후 여러분은 다음 사항을 할 수 있다.

- 발화 지점 결정을 위해 추천되는 기술 묘사 NFPA 4.2 NFPA 4.2.6 NFPA 4.2.7
- 화재 조사 중 수집된 다양한 정보를 분석하는 방법 묘사 NFPA 4.2.6 NFPA 4.2.7
- 최종 가설을 어떻게 선택할 것인지 묘사 NFPA 4.2.7
- 발화 지점이 충분하게 정의되지 못할 때 화재조사관의 고려를 묘사 NFPA 4.2.7

주요 용어

이 장을 학습한 후 여러분은 다음 사항을 할 수 있다.

- 과학적인 방법을 이용하여 화재 근원지 결정
- 발화 지점을 정확하게 재구성
- 화재 현장 정보 분석

NFPA 참고 문헌

NFPA 921, *Guide for Fire and Explosion Investigations*

CHAPTER

16

FESHE 과정 결과물

화재조사 I

11. 원인과 기원을 확인하고, 실화와 방화를 구별하라.

화재조사 II

이 장에서는 화재 조사 II(FESHE)의 과정에 대한 결과물은 없다.

당신은 화재조사관

당신은 대학의 기숙사의 3개 방에 큰 손해를 입힌 화재에 대해 조사하고 있다. 외부 조사를 지휘한 후, 당신은 2층 중 하나의 층 창문에서만 담배 흔적이 있음을 알아차렸다.

당신의 내부 조사에서 당신은 2층 복도에서 207호로부터 나온 확연한 불꽃 패턴이 나타난 담배 흔적을 발견했다. 방은 부분적으로 손상되었지만, 당신은 화재가 방의 동쪽에 있는 침대 부근에서부터 시작되었음을 알 수 있었다. 이 부분에서 당신은 몇몇 멀티탭(문어발), 양초, 재떨이를 발견했다.

1. 방의 사용자로부터 화재가 어디서부터 시작되었는지에 대한 어떤 정보를 얻을 수 있는가?
2. 당신은 화재발생 부분을 어떻게 기록할 것인가?
3. 화재의 구체적인 원인을 결정지을 수 있는 어떤 분석적인 기술들을 행할 수 있는가?
4. 건물의 어떤 시설과 장비가 화재의 원인에 대한 추가적인 정보를 줄 수 있는가?

개요

발화 지점은 방, 건물, 건물 내외의 일반적인 구역으로 추정된다. 조사관이 결정하는 한 발화 지점은 예를 들어 불이 붙은 성냥이 소파 쿠션과 만나는 것과 같은 열원과 기름이 만나는 정확한 물질적인 공간이다. 발화 지점을 결정하는 것은 화재의 원인을 결정짓는 데 필수적이다. 이것은 쉬울 수도 어려울 수도 있지만 증거, 사실, 자료의 양에 의해 근원지 파악은 가능하다.

근원지를 결정하는 것의 목표는 화재가 발생한 곳을 입체적으로 확인하는 것이다. 이 장은 근원지를 결정하는 데 쓰였던 방법을 조사하고 그 구조에서 발화 지점 결정과 관련된 초기 화재 현장 평가, 안전 평가, 내·외부 조사, 화재 현장 복원, 화재 확산 시나리오, 총 소실도(total burn) 등 다양한 조사단계를 설명한다. 이 장에서는 구조 화재에 초점을 두지만, 이 방법은 모든 발화 지점 결정에 일반적으로 적용할 수 있다.

이것들은 두 개의 별도의 주제로 취급되지만 근원지 결정과 원인 결정은 밀접하게 관련되어 있다. 조사관이 확실하게 근원지를 확인할 수 없을 경우, 화재 발생 원인이나 발화 시나리오를 확실히 판단하는 것은 매우 어렵다.

화재조사관 팁

근원지를 결정하는 것의 목적은 근원지를 입체적으로 확인하는 것이다. 발화 지점은 보통 발화원이 있는 곳이거나 그 근처이다.

발화 지점을 확인하려면, 조사관은 화재 현장을 조사할 때 체계적이어야 한다. 체계적으로 행동하고 여기 나온 "기본 화재방법론"장에 기술된 대로 과학적인 방법을 사용하는 것은 연구자가 잠재적인 오류 및 과실을 감소시킬 수 있다. 모든 화재에 유사한 기술을 사용함으로써, 조사관은 전체 화재 조사 현장의 요구 사항을 지속적이고 안정적으로 해결해야하는 표준화된 접근 방식을 개발하고 있다.

조사관에 대한 체계적인 접근을 허용 포함하지만 최저점에서 최고점 또는 최고점에서 최저점에서 발생하는 것들은 포함되지 않는다. 조사를 위해 어떤 명령이 내려지던 요점은 화재 현장의 모든 관련 부분을 평가하는 것이다. 이는 객관적인 분석이 행해지도록 도울 것이다.

조사관은 조사 중인 사건의 각 유형(구조, 차량, 보트 등)에 대한 체계적인 절차를 설립하고 준수해야 한다. 반복적으로 같은 절차를 따르는 것은 조사관이 명백한 정보를 간과하지 않고 속단과 기대편견에 굴복하지 않도록 도와준다. 이를 위해, 체크리스트의 활용이 도움이 될 수 있지만, 이 기능만으로는 부족하다. 근원지에 관한 관련 정보가 다음 소스들 중 하나 이상으로부터 얻을 수 있다.

- 증인 정보
- 화재 패턴
- 응용 프로그램 문자의 아크 매핑
- 열 및 불꽃 벡터 분석
- 문자/소성 조사의 깊이
- 화재 역학의 기본 원리 적용

종합적 방법론

화재 현장의 검사를 위해 권장되는 방법은 최종 화재확산가설의 초기 현장평가, 예비 화재확산가설의 개발에 대한 심층적인 현장 조사, 화재 현장의 재건 및 개발을 포함한다. 이 단계는 발화 지점의 정확한 식별에 연결되어야 한다. 이 방법론은 발화 지점 결정의 과정에서, 연구자 활동을 안내하지만 제한하지 않는 것을 의미한다. 조사관들은 모든 화재사건의 측면(예, 증인문, 화재 진압작업)을 고려해야 한다.

개별 연구자들의 경험과 전문 지식은 발화 지점 결정에 중요한 역할을 한다. 과학적 방법은 화재의 원인을 결정하기 위해, 체계적인 접근법의 일부로서 조사자에 의해 이용된다. 그림 16-1은 발화 지점 결정에 있어서 과학적 방법의 응용을 보여주는 흐름도를 도시한다. 조사관에 의해 수집된 다양한 자료에 대한 분석은 보통 발화 지점에 대한 최소한 하나의 일반적인 다수의 가설을 산출할 것이다(예, 화재는 구조물에서 시작되었다). 이러한 초기 가설은 "적당한" 가설로 간주된다. 새로운 자료가 수집될 때마다 가설 테스트는 계속 되어야 한다. 추가

시험은 가설의 개정 또는 무시될 수 있다.

발화 지점 가설의 테스트는 모든 가능한 자료 및 화재 역학의 기본 원리의 응용 프로그램을 포함해야 한다. 연구자는 발화 첫 번째 연료와 근원지의 제안 지역의 유능한 발화원을 식별하는 데에 독점적으로 초점을 맞춰서는 안 된다. 성장과 확산을 고려하는 것에 실패하면 이는 잘못된 결론으로 이어질 수 있다. 예를 들어 쓰레기통의 담배는 종이에 적당한 발화원이 될 수 있다. 그러나 쓰레기통의 배치는 후속적이고 이차적인 연료에 불이 확산되도록 되어야 한다. 쓰레기 용기가 지역에서 다른 연료와 비가연성 벽 옆에 있다면, 그것은 화재가 확산될 가능성이 있지만, 쓰레기 용기가 사무실 칸막이에 나무 책상 아래인 경우, 화재는 가능성이 인접 가연물로 확산될 것이다. 화재 확산 분석은 물리적 손상 및 다른 가능한 자료를 원점가설과 일치하는지 여부를 결정하기 위해 수행되어야 한다.

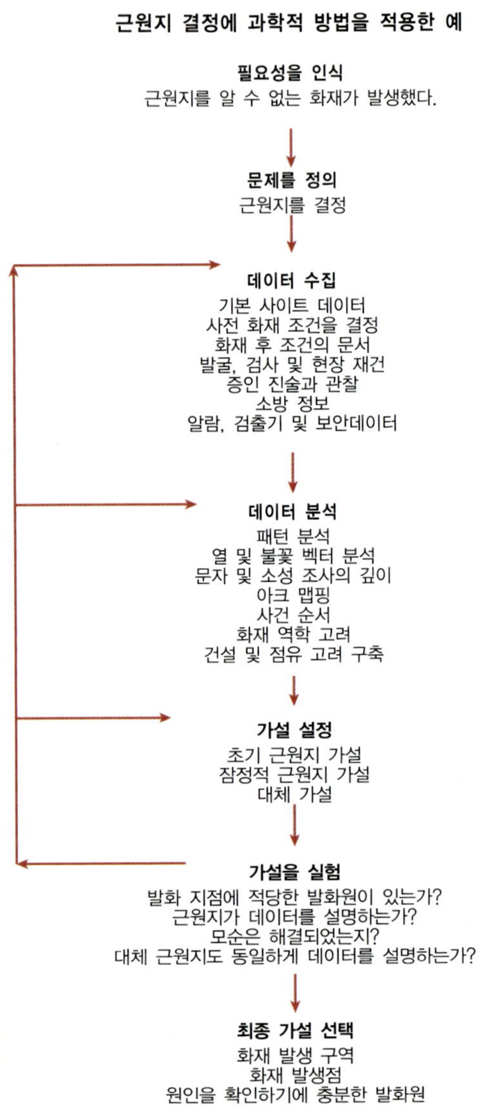

그림 16-1 원점 결정에 과학적 방법을 적용하는 예

자료의 핵심은 가설의 가능한 모든 증거에 맞게 결정하는 집합적으로 고려되어야 한다. 그럴듯한 가설 자료의 일부 조각이 맞지 않으면, 연구자는 잘못된 가설 또는 자료인지 조정하고 확인하려고 한다. 그러나 증거 하나가 근원지를 판단하는 데 정확한 기초가 되는 경우가 있다. 이러한 증거는 신뢰할 수 있는 목격자, 보안 비디오 또는 반박 불가능한 물질적 증거를 포함한다.

화재조사관이 발화 지점을 밝히기 위해 행하는 많은 일은 동시에 발생한다(사진, 증인 인터뷰 등). 마찬가지로, 과학적 방법(자료 수집, 분석, 가설개발 및 테스트)의 적용은 연속적으로 조사하는 동안 발생한다.

이것들은 상호배타적 과정이 아니다. 근원지를 확인하는 것이 항상 가능한 것은 아니다; 그러나 발화 지점을 결정하는 것이 어려운 것은 신뢰할 수 있고 옹호할 수 있는 근원지와 원인 가설을 제거하지는 않는다.

발화 지점 결정은 반드시 확인과 화재 패턴의 해석("화재 패턴"장 참조)을 포함한다. 화재 현장의 표면은 지속적으로 화재의 삶의 패턴을 기록한다. 조사관은 화재가 진행됨에 따라, 이전에 생성된 패턴을 변경 또는 말소될 수 있음을 알아야 한다. 순차 패턴 분석으로 알려진 이러한 패턴이 생성된 순서를 결정하고, 근원지를 결정하는 것이 핵심이다. 발화 지점과 화재 확산을 잘 알기 위해서 조사관은 화재 패턴을 순차적으로 구성하고 수집해야 한다.

발화 지점을 결정하는 자료 수집 과정은 초기 현장 평가, 안정성 평가, 발굴 및 복원과 현장 밖에서부터 얻어지는 자료를 포함한다. 이 항목은 이 장의 뒷부분에 더 자세히 설명되어 있다.

■ 초기 현장 평가

발화 지점 결정은 초기 현장 평가로 시작한다. 초기 현장 평가는 구조 및 주변 지역을 포괄적으로 보여준다. 이 단계에서는 발화 지점 결정을 위한 자료 수집이 시작된다. 이러한 평가의 목적은 장비, 인력, 안전 및 보안 요건의 조사 범위를 결정하기 위해서이다. 또한 상세한 조사가 필요한 부분을 확인하는 데 도움이 된다.

초기 현장 평가의 첫 번째 업무는 안전성 평가이다. 현장의 안정성 평가시, 조사관은 "안전"장(본문과 NFPA 921)에서 논의된 위험에 평가해야 한다. 전반적인 목표는 현장에 진입하는 것이 안전한지 확인하는 것이고, 진입을 하게 되면 어떤 개인 보호 장비가 필요한지 알아야 한다. 초기 현장 평가는 적절한 안전 조치가 시행되었을 때에만 계속 되어야 한다.

초기 현장 평가는 현장과 주변 환경의 조사를 포함해야 한다. 이것은 현장의 핵심으로부터 화재 패턴을 찾는 것을 포함한다. 중요 목격자는 그것들 사이에서 reporting party와 이웃을 식별할 수 있다. 조사관은 이 단계에서 결과를 문서화하는 것이 중요하다.

초기 현장 평가의 일부로서, 조사관은 외부 화재의 확산 여부, 건물의 상세한 구조와 재질을 평가하고 건물의 사용용도 결정을 위해 전체적인 외부를 돌아봐야 한다. 이 이후의 모든 단계에서, 조사관은 끊임없이 건물의 안정성 평가 및 생성될 필요가 있는 조건들을 식별해야 한다. 이러한 조건들은 안전 시설, 불안정한 지역 버팀, 물기 제거, 안전하지 않은 지역 저지와 흡입 위험을 지적하는 것 등을 포함한다.

건물 식별자

초기현장평가를 시작으로, 이 건물 식별자를 확립하고, 조사를 통해 그들을 사용하는 것이 도움이 될 수 있다. 이 식별자들은 사진 묘사, 다이아그램 준비, 보고서 작성, 증거와 같은 조사의 다양한 측면에서 일관성을 제공한다.

- 나침반의 포인트(건물의 북쪽 등)
- 앞, 뒤, 좌, 우
- 이러한 사건 명령 또는 도시 수색, 구조와 같은 비슷한 방법

날씨 고려 사항

화재 시의 날씨는 초기 현장 평가에 중요한 역할을 한다. 바람은 화재가 번지게 하는 것과 남겨진 패턴에 영향을 줄 수 있다. 기상 정보는 지역공항, 로컬 미디어 아울렛, 국립기상 서비스 및 인터넷 소스를 포함한 다수의 공급원으로부터 얻을 수 있다. 또 다른 소식통은 인터뷰를 통해 얻은 목격자, 소방관에 의한 날씨 관측이 될 것이다. 그것은 기상수치가 촬영된 지점과 화재 현장 간의 거리를 고려하는 것이 중요하다. 기상 조건은 한 지점과 다른 지점에서 극적으로 변할 수 있다. 조사관은 조사 지역의 목격자가 관측한 것을 공식 보고서를 입증해야 한다.

■ 심층 외부 검사

초기 현장 평가가 완료되면, 더 심층적인 단계로 이동할 차례이다. 이 단계는 앞선 두 단계에서 조사관이 현장의 안전을 확인한 후 시작된다. 이 심층검사는 관찰, 사진, 스케치 또는 문서의 다른 수단을 사용하여 이루어진다.

자세한 외부조사는 조사가 후에 외부와 관련되거나 중요한 문제로 제기 될 수 있기에 중요하다. 예를 들어 (열렸거나 닫힌) 창문의 위치는 환기나 구조 내부에서 화재의 확산에 영향을 미칠 수 있다. 이 조건이 기록되어 있지 않을 경우, 화재 확산을 결정하는 단계에서의 값은 소실된다.

깊이 있는 외관검사를 실시하는 또 다른 중요한 이유는 현장에서 발생할 수 있는 추가화재를 찾는 것이다. 조사관들은 다른 지역에서 화재가 발생했을 수 있음을 모른 채 그들이 찾은 초기 화재 피해 현장 또는 최대 피해 현장을 놓칠 수 있다.

초기 현장 평가와 같이, 조사관은 체계적인 절차를 준수해야 한다. 화재가 명확히 내부에서부터 시작되었어도 이 과정은 건물 구조 등 다양한 것을 기록하기 위해 사용되지만 다음의 것들에 한정되지는 않는다.

화재조사관 팁

초기 현장 평가시 서두르지 마라. 이 단계에서 보낸 시간은 이후 상당한 시간과 노력을 절약해 줄 것이다. 이것은 현장의 안정성, 인력 및 장비 요구 및 정밀 조사가 필요한 지역을 결정하는 것을 포함한다.

- 발화점 조건 : 건물의 보수와 그 구성 요소의 상태, 구조 요소의 조건 및 구조의 화재 진압 및 검출 시스템의 조건
- 유틸리티 : 유형, 위치 및 미터 판독
- 문, 창문, 기타 구멍 : 그들의 위치, 조건(열림, 닫힘, 깨짐, 화재에 노출된 시간)과 같은 안정성 메카니즘
- 폭발 : 폭발이 외부 구성물에 영향을 미쳤다는 증거의 유무
- 화재 피해 : 전반적인 손상, 자연 개구부의 손상(창문, 문), 비자연 개구부의 손상(폭발로 인한 구멍, 진압 중 생긴 구멍)

화재 피해의 외부 평가는 화재 진압 노력의 고려가 포함되어야 한다. 이러한 노력들은 화재 및 화재 패턴의 확산에 상당한 영향을 미칠 수 있다. 화재 현장에서 소방관이 어떤 행동을 했는지 예를 들어 강제적으로 들어가려 했는지, 환기, 점검 등 유사한 행동을 했는지 인터뷰하는 것이 중요하다. 종종 발화 지점은 구조의 내부에 있을 것이다. 특히 화재가 내부로 확산되면서 생긴 손상에 대해서 화재가 외부에서 시작되지 않은 경우에도 건물 내부의 조건은 기록되어야 한다.

■ 심층 내부 검사

모든 내부의 방들과 그와 관련된 지역은 자세한 조사를 필요로 하는 부분들은 검사되어야 한다. 추가 안전사고도 이 때 같이 확인되어야 한다. 내부 손상은 외부 손상의 위치와 유형과 비교해야 한다. 다음의 것들은 검사해야 할 것들이다:

- 화재가 일어나기 전 상황의 구조의 조건
- 구조의 내용
- 내용의 저장
- 시설 관리과
- 유지
- 폭발 손상의 증거
- 화재 피해 지역
- 건물 시스템(난방, 환기, 에어컨[HVAC]; 전기; 연료 가스; 화재 예방; 경보 및 보안)
- 벽과 바닥의 표면 코팅 구성
- 창문, 문, 기타 개구부의 위치(환기 측면)
- 다양한 표면에 연기와 열 운동(즉, 화재 패턴)의 표시
- 각 영역에서의 손상(심함, 중간, 적음, 없음)의 상대 정도

때때로 곤란하지만, 보증된 때에는 구조의 사전 화재 상황을 파악하기 위한 모든 노력이 행해져야 한다. 건물의 세부 사항 및 결함을 포함하여 다양한 조건, 바닥, 벽, 또는 지붕의 구멍; 누락된 문 또는 창문 화재 확산 및 보급에 중요한 영향을 미칠 수 있다.

이것은 화재가 확산될 것을 고려하여 다양한 구조 시스템 구축의 사전 화재 상황을 식별할 때에 필요하다. 이러한 시스템은 전기, 연료 가스, HVAC, 화재 방지 등을 포함한다.

HVAC 시스템들은 특히 화재 시 화재를 확산시킬 수 있다. 그을음 축적 또는 열 손상에 대한 필터의점검 시스템이 화재시 작동 여부를 확인하는 데 도움이 될 수 있다.

관심의 영역에서 HVAC 통풍구의 위치, 공급과 수익 모두 문서화되어야 한다. 문서위치 및 배기구, 덕트/플레 넘의 치수 및 온도 조절기 및 팬(들)의 설정 및 전력 공급 장치를 포함한다.

특히 상업 구조의 일부 HVAC 시스템은 탐지기 및 수동 또는 변경하거나 화재시 시스템의 동작을 정지하도록 자동댐퍼가 장착되어 있다. 이러한 장치들의 조건, 지역, 위치는 기록 및 모니터링 해야 한다.

연료 가스 서비스는 화재 기여 가능성을 포함하거나 배제하기 위해서 조사되어야 하고 기록되어야 한다. 발화 또는 확산 시나리오에 연료 가스가 포함되는 경우 이 시스템은 구체적으로 문서화되어야 한다. 이러한 경우에는, 조사는 밸브의 위치 압력 공급 및 누수를 찾기 위해 한 테스트한 기록을 포함해야 한다. 화재가 자주 가스 배관, 나사 조임과 다른 연결성을 타협한다는 것을 알아야 한다. 일부구조에서, 액체 연료를 필요로 하는 오일 연소 히터 또는 다른 전기제품이 있을 수 있다.

이 시스템은 영구적(대형 보일러) 또는 휴대가능(등유 히터)할 수 있다. 이러한 장치, 연료 저장소 그리고 남은 연료의 양의 위치는 문서화되어야 한다. 발화가설이 시스템이 포함되어있는 경우, 액체 연료의 시료는 확인되어야 한다.

전기 시스템의 구조는 서비스 입구에서부터 기록되어야 한다. 수집되어야 하는 중요 정보는 회로 차단기 또는 퓨즈(유형, 등급, 위치), 불꽃 또는 열 손상영역의 주요 패널 암페어 및 전압 입력, 조건이 포함되어 있다.

발화 지점 콘센트에 연결되어 있던 모든 제품은 확인되어야 한다. 콘센트의 위치, 스위치의 위치, 어떤 물건이 어디에 꽂혀 있었는지를 알아야 한다. 전기 발화 시나리오가 가정되는 경우 또는 아크 매핑 조사가 보증하는 경우 자세한 검사 및 전기 시스템의 문서가 필요할 수 있다. 이는 회로를 따라 보호 회로 및 부하상태를 지적 패널에 회로를 다시 추적할 필요가 있다.

화재 보호 시스템과 같은 시스템에 의해 기록된 자료는 화재의 이벤트 시퀀스를 복원에 상당한 가치가 있을 수 있다. 검출기 활성화 및 스프링클러의 반응은 발화 지점/확산 시나리오를 식별하는데 이용될 수 있다. 오프사이트 모니터링 서비스는 이러한 자료를 제공할 수 있다. 일부 시스템은 다운로드하여 보존할 수 있는 중앙 패널의 사이트에 자료를 유지한다. 이러한 시스템에서 정보는 빠르게 회수되어야 한다. 왜냐하면 구조에 대한 전기 공급이 종료되었고, 백업 배터리 수명이 제한되어 있기 때문이다. 특수 장비와 전문적인 기술자는 이러한 정보를 회수해야 한다.

소방 시스템과 관련된 장치의 위치 및 상태는 문서화되어야 한다. 천정, 벽으로부터의 거리 또는 벽탑재기의 높이에 특별히 관심을 기울여야 한다. 추가 값은 활성화 스프링클러의 위치에서 얻을 수 있다.

■ 화재 후 변경

또한 조사관은 화재가 일어나기 전 징조가 파편 제거 또는 이동, 내용물 제거 또는 이동, 전기 서비스의 변경, 가스 미터 제거와 이전 조사에 대한 암시를 포함할 수 있음을 알아야 한다. 조사관은 변경에 대한 책임을 식별해야하고 가능한 한 가깝게 변경에 대한 책임이 있는 사람들을 결정하기 위한 인터뷰를 해야 한다.

■ 파편 제거 및 재건

적절한 잔해 제거 및 복원은 관찰, 기록과 화재 패턴을 정확히 분석하는 데 중요한 역할을 한다. 조사의 단계에서, 조사관은 화재가 일어나기 전의 조건처럼 복원하기 위해 노력해야 한다(그림 16-2). 잔해를 신중하고 세계적으로 제거하고 잔재들을 화재가 일어나기 전 상황의 위치에 배치함으로써 많은 것을 배울 수 있다.

증거를 위치시키고 복원하는 것은 잔재를 체계적으로 정리하는 데 필요하고 제어된 방식으로 행해져야 한다. 이는 잔재 또는 잔재 속 불충분한 증거에 의해 패턴에 대한 오해가 없음을 보장한다. 조사관은 이 단계에서 안정성이 가장 중요한 것이라는 것을 알아야 한다. 잔재 제거는 구조

그림 16-2 화재 현장의 재구성 조건을 만든다.

화재조사관 팁

잔재 제거는 지루하고 힘든 작업이다. 파편이 한 번만 이동하도록 계획하라.

안전 팁

잔재 제거는 화재로 손상된 건물을 약하게 만들 수 있고 붕괴를 유발할 수도 있다.

를 불안정하게 만들 수 있다. 유해 물질은 명백해질 수 있고, 통신 전선이 노출될 수도 있다. 잔재를 제거할 때, 조사 팀은 필요한 만큼의 잔재만 제거해야 한다(안전에 대한 자세한 내용은 이 텍스트의 "안전"장 참조).

적절한 파편의 제거는 조사관을 정확한 분석으로 이끄는데 필수적이다. 화재 진압 대원은 조사가 시작되기 전에 잔재의 제거를 최소화하도록 노력해야 한다. 이것이 가능하지 않다면 조사관은 잔재를 제거하기 전 상황을 기록해야 한다. 이 문서화는 사진과 기록을 포함해야 한다. 파편은 고고학 발굴과 유사하게 위에서부터 아래로 발굴하면서 단 한 번만 이동해야 한다. 이는 체계적인 방식으로 제거되어야 하고, 과정은 처음부터 끝까지 위치, 상태, 밝혀지지 않은 내용물의 방향을 포함한 모두를 기록해야 한다.

조사 팀은 어떤 것이 중요한지를 함께 결정해야 하고, 어떤 것이 시작하기 전에 있지 않았던 일인지를 같이 결정해야 한다. 가능하다면 중장비보다는 손수 작업을 통해 잔재를 제거해야 한다.

중장비 사용

일부 화재 현장은 잔재 제거를 용이하게 하기 위해서 또는 안전 위험을 완하시키기 위해 중장비 사용을 요구할 때도 있다. 화재 현장은 중장비를 사용하기 전에 완전하게 기록되어야 하고 중장비를 사용하는 동안은 자주 문서화되어야 한다.

화재 현장 검사는 일상적인 건설 철거보다 훨씬 느린 속도로 진행된다. 작업이 개시되기 전 장비 운영자와 승무원에게 브리핑을 해야 한다. 장비를 작동하는 사람은 조사의 목표, 일을 할 특정 지역, 복원되어야 할 증거나 아이템에 대해 완벽하게 이해해야 한다.

중장비 작업은 시끄럽고, 증거를 손상시킬 수 있으며 현장을 오염시킬 수 있고, 조사관에 대한 안전 위험을 만들 수 있다. 장비가 작동하는 내내 장비를 작동하는 사람은 화재조사관의 감독 하에 있어야 한다. 화재조사관과 작동하는 사람은 라디오나 수신호를 통해 직접 연결되어야 한다.

현장에 있는 인화성 액체가 문제가 된다면, 중장비가 반입되기 전에 시료 채취가 완료되어야 한다. 장비는 결함에 대해 검사되어야 하고, 사용하기 전에 기록되어야 한다. 장비 유체에 대한 시료 채취는 오염 걱정을 줄이는 데 도움을 줄 수 있다. 장비의 급유 또는 윤활은 관심의 영역에서 떨어진 지정된 위치에서 발생한다.

중장비는 사용되는 도중에는 구조의 외측에 배치되는 것이 바람직하다. 많은 양의 잔재나 파편이 제거되어야 하는 경우, 하부 영역에 파편을 추가하지 않는 방식으로 이루어져야 한다. 가능하다면 구조 요소의 버팀목이 철거의 대체재로 고려되어야 한다. 현장에서 중장비가 사용될 때는 장비는 처음부터 관심 영역 밖에 위치해야 한다. 영역이 검사되고, 기록되고, 정리되고, 샘플이 표시된 경우 중장비는 내부로 이동할 수 있다. 잔재의 싣고 내림은 관련 항목을 확인하기 위해 모니터링되어야 한다.

크거나 무거운 물건은 잠재적인 손상을 최소화하기 위해서 현장 밖으로 옮겨질 수 있다. 물건은 또한 조사되고, 기록되고 심지어는 조사 기간(적절한 보안이 존재하는) 동안 현장에 보관될 수 있다. 상황은 현장에서 증거가 되는 물품의 제거를 요구할 수도 있다. 제거는 잘 문서화되어야 하고 현장에서 진행되는 검사를 복잡하게 만들 수 있다.

오염과 약탈을 방지

잠재적 발화원, 초기 연료 또는 다른 중요한 증거는 현장의 굴착 동안 식별될 수 있다. 물품에 대한 데미지를 제한하고 오염을 방지하기 위해 주의를 기울여야 한다. 간단한 정화와 처리 기술은 이러한 문제들을 방지할 수 있다.

파편 제거 후 바닥을 닦는 것은 화재 패턴을 밝혀내는 데 도움이 될 수 있다. 고압선을 사용하는 경우, 고압선이 증거를 손상시킬 수 있으므로 주의해야 한다. 세정은 적절한 파편 제거, 시료가 채집된 후, 적절한 현장의 문서화가 완성된 후에 행해져야 한다.

공적, 민적 조사관들은 화재 사건으로부터 민사 소송으로 이어질 수 있음을 알아야 한다. 소송에 관심이 있는 당사자들은 식별되어야 하고 진행 중인 조사에 참여하도록 초대되어야 한다. 잠재적으로 이해관계가 있는 소송 당사자들은 현장을 볼 기회가 있어야 하고 현장의 증거 항목을 볼 수 있는 기회를 주어야 하는 것은 중요하다. 그것은 범죄 수사에 대해 서로 다른 요구사항이 있는 것을 알 수 있다. 화재 현장 복원 단계는 화재가 어떻게 커졌고 확산되었는지를 보여줄 수 있기에 중요하다. 조사(초기현장평가, 심층외부검사 및 심층내부검사)의 이전 단계에서, 연구자는 일반적으로 발화 지점의 영역을 좁힐 수 있다. 손상의 전체 영역과는 반대로 발화 지점에 대한 복원 노력은 제한될 수 있다.

내용들

내용물의 기원과 사전 화재의 위치를 확인하는 것은 화재 현장 복원에서 중요하다. 재건은 구조 구성물의 교체를 포함할 수 있다. 자세한 내용물에 대한 기록, 내용의 나머지 부분, 파편 제거에 대한 내용은 기록되어야 한다.

화재 후 복원은 진입 또는 점검 중 내용물의 이동 때문에 복잡하다. 부정확한 복원은 잘못된 자료를 초래할 수 있으므로 이를 피하기 위해서 주의해야 한다.

화재 전 조건

관련된 건물에 익숙한 사람들(예를 들면, 소유주, 거주자, 노동자들, 이웃)은 내용의 배치, 종류, 일반적인 조건들 또는 구조의 변경, 화재 보호 시스템과 같은 것들에 대한 정보를 줄 수 있다. 종종, 이러한 사람들은 가구 또는 설비의 위치를 스케치 할 수 있을 것이다. 때때로 그들은 화재 전 사진이나 동영상을 가지고 있을 수 있다; 그러나 조사관들은 이러한 세부 사항들에 조심해야 하고 개인들이 화재 지역에서 마지막에 있었는지 확인해야 한다.

공공 기록(예를 들어, 카운티 평가자 또는 회계 담당자, 소방 검사, 건축 부서의 허락 및 검사)도 사전 화재 조건을 결정하는 데 도움이 될 것이다. 인터넷 검색은 때때로 부동산 목록에서부터 현장의 내부 사진을 얻을 수 있게 해준다. 상업 정보 소스들은 위성 또는 항공 사진과 같은 사항들을 제공할 수 있다.

사전 화재 조건의 지식은 화재의 근원지와 건물 내의 연료를 식별하는 데 도움이 된다. 첫 번째 연료를 식별하는 것만이 중요한 것이 아니라 화재가 확산되도록 한 후속 연료도 식별하는 것도 중요하다. 수학적 계산과 컴퓨터 화재 모델은 때때로 화재 역학과 화재의 발달을 재구성하는 데에 사용된다; 그러나 이 방법은 전문 지식의 특정 수준을 필요로 한다. 그들은 또한 타당한 결론(프로그래밍에서 알려진 "불필요한 정보를 입력하면, 불필요한 정보밖에 출력되지 않는다"와 같은 상황)을 내기 위해 정확한 정보에 크게 의존하고 있다. 만약 조사관이 이러한 도구들을 사용하는 데 익숙하지 않거나 적정 수준의 전문가가 없는 경우에는, 이들을 사용하지 않는 것이 낫다.

보안 카메라들

보안 카메라들은 화재가 시작되는 또는 화재 도중의 일들을 기록했을 수도 있다. 영상 기록 장치는 화재 손상된 영역으로부터 떨어진 곳에서 발견될 수 있다. 또한 이웃 건물들, 은행들, 또는 ATM들이 중요한 정보를 찍었을 수도 있다. 소방 보호 알람 자료와 마찬가지로, 카메라 영상은 사건의 타임라인의 준비에 도움이 될 수 있다. 그러나 이것은 많은 보안 시스템들이 한정된 시간 내에 정보를 저장하기 때문에 시간에 민감하다.

침입 경보 시스템

보안 시스템들은 모니터될 경우 도움이 되는 정보들을 제공해 줄 수 있다. 이러한 경보들은 화염, 열, 또는 연기의 이동에 의해 활성화 될 수 있다. 열에 의해 배선 또는 장치가 손상되는 경우 고장 신호도 켜질 수 있다. 화재 보호 시스템들은 도난 경보 시스템에도 똑같이 적용된다.

목격자 관측

목격자의 관측은 상당히 중요하다. 관련 자료는 본 것, 들은 것, 맡은 것이 될 수 있다. 조사관은 화재 근원지의 물질적인 증거를 포함한 목격자의 정보를 평가해야 한다. 목격자 정보와 물리적 증거 사이의 모순을 해결해야 한다.

화재조사관 팁

NFPA 921 Appendix(부록) A는 계산과 화재 모델링을 계산하는 데 필요한 정보를 수집하는 데 도움이 되는 형태를 포함한다.

자료 분석

화재 현장이나 적절한 자료에서 정보가 수집되면, 조사관이 발화 지점을 평가할 시간이다. 과학적인 방법을 적용하여 이렇게 하려면, 조사관은 여러 가지의 합리적인 발화 지점 가설을 수집된 정보로부터 분석해야 한다. 도움이 될 수 있는 몇 가지 조사 및 분석 기술은 열과 불꽃 벡터분석, 문자 조사의 깊이, 소성 조사의 깊이와 설문조사 등근 다이아그램이다. 화재가 시작한 위치를 다룬 가설은 화재가 어디서 시작 되었는지 설명하는 것뿐만 아니라 화재가 어떻게 번졌는지도 설명해야 한다. 가설은 화재 조사 과정을 통해 수집된 증거(자료)에 의해 지원되어야 한다.

화재조사관이 제시한 발화 지점 가설을 반박하는 증거들은 해결되어야 한다. 가설이 사실에 의해 지원되지 않는 경우, 조사관은 과학적인 방법에 있는 전 단계로 돌아가고 결론에 도달할 수 있다고 보장하는 단계를 반복해야 한다(이 책의 "기본 화재방법론"장 참조).

■ 화재 패턴 분석

화재 역학, 열 전달 및 화재 패턴 생성의 원리는 발화 지점을 정확하게 결정하기 위해 수집된 정보로부터 분석되는 동안 이해되어야 하고 적용되어야 한다. 독자는 기본 방법론과 기본 화재 과학의 장에 관련되어 있다.

분석에서 고려되는 모든 관측된 패턴들은 중요하다. 매우 작은 화재의 경우를 제외한 하나의 패턴에 대한 의존도는 발화 지점 가설에 대한 부정확한 결론을 내릴 것이다. 화재 진압 후 남은 화재 패턴은 화재 중에 기록된 패턴이라는 것을 나타냄을 명심하라. 이전에 언급한 바와 같이 뒤이은 화재에 의해 화재 패턴들은 변경되거나 없어질 수 있다. 이는 전체 객실을 포함, 후 섬락현상, 건물의 붕괴와 같은 경우 부분적으로 일반적이다. 또한, 패턴 해석은 다시 불러일으킴에 의해 명확하게 복잡해질 수 있다.

논의된 바와 같이, 화재 패턴은 열/ 화염의 확산 또는 연소의 강도에서 생성된다. 그러한 연료 형태, 종류 및 형상 등의 요인들을 인식하는 것이 중요하다; 열 방출 속도; 환기는 발화 지점과 관련되지 않은 강도 있는 패턴으로 이어질 수 있다. 화재 움직임 패턴은 강도 패턴보다 더 나은 지표이다. 잘 발달된 구간 화재에서 움직임과 강도 패턴을 구분하기 어려울 때도 있다.

많은 요인들이 화재 패턴 생성에 영향을 미친다. 동일한 연료 패키지는 객실 위치에 따라 다르게 탈 것이다. 연료의 크기, 형상 및 열 방출 속도뿐만 아니라 환기의 위치는 연소 시간의 길이와 같은 화재 패턴 형성에 많은 영향을 미칠 것이다. 조사관은 가장 오래 탄 부분 즉 발화 지점이 가장 큰 손상을 입은 부분이라고 생각해서는 안 된다. 화염이 더 작은 또는 더 큰 연료 패키지에서부터 확산되었을 수 있다는 가능성을 고려해야 한다.

환기는 화재의 거동과 열 방출 속도에 큰 영향을 미칠 수 있다. 환기 요인들(예를 들어, 문/창문의 위치, 화재 진압 전략)의 식별은 화재 패턴을 평가하는 데 중요하다. 환기 제어 화재는 개구가 산소를 제공하기 때문에 더 큰 강도로 태울 수 있다. 전체 객실의 개입도 바뀔 것이고 화재의 연료 제어 단계에서 생긴 패턴을 숨기거나 지울 수 있다.

분석적 도구

연구자가 사용할 수 있는 분석 도구 중 하나는 화재 확산 분석과 발화 지점 결정을 도와주는 과정에서 쓰이는 열과 불꽃 벡터 분석이다. 열/화염의 확산에 대한 조사관의 평가를 나타내는 화살표는 화재 현장의 상세도면 상에 배치되어 있고 패턴을 통해 발화 지점을 추적할 수 있다.

이 방법을 이용하기 위해서 조사관은 먼저 현장의 도면을 준비해야 한다. 도면은 합리적으로 상세해야 하고 문, 창문들과 식별 가능한 패턴을 보여주는 관련 내용의 위치를 포함해야 한다. 그 다음 조사관은 현장의 패턴을 기반으로 열 또는 화염 확산을 자신의 해석대로 묘사하는 그림에 화살표를 그려야 한다. 화살표는 긴 방향이 도면에 걸쳐 일관되게 다시 열원의 화염 또는 주행 방향을 가리킬 수 있다. 화살표의 길이는 패턴의 실제 크기 또는 규모를 반영한다. 도 수반 범례에서, 조사관은 패턴의 세부, 패턴 형상, 바닥 위의 높이, 패턴 정점의 높이와 패턴을 구성하는 화재 효과를 제공할 수 있다.

상보 벡터는 실제 열과 화염의 전파 방향을 표시하기 위해 함께 고려될 수 있다. 상보 벡터를 사용하는 경우 조사관은 실제 불꽃 패턴을 나타내고 열 흐름을 표현하는 벡터를 식별해야 한다. 열과 화염 벡터의 분석 포인트는 화재 패턴에 대한 조사관의 해석을 도표로 표현하는 것이다. 도면은 또한 그림 16-3을 설명하기 위한 모순되는 패턴을 식별하는 데 사용될 수 있다.

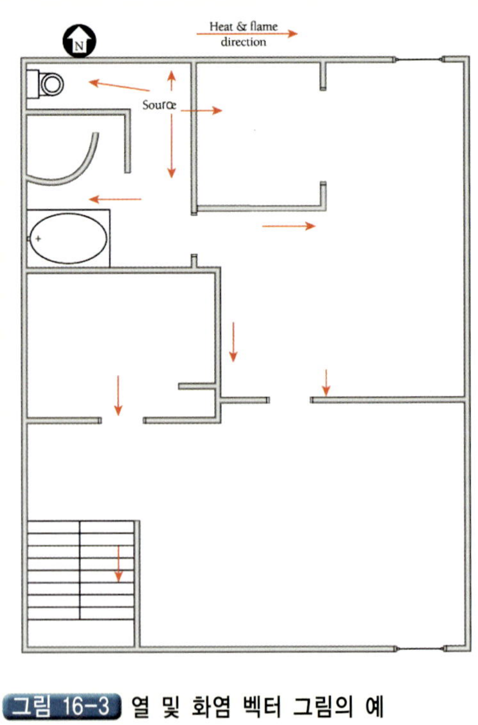

그림 16-3 열 및 화염 벡터 그림의 예

때때로 화재 패턴들은 시각적으로 분명하지 않다. 탄화 깊이 또는 소성 조사의 깊이는 더 크고 작은 열 손상 영역을 식별하고 패턴 정의 경계의 관계 라인을 정의하는데 조사관에게 도움이 될 수 있다. 깊이 측정은 도표에 그려진다. 동일하거나 거의 동일한 깊이(isochar)의 포인트는 패턴을 드러내는 선으로 연결할 수 있다.

■ 탄화 깊이 분석

동일한 연료에 대하여 탄화 깊이에 대한 측정은 열원에 노출되고 화재 확산의 일부였던 건물의 위치를 결정하는 상세한 도면에 플롯된다. 이 도구의 적절한 사용의 핵심은 탄화의 부분부터 부분까지의 상대적인 깊이를 문서화하는 것과 손상이 노출, 환기, 연료 배치로 인해 손상이 가장 심한 부분을 가르키는 것이다. 조사자는 그럼 화재 확산의 방향을 추론할 수 있을 것이다.

우리는 화재 패턴이 열원에 의해 만들어진다는 것을 알고 있다. 몇몇 패턴은 초기 연료에 의해 생성된 것이 아니라는 것을 아는 것은 중요하다. 예를 들어, 화재가 한 부분에서 발생하여 인화성 물체가 있는 다른 부분에 확산되었다면 조사관은 불타는 가연성 액체로부터 생성된 패턴에 의해 잘못된 길로 인도될 수 있다. 이는 화재의 발달과 기초 화재 역학을 정확하게 이해한 패턴 분석을 고려하는 것은 매우 중요함을 알아야 한다.

탄화 깊이 분석에 영향을 미칠 수 있는 몇 가지 요인을 조사관은 조심해야 한다. 요인들은 다음과 같다:

- 여러 열원과 하나의 열원
- 연소 및 화재 강도의 속도에 영향을 미치는 환기 요인들
- 측정 기술 또는 방법의 일관성

탄화 깊이의 비교는 같은 재료에 한해서 비교되어야 한다. 탄화 깊이 분석은 화재 확산 평가에 적용될 때 가장 믿을 만하다. 이것은 특정 연소 시간을 결정하거나 특정 연료 패키지로부터의 열 강도를 정량화하는 것은 아니다.

탄화 정도 측정 방법의 일관성은 신뢰성 있는 자료를 산출하는 데 중요하다. 얇고 무딘 모서리이 최적이다. 예리한 물체는 적합하지 않다. 원형 깊이 측정기와 둥근 깊이 게이지 타입의 측정기들이 가장 적합하다. 같은 도구는 유사한 물질에 활용해야 한다. 일관된 삽입의 압력 또한 필요하다. 연구는 모든 자료에 대해 일관된 압력을 자동적으로 제공하는 기계를 개발하는 데 도움이 될 것이다.

탄화 정도를 측정할 때, 조사관은 화재 도중에 물체가 소비되었거나 깨졌는지를 알아야 한다. 누락된 물질의 정도는 남은 탄 물질의 정도의 측정에 추가되어야 한다. 비산 연료 가스가 처음으로 연소된 곳은 탄화 정도가 상대적으로 균일할 것이다. 탄화 정도가 다양한 곳은 가스가 보관되었거나 다른 연료를 연소시킨 곳이다. 가압가스 제트의 연소가 계속된 경우 깊은 차링은 가스 누출의 지점에 존재할 수 있다.

■ 하소 깊이 분석

하소(석고 벽판에서 관찰 가능한 물리적 변화)의 상대적 깊이의 측정은 열원에 노출된 긴 구조 내의 위치를 결정하기 위해 도면에 드러난다. 석고 벽판에 나타난 소성의 상대적 깊이는 전체 난방의 차이를 나타낼 수 있다. 깊은 소성 수치는 화재 시 열원의 노출 또는 더 큰 강도/

온도에의 노출을 나타낸다. 탄화 정도의 측정에 대한 주의 사항은 소성 측정 깊이에 똑같이 적용된다. 추가적으로, 벽판의 마무리(예를 들어, 페인트, 치장)이 가연성인 경우 열 효과에 영향을 미칠 수 있다. 또한, 화재 진압 시 적용된 물은 안정적인 측정을 할 수 없는 석고 벽판을 부드럽게 할 수 있다. 하소 깊이를 측정하기 위한 조사관이 사용할 수 있는 두 가지 방법: 조사 법, 탄화 부분의 정도 묘사, 단면. 단면을 측정할 때, 벽의 두꺼운 부분의 작은 부분(적어도 2인치 직경[5EM])은 제거되어야 한다. 시각적으로 상이한 하소 층의 깊이는 기록될 수 있다. 소성도의 깊이는 탄 부분의 측정 깊이에 대해 기재된 동일한 방법으로 제조할 수 있다.

■ 아크 맵핑

아크 맵핑은 조사관이 발화 지점을 결정하는 데 도움이 되는 전기적 아크의 위치를 식별할 때 사용하는 기술이다. 이러한 기술은 확산되는 화재의 노출 통전 전기 회로의 동작에 기초하여 예측 가능하다. 건물 및 서로에 대한 아크사이트의 위치는, 아크 조사도에 플롯된, 전기 계통의 이상 부위가 노출된 순서의 분석에 사용될 수 있는 패턴을 밝힐 수 있다. 이 순차적인 자료는 발화 지점을 정의할 때 다른 자료와 함께 조합하여 사용할 수 있다. 근원지가 식별되면, 영역 내의 임의의 위치는 잠재적 발화원으로 평가될 수 있다.

이러한 전기 시스템(이후 아크)의 노출 또는 사후 화재재 활성화를 화재로 인하여 도체의 용융으로 더 어렵거나 불가능하게 할 수 있다. 다음의 절차는 아크 매핑 조사를 수행하는 데에 이용될 수 있다:

1. 설문할 지역을 식별하라.
2. 가능한 한 정확하게 지역을 도표화하라.
3. 지역(천장, 북쪽 벽 등) 내에서 영역을 설정한다.
4. 가능하다면 각 영역을 통과하는 모든 도체를 확인한다. 연결된 장치(교차 박스, 콘센트, 스위치)의 문서화; 구조의 짐; 전력 분배의 방향;
5. 주어진 영역에서 각각의 도체를 체계적이고 자세히 조사한다.
6. 도체의 길이를 시각적으로와 손으로 어떤 녹은 손상이나 다른 이상이 있는지 조사하라. 도체는 도관에서 제거되는 동안 손상받을 수 있음을 알아라. 또한, 도관에서 도체를 제거하기 전에 손상에 대한 염두에 두라.
7. 손상이 아크, 환경 열, 또는 공정(합금)효과의 결과여부인지를 결정한다.
8. 도면에 아크의 사건을 표시하라. 또한, 비정상적인 물리적 특성을 기록하라(예를 들어, 동일한 케이블에 다른 도체의 결합, 절단)
9. 케이블선, 늘어진 줄자, 또는 다른 비파괴적인 것의 위치를 표기하는 것은 사진과 기록에 의미가 있다.
10. 필요한 아이템들을 수집하고 보존하라.

이전에 언급한 바와 같이, 도체는 만짐으로써 이상이 있는지 확인되어야 한다. 이상을 찾기 위한 또 다른 방법은 도체에 목화 공을 문질러보는 것이다. 이상은 먼지 축적, 규모 또는 산화 등으로 표면 결함을 나타낼 것이다. 원호 지역(아크 사이트)은 모양이 오목하거나 볼록할 것이다. 도체의 금속 손실 또는 금속 증착의 증거를 찾기 위해 자세히 조사를 하라. 일반적으로 인접 도체에 보완적인 손상(하나의 도체의 노치와 인접 도체에 부착된 질량)이 있을 것이다. 의심되는 아크가 있다고 도체에 대한 조사를 멈추지 마라. 여러 아크 사이트가 있는지 확인하기 위해 전체 길이를 검사하라. 화재로 인한 녹음은 일반적으로 널리 퍼질 수 있고 영역 내의 여러 도체를 포함할 수 있다. 아크 사건은 매우 지역화된다. 용융 손상의 가장자리는 일반적으로 꽤나 뚜렷하다.

arcing-과 화재로 인한(환경적) 용융을 구별하는 것은 어렵다는 것을 알아야 한다. 만약 조사관이 아크 사이트의 용융 손상을 부정확하게 식별했다면, 이로 인한 자료는 잘못된 것이다. 주제 전문가 및 고급 실험실 분석 기법의 활용은 아크 이벤트의 결과로 용융 손상을 확인해야할 수 있다.

가시성 아크 이벤트는 아크 이벤트의 지속 시간과 아크의 타이밍과 관련이 있다. 전류(AC) 회로를 교치할 때, 두 도체 사이의 선위자는 아크 발생지점에서 전류 사이클이 있는 곳에 따라 달라진다. 전형적인 20-볼트 전류 사이클에서, "열" 도체와 중성 또는 접지 도체 사이의 전위는 +120볼트에서 -120볼트 사이, 초당 50-60회이다. 전위가 0에 다다를수록 아크 이벤트에서 물리적 손상은 덜 심각할 것이고 그렇기에 더 보기 힘들 것이다.

아크 사이트를 표시하는 것은 사진 및 비디오 내의 아크의 위치와 패턴을 설명하는 데 도움이 된다. 개별 아크 사이트가 아닌 아크 사이트들 사이의 공간과 아크가 아닌 도체들과의 관계는 명확한 증거이다.

도표를 제도할 때 정밀도는 자료 분석에서 오류를 줄이는데 도움이 된다. 계획과 입면도는 적절한 권장을 요한다. 각각의 관련 회로에 대한 과전류 보호 장치의 상태, 유형을 기록하는 것은 중요하다(퓨즈, 차단기, 누전 또는 아크 결함 회로 차단)(그림 16-4).

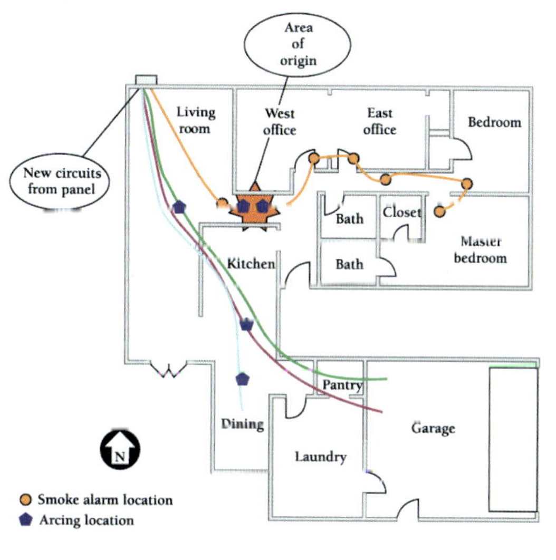

그림 16-4 전기 아크 조사도

아크 설문 조사 사이트에서 도체를 수집할 때, 도체가 제대로 식별되었는지, 표시되었는지, 제거하기 전 촬영되었는지를 확실히 해야 한다. 이 도체들은 매우 깨지기 쉽고 부서지기 쉽다. 관련된 장치들은 잠재적으로 미래 회로 추적 가능성을 제거하면서 떨어져 나갈 수 있다.

논의된 다른 분석 도구와 마찬가지로, 아크 매핑은 사건의 순서를 분석할 때만 유용한 것이 아니라 발화 지점 가설을 실험하고 결정할 때도 도움이 된다. 만약 도체가 아킹 사건에 의해 절단될 경우 그것은 배선이 손상되기 전에 절단된 시점에서 "하류"임의 아킹 이벤트가 발생한 것으로 결론지을 수 있다(예외에는 무정전 전원 공급 장치 또는 발전기에서 역류된 사전 화재 배선 오류 등이 포함된다). 발화 지점 영역이 가정 된 경우 반증이 없는 한 발화 지점이 전기 손상이 가장 먼저 일어난 곳이라고 생각할 수 있다.

모든 자료가 수집되고 나면 그것들은 분석할 필요가 있다. 화재 역학의 기본 사항은 수집된 자료 분석에 적용될 수 있고 발화 지점 가설 개발에 도움이 된다. 화재 동안의 사건의 시퀀스의 분석은 발화 지점을 결정하는 데 도움이 된다. 분석은 최초 연료 발화, 후속 연료 개입 여부, 수집된 자료의 부족을 인식, 잠재적인 발화원 식별과 같은 정보를 개발하는 데 도움이 된다.

모든 자료의 분석에 기초하여, 연구자들은 현재 화재의 원인 및 확산을 설명하는 하나 이상의 가설을 개발할 수 있다. 가설은 조사 초기에 설립되어야 하며 추가적인 정보에 의해 반증되어서는 안 된다. 궁극적으로, 조사관은 조사 단계에 상관없이, 과학적 방법을 준수하는 방법을 위한 단계에 상관없이 분명히 표현해야 한다.

과학적인 방법으로 인한 적합성은 가설이 개발되었을 때 테스트되어야 한다는 것을 요한다. 연역적 추리 테스트는 가설이 참이면 화재 현장은 특정한 특성을 발휘한다는 것을 전제로 한다(특성이 사라질 정도로 화재가 커지지 않았다는 가정 하에). 가설 검증에 적합한 기술들은 타임라인 분석, 화재 모델링 및 실험적 시험을 포함한다. 가설 검증에 이러한 기술의 적용은 차이 또는 불일치를 식별하는 데 도움이 될 수 있다. 이 기술들은 자료 분석 및 가설 개발에 적용될 수 있다.

타임 라인은 중요한 사건과 상황들 식별 또는 화재 시 발생한 것들의 관계를 이해하는데 사용될 수 있다.

화재 역학의 원리는 다양한 컴퓨터 프로그램을 통해 가설에 적용될 수 있다. 이러한 화재 모델들은 화재가 일어난 시간을 예측하기 위해 (연구자에 의해 수집된) 구체적인 화재 정보를 사용한다.

live burn 운동을 포함한 물리적 실험은 가설을 실험하는데 이용될 수 있다. 만약 실험이 실제 현장에서 나온 증거, 자료와 일치한다면 실험은 가설을 지지한다. 반대로, 실험이 증거와

화재조사관 팁

대답되어야 할 중요한 질문은 이것이다: "자료와 관련된 다른 발화 지점 가설이 있는가?"

다른 결과를 생성하면 가설은 폐기되거나 분석에서 새로운 정보가 개발되거나 고려될 필요가 있다.

기술적으로 유효한 화재 근원지 결정 중 하나는 이용 가능한 자료와 관련된 것이다. 다음의 질문들은 가설 검증 과정에서 답해야하는 것들이다:

- 가설된 발화 지점에서 일어난 화재가 관찰된 손상을 야기할 수 있나?
- 가설된 발화 지점에서 일어나고 개발된 화재가 설립된 타임라인과 일치하는가?
- 가설된 발화 지점에서 유능한 발화원이 있는가?

발화 지점에서 유능한 발화원의 부족은 조사관이 근원지 가설의 타당성을 재분석하도록 요구할 수 있다. 모순된 증거 관측은 물리적 증거, 신뢰성, 정보의 무게를 통해 설명되어야 한다. 발화 지점은 발화 가능한 연료와 잠재적 발화원이 같이 발견되었다고 해서 "확정"되어서는 안 된다.

최종 가설의 선택

발화 지점 가설이 테스트된 후에, 최종 가설로는 단 하나의 가설만이 살아남을 수 있다. 그 다음 조사관은 신뢰할 수 있는 정보가 설명되었는지와 신뢰할 수 있는 대체 가설이 제거되었는지 확인하기 위해 전 과정을 검토해야 한다. 조사관은 다른 것들을 배제하기 위해 발화 지점 가설을 기록해야 한다.

가설이 수집된 모든 자료와 완전히 일치하는 것은 흔치 않은 일이다. 수집된 모든 자료가 같은 가치를 갖고 있지 않다는 것을 인지하는 것은 중요하다. 자료는 그들의 신뢰도와 상대적 비중을 결정하기 위해 조사관에 의해 평가되어야 한다. 모순들은 인식되어야 하고 해결이 시도되어야 한다. 불완전한 자료는 이를 불가능하게 할 수 있다. 만약 모순이 해결될 수 없는 경우, 발화 지점 가설은 재평가되어야 한다.

■ 사례 파일 검토

대형 화재 손실 또는 개인적 부상이나 사망이 발생한 경우, 다른 연구자들에 의해 조사관의 작업 제품에 대한 검토 가능성이 있다. 원래의 조사관은 그 또는 그녀가 조사한 정보 또는 그의 분석을 제공해야 할 수도 있다. 이론적으로, 다른 연구자는 이러한 증거들을 검토할 수 있어야 하고 발화 지점에 대해 같은 결론에 도달해야 한다. 사건의 기초 사실에 대한 다른 이론적인 설명들(화재 역학)의 적용, 또는 예측 편견과 같은 다른 외부적 요인들의 결과로 다른 조사관들에 의해 제공된 다양한 자료들의 비중 때문에 의견 차이가 발생할 수 있다,

불완전하게 결정된 발화지점

발화 지점 식별의 무능력함은 원인의 타당한 결정을 못하게 한다; 예를 들어, 완전 연소를 초래하는 가연성 연료 가스의 발화를 포함한 시나리오. 연료 가스에 대한 가능성 있는 발화원에 대한 가설은 개발될 수 있고 실험될 수 있다. 결과는 여러 개의 잠재적 발화원일 수 있지만, 최초 발화원과 연료 누출의 이유는 식별될 수 있다.

발화 지점이 적당한 크기로 좁혀지지 않으면(예를 들어, 구조 내 방), 조사관은 왜인지 설명할 수 있어야 한다. 발화 지점을 정의하기 위한 무능력한 이유 중 몇몇은 건물 붕괴, 가연성 물질의 완전한 소비, 손상의 확장에 의한 화재 패턴의 부재를 포함한다. 광범위한 손상은 또한 열 및 불꽃 벡터 분석 또는 아크 매핑 등 다양한 분석 도구의 사용을 배제할 수 있다.

발화 지점을 설정할 물리적 증거가 없으면, 화재 초기 단계를 목격한 목격자가 신뢰할 수 있는 증거를 제공할 수 있다. 시도는 화재의 초기 단계 사진이나 비디오를 얻기 위해 목격자나 경찰과 같은 최초 응답자인 경찰과 같은 사람에게 시도되어야 한다.

완전 연소 - 연료를 거의 다 태운 화재(내용 및 구조)는 화재 현장을 조사하기 어렵지만 불가능하지는 않다. 완전 연소의 발화 지점과 원인을 결정하는 것은 보통 쉽지만은 않지만, 고려되어야 할 다른 관심 영역이 있다. 중요한 자료는 완전 연소 지역에서 복구될 수 있다. 따라서 조사관은 자료를 수집하기 위해서 이 장에서 설명하는 절차를 따르도록 해야 한다.

요 약

검토를 위한 준비

- 발화 지점은 방, 건물, 또는 일반적인 영역이다. 발화 지점은 열원과 연료가 서로 접촉하고 화재가 시작되는 정확한 물리적 위치이다.
- 초기 현장 평가를 포함한 화재 현장 조사, 예비 화재 확산 가설을 개발, 심층적 현장 조사, 화재 현장 복구, 최종 화재 확산 가설의 개발을 조사하기 위해 권장되는 방법
- 발화 지점을 결정하는 것은 구조와 주변 환경을 한번에 볼 수 있게 해주는 초기 현장 평가에서부터 시작된다.

- 자세한 외부 조사는 외부와 관련되어 조사 후에 제기될 수 있는 문제가 있을 수 있기에 중요하다.
- 내부 방들과 관련 영역들은 자세한 조사를 요하는 영역을 식별하기 위해 조사되어야 한다.
- 조사관들은 파편의 제거 또는 이동, 내용물 제거 또는 이동, 전기 서비스 개조, 가스 미터 제거, 이전 조사의 표시를 포함한 명백한 사전 화재 변화를 알아야 한다.
- 적절한 잔해 제거 및 복원은 관찰, 문서와 화재 패턴을 정확하게 분석하는데 필수적이다.
- 모든 발화 지점 가설은 화재가 어디서 시작되었는지 만을 설명해야 할 것이 아니라 구조에 어떻게 번졌는지도 설명해야 한다.
- 화재 역학, 열 전달, 화재 패턴 생성 원리는 발화 지점을 정확하게 결정하기 위해 수집된 자료를 분석하는 동안 이해되어야 하고 적용되어야 한다.
- 하소의 상대적 깊이 측정은 열원에 노출된 긴 구조 내의 위치와 화재 확산 부분을 결정하기 위해 세부 현장 도표에 표시한다.
- 아크 매핑은 조사관이 발화 지점을 결정하는 데 도움이 되는 전기적 아크의 위치를 식별할 때 쓰는 기술이다.
- 발화 지점 가설이 테스트 된 후에, 조사관이 하나의 가설을 선택하도록 단 하나의 가설이 살아남아야 한다.
- 부상 또는 사망이 발생한 대형화재 손실에서 조사관의 검사는 다른 조사관에 의해 검토되어야 한다.
- 발화 지점 식별에 대한 무능력함은 원인의 타당한 결정을 배제하지 않는다.

주요 용어

아크 조사 도표 (Arc survey diagrams)

전기 아크의 위치는 구조에 영향을 준 도표에 식별되고 표시된다. 아크 사이트의 공간적 관계는 패턴을 생성할 수 있고 손상의 시퀀스를 구축하는데 도움이 된다. 이 분석은 발화 지점을 식별하는 데 도움이 되거나 영역을 좁히는데 도움이 되는 선물 회로와 전기 장치에 쓰일 수 있다.

발화 지역 (Area of origin)

화재가 시작된 방, 건물 또는 일반적인 위치

소성 조사의 깊이 (Depth of calcination survey)

소성(석고 벽판에 관찰 가능한 물리적 변화)의 상대적 깊이 측정은 열원에 가장 오랜 시간 노출된 구조의 위치를 결정하기 위한 자세한 현장 도표에 표시되어있다.

문자 조사의 깊이 ((Depth of char surveys)

동일한 문자의 연료에 대하여 깊이의 측정은 열원에 노출된 시간이 가장 긴 구조내의 위치를 결정하기 위한 상세한 장면도에 표시되어있다.

화재 현장 복원 (Fire scene reconstruction)

사전 화재 위치에서 파편의 제거와 내용물의 대체 또는 구조적 요소의 과정. 재건은 또한 화재 현장 분석 조사에서 물리적 장면을 재건하는 것도 포함한다.

화재 확산 분석 (Fire spread analysis)

화재가 한 곳에서 다른 곳으로 움직인 것과 관련된 화재 패턴들을 식별하는 과정과 패턴이 생성되고 발화 지점을 추적하기 위해 사용되는 방법.

열과 화염 백터 분석 (Heat and flame vector analysis)

화재 확산 분석 지원 단계와 화재조사관이 결정한 발원지의 열과 화염의 확산 방향은 화재현장 상세 도표에 표시한다. 화재는 발화 지점을 추적할 수 있다.

초기 현장 평가 (Initial scene assessment)

현장을 보존하기 위한 조사의 예비 단계; 안전 위험, 인력 및 장비 요구 사항; 영역을 결정하기 위해 요구되는 심층 조사.

등용곡선(Isochar)

표에서 탄 정도의 같음을 잇는 선

발화 지점 (Point of origin)

열원과 연료가 만나 화재가 시작되는 정확한 지점

안정성 평가 (Safety assessment)

현장이 진입하기에 안전한지와 현장의 안전성을 만들기 위한 단계를 결정하기 위한 조사

순차 패턴 분석 (Sequential pattern analysis)

발화 지점, 화재의 성장과 화재의 확산을 결정하기 위한 화재 패턴 자료(연료 패키지와 형상, 실형상, 환기, 화재 진압 작업, 증인 정보 등)의 분석에 화재 과학 원리의 응용 프로그램

완전 연소 (Total burn)

화재가 거의 모든 것을 다 태우거나 연료가 부족하여 스스로 꺼졌거나 연료가 연소에 의해 감소되어서 꺼졌거나 화재를 진압하기에 적절한 진압 프로그램이 있는 화재 현장

실전 화재조사관

당신은 당신의 지역 사회에 있는 큰 농장에서 일어난 화재의 원인과 발화 지점을 조사하기를 부탁받았다. 당신이 도착했을 때 당신은 구조물이 심각하게 손상되고 부분적으로 붕괴되어 있었다. 소방관들은 그들이 도착했을 때 건물 전체에 불이 났고 서쪽 끝은 부분적으로 붕괴되어 있었다고 말한다. 당신이 외관 조사를 시작할 때, 당신은 보행자의 탑승물의 유물, 여러 금속 박스들과 전기 서비스 패널로 보이는 것들을 발견한다. 당신은 내부 조사를 시작하고 구조의 서쪽 끝에서 두 개의 전기 회로와 콘센트에 연결된 전지 장치들을 식별한다.

1. 발화 지점과 관련된 가장 정확한 정보를 제공할 수 있는 사람들인가?
   - A. 헛간 주인
   - B. 처음으로 도착한 소방관
   - C. 화재를 제보한 사람
   - D. 모두 다

2. 헛간 주인은 화재가 발견되기 약 1시간 전에 그가 건물의 파이프를 용접하고 있었다고 말한다. 발화 지점을 찾아내는 데 주인이 제공할 수 있는가?
   - A. 화재가 일어나기 전 물건들의 위치
   - B. 건물의 방향
   - C. 화재 당시 날씨 조건
   - D. 전기 서비스 제공자와 관련된 정보

3. 전기 시스템과 관련되어 발화 지점의 영역을 좁히는 데 사용될 수 있는 기술은 어떤 것인가?
   - A. 복구
   - B. 아크 매핑
   - C. 화재 모델링
   - D. 소성 조사의 깊이

4. 어떤 행동이 발화 지점을 결정하는 데 방해가 되는가?
   - A. 건물의 붕괴
   - B. 가연성 물질의 소비
   - C. 믿을 수 있는 화재 패턴의 부재
   - D. 모두 다

5. 발화 지점에서 파편을 제거하는 데 도움이 되는 가장 중요한 도구는 무엇인가?
   - A. 중장비
   - B. 휴대용 진공 장비
   - C. 휴대용 조명 장비
   - D. 수공구

발화원인 결정

학습 목표

이 장을 학습한 후 여러분은 다음 사항을 할 수 있다.

- 화재 원인에서 발화의 열의 형태와 소스의 역할을 설명
- 최초 인료 발화의 식별에 대한 토론 NFPA 4.2 NFPA 4.2.6
- 화재 현장에서 잠재적인 산화제를 발견 NFPA 4.2 NFPA 4.2.6
- 원인 결정에 사용되는 과학적 방법에 대한 설명 NFPA 4.1.2 NFPA 4.2 NFPA 4.2.6
- 제거 과정과 부정적인 자료 묘사
- 조사 의견에 확산의 수준에 대한 토론 NFPA 4.6.5

기능습득 목표

이 장을 학습한 후 여러분은 다음 사항을 할 수 있다.

- 최초 연료 발화 NFPA 4.2 NFPA 4.2.6
- 발화원 식별 NFPA 4.2 NFPA 4.2.6
- 원인 결정에서 과학적 방법 이용 NFPA 4.1.2 NFPA 4.2 NFPA 4.2.6

NFPA 참고 문헌

NFPA 921, *Guide for Fire and Explosion Investigations*

CHAPTER

17

FESHE 과정 결과물

화재조사 I

11. 사고 및 방화 사이의 원인, 화재 근원지와 차이를 구별하라.

화재조사 II

이 장에서는 화재조사 II (FESHE)의 과정에 대한 결과물은 없다.

당신은 화재조사관

이른 크리스마스 아침, 당신은 북향 복층 건물 거실에서부터 시작된 화재를 조사하고 있다. 방의 파편을 제거하고 난 후, 당신은 크리스마스 트리에 사용된 것과 동일한 강철 와이어를 찾았다. 현장을 재구성하면서, 당신은 화재가 전날 밤 주인 아들이 빈백 의자를 두었던 방의 중심 근처에서 화재가 발생했다고 결정한다. 주인이 의자가 있었다고 한 위치에서 남쪽으로 2피트 가량 떨어진 곳에는 나무를 태우는 벽난로가 있다.

1. 당신은 어떻게 최초 발화 연료를 식별할 수 있는 과학적 방법을 적용할 것인가?
2. 어떤 잠재적인 발화원이 거실에 존재하는가?
3. 발화원을 식별하기 위해 어떤 자료를 수집할 것인가?
4. 빈 배그의 크기, 모양, 구조가 발화 결과에 어떤 영향을 미치는가?

개요

원인을 결정하는 것은 발화원 확인(흡연 물질과 같은), 최초 연료 발화(천을 쓴 의자), 발화 산화제, 또는 인간의 행동(적절한 흡연 물질 처분 실패와 같은) 것에 한정되지 않는다. 또한 이것은 상황 확인, 조건 또는 산화제를 가져온 경우, 발화원, 그리고 화재가 시작될 수 있었거나 확산할 수 있었다는 조건을 포함한다. 조사의 시작에서, 조사관은 연습과 조사를 필요로 하는 기업의 권한 범위를 식별해야 한다. 예를 들어, 시 조사자는 이벤트 또는 전기적 고장을 담당 성분(들)을 식별하기 위한 필요 또는 자원이 없을 수 있지만, 방화에 책임이 있는 당사자를 추구할 가용 자원을 갖도록 강요한다. 반대로, 시 당국이 범죄 수사를 연기하는 동안 민간 조사관은 전기 부품의 정밀 검사를 용이하기 위해 더 많은 책임이 있다. 연습의 범위를 이해하는 것은 조사의 단계를 가능하게 하고 가끔 더 포괄적인 조사를 구성하기 위해 화재 현장 보호와 보존을 가능하게 한다. 이 장에서는 화재나 폭발의 원인 결정에 초점을 맞추고 있다. 화재의 분류는 이 교과서의 "발화원인 분류"장에서 설명된다.

화재조사관 팁

방화는 발화원도 아니고, 적절한 발화원인 분류에 속하지도 않는다. 방화는 의도적으로 저지른 화재의 분류이다; 방화는 저질러진 범죄이다.

발화원

그림 17-1 때때로 발화원은 화재 근원시에 놓여 있다.

발화 에너지원은 발화 지점 또는 그 근처에 있을 것이다. 대다수의 경우, 발화원 또는 그 유적은 화재 근원지에 계속 남아있을 것이다(그림 17-1). 만약 존재한다면, 그것은 손상되었거나 인식하기도 어려울 것이다. 이것은 화재에 의해 파괴되었거나 진압 도중에 옮겨졌을 수 있고 또는 발화 지점에서 이동되거나 운반되었을 수도 있다. 모든 경우에, 조사관은 화재 원인을 정확하게 결정하기 위해서 발화원을 식별하도록 일해야 한다. 그리고 더 이상 발화 지점에서 발견되지 않을 발화원의 가능성을 고려해야 한다.

식별된 발화원은 "경쟁력 있어야" 한다. 이것은 최초 연료에 발화하기에 충분한 에너지가 있음을 의미하고 발화하기 위한 온도까지 충분한 에너지가 있어야 한다는 것을 의미한다. 이 과정은 세 단계로 식별된다:

1. 생성 : 유능한 발화원이 열 형태의 에너지를 생성할 수 있어야 하고, 발화 시에 열을 발생해야 한다.
2. 전송 : 전도, 대류, 방사선, 또는 직접 접촉은 열원의 발화 온도에 도달하기에 충분한 에너지 연료를 송신할 수 있어야 한다.
3. 난방: 대상 연료는 발화의 포인트로 가열되어야 한다. 이것은 재료의 열관성, 열전도율, 밀도, 제조, 및 비열을 포함한 여러 요인에 따라 달라진다.

결정된 발화원은 연료에 에너지를 그 발화 온도로 연료를 발생시키고 전송하는 효율적인 에너지를 생성할 수 있어야 한다. 열 관성이라는 용어는 영향을 미치는 에너지 연료를 묘사하기 위해 사용된다. 에너지는 반사되거나, 전송되거나, 분산되거나 영향을 받는 물질을 가열할 수 있다. 열관성이 낮은 물건들은 열을 더 느린 속도로 방출하고, 동일한 열 에너지에 노출될 경우, 열관성이 높은 물건보다 더 높은 표면 온도를 가질 것이다.

만약 조사가 발화 연료가 가솔린, 액화 석유(LP) 가스, 천연가스처럼 증발했다는 것을 보여주면, 발화원은 연료 가스가 가연 한계의 적절 범위에 있을 때 만족할 만해야 한다.

발화원은 스위치 또는 전기 모터의 아크나 표시등과 같은 개방된 불꽃 소스와 같은 것들 때문에 결정하기 어렵다. 인화성 증기의 발화원은 증기 구름이 여러 구획으로 이동될 수 있어서 더 구분하기 어려울 것이다. 증기 구름의 지역에는 다수의 유능한 발화원이 있을 수 있다. 인화성 증기 구름이 인화성 한계 내에 있을 때 발화원은 한 개만 존재할 것이다. 발화 지점의 내용물들에 충분히 잘 아는 사람과 거기서 일어난 행동에 대해 잘 아는 사람과 인터뷰를 실시해야 한다. 이 인터뷰는 발화원 확인을 하는 데 도움이 될 것이다. 또한, 경찰, 소방관, 보험회사 등의 보고서는 원인 결정에 도움이 될 수 있다.

최초 연료 발화

실제 발화원 저편에 연소 과정을 지지하는 최초 연료 발화원은 먼저 식별되어야 한다. 최초 연료 식별은 가설을 시험하는 데 있어 중요한 부분이다. 최초 연료 발화원이 발화원으로부터 생성된 적당한 발화 온도를 가지고 있다면 최초 연료 발화의 고려는 중요하다. 연료와 같은, 하나는 높은 표면 대 질량 비율 및 저와 다른 배열면에 질량, 높은 표면 대 질량 발화 적은 열에너지를 필요로 한다. 2×4 블록과 얇게 깍은 나무 블록이 같은 것이 예이다. 동일한 전체 질량이지만 더 큰 총면적, 깍은 것의 축적은 동일 온도에서 발화되지만, 연료를 발화 온도까지 올리는 데 더 적은 에너지를 필요로 한다. 그들은 열을 방출하기에 충분한 질량을 가지고 있지 않기 때문에 보다 더 빨리 발화 온도에 도달한다. 모든 경우에, 열원은 발화 온도에 연료원을 가열하기 위해 충분한 열과 노출 지속 시간을 가져야 한다.

산화제

대부분의 화재에서, 공기 중의 산소는 산화제 또는 산화제 대체물로 작용할 것이다. 화재 강도는 다른 산화제의 개입으로 더 강화될 수 있다. 일반적으로 발생하는 추가 산화제는 의료산소(예를 들면, 압축가스 실린더 또는 산소발생기) 또는 특정 화학 물질(예를 들어, 수영장소독제)를 포함한다. 때로는 화학 산화제의 잔해는 화재 후에 남을 것이다. 이러한 잔해가 발견된다면, 이는 실험실 분석을 위해 수집되어야 한다. 대기 중의 산소 이외의 산화제가 발화 지점에서 또는 근처에서 식별되는 경우, 기록되어야 하고, 화재 현상의 역할을 고려하여야 한다.

발화 순서

연료와 경쟁력 있는 발화원의 단순한 존재 혼자서만 화재를 초래하지 않는다. 조사관이 식별해야 하는 요소 중 하나는 발화 순서 또는 이와 화재 원인을 확립과 함께 발화원 및 연료를 가져온 이벤트이다(그림 17-2).

예를 들어, 조사관은 주방에서 일어난 화재가 토스트기에서 시작되었다고 결론할 수 있지만, 이를 발생시킨 사건은 무엇인가? 고려를 위해 여러 가지 가능성이 존재한다 - 설계 결함, 구성 요소 대체, 내부 구성 요소 고장, 소비자의 부적절한 사용이 그 가능성들이다. 조사관은 사건, 가능한 고장 모드를 해결하기 위한 준비가 되어있어야 한다. 일부 예에서, 추가적인 전문가는 더 철저히 제품을 의심하거나 또는 부품의 이벤트 및 실패 모드를 식별하기 위한 요구가 필요할 수 있다. 또한 구성하고 수집된 자료를 분석하는 타임라인을 개발하는 것이 유용할 수 있다.

그림 17-2 화재의 원인은 3 단계를 포함한다: 발화원, 최초 연료 발화, 최초 연료 발화와 함께 오는 발화원의 원인. 여기에서 히터가 발화원이다, 커튼이 최초로 발화되었고, 두 개의 접근성이 화재를 발생시켰다.

과학적인 원인 결정 방법

발화 지점이 확실하게 식별된 후에, 조사관은 원인을 확인하는 작업을 시작할 수 있다. 발화 지점 결정과 마찬가지로, 이 과정 또한 과학적 방법을 이용하는 것을 필요로 한다(이 책의 "기본 화재방법론"에 더 자세하게 설명되어 있다). 원인을 정확하게 판단하기 위해 자료를 분석해야 한다; 그런 후에야 가설은 각각의 잠재적 발화원을 위해서 개발되고 시험될 수 있다. 발화 지점 가설을 시험하기 위해 쓰는 과학적 방법을 적용하기 위한 적절한 방법은 가설을 반증하려고 시도하는 것이다. 가설을 증명하려는 작업은 기대 또는 확인 편견으로부터 생기는 오류를 불러일으킬 수 있다. 반증될 수 없는 가설들은 가능하거나 있을 법하다.

■ 자료 수집

원인을 결정하기 위해 필수적인 정보는 연료, 잠재적 발화원, 발화 지점에 있던 특별한 산화제의 식별을 포함한다. 화재 영역에 대한 지식이 있는 사람으로부터의 정보는 화재 이전의 사진을 보는 것처럼 이러한 정보를 수집하는데 용이할 수 있다.

가설된 발화원의 능력 평가는 최초 연료의 식별을 요구한다. 최초 연료는 알아볼 수 있는 형태로 남지 못할 것이다. 최초 연료는 건축 자재, 인테리어 가구, 또는 장비의 구성 요소 일부가 될 수 있다. 미만성 연료(예를 들면, 가스, 증기, 또는 먼지)가 초기 연료일 때, 발화 지점(발화)는 연소를 유지한 다른 연료의 위치와 멀리 떨어져있을 수 있다. 플래시 화재는 창문처리, 다중 위치, 분석을 더 복잡하게 하는 상황에서 빛 연소를 발화할 수 있다.

최초 연료의 형태와 형상은 발화원은 전기를 일으킬 수 있어야 하고 충분한 열 에너지를 발화 결과에 할당된 시간에 걸쳐 변환되어야 한다. 최초 연료 발화는 화재가 확산하기에 충분한 연료를 발화할 수 있어야 한다. 이러한 정보의 식별은 연료 분석이라고 알려져 있다.

발화 지점의 모든 잠재적인 발화원은 식별되어야 한다. 만약 발화 지점의 방이 완전히 관여되어 있다면, 이는 그것이 경쟁력있는지를 평가하기 위해 방 안에 있는 모든 잠재적인 발화원을 시험하는 것이며, 발화원의 빛 에너지와 발화된 연료의 물리적 권한을 평가하는 것이다. 이 과정은 발화원 분석이라고 알려져 있다.

예를 들어 만약 시료가 타지 않은 연료 또는 모형 발화원이 필요할 경우 자료는 발화 지점 밖에서 수집되어야 한다. 조사관은 또한 현장에서 확인된 화염 또는 정전기와 같은 물질적 장치와 일치하지 않는 발화원을 고려해야 한다, 물리적 장치의 부재에서, 발화원을 설립하기 위해서 다른 증거가 필요하다.

■ 자료 분석

모든 잠재적 최초 연료, 잠재적 발화원, 산화제들 그리고 관련 상황/행동들이 식별된 후, 모든 자료에 대한 분석은 수행될 수 있다. 조사관은 화재 원인에 대한 결론으로 바로 이동해서는 안 된다 왜냐하면 연료와 발화원이 발화 지점 영역에서 일치하기도 하기 때문이다. 별도의 가설은 가능한 각 초기 연료/잠재적 발화원/산화제 조합 식별을 위해 개발되어야 하고 시험되어야 한다.

화재를 일으키는 발화원과 초기 연료가 함께 해서 화재를 일으키는 상황과 사건 순서는 조사관이 설립해야 할 발화 순서이다. 이 분석을 수행하면서, 조사관은 일어난 사건, 화재가 시작하면서 논리적으로 요구된 화재를 설립하는 것을 깨달아야 한다는 것을 알아야 하는 것은 중요하다. 이는 매우 중요한 개념이다. 발화원의 물리적 증거는 화재 이후 존재하지 않고 발화원에 대한 물리적 증거가 존재하지 않을 때 발화 시퀀스가 논리적으로 추론될 수 있다는 것은 인식되었다. 이 정보는 증거의 부재가 아닌 증거가 있는 상태에서 설립되어야 한다.

특정 증거는 발화원에 대한 발화 시퀀스의 부재의 추론에 부분적으로 지지적이다. 이들은 다음의 것들을 포함하지만 이것들에 제한되지는 않는다, 확산 연료 발화, 다수의 근원지, 트레일러, 목격된 발화, 연구소의 분석에 의해 확신된 발화 액체 그리고 그것들의 존재에 대한 결백한 설명.

빌화 시퀀스를 개발하는 데 필요한 요인들은 다음과 같다 :

- 초기 연료가 언제 어떻게 발화 지점에서 존재했는가?
- 산화제가 언제 어떻게 존재했는가?(만약 흔치 않은 산화제가 포함되어 있다면)
- 경쟁력 있는 발화원이 언제 어떻게 존재했는가?
- 경쟁적 발화원이 언제 어떻게 열을 초기 연료에 전달시켰는가?
- 어떤 행동 또는 누락이 어떤 순서로 연료, 산화제, 발화원을 가져왔는가?
- 초기 화재가 화재 확산으로 이어진 후속 연료를 어떻게 발화했는가?

■ 원인 가설

과학적인 방법에 의해 규정된 바와 같이, 조사관은 모든 알려진 사실과 일치하는지를 식별하는 원인의 대체 가설을 개발하고 테스트해야 한다. 가설 테스트는 유용한 정보와 자료만을 포함하는 것이 아니라 다른 사람에 의해 수행되는 실험을 포함하는 과학 및 무역 문헌에 대한 참조를 포함할 수 있다. 조사관은 또한 시험 또는 실험이 조사에 대한 신뢰성 및 적용 결과를 얻을 수 있는 방법으로 수행되어야 함을 염두에 두고, 자신의 물리적 시험 또는 실험을 할 수도 있다. 나아가, 이 책의 "기본 화재방법론"에서 논의된 바와 같이 가설인지 테스트는 알려진 자료에 대한 아이디어나 가설들을 시험하기 위해 화재조사관에 의해 일반적으로 적절하게 사용되어 왔다.

제거 과정과 부정적인 언어자료

제거의 과정은 원인 분석과 조사관들이 가설을 테스트하고 평가하기 위한 조사관의 노력에 있어 필수적이다. 많은 연구에서, 조사관은 하나의 남은 것은 반박할 수 없다는 점에 대한 가설의 범위를 테스트하고 반증하는 데 있어 성공적이다. 그러나 위에서 언급한 바와 같이, 남은 가설은 마지막 하나이기에 조사관의 마지막 의견처럼 쉽게 채택되어서는 안 된다. 오히려 그것은 지지되어야 하고 증거와 일치해야 한다. 따라서 조사관은 단순히 발화원이라고 믿어졌고 알려진 다른 발화원들을 제거함으로서 발화원을 결정할 것이 아니라, 그것을 지지할 다른 독립적인 증거가 없더라도 발화원의 증거에 대한 주장을 해야 한다. 이는 잘못된 기술이며 부정적인 언어자료라고 불린다. 부정적인 언어자료는 과학적인 방법의 사용과 불일치한다(NFPA 1033이 모든 조사관이 원인 분석을 사용하기를 요구한다). 왜냐하면 그것은 정보의 분석과 수집없이 결론을 내리는 것을 포함하기 때문이다. 부정적인 언어자료의 사용은 화재를 조사관이 제안해야하고 사건적인 발화원을 제거하고 우발적인 발화(인간의 손)의 증거 제거에 의존하는 사고에 의한 것으로 분류되었다. 그 또는 그녀가 부정적인 언어자료에 의존하는 그 어떤 제안을 피하기 위해선, 조사관은 연구자의 관찰, 물리적 또는 다른 증거, 과학, 계산, 실험으로부터 얻은 모든 가설과 사실의 분석에 대한 결과에 의해야 한다.

확신의 수준

조사관은 형성된 의견들에 대한 확신의 수준을 설립해야 한다. 조사관은 원인에 대한 최종 결정의 중량 또는 고려되는 자료의 부분적인 것에 대한 확신성을 할당하는 개인이다. 조사관은 그들이 수집한 자료에 의해 그들의 확신성을 두 가지 중 하나로 설립해야 한다.

- 있을 것 같은 : 사실이 아닐 것 같은 것보다 사실일 것 같은 경우의 확신성에 해당되는 것이다. 이 확신성은 확신성이 50%보다 더 큰 수준을 말한다. 이 확신성의 수준은 화재를 자연적, 실수 또는 방화로 분류한다.
- 가능성 : 실현 가능하다고 고려되지만 개연성은 없다고 판단되는 확신성의 수준이다. 두 가설이 같은 수준으로 판정되는 경우, 그들은 가능한 것이라고 고려되어야 한다. 확신성의 수준이 가능하다고 결정되는 경우, 화재의 원인은 미결정으로 고려되어야 한다.

조사관은 이전에 범죄 조사에서 사용된 법적 맥락인 가능성 있는 원인의 가능한 또는 가능성 있는 것을 헷갈려서는 안 된다(이 책의 “법적 고려사항”장 참조).

요 약

검토를 위한 준비

- 원인 결정은 발화원, 최초 연료 발화, 산화제, 인간 행동에 한정되지 않는다. 이것은 또한 상황 식별, 조건들, 또는 연료를 가져온 기관, 발화원 그리고 산화제와 화재가 시작될 수 있는 조건을 포함한다.
- 대부분의 경우 발화원 또는 잔해는 발화 지점에 있을 것이다.
- 최초 연료 발화의 식별은 가설 테스팅의 중요한 부분이다.
- 발화원의 가능성에 따라 그것의 물리적인 증거는 발화 지점에 남아 있을 수 있다.
- 대부분의 화재에서, 공기 중의 산소는 산화제 또는 옥시던트로서 기능 할 것이다. 화재 강도는 화재의 다른 산화제의 개입에 의해 강화될 수 있다.
- 조사관은 발화원과 연료를 함께 일으킨 화재 원인과 책임감을 설립하는 발화 시퀀스 또는 사건을 식별해야 한다.
- 원인 가설을 시험하는 데 과학적인 방법을 적용하는 올바른 방법은 가설을 반증하려고 노력하는 것이다.
- 원인 결정을 위해 수집되어야 하는 필수적인 자료는 연료의 식별, 잠재적 발화원, 그리고 발화 지점 영역에 있는 흔치 않은 산화제를 포함한다.
- 모든 잠재적인 초기 연료, 잠재적 발화원, 산화제, 그리고 관련 상황/행동이 식별되고 나면, 전체 자료 분석을 실행할 수 있다.
- 조사관은 의견 형성을 위해 확신성의 레벨을 설립해야 한다.

요 약

주요 용어

연료 분석

최초 연료 발화의 식별

발화 시퀀스

최초 연료와 발화원을 함께 일으키는 사건과 상황의 순서 그리고 화재를 일으키는 것.

발화원 분석

발화 지점의 잠재적인 발화원을 식별하는 과정 그리고 최초 연료 발화의 물리적 증거, 기본적인 과학 원칙들, 다른 사용 가능한 자료를 고려하는 과정.

열 관성

열전도도, 밀도, 비열(열용량)의 생성물

실전 화재조사관

당신은 전당포 내에서 화재가 두 개의 금고, 전자렌지, 기숙사 크기의 냉장고가 있는 사무실의 구석에서 시작된 것으로 결정하였다. 화재가 비교적 작고 화재 패턴은 두 금고 앞에 있는 발화 지점이라고 보여준다. 전자레인지와 냉장고는 각각 금고 위에 있다. 전자레인지와 냉장고의 피해는 화재에 노출된 옆면 뿐이다. 그리고 그것들은 화재의 원인을 포함하고 있다고 보여지지 않는다. 쓰레기 캔의 잔재와 불에 탄 종이는 화재 패턴이 시작된 바닥에 있다.

화재 당시에 있던 직원과의 인터뷰에서 그는 담배를 피러 가기 대략 5분 전에 금고를 풀었다고 말했다. 그는 내부에 흰 연기가 찼다는 것을 깨닫고는 밖에 몇 분밖에 있지 않았다고 말한다.

1. 조사관이 발화원을 식별하기 위해 사용한 과정은 어떤 것인가?
   A. 과학적 방법
   B. 발화 시퀀스 평가
   C. 발화원 분석
   D. 모두 다

2. 이 화재가 발생한 후 확산 속도에 가장 큰 영향을 미친 것은 어떤 요인인가?
   A. 사업의 종류
   B. 그 날의 시간
   C. 저장된 내용물
   D. 발화 지점에 있던 물건의 크기와 기하학

3. 증거로서 가능한 모든 발화원의 부재와 제거를 언급하는 용어는?
   A. 증거의 우세
   B. 가능한 원인
   C. 부정적인 코르퍼스
   D. 상황상의 증거

4. 당신은 전자레인지와 냉장고가 화재를 일으키지 않았다고 결정했다; 그러나, 직원은 회사 내에서의 흡연을 부정한다. 당신은 원인으로서 버려진 흡연 매체에 어떤 확신성의 단계를 이용할 것인가?
   A. 낮은 확신성
   B. 가능성 있는
   C. 가능한
   D. 미결정의

발화원인 분류

학습 목표

이 장을 학습한 후 여러분은 다음 사항을 할 수 있다.

- 사고 화재 원인 분류 묘사
- 자연 화재 원인 분류 묘사
- 방화 원인 분류 묘사
- 미결정 화재 원인 분류 묘사
- 화재 원인 분류와 그것이 어떻게 변했는지에 대한 토론

기능습득 목표

이 장을 학습한 후 여러분은 다음 사항을 할 수 있다.

- 화재 원인 분류

NFPA 참고 문헌

NFPA 921, *Guide for Fire and Explosion Investigations*

CHAPTER

18

FESHE 과정 결과물

화재조사 I

11. 사고 및 방화 사이의 원인, 발화 지점과 차이를 식별하라.

화재조사 II

이 장에에서는 화재조사 II(FESHE)의 과정에 대한 결과물은 없다.

당신은 화재조사관

당신은 저장된 플라스틱 화물 운반대를 포함한 대형 야외 화재 현장 조사를 시작했다. 당신은 화재가 일어나기 몇 분 전에 화재 지역에 떨어지는 "해양 플레어"를 목격한 몇몇 목격자를 인터뷰했다. 그리고 직원이 도착하기 전 20피트 상단에 있는 화재의 위치를 목격한 목격자도 인터뷰했다. 한 사람은 화재가 일어나기 한 주 전에 화재 지역에 화재가 확 타오르는 것을 목격했다. 이 사람의 집으로 가면서, 팔레트에 불이 나기 몇 분 전 자신의 마당에 작은 불을 끈 한 거주자가 화재를 일으킨 물건이 무엇인지 봐달라는 요청에 의해 멈춘다. 거주자는 당신을 마당에 작게 탄 부분으로 데려가고, 당신은 중국 랜턴이 요인임을 알게 된다.

1. 만약 중국 랜턴을 쓰는 것이 불법이라면, 이것이 당신의 화재 분류에 어떤 영향을 미칠 수 있는가?
2. 당신은 이 화재를 어떻게 분류할 것인가?

개요

원인 분류는 화재의 4가지 요소(발화원, 최초 발화지역, 발화 그리고 발화 요인) 식별의 정점이고 일반적으로 허용되는 정의들에 따른 분류하는 것이다. 화재의 원인은 언급된 기준들과 관련되어 있음을 기억하라. 반면에 분류는 책임을 맡기는 것, 보고 또는 수집 통계와 더 관련되어 있다. 이는 기관과 때로는 현재 상태 또는 지방 규칙이나 법령에 따라 달라진다. 원인 결정과 원인 분류는 별도의 일이다. 분류는 수집된 모든 자료(사실)를 검토하고 그 자료(사실)에 기초하여 분류 방식을 결정한 후에 완료된다. 조사관은 원인을 분류하기 위한 동기를 사용하지 말아야 한다; 현장에서 찾은 사실에 의해 분류되어야 한다.

화재 또는 폭발의 원인을 분류할 수 있는 네 가지 일반적인 범주가 있다:

1. 사고
2. 자연
3. 선동
4. 미결정

사고로 인한 발화 원인

사고 화재는 고의적(의도적) 행위가 없는 것들을 말한다(그림 18-1). 이것은 또한 고의적으로 발생한 친숙한 그러나 적대적인 화재를 포함한다. 예를 들어 의도적으로 발화된 브러쉬 또는 갇힌 곳에서 의도적으로 번지는 화재. 전통적으로; 우연한 범주는 무책임한 행동에 대한 책임을 져야 하는 연령 이하의 청소년들에 의해 발화된 화재를 분류하기 위해 사용되었다. 그들이 어떻게 다가오든 그들은 이 분류를 따를 것이다; 조사관은 그 또는 그녀가 모은 이 자료를 이용해야 하는 것을 기억해야 한다.

Courtesy of Mike Dalton

그림 18-1 이 장면에서, 가연성 물질이 부주의하게 열원 벽 근처에 놓여 있고 물체가 켜졌을 때 구조를 손상시키면서 발화되었다.

자연 발화 원인

자연 발화 원인 분류는 인간의 개입 없이 일어난 화재를 위한 것이다. 이 범주는 번개, 바람, 지진과 같은 자연 현상으로 인해 발생한 화재들을 포함한다(그림 18-2).

© Costazzurra/ShutterStock, Inc.

그림 18-2 자연 현상으로 인해 발생하는 화재는 자연 화재로 분류된다.

화재조사관 팁

의심은 화재 원인을 묘사하기에 적당한 방법이 아니다. 이를 피하라.

고의적 발화 원인

방화 화재는 고의적인 행위로 인한 화재이다-화재가 일어나지 않아야 할 곳에서 일어난 고의적 행동이나 상황으로 인한 화재. 무모 또는 부주의로 인한 화재는 특별히 언급되어야 하지 않고 기본적인 상황에 포함되어야 한다. "사람들은 화재가 일어나야 하지 말아야 하는 것을 안다." 방화범의 사고 방식이나 정신 상태(의도)가 이 분류의 핵심이다(그림 18-3).

그림 18-3 가연성 액체가 들은 용기는 파괴를 위해 방화범에 의해 의도적으로 놓여 있었다.

예를 들어, 아이가 실험하기 위해 또는 "놀기 위해" 화재에 불꽃 장치를 이용하는 경우를 보자. 화재가 일어나면 안 된다는 지식은 이러한 행동이 행해지는 지역(예를 들어, 침실 옷장)을 통해 증명할 수 있다. 이러한 화재는 아이가 악의 없이 행동을 했어도 방화라고 분류될 수 있다.

미결정 발화 원인

그림 18-4 목격자도 없는 건물의 완전 연소. 전원은 연결되어있었지만, 원인으로 추정될 만한 것은 없었다. 현재의 자료는 미결정 원인을 지지한다.

미결정 발화 분류는 아직 조사되지 않은 화재, 조사 중인 화재, 이미 조사가 완료되었지만 화재 원인이 확실하게 밝혀지지 않은 화재를 위한 적절한 분야이다(그림 18-4). 그러나 화재의 발화원을 결정하는데 있어 실패는 조사관에게 미결정된 화재를 지배하라고 요구하지는 않는다. 충분한 증거가 요인들을 설립한다면, 촉진제의 사용이나 화재 원인을 정하기에 충분하다.

미정 분류에 대한 부정적인 오명은 없어야 한다. 화재 조사는 가정 없이 접근되어야 한다; 따라서 모든 화재 조사들은 미결정 분류(조사 중인 화재)와 함께 이론적으로 시작해야 한다. 가정 없이 화재 조사에 접근하는 것은 또한 조사관이 기대 또는 확인 편견에 떨어지는 것을 방지해준다. 새로이 발견된 정보는 조사관에게 다시 분석하도록 요구할 수 있다. 원인 결정에서 일어나는 분석의 결과는, 이전에 "미결정" 화재를 문제없이 분류할 수 있다.

분류에 대한 토론

가설이 자료에 의해 지지될 때 처음 세 분류(사고, 자연, 고의적)에 도달될 수 있다. 가설이 사실(자료)에 의해 지지되지 않는다면, 조사관은 과학적 방법의 전 단계로 돌아가고 믿을 만한 결론에 도달하도록 과정을 반복한다(이 책의 "기본 화재방법론" 참조). 자료가 가설을 지지하기에 불충분하기 때문에 원인을 판별할 수 없는 경우, 미결정 원인으로 분류되어야 한다. 새로운 자료의 발달로, 조사관들은 원래의 분류를 재평가해야 하며 지지되는 분류로 바꾸어야 한다. 분류가 이루어진 후에도, 만약 새로운 증거(자료)가 원래의 가설을 지지하기에 가능하지 않은 경우 조사관은 새로운 자료와 함께 가설을 다시 테스트해야 한다. 해당되는 경우, 조사관은 새로운 원인 결정에 도달해야 한다.

원인이 분류되기 위해서 원인의 모든 요소들이 식별되어야 하지는 않는다. 제한된 상황에서, 발화원의 믿을 만한 원인 결정에서의 물질적 부재를 만드는 것이 가능할 수도 있다. 충분한 증거로, 논리적으로 발생한 또는 발생할 필요성이 있는 화재에 대한 발화 시나리오는 안정적으로 가설되거나 테스트될 수 있다. 조사관은 원인 분류를 위해 동기의 증거를 사용할 수 없다(이 책의 "방화"장 참조).

또한 발화원과 최초 연료를 식별하는 것을 허용하는 이용 가능한 증거가 있을 수 있다, 그러나 필수 요소들을 가져오는 상황이 설립될 수 없기에 그 원인은 분류될 수 없다. 이러한 상황들에서는, 해당 분류는 미정이다.

한 번도 화재는 의심으로 분류되지 않는다. 이는 화재 원인에 대한 적당한 분류가 아니다. 의심은 불명을 설명하고 부정직한 의미를 설명하기에 적당한 단어가 아니다. 비록 뉴스 미디어를 포함한 훈련받지 않은 비전문가라 해도, 화재가 의심스럽다고 할 수 있지만 이 용어는 적절하지 않고 화재조사관에 의해 사용되어서는 안 된다. 의혹은 증거 또는 확실성 수준을 말한다. 확신의 수준이 고작 의심인 화재는 "미정"으로 분류되어야 한다(표 2-1, "기본 화재방법론"의 가설 확실성을 확인하라)

화재조사관 팁

방화는 범죄를 의미하기 때문에 사법 절차에 의해 결정되는 용어이다. 고의적이라고 분류된 화재는 법 집행부에 의해 방화라고 불릴 만한 충분한 근거가 있다. 현지법에 따르면, 모든 사고로 인한 화재가 방화는 아니다.

요 약

검토를 위한 준비

- 원인 분류는 4가지 요소(발화원, 최초 연료 발화, 발화 그리고 발화 요인)을 식별하고 일반적으로 수용되는 정의들에 따라 분류하는 것이다.
- 사고로 인한 화재는 고의적(의도적) 행동으로 인한 결과가 아니다, 브러시나 쓰레기에 의도적으로 발화되었지만 고의적인 행위의 결과가 없는 것이다.
- 자연 화재 분류는 번개, 바람과 지진과 같은 인간의 개입이 없는 자연현상에 의한 화재를 말하는 것이다.
- 고의적인 행동들이나 의도, 상황에 따른 방화는 발생하지 말아야 할 지역에서 발생한다.
- 미정인 화재 분류는 아직 조사되지 않은 화재에 대한 적절한 범주이며, 조사 중이거나 조사되었는데 확실성의 정도를 용납할 만큼 원인이 밝혀지지 않은 것이다.
- 분류가 이어짐 후에도, 만약 발화 지점 가설을 지지하지 못하는 새로운 증거(자료)가 나온다면 조사관은 새로운 정보와 함께 발화 지점 가설을 다시 테스트해야 한다.

주요 용어

사고 화재 (Accidental fire)

입증된 원인이 있는 화재는 화재가 일어나지 말아야 할 곳에 발화 또는 화재의 확산에 대한 인간의 개입을 포함하지 않는다.

방화 (Incendiary fires)

화재가 일어나지 말아야 할 곳에 누군가가 의도적으로 불을 지른 것

자연적 화재 (Natural fire)

인간의 직접적인 개입이나 행동 없이 일어난 화재, 예를 들어 번개, 지진 그리고 바람

미정 화재 (Undetermined fire)

확실성의 정도를 검증할 수 없게 화재의 원인을 분류할 수 없는 화재

실전 화재조사관

조용한 동네에서 쓰레기통, 대형 쓰레기 수집 용기와 파편 조각들을 포함한 몇몇 화재에 대한 긴 조사를 수행한 후, 당신은 마침내 7살짜리 아이가 "불을 구경하는 것을 좋아하기 때문에" 불을 냈다는 것을 확인하였다. 아이는 화재에 대해 후회하고 있다고 했으며 그는 "아무도 다치게 하고 싶지 않았다"라고 말했다.

그의 부모님과 말을 한 후, 당신은 아이가 수 개월 전 일어난 화재에 대해 "호기심"을 보였고 몇 번이나 집 근처의 소방서에 가자고 했다는 이야기를 들었다.

1. 이 화재는 어떤 분류로 분류되어야 하는가?
   A. 사고
   B. 방화
   C. 소년 방화범
   D. 모두 아니다

2. 의도치 않게 양초를 쳐서 일어난 화재는 어떤 것으로 분류되는가?
   A. 사고
   B. 의도성 없는 것
   C. A와 B 둘 다
   D. 모두 아니다

3. 번개로 인한 화재는 무엇으로 분류되는가?
   A. 자연의 짓
   B. 사고
   C. 자연적
   D. 미정

4. "익숙하지 않은" 상황으로 인한 화재 그러나 구체적인 원인이 없는 것은 무엇으로 분류되는가?
   A. 방화
   B. 사고
   C. 의심
   D. 미정

발화원인과 책임분석

학습 목표

이 장을 학습한 후 여러분은 다음 사항을 할 수 있다.

- 화재의 원인과 책임 구분 NFPA 1.3.7
- 화재 확산에 영향을 준 것을 나열
- 화재와 폭발에 대한 책임의 본질에 대한 논의 NFPA 4.5.1 NFPA 4.6.3 NFPA 4.6.5
- 결함분석에 사용된 분석 도구를 식별 NFPA 1.3.7 NFPA 4.6.5

기능습득 목표

이 장을 학습한 후 여러분은 다음 사항을 할 수 있다.

- 화재의 원인과 책임 분석 NFPA 4.6.5
- 화재의 원인과 책임에 대한 화재 폭발 분석 NFPA 4.6.5

NFPA 참고 문헌

NFPA 921, *Guide for Fire and Explosion Investigations*

CHAPTER

19

FESHE 과정 결과물

화재조사 I

이 장에서는 화재조사 I (FESHE)의 과정에 대한 결과물은 없다.

화재조사 II

이 장에서는 화재조사 II (FESHE)의 과정에 대한 결과물은 없다.

당신은 화재조사관

큰 가축 건물이 거의 파괴시킨 화재를 조사하고 있을 때, 화재 전문가는 당신에게 동일 건물에 2차 화재가 있었다고 조언을 한다. 건물은 손상된 것 같지 않지만 내부에 들어서면 바닥에 있는 플라스틱 용기와 어두운 색의 잔재를 확인할 수 있다. 적어도 한 개의 용기가 위치해 있었던 바닥에 큰 구멍이 나 있다.

소유자와의 인터뷰 도중 그는 박멸회사가 두 건물을 그 날 이른 시간에 연소 반응이 일어나지 않도록 불연성 표면에 사용되어야 하는 화학 복합물을 사용하면서 훈증 소득을 했다고 말했다.

1. 어떤 잠재적인 사건이 건물에 일어난 화재의 원인이라고 볼 수 있나?
2. 박멸 회사가 이 화재에 어떤 영향을 미쳤을까?
3. 어떤 요인이 두 건물의 손상 정도가 다름에 영향을 미쳤을까?
4. 이 화재에 대한 잠재적 책임과 원인을 어떻게 정할 것인가?

개요

조사의 초점은 화재 원인에 통상적이지만, 종종 조사 시에 제시된 다른 중요한 특성이 있다. 이러한 특성의 일부 또는 전부가 연구자의 책임에 따라 다양한 각도로 해결할 수 있다. 화재나 폭발사고에 대한 책임은 화재, 신체적 부상, 생명의 손실, 또는 재산 피해의 확산 화재나 폭발을 야기하는 이벤트의 이벤트 또는 시퀀스에 대한 사람 또는 다른 개체의 책임이다. 조사관은 네 개의 분류 모두의 책임 문제를 해결해야 할 수도 있다:

1. 화재 또는 폭발의 원인; 이 영역은 원인의 요소를 식별한다. 열원, 최초의 연료 발화, 산화제와 이러한 조건과 상황이 모여 화재나 폭발의 결과로 이어질 수 있다.
2. 사고로 인한 재산 손실의 원인이 된다. 이 영역은 발화 지점에서 확산된 화재에 대한 책임 요소를 고려한다. 또한 이것은 손실의 확장에 기여한 요인들을 포함한다. 이러한 요소는 적용 화재나 건물 구조의 건축 자재, 수동화 재보호 시스템(예를 들어, 화재벽 및 방화문)의 적합성 또는 무능력에 대한 내용과 활성화 재방지 시스템(예를 들어, 스프링클러)의 가연성 및 구조의 준수를 포함할 수 있다.
3. 부상이나 사망의 원인이 된다. 이 영역은 인간의 부상 또는 사망에 관련된 요소를 식별한다. 이 요소는 화재 경보 분석 또는 연기 감지 시스템, 방출의 의미, 화재시 인체에 유해한 제품의 방출 물질의 역할, 소방관의 부상과 관련된 이유, 건물 구정 또는 규정 위반에

대한 분석을 포함한다.

4. 인간의 개입 정도는 상기의 어느 하나의 것에라도 기여한다. 이 영역은 위에 나열된 기능 중 하나에 인간의 기여(즉, 행위 또는 누락) 관련요인에 관한 그리고 과실 및 선동 행위를 포함한다. 예를 들어, 이러한 것들은 열원에 너무 가까이 저장된 가연성 물질, 부주의한 요리, 유지 보수의 부족, 부적절한 전기 또는 가스 작업 또는 제품의 부적절한 설치를 포함할 수 있다.

화재나 폭발의 원인은 발화원(담뱃불, 단락)이 아니다. 원인은 연료와 산화제와 접촉하고 화재를 일으키기에 충분한 에너지를 전달하는 능력이 발화원을 초래했던 상황이나 행동을 포함한다. 상황이나 행동이 부주의할 수 있다(냄비가 부주의하게 난로 위에 방치되는 상황), 물건의 결함(가전 제품 내부 구성 요소의 부적절한 조립), 의도적인 행위(가연성 액체를 집에 붓고 불을 붙이는 행위). (자세한 내용은 "발화원인 분류"장 참조)

재산 피해 및 부상의 원인

화재와 연기의 진화와 확산 속도는 화재로 인한 재산 피해의 양에 영향을 미친다. 열 및 연기의 진화와 확산은 신체 상해 또는 사망의 원인요소를 식별하는 데 중요하다. 모든 경우에 있어 연구자가 고려해야 하는 화재 및 연기의 확산과 진화에 기여하는 인자는 다음을 포함한다:

- 강령 위반(열린 방화문을 지탱)
- 구획화(건설 세부 사항 또는 수동 화재 예방 어셈블리)
- 감지 및 경보 시스템(활성화 또는 통지의 적시성)
- 화재 진압(고정 시스템 및 기관 운영)
- 연료하중 및 구조(이 책의 "화재 패턴"장 참조)
- 하우스 키핑(가난한 하우스 키핑이 더 빠른 화재 확산의 결과를 나을 수 있고 소방서의 진압 활동을 방해할 수 있다.)
- 인간의 행동(작위 또는 부작위)
- 위험의 증가 또는 점유율의 변화(부적절한 소방 시스템 디자인 렌더링)
- 구조 또는 시스템 결함(방화 칸막이의 부족, 연기분리, 또는 적절한 화재 및 연기 감지의 부족, 유틸리티 상해, 보호 시스템의 결함)
- 환기효과(문 및 창개구부, HVAC 작동, 소방작업)

일반적으로 큰 손실을 일으킨 화재의 문제는 건물 건설이다; 건물이 리모델링되었거나 부적절한 방법으로 설계되었거나 또는 규제와 기준을 위반한 경우; 건설 후 수정 및 침투가 화재와 연기의 확산에 영향을 미친 경우; 화재 하중 추가 또는 다른 위험 인자 수정; 감지 및 억제 시스템이 제대로 작용했는지; 이러한 시스템이 제대로 작동했는지 파괴, 손상, 제한되었는지 여부; 영역에 대한 접근, 제품 저장, 전기 연결에 대한 규정 위반 여부; 현장에 있는 사람과 소방서의 효율적인 화재 진압을 방해한 경우를 포함한다.

또한 조사관은 화재, 연기, 소방 작업에 의한 중요한 손상을 입힌 원인들을 고려해야 한다. 결정적 손상이 전력, 물 또는 가스의 손실/ 불능으로 인한 손상을 포함할 수 있다. 건물이 손상되기 때문에 생기는 날씨의 손상, 녹슬음, 부식; 물이나 곰팡이의 피해; 도난; 오염.

신체 상해 또는 사망을 조사할 때, 추가 요소도 관련이 있을 수 있다. 이들은 다음과 같다:

- 독성(제품의 연소에서)
- 유해 물질(화재의 원인이 아닌 결과에 의한 방출 물질의 노출)
- 방출 수단(설계, 유지 보수, 가시성, 조작/폐쇄 및 피난 분야)

일반적으로 부상자나 사망자가 발생하는 문제는 적절한 피난로가 있었는지, 피해자들에게 알려졌는지; 중독 또는 피해자의 다른 정신 장애의 정도; 피해자들의 나이; 피해자들이 화재나 연기의 위협을 인식하는데 걸린 시간; 위협을 인지한 사람들의 행동; 긴급 행동에 대한 지식이 있는 사람들의 행동 및 탑승자 하중 초과 여부이다.

책임의 본질

책임을 결정하는 과정은 화재 원인이 결정된 후에 하는 과정이다. 그것은 규정과 기준이 변경될 수 있는 책임을 결정하고 화재와 삶의 안정성이 해결될 수 있고, 민형사 소송이 개시 될 수 있다. 화재나 폭발 사고의 책임의 본질은 행위 또는 누락이 의도적 또는 비의도적인지에 책임의 본질이 달려있다. 화재나 폭발 사고의 일부 측면에 대한 책임이 미결정을 포함하여 화재 원인 분류에 관계없이 기인할 수 있다. 법원은 일반적으로 책임의 법적 구속력이 부착되지만, 법원은 조사 및 분석을 수행하는 사람들에 의해 제시된 증거에 의존한다.

책임은 주어진 사건에서 여러 부분에 부과될 수 있다. 책임조사는 일반적으로 인터뷰를 하고 요인을 식별하기 위해 다양한 보고서, 기록 및 다른 관련 자료를 수집한다. 기술 전문가(예를 들어, 전기 또는 기계 엔지니어)와 상담이 필요할 수 있다. 자주 책임을 결정하는 것은 연구자가 결함분석을 수행하는 것을 요한다.

화재조사관 팁

비상 대응에 의한 불충분한 준비는 사건의 희생자에 영향을 줄 수 있다.

결함분석

결함분석은 사건으로부터 생긴 부상, 삶의 손실, 재산적 피해에 영향을 미친 요인들을 설립하는 것이다. 사건의 결함분석으로부터 얻은 정보는 미래에 같은 손실들이 반복되지 않게 해주는 데 중요한 역할을 한다. 결함분석의 측면에서 사건을 바라보면, 원인에 기여한 것들이 연속적인 사건으로 이어진다는 것을 이해하는 것이 중요하다.

결함분석을 위한 분석 도구의 일부 유형은 다음과 같다:

- 타임 라인
- 결함 방식과 효과 분석(FMEA)
- 수학적 모델링
- 가연성 가스 농도
- 화학 평형 열역학 분석
- 출구 분석
- 시스템 분석
- 사고 결과 예상 계통
- 열전달 분석
- 유압 분석
- 구조적 분석
- 화재 역학 분석

조사 중 적용될 수 있는 결함분석 상황들은 다음과 같다:

- 스프링클러 시스템이 작동했는가? 그랬다면, 왜 화재를 제어하지 못했는가? 위험에 대응하기에 충분한 물이 제공되었는가?
- 사람들이 화재에서 탈출하기 위한 충분한 출구가 있었는가? 사람들이 탈출을 시도할 때 어떤 반응을 보였는가?
- 화재 경보가 울렸는가? 그렇지 않았다면 왜? 연기 감지기가 화재의 번짐에 제대로 반응할 수 있는 위치에 배치되었나?
- 식별된 발화원이 기구나 다른 장비였다면 제대로 설계되고 설치되었는가? 수정되었거나 훼손되었는가?

가장 비극적인 화재 중 일부는 중요한 건물과 화재 규정의 변화를 초래했다. 1942년 메사추세츠에 있는 보스턴의 Cocoanut Groove 나이트클럽에서 일어난 화재에서 인명의 손실을 가장 크게 초래했던 원인은 출구가 부족했다는 점이다(그림 19-1).

그림 19-1 적절한 출구의 부족은 1942년 Cocoanut Groove 나이트클럽 화재의 비극에 기여했다.

1980년대에 라스베가스의 두 호텔에서 발생한 화재는 숙박 업계에 스프링클러를 설치하게 하는 데 큰 영향을 미쳤다. 2000년 세 학생을 죽인 Seton Hall 대학의 화재는 뉴저지 주의 모든 학생 기숙사에 스프링클러의 설치를 위한 원동력이었다.

이와 다른 사건들은 결함분석이 중요한 기여 원인들을 확인했기에 급격한 변화를 초래했다. 화재의 원인에 대한 초기 결정은 책임과 관련된 다른 요인들까지 꺼내들었다.

독자들은 적절한 결함분석은 때때로 전문 교육, 훈련과 경험을 요함을 알아야 한다(예를 들어, 전기적, 기계적 또는 화재 보호 엔지니어). 조사관들은 문제의 전문가들에게 적절한 도움을 받아야 한다(이 책의 "결함분석 및 분석도구"장 참조).

요 약

검토를 위한 준비

- 화재나 폭발사고에 대한 책임은 개인 또는 다른 법인 화재나 폭발의 원인이 사건이나 시퀀스의 사건, 화재의 확산, 신체상해, 생명의 손실 또는 재산 피해에 대한 책임이다.
- 화재/연기의 번짐과 확산의 속도는 화재로 인한 재산 피해의 양에 영향을 미친다.
- 규정과 기준이 변화할 수 있고, 화재와 생명 안정성이 해결될 수 있고, 민형사 소송이 개시될 수 있음을 결정하는 책임이 있다.
- 결함분석은 사건에서 이어질 수 있는 부상, 생명의 손실 및 재산 피해에 기여하는 요인이 어떤 것인지 결정하는 것이다. 결함분석을 통해 수집된 정보는 이러한 손실이 미래에 반복되지 않도록 하는 데 있어 매우 중요한 증명을 할 수 있다.

주요 용어

결함분석 (Failure analysis)
가능성, 원인과 잠재적/실제적 결함의 결과를 식별하고 분석하기 위한 아이템, 구성 요소, 집합 또는 구조 및 위치와 시스템의 기능

책임 (Responsibility)
화재나 폭발, 화재의 확산, 신체적 손상, 생명의 손실 또는 재산적 피해를 유발하는 사건이나 사건의 시퀀스에 대한 개인이나 다른 것의 책임

실전 화재조사관

당신은 저장창고로 사용된 금속 선적 컨테이너에 발생한 대규모 피해의 폭발에 반응한다. 내용물이 넓은 영역에 거쳐 분산되어 컨테이너는 여러 부분으로 나뉘어 있다. 수백피트 떨어진 컨테이너의 유적에 있는 문은 자물쇠가 고정된 채로 발견되었다. 비즈니스 관리자와의 인터뷰는 컨테이너가 재활용 사업을 위해 저장도구, 소모품, 장비에 사용했음을 보여준다. 관리자는 2일전에 폭발했다고 하고, 직원이 주말에 도난당하는 것을 방지하기 위해 문 근처에 두 개의 전체 5갤런의 가솔린 캔을 배치했다고 주장한다.

이 장면에 대한 당신의 시험 도중, 당신은 발화의 유일한 발화원이 사무실에서 연장 코드에 의해 전원이 들어오는 컨테이너 내부의 작은 냉장고라고 결정했다. 또한, 직원들은 폭발하기 몇 시간전에 컨테이너의 지역에서 휘발유 냄새를 눈치챘다고 주장한다.

1. 무엇이 폭발의 원인인가?
   A. 추가적인 정보가 들어오기 전까지 미정
   B. 우연한 폭발
   C. 전기 불꽃에 의한 증기의 발화
   D. 가능한 방화 행위

2. 어떤 요인이 폭발에 영향을 주었는가?
   A. 컨테이너 내에 가솔린 저장
   B. 컨테이너가 닫혀있고 보관된 것
   C. 냉장고의 압축기의 릴레이 스위치에서 생긴 불꽃
   D. 전부 다

3. 어떤 것이 결함분석도구가 아닌가?
   A. 사진
   B. 사고 결과 예상 계통
   C. 타임라인
   D. 시스템 분석

4. 폭발의 책임을 설립하는 데 어떤 조사적 행동이 도움될 수 있는가?
   A. 인터뷰
   B. 레포트 다시보기
   C. A와 B 둘 다
   D. 모두 해당되지 않음

결함분석 및 분석도구

학습 목표

이 장을 학습한 후 여러분은 다음 사항을 할 수 있다.

- 화재 조사 타임라인 사용에 대한 설명 NFPA 4.4.3 NFPA 4.6.2
- 화재 조사의 목적과 시스템 분석의 구현에 대한 설명 NFPA 4.4.3 NFPA 4.6.2
- 수학적이고 기계적인 모델링의 구성 요소를 확인하고 화재 사건을 조사할 때 어떻게 사용되는지 확인 NFPA 4.4.3 NFPA 4.6.2
- 화재 조사에서 컴퓨터 모델링을 포함한 그래픽 묘사를 이용한 것에 대한 설명 NFPA 4.4.3 NFPA 4.6.2
- 화재 시험 절차 및 화재 조사의 중요성에 대한 설명 NFPA 4.4.3 NFPA 4.6.2

기능습득 목표

이 장을 학습한 후 여러분은 다음 사항을 할 수 있다.

- 합리적이고 논리적인 형식으로 정보 정리 NFPA 4.4.3 NFPA 4.6.2
- 화재사건 자료를 분석할 때 모델 이용 NFPA 4.4.3 NFPA 4.6.2

NFPA 참고 문헌

NFPA 921, *Guide for Fire and Explosion Investigations*

CHAPTER

20

FESHE 과정 결과물

화재조사 I

이 장에서는 화재조사 I (FESHE)의 과정에 대한 결과물은 없다.

화재조사 II

이 장에서는 화재조사 II (FESHE)의 과정에 대한 결과물은 없다.

당신은 화재조사관

당신은 지하에 있는 보일러에서 비롯된 난롯불을 확인했다. 현지 HVAC 회사의 난롯불에 앞서 보일러는 몇 주 동안 설치되었고, 계속적으로 사용되어 왔다.

부동산 소유주는 타는 냄새를 맡기 시작하기 5시간 전에 환기구에서 나오는 연기를 보았다고 말했다. 그녀는 또 무엇이 연기를 내는지 보기 위해 지하를 내려갔을 때, 그녀는 보일러 점검판 바깥에서 타고 있는 오렌지를 발견했다.

1. 보일러에 불이 왜 난지 알기위해 당신은 어떤 정보를 필요로 하는가?
2. 당신은 왜 이 조사를 위해 타임라인을 작성해야 하는가?
3. 어떤 조사도구가 당신이 이 사건(불이 발생한 사건)을 설명하고 상상하게 도와주는가?

개요

화재 또는 폭발사고 조사의 부분으로서, 조사자는 다양한 자료와 사실들에 종종 마주치게 된다. 조사자는 사건에 대한 가설을 세우기 위해 정보를 정리하고 분석할 능력이 필요하게 된다. 조사자는 몇몇의 그 또는 그녀를 얻어진 정보를 설명하는 데 필요한 다음과 같은 분석 도구를 가지고 있다.

- 타임라인
- 시스템 분석
- 수학/공학 모델링
- 그래픽 표현
- 현장 재구성
- 화재 시험

타임라인

타임라인은 화재에 관련된 사건을 시간적 배열에 따라 그래픽 또는 서술적으로 표현한 것이다. 어떤 사건의 타임라인을 이해하는 것은 분석의 실패를 만드는 것의 열쇠이다, 왜냐하면 타임라인은 조사자가 일어난 사건의 순서를 결정하는 데 도움을 주기 때문이다. 타임라인은 특정 사건의 포괄적인 목록이다, 즉 아무리 하찮다 해도 정해진 정도를 확인할 수 있다.

타임라인은 화재 후에, 도중에, 전에 발생한 사건을 포함할 수 있다. 화재의 크기 또는 상태의 추정치들은 타임라인들에 영향을 주기에 종종 가치가 있다. 화재 역학의 사용과 함께, 화재 상태는 특정한 사건과 연관될 수 있다. 검출 및 억제 시스템으로부터 수집 된 정보는 화재의 확산을 결정하는 것뿐만 아니라, 시간을 확립하는 데 유용할 수 있다. 타임라인의 값이 타임라인이 포함하는 정보의 정확도에 직접적으로 관련되어 있고, 타임라인의 신뢰성이 타임라인이 포함하는 특정 요소에 배치될 수 있는 신뢰 레벨의 함수인 것을 기억하라. 모든 정보가 특정한 시간에 관련된 것이 아니며, 사건이 발생하는 동안의 시간 간격으로 나열될 필요가 있다. 다양한 요소가 타임라인을 개발하는 데 사용된다. 이러한 요소들은 실제 시간 또는 추정시간으로 설명되는 사건들을 포함한다.

■ 실제 시간

타임라인을 발달시킬 때, 정확한 시간과 관계된 사건은 일반적으로 실제 시간이라고 불린다(표 20-1). 이것은 발생 시 시간이 구체적으로 알려져 있음을 의미한다. 예를 들면, 소방서의 사건 기록은 실제 시간의 요소들이 발송되고 현장에 도착했을 때 특정한 시간을 제공할 수 있다.

■ 추정 시간

실제 시간말고 다른 시간들은 추정 시간으로 여긴다. 추정 시간은 추정되는 것이고 상대적이며 일반적으로 목격자에 의해 제공된다. 예를 들면, 증인은 정확하게 섬락같은 특정한 사건의 시간이나 입주민이 건물에서 떠나 보내진 시간을 정확하게 증언하지 못할 수도 있다, 그러

표 20-1 실제 시간 소스
파견 전화 또는 무선 일지
응급 의료 서비스 보고서
알람 시스템 기록(연징, 중앙시억, 화재 파견 등)
검사 보고서(건물, 건강, 회제)
공익사업 회사 기록(유지 보수, 긴급, 수리 기록; 휴대 전화 기록)
개인의 비디오와 사진
언론보도(신문사진 작가, 라디오, 텔레비전, 잡지)
타이머(시계, 시간기록계, 보안타이머, 연수기, 및 잔디 스프링클러시스템)
일기예보(NOAA, 공항, 번개추석서비스)
유지보수기록(현재 또는 이전의소유자/ 임차인)
증인의 관찰과 활동을 수립하는 인터뷰
컴퓨터기반소방서경보, 통신오디오테이프 및 글로 옮긴 기록
건물 또는 시스템 설치 허용

나 관찰을 소방서의 출발 시간 또는 언제 전철이나 버스가 떠났는지, 무슨 프로그램이 하고 있었는지, 어떤 사건이 발생했었는지와 같은 다른 사건에 연관시킬 수 있다, 인터뷰를 통해서 더 나아가 자료들을 모으면서, 조사자는 발생 문제를 이러한 추정 시간에서 상대시간의 기간으로 범위를 줄일 수 있다. 상대시간은 자연에서 주관적일 수 있고 정보를 제공하는 증인에 따라 다를 수 있다. 증인들은 그들의 행동과 관찰을 서로의 관계, 또 다른 사건의 관계에서 언급해야 하고, 그것들은 가능한 구체적이어야 한다.

추정된 시간은 다른 사건 또는 활동에 관련되거나 되지 않은 계산 또는 정보에 근거한 근사치이다.

■ 벤치마킹 사건

어떤 사건들은 타임라인의 기초로서 특히 가치가 있다, 또는 화재의 소화, 감지, 확산, 원인에 중요한 관련이 있다. 이러한 사건들을 벤치마크 사건이라고 불린다.

이것은 시계들 사이의 불일치를 참고하고 시간들을 동기화하기 위한 다른 실제 시간 자료들을 포함하는 타임라인을 발달시키는 데 중요하다. 이러한 자료는 모든 자료들을 동기화 할 때 에러가 만들어지지 않았다는 것을 보장하기 위해 두 번 검사해야 한다. 예를 들면, Mr. Jones는 작업을 끝내고 6시에 퇴근을 한다. 교통 체증 속에서 그는 25mile을 운전해서 집으로 가기 시작한다. 그가 길에서 우회전 했을 때, 그는 가구 상점을 지나간다, 그리고 그는 그 상점이 조용해 보이고 문 닫은 것을 알게 된다. 소방차가 가구 상점의 전화에 반응하는 것을 보고 Mr.Jones는 계속 운전하여 소방서를 지나친다. 소방차는 6시 32분에 화재로 출발한다고 라디오로 방송했다. 작업 시간 시계와 소방서 발송 기록, 추정된 상대시간으로 수립된 벤치마킹 사건을 사용하는 것은 Mr. Jones가 가구 상점을 지날 때 성립된다.

■ 다중 타임라인

다양한 타임라인은 화재를 촉발시키는 일련의 사건들, 실제 화재 사고 동안 일어나는 사건들, 그리고 화재 후의 활동들을 효과적으로 평가하고 기록하는 데 필요할지도 모른다. 이것들은 복잡성에 따라 매크로 혹은 마이크로 타임라인을 통해 평가될 수 있다.

사건들의 매크로 평가는 몇 개월 혹은 심지어 몇 년까지도 다룰 수 있고 화재 오래 전에 발생한 건물 건설, 암호의 수정, 그리고 암호 강화와 관련된 활동들을 포함할지도 모른다. 이와 반대로, 마이크로 평가는 매크로 타임라인의 작거나 좁은 부분들을 상세하게 검토하는 데 사용된다. 마이크로 사건의 예시는 증인이 방들 사이 또는 발송과 현장에서의 시간 사이를 여행하는 시간이다.

평행한 타임라인은 동시에 발생하는 다중의 사건들을 검토하는 데 사용될 수 있다. 그래픽 타임라인은 발생한 일련의 사건들을 모으는 데 매우 유용할 수 있고, 행렬을 수반하는 접근들은 다중의 사건들이 동시에 발생할 때 유용할 수 있다(표 20-2).

표 20-2 타임라인 설정을 위한 약식 통제절차 샘플

시간	소방차1	소방차2	사다리차1	지원대1
0604	파견	파견	파견	파견
0605	응소	응소	응소	응소
0608	현장 임무 부여			
0610	소방호스 전개			
0611		현장 대기	현장 대기	
0613	북서쪽 침실 화재 진압 시작	2층에 소방호스 전개 및 요구조자 검색	환기를 위해 지붕으로 사다리 연장	
0614				현장 임무 부여
0615	북서쪽 침실 화재 진압 완료	2층 복도에서 화재 피해자 발견	지붕 진입	응급구조 요청
0616	1층 요구조자 검색	화재 피해자 수습	한기구 확보	

The investigator may want to add columns for the police department or for nonfire service witness accounts.

실제 타임라인의 창조는 여러 방법들을 통해 성취될 수 있다. 간단한 종이와 연필로 된 타임라인은 조사를 위해 필요한 모든 것을 제공할 수 있다. 여러 회사들은 타임라인과 조사 차트를 구성하는데 사용되는 컴퓨터 소프트웨어 프로그램을 제공한다. 몇몇의 대형의 법 강화 단체에는 정보 수집을 돕고 조사관을 위한 타임라인들과 같은 소개서와 보고서들을 구성하는 직원이 있는 정보부가 있을지도 모른다.

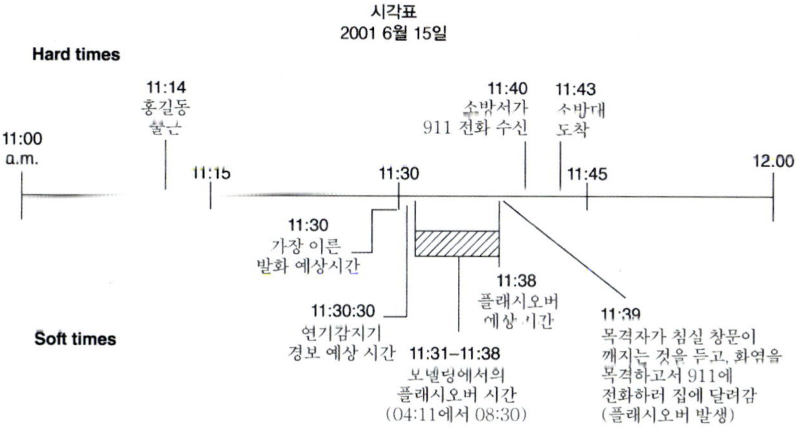

그림 20-1 비례 시각표

scaled 타임라인

scaled 타임라인은 시간과 사건 그리고 사건의 다른 사건들과의 연대적 관계를 보여주는데 유용하다. Scaled 타임라인은 각 사건 사이의 경과 시간을 보여주는 방식으로 조정된 시간 사건들 사이의 간격과 함께 각 사건의 시간을 보여줄 것이다(그림 20-1). 타임라인은 또한 선 위에 실제 시간을 열거하고 선 아래에 추정 시간을 열거할 수 있다.

시스템 분석

시스템 분석은 많은 성분의 수행, 행동 그리고 특성을 고려하는 분석적인 접근(인간의 활동들 그리고 장비의 기계적인 특징을 포함)이다. 그리고 사고를 둘러싸는 가능한 완벽한 사건들의 사진을 제공하기 위해서 이러한 성분들을 통합한다.

시스템 분석의 간단한 예는 조사자가 매일 만드는 사고들의 평가를 포함한다, 비공식 시스템 분석은 주방을 불나게 하는 전 주인이 버리고 간 정확히 작동하는 난로의 형태를 가진다. 이러한 사건의 한 면은 인간적 요소를 포함한다. 두 번째 면은 난로의 성질 그리고 그것 주위의 것을 포함한다.

많은 도구들은 조사자가 이러한 사건들을 분석할 때 이용된다. 몇몇의 도구들은(결함수 그리고 고장 유형와 영향 분석) 다음 절에서 다루어진다, 그리고 그것들은 위험 또는 실패를 결정하는 시스템 분석의 시스템적 방법을 제공한다.

■ 결함수

결함수(판단 나무라고도 알려진) 특정한 결과가 발생하도록 만드는 일련의 결정과 사건들을 설명한다. 이러한 유형의 추론 또는 그래픽 논리가 그 상황에 적용되었을 때, 해답은 좀 더 손쉽게 명백해진다. 그리고 틀린 해답은 고려에서 제거된다. 결함수를 계발할 때, 조사자는 추론적인 추리를 사용하여야 한다. 결함수 도표는 주어진 화재 또는 폭발이 일어난 사건의 일련의 논리적인 순서들과 위치, 상태 그리고 사슬들에 위치한다(그림 20-2).

독자들은 결정들이 만들어지는 점에서 “and”와 “or” gates와 함께 컴퓨터 프로그래밍 또는 전자공학에서 사용되는 판단 나무에 익숙할 수 있다.

“and” gate에서, 모든 사건들 또는 상태들은 반드시 존재한다. “or” gate에선, 몇몇의 사건들 또는 상태들 중 어떤 하나는 반드시 존재한다. 결함수는 상태들과 화재 또는 폭발 사건들의 사슬과 상태들을 확인한다. 만약 상태들이나 사건들이 사건을 이끌어가는 순서 안에서 발생하지 않았다면, 제안된 시나리오는 가능하지 않다. 조사자는 사건들에 개연성들을 적용시켜야 한다. 최종 결과는 화재 현장을 위한 실현 가능한 다양한 시나리오들을 만들어야 한다.

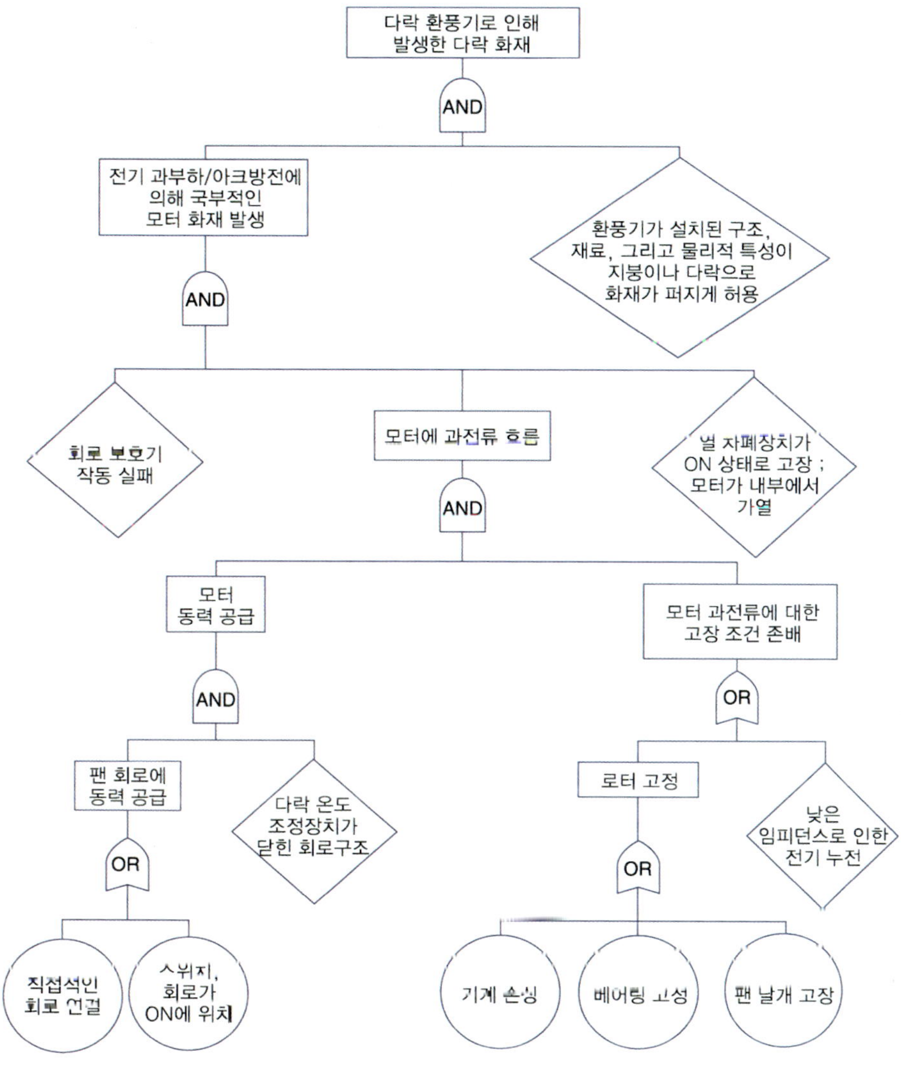

그림 20-2 "and"와 "or" 게이트의 조합으로 이루어진 고장 수목

결함수를 전개하기 위한 소프트웨어가 있다. 결함수 분석 또는 고장 유형과 영향 분석에서 사용되는 자료는 다음과 같은 장소에서 얻어질 수 있다.

- 운영 및 유지 보수 매뉴얼
- 운영 유지 기록들
- 부품 교체 및 수리 기록
- 설계 문서
- 모범 장비나 재료의 테스트나 심사
- 구성 요소 신뢰도 자료베이스
- 건물의 계획 및 사양
- 소방서 보고서
- 사고 현장 문서
- 증인의 증언
- 피해자들의 약물 보고서
- 인간 행동 정보

■ 고장 유형과 영향 분석

고장 유형과 영향 분석은 원인과 화재를 초래하는 이벤트 또는 서브이벤트와 관련된 영향을 결정하는데 사용되는 또다른 기술 또는 그래픽 방법이다. 잠재적 발화 물질 또는 화재 확산과 관련된 특정한 요소를 확인함으로써, 특정한 사고에 앞선 활동들 또는 발생된 전의 특정한 사건을 확인하는 것을 가능하게 한다.

FMEA는 특별한 조사의 필요를 다루는 여러 칼럼 머리글들을 테이블에 채움으로써 준비된다. 칼럼 머리글들은 융통성 있다; 그러나, 각각의 FMEA는 다음의 항목들을 포함한다.

- 항목 또는 분석되는 행동
- 기초적인 실수 또는 위험을 만드는 오류
- 실패의 결과

사건의 복잡성 또는 필요한 분석의 깊이에 따라 FMEA 표의 발달은 아주 간단하거나 버무릴 수 있다, FMEA에 대한 정보를 편집할 때, 조사자는 환경적 상태와 각각의 항목 또는 행동들에 대한 상태 과정을 고려해야 한다. 가능성들 또는 공산의 정도는 각각의 발생에 할당 될 수 있다. 조사자는 표의 정확도가 시스템 구성 요소들과 사고와 관계있는 인간의 행동들을 확인하는 것에 달려있다는 것을 기억해야 한다.

수학적/공학적 모델링

화재의 수학적(공학적) 모델링은 일반적으로 손 계산기 또는 특정한 화제들 또는 컴퓨터가 필요한 분석을 평가하는 공식들을 좀 더 복잡한 화재 역학과 화재 진행 문제를 조사하는데 사용된다.

넓게 사용되는 그룹의 모델링 기술은 공학적 모델들의 적용을 포함한다. 잘 알려지고 정확한 재료들과 시스템들, 화재의 특정한 특징들과 요소들, 확실함의 정해진 정도로 정의된 물리적 특성 추정치의 자료들은 발달된다. 이러한 가정된 "한 쌍의 진실" 또는 "모델링 입력 자료"에서 수락된 공학적이고 분석적인 기술들은, 확실하게 정해진 한 쌍의 상태들 아래에서 발생되거나 발생되지 않은 것의 서술을 발달시키는 데 적용된다.

수학적(공학적) 모델들은 가연성 가스 농도가 주어진 공간 안에서 주어진 가스에 대한 더 높고 낮은 폭발하는 한계치를 결정하는 손 계산기로 계산될 때 사용하기 간편할 수 있다. 다른 수학적 모델들은 꽤 복잡하다, 예를 들면 화재 확산 모델링을 위해 사용하는 것처럼. 이러한 것들은 좋은 장비를 갖춘 개인 컴퓨터에서 자격이 있는 모형 제작자들이 운영하는 유한한 원소 기술들 또는 적용 범위를 포함한다. 그림 20-3은 NFPA의 기준 느린, 중간, 빠른 화재 확산 비율 그리고 아주 빠른 화재 확산 비율에 대한 열 방출의 그래픽 묘사이다.

이러한 기술들은 단지 가설들을 실험하기 위한 장비이며 반복되는 계산들은 주어진 사건과 함께 아마도 존재하는 상태들을 고려 대상에서 제외하기 위해 수행되어야 한다는 것을 이해하는 것은 중요하다. 이런 유형의 모델링은 주어진 특정한 일련의 경계 상태들을 결정하는 데

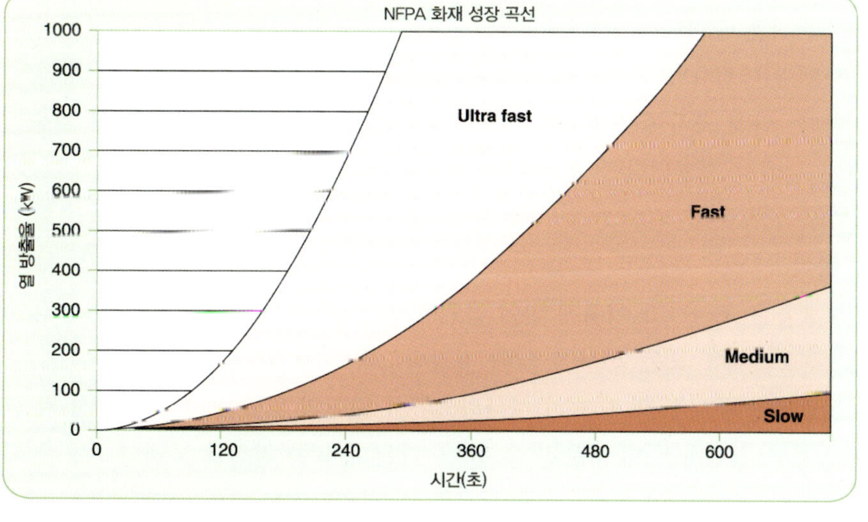

그림 20-3 화재성장곡선

사용될 수 있다. 모든 증거와 같이, 모델링 결과들은 화재 조사 동안 모아진 다른 자료에 비추어 고려해야 한다. 모델들은 종종 특별한 가설에 반증을 들거나 도움을 주기 위해 사용된다. 심지어 화재의 원인과 출처가 문제되지 않는 조사 안에서라도, 화재 모델은 화재로 인한 손상 또는 부상을 이해하는 데 유용할 수 있다.

이러한 분석 도구들은 조사에서 조사자의 역할의 범위와 당면한 질문 속 그것의 현실적인 목적에 달려 있다. 특별한 전문가의 서비스들은 분석이 완성되어야 할 필요가 있을 수도 있다.

다양한 훈련들은 저명한 과학적 원리들과 실증적인 자료를 사용하는 사건들을 실험하거나 예측하기 위해 수학적 모델의 형태들을 사용한다. 몇몇의 조사에서 이러한 모델들은 화재 혹은 폭발 조사에 유용한 정보 역시 제공했다.

■ 수학적/공학적 모델링의 한계

그것이 손 계산이든 컴퓨터 화재 모델이든 수학(공학) 모델링은 고려해야 할 필요가 있는 몇몇의 한계점들과 추정들을 대상으로 한다. 이러한 모델들은 조사자가 그 혹은 그녀의 가설들을 시험하는데 유용하다. 하지만 이것들이 화재의 출처와 결정인의 유일한 근거로 사용되어서는 안 된다.

수학적 모델들의 결과는 몇몇의 요인들에 의해 영향을 받을 수 있다. 모델에의 투입들은 불확실성의 대상이다. 선택된 모델을 위한 투입의 표준화된 방법의 사용은 불확실성을 줄여줄 것이다. 종종 화재 과학 문헌 혹은 모범 모델로부터의 포괄적인 자료는 모델에 사용되고 또한 불확실성에 기여할 수 있다. 수학적 모델들로부터의 결과는 모델 스스로 만든 근사치들로부터 기여된 불확실성의 대상이다.

모델을 사용할 때, 조사자는 조사 기록의 부분으로써 원본의 입/출력 파일을 얻어야 한다. 이러한 과정은 다른 흥미로운 단체들이 작업 결과의 가득한 내용을 검사하도록 허락할 것이다.

수학적 모델링은 필요한 유형의 분석을 수행할 경험과 충분한 훈련을 가진 개인의 의해 수행되어야 한다, 화재 조사에서 효과적으로 사용되는 전형적인 공학적 모델링 기술 전형적인 종류의 예는 뒤에서 설명된다.

■ 열전달 분석

열전달 모델들은 조사자가 어떻게 열이 근원에서 대상으로 한 개 또는 그 이상의 흔한 열전달 모델들: 전도, 대류 또는 복사에 의해 결정하도록 허락한다.

열전달 모델들은 주어진 화재 야기 시나리오에서 발화의 역할을 하는 주어진 열 근원의 기능 같은 가설들을 실험하는 데 사용될 수 있다. 다른 유용한 열전달 모델의 적용은 화재의 확산, 부차적인 연료 물품들의 발화, 그리고 건물 요소들을 통한 열의 전달을 통한 근접한 건물로의 발화 또는 손상을 설명하는 것이다.

■ 가연성 가스의 농도

주어진 공간 안에서 가스의 농도가 무엇인지 결정함으로써, 조사자는 가연성 가스의 존재가 일어난 사건의 순서를 결정하는 요인인지 아닌지의 이론을 사고동안 지지하거나 반증할 수 있다. 불의 집중 결과는 누설의 크기 그리고 위치 또는 발화원의 기능에 대한 이론들을 논박하거나 지지할 수 있다.

■ 수력학 분석

화재가 작동하는 스프링클러 시스템에 의해 통제되지 않을 때, 설계되고 의도된 대로 작동하는 스프링클러 시스템과 디자인 특정한 사용과 비품 선물에 적절한지 적절하지 않은지를 결정하는 데 중요하다.

스프링클러 시스템의 분석과 이것의 물 공급은 시스템과 물 공급이 보호되고 있는 위험에 맞는지 아닌지 결정하여야 한다. 잠긴 벨브들 또는 결함이 많은 스프링클러들 같은 시스템 안에서 어떤 결함들이 있는지 없는지 결정하기 위해 질문해봐야 한다. 왜 명백하게 작동하는 시스템이 주어진 화재를 통제하지 못했는지를 평가하는 것은 불가피하다. 이것은 물 공급의 특성들, 피이프 구싱의 의한 물 흐름 그리고 스프링클러 배출 특성들의 분석을 포함한다. 이것은 다양한 상황들 아래에서 스프링클러의 잠재적 효과를 평가하기위해 화재 확산 또는 열 방출 모델을 발전시키는 것을 포함한다.

수력학 분석은 또한 이산화탄소, 가스 억제 에이전트들, 건조한 화학물질들과 연료 분배 시스템들 같은 시스템들에서 사용될 수 있다.

■ 열화학 평형 분석

알려진 또는 수상한 화학 혼합체들에 의해 발생한다고 믿어지는 화재들과 폭발들은 개연성 있는 화학 혼합체들과 잠재적 오염물들의 열화학 분석에 의해 조사될 수 있다. 열화학 분석은 화학적 반응들을 포함하고, 주어진 시나리오의 가능성을 결정하는 사건들 안에서 사용될 수 있다. 이러한 분석은 화학 반응들, 오염물의 역할, 주위의 상태, 과열의 잠재력, 그리고 다른 연관된 시나리오들을 평가할 때 유용할 수 있다. 컴퓨터 프로그램들은 질문 안에 있는 화학물질들의 특성을 세세히 설명하는 입력 자료를 사용하는 이러한 예측들을 만드는 데 사용될 수 있다. 이러한 분석은 화학물질들이 열 반응을 가지고 있지 않고 가설로부터 제거될 수 있음을 보여줄 수 있다. 분석은 또한 화학물질들이 열적 특성 능력을 가지고 있나는 것을 보여 줄 수 있고, 더 나아가 조사는 그것들이 발화를 야기하는데 충분한지 아닌지를 결정하는 데 필요하다는 것을 보여줄 수 있다.

■ 구조적 분석

구조적 분석은 조사자에게 왜 건물이 화재 동안 주어진 시점에서 붕괴로 인해 실패했는지에 대한 실마리를 제공할 수 있다. 이러한 유형의 분석은 어디서 화재가 건물의 내구력에 가장 충분한 영향을 가지는지에 대해 도움을 주는 데 중요할 수 있다.

■ 출구 분석

화재 피해자가 주어진 화재 현장으로부터 빠져나오지 못한 이유는 화재 조사자가 해결할 중요한 질문이다. 이러한 실패의 원인은 건물의 출구설계특징(또는 앞에서 언급한 그것의 부족) 또는 유지보수 문제와 관련되어 있다. 조사자는 출구, 피난 노선, 이동 거리, 그리고 이 분석에서 도움이 되는 피난 노선 너비 같은 자료를 얻어야 한다. 화재와 연기 이동의 통합된 모델같은 컴퓨터 기반의 화재 모델들은 그것들이 모델에서 사용되는 특정한 화재 상태들을 위한 출구 자료를 제공할 수 있는 모듈들을 가지고 있다.

■ 화재 역학 분석

많은 방법들은 화재 확산과 화재 역학의 분석, 전문적인 화재 역학 동선들(수계산) 그리고 컴퓨터 모델들(지역 모델들과 지역 CFD 모델들)들 안에서 조사자를 도와주는 데 이용 가능하다. 이러한 분석적 방법론들은 근원과 원인 가설들을 평가하고 시험하는데 사용될 수 있고, 가설 발단 과정의 한 부분으로 사용되는 증인의 증언과 물질적 증거의 평가 안에서 도와줄 수 있다.

컴퓨터 모델들은 조사자가 화재의 발달과 확산을 알아내는 데 도움을 줄 수 있다. 확립된 수학적 등식에 기반을 둔 이러한 모델들은 몇몇의 화재에 관련된 아래와 같은 요소들 과/또는 사건들의 예측에서 유용할 수 있다.

- 플래시오버하는 시간
- 가스 온도 또는 농도
- 화재에 관계된 가스들의 유속
- 내부 표면의 온도
- 화재 탐지와 업악 장치들의 활동의 시간
- 열린 문들과 창문들 같은 사건들의 영향들

화재조사관 팁

화재 역학들과 화재 확산은 몇몇의 아래의 수단들을 사용하여 분석될 수 있다.

- 수계산 같은 전문화된 화재 역학 루틴들
- 지역 모델들과 컴퓨터를 사용한 지역 유체 역학 모델들 같은 컴퓨터 모델들

컴퓨터 모델들은 조사자에 의해 형성되는 가설의 평가에서 유용한 도구이다. 알려진 입력 자료와 모델을 활용하는 것은 목격자의 말과 전개된 가설 또는 근거의 시험 같은 물질적 증거와 비교될 수 있다.

조사자는 이러한 모델들이 단지 도구들이고 평가되어야 하고 분석되어야 하는 불확실한 것에 기반을 두는 특정한 제약들에 종속되는 것을 기억하고 조심해야 한다. 그것들이 화재에 추가적인 자료를 제공할 수 있음에도 불구하고, 모델링 결과들은 조사 중에 얻어진 다른 정보들과 입력 자료의 신뢰성, 만들이진 추정의 관계에서 중요하게 다루어져야 한다.

화재 모델링 결과에 영향을 줄 수 있는 많은 불확실한 것 또는 변수는 아래의 것을 포함한다.

- 화재 하중 특성들
- 환기 구멍(크기와 열림 또는 닫힘)
- 열 방출률

화새 확산을 평가하는 데 현재에 사용되는 두 개의 주요한 유형의 모델들은 지역모델들과 지역 CFD 모델들이다.

전문적인 화재 원동력 루틴

전문적 화재 원동력 루틴은 컴퓨터 모델을 가동시키고 종종 좁게 집중된 질문에 답할 수 있는 최소 자료를 필요로 하는 간소화된 절차이다. 이러한 절차들은 종종 특정한 대수학적 수계산 등식의 사용을 포함하고 일반적으로 더 적은 자료와 정보들을 필요로 한다. 이러한 등식들은 조사와 실험을 통해 얻어져 왔고 화재 현장에서 발달되고 적절한 참고물에서 얻어지는 정보에서 유래된 변수들의 입력을 필요로 한다.

이러한 등식들과 수계산들은 아래와 같은 특정한 문제들을 평가하는데 사용될 수 있다.

- 플래시오버하는 시간
- 열 흐름
- 발화하는 시산
- 불꽃 높이
- 감지기 활성화
- 가스 농도
- 연기, 가스와 타지않은 연료들의 유량

■ 전산 화재 모델

현재에 화재 확산을 평가하는 데 사용되는 두 주요한 유형의 모델들은 지역 모델과 CFD 모델들이다. 컴퓨터 모델들은 예측적 분석과 시험 그리고 사건 후 조사와 가정 실험 둘다에 유용한 화재 확산과 습성의 더 복잡하고 상세한 분석을 가능하게 한다. 이러한 모델들은 결과들을 분석할 때 반드시 고려되어야 하고 한계가 있는 특정한 추정들을 또한 포함한다.

지역 모델들은 객실을 두 개의 지역으로 보통 나눈다: 뜨거운 위층과 차가운 아래층. 이러한 모델들은 보편적인 상태들을 그 지역을 통해 추정하고 화재의 과정중 그 지역의 확산을 감안한다. 이러한 적용들은 일상적으로 개인용 컴퓨터들에서 사용될 수 있고 일반적으로 잘 받아들여지고 심사감리에 의해 승인된다.

CFD 모델들은 지역 모델들보단 더 복잡하고 객실을 많고 작게 나눈다. 많은 계산들은 각각의 칸들에서 발생하고 한 칸의 활동은 주변 칸에 영향을 준다. 이러한 모델들은 더 상세한 화재의 분석을 가능하게 하고 뿐만 아니라 보다 높은 전문 지식을 필요로 한다. 이러한 모델들은 보통 큰 용량을 가진 컴퓨터 워크 스테이션들을 필요로 하고 시간 소모가 많을 수 있으며 작동하기에 매우 비싸다. CFD 모델들은 불일정한 지형 또는 좋은 세부내용을 필요로 하는 곳에서 화재 진행을 평가하는데 유용하다. 화재 조사와 소송 안에서 이러한 모델들의 사용은 증가하는 중이다.

그래픽 묘사

또 다른 주어진 화재 사건 중 무엇이 발생했는지 묘사하는 데 유용한 도구는 전산 묘사이다. 이러한 것들은 모든 종류의 그림들뿐만 아니라 물질적 모델들과 오늘날 점점 많이 사용되는 컴퓨터 애니메이션을 포함한다. 몇몇 컴퓨터 모델들은 모델 결과들에서 얻어진 자료의 시각적 묘사 또는 해석을 감안하는 그래픽 인터페이스와 같이 작업한다. 예를 들어, NIST 화재 동적 시뮬레이터는 NIST smokeView와 화재 과정의 시각적 애니메이션을 제공하기 위해 작업한다. 전산 묘사는 종종 조사팀과 법의학적 평가 직원 둘 다에 의해 사용된다.

조사팀이 사용하는 이유들 중에서 그래픽들은 사고 장소를 더 잘 이해하고 증인을 인터뷰할 때 보조해주고, 물건들과 시스템, 그들의 사건 안에서의 관련을 확인하고 정의하는 것이다.

법의학적 적용들에서, 그래픽들은 배심원단과 판사가 화재 현장과 화재에서 특정한 결과를 야기하는 근본적인 과학적, 공학적 원리들을 더 잘 이해하도록 도와주는 데 사용될 수 있다. 전산 묘사는 수학적 모델들과 혼동되지 말아야 한다고 미리 언급되어야 한다. 수학적 모델들은 계산에 근거하는 반면 전산 묘사는 현장 또는 일련의 사실들의 지형적 묘사들에 기초한다.

■ **화재 모델의 사용과 선택을 위한 지침**

많은 요소들은 특정한 화재에서 사용할 화재 모델을 선택할 때 고려되어야 한다. 먼저, 조사자는 실험된 가정들 또는 모델링 절차에 의해 답해지는 다른 질문들을 확인해야 한다. 주로 선택되는 모델은 유효해야 한다(이런 정보는 모델 디벨로퍼로부터 사용 가능해야 하고 자료에서 이용 가능해야 한다). 가능하면, 사용자는 모델 자체와 시작하는데 정해진 자료의 사용이 원인임을 예상되는 불확실한 것의 정도를 고려해야 한다.

화재 시험

화재 시험은 모아진 자료를 확인하는데 도와주거나 특정한 가정을 시험하는 데 도움을 줄 수 있는 절차이다. 실험은 현장과 통제된 환경에서 진행될 수 있고 벤치 테스트에서 완전한 현장의 재구성까지 범위가 구성된다. 이러한 실험들은 몇몇의 요소들 또는 원인과 근원, 화재 확산, 연소 특성들, 재료에 따른 화재의 영향같은 화재 안에서의 사건을 알아내는 데 유용하다.

화재 모델링 같이, 적절한 방법에서 사용될 때, 화재 실험은 가정의 평가에서 유용할 수 있다. 그러나, 조사자는 실험 상태와 조사되는 화재의 시간에서 상태 사이에 잠재적 차이와 비정확성을 유념해야 한다. 예를 들어, 차이점은 날씨 상태, 창문의 사라짐 또는 유리의 손실, 내용물과 관련된 연료 패키지들, 그리고 환기 영향이 존재할 수 있다. 화재 실험은 가설을 실험하는 도구로서 사용될 수 있다, 그러나 얻어진 자료는 절대적 요소에 의존되어선 안 된다. 화재의 상태를 완전히 재구성하는데 불가능함에도 불구하고, 화재 실험은 유용한 정보를 제공할 수 있다. 가능한 어느 정도로, 실험에 사용되는 수단들, 절차들, 기구들은 실행의 용인된 규범을 따라야 한다. 이러한 확립된 실행들을 따라는 것은 결과의 신뢰성을 보장하는 데 도움을 줄 것이다.

화재 실험의 예는 ASTM E-119 기준에서 만들어진 것들 같은 인정된 화재 내구성 실험 기술을 사용하는 문 또는 벽의 용락 시간을 알아내는 것 또는 화재 확산과 알려진 손상 유형들에 책임이 있는지 없는지를 평가하기 위해서 쿠션이 있는 가구의 열 방출 특성들을 알아내는 것을 포함한다. 실험에서 알아낸 이런 유형의 자료 적용은 평가되는 다양한 가설들을 반증하거나 지지하는 귀중한 정보를 제공한다. 화재 실험은 특정한 화재의 모든 면을 재구성하는데 불가능하다는 점에서 한계를 갖는다.

그림 20-4는 일련의 화재 진압전 4분 화재 확산 진행의 그림들을 보여준다. 화재는 한 장의 신문에 불을 붙이는 한 개의 성냥과 함께 시작되었다.

그림 20-5는 ASTM E-1537-99 긴 의자의 화재 실험 동안의 온도 발달을 보여준다. 측정치들은 긴 의자 위 4ft와 긴 의자 뒤 바로 위에서 만들어졌다.

그림 20-4 4분에 걸친 화재의 성장

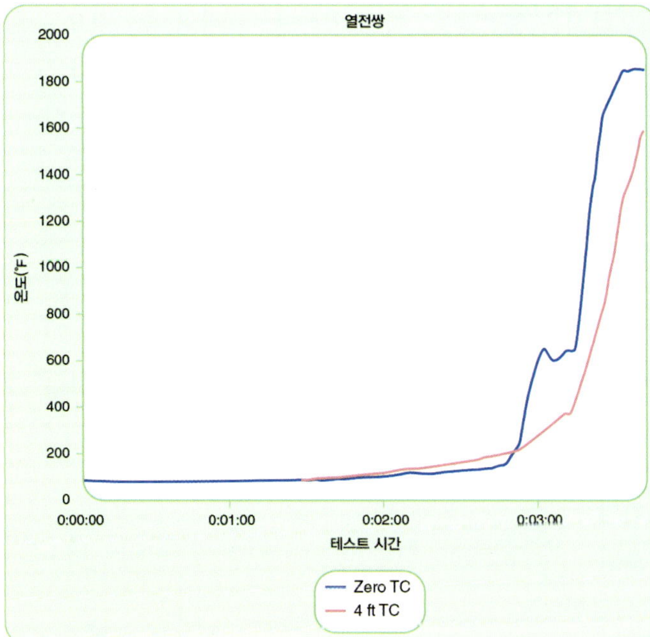

그림 20-5 ASTM E-1537-99에 따른 소파의 온도성장

■ 모델링과 실험을 위해 필요한 자료

유효한 모델링과 실험을 실행하기 위해, 조사자는 가능한 정확하고 완전한 자료를 얻는 것이 중요하다. 다른 모든 시도들처럼, "쓰레기를 넣으면 쓰레기가 나온다"는 개념이 여기에 적용된다. 법원 소송 동안, 실험 결과들은 Dauber 검토를 받을 것이 예상되어야 한다. 그리고 주어진 결과들은 어디서 얻어졌는지에 대한 정보의 정확성만큼 유효해야 한다(Daubert 법칙의 더 많은 정보를 원하면 "법적 고려사항"장 참조).

얻어진 중요한 정보는 구조적 정보, 물건들과 내용물, 그리고 환기 정보를 포함한다.

방 크기와 구조적 요소의 크기가 화재 정보에 적용 될 때 같이 구조적 정보는 아래의 것들을 포함해야 한다.

- 건물과 방의 길이, 넓이, 높이
- 벽 두께
- 바닥과 천장의 경사
- 구조 재료
- 존재하는 구조 특징들

■ 재료와 내용물

화재의 의미 있는 분석은 열방출률, 화재 확산율, 그리고 종합적으로 방출된 열의 이해를 필요로 한다. 분석은 기록되어야 하고 아래의 것을 포함하여야 한다.

- 재료들, 내용물의 유형
- 내용물의 위치
- 내용물의 상태와 배치

■ 환기

환기 상태를 이해하는 것은 화재 실험 또는 모델의 유효함에 중요하다. 구멍들의 상태와 위치는 아래의 것을 포함하여야 한다.

- 환기 구멍의 위치
- 환기 구멍의 크기
- 상태(열림 또는 닫힘)
- 사용 가능한 구멍의 부분(완전히 열림, 부분적으로 열림, 닫힘)
- 바람과 HVAC를 포함하는 환기 효과
- 소방국

요 약

검토를 위한 준비

- 화재조사관은 화재 현장조사 동안 습득한 정보를 그 또는 그녀에게 이해시키는데 도움이 되는 여러 가지 분석 도구들이 있다.
- 화재사고의 타임라인을 이해하는 것은 사고분석의 핵심이라고 할수 있다. 왜냐하면, 사건의 순서를 결정하는데 도움이 되기 때문이다.
- 타임라인을 설정할 때, 정확한 시간과 연관된 사건은 일반적으로 실제 시간이라고 한다.
- 추정 시간은 추정되거나 상대적이며, 일반적으로 목격자에 의해 제공된다.
- 벤치마크 사건은 타임라인의 기초가 되기 때문에 매우 중요하고, 화재 진압, 감지, 확산, 원인과 깊은 연관성을 가진다.
- 다양한 타임라인은 화재를 가속시킨 일련의 사건들, 실제로 화재가 일어나고 있는 당시의 사건들, 그리고 화재 후의 활동들을 효과적으로 평가하고 기록하는데 필요하다.
- 시스템 분석을 포함하는 분석적 접근은 다양한 요소의 특성, 행동, 실행(인간의 활동와 장비의 기계적인 특징을 포함)과 가능한 사고 현장 주변의 완벽한 사건의 사진을 연계시켜서 고려해야 한다.
- 다양한 훈련들은 저명한 과학적 원리들과 실증적인 자료를 사용하는 사건들을 실험하거나 예측하기 위해 수학적 모델의 형태들을 사용한다.
- 그래픽 모델은 모든 요소의 도표 뿐만아니라 물리적 모델과 컴퓨터 영상도 포함한다. 이러한 종류의 모델들은 개인의 법원 감정과 수사팀에서도 자주 사용된다.
- 화재 시험은 수집된 자료를 확인하고 특정한 가설을 검증하는데 도움을 준다. 실험은 현장과 통제된 환경에서 진행될 수 있고 벤치 테스트에서 대형 규모의 현장 재현까지 가능하다.

주요 용어

벤치마크 사건 (Benchmark events)
타임라인의 기초가 되고, 화재 진압, 감지, 확산, 원인과 깊은 연관성을 가지는 사건

추정 시간 (Estimated time)
사건 또는 행위와 연관이 있거나 없는 정보 또는 계산에 근거한 추정치

사고 유형 또는 영향 분석 (FMEA)
시스템 내의 사고의 기본 인자들을 확인하고 체계적인 형식을 결정하는 기술

사고 계통 (fault tree)
화재 또는 폭발 분석에 사용되는 논리 도표. 임계 계통이라고도 함

실제시간 (hard time)
정확성이 확보된 시간측정 장치 또는 신뢰성이 있는 시계와 직접 혹은 간접적으로 연계된 시간상의 특정 시점

열전달 모델 (heat transfer models)
화재조사관이 열원이 어떻게 대상으로 이동하였는지를 하나 또는 여러 개의 열전달 유형(대류, 전도, 복사)으로 결정될 수 있는 모델

상대시간 (relative time)
사건 또는 행위들이 다른 사건 또는 행위들과 연관성이 입증되는 연대순

추정시간 (soft time)
시간 상의 추정 또는 상대적 시점

시스템 분석 (system analysis)
다양한 요소의 특성, 행동, 실행을 고려한 분석적 접근

타임라인 (timeline)
화재 사고와 관련된 대표적 사건을 시간순서대로 나열된 도표 또는 서술

© Glen E. Ellman

실전 화재조사관

당신은 4층 호텔 화재로 몇 사람이 부상당한 것을 조사하고 있다. 화재는 2층 발코니에서 연기가 집중적으로 관찰된 이후 1층 주민에 의해 발견되었다. 그 후 불길은 2층에서 발견되었고 이후 소방(연기) 감지기가 작동하였다. 부상자는 호텔의 3층과 4층에 위치하고 있었고 소방요원에 의해 구조되었다. 부상범위는 심각한 연기 흡입과 약간의 타박상이었으나 모두 완전히 회복될 수 있을 것으로 예상된다.

당신은 허약한 구조(건물)를 조사하면서, 배선판의 개방, 소화기 누락, 복도에 위치한 저장물, 작동하지 않는 비상구 등의 소방법 위반을 확인하였다.

1. 부상자가 그 건물을 탈출할 수 없었던 이유를 결정하는데 사용할 방법?
   A. 엔지니어링 모델
   B. 연기 감지 모델
   C. 출구 분석
   D. 열 전달 분석

2. 이번 화재를 위해 종합적으로 고려되어야 할 것은 어느 것인가?
   A. 손님들의 체크아웃 시간
   B. 화재가 발생했던 날 시간
   C. 유럽식 아침이 준비되는 시간
   D. 경보장치가 작동할 때를 기록한 시간

3. 구체적인 결과를 도출할 일련의 사건과 결정을 실증하기 위한 분석 도구는 무엇인가?
   A. 시스템 분석
   B. 결함 나무 분석
   C. 화재 역학 모델
   D. 시간표(연대기)

4. 시간표(연대기)에 나타내야할 것은 무엇인가?
   A. 그래픽
   B. 서술 형식
   C. A와 B 둘 모두
   D. 위에는 없음

폭 발

학습 목표

이 장을 학습한 후 여러분은 다음 사항을 할 수 있다.

- 폭발 형태에 대한 설명 NFPA 4.2.9
- 폭발 피해 특성에 대한 토의 NFPA 4.2.9
- 폭발효과에 대한 토의 NFPA 4.2.9
- 폭발제어 요소에 대한 토의 NFPA 4.2.9
- 심부, 표면 화재, 가스와 증기, 분진, 백드래프트 또는 연기, 옥외 증기운 폭발 특성에 대한 토의
- 폭발의 두 가지 주요 형태에 대한 설명 NFPA 4.2.9
- 폭발현장조사 방법에 대한 설명

기능습득 목표

이 장을 학습한 후 여러분은 다음 사항을 할 수 있다.

- 폭발조사 수행 NFPA 4.2.9

NFPA 참고 문헌

NFPA 68, *Standard on Explosion Protection by Defl agration Venting*

NFPA 921, *Guide for Fire and Explosion Investigations*

CHAPTER

21

FESHE 과정 결과물

화재조사 I

이 장에서는 화재조사 I (FESHE)의 과정에 대한 결과물은 없다.

화재조사 II

8. 방화용 장치, 폭발물, 폭탄의 사용을 설명하라.

당신은 화재조사관

당신의 부서가 폭발로 인한 화재로 여겨지는 화재 현장에 파견되었다. 가장 먼저 도착한 기관이 보고하기를 이층집 정면의 절반 부분이 무너지고 수많은 사람이 부상을 입었다고 한다. 당신은 그 기관보다 몇 분 후에 도착했으며, 쓰레기로 뒤덮인 정원 앞에서 거대한 굴삭기를 발견하였다. 도로에 파여진 도랑에서 건물로 이어진 천연 가스 공급 배관이 노출되어 있으며, 배관이 대지 밖으로 튀어 나온 곳의 가스배관과 굴삭기가 온전하게 있다.

1. 그 현장에는 어떠한 안전관련 이슈사항이 있는가?
2. 원인을 결정하는 데 있어서 피해에 대한 평가가 어떻게 도움을 주겠는가?
3. 폭발의 목격자가 당신의 조사에 있어 어떤 도움을 주겠는가?
4. 발화원과 연료원은 어떻게 확인하겠는가?

개요

폭발은 폭발과압에 의해 야기되는 용기(또는 구조)의 손상, 변형 또는 사람에 대한 부상을 포함한 증거로 결정된다. 화재 및 폭발조사에서, 폭발은 잠재 에너지(화학 또는 기계적인 에너지)가 시스템과 물체의 움직임의 결과로 가지게 되는 운동에너지로의 갑작스러운 전환을 말한다. 운동에너지로의 전환은 가압 하에서 가스를 생성 및 방출하는데, 이것은 물질에 기계적 피해와 이동, 강한 충격 및 변환을 야기한다. 가스 생성 및 격렬한 방출로 인해 폭발은 대부분 큰 소음을 발생하지만 소음 자체는 폭발의 기준에서 일차적인 요소는 아니다.

뚜껑을 떨어져 나가게 하거나 캔(can)에 피해를 주는 밀폐된 용기에서의 가연성 증기/공기 혼합물의 발화는 폭발이 되며, 같은 방식의 발화가 개방된 공간에서 이루어지면 폭연이 된다. 유체 자체에서 발생하는 유체 정역학적인 압력으로 야기되는 용기의 고장 및 파열은 가스를 생성하지 않으므로 폭발이 아니다. 폭발의 영향과 피해를 조절하는 계수는 연료의 형태, 구성 및 양뿐만 아니라 용기 또는 구조의 크기, 모양 및 재질과 환기량을 포함한다.

플래시 화재는 그 화재에 의해 생성되는 화재 패턴 때문에 조사에 혼란을 줄 수 있는 특이한 형태의 연소이다. 플래시 화재는 손상을 주는 압력의 생성 없이 분진, 가스 또는 인화성 액체 증기와 같은 분산된 연료의 화염에 의해 급격하게 전파되는 화재이다. 이러한 형태는 초기 화재 또는 폭발에 의해 완전연소 또는 분산된 재료만 타는 것을 포함한다.

이 장은 경량구조물에서 농축되지 않은 분산된 연료의 조사를 기본으로 한다. 논의된 실제 상황에서는 다른 형태의 연료 및 구조로 쉽게 전환되지 않을 수 있다. 추가적인 연구와 전문지식이 요구될 수 있으며, 이것은 응축된 연료와 고성능 폭발물이 있으면 특히 옳다. 2차 폭발 또는 2차 폭발장치의 가능성을 주의해야 한다. 안전에 대해 확신할 수 없다면 조사는 진행되지 않아야 하며, 자격을 갖춘 사람의 도움이 필요하다. 사전에 필요한 상호간의 도움 또는 특별한 재원을 확보하는 것이 최선이다. 이러한 재원은 관할구역에 따라 다양하지만, 지역, 도시, 주, 지방, 연방법 집행기관, 소방 및 다른 기관을 이용할 수 있다.

폭발의 종류

폭발의 주요 2가지 유형은 폭발을 발생시키는 근원과 메커니즘에 따라 기계적 및 화학적인 것으로 구별된다(그림 21-1). 폭발의 주요 유형에 영향을 받는 몇 가지 폭발의 하위 유형도 있다.

■ 기계적 폭발

기계적 폭발은 용기 내 물질의 기본적인 화학적 성질이 변화하지 않는 것이며, 이것은 순수한 물리적 반응이다. 기계적 폭발은 용기, 실린더, 탱크, 또는 보일러와 같은 용기의 파열로 가압된 가스 또는 증기를 방출하게 된다. 기계적인 폭발을 발생시키는 압력은 관련 물질의 화학적 구성에서 화학적 반응 또는 변화에 의한 것이 아니다.

BLEVE(Boiling Liquid Expanding Vapor Explosion)는 이 글의 사용자가 맞닥뜨리는 기계적 폭발 중 가장 자주 발생하는 유형이다. 그림 21-2는 BLEVE로 인한 손상을 보여준다.

요약하자면, BLEVE는 액체 용기와 관련된 대기압력하에서 끓는 점을 초과하는 기계적 폭발의 하위유형이다. 용기의 범위는 라이터부터 기차의 탱크까지 다양하다.

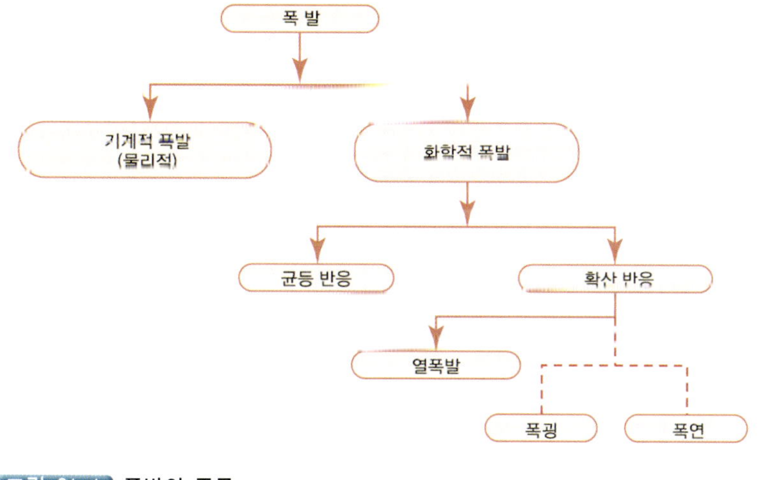

그림 21-1 폭발의 종류

BLEVE는 화재에 노출되어 증가된 액체 또는 증기 내부 온도에 의해 발생한다. 화재로의 노출은 용기 내에서의 압력을 증가시켜, 파열이 발생하게 하고 순간적인 증발로 액체가 방출된다. 만약 용기의 내용물이 발화성이면, 화재를 발생시킬 것이다. 증기의 발화는 대부분 BLEVE를 발생시킨 열이나, 전기 또는 기계적인 에너지원에 의해 발생한다. 인화성 액체와 무관한 일반적인 사례에서, 가압된 증기가 에너지원으로 있는 증기 보일러의 파열이 있다. 참고로, BLEVE는 과도한 충전, 이상 반응, 증기 폭발 또는 기계적 결함에 의해 발생한다.

그림 21-2 BLEVE 손상

■ **화학적 폭발**

화학적 폭발은 발열성 화학반응이 고압가스의 원인인 것과 연료의 화학적 본질이 변환되는 것이다. 화학적 폭발이 가연성 고체 또는 연료의 폭발성 혼합물과 산소 발생기에 영향을 줄 수 있음에도 불구하고, 대부분의 유형은 공기와 혼합된 가스, 증기 또는 분진과 관련된 전파 반응이다.

■ **연소 폭발**

대부분의 화학적 폭발은 가연성 탄화수소 연료의 연소에 의해 야기되는 것이다. 연소 폭발은 분진과 같은 연료가 산소 공급원으로서의 공기가 함께 존재하는 특징을 가진다. 높아진 압력은 연료의 급속한 연소와 가연성 부산물과 가스의 생성에 의해 생성된다. 연료를 통한 화염면 전파 속도는 연소반응이 폭연(음속보다 느린 것) 또는 폭굉(음속보다 빠른 것)으로 분류되는지 결정한다.

균일한 반응은 물질을 통해서 보통보다 더 많거나 더 적게 발생하며, 환기량(속도)보다 더 빠르게 가스 생성물을 생성하는 보통의 화학 반응을 포함한다. 전파반응은 물질의 특정지점에서 시작하고 반응하지 않은 물질면을 통해 전파된다.

열 폭발은 반응열을 제거할 수 없는 갇힌 곳에서 발생하는 발열성 반응의 결과이다. 이것은 고압가스 생성 및 폭발의 발생을 가속할 수 있다.

폭연은 음속 미만의 속도로 공기 중으로 이동하는 반응이며, 성공적으로 배출시킬 수 있다. 폭굉은 NFPA 921에 의해 1100 ft/sec(340 m/s)의 초음속으로 전파하는 연소반응으로 정의한다. 다른 정부기관은 폭굉의 최소 속도를 1,000 m/s(3,250 ft/sec)로 정의하며, 대체로 폭발물은 음속보다 몇 배의 전파 속도를 갖는다.

폭굉과 폭연의 차이점은 연소반응과 관련된 시스템에 대해 시간에 대한 압력의 규모이다. 폭연과 폭굉의 중요한 차이점은 시간이다. 폭굉은 더 빠르고 급격한 반응속도 때문에 충분히 배출을 할 수 없다.

연소폭발의 하위유형은 가연성 가스, 발화성(인화성 및 가연성) 액체의 증기, 가연성 분진, 연기와 백드래프트 폭발에서와 같은 불완전 연소 및 에어로졸 등으로 분류된다.

■ 전기 폭발

전기 폭발은 고 에너지 아크방전이 폭발을 야기할 수 있는 충분한 열을 방출할 때 발생한다. 라이트닝 볼트를 동반하는 번개는 전기적 폭발 효과의 한 예이다. 이러한 폭발은 조사를 위해 특별한 전문지식이 필요하며, NFPA 921(Guide for Fire and Explosion Investigations)에서는 다루지 않는다.

■ 핵 폭발

핵 폭발에서, 주요 시스템뿐만 아니라 증기 발생기 및 보일러와 같은 2차 시스템 안에서의 고압은 핵분열 또는 핵융합에 의한 막대한 열에 의해 생성된다. NFPA 921은 특수 전문가에게 문의해야 하는 핵 폭발 조사는 다루지 않는다.

폭발 손상의 정의

저위 손상(low-orderdamage) 및 고위 손상(high orderdamage)의 기준은 폭발 피해의 특징을 묘사하기 위해 선호된다. 피해의 차이는 시스템 내에서의 최대 압력보다 압력상승률 및 밀폐용기 또는 구조의 강도에 따라 더 커진다.

■ 저위 손상

저위 손상은 낮은 속도의 압력 상승에 의해 발생된다. 하위 피해의 특징은 불룩하거나 내려앉은 벽, 약간 상승한 지붕, 창틀에

그림 21-3 낮은 등급 손상으로 인해 주택 창문이 원래 자리에서 벗어나게 되었다.

서 이탈한 창과 대체로 크고 구조물 가까이에서 발견된 잔해를 포함한다(그림 21-3).

■ 고위 손상

고위 손상은 빠른 속도의 압력상승에 의해 발생한다. 고위 피해는 산산 조각난 벽, 지붕 및 구조부재에 의해 특정된다. 이러한 결과는 작고 부서진 잔해가 구조물에서 멀리(수백피트) 떨어진 곳까지 날아간다(그림 21-4).

그림 21-4 높은 등급 손상으로 인한 파편들이 구조물에서 멀리 비산하였다.

폭발의 영향

폭발은 이론적으로 이상적인 상황에서 팽창하는 구 형상의 열과 압력 파를 방출하는 가스역학의 현상이다. 열과 압력 파는 폭발의 특징이 되는 피해를 일으킨다. 폭발의 영향은 4개의 주요 그룹으로 관찰된다:

- 폭발 과압 및 파동의 영향
- 비산물 영향(shrapnel)
- 열의 영향
- 지진의 영향(대지 충격)

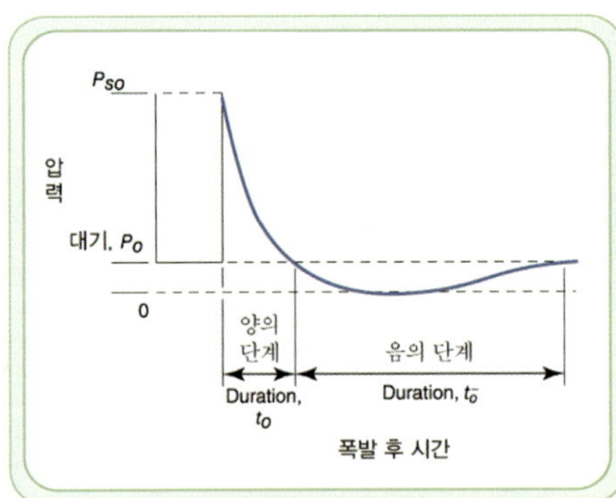

그림 21-5 폭발 지점에서 떨어진 지점에서 측정한 이상적인 폭굉의 일반적인 압력 곡선

■ 폭발 과압 및 파동 효과

폭발 과압 및 파동 효과는 물질의 폭발에 의해 생성되는 많은 양의 가스로 인해 나타난다. 가스는 원점에서 빠른 속도로 외부로 나갔다 돌아온다. 폭발의 과압 및 파동의 영향은 제거된(displaced) 공기와 가스가 이동하는 양압(+)상과 공기가 원점으로 빠르게 이동하는 부압(−)상을 생성한다.

양압 및 부압상

원점으로부터 밖으로 팽창·이동하는 가스가 있는 양압상은 부압상보다 더 강력하며, 대부분의 압력 손상의 원인이 된다. 부압상은 그 후 낮은 공기압을 남기는 양압상의 빠른 이동에 의해 생성되고(그림 21-5), 그 후. 공기는 원점을 향해 저압구역으로 이동한다.

양압상은 부압보다 더 강력하지만, 부압상은 원점으로 향하는 추진에 의해 2차적인 피해를 야기할 수 있다.

폭발 파동 면의 모양

이상적인 폭발에 의한 폭발면의 모양은 진원지로부터 전 방향으로 구 모양으로 팽창한다. 현실적으로, 폭발 압력 파동 소스의 밀폐, 장애물, 발화 위치, 구름 모양 또는 농도 분포는 힘의 방향, 모양 및 면을 변화하거나 조정한다.

폭발 과압이 있게 하거나 제한하는 컨테이너, 건축물 또는 용기가 파열될 때, 이것들은 크기 및 모양에 따라서 멀리 날아가게 되고 조각조각 부서진다. 이러한 조각들은 미사일, 파편, 잔해 또는 발사물로 불리며 중대한 손상을 야기할 수 있다.

양압상은 추후 부압상에 의해 손상을 받을 수 있는 구조의 약화를 포함한 압력 손상의 주요 원인이 된다. 부압상은 2차 피해를 야기하며, 물리적 증거를 진원지로 이동시켜 막아버린다. 이것은 양압상보다 더 강력하지 않지만, 구성요소가 양압상에서 미리 손상된 곳에서는 특히 중대한 손상이 나타날 수 있다.

밀폐는 앞부분의 모양과 힘을 변화시킨다. 폭발 파동 면의 방향은 앞부분이 고체 물질에 부딪힘으로써 환풍 통로 또는 방향 조정에 의하여 변화 된다. 힘은 진원지로부터의 거리에 따라 감소하며, 전파 반응을 하지 않는다. 압력상승 속도와 폭발의 손상 효과 사이의 상호관계는 표 21-1에 나타나 있다.

압력의 변화가 다소 느린 곳에서는, 환기가 최고압력으로 성장함에 있어 중요한 영향을 가진다. 예를 들어, 주거 또는 상업용 건물의 순간적인 가스폭발에서 최대 압력은 건물 구획부분의 구성요소가 파열 없이 다소 높은 압력을 견딜 수 있는 압력보다 더 높게 제한된다. 잘 지어진 주거건물에서는, 이러한 압력은 거의 3 psi(21 kpa)를 초과하지 않는다.

표 21-1 압력상승률 VS 손상

압력상승률	손상
느림	■ Pushing 또는 bulging 유형의 손상 ■ 건축물의 약한 부뷰부터 파열은 일으킨다. ■ 저위손상의 특징을 보임
빠름	■ 용기 또는 컨테이너의 산산조각 ■ 잔해가 멀리 날아간다. ■ 고위손상의 특징을 보임

최대압력과 압력상승 속도

폭발 압력의 외부 손상은 생성물의 에너지 총량뿐만 아니라 때때로 더 심각하게 에너지 방출 속도와 압력상승 속도에 따라 달라진다.

더 느린 압력 상승에 의한 손상은 창문과 다른 더 약한 구조 부재가 약해져서, 폭발 압력을 즉시 밖으로 배출되도록 하여 폭발의 영향을 경감시키는 하위 손상의 것과 비슷하다. 빠르게 압력이 상승함으로써 발생하는 손상은 배출량이 성장하지 않고 밀폐 구조의 구성요소와 잔해가 더 많이 부서져 멀리 날아가는 고위 손상과 비슷하다. 근본적으로, 느린 압력 상승 속도는 환기에 의해 최대 압력을 감소시킨다(폭연이 발생하는 동안 환기의 이론적 영향의 계산에 관한 논의는 NFPA 68, Standard on Explosion Protection by Deflagration Venting 참조).

■ 비산물 영향

파편 효과라고도 나타내는 비산물 영향은 폭발 압력면의 결과로서 용기 또는 컨테이너의 파열로 나타나는 잔해 조각을 말한다. 파편은 폭발의 근원지에서 먼 거리에 있는 사람에게도 부상이나 피해를 야기할 수 있다. 파편은 전기 공급경로, 가스연료 공급경로 또는 컨테이너를 잘라낼 수 있다. 파편이 날아가는 거리는 초기 방향뿐만 아니라 무게 및 발사체의 공기역학적 특징에 따라 달라진다(그림 21-6).

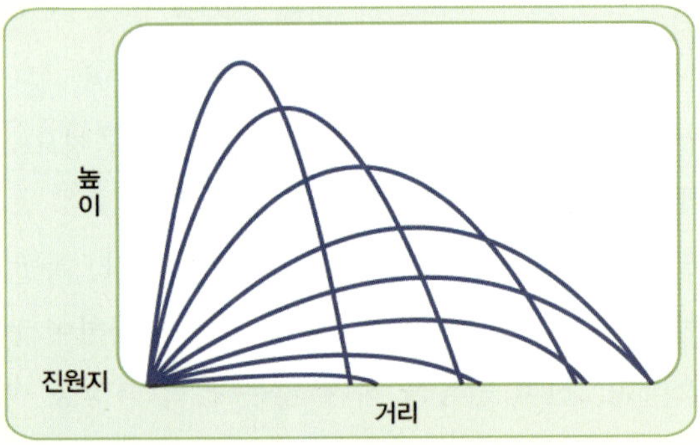

그림 21-6 비산물이 튀어나가는 거리는 초기 방향과 조각의 무게, 공기 역학적 특성에 달려 있다.

■ 열의 영향

열의 영향은 주변의 가연성 물품을 발화할 수 있는 폭발에 의해 방출되는 에너지 양에 의해 발생할 수 있다. 표 21-2에 언급된 것처럼 폭굉은 제한된 시간 동안 매우 높은 열을 생성하지만, 폭연은 더 긴 시간 동안 더 낮은 열을 생성한다. Fireball(폭발 동안 또는 그 이후의 짧은 기간 동안 매우 강력한 복사열을 방출하는 순간적인 화염구)와 Firebrands(폭발로부터 날아오는 뜨겁거나 불타는 조각)은 가능한 열 효과이며, 특히 가연성 증기의 BLEVE와 함께한다. 2차적인 화재는 손상뿐만 아니라 폭발로 인한 부상자를 증대시킨다. 불행하게도, 화재 또는 폭발 중 어떤 것이 먼저 발생했는지 결정하는 것은 종종 어렵다. 화학적 폭발로 인한 열 손상은 폭발성 연료의 성질뿐만 아니라 높은 온도의 지속시간에 따라 달라진다. 표 21-2는 폭발 유형과 열 효과의 결과에 대한 분석을 제공한다. 사용자는 열 영향 중에서 작업하는 시간에

표 21-2 다양한 폭발에 의한 열의 효과

폭발 유형	영향
연소	▪ 열 에너지 방출 ▪ 2차 화재를 야기할 수 있음
화학적	▪ 대량의 열 방출
폭굉	▪ 짧은 기간 동안 매우 높은 온도 생성
폭연	▪ 더 긴 시간 동안 더 낮은 온도 생성

대해 알아야 한다. 이러한 효과는 폭발의 중심으로부터 떨어져서 불을 발화시키기 때문에, 그것에 대한 이유와 잘못된 판단에 의한 조사를 막기 위해 전체적인 조사가 필요하다.

■ 지진의 영향

대지를 통한 떨림의 전파는 지진효과로 알려져 있다. 이 효과는 폭발 파동의 팽창에 의해 나타나며, 건축물을 땅으로 무너지게 한다. 작은 폭발은 무시해도 될 정도의 작은 지진의 영향을 나타내지만, 더 큰 폭발은 구조, 지하의 급전시설, 배관, 탱크 및 게이블에 손상을 일으킨다.

폭발의 영향을 제어하는 요소

폭발의 영향을 제어하는 요소는 다음과 같다:

- 연료의 형태 및 구성
- 밀폐용기의 유형, 크기, 부피 및 모양
- 용기 내에서의 혼잡 및 장애 정도
- 발화원의 위치 및 규모
- 밀폐 용기의 환기
- 상대적인 최대 압력
- 압력상승률

알려진 요소의 본질과 그것의 다양성은 다양한 물리적 영향을 초래한다. 반사에 의한 폭발 압력면 변화, 굴절에 의한 폭발 압력면 변화 및 폭발의 초점을 포함한 근원에서부터 이동하므로 그 다양성은 폭발 압력면의 특징에 영향을 준다. 폭발 압력면은 이것의 경로상 물체로부터의 반사 때문에 증폭할 것이다. 반사는 반사 면에서 과압을 8배까지 증가하도록 할 수 있다. 이 현상은 폭연과 마찬가지로 미미하다.

매우 다른 온도에서 공기 층을 맞닥뜨린 폭발 압력면은 그 면을 굽게 하거나 굴절시킬 수 있다. 이것은 음속이 온도와 공기의 제곱근에 비례하기 때문에 발생한다. 저위 온도의 도치는 굴절을 야기하고, 폭발의 중심에 접하는 대지에 초점을 맞춘다. 이 효과 역시 폭연과 마찬가지로 미미하다.

연료의 구성은 폭발의 결과에 중요한 영향을 끼친다. 연료가 공기와 혼합되어 난기류를 생성할 때, 화염 속도, 연소 속도 및 압력상승 속도가 모두 증가하게 된다. 컨테이너 안 장애물의 모양, 크기 및 위치는 난기류에 영향을 주어 격렬한 폭발을 일으킨다. 연료 컨테이너 또한 폭발에 큰 영향을 끼친다. 이것의 크기, 모양, 구조, 부피, 재질, 디자인 및 내부 장애물 모두가 연료의 반응에 영향을 준다.

발화원의 위치 및 규모 또한 폭발에 영향을 준다. 발화원이 컨테이너 벽에 더 가까울수록, 화염이 더 빨리 벽에 가까워져서 소화되어 더 낮은 압력 및 더 작은 폭발로 이끈다. 발화원이 중심부에 더 가까울수록, 컨테이너 내에서 더 큰 압력을 만들어내고 더 큰 폭발이 생기게 한다.

특히, 가스, 증기 또는 분진과 같은 연료가 분산 될 때, 폭발에 의해 생성되는 손상은 폭발 전 연료의 환기에 더 크게 영향을 받는다. 환기량이 더 많고, 발화원과 더 가까이에서 환기가 이루어지면 폭발은 더 약해진다. 피해 정도는 창문이나 문과 같은 환기 통로 내에서 가장 큼에도 불구하고 더 약한 폭발은 더 작은 손상을 만든다. 충분한 압력을 방출하기 위한 환기 시간이 부족하기 때문에, 폭굉에 의한 폭발은 환기에 더 적게 영향을 받는다.

■ 폭발 압력면

폭발 압력면은 폭발의 집중과 함께 반사 또는 복사에 의해 변경될 수 있다. 폭발 압력면이 물체를 칠 때, 압력은 물체를 반사할 것이며, 이러한 것이 폭발 압력면과 과압을 증폭시킨다. 이 반응은 특히 압력을 집중적으로 받는 comers에서 심각하다.

폭발 압력면이 온도가 다르거나 밀도가 다른 공기 층을 칠 때, 이 효과는 반사보다는 굴절을 한다. 음속과 온도 사이의 관계는 폭발 면이 폭발의 중심근처 대지 위의 폭발을 집중하여 굴절한다.

분화구 형성 폭발

피해가 가장 큰 지역의 구멍(crater)은 폭발 지점으로 특정될 것이다. 그 지점은 폭발성 물질의 양 및 강도에 따라 크기가 달라진다. 분화구 형성 폭발은 높고 빠르게 압력이 상승하는 특징이 있다. 분화구 형성 폭발을 생성하는 연료의 형태는 폭발물, 증기 보일러, 매우 한정된 가스 및 액체 연료 증기, 및 작은 컨테이너 안에서의 BLEVE를 포함한다.

폭발물은 대체로 매우 집중된 중심점 또는 지점을 가진다. 따라서, 폭발물은 높은 속도의 양압 상을 가지기 때문에, 구멍 또는 큰 피해의 국소 구역을 생성한다. 보일러와 압력 용기 폭발은 폭발물과 비슷하지만, 근원지 근처에 덜 집중된 과압을 보여준다. 가스연료는 작은 용기일 때, 분화구가 형성된 폭발을 발생하는 가연성 증기이다. 끝으로, 밀폐된 용기의 크기가 작고 압력 방출 속도가 충분히 빠르다면, BLEVE는 분화구 형성 폭발을 생성한다.

비분화구 형성 폭발

비분화구 형성 폭발은 중간의 압력상승률과 초음속의 폭발 속도를 가진 폭발이 발생할 때 연료가 흩어지거나 분산되면서 발생한다. 환경에 따라, 초음속의 폭굉 역시 비분화구 형성 폭발을 발생한다. 격실과 같은 큰 컨테이너 안에서 가스의 밀폐성 때문에 천연 가스와 액화 석유 같은 가스연료는 비분화구 형성 폭발을 발생한다. 인화성 연료 또는 가연성 액체의 증기에 의한 폭발은 대체로 비분화구 형성 폭발이다. 음속 미만인 폭발 속도뿐만 아니라 폭발의 영향을 받는 구역의 규모는 작고, 높은 피해의 분화구는 발생하지 않는다.

분진 폭발은 대형 곡물 창고, 가동 중 공장 및 석탄 광산과 같이 주로 밀폐된 구역 안에서 넓게 확산 되면서 발생한다. 넓은 구역은 폭발 분화구를 성장하지 못하게 한다. 끝으로, 연기 폭발 또는 백드래프트는 광범위하게 분산된 가연성 가스와 미립자 물질의 체적과 관련된다. 따라서, 폭발속도는 음속미만이고 뚜렷한 분화구의 생성을 제한한다.

가스와 증기 폭발

가스연료 또는 발화성 액체의 증기는 가장 흔하게 폭발을 발생하는 것이다. 공기보다 가벼운 가스와 관련된 더 격렬한 폭발은 증기밀도가 공기보다 무거운 1.0보다 큰 증기 또는 가스와 관련된 폭발보다 많이 발생하지 않는다. 700°F (370°C)에서 1100°F (590°C)까지의 발화온도가 일반적이다. 따라서, 가스와 공기 혼합 연료는 가장 쉽게 발화되는 연료로 폭발을 야기할 수 있다. 최소한의 발화에너지는 매우 낮은 에너지인 0.25mJ에서 시작한다. 그림 21-7은 증기 폭발로 야기된 피해 상황을 보여준다.

그림 21-7 프로판 증기 폭발로 인해 발생한 낮은 등급의 손상

■ 폭발 피해의 해석

건축물에 대한 폭발의 피해는 몇몇 요소들과 관련되어 있다:

- 연료와 공기 비율
- 연료의 증기밀도
- 난류 효과

- 밀폐 공간의 체적
- 발화원의 위치 및 규모
- 환기
- 건축물의 강도

연료와 공기 비율

공기의 전체 체적은 폭발이 발생하기 위해 가연성의 가스와 공기 혼합물로 채워질 필요는 없다. 피해를 줄 수 있는 상대적으로 작은 폭발성 혼합물의 체적은 해당 공간에 모여 있는 가스 또는 증기가 모아진 것이다. 가스 또는 증기의 폭발 하한계 또는 상한계에 있거나 이에 근접한 혼합물은 최적의 농도에 근접한 것보다 덜 격렬한 폭발을 일으킨다. 최적의 농도는 대체로 화학량론적으로 다소 풍부하다(최적의 비율에 있는 연소 지점이 가장 효율적이다). 이것은 공기에 덜 최적화된 연료비율에서 더 느린 화염 전파속도 및 더 낮은 압력의 결과로 나타난다. 그러므로, 폭발성이 전파되는 동안 대부분의 유효연료가 소비될 때 폭발하한계에 근접한 폭발은 많은 양의 폭발 후 화재를 생성하지 않는다. 폭발상한계에 근접한 혼합물의 폭발은 연료가 많이 혼합되어 있기 때문에 폭발 후 화재를 발생한다. 남아있는 연료의 지연연소는 폭발 후 화재를 발생한다. 요약하면, 화학량론적으로 연료가 다소 풍부한 혼합물은 가장 효율적인 연소를 일으키므로 가장 높은 화염속도, 압력 상승율, 최대 압력과 결과적으로 가장 큰 피해를 발생한다.

온도, 압력, 밀폐 체적, 밀폐 형태, 밀폐 농도 및 난류에 따라서 화염속도가 넓게 분포될 것이다. 연소 속도는 연소 속도보다 빠른 연소되지 않은 가스의 속도에 대한 화염 전파율이다. 기본적으로 연소 속도는 고정된 값으로서 가연물에 내재된 특징이다. 화학적으로 연료와 산화제를 연소생성물로 변환시키기 때문에, 연소속도는 화염 반응 면이 불타지 않은 혼합물로 이동하는 속도이고 이것은 화염 속도의 일부이다. 화염 속도는 온도 상승에 의한 연소 생성물의 부피 팽창에 의해 생성된 화염 면 속도에 의해 나타나며, 몰수 증가(이것이 함유하고 있는 입자 수에 대한 측정)와 발화 전 가스 혼합물의 이동에 따른 유속이다. 화염 면의 연소속도는 NFPA 68의 온도, 압력 및 불타지 않은 가스의 구성요소에 대한 표준화된 상태로 알려진 것처럼 근본적인 연소속도로부터 산출된다.

특히 화염 속도, 압력상승 속도, 최대 압력 결정에 의해 피해를 평가하는 폭발 조사를 수행하는 동안, 폭발 가스 또는 증기의 농도 및 공기 혼합물의 폭발 한계를 이해하는 게 필수적이다. 최적의 혼합물은 연료가 완전히 연소하고 대부분 격렬한 최적의 폭발을 발생하는 이상적인 연소가 진행되는 화학량론적 혼합(연료가 다소 충분한) 이상이고, 가장 큰 화염 속도, 압력 상승 속도 및 최대 압력을 발생하고 가장 큰 피해를 준다. 연료와 공기의 덜 최적화된 혼합물이 더 낮은 화염 속도, 압력상승 속도 및 최대 압력을 생성하기 때문에 폭발 하한계 또는 상한계에 가까운 혼합물은 덜 격렬한 폭발을 발생한다. 모든 연료가 초기 소모 후 공기와 혼합되기 때문에 폭발 상한계의 혼합물은 2차 폭발을 발생 할 것이다.

심지어 연료가 컨테이너 전체로 확산하지 않아도 폭발이 발생할 수 있다. 연료의 성질은 반응을 결정하는 것을 돕는다. 이와 같이, 폭발이 없기 때문에, 컨테이너가 연료로 가득 차 있지 않다고 추정할 수는 없다. 관련된 다양한 요소 사이에서 깨지기 쉬운 균형이 존재한다.

다음의 컨셉을 적용할 때 폭발 조사 시 연료와 공기 비는 추후 중요해진다:

- 단열 화염 온도: 완전연소의 이론적 온도는 그 외부 환경으로 에너지나 열 손실 없이 이루어진다.
- 층류 연소 속도: 화학적으로 연료와 산소공급원을 가연물로 결합하기 때문에 연소되지 않은 가스 및 연소되지 않은 가스 면으로의 이동 대비 화염의 전파 속도이다.
- 팽창 비율: 화염 면 팽창과 그 후의 연료와 공기 혼합물의 연소 생성물에 대한 팽창 속도
- 층류 화염 속도: 난류현상 없이 고정된 지점에 대해 자유롭게 불타는 화염의 속도
- 난류 화염 속도: 실제 폭발과 주로 관련된 난류 연소의 속도. 난류 화염 속도는 반응하지 않은 혼합물에서 음속을 초과할 것이다.

증기 밀도

자연적이거나 강제적인 대류에 의한 공기 속도는 건축물에서 가스의 이동에 지배적인 메카니즘이다. 증기 밀도는 같은 온도 및 압력에서의 공기에 대한 가스 또는 증기의 주어진 체적에 대한 평균적인 분자의 질량 비이며, 비중으로도 나타낸다. 가스 또는 증기의 증기 밀도는 fugitive 가스가 컨테이너나 시스템으로부터 방출되기 때문에 그 가스의 이동에 영향을 줄 수 있다. 공기보다 무거운 가스 및 증기(발화성 액체 및 LPG와 같이 증기 밀도가 1.0보다 큰 것.)는 더 낮은 지역으로 흘러가는 경향이 있다. 이와 대조적으로, 천연가스와 같이 공기보다 가벼운 가스는 더 높은 지역으로 상승하여 흘러가는 경향이 있다. 공기보다 가볍거나 무거운 가스가 있는 곳에서는, 냉난방 시스템의 작동과 온도 복사는 증기밀도의 영향을 감소시킬 수 있는 혼합 및 이동을 야기할 수 있다. 현장 실험은 더 오래된 집에 존재하는 대부분의 공기 전환율에 따른 증기밀도 영향을 최소화한다. 그러므로, 증기밀도의 영향은 환기를 하는 곳에서는 여전히 가장 크다.

인화성 가스 농도의 실물실험은 가스의 화학량적인 농도가 방출지점과 천장(공기보다 가벼운 가스에 대해) 또는 바닥(공기보다 무거운 가스에 대해) 사이에서 성장하는 것을 보여준다. 바닥에서 누출되는 공기보다 무거운 가스는 바닥보다 더 큰 농도를 생성하지만, 시간에 따라서 가스는 위로 분산될 것이다. 천장 높이에서의 공기보다 가벼운 가스의 누출은 반대되는 관계를 가진다.

인화성/폭발성 범위내에서 연료는 혼합물로 공기와 함께 혼합되며, 이것은 연료보다 공기가 더 많다. 그러므로, 증기 밀도는 연료보다 공기에 더 가깝다(수소, 아세틸렌, 및 에틸렌은 알려진 대로 여기서 제외된다).

난류

연료와 공기 혼합물에서의 난류는 화염 속도를 증가시키고 연소율과 압력상승률을 증가시킨다. 난류는 결합용기의 크기와 모양에 따라 다양하며, 폭발의 강도에 영향을 준다. 특히 팬과 강제환기와 같은 혼합 또는 난류 원을 알고 있어야 하며, 난류를 만들 수 있는 V형 무늬 또는 다른 구조요소를 주시해야 한다.

밀폐공간의 유형

밀폐공간의 크기, 모양, 구조, 부피, 재질 및 디자인이 폭발 손상의 유형에 큰 영향을 준다. 밀폐공간에서, 같은 양의 연료에 대해 더 작은 공간은 압력상승률에 영향을 주며, 더 최적의 폭발을 야기한다. 철제 드럼 안에서 같은 양의 연료는 집에서의 폭발과 비교하여 더 격렬한 폭발을 일으킨다. 이와 유사하게, 벽, 기둥 및 다른 큰 물체와 같은 장애물은 화염의 속도를 증가시키고, 이러한 것이 압력상승률도 증가시킨다.

발화원의 위치와 규모

가장 높은 압력상승률은 발화원이 밀폐 구조물의 가운데에 있을 때 발생할 것이다. 발화원의 에너지가 폭발과정에서 작은 영향을 가지고 있음에도 불구하고, 특이하게 폭발장치와 같은 큰 발화원은 압력성장 속도를 증가시켜 폭연을 폭굉으로 변화하게 한다.

환기

가스, 증기가스 또는 분진연료의 폭발에 대한 밀폐용기 환기의 종류는 폭발 손상에 다양한 영향을 준다. 파이프 길이가 충분히 길다면, 배관 하나는 아마 파열될 것이다. 하나의 실이 파괴되거나 창문 및 문의 수량, 크기 및 위치에 따라 벽과 천장이 다소 움직이게 될 수 있다(그림 21-8). 더욱이, 용기구조의 환기는 환풍로 상의 물질에 손상을 야기할 수 있다. 사용자는 폭발의 유형이 폭굉일 때, 폭발 압력면의 높은 속도 때문에 환기효과가 최소화 됨을 알아야 한다. 요약하자면, 폭발 압력면은 압력을 배출하기에는 속도가 너무 빠르다.

그림 21-8 가스 폭발로 인해 생긴 벽의 손상

■ 구조 강도

이 장의 목적을 위한 구조는 또 다른 것을 포함하기 위해 사용되어야 한다. 구조의 특징은 폭발에 대한 강도에 영향을 준다. 구조 강도는 어떤 유형의 구조인지, 무엇으로 만들어 졌는지, 건축물인 경우 어떠한 서비스 또는 유틸리티 기기를 가지고 있는지에 따라 달라진다. 구조 특징은 폭발에 대한 강도에 영향을 준다. 예를 들어, 유리병(간단한 구조)은 철과 유리로 만들어지고 천연가스와 전기공급을 받는 5개층 건물(복합 구조)과 다르게 반응할 것이다.

■ 연료가스의 지하이동

지하 배관으로부터 누출된 공기보다 가볍거나 무거운 가스 연료는 건축물로 들어가서, 화재나 폭발을 발생한다. 누출 가스는 땅으로 스며들어, 위로 이동하여 공기 중에서 해롭지 않게 소멸한다. 하지만, 대지가 비, 눈, 얼음 또는 포장에 의해 막혀있으면, 가스는 측면으로 이동해 막힌 땅을 통하여 건물로 들어간다.

누출 가스는 하수관, 전기 및 통신선로 또는 배수타일과 같은 오프닝을 통하거나 지하 및 기초 벽을 통하여 건물 내로 들어갈 것이다. 사용자는 천연가스와 프로판이 자체적으로는 냄새가 없다는 것을 알아야 한다. 에틸 메캅단과 같은 악취를 내는 복합물이 가스에 추가된 것이다. 착취제의 확인은 폭발 조사의 일부분이 되어야 한다. 가스 감지기가 가스누출 원의 위치를 찾는데 도움이 될 것이다.

■ 다중 폭발

가스 및 증기가 근접한 층이나 실로 이동할 때, 이차 폭발 또는 cascade 폭발을 발생시켜 포켓을 발생한다. 그러므로 한 개 층이나 실에서 발화나 폭발이 발생 할 때, 그 다음 폭발이 해당 구역이나 층 근처에서 발생한다. 가스의 이동 또는 포켓팅은 다른 공기-연료 혼합물을 발생할 것이다. 따라서, 공기-연료 혼합물은 각 구역에서의 공기-연료의 혼합비율에 따라 연쇄 폭발을 일으킨다.

분진폭발

격렬한 폭발은 공기 중에 분산된 분진을 연료로 공급 받는다. 이것은 가연성 물질뿐만 아니라 비가연성 물질에 대해서도 들어맞는다. 예를 들어, 분진 폭발은 다음과 같은 물질로부터 일어난다: 농작물, 탄소 성분의 재료, 하하물, 염료와 착색제, 금속, 플라스틱, 및 합성수지

■ 입자 크기

연소에 의한 압력상승률은 분산된 분진 입자의 표면적에 큰 영향을 받는다. 더 미세한 분진 입자는 더 격렬한 폭발을 일으킨다. 총 표면적 및 폭발의 격렬함은 입자크기가 작아짐에 따라

서 커진다. 대체로, 폭발의 위험성은 분진 입자의 직경이 500 microns 이하일 때 존재한다.

■ 농도

사용자는 특정 분진에 대한 다양한 최소 폭발농도를 반드시 알고 있어야 한다. 하지만, 이와 다르게 대부분의 가스 및 증기는 최대 한계농도가 없다. 반응비율은 최대 농도보다 공기 중 표면 질량 비에 더 많이 제어된다. 최소 폭발농도는 0.02 oz/ft^3~2 oz/ft^3(20 g/m^3~2000 g/m^3)만큼 낮은 농도부터이며, 대부분 1 oz/ft^3 (1000 g/m^3)보다 낮다.

만약 혼합물의 연료가 풍부하거나 연료가 더 많으면, 연소 속도 및 최대 압력은 낮아진다. 압력상승 속도 및 폭발압력은 폭발한계 보다 더 낮고 연료의 농도가 높을 때 낮아진다. 그러므로 가스 및 증기에서, 분진 농도가 최적이거나 이에 가까울 때, 분진 폭발에서 발생하는 압력 상승 및 최대 압력은 높게 나타난다. 공기 중에 있는 분진-공기 혼합물 안에 난류가 있을 때 연소 속도 및 그에 따른 압력상승 속도가 매우 크게 증가된다. 더욱이, 밀폐용기의 크기 및 모양은 난류에 영향을 주며, 이에 따라 분진 폭발의 심각성에 매우 큰 영향을 준다.

■ 수분

분진입자의 수분을 증가시키는 것은 발화에 필요한 최소 에너지 및 부유분진의 발화 온도를 높인다. 발화 에너지 및 온도의 초기증가는 낮지만, 수분농도가 한계 값에 근접함에 따라서, 발화 에너지 및 온도의 상승 속도가 높아진다. 일단 발화를 일으키면, 사용자는 공기주변에서의 수분함유량은 전파반응에 적은 영향을 준다는 것을 알고 있어야 한다.

■ 발화원

분진의 발화감도에 영향을 주는 다양한 것에는 발화온도, 최소 에너지 및 최소 농도를 포함한다. 광산청(Bureau of Mines)은 발화감도뿐만 아니라 폭발 심각도를 알아보기 위해 폭발지수에 따른 천여개의 시료를 분류하였다. 발화원은 다음을 포함한다: 불꽃, 훈연재료, 백열전구의 필라멘트, 용접작업, 전기 아크, 정전기 방출, 마찰 불꽃, 발열 면, 자연발열.

대부분의 분진재료에 대한 실제 발화온도는 600°F~1100°F (320°C~590°C)까지 다양하다. 최소 발화 에너지는 가스나 증기보다 분진에서 더 높으며, 10~40 mJ의 범위 안에 있고 대부분의 인화성 증기보다 상당이 더 높다.

■ 다중 폭발

분진폭발은 공업 및 농업 사업체에서 연속하여 발생한다. 초기폭발은 대체로 2차 폭발보다 덜 심각하다. 사용자는 첫 번째 폭발이 서스펜션(suspension)으로 추가 분진이 들어가게 함을 알아야 한다. 첫 번째 폭발에 의한 폭발면에서의 구조적 흔들림은 화염면보다 더 빨리 전파됨으로써, 그보다 빨리 서스펜션(suspension)으로 분진이 유입된다. 이차 폭발은 첫 번째 구역에서 또 다른 구역으로 또는 한 건물에서 또 다른 건물로 진행된다.

백드래프트 또는 연기 폭발

밀폐된 실에서의 화재로 산소가 고갈되는 것은 흔하게 일어난다. 이것은 불완전연소로 인해 인화성가스를 발생시킨다. 산소 및 환기가 불충분한 건축물 내의 실에서 가열된 연료가 축적된다. 창문 또는 문의 개구부가 연료와 공기의 혼합을 일으킨다. 연료는 하위 손상(2 psi 또는 13.8 kPa 미만)을 발생할 만큼 충분히 빠르게 발화되고 불탄다. 이러한 것들이 백드래프트 및 연기폭발로 불린다.

옥외 증기운 폭발

가스, 증기 또는 안개의 대기 중 방출은 연료의 인화성 한계 내에서 구름(cloud)을 만들고, 그 후에, 옥외 증기운 폭발에서 발화가 절정에 날한다. 그 현상은 한계가 없는 증기-공기 폭발 또는 증기운 폭발로 언급된다. 이것은 흔히 용기 및 선박의 결함, 많은 양의 연료 및 낮은 구역과 관련되어 있다.

백드래프트 및 연기폭발과 비슷하게, 옥외 증기운 폭발은 자연 또는 인공 건축물로 부분적으로 제한하여 발생한다. 이전에 옥외 증기운 폭발을 조성한 것으로 생각되는 제한되지 않은 주변지역은 돌발적인 화재에서 발생한다. 많은 양의 연료가 관련되어 있기 때문에 옥외 증기운 폭발은 화학 처리공장에서 가장 흔하다; 그러나, 나무나 초목이 많으면 불길을 가속화시키고 큰 과압을 야기한다.

폭발물

폭발물은 저성능 폭발물 및 고성능 폭발물의 2가지의 수요 유형으로 분류되며, 저위 및 고위 손상과 혼동하지 않아야 한다. 폭발물이 있는 곳에 전문가를 사용함에 있어 주의사항은 NFPA 921에 있음을 기억해야 한다.

저성능 폭발물은 낮은 압력성장과 함께 느린 반응속도로 인해 폭연(음속 미민의 압력 파)으로 특정된다(그림 21-9A). 저성능 폭발물의 예로는 무연화약, 섬광부 및 흑색화약이 있다. 저성능 폭발물은 추진효과 또는 heaving효과에 의해 작동되도록 고안된 것이다.

고성능 폭발물은 빠른 속도의 압력상승과 매우 높은 폭굉압 때문에 엄청난 충격을 발생하도록 고안된 것이다(그림 21-9B). 그러므로, 고성능 폭발물의 특징은 폭굉 전파 메커니즘이 된다.

A

B

그림 21-9 A. 섬광 분말은 저성능 폭발물의 한 종류이다. B. 다이너마이트는 고성능폭발물의 한 종류이다.

국소적이고 높은 압력은 폭발의 중심에서 국소적인 피해를 일으키는 원인이 된다. 분산단계의 폭발(연료-공기)에 나타나는 현상은 대체로 고체 폭발물에서 나타나는 것과 매우 다르다. 대체로 느린 폭연을 가진 연료-공기 폭발은 구조적인 손상을 나타내고 비교적 전 방향으로 광범위하게 퍼지는 맹렬한 연소를 야기한다. 고체 폭발물의 연소속도는 음속과 비교하여 매우 빠르다. 그러므로, 압력은 폭발 체적에 전체적으로 균일하지 않으며, 폭발 지점의 근처에서 높은 압력이 발생된다. 폭발의 위치는 더 큰 압력에 의해 생성되는 파쇄, 쪼개짐 및 매우 큰 충격의 증거가 된다. ; 그러나, 가연성 물질에 파편이 떨어질 수 있는 곳을 제외한 폭발원으로부터의 주요 거리는 소규모의 강렬한 연소의 증거를 남긴다. 고성능 폭발의 흔한 예로는 다이너마이트, 워터 젤, TNT, ANFO, RDX 및 PETN이 있다. 매우 높은 폭굉압은 1,000,000 psi (6,900,000 kPa)에 근접할 것이다.

표 21-3은 몇몇 폭발조사의 팁을 보여준다. 알 수 없는 원인에 의한 폭발 현장에 있을 때, 조사관은 항상 고위 폭발 및 고 폭굉압을 나타내는 폭발물과 관련된 증거를 세심히 살펴봐야 하며, 그러한 증거가 있을 때는 폭발물 전문가가 참여해야 한다. 그러한 상황은 수제 폭발물의 존재 및(또는) 세련된 다양한 등급의 급조 장비의 존재를 포함할 수 있다. 조사관은 2차 장치 및 폭발물이 있을 수 있음을 인식해야 한다.

적절한 훈련을 받은 조사관만이 폭발이 발생할 수 있는 조사를 수행해야 한다. 훈련을 받지 않은 조사관은 조사에 대해 적절한 전문가와 협의해야 한다.

표 21-3 고체 폭발물의 폭발과 연료-공기 폭발의 구분

손상	연료-공기	고체 폭발물
구조적	균일하고 전 방향적	균일하지 않음 폭발 위치의 근처에서 엄청난 충격 발생
화재	광범위하고 맹렬한 연소	폭발물 근처의 국소적으로 발생

폭발현장의 조사

폭발현장의 조사 목적은 화재 조사의 경우와 다르지 않다: 발생원을 결정하고, 연료 및 발화원을 확인하고, 원인을 결정하고 그 사고에 대한 책임을 규명해야 한다.

폭발 조사에서는 시스템적인 접근이 중요하다. 다음의 조사 절차는 큰 사고에서는 꽤 복잡하지만, 같은 원리가 작은 사고에 적용되어야 한다. 또, 대규모의 피해에는 폭발 전문가 및 구조 전문가에 국한되지 않고 추가적인 전문가와의 협의가 필요하다. 조사관은 증거 및 잔존물의 오염 및 손실의 가능성을 없애기 위해 가능한 현장 조사의 절대적인 필요성을 알아야 한다.

■ 현장 확보

폭발에 대한 첫 대응자는 건축물 및 그 주변구역을 통제해야 한다. 승인되지 않은 사람이 현장을 출입하지 않고 폭발 잔해가 현장에서 얼마나 떨어져 있던지 상관없이 그 잔해에 접근하지 않아야 한다. 증거는 작고, 현장 안이나 그 주변에서 차량에 의해 손쉽게 흩어지거나 없어질 것이다. 조사관 또는 승인된 사람이 입은 옷 또는 신발에 있는 다른 현장 또는 폭발물의 발사 범위와 같은 원인에 의한 폭발 잔여물로의 현장의 상호 오염을 방지하기 위해 반드시 경고문을 사용해야 한다. 게다가, 현장의 확보는 승인되지 않은 사람에 대한 부상을 최소화할 것이다.

■ 현장 설정

사고 현장(또는 폭발 구역)의 외부 경계는 가장 멀리 있는 파편 조각까지 거리의 1.5배로 설정 되어야 한다. 폭발의 파편은 매우 멀리 날아가게 되며, 이와 같은 경우에 현장의 경계는 넓어져야 한다.

■ 참고자료 얻기

모든 조사에서는 분석을 위한 타임라인 수립에 충분한 참고자료를 찾을 수 있다.

먼저, 사고와 관련된 모든 정보를 찾을 수 있어야 한다. 이러한 정보는 사고 현장에 대한 설명, 관련된 시스템 및 작업, 물질안전보건자료(MSDS)와 함께 현장상황이 사고로 이르기까지의 사건의 흐름을 포함한다. 가장 중요하게, 조사관은 사고 시 가연물 및 산화제의 위치 및 그 당시 상태뿐만 아니라 현재 존재하는 현장의 가연물, 산화제 및 위험성에 대한 정보도 알아내야 한다.

안전 팁

항상 안전에 유의해야 한다. 이것은 적절한 장비, 추가적으로 감춰진 폭발물을 찾는 것, 당신이 걸어가는 바닥을 포함한 구조의 안전성, 날씨, 공공시설의 상태, 물 웅덩이, 공기의 질, 생물학 및 화학적인 노출의 위험을 포함한다. 발견된 모든 위험은 다른 사람에게 주의를 줄 수 있도록 표시가 되어야 한다.

조사관은 목격자의 진술, 유지된 기록물, 작동 로그, 매뉴얼, 날씨 보고서, 기존의 사고 보고서 및 관련 기록물을 조사해야 한다. 고장분석에서, 장비, 절차 및 작업 상황에 대한 가장 최근의 변화가 특히 중요할 것이다. 건물의 청사진, 도면 및 인쇄 절차가 현장에서 적절한 문서 작업을 하는데 도움을 줄 것이다.

■ 검사 패턴의 수립

현장은 외각 경계에서부터 가장 큰 피해를 받은 구역으로 검색되어야 한다. 폭발의 중심에 대한 최종 결정은 전체 현장을 검사 후 이루어져야 한다. 검사 패턴은 나선, 원 또는 격자 모양이 될 것이다. 현장은 그 특정 상황과 함께, 자체적으로 자연스러운 패턴에 영향을 준다. 검사 패턴은 방법론의 고려 없이 현장의 각 부분의 어디에서도 증거물을 놓치지 않도록 오버랩 되어야 한다. 필요한 실제 검사자의 수는 현장의 크기 및 복잡함에 따라 다르다. 증거물의 확인, 기록, 사진, 표시 및 mapping은 반드시 일관된 절차로 유지관리되어야 한다. 증거물의 위치는 분필, 스프레이, 페인트, 깃발, 말뚝 또는 다른 방법으로 표시될 것이다. 증거물은 사진으로 찍고 확보되거나 강탈의 우려가 있으면 수집되어야 한다.

NFPA 921의 13장에 나열된 모든 화재 조사의 안전 요구사항은 폭발 조사에도 적용된다.

■ 현장에서의 안전

폭발과 연관이 있었던 건축물은 종종 구조적으로 손상을 입게 된다. 따라서, 바닥, 벽, 천장, 지붕 또는 건물 전체에 대한 붕괴 가능성이 크다. 구조 기술자 또는 시공 기술자의 관여가 고려된다. 시공 장비는 임시적인 보조 메커니즘 및 조사관에게로의 피해를 최소화하게 해준다. 공기 중의 모든 독성 물질은 중화되어야 한다. 따라서, 적절한 개인보호 장비를 사용하기 위해 물질안전보건자료(MSDS)를 찾아봐야 한다.

조사가 시작되기 전에 2차적인 폭발물에 대한 철저한 현장 조사가 수행되어야 한다. 만약 폭발하지 않은 폭발물이 발견되면, 그 구역은 비우고 격리되어야 하며, 폭발물 처리를 알려야 한다.

■ 초기 현장 평가

조사관은 사고의 형태에 대한 초기 평가를 해야 한다. 안전은 무엇보다 중요하며, 안전하지 않다면 조사는 수행되지 않아야 한다. 만약, 조사관이 폭발물 또는 폭발 장치에 의해 폭발이 발생되었다고 결정한다면, 현장조사를 중단하고 현장을 확보해야 하며, 위험성 및 2차적인 폭발 또는 폭발하지 않은 폭발물을 확인 하기 위해 폭탄 기술자들과 같은 적절한 단체와 연락해야 한다. 또한, 그 구역은 폭발성 또는 위험한 대기가 더 이상 존재하지 않음을 확인하기 위해 가스 감지기로 확인되어야 한다. 일단 안전하다고 여겨지면, 조사관의 초기 현장 평가를 돕기 위해 다음의 업무가 일련적으로 이루어져야 한다:

1. 폭발 또는 화재에 의한 사고인지 확인
2. 고위 또는 저위 손상인지 확인
3. 분화구 형성 폭발인지 비분화구 형성 폭발인지 확인
4. 폭발의 종류 확인
5. 잠재적인 연료의 종류 확인
6. 원점 규명
7. 발화원 규명

폭발 또는 화재 확인

가장 먼저, 이 사고가 화재, 폭발 또는 둘 다 때문인지 결정해야 하며, 만약, 양쪽 다 때문이면 무엇이 먼저 발생했는지 결정해야 한다. 벽, 바닥, 천장, 문 및 창문, 지붕, 구조 부재, 못, 유틸리티 공급 라인, 판넬 및 박스가 이탈하거나 볼록 튀어 나온 것과 같은 과압의 징후를 찾아야 한다. 또한, 건축물 및 화재에 의해서만 피해를 받았는지 확인하기 위한 이것의 구성품으로의 열 손상 정도를 분석해야 한다.

고위 또는 저위 손상의 결정

조사관은 손상이 저위 또는 고위 손상인지 결정해야 한다. 관련된 연료의 유형, 양, 및 혼합에 대해 NFPA 921의 Section 23.3을 검토하라.

분화구 형성 폭발인지 비분화구 형성 폭발인지 확인

조사관은 분화구 형성 폭발인지 비분화구 형성 폭발인지 결정해야 한다. 가능성 있는 관련된 연료의 분류를 위해 NFPA 921의 Sections 23.6 및 23.7을 검토하라.

폭발의 종류 확인

폭발의 종류를 확인하라: BLEVE와 같은 기계적인지, 화학적인지, 가연성 폭발 또는 다른 화학적 폭발과 같은 화학반응인지 또는 전기적인지 확인하라. 흔히, 손상을 입은 상비 또는 연료의 존재는 폭발 형태에 대한 증거를 제공한다.

잠재적인 연료의 종류 확인

유틸리티 서비스(연료 가스) 및 발화성 분진 또는 액체원의 상태 및 위치의 확인으로 폭발 현장에 있었을 연료에 대해 확인하라. 다음과 일치하는 손상 패턴과 비교하여 손상의 종류를 확인한다: 공기보다 가벼운 가스, 공기보다 무거운 가스, 액체 증기, 분진, 폭발물, 백드래프트 및 BLEVE.

원점 규명

가능한 빨리 폭발의 원점을 규명한다. 원점은 대체로 가장 큰 손상을 받은 곳(큰 구멍) 또는 분화구 형성 폭발인 경우 국소적으로 큰 피해를 받은 곳이다. 분산된 연료-공기의 폭발일 때, 원점은 밀폐된 원점의 부피 또는 공간과 일치한다.

발화원 규명

뜨거운 표면, 전기 아크, 정전기, 나화, 스파크, 및 연료와 공기 혼합물이 관련된 화학 물을 포함한 잠재적인 원인을 찾음으로써 발화원을 확인한다. 만약 폭발물이 관련되어 있다면, 발화원은 뇌관 또는 발화 장치가 된다. 폭발을 견뎌낸 발화원으로부터의 잔존물을 알고 있어야 한다.

천연가스, 프로판 및 가솔린 증기를 포함한 증기는 기기의 정상 작동 시 발생하는 전기 아크, 발화용 불씨 및 스파크를 포함한 다양한 발화원에 의해 발화될 수 있다. 가스 폭발을 고려하는 경우, 조사관은 이러한 발화원이 대부분의 폭발 손상 구역 내에 없음을 알아야 한다. 건축물에 방출되는 가스 연료는 방 사이를 이동할 수 있고, 농도가 가장 높은 연료로부터 원격으로 발화된다.

■ 자세한 현장 평가

초기 현장 평가에서 일반적인 정보를 얻은 후, 여기 나열된 구성요소를 사용하여 폭발 피해에 대해 더 자세한 연구를 수행하도록 권고한다. 조사관은 모든 발견품을 기록해야 한다.

폭발의 영향

폭발 과압에 의한 손상에 대해 자세한 분석이 이루어져야 한다. 피해를 입은 물건은 다음에 의한 힘 중 하나 또는 더 많은 것에 의해 영향을 받은 것인지 확인되어야 한다: 폭발 압력 파동-양압, 폭발 압력 파동-부압, 파편 충돌, 열 에너지 및 지진 에너지.

조사관은 손상의 형태에 대해 파편이 산산조각, 구부러진, 부서짐 또는 납작해졌는지 뿐만 아니라 패턴의 변화를 조사해야 한다. 폭굉의 중심부로부터 압력 상승이 보통인 어느 거리에서, artifacts는 폭연의 것과 비슷하다. 폭굉의 중심부 근처의 아이템에서 쪼개짐과 산산조각을 보인다.

이물질의 파편을 확인하기 위해 현장은 조심스럽게 조사되어야 한다. 폭발에 의한 피해 추정은 건축물의 구조와 비교하여 폭발의 최대 압력을 포함해야 한다. 예를 들어, 경량구조 건축물은 보강된 건축물보다 더 적은 과압에도 손상을 입게 된다.

폭발 압력으로 발생하는 사람에 대한 피해는 대체로 공기 파장에서의 압축 보다는 강체면으로의 2차 충격에 의한 빠른 속도의 공기 안에서 생기는 가속에 의한 결과이다. 폭발의 부상자에 대한 더 많은 정보는 이 책의 "화재와 폭발로 인한 사망과 상해"장에서 찾을 수 있다.

폭발 전 및 폭발 후 피해

연소되고 원점에서부터 멀리 날려간 파편은 화재가 폭발보다 먼저 발생했음을 나타낸다. 건축물에서 어느 정도 떨어진 거리에서 발견된 유리파편에 연기의 잔유물과 그을음이 있으면, 화재 후에 폭발이 생겼음을 나타낸다. 건축물에서 어느 정도 떨어진 거리에서 발견된 깨끗한 유리파편과 불에 타지 않은 잔해는 화재 전에 폭발이 있었음을 나타낼 것이다.

증거 물품

현장의 잔존물을 기록하는 데 사용된 방법은 위치, 확인, 필기, 기록, 사진 및 물리적 증거의 mapping을 포함한다.

건축물 내부 및 외부 양쪽으로 날아간 물리적 증거에 대한 개연성은 벽, 초목, 건축물 근처 및 희생자의 몸 또는 옷에 나타난다. 희생자의 부상에 대한 것뿐만 아니라 치료를 하면서 제거한 물질에 대한 사진을 반드시 찍어야 한다. 안전모, 장갑, 부츠, 인공호흡기뿐만 아니라 옷 및 희생자의 몸에서 제거한 물질들은 추후 조사를 위해 보존되어야 한다.

손상을 입은 건축물의 구성요소(벽, 천장, 바닥, 지붕, 기초, 기둥, 문, 창문, 인도, 차도 및 파티오[patio])의 상태 및 위치에 대해 알고 있어야 한다.

가스 계량기, 조절기, 배관 및 탱크, 전기 판넬 및 계량기, 전선 및 전도체, 기름 탱크, 폭발 장치의 일부분과 같은 유틸리티 장비들은 조사되어야 한다.

힘의 크기

진원지에서 날려간 잔해뿐만 아니라 다음에 대해 기록해야 한다; 날아간 방향, 날아간 거리, 날아간 물질 및 그 물질의 크기, 무게, 구성. 희생자의 옷 및 피부를 포함한 화염 면의 방향에 있는 아이템은 손상을 나타낸다. 또한, 그것들은 방향성 패턴을 나타낸다. 부지 폭발은 영향을 받은 아이템의 연소된 입자 및 연소되지 않은 입자를 추가적으로 남긴다. 이 절차는 조사관이 관련된 artifacts의 궤적을 확인하는 데 도움을 준다.

■ 폭발지점 분석(진원지)

폭발 역학 분석에서, 대부분의 폭발 힘의 방향은 피해가 최소인 곳에서 최대인 곳으로 간다. 절차는 잔해의 이동을 확인하기 위해 2개 이상의 폭발 역학 다이어그램을 요구한다; 대규모 분석은 추후 근원 분석을 위한 일반적인 구역 및 실을 나타내며, 소규모의 다이어그램은 근원 자체의 폭발역학을 분석한다(그림 21-10).

잔해의 이동 방향과 각각의 주요 잔해 이동에 필요한 관련 힘을 표시할 필요가 있다. 폭발

역학 분석은 2차 폭발에 의해 복잡해진다. 2차 폭발은 종종 최초 폭발보다 더 커서 더 많은 손상을 야기하도록 한다. 폭발 역학의 분석은 진원지에서 날아간 잔해의 구 모양에 가까운 패턴의 이동에 대한 것이다. 진원지에서 더 멀리 있는 물체는 더 작은 힘을 받는다.

■ 연료원 분석

이용 가능한 모든 연료원을 고려하고, 모든 물리적 손상 기준을 만족하는 하나의 연료원으로 제한되어야 한다. 잔해, 그을음, 흙 및 공기에 대한 임상적 분석은 연료를 확인하는 데 도움을 줄 것이다. 시료에 대한 가스 크로마토그래피, 스펙트로그래피 및 다른 화학적 시험은 연료를 확인할 수 있을 것이다. 일단 연료를 확인하게 되면, 조사관은 근원을 결정할 수 있다. 모든 가스 배관은 검사되어야 하며, 누출 시험이 수행되어야 한다. 뿐만 아니라 알려진 대로, 냄새 확인은 인화성 가스와 관련된 폭발 조사의 일부가 되어야 한다. 스테인 튜브가 사용될 것임에도 불구하고, 연구소로 제출하기 위한 시료를 모으는 것이 가장 정확한 방법이다.

■ 발화원 분석

모든 가능성 있는 발화원의 세심한 평가가 이루어져야 한다. 고려해야 하는 팩터는 연료의 최소 발화 에너지, 잠재적인 발화원의 발화 에너지, 연료의 발화 온도, 발화원의 온도, 연료에 따른 발화원의 위치, 발화 시 연료와 발화원 양쪽의 존재 및 발화 전과 발화 시 상황에 대한 목격자의 진술을 포함한다.

■ 원인 설정을 위한 분석

연료 및 발화원이 동시에 존재했음을 결정하기 위한 분석은 다음의 테크닉을 포함한다; 타임라인 분석, 손상 패턴 분석, 잔해 분석, 관련된 구조 손상의 분석, 손상을 일으키는 폭발의 연관성, 건축물 내에서 손상 항목의 분석 및 열 효과의 연관성.

타임라인 분석

정보를 모은 후에 폭발 전 및 후에 대한 타임라인을 만들어라. Consistencies and inconsistencies with cause theories는 "best fit" 이론 수립을 위해 추론된다(이 절차에 대한 자세한 내용은 NFPA 921 Section 22.2 참조).

화재조사관 팁

현장을 공개할 때, 시간 및 날짜와 함께 현장을 관리하는 적절한 기관을 포함하여 건강과 안전상 모든 위험을 확인 및 공개, 구조 보고서, 유틸리티 회사의 작업 필요성 및 청소/안전 및 구조와 같은 필요한 단계를 기록해야 한다.

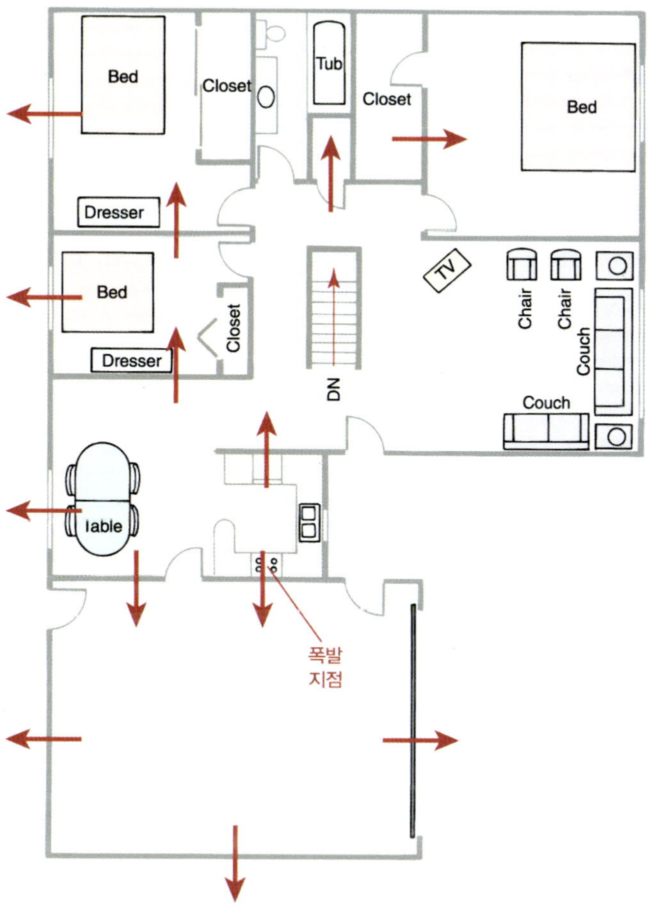

그림 21-10 폭발로 인한 벽, 문, 그리고 창문의 이동을 보여주는 도표

손상 패턴과 잔해 분석

손상 패턴 분석은 추후 분석을 위한 손상 패턴, 주요 잔해 및 구조 손상을 문서화 하는 것이다. 잔해 분석은 식별, 발견된 위치에 대한 다이어그램, 사진 및 폭발의 방향 및 관성력을 나타내는 잔해 조각의 기록을 포함하며, 이것은 구성요소를 복원할 수 있게 해준다.

폭발량과 발생 피해의 관계

사용된 연료의 유형 및 양에 따른 손상과 발사 거리의 관계는 폭발에 따라 발생된 손상을 낼 수 있을 것으로 가정된 연료의 양이 적합한지 확인하기 위한 것이다.

손상된 아이템 및 건축물의 분석

사용된 연료 유형의 관련성과 야기된 손상은 아이템 및 건축물의 손상에 대한 시험을 위한 전문가가 필요할 것이다.

열 효과와의 관계

폭발로부터 열 손상을 입은 물품은 폭발 동안의 화구(fireball) 또는 화재의 증거가 되며, 폭발과(또는) 연료의 유형을 확인하는 데 도움을 줄 것이다. 또한, 이것은 물품 분석을 위한 전문가가 필요할 것이다.

요 약

검토를 위한 준비

- 화재 및 폭발 조사에서, 폭발은 잠재에너지의 갑작스런 전환이다; 화학적 또는 기계적 에너지가 운동에너지로 변환되는 것(시스템 또는 물품의 운동에 의한 보유 에너지)
- 폭발의 두 가지 주요 형태는 기계적인 것과 화학적인 것이 있고 이것은 에너지원과 메커니즘에 따라서 달라진다.
- 폭발 손상의 특징은 저위와 고위 손상이 있다.
- 폭발의 영향은 폭발 압력면의 영향, 파편의 영향, 열의 영향 및 지진의 영향을 포함한다.
- 폭발의 영향을 제어하는 요소는 연료의 형태와 모양이다; 본질, 크기, 부피 및 수송 차량의 모양; 밀폐 용기의 환기; 상대적인 최대 압력; 및 압력상승률
- 폭발의 원인을 수립하기 위한 현장 및 증거를 분석하라. 이것은 폭발이 분화구가 형성된 또는 분화구가 형성되지 않은지의 결정을 통해 완료된다. 폭발 역학 분석은 최소 손상구역에서 최대 손상구역으로 추적하여 수행된다.
- 가스 연료 또는 발화성 액체의 증기는 가장 흔히 폭발을 발생시킨다.
- 분진폭발은 다음의 물질에 의해 발생할 것이다; 농작물, 탄소함유 물질, 화학품, 염료 및 안료, 금속, 플라스틱 및 레진
- 밀폐된 공간에서 화재가 산소를 고갈시키는 것은 흔하다. 이것은 불완전 연소에 의한 인화

성 가스의 성장으로, 공기가 유입되면, 잠재적인 백드래프트와 연기폭발을 야기한다.

- 대기 중으로의 가스, 증기 또는 분무 방출은 연료의 인화성 한계 내에서 구름(cloud)을 형성하고 그 후 발화 및 절정의 외부 증기 폭발을 일으킨다.
- 폭발물은 2가지의 주요 유형으로 분류된다; 저성능 화약 및 고성능 화약으로 저 준위 및 고 준위 손상과 혼동하면 안 된다.
- 폭발 현장 조사의 목적은 화재 조사와 다르지 않다: 원점을 결정하고, 연료 및 발화원을 확인하고, 원인 결정 및 사고에 대한 책임을 결정한다.

주요 용어

폭발 과압 (Blast overpressure)

물질의 폭발에 의해 많은 양의 가스를 생성하는 것

BLEVE (Boiling liquid expanding vapor explosion))

액체가 끓으면서 팽창하여 증기폭발을 일으키는 것

연소 속도 (Burning velocity)

연소되지 않은 가스의 속도에 따른 화염 전파율

화학적 폭발 (Chemical explotion)

고압의 가스연료가 원인이 되는 화학 반응에 의한 폭발. 연료의 본질이 변화된다.

연소 폭발 (Combustion explotion)

탄화수소 연료의 연소 및 산소공급원으로서의 공기가 있는 연료에 의한 폭발

폭연 (Deflagration)

1,100 ft/s 이하의 속도인 음속 미만의 속도로 전파하고 성공적으로 환기가 되는 반응

폭굉 (Detonation)

1,100 ft/s 보다 더 큰 음속을 초과하는 속도로 전파되고, 이러한 속도 때문에 환기를 할 수 없는 연소 반응

폭발 (Explosion)

압력 내에서 가스의 생성 및 방출에 따른 잠재적인 에너지(기계적 또는 화학적)를 급격하게 운동 에너지로 변환시키는 것. 이러한 고압의 가스는 주변의 물질을 이동, 변화 및 산산조각과 같은 물리적 영향을 한다.

폭발 역학 분석 (Explosion dynamics analysis)

공통적인 폭발 힘의 방향을 따른 최소 손상 구역에서 최대 손상 구역으로의 추적을 위해

힘의 방향을 사용하는 절차

폭발물 (Explosives)

화합물, 혼합물 또는 폭발에 의해 작용하는 장치

화염 구(Fireballs)

폭발 동안 또는 그 후의 순간적인 화염 구로 높은 강도와 짧은 복사 주기를 가진다.

관솔 (Firebrands)

폭발로부터 날려온 고온 또는 불타는 조각

화염속도 (Flame speed)

고정된 지점에 비례하여 자유롭게 전파하는 화염의 국부속도

고준위 손상 (High-order damage)

밀폐된 건축물 또는 용기 및 긴 미사일 거리에 의해 특정되는 급속한 압력상승 또는 강한 힘의 폭발

운동 에너지 (Kinetic energy)

시스템 또는 물체의 운동 결과로 보유한 에너지

저준위 손상 (Low-order damage)

밀폐된 건축물 또는 용기 및 짧은 미사일 거리에 의해 특정되는 느린 압력상승 또는 약한 힘의 폭발

기계적 폭발 (Mechanical explosion)

실린더, 탱크, 또는 보일러와 같은 컨테이너 또는 용기의 파열은 가압된 가스 또는 증기를 방출하게 만든다. 기계적 폭발을 발생하게 하는 압력은 화학 반응 또는 관련 물질의 화학적 변화에 의한 것은 아니다.

비분화구 형성 폭발 (Nonseated explosion)

폭발 중 연료가 중간 정도의 압력상승속도 및 음속 미만의 폭발 속도로 분산되는 것

폭발의 위치 (Seat of the explosion)

폭발의 진원지에서 생성된 분화구 자국

지진 효과 (Seismic effect)

건축물을 무너지게 만드는 압력파 팽창에 의해 땅 속을 통한 떨림의 전파

화학량론 (Stoichiometric)

가장 효과적인 연소를 위한 최적의 비율을 나타내는 비율

실전 화재조사관

교외 인근에서 수많은 건축물에 대규모의 피해를 일으키는 폭발이 발생했다. 당신이 현장에 도착했을 때, 폭발이 발생한 건축물은 산산조각난 구조 요소들을 넓은 지역에 흐트러트리며 완전히 파괴되어 있었다. 그 건축물에 가장 가까운 건축물은 외벽 및 창문들이 없어졌다. 폭발이 발생한 건축물을 검사 후, 지하층에서 폭발이 있었음이 밝혀졌다. 지하층으로부터의 잔해는 제거되었으며, propane-fired furnace는 남겨져 있다. Furnace는 대체로 온전하며, 연료탱크로부터 이어진 파이프는 여전히 부착되어 있다. Furnace 배관을 더 자세히 검사하자 폭발 전 수분제거트랩이 제거되었음이 드러났다.

1. 폭발이 발생한 건축물로 피해에 대한 설명은 다음 중 하나와 일치한다.
   A. 기계적 폭발
   B. 저준위 폭발
   C. 전기적 폭발
   D. 고준위 폭발

2. 다음 중 일반적인 검사 패턴이 아닌 것은 어느 것인가?
   A. 원형
   B. 격자
   C. 나선형
   D. 순차적

3. 근처 건축물로의 손상은 어떠한 폭발 영향에 의한 결과로 보이는가?
   A. 폭발 괴압 및 파동 효과
   B. 비산물 영향 (shrapnel)
   C. 열의 영향
   D. 지진의 영향

4. BLEVE는 무엇의 약자인가?
   A. Boiling Liquid Expanding Violent Explosion
   B. Boiling Liquid Expanding Vapor Explosion
   C. Boiling Liquid Exploding Vapor Event
   D. Boiling Liquid Exploded Vessel Event

방 화

학습 목표

이 장을 학습한 후 여러분은 다음 사항을 할 수 있다.

- 방화지표에 대한 식별과 설명
- 방화에 따른 화재성장과 피해 평가에 대한 설명
- 연소와 직접 연관된 것이 아닌 잠재적인 방화 지표에 대한 식별과 설명
- 다른 증거 요소들에 대한 기록 및 조사 NFPA 4.6.4

기능습득 목표

이 장을 학습한 후 여러분은 다음 사항을 할 수 있다.

- 화재성장의 이해를 위한 연료의 하중과 조성 및 위치에 대한 조사
- 방화자들의 동기 목록에 근거하여 화재의 동기에 대한 인식 NFPA 4.6.4
- 방화범에 의한 변경이나 파괴 여부를 확인할 수 있는 화재방호시스템에 대한 조사

NFPA 참고 문헌

NFPA 921, *Guide for Fire and Explosion Investigations*

CHAPTER

22

FESHE 과정 결과물

화재조사 I

11. 원인과 발화점의 식별 및 실화와 방화를 구별하라.
13. 방화의 특성과 방화자들의 공통적인 동기를 규명하라.

화재조사 II

8. 방화 장치, 폭발물 그리고 폭탄의 사용에 대해 설명하라.

당신은 화재조사관

주말 동안, 당신과 당신의 동료는 빈 건물들에서 발생한 몇 가지 화재를 조사한다. 이 건물 중 몇 개는 같은 지역에 위치하고 있으며 화재는 몇 분 이내에 보고되었다. 각 건물의 손상은 비교적 비슷하며 모든 화재는 각 건물 내에 있는 버려진 가구나 파편으로 화재를 내서 시작된 것 같다. 동료와 기록을 비교 한 후에는 각각의 건물이 철거 목록에 기록되어 있고 여러 개의 재산이 동일한 재산관리그룹에 의해 소유되어 있음을 알게 되었다. 이 그룹은 당신의 관할 구역에 추가 건물을 소유하고 있으며 최근 재산관리규정을 위반하여 벌금을 부과 받았다.

1. 철거 목록에 있는 건물의 중요성은 무엇인가?
2. 재산관리그룹이 화재를 낸 이유는 무엇인가?
3. 인구가 몰려있고 교통량이 많은 지역에서 오후 중반에 그렇게까지 화재가 커질 수 있었던 요인은 무엇인가?
4. 화재의 책임자를 결정하기 위해 완료해야 할 다른 조사 활동은 무엇인가?

개요

방화는 화재가 발생해서는 안 되는 지역에서 화재가 발생하도록 의도적으로 발생한 화재이다. 이 장에서는 연소와 직접 관련이 없는 지표들과 의심스러운 전개나 신분과 같은 기타 증거 요소를 포함한 방화를 가리키는 지표들에 대해 다룬다.

방화 지표

이 절에서 논의된 지표들은 화재가 방화라는 가설이 지지될 수 있도록 학습되어야 한다.

■ 다중화재

다중 화재는 다른 지역의 연료를 발화시키거나 확산시킬 수 있는 명확한 연결이 없는 화재이다. 화재가 자연적으로 수직 개구부를 통해 확산되고 초기 화재지점으로부터 멀리 떨어진 위치에서 가연성 연료를 발화시키기 때문에 벌룬 구조(balloon-frame) 가옥의 벽을 통해 다락방으로 퍼지는 지하실의 화재는 다중 화재 사고로 분류되지 않는다. 조사관은 또 다른 화재가 초기 화재의 성장 및 확산의 자연적인 결과가 아니라는 것을 판단해야 한다.

다중 화재를 일으킬 수 있는 화재 확산의 다른 '자연적'의 의미는 다음과 같다.

- 전도, 대류 또는 복사
- 불티
- 직접 화염 접촉
- 커튼과 같이 소락 또는 전도되는 불타는 물질
- 배관 통로나 에어컨 덕트와 같은 샤프트를 통한 화재 확산
- 벌룬 구조물의 벽이나 바닥 공동 내부를 통한 화재 확산
- 과부하 전기 배선
- 유틸리티 시스템의 오류
- 연료 가스 폭발이나 분진 폭발
- 낙뢰
- 에어로졸 용기의 파열이나 발진

조사관은 앞선 화재를 보다 최근 화재 현장과 혼동해서는 안 된다. 이로 인해 조사관은 여러 번의 동시 화재가 발생했다는 가정을 할 수 있다. 건물의 화재 이력을 입수하고 조사해야 한다. 화재 진압 또는 정밀검사 도중이나 이후에 여러 지점에서 불타거나 연기가 지속될 수 있다. 전실 화재나 플래시오버 이후 상황은 다중 화재를 규명하기에 더 어렵거나 불가능할 수도 있다. 별도의 화재가 있었는지 여부를 판단하고 화재 확산 패턴이나 피해가 더 적거나 큰 지역을 정하기 위해 전체 현장을 조사하는 것이 중요하다. 이 전체 현자 종사가 수행되지 않으면 중요한 증거가 없을 수 있으며 조사관은 별도의 화재 발생 여부를 정확하게 판단하지 못할 수 있다. 허용되는 곳이라면 화재로 인해 손상을 입지 않은 것으로 보이는 대상 건물의 구역 조사도 포함되어야 한다.

■ 트레일러

방화범은 트레일러라고 불리는 가연성 연료나 인화성 액체를 연결하여 고의로 다른 지역에 화재를 확산시키려고 한다. 화재는 이 트레일러를 통해 순차적으로 다른 지역으로 발화된다(그림 22-1).

트레일러는 바닥과 같은 수평면에 독특한 패턴을 남길 수 있다. 바닥의 파편들이 제거되면 패턴을 쉽게 식별할 수 있다. 하지만 이러한 패턴이 또는 방호 지역으로 경계가 되어있는 개방 구역과 같은 다른 메커니즘의 결과이거나 또는 플래시오버 및 전실 화재의 영향이 아니라는 것을 결정하는 것이 중요하다. 전실화재일 경우, 복사열은 바닥에 화상 패턴을 생성하여 트레일러 화상 패턴으로 오인 될 수 있다(추가 정보는 본문의 "기본 화재과학" 및 "화재 패턴"장을 참조).

트레일러로 사용될 수 있는 물질로는 다음과 같은 것들이 포함된다.

- 가연성 액체
- 의류
- 종이
- 지푸라기

많은 일반 가재 도구들(세정액, 가솔린 등)은 발화 가능한 액체이며, 화재 현장에 존재하는 것이 반드시 트레일러로 사용되는 것은 의미하는 것은 아니다. 그것은 트레일러를 구성하는 연료가 아니라 연료가 사용된 방식과 위치이다.

그림 22-1 여기서 종이 수건은 (실패한) 트레일러로 사용되었다.

■ 예상 연료 하중의 결핍

관측 가능한 화재 피해가 관측 가능한 연료 하중과 일치하지 않으면 추가 조사가 필요하다. 화재조사관은 관측 가능한 연료 하중과 관련하여 알려거나 보고된 연료 하중에 의해 야기되는 화재 피해를 정량화하려고 시도해야 한다. 하지만 예상 연료 하중의 결핍은 화재 원인을 방화로 분류하기에 충분하지 않다.

복도, 계단, 복도 및 빈 주택은 연료 하중이 낮거나 제한된 구역 및 공간의 전형적인 예이다. 발화점이 연료가 적거나 제한된 지역일 경우, 화재조사관은 발화성 액체와 같은 연료의 물리적 증거를 찾고 시료를 채취해야 하지만 불에 탄 자국이 다른 곳으로부터 확대나 이동을 나타낸다면 특히 인접한 공간이 플래시오버를 경과할 만큼 전개되었다면 이 지역에서 불에 탄 자국은 이상하지 않을 수도 있다.

■ 예상 발화원의 결핍

추가 조사가 필요한 또 다른 지표는 발화지점에 뚜렷한 발화원이 없는 경우이다. 화재조사관은 타거나, 녹거나 소모된 발화원을 찾기 위해서 파편을 철저하게 조사해야 할 수도 있다. 옷장, 지붕·마루 밑 등의 배선·배관을 위한 좁은 공간 및 다락은 제한된 수의 열원이 있는 전형적인 지역, 방 및 공간이다. 화재조사관은 화재 피해가 가장 큰 특정 지역에만 집중하지 않도록 주의하고 화재가 발생한 지역을 전체적으로 조사해야 한다. 심하게 탄 지역은 고열 방출률 제품, 지연된 소화 및 특정 지역에서의 환기 효과에 의해 영향을 받을 수 있으며 특정한 발화

지점이 아니다.

■ 이색 촉진제

Class 3 또는 Class 4 산화제와 테르밋 혼합물과 연료의 혼합물은 이색적인 촉진제로 간주될 수 있다. 일부 산화제는 자기발화가 가능하며 이러한 촉진제는 지나치게 고온의 화재를 발생시켜 일반적으로 육안이나 화학적으로 식별 가능한 잔류물을 남길 수 있다. 고온 촉진제(HTA)의 지표에 포함되는 것들은 다음과 같다.

- 급격한 성장속도
- 반짝이는 불꽃
- 용융된 강철이나 콘크리트

극적인 화재 효과 및 패턴에 대한 다른 이유가 항상 고려되어야 한다. 여기에는 환기 효과, 화재 진압 지연, 특정 화재 진압 전술의 영향 또는 연료의 유형 및 구성이 포함될 수 있다.

■ 정상적이지 않은 연료 하중과 형상

방화자는 내용물들이 멀리 떨어져 있을 경우, 예상보다 더욱 빠른 화재 성장이나 화재 확산이 가능한 형상으로 내용물이나 재료를 옮김으로써 보다 적극적이고 효과적으로 화재를 발생시키기를 바란다. 이것은 연료의 보다 완전한 연소를 제공하기 위한 시도로 행해질 수도 있다. 목격자는 화재가 발생하기 전에 내용물의 위치나 장소에 관한 정보를 제공할 수 있다.

화재 성장이나 확산을 지원하기 위해 연료가 그 지역에 추가될 수 있기 때문에 주어진 주거지에서 예상되는 유형인지 여부를 결정하기 위해 연료의 유형이 평가될 수 있다.

비정상적인 연료 하중이나 형상이 화재 원인과 관련되어서는 안 된다. 정말 비정상적인 형상이라면 화재조사관은 주택 소유자나 거주자 또는 최초로 도착한 소방대로부터 형상에 대한 설명을 구해야 한다.

■ 화상

모든 분류의 화재에 대해, 화재 발화와 조사 가설의 관계를 판단하기 위해 사람에 대해서 알려진 모든 화상이 분석되어야 한다. 화재조사관은 또한 화상의 유형을 판단하려고 시도해야 한다(예 : 뜨거운 물체 또는 화염에 의한 결과)(그림 22-2). 방화를 하는 동안 화상을 입을 수 있으므로 최근의 화상 피해자를 확인하기 위해 지역 병원을 접촉해야 한다. 일부 관할 지역에서는 화상을 보고해야 한다. 화상 피해자에 대한 자세한 인터뷰는 화재 발생 전후의 피해자의 활동뿐만 아니라 발화지점, 원인 또는 확산을 판단하는 데 도움이 될 수 있다. 그런 다음 이 정보를 현장의 실제 결과와 비교하여 둘 사이에 일관성이 있는지 여부를 결정할 수 있다.

화상의 모든 상처는 문서화 되어야 하며, 인화성 액체에 대한 실험실 테스트를 위해 적절한 상황에서 피해자의 의류 샘플을 가져갈 수 있다.

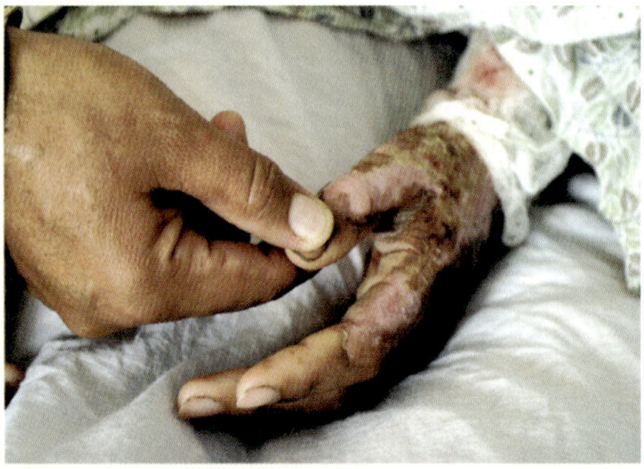

그림 22-2 화재조사관은 현장에서 사람들의 모든 화상을 분석해야 하며, 화상의 유형을 판단해야 한다.

■ 방화 장치

방화 장치에는 방화 장치를 작동시키는 데 사용되는 다양한 메커니즘이 포함된다. 방화 장치를 사용하는 경우 장치의 잔류물을 자주 발견할 수 있다. 거의 모든 기기나 열 발생 장치를 방화 장치로 사용할 수 있다. 다른 명백한 발화원이 없다면, 장치가 사용되었는지 여부를 결정하기 위한 노력이 이루어져야 한다.

몇 가지 예는 다음과 같다.

- 담배와 성냥갑의 조합
- 양초
- 배선 시스템
- 전기 난방 장치 (그림 22-3)
- 화재 폭탄/화염병 (그림 22-4)
- 파라핀 왁스 - 톱밥 방화 장치(벽난로 스타터)

그림 22-3 이 가열기는 방화 장치로 사용되었다.

그림 22-4 화재 폭탄은 화염병이라고도 한다.

지연장치

일부 방화 장치는 방화자가 그 지역을 안전하게 떠날 수 있게 하거나 알리바이를 성립시키기 위한 지연 장치로 구성된다. 조사 도중 화재조사관이 활성화되지 않은 장치를 발견하면 이동하지 않아야 한다(그림 22-5). 작동중이거나 살아있는 장치가 발견되면 그 지역의 대피나 훈련된 폭발물 처리 대원에게 통보를 포함하여 적절한 예방 조치와 안전 조치를 취해야 한다.

그림 22-5 시간지연 방화 장치의 예.

방화자는 정확한 화재 원인을 숨기려고 화재의 "명백한" 원인으로 기기의 사용을 시도하는 경우가 있다. 예를 들어, 방화자가 인화성 액체를 커피 메이커에 쏟아 부어 화재가 발생할 수 있다. 화재조사관은 화재가 기기의 오작동으로 인한 것이라고 생각해서는 안 된다. 화재의 진정한 원인을 판단하기 위해 더 많은 시험이나 평가가 필요할 수 있다.

화재조사관은 이러한 유형의 조사를 수행할 때 증거파기의 문제를 인식해야 하며 화재조사관이 특정 공학 교육을 받지 않았다면 자격을 갖춘 자의 도움을 받아야 한다. 예를 들어 난로 위의 냄비 화재는 캐비닛형 레인지 표면의 뒤쪽 상단에 있는 패널의 일부 또는 모든 제어 장치에 심각한 화재 손상을 일으킬 수 있다. 구성 요소는 주로 페놀 수지 재료로 이루어지기 때문에 그 중 많은 부분이 심하게 손상될 수 있으며 제어판 후면 패널을 제거하면 접촉 위치가 붕괴되어 떨어져 나올 수 있다. 파괴 시험이 수행되기 전에 모든 이해 당사자가 주지할 때까지 이 메커니즘을 보호하기 위해 주의를 기울여야 한다. 파괴 시험의 대안은 패널을 분해하지 않고 컨트롤러의 접촉 위치를 문서화하기 위해 X 선 기계를 사용하는 것이다.

방화범이 다중 화재를 일으킬 수 있으므로 화재조사관은 선불을 조사하여 다른 화재가 발생하지 않았는지 여부를 확인해야 한다. 귀중한 단서 제공이 될 수 있는 다른 화재에서 사용한 유사한 장치를 방화범이 사용했을지도 모른다. 지연 또는 기타 방화 장치나 발화 순서에 기여할 수 있는 방법이 포함되어 있을 수 있는 잔해가 있는지 이 지역을 조사해야 한다. 다중 화재의 경우, 적어도 한 건의 방화 장치가 작동하지 않아 조사관에게 중요한 증거가 남겨지는 경우가 있다. 한 화재 영역에서 다른 영역으로의 트레일러를 찾는다.

발화지역에 가연성 액체의 존재

흔히 촉진제 또는 액상 촉진제라고 불리는 가연성 액체의 존재는 화재가 방화였음을 나타낸다. 가연성 액체가 발견된 위치에 주의를 기울여야 한다. 차량, 잔디 깎는 기계 및 연료 주입 캔이 보관될 수 있다는 점을 감안하면 차고의 바닥에서 가연성 액체가 발견되는 것은 충분히 있을 수 있다. 화재조사관은 존재의 이유를 판단해야 한다. 반대로, 주방의 바닥에서 발견되는 무작위 선형 패턴의 가연성 액체는 생각해봐야 하므로 더 자세히 조사해야 한다. 화재의 시작, 촉진 그리고/또는 확산을 일으키는 의도적인 배열 여부를 판단하는 것은 화재조사관의 책임이다. 실험실 분석 작업을 위해 잔해의 시료는 항상 채취해야 한다. 가연성 액체의 존재 여부에 대한 실험실 확인 작업은 고의적인 불법 행위에 대해 화재조사관이 사건을 입증하는 데 도움이 된다.

잠재적 가연성 액체의 확인을 돕기 위한 수단으로 추구하는 또 다른 방법은 촉진제 냄새를 맡는 개(AK-9)를 이용하는 것이다(그림 22-6). 이 개들은 다양한 가연성 액체의 탐지에 특별히 훈련되어 있다. AK-9는 조련사로부터 받는 교육만큼이나 우수하다는 점에 유의해야 한다. 화재조사관은 AK-9 조련사와 개가 받은 훈련에 대해 잘 알고 있어야 한다. AK-9는 범죄 행위로 의심되는 사건에 대해 화재조사관을 돕기 위한 추가 도구로만 사용해야 한다. 개의 경계 본능과 실험실 분석으로 확인해야 할 필요성 때문에 잠재적으로 엮여있는 부분을 식별하는 주요 수단으로 AK-9가 사용되어서는 안 된다. 오히려 이러한 영역은 조사 중에 수집된 데이터와 정보를 비롯해서 교육 및 경험을 토대로 화재조사관이 식별해야 한다.

그림 22-6 촉진제 냄새를 맡는 개는 화재조사에 유용한 투입이 될 수 있다.

화재조사관은 자신의 정상적인 조사를 수행해야 하며 연소 패턴 및 기타 이를 식별하는 특징을 토대로 시료를 채취하여 이를 가연성 액체로 의심되는 영역으로 간주하도록 화재조사관이 유도해야 한다. 그런 다음 AK-9를 보내어 방을 조사하고 가연성 액체가 있는 곳을 확인

(또는 표시하지 않음) 할 수 있다. 건물 외부에 시료를 정렬하고 비교 시료 캔을 산재시켜야 한다. 그 다음 개들은 캔에서 시료를 검사하고 의심스러우면 알게 된다. 개는 실험실 시험에 앞서 화재조사관을 돕는 또 다른 도구가 될 수 있다. AK-9의 경고를 통해 수집된 모든 물질은 실험실 분석을 통해 검증되어야 한다.

화재성장과 피해 평가

화재가 예상 연료량이나 일반적으로 제한될 것으로 예상되는 지역을 넘어 설명될 수 있는 것보다 더 빨리 퍼지는 경우, 화재조사관은 어떤 원인으로 인해 이것이 발생할 수 있었는지 더 자세히 조사해야 한다. 화재 발생은 격실의 부피, 천장의 높이, 연료의 열방출율, 격실 내 초기 연료 패키지의 위치 및 환기를 비롯한 많은 변수와 관련된다. 물리적 증거가 없는 경우, 화재조사관은 과도한, 비정상적인, 특이한 또는 의심스러운 의사 결정과 같은 주관적인 용어를 사용하는 것에 대해 주의해야 한다. 화재 모델을 적절한 사용은 화재조사관의 관찰 정확도를 결정하는 데 도움이 될 수 있다.

연소와 직접 연관되지 않은 잠재적 지표

특정 지표는 화재조사관이 발화 가설, 목격자 탐문이나 추가 조사를 위한 방법을 전개하는 데 도움이 될 수 있다. 이러한 지표는 일반적으로 화재 원인을 결정하는 것과 관련이 없지만 누가 화재에 대한 사전 정보를 갖고 있음을 알려주는 경향이 있다.

■ 차단 또는 방해받는 시야를 지닌 원격 지점

방화자는 멀리 떨어진 곳이나 대중의 시야로부터 가려진 곳에서 화재를 시작할 수 있지만 우발적인 화재도 원격지에서 발생할 수 있다. 그러므로 발화지점에 근거하여 어떠한 원인을 결정짓는 결론을 내려서는 안 된다. 화재조사관에게 더 중요한 것은 화재가 발생하기 직전에 발생하는 엄폐물들인데 종이로 덮인/페인트가 칠해진 창문이나 개구부의 외부 정면에 의도적으로 놓여진 가구와 같은 것들이다. 이것들은 화재조사관에게 목격자에 대한 질문뿐만 아니라 타임라인을 설정할 수 있는 정보를 제공할 수도 있다.

■ 전력 인입구 장비나 기기 근방의 화재

화재를 우발적으로 보이게 만들기 위해서 방화자는 장비 근처에서 화재를 일으킴으로써 장비가 화재의 발화원인 것처럼 보이기를 바란다. 발화 여부를 결정하기 위해 각각의 기기들을 신중하게 평가해야 한다. 화재조사관은 파괴물을 평가하기에 앞서 증거 파기와 관련된 문제를 상기해야만 한다.

화재조사관 팁

체계적으로 조사를 수행하기 위해 항상 노력해야 한다. 당신이 조사하는 각각의 화재에 대해 정상적인 절차가 수립되어야 하는데 결국, 당신의 모든 조사는 자동적으로 NFPA 921의 4.2절 및 4.3절과 동일한 방식으로 수행될 것이다. 일관성이 중요하다.

■ 화재 이전에 물품의 제거, 교체 또는 부재

화재 이전에 물품이 때로는 제거되거나 가치가 더 낮은 것으로 대체된다. 유물과 잔해에 대한 신중한 기록은 화재 원인을 판단할 수 없는 상황에서 조차도 사기성 보험 청구를 규명하는데 유용할 수 있다.

물품이 제거되거나 교체되었다는 판단은 화재가 발생하기 전에 물품이 존재했는지를 확인해야 한다. 모든 물품의 부재, 제거 또는 교체에 관한 평가는 입증된 목격자 진술, 재고 또는 판매 영수증의 확인이 필요하다. 발화점 근처의 거주자뿐만 아니라 모든 거주자의 물품을 기록하라.

개인 물품이나 교체할 수 없는 물품은 화재가 발생하기 전에 제거될 수 있다. 제거된 물품이 화재조사관에게 심문할 수 있는 수단과 용의자의 신원을 제공할 수 있다. 보석, 사진, 애완동물, 세금 기록, 사업 기록 및 총기류를 예로 들 수 있다.

교체할 수 있는 품목과 내용은 건물의 용도에 따라 다르다. 몇 가지를 예로 들면 다음과 같다.

- 주거 : 가구, 의류, 가전제품, 보석, 총
- 산업/상업 : 기계, 장비, 재고, 상품
- 차량 : 타이어, 배터리

건물의 물품이 용도에 맞지 않을 경우 이는 추가 조사가 필요함을 나타낼 수 있다.

■ 차단되거나 방해받는 출입구

화재가 더 커질 수 있도록 방화자는 소방 활동을 방해하거나 늦추기 위해 방해물을 배치할 수 있다. 소방 차량의 접근을 허락하지 않는 비정상적인 장애물을 기록하고 평가해야 한다. 방해물에는 쓰러진 나무, 바리케이드 또는 비상 차량의 접근을 막을 수 있는 더 큰 장애물이 포함될 수 있다. 건물에 접근하지 못하도록 문과 창문을 막을 수도 있다.

화재조사관 팁

조사의 각 단계를 사진으로 기록해야 한다. 너무 많은 사진을 찍을 수는 없다. 당신이 필요로 할 한 장의 사진은 언제나 당신이 찍지 않은 사진일 것이다.

■ 방해행위

방해 행위라는 용어는 의도적인 손상이나 파괴를 의미한다. 방화자는 건물과 그 내용물을 신속하고 완전하게 파괴할 수 있는 조건을 개발하기도 한다. 이 목표를 달성하기 위해 방화자는 소화시스템을 방해하여 거주자 및 소방서에 대한 통지를 지연시킬 수 있다(그림 22-7).

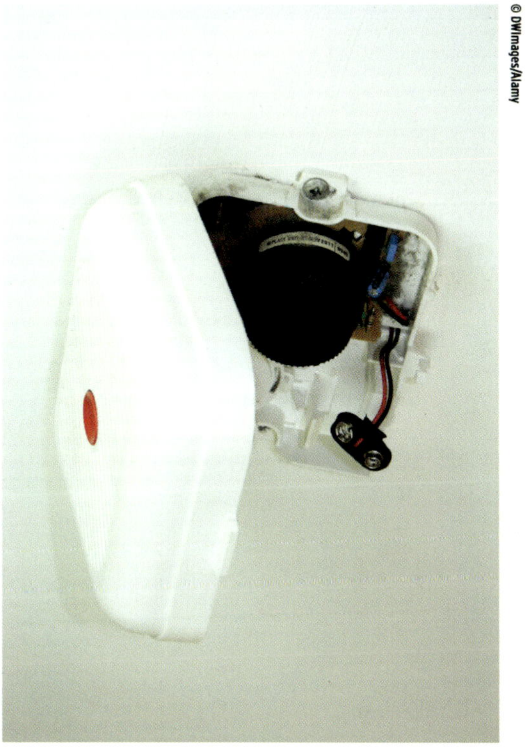

그림 22-7 방화자는 화재 알림을 지연시켜 소화시스템을 방해할 수 있다.

내화성 부재의 손상

내화성 부재는 건물을 구획으로 분리하여 화재 및 연기가 건물의 다른 부분으로 퍼지는 것을 제한하도록 구현된다. 건물을 통과하는 가장 일반적인 화재 이동 방법은 열린 문이며 열린 계단참은 화재 확산에 훨씬 큰 영향을 미친다. 방화자는 화재 및 연기의 이동을 원활하게 하려고 내화성 부재(벽, 바닥 또는 천장)를 관통하거나 문을 개방할 수 있다. 그러나 이 부재의 관통은 화재 진압 활동이나 열악한 공사에 의한 결과일 수 있으며 접근이나 환기를 개선하기 위해 거주자가 문을 열어 놓았을 수 있다. 철저한 조사의 수행과 방해 행위를 가정하는 일은 중요하다.

소화시스템의 손상

일반적인 소화시스템은 표 22-1에 나와 있다("화재방호설비"장을 참조)(표 22-1).

화재 진압이나 감지 시스템이 정상적으로 작동한다면 심각한 피해를 입기 전에 화재를 감지하거나 진압할 수 있다. 또한 소방서에 통보할 수 있다. 소화시스템이나 화재 감지 시스템이 고장 난 경우, 화재조사관은 다음과 같이 고장 원인을 나타내는 징후가 있는지 시스템을 검사해야 한다.

표 22-1 일반적인 소화시스템

시스템 형태	사례
감지설비	열 연기 화염 보안 비디오
진압설비	스프링클러 설비 소화전 설비 연결송수관 설비
특별소화설비	이산화탄소 폼 할론
급수관과 소화전	

- 부적절한 설치
- 변조
- 유지 보수 부족
- 시스템 종료
- 장비나 건물 부재의 결함

이러한 조건들이 화재 이전에 존재했는지 여부를 결정하는 것도 중요하다. 검사 및 유지 관리 기록은 시스템의 예비 화재 상황과 관련하여 중요한 단서를 제공할 수 있다.

이러한 시스템을 비활성화 시키는 몇 가지 방법은 다음과 같다.

- 연기 감지기 제거 또는 덮개 씌우기
- 스프링클러 막기
- 제어 밸브 정지
- 소화전, 호스 연결부 및 소화전의 나사산 손상
- 샴 연결 및 소화전에 잔해물을 두거나 경보 벨이나 사이렌 연결의 절단
- 진압설비에 과부하가 걸리도록 다중 화재를 발생시킴

조사관은 항상 소화시스템을 검사하여 시스템의 임의 조작 또는 작동 불능이 발생했는지 여부를 판단해야 한다. 화재조사관은 경보감시 시설을 통해 항상 문제나 경보 신호가 수신된 시간을 확인해야 한다. 이 정보는 화재에 대한 타임 라인을 추가로 정의함으로써 조사에 도움이 될 수 있다.

건물의 손상

방화자는 (1) 소방관의 화재 진압 능력을 효과적으로 저해하는 것, (2) 화재가 발화점 이외 지역으로 확산되는 수단을 제공하는 것을 포함하여 몇 가지 이유 때문에 의도적으로 건물을 손상시킬지도 모른다. 첫 번째 예는 다음과 같다.

- 소방관이 빠질 수 있는 바닥의 절단 구멍이나 화재 확산이 허용되도록 벽이나 문과 같은 다른 화재 등급 부재의 파손
- 소방관이 진입하기 어렵도록 문이나 창문을 막거나 바리케이드를 설치
- 화재 시에 열린 위치에 놓고 자동으로 닫히지 않도록 방화문, 방화 댐퍼 등을 방해

화재조사관은 특정 소화시스템이나 구성 요소의 고장이 의도적인 행위였고 직원들이 일상적으로 열거나 사용하지 못하도록 조치가 취해진 구획 영역(화재/연기 문 등)의 관리 부족이 아니라는 것을 판단하기 위해 화재 현장 시험 중에 적절한 주의를 기울여야 한다. 제조사나 설비 결함과 같은 고장의 다른 원인도 조사되어야 한다.

■ 문과 창문의 개방

화재에는 산소가 필요하다. 환기를 제공하기 위해, 방화자는 일반적으로 열리지 않는 외부 창문 및 문을 열 수 있다(예 : 추운 날씨). 방화자의 목적은 화재가 발화지역의 구획 외부로 퍼지도록 하는 것일 수 있다. 이를 효과적으로 수행하기 위해서는 인위적인 화재 확산 경로가 만들어져야 한다. 화재조사관은 거주자가 정상적으로 문을 열었는지 또는 화재가 퍼졌는지 여부를 판단하는 것이 중요하다. 풍향은 방화자가 화재를 확산시키려고 시도한 요인이 될 수도 있다.

안전 팁

일부 방화자의 행동은 소방관 및 화재조사관에게 안전 문제를 야기 시킬 수 있다. 예를 들어, 방화자는 소방 활동을 지연시키고 증거를 모호하게 하려고 의도적으로 지지구조물을 약화시킬 수 있다. 화재조사관은 건물에 대한 파괴 가능성에 대비하고 필요한 안전 조치를 취해야 한다.

화재조사관 팁

조사 대상 차량, 재산, 건물이나 사람에 대한 모든 가능한 법원, 부동산, 사업, 유지 보수, 법률 집행 및 기타 기록과 서류를 항상 검토해야 한다. 이것은 화재에 대한 동기를 규명하는 데 도움이 될 수 있다.

다른 증거 요소

다른 증거 요소는 의심되는 프로파일을 전개하기 위해 화재가 방화로 분류된 이후에 분석되는 지표들이다. 이 분석을 통해 경향이나 패턴을 감지할 수 있다. 이 분석의 핵심은 화재발생이 반복적인지 여부이다. 연속 화재발생 및 연속 방화는 3개 이상의 화재 발생에 관련된 개별 또는 그룹을 식별하는 데 사용되는 용어이다. 이 분석을 통해 확인할 수 있는 세 가지 주요 원칙이 있다.

1. 지리적 또는 집단적 : 화재 발생 경향은 동일한 지리적 위치나 근방에 있다.
2. 시간적인 주기성 : 연쇄 방화범은 같은 기간이나 요일을 선택할 수 있다.
3. 재료 및 방법 : 반복적인 화재발생 거동은 동일한 지리적 위치에 머물러 있을 뿐만 아니라 유사한 화재발생 재료나 방법을 사용한다.

방화범은 살인이나 강도와 같은 다른 범죄를 은폐하기 위해 방화를 시작할 수 있다. 범죄가 발생한 첫 번째 문제는 화재의 원인보다 동기 부여와 관련이 있다. 그러나 동기를 결정하는 것은 화재조사관이 조사에 접근하는 데 도움이 될 수 있다. 화재조사관은 자신의 조사에 도움이 되는 여러 가지 체제를 가지고 있다. 은행 기록, 보험 정책, 법률 집행 또는 화재조사 불만 또는 제재, 국가보험범죄사무국(National Insurance Crime Bureau) 기록 및 세금 기록 등을 조사하면 화재의 잠재적 동기가 밝혀 질 수 있다. 화재조사관이 밝힌 몇 가지 지표는 다음과 같다.

- 경제적 스트레스
- 법률 위반 기록
- 개인이나 단체가 소유한 추가 자산에서 화재 발생
- 초과로 보험 가입한 자산

담보권, 첨부물, 미지급 세금, 연체된 저당금, 판매용 부동산, 불량한 사업 지역이나 경쟁, 경제적 쇠퇴, 오래되거나 과도한 제품, 일자리 상실 및 과도한 지출 또는 가치는 모두 화재의 잠재적 동기를 규명한다. 화재조사관은 또한 과거 보험 기록을 검토하여 청구자가 다른 지역 또는 차량의 화재에 대해 이전에 청구한 적이 있는지 여부를 판단해야 한다.

■ 시간적인 기회

방화범은 때로는 재산을 성공적으로 파괴할 수 있는 상황이나 여건을 이용한다. 시기적절한 기회는 체포되지 않을 확률도 높아질 수 있다. 몇 가지 시간적인 기회의 예는 다음과 같다.

- 자연 조건
  - 홍수

- 눈 폭풍
- 태풍
- 지진
- 전기 폭풍
- 강한 바람
- 낮은 습도
- 극한 기온

■ 시민들의 소요

■ 소방서의 불용상태

- 허위 경보로 전화
- 가두행진
- 다른 화재현상에서 작업

■ 화재 발생 행위의 동기

동기는 특정 행동을 유발하거나 자극하는 원인, 이유 또는 인센티브인 내부 동력이나 충동으로 정의된다. 화재 조사 과정의 동기 지표는 잠재적인 용의자를 파악하는 데 도움이 되도록 사용해야 한다. 이러한 지표는 화재 원인을 결정하거나 분류하는 데 사용해서는 안 된다. 범죄 분석은 알려지지 않은 범죄자가 보여준 성격 특성 및 특징을 확인하는 방법이다. 그것은 결국 동기의 분류로 이어지는 성격 특성의 확인과 분석이다. 하나 이상의 동기가 화재의 원인이 될 수도 있다.

피해자학은 범죄를 분류하고 동기를 결정하는 가장 중요한 측면 중 하나로서 피해자(또는 대상 자산)와 가해자 활동에 대한 이해이다. 화재조사관은 왜 이 특정 피해자가 범죄 대상인지 평가해야 한다. 이것은 매우 자주 범죄로 이어진 범죄 동기를 이끌어낼 것이다. 범죄 현장에서 범죄 행위를 나타내는 세 가지 증상은 다음과 같다.

■ 작업방식(MO) : 가해자가 사용하는 작업 방법이다. 이것은 주로 연속 방화범에게 적용된다. 범죄의 가해하는 동안 범죄자의 행동은 작업방식을 형성한다. 가해자는 행동하기 때문에 작업방식을 개발하고 사용하지만 지속적으로 발전시킨다. 작업방식은 학습된 행동이며 가해자가 더욱 정교하고 자신감 있게 변함에 따라 수정될 수 있다.

■ 개인화(서명) : 범행을 저지르는 것 이상의 범법자에 의한 비정상적인 행동이다. 방화와 같은 대부분의 폭력 범죄는 가해자의 상상 속에서 시작된다. 예를 들어, 일련의 방화범은 폭탄을 설치하거나, 불을 피우는 등의 시위를 벌일 수 있다. 가해자가 이러한 백일몽을 행동으로 옮기면 필요에 따라 범죄 중에 비정상적인 행동이 나타나게 된다. 이 비정상적인 행동은 그 사람을 범법자로 식별할 수 있는 공통점을 남긴다.

- 다시 꾸미는 것(범죄 현장 변경) : 누군가가 의도적으로 경찰이 도착하기 전에 범죄 현장을 변경한다. 다시 꾸미는 것에는 일반적으로 두 가지 이유가 있다.
  - 가장 논리적인 용의자로부터 조사를 돌리기 위한 것
  - 피해자 또는 피해자 가족의 보호로서 예를 들어, 성적 살인자를 범한 자는 종종 시체를 비화된 위치에 남겨 둔다. 가족에 의해 단정하게 다시 꾸며지는 것은 확실히 이해될 수 있지만, 화재조사관은 시체가 발견되었을 때의 위치와 그 사람이 범죄 현장을 변경한 것과 정확히 일치하는 정확한 설명을 얻을 필요가 있다.

동기 대 의도

의도는 일반적으로 범죄의 증거를 보여줄 필요가 있으며 사람이 행동하거나 행동하지 않을 때 존재하는 마음의 상태를 나타낸다. 동기는 개인이나 집단이 무언가를 할 수 있고 일반적으로 범죄의 필수 요소는 아닌 이유이다.

이 장에서 다루는 분류는 Douglas 등의 범죄분류 매뉴얼(CCM, Crime Classification Manual)을 기반으로 한다. 이 매뉴얼은 살인, 방화 또는 성범죄의 동기를 분류하는 데 사용되는 필수적인 분석 요소를 확인함으로써 가능한 한 많은 정보를 얻도록 도와준다.

범죄분류 매뉴얼에 열거 된 행동은 가능한 동기를 식별하여 조사자에게 가능한 용의자를 인도하며, 이러한 행동은 화재가 일회성 발생의 결과인지 일련의 방화자의 조치인지에 따라 적용된다. 반복적인 방화 행동에는 세 가지 분류가 있다.

1. 연속 방화는 화재 사이에 냉각기간이 있는 3개 이상의 방화 가해자를 포함한다.
2. 한바탕 방화는 방화 사이에 정서적 냉각기간이 없는 별도의 장소에 3개 이상의 화재를 방화하는 방화범을 포함한다.
3. 대량 방화는 제한된 기간 동안 같은 장소나 위치에 3개 이상의 화재를 방화하는 방화범을 포함한다.

국립폭력범죄방지센터(NCAVC)는 방화 행동의 가해자 특성을 식별하는 데 가장 효과적인 다음과 같은 6가지 동기 분류를 확인했다.

1. 파손행위
2. 흥분
3. 복수
4. 범죄 은폐
5. 이익
6. 극단주의

파손행위 기물 파손은 재산에 손해를 초래하는 장난 또는 악의적인 화재로 정의된다. 공통된 목표는 교육시설 및 버려진 건물을 포함하지만 쓰레기 및 잔디 화재도 포함된다. 기물 파손은 두 가지 범주로 나뉜다.

- 고의 및 악의적인 장난 : 방화는 명백한 동기가 없거나 무작위로 설정되는 것이다. 이러한 화재는 종종 애들이나 청소년에 기인한다.
- 개인 또는 집단 압박 : 동료들로부터의 인정이나 압박은 또 다른 범주의 파괴행위이며 청소년들 사이에서 지배적이다. 청소년들은 자신의 행동의 결과에 대해 생각하는 것보다 더 자주 흔들린다.

흥분 사람들은 흥분하기 위해 불을 낼 수도 있다. 가해자는 일반적으로 화재로 누군가를 해치려는 의도는 없다. 그러나 예기치 않은 상해나 사망이 발생할 수 있다. 이 동기에는 네 가지 하위분류가 있다.

- 스릴 추구 : 범죄자는 흥분과 권력의 감정으로 가득 차 있으며 반복적인 방화자이다. 심리적 요구 또는 욕망은 그가 이러한 화재를 발생시키도록 유도한다.
- 주의 집중 : 이 분류의 방화자는 중요하다고 느낄 필요가 있다.
- 인정 : 이 하위분류의 범죄자는 종종 허영이나 영웅 소방관이라고 불린다. 소방관, 특히 자원 봉사 소방관 및 경비원이 이 분류에 따른 후보가 될 수 있다. 인식, 칭찬 또는 보상의 필요성은 행동에 대한 동기가 될 수 있다. 성공하면 가장 자주 범죄를 반복한다. 이 범죄자들은 종종 현장에 있으며 화재의 위치와 그 위치로 가는 방법에 관해 자세히 알려준다. 그들은 대개 정보를 제공하며 소방관과 경찰에게 도움이 된다.
- 성적 만족 또는 성기 : 드물기는 하지만 이 범주에 속하는 성범죄자가 성행위를 위한 수단으로 화재를 낸 사례가 있다. 그들은 종종 시야로부터 벗어나 멀리 떨어진 현장 부근에 남아 있기도 한다.

복수 복수를 위한 수단으로 불을 내는 범법자에 대한 중요한 요소는 그 자신이나 그가 관심을 가진 사람에게 행해진 사실 또는 상상의 불의에 대한 인식이다. 이러한 화재는 때때로 사전에 계획되어지고 잘 수립되어 있다. 이것들은 대개 일회성 이벤트이지만 연속적인 방화 사건의 경우에는 여러 번 발생한다.

- 개인적 보복 : 보복적인 반응을 유발하는 것이 일반적으로 발생한다. 사건은 싸움, 논쟁, 또는 자신이나 자신 또는 가해자와 가까운 다른 사람들에 대해 이용당했다는 느낌일 수 있다. 일반적인 대상은 피해자의 집, 개인 소유물이나 차량이다.

- 사회적 보복 : 연쇄 범죄자가 이 하위분류에 해당 될 수 있다. 가해자는 외로움, 거부, 박해, 학대 또는 부적절한 느낌을 갖게 되어 화재를 일으킬 수 있다. 이러한 감정이 반복될 때, 가해자는 해소감과 만족감을 얻으면서 계속해서 화재를 일으킨다. 이러한 화재에서는 유사한 작업방식을 찾으시오.
- 기관 보복 : 대개 기관에 대한 원한을 가진 가해자가 포함된다. 범죄자는 전 직원, 고객, 환자 또는 학생일 수 있다. 일반적인 목표는 종교, 의료, 정부, 교육 기관 또는 기업이다.
- 집단 보복 : 목표에는 형제애, 종교, 인종 또는 갱단을 포함한 다른 집단이 포함될 수 있다. 낙서, 기호 또는 표식 및 기타 손해에 대한 증거가 현장에서 발견될 수 있다.

범죄 은폐 범죄 은폐에서 방화는 일반적으로 보조적이거나 부수적인 범죄 행위이다. 그 목적은 발생한 초기 범죄 행위를 감추는 것이다.

- 살인 은폐 : 살인이 행해졌을 때, 대개 화재가 발생하기 전에 사망했거나 피해자를 식별할 수 있는 법의학 증거를 파괴한다는 사실을 위장하도록 화재가 일어난다. 가해자와 범죄를 연결시킬 수 있는 증거를 파괴하려는 의도로 화재를 낼 수도 있다.
- 강도 위장 : 일반적으로 강도가 발생했다는 사실을 숨기거나 강도/방화자를 식별하는 데 도움이 되는 증거를 파기하가 위해서 화재를 낸다.
- 기록 또는 문서의 파괴 : 이 범주의 일반적인 목표는 사업, 기관 또는 회사와 관련된 기록이나 문서이다. 서랍을 열어 두거나 파일 또는 문서의 폴더가 있는 파일 캐비닛에서 화재가 시작될 수 있다. 화재조사관은 잠재적인 용의자로 해당 위치의 직원이나 소유주에 집중해야 한다.

이익 이익을 위해 발생한 화재에는 물질적 또는 금전적 이득을 위해 발생한 화재가 포함된다. 금전 문제는 직접 또는 간접적으로 연결될 수 있다. 이익 동기 유발 방화는 방화에 대한 다른 동기에 대한 열정이 가장 적은 상업적 범죄이다. 직접적인 이득은 보험사기, 사업 경쟁의 철폐 또는 협박, 강요, 재산 가치를 높이기 위한 원치 않는 구조의 제거나 재정적 의무로부터 벗어나는 것이다. 더 하위분류는 보험을 징수하고, 재산을 청산하고, 사업을 해산하고, 손실을 숨기고, 재고를 청산하는 사기 행위이다. 기타 범주에는 고용, 구획/재산 정리 및 경쟁이 포함된다.

극단주의 극단주의는 정치적, 사회적 또는 종교적 원인을 증대시키는 동기로 작용한다. 이러한 화재는 개인이나 집단이 발생시킬 수 있다. 방화자는 일반적으로 보다 정교한 발화 장치나 방화 장치를 사용함에 따라 조직도가 매우 높다. 테러리즘과 폭동/내란은 극단주의자 범주에 속한다.

- 테러 : 테러리스트가 선택한 목표는 거의 무작위 건물이다. 가장 중요한 것은 전달하고자 하는 메시지에 가장 큰 영향을 줄 수 있는 특정한 중요성에 따라 선택된다. 공통 목적은 정치적 또는 경제적 의미가 있을 수 있다. 정치 대상에는 정부 관공서, 신문, 대학, 정당 본부, 동물 연구 시설, 낙태 진료소, 군대 또는 법 집행 기관이 포함된다. 경제 목표에는 사업소, 유통 시설, 은행, 저축 및 대출 시설 또는 경제에 악영향을 준 것으로 생각되는 회사가 포함될 수 있다. 이러한 폭행에는 화재, 폭발물 및 기타 무기가 사용될 수 있다.
- 폭동/내란 : 폭동과 내란은 여러 가지 이유로 발생한다. 정치 선거에 대한 불만, 법원 판결을 위한 대중의 외침이나 경찰 조치, 주요 스포츠 이벤트 우승 이후의 축하 등이 그 예이다. 이러한 사건 중에 발생하는 화재는 일반적으로 의도적이며 일반적으로 약탈 및 파괴 행위가 수반된다. 화재조사관은 화재가 폭력적인 군중의 행위인지 또는 재정적 이점의 형태로 이익을 얻고자 하는 건물 소유주인지, 진행 중인 폭동으로 인한 화재인지 여부를 확인해야 한다.

요 약

검토를 위한 준비

- 방화의 지표에는 다중 화재, 트레일러, 예상되는 연료하중이나 발화원의 결핍, 이색적인 촉진제, 특이한 연료하중이나 배치, 화상, 방화 장치 등이 포함된다.
- 화재확산이 예상되는 연료하중에 의해 설명될 수 있는 것보다 훨씬 빠르거나 화재면적이 일반적으로 예상되는 국한면적을 초과한다면 화재조사관은 이런 결과가 발생할 수 있었던 기여요인들을 좀 더 면밀하게 조사해야만 한다.
- 다음과 같이 화재원인을 판단하는데 연관이 없는 지표일지라도 화재조사관이 방화를 추정하고 목격자들에 대한 질문을 전개하거나 다음과 같은 심층조사 방안을 발전시키는 데 도움이 될 수 있다.
  - 시야가 막힌 외딴 장소
  - 서비스 장비와 가전제품 근방의 화재
  - 화재에 앞서 내용물의 제거나 교체
  - 차단된 입구
  - 파괴활동
  - 창문이나 문의 개방
- 다른 증거요소들은 의심스러운 부분을 진전시키려면 화재가 방화로 분류된 이후에야 분석되어지는 지표들이며, 이러한 분석을 통해 경향이나 패턴을 감지할 수 있다.
- 방화자들은 때로는 재산을 성공적으로 파괴할 수 있는 상황이나 조건을 이용하며, 시기적절한 기회는 체포되지 않을 확률도 높아질 수 있다.
- NCAVC는 방화 행위의 가해자 특성을 식별하는 데 가장 효과적인 6가지 동기 분류를 찾았다.
  - 기물 파손
  - 흥분
  - 복수
  - 범죄 은폐
  - 이익
  - 극단주의

주요 용어

고온촉진제 (High-temperature accelerant, HTA)

Class 3 또는 Class 4 산화제 및 테르밋 혼합물과 연료의 혼합물

방화 장치 (Incendiary devices)

방화를 시작하는 데 사용되는 다양한 메커니즘

방화 (Incendiary fire)

화재가 발생해서는 안 되는 지역에서 화재가 발생하도록 의도적으로 발생한 화재

의도 (Intent)

범죄의 증거를 보여주는 데 필요하고 사람이 행동하거나 행동에 실패했을 때 존재하는 마음의 상태와 관련

다중 방화 (Mass arson)

제한된 기간 동안 동일한 장소 또는 위치에서 3건 이상의 화재가 발생하는 것

작업 방식 (MO, Modus operandi)

가해자에 의해 사용된 방법

동기 (Motive)

특정한 행동을 유도하거나 자극하는 내재적인 욕망이나 원인, 이유 또는 보상 등의 충동

개인화 (Personation)

가해자가 범죄를 저지르는 데 필요 이상의 비정상적인 행동

파괴 활동 (Sabotage)

의도적인 손상 또는 파손

연쇄 방화 (Serial arson)

화재와 화재 사이에 냉각기를 갖는 3건 또는 그 이상 가해자에 의한 발생한 화재

연쇄 방화범 (Serial arsonist)

연쇄 방화범(Serial fire-setter)을 참조

연쇄 방화범 (Serial fire-setter)

3건 또는 그 이상의 화재 발생에 관련된 개인이나 단체

요 약

한바탕 방화 (Spree arson)

화재와 화재 사이에 정서적 냉각기를 갖지 않고 별도의 장소에서 3건 또는 그 이상 발생하는 화재

현장 변조 (Staging)

경찰이 도착하기 전에 범죄 현장을 의도적으로 변경

트레일러 (Trailers)

가연성 연료나 인화성 액체와 함께 연결하여 고의적으로 다른 장소까지 화재를 전파시키는 방법

기물 파손 (Vandalism)

재산 피해를 초래하는 장난이나 악의적인 방화 행위

피해자학 (Victimology)

피해자(또는 대상 재산)와 범죄자 활동에 대한 철저한 이해와 연구

실전 화재조사관

여러 소방서가 나이트클럽의 화재에 대응하였으며, 당신에게 화재조사가 요구되었다. 화재가 진압되는 동안, 당신은 정문에서 뿜어 나오는 화재를 처음으로 목격했다고 진술한 여러 명의 목격자들을 인터뷰하기 시작한다. 목격자들은 그 당시 문이 열려 있었는지 닫혀 있었는지 확실하지 않지만 불이 바닥에서 출입구 상단으로 확대된 것은 확실하다고 말한다. 또한 그들은 건물에 화재가 발생하기 대략 1시간 전에 차량을 보았으며, 차량은 건물 소유주의 것이라고 확신한다.

화재가 진압되고 진입이 안전해진 다음, 사무 공간과 다용도실 후방, 그리고 정문 현관 로비에서 세 개로 구분된 화재를 식별한다. 각각의 발화지점을 발굴하고 재구성 한 후, 당신은 인화성 액체에 의해 생겼을 수 있는 바닥에 있는 패턴을 확인한다. 또한 로비 바닥의 패턴은 출입구를 통해 외부로 확대된다. 건물주와의 인터뷰에서 그는 수익이 없어졌고 직원들로부터 너무 많은 절도를 경험했기 때문에 최근에 사업을 중단했다고 밝혔다. 그는 건물을 팔 준비를 하는 동안 귀중품을 치우기 위해 낮에는 사업을 하고 있었다고 말한다. 또한, 건물주는 화재의 원인을 알지 못하지만 전직 직원이 건물을 태우려고 시도했다고 해도 놀라운 것이 아니라고 말한다.

1. 화재가 시작되기 전에 방화자가 그 지역을 떠날 수 있도록 하기 위해서 사용된 것은?
   - A. 트레일러 (Trailer)
   - B. 지연 장치 (Delay device)
   - C. 보조 장치 (Secondary device)
   - D. 답 없음 (None of the above)

2. 당신이 얻은 정보에 근거하여, 이 화재의 가장 큰 의도는 무엇인가?
   - A. 흥분 (Excitement)
   - B. 기물 파손 (Vandalism)
   - C. 이익 (Profit)
   - D. 극단주의 (Extremism)

3. 다음 중 이 건물의 다중 화재에 대한 자연스러운 이유에 해당하는 것은?
   - A. 커튼 소락 (Falling curtains)
   - B. 불티 (Flying brands)
   - C. 과부하 전기회로 (Overloaded electrical circuits)
   - D. 위의 모든 것 (All of the above)

4. 다음 중 연소와 관련이 없는 방화의 가능성을 나타내는 지표로 간주 될 수 있는 것은?
   - A. 건물주가 화재 발생 전 귀중품을 치우는 행위
   - B. 화재 당시에 폐쇄된 사업
   - C. 발화 가능한 액체에 의해 생성되었을 수 있는 패턴
   - D. 위의 모든 것

화재와 폭발로 인한 사망 및 상해

학습 목표

이 장을 학습한 후 여러분은 다음 사항을 할 수 있다.

- 치명적인 화재 현장에서 조사 시 필요한 고려 사항에 대한 설명 NFPA 4.4.1
- 화재 및 폭발 피해자의 사망 관련 병리적 및 독성학적 검사에 대한 설명 NFPA 4.4.1
- 사망 조사의 근본적인 문제에 대한 식별과 설명 NFPA 4.4.1
- 사망의 원인과 방식을 결정하는 방법에 대한 설명 NFPA 4.4.1
- 사후 검사 및 문서화에 대한 식별과 설명 NFPA 4.4.1
- 부상을 입힌 화재에 필요한 조사상의 고려 사항에 대한 설명 NFPA 4.4.1

기능습득 목표

이 장을 학습한 후 여러분은 다음 사항을 할 수 있다.

- 시체를 통해 화재현장에 대한 상세한 내용 조사 NFPA 4.4.1
- 증거로서 시체의 확보 NFPA 4.4.1
- 부상당한 피해자를 통해 화재 현장에 대한 상세한 내용 조사 NFPA 4.4.1

NFPA 참고 문헌

NFPA 921, *Guide for Fire and Explosion Investigations*

CHAPTER

23

FESHE 과정 결과물

화재조사 I

1. 현장 보안 및 증거 보존을 포함하여 화재 현장에 대응할 때 소방관의 책임을 확인하라.

화재조사 II

10. 화재 관련 사망 및 부상을 분석하라.

당신은 화재조사관

소방관은 이동 주택에서 화재가 발생했을 때 사망한 청년을 찾아내고 발화점과 발화원인에 대한 조사를 요청받았다. 도착했을 때, 이동 주택 앞 쪽에 있는 주방에서 화재가 있었다고 말하는 사고 지휘관을 만난다. 그러나 희생자는 뒤쪽 침실에 있었다. 희생자가 외부로 연결되는 문에서 2 피트 이내의 바닥에 있다는 것을 확인하였다. 그는 머리, 팔, 손에 2도 화상을 입었고 그의 얼굴을 덮는 베개로 얼굴을 아래로 향해 누워있었다.

1. 당신은 그 장면을 문서화 할 때 무엇을 고려하겠는가?
2. 왜 소방관들이 희생자와 화재 현장을 안 어지럽히는 것이 중요한가?
3. 어떤 상황이나 조건들이 희생자를 탈출하지 못 하게 하나?
4. 상해 패턴 분석이 어떻게 조사에 도움을 주나?

개요

화재 및 폭발 사건에는 사건을 종합하기 위한 복잡한 조사가 필요하다. 이러한 조사는 화재나 폭발이 심각한 부상이나 사망과 관련될 때 훨씬 더 복잡하다. 상해는 사망으로 이어질 수 있으며 때로는 사건이 발생한 후 며칠 또는 몇 주가 걸릴 수 있다. 어떤 조사나 마찬가지로 처음부터 올바른 절차를 따라야 하며 심각한 부상과 관련된 모든 화재 및 폭발이 충분히 조사되는 것이 중요하다.

사망 현장 고려사항

치명적인 화재나 폭발에 대한 조사는 화재 또는 폭발의 원인과 사망 원인 및 방법을 포함하는 두 부분으로 구성된 조사이다. 희생자의 시체는 사망 원인과 방식을 결정할 때 가장 중요한 증거이다. 화재나 폭발이 발생하고 신체가 발견되면 유능한 법의학 병리학자가 부검해야 한다.

■ 화재 진압

의심의 여지없이 현장의 최초 대처자는 생명과 재산을 보존할 수 있다. 그들은 또한 화재 진압과 필수 구조에 영향을 미치면서 가능한 한 현장을 보존하는 것이 중요하다는 사실을 알고 있어야 한다. 화재 진압 요원은 강력한 호스 스트림 및 정밀 검사로 인한 조치가 신체 및 기타 취약한 증거에 영향을 미칠 수 있음을 인식해야 한다. 희생자를 발견한 후 희생자가 사망

했다는 의심의 여지가 없으면 신체를 원래 위치로 남겨두기 위해 모든 노력을 기울여야 한다. 범죄 현장에서 사망 희생자를 옮기는 것은 상상도 못할 것이다. 화재 또는 폭발 피해자는 다르게 취급해서는 안 된다. 피해자의 시체가 발견된 위치에 그대로 두어야 하는데 더 손상될 것으로 판단되는 경우 예외이다. 시체를 여러 층의 잔해물 아래 놓는 것보다 보전하는 것이 바람직하다. 신체를 제거할 필요가 있다고 판단되면, 그 신체 밑과 그 주변의 모든 것들과 함께 먼저 철저하게 촬영해야 한다. 신체의 물리적 위치는 잔해 제거 시 정확한 위치를 떠올릴 수 있도록 표시해야 하며, 이를 통해 증거물에 대한 추가 검사가 가능하다. 시체는 항상 증거로 취급되어야 한다는 것을 기억하라.

■ 통보

사망이 발생하면 법집행관, 의료심사관, 검시관, 법의학 실험실 직원 및 가능하면 다른 사람들을 포함한 다양한 당사자의 통보에 대한 법적 및 절차상의 요구 사항이 있다. 종종 이러한 동일한 당사자가 조사팀의 일원이다.

■ 문서화

특히 환경 때문에 시신을 조사 초기에 움직여야 하는 경우, 현장을 문서화하는 가장 효과적이고 신속한 방법 중 하나는 사진 촬영이다. 일련의 빠른 사진을 찍는 것이 도움이 된다. 가능할 때마다 5 메가 픽셀 이상의 디지털 컬러 사진을 사용해야 한다. 즉석 사진과 비디오는 유용하지만 나중에 필요한 세부 사항과 유연성이 부족한 경우가 있다.

완전한 문서화를 위해, 현장이 방해 받기 전에 잔해와 시신 제거 과정을 통해 시신과 그 주변 지역을 촬영해야 한다는 것을 기억하라. 출입구 및 상태, 경보 시스템, 화재 또는 폭발 유형, 싱크대에서 흐르는 물 및 기타 장면의 물리적 특성과 같은 항목과 관련하여 시신을 촬영하는 데 주의해야 한다. 시신에 발생할 수 있는 화재 패턴 및 폭발 효과는 사진으로 잘 문서화되어야 한다. 시신은 화재 또는 폭발 현장의 증거 중 하나이다. 그것은 이동하기 전에 사진을 찍어서 시신 가방에 넣은 후, 시신 가방에서 꺼내고 옷을 벗길 때 해야 한다. 화상 및 확대 사진을 클로즈업하고 크기를 조정해야 한다. 시신이 화재 현장에서 놓여 있었던 위치도 촬영해야 한다. 희생자가 이미 제거된 경우 화재조사관은 시신이 배치 될 때 시트의 한쪽 모서리를 매듭짓고 시트를 배치(머리를 나타내는 매듭과 함께)하여 위치를 재구성할 수 있다.

안전 팁

모든 화재 현장은 조사가 시작되기 전에 평가해야 할 고유한 안전 문제를 제기한다. 화재가 발생한다는 우려 외에도 화재조사관은 다양한 생물학적 유해 물질에 노출 될 위험이 있다. 적절한 개인 보호 장비, 오염 제거 및 폐기 절차가 다루어 질 필요가 있다.

현장의 문서에는 스케치 및 다이어그램이 포함되어야 한다. 다이어그램은 현장의 물리적 크기, 현장의 내용 및 시신 위치의 측정을 상세히 기록해야 한다. 스케치는 참조 목적을 위해 시신의 윤곽을 포함해야 한다(그림 23-1). 종종 이러한 스케치는 희생자의 사진이 심사 위원에게 허용되지 않을 때 법원에서 유용하다. 조사 과정에는 피해자 스케치가 포함될 수 있다. 이 스케치는 화상 및 기타 피해자에 대한 세부 묘사에 사용된다.

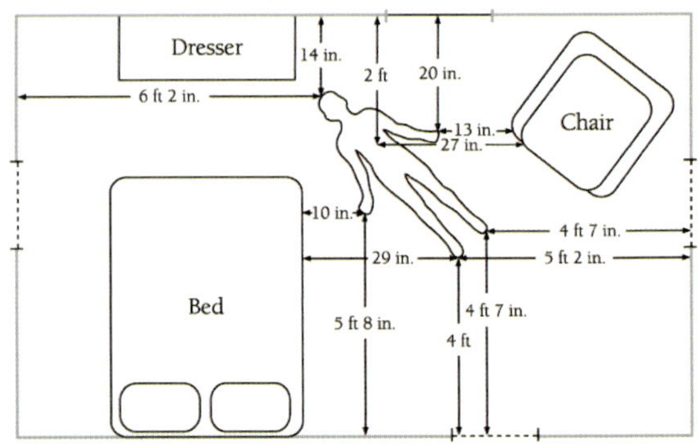

그림 23-1 이 다이어그램은 시신의 위치와 주변 지역의 크기를 보여준다.

■ 시신과 증거의 복원

모든 화재 또는 폭발 조사에는 팀의 노력이 필요하다. 사망의 경우, 종종 팀이 살인 탐정, 의료심사관, 검시관, 법의학 실험실 요원 및 법의학 병리학자를 포함하도록 조사를 확장한다. 시신이 심하게 탄 경우 법의학 인류학자와 법의학 치과의사(치과 의학자)의 전문지식이 필요할 것이다.

그림 23-2 이 방은 모든 범위를 포함할 수 있도록 부분별로 표시되어 나누어졌다.

조사는 처음에는 시신이 위치한 지역에 초점을 두기도 하지만 조사관은 중요한 증거가 시신으로부터 어느 정도 거리를 두고 발견될 수 있다는 것을 기억해야 한다. 화재 진압, 살아있는 동안 희생자의 행동, 그리고 환경은 시신으로부터 증거를 멀리 떨어뜨릴 수 있다. 많은 경우 화재 현장의 규모에 따라 현장 조사를 수행하는 조사관이 한 명 이상 필요할 수 있다. 한 명의 조사관은 사망 조사에 집중하는 반면, 다른 조사관은 화재 발생 지역, 발화점 및 발화원인에 대해 집중한다.

철저한 검사를 돕기 위해 조사관은 구획 시스템을 사용하여 현장을 구역으로 나눌 수 있다(그림 23-2). 현장이 구획 검색에 적합하지 않으면 조사관은 나선형 패턴을 고려할 수 있다. 이용된 모든 방법은 완전한 적용 범위에 대해 약간의 중첩을 가져야 한다.

화재조사관 팁

화재나 폭발 현장에서 발견 된 시체는 증거로 취급되어야 한다. 관리의 연속성을 유지하고 교차 오염을 피할 필요가 있을 뿐만 아니라 차후 검사를 위해 시신에 부착된 물질을 그대로 두어야 한다.

잔해와 그 위치에 대한 조사는 화재나 폭발에 대한 일련의 사건을 나타낼 수 있다. 흔히 검색해야 할 영역은 여러 층의 잔해로 덮여 있으며 체계적으로 제거해야 한다. 화재 또는 폭발 현장에 대한 조사는 고고학 발굴과 비교될 수 있는데, 각 발굴 단계는 사건과 관련하여 제거되고 해석된다. 때로는 증거의 크기에 따라 다른 검사 기법이 필요할 수 있다. 소량의 증거는 구역에서 잔해를 제거하고 잔해를 주의 깊게 검사하여 찾을 수 있다. 다른 크기의 메시로 된 여러 개의 스크린을 사용하는 것이 이 과정에서 도움이 된다.

시신에 대한 영역과 경로는 잠재적인 증거를 확인하는 수단과 효과적인 보존을 위한 준비로서 시신을 제거하기 전에 검사하고 평가해야 한다. 시신을 제거하는 동안 옷이나 화재 잔해와 같은 것들이 부착되거나 떨어질 수 있다. 물건들은 나중에 식별할 수 있도록 시신에 부착된 채로 두어야 한다. 물건이 떨어지면 법의학 검사를 위해 시신과 함께 수거하고 배치해야 한다. 시신이 쉬고 있는 지역은 잠재적인 증거 항목을 조사해야 한다. 희생자의 손에 있는 것이 무엇이든 주의해야 한다. 시신이 증거이기 때문에, 관리의 연속성과 교차 오염을 적절히 고려하여 취급하는 것이 중요하다. 시신은 사용하지 않은 새로운 밀폐된 가방에 넣어야 한다. 발굴 및 복구 과정의 모든 단계에서 현장 사진과 항목을 밝혀야 한다.

피해자의 의복에는 가연성 액체의 잔여물이 있을 수 있다. 가능하다면 의복은 증거로서의 가치가 보존되어야 한다. 조사관이 도착하기 전에 시

그림 23-3 현장을 조사 할 때 동물인지 인간인지를 판단하기가 어렵다.

신이 현장에서 이송된 경우 적절한 수집 방법을 사용하여 의복 및 기타 잠재적 증거를 확보하고 보존하기 위한 노력이 있어야 한다.

시신이 화재나 폭발로 심하게 타거나 부서지면 아무리 작아도 모든 유골을 찾아야 한다. 타는 뼈와 조직은 화재 잔해와 섞일 수 있으며 간과될 수 있다. 치명적 화재에 숙련된 조사관이 팀에 도움이 될 수 있다.

팀은 숙련된 법의학 인류학자를 현장에 직접 데려 가면서 필요할 때 골격 식별의 지원을 요청할 수 있다. 때로는 현장에서 복원된 뼈가 동물인지 인간인지 여부를 결정하는 것이 필요하다(그림 23-3). 동물이 화재로 죽은 경우, 추가 정보를 수집하기 위해 사후 검사를 하는 것이 유용할 수 있다.

사망 관련 병리학 및 독성 시험

화재나 폭발 사고의 모든 피해자는 사망의 원인을 확인하기 위해 모두 부검을 받아야 한다. 부검은 여러 가지 문제를 고려해야 한다.

신체검사의 첫 번째 단계 중 하나는 전신 X-선이다. X-선은 총알이나 칼끝과 같이 신체의 이물질을 식별하는 데 유용하다(그림 23-4). 또한 X-선은 부러진 뼈, 외과용 금속 임플란트나 치과용 잔해와 같은 과거의 상처를 확인하여 피해자를 식별하는 데 도움이 될 수 있다.

혈액 및 조직의 일산화탄소(CO) 수준을 테스트하는 것은 화재 또는 폭발 희생자에게 가장 쉽고 가장 일반적인 의료 검사 중 하나이다. 이 검사는 사건의 원인과 순서에 대해 많은 것을 보여주며 가능할 때마다 수행되어야 한다. 일산화탄소는 호흡에 의해 혈액과 조직으로 흡수된다. 검은 피부의 희생자나 그을음으로 크게 그을린 희생자에

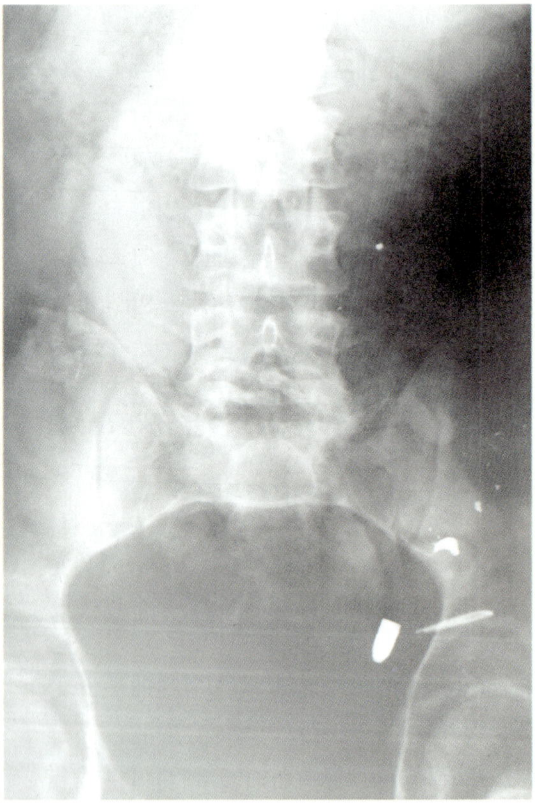

그림 23-4 이 전신 엑스레이는 화재 피해자의 골반 부위에 총알을 보여준다.

게서 볼 수 없는 체리 핑크 색상의 피부색을 유발할 수 있다. 체리 핑크 착색은 입술과 젖꼭지뿐만 아니라 체내에 모인 혈액(사후의 생생함으로 인해)에서 볼 수 있다.

시반(시체얼룩)은 사망 한 후에 발생하며 중력의 영향으로 인한 신체의 낮은 곳에서 혈액이 모이는 것이다. 시반은 사망 후 6시간에서 9시간 후에 신체에 고정 된다(그림 23-5).

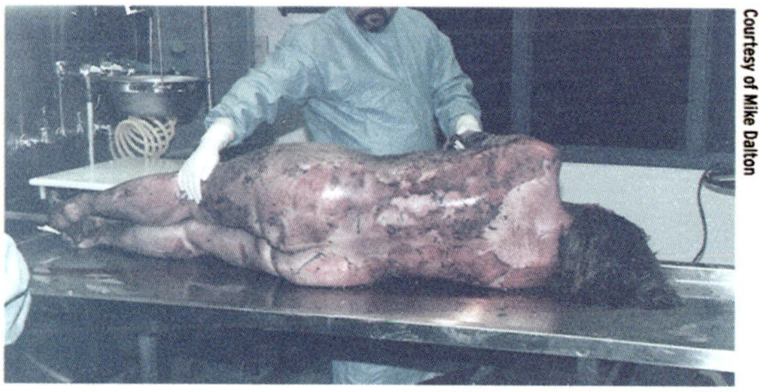

그림 23-5 사망 한 후 몇 시간 동안 몸의 낮은 곳에서 피가 솟는다. 이는 사망한 지 얼마나 오래되었는지 나타낼 수 있다.

일산화탄소(CO)의 존재외에도 폐, 기관 및 기관지를 비롯한 신체의 여러 부위에서 그을음이나 연기를 찾아야 한다. 신체의 외부는 코와 입 주위에 그을음의 징후를 보일 수 있다. 조사관은 이러한 얼룩이 화재 발생 시 피해자가 항상 숨을 거두고 있다는 증거는 아님을 알아야 한다. 내부기도 및 폐의 의학적 검사는 연기 환경에서 화새 희생자의 호흡과 일치하는 매우 명확한 흑색 검댕을 나타낸다. 매연은 화재 피해자의 위장에서도 발견 될 수 있다.

의학적 검사 과정에서는 다른 독성 물질을 검색해야 한다. 모든 화재로 다양한 연소 생성물이 존재한다. 시안화수소 및 염화수소와 같은 화합물은 혈액과 조직에서 발견 될 수 있다. 동일한 신체 구성 요소는 다양한 약물(의료 및 불법)과 희생자의 알코올 농도를 나타낼 수 있다. 이런 수준의 지식은 사건이 발생했을 때 화재나 폭발 희생자를 다루는 능력을 해석하려고 시도 할 때 화재조사관에게 유용하다. 가스 및 액체 크로마토그래피는 이 수준을 결정하는 데 사용되는 두 가지 기술이다.

■ 화상

회재의 직접적인 영향은 종종 화상에 나타난다. 이 과정은 희생자가 사망하기 전후에 일어난다. 피부의 수포(2도 화상)는 사망 후보다 제한된 정도로 발생할 수 있다. 사망 후 열의 영향으로 근육 조직이 탈수되기 시작한다. 이 조직이 수분을 잃어 감에 따라 근육의 수축이 현저히 나타나며 근육의 수축이나 조임을 유발한다. 이것은 희생자의 얼굴 특징과 권투 자세에서 두드러진다. 권투 자세는 손과 팔에서 관찰되는 권투신수형 자세이다. 근육의 수축은 또한 노출의 후기 단계에서 다리에서 일어날 것이다. 조사관들은 피해자가 방어 태세를 취한 것으로 의심하는 경우가 종종 있는데, 마치 화재로 인한 자세일 때 가슴을 부딪쳐 머리를 쓰다듬는 것처럼 보인다. 근육의 수축은 심지어 팔이나 다리의 골절을 일으킬 수 있다.

신체를 검사하는 동안 약간의 피가 있으면 특별한 주의를 기울여야 한다. 종종 신체에 있는 혈액은 비화재 관련 외상을 나타낸다. 불의 열기로 인해 조직이 탈수되어 혈액이 거의 나오지 않는다. 한 가지 예외는 코, 귀 또는 입에 소량의 혈액이 존재한다는 것이다. 발견된 혈액은 철저히 기록되어야 한다.

■ **화재에 의한 신체의 소모**

화재 현장의 모든 것들처럼 시신은 연료 하중의 일부이다. 화재 현장의 조사관은 화재 하중의 다른 부분과 마찬가지로 화재 피해자의 화상 패턴과 범위를 조사해야 한다. 조사관은 존재하는 패턴이 이 지역의 다른 패턴과 일치하는지 확인해야 한다(그림 23-6). 충분한 열에 노출되면 신체가 어느 정도 소모된다. 신체의 피부와 근육 조직은 열악한 연료로 간주되지만 탈수되어 시간이 지나면 소모된다. 체지방은 신체의 가연성 구성 요소이다. 뼈가 줄어들고 골절한다. 가열되면서 뼈가 변색된다. 어두운 색이나 검은 색은 회색으로 진화한 다음 가열되면서 흰색으로 분쇄된다.

그림 23-6 시신은 적재가연물이자 증거의 일부이므로 상황에 부응해서 검사해야 한다.

두개골이 화재의 영향으로 부서지거나 균열이 될 수 있다. 열 골절은 종종 두개골 봉합선을 따라 발생한다. 그러나 총기 난사나 두개골 외상의 영향으로 골절이 발생할 수 있으므로 화재로 인해 두개골 골절이 발생했다고 가정하지 말라고 조사관에게 경고한다. 골절의 원인은 숙련된 법의학 병리학자나 인류학자에 의해 결정되어야 한다.

자발적인 인간 연소라고 불리는 현상은 수년 동안 많은 주목을 받아 왔다. 간단히 말해서 인간의 몸은 자발적으로 발화하지 않는다. 적절한 조건 하에서, 화재 피해자의 체지방은 면 셔츠와 같은 심지 재료에 흡수되어 작지만 집중된 화염의 연료원으로 작용할 수 있다. 화염으로부터의 에너지는 인접한 가연성 물질을 발화시키기에 불충분할 수 있으며, 시간이 지나면 몸통 부위에서 소모된 희생자의 몸을 빠져나가지만 팔다리와 머리(낮은 체지방 농도를 가짐)가 남아있게 될 것이다.

사망 조사의 기본 문제

화재조사관은 조사와 관련하여 몇 가지 근본적인 문제에 직면해 있다. 여기에는 피해자 식별, 사망 원인, 사망 방식, 희생자 활동 및 사후 변화가 포함된다.

■ 유해와 피해자 신원

시신과 관련된 조사에서 중요한 요소 중 하나는 희생자를 확인하는 것이다. 시신이 화재 현장에서 발견되면 조사관은 조직체가 동물인지 인간인지 여부를 판단하기 어려울 수 있다. 돼지, 곰, 사슴과 같은 큰 동물의 유골은 인간의 유골과 비슷할 수 있다. 인간의 손과 비교된 곰 발의 골격 유해는 훈련된 인류학자에게만 확인될 수 있다.

어린이와 유아의 신체는 골격 구조가 성인의 구조보다 덜 발달되어 있으므로 특별한 문제를 제기한다. 골격 유골을 검사한 결과로 전처리 피해자의 성별을 결정하는 것은 불가능할 수 있다. 화장 시 신체는 종종 1시간에서 2시간 동안 1800 °F(982 ℃) 이상의 온도에 노출된다. 이 노출 후에도 해골이 남아 있다. 아이들은 유골의 발달이 작고 조직체가 작기 때문에 극단적인 경우에는 식별할 수 없는 유해가 있을 수 있다. 아이가 남아있을 가능성이 있는 경우 조사관은 현장을 조사할 때 특히 주의해야 한다.

신체에 미치는 화재의 영향은 여러 요인에 따라 다르다. 보통 노출의 경우, 희생자를 시각적으로 확인할 수 있다. 조사관은 얼굴 피부가 조여서 더 젊어 보이고 머리 색깔이 변할 수 있음을 명심해야 한다.

의복과 개인 소지품은 신분을 확인할 수 있는 환경적 증거를 제공할 수 있다. 문신이 가능한 지문 식별이 가능한 소스일 수 있다. 권투 선수 자세는 피해자의 손가락이 손바닥으로 말려들어 손끝을 인쇄 및 비교하기에 충분하게 보호할 수 있다.

치과용 유골의 X-선 및 알려진 세트와의 비교는 가장 확실한 식별 방법 중 일부이다. 머리의 낮은 조직체와 치아의 경도는 화재 시 보존에 도움이 된다. 머리가 파괴되면 조사관은 재건 및 비교를 위해 치과 유해를 복구해야 한다.

최근 DNA의 진보에 따라 식별을 위한 용도가 향상되었다. 피해자의 DNA를 가족 구성원과 비교하면 도움이 될 수 있다.

■ 검시관과 의료심사관

대부분의 관할권에서는 죽음의 원인과 태도를 결정하는 일은 검시관이나 의료심사관에게 달려 있으며 이 사람도 시신을 제거해야 할 책임이 있다. 치명적인 화재 시 조사관은 관할 지역의 시스템에 대해 잘 알고 있어야 한다. 검시관이나 의료심사관은 조사팀에서 중요한 부분을 차지할 것이며, 특히 사망자의 의학적 검사에서 얻은 정보와 관련이 있다. 검시관/의료심사관의 중요한 역할은 부검의 촉진이다. 부검은 모든 화재 관련 사망자에게 권장되며 숙련된 법의학 병리학자가 실시해야 한다. 철저한 부검은 몸에 붙어 있거나 몸의 일부인 신체적 증거 수집을 포함한다. 의류, 소지품, 유탄, 발화성 액체의 화학 잔여물, 다양한 조직 및 체액과 기타 물건은 향후 분석을 위해 회수될 수 있다. 가능하면 검사 중에 의료진과 정보를 공유하는 것이 화재조사관에게 도움이 된다. 화재조사관은 검시관이나 그 지역의 의료심사관들과 친숙해져야 하며 조사관이 사진 검사와 같은 다른 절차에 참가할 수 있도록 허용해야 한다. 이것은 화재조사관의 조사 절차를 개선하고 촉진할 것이다.

■ 피해자 활동

원인과 사망의 방식을 결정할 때, 조사관은 화재 이전에 피해자의 활동을 판단하기 위해 증거를 조사하고 해석하는 것이 도움이 된다. 신체(예 : 침대), 옷 또는 신체에 있는 항목(예 : 소화기)의 물리적 위치는 표지이다. 의류 및 신체 손상 패턴은 전체 현장과 관련하여 고려해야 한다. 모든 불일치는 면밀히 검토되어야 한다. 몸이나 옷에 손상 패턴은 화재를 진압하거나 탈출하려는 시도에서 생길 수 있다. 이 지역에서 발견된 증거는 과거의 활동에 대한 유용한 지표로서, 예를 들면 흡연 물질 또는 요리를 위해 남겨진 음식의 발견과 같은 것일 수 있다. 희생자의 예비적인 육체적 능력에 대한 지식은 희생자의 움직임이나 움직임의 부족함을 이해하는 데 도움이 된다. 모든 화재 관련 사망이 화염, 열기 또는 연기에 의한 것이 아닌 것을 기억하는 것이 중요하다.

■ 사후 변경

사망 한 후에 몇 가지 변화가 몸에 일어나기 시작한다. 앞에서 언급했듯이, 시반은 사망 후 6시간에서 9시간 사이에 나타난다. 그 하부 영역에서 혈액을 모으는 것은 중력의 영향으로 발생한다. 시반이 생기기 전에 시신을 움직이면 피의 고임이 바뀐다. 사후 경직은 사망 몇 시간 후에 몸의 관절이 뻣뻣해지기 시작한다. 사후 경직의 영향은 약 12 ~ 24시간 후에 신체에서 그치기 시작한다. 이 경직의 상실은 몸의 말단에서 몸통과 머리 쪽으로 돌아간다. 죽음 이전의 극도의 근육 활동뿐만 아니라 높은 주변 온도는 경직의 발병을 가속화할 것이다.

숙련된 법의학 병리학자는 신체의 경직 상태를 사용하여 사망 시간을 추정할 수 있다. 경직은 열의 노출에 따른 신체 근육의 경직과 혼동되어서는 안 된다. 사망 후 신체 변화의 발병률은 시간 및 기후 조건과 같은 여러 요인에 의해 영향을 받을 수 있다. 가능한 경우 희생자 타임라인을 만들어야 한다. 이 타임 라인에는 시신 발견, 제거, 운송 및 검사 시간뿐만 아니라 온도 및 보관 방법과 같은 환경 조건에 관한 데이터도 포함된다. 이 모든 정보는 병리학적 및 독성학적 발견으로부터 의료 데이터의 해석에 사용될 수 있다.

사망 원인과 방식

시신과 관련된 궁극적인 질문은 죽음의 원인과 방식이다. 사망 원인은 연기 흡입, 화상 및 총상과 같은 삶의 정지를 초래하는 실제 사건이나 부상으로 간주된다. 죽음의 방식은 우발적인 살인, 자살, 자연적이거나 불확실한 죽음에 이르게 하는 사건의 과정으로 가장 잘 간주된다.

■ 연소 생성물과 그 효과

화재 또는 폭발의 피해자에게 영향을 줄 수 있는 연소 과정의 많은 생성물이 있다. 이러한 생성물에는 일산화탄소, 이산화탄소, 질소산화물, 할로겐산, 시안화수소, 아크롤레인, 벤젠, 그을음 및 회분과 같은 미립자와 에어로졸과 같은 물질이 포함될 수 있다. 이러한 생성물을 호흡하거나 직접적인 피부 접촉은 인체에 다양한 영향을 줄 수 있다.

일산화탄소

일산화탄소는 모든 화재의 생성물이며 연료의 불완전 연소로 발생한다. 따라서 각 화재에 의해 생성되는 CO의 수준은 연료 패키지의 완전성 및 유형에 기초하여 변한다. 일산화탄소는 마취제이자 질식제이다. CO를 흡입하면 혈액 내의 헤모글로빈과 결합하여 카복시헤모글로빈(COHb)을 형성한다. 일산화탄소는 산소보다 혈액에서 헤모글로빈과 훨씬 쉽게 결합한다. 그러므로 혈액이 저농도의 CO에 노출되면서 COHb의 위험한 수준을 형성하는 것이 가능하다. 화재 생존자가 일산화탄소 환경에서 벗어나면 혈액 속의 COHb 수치가 감소되기 시작한다. 그러나 이 프로세스는 많은 시간이 걸릴 수 있다.

신체의 일산화탄소(CO)의 안정성은 사망 후 수 시간 동안 검사할 수 있는 정도이다. 일반적으로 50% 이상의 체내 COHb 수치는 치명적인 것으로 간주된다. 실제 수준은 다양할 수 있으며 일부 경우 20% 정도의 낮은 농도에서 사망이 가능하다. 몸에 있는 COHb의 수준은 피해자의 사망에 대한 결정을 내리는 데 도움이 될 수 있다. 수위가 20% 미만이면 사망은 열상이나 신체적 외상과 같은 다른 요인에 의해 유발되었을 가능성이 크다. 수준이 40% 이상인 경우 CO 단독이나 다른 요인과 함께 독성 영향이 원인이 될 수 있으며 대부분의 희생자는 발화 공간에서 멀리 떨어져 죽어 있다. 연구에 따르면 적어도 60%의 화재 피해자는 일산화탄소 중독으로 사망한다.

신체의 일산화탄소 농도를 유발할 수 있는 다른 비화재 요인이 있다. 흡연자나 자동차 배기가스에 노출된 사람들은 4~10%의 백그라운드 CO 수준을 가질 수 있다.

Coburn-Forster-Kane 방정식(CFN) 또는 Stewart 방정식을 사용하여 희생자가 흡입한 CO 양의 추정치를 결정할 수 있다. 시간 경과에 따른 화재에 의해 생성된 CO의 농도뿐만 아니라 희생자의 무게 및 분당 호흡에 의해 교환되는 공기의 양을 사용하여 CFK 방정식은 부검에서 결정된 COHb 값과 비교해서 CO에 대한 평균 노출 범위를 판단할 수 있다. Stewart 방정식은 COHb, 흡입된 CO 농도, 호흡량 및 노출 기간 간의 관계를 통해 흡입된 CO를 추정한다(CFK 및 Stewart 방정식에 대한 자세한 설명은 NFPA 921, 25.10.2절 참조).

시안화물

시안화수소(HCN)는 연소 중에 생성되는 또 다른 독성 물질이다. 시안화수소 가스는 양모, 나일론 및 다양한 플라스틱과 같은 일반 가정용품의 연소 부산물이다. 그 자체로나 다른 독성 가스와 함께 HCN은 무력화되거나 사망할 수 있다. 그것은 CO보다 호흡 과정에 의해 혈액 속으로 더 빠르게 흡수되기 때문에 HCN의 과도한 치명적인 영향이 설명된다.

시안화물은 산소를 일산화탄소와 결합시키는 것이 아니라 신체의 산소 사용에 영향을 준다. 시안화물은 일반적으로 혈액에서 가장 많이 측정되지만 간, 뇌, 폐 및 신장의 다양한 조직 샘플에서 측정될 수도 있다. 시안화물을 함유한 샘플은 일산화탄소와 동일한 안정성을 입증하지 못했다. 여러 기관에 대한 시안화물 분포는 다양할 수 있다. 그것의 부검 안정성은 일반적으로 시간, 저장(온도) 및 보존 방법과 관련된다. 피해자 활동 절에서 논의된 대로 피해자 일정표는 시안화물에 대한 테스트의 가치를 정확하게 결정하는 데 도움이 된다.

기타 독성 가스

일반적인 환경에서 다양한 종류의 연료를 사용하면 화재 발생 시 다양한 종류의 가스가 발생한다. 이러한 가스 중 많은 것들이 자극과 붓기를 유발하거나 본질적으로 유독하다. 염화수소와 아크롤레인은 일반적으로 화재 시 발견되는 두 가지 가스이다. 염화수소는 목재 및 셀룰로오스 제품의 연소로 인해 폴리비닐 플라스틱과 아크롤레인의 연소 중에 배출된다. 희생자가 적절한 환경에서 행동하고 활동할 수 있는 능력을 평가할 때 이러한 부산물 및 기타 부산물을 고려해야 한다.

그을음과 연기

대부분의 연료 생성물은 화상을 입을 때 임의의 형태의 연기와 그을음 물질을 생성할 것이고, 다른 것들보다 약간 더 많다. 뜨거운 그을음 입자는 흡입 시 열에 의한 부상을 일으켜 부종을 일으킬 수 있다. 그을음은 또한 몸에 독소를 운반하거나 극단적인 경우에는 희생자의 기도를 막을 수 있다. 열분해의 액상 미스트는 산성이며 종종 흡입에 대한 신체적 장애를 일으킨다.

저산소증

저산소증은 감소된 산소 환경에서 호흡하는 희생자가 원인이다. 제한된 지역에서 화재가 발생하면 공기 중의 산소가 고갈된다. 산소의 수준이 21%의 시작점에서 15~10%의 영역으로 감소함에 따라, 호흡이 점진적으로 증가하고 방향이 흐트러진다. 산소 농도가 10% 미만이면 의식을 잃고 호흡이 중단된다. 사망 후 저산소증 환자의 혈액을 검사 한 결과 산소 및 이산화탄소의 농도가 사망한 후에 변하기 때문에 신뢰할만한 정보를 얻을 수 없다.

치사 흡입 노출

CO 및 HCN과 같은 마약성 가스 또는 저산소증의 영향은 정신 및 정신 운동 능력을 제한하여 노출된 사람의 반응에 영향을 미친다. 또한, 이들 부산물 및 연기 중 일부는 호흡을 방해하고, 눈을 자극하며, 시각 능력을 저해할 수 있다. 사람이 영향을 받는 지역에서 벗어나면 이러한 부산물의 양이 줄어들기 시작한다.

자극성 가스는 낮은 농도의 화재에서도 사람들에게 경고할 수 있다. 이와 같은 자극성 가스는 더 집적되면 시력을 자극하거나 시력을 변화시킬 수 있는 자극을 일으킬 수 있다. 파열 효과는 호흡 부종이나 염증을 유발할 수 있다.

연기는 시력을 방해하고 탈출하는 동안 이동 속도를 감소시킨다. 탈출 움직임에 영향을 미치는 하나의 요소로서 건물/지역에 대한 사전 지식을 포함한 여러 요인에 의해 변경될 수 있다.

■ 열 효과

화재의 열 효과는 사망이나 부상을 초래할 수 있다. 온열은 몸의 온도가 크게 상승할 때 발생한다. 고온 혈증은 시간과 노출에 따라 단순 또는 급성으로 분류될 수 있다.

단순한 고열은 더운 환경에 장기간 노출(15분 이상)되면 발생한다. 시간이 지남에 따라 체온이 상승하고 몇 분 만에 109 °F(43 ℃) 이상의 내부 온도가 치명적이다. 습기와 수분은 신체의 과도한 열을 내뿜는 능력을 증가시킨다.

급성 고열증은 단시간 동안 고열에 노출되면 발생한다. 열화상은 또한 이 노출로 인해 발생하지만 사망 원인은 체온 상승과 관련이 있다. 고온 가스 및 다양한 독성 가스를 흡입하면 기도의 부종과 염증을 유발할 수 있다.

고온 가스의 영향에는 일반적으로 안면이나 얼굴 털의 화상이 동반된다. 그을음을 흡입하면 열에 의한 상해를 입을 수 있으며 독성 화합물이나 기도에 물리적 장애를 일으킬 수 있다. 화재로 인해 산소가 소모되어 위험을 초래할 수 있다. 15% 이하의 산소 농도는 방향 감각 상실과 판단력 상실을 초래할 수 있다. 10% 미만의 농도에서는 무의식이 발생하고 호흡이 중지된다.

피부 화상

피부 온도가 약 110 °F(45 ℃)에 도달하면 통증이 유발된다. 전도, 대류 및 복사를 통한 열에너지의 전달은 화상을 입는다. 의류가 열의 눈에 띄는 흔적을 보이지 않을지라도 옷을 통해 피부에 전도성 열이 전달될 수 있다. 공기 온도가 120 °F(49 ℃) 이상인 대류 열에 노출된 피부는 통증과 상해를 유발할 수 있다. 복사열의 경우, 열 유속이 클수록 조직에 더 빨리 손상이 발생한다.

뜨거운 가스의 흡입

고온의 가스를 흡입하면 사망이나 상해를 입을 수 있다. 화학적 자극에 의한 유사한 효과로 인해 이에 대한 평가가 방해된다. 고온의 가스를 흡입하면 피부와 얼굴 털에 화상을 입을 수 있다. 연구자들은 동물에서 932 °F(500 ℃)의 고온 가스가 후두 및 기관 손상을 초래하고 212 °F(100 ℃)의 증기가 폐 깊숙이 화상을 입히는 것으로 나타났다.

부검 및 기록

부검 중 다양한 검사와 기록을 통해 조사자는 사망 원인과 자세를 확인하고 피해자를 식별하는 데 도움이 되는 중요한 정보를 얻을 수 있다. 이러한 검사에는 다음이 포함될 수 있다.

- 혈액 : COHb, HCN 농도, 약물, 알코올 또는 독의 수준
- 내부 조직 : 휘발성 탄화수소, 약물 또는 독소의 수준
- 위 : 그을음의 유무를 포함한 내용물
- 기도 : 화재의 영향
- 체내 온도 : 사망의 시간과 메커니즘을 확립하는 데 도움
- X-선(X-rays) : 신체의 이물질 식별 또는 위치 확인을 도움
- 의복 또는 인체 영향 : 발화성 액체의 확인 또는 검사를 도움
- 신체 내부 또는 외부의 이물질 회수 : 탄환, 칼 부품, 폭발 장치 부품 및 기타 품목 포함
- 성폭행 증거 : 다른 범죄에 대한 증거, 공격자 확인, 화재 유발 동기 부여

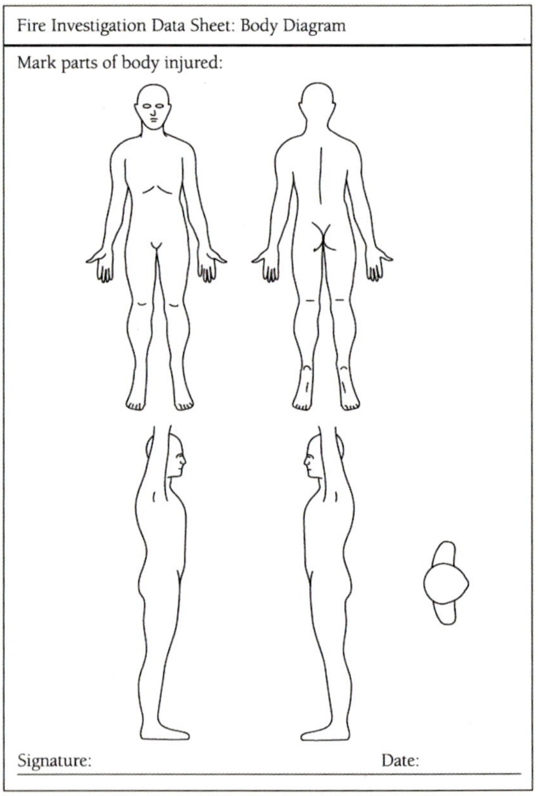

그림 23-7 이 도표를 이용해 부상을 나타낼 수 있다.

- 사진 및 스케치를 통한 기록 : 신체에 상처와 화상을 기록하고 증거를 신체에서 복원(그림 23-7)

사후 검사(부검) 중에 화재조사관이 참석하는 것이 도움이 된다. 화재조사관은 구체적인 증거를 지적하고 복원된 증거를 보관할 수 있다. 화재조사관은 또한 검사를 수행하는 의료 요원과 중요한 조사 정보를 공유할 수 있다.

화재 및 폭발 상해

사건 발생 후 화재 및 폭발로 인한 사망자가 발생할 수 있다. 심각한 부상 및 폭발은 완전성을 보장하기 위해 치명적인 조사인 것처럼 조사해야 한다. 부상 현장을 조사하는 동안 화상 및 흡입과 관련된 물리적 증거 및 의학적 증거를 포함하여 많은 항목을 검사하고 문서화해야 한다. 피해자의 상해로 인해 진술을 오랜 기간 동안 얻을 수 없을 수도 있다. 정보를 수집하는 모든 단계는 인터뷰를 위해 사용되어야 하며 지연되지 않아야 한다.

상해의 본질에 대한 기록은 적시에 이루어져야 한다. 왜냐하면 시간이 지남에 따라 부상이 치유되고 외모가 바뀔 수 있기 때문이다. 일부 관할 지역에서는 의료진이 총상과 동일한 방식으로 화상 부상을 신고하도록 하는 법안이 있다. 화재조사관은 관할 지역 내에서 적용되는 법률을 알고있어야 한다.

■ 물리적 증거

흔히 물리적 증거는 명백하고 현미경적이며 몸 밖의 영역에 있다. 의류는 손실을 방지하기 위해 가능한 한 빨리 수집해야 한다. 의복은 물리적 증거(주머니)가 있거나 화재의 연료원이였을 수 있다. 마찬가지로, 영역의 가구는 가연성에 대해 평가될 수 있다. 신체와 관련된 물리적 증거를 수집하는 데 사용되는 용기 유형은 혈액 샘플, 가연성 액체 존재 검사 등과 같은 수집 목적에 따라 결정된다.

모든 화재와 마찬가지로 화재 발생 가능성이 있는 발화원을 조사하고 기록한다.

일부 지역에서는 심각한 화재나 폭발로 인한 부상이 발생할 경우 정부 기관에 신고할 것을 법으로 규정하고 있다. 이 법률은 총기보고법과 유사하며 폭력과 학대의 희생자와 범죄를 저지른 방화범을 확인하는 데 성공적이다.

■ 의학적 증거

화상

화상의 증거를 기록하기 위해 많은 용어가 의료 보고서에 사용된다. 화재조사관은 각자에게 익숙해야 한다.

화상 화상 부상은 다음과 같은 화상 정도를 기록하고 평가해야 한다.

- **1도** : 피부의 붉어짐; 또한 표피 화상이라고도 한다.
- **2도** : 피부의 물집; 부분 두께 화상이라고도 한다.
- **3도** : 전체 두께의 화상이라고도 하는 전체 두께의 피부 손상
- **4도** : 피하 조직의 손상과 조직의 탄화

몸 영역(분포) 의료계는 "nine rule"을 사용하여 화상 손상을 추정한다. 이것은 신체를 9%의 부분으로 나누고 신체 부위를 추가하여 화상을 입었을 때의 신체 부위의 합계를 얻는 것에 기반한다(그림 23-8). 다른 자료는 NFPA 921, 화재 및 폭발 조사 지침의 표 25.8.1.3이다.

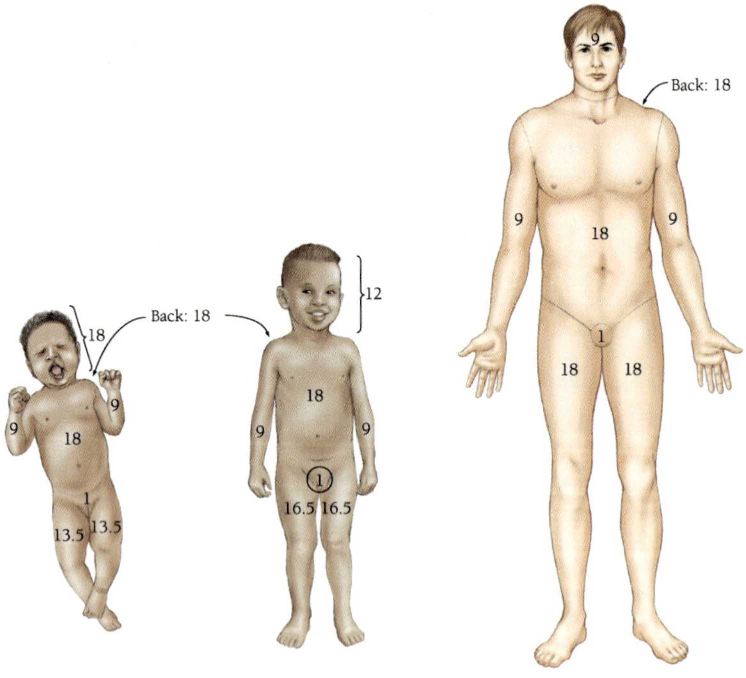

그림 23-8 '9의 법칙' 은 화상을 입은 면적을 추정할 때 사용하는 빠른 방법이다.

연소 된 신체 부위의 비율은 때때로 생존 가능성을 예측하는 데 사용된다.

기록 조사의 모든 요소와 마찬가지로 열 손상은 잘 기록되어야 한다. 이 기록에는 상해의 모양을 바꿀 수 있는 치료 또는 치유 전에 스케치 및 컬러 사진이 포함될 수 있다.

화상 상해의 메커니즘 끓는점, 화학적 노출 또는 고온 가스나 화염에 의한 화상의 원인은 외형만으로 구별되지 않을 수 있다. 화상의 형성 및 복사열 유출과 식섭적인 관련이 있다. 예를 들어, 2 kW/m^2의 복사열 플럭스는 피부에 물집이 생기지 않는 30초 후에 통증을 일으키고, 5초 후에 10 kW/m^2의 열 유속은 통증을 유발하고 피부를 12초 만에 물집이 생기게 한다. 전도된 열로 인해 피부가 직접 피부에 접촉하게 되므로 복사선 또는 대류에 의해 전달되는 열보다 더 위험하다. 이 전도는 피부를 태우지만 직물을 태우지 않을 만큼 충분한 열을 전달하는 무거운 의복에서 발생할 수도 있다.

흡입

화재는 노출된 사람에게 영향을 미지는 다양한 부산물을 생성한다. 이러한 부산물의 수준을 파악하고 피해자가 노출되어 부상당한 개인과 환경의 행동을 이해하기 위해서는 검사가 필요하다.

몸에서 제거된 CO의 비율은 환자에게 제공되는 산소 농도와 직접적인 관계가 있다. 정상 대기에서 환자의 CO 수준은 대략 5시간 만에 절반으로 감소한다. 이것은 환자가 치료 중 산소를 받으면 크게 가속된다. 정상적인 환경에서 COHb의 반감기는 약 250~320분이지만, 환자가 100% 산소를 받으면 반감기는 60~90분으로 단축된다. 이 정보의 지식과 응용은 치료를 받은 사람들의 COHb 수치가 알려지고 보간될 때 유용하다.

병원 검사 및 기록 병원 입원 시 화재 관련 부상을 입은 환자는 COHb, HCN 농도, 혈중 알코올 농도, 약물 존재 여부 등의 분석을 위해 혈액 시료를 채취해야 한다. 가능한 한 빨리 혈액을 제거해야 한다. 왜냐하면 대부분의 항목은 시간과 치료에 따라 감소되기 시작하기 때문이다.

의학적 증거에 대한 접근

많은 연방법과 주법이 수사관의 의료 기록 취득 능력에 영향을 미친다. 의료 기록은 경우에 따라 환자의 동의나 법원 명령과 같은 법적 수단을 통해서만 얻을 수 있다. 의료 기록과 관련된 법률에 대한 지식은 이 과정에서 화재조사관에게 도움이 된다.

과거의 병력을 알아내면 화재의 위험성을 이해하고, 움직이거나 감지할 수 있는 개인의 능력에 영향을 줄 수 있는 상황을 알 수 있다. 또한 심장 발작과 같이 화재 이전에 발생했다고 판단된 사망자에 대한 단서를 제공할 수도 있다.

■ 폭발 관련 부상

폭발 상해의 위치와 분포는 폭발 당시의 희생자의 위치와 활동을 나타낼 수 있으며 폭발기구 또는 장치의 위치, 방향, 에너지 및 기능을 설정하는 데 도움이 될 수 있다. 폭발 현장과 관련된 부상은 폭발 압력, 파편, 열 및 지진과 같은 폭발 효과에 따라 네 그룹으로 분류된다.

폭파 압력 부상은 폭발의 뇌진탕 영향으로 발생한다. 폭발 압력의 정도에 따라 내부 장기의 손상이 흔하다. 압력파는 또한 피해자를 물체로 몰아내고 무딘 외상, 골절, 열상, 타박상 및 찰과상을 일으킬 수 있다. 폭발로 인해 신체에 심각한 부상이나 절단을 겪을 수 있다.

작은 입자는 보호되지 않은 피부로 불어나면 유해하다. 폭발 센터에서 파편으로 인한 파편(단단한 조각) 부상은 절단, 열상 또는 둔기 외상과 같이 신체에 심각한 영향을 줄 수 있다.

폭발로 인한 열에 부상을 입을 수 있으며, 일반적으로 1도 및 2도 화상을 유발한다. 의류로 인해 부상을 입을 수 있다. 합성 피혁이 피해자에게 녹을 수 있으며 면직물이 마모될 수 있다. 열화상은 대부분 1도 및 2 도로 제한된다. 3도 화상이 발생할 수 있으며 본질적으로 치명적일 수 있다. 열적 현상에 피부가 잠깐 노출되면 노출된 표면, 특히 오염원에 직접 노출된 표면에 피부가 손상될 수 있다.

폭발로 인한 지진의 영향으로 구조물이나 구조물의 붕괴로 인해 부상을 입을 수 있다. 이 부상은 흔히 둔 상처, 열상, 골절, 절단, 타박상 및 찰과상으로 나타난다.

요 약

검토를 위한 준비

- 어떤 조사나 마찬가지로 처음부터 올바른 절차를 따라야 하며 심각한 부상과 관련된 모든 화재는 철저한 조사를 받는 것이 중요하다.
- 치명적인 화재나 폭발에 대한 조사는 화재나 폭발의 원인과 사망 원인 및 방식을 포함하는 두 부분으로 구성된 조사이다.
- 상해의 본질에 대한 기록은 시간이 지남에 따라 치유가 시작되고 외모가 바뀔 수 있기 때문에 적시에 수행되어야 한다.
- 화재 또는 폭발의 모든 희생자는 사망 원인을 결정하기 위해 철저한 부검을 받아야 한다.
- 조사관은 피해자 확인, 사망 원인, 사망 방식, 희생자 활동 및 사후 변화를 포함하여 조사와 관련된 여러 가지 근본적인 문제에 직면한다.
- 화재 또는 폭발의 피해자에게 영향을 줄 수 있는 연소 과정의 많은 생성물이 있다. 이러한 생성물은 호흡하거나 직접적인 피부 접촉은 인체에 다양한 영향을 줄 수 있다.
- 급성 고열증은 단시간 동안 고열에 노출되면 발생한다. 열화상은 또한 이 노출로 인해 발생하지만 사망 원인은 체온 상승과 관련이 있다.
- 사후 검사 중 다양한 검사와 기록을 통해 조사관은 사망 원인과 자세를 확인하고 피해자를 식별하는 데 도움이 되는 중요한 정보를 얻을 수 있다.
- 사건 직후 화재와 폭발로 인한 사망자가 발생할 수 있다. 심각한 부상 및 폭발은 완전성을 보장하기 위해 치명적인 조사인 것처럼 조사해야 한다

주요 용어

카르복시헤모글로빈 (Carboxyhemoglobin, COHb)

혈액 속의 일산화탄소 포화 상태

저산소증 (hypoxia)

감소된 산소 환경에서 호흡하는 희생자에 의해 유발되는 상태

시반 (Lividity)

사망 후 발생하며 중력의 영향으로 인해 신체의 낮은 곳에서 혈액이 모이는 곳

권투 자세 (Pugilistic attitude)

굴곡된 팔, 다리 및 손가락으로 쭈그러든 자세

실전 화재조사관

카운티의 시골 지역에서 치명적인 피해를 조사하도록 요청 받았다. 도착 시 2층 욕실에 여러 명의 희생자가 있다는 사실을 듣는다. 피해자는 두 명의 어린 자녀와 그들의 어머니로 여겨지는 젊은 여성을 포함한다. 소방관들은 세 명의 희생자 모두가 욕조에서 발견되어 그들이 죽었을 때 서로 포옹하고 있는 것처럼 보였다고 한다. 그들은 또한 피해자가 발견되었을 때 샤워헤드가 물을 흘리고 있다고 말했다. 현장을 기록하기 시작하면서 1층 거실에서 발생한 화재임을 확인하고 현관을 환기시켰다. 두 개의 추가적인 출구가 건물의 후면에 있으며 손상되지 않았다. 그러나 그것들은 열쇠 조작 데드 볼트로 내부에서 잠겨 있었다.

1. 피해자의 사망원인은 무엇인가?
   - A. 시안화물 중독
   - B. 연기 흡입
   - C. 열 손상
   - D. 익사

2. 다음 관찰 항목 중 화재조사 시 중요한 것은?
   - A. 화재의 위치
   - B. 열쇠 조작 데드볼트
   - C. 샤워 시설에 있는 모든 희생자들
   - D. 위의 모든 것

3. 피해자 주변의 잠재적 증거를 조사할 때 다음 중 어느 것이 유용할 수 있는가?
   - A. 스크린 체인지
   - B. 어깨에서 어깨까지의 검색
   - C. 그리드 시스템
   - D. A와 C 모두

4. 다음 중 사망 방식으로 간주되는 것은?
   - A. 총격
   - B. 감전
   - C. 익사
   - D. 우발적인

5. 일반적으로 ______ 이상의 COHb 수준은 치명적인 것으로 간주된다.
   - A. 25 %
   - B. 50 %
   - C. 75 %
   - D. 90 %

기 기

학습 목표

이 장을 학습한 후 여러분은 다음 사항을 할 수 있다.

- 기기가 관련되어있을 때 카메라 화면을 기록하는 방법에 대한 설명
- 기기와 관련된 화재의 발화점을 판단하는 방법에 대한 설명
- 기기와 관련된 화재의 원인을 파악하는 방법에 대한 설명
- 공통적인 기기 구성 요소 식별과 그에 대한 설명
- 일반적인 주거용 기기와 그 작동 식별과 그에 대한 설명

기능습득 목표

이 장을 학습한 후 여러분은 다음 사항을 할 수 있다.

- 화재 또는 폭발 현장에서 가전제품에 대한 평가

NFPA 참고 문헌

NFPA 921, *Guide for Fire and Explosion Investigations*

CHAPTER

24

FESHE 과정 결과물

화재조사 I

이 장에서는 화재조사 I (FESHE)의 과정에 대한 결과물은 없다.

화재조사 II

6. 전기의 원인을 분석하라.
13. 화재조사에 사용할 수 있는 출처와 기술을 열거하라.

당신은 화재조사관

한 가정의 화재가 가솔린 가스와 전기 온수기가 있는 2층 계단 아래의 다용도실에서 발생한 것으로 확인되었다. 두 장치 모두 심각한 플라스틱 화염 및 열 손상을 나타내며 많은 플라스틱 구성 요소가 소모된다.

두 장치를 검사하기 시작할 때 온수기 측면에 발화 요소 중 하나에서 발화가 발생했음을 나타내는 발화 패턴을 찾는다. 또한 난방 장치의 액세스 패널 근처에 청소 용품으로 보이는 빗자루, 걸레 및 플라스틱 용기와 같은 다른 물품의 잔해를 기록한다.

1. 난방 장치가 고장나는 원인은 무엇인가?
2. 온수기의 제조업체와 모델을 조사하면 어떤 정보를 얻을 수 있는가?
3. 추가 테스트를 위해 온수기의 잔해를 어떻게 보존하는가?
4. 왜 모형기기를 사용하는 것이 유익한 것인가?

개요

이 장에서는 화재 및 폭발을 위한 발화원으로 기기를 중점적으로 다룬다. 적절한 발화점 판정이 완료될 때까지 기기를 발화원으로 간주해서는 안 되기 때문에 이 장에서는 화재의 원인이 결정되었고 기기가 의심되는 발화원이라고 가정한다.

기기가 연관되었을 때 화재 현장 기록

이 장의 자료는 NFPA 921, 화재 및 폭발 조사 지침의 16장 조사 기록 및 26장 기기의 정보를 확장한다. 이 장에 설명된 기록 방법은 기기와 관련된 화재 조사를 기록하는 데 사용해야 한다. 화재 현장에서 기기가 화재 원인이라는 가장 확실한 지표는 다음과 같다.

- 기기 근처에 있는 발화점을 가리키는 화재 패턴
- 제품에 심각한 화재 위험이 있음

또한 기기가 전력으로 작동하는 경우 :

- 기기 내부나 근처의 도체에서 발견되는 아킹이나 용융

승무원 작업, 탑승자 반납, 기상 악화 및 화재로 인해 손상된 재료의 전반적인 악화로 인해 증거가 손상되거나 변경될 수 있다. 화재조사관은 철저히 문서화될 때까지 기기를 교란해서는

안 된다. 현장을 변경하거나 증거를 옮길 필요가 있을 때, 화재조사관은 증거물 취급과 관련하여 NFPA 921을 참조하는 것이 좋다. 증거가 부적절하게 처리되는 경우, 침해 주장이 제기될 수 있다. 화재조사관은 이러한 불법 행위를 피하고 가능한 법적 구제 조치, 심지어 기소를 피하는 것이 좋다. 따라서 NFPA 921의 12.3.5.4 절과 12.3.5.5 절에서 논의된 바와 같이 현장이나 증거 변경 이전에 다른 당사자와 문서로 알리는 데 필요한 방법을 숙지하고 실행할 필요가 있다. 또한 NFPA 921은 파괴 시험을 실시할 때 고려해야 할 추가 고려 사항에 대해 설명한다. 증거를 옮기거나 변경할 때 법적 문제에 대한 자세한 내용은 이 책의 "법적 고려사항"장을 참조하라.

발화원이 확인되고 발화원 지역에서 하나 이상의 기기가 발견 된 후에는 기기를 사진, 도표 및 치수로 문서화해야 한다. 기기의 위치 또는 설정 확인, 기기 명판 데이터의 보안 및 기기의 모든 구성 요소 부분 수집은 현장의 문서화 작업의 일부로 수행되어야 한다.

■ 사진

화재조사관은 본 책의 "조사기록"장에 설명된 대로 현장 전체를 촬영해야 하며 기기에 공급하는 모든 전기 및 연료 라인을 포함하여 다양한 각도에서 기기를 촬영하도록 주의해야 한다. 화재조사관은 가연성 물질 및 건물의 경계표와 관련하여 장소를 확립하기 위해 기기를 포함한 전체 영역을 기록해야 한다. 또한 제어 장치 및 열 보호 장치의 위치와 같은 자세한 정보를 제공하기 위해 근접 사진을 찍어야 한다. 다른 모든 화재 현장 문서 및 기기 문서가 완성 될 때까지 기기를 옮겨서는 안 된다. 증인 정보는 가연성 물질의 위치 및 근접성뿐만 아니라 전원 상태 및 기기 작동과 관련된 최근 문제를 확인하는 데 도움이 된다.

■ 다이어그램 및 측정

화재조사관은 화재 현장을 다이어그램으로 표시하고 그림에서 기기를 찾은 다음 고정된 경계표, 가연성 연료, 전원 및 화재 현장의 기타 요소와 관련하여 기기를 배치한 측정값을 포함시켜야 한다.

■ 기기의 문서화

기기의 스케치나 사진에서 명확한 설명을 위해 설명이 포함된 주석이 있는 경우 표 24-1의 정보를 문서화해야 한다. 이 정보에는 기기에 대한 제품 조사가 필요할 수 있다. 일부 기기 제조업체는 유용한 다이어그램과 기기의 회로도를 포함하는 매뉴얼이나 온라인 데이터베이스를 보유하고 있다. 문제가 되는 구성 요소의 예는 해당 구성 요소의 기능이나 배치를 이해하기 위해 유사성에 의한 지침을 제공하며 설명적 설계나 레이아웃 정보를 포함하는 경우가 많다. 이 분석은 일반적으로 현장에서 발생할 수 없기 때문에 보관 또는 실험실 검사를 위해 기기를 이동 및 운반하기 전에 화재조사관은 그림 24-1의 항목을 기록해야 한다.

표 24-1 Appliance Documentation

항목	기기 설명	사례
1차 전원 유형	기기에 사용 된 1차 에너지의 유형을 기술하라.	전기, 가스 (천연 또는 프로판), 연료유, 태양 또는 바람
전원, 에너지 저장	전원의 서비스 원이나 저장 또는 생성 장소를 기술하라.	유틸리티 전원 공급 장치, 배터리, 프로판 저장 탱크, 천연 가스 유틸리티, 무정전 전원 공급 장치가 있는 발전기
에너지 원 어댑터	존재하는 경우, 적응 방법을 기술하라(소스를 사용 가능한 형식으로 변환).	변압기, 전원 공급 장치, 압력 조절기
전원/연료 소스 공급 및 연결	전원선에 대한 급전선 및 인터페이스 연결을 기술하라.	전기 배선 분배 = 표준 이중 콘센트가 있는 14/2 AWG 솔리드 와이어, 연장 코드 = 4 피트 탭 스트립이 있는 12 피트 12/2 AWG 연선, 3/8 "ID 구리의 천연 가스 3/8"ID 퀵 커넥트 수 플러그 파이프
외부 과부하 보호	에너지 과부하로부터 외부 보호 방법을 기술하라.	GFCI 보호, 회로 보호 (차단기 또는 퓨즈), 레귤레이터
접합 및 접지	기기가 어떻게 접지되어 있는지 기술하라.	섀시 연결된 접지 2개 또는 3개 와이어, 2개 절연, 라인 접지, 변압기 절연
기기 제어용 전원	사용된 컨트롤에 대한 에너지 원을 기술하라.	전기 제어 -110V 교류, 기계식 스위치, 공압 스위치, 유압 서보 밸브
내부 회로 보호 및 차단	기기의 내부 기능을 보호하는 데 사용되는 메커니즘을 기술하고 "발견됨" 상태를 기술한다.	GFCI, 서지 방지기, 인라인 퓨즈/회로 차단기, 차단 스위치, 열 컷 아웃 스위치
동작 제어	발견된 기기 제어 구성 요소와 설정을 기술하라.	다이얼, 스위치, 전원 설정, 자동 온도 조절 장치 설정
피드백 장치 및 센서	발견된 제어 피드백 조건을 기술하라.	온도 센서, 압력 / 유량 센서, 레벨 센서, 위치 피드백
가동 부품	중요한 움직이는 부품의 상태와 위치를 기술하라.	문, 환기구, 밸브
청소/냉난방 구성 요소	제품의 필터 및 냉각/가온 부분의 상태를 기술하라.	필터, 냉각 팬/펌프, 히터
시계 및 타이머	기기에서 타이밍 메커니즘 (사용 가능한 경우)의 상태를 기술하라.	시계지시점, 타이머 지점

화재조사관 팁

기기를 이동하기 전에 기기나 근처에서 발견된 표 24-1에 제시된 주요 제어 및 보호 구성 요소의 상태와 상태를 문서화하는 것이 중요하다. 컨트롤 손잡이나 스위치를 움직이는 것은 매우 바람직하지 않지만 움직이면 먼저 위치를 표시하여 원래 위치로 되돌릴 수 있다.

화재조사관은 기기에서 다음 식별 정보를 얻어야 한다. 이 정보는 때로 서비스 패널 뒤나 제품 뒤 또는 아래에 숨겨진 레이블이나 번호판에 있다. 소유자는 종종 모든 기기 설명서를 함께 보관한다. 사용 설명서는 종종 식별 정보와는 별도의 위치에 기기 내부에 보관될 수 있다.

- 제조사
- 모델 번호
- 일련 번호
- 제조 일자
- 제품 이름
- 경고 및 주의 사항
- 권장 사항 및 등급
- 설치 다이어그램과 같이 기기에 있는 추가 데이터

■ 기기 구성 요소 복구 및 재구성

화재조사관은 화재나 진화작업 중 이동되었을 수 있는 다양한 구성 요소를 모아서 가능한 경우 사전 설정 위치에서 재구성해야 한다. 가능한 최소한의 피해로 본래의 상태(발견 된 대로)로 재산을 복구하기 위해 최선의 노력을 다하라. 필요한 경우 화재조사관은 트럭이나 트레일러가 기기를 안전한 장소로 운반할 수 있도록 계획해야 한다. 이 운송에는 덮개, 패딩, 체인, 가방, 고정 장치 등이 포함되어야 한다. 가능한 경우 기기를 똑바로 세우고 차량이 주행할 때 바람이나 진동이 기기의 민감한 부분을 방해하지 않도록 주의해야 한다. 화재 현장에서 장비를 검사하거나 작동하면 안 된다. 그렇지 않으면 장비가 손상될 수 있으며 위험할 수 있다.

Courtesy of Ray Franco

그림 24-1 이 저항계는 커피 메이커의 전기적 연속성을 확인하는 데 사용된다.

이 시점에서, 모든 테스트는 불연속적이어야 한다(예 : 그림 24-1의 볼트 저항계를 사용하여 전기적 연속성 또는 저항 테스트). X-선은 퓨즈, 열 보호 장치, 가열 요소 및 릴레이 접점의 연속성을 결정하는 데 유용하다. 때때로 변압기 및 모터 권선을 X-선으로 검사할 수 있다.

기기와 관련된 발화원 판정

이 절은 NFPA 921의 6장 화재 패턴 및 18장 발화원 판정에 있는 자료에 적용되고 확장된다. 일단 발화점이 기기의 발화점으로 결정되면 이 절에서 논의된 기술 및 방법론을 조사에 적용해야 한다.

■ 화재 패턴

화재 패턴은 기기가 발화원에 위치해 있음을 입증하는 데 사용해야 한다. 화재조사관은 화재 현장의 나머지 부분과 관련하여 기기의 화재 패턴을 평가해야 한다. 기기가 주변 항목보다 더 심하게 손상된 경우 기기에서 화재가 발생했음을 나타낼 수 있다. 화재조사관은 플라스틱 제품의 부품이 심하게 손상되거나 누락될 수 있음을 명심해야 하지만 이것이 기기가 발화점임을 나타내는 지표는 아님을 명심해야 한다. 기기에서 발생하는 화재로 인한 화재의 다른 모든 원인을 고려해야 한다(예 : 기기 옆 또는 옆에 있는 잔해물이 떨어짐이나 기타 발화원). 발화원 영역을 판정할 때 기기의 외함 유형을 고려해야 한다. 비내화성 플라스틱 하우징이 있는 기기는 화재에 노출되어 심각한 화재 피해를 입을 수 있다. 이전에 언급한 주요 구성 요소의 상태를 확인하기 위해 내부의 용융이나 붕괴된 덩어리를 확인하는 데 X-선이 필요할 수 있다.

화재조사관은 기기가 전원 공급 장치에 연결되어 있고 화재 당시에 전원이 공급되었는지 여부를 확인해야 한다. 화재조사관은 서비스 패널로 전원 공급원을 추적하고 문서화하는 것이 중요하다. 회로 공급 컨덕터는 스위치 및 가능한 경우 회로 보호 장치, 연결 해제 및 퓨즈와 함께 복구해야 한다. 지락 회로 차단기(GFCI) 또는 아크 플래시 보호에 대한 요구 사항이 있을 수 있다.

화재 현장을 재구성하고 예비 화재 위치에서 기기를 교체하는 것은 화재 패턴을 문서화하고 화재가 기기에서 발생했음을 나타내는 표시를 제공하는 데 필요할 수 있다. 화재 현장이 재구성된 후, 앞서 논의한 것처럼 기기 및 현장 문서화 작업을 진행할 수 있다.

기기와 관련된 화재의 원인 파악

이 절은 NFPA 921의 19장 화재 원인 규명에 있는 자료에 적용되고 그 내용이 확장된다. 화재가 시작되기 위해 기기가 충분한 열에너지를 생성할 수 있는 방법을 판정하려면 화재조사관이 다음 질문에 답해야 한다.

- 화재 당시에 기기를 전원 또는 연료원에 연결했는가?
- 화재가 발생했을 때 에너지를 주었는가?
- 최근에 기기의 작동 상태가 좋지 않거나 비정상적이었는가?

- 기기에 최근 수행된 수리 또는 유지 보수가 있는가?
- 기기가 최근에 이동했는가?
- 기기에 대한 리콜이 있었는가?
- 기기가 어떤 방식으로든 수정된 것으로 보이는가?
- 최근의 작동 조건에서 상당한 열이 발생할 수 있는가?
- 수분이 존재했는가?
- 가까운 가연성 물질이 기기의 발열 부분과 가까이 접촉했는가?

이 질문의 목표는 충분한 가열에너지가 존재하는지, 열에 어떤 물질이 발화되었는지, 그리고 이 열에 의해 어떻게 물질이 발화되었는지를 결정하는 것이다. 조사되는 특정 유형의 기기가 화재에 가장 크게 기여할 수 있는 방법을 고려하는 것이 도움이 된다. 예를 들면,

- 식기 세척기, 세탁기, 온수기 및 옥외용 기기와 같은 물 사용기구 : 물/습기 또는 그것의 부족으로 인한 화재를 고려하라.
- 히터, 변압기/모터 및 의류 건조기와 같은 열 방출 장치 : 옷이나 보푸라기/먼지와 같은 인화성 물질 근처의 인화성 물질로 인해 발생하는 화재를 고려하라.
- 히터 및 에어컨과 같이 장시간 동안 많은 양의 전류를 소모하는 기기 : 열악한 연결 또는 과부하 회로로 인한 화재를 고려하라.
- 냉동고 또는 냉장고와 같은 중전도 기기 : 코드가 기기 위에 놓여 있거나 압착되거나 닳아 없어지는 최근의 움직임으로 인한 전원 코드의 단락을 고려하라.
- 컨트롤, 타이머 또는 전자 회로가 있는 전자 장치 및 상호 연결 케이블 : 전원 또는 회로 보드 연결 문제, 릴레이, 전원 스위칭 또는 제어 구성 요소 오류 또는 센서 연결의 오염을 고려하라.

■ 기기 작동

화재조사관은 기기가 어떻게 작동하는지 및 안전장치를 철저히 이해해야 한다. 이것의 중요성은 과장되어서는 안 된다. 손실에 대해 결함을 할당하기에 충분한 동작 세부 사항을 이해하려면 파괴적인 테스트가 필요하며 이로 인해 기기 작동이 변경 될 수 있다. 기기의 작동 및 설계에 대한 좋은 참고 자료는 가전 수리 도서에서 찾을 수 있다. 때로는 기기 제조업체가 요청 또는 온라인으로 설계도, 부품 목록, 운영 안내서 또는 소프트웨어 목록과 같은 설계도를 제공한다. 보통 일반 소비자는 사용할 수 없다.

화재조사관은 제조업체, 최종 사용자, 설치자 또는 서비스 요원이 변경한 내용, 특히 전원 연결 또는 구성 요소가 포함된 경우 이를 문서화해야 한다.

전기가 연결되었는지, 전기 제품에 대한 배선이 통전되었는지, 화재가 발생했을 때 전기 제

품이 켜져 있는지를 평가하고 판단하라. 이러한 조건은 전기적 결함 또는 과부하 발생 여부와 알려진 주변 물질의 발화를 유발할 만큼 충분한 열이 발생했는지 여부를 결정하기 위해 충족되어야 한다(이 책의 "전기와 화재"장 참조).

■ 분해

일반적으로 기기의 분해는 현장에서 발생해서는 안 된다. 해체는 증거의 훼손의 소송을 야기할 수 있다. 해체를 시작하기 전에 화재조사관은 해체가 필요한 구체적인 원인을 확인하고 구체적인 이유에 따라 확인된 목적, 기본 규칙 및 해체 정도를 포함한 프로토콜을 작성해야 한다. 증거의 일부 측면의 상태 또는 상태를 밝히거나 명료화하려는 시도는 일반적으로 추구하는 목표이다. 예를 들어 제품의 제조업체를 식별하려면 일부 분해가 필요할 수 있다. 이것을 하기 위해 필요한 것을 넘어서는 것은 권장되지 않는다. 화재조사관은 전문 지식이 있고 기기 정보를 조사하고 증거의 영향력을 고려한 후에 기기 제조업체와 피보험자를 포함한 이해 관계자에게 통보한 경우에만 해체해야 한다. 해체 프로세스의 각 단계를 문서화해야 한다. 화재조사관은 전체 분해 과정을 기록한 메모와 사진 또는 비디오를 촬영해야 한다. 해체가 불가능할 경우 X-선을 고려할 수 있다. 퓨즈, 가열 요소, 릴레이 접점 및 권선은 이러한 방식으로 검사할 수 있다. 기기를 취급할 때마다 화재조사관은 기기와 관련된 날카로운 모서리, 움직이는 부품 및 화학 물질 또는 기타 유해한 물질의 가능성을 인식하고 적절한 개인 보호 장비를 착용해야 한다. 또한, 많은 가전제품들은 전원이 차단된 후에도 전기를 계속 끌어 들이고 일부 전기 및 전자 부품은 전원이 차단된 후 얼마 동안 전기가 충전된 상태로 있을 수 있다.

■ 모형 기기

모형은 해당 기기의 정확한 복제물이다. 모형은 기기가 어떻게 작동 하는지를 이해하는 데 도움이 되며 제안된 발화 시나리오를 테스트하는 데 사용할 수 있다. 해당 기기의 모델 및 일련번호는 화재조사관이 정확한 사본을 얻을 수 있도록 도와준다. 모형이 정확히 동일하지 않은 경우 화재조사관은 사용하기 적합한지 여부를 결정해야 한다. 시험은 기기가 필요한 열이나 전기 방전을 발생시킬 수 있을 뿐만 아니라 연료 하중을 발화시킬 수 있는지 확인해야 한다. 제품에 대한 회수 통지와 관련하여 소비자제품 안전위원회(CPSC)에 연락해야 한다.

기기의 구성 요소

많은 기기가 있으며 각 기기마다 다른 용도가 있으며 다르게 구성된다. 다음 절에서는 기기의 공통 구성 요소에 대해 설명한다.

■ 하우징(부품을 덮는 덮개)

기기의 하우징은 작동 구성 요소가 들어있는 기기의 외부 쉘이다. 대부분의 하우징은 금속 또는 플라스틱으로 만들어졌지만 목재, 유리 또는 도자기로 만들 수도 있다.

강철

강도와 내구성으로 인해 대부분의 금속 하우징은 강철 또는 스테인레스 강으로 제작된다. 강철 하우징은 에나멜 또는 플라스틱으로 코팅될 수 있다. 기기는 화재에 노출되는데 이것의 예는 냉장고 또는 세탁기일 것이다.

철강은 일반적으로 건물 화재에서 발견되지 않는 높은 온도에서 녹는다. 보통 미완성된 강철은 불에 산화되어 흐린 청회색으로 바뀐다. 강이 깊게 산화되면 산화물을 벗겨내는 것이 가능하거나 산화가 강을 완전히 관통할 만큼 심각해질 수 있다.

화재 이후 패턴과 색상은 여러 요소에 따라 달라진다. 일반 강철 하우징은 청회색, 흰색, 검정색 및 적갈색을 포함한 색상으로 얼룩덜룩한 모양을 가질 수 있다. 노출된 아연 도금 강철은 희끄무레한 코팅을 가질 수 있다. 강철 위에 보호 코팅을 하면 열이나 화염에 노출 될 때 다양한 색상이 나타날 수 있다.

알루미늄

알루미늄 하우징은 일반적으로 성형 시트나 주물로 만들어진다. 순수 알루미늄은 660 ℃(1220 ℉)의 낮은 용융 온도를 가진다. 알루미늄 합금은 용융 온도가 약간 낮다. 알루미늄 하우징은 손상 정도를 나타낸다.

기타 금속

아연이나 황동과 같은 다른 금속은 종종 장식용으로 기기 하우징에 사용된다. 아연은 419 ℃(786 ℉)에서 녹으며 녹을 때 회색 금속으로 나타난다. 황동은 합금이며 다양한 온도에서 연화되지만 일반적으로 950 ℃(1740 ℉)의 용융 온도를 가진다. 황동이 하우징 재료로 사용되기도 하지만, 주로 전기 단자에 사용된다.

플라스틱

플라스틱 하우징 또는 탄소 및 기타 요소로 만들어진 하우징은 일반적으로 고온에서 작동하지 않는 기기에 사용된다. 플라스틱은 저온에서 녹고 고온에서 마찰로 분해된다. 일부 플라스

안전 팁

강철 하우징은 기기의 내부 부품이 고온에 도달하지 못하도록 보호하지 않는다.

틱은 한 번 발화된 후에는 계속해서 자체적으로 타는 반면, 다른 플라스틱은 추가된 난연제나 화학 성분에 기인하여 타지 않는다.

짧은 화재 후에 플라스틱 하우징이 녹아서 부분적으로 까맣게 될 수 있다. 화재조사관은 열원이 기기 내부 또는 외부에 있는지 여부를 결정해야 한다. X-선은 내부 금속 구성 요소를 보여준다. 심한 화재가 발생하면 플라스틱 하우징 전체가 소모될 수 있지만 이는 반드시 화재가 기기에서 시작되었음을 나타내는 것은 아니다.

페놀 플라스틱은 열에 매우 강하며 커피포트 손잡이와 회로 차단기 케이스를 만드는 데 자주 사용된다. 이 플라스틱은 녹지 않으며 연소를 돕지 않는다. 페놀 수지는 적당히 가열되면 얇고 회색의 재 층을 형성하고 지속적인 화재 시 회색 재로 변한다. 페놀 수지 성분의 내부가 아닌 외부에 있는 얇은 회색의 재 껍질 층은 내부가 가열되었음을 나타낼 수 있다.

목재

목재는 가전제품 하우징에 종종 사용된다. 화재로 완전히 소진되거나 화재 패턴이 나타날 수 있다. 화재 패턴은 화재가 제품 내부 또는 외부에서 발생했는지 식별하는 데 도움이 된다.

유리

유리는 투명한 덮개 및 문과 기기의 장식용으로 가장 일반적으로 사용된다. 그것은 쉽게 부서지며 화재 조건 하에서 부드럽게 방울형태로 떨어질 수 있다.

세라믹

세라믹은 일반적으로 주택 하우징으로 사용하기 위해 사용되며 화재로 녹지 않으나 세라믹을 덮고 있는 장식용 유약은 녹을 수 있다. 세라믹은 전기 부품을 지지하거나 수용하는데도 사용된다.

■ 전원 소스

일반 가전제품의 전원은 일반적으로 전기 회사가 공급하는 교류 전류이다. 이 장의 정보는 240V 교류 이하의 단상 전원으로 제한된다. 미국의 전원은 60Hz, 120/240V 교류로 공급된다. 대부분의 기기는 120V 교류에서 작동한다. 그러나 240V 교류(예 : 건조기, 레인지, 온수욕조)가 필요한 가전제품도 동일한 시스템에서 작동할 수 있다.

전기 코드

전기 코드는 2개 또는 3개의 컨덕터로 구성 될 수 있다. 이러한 도체는 유연성을 제공하기 위해 몇 가닥의 선을 하나로 꼰다. 2개의 도체가 있는 코드는 1962년 이전에 제조된 기기 또는 더 새로운 이중 절연 기기에서 발견된다. 제 3의 도체가 기기의 접지로 사용되는 최신 기기에는 3개의 도체가 있는 코드가 있다. 이 코드는 120V 및 240V 교류기기에 사용할 수 있다.

꼬여진 컨덕터는 대개 화재로부터 남아 있지만 화재에 노출되면 약해질 수 있다. 전기 코드는 때로는 가구 밑이나 전기 제품 자체 아래에 짓밟히거나 끊어지기 때문에 부분적으로나 불량한 연결 또는 과열로 이어진다. 부하 전류가 충분히 높으면 연결 불량은 연결 지점에서의 저항 가열로 인한 화재의 위험을 증가시킨다. 특히 높은 전압에서 기계적 손상으로 인한 접촉 간극 간격이 손상되어 오류가 발생할 수 있다. 습기나 오염으로 인해 단락 전류가 발생할 수 있다. 실외 또는 습기가 있는 장소에서 실내 코드를 부적절하게 사용하면 습기와 오염에 접촉부가 노출되어 가열 지점을 오염시킬 수 있는 단락 전류가 발생하거나 오염 지점이나 출구에서 화재가 발생할 수 있다.

플러그

1987년 이전에 만들어졌으며 20A 이하 등급의 플러그는 똑같은 폭의 두 개의 직선이 갈라진다. 1987년 이후에 만들어진 20A 이하의 플러그는 중성 단자가 "뜨거운" 단자보다 넓다. 이를 편광 플러그라고 한다. 일부 최신 플러그에는 접지를 위한 세 번째 단자가 있다. 플러그는 몰딩된 플라스틱 하우징 내부의 단자에 도체가 부착되어 있을 수 있다. 일부 플러그에는 블레이드에 대한 일련 번호 정보가 있어 제조 날짜 및 위치와 같은 제조 정보를 식별하는 데 유용하다.

느슨하게 끼워진 플러그는 저항성 가열 연결을 만들 수 있으며, 잠재적으로 불이 나거나 부분적으로 타 버린 갈래 및 콘센트로 식별될 수 있다. 반면에 컨덕터와 갈래는 보통 화재에서 남게 되지만 다른 황동 부품은 녹을 수 있다. 콘센트는 플러그 면에 약간의 보호 기능을 제공하며, 플러그를 꽂았는지에 대한 가설을 뒷받침 해준다.

강압 변압기, 전원 공급 장치 (어댑터)

일부 기기는 6, 12 또는 24V AC 또는 DC와 같은 더 낮은 전압에서 작동한다. 강압 변압기는 콘센트에 제공된 120V AC를 요구되는 전압으로 낮춘다. 변압기는 기기의 일부일 수도 있고 기기와 분리되어 벽면 콘센트(어댑터)에 꽂거나 전원 코드와 직렬일 수도 있다. 어댑터에서 기기로 이어지는 전선은 일반적으로 더 얇은 2도 전선이다. 낮은 전압 전선의 단락은 화재를 일으키지 않는다. 그러나 일부 저전압 변압기는 저항 가열 연결을 실제 화재를 일으키기에 충분한 에너지와 충분한 전류를 생성할 수 있다. 저전압(12~48V DC/AC) 부하는 저항 연결의 전력이 전류의 제곱(전류 자체가 곱해짐)에 따라 달라지기 때문에 특히 취약하다. 12V AC 또는 DC 부하의 경우 전류가 120V AC 부하보다 100배 더 크다.

예를 들어, 저전압 램프에 120W의 전력을 공급하려면 1 암페어의 전류가 필요하지만 12V AC 또는 DC에서는 10 암페어가 된다. 부하 연결에 0.3 옴 저항 연결이 있는 경우 120V AC 연결은 0.3W의 전력을 소모하지만 12V AC 또는 DC 연결은 30W의 전력을 분산시킨다. 고품질의 가연성 물질로 내장된 경우 보호되지 않은 연결로 인해 화재가 발생할 수 있다. 야외에서 사용하는 경우 습기 오염을 방지하기 위해 전선 이음 및 연결부를 실외에서 사용할 수 있도록 봉인하고 승인해야 하는 이유가 여기에 있다.

기기 전원 공급 장치는 일반적으로 앞에서 설명한대로 부하를 보호한다. 내부 변압기 또는 전원 스위칭/변환 전자 장치를 사용하여 부하를 선로 전압으로부터 분리할 수 있다. 이러한 장치는 절연 물질로 덮여 있으면 뜨거워 질 수 있다. 전원 공급 장치는 일반적으로 고에너지 전원을 저에너지 부하로 변환하기 때문에 발화원으로 간주해야 하지만 이를 수행하는 회로가 오작동하고 과열될 수 있다. 많은 가전제품 및 전자 장치에는 내부 결함이 발생하면 과열될 수 있는 융합되지 않은 내부 전원 공급 장치가 포함되어 있다. 일부 대형 엔터테인먼트 장비의 전원 공급 장치는 스피커 또는 모니터와 같은 원격 장치에 전력을 공급하며, 이 장치는 가능한 오류를 검사해야 한다. 너무 가늘거나 올바른 유형이 아닌 경우 주변 구성 요소를 연결하기 위한 케이블이 의심스러울 수 있다.

배터리

축전지는 에너지 저장 장치 및 가능한 발화원이다. 배터리는 원격 또는 휴대용 장치에 사용된다. 더 큰 배터리를 가진 장치에는 컴퓨터 백업 시스템, 보안 패널; 손 도구; 바닥 청소기, 잔디 도구 및 전기 스쿠터와 같은 일부 대형 장비가 포함된다. 더 큰 장치와 함께 사용되는 배터리 스타일은 자동차, 해양 및 오토바이 배터리를 포함하며, 리튬 및 NiMh 전지 팩이 이러한 장치에 전력을 공급할 수 있게 되고 있지만 일반적으로 사용되는 전지 유형은 납산이다. 랩톱 컴퓨터 배터리 및 전동 공구는 경량 구조로 인해 일반적으로 NiMh 또는 리튬이온 셀 팩을 사용한다. 더 작은 AA/AAA/C/D 크기의 리튬 및 NiMh 전지는 직접 단락이 발생하면 화재를 유발할 만큼 충분한 에너지를 포함한다.

표 24-2 배터리 에너지 특성

제조사	형태	화학적 성질	공칭 셀 전압	공칭 용량 (A/hr)	전력 hr/L
제조사 1	AA	LiIon	3.6	0.75	365
제조사 2	AA	Li Metal	3.0	0.8	324
제조사 3	AA	NiCad	1.2	1.0	200
제조사 4	AA	NiCad	1.2	1.0	200
제조사 5	AA	NiMH	1.2	1.5	246
제조사 4	AA	NiMH	1.2	1.5	246
제조사 6	AA	충전식 알카라인	1.4 to 0.9	1.6	220
제조사 7	Box	봉인된 납산	12	12	103
제조사 8	Box	봉인된 납산	12	12	99

배터리 잔량은 일반적으로 화재 이후에 발견되며, 배터리가 연결되어 있는지 확인하는 것이 중요하다. 배터리에서 부하로의 케이블 연결은 결함 및 가열(절연체의 슬리브 또는 녹임)에 대해 검사해야 한다. 자동차나 밴과 같은 대형 배터리를 사용하는 시스템에서는 케이블이 배터리 가까이에 융합되어야 한다. 적절한 크기 결정을 결정하기 위해 퓨즈 및 차단기를 찾아 회수해야 한다.

배터리 충전기도 가능한 발화원이며 나중에 설명한다.

정상적인 조건에서 소형 배터리 전원 회로는 일반적으로 발화를 일으키기에 충분한 열의 축적을 허용하지 않는다. 그러나 하나의 배터리로도 일부 재료를 발화시킬 수 있는 충분한 전력을 공급할 수 있는 특정 조건이 있다. 리튬 배터리는 전자 장치의 잘못된 배선으로 인해 화재를 유발하는 것으로 알려져 있다. 경우에 따라 리튬 셀의 용액이 물리적으로 새어 나와 잠재적인 발화원을 나타낸다.

따라서 배터리의 전압 및 에너지 밀도는 중요하며 그 화학적 특성에 의해 결정된다. 표 24-2는 여러 가지 충전식 배터리 유형과 특성을 보여준다. 리튬 배터리는 연 축전지보다 훨씬 큰 에너지 밀도(W hr/L)를 가지고 있다. 납산에 비해 리튬 금속 폴리머 전지는 에너지 밀도가 3배 이상 높다.

그림 24-2는 알칼라인 배터리와 리튬 배터리의 방전 곡선을 보여준다. 이 곡선은 리튬이 방전 중에 전체 전압을 유지하는 능력면에서 알칼리보다 더 강력한 에너지원임을 보여준다. 직접적으로 짧은 상황에서 알칼리성 셀이 아주 미세한 가연성 물질을 발화시킬 수는 있지만 가능성은 없다.

배터리 충전기도 발화원이 될 수 있다. 배터리에서 충전기까지의 케이블은 고징이나 과열 징후를 검사해야 한다.

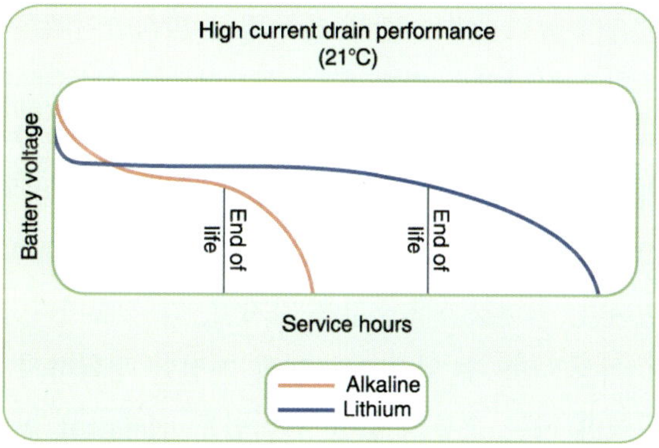

그림 24-2 알칼라인(적색) 및 리튬(청색) 셀의 배터리 전압-방전 곡선

배터리 충전기는 배터리를 충전하는 데 필요한 전류를 제어하고 제한한다. 일반적으로 퓨즈 또는 회로 차단기로 부하를 보호한다. 일부 충전기는 타이머를 사용하여 충전 속도 및 시간을 제어한다. 다른 사람은 배터리에 공급되는 전압 및 전류를 사용하여 충전 속도를 제어한다. 때로는 배터리 존재 여부에 따라 충전 전원 경로를 제어한다.

이 소자들은 선로 전압(120V AC) 입력 및 제어된 DC 출력을 갖는 저전압 전원 공급기와 유사하다. 배터리 단자에 충전기가 잘못 연결되면 일반적인 오류가 발생한다. 저항성 가열 연결로 인해 근처의 가연성 물질은 발화 온도로 가열될 수 있다. 부적절하게 충전된 배터리는 과충전되어 폭발하거나 뜨거운 전해질을 격렬하게 방출하여 발화원이 될 수 있다. 충전 중에는 배터리가 정상적으로 작동하는 동안 전원이 공급되는 장비에서 분리되는 경우가 있다(항상 그런 것은 아니다). 이로 인해 장비가 후보 발화원이 될 수 없다.

보호 장치

전기 제품 및 전기 서비스 패널에 사용되는 과전류 보호 장치는 종종 퓨즈 및 회로 차단기이다. 경미한 화재가 발생한 후에도 장치의 작동 상태를 알 수 있다. 큰 화재가 발생한 후에도 장치의 잔유물은 보호 장치가 있음을 나타낼 수 있다.

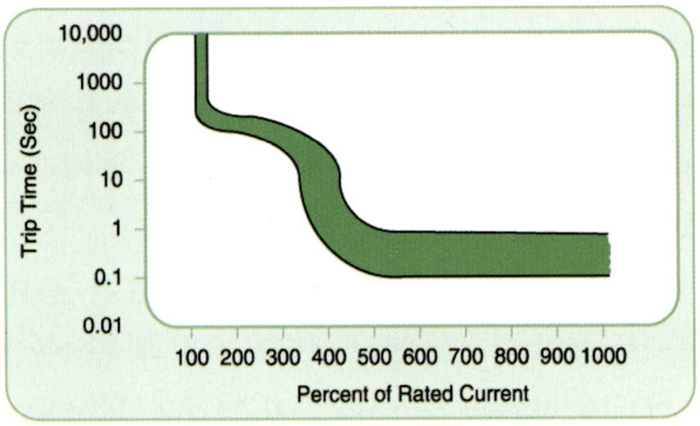

그림 24-3 회로 차단기 트립전류 대 시간

전류가 보통(정격의 두 배 미만)인 경우, 퓨즈 금속이 녹아서 회로가 파괴된다. 전류가 과도하면 금속이 증발하여 유리관이나 창에 불투명한 퇴적물이 남는다.

회로 차단기는 열적 또는 자기적으로 작동할 수 있다. 화재의 회로 차단기는 외부 화재로 가열되거나 전류 흐름이 회로 차단기의 정격을 초과할 때 발생할 수 있다. 과전류가 높을수록 차단기가 더 빨리 트립된다. 회로 차단기는 일반적으로 정확하지 않기 때문에 제어 장치가 아닌 안전장치 역할을 한다. 트립 시간은 회로 대 시간을 여는 데 필요한 전류를 플로팅하여 표현된다. 최대값과 최소값을 가지며, 각 전류마다 시간의 범위가 있음을 나타낸다. 이 값은 100 % 이상 다를 수 있으므로 트립 지점이 정확하지 않음을 나타낸다. 차단기가 계속 수행할 수 있어야 하는 전류의 값을 인터럽트 전류라고 한다. 일반적으로 1000A 이상이다.

기기의 회로 차단기는 레버 또는 버튼으로 재설정 할 수 있다. 회로 차단기는 일반적으로 다운 스트림 회로의 배선을 보호하기 위해 사용되며 업 스트림 배선이나 회로를 보호하지 않는다. 그림 24-3은 기기 회로 차단기 트립 전류 대 시간 그래프를 보여준다.

■ 스위치

많은 다른 스위치 설계가 공통 기기에 사용된다. 스위치는 장비를 켜거나 끄거나 작동 조건을 변경하는 데 사용된다(그림 24-4). 스위치의 후 연소 시험은 때로는 그 상태를 판정할 수 있으며, 따라서 화재 당시에 기기에 전원이 공급되었는지 여부를 결정할 수 있다. 화재조사관은 스위치를 작동해서는 안 된다. 스위치의 전기적 연속성은 제자리에 있는지 확인해야 한다. 온도, 아크 또는 기계적 손상이 저항 판독에 영향을 미칠 수 있다고 생각하라. 스위치의 잔유물은 매우 섬세할 수 있다. 스위치가 제 위치에 있는 동안 손잡이, 레버 또는 샤프트의 위치를 신중하게 기록해야 한다. 가장 좋은 상황은 기기 또는 전기 회로의 화재가 발생하지 않는 영역에 스위치가 있는 것이다. 테스트 전에 기기의 전원을 끄거나 기기의 플러그를 뽑았는지 확인하는 것이 중요하다. 화재조사관은 자격이 없는 한 스위치를 분해해서는 안 된다. 스위치에 충격이 가해지면 하우징이 파손될 수 있지만 스위치 접촉부는 여전히 비정상적으로 작동할 수 있으므로 중요한 증거로 보존해야 한다.

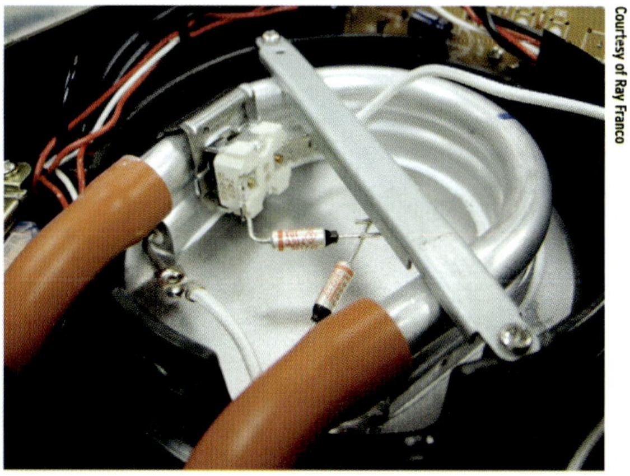

그림 24-4 열절단 및 온도조절기 커피 메이커이다.

표 24-3에서는 기기에 사용되는 여러 스위치와 작동 방식을 보여준다. 이 스위치들 중 상당수는 2중 기능을 수행하며 센서 역할을 한다. 기기는 비용에 민감한 제품이다.

표 24-3 가전제품에 사용되는 일반적인 스위치/센서

스위치 유형	감지된 속성	작동 방법	메커니즘
수동스위치	없음	누름 버튼	기계적 접점
	없음	쓰로우 레버	기계적 접점
	없음	회전 손잡이	기계적 접점
회로 차단기	과전류	전류는 바이메탈 소자를 가열하고 코일에 전원을 공급	기계적 접점
퓨즈	과전류	퓨즈 용융 온도	퓨즈
릴레이	없음(컴퓨터 제어 입력)	전류 통전 코일	기계적 접점
고상 릴레이	없음(컴퓨터 제어 입력)	컴퓨터의 저전압 명령	고상 트랜지스터, MOSFET, 트라이액
바이메탈 온도조절기	온도	다양한 금속 스위치의 온도 팽창 계수	기계적 접점
온도조절기	온도	단일 금속 작동 스위치의 온도 팽창	기계적 접점
모세관 온도조절기	온도	액체의 온도 팽창 스위치 작동	기계적 접점
열절단기	온도	퓨즈 용융 온도 작동 스위치	기계적 접점
팁 오버 스위치	정위	중력에 의해 변위된 스위치 접점	기계적 접점
도어 폐쇄 스위치	개폐 위치	문에 의해 제 위치에 배치된 스위치 접촉	기계적 접점
압력 스위치	수위 또는 공기압	라인상의 압력에 의해 활성화/변위된 스위치 접점	기계적 접점

유압(모세관 튜브)

유압 스위치는 뜨거워질 수 있는 구역에 위치한 감지 튜브의 유체에 의해 작동한다. 가열되면 벌브에서 유체가 팽창하여 벨로우즈 장치에 압력이 가해지고 차례로 접점이 열리고 전기 흐름이 차단된다. 고온으로 인해 유체가 상변화를 일으켜 전구를 강제로 배출할 수 있다. 결과적으로 유체의 압력이 상승하면 전구가 깨지거나 튜브가 갈라질 수 있다.

바이메탈

바이메탈 스위치는 훨씬 더 보편적이다. 그들은 평평한 조각을 형성하기 위해 합쳐진 서로 다른 두 개의 금속 조각들로 구성된다. 금속의 한 유형은 다른 유형보다 다소 다른 정도로 팽창되어 복합 금속 구조가 구부러지는 원인이 된다. 이 굽힘 운동은 전기 흐름을 차단하거나 허용하는 일련의 전기 접점을 작동시킬 수 있다. 심각한 화재 후에 바이메탈 장치는 작동 위치를 훨씬 넘어서 왜곡될 수 있다. 이는 화재로 인한 열의 결과일 수 있으며 반드시 결함이 있는 구성 요소를 나타내는 것은 아니다.

팽창 금속

팽창하는 막대 스위치는 가열된 영역에서 노출되는 긴 막대를 사용한다. 온도가 상승함에 따라 막대가 팽창하여 일련의 전기 접점이 열린다.

용융

일부 차단 장치는 정상 작동 온도를 초과할 때 녹는 물질로 작동한다. 재료가 녹으면 전기 흐름을 멈추게 하는 접점이 열리는 스프링이 풀린다. 이러한 장치(및 일반적으로 퓨즈)는 열 보호 장치 없이 작동할 수 있도록 고의로 우회할 수 있다.

동작 스위치

휴대용 전기 히터와 같은 기기는 일반적으로 동작(팁 오버) 스위치를 사용하여 기기가 올바르게 설계된 위치에서 작동하는지 확인한다. 일반적인 동작 스위치는 걸려있는 가중 팔을 사용하며 히터가 기울어져 있으면 접촉부가 열린다. 또 다른 방법은 기기가 기울어질 때 접촉부에서 흘러나오는 수은(또는 다른 전도성 유체) 유리병이다.

연결 손상

과도한 부하로 인해 내부 부품이 과열되거나 접점이 용접되어 기계식 스위치가 작동하지 않을 수 있다. 내부 연결 불량은 파괴적인 가열 및 고장을 일으킬 수 있다. 스위치는 일반적으로 금속 접촉면에 이격 아크로 인한 손상을 나타낸다. 자동 온도 조절 장치와 같이 정상적으로 작동하도록 설계된 접점은 일반적으로 자주 열리고 닫히기 때문에 움푹 들어간다. 그러나 안전 차단 스위치는 접촉면에 구멍이 없어야 한다. 그럴 경우, 이것은 자주 비정상적인 작동의 징후이며, 아마도 결함의 증거일 수 있다. 대부분의 스위치는 표면의 움푹 들어간 곳, 부식 또는 가능한 용접을 피하기 위해 열리거나 닫히도록 설계되었다. 손상되었거나 용접된 접촉이 스위치가 화재를 일으켰다고 반드시 증명하지는 않는다. 전기 용접된 접점은 일반적으로 정상적인 모양을 가지며 함께 그 면들을 붙인다. 하나의 덩어리로 함께 녹아있는 접점은 아마도 외부 가열에 노출되었을 것이다.

접촉 불량은 스위치의 작동 실패보다는 화재 열 손상의 기능일 수 있다.

■ 솔레노이드 및 릴레이

전기 기계식 솔레노이드 및 릴레이는 저전력 회로로 고전력 회로를 제어하는 데 사용된다. 이러한 장치의 잔류물은 일반적으로 화재 후에 발생하며, 화재가 발생했을 때 함께 갇혀 있는지 여부를 확인하기 위해 접촉을 검사해야 한다.

전자 릴레이 / 스위치

일부 기기는 전자 스위치를 사용하여 부하를 켠다. 이들은 일반적으로 트랜지스터, MOSFET, 트라이액, SCR 또는 IGBT라고 하는 반도체 부품이다. 이 소자들은 반도체 동작에 의해 전기를 전달하며 물리적으로 움직이는 부분이 없고 접촉이 없기 때문에 고체 상태라고 불린다(접점 반동 또는 딱딱거림 감소). 따라서 화재 발생 시 스위치 상태를 확인할 수 없다. 기계식 스위치처럼 전기적으로 견고하기 위해서는 일반적으로 전류 제한 및 과온도 보호 기능이 있으며 "과전압 보호 기능"이 있는 "보호된" 스위치 또는 반도체 릴레이로 지정해야 한다. 스위치의 게이트에 작은 전류 또는 전압이 가해지면 기기의 부하로 전류가 흐르게 된다. 이러한 유형의 스위치는 컴퓨터 또는 저전압 로직의 특수 알고리즘을 통해 스위치 제어가 발생하는 경우에 주로 사용된다. 스위치 작동을 설명하는 데이터 시트는 스위치 제조업체에서 구할 수 있다.

추가 요소가 스위치 앞에 추가되는 경우가 있다. 예를 들면 금속 산화물 배리스터(MOV) 또는 직렬 PTC(positive temperature coefficient) 저항과 같은 서지 보호 소자가 과전류를 제어한다. 모터 드라이브와 같은 일부 장비는 소프트 스타트 회로를 사용하여 돌입 전류를 전류 서지에 민감한 부하로 줄인다. 고체 상태 릴레이는 일반적으로 스위칭으로 인한 주가 전기 노이즈를 줄이기 위해 제로 전압 또는 제로 전류 오프와 같은 기능을 추가했다. 전자식 스위칭의 장점은 제어 회로에서 스위치를 사용하는 방법에 따라 접점 아크 및 스위치 바운스가 제거될 수 있다는 것이다. 불행하게도 이것은 정상적인 X-선 스캔으로 실패의 증거가 보이지 않기 때문에 비정상적인 작동 및 안전 문제의 발견을 어렵게 만든다. 스위치의 고장 메커니즘에 대한 정보를 제공할 수 있는 스위치에 대해 제조업체가 생성한 FA(고장 분석) 보고서가 있는 경우가 종종 있다.

모터와 같은 전자 제어식 부하는 앞서 설명한 바와 같이 반도체 스위치로 제어된다. 이를 위해서는 드라이브라고하는 전원 스위칭 전자 장치가 필요하다. 모터 드라이브에는 전자 스위치에 사용되는 유형과 정격이 다른 몇 가지 유형이 있다. 그러나 모두에 의해 사용되는 일반적인 제어 방법은 모터 회전자를 움직이는데 필요한 토크를 생성하기 위해 적절한 순서로 모터 권선에 전류를 전달하는 전자 스위치의 제어된 타이밍이다. 큰 토크를 가진 모터는 더 큰 전류를 필요로 하고 더 빠른 속도를 가진 모터는 더 큰 전압 진폭을 필요로 하므로 모터에 의해 소비되는 전력의 양을 대략 계산할 수 있다. 작동 중에 소비되는 전력의 양에 따라 모터 권선 또는 전자 스위치에 공급되는 고장이 발생하면 그 결과로 발생하는 에너지 방전으로 인근, 모터 내부 또는 구동 회로 기판에 가연성 물질을 발화시키기에 충분할 수 있다. 다양한 유형의 스위치와 스위치 토폴로지가 모터를 제어하는 데 사용된다.

이들에 대한 설명은 이 책의 범위를 벗어난다. 그러나 이 정보는 다양한 전력 반도체 및 모터 드라이브 제조업체의 응용 프로그램 매뉴얼에서 볼 수 있다. 전자 제어식 부하의 다른 유형은 모터 드라이브와 비슷한 방식으로 작동하는 시간 측정 전자 스위치가 필요하다. 이것들은 부하에 정확한 전력을 공급함으로써 제어되는 기기 내의 조명, 가열 또는 냉각 장치 또는 하위 부품일 수 있다. 일반적인 예는 조명 또는 가열 요소를 제어하는 위상 소성된 트라이액이다. 트라이액은 게이트가 켜질 때 전류를 전도하고 게이트가 꺼질 때 전류를 차단하는 반도체 스위치이다. 트라이액의 정확한 제어 및 작동은 이 책의 범위를 벗어나지만 회로도 및 데이터 시트를 검토하여 더 자세히 탐구할 수 있다.

■ 변압기

변압기는 일반적으로 120V AC 또는 240V AC의 전압을 더 낮은 전압으로 낮추고 전원에서 기기를 격리하는 데 사용할 수 있는 장치이다. 변압기의 권선 절연은 높은 주변 온도 또는 내부 온도에서 장시간 사용하면 성능이 저하 될 수 있다. 권선 절연체가 악화됨에 따라 임피던스가 떨어지고 더 많은 전류가 흐르고, 결국 더 많은 열이 발생한다. 이로 인해 심하게 가열되어 권선이 녹거나 지락을 유발하여 권선이 끊어질 수 있다. 생성된 열은 변압기 부근의 권선 절연체 또는 가연성 물질을 발화시킬 수 있다. 변압기의 구성 요소는 화재에서 자주 생존한다. 권선의 내부 손상은 내부 가열 패턴에 의해 나타낼 수 있다. 최대 정격 온도가 초과되면 열 차단 스위치를 권선에 장착하여 전력을 제거할 수 있다. 변압기가 강철에 넣어진 경우 온도가 근처의 가연물을 발화시킬 정도로 뜨거울 수는 없다. 그러나 강철 덮개가 없거나 종이 또는 플라스틱 와인딩 형태가 있는 경우, 이들은 스스로 발화하여 근처의 가연성 물질에 화염을 일으킬 수 있다.

■ 자동차

모터는 주요 가전제품의 1/3에서 1 마력까지, 소형 기기의 소형 마력 모터까지 다양하다. 냉각 팬을 구동하는 소형 모터는 일반적으로 발화원이 아니다. 일반적으로 욕실에 설치되는 작은 분극형 모터는 개방 프레임 구조이며 습기에 노출되어 모터에 먼지와 보푸라기가 축적되어 과열되어 화재가 발생할 수 있다. 이 모터는 과열을 방지하기 위해 과열 방지 장치가 있어야 한다. 주요 가전제품의 AC 유도 전동기는 시동 후 이러한 권선을 해제하기 위해 원심 분리 스위치가 있는 권선을 갖고 있다. 시동 권선에는 시동 콘덴서가 포함되어 있다. 이 콘덴서는 시동 과정에서 모터가 오랜 시간이 걸리거나 멈추고 권선에 과부하 전류를 발생 시키므로 수명이 다하면 고장 나거나 값이 감소했을 수 있으므로 검사해야 한다. 이로 인해 권선이 충분히 가열되어 모터 주위에 종종 발견되는 절연 및 플라스틱 재료를 발화시킬 수 있다. 모터 보호는 종종 권선에 장착될 수 있는 퓨즈 연결이나 열 절단 스위치이다. 모터 베어링은 윤활유의 손실이나 마찰의 증가로 인근 가연물에 과열 및 발화될 수 있다.

영구 자석 모터가 자석의 가격을 낮추면서 가전제품으로 인기가 있다. 이 모터는 회전자 권선을 영구 자석으로 교체하고 때로는 아크의 원인이 될 수 있는 정류 브러시를 제거한다. 이 아킹은 제어되더라도 근처의 가연성 물질을 발화시킬 수 있다.

스테핑 모터는 소형 이동 장치에 사용되며 대개 프린터, 시계 및 복사기 같은 전자 제품에 사용된다. 이들은 일반적으로 저전압 장치이기 때문에 화재를 발화시키는데 필요한 에너지를 생성하지는 않는다.

■ 난방 요소

가열 요소는 요소 자체와 접촉하는 가연성 물질을 발화시킬 수 있다. 가열 요소가 있는 기기는 요소와 주위의 가연성 물질 사이의 거리를 유지하도록 설계되었다. 피복 요소는 오븐 및 레인지에서 발견되며 일반적으로 니크롬 전선이라고 하는 니켈-크롬- 철의 고온, 고 저항 전선으로 구성된다. 이 전선은 전기 절연체로 둘러싸여 있으며 금속, 가능하면 강철 외피로 싸여 있다. 밑판과 공간 히터에는 알루미늄으로 만든 덮개가 있다. 알루미늄 덮개는 일반적으로 외부 화재로 인해 녹는다. 열린 요소는 니크롬으로 구성된 진선이나 리본으로 구성된다. 일부 기기는 요소에서 열을 제거하고 배포하기 위해 팬을 사용한다. 가전 제품 근처의 파이프를 따뜻하게 하는 데 사용되는 열 테이프는 전선 끝에 연결된 경우를 제외하고는 전기적으로 절연된 두 개의 지정된 고 저항 요소로 구성되어 있다. 크림프 연결 지점에서 저항 가열 연결이 발생하면 발화 온도가 발생할 수 있다.

한 요소 방법은 강철 전선을 사용하고 다른 요소 방법은 전도성 플라스틱을 사용한다. 화재 조사관은 가열 요소의 필요한 저항을 알아야 하며, 이는 전압계를 사용하여 저항을 테스트 할 수 있다.

전기 난방 기기에 요구되는 높은 전류로 인해 열악한 연결이 발견되면 고 저항 가열이 발생할 수 있다고 생각하라. 또한 전원 코드를 전 열기구와 함께 사용해야하는지 설치 지침을 참조하라.

■ 조명

가전 제품은 조명을 사용하여 작업 영역, 다이얼 또는 내실을 비춘다. 이 조명은 일반적으로 와트 수가 적으며 가연성 물질을 발화하기 쉽지 않다. 일반적으로 발견되는 조명 유형은 백열등과 형광등이다. 고휘도 LED의 출현으로 LED(Light-Emitting Diode) 조명이 더 많이 보급되고 있지만 전력 레벨은 일반적으로 발화에 필요한 것보다 낮다. 더 높은 와트 수 백열등의 일부 유형은 백열등이 하얗게 만들어져 셀룰로오스 단열재에 떨어졌을 때와 같이 접촉할 경우 가연성 물질을 발화시킬 수 있다. 형광등 조명은 높은 전압에서 작동하지만 튜브는 일반적으로 가연성 물질을 발화시킬 정도로 뜨거워지지 않는다. 매립형 조명은 또한 상당한 열을 발생 시키며, 조명 장치의 상단이 단열재로 덮여있으면 단열재가 발화될 수 있다. 최근 건축물 법규는 특정 온도 이상에서 회로를 차단하기 위해 열 절단 스위치의 사용을 규정한다. 과열 차단 장치와 단열재의 열구를 보호 분리하는 장치는 절연 접촉을 의미하는 "IC"로 표시되어 있다. 욕실에 설치된 모든 표시등은 단자에 습기와 먼지가 쌓이기 쉽기 때문에 회로가 누전될 수 있다.

형광등 조명 시스템

형광등 조명 시스템은 일반적으로 사무실 환경에서 사용된다. 그들은 시동 가스와 저압 수은으로 채워진 하나 이상의 유리관을 사용한다. 전기 방전이 유리관의 길이 방향으로 내려가서 수은을 자극한다. 형광등을 시동하는 보다 일반적인 밸러스트 배출 시스템과 예열된 필라멘트 시스템의 두 가지 방법이 사용된다. 안정기는 일반적으로 변압기(자성이라고도 함)이지만 전자 밸러스트는 특히 소형 형광 램프(CFL)에서 더 많이 사용되고 스위칭 된 트랜지스터 원리로 작동한다. 안정기는 램프 전극을 가로 지르는 아크로 높은 시동 방전 전압을 생성하는데 사용된다. 이 공정은 시동 가스에 의해 가능하게 되고, 그 결과 수은 증기가 형광체 또는 형광 분말로 알려진 튜브 내부의 코팅에 의해 가시광선으로 변환되는 자외선을 생성하게 된다. 전류가 흐르기 시작하고 램프가 작동하면 안정기가 튜브를 통과하는 전류를 제한한다.

형광등 안정기에는 자석 및 전자식 안정기의 두 가지 주요 유형이 있다. 형광등의 안정기는 내부 단락으로 인해 과열될 수 있으며 가연성 천장 재료를 발화시킨다. 자기 밸러스트는 반응기 또는 변압기를 포함한다. 1968년 이후에 제조된 실내 형광등 조명기구는 밸러스트에서 열 보호 장치가 있어야 한다.

대부분의 금속 하우징에 있는 "P"는 열 보호 장치가 있음을 나타낸다. 1990년 이후 제조 된 실내 및 실외의 모든 조명기는 안정기에 열 보호 장치가 있어야 한다. 그러나 열 보호로도 장애가 발생하지는 않는다. 전자 및 자기 형광등 안정기는 안정기 내에 피치 또는 포팅 화합물을 함유하고 있다. 이는 열전달을 향상시키고 소음을 줄이며 내부 부품을 제자리에 고정시킨다. 이 피치는 내부 가열이나 화재로 인해 쏟아져 나올 수 있다. 이 피치는 이미 타는 중이 아닌 경우 일반적으로 다른 재료를 발화하지 않는다. CFL의 전자식 안정기는 반도체 스위치(트랜지스터/MOSFET/트라이액)와 비교적 작은 수동 회로(커패시터/인덕터)를 고주파수에서 스위칭하여 필요한 전기 아크를 생성한다. 일부 전자식 안정기는 자체 재설정형 열 보호기를 사용하지만 다른 전자식 안정기는 열 보호용 퓨즈를 사용한다. 안정기 제어 IC에는 일반적으로 과전류 보호 기능이 포함되어 있어 스위치 동작이 제대로 작동하고 안정기가 올바르게 작동해야 한다. 불안전한 상태가 발생하기 위해서는 IC가 오작동을 일으킬 수 있으며(많은 IC가 이를 보호한다) 반도체 스위치는 상당한 열을 발생시킨다.

화재를 일으키는 자기 밸러스트의 일반적인 실패에는 가연성 천장 재료 또는 인근 가연물로의 아크 침투 및 인근 가연물에 열을 전달하는 극한 코일 과열이 포함된다. 화재조사관이 밸러스트 불량을 화재의 원인으로 의심하는 경우 안정기와 배선 장치는 자격 있는 전문가가 검사하도록 보관해야 한다. 램프에 전원을 공급하는 컨덕터와 함께 램프 자체는 조명기 근처 또는 내부에서 아크가 발생하거나 램프 홀더가 파손되는 등의 실패 여부를 검사해야 한다.

고휘도 방전 조명 시스템

고강도 방전(HID) 조명 시스템은 종종 창고, 제조 시설 또는 "대형 박스" 소매점에 사용된다. 그들은 나트륨, 수은 증기 또는 금속 할로겐화물과 같은 다양한 금속 증기가 채워진 짧은 튜브가 있는 램프를 사용한다. 전기 방전은 튜브의 길이를 따라 만들어지며 튜브의 금속 증기를 자극하여 차례로 빛을 생성한다. HID 조명은 일반 형광등 조명 시스템보다 높은 압력에서 작동한다. HID 시스템은 또한 전압을 시작하고 램프를 통해 흐르는 전류를 제한하기 위해 안정기와 커패시터를 사용한다. 이 안정기는 전자식 또는 자기식일 수 있으며 그 중 일부는 퓨즈 또는 열 보호 장치로 보호된다. 안정기는 일반적으로 램프 홀더 및 반사경 부품 위의 고정 장치 인클로저 내부에 장착된다.

대부분의 수은 및 메탈 할라이드 램프는 양쪽 끝에 전극이 있는 용융 실리카/석영 실린더를 사용하는데 이 실린더를 아크 튜브라고 한다.

메탈 할라이드 램프의 아크 튜브는 5~30 기압의 높은 압력과 최대 2012 °F(1100 ℃)의 온도에서 작동하도록 설계되었으며 안정기 오류 또는 오용과 같은 내부 또는 손가락 기름이 있는 경우처럼 외부 요인으로 인해 예기치 않게 파열될 수 있다. 수은 증기 아크 튜브는 1112 °F~1472 °F(600 ℃~800 ℃) 범위의 압력과 3기압~5기압에서 작동할 수 있다. 고압 나트륨 램프는 일반적으로 1기압에 가까운 낮은 압력에서 작동한다.

어떤 이유로 든 아크 튜브가 파열되면 외부 전구가 파손되어 매우 뜨거운 유리 조각과 석영 아크 튜브가 주변 환경으로 방출되어 토양의 가연성 물질에 불이 붙을 수 있다. 화재조사관이 화재의 원인으로 HID 조명기구를 의심하는 경우 실험실 검사를 위해 전체 조명 장치를 보존해야 한다. 의심되는 HID 조명기를 조사하려면 조명기의 전원, 배선, 안정기, 커패시터, 램프 및 기타 렌즈를 평가해야 한다. 비품은 화재 현장에서 분해해서는 안 되지만 실험실 검사를 위해 조심스럽게 보존해야 한다. 아크 튜브의 모든 부분을 보존하고 추가 손상으로부터 보호하는 등 가능한 한 많은 램프를 유지하는 것이 중요하다. 유리 재킷과 아크 튜브 잔존물의 가장자리는 실험실 검사 전에 처리, 방해 또는 청소하면 안 된다. 램프 프레임과 램프베이스 조각도 모아서 보존해야 한다. 건물 붕괴, 소방 및 정밀 검사로 인해 파열된 아크 튜브의 존재는 아크 튜브가 파열되어 화재에 불을 붙였다는 증거는 아니다. 비교를 위해 현장에서 추가적인 램프 및 조명기를 수집하고 해당 구조의 램프 사용 내역을 작성하는 것이 좋다.

■ 기타 구성 요소

조광기 및 속도 제어기는 기타 기기의 구성 요소의 예이다. 오래된 기구에는 가변 저항기 또는 와이어 저항기가 포함되어 있을 수 있다. 최신 기기의 구성품은 단단한 상태이며 화재가 단기간 동안 발생하지 않는 한 화재로 인해 종종 파괴된다. 대부분의 땜납이 400 °F(204 ℃) 만큼 녹기 때문에 남아있는 구성 요소는 인쇄 회로 기판에서 벗어날 수 있다.

타이머는 기기에 내장되거나 별도의 장치로 독립적으로 구성 될 수 있다. 소형 모터로 구동할 수 있으며 화재 발생 후 심하게 손상될 수 있다. 타이머의 고장은 보통 톱니가 마모되었거나 잃어버린 결과로 발생하며 일반적으로 화재의 원인이 아니다.

열전대와 서미스터는 온도를 측정하고 손상되었거나 연결이 오염된 경우 기기의 작동을 저해할 수 있다. 열전대열은 일련의 열전대이다. 이들은 발화기가 연소할 때 밸브를 열어두기 위해 가스 기기에 사용된다. 최신 기기는 세워진 발화기 대신 전기식 발화기를 사용한다.

표 24-4는 기기에서 일반적으로 사용되는 일부 센서를 보여준다. 표 24-3에서 이미 언급한 센서는 여기에 포함되지 않는다.

표 24-4 가전제품에 사용되는 일반 센서

센서명	감지되는 속성	센서 유형, 출력	전형적인 제어
열전대	온도	이종 금속 접점은 밀리 볼트 신호를 생성	열 생성 기기
서미스터	온도	열 영향을 받은 저항 변화	열 생성 기기
압력 센서	차압 또는 절대압	변형 측정, 저항 변화	수위 또는 공기 흐름을 제어하는 기기
불꽃 센서	화염의 존재	적외선 탐지기, 마이크로 볼트 신호	가스 밸브, 송풍기 모터
전류 센서	전류	전류가 직렬 저항을 통과하여 전압 강하를 일으키거나 자기 측정으로 인해 저항이 변경됨	전류 제어 히터 또는 조리기구, 변속 모터
근접 센서	유무	정전용량 센서, 자기 센서 또는 광학 센서	도어 센서, 터치 패드, 모터 속도 센서

일반 주거용 기기

공통 기기의 구성 요소 및 작동은 다음 단원에서 설명한다. 이것은 화재조사관이 일반적인 가전제품이 작동하는 방식을 이해하는 데 도움이 된다.

■ 레인지 및 오븐

일반 가정용 레인지 또는 오븐에서 열은 저항 가열 코일을 통과하는 전기나 천연 가스 또는 프로판의 연소에 의해 제공된다(그림 24-5). 오븐의 온도는 온도조절기 밸브 또는 연료 또는 전원 공급 장치의 스위치로 제어된다. 가스레인지에서, 수동으로 작동되는 버너 연료 공급 밸브는 연료 유속을 제어한다. 발화는 세워진 발화용 불꽃이나 전기 발화 장치에 의한 것이다. 전기레인지에서, 타이밍 장치(온도 제어)는 전기레인지의 선택된 온도를 유지하기 위해 가열 코일을 통해 전기 흐름을 순환시킨다. 타이밍 장치는 전류의 ON과 OFF를 제어하며 일반적으로 수동으로 조정 가능한 손잡이, 다이얼 또는 디지털 키패드이다. 따라서 더 높은 설정을 선택하면 전류가 더 길어지고 덜 꺼지게 된다. 스토브 및 오븐은 일반적으로 불연성 물질로 만들어지지만 스토브 또는 오븐이 켜져 있는 동안 스토브나 오븐에 남아있는 가연성 물질은 화재를 일으킬 수 있다. 제어기의 포스트 파이어 설정은 문서 작성에 중요하다.

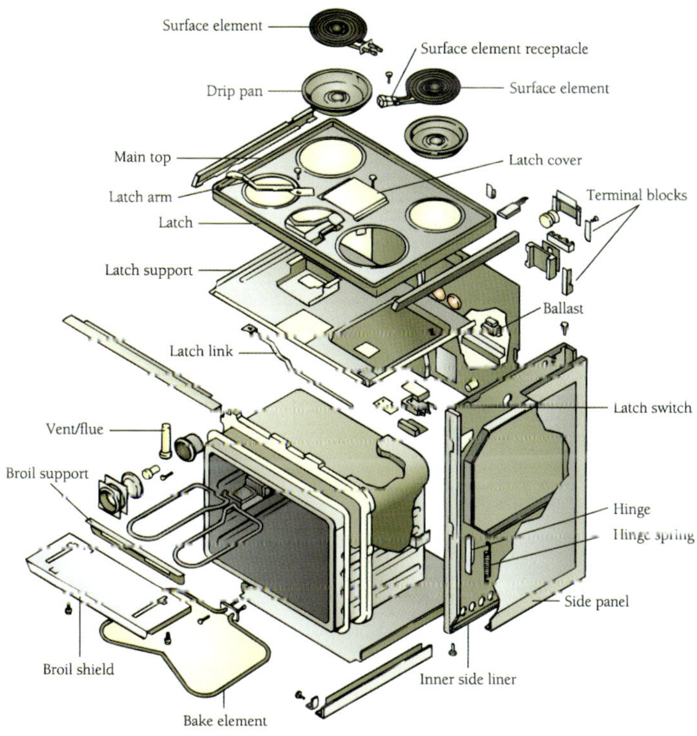

그림 24-5 열절단 및 온도조절기 커피 메이커이다.

■ 에어컨 및 열회수 환기 장치

에어컨 및 열회수 환기 장치(HRV 또는 ERV라고도 함)는 종종 지속적으로 작동한다. 수년간 먼지가 많은 환경에서 작동하는 동안 공기 흐름 경로의 먼지나 오염은 축전기와 같은 전기 부품을 통해 침전되어 추적 오류를 발생시켜 근처의 가연성 물질을 발화시킬 수 있는 높은 저항 오류를 일으킬 수 있다. 이러한 장치의 압축기 및 팬 모터는 베어링 마찰, 부하 증가 또는 축전기 성능 저하로 인해 과열되어 과도한 온도 상승을 유발할 수 있다. 적절히 설계되면 모터의 열 보호 장치가 열리고 그것이 위험하게 고온에 도달하기 전에 운전 중인 모터가 정지한다. 그러나 이 조건이 오랫동안 지속될 수 있다면 화재를 예방할 수 없다. 모터 축전기는 시간이 지남에 따라 내부 저항을 발생시킬 수 있으며, 이는 성능에 영향을 미치며 플라스틱으로 포장된 경우 자가 발화하기에 충분한 열이 발생할 수 있다.

■ 온수기

전기온수기의 화재 원인 중 하나는 습기가 전기 제어 장치에 닿는 것이다. 부식으로 인해 전열부분 가열기나 물의 입구와 출구 근처에서 누수가 발생할 수 있다. 또한 가열기 내의 전기 회로가 가열기 재킷의 폴리우레탄 절연과 접촉하여 화재가 시작되고 뜨거워지므로 감지가 지연될 수 있다. 물이 부족하면 과열되어 제어 회로가 손상되어 오작동을 일으키고 화재가 발생할 수 있다.

■ 커피 메이커

표준 커피 메이커의 구성 요소는 물 저장소, 가열 관, 유리병으로 구성된다(그림 24-6).

가열 관은 저수조에서 물을 가열하여 물을 지상 커피에 공급한다. 그 다음 커피는 물병에 떨어진다. 유리병은 가열 관을 가열하는 동일한 저항 가열기에 의해 가열되는 가열 판에 놓여진다. 저항 가열기는 필요에 따라 전기 흐름을 순환시키는 온도조절기에 의해 제어된다.

가열 소자에 인접하여 보호 장치로서 열 절단기가 사용될 수 있다. 일부 커피 메이커에는 자동 타이머가 포함되어있어 일정 시간이 지난 후 커피 메이커를 끄고 사전 설정된 시간에 장비를 켠다.

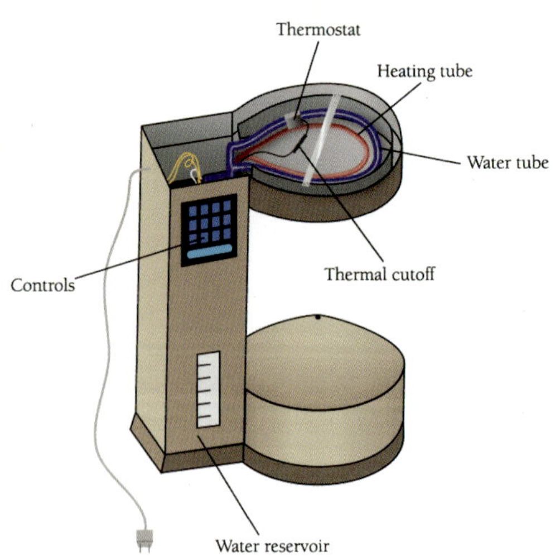

그림 24-6 커피 메이커 구성

■ 토스터

일반 토스터는 토스트 시간을 제어하는 센서로 저항 히터를 사용한다. 이 센서는 일반적으로 서로 다른 수준의 토스트 정도에 대해 조정 가능한 바이메탈 조각이다. 어떤 경우에는 바이메탈 조각이 토스터 조각에 의해 막혀 토스터가 켜지고 과열된다. 이러한 이유로 바이메탈 조각을 가열하고 음식이 영향을 줄 수 있는 영역에서 분리하기 위해 별도의 히터가 사용되기도 한다. 토스트 타이머가 완료를 표시하면 기계식 걸쇠가 부분적으로 음식을 방출하고 바이메탈 히터를 끈다. 바이메탈 스위치가 열리면 냉각 후 식품이 방출 지점으로 올라갈 수 있다. 더 새로운 디자인은 전자 타이머를 사용하여 토스트 시간을 설정하고 전자기 걸쇠를 사용하여 트레이를 방출하고 가열기를 끈다.

■ 전기 깡통 따개

전기 깡통 따개는 톱니형의 전기 모터를 사용하고 일반적으로 레버가 눌려졌을 때에만 작동할 수 있으며, 절삭 휠을 제자리에 고정시키고 모터의 전원 스위치 역할을 한다. 사용자가 레버를 누를 때만 작동하기 때문에 이러한 장치는 일반적으로 화재를 발생시키지 않는다. 어떤 깡통 따개는 모터 과열 보호를 위한 열 보호 장치가 있을 수 있다. 그러나 다른 기기와 마찬가지로 열악한 연결이나 손상된 코드로 인해 전기 아킹 또는 높은 저항 오류가 발생할 수 있다.

■ 냉각 팬

상자 팬과 진동 팬의 콘덴서는 과열되어 콘덴서 근처의 플라스틱 케이스가 발화하는 것으로 알려져 있으나 모터 주변에서 사용할 수 있는 통풍은 모터가 큰 화재를 겪지 않도록 한다. 그러나 욕실에 설치하면 팬 모터가 습기에 노출되어 모터에 먼지와 보푸라기가 축적되어 과열되어 화재가 발생할 수 있다. 이 모터는 과열을 방지하기 위해 열 절단 스위치가 있어야 한다.

■ 냉장고

가정용 냉장고에 포함된 구성 요소는 다음을 포함한다(그림 24-7).

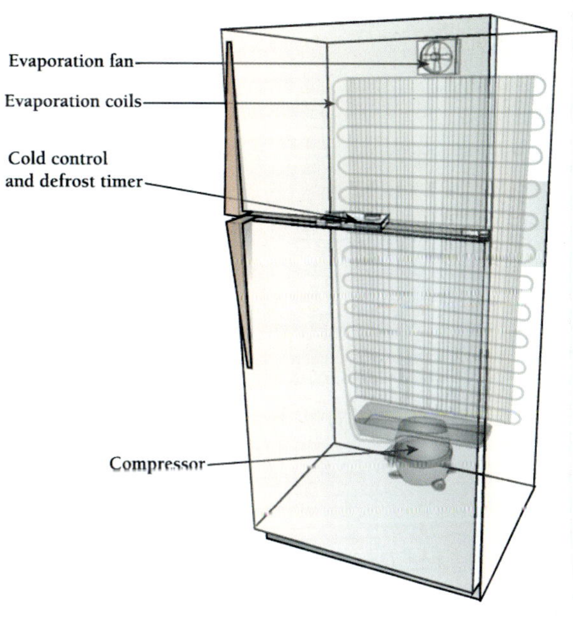

그림 24-7 냉장고 구성

- 증발기
- 콘덴서
- 컴프레서(전동식)
- 열교환 매체(불화탄소나 프레온)
- 구성 요소를 연결하는 배관

오래된 가전제품 내부의 따뜻한 공기는 열교환 매체(프레온)를 증발시켜 증기로 변환하고 열을 인클로저에서 프레온으로 이동시킨다. 냉각제 증기는 압축기로 이동하고 압축기는 증기를 압축한다. 냉각수가 응축 코일의 액체에 응축됨에 따라 냉각수는 인클로저에서 포착된 열을 방출한다. 증발기 주변의 공기가 냉각되고 응축기 주위의 공기가 가열된다. 차가운 공기는 냉장고에서 순환되고 따뜻한 공기는 실내로 방출된다. 사이클은 온도조절기나 타이밍 장치에 의해 제어된다. 압축기는 전형적으로 열 싱크로서 기능하는 밀폐 용기 내에 열 차단 스위치가 장착된 전기 모터에 의해 전력이 공급된다. 가능한 추가 시스템은 다음과 같다.

- 조명
- 제빙기/물 충전 밸브
- 얼음 및 물 디스펜서/물 채우기 밸브
- 응축기용 팬과 가능하면 증발기용 팬
- 가열 코일
  - 자동 해동기
  - 결로 방지
  - 배수 팬 및 제빙기
  - 방로 히터

냉동고 및 냉장고는 전원 코드나 플러그가 손상되면 화재가 발생할 수 있다. 이러한 이유 때문에 탑승자에게 최근에 이러한 기기를 옮겼는지 물어 보는 것이 중요하다. 전기 압축기 릴레이 고장 및 배선 불량으로 인해 화재가 발생한 냉장고에 대해 리콜이 발급되었다. 오래된 냉장고에는 제상수를 증발시키는 전열부분이 있는 플라스틱 트레이가 있다. 배수 밸브가 막히면 이 트레이가 과열되어 균열이 생겨 전열부분이 노출될 수 있다. 막힘이 제거되면 물이 트레이를 가득 채우고 노출된 전열부분으로 인해 단락과 화재가 발생할 수 있다.

전기 물 디스펜서

열 차단 장치나 온도 조절기가 물 디스펜서에 장착되어 있지 않은 경우 이러한 장치로 화재가 발생할 수 있다. 저장소가 비워지면 물이 고온에 도달하여 증발할 수 있다. 누출이 있으면 물이 저수조 아래에 있는 전자 장치에 닿아 화재가 발생할 수 있다.

■ 깊은 지방 튀김 냄비

깊은 지방 튀김 냄비는 일반적으로 음식점과 패스트푸드점에서 발견되지만 작은 모형은 가정에서 찾을 수 있다. 온도 조절기는 식용유의 온도를 제어하지만 온도 조절기가 고장 날 수 있다(가장 일반적으로 온도 조절기에 온도 프로브를 연결하는 모세관 라인이 파손 된 경우). 기름이 과열되어 발화될 수 있다. 이런 일이 발생하면 요리용 큰 상자에 까맣거나 짙은 잔류물이 종종 있다. 온도 조절기 접점도 이러한 기기로 용접하여 용접된 것으로 알려져 있다.

■ 식기 세척기

식기 세척기는 펌프와 모터를 사용하는 가전제품이다. 펌프 모터에는 열 보호 장치가 있을 수도 있고 없을 수도 있다. 전기 저항 히터는 물이 배수된 후에 식기를 건조하기 위해 사용될 수 있다.

식기 세척기 화재의 주요 원인은 특히 제어기가 있는 문 상단의 도체에 습기가 닿는 것이다. 세제를 방출하는 플라스틱 성분은 시간이 지남에 따라 약해지고 부서지기 쉽고 균열이 생겨 누출될 수 있다. 문이 열리면 문 안의 물이 문 상단의 제어기에 닿아 화재가 발생할 수 있다. 식기 세척기 화재의 다른 잠재적 원인은 나음과 같다.

- 시간이 지남에 따라 문이 반복적으로 열리고 닫히면 배선 장치에 무리가 생길 수 있다. 절연이 파괴되어 단락이 발생할 수 있다.
- 전기 요소와 접촉하는 가연성 물질도 화재의 원인이 될 수 있다.
- 식기 세척기의 일부 제어 모듈에는 플라스틱 하우징이 고장 나서 자가 발화된 릴레이가 있어 화재가 발생한다.

■ 전자 레인지

전자레인지는 음식을 가열하는 전파(즉, 마이크로파) 에너지를 발생시키기 위해 전자관을 사용한다. 전자레인지에는 일반적으로 열 절단 스위치가 장착되어 있다. 기기에는 대개 내부 조명과 음식 회전 트레이가 장착되어 있으며 인클로저 위에 열 차단 스위치가 있을 수 있다. 방사되는 복사는 물 분자를 자극할 것이다. 습기가 없으면 다른 덜 휘발성인 분자가 복사신을 흡수하여 가열을 시작한다. 따라서 건조된 물질은 전자레인지에서 과열되어 발화될 수 있다. 또한 전자레인지 내부의 금속 물체가 심한 불꽃을 일으켜 화재를 유발할 수 있다.

■ 실내 난방기

일반적으로 두 종류의 실내 난방기가 있다. 대류 가열기는 팬을 사용하여 뜨거운 표면을 가로질러 공기를 이동시키고 공기를 가열하여 실내 전체로 분산시킨다. 복사열 가열기는 복사열에 의해서만 열을 전달한다. 이러한 기기에는 종종 팁 오버 스위치나 기타 보호 장치가 장착되어 있다. 가열기는 화재의 가장 큰 원인 중 하나이지만, 기기의 안전보다도 큰 전류와 관련이 있다. 증가된 전류를 사용하면 화재 위험도 증가한다. 전기 난방기는 적절하게 설계되고 사용될 때 안전한 형태의 난방기이다. 다음과 같은 조건들이 실내 난방기에서 화재를 일으키는 것으로 알려져 있다.

- 피체 가연성 물질
- 거친 취급으로 인해 분리되어 나중에 플라스틱 케이싱을 발화시키는 발열체
- 유입 공기의 제한(과열 센서가 아닌)으로 인해 가열기가 과열되어 플라스틱 케이싱이 발화된다.

복사열 난방기와 관련된 화재 위험은 가연성 물질을 난방기에 너무 가깝게 두거나 난방기가 넘어져 바닥에 있는 가연물을 발화시킨다는 것이다.

■ 전기 담요

전기담요는 담요 내부에 전기 가열기를 사용한다. 제어 장치는 일반적으로 담요 전원 코드에 있다. 열 절단기는 담요 안의 가열부 근처에 위치한다(일반적으로 봉제된다). 12~15개의 열 차단이 있을 수 있다. 담요는 평평하게 놓여지도록 설계되었으며 접거나 뭉치면서 조작하면 까맣게 타거나 발화할 수 있다.

■ 창문형 에어컨 설비

창문형 에어컨 설비는 방을 식히기 위해 창문에 설치하도록 설계되었다. 그들은 냉장고와 유사하게 기능하고 작동하며 냉각을 위한 유사한 구성 요소와 원리를 사용한다. 방의 공기는 장치를 통해 증발기(공기를 냉각함)를 지나 순환하고, 차가운 공기는 팬에 의해 실내로 배출된다. 과열 차단 기능은 팬 과열을 방지한다. 이 기기는 120V 또는 240V AC로 작동될 수 있다. 팬 또는 압축기 모터 과열로 화재가 발생할 수 있다.

■ 헤어드라이어와 헤어고데기

헤어드라이어는 고속 팬을 사용하여 발열체를 가로 질러 공기를 강제로 가열하여 머리카락을 건조시킨다. 그들은 일반적으로 재설정이 가능한 하나 이상의 열 절단 스위치를 가지고 있다. 헤어고데기는 열 차단 스위치가 있는 지팡이 내부에 전기 저항 히터를 사용한다. 일부 모델에서는 증기를 생성하기 위해 물을 추가할 수 있다.

화재조사관 팁

기기가 어떻게 사용되었거나 오용되었는지를 소유주와 면담하는 것이 중요하다.

■ 다리미

옷 다리미는 수직 및 수평 위치 모두에서 가열될 수 있는 전기 저항 히터를 사용하며 하나 이상의 온도 조절기나 열 차단 스위치가 제공된다. 화재가 의심되면 스위치의 상태를 점검해야 한다. 증기를 발생시키는 많은 모델에 물을 첨가할 수 있다. 이러한 기기의 제어 장치에는 온도 선택 및 켜기/끄기 스위치가 포함된다.

■ 의류 건조기

의류 건조기는 젖은 옷이 들어있는 회전 드럼을 통해 가열된 공기를 순환시켜 옷을 말린다. 공기는 필터(찌꺼기 거름망(lint trap))를 통해 드럼에서 배출되고 일반적으로 집 외부로 배출되는 덕트로 배출된다. 건조기는 120 또는 240V AC에서 전기를 사용하거나 연료 가스를 연소시켜 공기를 가열한다. 의류 건조기의 구성 요소는 타이밍 컨트롤, 습도 센서, 열원 선택기, 강도 선택기, 열 절단기, 송풍기 모터 및 가열부이다. 그림 24-8은 의류 건조기의 내부 구성 요소를 보여준다.

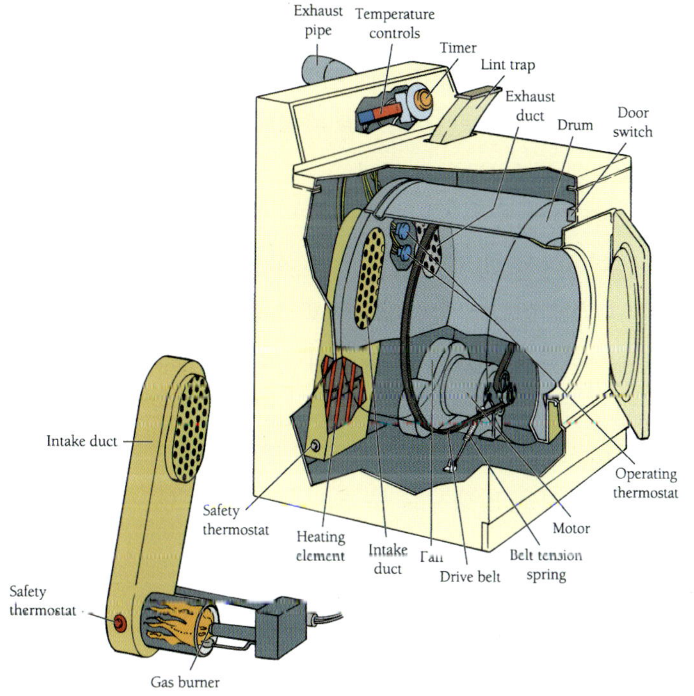

그림 24-8 의류 건조기는 회전 드럼을 통해 가열된 공기를 순환시켜 의류를 건조시킨다.

막힌 보푸라기 필터는 보푸라기를 건조기의 내부로 되돌려 보낼 수 있으며, 건조기의 내부로 들어가서 바닥을 통과하여 결국 가열부에 도달하고 발화된다. 움직이는 부분 사이에 끼어드는 옷으로 인해 마찰적으로 가열되면 화재가 발생할 수 있으며 식물성 기름, 누출된 넝마와 비닐봉지와 같은 내용물이 가열되면 자발적으로 연소될 수 있다. 화재 발생 후 건조기의 내용물을 확인하라. 의류 건조기 설계에는 일반적으로 건조 드럼이 놓이는 PVC와 다른 합성물 또는 면제품의 합성물로 만들어진 유연한 베어링이 포함된다. 이 베어링이 제 위치를 벗어나면 가열부에 접촉하여 발화될 수 있다. PVC의 난연성 때문에 이 베어링은 드럼 안의 옷에 발화되기 전에 감지되지 않아 매우 오랜 시간 동안 연기가 날 수 있다. 건조기의 화재는 전원이 차단된 후 몇 시간 후에 발생할 수 있다.

■ **가전 제품**

가전 제품은 매우 일반적인 가정용품이다. 라디오, CD(Compact Disc) 플레이어, 블루레이 또는 DVD 플레이어, 비디오카메라, 게임 시스템 및 휴대 전화와 태블릿을 포함한 개인용 컴퓨터의 예가 있다. 이 모든 제품에는 전원 공급 장치, 회로 보드 및 하우징이 있다.

최근 몇 년 동안 PC 보드(텔레비전 세트, 스테레오 부품 및 컴퓨터 포함)가 있는 전자 장치가 변압기의 땜납 조인트 및 결함으로 인해 회수되었다. 고 에너지 회로(전원 공급 장치)의 구성 요소가 충분히 납땜되지 않으면 시간이 지나서 연결이 악화되어 보드에서 탄소 자국이 발생한다. 시간이 지남에 따라 저항 가열은 화재의 원인이 될 수 있다.

고상 스위치 또는 MOSFET은 스피커, 디스플레이 및 모터를 구동하는 데 사용된다. 이러한 장치가 방열판에 단단히 결합되어 느슨해지면 단락되어 폭발할 수 있다. 결과로 나오는 불꽃은 근처의 가연성 물질을 발화시킬 수 있다.

노트북 컴퓨터와 같은 휴대용 장비는 과충전 될 경우 근처의 가연성 물질에서 화재가 발생하기에 충분히 뜨거운 인화성 액체를 방출할 수 있는 리튬 배터리를 사용한다.

엔터테인먼트 시스템/TV 인클로저는 쉽게 발화하지 않는 방화 등급의 플라스틱을 사용하여 제조된다. 그러나 많은 다른 플라스틱이 제조 과정에서 사용되고 화재 등급이 다양하기 때문에 전기 결함으로 인해 텔레비전 세트가 화재를 일으킬 수 있다.

구형 팩스기는 감열성 프린트 헤드를 가지고 있기 때문에 가연성 물질로 덮여있는 경우 화재를 일으키기에 충분한 열을 발생시킬 수 있다.

요 약

검토를 위한 준비

- 화재 현장에서 기기가 화재를 유발한 가장 확실한 지표는 다음과 같다.
  - 가전제품 근처에 있는 발화원을 가리키는 화재 패턴
  - 제품에 심각한 화재 위험
  - 기기 내부 또는 근처의 도체에서 발견되는 아킹이나 용융
- 화재조사관은 화재 현장의 나머지 부분과 관련하여 기기의 화재 패턴을 평가해야 한다.
- 화재조사관은 기기가 어떻게 작동하는지와 안전장치를 철저히 이해해야 한다.
- 해체를 시작하기 전에, 절차를 수행하는 구체적인 이유에 근거하여 식별된 목적, 기본 규칙 및 분해 정도에 따라 프로토콜을 작성해야 한다.
- 스위치의 후연소(postfire) 시험은 때로는 그 상태를 판정할 수 있으며, 따라서 화재 당시에 기기에 전원이 공급되었는지 여부를 결정할 수 있다.
- 모형은 기기가 어떻게 작동 하는지를 이해하는 데 도움이 되며 제안된 발화 시나리오를 테스트하는 데 사용할 수 있다.
- 일반적인 가전제품 구성 요소에는 하우징, 전원, 스위치, 솔레노이드 및 릴레이, 변압기, 모터, 발열체 및 조명이 포함된다.
- 일반적인 주거용 기기에는 레인지 및 오븐, 에어컨 및 열 회수 환기구, 온열기, 커피 메이커, 토스터, 전기 깡통 따개, 냉각 팬, 냉장고, 튀김기, 식기 세척기, 전자레인지, 실내 난방기, 전기담요, 창문형 에어컨 장치, 헤어드라이어 및 헤어 컬러, 의류 다리미, 의류 건조기, 가전제품 등이 있다.

주요 용어

아크관 (Arc tube)

대부분의 수은 및 메탈 할라이드 램프에 사용되는 양쪽 끝에 전극이 있는 용융 실리카/석영의 실린더

대류 난방기 (Convection heater)

팬을 사용하여 뜨거운 표면을 가로 질러 공기를 이동시키고 공기를 가열하여 실내 전체로 분산시키는 가열

모형 (Exemplar)

기기의 정확한 복제본

하우징 (Housing)

기기에서 작동 구성 요소가 들어있는 외부 쉘

차단 전류 (Interrupt current)

차단기가 계속 운반할 수 있어야 하는 전류값

방사선 가열기 (Radiation heater)

방사선으로만 열을 전달하는 히터

강압 변압기 (Step-down transformer)

콘센트에 제공된 120V를 요구되는 전압으로 낮추는 장치

스위치 (Switch)

장비를 켜거나 끄거나 작동 조건을 변경하는 데 사용되는 장치

변압기 (Transformers)

일반적으로 120 또는 240V AC의 전압을 더 낮은 전압으로 낮추고 전원에서 기기를 분리하는 데 사용할 수 있는 장치

트라이액 (Triac)

게이트가 켜지면 전류를 전도하고 게이트가 꺼지면 전류를 차단하는 반도체 스위치

실전 화재조사관

대형 아파트의 화재가 건물 중 한 주방에서 발생한 것으로 확인되었다. 주방이 심하게 손상되고 냉장고, 전기난로, 전자레인지 및 토스터의 잔류물이 있다. 이러한 모든 기기는 심하게 산화되어 다량의 잔해가 있다.

세입자와의 인터뷰에서 이 기기는 지역 소매상에서 지난 6개월 이내에 구매한 모두 새 제품임을 확인했다. 그녀는 최근 난로의 제어 손잡이는 버너가 꺼져 있음을 나타냄에도 불구하고 버너가 계속 켜져 있는 문제가 있었음을 밝혔다.

잔해를 제거하고 발화원을 부분적으로 재구성한 후 화재가 난로에서 비롯된 것으로 판단한다. 금속 소스 팬의 잔해는 왼쪽 앞 버너에 있지만 버너 제어 장치는 화재 발생 당시 어떤 위치에 있었는지 표시 없이 심각하게 손상되었다. 시각적으로 제어기를 검사할 때 소방관은 후면 패널을 떼어 내고 버너 제어기를 분해하여 스위치 접촉을 확인하여 스토브가 켜져 있는지 여부를 확인할 수 있다고 말한다.

1. 스토브 뒷면을 제거하고 버너 컨트롤을 분해하는 경우
   - A. 다른 이해 관계자로부터 파손에 대한 책임을 추궁 받을 수 있다.
   - B. 해체하기 전에 제어기를 촬영해야 한다.
   - C. 분해하기 전에 리콜 검색을 수행해야 한다.
   - D. B와 C 모두

2. 다음 중 기기가 화재를 일으킨 것으로 판단할 때 고려하지 않는 것은?
   - A. 기기의 제조업체, 모델 및 일련 번호
   - B. 수분 존재 여부
   - C. 화재가 발생하기 전에 기기가 올바르게 작동하는지 여부
   - D. 화재 당시에 기기에 전원이 공급되었는지 여부

3. 기기 관련 리콜은 누가 연락해야 하는가?
   - A. 현지 관료
   - B. 주 소방서
   - C. 소비자 제품 안전위원회
   - D. 기기 제조업체

4. 저전력 회로로 고전력 회로를 제어하는 데 사용되는 장치는 무엇인가?
   - A. 승압 변압기
   - B. 전자 계전기
   - C. 릴레이 스위치
   - D. 솔레노이드

차량 화재

학습 목표

이 장을 학습한 후 여러분은 다음 사항을 할 수 있다.

- 차량 화재를 분석하는 데 사용된 조사기법에 대한 설명
- 차량 화재 조사와 관련된 안전 문제에 대한 논의
- 차량에 있는 화재 연료 확인
- 차량에 존재할 가능성이 있는 발화원 확인
- 화재 원인과 관련하여 다양한 차량 시스템과 구성 요소에 대한 논의
- 차량 내 차체 시스템과 차량 화재에 어떤 영향을 미칠 수 있는지에 대한 논의
- 차량 화재 현장을 문서화하는 방법에 대한 설명
- 차량 화재 조사에서 활용되는 절차에 대한 논의
- 하이브리드 차량 화재에 대한 조사에 대한 논의
- 차량 화재에 대한 특별 고려 사항 논의
- 다양한 유형의 특수 차량 및 장비에 대한 고려 사항 논의

기능습득 목표

이 장을 학습한 후 여러분은 다음 사항을 할 수 있다.

- 차량 화재 조사를 수행

CHAPTER

25

NFPA 참고 문헌

NFPA 54, *National Fuel Gas Code*

NFPA 58, *Liquefi ed Petroleum Gas Code*

NFPA 921, *Guide for Fire and Explosion Investigations*

NFPA 1192, *Standard on Recreational Vehicles*

FESHE 과정 결과물

화재조사 I

9 잠재적인 건강과 안전 위험을 인식하라.

12. 차량 화재 조사에 사용된 절차를 설명하라.

화재조사 II

6. 화재의 전기적 원인을 분석하라.

당신은 화재조사관

당신은 더 새로운 승용차와 관련된 화재를 조사해야 한다. 당신이 도착하면, 소방대원은 도착했을 때 차량에 완전히 개입했다고 말한다. 그들은 차량 주인이 정비소에서 방금 차량을 찾아왔기 때문에 매우 화가 났다고 말한다.

주인과의 면담에서 그는 홍수가 난 도로를 지나 차를 타고난 후 최근에 차량 수리를 했다고 말한다. 모든 배선 장치, 교류기, 냉각 팬 및 엔진을 교체했다고 한다. 그는 차량을 몇 마일 주행했으며 차량이 시끄러운 노크 소리와 함께 힘을 잃기 시작했을 때 연기가 차 안으로 들어오기 시작했다고 말한다.

엔진실을 기록할 때 배선 장치가 심하게 손상되고 대부분의 플라스틱 부품이 소모되었음을 알 수 있었다. 배기 시스템을 조사할 때 배기 다지관 바로 뒤에 있는 엔진 블록 하단에 큰 구멍이 있음을 알 수 있었다.

1. 화재조사관이 차량 화재를 조사하는 동안 어떤 안전 문제를 고려해야 하는가?
2. 발화되었을 수 있는 엔진실 내에 어떤 연료원이 있는가?
3. 차량 화재를 조사할 때 소유자와 운전자와의 면담이 중요한 이유는 무엇인가?
4. 차량 검사 중에 무엇을 기록해야 하는가?

개요

차량 화재의 조사는 종종 복잡하고 어려운 것으로 간주되지만 자동차, 트럭, 중장비, 농장 및 벌목 장비 및 레크리에이션 차량 또는 차량 주택의 화재는 구조적, 해양 또는 임야 화재와 같은 성공적인 발화 및 전파에 대한 기본 요구 사항이 동일하다.

화재 조사관은 차량 구획에서 발견되는 과도한 공간 및 과도한 연료 부하로 패턴을 식별하기 어려울 수 있지만 차량마다 다를 수 있는 화상 및 까맣게 탄 표식을 인식할 수 있어야 한다. 화재조사관은 또한 차량 내 다양한 연료 특성, 연료와 관련된 화재 거동 및 작동 기계 부품에 대한 일반적인 지식을 잘 알고 있어야 한다. 이 장에서는 화재조사관이 성공적인 결론에 도달하는 데 도움이 되는 차량 시스템 및 방법의 다양한 측면에 대해 설명한다.

화재 조사 기술

화재조사관은 차량 화재 조사를 실시하기 전에 일반적으로 차량 및 장비의 일반적인 시스템과 특성을 학습하여 스스로 준비해야 한다. 대부분의 차량 장비는 유사한 기계 시스템을 사용한다. 예를 들어, 자동차의 냉각 시스템 또는 연료 시스템은 트럭 및 중장비에 사용되는 많은 설계 요소를 공유한다.

화재조사관은 차량의 안전 기능을 알고 있어야 한다. 모터 및 부품을 포함하여 차량의 유형 및 사용에 대한 일반적인 지식을 보유하고 있어야 한다. 화재조사를 수행 할 계획이 있어야 한다. 현장 및 차량을 검사하기 전에 가능하면 차량의 사용 및 유지 보수 및 화재 주변의 상황에 관한 정보를 수집하는 것이 좋다. 인터넷 사이트는 특정 차량의 고장 및 리콜에 관한 정보를 제공할 수 있다. 표 25-1은 화재조사를 계획할 때 권장되는 방법을 제공한다.

차량 조사 초기 단계에서 화재조사관은 차량 내부 또는 외부의 화재나 손상 패턴을 조사한다. 이 패턴은 화재조사관을 발화점으로 안내하는 데 사용되어야 한다.

표 25-1 자동차 화재의 수사 계획

안전 문제	자격	차량 검사
어떤 조건에서도 차량을 보기 전에 : ■ 안정성을 확인하라. ■ 차량의 전기 시스템이 분리되어 있는지 점검하라. ■ 전개되지 않은 에어백과 범퍼에 주의하라 (에어백의 배출 에이전트 인 아지드화나트륨은 심각한 안전 위험 요소이다). ■ 화재 위험이 있는 연료 및 기타 유제 누출이 있는지 점검하라. ■ 위험을 중화하기 위해 필요한 조치를 취하라. ■ 적절한 보호복과 장비를 사용하라.	차량 시스템 분석 수행 : ■ 각 시스템의 특정 기능을 파악하라. ■ 시스템이 오작동 되었는지 확인하라. ■ 시스템이 변경되었는지 확인하라. ■ 오작동이나 변경이 화재의 원인인지 결정하라. ■ 앞으로 검사실 검사를 위한 증거를 보손하라. 차량 시스템에 대한 분석을 수행할 자격이 없는 경우 자격을 갖춘 개인에게 지침을 구하라.	세 개의 주요 구획 구분 : ■ 엔진실 ■ 차 안이나 내부 ■ 화물칸 차별화 된 발화 시나리오 : ■ 전기적 ■ 기계적 ■ 인간의 개입 (행동 또는 비활동) 발화원을 결정하라.

화재조사관 팁

차량 화재 조사를 실시하기 전에 차량의 안전 기능을 알아야 한다. 모터 및 부품을 포함하여 차량의 유형 및 사용에 대한 일반적인 지식을 보유하고 있어야 한다. 화재조사를 수행 할 계획이 있어야 한다.

차량 조사 안전성

차량의 하부 구조를 검사할 때 부상을 유발할 수 있는 움직임을 막기 위해 차폐물이나 스탠드와 함께 차량을 올바르게 지지하고 안정화하도록 주의를 기울여야 한다. 잭, 지게차, 견인트럭 또는 유압/공압 장치와 같은 리프팅 장치는 검사 중에 지원을 위해 전적으로 의존해서는 안 된다.

화재 또는 사고로 손상된 차량의 미사용 에어백(보완 구속 시스템)은 센서가 더 이상 파손될 경우 전개할 수 있기 때문에 심각한 안전 위험을 초래할 수 있다. 검사 전에 배터리를 분리하면 이러한 시스템이 작동하지 않을 수 있으며 시험 중 우발적인 전기적 결함(및 다른 화재 발생 가능성이 있음)을 방지할 수 있다.

하이브리드 또는 전기 자동차의 전기 시스템은 시스템의 높은 전압 때문에 충격 위험이 증가할 수 있다. 레저용 차량(RV)은 전원 코드 또는 "육상전력" 연결을 통해 120V AC 또는 240V AC 전원에 연결할 수 있다.

주의해야 할 다른 위험 요소로는 탱크 또는 라인에서의 연료 유출 가능성; 냉각제, 윤활제 또는 기타 유체 오염; 깨진 유리 또는 날카로운 금속과의 접촉으로 인한 절단 및 천공 위험; 트럭 파킹 브레이크 부품과 같은 손상된 스프링 장치로부터 에너지를 방출한다.

차량 화재의 연료

차량 화재의 연료는 액체 연료, 가스 연료 및 고체 연료의 세 가지 범주로 분류된다. 화재가 발생하기 시작하면 이 연료들 중 어느 것이 2차적으로 관련되어 초기에 발화된 물질의 연소로 인해 발생하는 것과 분리하기 어려운 손상 패턴을 생성할 수 있다. 상대적으로 작은 크기의 일반적으로 불연성 격실 껍질은 화재 패턴을 흐리게 하여 2차 손상 패턴에서 주된 것을 분리하는 작업을 복잡하게 만든다.

■ 액체연료

사용 가능한 액체 연료에는 엔진 연료(가솔린, 디젤), 엔진 윤활유, 변속기 오일, 파워 스티어링액, 냉각수 및 브레이크액이 포함되며 표 25-2의 경우 유압유 또는 화물 유체도 포함될 수 있다. 이 연료들의 대부분은 많은 차량에 존재한다. 이러한 연료의 발화 가능성은 각 연료의 특성, 연료의 물리적 상태(액체, 원자화 또는 분무 형태) 및 발화원의 특성에 따라 달라진다. 가솔린은 종종 에탄올과 혼합되어 모터 연료로 사용된다. 이렇게 하면 혼합 연료의 특성이 약간 변경되어 자동발화온도가 올라가고 고온표면 발화온도가 약간 낮아진다.

표 25-2 발화성 액체의 성질(NFPA921 Table27.3.1)

액체	인화점[a]		자동발화온도[b]		연소한계[c] 하한계	연소한계[c] 상한계	비등점[d] 초기 비등점		비등점[d] 최종 비등점		증기 밀도[e]
	°C	°F	°C	°F	%	%	°C	°F	°C	°F	(공기 = 1)
휘발유	-45 to -40	-49 to -40	257-280	4495-536	1.4	7.6	26-49	78-120	171-233	339-452	3-4
경유(연료유#2)	38-62	100-145	254-260	489-500	0.4	7	127-232	260-450	357-404	675-760	5-6
브레이크액	110-171	230-340	300-319	572-606	1.2	8.5	232-288	111-142	460-550	238-288	5-6
파워 스티어링액	175-180	347-356	360-382	680-720	1	7	309-348	588-658	507-523	945-973	〉1
모터유	200-280	392-536	340-360	644-680	1	7	299-333	570-631	472-513	882-955	〉1
기어유	150-270	302-510	〉382	〉716	1	7	316-371	601-700	〉525	〉977	〉1
자동변속기액	150-280	302-536	330-382	626-716	1	7	239-242	462-468	507-523	945-973	〉1
에틸렌글리콜(부동액)	110-127	230-261	398-410	748-770	3.2	15.3	196-198	385-388			2.1
프로필렌글리콜(부동액)	93-107	199-225	371-421	700-790	2.6	12.5	187-188	369-370			2.6
메탄올(와셔액)	11-15	52-55	464-484	867-903	6	36	65	149			1.1

* a 인화점 자료는 미국에서 사용할 수 있는 각 유형의 유체의 주요 브랜드 제조업체 및 공급 업체의 기술 자료 시트 및 재료 안전 자료 시트에서 입수했다. 이러한 배출원에서 보고된 가솔린의 인화점은 ASTM D 56에 의해 결정되었다. 디젤 연료, 브레이크 오일, 파워 스티어링 오일, 모터 오일, 변속기 오일, 기어 오일, 에틸렌 글리콜(부동액), 프로필렌 글리콜(부동액) 및 메탄올의 인화점은 ASTM D 56, ASTM D 92 또는 ASTM D 93에 의해 결정되었다.

b 휘발유, 디젤 연료, 브레이크액, 에틸렌 글리콜, 프로필렌 글리콜 및 메탄올에 대한 자동 발화 온도 자료는 미국에서 사용 가능한 각 유형의 유체의 주요 브랜드 제조업체 및 공급 업체의 기술 자료 시트 및 재료 안전 자료 시트에서 입수했다. 이 소스는 일반적으로 자동 발화 온도를 결정하는 데 사용된 테스트 방법을 보고하지 않았다. 그러나 ASTM E 659는 자동 발화 온도를 결정하는 데 일반적으로 사용되는 실험실 테스트 방법dl다. 파워 스티어링 유체, 모터 오일, 기어 오일 및 자동 변속기 오일의 자동 발화 온도 자료는 ASTM E 659를 사용하여 획득했다.

c 가연성 한계 자료는 미국의 주요 브랜드 제조업체 및 공급 업체의 기술 자료 시트 및 재료 안전 자료 시트에서 입수했다. 이 소식통은 일반적으로 보고된 가연성 한계를 결정하는 데 사용된 실험실 테스트 방법을 명시하지 않았다. 그러나 ASTM E 681은 일반적으로 인화점 하한계(LFL)와 인화점 상한계(UFL)를 결정하는 데 사용되는 실험실 테스트 방법이다.

d 가솔린에 대한 끓는점 자료는 2003년 북미 자동차 제조업체 연맹의 가솔린 조사에서 얻은 것이다. 이 조사에서 보고된 끓는점 범위는 ASTM D 86에 의해 결정되었다. 디젤 연료의 끓는점 자료는 기술 자료 시트 미국의 주요 디젤 연료 브랜드 제조업체 및 공급 업체가 제공하는 물질 안전 보건 자료이다. 이 소식통은 일반적으로 디젤 연료의 끓는점 범위를 결정하는 데 사용된 실험실 테스트 방법을 보고하지 않았다. 브레이크액, 파워 스티어링 유체, 모터 오일, 기어 오일 및 자동 변속기 유체에 대한 끓는점 자료는 ASTM D 2887에 의해 결정되었다. 에틸렌 글리콜, 프로필렌 글리콜 및 메탄올의 끓는점 자료는 제조업체 및 물질 안전 보건 자료와 이러한 화학 물질의 공급자로부터 획득했다. 이 소식통은 끓는점을 결정하는 데 사용된 실험실 테스트 방법을 보고하지 않았다. 표에서 IBP와 FBP는 각각 초기 끓는점과 최종 끓는점이다.

e 증기 밀도 자료는 이 물질의 제조업체 및 공급 업체의 물질 안전 보건 자료 (Material Safety Data Sheets)에서 입수했다.

* 연구 내용은 다음과 같다.

1. Arndt, S. M., Stevens, D. C., and Arndt, M. W., "The Motor Vehicle in the Post-Crash Environment, An Understanding of Ignition Properties of Spilled Fuels," SAE 1999-01-0086, International Congress and Exposition, Detroit, MI, March 1-4, 1999.

2. LaPointe, N. R., Adams, C. T., and Washington, J., "Autoignition of Gasoline on Hot Surfaces" Fire and Arson Investigator , Oct. 2005: pp. 18-21.
3. Colwell, J. D., and Reze, A. "Hot Surface Ignition of Automotive and Aviation Fluids," Fire Technology , Second Quarter 2005, pp. 105-123.
4. API PUBL 2216, Ignition Risk of Hydrocarbon Vapors by Hot Surfaces in the Open Air.

표 25-3 차량용 기체 연료의 속성 (NFPA 921 Table 27.3.2)

기체	자동발화온도		가연성 한계 (Vol. % 공기 중의 연료)		비등점		비중 (공기)	
	°C	°F	하한계	상한계	°C	°F	증기밀도 (공기 = 1)	최소발화에너지 (mJ)
수소	40-572	753-1061	4.0	75.0	-253	-422	0.07	0.018
천연가스(메탄)	632-650	1169-1202	5.3	15.0	-162	-259	0.60	0.280
프로판	450-493	842-919	2.2	9.5	-42	-44	1.56	0.250

*참고 :이 표에 제공된 자료는 일반 또는 일반 제품용이며 특정 제품의 값을 나타내지 않을 수 있다. 가능하면 관련된 제품에 특정한 값은 재료 안전 시트, 제품 사양 또는 표준 테스트 방법을 통해 얻어야 한다.

■ 기체연료

자동차용 가스 연료는 일반적으로 프로판 또는 천연 가스이다. 이 기체 연료는 대체 연료를 대표할 뿐만 아니라 가열, 조리 및 냉장용 레크리에이션 차량에도 사용된다. 수소 가스는 종종 존재하며 충전하는 동안 배터리 영역에서 방출될 수 있다. 대체 연료 및 차량 동력 시스템이 발전함에 따라 수소 및 압축 천연 가스(CNG) 또는 액화 천연 가스(LNG)를 비롯한 기타 가스 및 액체 연료가 보편화될 수 있다. 많은 양의 가스 연료가 연료 또는 화물로 큰 차량에서 발견될 수 있다. 표 25-3은 자동차의 기체 연료 특성을 개괄적으로 보여준다.

■ 고체연료

고체 연료는 정상 상태에서 액체 또는 기체가 아닌 차량 내부 또는 외부의 모든 연료를 포함한다. 우발적인 화재에서는 이것이 거의 발생하지 않지만, 단단한 연료가 발화된 첫 번째 물질

화재조사관 팁

화재조사관은 발화 가능한 액체만이 금속을 녹일 수 있는 온도를 충분히 생성할 수 있다고 생각하여 용융된 금속의 존재를 가연성 액체의 사용에 대한 지표로 해석해서는 안된다.

일 수 있다. 예로는 전선의 단락 또는 저항 가열로 인한 발화 온도에 도달하는 배선 절연 또는 플라스틱 도관, 마찰로 인해 구동 벨트, 베어링 및 타이어가 발화하는 열이 포함된다.

고체 연료는 화재 확산에 크게 기여할 수 있다. 차량의 고체 연료에는 발화성 액체와 유사한 열방출율을 갖는 플라스틱이 포함된다. 플라스틱은 불을 녹일 수 있고, 불을 붙일 수 있으며, 불을 떨어뜨릴 수 있다.

엔진과 차량 구성 요소에 있는 알루미늄 및 마그네슘 또는 그 합금은 발화되어 추가적인 연료 부하를 제공할 수 있다. 대부분의 금속은 타는 가루 또는 녹은 모양일 필요가 있다; 그러나 일부 차량에 존재하는 고체 마그네슘은 만족할만한 외부 열원에 의해 발화되면 심하게 연소된다. 차량 내 용융 금속의 존재가 반드시 발화성 액체 촉진제의 존재를 나타내는 것은 아니다. 차량에서 발견되는 많은 합금 또는 금속은 순수한 형태 또는 상태가 아니므로 순수한 형태로 그러한 금속을 보여주는 차트 및 그래프에 표시된 것보다 낮은 용융 온도를 갖는다.

한 종류의 금속이 다른 금속 위에 떨어지거나 녹을 때, 합금 과정이 일어날 수 있다. 예를 들어, 녹은 알루미늄이나 아연이 다른 금속 위에 흘러 들어가거나 떨어질 수 있어 정상 온도보다 낮은 온도에서 녹을 수 있다. 용융된 금속은 다른 가연성 물질과 접촉할 때 화재를 퍼트릴 수노 있고, 통전된 케이블과 접지된 부품 사이에 단락을 일으킬 수도 있다. 용융된 금속의 패턴은 구조 패턴 조사가 구조 화재 조사에서 자주 사용되는 것처럼 발화원 영역을 결정하는데 조사원을 돕기 위한 추가 정보를 제공할 수 있다. 지시약으로 사용된 용융 금속은 확인되어야 하며, 실제 용융 온도가 결정되어야 한다. 많은 일반적인 금속은 가시적인 특성으로 식별될 수 있다. 금속 성분의 정확한 결정은 Energy Dispersive Spectroscopy(EDS)와 같은 기술적 공정을 사용하여 실험실 분석을 요구할 수 있다.

발화원

대부분의 경우 차량의 발화 에너지원은 건물 화재와 관련된 에너지와 동일하다. 화염, 기계 및 전기 파손 및 폐기된 흡연 물질은 종종 차량 화재를 일으킬 수 있다. 차량에는 가열된 배기 부품, 다양한 유형의 베어링 및 제동 시스템을 포함하여 화재조사관이 고려하고 평가해야 하는 고유한 발화원이 있다.

■ 개방 하염

개방 화염은 엔진이 기화기를 역화했을 때 시와시 차량의 일반적인 화재의 원인이었지만 오늘날 대부분의 현대 차량에서 연료 분사 시스템이 기화기를 교체했음을 인식하는 것이 중요하다. 대부분의 현대 자동차의 스로틀 몸체는 일반적으로 흡기 다지관 또는 연소실에 직접 분사되는 연료를 처리하지 않는다. 흡연 물질에서 발생하는 화염은 재떨이에서 발생할 수 있으며 가연성 물질을 발화시킬 수 있다.

레크리에이션용 차량의 개방 화염에는 기기 조종 조명, 버너 및 오븐이 포함될 수 있다. 임야 또는 지표 화재와 같은 외부 소스로 부터 화염을 내는 노출은 화재의 원인이 될 수 있는 차량 화재를 유발할 수 있다. 특히 차량이 화재 현장 이외의 장소에서 검사되는 경우 특히 그러하다.

■ **전력소스**

작동하지 않는 차량의 전기 에너지의 주요 원천은 배터리이다. 조사하는 동안 일부 차량에는 여러 개의 배터리가 있음을 기억하는 것이 중요하다. 차량이 작동하지 않을 때 통전 상태를 유지할 수 있는 부품으로는 헤드라이트, 파워 시트, 실내조명, 교류발전기, 스타터 솔레노이드 및 다양한 차량 시스템에 사용되는 릴레이가 있다. 차량 관련 정보는 서비스 매뉴얼 및 배선도에서 얻을 수 있다.

© Jones & Bartlett Learning. Photographed by Glen E. Ellman

그림 25-1 회로 차단기/퓨즈 릴레이 패널.

화재조사관은 발화 가능성이 있는 전기 발화원을 확인하기 위해 화재 발생 당시 차량이 가동 중이었는지 여부를 결정해야 한다.

퓨즈, 회로 차단기 또는 가변 연결은 대부분의 차량에서 전기 회로를 보호하도록 설계되었다(그림 25-1).

대부분의 차량 전기 시스템은 몸체, 프레임 및 엔진에 연결된 시스템의 음극(접지)면이 있는 직류(DC)이다. 전기 시스템의 긍정적 측면은 시동기, 교류 발전기 및 라디오와 같은 장치에 전기 배선을 통해 전류를 공급한다. 양극 리드가 접지될 때마다 단락이 발생하여 화재가 발생할 가능성이 있다. 이것은 배터리 케이블 또는 다른 도체가 프레임 또는 엔진과 같은 차량의 접지된 부분에 대해 단열재를 통해 닳았을 때 발생할 수 있다.

대부분의 회로 차단기 패널의 덮개 내부에는 보호 장비와 퓨즈 크기가 나와 있다. 판독하기 어려운 경우, 이 정보는 종종 차량의 사용 설명서 또는 상점 서비스 안내서에서 얻을 수 있다. 퓨즈 패널을 보고 전기 부품이나 회로에 문제가 있는지 여부를 확인하고 적절한 퓨즈 또는 회로 차단기가 제자리에 있는지 확인하는 것이 중요하다.

RV는 DC 회로뿐만 아니라 교류(AC) 회로를 가질 수 있다. 이들은 AC를 DC로 변환하는 변환기, DC를 AC로 변환하는 인버터 및 AC 전원을 제공하는 발전기를 가질 수 있다. "코치"시스템의 보조 전원으로 2개 이상의 배터리 또는 최대 4개의 보조 배터리가 그림 25-2에 공통적으로 표시된다. RV가 육상전력 연결을 통해 외부 전원에 연결되었는지 여부를 확인하는 것이 중요하다.

그림 25-2 이 RV에는 배터리가 두 개 이상 있다.

전기 에너지가 발화원이 될 수 있는 또 다른 수단은 과부하 배선과 관련된 저항 가열을 통한 방법이다. 부적절하게 설치 또는 사용된 부품시장 장비는 차량의 전기 시스템에 과부하가 걸릴 수 있다.

부품시장 제품에는 오디오 또는 비디오 시스템과 관련 하드웨어는 물론 향상된 차량 조명(주행등, 스포트 라이트, 안개등), 네비게이션 시스템 및 기타 여러 유형의 액세서리가 포함된다. 잘못 설치된 부품시장 장비는 과전류 보호 장치가 부족할 수 있다.

상업용 차량의 부품시장 장비에는 전동식 차체 시스템 및 통신 시스템이 포함될 수 있다. 전기 배선의 고 저항 오류는 회로 보호를 활성화하지 않고 배선 절연체의 온도를 발화점으로 올릴 수 있다. 고 전류 장치의 결함은 쉽게 사용할 수 있는 가연성 물질을 발화시킬 수 있다. 손상된 절연은 충전된 전선이 접지된 표면에 닿으면 전기 아크가 발생할 수 있다. 분쇄되거나 절단된 전선 및 파쇄된 배터리는 전기 아크의 원인이 될 수 있다. 배터리 및 스타터 케이블은 퓨즈 또는 과전류 보호로 전기적으로 보호되지 않으며 많은 양의 전류를 전달할 수 있음을 기억해야 한다. 이 선이 충돌하는 동안 절단되면 아크가 발생하여 화재가 발생할 수 있다. 마찰을 일으킬 수 있는 배선은 절연되지 않아 다른 금속과의 의도하지 않은 접촉을 일으켜 스파크 니는 저항 가열을 일으킬 수 있다.

파열된 전구의 램프 필라멘트는 연료가 가스, 증기 또는 액체 스프레이 형태인 경우 잠재적인 발화원이다. 대부분의 램프 필라멘트는 진공 상태에서 작동하도록 설계되었다. 노출된 필라멘트의 작동 온도는 2550 °F(1400 ℃)까지 올라갈 수 있지만, 필라멘트가 파손되어 공기에 노출되면 발화원을 제거하면서 불과 몇 초 동안 작동한 다음 연소하여 떨어져 나간다. 현대식 헤드라이트의 유리 덮개는 점등 상태에서 많은 플라스틱의 발화 온도보다 훨씬 높은 온도에서 작동한다. 벌브가 옮겨져 플라스틱 트림 부품에 닿으면 화재가 발생할 수 있다.

화재조사관은 차량 화재를 조사하는 동안 외부 전기 발화원의 증거를 찾아야 한다. 레크레이션 연결용 포트, 엔진 히터 및 배터리 충전기가 포함될 수 있다. 배터리 충전기는 조사 중에 고려하거나 제거할 추가 전원을 제공할 수 있다.

■ 고온 표면

배기 시스템 구성 요소는 디젤 스프레이를 발화시키고 가솔린을 증발시키기에 충분한 온도를 제공할 수 있다. 변속기 또는 토크 컨버터 부품의 미끄러짐은 유체를 증발시키기에 충분한 열을 발생시켜 가열된 배기 시스템 구성 요소와의 접촉 시 발화될 수 있는 유체의 배출을 유발할 수 있다.

엔진 오일, 파워 스티어링 오일 및 브레이크액은 가열 된 배기 시스템 구성 요소와 접촉할 때 발화될 수 있다. 이러한 액체는 작동 중에 또는 엔진이 정지된 직후, 일부 배기 시스템 구성 요소의 온도가 여전히 충분히 상승할 때 발화될 수 있다. 뜨거운 표면에 있는 유체의 발화 온도는 일반적으로 설정된 자동 발화 온도보다 최대 수백 화씨온도까지 높다. 다음 요소는 모두 뜨거운 표면에 의한 액체의 발화에 영향을 미친다.

- 통풍
- 환경 요인
- 자동발화온도
- 액체 인화점
- 액체 비등점
- 액체 기화 속도
- 액체의 분무화 (유효 연료 표면적)
- 액체의 기화 잠열
- 가열된 표면에 액체가 노출되는 시간과 뜨거운 표면의 구성

이러한 요소들은 모두 발화원의 위치에서 공연비에 영향을 미쳐 발화 및 화재 전파에 너무 풍부하거나 너무 희박한 혼합물을 생성할 수 있다.

플라스틱, 종이 및 식물과 같은 다른 가연성 물질은 가열된 차량 구성 요소와 접촉할 때 발화 온도에 도달할 수 있다.

촉매 변환기는 일반적으로 내부 온도가 1300 °F(700 ℃)에 근접하고 표면 온도가 600 °F (315 ℃) 근처에서 작동하지만 공기 순환이 제한되거나 미연소 연료가 변환기에 유입되면 과급 또는 엔진 오작동으로 인해 고부하에서 더 높은 온도에 도달할 수 있다. 이러한 극한 상황에서 변환기 내부의 세라믹 매트릭스 물질은 녹을 수 있으며 백열 스프레이로 배기관에서 배출될 수 있다.

■ 기계적 스파크

기계식 스파크는 금속 대 금속 접촉부에서 발생하며 회전 장비(교류 발전기, 펌프, 풀리 등) 또는 베어링과 관련될 수 있다. 금속 대 포장 접촉(예 : 깨진 구동축, 타이어 림 또는 배기관)은 스파크를 생성할 수도 있다. 그러한 발화원을 생성하기 위해서는 차량이 주행 중이거나 움직여야 한다. 5 mph(8 kph)의 차량 속도는 1470 °F(800 ℃)의 온도에서 주황색 불꽃을 생성하도록 결정되었고, 더 빠른 속도는 2190 °F(1200 ℃)의 온도에서 백색 불꽃을 생성하였다. 알루미늄 포징 돌기는 내부분의 재료에 대해 만족할만한 발화원으로 간주되지 않는다. 보통 이러한 유형의 스파크는 고체를 발화시키지 않는다. 스파크가 발사되는 지역 주변의 연료와 스파크가 이들 연료와 접촉하는 시간에 대한 고려가 이루어져야 한다.

농장, 벌목, 건설 또는 고속도로 유지 관리 장비는 기계적 부착물이 셀룰로오스 농작물 또는 식물 재료와 접촉할 수 있다. 손상되었거나 제대로 유지되지 않으면 마찰로 인해 열을 발산하여 재료를 발화시킬 수 있다. 습도가 낮고 연료가 마르면 금속 블레이드나 도구가 암석에 부딪칠 때 기계적 스파크가 발생할 수 있다. 기계적으로 생성된 스파크는 이러한 조건에서 주위의 연료를 발화시킬 수 있는 잠재적 에너지를 가질 수 있다. 그러한 불꽃이 다른 물질을 발화시키는 능력은 질량 표면적 비율에 의해 조절된다. 스파크가 작을수록 주변 공기에 노출되면 더 빨리 냉각된다.

■ 연기 물질

차량 상태에서 확인된 다른 발화원은 부적절하게 폐기되거나 오용된 흡연 물질이다. 이 발화 시나리오에 대한 가설에서, 폐기된 흡연 물질의 발화 순서는 차량의 흡연 물질의 열을 제한하고 유지할 수 있는 능력과 차량의 통풍 특성을 중심으로 이루어진다. 이러한 발화 순서의 가능성을 평가할 때 자동차 내부 부품의 가연성을 다루는 연방 자동차 안전 표준(FMVSS) # 302에 유의하라. 차량에 있는 서류나 옷과 같은 다른 연료의 발화도 고려해야 한다. 이러한 물질의 발화가 발생하면 화재는 차량 내부의 폼 및 기타 물질을 포함한 다른 연료로 확산될 수 있다.

차량의 시스템 및 기능

차량의 다양한 시스템이 어떻게 작동하는지를 아는 중요성은 화재조사관에게 중요하며 도서관, 자동차 판매점 및 부품 공급 업체에서 제공되는 다양한 기술 매뉴얼을 보면서 향상시킬 수 있다. 종종 특정 차량 시스템에 대한 친숙함은 딜러 또는 자동차 수리점을 방문하여 서비스 관리자 또는 정비사가 차량에 대한 특정 정보를 요청함으로써 얻을 수 있다. 부품 부서는 특정 시스템에 대한 개략도와 견해를 가질 수도 있다.

■ 연료 체계

휘발유 구동 차량에는 진공/저압 기화 시스템과 고압 연료 분사 시스템의 두 가지 기본 연료 시스템이 사용된다. 이 두 가지 방법 모두 연료 탱크를 통해 연료 탱크에 연료를 공급하고 연료 라인과 필터 시스템을 통해 연료를 분사하여 연료가 분무되고 압축되고 연소된다.

진공/저압 기화 시스템

진공/저압 기화 시스템은 구형 자동차, 가솔린 구동 농기계, 잔디밭 유지 보수 차량 및 고정식 장비를 구동하는 소형 가솔린 엔진에서 가장 흔하게 볼 수 있다.

진공/저압 기화 시스템은 일반적으로 엔진에 부착된 기계식 펌프를 통해 연료 탱크에서 연료를 끌어오고 엔진이 작동 중일 때만 작동한다. 때때로 전기 연료 펌프가 사용된다. 연료는 3에서 5 psi(20에서 35 kPa)의 기압으로 기화기로 송출되고 기화기에서 공기와 혼합되어(보통 15 : 1의 비율로) 흡기구를 통해 엔진으로 유입된다. 다자관에서 연소가 이루어지는 실린더 내로 공급된다. 그림 25-3은 차량 연료 시스템 및 관련 구성 요소의 일반 형태를 보여준다. 진공/저압 기화 시스템의 잠재적 문제는 표 25-4에 요약되어 있다.

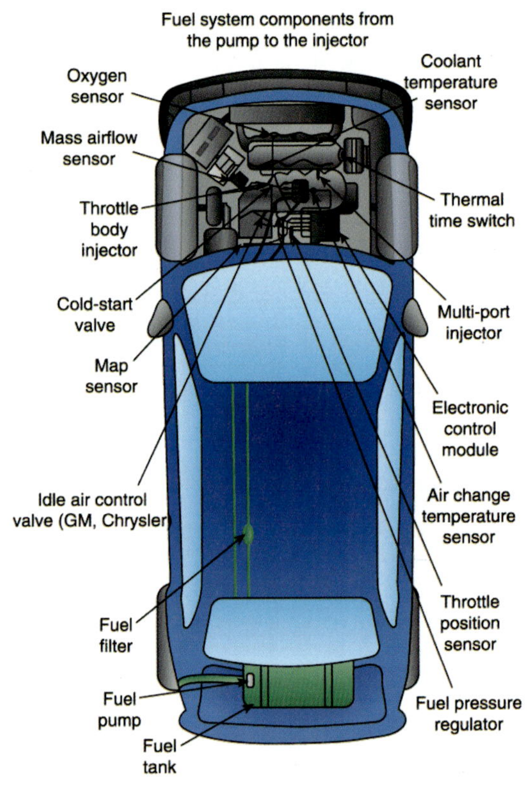

그림 25-3 차량의 연료 체계는 많은 부품으로 구성된다.

표 25-4 진공/저압 기화기 시스템

누출 위치	문제
진공측	공기가 시스템으로 유입되고 엔진이 작동하지 않는다.
압력측	유체가 미세한 안개나 짙은 물줄기로 새어 나올 수 있다. 발화원이 있으면 발화가 가능하다. 화재로 인해 연료 라인이 누출되면 누출된 연료 증기가 발화될 수 있다.

고압 연료 분사 시스템

고압 연료 주입 시스템은 또한 연료 탱크에서 연료를 회수하고 "켜기" 또는 "실행" 위치에서 발화 시 열쇠가 있을 때마다 활성화되는 전기식 연료 펌프를 통해 연료를 엔진으로 펌핑한다.

그림 25-4 전기 연료 펌프

헌대 자동차의 연료 펌프 중 일부는 탑재된 컴퓨터와 통합되어 있으며 충돌 시 연료 펌프를 사용하지 못하게 하는 관성 스위치로 트리거할 수 있다. 연료는 표준 전자식 또는 기계식 연료 분사 시스템을 갖춘 대부분의 차량에서 35~70 psi(240~480 kPa)로 펌핑되지만 최신 가솔린 직접 분사(GDI) 시스템에서는 1700 psi(11.72 mPa)를 훨씬 넘을 수 있으며 몇몇 현대식 대형 디젤 시스템에서 스파이크 압력이 수 천 파운드/평방 인치에 이른다. 그림 25-4는 연료 분사 시스템을 갖춘 대부분의 신차에 사용되는 전기 연료 펌프를 보여준다. 연료는 단일 벤튜리 장착형 연료 인젝터(스로틀 바디) 또는 더 일반적으로 엔진의 연료 레일 부품으로 펌핑된다. 두 시스템 모두에서 초과 연료는 연료 탱크로 다시 펌핑된다.

고압 연료 주입 시스템의 잠재적 문제는 다양한 피팅, 라인 또는 연료 압력 조절기에서의 압력 하에서 누출을 포함할 수 있다. 일부 차량의 경우 누출로 인해 발생하는 압력으로 인해 연료를 몇 피트 내뿜기에 충분할 수 있어 연료가 연소될 때 혼란스러운 패턴을 유발할 수 있다.

그림 25-5A의 수평 알루미늄 배관은 이 차량의 연료 레일을 나타낸다. 그림 25-5B에 도시된 연료 분사 장치는 연료 레일에 부착된다. 레일과 공급 라인 사이의 연결에 사용된 재료의 수명과 유형으로 인해 실패가 발생할 수 있다 (그림 25-5C)

인터뷰를 할 때, 차량 소유주는 연료 관련 문제를 보고할 수 있는데, 이는 화재조사관이 화재를 유발한 사건을 결정하는 데 도움이 될 수 있다. 시스템의 공급측에 누출이 있거나 차량 작동에 문제가 있으면 운전자가 확인해야 한다. 시작 곤란, 이상한 작동 및 모든 것을 멈추게 하는 것은 알아차릴 수 있는 문제일 수 있다. 작동상의 문제가 없는 상태에서 시스템의 반환면에 누출이 감지되지 않을 수 있다. 바닥에 있는 탱크에 늘어기는 연료 라인은 중력에 의해 연료에 연료를 공급할 수 있으며 탱크 상단에 있는 라인은 손상되면 사이펀 효과로 연료를 공급할 수 있다. 화재로 인해 탱크 또는 압력의 잔여 압력이 발생하면 손상된 연료 라인에서 연료를 강제로 배출할 수 있다.

표 25-5는 연료 관련 화재로 의심되는 가설을 테스트하는 데 도움을 줄 수 있다. 화재조사관은 연료 라인이 플라스틱(일반적으로 Nylon 12)으로 구성될 수 있으며 화재에 쉽게 노출되어 파손될 수 있음을 알아야 한다. 자동차 사고로 인한 외상은 플라스틱 또는 강철 연료 라인을 손상시킬 수 있다. 이러한 방식으로 운송되거나 인도되는 연료는 심한 화재 피해의 매우 혼란스러운 패턴을 만들어 낼 수 있다. 따라서 이 라인의 상태는 신중하게 확인하고 기록해야 한다.

디젤 연료 시스템

디젤 연료 시스템은 대용량이지만 저압에서 작동하는 리프트 펌프를 사용하여 탱크에서 엔진으로 연료를 전달하기 위해 종종 두 개의 펌프를 사용한다. 디젤 연료는 탱크에서 엔진 구동 연료 인젝터 펌프로 펌핑되고 고압 연료 인젝터 펌프는 개별 인젝터에 연료를 전달한다. 연소 공기는 때로 자연 흡기, 또는 보다 일반적으로 터보 과급기를 통해 제공된다.

연료 누출은 디젤 엔진의 진동 때문에 시간이 지남에 따라 발생할 수 있다. 디젤 연료가 뜨거운 표면과 접촉하면 디젤 연료가 발화될 수 있다. 드물지만 디젤 엔진과 관련된 잠재적인 문제는 연료 또는 오일이 흡기 시스템을 통해 흡입되어 엔진이 매우 높은 RPM 수준을 유지하는 “폭주하는” 엔진이다. 이 높은 RPM 레벨로 인해 엔진이 격변적으로 실패할 수 있다.

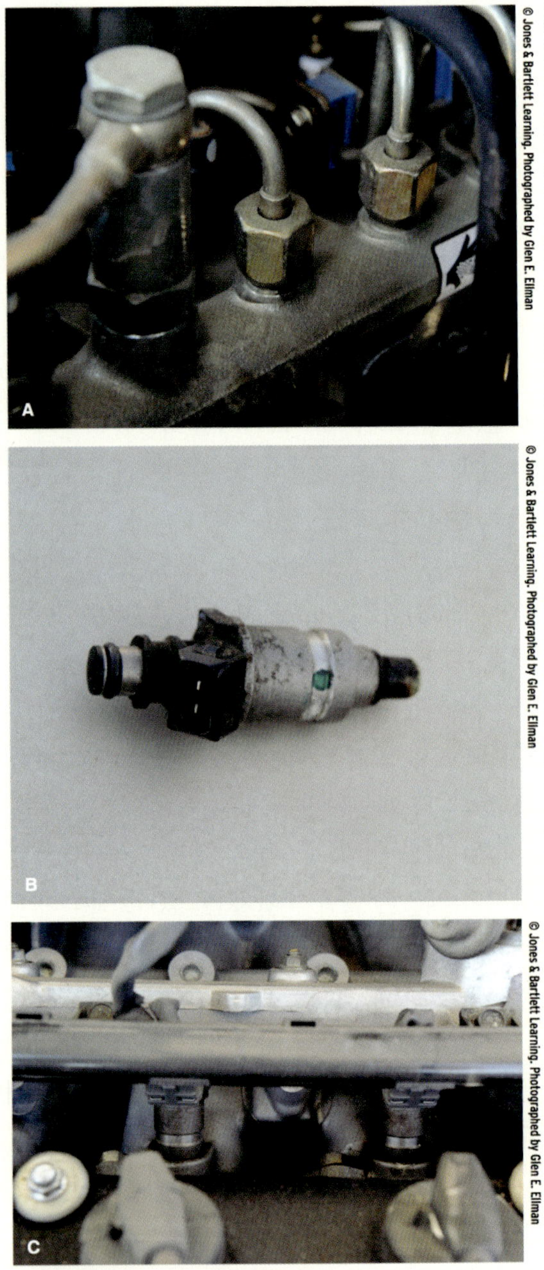

그림 25-5 A. 연료 레일. B. 연료 분사 장치. C. 레일과 공급 라인 사이의 연결.

표 25-5 연료 관련 문제

누출 위치	주목받는 문제
공급측	운영상의 문제가 주목된다. 의도하지 않은 발화가 발생할 수 있다.
반환측	작동상의 문제는 없다. 의도하지 않은 발화가 발생할 수 있다.

천연 가스와 프로판 연료 시스템

천연 가스 및 프로판 연료는 매우 높은 압력(약 3000 psi, 21 mPa) 하에서 CNG 또는 액체로 저장될 수 있다. 이는 엔진 또는 그 근처의 레귤레이터에 의해 감소된다. 연료는 레귤레이터를 통해 기화기로 흐르고 엔진으로 들어가기 전에 공기와 혼합된다. 화재 후에 발견된 누출은 화재 이전의 누설을 나타낼 수 없으며, 부분적으로 피팅과 파이핑 재료 사이의 다른 팽창 계수 때문이기도 하다. 누출이 발생하면, 비산 가스가 발화원을 찾아 그곳으로 되돌아 갈 수 있다. 어떤 경우에는 외부 탱크에 노출되었을 때 과도한 압력을 방출하도록 설계된 압력 릴리프 밸브를 사용하지만 타는 연료나 다른 연소 구성 요소의 열로 인해 화재 시 연료 탱크가 파열될 수 있다. RV는 종종 난방, 냉동 및 요리용 천연 가스 또는 LP 가스 시스템을 갖추고 있다. 천연 가스 및 LP 가스 시스템에 대한 추가 정보는 NFPA 54, 국가 연료 가스 규정 및 NFPA 58, 액화 석유 가스 규정에서 찾을 수 있다

그림 25-6 터보 과급기.

터보충전기

터보충전기는 가솔린 및 디젤 엔진에서 찾을 수 있다(그림 25-6). 터보충전기는 압축 공기를 실린더에 강제로 공급하여 엔진의 동력을 증가시킨다. 터보충전기는 배기가스를 사용하여 임펠러를 100,000 RPM까지 회전시킨다. 터보충전기와 엔진을 공급하는 배기 디지관은 엔진 표면의 가장 뜨거운 지점이다(부하 시 1,500 °F[815 ℃]에 접근). 연료 누출 또는 오일 누출이 발생하고 유체가 이 표면과 접촉하면 연료가 쉽게 발화될 수 있다. 대부분의 터보충전기의 중앙 베어링은 압력 하에서 엔진 오일에 의해 윤활된다. 과급기가 작동 중 기계 고장을 일으키는 경우 엔진 오일이 뜨거운 배기 흐름으로 전달되어 잠재적으로 화재를 유발할 수 있다.

■ 배기가스 제어시스템

배기가스 제어시스템은 오늘날 대부분의 차량에서 볼 수 있다. 자동차 시스템은 배기가스 배출을 줄이거나 제어하고 엔진 작동 중에 가솔린 증기를 수집하도록 설계되었다. 배출 제어 시스템은 연료 유입, 타이밍 조절 및 배기가스 재순환(EGR) 밸브를 통한 배기가스 재순환을 조절한다. 차콜 캐니스터는 초과 연료 증기를 수집한다.

배출 제어시스템에서 발생할 수 있는 문제는 호스 또는 차콜 캐니스터에서의 증기 누출 또는 차콜 캐니스터에 액체를 주입하는 연료 탱크의 과도한 충진을 포함한다. 이것은 거친 공회전, 노점, 역화 및 촉매 변환기의 과열을 초래할 수 있다. 차콜 캐니스터 또는 관련 호스에서 증기가 누출되면 화재가 발생할 수 있다.

환경보호국(EPA) 지침에 따라 디젤 트럭은 질소산화물(NOx), 이산화탄소(CO_2), 일산화탄소(CO) 및 미립자 배출물을 저감하는 시스템을 통합한다. 2007년 이후에 건조된 트럭은 DPF에 갇힌 탄소를 "재생" 또는 연소시키는 다양한 방법을 사용하는 디젤 미립자 필터(DPF)와 결합된 소프트웨어 제어 냉각식 EGR 시스템을 통합한다. 연료 공급 및 가솔린 엔진에서 발화시기는 현대 엔진에서 컴퓨터로 제어되어 전력 공급 및 배기가스 제어를 최적화한다.

배기 시스템

엔진에서 시작하여 배기시스템 구성 요소에는 엔진, 배기 파이프, 촉매 변환기 및 머플러에 직접 연결되는 배기 다지관이 포함된다. 적절하게 유지되고 작동하는 차량이 정상적으로 작동하는 동안 촉매 변환기에 들어가는 온도는 650 °F(343 ℃)를 측정할 수 있으며 일반적으로 배기시스템의 가장 뜨거운 부분이다. 부적절하게 작동하는 엔진은 언더 코팅 및 내부 카펫을 발화시키기에 충분할 정도로 촉매 변환기에서 배기시스템의 온도를 상승시킬 수 있다. 뜨거운 배기시스템은 잔디 및 기타 외부 가연성 물질을 발화시킬 수 있다.

내연 기관, 특히 디젤은 배기가스에서 탄소 입자를 배출하는 경향이 있다. 부하가 걸리는 경우, 이들 입자 중 일부는 마른 잔디 또는 퇴적되어 썩은 낙엽과 접촉하면 발화하거나 발화 위험을 나타낼 수 있다. 많은 주에서는 건설 트랙터와 농업 차량에 스파크 방지장치가 장착되어야 한다.

> **화재조사관 팁**
>
> 화재 조사관이 만날 수 있는 모든 차량의 시스템에 대해 모든 것을 알 수 있는 가능성은 없다. 열쇠는 자동차와 관련된 화재를 조사할 때 필요한 정보를 찾는 위치를 파악하는 것이다. 기술 매뉴얼은 온라인 또는 도서관, 자동차 판매점 또는 부품 공급 업체로부터 얻을 수 있다. 자동차 수리점의 부품 부서는 특정 시스템에 대한 개략도와 견해를 가질 수도 있다.

■ 차량 전기시스템

축전지는 차량의 주요 에너지원이다. 시동 키가 켜지면 시동기가 배터리에서 에너지를 끌어와서 엔진을 시동한다. 엔진이 작동하면 발전기는 차량에 전력을 공급한다. 차량 배터리는 일반적으로 12V DC 음극 접지 시스템이다. 전도체 크기는 전기시스템이 안전하게 운반할 수 있는 전기에너지의 양을 결정한다. 간단히 말해 도체가 클수록 시스템이 전달할 수 있는 전기에너지가 많다. 가장 큰 도체는 배터리에서 시동기 및 교류 발전기와 접지 지점까지 이어진다. 이들은 과전류 보호 장비로 거의 보호되지 않는다. 이 도체에 아크를 발생시키는 것은 일반적으로 단열재 및 케이블 지지대가 손상되어 차량의 화재 발생 후 발견된다. 배터리는 연료 공급원이 될 수도 있다. 배터리는 수소 가스를 생성할 수 있으며 발화원이 있으면 쉽게 발화된다. 소량의 수소 및 산소 가스가 밀봉된 "유지 보수가 필요 없는" 배터리에서 발견될 수 있으며 배터리 케이스가 손상되면 이러한 가스가 방출될 수 있다.

12-Volt 전기 시스템

차량 전체의 전기에너지는 전기시스템의 양극을 통과하여 회로 차단기 또는 퓨즈 형태의 과전류 보호 기능이 있는 퓨즈 블록(부하 센터 또는 배전 모듈이라고도 함)을 통해 전달된다. 차량용 전기시스템은 차량 프레임을 통해 접지되는 것이 가장 일반적이다. 차량의 대부분의 전기 장치에는 하나의 전도체(양극)만 있다. 나머지 회로는 자동차 프레임이나 몸체를 통해 완성된다. 이 설계의 예외는 트럭 및 디젤 동력 중장비에서 발생하며 시스템의 전력 손실을 줄이기 위해 배터리, 시동기 및 교류 발전기 사이에 양극 및 음극 케이블을 사용하는 경우가 많다.

엔진을 끄면 전기 회로의 일부만 전원을 공급받는다. 전원을 가진 사람들은 배터리에서 시동기, 시동 스위치와 퓨즈 블록, 그리고 파워 시트에 이르는 회로를 포함할 수 있다. 발화 스위치에서 시계 및 담배 라이터, 온보드 컴퓨터 및 부품시장 액세서리와 같은 액세서리에 이르기까지 회로는 발화가 꺼진 상태에서 전원이 공급 될 수 있다. 배터리 전원은 다른 액세서리용 릴레이에도 공급될 수 있다.

배선 다이어그램은 일반적으로 도체 절연체의 색, 장치 위치 및 기능을 보여준다. 대부분의 차량 배선은 몇 가닥이 하나로 꼬여지고 가열될 때 부서지기 쉽다. 화재조사관은 배선하기 전에 배선의 상태와 정체를 기록해야 한다.

다른 전기 시스템

일부 구형 차량의 전기시스템에는 6V DC 시스템이 있다. 일부는 긍정적인 접지 시스템을 가질 수 있다. 일부 트럭, 버스 및 중장비에는 24V 시스템이 있을 수 있다. 레크리에이션 차량에는 12V DC 및 120V AC의 조합으로 구성된 전기시스템이 있을 수 있다. 변환기는 120V AC

에서 12V DC로 전압을 변경하는 데 사용된다. 인버터는 전원을 12V DC에서 120V AC로 변경한다. 많은 차량주택에는 120V AC를 생성하는 내장 발전기가 있을 수 있다.

사건 데이터 기록 장치

많은 현대 차량에는 에어백 구동 시스템의 일부로 사건 데이터 기록 장치(EDR)가 장착되어 있다. 충돌 전후에 수 초 동안 기록된 차량 매개 변수에는 차량 속도, 엔진 RPM, 브레이크 작동, 에어백 전개, 충돌 펄스 등이 포함될 수 있다. 이 정보를 검색하려면 특수 기술 및 장비가 필요하며 경우에 따라 제조업체만 수행할 수 있다. 화재나 외상에 노출되어 EDR이 손상되면 정보 검색이 불가능해질 수 있다.

대부분의 최신 전자 제어 디젤 엔진은 데이터 기록 기능도 갖추고 있다. 전자(또는 엔진) 제어 모듈(ECM)이 화재로 인해 손상되지 않은 경우 엔진 기술자가 판독 가능한 형식으로 데이터를 다운로드 할 수 있다. OTR(Over-the-Road) 트럭에서 종종 볼 수 있는 또 다른 형태의 이벤트 녹음은 Qualcomm에서 개발하고 50만 개 이상의 OTR 트랙터에 설치된 무선 통신 및 추적 시스템이다. 이 시스템은 위치, 작동 및 통신 정보가 포함된 보고서를 생성할 수 있다. 많은 새로운 제너럴 모터스 차량에 설치된 OnStar 시스템은 위치, 작동, 시스템 진단, 충돌 데이터 및 통신을 비롯한 많은 매개 변수를 기록하고 보고할 수 있다.

이러한 시스템의 대부분은 제조업체, 회사 또는 차량 소유자에게 독점권으로 간주되는 정보를 기록하고 보고한다. 결과적으로 데이터 소유 및 공개와 관련하여 법적 문제가 있을 수 있다.

■ 기계적 동력 시스템

내부 연소 엔진과 관련된 기계적 고장은 그림 25-7의 원인이 될 수 있으며 자주 발생한다. 베어링, 링 또는 피스톤의 고장은 치명적인 엔진 고장에 대비한 예비 내부 열을 생성할 수 있다. 이러한 실패는 엔진 블록을 통해 커넥팅로드 파편을 돌출시켜 가열된 엔진 오일 스프레이를 방출하여 충분히 가열된 표면과 접촉 시 발화된다. 불완전 밀봉 가스켓으로 인한 엔진 오일의 손실은 가연성 유체가 배기 다지관에 접촉하여 발화되도록 허용할 수 있다. 냉각제 손실은 냉각제의 글리콜 성분이 다지관이나

그림 25-7 내연 기관과 관련된 기계적 고장은 자주 발생하는 화재 원인이다.

터보충전기 상부의 발화 온도에 도달하도록 허용할 수 있다. 극한 고압 연료 분사 시스템(현대의 가솔린 또는 디젤 직접 주입 시스템에서와 같이)으로 누출되면 쉽게 기관 실내에 쉽게 발화 가능한 원자화된 연료가 공급될 수 있다.

윤활유 시스템

대부분의 차량 엔진은 탄화수소 기반 오일을 윤활에 사용한다. 오일은 35~60 psi(240~415 kPa)에서 엔진을 통해 펌핑된다. 오일 누출은 엔진실 내의 여러 위치에서 발생할 수 있다. 오일 누출이 발생하면 적절한 상황에서 오일 증기가 발화되기 쉽다. 엔진에 오일이 부족하거나 엔진이 고장 나면 화재가 발생할 수 있다. 디젤 엔진 차량의 경우, 터보충전기 고장으로 인해 윤활유가 배기시스템이나 흡기시스템 또는 둘 모두로 방출될 수 있다. 이로 인해 엔진이나 화재가 급하게 발생할 수 있다.

액체 냉각시스템

대부분의 차량 엔진에는 액체 냉각제가 들어 있으며, 이 냉각수는 워터 펌프에 의해 엔진을 통해 순환된다. 일반적으로 냉각제는 에틸렌글리콜 50 %와 물 50 %이다. 냉각제의 작동 온도는 일반적으로 180 psi 내지 195 psi(80 ℃ 내지 90 ℃)이고, 작동 압력은 16 psi(110 kPa)이다. 수분이 에틸렌글리콜의 끓는점 이하로 증발하면 가열된 배기 부품과 접촉할 수 있는 냉각수가 손실되어 화재가 발생할 수 있다.

냉각시스템

대부분의 현대 자동차에서는 공랭식 시스템이 흔하지 않다. 공랭식 시스템은 팬과 배관 덕분에 엔진을 통해 공기를 순환시킨다. 일반적으로 팬은 벨트 구동 방식이며 벨트가 끊어지면 엔진이 고장날 수 있다.

■ 기계식 배선

엔진에 의해 생성된 기계적 동력은 차량이 움직일 수 있도록 구동 휠에 전달되어야 한다. 이 동력 분배 또는 전달은 윤활을 필요로 하는 변속기 및 구동축을 통해 이루어진다.

기계식 기어 전달 장치

기계식 기어 전달 장치(수동 변속기)는 클러치 조립체(엔진과 변속기 사이에 위치)를 통해 엔진에서 자동차 바퀴로 전달되는 동력 전달 수단이다. 대부분의 변속기에는 윤활을 위한 변속기 오일과 내부 밸브의 이동이 포함된다. 가열된 배기시스템 부품 또는 다른 적합한 발화원 근처에서 누출이 발생하면 화재가 발생할 수 있다.

수력으로 작동되는 변속기

수력식 변속기(자동 변속기)에는 일반적으로 라디에이터의 냉각기를 통과하거나 애프터 마켓에 설치할 수 있는 보조 열교환기를 통해 냉각되는 변속기 오일이 있다. 유체는 변속기 오일 레벨 표시기(계량봉)에 제공된 튜브를 통해 변속기에 추가할 수 있다. 변속기 또는 토크 컨버터에서 발생하는 내부 열(종종 마찰 요소의 미끄러짐으로 인해)은 변속기 오일을 기화시켜 배기구, 씰 또는 계량봉 튜브를 통해 유체가 배출될 수 있다. 변속기 오일이 가열된 배기 부품과 접촉하면 화재가 발생할 수 있다. 과열된 변속기 오일은 갈색과 구별된 구운 향기를 가질 수 있으며 유체에 매달린 미립자로 인해 흐려질 수 있다. 유체 샘플의 실험실 검사는 변속기 또는 토크 컨버터 고장의 특성을 식별하는 데 도움이 될 수 있다. 정확한 고장을 정확히 찾아내기 위해서는 변속기와 토크 컨버터의 분해 검사가 필요할 수 있다.

■ 부속과 제동시스템

엔진에 부착할 수 있는 기타 부속품으로는 발전기, 공조 압축기, 파워 스티어링 펌프, 공기 펌프 및 진공 펌프가 있다. 마찰을 일으키는 기계적 결함은 실행 가능한 발화원을 나타낼 수 있다.

유압식 브레이크 시스템은 고압에서 작동하며 누출이 발생하면 발화 가능한 증기의 형태로 브레이크액을 분사할 수 있다. 마스터 실린더 저장통에서 흘린 유체(캡이 저장소에 고루 남아 있을 때 가끔 발생)가 가열된 배기부품에 닿아 화재가 발생할 수 있다. 모든 차량의 제동 시스템은 운동에너지를 열에너지로 변환하여 열을 대기로 방출한다. 제동 시스템의 오작동은 공기 중에 안전하게 전달할 수 있는 것보다 많은 열을 발생시켜 드럼, 바퀴, 타이어 또는 유체가 과열되어 화재가 발생할 수 있다.

■ 앞 유리 와셔시스템

물과 섞인 앞 유리 세척액에는 일반적으로 메틸알코올 또는 메탄올이 함유되어 있으며, 때로는 고온의 표면에 살포할 때 발화 가능한 증기를 형성하기에 충분히 강한 농도로 존재한다. 일부 와셔시스템은 히터가 포함된 노즐을 사용하여 유체가 얼지 않도록 한다. 히터가 오작동하는 경우 열원을 통해 화재를 유발할 수 있다. 또한 유체는 일반적으로 플라스틱 용기에 보관되어 화재 시 소모될 수 있다. 차량의 다른 부분이 일반적으로 와셔 유체 컨테이너가 차지하고 있는 영역을 관통했는지 확인하는 것이 중요하다.

차체 시스템

현대 자동차의 많은 패널은 가연성 물질로 만들어져 있다. 이 패널은 화재가 시작되면 연료 부하에 기여할 수 있다. 가연성 금속은 일부 패널에서 사용되며 열악하게 연소될 수 있다. 엔진실 격벽은 화재로 타는 플라스틱 덕트 작업을 위한 다수의 관통부를 가질 수 있으며 한 구획에서 다른 구획으로 화재가 퍼질 수 있는 통로를 제공한다.

■ 인테리어 마감재 및 액세서리

대부분의 실내 좌석과 패딩은 그림 25-8의 차량 화재 시 상당한 연료 부하를 제공한다. 화재조사관은 차량 화재를 조사하는 동안 차량 객실 내의 기존 액세서리 또는 누락된 액세서리를 기록하고 차 안의 내용물을 재고 및 사진으로 촬영해야 한다.

그림 25-8 내부 좌석 및 패딩은 차량 화재 시 상당한 연료 부하를 제공한다.

■ 화물 공간

화재가 화물 공간에서 시작되었거나 다른 공간에서 확산되었는지 여부를 결정하는 것이 중요하다.

화물 공간의 내용물을 조사해야 한다. 스페어 타이어를 검사하고 타이어 트레드의 깊이를 기록해야 한다.

차량 화재 현장 기록

건물 화재 현장을 기록하는 것과 동일한 절차를 사용하여 화재 현장에서 차량 화재를 기록하는 것이 유리하다. 화재조사관은 차량 주변 지역의 기록으로 시작한 다음 차량 자체에 초점을 맞추어야 한다. 가능한 경우 차량의 위치와 건물, 거리 및 기타 부지 특성과의 관계는 사진으로 기록하고 현장을 측정 및 도표로 작성해야 한다.

■ 차량 식별

차량 식별은 차량 식별 번호(VIN)를 포함한 다른 식별 기능뿐만 아니라 제조업체, 모델 및 연도로 시작된다(그림 25-9). VIN은 일반적으로 운전자 앞에서 계기판에 있지만 일부 차량에

그림 25-9 차량 식별 번호는 차량 생산에 관한 중요한 정보를 제공한다.

서는 벌크 헤드(엔진 벽이라고도 함)의 엔진 쪽에 스탬프가 찍힌다. 때때로 VIN은 운전기사나 엔진 블록에 부착된 라벨에 부착된다. VIN을 가지고 있으면 화재조사관은 제조업체, 원산지, 신체 스타일, 엔진 유형, 모델 연도, 조립 공장 및 생산 번호에 대한 정보를 얻을 수 있다. 표준 VIN 위치가 가려지거나 파괴되면 다른 파생 VIN을 "기밀" VIN 형태로 검색할 수 있다. 화재조사관은 자신의 지역 차량 절도 부서, 국민보험범죄국(NICB) 또는 캐나다 경찰정보센터(CPIC)로부터 숨겨진 VIN을 찾는 데 도움이 필요할 수 있다.

■ 차량 화재 현장 이력

화재를 처음으로 관측한 사람과의 인터뷰를 통해 화재 발생 원인을 확인하는 것이 좋다. 화재 발생 시 차량 소유자, 탑승자 및 운전자 또는 차량 운전자 주변 주민; 소방 요원; 경찰관도 관련 정보를 제공할 수 있다. 구할 때 도움이 될 수 있는 정보는 다음과 같다.

- 차량의 마지막 사용과 누구에 의한
- 화재 발생 당시의 마일리지
- 작동 또는 문제
- 서비스 또는 유지 보수 내역
- 최종 연료가 공급되는 연료 레벨 및 유형
- 장비
- 차량의 각 영역에서의 개인 효과
- 화재 전, 도중 또는 후에 찍은 사진 또는 비디오

■ 차량 상세 정보

계통 및 기기 구성을 파악할 때 지원은, 이것은 종종 비슷한(본보기)차량을 검사할 가치가 있다. 차량의 검사, 부록 ANFPA921년에 점검 표 지원을 요청한 정보를 수집. 메모들과 도식을 검사 중에 찍은 문서에 중요하다 사용할 수 있다.세부 사항 그 얘기하지 않고, 그리고 나중에 사진 조사 중 찍은 세부 사항을 명확히 하는 것을 도와 준다 간과할 수 있는 것을 관찰했다.

같은 년도, 모델 및 차량에 화재 원인에 대해 정보 조사에 중요할 수 있다 이 정보는 미국 도로 교통 안전청의 보험 협회는 자동차 전용 도로에서 얻을 수 있다.

안전 센터의 자동차 안전 및 캐나다 교통 캐나다에서. 온라인이나 불 자동차 조사 포럼 또한 그러한 정보에 대한 자원이 있을 수 있다.

■ 현장 기록

현장을 기록할 때 차량과 차량 주변 지역을 포함하여 전체 화재 현장을 정의해야 한다. 현장 자체는 철저히 문서화될 때까지 보호되고 보존되어야 하는 증거로 간주되어야 한다. 차량이 현장에서 제거되면 차량과 현장 모두 문서화되어야 한다. 화재조사관은 기준점과 거리를 보여주는 현장 다이어그램을 만들어 화재 현장을 기록해야 한다. 주변 건물, 고속도로 구조물, 초목, 기타 차량, 타이어 및 자국 노출, 화재 피해, 연료 유출 흔적 및 기타 부품이나 파편 등 현장을 촬영해야 한다.

차량은 건물 화재와 비슷한 체계적인 방식으로 현장에서 촬영해야 한다. 화재조사관은 모든 표면(가능한 경우 상단 및 하단 포함), 손상되거나 손상되지 않은 부분, 타이어 및 타이어 트레드 깊이를 문서화하여 외부에서 시작해야 한다. 모든 면의 개요 사진을 찍고 특정 엔진 영역과 구성 요소에 초점을 맞춰 엔진실을 문시화하라. 화재조사관은 창문과 문짝의 위치를 결정하고 문시화해야 하며 잔여 유리가 있는지 확인하기 위해 창문 리프트 장치의 위치와 측면 창 채널을 검사해야 한다. 화재조사관은 객실 및 화물 구역 안팎으로 퍼지는 화재 경로를 문서화해야 한다. 화물 공간의 사진에는 스페어 타이어의 사진과 스테레오 기어 또는 추가 장비와 같은 특수 장비의 사진이 포함되어야 한다. 화재조사관은 화재 진압 노력 및 초기 검사 중에 차량의 변경 사항을 촬영해야 하며 가능한 경우 차량 제거 프로세스도 기록해야 한다.

견인 고려사항

앞서 언급했듯이, 차량은 종종 화재 현장과 떨어진 제어된 환경에서 자세히 조사되는 것이 가장 좋다. 그러나 현장에서 차량을 제거하면 가치 있는 증거가 사라지고 잠재적으로 손실될 수 있다. 화재조사관은 차량을 이동하기 전에 그리고 차량이 움직이기 전에 차량 주변 및 아래의 현장을 신중하게 기록해야 한다. 운송하기 전에 차량의 손상된 부분을 감싸고 증거가 도중에 떨어지는 것을 방지하는 것이 도움이 될 수 있다.

■ 현장에서 문서화하기

차량이 제거되더라도 현장을 방문하는 것이 좋다. 화재조사관은 분실 날짜, 시간, 분실 장소, 운전자 이름, 승객 명단, 증인 진술서, 경찰 및 소방서 보고서, 차량의 현재 위치, 차량의 기타 정보를 확보해야 한다. 현장에서 차량을 옮긴 후 차량 점검 시 누락되거나 손상될 수 있는 부품에 대한 문서를 작성해야 한다. 가능한 경우 차량을 위험으로부터 보호해야 한다.

차량 검사

차량 화재의 검사는 지루하고 복잡한 작업으로 간단한 주택 화재 조사보다 오래 걸릴 수 있다. 차량을 보다 완벽하게 검사하려면 화재 현장에서 제거한 후 더 잘 수행할 수 있다. 모든 화재 증거 조사의 경우와 마찬가지로, 보험 회사, 제조업체 및 기타 부상당한 업체와 같은 다른 업체가 조사에 합법적이고 법적 이익을 가질 수 있으며, 변경이나 증거물 제거로 이익이 손상될 수 있음을 인정하는 것이 중요하다. 파괴적인 검사를 받기 전에 검사에 대한 접근을 유지하고 나중에 증거의 진위를 주장하기 위해 해당 당사자를 확인하고 통보해야 한다. NFPA 921 12.3절 및 29.3절, ASTM 860, 소송에 관련되거나 소지 될 수 있는 품목을 검사 및 시험하기 위한 표준 관행; 및 기술 조사원에 의한 정보 및 물리적 품목의 수집 및 보존에 관한 표준 실습(ASTM 1188)을 참조하라.

그림 25-10 차량 검사는 외부 손상 패턴의 기록으로 시작해야 한다.

조사의 첫 번째 단계는 화재 발생 지역을 결정하는 것이다. 건물 화재 조사와 마찬가지로 화재조사관은 피해가 가장 큰 분야에서 가장 큰 피해를 입은 지역으로부터 일해야 한다. 차량의 검사는 그림 25-10에서 가장 심하게 손상된 구획의 지표로 외부 손상 패턴을 기록하고 문서화하는 것으로 시작해야 한다. 이 패턴은 발화점을 향한 작업을 지원한다.

차량의 조사 절차는 일반적으로 엔진실, 승객 및 운전자 영역, 화물 공간의 3개 구획으로 나눌 수 있다. 외관상 페인트 손상, 박판 왜곡 및 유리 손상은 조기 발화 영역으로 조사자를 인도하는 방향 패턴을 제공한다. 표 25-6은 화재조사관에게 앞 유리 지표에 대한 개요를 제공한다.

표 25-6 첫 번째 절차의 앞 유리 지표

구역	지표
차 안	전면 유리의 파손 후드의 방사형 화상 패턴
엔진실	앞 유리의 바닥이 손상 문의 방사형 패턴

■ 차량 시스템의 검사

차량 연료 시스템의 점검은 연료 탱크에서 엔진을 향해 작동하는 바깥쪽에서 안쪽까지 체계적이어야 한다. 연료 공급 라인과 증기 회수 라인은 그 과정에서 문서화되어야 한다. 화재조사관은 화재와 관련된 모든 손상 징후 또는 징후를 기록해야 한다. 더 큰 디젤 엔진의 경우 연료 라인은 강철 편조호스로 보강된 호스로 구성되거나 나일론 배관으로 구성될 수 있다. 이 호스는 통전된 전기 케이블에 접촉하거나 마찰로 인한 중 단선의 흔적이 있는지 조심스럽게 검사해야 하며, 호스 끝에는 연결 불량의 증거가 있는지 검사해야 한다. 나일론이나 다른 플라스틱으로 제작되거나 보강된 현대의 연료 라인은 화재에 노출되었을 때 잘못 될 수 있다. 이들 차량에 남아있는 연료 라인 물질은 화재 노출의 영향이 가장 적은 영역을 정의하는 데 중요할 수 있다. 많은 가솔린 분사 시스템은 다이어프램 고장으로 인해 압력 하에서 가솔린을 방출할 수 있는 연료 레일 근처의 연료 압력 조절기를 사용한다. 가압 연료 부품의 고장이 의심되는 부분을 검사할 때, 원산지 또는 2차 손상의 예를 나타내는 지표로서 급격한 손상 패턴을 알아두시오. 파손 또는 압착 실패로 검사해야 하는 다른 호스에는 냉각수 호스, 파워 스티어링 호스(특히 시스템의 고압 측) 및 터보충전기 또는 기타 엔진 시스템에 대한 오일 라인이 포함된다.

■ 스위치, 핸들 및 레버

내부 구획을 검사하는 동안 화재조사관은 가능한 경우 스위치, 핸들 및 레버의 위치를 검사해야 한다. 발화 스위치도 키가 있는지 여부를 확인해야 한다. 이 구역이 심하게 손상된 경우, 화재조사관은 열쇠 사용 흔적이나 발화 잠금 장치가 있는지 바닥 아래에서 점검할 수 있다. 이 흔적은 주요 사용 또는 사건 화재의 증거를 위한 시험을 시행할 수 있을 만큼 충분히 손상될 수 있다. 화재조사관은 화재가 발생하기 전에 창문의 위치를 확인하고 문서화해야 하며 변속기 기어 레버의 위치를 결정해야 한다.

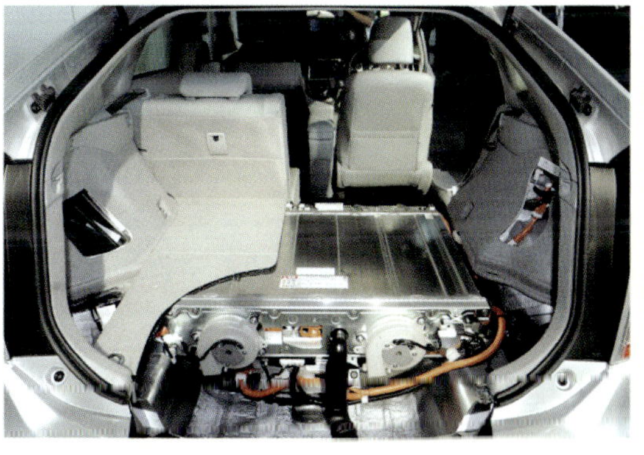

© Takehiko Suzuki/ The Yomiuri Shimbun/Associated Press

그림 25-11 하이브리드 차량에는 배터리 팩 근처에서 수동으로 분리하는 것을 포함하여 높은 배터리 팩 전압을 격리하는 안전 시스템이 있다.

하이브리드 차량 및 검사 안전

하이브리드 자동차는 다양하고 독점적인 디자인을 사용한다. 그 중 일부는 잠재적으로 위험한 고전압을 사용한다. 소형 자동차 하이브리드의 브랜드 중 100V부터 하이브리드 통근 버스의 800V까지 다양하다. 화재조사관과 소방관은 치명적이지는 않지만 심각한 전기 충격의 잠재력으로 인해 이러한 차량을 검사할 때 특별한 주의를 기울여야 한다. 하이브리드는 배터리 팩 근처에서 수동으로 분리하는 등의 높은 배터리 팩 전압을 격리하기 위한 안전 시스템을 특징으로 한다(종종 소형 플랩이나 도어의 아래 또는 아래에 있는 트렁크 또는 화물 구역에 위치)(그림 25-11). 이러한 고전압 전원 공급 장치 시스템은 화재 또는 자동차 사고의 트라우마를 받으면 손상될 수 있다. 따라서 화재조사관은 화재 또는 사고로 손상된 하이브리드 차량에 접근할 때 주의해야 한다.

■ 하이브리드 차량 기술

하이브리드 자동차는 급속하게 진화하는 추진 수단으로 내연 구동 시스템과 비화석 연료 시스템 사이의 전이 단계를 나타낼 가능성이 높다. 순수 전기 연료 전지로 다양하다. 하이브리드 디자인이 비교적 새롭기 때문에 기술적 인 특징과 사양이 거의 동일하지 않다. 그들의 일반적인 특징은 전력과 효율성을 최대화하기 위해 전자적으로 제어되는 내연 기관의 조합을 포함한다. 드라이브 시스템은 배터리 팩으로 공급되는 최대 600V DC를 사용할 수 있지만 조명, 사운드 및 기타 편의 시스템과 같은 주변 시스템은 표준 12V DC에서 공급되는 전통적인 자동차 스타일의 12V DC 시스템을 사용한다. 고전압 회로 및 벨트는 식별을 위해 주황색으로 표시된다. 시스템은 일반적으로 키가 OFF 위치에 있거나 전기적 결함이 있거나 충돌을 감지하면 배터리 팩을 전기적으로 분리하도록 설계된다. 현재 이 기술은 중형 트럭 및 배달 차량, 클래스 8 또는 OTR 트럭을 포함하여 점점 더 많은 차량에 적용되고 있다.

■ 하이브리드 차량 화재 조사

하이브리드 시스템은 잠재적이고 치명적인 전기적 충격을 제공할 수 있는 배터리 팩과 내부 연소 엔진 차량에 비해 잠재적인 발화원을 제공할 수 있는 배터리 팩을 포함한다는 점에서 이전 자동차 설계와 다르다.

화재조사관은 60 V DC 또는 30 V AC 이상을 포함하는 차량 배선이 오렌지색임을 유의해야 한다. 이것은 배선에 치명적인 위험이 될 수 있는 전압이 충분할 수 있음을 경고한다. 이 리드의 대부분은 차량 밑의 보호 외장에 있다. 견인 전동기 이외에도 시스템의 컴퓨터 제어가 포함된 인버터/컨버터 내부에 더 높은 전압이 있을 수 있다. 하이브리드 엔진은 항상 작동하지 않기 때문에 공조 압축기는 전기적으로 구동되어야 한다. 300V DC 모터를 가동하기 위해 고전압 배터리 팩에서 전력이 공급되므로 AC 압축기 모터에 공급되는 배선 장치는 주황색으로 표시된다.

화재조사관 팁

장비 작동, 청소 및 유지 보수 일정과 관련하여 소유자 및 운영자와 면담하라. 기록이 있는 경우 장비의 유지 보수를 검사하고 문서화하라.

안전 팁

60V DC 또는 30V AC 이상을 포함하는 자동차 배선은 주황색이다. 이는 배선에 치명적인 위험이 될 수 있는 전압으로 충분하다는 것을 경고한다.

조향 시스템에는 펌프가 필요하지만 일반 차량처럼 다시 구동할 수 없으므로 저전압 모터(60V DC 미만)로도 펌프가 전기적으로 구동된다.

이러한 시스템과 차량이 급속한 개발 변화를 겪고 있기 때문에 조사를 시작하기 전에 고압 시스템에 관한 제품별 정보를 얻는 것이 좋다. 차량 검사를 하기 전에 특정 차량의 유지 보수 및 수리 훈련을 받은 기술자와 상담하는 것이 좋다. 물로 오염된 사후 충돌 차량 또는 연소 후 진압 환경에 주의해야 한다. 화재조사관은 하이브리드 자동차의 내연 기관이 순수한 가솔린 엔진 자동차의 내연 기관과 거의 동일하다는 것을 인식해야 한다. 고전압 시스템을 긍정적으로 격리한 후 다른 차량에 대한 조사가 진행될 수 있다.

추가적인 고려 사항

■ 총 화상

총 화상은 모든 또는 거의 모든 가연성 물질을 소모한 화재이다. 총 화상은 화재가 건물인지 차량인지 여부에 관계없이 조사가 어려운 화재이다. 이 유형의 검사에서 화재조사관의 가장 소중한 자산은 그 또는 그녀가 작업에 접근하는 태도일 수 있다. 우리가 찾고 있는 많은 증거들이 화재로 인해 변경되었거나 파괴되었을지라도, 검색 가능한 정보가 거의 항상 남아 있다는 사실을 인식하는 것이 중요하다. 화재조사관은 해당 정보의 수집 및 문서화를 최대화한다는 목표로 절차에 들어가야 한다.

화재조사관은 화재가 발생하기 전에 차량의 상태와 누락된 부품이 있는지 여부를 결정해야 한다. 그들은 발화성 액체 또는 그 흔적이 남아 있는지 마루판을 검사해야 한다. 다양한 시스템의 유체 레벨을 분석하고 샘플을 채취하는 것이 좋다. 엔진 오일 분석 또는 엔진 오일 필터의 실험실 분석은 차량이 심하게 화재로 손상된 경우에도 화재가 발생하기 전에 엔진의 상태를 나타낼 수 있다. 유사하게 변속기의 화재 이전 조건은 종종 변속기 유체의 분석에 의해 결정될 수 있다.

■ 도난 차량

역사는 차량이 도난당한 후 우발적인 화재의 가능성이 낮다는 것을 보여주었다. 종종 차량은 부품으로 도난당하고 범죄를 충당하기 위해 태워진다. 제거된 부품에는 바퀴, 주요 차체 패널, 엔진, 변속기, 에어백, 스테레오 및 조수석이 포함된다. 때로는 차량이 다른 범죄를 숨기기 위해 도난당한 경우도 있다.

부스러기를 조사하고 검사할 때 발화 스위치 잠금 텀블러를 복구할 수 있다. 이것은 키를 지탱하는 발화 스위치 부분이다. 텀블러의 법의학 검사실 검사는 종종 발화 스위치가 실패했는지 여부와 특정 키가 마지막으로 차량을 작동시키는 데 사용되었는지 여부를 나타낼 수 있다. 이 검사는 법의학 자물쇠와 같은 자격을 갖춘 기술자가 수행해야 한다. 화재조사관은 발화 장치 조립품을 안전하게 잡고 증거 체인을 적절히 유지하기 위해 발견, 제거 및 운송 또는 선적을 문서화하여 기술자에게 전달해야 한다. 발화 장치가 열에 여전히 설치되어 있는 경우 열 전체를 제거하고 운반하면 법의학 기술자가 텀블러 위치와 조향 장치 잠금 장치를 기록할 수 있다.

차량 발화 장치 구성 요소

도난당하고 회수된 차량을 조사할 때 발화 장치의 사전 발화 상태에 대한 물리적 증거는 차량에 절단키 스타일 발화 장치가 있는 경우 발견될 수 있다. 발화 장치의 일반적인 위치는 조향 핸들 축관의 오른쪽에 있다. 그러나 대시 또는 중앙 계기반에 장착될 수 있다. 자동차 제조업체는 몇 가지 스타일의 발화 잠금 웨이퍼만 사용하며 조사자는 조사 중인 차량과 관련된 웨이퍼 구성에 대해 잘 알고 있어야 한다.

전형적인 발화 잠금 실린더는 다이캐스트 아연 조향 컬럼 하우징에 장착된 다이캐스트 아연으로 구성되는 반면, 잠금 웨이퍼는 일반적으로 황동으로 제조된다. 다이캐스팅 아연 조향 칼럼 하우징의 더 낮은 용융 온도는 일반적으로 화재 시 하우징으로부터 발화 잠금 장치를 해제할 것이고, 발화 잠금 장치는 일반적으로 적어도 부분적으로 손상되지 않은 채로 마루 또는 마루재 잔해로 떨어질 것이다. 발화 장치의 유물을 회수하면 화재조사관은 발화 장치의 사전 발화 상태 및 화재 발생 시 잠금 장치가 붕괴된 시간에 관한 정보를 얻을 수 있다.

화재조사관은 운전석의 마루판에 파편을 깔아서 발화 잠금 장치를 회수해야 한다. 화재가 발생하기 전에 자물쇠를 강제로 제거하지 않은 경우, 잠금 인공물의 일부 또는 전부를 식별하여 추후 분석을 위해 파편으로부터 회수해야 한다. 자물쇠가 원래의 설치 위치 바로 아래에 있는 파편 안에서 자물쇠를 채우는 것이 화재 당시의 자물쇠가 올바른 위치에 있음을 나타낸다.

잠금 장치가 남아 있으면 열 손상이 발생해야하지만 화재가 발생하기 전에 발생할 수 있는 기계적 손상도 나타날 수 있다. 화재 파편 아래의 바닥에 있는 발화 장치를 발견하면 화재가 발생하기 전에 자물쇠가 바닥에 있었고 화재 이전에 발화 장치가 설치된 위치에서 제거되었다는 표시가 될 수 있다. 발화 장치를 검사하여 기계적 손상의 증거가 있는 경우 웨이퍼를 “핵심

방법"으로 평가하려면 확대가 필요할 수 있다.

자물쇠가 강제로 회전되거나 "집어"지면 자세한 검사 결과가 표시 될 수 있다. 또한 웨이퍼의 회전 변형을 나타낼 수 있다. 열쇠 방향 안쪽의 날카로운 홈이나 긁힘은 자물쇠가 걸렸음을 나타낼 수 있다.

잠금 장치의 잔해가 잔해의 검사 중에 쉽게 식별될 수 없는 경우 구성 요소 재료 내에 은폐될 수 있으며 발화 장치의 유물을 식별하기 위해 방사선 이미지가 필요할 수 있다. 일부 제조업체는 화재로 녹거나 파괴될 수 있는 발화 상치에 놋쇠가 아닌 웨이퍼를 사용한다.

화재조사관은 잠금 돌출부, 외장형 잠금 실린더 캡, 텀블러, 멈춤쇠 핀, 스프링, 링 안테나, 잠금 코어 고정 장치 및 바닥 수준 파편에 있는 기타 케이스 경화 부품과 같은 다른 발화 잠금 시스템 구성 요소를 사용하여 비록 발화 장치가 화재 전에 실패했는지를 확인하는데 유용하지 않을지라도, 발화 장치는 화재 당시 차량에 존재했다.

■ 구조물의 차량

화재가 발생한 건물에 차량이 위치할 때 차량은 적질하게 제거될 때까지 잠재적 발화원으로 간주되어야 한다. 차량은 검사하기 전에 제거해야 하는 구조적 파편이 있을 수 있다. 외부 화재로 인해 연료 탱크 또는 다른 차량 유체의 연료가 방출되어 화재에 관여했을 수 있다. 차고 또는 다른 건물 내부에서 연소하는 완전하게 관여된 차량이 극적인 연료 부하를 제공하고, 차량에 포함된 액체 연료가 관여될 때, 매우 높은 열 방출 속도를 나타낸다는 것을 고려하라. 차량 손상의 정도를 평가할 때 건물 구성으로 인한 화재의 억제가 고려되어야 하는 것처럼 구조적 손상에 대한 평가에서는 이러한 요소를 고려해야 한다.

특수 차량 및 장비

■ 레크리에이션 차량

RV는 차량 및 주거 건물의 요소를 결합한다. 그들의 생활공간은 내용과 재료면에서 주택과 이동 주택과 유사하다. 일부는 합판 바닥, 폼 패딩이 있는 카페트, 나무 벽 패널 및 폴리우레탄 폼 가구를 사용한다. RV는 또한 트럭, 버스 또는 자동차와 유사하게 동력을 공급받는 차량일 수 있으며, 따라서 이러한 차량 유형에서 볼 수 있는 것과 동일한 시스템을 많이 통합한다(표 25-7). RV에는 다섯 번째 바퀴 예고편 및 캠핑 예고편과 같은 예고편도 포함된다. RV 화재의 원인과 원인을 파악하는 데 도움이 되는 자료에는 판매 팜플렛, 사용 실명서 및 새시, 코지 및 기타 구성 요소 제조업체 웹 사이트가 포함된다.

표 25-7 레크리에이션 차량의 종류

유형	설명
전향륜 여행용 이동주택	휠에 장착되고 자동차의 뒤차축의 위 또는 앞으로 장착되는 견인 메커니즘을 통해 견인 됨
접이식 캠핑용 이동주택	바퀴에 장착되고 자동차로 견인되는 이 자동차는 접을 수 있는 측면 벽과 지붕이 있어 사용 시 펼치고 여행을 위해 다시 접을 수 있음
여행용 이동주택	휠에 장착되고 견고한 재료로 만들어진 지붕 및 측벽과 함께 자동차로 견인됨

안전 문제

RV는 설계를 통해 제한된 공간을 구성할 수 있으므로 화재조사관이 출입구 및 대기 문제를 인식하도록 해야 한다. 화재조사관은 그러한 공간에 들어가기 전에 위험한 수준의 폭발성 또는 유독성 증기 또는 가스가 포함되지 않도록 해야 한다. 암모니아, 크롬산나트륨, 플라스틱 잔류물 및 유리 섬유 입자와 같은 독성, 발암 성 또는 자극성 물질이 열 손상된 RV에 있을 수 있다. 그러한 물질 중 일부는 공기 중으로 옮길 수 있다. 그들의 존재 여부는 출품 전에 평가되어야 하며 적절한 개인 보호 장비(PPE)를 사용해야 한다.

화재조사관은 배터리로 공급되는 회로로부터 12V DC 형태의 발전기 또는 육상전력 연결부에서 공급되는 120V 및 240V AC 전력의 형태로 전기 위험을 인식해야 한다. 액체(가솔린, 디젤) 또는 가스(프로판, 수소) 연료가 탑재 될 수 있다. 화재조사관은 온보드 검사를 수행하기 전에 적절한 평가를 수행하고 그러한 잠재적 위험을 완화해야 한다.

RV는 검사 전에 안정성 위험에 대해 평가되어야 한다. 화재로 인해 손상된 타이어, 합판 바닥, 측벽 및 지붕 구조물은 시험 중 RV 또는 그 부품을 떨어뜨릴 수 있다. 이러한 요소는 RV 내부 또는 아래에 사람을 허용하기 전에 차단되거나 저장되어야 한다.

시스템 및 RV의 구성 요소.

RV는 다음과 같은 다른 차량에 있는 것과는 다른 장비 및 시스템을 장착할 수 있다.

- 육상전력 연결 : RV 공원이나 주인집에서 사용 가능한 인근 소켓에 연결하기 위한 어댑터 모음이 있는 코드로 구성된다.
- 보조 발전기 시스템 : 고정식 또는 휴대형이며 가솔린, 디젤 또는 프로판으로 연료가 공급되는 내연 기관에 의해 구동된다. 사전 설정된 부하, 수요, 배터리 상태 또는 시간 조건 하에서 발전기를 자동으로 시동 및 정지하는 자동 발전기 시동 시스템 (AGS)이 시스템에 통합 될 수 있다.
- 전기 변환기 및 인버터 : 이 기능을 사용하여 12V DC 및 120V AC 시스템 간에 전원을 교환할 수 있다. 컨버터는 120V AC 전원을 12V DC로 변환하는 반면 인버터는 반대 기능

을 수행한다. 종종 이러한 기능은 하나의 전자 제어 장치에 결합되어 있으며 자동 충전기로 코치 및 섀시 배터리에 연결될 수도 있다.

- 배터리 시스템 : 자주식 RV는 2개의 별도 배터리 시스템을 사용한다. 섀시에는 엔진을 시동하고 외부 조명 및 난방 시스템과 같은 다른 차량 시스템을 작동하기 위한 하나 이상의 12V DC 배터리가 있다. 코치는 일반적으로 2~4회의 심박주기 배터리를 별도로 사용한다. 두 세트의 배터리는 종종 전자 절연 시스템을 통해 연결되어 배터리가 엔진 발전기, 보조 발전기 또는 컨버터 시스템에 의해 균등하게 충전되도록 한다.
- 보관 탱크 : RV에는 화장실 쓰레기(검은 물), 싱크대 및 샤워 쓰레기(회색 물) 및 신선한 물을 마실 수 있는 여러 개의 저장 탱크가 장착 될 수 있다.
- 프로판 시스템 : RV의 하나 이상의 탱크에 저장된 압축 프로판은 장비 또는 조리대, 냉장고, 온수기 및 가구에 전원을 공급하는 연료를 공급한다. 압력은 2단계 조절기로 수정되며, 연료는 파이프 또는 배관을 통해 개별 기기로 전달된다. 프로판 시스템은 NFPA 1192, 레크리에이션 차량 표준, NFPA 58, 49 CFR 및 ASME 보일러 및 압력 용기 코드, 섹션 VIII에 명시된 조건을 따른다.
- 스토브 : 스토브는 소리대에 떨어지는 쿡탑이거나 오븐이 부착된 레인지일 수 있다. 두 경우 모두 스토브는 프로판에 의해 연료가 공급되고 조정할 수없는 프로판 조절기가 장착된다.
- 온수기 : 프로판, 120V AC 또는 이 둘의 조합으로 구동된다. 일반적으로 제어 회로에는 12V DC 전원이 사용되며 내부 온도 조절기를 사용하여 수온을 조절한다.
- 용광로 : 일반적으로 프로판을 연료로 사용하는 강제 공기, 12 V DC에서 작동하는 제어 장치 및 송풍기
- 냉장고 : RV 냉장고는 가정용 냉장고와 같이 압축기를 사용하지 않는다. 오히려, 그들의 디자인은 물, 무수 암모니아, 나트륨크로메이트 및 압력 하에서 수소 기체를 함유한 폐쇄된 시스템을 필요로 한다. 암모니아 /물 혼합물은 작은 프로판 버너, 120V AC 가열 요소 또는 12V DC 가열 요소에 의해 가열된다. 자동 제어 장치는 연료 공급원을 전환할 수도 있고 운영사가 수동으로 하나의 작동 모드를 선택할 수도 있다. 역사적으로, RV 냉장고 관련 연구는 냉각수 저장(암모니아 및 수소 가스)의 손실, 제어 회로의 전기적 문제 또는 배출 제한을 수반한다.

조사

레크리에이션 차량의 화재 조사는 다른 차량의 화재와 유사하다. RV 시스템은 발화 시 또는 연료로서의 역할을 하는지, 그리고 화재 확산에 어떻게 참여했는지를 결정하기 위해 조사되어야 한다. 기기가 화재 개발과 관련이 있는 경우 조사자는 유형, 브랜드, 모델 및 조건을 결정해야 한다. 설치 공차가 가깝기 때문에 부품을 제거할 때 주의해야 한다. 특정 시스템이 발화원

으로 의심되거나 방화로 의심되는 시스템을 제거해야 하는 경우 RV의 난방 및 전기 시스템을 평가할 때 전기 엔지니어 또는 기계 엔지니어의 도움을 받을 수 있다.

차량 자체와 마찬가지로 개별 장비가 화재 원인에 잠재적으로 관련되어 있는 경우 서비스 및 회수 내역을 조사하고 RV 사용자에게 오작동 또는 교체 내역을 인터뷰해야 한다. 특정 RV의 레이아웃 및 사양에 관한 많은 정보는 제조업체의 웹 사이트 또는 현지 RV 딜러를 통해 확인할 수 있다.

대부분의 새로운 RV는 RV의 특정 정보는 물론 설치된 기기 또는 장비와 관련된 설명서를 포함하여 소유자 설명서가 들어있는 제조업체에서 제공된다. 이 패킷들은 가능한 경우 조사자가 원래 설치된 장비와 장비를 식별하는 데 도움을 줄 것이다. 많은 제조업체는 일련번호별로 제품에 설치된 부품 및 장비에 대한 특정 기록을 보관한다. 일부 제조업체는 소유자와 RV 기술자에게 기술 지원을 제공하기 위해 전화 "헬프 라인"을 유지한다.

추가 수사 고려 사항

RV 화재의 조사에는 모든 시스템의 검사 및 분석이 포함되어야 하며, 발화 또는 화재 확산의 원인으로 화재에 관여할 가능성을 결정해야 한다. 이러한 시스템의 고장 분석에는 부적절한 설치 또는 기능 점검, 손상 사전 예고, 연료 누출 및 안전 및 제어 기능의 기능이 포함된다. 발화원은 자동차에 공통되는 것들; 그리고 운동, 견인 및 기계적인 손상과 관련될 수 있는 것들처럼 건물 화재와 관련된 유형의 원천을 포함할 수 있다.

다른 차량과 마찬가지로 RV는 NHTSA(국도 교통 안전국)에서 고유한 VIN을 요구한다. RV의 경우 제조사는 소유자의 문서에 있는 VIN, 코치 외관의 라벨, 그리고 조리실 캐비닛의 플래 카드를 적용한다. 섀시에 찍힌 번호는 VIN과 직접 관련이 없을 수 있다.

차고와 같은 건물 내에서 RV 화재를 조사할 때는 구조물의 시스템과 가연성 물질과 RV를 구별하는 데 주의를 기울여야 한다. 공원이나 캠프장에서 화재가 발생하면 RV 시스템 이외에 공원이나 캠프장에서 제공하는 모든 서비스를 검사해야 한다. NFPA 1194, 레크리에이션 차량 공원 및 캠프장 표준은 이러한 경우 귀중한 자원이다.

■ 중장비

중장비는 토양 이동 장비는 물론 건설, 광업, 임업, 매립 및 농기구를 포함한다. 이러한 유형의 장비는 일반적으로 하나 이상의 특정 자재 취급 기능을 수행한다. 대형 장비는 종종 수력 전달로 디젤로 구동된다. 이러한 시스템은 엔진 또는 변속기의 과부하, 유압 또는 전기 시스템의 고장, 베어링 또는 엔진 고장, 또는 취급되는 재료의 의도하지 않은 발화로 인해 고장을 일으킬 수 있다. 이 장비 중 일부는 화재 진압 시스템이 장착되어 있어 화재조사관이 기능 및 유지 관리 내역을 검사해야 한다.

중형과 대형 트럭 및 버스

OTR 트랙터를 제외한 대부분의 중형 및 대형 트럭은 특정 용도로 맞춤 제작된다. 원래 제조업체는 일반적으로 이 트럭을 맨손으로 운전실과 섀시로 운반한 다음 침대, 시체 및 기타 장비를 하나 이상의 보조 상점, 제조업체 또는 회사가 설치한다. 버스는 원래 제조업체에서 베어 섀시로 제공되는 경우가 있으며 때로는 프론트 엔드 본체가 최소한으로 유지된다. 완성된 본체는 두 번째 제조업체에서 제작하고 설치한다. 종종 별도의 회사가 휠체어 리프트, 특수 좌석 등과 같은 기다 신체 장비 및 시스템을 설치한다. 따라서 비교적 새로운 장비로 화재가 발생한 후에 몇몇 회사는 조사에 대한 보증 또는 책임을 지며 해체 또는 기타 증거의 변경 이전에 통보해야 한다.

■ 대중 교통 차량

많은 중계 지구가 무리를 대체 연료로 전환하고 있다. 대부분의 버스에서 디젤 엔진이 여전히 표준이시반 일부 지역에서는 현재 CNG, LNG, 디젤-전기 하이브리드 또는 순수 전기 구동 시스템을 사용하고 있다. 후자는 종종 경전철 또는 전차 서비스에서 볼 수 있다. 대부분의 중계 시구는 사내에서 자체 유지 관리를 수행한다. 대중 교통 수단 상점은 화재조사관에게 유용한 참고 자료 또는 기술 자료일 수 있다.

■ 지구 이동, 임업/벌채, 매립 및 건설 장비

대지 이동, 임업/벌목, 매립 및 농업 장비는 일반적으로 유압시스템을 사용하여 마모, 마찰 또는 파열될 수 있는 호스, 피팅 및 밸브뿐만 아니라 추가 연료 저장소를 제공한다. 전기 도체와 유압 호스 사이의 마찰은 이러한 유형의 장비에서 자주 발생한다. 승무원이 하네스 피복재 및 절연재를 긁어모으는 경우, 접지된 강철 강화 유압 호스와의 접촉은 압력을 받는 연료원뿐만 아니라 적합한 발화원을 제공할 수 있다.

로깅 장비는 바늘, 나무껍질 및 기타 유기 물질로 구성된 다량의 퇴적되어 썩은 낙엽을 축적할 수 있다. 이 물질은 작동유, 오일 또는 디젤 연료를 흡수할 수 있으며 가열된 배기 부품, 전기 사고 또는 마찰 관련 열원과의 접촉으로 쉽게 발화된다. 미립자 물질이 느슨한 환경에서 모든 장비를 작동시키면 라디에이터 및 오일 쿨러가 막혀 냉각수, 오일 또는 다른 유체가 과열될 수 있다.

■ 농업 장비

농업 장비는 거의 항상 곡물 먼지, 밀 또는 옥수수 왕겨, 면화 섬유, 건초 또는 밀짚과 같은 셀룰로오스 재료가 축적될 수 있다. 또한 수확 작업은 주변 온도가 높고 습도가 낮은 기간에 가장 자주 수행된다. 이러한 셀룰로오스 재료는 마찰, 스파크 또는 충분히 가열된 표면과의 접촉에 노출될 때 예상대로 발화될 수 있다. 또한 화재는 전기, 연료 또는 유압 시스템의 고장, 베어링 또는 기타 기계 부품 고장으로 인해 발생된 마찰; 장비 내의 고온 표면; 들판에서 채취한 외부 금속으로부터의 불꽃; 또는 마찰 및 결합, 건초 등을 뭉치는 기계, 또는 수확하는 기계의 작물 처리 영역을 통해 수송 소송 기계 부품에서 스파크로 인해 발생할 수 있다. 농업 장비는 제조업체가 제공한 작동자 설명서에 명시된 일정대로 일상적인 유지 보수가 필요하다.

화재사관은 장비 작동, 청소 및 유지 보수 일정과 관련하여 소유자 또는 운영자에게 면담해야하며 기록이 있는 경우 유지 보수를 검사하고 문서화해야 한다. 부품시장 액세서리는 종종 농기구에 설치되며 때로는 화재 발생 요인이 된다. 이러한 액세서리는 인터뷰 및 기록을 통해 확인되고 화재조사관이 문서화해야 한다.

많은 종류의 농업 장비가 있으며, 이 그룹 내에는 여러 가지 모델이 있다. 그러한 장비와 관련된 화재를 조사할 때, 관련된 특정 장비에 대한 자세한 내용은 제조업체 정보를 참조하. 표 25-8은 일반적인 농기구 유형을 나열한다. 농기계에 사용되는 연료는 디젤 및 바이오 디젤을 포함한 다른 자동차에 사용되는 연료와 유사하다. 장비의 본체에는 플라스틱, 복합 재료 및 고무가 포함될 수 있다. 사용된 자료는 조사에 큰 영향을 미친다. 예를 들어, 충분히 높은 온도에서 플라스틱 부품은 화재 패턴이나 다른 증거가 없어지는 지점까지 녹을 수 있다.

안전 우려

농기구의 화재를 조사하는 것은 다른 자동차의 화재를 조사하는 것과 같은 많은 안전 문제를 포함하지만 염두에 두어야 할 추가적인 안전 고려 사항이 있다.

- 장비의 크기 때문에, 더 많은 유체(예컨대, 연료)가 장비에 저장 될 수 있다. 이것은 화재 확산 및 강도에 영향을 미칠 수 있으며 조기 발화 패턴을 제거할 수 있다.
- 농기구 내부 영역에 접근하기 위해서는 특별한 도구나 장비가 필요할 수 있다. 이러한 경우, 특정 유형의 장비를 사용 해 본 경험이 있는 사람과 이야기하여 증거파기의 문제를 피하는 것이 가장 좋다.
- 장비 높이가 현장에서 또는 현장에서 장비를 제거하는 동안 오버 헤드 전선에 간섭할 수 있다. 장비가 잠재적으로 고전압의 영향을 받는 경우 화재조사관 및 다른 사람은 자격을 갖춘 직원이 전원을 차단할 때까지 장비에서 최소 10 ft(3.1 m) 떨어져 있어야 한다.
- 고가의 면화 수거함에서 화재가 발생하면 운영자가 바구니를 풀어 운전할 수 없을 때 불안정성과 접근성 문제가 발생할 수 있다. 게이트의 유압 시스템에 장애가 발생하면 원형 포장기의 게이트가 심각한 분쇄 및 포착 위험을 야기할 수 있다.

표 25-8 농업 장비

유형	설명
농용 트랙터	■ 기계 또는 트레일러를 당기거나 밀기, 들기, 적재하기, 쟁기질하기, 경작 및 이와 유사한 작업에 사용된다. ■ 엔진은 일반적으로 운전자의 전방에 있으며 가솔린 또는 디젤 연료를 사용한다. ■ 변속기 및 브레이크 유형은 다양하지만 변속기에는 동력 인출 장치(PTO)가 포함된다. ■ 종종 유압 구성 요소를 포함한다.
콤바인	■ 그들은 곡식 작물을 수확하는 데 사용된다. 작물은 헤더에 의해 잘려지고, 탈곡 기작을 통해 운반되고, 호퍼나 탱크에서 세척된 다음 제거된다. ■ 대부분은 곡물 탱크의 후면에 장착된 터보충전기 디젤 엔진을 갖추고 있다. ■ 대부분 정역학 주행 변속기가 있다.
사료 작물 수확기	■ 사일리지를 만들기 위해 필드 작물을 수확하는 데 사용된다. ■ 커팅 헤드는 식물을 잘라내어 가공 드럼에 넣은 다음 가속기 장치에 넣고 슈트를 통해 트레일러에 공급한다. ■ 대부분의 엔진은 뒤쪽에 장착 된 터보 차지 디젤 엔진을 상착하고 있다. ■ 그들은 대개 전지식 유압식 변속기가 장착되어 있다.
목화 수확기	■ 면화 수확에 사용된다. ■ 철조망 스핀들은 식물에서 면화를 분리한 다음 큰 바구니에 날려 버린다. ■ 대부분의 장비는 운전자의 뒤쪽과 뒤쪽의 장비 중앙 근처에 장착된 터보충전기 디젤 엔진을 갖추고 있다. ■ 보통 유압 구동 장치가 장착되어 있다. ■ 추가구성요소에는 헤더에 연결된 행단위, 습식 시스템, 유압 시스템 및 윤활 시스템이 포함된다.
농약 분무기	■ 트랙터와 유사하지만 재배 작물을 처리할 수 있는 화학 물질이 포함된 용액 탱크로 구성된다. ■ 대부분 PTO 첨부 파일이 없다. ■ 유사한 장비에는 윈드 로어(풀을 베어 줄줄이 널어 놓는 기구), 물통, 퇴비 뿌리는 기계 및 화학 비료시용기가 포함된다.
건초너비 장비	■ 수확된 작물을 포장하거나 감쌀 수 있는 둥근 또는 사각 포장으로 압축하는 데 사용된다. ■ 둥근 베일러에서 작물은 장비 내부로 굴러 들어가 특정 크기에 도달하면 수려 게이트를 통해 묶여 배출된다. ■ 사각 포장기에서는 기계 플런저가 작물을 얇은 시트로 압축한다. 특정 크기에 도달하면 바인딩되고 해제된다. ■ 추가적인 고려 사항으로는 자르기 재료를 집어 올리는 데 사용되는 픽업, 픽업 및 벨트 및 롤러 시스템을 구동하는 데 사용되는 체인 드라이브 시스템, 유압 시스템 및 전기 시스템이 있다.

안전 팁

다음의 위험은 농기구와 공통적이며, 화재 조사관은 이러한 위험을 염두에 두고 안전을 보장해야 한다.

- 연소된 복합 재료 및 식물의 미립자
- 유리 또는 금속의 날카로운 모서리
- 장비의 크기에 따른 오버 헤드 위험
- 장비 표면이 미끄럽거나 고르지 않거나 불안정한 장비
- 연료, 제초제, 살충제 및 기타 농약
- 기계 부품의 고장으로 붕괴되거나 유출될 수 있음
- 농업 분야에서 진흙, 눈, 식물, 뱀, 설치류, 곤충 등의 존재

화재조사관 팁

화재의 일반적인 원인은 식물과 같은 가연성 물질의 축적이다. 이 파편은 기계의 모든 부분에 모일 수 있어 마찰로 발화된다. 일례로 죽은 식물의 면화를 수확하는 것을 포함하는 폐기의 관행이 있다. 이 작업을 위한 조건은 매우 건조하며 농작물 찌꺼기가 기계에 축적되어 오작동 및 발화될 수 있다.

요 약

검토를 위한 준비

- 차량 화재에 대한 조사는 종종 복잡하고 어렵다고 여겨지지만 차량 및 기계의 화재는 구조적, 해양 또는 임야 화재와 같은 성공적인 발화 및 전파에 대한 기본 요구 사항이 동일하다.
- 화재조사관은 차량 화재 조사를 실시하기 전에 차량 및 장비의 일반적인 시스템과 특성을 학습하여 스스로 준비해야 한다.
- 차량의 하부 구조를 검사할 때 부상을 유발할 수 있는 움직임을 막기 위해 차폐물이나 스탠드와 함께 차량을 올바르게 지지하고 안정화하도록 주의를 기울여야 한다.
- 차량 화재의 연료는 액체 연료, 기체 연료 및 고체 연료의 세 가지 범주로 분류된다.
- 차량에는 가열된 배기 부품, 다양한 유형의 베어링 및 제동 시스템을 포함하여 고유한 발화원이 있다.
- 차량의 다양한 시스템이 작동하는 방식을 아는 것은 화재조사관에게 중요하며 도서관, 자동차 판매점 및 부품 공급 업체에서 제공하는 기술 매뉴얼을 보면서 향상시킬 수 있다.
- 차량 구성 요소는 패널 및 격벽을 포함한 화재 확산에 영향을 미칠 수 있다.
- 구조 화재 현장을 문서화하는 것과 동일한 절차를 사용하여 화재 현장에서 차량을 문서화하는 것이 유리하다.
- 차량을 보다 완벽하게 검사하려면 화재 현장에서 제거한 후 더 잘 수행할 수 있다.
- 화재조사관의 많은 증거가 총 화상 화재로 인해 변경되거나 파괴되었을 수도 있지만, 항상 검색 가능한 정보가 남아 있다.
- 대형 장비는 종종 수력 전달을 지닌 디젤로 구동된다. 이러한 시스템은 때때로 엔진이나 변속기의 과부하로 인해 고장을 일으킬 수 있다. 연료, 유압 또는 전기 시스템의 고장; 베어링 또는 엔진 고장; 또는 취급되는 재료의 의도하지 않은 발화.
- 농업 장비는 거의 항상 곡물 먼지, 밀 또는 옥수수 왕겨, 면화 심유, 건초 또는 밀짚과 같은 셀룰로오스 재료가 축적될 수 있다. 이러한 셀룰로오스 재료는 마찰, 스파크 또는 충분히 가열된 표면과의 접촉에 노출될 때 예상대로 발화될 수 있다.
- 하이브리드 자동차는 다양하고 독점적인 디자인을 사용한다. 이 중 일부는 잠재적으로 위험한 고전압을 사용한다. 소형 자동차 하이브리드 브랜드 중 하나에서 100V에서부터 하이브리드 통근 버스의 800V까지 다양하다.

주요 용어

촉매 변환기 (Catalytic converter)

배기가스를 촉매 금속에 노출시켜 배기가스의 탄화수소 물질의 산화를 촉진하는 배기 시스템의 장치

전자식 (또는 엔진) 제어 모듈 (Electronic (or engine) control module, ECM)

연료 공급, 스로틀 제어 및 안전 시스템 작동을 포함하여 엔진 작동 매개 변수를 제어하는 전자 장치

사고 자료 기록기 (Event data recorder, EDR)

충돌 사고 전후에 자료를 기록하는 장치

연료 레일 (Fuel rail)

가압 연료 라인을 개별 연료 인젝터에 연결하는 내부 통로 또는 외부 튜브

하이브리드 차량 (Hybrid vehicles)

추진을 위해 내부 연소와 전기 모터의 조합을 이용하는 차량

총 화상 (Total burns)

모든 또는 거의 모든 가연성 물질을 소모한 화재

터보 과급기 (Turbocharger)

흡기 공기를 압축하여 엔진 동력을 증가시키는 배기 구동 장치

실전 화재조사관

노부부는 몇 주 동안 휴가 중이었음을 귀하의 부서에 알리고, 귀가할 때 그들의 새로운 모델 승용차가 화재가 발생했음을 발견했다. 그들은 차고 문을 열었을 때 차고에서 연기와 검댕을 발견하고 차량의 후드에 있는 큰 구멍을 발견했다고 말한다.

현장을 조사한 결과, 화재가 차고 내에서 발생하고 자체 소멸되었음을 나타내고 있다. 후드의 오른쪽에 큰 구멍이 있고, 앞 유리의 바닥이 손상되고 대시 보드와 조수석 앞쪽에 심각한 손상이 발생하여 차량의 전반부에 심각한 손상이 있다. 현장 및 차량 외부를 기록한 후, 엔진실의 조수석 측에 대한 광범위한 손상을 발견하기 위해 후드를 올린다.

엔진실의 손상을 검사하고 문서화 한 후에는 차량의 차 안을 따라 배선된 배터리 케이블을 검사하기 시작한다. 차 안의 흙받이 구덩이의 상부에서, 양극 배터리 케이블이 아치형으로 되어 있고 버팀대 장착 볼트 중 하나에 용접되어 있다고 판단한다.

1. 앞 유리의 손상은 무엇을 나타내는가?
   - A. 차 안의 뒤쪽에서 화재가 발생했다.
   - B. 차 안의 앞에서 불이 났다.
   - C. 엔진실 내부에서 화재가 발생했다.
   - D. 계기판에서 발생한 화재.

2. 차 안을 검사 할 때 다음 안전 위험 요소 중 어느 것을 고려해야 하는가?
   - A. 누액에 의한 발화
   - B. 우발적인 에어백 전개
   - C. 범퍼 전개
   - D. 전기 충격

3. 유체 누출은 다음 중 어떤 구성 요소에 의해 발화될 수 있는가?
   - A. 배기 다지관
   - B. 촉매 변환기
   - C. 브레이크 마스터 실린더
   - D. A와 B 모두

4. 총 화상 차량을 조사할 때 화재조사관에게 가장 소중한 자산은 무엇인가?
   - A. 소유자의 진술
   - B. 화재 이전의 여건 기록
   - C. 누락된 구성 요소의 식별
   - D. 솔레노이드

임야 화재 조사

학습 목표

이 장을 학습한 후 여러분은 다음 사항을 할 수 있다.

- 지중가연물, 지표가연물, 공중가연물의 차이점과 이것들이 화재 확산에 미치는 영향에 대한 설명
- 바람, 가연물, 지형, 기후, 화재 제압, 그리고 다른 자연적 기제들이 화재 확산에 미치는 영향에 대한 설명 NFPA 4.2.4 NFPA 4.4.5
- 화재 발생을 추론할 수 있는 (화재가 남긴) 여러 징후에 대한 설명 NFPA 4.2 NFPA 4.2.4 NFPA 4.4.5
- 임야 화재 조사와 관련되는 특별 안전 수칙 열거
- 임야 화재 발생 조사의 실행 방법에 대한 설명 NFPA 4.2 NFPA 4.2.4 NFPA 4.6.5
- 임야 화재 조사에 이용되는 화재 발생 범주에 대한 설명 NFPA 4.2 NFPA 4.2.4 NFPA 4.6.5
- 임야 화재 조사의 증거 수집 방법 확인 NFPA 4.2.4

기능습득 목표

이 장을 학습한 후 여러분은 다음 사항을 할 수 있다.

- 임야 화재 조사와 관련되는 특별 안전 수칙 활용
- 화재 발생의 전반적 지역 보호
- 화재 발생 조사 실행
- 화재 원인 조사 실행
- 임야 화재 조사의 증거 수집

CHAPTER

26

NFPA 참고 문헌

NFPA 921, *Guide for Fire and Explosion Investigations*

NFPA 1144, *Standard for Reducing Structure Ignition Hazards from Wildland Fire*

NFPA 1500, *Standard on Fire Department Occupational Safety and Health Program*

NFPA 1977, *Standard on Protective Clothing and Equipment for Wildland Fire Fighting*

FESHE 과정 결과물

화재조사 I

9. 잠재적 건강과 안전적 위험성을 인지하라.

화재조사 II

이 장에서는 화재조사 II(FESHE)의 과정에 대한 결과물은 없다.

당신은 화재조사관

당신은 간선 고속도로 근처에 있는 여러 에이커의 농장을 불태운 큰 화재 현장에 있다. 불씨는 부분적으로 남아있다. 그렇지만, 소방관들은 강풍을 동반한 폭풍이 그 현장에 몰아쳐 화재의 방향이 신개발 거주지역으로 전향할 것이라고 충고한다. 현장 조사를 하는 동안, 당신은 여러 개의 산화된 알루미늄 캔들과 간선도로 근처 가로수에 조그만 바위들의 잔재를 발견한다.

1. 어떤 종류의 가연물들이 존재하며, 그것들이 이 화재의 전개에 어떻게 영향을 미칠 것인가?
2. 도착할 폭풍이 조사에 어떻게 영향을 미칠 것인가?
3. 화재 발생을 결정할 수 있는 화재 이동의 지표들에는 어떠한 것들이 있을 것인가?
4. 화재 조사 동안에 어떠한 위험성을 고려할 수 있는가?

개요

임야 화재 조사에는 특수한 기술, 실행, 장비, 그리고 전문 용어들이 사용되며, 구조적 화재 조사와는 크게 다르다. 그러므로 특별한 기술들과 함께, 임야 화재 조사에 대한 철저한 이해가 필요하다. 이 장은 지형학, 가연물 배치, 임야 화재 가연물 종류, 화재 확산에 영향을 미치는 요인들, 방향적 패턴을 나타내는 징후들, 화재 발생과 원인 조사의 실행, 그리고 특수 안전 수칙들을 다루고 있다. 다른 특수한 조사 상황처럼, 임야 화재와 임야 화재 조사를 전공으로 하는 전문가들의 도움을 요청하는 것을 고려하라.

임야 화재 가연물

가연물은 다음과 같이 구분된다. 지면 위 혹은 지면 안에 깔려 있는 모든 가연성 물질을 포함하는 지중가연물과 지면 바로 위에 놓여 있는 모든 가연성 물질을 포함하는 자표가연물, 그리고 산림 위쪽 부분의 임관(林冠)에 위치한 식물이나 사체들을 포함하는 공중가연물 등이다. 비록 공중가연물이 화재 발생의 전반적 지역에 대해 화재 시작점을 좁히는 지표로서 중요하다고 하지만, 지중가연물이 화재 발생의 시작점을 결정하는데 대단히 중요한 지표가 된다.

■ 가연물 상태 분석

가연물의 물리적 특성은 개별 물질의 연소적 특성과 포함되어 있는 다양한 가연성 물질의 결합적 특성에 의해 분류되어야 한다. 이것은 화재의 속도와 화재의 일반적인 동향을 예측할 수 있도록 한다.

지중가연물

지중가연물은 광질토층과 지표면 사이에 위치한 모든 가연성 물질을 포함한다. 분탄(토양 위에 유기물을 분해하는 것)이 화재 확산 속도에 주요한 영향을 미치는 요인은 아니다. 그 이유는 일반적으로 수분이 있고 약간의 표면 노출과 함께 강하게 압축되어 있기 때문이다. 뿌리는 공기 공급을 제한하나, 화재가 확산되는 통로가 될 수 있다.

지표가연물

지표가연물은 지표면에서 지면 위 거의 6피트(2미터) 정도 사이에 위치한 가연성 물질을 말한다. 낙엽과 침엽수의 부스러기들이 아주 가연성이 높은 물질들이며, 이것들은 지표가연물을 평가하는 데 있어서 분리하여 고려되어야 한다(그림 26-1). 사진은 나무로부터 떨어진 침엽수들을 보여준다. 나무에 붙은 침엽수들은 공기에 노출되어 있고 수분이 있는 지면에 닿지 않기 때문에 특히 가연성이 높다.

그림 26-1 죽은 낙엽과 침엽수들은 가연성이 높은 지표가연물이다.

잔디, 잡초, 다른 작은 식물들은 주로 경화(硬化) 정도에 따라서, 화재 속도에 영향을 미칠 수 있는 지표 가연물들이다. 경화된 잔디는 메마른 풀이며 극히 가연성이 높다.

좋은 가연물과 잔가지, 엽편, 침엽수, 나뭇잎, 나무껍질, 그리고 1인치(2.5센티미터) 미만의 지름을 가진 썩은 물질들로 구성된 죽은 나무들은 주로 벌목한 장소에서 발견되며, 쉽게 발화되고, 종종 다른 장소로 불을 살 옮겨 붙게 한다. 지면에 놓여 있는 마르고 썩은 나무는 주화력으로 발화될 수 있으며, 이것은 좋은 가연물보다도 더 뜨겁고 오랫동안 연소할 것이다.

추락한 나무와 그루터기, 커다란 엽편들이 높은 가연성을 지니기 위해서는 뜨겁고 메마른 기후가 오랫동안 지속되어야 한다. 이러한 무거운 가연물들은 화재 확산을 돕기보다는 화재의 지속을 위한 요인들이 된다. 키가 낮은 덤불과 재생 식물은 화재의 확산 속도를 가속화시키거나 늦출 수도 있다. 그 이유는 하층 식물이 연료들을 재빠르게 마르는 것을 방지하면서, 가연물들이 빛에 가리어 그늘지게 할 수 있기 때문이다. 하층 식물은 종종 지중가연물과 공중가연물 사이를 이어주는 역할을 한다.

공중가연물

공중가연물은 지표면 위의 거의 6피트(2미터)에서 임관의 꼭대기에 이르는 사이에 위치한 모든 물질을 이른다. 임관의 꼭대기(잔가지, 침엽수, 나뭇잎 등)는 공기가 자유롭게 순환하고 바람과 태양에 노출되어 있어서 아주 가연성이 높은 가연물이 된다. 서있는 죽은 나무들은 화재 동향에 영향을 미치는 중요한 공중가연물이다. 화재는 죽은 나무에서 시작한다. 죽은 나무들은 수분이 말라 있고 발화하기가 훨씬 쉽기 때문이다.

나무에 붙어있는 이끼들은 모든 공중가연물 중에 가장 발화하기가 쉽고, 지중가연물에서 다른 공중가연물로 화재를 확산시키는 수단이 된다. 이끼는 습기가 있는 곳에서도 빠르게 변화에 반응한다.

높은 덤불의 꼭대기 역시 지중가연물로부터 거리가 떨어져 있기 때문에 공중가연물에 속한다. 중요 요인들은 부피, 생기 있는 가연물 수분, 오일 함유량, 배열, 지중가연물의 일반적인 상태, 좋고 죽은 공중가연물의 포함 등이 있다.

■ 가연물 구성

가연물은 4가지 중요한 가연물군으로 분류된다. 잔디, 관목, 재목 부스러기, 그리고 벌목 잔재 등이다. 각 군들은 다시 특정한 기후 상태하에서 예측 가능한 동향을 근거로 하여 가연물 모형으로 분류된다. 각 분류는 종, 가연물 형태, 크기, 그리고 배열을 근거로 하여 가연물의 구성 요소들을 묶는다.

화재 확산에 영향을 미치는 요인

화재 확산에 영향을 미치는 주요 요인은 열 전달, 측면 막힘, 기후 영향, 가연물 영향, 제압의 노력, 그리고 지형 등이다. 그 밖의 다양한 자연적 및 인위적 요인 또한 화재 확산에 영향을 미친다.

■ 열 전달

산림지역에서 화재 확산은 대류열과 복사열에 의해 영향을 받는다. 대류열은 저층 잔디와 분탄에서 상층 나뭇가지와 임관에 이르기까지 화재를 확산시킨다. 그리고 나서 복사열은 화재가 측면으로 진행될 때, 열 전달에서 가장 우세한 원인이 된다. 복사열은 표면에 덤불과 잔디를 포함하여, 저층 가연물 내에서 열을 전달시키는 주요 방법이다.

■ 측면 막힘

측면 막힘은 도로, 바위 지역, 개울 등과 같이 불가연성의 지형적 특성 때문에 화재가 측면으로 확산될 수 없을 때 발생한다. 이러한 막힘은 화재 속도, 강도, 그리고 확산의 방향을 변화시킬 수 있다. 연소 패턴은 이러한 장애물들을 측면으로 우회하므로 화재의 결과를 예측하기가 힘들다.

■ 바람의 영향

바람은 불길을 앞으로 밀어서 가연물을 예열하고, 더 많은 산소를 공급하고, 식물을 말림으로써, 숯, 불꽃, 그리고 공기를 함유한 불덩이를 바람에 날리게 함으로써 화재에 영향을 미친다(그림 26-2).

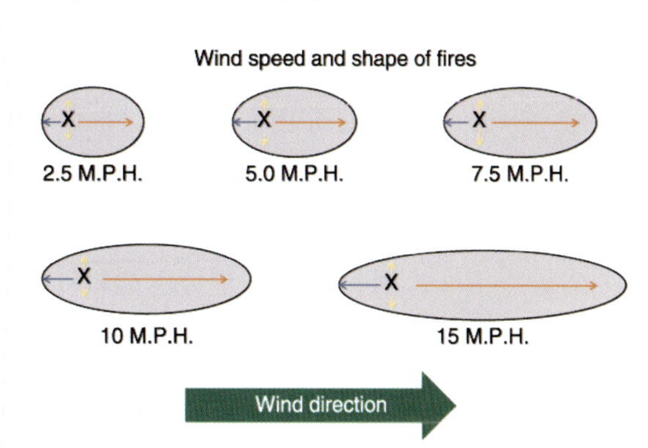

그림 26-2 풍속과 풍향은 고려해야 할 중요한 요소이다.

바람은 4가지로 분류가 가능하다.

1. 기상풍은 기후패턴을 만드는 대기 내에 압력의 차이로 발생한다. 일반적으로 지구의 회전과 지형에 의해 크게 영향을 받는다.
2. 일주풍은 낮 동안 태양에 의해 가열되었다가 밤 동안 다시 식혀진 공기의 결과로 나타난다. 공기의 온도가 올라감에 따라 공기는 상승하고, 공기의 온도가 내려감에 따라 공기는 가라앉는다. 이러한 두 현상 간의 움직임이 일주풍을 생성한다.
3. 화재풍은 상승하는 더 따뜻한 공기를 대체하기 위해서 강력한 대류기둥의 밑바닥으로 공기가 밀려들어갈 때 생성된다. 이러한 움직임은 산소가 상승하는 기둥쪽으로 들어갈 때 화재 확산이 촉진된다.
4. 높새 바람은 기압 경도간에 공기의 흐름의 결과로 나타난다. 중력은 공기의 속도가 증가하고 공기가 압축될 때, 온도는 증가하고 습도는 감소한다. 따라서 화새 확산의 조건은 향상된다.

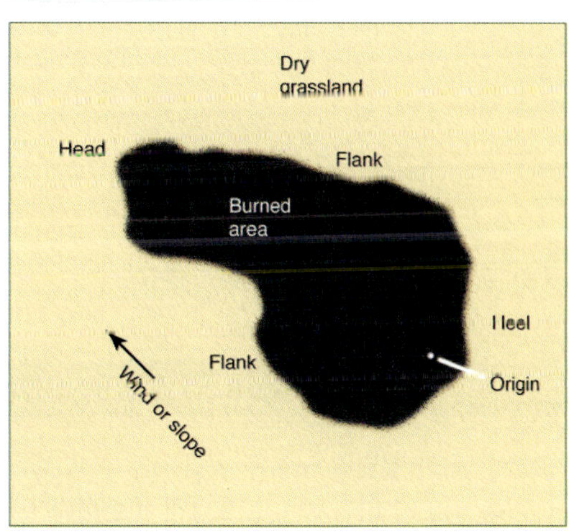

그림 26-3 임야화재의 구조

■ 화재 전면, 측면 및 후면

지역풍이 부는 방향은 화재 전진의 주요 경로를 결정한다. 화재는 화재 전면이나 화재의 강도가 가장 큰 부분에 의해 이끌려 나간다. 화재 측면은 전면의 옆쪽 부분에 위치한다. 화재 측면의 진행은 전면보다 강도가 낮은 화재이다. 화재 후면은 화재 전면의 반대편 끝 쪽이며, 강도가 약하다. 일반적으로 바람을 거슬러 천천히 연소하거나 불길이 쇠퇴할 것이다(그림 26-3).

■ 가연물의 영향

발화력, 연소 속도, 화재 확산은 여러 가연물 특성에 의해 영향을 받는다. 식물의 종은 수분함유량, 형태, 밀도를 결정한다. 가연물 내에 포함된 수분은 다시 식물의 상태, 태양 광선의 노출, 기후, 그리고 지리적 위치에 의해 영향을 받는다. 식물 내의 오일 혹은 송진의 함유량 역시 영향을 미친다.

가연물이 적으면 적을수록, 가연물은 발화되기가 더 쉽고, 연소가 더 빠를 것이다(표26-1). 뿌리와 같은 지중가연물은 지하에 뿌리의 전체 길이를 따라 연소하고 훨씬 후에 다른 위치에서 표면 화재를 일으킬 수 있다. 잔디, 잔가지, 침엽수, 혹은 낮은 덤불을 포함한 지표가연물은 일반적으로 화재의 확산과 관련되어 있다. 임관 가연물은 높은 덤불, 붙어있는 이끼, 엽편, 나뭇잎, 그리고 나무의 임관을 포함한다. 만약 화재가 임관 가연물에 확산된다면, 그 결과는 모든 가연성 물질이 정상적으로 연소되기 때문에 황폐화될 것이다.

죽은 가연물은 환경과 균형을 이루는 비율에 도달하기 위해 걸리는 시간에 따라 분류된다. 이러한 연료는 1시간, 10시간, 100시간, 1,000시간 가연물로 구성성분, 점도와 위치에 따라 구분한다.

표 26-1 가연물의 크기

크기	연소 특성	사례
작은 연료 (경연료)	▪ 발화가 쉬움 ▪ 급격하게 소모됨	▪ 모종과 작은 나무 ▪ 작은 나뭇가지와 잎 ▪ 건초 ▪ 덤불 ▪ 마른 작물 ▪ 솔잎과 솔방울
큰 연료 (중연료)	▪ 발화가 어려움 ▪ 느리고 길게 연소	▪ 큰 직경의 나무와 브러시 ▪ 큰 나뭇가지 ▪ 통나무 ▪ 나무 그루터기

화재조사관 팁

그늘진 곳과 햇빛에 노출된 곳에서는 화씨 18도(섭씨 8도)까지 온도차가 발생할 수 있다. 또한 대기중 습도에 따라서는, 고도 1천 피트마다 화씨 2도에서 5도(섭씨 -17~-15도)까지 차이가 날 수 있다.

■ 지형

지형은 자연적 및 인위적 지구 표면의 형태와 관련이 있다. 이는 화재의 강도와 확산에 영향을 미치고, 바람에 영향을 미칠 수 있다.

경사는 주어진 거리에 대한 고도의 변화이며, 이것은 측면의 상승에 의해 측정된다. 이것은 오르막길 측면에 가연물이 평지에 있는 것보다 좀 더 빨리 예열되게 하며, 화재 확산에 중요한 요인이 된다. 낮 동안 오르막길에서 움직이는 풍류 역시 화재 확산을 가속화시킨다. 연소 중인 가연물은 내리막을 굴러내려오며 다른 가연물을 발화시킨다.

방향은 경사가 직면한 방향이다. 만약 경사가 태양을 직면한다면, 일반적으로 더 메마르고 태양열이 없는 경사보다 더 높은 가연성의 가연물형태를 가질 수 있다(표 26-2). 이것은 발화를 훨씬 쉽게 하며 화재 확산을 더 빠르게 한다.

■ 기후

기후는 대기의 안정성, 온도, 상대적 습도, 풍속, 구름량, 그리고 강수량에 영향을 미치기 때문에 삼림지역에서 중요한 역할을 한다.

기상사는 이전의 여러 날 몇 주에 걸친 대기의 상황에 대한 기술이며, 화재의 발화와 연소 특성에 미칠 수 있는 영향력을 결정하기 위해 분석된다. 이러한 정보는 산림지역의 화재 파견 센터, 국립 기상 서비스 웹사이트, 그리고 다양한 인터넷 사이트를 통하여 얻을 수 있다.

주변 온도는 연료의 온도에 영향을 미친다. 태양의 복사 에너지가 대기를 가열할 때, 주변 온도는 증가한다. 그러고 난 후, 연료의 온도는 상승하고 그 안의 수분 함유량은 감소한다.

습도는 공기에 내포된 수증기의 측정량이다. 습도는 일반적으로 상대 습도로서 표현되며, 공기 중의 습도는 연료 수분량에 직접적으로 영향을 미친다. 더운 공기는 차가운 공기보다 더 많은 수분을 함유할 수 있다. 만약 공기가 메마르면, 주위의 식물로부터 수분을 가져오려고 할 것이며, 이것은 식물을 마르게 하여 화재에 더 민감하게 만드는 결과를 가져온다. 그러나 만약 공기가 습기가 있다면, 수분은 주변 식물로 전이될 것이며, 이로써 화재의 기회가 감소하고 화재 확산이 느려지게 될 것이다.

표 26-2 경사면이 화재에 미치는 영향*

방향	조건	영향
태양을 향함	■ 초목이 더 적음 ■ 더 건조	■ 발화와 화재전파가 더 용이
태양을 등짐	■ 초목이 더 많음 ■ 더 습함	■ 발화와 화재전파가 덜 용이

■ **화재 진압**

화재 진압은 화재를 소화하려는 모든 활동을 포함한다. 소방대원들은 화재의 발생과 원인을 정확하게 결정하기 위해서 화재 발생의 잠재적 지역을 보호해야 한다. 일반적 화재 진압 활동은 다음과 같다.

그림 26-4 공중투하는 물, 거품 또는 지연제를 공중에서 투하하는 것이다.

- 방화대: 화재 확산을 중단시키거나 혹은 화재로부터 가연물을 분리하여 화재의 방향을 바꾸기 위해 이용되는 모든 자연적 혹은 인위적 장애물. 방화선 혹은 통제선이라고도 불린다.
- 공중투하: 물, 거품, 지연제 혼합물을 직접적으로 화재와 위협 지역, 화재 앞의 전략적 위치를 따라서 공중에서 투하하는 것(그림 26-4).
- 소화(firing out): 방화벽의 너비를 확장하기 위하여 방화대와 점진하는 화재 사이에 가연물을 연소하는 과정

Class A 거품

물과 class A 거품이 혼합된 공기는 가연성 물질을 코팅한 거품을 생성한다. 나무 위에서 거품은 표면에 흐르기보다는 훨씬 쉽게 관통하여 물의 표면장력을 감소시킨다. 또한, 물을 일정시간 내포함으로써 냉각효과를 정시간 지속시키고 가연물의 산소를 제거하며, 연소되지 않은 가연물의 연소가 지연되도록 보호한다.

화재조사관 팁

화재진압원들은 웻라인(wet line)에 위치하도록 유의해야 하며, 최초 발화지점의 가장자리로부터 근거리에 연소저지선(fire line)이 구축되도록 해야 한다.

화재조사관 팁

WUI(Wildland-Urban Interface) 화재는 도시구조물에서 임야(wildland)로 옮겨졌거나 혹은 임야에서 발화된 불이 도시구조물로 번짐으로써 시작된 화재의 결과일 수 있다. 임야 화재조사관은 법적 책임이나 비용부담을 언급하기 위해 법적제도가 포함되게 되는 사건에 있어서는 이러한 점을 반드시 명확하게 결정해야 한다.

■ 화재 확산의 자연적 원리

바람을 품은 불덩이는 바람이 불면서 원래의 화재로부터 멀리 떨어져 있는 연소되지 않은 가연물로 옮겨가게 된다. 그것은 주요 화재에서 멀리 떨어진 현장화재(spot fire)를 일으킬 수 있으며, 고의적으로 화재를 일으킨 것처럼 잘못 오해 받을 수도 있다.

화재 폭풍(fire storm)은 너무나도 강도가 커서 그 자체의 바람 체계를 생성하고 지탱하는 자연적 현상이다. 이 체계는 너무나 강해서 화재 소용돌이라고 불리는 조그만 먼지의 네블형(devil- type) 순환을 생성할 수 있다. 이 소용돌이는 예측할 수 없는 방향으로 나아가며, 집과 다른 구조물에 손상을 입히고, 화재를 재빠르게 확산시킨다.

동물과 새들도 역시 그들의 털과 깃털이 불에 닿으면 화재를 확산시키는 원인이 될 수 있다. 일단 동물로 화재가 나면, 그 동물이 가는 곳마다 화재는 확산될 수 있다(그림 26-5).

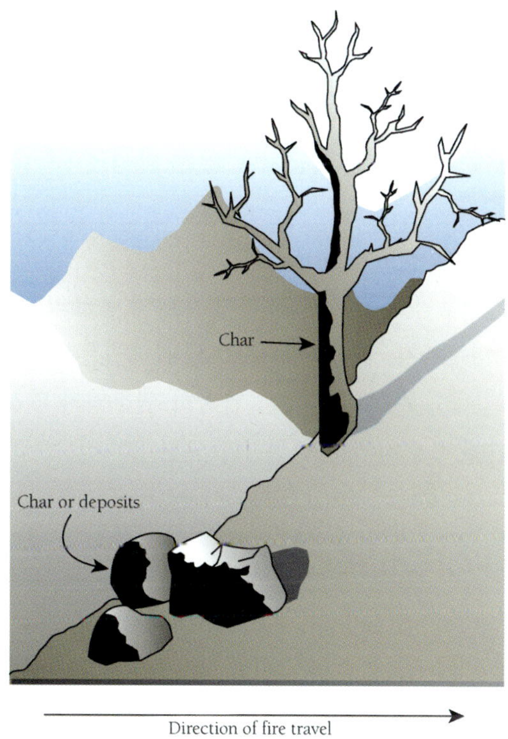

그림 26-5 나무 몸통의 탄화

방향 패턴의 지표

특정 지역의 복합적인 지표들이 보여주는 방향적 패턴의 분석은 그 지역을 통과하는 화재 확산의 통로를 확인할 수 있게 한다. 화재의 진행을 역추적하는 체계적인 접근법을 활용함으로써 조사관은 화재의 경로를 원시점까지 역추적해 낼 수 있다. 이러한 절차는 임야 화재 조사에 수용되는 표준 기법이다. 시각적 지표들은 차등 손상, 숯 패턴, 변색, 탄소 흔적, 그리고 타지 않은 잔류 가연물의 형태, 위치, 그리고 상태 등을 포함한다.

■ 임야 화재의 V-형태의 패턴

임야 화재의 V-형태의 패턴은 화재 확산에 의해 만들어진 지표면의 연소 패턴이다. 위에서 보았을 때, 이것은 글자 V처럼 생겼다. 이것을 구조적 화재 조사와 관련되는 전통적인 연기(플롬)-생성의 수직적 V패턴과 혼동해서는 안 된다.

임야화재의 V-형태의 패턴은 다음 특성들을 가진다.

- 수직적 패턴이 아닌 수평적 패턴
- 풍향과 경사에 영향을 받음
- 화재의 측면(확산 방향에 평행한 화재의 지름)이 경사를 풍향의 방향으로 넓혀줌
- V의 아래 바닥 근처에 있는 발생점

■ 손상의 정도

가연물의 손상 정도와 형태는 화재 통로의 방향과 강도, 지속성을 나타낸다(표 26-3). 나뭇잎, 나뭇가지, 커다란 나무로 된 물체들은 화재가 접근했던 측면에 더 큰 손상을 입힌다. 나무숲 속에서 자라는 풀들은 완전히 연소되지 않을 수 있으며, 이것은 화재가 진전하는 반대편 측면에 보호지역을 형성한다(그림 26-5).

화재조사관 팁

일반적으로 높이가 1~3피트(0.3~0.9미터) 정도인, 잡목 나뭇가지의 중심부 근처를 손가락 두 개 사이에 놓는다. 나뭇가지를 약하게 쥐고 손가락을 위로 움직여본다. 통상 어느 한쪽 손가락에 검정이 더 짙게 묻는다. 이것은 화재가 진행된 방향이 어디인지를 보여주는 것이다. 확신을 위해 여러 종류의 나뭇가지들로 샘플 몇 개를 만들어라. 이 기술은 철사울타리(wire fencing)에 있어서도 유용할 수 있다.

표 26-3 화재 통로의 손상 지표

연료	현상	설명
일반	연료가 다른 연료보다 한쪽에서 더 많이 손상됨	방호에 따른 확산의 방향을 보여줌
초본 줄기	지상에 누워있는 연소되지 않은 초본 줄기 또는 묘종의 머리 부분	초본 머리 부분은 일반적으로 화재 경로의 반대 방향으로 떨어짐
덤불	더 많은 잎이 연소됨	출구측
	일부 상부 가지 끝은 연소되지 않은 채 지상에 떨어짐	입구측
	연료에서 발견되지 않은 재의 퇴적물	재가 퇴적되었을 때 여전히 불타고 있는 연료
	컵모양의 덤불. 연소된 그루터기의 끝이 둥글고 무딘 형태	화재의 순풍 방향
	연소된 그루터기 끝이 날카로움	화재의 역풍 방향
	소멸형태의 덤불. 화재 강도, 탄화, 연소된 가지의 크기가 감소	덤불의 성장 유입부 이후부터 화재가 소멸됨

풀 줄기들

낮은 강도의 화재가 풀 줄기의 밑부분을 태울 때, 줄기들은 화재의 진행 방향으로 넘어진다. 만약 줄기들이 화재 전면의 뒤에 위치한 연소된 지역으로 넘어진다면, 타지 않은 상태로 남아 있을 수 있다. 따라서 일반적으로 지면에 풀의 불타지 않은 줄기들은 화재가 접근한 방향을 나타낸다. 조사관은 이 방법의 신뢰성을 증가시키기 위해서 여러 개의 풀 줄기를 조사해야 한다. 바람이나 폭우와 같이 다른 영향적 요인들이 줄기의 수직적 배열에 영향을 미치지 않는다는 것 또한 확인하기 위해서 연소된 지역의 바깥 부분 줄기들도 관찰해야 한다.

덤불

덤불은 화재 방향의 지표로서 아주 중요한 자료가 된다. 덤불은 종종 화재에 의해 손상을 받기는 하나 완전히 연소되지는 않으며, 조사관에게 이동되지도 않고 혹은 심지어 불꽃의 마무리 과정에서도 파괴되지는 않는 신뢰할 만한 지표를 제공한다. 덤불은 동결, 손상의 정도, 숯의 깊이, 숯의 각도, 나뭇잎의 감긴 정도, 그을림, 하얀 재의 퇴적물, 커핑(cupping), 소멸 패턴 등과 같은 여러 개의 지표들을 나타낸다. 덤불만큼 많은 지표를 나타낼 수 있는 물체들은 없다.

나무들

나무는 화재의 방향과 피해를 판단하는 중요한 지표이다(그림 26-6). 나무의 줄기 표면에 숯은 그 지표면의 지형에 의해 영향을 받는다. 오르막길에서 난 화재나 혹은 바람을 동반한 화재는 지면의 경사보다는 더 심한 정도로 기울어진 숯 패턴을 만들어낸다.

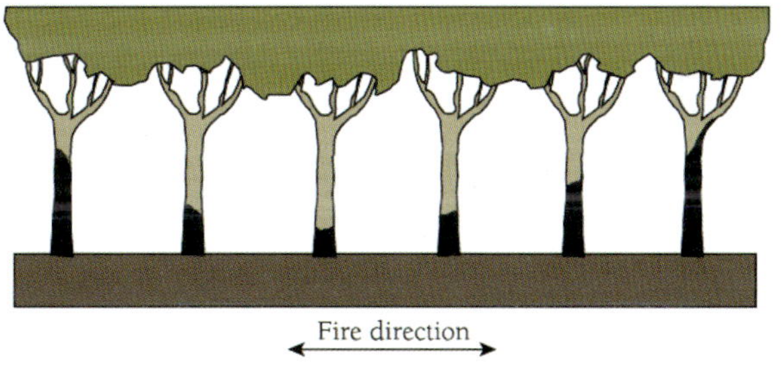

그림 26-6 나무들은 화재의 방향을 나타낸다.

임관 손상 역시 화재 방향을 해석하는 데 이용된다. 대류열과 복사열은 낮은 곳에 위치한 엽편을 발화시키고 나무의 나머지 부분 쪽으로 상승하며 확산한다. 이러한 과정은 바람이 불길을 바람이 불어오는 쪽의 나뭇잎과 나뭇가지로부터 몰아낼 때, 더 격렬해진다(표 26-4).

그 예로서, 만약 당신이 임관 측면에 불타지 않은 삼각지역을 관찰한다면 당신은 그 불타지 않은 지역은 바람이 부는 방향이거나 화재가 접근한 측면이라고 해석할 것이다.

표 26-4 나무줄기의 탄화

화재 방향	풍향	관찰
경사면 오르막	경사면 상방향	나무의 탄화 각은 언덕의 경사각보다 큼
경사면 내리막	경사면 상방향	나무의 탄화 선은 언덕의 경사와 거의 평행
경사면 내리막	경사면 하방향	내리막 길에서 나무의 탄화 각이 더 큼
경사면 오르막	경사면 하방향	탄화 각은 언덕의 경사와 같으며 나무줄기에만 가파른 상향 경사가 있음

■ 탄화의 각도

탄화의 각도는 그 숯이 발생한 가연물의 형태를 근거로 두 개의 군으로 나눈다. 탄화의 각도는 극형 연료(나무 줄기, 전신주, 울타리 기둥) 혹은 덤불 및 재목형 가연물의 나뭇잎 임관에서 발생할 수 있다. 극형 가연물에 탄화의 각도는 (표 26-4)에서 자세하게 설명된다. 나뭇잎 임관 내의 각도는 유사하지만, 극형 가연물에서만큼 명확하지는 않다.

■ 하얀 재의 퇴적물

하얀 재는 연소의 부산물일 수 있다. 더 많은 열과 불길에 노출된 물체의 측면에서 더 많은 하얀 재가 생성될 것이다. 재는 종종 바람 부는 방향으로 흩어져서 물체의 바람 부는 방향의 측면에 퇴적된다. 전진하는 화재를 직면한 가연물들은 다가오는 화재의 마주한 측면에 더 밝게 나타날 것이고, 측면의 반대쪽에는 더 어둡게 나타날 것이다.

■ 컵 형태

컵 형태는 풀의 줄기 끝, 조그만 그루터기, 덤불과 나무 가지의 단말에 오목하거나 컵 모양의 숯 패턴을 말한다. 화재는 바람 부는 쪽에 표면을 노출하여 가연물에 까맣게 탄 숯이 된 표면을 남긴다. 이 면은 노출에 보호된 반대편보다 더 깊게 숯이 된다.

■ 소멸 패턴

화재가 다른 가연물 형태로 진행함에 따라 확산이 느려질 수도 있고 혹은 가연물 수분이 증가한 곳이나, 가연물이 부족한 곳, 화재의 확산 속도와 강도가 감소를 일으키는 다른 상황에서는 화재가 꺼질 수도 있다.

■ 노출 및 보호된 가연물

불연성 또는 보호된 가연물은 열 손상으로부터 보호를 받는다. 가연물은 불에 타지 않을 것이며, 전진하는 화재로부터 보호된 측면에 덜한 손상을 나타낼 것이다.

■ 얼룩과 그을음

화재의 흔적은 물체의 표면에 응축된 뜨거운 가스와, 송진, 오일에 의해 나타난다. 이것은 금속 캔, 유리병, 혹은 바위와 같은 불연성 물체로 인해 흔히 발생한다. 흔적은 불길에 노출된 물체의 측면에 나타날 것이다.

그을음은 불완전한 연소와 식물 내의 자연성 지방 오일 함유로 인해 나타난다. 탄소 그을음은 일반적으로 접근하는 화재를 마주한 측면에 더 짙게 쌓인다. 그을음의 퇴적물은 반대편과 비교해서, 표면에 손이나 손가락으로 문질러 봄으로써 알 수 있다. 다양한 지역에 있는 조그만 덤불이나 잡초 줄기의 그을음을 채취해 보는 것이 효과적인 기법이 될 수 있다.

■ 탄화의 깊이

나뭇가지 혹은 재목 위에 탄 탄화는 비늘 같은 모양을 나타낸다. 나무는 연소할 때, 이러한 비늘 모양의 표면을 형성하면서 나무가 타들어간다. 가장 깊게 탄화가 형성되는 측면은 진행하는 화재를 마주하는 측면에 위치한다.

■ 폭열

폭열은 열기에 노출된 바위 표면의 장력이 파괴됨으로써 나타나며, 그 현상은 화재 지역 내, 바위들의 표면에 얕고, 옅은 색깔의 구멍 혹은 조각에서 나타날 것이다. 폭열은 일반적으로 바위의 표면에서 박리된 조각 및 파편이 동반될 것이다. 또한 진행하는 화재 지역에 나타나며, 불길에 노출된 바위 면에 나타날 것이다.

■ 감겨짐(컬링)

컬링은 녹색 잎들이 열의 근원 쪽을 향하여 안으로 감겨질 때 발생한다. 잎들은 화재가 시작된 방향으로 접힌다. 이러한 현상은 후면, 측면의 화재 움직임과 관련하여 일반적으로 더 천천히 움직이며, 더 가볍게 연소하며 발생한다.

그림 26-7 확산 방향을 결정하기 위해 그을음과 얼룩을 찾아라.

■ 잎의 동결

동결은 화재가 침엽수와 나뭇잎을 지나갈 때 발생할 수 있다. 특히 진행해 나가는 화재에서는 나뭇잎과 침엽수들이 부드럽고 유순한 경향이 있으며 항상풍(prevailing wind)의 방향으로 쉽게 구부려 진다. 그러나 그것들이 식을 때 종종 항상풍의 방향으로 뾰족한 상태로 남게 될 것이다(그림 26-7).

■ 불연성 물질

불연성 물체에 즉각적으로 인접해 있는 가연물의 보호지역은 화재 방향이 그 보호 지역의 반대편으로부터 시작되었다는 것을 나타낸다. 물체의 한쪽 면의 흔적과 그을음은 화재가 흔적이 있는 면으로부터 시작되었다는 것을 나타낸다.

■ 물체의 손실

물체가 열을 받을 때, 물리적 변화가 생긴다. 일반적으로, 나무 혹은 다른 가연성 물질의 표면이 연소할 때, 질량과 물질을 손실한다. 남아있는 가연성 물체의 형태와 양은 경계선의 흔적을 만들고 궁극적으로 조사관에 의해 분석될 화재 패턴을 만들어낸다.

특별 안전 고려사항

안전의 기본 원칙들이 산불 화재에 적용된다. 이러한 원칙들은 다음 10가지 표준 소방 순서를 포함한다.

1. 화재 기후의 상태와 기상 예보에 대한 정보에 지속적으로 민감하라.
2. 화재 항상 어떻게 진행되고 있는지를 알라.
3. 화재의 현재 상황과 예측되는 상황을 근거로 모든 행동을 준비하라.
4. 탈출 경로와 안전 지역을 확인하고, 그것들을 사람들에게 알려줘라.
5. 위험이 있는 곳에 감시자를 배치하라.
6. 경계하며, 조용히 하라. 명확하게 사고하고, 단호하게 행동하라.
7. 당신의 부대, 감독관, 인접 부대와 즉각적인 의사소통을 유지하라.
8. 명확한 지시를 하라, 그리고 그들이 반드시 이해하도록 하라.
9. 항상 당신의 부대를 통제하라.
10. 우선적으로 안전을 제공하면서, 적극적으로 화재에 대항하라.

10가지 표준 소방 순서는 명확하며, 임야 화재 조사관들에 의해 반드시 지켜져야 할 사항들이다. 모든 화재조사관들은 안전하게 임무를 수행할 권리가 있으며, 많은 임야 화재 조사는 화재가 여전히 소화되고 있는 도중에 진행된다. 따라서 조사관들은 화재 사건 명령관과 함께 현장에 들어가서, 소방대원들이 항상 그들의 위치를 인지하도록 하며, 항상 명확한 탈출 경로가 있다는 것을 확인해야 한다. 조사관들은 모든 일일 안전 메시지와 미팅에 참여해야 하며,

안전 팁

아래의 경우보다 많은 관심과 주의가 요구된다.

- 정찰되지 않았거나 규모를 알 수 없는 화재
- 낮 동안은 눈에 띄지 않는 시골지역
- 안전지대나 탈출로가 확인되지 않음
- 화재의 양상에 영향을 끼치는 날씨와 지역적 요인들에 익숙지 않음
- 작전이나 전략, 위험요인들을 통지받지 못함
- 지시나 과업이 명확치 않음
- 직원들과 감독자간 연락망 부재
- 안전한 기점(anchor point)이 없는 건설라인(constructing line)
- 아래쪽에 화재가 발생한 비탈의 건물라인(building line)
- 화재의 정면공격 시도
- 당신과 화재 사이에 있는 불타지 않은 연료
- 물길의 중심을 볼 수 없거나 볼 수 있는 사람과 연락할 수 없음
- 물체가 굴러 아래쪽에 있는 연소물질을 발화시킬 수 있는 비탈에 있음
- 날씨가 점점 더워지거나 건조해짐
- 바람이 거세지거나 방향이 바뀜
- 잦은 비화화재(spot fire)가 라인을 넘음
- 지형이나 연소물질이 안전지대로의 대피를 어렵게 함
- 연소저지선(fire line) 근처에서 잠을 자고 싶음

자원이 필요하거나 화재 상황이 인식될 경우에 화재 사건을 지시할 능력을 갖추어야 한다.

당신의 관내 산림 소방을 위한 모든 적절한 개인 보호 장비(PPE)는 필수적인 모든 것을 갖추어야 한다. 보호 장비의 적절한 유형에 대한 정보는 1977 NFPA, Standard on Protective Clothing and Equipment for Wildland Fire Fighting(산림 화재 소방을 위한 보호복 및 장비에 대한 규정)과 1500 NFPA, Standard on Fire Department Occupational Safety and Health Program(소방부의 직업적 안전 및 건강 프로그램에 대한 규정) 등에서 알 수 있다.

안전은 모든 화재에 대한 주요 관심사이다. 임야 화재 조사는 자체의 특성한 위험이 수반된다. 다음은 화재 현장에서 언급되어야 하는 몇 가지 고려점들이다.

- 개인 책임 유지
- 지하 연소 위험
- 떨어지거나 구르는 잔재
- 현재와 변화하는 기후
- 여전히 연소하고 있는 지역 혹은 재연소할 가능성이 있는 지역
- 공중작전 및 장비 활용과 같은 진행 중인 제압 노력

- 차단된 생방송 전력선
- 위험한 물체들
- 산림 화재 PPE

발화 지점 조사

발생 지역을 확인하고, 바람, 지형, 가연물의 요인들을 고려해 볼 때, 화재 발생은 일반적으로 화재의 뒷면, 후미에 가까운 지역에 위치한다.

다양한 당사자들과의 인터뷰는 조사관이 최초 화재 발생 지역을 좁혀나가는 것을 도와줄 수 있다. 당사자들의 관찰은 그들이 상대적으로 적은 단계에서 화재를 관찰할 수 있었기 때문에 도움이 된다.

초기 화재 진압 대원들의 관찰은 아주 유용하다. 대원들은 사람이나 차량들을 관찰할 수 있었고, 기후 상태도 보고할 수 있으며, 초기 화재 상태와 위치도 상세하게 알 수 있다. 그들은 사진도 찍어 놓을 수 있다. 화재 발생은 화재의 가장 냉각된 부분에 종종 위치한다. 그 이유는 화재는 가연물을 찾아 불이 진행하면서 열기를 올리기 때문이다. 모든 잠재적 증거물을 가능한 한 빨리 확인하고 안전하게 보존하라. 그리하여 추가적인 소방 작업과 조사를 하는 동안 보호될 수 있도록 하라. 공중 소방대원들 역시 화재를 관찰할 수 있다. 그러나 그들은 화재의 위치에 대해 더 포괄적인 관점을 가진다.

산림 화재 조사에 중요한 정보는 종종 다른 목격자들에 의해 제공될 수도 있다. 그들은 그 지역을 잘 아는 경향이 있으며, 발생 지역에 대한 정보를 줄 수 있고, 화재 상황을 설명함으로써 조사관에게 가능한 원인을 제공할 수 있다(예: 연기의 상태, 강도, 확산 속도, 기후).

화재 진압 전술을 계획하기 위해 주로 이용되는 인공위성 혹은 상상적 도구들은 발생 지역을 설정하는데 도움을 줄 수 있다. 최초로 화재가 감지되었을 때 화재의 위치를 나타내는 자료와 화재 확산의 방향을 근거로 하여서, 이러한 도구들은 화재와 화재 확산에 대한 광범위한 관점을 제공할 수 있다. 만약 차량이 그 지역을 떠나는 것이 보인다면, 적절한 시기에 차량 목록을 작성하라. 차량 목록은 용의자 목록 만큼이나 효과적으로 사용된다. 목격자들은 화재 장소에서 보이는 차량을 확인할 수 있을지 모른다. 만약 조사관이 관심을 두고 있는 차량이라면, 이러한 과정에 의해서 확인되어야 한다. 목격자를 선정하고, 확실하다면 그 사진에 서명과 날짜를 적어야 한다.

■ 발화 지역 또는 지점의 보안

화재 현장은 온전히 보전되어야 한다. 발생 지역은 그 지역에 깃발을 표시함으로써 혹은 현장에 인원을 주둔시킴으로써 접근을 제한하고 타이어 자국, 발자국, 잠재적 발화 물질과 같은 증거들을 보호하도록 해야 한다. 만약 그 지역이 방해를 받게 된다면, 조사가 잘못되거나 증거의 신뢰성에 영향을 미칠 수 있다.

■ 수색 기법

화재 발생의 수색을 완료할 때, 다음과 같은 원칙이 이용되어야 한다.

- 화재 외부지역을 걸어라.
- 연소 패턴을 찾아라.
- 화재 발생의 일반 지역을 확인하라.
- 화재 발생의 일반 지역에 진입하라.
- 화재 발생의 특정 지역을 확인하라.
- 화재 발생의 특정 지역을 나누어라.
- 화재 발생점을 확인하라.

다른 각도에서 연소 패턴을 보기 위해서 탐색 지역을 반대편 방향으로 두 번 정도 걸어야 한다. 연소 패턴을 조사하는 동안, 당신이 확산 방향을 발견하는 것을 분명하게 해줄 지표군을 확인하라. 일단 당신이 화재 발생의 일반 지역이 확실하다고 여긴다면, 깃발로 표시된 지역을 줄일 수 있다. 화재 발생의 일반 지역은 조사관이 거시적 규모의 지표들, 목격자의 진술, 화재 움직임의 분석 등을 근거로 하여 좁혀 나갈 수 있는 화재 지역이다. 그것은 조그만 화재의 제한된 지역일 수도 있고 혹은 대규모 화재의 여러 에이커에 해당할 수도 있다. 화재 발생의 일반 지역은 현재 진행하는 면으로부터 진입될 수도 있고, 화재 발생의 특정 지역에 작용할 수도 있다. 특정 지역은 일반적인 발생 지역 내에 더 작은 지역이다. 일반적 화재 발생 지역은 화재 확산의 방향이 처음에는 바람, 가연물, 경사에 의해 영향을 받는다. 일반적으로 이 지역은 미묘한 미시적 규모의 화재 방향 지표들에 의해 결정된다. 그 곳은 5×5피트(1.5×1.5미터) 이상이며, 화재 확산 지표와 다른 요인들에 따라서, 상당하게 더 클 수도 있다. 전형적으로 덜 강렬한 연소에 의해 결정된다. 만약 화재 발생의 확인된 특정 지역이 작다면, 그 지역은 경계 부분으로부터 온전히 탐색될 수 있다. 만약 그 지역이 크다면, 체계적인 근접 조사를 위해서 좀 더 작은 지역으로 나누어야 한다(그림 26-8).

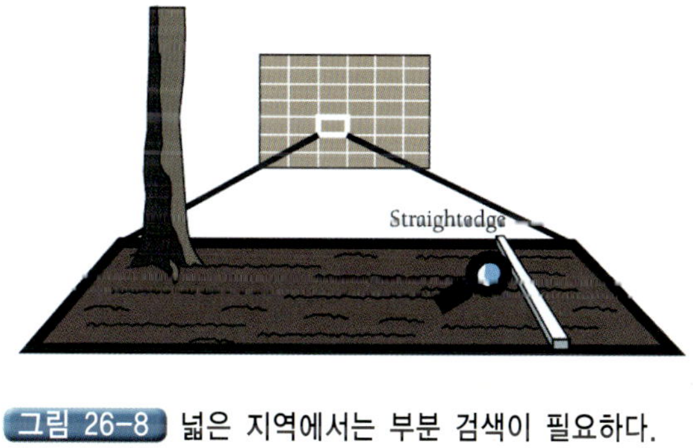

그림 26-8 넓은 지역에서는 부분 검색이 필요하다.

조사관은 증거를 확인하기 위해서 금속 깃발 기둥을 사용하거나 라벨이 붙어진 깃발을 사용해야 한다(그림 26-9). 라벨 깃발은 현장으로부터 제거된 증거의 원위치를 표시하기 위해 사용될 수 있다. 일부 깃발의 기둥들은 화재 발생의 일반 지역에서 넓게 사용될 수 있으나, 화재 발생의 특정 지역에서 훨씬 더 많이 이용될 수 있다. 붉은 색깔의 깃발 기둥은 종종 전진하는 화재를 나타내기 위해 이용되며, 노란 기둥은 측면 화재, 파란 기둥은 후면 화재를 표하기 위해 이용된다. 하얀 기둥은 증거와 발생점을 보호한다.

그림 26-9 증거를 보호하기 위해 일반적인 기원지 표시하기.

화재 확산의 분석은 화재가 발견되었을 때, 화재의 전면, 측면, 후면의 위치를 설정하고 구성하기 위해서 여러 절차를 거친다. 풍향과 이용 가능한 기후 정보는 화재를 발견한 사람들의 관찰을 근거로 하여 문서화 및 구조화되어야 한다. 기후 정보는 화재 전면, 화재 측면, 화재 후면, 그리고 풍향과 속도를 분석하는 것과 관련된다.

발자국 혹은 차량 트랙과 같은 증거나 다른 표시들을 파괴하지 않도록 지속적으로 관심을 기울여야만 한다. 만약 그 지역이 넓다면, 그 지역을 부분으로 나누는 것이 유익할 것이다. 이것은 "부분 분할"이라고 불리며, 조사관이 제거되어야 할 부분을 결정하기 위해서 화재의 특정 지역을 좀 더 면밀하게 조사하도록 허용한다. 또한 이것은 재진입에 대한 필요를 막고 증거 파괴의 잠재성을 감소시킨다.

고리 혹은 나선형 기법은 작은 지역에서 효과적이다. 이 방법을 사용하면서, 조사관은 화재 발생점은 패쇄하고 측면에서 측면으로, 전후로 작용하는 화재의 전면으로부터 접근한다. 이 기법의 위험성은 만약 고리가 너무 넓다면, 지표와 증거들이 간과되거나 파괴될 수 있다. 화재 발생 지역에 접근할수록 선들 간의 거리는 점점 더 좁혀지게 된다.

격자 혹은 줄 기법은 두 명 이상의 조사관들이 함께 넓은 지역을 조사하는 데 이용된다. 이 방법은 매우 빠르게 발생 탐색 지역을 좁혀나갈 수 있다.

화재조사관 팁

조사 중 매시간 모든 현장에서 소방관, 조사관, 법률 집행관들의 안전을 확보하라. 조사가 길어질 경우 안전 확보에 여러 가지 변화가 요구될 수 있다. 그러한 변경사항들은 각각이 문서화되도록 해야 한다.

레인(lane) 기법은 아주 상세하게 지역을 조사하는 최상의 기법 중의 하나이다. 줄을 묶고 개별적 조사 실시를 위해서 레인을 만든다. 지표들이 화재 발생점이 근처에 있다는 것을 보여줄 때 상대적으로 빠르고 간단하게 시행되며 가장 흔하게 이용되는 방법이다.

조사관은 조사하는 동안 발생 장소에 화재 확산의 증거를 파괴하거나 제거하기 보다는 노출시키려고 하면서, 최소한의 방해로 화재 발생 장소에 대한 조사를 실시해야 한다. 현장 기록과 함께 일반적으로 사용된 상징 기호들을 가진 사진 기록의 요약은 조사 과정을 통해서 보존되어야 한다. 각 조사관은 만약 그 증거가 법정에서 이용된다면 사진 사용을 위한 표준 운영 절차를 작성하는 것을 고려해야 한다.

■ 수색 장비

다음은 산림 조사에 이용될 수 있는 장비의 목록이다.

- 시각적으로 보이지 않는 증거를 확인하거나 작은 상세 부분들을 향상시키기 위한 확대경 혹은 돋보기
- 철을 함유한 파편 혹은 입자의 위치를 알아내는 자석. 발견과 차단의 목적을 위해 모든 발생점에 이용되어야 한다.
- 발생 지역을 분리하는 직선 자
- 주변 식물로부터 조그만 증거물을 발견하기 위한 탐침
- 잔해로부터 증거를 분리하거나 혹은 손상을 피하기 위해 증거를 선별하는 빗
- 불빛이 약한 지역에서 물건을 확인하기 위한 휴대용 전등
- 관심이 가는 물건으로부터 가벼운 재를 떨어버리기 위한 송풍기
- 증거적 가치가 있고 자석을 쉽게 위치시킬 수 없는 곳의 금속의 위치를 알아내기 위한 금속 탐지기
- 주변 먼지와 식물로부터 의심되는 증거품을 분리시키기 위한 거르는 채
- 화재 발생점, 증거의 위치, 지도제작의 목적, 문서철의 정확한 경도와 위도를 얻기 위한 GPS 기록장치. GPS 자료는 현장조사 정보, 번개 자료, 공중 사진, 화재 원인 결정에 대한 인공위성 영상에 대한 상호 참조가 될 수 있다.

발화 결정

모든 발생과 원인 조사의 목적은 화재의 원인을 설정하고 확인하기 위함이다. 그렇게 하는데 있어서, 조사관은 화재의 원인이 아닌 것도 역시 결정해야만 한다. 모든 조사는 서류화되어야 한다. 만약 가능하다면, 열의 원천 혹은 발화 장치 회수되어야 하며, 증거로서 적절히 처리되어야 한다. 화재가 어떻게 시작되었는가의 가설의 테스팅도 역시 필요하다. 이것은 문헌의

사용이나 통제된 상황에서 실제 테스팅을 통해서 실시될 수 있다. 가설을 실제 테스트하기 위해서, 촬영이 실시되는 동안 화재의 발화를 재창출하는 발생점의 가연물과 유사한 가연물을 수집하라. 이러한 것은 통제된 상황, 즉 화재 지역에서 떨어진 안전한 지역에서 실시되어야 한다. 조사관들은 이때 관내 정책과 그 지역, 주, 연방 법률을 따라야만 한다. 가능하다면, 동일한 기후와 지형적 상황을 모의하라. 이러한 방법은 화재가 어떻게 시작되었는지 그리고 화재가 산림 가연물 속에서 어떻게 연소되는가를 설명하는 데 있어서 법정에서 아주 유익할 수 있다.

■ 자연적 원인

임야관리가 항상 사람들에 의해 시작되는 것은 아니다. 많은 화재들이 번개와 같은 자연적 원인에 의해서 발화될 수 있다. 번개 지도는 여러 원천으로부터 이용할 수 있으며, 확증 혹은 제거 목적을 위해 이용될 수도 있다(그림 26-10).

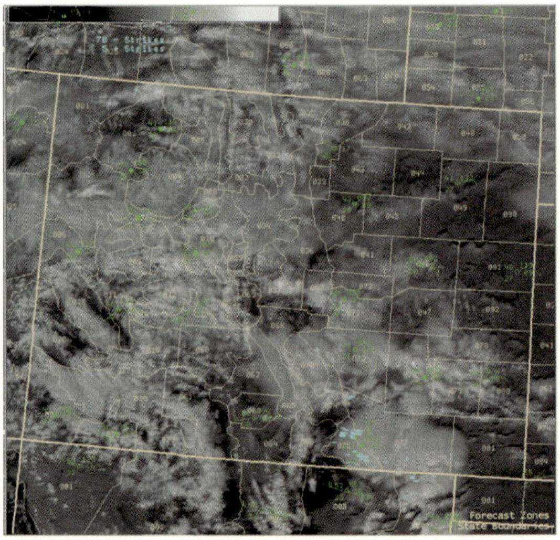

Courtesy of the World Meteorological Organization (WMO)/NOAA

그림 26-10 **번개 지도는 종종 야생 화재기관에서 구할 수 있다.**

번개는 지면과 접촉하는 지역 혹은 나무의 밑부분 근처 토양 속에서 모래가 녹음으로 선전암(fulgurites)을 형성한다. 이것은 번개의 전류에 의해 만들어진, 풀이 나있는 바위의 일반적인 호리호리한 관 모양의 형체로서 이후에 융해되어 마른 모래 토양으로 된다. 식물의 신선한 상처는 눈에 띌 수 있다. 화재 발생점에 다른 물리적 증거에는 나무 조각, 나무 혹은 관목으로부터 떨어져 나온 나무 껍질, 지면에 구멍들, 지면에 색다른 연소 패턴들이 속한다.

■ 인적 원인

사람들의 잘못된 행동으로 화재를 일으킨다. 사고 화재는 화재의 원인이 불이 나서는 안되는 지역에 발화하거나 화재를 확산시키는 고의적인 인간 행동과는 관련이 없다. 방화는 불이 발화되어서는 안 된다는 것을 알고 있는 사람에 의해 의도적으로 발화되는 행위이다.

캠프파이어

임야 화재 원인을 캠프파이어로 결론짓기 위해서, 재, 석탄, 나무, 그리고 쓰레기가 있는 언덕을 따라 바위와 토양을 살펴보라. 여기저기 흩어져 있는 풀과 토양은 수면지역을 의미할 수 있다. 캠프파이어에 의한 임야 화재는 일반적으로 사고로 인한 것이며, 부절적한 소화에 의한 결과이다.

흡연

담배나 시가, 파이프 담배, 성냥 등 버려진 연기 나는 물체들은 임야 화재를 일으킬 수 있다. 흡연 물체에 의해 화재가 시작되기 위해서는 다음과 같은 상황이 만들어져야 한다.

- 가연물 수분이 25% 이하로 메마른 상태여야 한다(다른 환경적 상황이 습도를 압도한다 하더라도).
- 가연물 자원이 좋은 것이거나 혹은 기루여야 한다. 그렇지 않나면, 쉽게 발화되는 것이어야 한다.
- 담배나 다른 물체는 기후와 가연물 상태에 따라서 특정한 각노와 방향으로 연료층과 접해 있어야만 한다.

잔재 연소

화재는 불이 발화되는 쓰레기와 다른 잔재가 있는 거주지역이나 쓰레기하치장, 재목 수확작업, 개간 작업 지역에서 발생한다. 이러한 화재는 인접한 식물에 확산될 수 있다. 연소통 혹은 소각로들은 화재 원인으로 고려될 수 있다. 바람이 부는 상황에서, 뜨거운 재와 잔재는 연소중인 잔재로부터 멀리 날려가 떨어진 곳에서 화재를 일으킬 수 있다. 큰 나무 잔재 더미들은 특히, 토양과 섞이게 된다면, 겨울 여러 달 동안 장기적인 열기를 품는 것으로 알려져 있다. 목격자들은 종종 잔재의 연소가 화재 원인이었는지의 여부를 결정하는 데 있어서 중요하다. 소유아 상항 규정준수를 위하여 연소 허가증을 확인하라.

방화

방화 임야 화재는 손상의 의도를 가지고 고의적으로 혹은 악의적으로 불을 발화시킨 것이다. 이러한 화재는 일반적으로 자주 다니는 통로와 다양한 위치에서 일어난다. 성냥, 종이, 담배, 고무밴드, 양초 등의 증거물이 존재할 수 있다. 화재 발생점의 증기 부재는 역시 강한 지표일 수 있다. 그 이유는 화재가 당시 현장에서 취할 수 있었던 장치를 가지고 시작될 가능성이 있기 때문이다(예: 부탄 라이터). 그러한 방법을 핫-셋(hot set)이라고 언급한다.

규정된 화재(통제된 연소)

규정된 화재는 사람에 의해 의도적인 발화의 결과이거나 혹은 자원의 운영 목적을 이루기 위해 승인된 계획에 따라서, 지속적으로 연소되는 자연발생적으로 일어난 화재의 결과일 수 있다. 이러한 화재는 기후 상태나 부주의 때문에 책임자의 통제를 이따금 벗어날 것이다.

기계와 차량

전기나 작동시 가연성 물질을 사용하는 동력 장비는 가연성 식물이 근처에 있을 때 화재가 시작될 수 있다. 화재는 배기장치, 잘못된 스파크 방지장치, 차량화재, 마찰에 의해 일어날 수도 있다. 화재의 잠재성은 기계 및 차량에 결점이 있거나 고장 난 부속품이 있을 때 증가한다. 예를 들어, 베어링의 마찰 연기, 닳아버린 브레이크, "동결된" 축, 마모 등이 화재를 일으킬 수도 있다.

철로

철로를 따라서, 기차, 보수 장비, 혹은 사람들이 화재의 원인이 될 수 있다. 일반적인 원인의 예는 코너 부분의 바퀴 마모, 배기 장치로부터의 탄소 배출, 뜨거운 브레이크, 철로의 마모, 그리고 사람들의 흡연 등이 포함된다. 목격자들은 조사에서 중요한 역할을 한다. 때때로 조사 파송을 위해서 기차를 정지할 수 있으며, 또한 화재 원인을 결정하기 위한 보수 및 유지 보고서를 검토하고 화재 지역의 소방대원들에게 안전을 제공하기 위하여, 또 다른 화재를 멈추기 위해서도 기차는 멈출 수 있다.

불 장난

13살 이하의 어린이에 의해 시작된 임야 화재는 청소년 화재로 고려된다. 성냥, 라이터, 담배, 혹은 다른 발화 장치들은 화재 발생 지역에서 발견될 수 있다. 다른 증거들은 자전거 트랙, 스낵 포장지, 장난감, 혹은 음료수 용기 등이 될 수 있다. 당국은 그 화재가 호기심에서 시작되었는지 혹은 그 아이에게 병적인 문제가 있는지를 판단해야만 한다. 아이는 청소년 방화자 중재 프로그램에 회부되어 구제될 수 있다.

불꽃놀이

불꽃놀이는 지면에 설치하는 것과 손에 들고 하는 것, 공중과 폭발적인 것으로 분류된 숯으로 된 마분지, 종이, 컬러 지팡이, 플라스틱, 혹은 포장재 등이 화재 발생점 혹은 근처에서 발견될 수 있다. 불꽃놀이의 목격자들은 부가적인 정보를 제공하는 데 아주 큰 도움이 될 수 있다. 폭죽은 화씨 1,200도 만큼 높은 표면 온도에 도달하는 뜨거운 불꽃을 만들 수 있다. 그것은 산림 가연물을 발화하는 데 필요한 열보다 3배나 더 높다.

화기

화약을 사용하는 화기와 예광탄, 소이탄, 강재심부 탄약을 사용하는 것은 산불을 야기시킬 수 있다. 검은 가루의 무기와 함께, 일반적으로 연소하는 화약보다 연소하는 금속 물체가 산림 가연물을 발화시킨다. 예광탄과 소이탄 내의 연소하는 화학적 복합물 역시, 산림 가연물을 발화시킬 수 있다. 강재심부를 가진 탄약은 스파크를 일으키기에 충분히 단단한 바위나 다른 단단한 물체에 부딪쳐서 화재를 일으키거나 역시 산림 가연물에도 발화될 수 있다.

그림 26-11 선전암((뇌전으로 생기는 유리질의 통 모양의 암석)은 사질 토양의 땅에 닿은 전복 된 전력선에 의해 만들어진다.

■ 공익시설

화재는 전력선 장비와 접촉해 있는 바람에 손상된 나무로부터 혹은 새나 조그만 동물, 풍선 걸림, 무거운 먼지의 쌓임 등으로 하드웨어의 고장이 일어나 장비로부터 발생할 수 있다. 스파크 및 녹은 금속은 가연성 물질을 발화시키고, 선전암(fulgurites) 혹은 지면에 자국들은 종종 전선이 지면에 닿아 발생한다(그림 26-11). 전기 울타리는 전선을 통해 빠른 전기 펄스 전하를 전달함으로써 화재를 발생시킬 수 있다. 이러한 펄스는 메마른 가연물에 부딪혀 발화를 야기한다(그림 26-12).

그림 26-12 전기 울타리는 화재의 원천이다.

석유 및 가스 시추

석유와 가스 시추와 관련된 많은 화재 발화는 흡연과 장비 사용과 관련된 이전 장에서 논의되었다. 분출, 불 구덩이, 굴뚝의 공정 등은 초과되거나 원하지 않는 석유의 부산물을 처분하기 위해 디자인 되었다. 이러한 공정은 직접적인 불꽃의 접촉이나 불꽃의 분출로 가연성 가연물에 불이 붙음으로써 화재가 시작될 수 있다.

■ 기타

다른 화재 원인군에 적절하게 분류될 수 없었던 임야 화재 원인들은 일반적으로 "그 밖의 것"으로 분류된다. 이것은 모든 것을 내포하는 목록이지만 다른 산림 화재 원인의 예시를 제공하기 위해 제시된다.

자연적인 열기

자연적 열기는 생물학적 혹은 화학적 행동에 의해 야기될 수 있으며, 따뜻하고 습기 있는 날, 녹색 혹은 수분이 있는 풀들, 건초, 나무 조각, 혹은 기름진 천 등이 쌓인 곳에서 발생할 가능성이 많다.

햇빛과 유리 굴절

화재 발생점 혹은 발생점 근처에서 발견된 깨끗한 유리와 굴절된 물체들은 만약 그 환경적 조건이 발화되기에 쉽다면, 화재의 원인이 될 수 있다. 굴절 물체에 오랫동안 직접적인 태양광선이 노출되어, 태양 광선이 풀과 먼지 같은 조그맣고 마른 가연물들에게 집중하여 초점을 맞출 때, 발화의 상황이 이루어진다. 이러한 물체에 의해 화재가 발생하는 것은 드문 일이다.

증거물

산불 조사를 위한 증거물 수집 절차들은 이 책의 "물리적 증거"장에서 설명되듯이, 다른 화재들을 증거 수집 절차와 동일하다. 이 절차는 다음과 같은 것을 포함한다.

- 확인과 수집
- 오염 방지
- 수집
- 상세한 확인 과정
- 수송과 저장
- 테스팅

화재조사관 팁

유용하게 쓰일지도 모르는 자세한 정보를 제공하는 표준물질들이 있다. 이들이 NFPA(National Fire Protection Association) 표준을 거스르지 말고 더 잘 준수하도록 해야 한다.

요 약

검토를 위한 준비

- 임야 화재 조사는 특별한 기술, 관행, 장비, 전문적인 용어, 매우 광범위한 건물화재조사를 포함한다.
- 가연물은 지상가연물과 같은, 지상 또는 땅에 묻혀 있는 모든 가연성물질을 포함한다. 또한 공중가연물에는 숲의 상단부를 이루고 있는 모든 청록 또는 죽은 물질들을 포함한다.
- 화재확산에 영향을 미치는 중요한 요인들에는 열전도, 측면밀폐, 날씨의 영향, 가연물의 영향, 진화노력, 지형 등이 있다.
- 특정 지역 내에서 다중의 요인들에 의해 나타나는 연소방향 형태분석은 그 지역으로 불길이 확산된 경로를 파악할 수 있게 해준다.
- 모든 화재조사관은 안전한 임무를 가질 권한이 있으며 많은 임야 화재 조사를 여전히 화재가 진압되고 있는 가운데 시행할 권리를 지닌다. 때문에 10가지 표준 화재진압명령(fire orders)이 조치되어야 한다.
- 출화장소를 밝혀내는 데 있어 바람의 요인, 지형 그리고 가연물을 감안해 볼 때, 출화지점은 보통 불길의 반대편(heel)이나 후면에 위치한다. 여러 분야의 사람들과의 인터뷰는 최초 발화지역의 범위를 좁히는 데 도움을 줄 수 있다.
- 화재원인 가설의 실제 실험을 하기 위해서는 촬영이 되고 있는 상태에서 화재의 발화 재현을 위해 발화지점에 있던 유사 가연물들을 수집하라. 실험은 반드시 화재지역으로부터 멀리 떨어진 안전한 지역에서 완전한 통제조건하에 시행되어야 한다.
- 조사자는 출화지점과 증거들을 온전히 보존해야 하고, 인터뷰를 하며 해당하는 경우 원가보상(cost recovery)에 대비하여 전문적인 조사보고서를 준비해야 한다.

주요 용어

사고 화재 (Accidental fires)

화재의 원인이 불이 발생해서는 안되는 지역에 발화하거나 화재를 확산시키는 고의적인 인간 행동과는 관련이 없는 화재

공중가연물 (Aerial fuels)

지상의 나무기둥 위에 위치하는 수관의 부분을 말한다.

공중투하 (Air drop)

물, 거품 또는 지연 혼합물을 화재 또는 위협 지역에 직접 또는 화재 앞의 전략적 위치에 공중에서 투하하는 것이다.

방향 (Aspect)

경사면 방향 (N, E, S, W).

A급 폼(Class A foam)

물보다 밀도가 낮은 기계적으로 생성된 기포 집합체

침엽수 잎 (Coniferous litter)

주로 침엽수 나무에서 떨어지지만 나무가지, 나무 껍질 및 솔방울도 포함될 수 있다.

크라운 (Crowns)

나무가지, 바늘잎 및 나무 또는 수풀의 잎들

컵 형태 (Cupping)

풀의 줄기 끝, 조그만 그루터기, 덤불과 나무가지의 단말에 오목하거나 컵 모양의 탄화 패턴을 말한다.

이탄층 (Duff)

갓 떨어진 잔가지, 소나무의 바늘잎 및 나뭇잎들이 어질러져 있는 층 아래에 있고, 유기 토양 바로 위에 있는 유기 물질을 분해하는 층을 말한다.

방화대 (Fire breaks)

화재 확산을 중단시키거나 혹은 화재로부터 가연물을 분리하여 화재의 방향을 바꾸기 위해 이용되는 모든 자연적 혹은 인위적 장애물을 말하며, 방화선 혹은 통제선이라고도 불린다.

화재의 측면 (Fire flanks)

확산방향에 평행한 화재의 지름

화재 전면 (Fire head)

경사면과 다른 지형적인 특징의 영향을 받아 가장 빠르게 움직이는 화재의 부분

화재 폭풍 (fire storm)

너무나도 강도가 커서 그 자체의 바람 체계를 생성하고 지탱하는 자연적 현상

화재 조각 (Firebrands)

바람이나 대류에 의해 운반되는 불타는 물질

소화 (firing out)

방화벽의 너비를 확장하기 위하여 방화대와 점진하는 화재 사이에 가연물을 연소하는 과정

동결 (Freezing)

화재가 침엽수와 나뭇잎을 지나갈 때 발생할 수 있다. 특히 진행해 나가는 화재에서는 나뭇잎과 침엽수들이 부드럽고 유순한 경향이 있으며 항상풍(prevailing wind)의 방향으로 쉽게 구부려 진다. 그러나 그것들이 식을 때 종종 항상풍의 방향으로 뾰족한 상태로 남게 된다.

섬전암 (Fulgurites)

번개의 전류에 의해 만들어진, 풀이 나있는 바위의 일반적인 호리호리한 관 모양의 형체로서 이후에 융해되어 마른 모래 토양으로 된다.

지중가연물 (Ground fuels)

표면 이하에 존재하는 연소될 수 있는 것을 말하며, 오래된 숲에 두껍게 쌓인 낙엽층, 내부의 부엽토 층, 땅속에 박힌 나무뿌리, 땅속에 매립되어 있는 쓰러진 나무 및 이탄, 석탄층 등을 예로 들 수 있다.

방화 (Incendiary fire)

불이 발화되어서는 안 된다는 것을 알고 있는 사람에 의해 의도적으로 발화되는 행위이다.

규정된 화재 (Prescribed fire)

사람에 의해 의도적인 발화의 결과이거나 혹은 자원의 운영 목적을 이루기 위해 승인된 계획에 따라서 지속적으로 연소되는 자연발생적으로 일어난 화재

상대 습도 (Relative humidity)

주어진 온도에서 공기가 얼마나 많은 수분을 유지할 수 있는지와 공기의 주어진 양 사이의 수분량을 말한다.

요 약

경사 (Slope)

주어진 거리에 대한 고도의 변화이며, 이것은 측면의 상승에 의해 측정된다. 이것은 오르막길 측면에 가연물이 평지에 있는 것보다 좀 더 빨리 예열되게 하며, 화재 확산에 중요한 요인이 된다.

스낵 (Snag)

서있는 죽은 나무 또는 죽은 나무의 일부

지표가연물 (Surface fuels)

지표면이나 지상으로부터 낮은 높이(지면에서 약 6ft(2m)까지)에 위치하는 가연물질을 말한다.

하층식생(Understory vegetation)

묘종, 묘목, 관목, 풀 및 허브의 가장 낮은 높이에서 자라는 숲 또는 덤불 캐노피 아래의 지역

기상사(Weather history)

이전의 여러 날, 몇 주에 걸친 대기의 상황에 대한 기술이며, 화재의 발화와 연소특성에 미칠 수 있는 영향력을 결정하기 위해 분석된다.

임야 화재의 V-형태의 패턴 (Wildfire V-shaped paaterns)

화재 확산에 의해 만들어진 지표면의 연소 패턴

실전 화재조사관

독립기념일 주간 동안 당신은 해안가 지역에 있는 몇몇 초호화 주택에 피해를 끼친 대규모 화재를 조사하라는 지시를 받았다. 당신이 도착했을 때 소방관들은 여전히 주택과 해안 사이의 농장지역 내에 남아있는 비화화재(spot fire)들을 정리하고 있다.

화재사고 담당관은 큰 규모의 발화물이 사구에서 발견되었으며 근처에 있는 주거지역으로 번지기 전에 이미 여러 개의 초목산책로를 전소시켰다고 말한다. 그는 인근주민 몇 분이 찾아와 그날 밤 해변에서 폭죽을 쏘는 사람들이 있었음을 알려왔다고 발표한다.

1. 발화원인물은 전형적으로 __________근처에 위치한다.
   - A. 측면
   - B. 꼭대기
   - C. 뒷부분
   - D. 주변

2. 잔디줄기의 끝부분이나 작은 그루터기, 또는 잡목과 나뭇가지의 맨 끝부분에 생기는 컵 모양의 오목한 탄 자국을 지칭하는 용어는 무엇인가?
   - A. 커핑
   - B. 불탄 각도
   - C. V-패턴
   - D. 다이아웃(Die-out) 패턴

3. 화재에 노출되었을 녹엽이 작용하는 것으로 알려진 것을 무엇이라 하는가?
   - A. 제자리에서 생동멈춤
   - B. 소신과 말와
   - C. 난풍과 낙화
   - D. 불길이 번지는 방향으로 휨

4. 어떤 지역을 자세히 조사하는 데 있어 가장 최선의 방법은 다음 중 어느 것인가?
   - A. 길을 따라(직선으로)
   - B. 나신형으로
   - C. 작은 단위로 잘라서
   - D. 격자모양으로

복합적인 조사관리

학습 목표

이 장을 학습한 후 여러분은 다음 사항을 할 수 있다.

- 복잡한 조사를 위해서 현장과 현장 안전 고려사항에 대한 논의 NFPA 4.2.4
- 복잡한 조사에 관심이 있는 당사자들 확인 NFPA 4.1.4
- 복잡한 조사를 관리하는 데 필요한 기본 정보와 서류에 대한 논의 NFPA 4.1.4 NFPA 4.1.6
- 관심이 있는 당사자들 가운데 의사소통의 중요성에 대한 논의 NFPA 4.1.4
- 정부 조사에 필요한 고려사항들을 화재 조사에서 논의 NFPA 4.1.4 NFPA 4.4.2
- 주요 손실 조사의 조직과 운영에 대한 설명 NFPA 4.1.4 NFPA 4.2.1
- 복잡한 조사에 증거 통제에 대한 논의 NFPA 4.2.1 NFPA 4.4.2 NFPA 4.4.4
- 복잡한 조사에 관련된 실행계획에 대한 설명 NFPA 4.1.4 NFPA 4.4.3

기능습득 목표

이 장을 학습한 후 여러분은 다음 사항을 할 수 있다.

- 사건과 조사의 정보가 주어졌을 때 당사자들 간의 일치점 도출 NFPA 4.1.4
- 사건 정보가 주어졌을 때 큰 손실의 조사를 실행하기 위한 플로우 차트 작성 NFPA 4.1.4

NFPA 참고 문헌

NAPA 921, *Guide for Fire and Explosion Investigations*

CHAPTER

27

FESHE 과정 결과물

화재조사 I

9. 잠재적 건강과 안전의 위험성을 인식하라.

화재조사 II

이 장에서는 화재조사 II (FESHE)의 과정에 대한 결과물은 없다.

당신은 화재조사관

당신은 상가에서 대형 화재에 대한 조사를 실시하고 있다. 네일 살롱, 전자제품 가게, 대형 식료품 가게 등 많은 사업체들이 영향을 받았다. 당신은 하루 전에 어떤 계약자가 전자제품 가게에서 일했었던 것을 네일 살롱의 주인에 의해 전해 들었다. 당신이 현장에 대한 서류를 만들기 시작하면서, 다양한 사업체를 대표하는 여러 보험 정산인들과 건물 소유주를 만난다. 그들은 모두 자체의 화재 발생과 원인 조사관들을 보유하고 있다. 그리고 가능한 한 빨리 화재 보고서의 사본을 받고 싶어한다.

건물 소유주의 정산인이 당신에게 화재가 발생된 곳과 화재의 원인을 확정했는지를 질문한다. 당신은 정산인에게 지붕의 붕괴로 인해서 구조물 안으로 진입할 수 없었다는 것을 말하며, 화재 발생 지역에 접근하기 위해 중장비를 이용하는 것이 필요할 것이라고 조언한다.

1. 구조물 진입 전에 어떠한 현장 안전 문제를 고려해야만 하는가?
2. 어떠한 기본 정보가 원인 결정을 위해 필요한가?
3. 관심이 있는 당사자들이 도착할 때까지 당신이 어떻게 그 현장을 보호할 것인가?
4. 연합 조사를 실시하기 전에 어떠한 실행 계획들이 필요한가?

개요

이 장은 두 명 이상의 관계자들이 관심을 가지고 참여 및 실시하는 조사 조직과 운영의 조사관을 돕는 방법을 설명한다. 조사는 사건의 크기, 범위, 그리고 지속 기간 때문에 복잡할 수 있다. 복잡한 조사는 일반적으로 여러 개의 동시적인 조사를 포함하며, 많은 관계자들을 수반한다. 이해 관계자는 어떠한 사람, 실체, 혹은 조직이 될 수 있다. 여기에는 법적 의무사항을 가지거나 혹은 법적 권리나 관심이 특정한 사건의 조사에 의해 영향을 받을 수 있는 대표자들도 포함한다. 이 장은 현장 운영 혹은 완료하기까지 여러 날이 필요한 복잡한 조사에 여러 이해 관계자들의 조정을 위한 도구를 제공한다. 이것은 종종 높은 건물, 대단지, 혹은 다양한 용도를 가지는 시설에서 발생한다. 혹은 복잡한 조사는 여러 관계자들이 관심을 가지는 작은 화재에도 실시될 수 있다.

이 장은 조사가 어떻게 화재 발생과 원인의 가설에 도달하기 위해 자료를 수집해야 하는가는 설명하지 못한다. 또한 증거물이 어떻게 다루어져야 하는지도 설명하지 못한다. 이러한 문제들은 이 책의 다른 장에서 언급된다. 이 책은 그러한 과정에 참여하는 이해 관계자들의 역할을 조직하고 운영하는 도구를 제공한다. 이 장에 정리된 운영조직은 관련된 각 다른 관계자들과 운영을 조정하는데 적용하는 것을 추천한다. 하지만, 조사관들은 항상 자신들의 관할권 내의 정책과 규정을 준수해야만 한다. 조사 운영자는 주요 조사의 실시 목적이 모든 관계자들이 그들 자체의 조사를 실시할 수 있도록 적절히 조정하는 것임을 명심해야 한다.

현장 안전

현장의 안전은 모든 이해 관계자들의 관심사이며, 조사와 계획 과정에서 초기에 언급되어야 할 사항이다. 현장은 안전 고려사항들과 모든 이해 관계자들에게 전파되어야 하는 정보들을 위해 평가되어야 한다. 관계자들은 이것이 화재 현장이라는 것을 이해할 필요가 있다. 구조의 안전성과 장소는 화재 이전의 상태와 동일하지는 않다. 관계자들은 안전 고려사항들과 이러한 위험을 가지고 근무하는 훈련에 책임감을 느껴야만 한다.

© John Sartin/ShutterStock, Inc.

그림 27-1 현장의 위험(예 : 위험물) 수준이 높으면 현장 조사 중에 안전을 보장하기 위해 전문화된 자원이 필요할 수 있다.

위험한 물질에는 특별한 고려사항들이 필요하다. 만약 안전이 문제가 되고 그 문제가 언급될 때까지는 활동을 멈추게 하기 위해서 권위를 가진 현장 안전원을 지명할 필요가 있다.

안전에 대한 관심은 현장 위험성 평가, 안전 개혁의 실행 및 안전요원들의 인력배치를 전문으로 하는 회사의 보유에 중요성을 두고 있다. 안전요원들은 안전 관리자들의 지시사항들을 따라야 한다. 그러나 이의를 표현하거나 재진입을 요청할 수도 있다(그림 27-1). 특정 장소와 현장에 특정한 예비 안전 보고는 조사 현장에 진입하는 모든 사람들에게 필요할 수도 있다. 그러한 안전 보고에 참석했던 자들의 기록도 유지되어야만 한다. 불일치와 같이 해결되지 않는 이의는 기록되어 다루어져야만 한다.

현장은 구조적 상황과 대기 오염물질과 같은 관심사에 지속된 현장 검증을 할 필요가 있다. 안전 문제는 관계자들 간의 일치가 되어야 한다(조사와 관련된 안전 문제에 대한 추가적인 논의를 위해 이 책의 "안전"장 참조).

이해 관계자

종종 복잡한 조사의 운영자가 가장 어려워하는 책임들 중의 하나는 현장에 접근해야만 하는 이해 관계자들을 확인하는 일이다. 이것은 보통 통지를 보낼 가능성이 있는 법률 자문가에 의해 조정된다. 소유주/거주자, 보험업자, 그리고 법정 대리인들이 확인과 통보 과정의 일부분이 되어야 한다. 일반적으로, 이해 관계자는 이후 소송에 관련될 수 있는 자이며 인용물과 증거가 제거되거나 혹은 변화될 때 관심을 가질 수 있는 자이다.

이해 관계자들은 조사 과정들에서 초반에 확인될 수 있다. 하지만, 조사 과정 동안에 다른 관계자들이 확인될 수도 있다. 이러한 관계자들에게도 사건이 알려져야 한다. 그들은 일부 책임을 가져야 하고, 조사에 참여할 수도 있다. 그들 자신의 자료를 통해 사건을 이해하고 그 조사 과정에 참여하기를 원하는 이해 관계자들은 역시 책임을 지고 있는 조사관에게 접근할 수도 있다.

이해 관계자들은 회사, 사람, 혹은 조사 결과에 관심을 가질 수 있는 다른 실체들이다. 물론, 여기에는 소유주, 손상 입은 관계자들의 대리인 혹은 사망자들, 잠재적 민사 혹은 형사 고소에 관련된 관계자들을 포함할 것이다. 이것은 역시 건물 구성재 제조업자들, 기기 장치 제공업자들, 보호 및 감지 장치 설치자들, 장비 제조업자들, 그리고 구성재와 마감 제조업자들도 역시 포함한다. 간과되어서는 안되는 다른 관계자들은 화재 발생에 장비를 서비스하는 서비스 회사들, 가스 및 전기 공공 시설, 제압 혹은 감지 장비 대리인들, 심지어 법규 시행자 혹은 조사관들과 같은 공공 기관들이다. 이해 관계자들은 그들의 전문가들, 보험 회사, 그리고 조사의 일부에 참여할 수 있는 변호사들을 포함할 것이다.

기본 정보와 문서

화재 현장 조사를 위해서는 계획이 전개되어야만 한다. 계획은 종종 규정(protocol)이라고 불리는데, 현장 조사 동안에 지켜져야 하는 절차를 나열한 것이다. 그것은 관계자들에 의해 협의된 것일 수도 있고 혹은 책임을 지고 있는 관계자가 작성한 것일 수도 있다. 또한 그것은 현장 조사 이전에 모든 이해 관계자들에게 제공될 수 있다. 조사 절차를 따라서, 규정은 특정 임무, 예를 들면, 수집된 증거를 보관하는 것, 불일치한 의견이 어떻게 다루어져야 하는지, 현장 안전을 둘러싼 관심사와 절차 등에 대한 책임을 명시하는 것일 수 있다. 규정은 작업 계획도 포함할 수 있으며, 이것은 조사하는 동안에 완료되어야 하는 임무들 즉, 임무의 순서, 임무 완료를 위한 시간계획 등에 대한 요약이다.

화재 조사 동안에 전개되어야 할 두 개 이상의 규정이 있을 수 있다. 예를 들면, 한 가지 규정은 현장 검사를 위해 전개되고, 다른 것은 실험실 조사 혹은 파괴적 테스팅과 같은 연속적인 조사를 위해 전개될 수 있다.

화재조사관 팁

이해당사자는 소유주와 재산 점유자 그리고 그들의 법적대리인과 보험회사에 국한되지 않는다. 이해당사자에는 또한 건축구성재, 집기, 장비, 제조기기와 설치물들도 포함될 수도 있을 것이다. 즉 가스/전기 시설, 억제/감지장치 관계자들, 법률집행인 또는 조사관 등이다. 이해당사자들은 자체의 전문가들이나 보험회사, 그리고 어떤 측면에서는 조사에 참여하게 될지도 모르는 변호사들을 확보하고자 할 것이다.

연합 조사는 변화하는 증거의 고소 혹은 다른 무분별함을 피하는 것을 도와준다. 사실상, 공공 및 개인 조사관들은 특히, 기술적 전문성과 관련되는 상황에서, 이해 관계자들이 개인 조사에 참여할 기회가 주어진다고 가정할 때, 연합하여 작업할 수도 있다. 적절한 계획과 의사소통과 더불어, 형사 조사는 민사 조사와 유사하게 실행될 수 있다. 개인 조사관들은 공적 조사관들에게 다양한 형태의 지지를 제공할 수 있다.

■ 모임

사전 모임은 안전 고려사항들을 논의하고, 관심사를 발표하며, 활동 실행을 위한 기본 규칙들을 제시하는 현장 조사 전에 열린다. 사전 정보 및 논의사항들은 전화 혹은 이메일을 통해서도 전할 수 있다. 다음은 사전 모임 동안 언급해야 하는 관심사들 중의 일부를 나타낸다.

- 안전
- 규정(협약)
- 기획과 시간 조절
- 접근
- 조사 팀 조직
- 정기 모임
- 자원
- 사전 정보
- 조명
- 현장의 안전성
- 공중 화장실 및 원조의 필요
- 의사소통
- 인터뷰
- 기획과 도면
- 패턴 탐색
- 증거

모임은 모든 사람들이 서명을 하고, 안전 고려사항들을 상기시켜주고, 변화 혹은 스케줄에 대한 정보를 제공하는 조사 과정으로서 열린다. 각 이해 관계부서의 유일한 한 사람은 그 그룹의 대변인이어야 한다. 그 사람은 그가 대표하는 집단을 위해서 결정을 내리는 권한을 가지고 있어야 한다.

복잡한 조사의 운영자는 반드시 현장 평가가 잠재적인 안전 문제를 확인하고 그러한 문제를 언급하도록 실행해야 할 필요가 있다. 그러한 문제를 통제하는 것과 관련되는 문제는 이 책의 "안전"장에서 제시된다. 조사 현장을 관리하는 조사관은 역시 권한이 부여된 자들만이 현장에 접근하도록 현장 접근을 통제할 필요가 있다. 이 접근은 특정한 안전 훈련이 있었는지 혹은 환경적 문제들이 관리되는지에 따라 결정된다.

이해 관계자들 간의 의사소통

관계자들 간의 의사소통은 주요 손실을 조사하는 데 있어 중요한 역할을 한다. 의사소통은 관계자들에게 현장 작업에 대한 활동과 일정, 현장 조사에 대한 정보를 지속적으로 유지하도록 한다. 의사소통의 결여는 관계자들에게 증거가 감추어져 있다는 것 혹은 그들의 이해를 돕는 정보가 제공되고 있지 않다는 생각을 줄 수 있다. 물론, 이것은 관계자들 간의 어려움을 이끌 수 있다. 좋은 의사소통과 정보의 공유는 관계자들 사이에 협동을 낳고, 평탄하고 성공적인 현장 조사를 이끈다.

■ 정보의 공유

관계자들 간의 정보의 보급은 초기에 언급되어야 할 필요가 있다. 그렇지 않으면, 정보의 부족은 관계자들 간의 법적 소송을 야기한다. 적절한 의사소통이 없다면, 불신, 조사 활동에 대한 불일치, 활동 타이밍의 문제들, 그리고 운영 문제들에 대한 가능성이 더 많다. 기본적인 의사소통은 정기 모임, 웹사이트, 이메일, 게시판 등을 통한 다양한 형태로 실행될 수 있다.

■ 웹사이트

많은 관계자들이 있고, 현장 근무가 일정 기간을 필요로 하는 경우에, 안전한 웹사이트는 관계자들에게 정보를 주기에 유익하다. 비밀번호는 종종 웹사이트 접근을 위해 이용된다. 당신은 그러한 사이트를 시작하는 데 익숙한 누군가와 협의해야 할 필요가 있다. 웹 싸이트는 이해 관계자들이 현장에 있는 것이 필요하지 않는 시간 동안에도 정보를 제공받는 것을 허용한다. 그것들은 활동의 스케줄을 포함한다. 복잡한 조사 동안에, 어떠한 조사 활동도 시행되지 않을 때도 있다. 그 이유는 안전 혹은 환경적 문제들이 현장 조사를 실행하기 이전에 언급되어야 할 필요가 있기 때문이다. 관심이 낮은 조사 활동에 참여하는 데 별 관심이 없는 관계자들도 있을 수 있다. 웹사이트는 정보 혹은 자료가 보급되는 장소이다.

■ 이해와 동의

조사가 어떻게 실행될 것인가, 조사를 누가 통제할 것인가, 조사에 참여하는 규칙과 변수에 관하여 관계자들 간에 이해와 일치를 이루는 것은 중요하다.

이해와 일치는 여러 관계자들이 있고, 각 관계자가 특정한 현장 지역에 접근하기를 원하는 여러 조사관들이 있을 때 조사 동안에 일어나는 복잡한 문제가 될 수 있다. 관계자들 사이에 이해는 안전, 현장 접근, 가격, 스케줄, 의사전달, 실행계획, 규정, 증거의 처리, 서류화 및 인터뷰에 관한 일치를 포함한다.

공공 화재조사관들은 조사 시작 시에 현장의 통제권을 가질 수 있다. 공무원들은 보통 범죄가 저질러졌는가를 결정하는 법령에 책임을 맡을 수 있다. 그리고 그들은 그 결정을 내릴 때까지 현장에 대한 통제를 할 필요가 있다. 소유주와 다른 개인 관계자들은 설사 범죄가 저질러지지 않았다고 하더라도, 조사의 대상이다. 공무원들은 조사를 진행하는 동안, 다른 관계자들이 관찰하거나 혹은 참여할 수 있는 접근을 제공할 수 있다. 공무원들은 모든 이해 관계자들이 조사에 참여하는 것이 그들이 대표하는 이해관계에 부정적인 영향을 미치지 않고서, 가장 효율적이며 효과적일 것이라고 확신할 것이다. 적절한 기획과 논의는 공공 조사관 및 개인 조사관들 사이에 관심사 혹은 문제들을 제거할 수 있다.

규정 혹은 협약은 주요 조사를 운영하는 동안 활동의 대부분을 언급해야 한다(그림 27-2). 규정은 현장에서 혹은 현장에서 떨어진 활동의 협약을 포함한다. 예를 들면, 인터뷰와 증거 저장 및 조사를 말한다. 규정은 조사가 진행되고 새로운 도전 혹은 문제들이 발견됨에 따라 변화를 허용하기에 충분히 융통성이 있어야 한다. 규정은 이해 관계자들로부터의 조언으로 전개되어야 한다. 규정에 이의나 논쟁들은 있을 수 있다. 규정에 대한 반대사항들의 처리는 규정 내에서 언급되어야만 한다. 예를 들면, 만약 제안이 관계자들에 의해 협의가 된다면 그 제안은 평가되어 시행될 것이나, 소유주는 마지막 말할 권한을 가지고 있다. 규정은 현장 관리인, 소유주, 혹은 공공 단체들이 어떤 문제에 대한 의견 일치를 기각할 필요가 있을 수 있기 때문에 참된 일치가 되지 않을 수 있다. 이것은 범죄 사건에 대한 관심 혹은 소유주의 소유권한에 대한 관심이 있을 때 발생할 수 있다.

스케줄 관리

조사의 모든 국면 동안에 모든 관계자들에 대한 접근을 허용하는 것이 가능하지 않을 수 있다. 그 이유는 너무나 많은 사람들이 허용 가능한 지역에 있을 수 있으며, 안전 문제들과 활동을 적절히 볼 수 있는 공간의 부족이 문제가 될 수 있기 때문이다. 의견 일치 혹은 협상은 이러한 문제들을 언급할 필요가 있다. 그 문제들은 활동을 보기 위한 이해 관계부서당 한 사람만이 접근이 허용되거나 혹은 조사 활동이 안전한 지역에서 보여지도록 오디오와 비디오 피드를 설치하는 일을 포함한다. 종종 만약 공간과 안전 문제들이 극복될 수 있다면, 각 관계부서로부터 한 사람이 중요한 제거 및 서류과정에 참여하는 것이 최상이다.

Fire
Cause
Analysis
A DIVISION OF IFT INC.

September 22, 2008
FCA #07=777777

SITE EXAM PROTOCOL

7777 North 77th Street, Phoenix, Arizona

This document sets forth the protocol and timetable for the site examination of the remains of specific equipment, utilities and defined portions of the property defined above. These protocols are written to facilitate the efficient site inspection, and identification of materials needing to be evaluated and tested to identify those factors and circumstances that contributed to the cause of the "event".

1. The fire scene examination will be conducted jointly with all in attendance. The investigation will be conducted on September 22, 2008.
2. A construction crew is on site and will make the site safe to enter. If you observe an unsafe condition it is your responsibility to notify the lead site investigator immediately.
3. The investigative team will conduct the following examination activities:

   A visual inspection of the property. The inspection is to familiarize each of the interests with the building, the contents of the building, and the scope of the site investigation. Each interest is encouraged to identify any locations, items, or material that may have evidentiary value in this investigation. If such is found, it will be documented, and if appropriate, secured as evidence.

   In addition, those locations on the property that hold an interest to any of the investigative team should be made known to the lead investigator. The lead investigator will evaluate and coordinate any requests for scene excavation.

   a. **A visual, non-destructive examination will be conducted of any area of interest.** As such, if materials warrant future examination and laboratory testing, the components will be marked, documented, and secured as evidence. Any data generated regarding the various materials in the building will be shared with all interested parties upon written notification.

   b. **Identification by the parties, of the evidence they deem necessary to assist in future testing and analysis.** The components identified by all parties will be appropriately marked and based on the locations of these items, and collection will be made. During the removal process full documentation will be afforded all parties with photos or video as they deem appropriate and in accordance with these protocols

4. All parties must sign in and provide a business card.
5. All parties must sign a "Hold Harmless" agreement prior to entering the site.
6. The use of safety equipment (hard hat / gloves / eye protection / respiratory protection) is left to the discretion of the individuals participating in this site inspection. Particulate dust masks are available.
7. This is a site exam only. No destructive or engineer testing will be conducted at this time.
8. Previously collected evidence will be made available for visual inspection and photographs only.
9. All evidence collected may be subject to further testing. All parties will be notified of the protocol for the exam, test times, dates, and locations.
10. It is the responsibility of each individual to ensure that any evidence that they deem should be collected be brought to the attention of the lead investigator at this inspection. This site will be released to a demolition company immediately following this inspection.
11. Question or amendments to this protocol must be submitted to the lead investigator and will be considered.
12. By signature of the sign in sheet, the parties have read and agreed to this protocol. The sign in sheet is attached, Appendix A.

Offices in San Francisco Bay Area, Sacramento Valley, S. California & Phoenix, AZ

935 PARDEE STREET
BERKELEY, CA 94710-2623 USA
510.649.1300
800.726.5939
Fax: 510.649.3099

그림 27-2 샘플 규정

좀 더 적은 수의 이해 관계자들에 대한 일정은 많은 수의 이해 관계자들의 일정을 관리하는 것만큼 어렵지 않을 수 있다. 모든 관계자들이 활동에 계획된 시간에 참여할 수 있는 것은 아니다. 현장 조사는 앞으로 진행할 가능성을 가져야 할 것이며, 일정에 관한 협상은 가능한 한 이루어져야만 한다. 일정에 대한 갈등을 가진 관계자들은 연장된 시간 동안에 그 현장을 점유하는 것이 힘들고 실현가능성이 없다는 것을 이해해야만 한다. 협상은 활동을 철저히 서류화함으로써 이루어질 수 있으며 혹은 그 관계부서를 대표하는 다른 사람이 그 활동에 참석하도록 함으로써 이루어질 수 있다. 현장 소사 이후에 일어나는 일정 관리는 보통 현장으로부터 얻은 유물 조사처럼 그렇게 시간에 민감하지 않을 수 있다. 종종 조사를 실행하기에 상호 충분한 시간에 이를 수 있다.

이해 관계자들이 화재조사 활동 및 일정에 대해 충분히 알게 되면 화재조사 스케줄을 수용할 수 있도록 자신의 일정을 정리할 수 있으므로 일정 조정에 대한 올바른 의사 소통은 중요하다. 이러한 의사 소통에는 발생 가능한 최선의 시간 추정치 및 가능한 한 사전에 사용할 수 있는 흐름도 및 활동이 포함되어야 한다. 이러한 의사 소통은 이메일, 편지 및 팩스와 같은 서면 통신이나 빈번한 교류를 통해 수행 될 수 있다. 암호로 보호 된 웹 사이트가 사용되었으며, 변경 사항이 발생할 때 최신 정보를 제공 할 수 있다.

화재조사를 시작할 때 개발 된 규약과 흐름도는 작업을 예약하는 중요한 도구가 되며 일정 조정 문제를 해결해야 한다. 이해 관계자들의 일정 수립은 어려운 문제이며, 화재조사가 진행될 수 있도록 일정을 조정해야한다.

비용 분담

조사 활동의 일부에 드는 비용을 때때로 관계자들 간에 분담할 수 있다. 이것은 만약 관계자들 각자가 활동의 결과에 관심을 가지거나 혹은 활동의 결과에 관한 사본을 필요로 한다면 비용을 분담할 수도 있다. 그러한 비용 분담은 조사 활동 동안의 전문 사진촬영 및 비디오 촬영, 전개 도면의 비용, 현장 안전 개인 보호 장비(PPE) 등을 포함한다. 비용 분담은 역시 증거 저장, 잔재물 제거, 개인 구호용품, 그리고 현상 환경 혹은 증거의 특수 테스트 비용도 포함한다. 그러나, 관계자들의 일부는 특히 그들이 화재 책임에 관련이 없다고 생각한다면, 비용 분담에 동의하지 않을 수도 있다. 비용 분담에 대해서는 서로 동의가 있어야만 하며, 서면으로 관계자들의 서명이 있어야 한다. 비용 분담에 대한 동의는 조사 과정의 초반에 하는 것이 이상적이다.

정보 공유

정보와 인터뷰의 공유 문제는 초기에 언급되어야 한다. 인터뷰를 실행하기 이전이나 혹은 전유적(proprietary) 또는 비밀 정보를 은밀하게 가지고 있음을 확신하는 정보가 서로 교환되기 이전에 기밀성 협의가 필요할 수 있다. 이 책의 다른 장에서 설명된 것처럼, 인터뷰는 마지막 가설이 전개될 수 있도록 하기 위해서 조사의 중요한 부분을 차지한다.

관계자들 간의 정보 공유는 조사 과정을 신속하게 하고, 정확한 가설과 분석을 전개하기 위한 자료들을 다른 사람들과 공유할 수 있도록 한다. 공유할 수 없는 정보도 있을 수 있으며, 혹은 정보 제공의 조건들도 있을 수 있다. 그러한 정보는 제조 과정에 대한 전유적 정보일 수도 있으며 혹은 소유주가 경쟁자들과 공유하기를 꺼리는 정보일 수도 있다. 또한 그들이 다른 사람들의 안전이나 혹은 법적 책임 때문에 서로 공유할 수 없다고 생각하는 관계자에 의해 실행되는 인터뷰도 있을 수 있다. 공공 당국들은 법적 고려사항들 때문에 다른 사람들과 공유할 수 없는 인터뷰와 조사를 실행한다. 이 정보 공유에 대한 염려는 때때로 그러한 정보를 얻은 관계자를 이 정보가 다른 사람들과 공유될 수 없다고 명시하는 비공개 협의에 서명하게 함으로써 해결할 수 있다. 분석을 위해서 완전한 자료가 이용되도록 하기 위해서는 정보 공유가 권장되어야만 한다.

협의 수정

협의 혹은 규정은 융통성이 있어야 한다. 그 이유는 현장 혹은 활동이 진행되고 변화됨에 따라서, 협의를 수정할 필요가 있을 수 있기 때문이다. 만약 원래의 규정이 서면상으로 되어 있다면, 어떠한 변동사항도 서면상으로 작성되어야 한다. 모든 관계자들은 원래의 서면상 협의에 대해 제안된 변동 사항들도 통보를 받아야만 한다. 만약 이용되고 있는 규정이 구두상으로 된 것이라면, 변동 사항들은 메모되어 모든 관계자들에게 알려져야 한다. 이러한 구두상의 협의는 종종 현장 활동들이 발생하는 동안에 일어나며, 관계자들이 활동이 어떻게 실행될 수 있는가 하는 방법에 대한 변동 사항들을 협의하는 곳에서 일어난다. 그러한 구두 협의는 참석한 관계자들 간에 일어난다. 그러나 다른 관계자들이 참석하지 않을 수도 있기 때문에, 변동의 범위는 서면 협의의 원래 범위 내에서 일어나야만 한다.

불일치

논쟁을 다루는 방법이 논의되어야만 한다. 불일치는 이 불일치를 처리하고자 하는 제안된 방법들과 해결책과 더불어, 서면상 기록되어야만 한다. 큰 손실의 운영에서 서로 불일치를 처리하는 훌륭한 신념의 노력이 필요하다. 그리고 그 문제는 법정 앞에서 마무리될 수도 있다. 협의서가 수정될 수도 있다. 그러나 그것들은 반드시 서면으로 기록되어야 한다.

정부기관의 조사

공공 및 법률 실행 조사가 민간 조사관들의 접근을 허용할 때, 증거와 조사를 유지하는 데 관심을 가질 수 있다고 인식된다. 그러나 적절한 조정 및 운영과 함께, 민간 부문의 관심은 지켜져야 한다. 그 이유는 민간 조사관이 분리되고, 독립된 조사를 실행할 기회를 가지고, 증거가 보존되거나 변경되기 이전에 그 증거를 보거나 조사하기 위한 기회를 가지도록 하기 위해서이다. 그러한 조사는 민간 조사관들이 그 과정을 관찰하는 동안에 그 현장 작업을 진행하는 공공 부문과 함께 현장에서 실행되어 왔다. 민간 조사관은 현장 작업이 진행되는 동안, 사진을 찍고 증거 제거를 관찰할 기회를 가질 수 있다. 현장에서 수집된 증거는 소유주/거주자 혹은 보험회사와 같은 개인 이익과 사고로부터 회복할 그들의 능력에 아주 중요할 수 있다.

공공 수사관들은 다른 관계자들에 대한 고려 없이 증거를 변화시키는 것을 피하도록 해야 한다.

그러나 그들은 조사하는 동안에 증거를 변화시키는 것이 필요하다는 것을 알게 될 수도 있다. 만약 그러한 파괴가 필요하다면, 이해 관계자들과의 상담이 고려되어야 한다. 공공 조사관들은 알려진 기준과 과정에 따라서 증거의 변화 혹은 제거를 서류화시켜야 한다. 공공 조사관들이 공적인 문제가 더 이상 있을 가능성이 없다는 것을 확인하고 혹은 범죄적 문제가 없다고 결정할 때, 민간 관계자들과 상의되어야 한다. 공공 조사관들은 민간 조사관들과 함께 지속적으로 조사에 참여하는 것을 원할 수 있다.

증거 훼손의 문제는 이 책의 "법적 고려사항"에서 논의되겠지만, 계속해서 법정을 통해 전개된다. 법정은 일반적으로 증거가 변화되기 이전에 다른 관계자들이 현장 조사에 참여할 권한을 가지고 있을 수 있다고 인식한다. 이 장에서 제공된 도구들은 현장 책임 조사관이 현장 활동을 조정하는 것을 도와준다.

조사의 관리

주요 조사의 적절한 현장 관리는 안전 관련 문제를 제한하고, 알맞은 시설과 현장 활동을 조직하고, 증거 문제를 다루고, 조사 동안에 발생할 수 있는 문제들을 보조하는 도구들을 제공하는 것이다. 조사 시작 이전에 운영 체계의 실행은 조사 과정에 도움을 줄 것이다. 현장 관리인의 의무는 현장과 인원을 관리하는 것이다. 현장 관리인은 조사 실행에 책임을 지는 사람이 아닐 수 있다. 주요 손실의 운영은 종종 조사 실행에 추가된 책임과 상관없이 언급되어야 할 필요가 있는 충분한 문제와 활동들을 제공한다. 그러나, 현장 관리인이 중심 조사관일 때도 있으며, 양쪽 역할을 담당해야 하는 경우도 있다. 사고 관리 모형은 다양한 화재 관리 과정을 통해 이용될 수 있다.

■ 조직적 모델

복잡한 조사의 관리는 연합하지만, 동시에 독립적으로 이루어지는 조사는 많은 다른 관계자들과 관련될 수 있다. NFPA(미국방화협회)처럼 다양한 조직기관들로부터 이용되는 조직적 모델들이 있다. NIMS(미국사건관리시스템)에 익숙한 사람들은 조사 관리에 있어서 NIMS 명령

모델을 활용할 수 있다.

■ 현장 통제

현장 통제는 조사 과정 동안에 변화할 수 있다. 공공 부문은 초기에 통제될 수 있다. 일단 공공 부문이 조사를 완료하면, 그 곳은 소유주, 다른 책임자, 혹은 보험회사에게 종종 공개될 것이다. 현장에 대한 공공 부문의 조사를 따라서, 현장 소유주 혹은 거주자가 종종 통제를 결정하는 권한을 가질 것이다.

현장의 안전 보존

현장 접근과 접근의 관찰은 복잡한 조사에 더 도전적인 관리적 문제를 더 한다. 그 이유는 안전요원들이 이러한 임무를 위해 불려질 수 있기 때문이다(그림 27-3). 접근은 사람들이 들어가고 나가고 할 때 서명록을 가지고 제한하거나 점검되어야 한다. 접근의 조정은 이름표나 혹은 수행원과 관련될 수 있다. 수행원들은 관계자들을 감시하려고 하는 것이 아니라, 안전하게 하려고 하는 것이다.

그림 27-3 안전요원이 조사 현장에 대한 접근을 모니터링 할 수 있다.

현장 접근

현장 안전과 현장 접근은 현장 오염과 안전 문제를 차단하는 데 중요한 고려사항이다. 통제하는 이는 일반적으로 안전과 접근을 위해 책임을 지고 있다. 소유주는 전유적 정보와 현장에 남아있는 가치 있는 장비들과의 문제가 있을 수 있기 때문에 반드시 상의를 해야만 한다. 울타리와 안전 가드는 종종 가치 있는 도구들일 수 있다. 종종 진입과 출발에 대한 서명록은 현장을 접근하는 사람들을 나타내 준다. 그들의 퇴장을 확인하는 것은 모든 사람들이 일과가 끝날 때 그 현장을 나갔다는 것을 확인시켜주는 데 중요하다.

특정한 현장의 제한 및 요건 사항

화재 현장에 진입하기 위해 특정한 현장의 요건사항들이 있을 수 있다. 현장 안전을 유지하기 위한 일반적인 요건사항들에 비흡연, 음식금지, 음료와 용기, 포장지 등의 금지가 포함된다. 현장 안전은 종종 오염체를 소화할 수 있는 잠재성 때문에 현장에 있는 동안에 음식은 금지한다. 일반적으로 현장에 진입하는 것은 딱딱한 모자를 착용하고 안전화를 신고 안전 보안경을 착용하는 것과 같이 PPE의 형태를 필요로 한다. 이것은 규정과 현장 안정 계획에서 언급되어야 한다.

공공 접근이 허용되지 않고 현장에 잔재 혹은 다른 오염체들이 허용되지 않는 현장의 완전 보존은 조사가 완료되고 증거가 제거될 때까지 유지되어야만 한다. 현장은 통행자와 다른 무관한 관계자들에게 안전한 장소가 되도록 현장 안전을 지속적으로 유지할 필요가 있다.

통제의 위임과 통제의 이양

현장을 통제하는 사람의 선택은 보통 현장의 환경에 의해 좌우되며, 종종 조사가 진행됨에 따라 변화한다. 조사 이후 은폐와 같은 책임은 공공부문 조사관에 있을 수 있다. 공공 부문의 조사관이 어떠한 범죄도 발생하지 않았음을 결정할 때, 그들은 종종 현장과 조사를 다른 사람들, 즉 소유주 혹은 소유주의 대리인에게 넘겨준다. 소유주는 통제할 법적 권한을 가질 수 있지만, 자원 혹은 전문성을 가지고 있지 않을 수도 있다. 따라서 보험 회사와 대리인들은 현장에 대한 통제력을 가질 수 있다. 특별히 만약 무보험의 책임 관계자들, 세입자들, 사망자들, 혹은 관련된 손상들이 있다면, 항상 그렇지 않을 수는 있다. 통제의 문제들 즉, 세입자가 점유한 공간이 있을 때, 임대 계약에 따라서 법적 상담을 필요로 할 수 있다.

통제 이양은 질서 있는 이행을 보장하기 위해 미리 계획 되어야만 한다. 통제를 포기하는 관계자는 현장과 안전한 증거, 그리고 안전 문제에 주어진 변화에 관련된 정보를 제공해야만 한다. 통제를 포기하는 관계자는 여전히 조사에 참여할 수 있지만 더 이상 통제하지는 않는다. 이러한 일은 공무원이 화재가 우연발생적이지만 지속적으로 조사에 참여할 것을 원할 때 종종 발생한다.

정보 발표

대중 혹은 매체에 정보의 발표는 특히 큰 손실이 있을 때, 초기에 언급되어야 한다. 활동은 보통 공공 당국과 공공 정보 사무관에게 남겨진다. 이 일은 복합적인 공공 권한이 손실되는 민감한 문제이다. 민간 관계자들은 소유주 대리인을 통하지 않는다면, 정보를 발표하지 않을 것이다. 조사관의 최고 관심사는 때로는 정보 발표에 개입되지 않는 것이다.

증거물 통제

증거의 관리는 복잡한 조사를 운영하는 데 있어서 또 다른 중요한 문제이다. 증거 관리인은 이 과정의 모든 측면을 관리하기 위해 지정된다. 어떻게 증거가 확인되고, 서류화되며, 수집되고, 보존되고, 수송되며, 저장되는지에 관한 협의가 이루어져야만 한다. 고려해야 하는 다른 요인들에는 일단 증거가 저장되면 증거에 접근할 사람과 증거가 어떻게 제안된 조사나 증거의 테스팅에 분배될 것인가 등이 포함된다.

■ 현장으로부터의 증거물 이동

증거의 관리는 규정에서 그리고 조사 과정 초기에 언급되어야 한다. 모든 이해 관계자들은 현장에서 증거가 변화되거나 제거되기 전에 증거를 서류화하거나 보아야 한다. 증거는 NFPA 921에서 확인된 알려진 관례를 따라서 합의된 방법으로 제거되어야만 한다.

증거의 저장은 협의서에 역시 언급되어야만 한다. 수집된 증거는 화재 방호 특성을 가진 잠겨진 시설 내에 안전하게 보관되어야만 한다. 저장에 대한 비용은 관계자들에 의해 합의되어야만 한다. 그러나 이는 보통 소유주의 보험 회사에게 달려 있다. 열쇠와 안전은 보통 소유주의 대리인에게 있다. 그러나 몇몇 경우에, 어느 누구도 증거에 접근하지 못하도록 여러 개의 자물쇠들이 필요하다.

이해 관계자들은 증거를 보기 위한 접근에 동의해야만 한다. 그러한 관람이 발생할 때, 그 활동은 모든 관계자들에게 일어날 수 있다. 비파괴적인 조사는 증거의 관람과 서류화를 허용하도록 해야 하고, 다른 이해 관계자들은 그러한 조사를 통보 받지만 참석하지 않을 수 있다. 그러나, 증거의 분해 혹은 파괴적인 조사가 있을 때, 규정은 그러한 조사 이전에 만들어져야 할 필요가 있다. 규정은 관심 있는 관계자들 간에 회람되어야만 하며, 실험실이 확인되고, 조사를 위한 합의된 날짜가 확인되어야만 한다. 각 이해 관계자는 그러한 조사에서 자신의 전문가를 둘 수도 있다.

훼손 문제들은 일반적으로 모든 이해 관계자들이 증거의 파괴적인 조사에 참여하는 것을 말한다. 협의서는 보통 관련된 모든 사람들이 통보 받고 증거에 대한 접근이 제공될 때마다 참석할 기회를 가진다는 내용을 제공한다.

실행 계획

다른 관계자들의 행동을 조정하는 데 있어서, 복잡한 조사의 관리인은 관계자들을 조정할 필요가 있다. 그 이유는 그들이 안전하게 그들의 활동을 실행할 수 있고, 갈등을 피하며, 증거를 보호하고, 조사관들의 개인적 필요와 현장에 다른 인원들을 확인하고 언급할 수 있도록 하기 위해서이다.

각 활동의 실행 계획과 조사의 조정은 규정에 있지 않을 수 있다. 그러나, 기획과 근무 계획에 포함될 필요가 있다. 실행 계획의 고려사항들은 조사에 참여한 사람들의 구호 필요성을 포함하여, 현장 조사를 진행하도록 허용하는 질서 있는 흐름을 제공하는 항목들이다. 그러한 실행계획은 상세한 현장 조사 활동과 환경적 문제들을 정리하고 쓰레기 수집, 화장실, 장비, 안전요원들을 확보하는 것을 포함한다.

조사를 실행하기 위해 필요한 장비는 이 책의 "조사계획"장에서 언급된 것처럼, 사전 계획의 일부분이다. 이것은 천장 혹은 벽을 올리거나 혹은 잔재와 증거를 제거하는 커다란 장비를 포함할 수도 있다. 노동자들과 조그만 도구들은 현장 조사를 실시하기 위해 필요할 수도 있다. 조사관들은 작은 화재 소실을 위한 장비는 준비하지만 큰 소실은 특별하고 큰 장비의 문제를 가져올 수도 있다. 그러한 조사를 실행하는데 필요한 인력은 건설 회사의 보유장비를 이용할 수 있다. 또한 그러한 보조를 제공하도록 준비된 회사들도 있다.

일부 넓은 장소에서는 교통수단이 문제가 될 수 있다. 예를 들면, 만약 주차장이 조사 활동이 발생한 장소로부터 멀다면, 그 관계자들은 주차장으로부터 현장까지 교통수단이 필요할 수 있다. 교통수단은 검문소의 양쪽 지역에 필요하다. 즉, 주차장에서 검문소로 수송할 것과 검문소에서 조사 현장까지 수송할 것이다. 증거 저장 시설로 증거를 수송하는 것은 만약 커다란 물품들을 수송해야 할 필요가 있다면, 특히 고려되어야만 한다.

현장 안전은 보통 주요 조사 과정에 일어나는 문제이다. 현장 조사를 실행하기 이전에 안전 관련된 문제를 다루기 위해서 필요할 수 있다. 조사관은 현장 안전 계획을 개발하기 위해 필요할 수도 있다. 현장 안전은 위험 확인을 필요로 하며, 그리고 나서 관계자들과 함께 위험에 대한 논의를 요한다. 주요 손실에 일반적으로 일어나는 위험은 구조적 짜임새, 머리 위의 위험성, 전기 위험성, 미끄러짐, 넘어짐 등이 있다. 위험한 물질은 역시 존재할 수 있다. 위험 물질을 다루는 것은 특별한 고려와 추가적인 자원을 필요로 한다. OSHA(직업적 안전 및 건강 관리)와 NFPA는 그러한 문제들을 다루는데 지침을 제공한다. 외부 노점상에 대한 고려도 요구된다. 이 책의 "안전"장은 이 주제에 관해 추가적인 정보를 제공한다.

현장은 특히 위험한 물질이 존재하는 경우에, 정화 혹은 오염제거의 장소를 필요로 할 수 있다. 만약 오염 위험을 제기하는 물질이 존재한다면, 만약 그 물질들이 현장 외부에서 공공장소로 들여온 것이라면, 그 현장에 접근하는 사람들에게 제거 혹은 오염제거가 필요할 수 있다. 이것은 변화하는 지역, 세탁 시설, 심지어 샤워 시설을 포함할 수도 있다. 개인의 조심성이 고려되어야 한다. 위험한 물질의 현장은 위험을 수반하는데, 이 위험은 반드시 확인되어 오염이 현장에서 방지되도록 개선할 수 있도록 해야 한다.

현장 조사를 실시하는 동안 또 다른 고려사항은 의사소통이다. 일부 현장은 크고 시끄러울 수도 있으며, 송수신 겸용 라디오와 같이 의사소통 장치들이 필요하다. 머리 위에 조명이나 불빛들은 충분한 불빛을 제공하지 못하는 손전등 대신에 이용된다. 현장 조사 이전 혹은 동안에 제거되어야 하는 눈이나 얼음이 문제도 있을 수 있다. 관심 지역은 조사가 실행되기 이전에 덮거나 열기를 가해야 할 필요가 있다. 물, 은신처, 휴식공간, 화장실 시설, 날씨(춥거나 덥거나) 등과 같이 위생 및 구호의 필요사항들이 언급되어야 할 필요가 있다.

요 약

검토를 위한 준비

- 화재조사는 사건의 크기와 범위, 지속력 때문에 복잡할 수 있다. 복작합 화재조사는 일반적으로 동시 다발적인 조사를 포함하고 다수의 이해관계 당사자들이 포함된다.
- 안전은 주요 화재조사에서 중요한 사안이며, 초기 과정에서 고려되어야 한다. 안전과 관련된 어떤 문제는 현장 조사를 실시하기 전에 고려되어야 할 필요가 있다.
- 이해관계가 있는 당사자들은 화재조사 과정을 통해서 발견하기도 하지만 초기 조사 과정에서 확인되어야 한다.
- 규약(protocol)은 이해관계에 있는 당사자들에게 진행되고 제공되어야 한다. 이 규약은 조사를 돕기 위해서 현장에 익숙해 질 수 있도록 건물과 현장의 계획들, 사용 설명서 및 설계도가 포함되어야 한다.
- 관련자들 사이의 소통은 현장 작업과 현장 조사의 활동 및 일정에 대한 정보를 관계자들 사이에 지속적으로 전달되어야 한다.
- 공적 또는 법률 집행 화재조사는 증거유지와 사적인 조사자의 접근을 허용하는 조사에 관심을 가져야 한다. 그러나, 적절한 조정과 관리를 함에 있어서, 민간 부문 조사들은 증거가 보존되거나 변경되기 전에 사적인 조사자들이 별도의 독립적인 조사를 실시하고 증거를 조사할 수 있는 기회를 가질 수 있도록 보존할 수 있다.
- 주요한 화재조사의 적절한 현장 관리는 안전 관련 문제를 제한하고, 적절한 시설과 현장 활동을 정리하고, 증거관련 문제를 처리하고 조사하는 동안 발생할 수 있는 사안에 도움이 되는 도구가 제공될 것이다.
- 동의(agreements)는 어떻게 증거가 식별되고 기록, 수집, 보존, 이송 및 저장되는지에 대해 관련 당사자들 사이에서 이루어져야 한다.
- 복잡한 화재조사를 하는 감독관은 서로 다른 이해관계에 있는 관련자들의 활동을 안전하게 인도하고, 충돌을 방지하고, 증거를 보호하고, 현장 조사자와 다른 직원의 개인적인 필요를 진행할 수 있도록 관계자들을 조정할 필요가 있다.

주요 용어

복잡한 조사 (Complex investigation)

일반적으로 여러 개의 동시적인 조사를 포함하며, 많은 관계자들을 수반한다.

통제 하는 단체 (Entity in control)

현장의 소유권을 가지거나 대표하거나 또는 현장, 장면 또는 증거를 효과적으로 관리하는 다른 이해 관계자들의 공동 행동을 조직, 지시 또는 통제하는 단체를 말한다.

증거 관리인 (Evidence custodian)

모든 측면의 증거를 관리하기 위해 지정된 사람을 말한다.

이해 관계자 (Interested party)

어떠한 사람, 실체, 혹은 조직이 될 수 있다. 여기에는 법적 의무사항을 가지거나 혹은 법적 권리나 관심이 특정한 사건의 조사에 의해 영향을 받을 수 있는 대표자들도 포함한다.

규정 (Protocol)

과업 또는 과업을 수행하기 위한 구체적인 절차 및 방법에 대한 설명을 말한다.

작업 계획 (Work plan)

조사하는 동안에 완료되어야 하는 임무들 즉, 임무의 순서, 임무 완료를 위한 시간계획 등에 대한 요약이다.

실전 화재조사관

당신은 화학 생산 시설의 대형 화재의 현장에 있다. 화재발생 당시 설비는 새로운 화학처리 기계의 설치를 허용하기 위해 중지되었다. 기계 내부에서 화재가 발생했을 때, 기계 제조업체, 전기, 배관공, 자체의 유지 보수 직원들을 포함한 여러 업체들은 새로운 기계를 설치하는 작업 중이었다. 화재는 공장 시설로 대규모 피해를 일으키고 폐기 화학 물질들은 화재가 발생한 지역을 오염시켰다.

알려진 관련자 모두에게 통지한 후, 합동 현장 조사가 예정되어 있다. 합동 현장 조사 이틀 전에 당신은 이전에 확인되지 않은 계약자를 대표하는 보험사정인과 연락되었다. 보험사정인은 그의 계약자가 이미 확인된 관련자 중의 하나인 하청 업체이며 그들은 단지 합동 조사에 조언한다고 설명했다. 보험사정인은 또한 공동 현장 조사에 자신의 소속 조사관이 참석할 수 있도록 요청한다.

이 새로운 하청 업체의 합동 조사 날짜를 옮기는 요구를 다른 이해 관련자들에게 알렸을 때 위 화학 시설을 대표하는 변호사는 회사가 문을 닫는 기간 동안 매일 금전적인 손실이 있기 때문에 날짜를 옮길 수 없다고 충고했다.

1. 유해 물질이 포함되었을 관련성 때문에, 화재조사에 참여하는 모든 사람들의 안전을 보장하기 위해 무엇이 고려되어야 하는가?
   A. 화학 물질의 유해성에 도움이 되는 전문 자료를 얻는 것
   B. 현장에 투입된 사람들의 사전 및 사후 항목에 대한 의료 검진 필요
   C. 안전 책임자 임명
   D. A와 C 모두

2. 다음 방법 중 복잡한 화재조사 중에 모든 관련 당사자에게 정보를 전달하기 위해 사용될 수 있는 것은?
   A. 편지
   B. 이메일
   C. 팩스
   D. 위 모든 것

3. 다양한 작업에 대한 책임뿐만 아니라 화재조사에서 사용될 과정과 방법에 대한 설명을 제공하며 당사자 간의 분쟁을 해결할 수 있는 방법을 제공하는 문서는 무엇인가?

A. 업무계획(A work plan)

B. 계약서(A sign-in sheet)

C. 현장계획(A site plan)

D. 계획서(A protocol)

4. 공적 조사관의 화재조사 동안에 증거의 파괴가 발생하거나 필요할 경우 조사자는 어떻게 해야하는가?.

A. 이는 민간 조사에서 분리되어 있기 때문에 자신의 조사를 계속한다.

B. 조사를 계속 하기 전에 이해 당사자와 의논하라.

C. 증거가 있는 위치를 기록하고 증거를 안전한 곳으로 이동하라.

D. 해당 사항 없음

해양 화재조사

학습 목표

이 장을 학습한 후 여러분은 다음 사항을 할 수 있다.

- 해양 선박의 종류 확인
- 해양 화재 조사와 관련된 안전 고려사항 열거
- 해양 선박에 사용되는 시스템의 확인 및 서술
- 해양 선박과 관련된 설계 및 건조 특징에 대한 설명
- 해양 선박과 이용을 위한 추진 시스템의 다양한 종류 서술
- 해양 선박의 잠재적 발화원 열거
- 해양 선박 화물과 관련된 사항 확인
- 해양 선박 화재 현장을 어떻게 문서화할지에 대한 서술
- 해양 선박 화재 현장 조사 과정에 대한 서술
- 해양 선박 화재의 구조적 고려사항 확인
- 해양 화재 조사와 관련된 법적 고려사항에 대한 설명

기능습득 목표

이 장을 학습한 후 여러분은 다음 사항을 할 수 있다.

- 해안 및 수상 기반 조사를 수행하는 조사관의 안전 확보
- 해양 화재 현장 조사 수행
- 적절한 해양 화재 문서
- 해양 화재와 연관된 화원 지역의 위치 및 확인

NFPA 참고 문헌

NFPA 302, *Fire Protection Standard for Pleasure and Commercial Motor Craft*
NFPA 921, *Guide for Fire and Explosion Investigations*

CHAPTER

28

FESHE 과정 결과물

화재조사 I

이 장에서는 화재조사 I (FESHE)의 과정에 대한 결과물은 없다.

화재조사 II

6. 화재의 전기적 원인을 분석하라.

당신은 화재조사관

당신은 호수의 부두에 정박된 큰 하우스보트에 승선하여 화재를 조사하고 있다. 배는 여전히 떠있으나 화재 동안 부두로부터 벗어났다. 또한 화재는 내부 구획에 광범의한 피해를 유발하는 원인이 되었다. 배를 부두로 견인한 후에 당신은 조사를 시작하였으며, 화재가 주방 영역에서 시작되었다고 판단한다. 선주와 인터뷰를 실시하였는데 몇 주 동안 사람이 거주하지 않았다고 진술하였으나 화재 당시 배는 정박되어 있었다. 체계적으로 잔해물을 제거하고 현장을 재구성하였으며, 이중연료 냉장고에서 화재가 시작되었다고 판단하였다.

1. 당신이 조사를 하는 동안 특별한 안전상의 위험이 고려되어야 하는가?
2. 당신은 선박을 어떻게 문서화할 것인가?
3. 선박의 건조에는 어떤 종류의 부품들이 사용될 수 있는가?
4. 당신은 조사 중 누구를 인터뷰 대상으로 고려하여야 하는가?

개요

해양 화재 조사는 화재조사관이 직면하는 가장 도전적인 분야 중의 하나이다. 선상화재는 구획실 화재에서부터 차량화재, 산업화재에 이르기까지 화재조사 지식의 많은 양상들로 둘러싸일 수 있다. 선박은 길이가 20 ft 이하의 작은 레저 보트에서부터 수천 배는 큰 초대형 유조선에 이르기까지 크기가 다양하다. 선박화재는 안정된 드라이독(drydock)과 같은 지상에서 일어날 수 있고, 허리케인 급의 바람에 의해 근해에서 수천킬로미터 떨어진 해상에서 발생할 수도 있다. 해상화재조사관이 직면하게 되는 무수한 가능성들은 화재역학뿐만 아니라 해상 전문용어, 선박 건조, 배의 조종, 해사안전, 방호규제와 국제해사법에 대한 확실한 이해가 필요하다.

화재 현장을 조사하고 발화점과 원인에 대한 전문가의 의견을 구하기 위해 조사관을 부르는 선박들이 늘어나면서 NFPA 921, 화재 폭발 조사 가이드는 약 65 ft (20 m) 미만의 선박에 중점을 두고 있다(그림 28-1). 이 범주에 속하는 선박은 수십만 척이 넘어가고 있고 미국에서 일어나는 해양 화재의 다수를 차지한다. 이 배들에는 유람선과 범선 그리고 호화 요트가 포함되어 있다. 어선과 여객선과 같은 작은 상업용 배들의 대부분도 이 크기의 범위에 해당된다.

해양 선박은 다양한 기술과 재료를 사용하여 건조될 수 있다. 목재는 수천 년이 아니라면, 수백 년 동안 주요 구조재로 사용되어 왔다. 그러나 기술의 진보에 따라 강철, 알루미늄, 유리섬유와 다른 재료들이 더욱 인기를 얻게 되었다. 선박은 여러 개의 조각이나 조립 부품 또는 하나의 고체요소로 제작될 수 있다. 설비나 부품들 또한 주택이나 자동차에 사용하는 것과 유사한 특성을 가지고 있는 다양한 재료가 사용된다.

해양 화재 조사를 하는 동안 많은 해양 선박 특수용어가 유용할 것이다. 그 용어들 중 몇 가지를 표 28-1에 정의하였다. 추가적인 용어는 이 장에서 논의될 것이다.

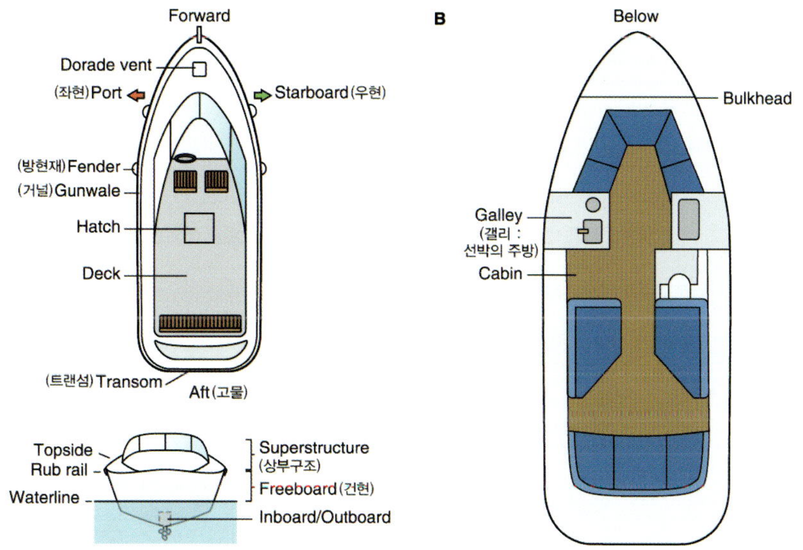

그림 28-1 기본적인 선박의 도표 A. 외부 B. 내부

표 28-1 일반적인 해양선박 용어

용어	정의
선미(Aft)	선박의 뒤쪽 방향
좌초(Aground)	바닥에 닿은 상태
보(Beam)	선박의 가장 넓은 부분
아래(Below)	갑판 아래
선실(Cabin)	승객 또는 선원을 위한 구획실
전복(Capsize)	뒤집힘
체인 플레이트 (Chain plate)	슈라우드를 고정시키거나 요트 본체를 지지하는 데 사용되는 금속판
선착장(Dock)	배를 정박하는 보호된 수상지역(일반적으로 선창 또는 부두)
도레이드 환기 (Dorade vent)	갑판 아래로 공기를 흡입하는 동안 물이 들어오지 못하도록 배플을 이용한 갑판 상자 환기
방현재(Fender)	선박의 손상을 방지하기 위하여 선박 사이 또는 선박과 선창 사이에 위치한 쿠션
전방(Forward)	선박의 선수 방향
건현(Freeboard)	수선과 현단 사이의 수직거리

용어	정의
갤리(Galley)	선박의 주방지역
장구(Gear)	로프, 도르래, 삭구 및 기타 장비
현단(Gunwale)	선박 측면의 상부 모서리
좌현(Port)	정면을 보았을 때 선박의 왼쪽 면
루브 레일 (Rub rail)	선박의 측면을 따라 연장된 고무를 입힌 플라스틱 또는 금속 범퍼, 일반적으로 현연의 바로 아래
바닥(Sole)	선실 바닥, 키의 바닥에 있는 목조 증설물 또는 조종실의 주조 유리섬유 갑판
우현(Starboard)	정면을 보았을 때 선박의 오른쪽 면
수선(Waterline)	배가 균형을 잡았을 때 배가 가라앉는 지점을 나타내기 위해 선체에 도색된 선

해양선박의 종류

수백가지의 다른 종류의 해양 선박이 있으며 각각은 의도된 용도에 맞게 특별하게 설계된다. 레저 또는 개인 선박에는 제트스키, 웨이브런너(wave runnrs), 런어바웃(runabouts), 카타마란(catamarans), 범선과 고성능 쾌속정이 포함된다. 상선에는 어선, 컨테이너선, 여객선, 회수선, 유조선이 포함된다. 군함에는 구축함, 항공모함, 공기부양정과 잠수함이 포함된다.

해양선박 조사의 안전

너무 많은 물의 유입에 의한 범람 또는 불안정은 항상 관심과 모든 주의가 요구된다. 일반적으로 선박의 승무원은 그와 같은 문제에 잘 훈련되어 있고 화재진압과 탈수(dewatering)에 친숙하다.

해상과 육상기반 소방관이 사용하는 기술은 매우 다양하다. 화재조사관은 항구에서와 비교하여 해상에서 화재의 공격을 받을 수 있는 잠재적인 차이점을 인식하고 있어야 하고 변화되는 화재 패턴의 발달에 경계하여 어떻게 진압할 것인지 특별한 주의를 기울여야 한다.

육상 또는 해상에서 해양 선박을 조사하기 전에 조사관은 배의 일반적인 안전 및 안전성을 판단해야하고 안전하게 조사를 수행하기 위하여 적절한 수준의 개인보호장비를 착용해야 한다. 조사관은 조사하는 동안에 배의 안전성 및 굴러떨어지거나 전복되지 않도록 확실히 해야 한다. 침수된 배는 매우 불안정하고 침수되기 쉽다. 이런 경우에는 물을 제거하고 조사를 진행하기 전에 배가 안정되어야 한다. 물에서 선박을 꺼낼 수 없을 때는 개인부유장치를 착용하여야 한다. 해양 선박이 물에 잠기거나 가라앉았을 경우 조사관의 안전을 확보하기 위하여 숙련된 다이버가 필요할 수 있다. 육상전력 또는 선상 배터리 시스템의 전기시설이 존재한다면 조사관은 이 시스템의 전원을 차단해야 한다. 그렇지 않으면 쇼크나 감전될 위험이 있다.

화재조사관 팁

일부는 화재 패턴은 화재 패턴일 뿐이라고 주장할 수 있으나 선박의 어떤 조건은 화재 발달과 패턴을 상당히 달라지게 할 수 있다. 선박 건조와 구동의 본질이 화재 거동과 패턴 생성의 중요한 차이의 근원이다. 해양 선박에서 화재 발화, 성장, 패턴 발달의 해석에 영향을 끼칠 수 있는 일부 요인들은 다음 사항을 포함한다.

- 가연성 분위기의 일반적인 경우
- 화재 발화 시 또는 발화 후 방수 건전성 유지를 위한 환기 영향
- 철제 격벽을 통한 고전도도
- 주위 공간으로 6방향 열전달
- 숨겨진/드물게 접근가능 공간
- 경계냉각의 표면아래 영향
- 격랑에 의한 선상 플랫폼의 이동
- 항해 전 준비하는 필요 물품 및 화물 중 매우 다양한 위험 물질들
- 바람의 영향
- 화재실의 공기 유용성
- 화재진압을 위한 해수의 이용
- 선상 대 지상 화재 진압의 차이

■ 밀폐된 공간

해양 선박은 물이 범람하는 것을 방지하기 위하여 종종 구획화된다. 이것은 종종 작게 개인이 접근할 수 있는 한정된 공간으로 제작되어 조사 작업을 수행하는 동안 조사관을 심각한 위험에 노출시킨다. 어떤 밀폐된 공간에 들어가기 전에 가연성 가스, 독성 증기이 위험수준 또는 산소 포화/결핍 환경이 되지 않도록 공기 모니터링을 해야 한다. 조사관을 보호하기 위하여 적절한 수준의 개인보호장비를 착용하여야 하고, 이런 공간에서 사용하는 조명이나 동력장비는 본질안전 제품이어야 한다.

그림 28-2 밀폐 공간의 공기가 위험하지 않은지 확인하기 위해 공기를 측정하여야 한다.

■ 부유 미립자

많은 해양 선박은 유리섬유를 이용하여 건조되기 때문에 조사관은 조사를 수행하는 동안 적절한 호흡보호장구의 사용을 고려하여야 한다. 유리섬유가 탈 때 수지가 소모되어 작은 유

리섬유 미립자를 남기는데 이것이 조사관의 호흡기 시스템에 심각한 자극을 유발할 수 있다. 조사를 수행할 때 개인 호흡장비 또는 특수필터 마스크를 착용하여야 한다. 화재가 소화된 직후 조사관이 현장에 도착하였을 때 조사를 수행하기 전과 조사 중에 공기 감시를 하여야 한다.

■ 에너지원 및 위험 물질

해양선박의 전력은 선상의 다양한 공급원으로부터 얻을 수 있다. 조사관은 개인 부상 및 잠재적으로 다른 화재가 발생하는 것을 방지하기 위하여 이러한 시스템의 위치를 결정하고 불능화 시켜야 한다. 이러한 전원을 처리하여 불능화하기 전에 사진을 찍고 그림으로 표시하여야 한다.

배터리들이 종종 사용되고 있으며, 하나 이상의 배터리가 다른 위치에 존재할 수 있다. 각 배터리에서 케이블을 끊기 전에 폭발성 분위기가 되지 않도록 대기 감시를 하여야 한다. 케이블이 끊어졌을 때 아크가 발생할 수 있으며, 이와 같은 환경에서 발화될 위험성이 있다. 인버터가 있을 경우 직류 공급을 차단하여야 한다. 특히 해양선박이 정박되어 있을 경우 해안 전력이 사용될 수 있다. 해안 전력을 끊어야 하고 해양 선박으로부터 끊어야 한다.

수소 가스가 배터리 구획실에 있을 경우 배터리 전선을 제거할 때 정전 방전 또는 전기 아크의 발생 가능성을 줄이기 위해 주의하여야 한다.

다양한 종류의 액체와 기체 연료들이 해양 선박에서 발견될 수 있다. 여기에는 해양선박을 구동하는데 사용되는 연료들과 요리 및 난방을 위한 연료들이 포함된다. 조사관은 이런 시스템들의 존재 가능성을 인식하고 있어야 하며, 누설은 화재 폭발의 심각한 위험성을 초래하거나 폭발이 해양선박의 검사되지 않은 지역에서 가스를 이동시킬 수 있다.

조사관은 해양 선박에서 다양한 유체, 윤활유 및 기름들과 마주칠 수 있으며, 이것들은 주위 환경에 잠재적으로 위험할 뿐 아니라 화재의 위험성을 야기할 수 있다. 게다가 작동유, 부동액, 엔진 오일과 다른 윤활유들이 해양 선박의 기구로부터 누출되어 조사관이 걷기에 미끄러운 바닥이 될 수 있다.

■ 오물 저장탱크

오물 저장탱크를 가지고 있는 해양 선박에서 메탄가스가 발생할 수 있다. 화재 동안 탱크가 손상을 받을 수 있으며 이 가스들이 누출될 수 있다. 조사관은 화재나 폭발 위험성을 줄이기 위해 적절한 환기를 실시해야 한다. 화재·폭발 위험성 외에 생물학적 위험성 또한 일으킬 수 있다.

안전 팁

해양 선박은 구조물과 자동차 화재에서 발견되는 재료들과 유사하고, 이와 유사한 연소생성물을 생성할 수 있다는 것을 명심해야 한다.

■ 구조적 우려사항

구조작업을 하는 동안이나 화재에 의한 피해 결과로 배 밑 만곡부와 하부로 물이 침수되어 매우 불안정해질 수 있다. 이것은 배가 물 위에 떠있는 상태에서 조사를 수행하는 화재조사관에게 가장 큰 위험을 초래할 수 있다. 배가 기울거나 전복되면 조사관이 배 안에 갇힐 수 있기 때문에 조사관은 조사에 앞서 배의 안정성을 확실히 해야 한다.

그림 28-3 걸어다닐 수 있는 표면을 사용하기 전에 불안정성을 나타내는 징후가 있는지 점검해야 한다.

구조물 화재와 마찬가지로 해양 선박의 구조재와 마감재는 화재 동안 손상을 입을수 있어 부가적인 위험을 유발할 수 있다. 조사관은 갑판과 다른 통로의 붕괴 위험성을 줄이기 위해 철저하게 검사하고 두드려 조사해야 한다(그림 28-3). 갑판을 두드려 검사하기 위해 소방관이 바닥을 두드려 검사하는 것과 유사하게 도구를 이용하여 전방 갑판의 온전성을 검사하는 기술을 이용하여야 한다.

해양 선박의 하부갑판과 다른 부분으로 출입할 수 있도록 수직 및 수평 개구부가 있다. 일부 개구부는 눈으로 볼 수 있지만, 해치, 문, 덮개들은 화재 후에 보이지 않을 수 있다. 침수가 발생하면 조사관이 해양 선박을 조사하는 동안 보호되지 않은 개구부는 보이지 않고 심각한 위험에 노출될 수 있다.

■ 부두, 선착장 및 방파제

부두, 선착장 및 방파제는 물에서 가깝기 때문에 종종 미끄럽다. 특히 화재의 영향 하에 있는 선박에 접촉해 있을 경우 구조적으로 불안정할 수 있다. 특히 해양 선박으로 이동하거나 선박에서 이동하는 동안 조사관은 주의하여야 한다.

안전 팁

추진을 위한 탄화수소 연료뿐만 아니라 페인트, 솔벤트, 윤활유와 휘빌싱 화물과 같은 화학제품들이 존재하기 때문에 선박의 가연성 분위기는 일반적이다. 이 생성물들로부터 나오는 증기는 연료탱크, 주연료탱크 펌프실, 페인트 창고, 저장실, 작업장, 화물탱크의 상부공간, 엔진실과 빈공간과 같은 구획실에 종종 존재한다. 대부분은 공기보다 무거워 하부에 체류한다. 지상에서의 가연성 증기와 같이 만약 이 증기들이 가연성의 특별한 화학물질이나 생성물이 포켓에 모여 충분한 발화원이 공급되면 화재나 폭발이 쉽게 일어날 수 있다.

■ 침몰된 배

이론적으로 말하면 침몰된 배는 인양하여 물을 제거하기 전에 철저하게 기록하고 사진을 찍어야 한다. 이와 같은 특별한 조사를 수행하기 위한 교육받은 전문가가 필요하다. 복구작업을 하는 동안 조사관은 표면에서 작업을 감시하고 관리해야 한다. 이 작업을 하는 동안 잠재적인 위험이나 해양 선박 및 장비들의 개조에 주의를 기울여야 한다. 조사관은 연료의 잠재적인 문제점과 물속으로 빠져나가는 다른 위험한 생성물을 인지하고 있어야 한다.

■ 시각적 재난 신호 및 조명탄

불꽃 신초장치가 해양 선박에 존재할 수 있으며 조사관이 마주치게 되면 조심히 다루어야 한다. 그와 같은 장치가 발견되면 조사관은 사고로 작동되는 것을 방지하기 위해 안전하게 해야 한다.

시스템 구분 및 기능

다른 화재조사와 같이 해양 선박 화재는 매력적인 시도일 수 있다. 조사관은 만약 화재 원인이라면 그것들의 역할을 명확히 하기 위해 다양한 시스템과 부품들에 대하여 인식하고 확인할 수 있어야 한다. 폼, 플라스틱, 목재와 같은 다양한 가연물의 사용은 구성요소와 시스템의 식별을 어렵게 할지 모른다. 그러나 불연성 물품은 종종 잔존하여 조사할 수 있다.

■ 연료시스템: 추진 및 보조시스템

해양 선박 추진시스템에 사용되는 연료는 선박의 종류에 따라 다르다. 예로, 대부분의 개인 선박과 소형 해양 선박은 연소에너지를 프로펠러 축을 회전시키는데 가솔린과 디젤엔진에 의해 구동된다. 반면에 군용 해군선박은 직접구동 디젤엔진이나 열을 발생하여 증기보일러를 구동시키는 핵발전설비로부터 추진력을 발생시킬 수 있다.

조사관이 마주하게 되는 가장 흔한 종류의 추진 시스템은 가솔린 또는 디젤 엔진 동력설비이다.

탄소화합된 진공/저압

자동차와 달리 해양 선박의 탄소화합된 진공/저압 인보드, 아웃보드 엔진은 역화 화염방지기와 침수되었을 때 기화기의 벤츄리 구멍으로부터 연료가 빠져나가지 않도록 특수 가스켓을 갖추고 있어야 한다.

고압/해상 연료 주입 시스템

고압에서 작동하는 연료 주입 시스템은 제조사에 따라 다르다. 일반적으로 모든 종류와 모델의 엔진의 연료 주입 시스템은 스로틀 바디, 플리넘과 연료 레일 조립품, 충격 센서와 엔진 모듈이 포함된다(그림 28-4). 그러나 연료 저장과 이송 시스템은 여전히 통기 연료탱크와 함께 저압시스템일 것이다.

가끔 제조사가 개인의 필요와 요구에 맞춰 다양한 버전의 특수한 엔진 모델이 존재하기도 한다. 특수한 시스템 디자인을 결정하기 위하여 조사관은 제조사와 모델뿐 아니라 일련번호를 기록해야 한다.

그림 28-4 해양 연료 분사 장치

디젤

디젤 연료 엔진에 사용되는 연료 분사 시스템은 각 제조사마다 고유하다. 디젤엔진은 가솔린 엔진과 유사한 연료 시스템 요구사항을 가지고 있으며 적절한 연소 공기와 주의 룸의 온도를 유지하기 위해 대량의 공기 순환이 필요하다.

■ 연료시스템: 조리 및 난방

특별히 장기 거주를 목적으로 제작된 선박에서 조리 및 난방 시스템을 모두 발견하는 것은 이상한 것이 아니다. 이런 기기들은 레저차량에서 발견되는 것과 크기와 용도가 매우 유사하다. 조사관은 조사를 하는 동안 이런 장치들이 발견될 수 있고 이것들이 잠재적으로 화재의 발달과 전파에 연관이 있는지 결정하여야 한다.

액화 석유 가스

액화석유가스는 난방 또는 조리 연료로 사용될 수 있는데 LP 가스 실린더는 해양 선박 바닥에서 외부로 직접 환기되는 구획실 내에 저장된다. LP 가스를 요리에 사용할 때 다른 잠재적인 발화원의 제어가 필요하다. 16온스 미만의 통합 연료 실린더를 가지고 있는 용구는 ABYC(American Boat and Yacht Council) A-30, 필수 LPG 실린더가 있는 조리용구에서 다루고 있다. LP 가스는 ABYC A-26, LPG alc CNG 연료용구에 부합하면 난방이나 조리에 사용할 수 있다.

안전 팁

폭발이 일어날 경우 조사관은 가연성 또는 연소성 가스와 액체가 선박에 존재할 수 있는지를 확인하여야 한다.

압축 천연가스

최근 조리용으로 압축천연가스의 사용이 감소하고 있다. 그러나 조사관은 여전히 이러한 시스템을 마주하게 될 수 있다. CNG 실린더는 종종 100 ft^3 미만의 숙박공간에 저장될 수 있다.

CNG는 용구가 ABYC A-26, LPG alc CNG 연료용구에 부합하면 난방이나 조리에 사용할 수 있다.

알코올

알코올은 갤리 레인지에서 종종 사용되는데 용구와 일체로 탱크에 저장되거나 독립 용기에 저장되어 수동펌프로 압축된다.

고체 연료

NFPA 302, 레저 및 상업용 모터보트의 방화기준에서는 해양 선박에 사용되는 고체 연료의 디자인 및 설치 요구사항을 제공하고 있다. 이것은 숯과 목재의 사용을 포함하고 있다.

디젤과 등유

NFPA 302; ABYC A-3, Galley Stoves; abd ABYC A-7, Boat Heating Systems은 해양 선박에서 난방 및 조리용 디젤 연료의 사용에 대한 디자인 및 설치 요구사항을 제공하고 있다. 디젤과 경우 스토브는 종종 프로판 대신에 사용되는데 증기의 이동 위험성을 줄여준다. 연소공기는 구획실 내부로부터 뽑아내 선박 외부로 배출된다. 부적절한 설치나 사용은 과열 가스가 구획실 내부로 들어가 일산화탄소 중독이나 주위 가연물을 발화시킬 위험성이 있다.

■ 터보차저/슈퍼차저

디젤과 가솔린 엔진 모두 엔진의 마력을 증가시키기 위하여 터보차저/슈퍼차저가 설치되어 있을 수 있다. 터보차저와 슈퍼차저 모두 압축공기를 흡입 매니폴드에 보내지만, 슈퍼차저는 구동벨트를 통한 엔진에 의해 구동되는 것에 반하여 터보차저는 고온 배기가스에 의해 구동된다.

터보차저와 슈퍼차저는 그들이 매우 높은 온도에서 작동하기 때문에 장치를 윤활시키거나 냉각시키기 위해 엔진오일을 사용할 수 있다. 주변 물질들을 보호하기 위해 물 재킷 그리고/또는 단열덮개 또는 방패를 이 장치들에 설치할 수 있다.

■ 배기시스템

연소 엔진이 추진을 위하여 사용될 때 생성된 고온 가스는 안전하게 배기되어야 한다. 이것은 습식과 건식 배기시스템을 이용하여 성취할 수 있다. 습식시스템은 해양 선박 주위의 물을 배기시스템으로 끌어들이는데 머플러를 통과하여 해양 선박에 배출될 때까지 호스를 통과한다. 이런 시스템의 부품들은 ABYC P-1, 배기시스템의 설치와 NFPA 302에 따라 설계되어야 한다. 탈수 배기시스템이 사용된다면 배기가스는 머플러에서 물과 분리된다. 해양 선박 바닥을 통하여 배기되는 동안 물이 선미 보부터 방출된다. 이런 시스템들 또한 ABYC P-1에 명시된 대로 설계된다.

건식 배기시스테은 단열재로 피복된 수직 배기파이프를 통하여 연소가스를 배출한다. 이러한 시스템은 레저 보트에는 거의 사용하지 않는다.

■ 전기시스템

해수 해양환경 하에서 선주와 조작자들이 직면하게 되는 일반적인 어려움은 부식으로부터 전기적, 기계적 부품을 보호하는 것이다. 부식의 위험이 있는 선박의 금속구조 뿐만 아니라 배선, 연결구와 전기 배분장치 또한 특별한 위험 하에 있다(그림 28-5). 일단 구리 전도체와 부품들이 해수와 다른 부식 환경에 노출되어 부식이 시작되면 전기회로의 저항이 증가할 수 있다. 더욱이 해수가 전선이나 케이블 피복 아래로 침투하거나 빨려들어갈 수 있다면, 그와 같은 문제는 단지 연결부가 아니라 전기 시스템이 위치한 곳에서도 일어날 수 있다. 결과로 고저항 영역이 과열될 수 있는데 지상의 전기 시스템에서 고장이 매우 자주 발생하는 접속부와 상당히 멀리 떨어진 도체에서 발생한다.

그림 28-5 부식

부식은 해안에 묶인 연결부를 통하여 교류 전력을 공급하는 선박에 특별한 문제를 일으킬 수 있다. 해수에 노출되어 적절하게 유지되지 않은 전도체는 고저항 연결부가 될 수 있다. 부분적으로 시스템이 합선되면 과전류 보호장치가 작동되지 않고 전력이 계속 흐를 수 있다. 이런 상황에서 해안과 선박 연결 플라스틱이나 전선 고무에 화재가 발생할 수 있다.

전기적 또는 전기기계적 부품이 있는 갑판 위의 어디에서나 부식은 관심사이다. 일반적으로 상부(갑판 위)의 전기 제품들은 파도의 비말 접촉과 해수의 침범으로부터 보호되어 있는데도 종종 발생하고 있다. 결과로 전기회로망에 고저항이 발생할 수 있고 불균일 발열을 초래하여 가끔 화재를 발생시킬 수 있다.

해양 선박에 교류와 직류 전기시스템 모두가 설치될 수 있는데 다양한 공급원으로부터 제공된다. 종종 해안 전원이 해양 선박에 교류 전원을 공급하는 데 사용된다. 그러나 발전기나 인버터가 선상의 공급원으로 사용될 수도 있다. 직류는 선상의 배터리 시스템에 의해 공급되는데 이것은 조명과 장비에 전력을 공급한다.

안전 팁

대형 선박과 레저 선박 화재에 대한 이용가능한 통계 정보의 검토는 1/2~2/3의 해양 화재가 엔진 공간에서 발생한다고 시사하고 있다. 이들 중 다수는 전기적 고장 또는 연료시스템이 포함되어 있다.

■ 엔진 냉각시스템

해양 선박 엔진들은 주위의 물을 엔진으로 끌어들여 물을 방출하거나 폐쇄 냉각수 시스템을 통하여 냉각된다. 해수 시스템은 펌프를 통하여 엔진으로 물을 끌어들여 엔진을 통하여 물이 순환되고 머플러를 통하여 이를 배출한다. 폐쇄 시스템은 자동차와 유사하게 열교환기에 함유되어 있는 50/50 혼합 글리콜 부동액을 사용한다. 해수는 열교환기로 순환되어 배기 시스템을 통하여 배출된다.

■ 환기

많은 해양 선박들은 영구적으로 탑재된 연료 탱크를 이용하는데 종종 거주공간이나 특별하게 설계된 구획실에 숨겨져 있다. 이런 탱크들은 플레임 어레스터의 설치가 필요하고 호스를 통하여 탱크 상부를 경유하여 선박 외부로 환기한다. 가솔린 연료 탱크는 자연적으로 환기되는 반면 구획실들과 이 구획실들과 연관된 만곡부들에서는 기계 환기가 필요하다.

많은 해양 선박에는 해치들과 현창들이 있는데 개방되어 있을 때 거주박공간의 자연 환기를 할 수 있다. 해양 선박에 도레이드와 카울 벤트가 있는 경우 항시 환기를 할 수 있다.

화재 패턴을 해석할 때 조사관은 이런 환기점들과 화재 거동 패턴에 대한 이들의 영향을 고려하여야 한다.

■ 변속기

해양 선박은 기계적 또는 유압 기어 변속기를 가지고 있다. 일반적으로 인보드와 일부 고성능 인보드/아웃보드 엔진들은 유압 기어 변속기를 이용하는 반면 아웃보드와 대부분의 인보드/아웃보드는 기계적 변속기를 사용한다. 해양 선박이 유압 기어 변속기를 사용할 때는 자체 윤활유(SAE 90)와 냉각기를 가지고 있다.

■ 부속품

다른 차량들과 마찬가지로 해양 선박은 편의와 안락함을 위해 다양한 부속품들을 가지고 있다. 에어컨은 코일을 이용하여 해수를 순환시키는 열교환기를 이용한다. 공조 압축기가 종종 숙박공간 하부 또는 엔진실에서 발견된 수 있다.

동력 조타 펌프 또한 자동차에서와 유사하게 구동되는데 벨트 구동 펌프가 추진엔진에 장착되어 있을 수 있다.

냉장고와 냉동고와 같은 냉각장치들은 직류 또는 교류 전류, LP 가스 또는 이 둘의 조합으로 구동된다. 숙박공간에 LP 가스 시스템이 사용된다면 UL 1500, 해상 제품에 대한 안전 발화 보호 테스트 기준에 부합하여야 한다.

유압 시스템

해양 선박에서 유압 시스템들이 조타나 트림 설정 조정에 사용될 수 있다. 트립 탭들은 선미 근처의 유압 탱크 가까이에 있는 펌프 모터에 의해 구동된다. 유압 조타 시스템은 해양 선박을 조타하는데 펌프 구동 또는 기계적으로 구동되는 경성 또는 연성의 호스가 사용된다. 이 둘이 밀폐 시스템이고 발화로부터 상대적으로 안전하지만 유압유가 근처의 전기적 구성품들에 누출되거나 뜨거운 표면은 잠재적인 발화 위험을 갖고 있다.

일반적으로 유압 추진기는 해양 선박에 사용되지 않지만 해양 선박의 전방 터널에서 발견될 수 있다. 이런 전기적으로 구동되는 부품들은 12V 또는 24V 교류 모터에 의해 구동되는데 추진기 주변에 설치된 200A 퓨즈에 의해 보호된다.

건조

화재조사관은 선박의 기본원리와 해양 선박 건조에 익숙해야만 한다. 제대로 된 설계와 튼튼한 건조를 통한 적절한 내구성의 유지는 선박이 악천후에 고장 없이 운항하도록 한다.

이 요소들이 어떻게 적용되는지 아는 것은 조사관이 화재역학의 원리들을 적절하게 적용하여 화재 패턴을 설명하는 데 도움을 줄 것이다.

■ 외부 건조

대형, 원양 항해용 선박의 건조에 고인장강이 거의 독점적으로 사용된다. 선체와 소형 상선 또는 레저 보트들의 기본적인 건조에는 강 또는 목재, 유리섬유 강화 플라스틱, 알루미늄이나 페로시멘트도 사용될 수 있다.

해양 선박 건조에 있어 FRP와 목재의 사용은 조사관이 총 화재하중을 결정하는 데 고려되어야 한다. 어떤 경우에는 해양 선박이 발사목(balsa)이나 고밀도 폼을 핵심 자재로 사용하여 건조되는데 이들은 화재 시 열 절연재로 작용한다.

추가적으로 조사관은 해양선박에 부착되어 있거나 내장되어 있는 부속품들을 고려하여야 하는데 이들은 가연성으로 총 화재하중을 증가시킬 수 있다. 이 장비들은 동신상비를 포함하고 있다; 마커(marker)와 항법등, 조명등과 난간과 같은 중저밀도 플라스틱 기구; 마룻장(decking), 돛대와 붐과 같은 목재 요소; 내부 마감과 기구; 돛, PFD, 구명보트와 좌석 방석과 같은 가연물.

일반적으로 상부구조물(주갑판 위의 승무원실과 다른 구조물)과 갑판은 선체와 같은 재료로 만들어져 있다. 구획의 천장과 바닥을 형성하는 수평 칸막이는 갑판으로 알려져 있다. 갑판은 빔과 종통재가 아랫면을 지지하고 있다. 이들은 횡압축 하중을 지지하는 것을 도와 선체에 견고성을 제공한다. 칸막이벽은 선박의 장축에 수직으로 확장하고 선박 내부를 기본 구획하는 수직 칸막이이다. 칸막이벽은 구조적일수도 있고 비구조적일수도 있다. 구조 칸막이벽은 갑판, 프레임과 선체판을 연결하고 바다와 액체 화물의 강한 유동압력을 견딜 수 있게 한다. 비구조 칸막이벽은 거주 또는 취침공간과 같은 구획 분리를 제공한다. 구조 칸막이벽과 갑판은 철제 선박에 다양한 능동 방화를 제공하는 역할을 할 수 있다.

■ **내부 건조**

해양 선박의 설계에 따라 경량이지만 내구성을 확보하기 위해 구조물이나 차동차에 사용되는 것과 같은 다양한 재료가 사용될 수 있다. 일반적으로 레저 보트의 내부는 FRP, 합판과 베니어판으로 만들어져 있다. 강이나 알루미늄은 비가연성으로 칸막이벽과 지지 구조부와 같은 구조 요소에 사용될 수 있다.

해양 선박의 크기와 용도에 따라 내부는 레저 차량, 일반 가정 또는 고급 호텔과 유사할 수 있다.

숙박공간의 내부는 나무 판자나 도장 처리된 벽으로 마감될 수 있고 카펫이 깔려 있고 텔레비전, 램프, 양초와 팬 등의 항목이 포함될 수 있다. 그것들은 보통 발포고무로 충전되어 직물로 커버를 씌운 침구류와 가구를 가지고 있다. 목재 물품들은 마감재로 유기농오일 과 바니쉬로 코팅될 수 있다. 이런 점유공간에서 잠재적인 인간행동뿐만 아니라 이런 목재 품목들은 발화원과, 연료 하중과 화재 확산 문제를 결정하는 데 고려되어야 한다.

엔진실과 기계실에는 해양 선박을 추진하고 작동하기 위한 엔진과 부가 장치와 부품들이 있다. 여기에는 배터리, 발전기, 인버터와 폐수, 작동유 및 연료 저장장치가 포함된다. 해양 선박의 다양한 전기적 요구를 충족시키기 위해 다양한 전기회로를 가지고 있는 교류, 직류 전력이 공급될 수 있다. 연료 탱크는 알루미늄, 강, 폴리에틸렌 또는 유리섬유로 제작될 수 있다. 부품과 호스들은 네오프렌, 인조고무, 금속 또는 나일론으로 만들어질 수 있다. 탱크, 부품과 호스들은 연료 누설을 방지하기 위한 엄격한 설계 요구조건을 만족해야 하고 선박용으로 사용하기에 적합성을 결정하기위해 조사관에 의해 검사되어야 한다. 노후화, 수명, 열, 진동, 기계적 손상 또는 물과의 접촉에 의한 부식에 의한 손상의 결과로 누설이 발생할 수 있다. 이런 공간에 연료가 저장되거나 이동될 수 있기 때문에 흐르거나 누설되어 빠져나온 증기를 감지하기 위한 가연/폭발 증기 감지기가 종종 설치될 수 있다. 화재가 발생했을 때 장치가 제대로 작동하는지를 결정하기 위해 시험 검사되어야 한다.

어떤 경우에는 방호 및 진압 시스템이 이 공간들에 설치되어 있을 수 있다. 산소를 바꾸고 조사관을 위험하게 할 수 있는 시스템은 방출되어야 한다. 조사관은 조사 작업을 수행하는 동안 이 시스템들이 작동하지 않도록 확실히 해야 한다.

저장탱크와 화물창은 종종 수용 공간 아래의 해양 선박의 하부 부분에서 발견된다. 이러한 탱크에 저장된 물질이 크게 변할 수 있고 종종 연소성이다. 조사관은 조사를 수행할 때 저장탱크에 어떤 물품이 있었는지를 확인하여야 한다. 부적절하게 저장된 물품이 발화원과 접촉하거나 유지 또는 청소를 위해 사용된 휘발성 유기물의 경우에 자연발화할 수 있다.

추진 시스템

추진 시스템은 특별한 선박의 사용과 작동에 의하여 종종 결정된다. 이것은 전기적, 액체연료 및 연료-가스 또는 2 이상의 조합을 포함한다. 일단 조사관은 현재 추진시스템의 종류를 알아냈다면 화재의 원인 또는 확산에 기여했을지도 모르는 성분의 확인을 시작할 수 있다.

그림 28-6 조사관이 마주칠 가장 일반적인 전기 추진 기관은 트롤링 모터이다.

■ 전기 시스템

조사관이 마주하게 될 가정 일반적인 전기 추진 장치는 트롤링 모터이다; 소형 전기모터는 배터리에 연결되어 주로 레저 보트의 저속 활동용으로 사용된다(그림 28-6). 전기모터로부터 주추진은 일반적으로 이용되지 않는다.

■ 엔진 추진 시스템이 달린 해양 선박 연료

앞서 논의한 바와 같이 연료 시스템은 추진, 기기 또는 전기 발생을 위해 사용될 수 있다. 엔진은 3개의 일반적인 범주의 하나로 나뉜다.; 선체 외부의 독립적인 엔진 또는 휴대용 연료 탱크, 선체 내부 가솔린 엔진 또는 선체 내부 디젤 엔진.

선체 외부의 모터는 기화기 또는 연료분사식 연료 이송시스템을 가지고 있는 2행정 또는 4행정 가솔린 엔진일 수 있다. 2행정 엔진은 모터 윤활을 위하여 가솔린과 오일의 혼합기를 이용한다. 반면에 4행정 엔진은 자동차와 유사하게 운전된다. 연료는 저압 이송펌프 또는 연료 분사시스템에 사용되는 고압, 엔진 탑재 연료펌프를 통해 이송된다.

선체 내부에서는 주로 4행정 엔진이 사용되는데 내장 연료탱크, 연료 라인, 연료 필터와 연료펌프가 연료 이송을 위해 사용된다. 해양 선박은 1개 이상의 탱크를 보유하고 있을 수 있으며 무게의 균등 분산을 보장하기 위해 매니폴드로 알려진 균압관에 의해 연결될 것이다. 탱크 자체가 통기되며 모든 연결부, 이음쇠 및 밸브들은 누수나 누출을 방지하기 위하여 탱크의 상부에 위치하고 있다.

충전판은 충전 포트 꼭대기에 위치하고 해양 선박의 지면에 연결된다. 충전판은 엎질러진 연료가 선체로 들어가는 것을 막고 연료를 주입하는 동안 충전방전의 위험을 감소시킨다. 충전 노즐은 펌프가 작동되기 전에 충전판과 접촉되어야 한다. 1977년 이후 건조된 해양 선박은 엔진이 탱크의 높이보다 낮으면 탱크에 안티사이폰 장치를 설치하도록 요구하고 있다.

선체 내부 디젤 엔진은 고압 시스템이 연료를 이송하는 자동차 엔진과 유사하게 작동된다.; 그러나 탱크에 저압 환류 라인이 존재할 수도 있다.

연료는 요리, 난방 또는 발전을 위해 사용될 수도 있다. LP 가스는 조사관이 마주하게되는 가장 일반적인 난방, 냉각 및 요리용 연료로서 시스템에서 증기가 누설되었다면 선박의 하부에 모일 것이다. 발전기는 해양 선박의 연료 탱크로부터 분리된 연료 라인에 의해 종종 공급된다. 추진 기관 또는 부가 장치를 검사할 때 발화전 조건 분석을 위하여 자동차 화재에서와 같이 연료, 작동유와 윤활유 모두에서 시료를 채취하여야 한다.

■ 추진에 사용되는 다른 연료들

드물지만 조사관은 목재, 목탄, 석탄 또는 파라핀을 태운 증기로 구동되는 엔진에 의해 추진되는 해양 선박과 마주칠 수 있다. 후방 또는 측면에 부착된 커다란 바퀴를 회전시키는 피스톤을 구동하기 위한 보일러에 의하여 증기력을 이용하는 고령 선박이 1800년대 중후반에는 인기가 있었다.

발화원

조사관은 구조물과 자동차 화재에서와 유사한 발화원을 발견할 수 있을 것이다; 그러나 터보과급기와 배기 매니폴드와 같은 독특한 발화원 또한 존재할 수 있다. 조사관이 모든 가능성 있는 발화원을 확인하고 검사하기 위하여 조사를 하는 동안 모든 해양 선박의 기계적, 전기적 시스템의 요소들을 완전히 이해하는데 시간을 할애하여야 한다.

■ 나화

보호되지 않은 기화기를 통한 역화는 나화의 일반적인 원인이다. 이와 같은 화재를 방지하기 위하여 모든 인보드, I/O 해양 선박에는 flame-tight connection을 가지고 있는 흡기에 부착된 플레임 어레스터가 요구된다. 이러한 플레임 어레스터들은 미국 해안경비대에 의해 선박용으로 승인을 받거나 자동차기술자협회 SAE J-1928을 충족하여야 한다. 그러나 플레임 어레스터가 설치되어 있어도 소유주가 청소 및 최적 상태를 유지하지 않는다면 화재가 발생할 수 있다.

다른 나화 발화원으로 요리용 연료 버너가 포함된다. 그러나 1977년 이후 가솔린 연료 해양 선박에서 발화 불꽃을 사용하는 기구의 사용이 금지되었다.

■ 전력원

대부분의 해양 선박들은 엔진을 시동하고, 항해등에 전력을 공급하고, 보조등을 가종하거나 자동자와 건물에서 발견되는 편의를 제공하는 데 사용되는 다양한 종류의 전기 시스템을 가지고 있다. 이런 시스템과 장치들은 잠재적인 발화원이 될 수 있고 조사관에 의해 검사되고 평가되어야 한다.

메인 차단스위치가 설치되어 있지 않다면 배터리가 장착된 해양 선박은 엔진이 구동되지 않고 발화스위치가 "off" 위치에 있더라도 일부 전기회로에 전원이 공급될 수 있다. 이에는 빌지펌프와 교류발전기, 발화스위치, 배터리 전선의 주 배선회로가 포함된다. 이 회로들은 일반적으로 항상 전원이 공급되어 있다. 그러나 해양 선박이 작동될 때 부가 물품과 고정물은 발화원이 될 수 있다.

조사관은 선박 용도로 지정되지 않은 요소 또한 발견할 수 있다. 과전류 보호장치는 특대 퓨즈와 브레이커로 교체되고 전기 시스템에 과부하를 주는 부가 물품들이 더해지기도 한다.

조사관에게 교류와 직류 전원을 모두 가지고 있는 해양 선박은 매우 흔하게 발견될 수 있다. 흘수선 아래에 위치한 요소들은 번개로부터 보호할 뿐만 아니라 전기 충격을 막기 위해 해양 선박의 전기 시스템에 접지되거나 결합시킨다. 자동차와 같이 배터리의 음극 또는 그라운드 측은 엔진 블록에 붙이는 반면 양극 또는 방열부는 퓨즈, 부대용품과 직류 전기시스템에서 작동하는 장비에 전력을 공급한다. 양극쪽(배선, 연결부 또는 요소들)이 다른 물체에 접지되면 이 2선식 시스템은 손상되거나 작동되지 않아 잠재적인 발화원이 될 위험성을 갖고 있다. 발전기나 인버터로부터 전력을 발생하는 교류 시스템 또한 회로, 연결부 및 연결된 제품 내에서 잠재적인 발화원이 될 수 있다.

과부하 배선

회로가 부가적인 항목의 과잉 사용으로 인하여 과부하가 걸릴 때 전도체가 열을 받아 절연성이 저하되고 발화될 수 있다. 대부분의 배선은 해양 선박의 격벽과 비노출 구조물을 통해 대량의 다발 묶음으로 경로화되어 열이 쉽게 소멸되지 않고 과전류 보호장치가 작동되지 않고 심각한 화재로 발전할 수 있다. 조사관은 화재 전 결함이 있었는지, 발화에 어떤 역할을 했는지를 확인하기 위하여 적절한 사람과 인터뷰를 하여야 한다.

누전회로와 아크

배선이 닳고 취성을 가지거나 손상되어 전도체가 접지된 표면에 접촉된다면 아크나 합선이 발생할 수 있다. 조사관은 탄화 또는 다른 기계력의 존재로 인한 절연 저하 또는 손상이 있었는지를 확인하기 위하여 모든 전기 배선의 상태를 점검하여야 한다. 만약 배터리 케이블의 합선이나 아크와 같은 대전류회로가 형성되면 엔진 오일, 가연성 증기 또는 배선 자체의 절연이 쉽게 발화될 수 있다.

전기적 접속부

자동차와 마찬가지로 접속부는 물과 소금에 노출되고 고저형 접속으로 인하여 부식될 수 있다. 고저항 접촉은 주위의 가연물을 쉽게 발화시킬 수 있다. 조사관은 저항열의 증거를 찾기 위하여 모든 접속부를 검사하여야 한다.

번개

만약 번개가 해양 선박 주위나 선박 자체에 친다면 이 고에너지 방출을 해양 선박의 구조물과 전기 시스템을 통하여 전도될 수 있는데 열을 발생시키고 근처에 위치한 가연물을 발화시킬 수 있다.

정전기와 발화력이 있는 아크

화물을 선적하거나 하역할 때 정전기를 증가시키거나 방출할 가능성을 줄이기 위하여 주의를 기울여야 한다. 선박으로 또는 선박에서 화물을 이동시키는 데 사용된 관 또는 다른 기계장치들이 적절하게 접지되지 않는다면 화물의 종류에 따라 화재 또는 폭발을 일으킬 수 있다.

가연성 증기가 존재한다면 정진기와 발화력이 있는 아크는 화재와 폭발의 심각한 위험성이 있다. 자동차와 같이 연료 재급유 작업은 가연성 증기와 정전기를 발생시킬 수 있으며 연료탱크와 연료 노즐 사이에 적절한 접지가 필요하다. 공기보다 무거운 가솔린 증기는 일반적 작동의 결과로 발생할 수 있는 정전기가 발생하는 거주공간과 밑바닥 지역을 포함하는 해양 선박의 하부에 모일 수 있다.

종류가 다른 화물, 특히 가연성 액체가 잘못해서 섞이지 않도록 주의를 기울여야 한다. 휘발성이 다른 두 개의 액체가 섞였을 때 전체적인 휘발성이 더 높은 비등점을 가지는 액체보다 올라갈 수 있다. 이것이 발생하면 더 낮은 휘발성 액체에 대한 통상의 발화예방조치는 화재나 폭발을 막기에 더 이상 충분하지 않다.

■ 고온 표면

배기시스템과 요리 및 난방 기구 또한 이런 물체들에 너무 가까이 위치한 가연물을 발화시킬 수 있다. 배기 매니폴드는 온도를 높여 디젤 분사, 기화된 가솔린, 오일과 작동유를 포함한 엔진유를 쉽게 발화시킨다. 자동차와 마찬가지로 배기장치의 온도는 냉각시스템이 엔진을 통과한 유체를 더 이상 순환시키지 않기 때문에 엔진이 정지한 후에 실제로 약간 증가할 수 있다. 열을 발생시키기 위해 사용된 연료의 종류에 관계없이 요리 및 난방기구는 노출된 고온 표면 근처에 위치하고 있었는지에 대하여 적절한 사람과 인터뷰를 실시하여야 한다.

■ 기계적 고장

주요 베어링 고장은 일반적으로 화재로 인한 결과는 아니나; 그러나 교류 발전기, 모터, 풀리 또는 펌프에 있는 베어링이 고장나면 주변의 가연성 물품은 과도한 열이나 베어링으로부터 떨어져나간 고온의 금속 때문에 발화할 수도 있다. 만약 조사관이 이런 장치들 중 하나에서 베어링이 고장났을 수 있다고 의심되면 베어링류의 내부와 외부의 물리적 피해를 조사하여야 한다.

풀리, 교류 발전기 또는 워터펌프가 끼면 구동벨트는 열이 발생하여 이 요소들에 열을 전달하고 벨트를 발화시키기에 충분한 열을 발생하여 화재를 일으킬 수 있다. 엔진 부품들의 검사는 풀리 휠이 끼거나 잠겼는지 알아낼 수 있다.

■ 연기 발생 물질

불이 붙은 담배는 발화시킬 수 있는데, 특히 불이 붙은 담배가 커버를 씌운 가구나 직물류에 접촉했을 때 그러하다. 좌석에 자주 사용되는 우레탄폼과 다른 재료들은 쉽게 타고 급격하게 화재 확산 및 강도를 증가시킬 수 있다.

화물 문제

화물의 선적과 관련하여 서로 양립할 수 없는 물질들은 반드시 서로 가까운 곳에 저장하거나 같은 컨테이너 또는 장소에 선적하지 않아야 한다. 예를, 해마다 수천톤의 산화제와 과산화물이 해상으로 운송된다. 그와 같은 물질들이 존재 시에 연소할 수 있는 연료와 격리되어야 한다. 물질

그림 28-7 겹쳐진 화물 중앙부분 근처에서 일어나는 화재는 발견하기 매우 어려우며 확인되기 전에 쉽게 확산될 수 있다.

들이 별도로 포장되었다 하더라도 격랑에 의해 컨테이너를 파괴하거나 추가적인 충돌을 일으키는 경우에 양립할 수 없는 물질들은 서로 가까운 위치에 놓아서는 안 된다. 일단 화재가 산화제가 저장된 공간에 확산되면 소화할 가능성 없이 제어할 수 없게 될 수 있다.

화물과 관련된 화재원인을 조사하는 해양조사관은 화재 당시 어떤 물질이 수송되고 있었는지를 확인하기 위하여 선박의 화물 목록을 조사하여야 한다. 국제해사위험물운송규칙은 다양한 위험한 제품의 분류와 양립할 수 있는 화물에 대한 정보를 제공하고 있다.

개품 화물 선박과 컨테이너 선박에서 화재가 화불 더미의 한가운데서 시작되었다면 화재가 감지되기 전에 장시간이 흘렀을 수 있다. 많은 경우에 전 항해 동안 화물이 불탔다는 것이 인식되지 못하고 화물 컨테이너를 하역할 때 발견된다. 많은 선박에서 화물 컨테이너들은 컨테이너들 사이에 측면으로 단지 18인치(47.5cm)의 공간을 두고 쌓여 있고 일부 컨테이너들은 높이 쌓여 있다. 이러한 더미들 중 하나의 중앙이나 포장된 화물의 중앙 근처에 있는 갑판 하부에서 화재가 발생하였다면 화재 위치를 확인하기가 매우 어렵고 인식되기 전에 쉽게 확산될 수 있다(그림 28-7). 이 때문에 조사관의 작업은 훨씬 더 어렵게 된다.

해양 선박화재 현장 문서화

조사관은 해양 선박화재의 문서화에 있어 구조물 화재에서와 같은 방식으로 접근하여야 한다. 보트는 이동되기 전에 피해 지역에서 조사되어야 한다; 그러나 이것은 종종 실현 불가능하다. 대부분의 조사는 물에서 나와 인양장, 수리시설 또는 보관소에서 행해질 것이다.

■ 육상

먼저 조사관은 화재위치를 규명하여야 한다. 만약 해양 선박이 현재의 위치에서 피해를 입었다면 조사관은 해양선박이 어떤 해안 전력에 연결되어 있었는지를 확인하여야 한다. 전력원, 해안 전선과 해양 선박과의 연결을 사진 찍고 기록하여야 한다. 해양 선박 내부 또는 근처의 모든 잠재적 발화원과 연료들을 확인하고, 사진을 찍고 기록하여야 한다. 해양 선박의 저장 방식을 포함한 주변 지역 또한 기록되어야 한다. 또한 조사관은 화재 이전 해양 선박의 공공기물 파손 또는 기계적 문제의 증거를 찾아야 한다. 선박이 트레일러에 부적절하게 거치되어 있고 쓰레기로 덮여 있으며 선박 주위에 자라고 있는 나뭇잎이 있는 애매한 곳에 위치하고 있다는 것은 선박이 버려졌다는 것을 가리킬 수 있다.

안전 팁

해양 선박은 물로부터 옮겨져 조사관에게 전체 선박을 검사할 기회가 보장되어야 한다. 화재 이전 손상이나 정비 불량의 증거는 흘수선보다 아래에 있을 수 있다.

■ 수상

육상에서의 조사와 마찬가지로 조사관은 화재가 발생한 위치에 선박이 떠 있는지를 확인해야 한다. 만약 선박이 원래의 위치에서 예인되었다면 이 지역 또한 증거적 가치가 있는 항목을 찾기 위해 조사관에 의해 조사되어야 한다. 목격자와의 인터뷰를 통해 화재 당시 항해 중이었는지, 정박 중이었는지, 닻을 내리고 있었는지 밝혀내야 한다. 또한 조사관은 해안 전력이 공급되었는지를 밝혀내야 하고 해안 전력, 해안 전선과 선박과의 연결 상태를 조사하고 사진을 찍고 기록하여야 한다. 선박 내부와 주위의 발화원과 가능성 있는 연료 또한 확인하고 사진을 찍고 기록하여야 한다. 증거가 될 수 있는 항목을 찾기 위해 수중 조사 또한 필요할 수 있다.

정박 중

해양 선박이 선착장, 조선대 또는 방파제에 정박되어 있다면 발화원이 될 수 있는 것을 찾기 위해 지역을 조사하여야 한다. 부두나 선착장의 건설 재료는 화재의 강도 또는 다른 선박으로 화새 확산에 영향을 줄 수 있다.

닻이 내려진 경우와 항해 중

발화원은 항해 중, 표류 또는 닻이 내려진 배들 사이에 다를 수 있다. 조사관은 선박의 상태에 따라 어떤 시스템을 사용할지를 결정하여야 한다.

수중

오직 전문 인력만이 가라앉은 배의 수중 조사를 실시해야 한다. 선박의 부품, 선착장, 부두 또는 발화원이 될 수 있는 항목을 포함한 증거 가치가 있을 수 있는 항목을 찾기 위해 선박과 주변 지역을 조사하여야 한다. 선박을 인양하기 전의 손상, 인양하는 동안 이동 또는 소실될 수 있는 항목과 같은 선박의 방향과 상태를 철저하게 기록하여야 한다

■ 해양 선박 식별

조사관은 화재 후에 다양한 종류의 등록번호 및 표시를 찾을 수 있다. 일반적으로 각 선박에 고유의 식별 표시가 주어지고 지역 규정과 제조사에 따라 다를 수 있다. 수제 선박을 포함

Courtesy of David Ritter

그림 28-8 미국의 선박들은 선박의 이격된 두 곳에 영구적인 선체식별번호를 달아야 한다.

한 미국에서 생산 또는 수입된 선박들은 선박의 두 개의 다른 위치에 영구 부착된 선체식별번호(HIN)가 있어야 한다. 일반적으로 1차 위치는 보호 레일 아래의 선미 우현(우측 후면)에 위치하고 있다(그림 28-8). 2차 위치는 다양하고 제조사와 연락을 통하여 알 수 있다. HIN을 찾을 수 있다면 첫 세 문자는 제조사 코드를 가리키는데 이것은 조사관에게 더 많은 정보를 제공할 수 있다. USCG 번호 또한 선박의 내부에서 발견될 수 있다. 일반적으로 선미에서 모항과 이름 또한 발견될 수 있는데 이것은 일반적으로 규제를 받지는 않는다.

■ 목격자 인터뷰

다른 화재와 같이 조사관은 화재와 관련된 임의의 환경에 대하여 기본 시나리오를 설정하여야 한다. 조사관은 소유주, 화재 시의 운전자, 주변인과 사고에 대응한 경찰과 소방 요원을 포함하여 화재에 대한 정보를 가지고 있는 사람을 찾아 인터뷰하여야 한다. 조사관은 선박의 이력과 화재 직전, 진행하는 동안 그리고 화재 후의 활동을 포함한 화재와 관련된 특별한 활동에 관한 정보를 찾아야 한다. 조사관에 의한 질문은 다른 종류의 조사를 하는 동안 하는 질문과 매우 유사하다. 질문은 다음 주제를 포함하지만 제한은 없다.

- 작동 상태
- 부품의 사용과 위치
- 최근의 수리 및 변경
- 수면 및 기상 상태
- 화재 발생 전 활동 및 운전
- 화재가 최초 어떻게 발견되었는가
- 화재가 발견되었을 때 배가 정상적으로 작동되었는지 여부
- 화재 발견 후 취해진 조치
- 화재가 어떻게 소화되었는가
- 화재의 발견, 구조 호출, 소화의 추정 시간
- 구조 활동
- EPA 또는 유사 기관에 의해 취해진 활동
- 승객과 화재 희생자의 위치
- 승객과 다른 공무원에 의해 취해진 행동
- 선박에 포함된 이전 조사의 상세
- 인터뷰 자체의 결과로서 조사관이 생각해낸 다른 질문

■ 해양 선박 상세사항

선박을 확인하고 모든 관련정보를 얻은 후에 조사관은 화재의 성장과 발달에 영향을 끼칠 수 있는 설계 및 건조 특성을 판단해야 한다. 이것은 표본을 조사하고 소유주/운전자 매뉴얼과 선박과 관련된 판매를 위한 문헌을 검토함으로써 달성될 수 있다. 리콜 정보 조사 또한 기존의 안전 문제를 판단하는데 유용할 수 있다. 소비자제품안전위원회와 USCG에서는 제조와 모델 정보를 근거로 한 선박 관련 제품 리콜에 관한 방대한 정보를 보유하고 있다.

해양 선박 검사

모든 화재와 마찬가지로 조사관에 의해 발화지역이 결정되어야 하는데 4개의 주요영역 중 하나에서 일어날 수 있다.

- 조종석/상부설비
- 엔진/연료실
- 객실 또는 선실
- 배 밑바닥

조사관은 선박을 평가하고 검사하기 위하여 체계적인 과정을 수립하여야 한다(표 28-2). 이것은 구조물과 차량 검사를 수행하는 것과 유사한 과정이 포함될 수 있다.

■ 해양 선박 시스템 검사

조사관은 선박 외부 검사를 먼저 실시하고 발화지역을 결정하기 위하여 화재 패턴을 확인하여야 한다. 조사관은 엔진과 연료 구획 주위의 환기구와 개구부 또한 고려하여야 하는데 이들은 화재 패턴에 영향을 줄 수 있기 때문이다(그림 28-9). 화재가 객실 공간에서 발생하였다면 최계는 다른 공간에 피해를 주지 않고 상부와 조종실을 전소시킬 수 있다. 이런 공간들은 일반적으로 닫혀있을 때 밀폐된 상태이기 때문에 화재는 종종 자체 소화되기도 한다. 이런 공간들 내부의 물품들은 발화와 화재의 확산에 어떤 역할을 했는지 확인하기 위해 검사를 실시하여야 한다. 조사관은 거주지역, 휴게실, 요리 또는 저장용으로 사용되는 공간을 발견할 수 있는데 이들은 모두 독특한 발화 및 확산 문제를 내포하고 있다.

표 28-2	검사 개요
외부	선체, 아웃드리아브, 환기구, 창문, 화재전 손상
상부	돛대, 갑판, 부대용품, 도포 패턴 및 화재 전 제거되었거나 이동된 물질의 증거
내부	조종석, 침대, 저장지역, 주방, 거실
기계적	추진시스템, 배 밑바닥 방/구획 및 다른 부대 위치

그림 28-9 선박의 외부를 검사하는 것으로부터 시작하라.

선체의 건조에 있어 숙박공간은 경사면, 제한된 수직공간과 오프셋으로 인해 일반적인 화재의 발달과 달라 조사관이 전형적으로 발견하는 패턴을 발견하지 못할 수 있다. 주어진 화재 패턴을 검사함으로써 조사관은 화재가 거주 공간 내부 또는 외부에서 일어났는지를 판단할 수 있다. 엔진 또는 연료실에서 화재가 발생하였다면 연료 증기를 포함하고 있을 수 있고 광범위한 피해와 거주 공간으로 화재가 확산될 수 있다. 조사관은 화재의 발화에 어떤 역할을 했는지 결정하기 위해 기화기, 연료분사시스템, 연료 이송, 배기, 발화시스템을 철저하게 조사하여야 한다. 배 밑바닥 영역은 선박에서 멀리 떨어져 있고 고립된 곳에 위치하고 있어 일반적으로 가솔린, 디젤과 같은 공기보다 무거운 연료가스 또는 오일이 모일 수 있고 화재 후에도 여전히 공급될 수 있다. 빌지 펌프 자체는 제대로 작동된다면 보통 본질적으로 안전하고 발화원이 되지 않는다.

발화 구획을 찾은 후에는 그 영역에 대한 상세한 조사를 실시하여야 한다. 화재 시의 역할에 대한 증거를 찾기 위해 개인 시스템에 대한 조사를 해야 한다. 연료 탱크의 모서리나 바닥의 파손 또는 가스가 누설될 수 있는 부식을 조사하여야 한다. 연동 마모, 부식 또는 다른 손상이 있는지 확인하기 위하여 연료 주입 및 벤트 호스를 조사하여야 한다. 연료 주입판과 탱크 사이의 지면 또한 전기적 연속성이 검사되어야 한다. 연료 탱크가 열에 노출되었다면 내부 연료 높이에서 외부 표면을 자동 냉각시켜 경계선이 나타날 수 있다. 플라스틱 탱크에 온전하게 연료가 담겨 있을 수도 있다. 플라스틱 용기는 종종 내부의 연료 높이에서 녹아떨어진다.

스위치와 핸들을 조사하고 그들의 위치를 기록하고 사진찍어야 한다. 현창과 헤치를 조사하고 화재 시의 위치를 조사해야 한다. 발전기, 배터리와 해안 전력 전달 스위치 또한 조사하여야 한다. 만약 발화가 확인되면 키가 있었는지 손상이나 부당 변경이 있었는지를 조사하여야 한다. 이런 스위치들의 상당수가 쉽게 소실되는 재질로 만들어져 있지만 부품들은 화재 후에도 여전히 존재하고 식별할 수 있다.

구조물 안에 있는 해양 선박

차고나 간이 차고에 보관되어 있는 해양 선박은 발화원이 될 수 있는 것처럼 조사되어야 한다. 그러나 선박이 단순히 가연성 연료 꾸러미일 수 있다. 저장공간 내의 발화원 또한 조사관에 의해서 조사되어야 하는데 구조물 내부에서 비롯된 화재가 쉽게 선박으로 확산될 수 있기 때문이다. 대피처로 계류되어 떠있는 선박은 화재 성장과 패턴에 영향을 줄 수 있는 열과 화재가스를 고려하여 피난처 자체를 고려한 검사를 실시하여야 한다. 전기와 부양선 또한 검사되어야 한다. 부식에 의한 피해난 선장 사체의 이동이 발생할 수 있기 때문이다.

법적 고려사항

해양 선박 화재의 본질은 독특한 법적 문제를 야기한다. 해사법은 미국 헌법 제3조 섹션 II에 제정되어 해운 상거래, 해양 항해, 선적, 선원과 해상을 통한 승객 및 화물 수송에서 발생하는 사건들에 대하여 사법권을 가지는 연방법원에 제공된다. 탐색과 압수, 진입권과 증거의 파기 또한 조사관이 직면할 수 있는 문제이고 이 책의 "법적 고려사항"장에서 상세히 논의 된다. 선박 안의 연료 또는 위험한 오염물이 해상으로 누출된다면 오염과 관련된 벌금과 다른 법적 고려사항 또한 있을 수 있다. EPA와 USCG는 이런 특별한 문제들과 연관이 있을 수 있다. 연방, 주, 지방 조사관은 영해 내의 선박에서 발생하는 화재에 대한 권한과 사법권을 가지고 있지만 공해상에서 발생한 외국 등록 선박 화재의 조사 책임도 종종 있을 수 있다.

다른 종류의 화재와 마찬가지로 해양 선박은 다양한 원인에 의해 화재가 발생할 수 있다. 예로, 레저 보트 소유주가 보트가 가라앉아 되찾을 수 없다고 믿고 자신의 보트에 불을 낼 수 있다 그와 같은 경우 화재는 방화로 결정되고 조사관은 USCG나 지역 항만 당국과 같은 기관과 조사를 조정할 필요가 있을 수 있다.

요 약

검토를 위한 준비

- 해양 선박 화재 조사는 화재조사관에게 독특한 안전 문제를 제기한다.
- 수백 종류의 다른 해양 선박이 있고 각각은 용도에 따라 특별하게 설계된다.
- 화재조사관은 항구에서와 비교하여 해상에 접한 화재 방식의 잠재적인 차이를 인식하고 진압 작업이 화재 패턴의 발달에 어떤 영향을 끼쳤는지 특별한 주의를 기울여야 한다.
- 만약 있다면, 조사관은 화재 원인에 역할을 결정하기 위하여 다양한 시스템과 요소들을 인식하고 적절하게 확인할 수 있어야 한다.
- 해양 화재조사관은 배 및 해양 선박 건조의 기초에 익숙해지는 것은 필수적이다.
- 일단 조사관이 존재하는 추진시스템의 종류를 밝혀내면 화재의 원인이나 확산에 영향을 끼친 요소들의 확인을 시작할 수 있다
- 조사관은 조사를 하는 동안 모든 발화원이 될 수 있는 것을 확실하게 확인하고 검사하기 위하여 해양 선박의 기계적, 전기적 시스템의 요소들을 철저하게 이해하는데 시간을 들여야 한다.
- 화물과 관련된 화재 원인을 검사하는 해양 조사관은 화재 당시에 어떤 물건들이 운송되고 있었는지를 확인하기 위하여 선박의 목록을 검토하여야 한다.
- 조사관은 구조물이나 자동차 화재와 같은 방식으로 해양 선박 화재 문서를 착수하여야 한다.
- 해양 선박은 보통 4개의 부분으로 나뉜다.
  - 상부/조종석
  - 거주 공간
  - 엔진/연료실
  - 배 밑바닥 지역
- 차고나 간이차고에 보관된 해양 선박은 발화원이 될 수 있는 것처럼 검사되어야 한다.; 그러나 선박은 단순히 부가적인 가연성 연료 패키지일 수 있다.
- 다른 화재와 마찬가지로 조사관은 해양 선박 선주나 운전자의 헌법에 규정된 권한뿐만 아니라 해사법에 관련된 법적 문제가 될 수 있는 것들을 인식하고 있어야 한다.

주요 용어

거주 공간 (Accommodation space)

사람들이 들어가 살기위한 용도의 선박 공간

표류하는 (Adrift)

계선 용구나 예선 밧줄에 묶여있지 않은

물에 뜬 (Afloat)

물에 떠있는; 가라앉지 않은

배 밑바닥 (Bilges)

선박 선체 내부의 가장 아랫부분; 엎질러진 물이나 오일이 모일 수 있는 지역

보트 (Boat)

다른 선박에 놓이거나 보관될 수 있는 선박

격벽 (Bulkheads)

구획을 형성하고 건물의 벽에 해당하는 선박의 수직 분할. 이 용어는 선박 선체의 수직 구획을 나타내지 않는다.

갑판 (Decks)

일반적으로 선박의 길이방향으로 이어진 수평 분할으로 선박을 가로질러 뻗어있다. 이것은 지상 건물의 바닥에 해당한다.

해치 (Hatches)

수밀 커버를 갖춘 선박 갑파의 개구부

화물창 (Holds)

대형 선박의 갑판 아래 화물 이송을 위해 사용되는 구획

선체 (Hull)

바닥, 측면과 주갑판을 포함하는 선박의 외부 표면으로 상부구조, 삭구와 다른 부착물은 포함되지 않는다.

인보드 (Inboard)

외부 선체로부터 선박의 내부를 향한

본질안전 (Intrinsically safe)

폭발성 분위기와/또는 불규칙 운전 조건 하에서 전자장치의 안전 작동을 위한 방호설비

저장실 (Lazarettes)

짐칸 구획, 보통 선박의 후방 끝으로 종종 작업장으로 사용된다.

아웃보드 (Outboard)

선박의 측면 방향이나 또는 넘어서 선박의 중심선으로부터 바깥쪽으로 놓여있는; 선박의 선미 끝에 붙어 있거나 놓여있는 엔진의 종류

레이스 (Races)

요소를 가지고 베어링에 하중을 전달하는 볼베어링의 요소; 일반적으로 쌍으로 사용된다.

육상 전력 (Shore power)

코드를 동원하여 해안에서 공급되는 전력

우현 (Starboard)

전방을 봤을 때 선박의 오른쪽 면

상부 구조 (Superstructures)

주갑판이나 노천갑판 위의 모든 선박 구조물

상부 (Topside)

갑판 아래에서 주갑판 위 또는 그 이상의 지역

선미 (Transom)

뒷부분이 사각형이 선박의 고물 단면

트롤링 모터 (Trolling motor)

배터리에 연결된 소형 전기모터로 주로 레저 보트의 저속 조조에 사용된다.

항행 중 (Under way)

지상에 붙어있지 않거나 묶여서 계류, 닻을 내리거나 좌초되지 않은

벤추리 (Venturi)

연료를 엔진의 흡기 매니폴드로 빨아들여 공기를 가속해 저압 영역을 만드는 기화기 안의 좁은 지역

선박 (Vessels)

수상 비행정 외의 수상에서 수송수단의 의미로 사용되거나 사용될 수 있는 모든 종류의 선박의 광범위한 분류

실전 화재조사관

당신은 야간에 화재가 발생하여 해안으로부터 거의 1마일 떨어진 위치에 침수된 대형, 고성능 쾌속정의 조사 수행을 요청받았다. 복구팀이 선박을 인양하기 시작했다.;그러나 당신이 조사를 시작하기까지는 몇 시간이 걸릴 것이다.

선주와 인터뷰를 하는 동안 약 5년 전에 선박의 속도와 성능을 향상시키기 위한 광범위한 개선을 했다는 정보를 얻었다. 선박은 전날 운항 중 자선 포커에 사용되었으며 밤중에 해안 근처에 닻을 내리고 있었다.

선박을 인양하여 육지로 옮긴 후 선박이 선체 중앙부 근처에 여러 개의 구멍이 나있는 심각한 손상을 입은 것에 주목한다. 엔진실 조사를 통하여 제한된 화염과 열손상을 발견하였다. 그러나 선주가 알려준 대부분의 개조된 구획은 발견되지 않는다.

1. 주 선체식별번호는 어디에 위치하고 있는가?
   A. 뱃머리 좌현쪽
   B. 선미 우현쪽
   C. 선박 등록번호 바로 아래
   D. 우현쪽 난간에 부착

2. 인보드와 I/O 해양 모터를 가지고 있는 선박에서 공기 흡입을 위하여 다음 중 어디에 부착되어야 하는가?
   A. 역화 플레임 어레스터
   B. 새와 곤충 방충망
   C. 질량유속센서
   D. 환기 밸브

3. 한정된 공간, 엔진 구획실 또는 폭발성 분위기의 위치에서 사용되는 전자부품들은 다음과 같이 존재하여야 한다.
   A. 접합
   B. 접지
   C. 본질 안전
   D. A, B, C 모두

4. 당신이 이 화재를 방화로 결정한다면 어떤 기관과 조직을 편성하여야 하는가?
   A. 미국 해안경비대
   B. 지역 항만청
   C. A와 B
   D. 위에는 없다.

용어

촉진제 (Accelerant)

연료 또는 산화제로서, 주로 발화성 액체이며 발화 또는 화재의 성장이나 확산 속도를 증가시키는데 사용됨

실화 (Accidental fires)

밝혀진 화재의 원인에 있어서, 불이 있어서는 안되는 곳에 발화를 시키거나 불이 퍼지게 하기 위해 의도적인 인간의 행위가 연관되지 않은 경우의 화재

수용시설(객실) (Accommodation space)

선박에서 사람이 생활할 수 있는 공간

반응성 소방설비 (Active fire protection system)

화재 상황을 감지하면 자동적으로 작동하는 소방설비

번지화 기술 (Addressable technology)

정보 주소가 할당되어 있는 장치와 설비로 이루어진 화재경보 및 감지설비로, 양방향 통신이 가능하고, 신호 입력에 기반한 특정 업무를 수행할 수 있다.

청소년 방화범 (Adolescent firesetters)

자신의 집 이외의 다른 장소에 화재를 일으킨 책임이 있는 청소년(14~16세)

표류중인 (Adrift)

계류, 정박, 견인되어 있지 않은 느슨한 상태

공중가연물 (Aerial fuels)

임관(forest canopy)에 위치한 모든 녹색이거나 또는 죽은 물질

선서 진술서 (Affidavit)

작성자가 서명하고 선서하에 작성된, 사실 또는 견해에 대한 자발적 진술문서

떠있는 (Afloat)

물 위에 있는, 가라앉지 않은

공중투하 (Air drop)

직접 화재 위에 투하하거나, 위협받는 지역 또는 화재를 목전에 둔 전략적 위치를 따라 물, 포소화약제, 또는 연소억제물질을 공중에서 뿌리는 작업

공기 인입 (Air entrainment)
화재, 화재기둥(플룸), 분출 등에 공기가 빨아들여지는 과정

공기샘플링 연기 감지 (Air sampling smoke detection)
분석을 위해 방호구역에서 공기를 탐지 채임버(chamber)로 흡입하도록 설계된 연기 감지의 한 방식

경보압력 스위치 (Alarm pressure switch)
모든 습식 화재진압설비에 설치되는 기동장치의 일종으로, 이 장치는 수압 설정치에 다다르면 화재경보 신호가 개시되게 한다.

경보 신호 (Alarm signal)
화재가 난 비상상황임을 재실자들에게 알려주는 경고의 신호

합금 (Alloying)
하나 이상의 금속이 액화 상태로 되어 두 개 이상의 물질이 혼합된 상태

교류 (Alternating current, AC)
초당 60 사이클을 가진 사인파 형태로 전압이 변하는 진류. 부하가 저항을 가지면 사인파 전류가 생긴다.

주위 온도 (Ambient temperature)
주변환경의 공기 온도

전류용량 (Ampacity)
자체 온도 한계를 초과하지 않으면서도 사용 상태에서 도체가 계속적으로 전달할 수 있는 전류(단위: 암페어)

전류량 (Amperage)
초당 1 쿨롱의 전류흐름에 상당하는 전류의 단위. 1 쿨롱은 전자 6.24×1018개이다.

알림판 (Annunciation panel)
화재경보설비 구성설비 및 장치에 관련한 상태, 조건, 위치정보를 비상대응인력에게 제공하기 위해 사용되는 장치로, 램프, 문자화면, 또는 기타 수단을 사용한다.

아크 매핑 (Arc mapping)
전기적 아크로 인해 손상된 위치의 분석 및 관련된 전기회선의 문서화

아크 조사 도면 (Arc survey diagrams)
전기적 아크의 위치가 확인되어 그 구조물에 영향을 받은 구역의 도면에 그려진 것. 이 아크 위치의 공간적인 관계도는 특정한 패턴을 이루게 되고 피해의 과정을 설정하는 데 도움이 된다. 이 분석기술은 구획실 내의 발화구역을 한정하거나 특정하기 위해서 건물 배선과 전기장치에 대해 활용된다.

아크 튜브 (Arc tube)
대부분의 수은등과 금속 할로겐등에 사용되는, 양 끝에 전극이 있는 무수규산/수정의 용융 실린더

아크 (Arc)

갈라진 틈이나 불에 탄 절연재 같은 매체 사이에서 발생하는 고온 발광 전기 방전

심각 아크 손상 (Arced and severed)

배선의 양 끝에 아크가 발생하고 전선이 끊어지는 경우

아크 회로 차단기 (Arc–fault circuit interrupter, AFCI)

가정용 전기배선의 아크 고장에 의해 발생하는 화재를 방지하기 위해 설계된 장치. 이 회로는 지속적으로 전류 흐름을 감시한다.

발화지역(Area of Origin)

발화지점(point of origin)이 위치한 방이나 건물, 영역

방화 (Arson)

악의적이고 의도적으로, 또는 무모하게 화재나 폭발을 일으키는 범죄. 방화의 법적 정의는 법령과 지역마다 다른 법률적 판단에 의해 정의된다.

전망 (Aspect)

경사면이 바라보는 방향(동서남북)

조립품 (Assemblies)

완성된 제품을 만들기 위해 합쳐지는 제조된 부분들

자연발화온도 (Autoignition temperature, AIT)

연소 가능 물질이 스파크나 화염 없이 공기 중에서 발화할 수 있는 최저 온도

역화방지 밸브 (Backflow valve)

가스가 용기나 분배설비로 재진입하는 것을 방지하는 밸브

균압 조절기 (Balanced pressure proportioner)

포농축액을 물과 함께 설비에 공급하는, 대기압 탱크 및 펌프를 사용하는 조절기

풍선 프레임 구조 (Balloon frame construction)

외부벽체 샛기둥이 기초 벽부터 지붕선까지 이어지는 구조. 리본 판자를 사용하여 바닥의 장선이 벽에 연결되어 있고, 이것이 바닥 사이에(지하실과 천장 포함) 개방된 샛기둥 채널을 만든다.

막대 구멍 (Bar holes)

무거운 금속막대 또는 드릴을 지면이나 포장도로 표면에 집어넣는 구멍. 가스의 누출지점을 알아내기 위해서 그 구멍 내로 가스검지장치를 집어넣는다.

중요사건 (Benchmark events)

화재의 원인, 확산, 감지, 소화와 중요한 관련성을 가질 수 있거나, 시간연표로서 중요한 기준이 되는 사건

베벨링 (Beveling)

목재벽 샛기둥(stud)에서 화재의 방향을 나타내는 화재 패턴. 경사면은 이동방향을 따라 기울어진다.

선체하부 만곡부 (Bilges)

선체의 내부에서 가장 아래 부분. 흘러나온 물과 기름이 모이는 곳이다.

폭발 과압 (Blast overpressure)

물질의 폭발에 의해 생성되는 많은 양의 가스

비등액체 팽창증기 폭발 (BLEVE Boiling liquid expanding vapor explosion)

액체가 비등하고 증기가 팽창하면서 증기가 폭발을 일으키는 현상

송기 구멍 (Blow holes)

분기 회로의 관로나 금속 패널에서 눈에 보이는 구멍. 관로 또는 구획 내에 심각한 아킹과 에너지 방출이 있음을 보여준다.

보트 (Boat)

다른 선박에 위치하거나 보관될 수 있는 선박

분기회로 (Branch circuits)

조명, 리셉터클 및 다양한 고정 전자제품에 전원을 공급하는 개별 회로

격벽 (Bulkheads)

건물에서의 벽과 대응되는 개념으로 선박에서 구획실을 형성하는 수직 벽체이다. 이 용어는 선박 선체의 수직단면부를 의미하지는 않는다.

연소 속도 (Burning velocity)

앞부분에 있는 비연소 가스의 속도에 비교한, 화염의 전파되는 상대속도

하소 (Calcination)

벽체 등으로 쓰이는 석고 제품에서 나타나는 화재의 영향으로, 열에 노출되어 석고에 결합되어 있던 물분자 및 자유 물분자가 날라가버려 발생한다.

일산화탄소 혈색소 (Carboxyhemoglobin, COHb)

혈액 속의 축적된 일산화탄소

촉매 변환장치 (Catalytic converter)

배출가스에서 탄화수소물질의 산화를 촉진하기 위해 배출가스를 촉매금속에 노출시키는 장치

천장 분출 (Ceiling jet)

비교적 얇은 층의 고온 유동 가스로, 수평으로 움직이게 된 유동 가스와 플룸 충돌의 결과 편평한 표면(예: 천장) 아래에서 발달한다.

중앙감시실 (Central station service)
화재경보신호를 수신하는 시설로서, 모니터링되는 화재경보설비를 작동, 기록, 대응, 유지관리하기 위해 적절한 행동을 수행할 수 있는 훈련받고, 적격, 유능한 요원들이 있는 장소

관리보호 순서 (Chain of custody)
조사에 있어 증거의 보유에 대하여 문서화하는 책임을 지는 순서(trail)

숯 (Char)
연소되거나 열분해되어서 검게 보이는 탄소계 물질

화학적 폭발 (Chemical explosion)
화학적 반응이 고압 연료가스의 근본원인인 폭발. 그 연료의 기본 성질이 변한다.

유아 불장난 (Child firesetters)
집이나 집 근처에서 불을 지르는 아이(2~6세)

정황증거 (Circumstantial evidence)
이미 밝혀진 다른 사실에 기반한 사실로서, 개별적 지식보다는 이미 밝혀진 사실에서 논리적 추론에 의해 나오는 사실

클래스 포소화약제 (Class A foam A)
물보다 밀도가 적은 거품을 기계적으로 발생시킨 포소화약제

완전 연소 (Clean burn)
숯검댕, 페인트, 종이 등 모든 가연물 층이 연소되어 불연성 표면만 보이는 화재 현상. 이 현상은 또한 고온 표면온도로 인해 숯검댕이 정착되지 않을 때도 발생한다.

규범화된 신호 (Coded signal)
작동하는 기동장치의 위치를 확인시켜주는, 사전에 정해진 시청각적 패턴을 발생시키는 신호

인지 시험 (Cognitive testing)
최종 가설의 결론에 대해 검증하고 실험적 결과치들을 평가하기 위해 사람의 사고 능력과 판단을 사용하는 방법

붕괴 구역 (Collapse zones)
구조적 붕괴에 영향을 받을 수 있는 구조물 주위의 거리. 이 구역은 표시장치나 특화된 현장 테이프로 표시되어 잠재적으로 구조물 붕괴가 있을 수 있음을 표시해야 한다.

가연성 가스 측정기 (Combustible gas indicator)
공기를 채취해서 가연성 증기가 존재하는지 여부를 알려주는 장치. 이 중 어떤 장치는 공기/가스 혼합기체의 폭발하한계 농도를 알려줄 수 있다.

연소 폭발 (Combustion explosion)

가연성 탄화수소계 가연물의 연소로 인해 발생하는 폭발이며, 산화제로서 공기를 함유한 가연물의 존재가 특징이다.

연소 (Combustion)

작열(glow) 또는 화염의 형태로 열과 빛을 발생하기에 충분한 빠른 속도로 발생하는 산화 화학 과정

상업용 프로판 가스 (Commercial propane)

95%의 프로판, 프로필렌과 5%의 기타 가스로 이루어진 액화가스이며, 석유를 정제하여 얻어진다.

구획화 (Compartmentation)

연기가 건물의 다른 구역으로 이동하는 것을 최소화하여, 화재를 발화실 내로 제한하는 개념

복합 조사 (Complex investigation)

다중의 동시 조사를 수반하고, 여러 이해관계자가 관련된 조사

전도 (Conduction)

직접 접촉에 의해 물체 내 또는 다른 물체로의 열전달

비밀대화 (Confidential communication)

특정하여 언급한 사람의 귀에만 전달하려고 의도한 진술임을 정황상 보여주는 진술

확증 편향 (Confirmation bias)

가설을 부인하는 대신 증명하려는 시도로, 다른 가설들을 고려하지 않게 되거나 가볍게 보게 된다.

침엽수 잎 (Coniferous litter)

침엽수에서 떨어진 바늘형태의 낙엽으로, 가지, 나무껍질, 솔방울 등을 포함한다.

동의 (Consent)

자산을 검사하기 위해 소유자 또는 점유자로부터 허가받는 것

헌법 (Constitutional law)

미국 국가의 근본이 되는 법

용기 부속장치 (Container appurtenances)

탱크와 기타 용기 등의 개구부와 연결된 장치. 예를 들어 압력방출장치, 제어밸브, 게이지 등

위험상태 에너지 제어(폐쇄) 기준 (Control of Hazardous Energy (Lockout/Tagout) standard)

예상치 못한 통전, 기계작동, 저장에너지 방출로 인해 조사관이 부상을 입을 수 있는 설비나 배선에 관계된 작업을 규율하는 미연방 안전보건청의 규정. 이 기준은 전기설비가 가동치 못하게 하는 폐쇄 기기를 활용한다. 이에 대한 규정은 29 CFR 1910.147에 있다.

대류열 난방기 (Convection heater)

팬을 사용하여 공기가 뜨거운 표면을 가로질러 공기를 뜨겁게 하고 실 전체로 퍼지게 하는 난방기

대류 (Convection)

기체나 액체 매개체 내의 순환으로 이루어지는 열전달

보편 기술 (Conventional technology)

경보 작동시 기기와 그 기기들의 위치에 관한 일반적 정보를 제공하며, 화재경보제어반과 설비 기기 사이에서의 제한적 통신을 제공하는 화재경보 및 감지설비에서 사용되는 기술

잔금 (Crazing)

직선이거나 초승달 모양이며, 유리 두께 전체로 확대될 수 있는, 유리에서 발생한 짧은 균일들의 복잡한 무늬

신뢰도 (Credibility)

믿을수 있거나 신용할 수 있는 정도

교차 오염 (Cross-contamination)

한 화재 현장 또는 지역에서 잔류물에 오염된 물질이 다른 증거 집합장소에 비의도적으로 전달되는 것

나뭇잎 류 (Crowns)

나무나 수풀의 잔가지, 침엽수 잎, 나뭇잎

커핑 (Cupping)

화재시 바람이 부는 방향에 표면이 노출되어 가연물 표면이 탄화된 현상

사하중 (Dead load)

건물의 일부분인 물질의 하중. 예를 들어 구조재, 지붕재, 기계설비의 하중 등이다.

데크 (Deck)

연속적이고 수평이며, 선박을 가로질러 확장되는 구조체. 육지에서 건물의 바닥면과 대응된다.

연역적 추리 (Deductive reasoning)

주어진 단서로부터 논리적인 추론에 의해 결론을 이끌어내는 과정

피고 (Defendant)

청구가 법원에 제기되어 소송을 당하는 주체

폭연 (Deflagration)

비반응 매개체를 통해서 전파되는 아음속 반응. 초당 1100피트 이하의 속도이므로 벤팅이 가능하다.

일제살수식 설비 (Deluge sprinkler system)

모든 헤드에서 물을 동시에 방출하는 개방형 헤드를 갖춘 자동식 스프링클러설비

명시적 증거 (Demonstrative evidence)

예를 들어 도표와 사진과 같이, 사건에 관계도고 실재하는 증거 자료

명시적 증거 (Demonstrative evidence)
사진, 지도, 엑스레이, 가시적 시험 또는 실험

밀도/면적 곡선 (Density/area curves)
각각 다른 위험분류에 따라, 스프링클러 헤드로부터 방출되어야 하는 물의 흐름양(밀도)과, 살수되어야 하는 면적과의 상관관계를 규정하는 곡선

선서 증언 (Deposition)
선서를 하고 재판 전에 행하는 구두 증언

하소 심도 조사 (Depth of calcination surveys)
열원에 가장 긴 시간 동안 노출된 구조부분을 알아내기 위해 상대적 하소 심도(석고보드의 관찰가능한 물리적 변화)의 측정값을 세밀한 현장 도면에 표시한 것

탄화심도 조사 (Depth of char surveys)
열원에 가장 긴 시간 동안 노출된 구조부분을 알아내기 위해 동일 가연물에 있는 상대적 탄화 심도의 측정값을 세밀한 현장 도면에 표시한 것

살수밀도 (Design density)
화재를 제어 또는 소화하기 위해서 화재 스프링클러설비의 수력학적으로 가장 많은 물이 필요로 하는 부분(원격 구역)에서, 화재 스프링클러 헤드로부터 분사하는 최소한의 사전설정 수량

폭굉 (Detonation)
초음속으로 전파되는 연소반응으로 초속 340미터 이상이다. 따라서 그 속도 때문에 벤팅될 수 없다.

다이어그램(도면) (Diagrams)
현장 조사가 완료된 후 작성되는 공식적인 도면

확산 화염 (Diffusion flame)
연소 영역에서 가연물과 공기가 동시에 섞이거나 확산되는 화염

직류 (Direct current, DC)
전압이 시간에 대해 일정한 수준을 유지한다. 부하의 저항이 있다면 전류도 일정한 수준을 유지한다.

직접 증거 (Direct evidence)
행동을 목격하거나 폐쇄회로 티비와 같은 감시장비와 오감(five senses)를 통해 탐지한 증인의 증언

문서 증거 (Documentary evidence)
특정 사건과 관련된 서면 기록 또는 문서

분말소화약제 (Dry chemical extinguishing agents)
불타고 있는 물체를 덮고 질식하게 하는, 나트륨 중탄산염, 칼륨, 암모늄 인산염으로 이루어진 분말소화약제

건식 스프링클러 설비 (Dry pipe sprinkler system)
스프링클러헤드가 작동해서 공기압 또는 질소압을 감소시키기 전까지 압축공기 또는 질소가 배관에 있고, 헤드 개방시에 건식밸브의 클래퍼가 개방되고 설비 배관에 충수하게 되는 자동식 스프링클러 설비

덕트 연기 감지기 (Duct smoke detectors)
공조설비 덕트 또는 플리넘을 통해 움직이는 공기를 채취하는 연기 감지기. 연기를 감지하면 감지기가 공조설비 가동중지, 연관된 연기댐퍼 폐쇄, 제연설비 기동 신호를 보낸다.

이탄층 (Duff)
흙 사부와 떨어진 잔가지, 잎사귀 등의 잔해물 층 아래의 잔해물 층에 있는, 분해된 유기물질층

전력 (Electrical power)
헤어드라이어, 전기 모터, 전등 등 전기 회로에서 전기력을 이용해서 단위시간 당 하는 일

전자(엔진) 제어모듈 (Electronic (or engine) control module, ECM)
연료 전달, 스로틀 제어 및 안전설비 작동을 포함하여 엔진 작동 변수들을 제어하는 전자장치

전자밸브 감시장치 (Electronic valve supervisory device)
제어밸브에 부착되거나 통합되어 있으면서 밸브의 위치가 변경되거나 움직이는 것을 탐지하여, 정상적 개방 위치에 변경이 있음을 알려주는 신호를 보내는 장치 또는 스위치

실험적 자료 (Empirical data)
이론에 바탕을 둔 것이 아닌, 실제 측정, 관찰에 바탕을 둔 사실적 자료

조절 주체 (Entity in control)
사건현장의 소유권을 대표하는 이해관계자 또는 그 장소, 현장, 증거의 실질적인 지배권이 있는 이해관계자. 그리고 그 이해관계자가 다른 이해관계자들과 협력적인 행위를 조직, 지시, 통제하는 경우 그 관계자를 말한다.

예상 시간 (Estimated time)
다른 사건이나 활동과 상대적이거나 그렇지 않은, 정보나 계산에 근거한 근사 시간 수치

공융합금 (Eutectic melting)
합금을 이루고 있는 각각의 금속 용융점보다 더 낮은 용융점을 가진 금속의 조합(합금)

사건 정보 기록기 (Event data recorder, EDR)
충돌 사건 전과 후를 기록하는 장치

증거 책임자 (Evidence custodian)
모든 증거 통제에 대한 관리 책임자

증거 전문가 (Evidence technicians)
증거를 문서화, 수집, 보존, 이송하는 일에 대해 특별히 훈련받은 사람

표본 (Exemplar)
어떠한 장치의 정확한 복사본

발열반응 (Exothermic reaction)
열의 생성을 수반하는 반응

예상 편견 (Expectation bias)
관련된 모든 정보를 검사 또는 고려하지 않고 화재원인에 대해 예단하거나 미숙한 결론을 내리는 것

전문가 증인 (Expert witness)
특별한 지식, 능력, 경험, 교육이 있음을 법원으로부터 인정받은 사람

폭발 역학 분석 (Explosion dynamics analysis)
폭발력 벡터의 일반적 경로를 따라 가장 피해가 적은 곳에서부터 가장 많은 곳까지 역추적하기 위하여 힘 벡터를 사용하는 과정

폭발 (Explosion)
일정압력 하에서 가스의 생성 및 분출을 수반하는 잠재적 에너지(화학적 또는 기계적)의 운동에너지로의 급작스런 변화. 이러한 고압 가스는 인근의 물질들을 이동, 변화, 분산시키는 기계적 일을 하게 된다.

폭발물 (Explosives)
폭발 기능을 하는 화학 물질, 혼합물, 또는 장치

사실 증인 (Fact witness)
개인적인 지식 또는 경험을 토대로 한 사실에 대해 증언하는 사람

실패 분석 (Failure analysis)
잠재적 및 실제 실패의 확률, 원인, 결과를 확인하기 위해 수행되는, 한 시스템 내에서 구성요소, 조합, 구조 및 장소와 기능의 논리적, 조합적인 연구

고장 유형 및 영향 분석 (Failure mode and effects analysis, FMEA)
설비 내에서 고장의 기본 원인을 특정하고, 이러한 고장이 결과물을 추적하기 위해 사용하는 기술

결함 트리 (Fault trees)
화재나 폭발을 분석하기 위해 사용되는 논리적 도표. 결정 트리라고도 한다.

화재경보 제어반 (Fire alarm control unit, FACU)
화재경보선로와 장치의 안전성을 감시하고, 기동장치로부터의 수동 및 자동 입력 신호를 처리하고, 경보장치를 작동시키고, 화재상황시 다른 화재방호 및 건물 설비를 작동하거나 제어하기 위한 인터페이스를 제공하며, 모든 설비기기의 전원제공을 해주는 장치

화재경보 설비 (Fire alarm system)

건물 재실자가 적절하게 반응할 수 있도록 자동 및 수동 감지 장치의 상태를 관찰하고 표시하도록 조합된 설비

방화장벽 (Fire barrier)

방화벽(fire wall)과는 다른 내화벽체. 방화벽과 방화장벽은 방연장벽(smoke barrier)과 동일한 요구조건을 충족할 필요는 없다.

화재방호벽 (Fire breaks)

화재로부터 가연물을 격리시켜 화재확산을 막거나 화재의 확산방향을 변경시키기 위해 사용되는 자연적 또는 인공적인 장벽

화재역학 (Fire dynamics)

화학, 화재과학, 유체역학, 열전달의 기술적 원리들이 화재 거동에 어떻게 영향을 미치는지에 대한 깊은 연구

화재 영향 (Fire effects)

화재에 노출된 결과로 물질 내 또는 물질 위에 관찰되거나 측정할 수 있는 변화

화재측면 (Fire flanks)

확산의 주 방향에 대략적으로 평행한 화재의 둘레 부분

화재선단 (Fire head)

경사 및 기타 지형적 특성의 영향을 받아 아주 빠르게 움직이는 화재의 일부분. 두 개 이상 의 가연물이 연소하는 경우 여러 개의 선단이 생길 수 있다.

화재 말단 (Fire heel)

화재 선단(head)으로부터 정 반대 쪽에 위치한 곳. 화재의 이 부분은 덜 심각하고 제어하기 쉽다.

화재 조사 (Fire investigation)

화재 또는 폭발의 발생위치, 원인, 성장단계를 규명하는 과정

화재 패턴 분석 (Fire pattern analysis)

패턴이 어떻게 생성되었는지와 그 중요성을 결정하기 위해 화재 패턴을 확인하고 해석하는 과정

화재 패턴 (Fire pattern)

단일한 화재 영향 또는 여러 화재영향들에 의해 형성된, 육안 식별가능하거나 측정가능한 물리적 변화 또는 확인되는 형상

화재 패턴 (Fire patterns)

화재 후 남게 되는 시각적 또는 측정 가능한 물리적 영향

연소점 (Fire point)
휘발성 물질이 그 증기가 발화 후에 계속적으로 연소될 수 있는 최저온도 (인화점 도달 후 가열이 계속되는 때)

화재 현장 재구성 (Fire scene reconstruction)
잔해물을 제거하고 실내의 물품들과 구조부재들을 화재 전의 위치로 위치시키는 과정. 재구성에는 화재 현장 분석 조사 과정 중에 물리적 현장을 재구성하는 것도 포함한다.

화재확산 분석 (Fire spread analysis)
화재를 발화장소로 역추적하기 위해서, 화재 패턴들이 만들어지는 순서와, 화재가 한 장소에서 다른 장소로 움직이는 것과 관련한 화재 패턴을 결정하는 과정

화재폭풍 (Fire storm)
화재가 일정 강도 이상을 가지게 되어 자체적으로 바람을 일으킬 수 있는 능력을 가지게 되는 자연현상

방화벽 (Fire wall)
건물을 구획하거나 분리하여 화재의 확산을 막는, 내화성능과 구조적 안정성을 가지고 있는 벽체

화구 (Fireballs)
폭발 중 또는 그 이후에 발생하는, 고강도의 단기 복사에너지를 발산하는 일시적인 화구(balls of flame)

화재 조각 (Firebrands)
대개 폭발에서 바람이나 대류에 의해 전달되는, 연소 물질의 조각

화이어링 아웃 (Firing out)
화재방호벽과 접근하고 있는 화재 사이의 가연물을 소각하여 화재장벽의 너비를 확장하는 과정

고정식 수위계 (Fixed level gauge)
주로 탱크나 실린더가 최대 허용가능 용량에 다다른지를 알려주기 위해 사용된다. 이것들의 고정된 길이를 초과하거나 미달하는 액위를 알려주지는 않는다.

불꽃 감지기 (Flame detectors)
가시광신과 비 가시광신 스펙트럼의 특정 부분을 감지하는 복사에너지 감지기

화염 속도 (Flame speed)
자유 전파되는 화염의 특정지점에 대한 상대 속도

인화점 (Flash point)
표면에서 순간적인 화염이 유지될 만큼의 속도로 증기(vapor)를 발산하는 액체의 최저 온도로, 특정한 실험적 방법에 의해 결정된다.

플래시오버 (Flashover)

열복사에 노출된 표면이 발화온도에 동시에 다달아서 화재가 전 공간에 순식간에 퍼지고, 결과적으로 실 전체에 또는 구획된 공간, 구획에서 전체적으로 화재에 개입하게 되는, 구획실화재의 발달 전이 과정의 하나

포응축액 (Foam concentrate)

포소화약제의 응축된 형태

포수용액 (Foam solution)

정확한 비율로 포약제와 물을 섞어 만드는 수용액

동결화 (Freezing)

화재전면이 지나가면서 가열이 된 경우, 잎사귀들과 잔가지들이 부드러워지고 휘기 쉽게되는 것을 말한다. 화재로 인해 발생한 바람이나 유속이 이러한 식물을 화재진행방향으로 휘게 만든다. 이것이 식으면 그 방향을 가리키게 된다.

마찰손실 (Friction loss)

수계설비를 통해 수원으로부터 물이 흐를 때 배관의 방향, 길이, 직경, 형식과 부속 및 배관설비에 사용되는 다른 구성요소들로 인해 발생하는 점진적인 압력하강

가연물 분석 (Fuel analysis)

최초로 발화된 가연물의 확인(결정)

연료가스 (Fuel gas)

천연가스, 기체상태의 액화석유가스, 액화 석유가스와 공기 혼합물, 공장제조 가스, 그리고 이러한 가스들의 조합을 포함하며, 인화성 범위 내의 가스와 공기 혼합물, 상업적으로 유통되는 제품으로서 인화성 가스들의 혼합물 등이다.

연료 물질 (Fuel items)

연소할 수 있는 물체

가연물 하중 (Fuel load)

열량 단위 또는 목재 상당 중량으로 표현되며, 내장재와 마감재를 포함하여 건물, 공간, 화재구역 내 가연성 내용물의 총량

가연물 패키지 (Fuel package)

화염이 그 배열을 타고 전파될 수 있도록 서로 가까이 붙어있는 가연물들의 배열 또는 조합

연료 이송로 (Fuel rail)

가압된 연료라인을 개별 연료 주입구로 연결해주는 역할을 하는, 내부통로 또는 외부 튜브

가연물 (Fuel)

특정된 주변 조건 하에서 연소를 유지할 수 있는 물질

가연물 지배 화재 (Fuel-controlled fire)

열방출률과 성장률이 가연물의 특성에 의해 제어되는 화재. 즉 가연물의 양, 형상, 그리고 연소를 위한 적절한 공기가 있느냐 등이다.

누출 가스 (Fugitive gas)

배관, 저장소, 지원설비 등에서 빠져나온 연료 가스로, 쉽게 발화되어 화재와 폭발이 될 수 있다.

섬전암 (Fulgurites)

벼락에 의해 생성되고 사질토에 녹아든, 투명하고 가느다랗고 관형의 암석

용융성 마개 (Fusible plugs)

열적반응에 의해 작동, 개방되어 용기 내 내용물을 흘러나오게 하는 장치

가스 버너 (Gas burner)

연료 가스와 공기가 적절하게 혼합되고 화염을 발생시킬 수 있게 하는 장치

가스감지형 화재감지 (Gas-sensing fire detection)

탄화수소물을 가공시 발생하는 특정 가스, 독성가스 또는 다양한 여러 가지 가스 및 증기를 감지할 수 있는 감지장치

지표면 가연물 (Ground fuels)

낙엽더미, 나무, 수풀의 뿌리, 잔가지, 토탄, 톱밥 등을 포함한 지표면을 덮은 물질 아래의 모든 가연성 물질. 일반적으로 화염 없는 작열화재(glowing fire)를 일으킨다.

누전 차단기 (Ground-fault circuit interrupter, GFCI)

지면으로 흘러가는 전류(일반적으로 인체를 지남)가 클래스 A 기기에서 설정한 특정값 이상이 될 때, 사전 설정된 시간 동안 배선의 전원을 차단시키는 역할을 하여 작업자를 보호하는 장치

접지 (Grounding)

전기 배선 또는 설비와 지면 또는 지면 대신에 사용되는 어떠한 전도체 사이의 전기적 연결(의도적 또는 비의도적일 수 있음)

지침 (Guide)

자문 또는 정보성 문서로, 비의무적 조항으로만 되어 있는 문서. 가이드가 의무적 조항을 가지는 경우도 있지만, 전체적으로는 법률로 채택되기에는 적합하지 않다.

할로겐화 화합물(청정소화약제) (Halocarbons (clean agents))

탄소, 수소, 염소, 불소, 브롬, 요오드로 이루어진 화학 화합물

할로겐 탄화수소 (Halogenated hydrocarbons (halon))

할로겐 원소(탄소, 수소, 염소, 불소, 브롬, 요오드) 중 하나 이상과 탄소가 결합하여 만들어지는 화학 물질

실제 시간 하드타임

시계 또는 알려져 있는 정확도를 가진 시간측정장치에 직, 간접적으로 연결된 특정 시간정보

해치 (Hatches)

수밀성 덮개를 갖춘 선박 갑판의 개구부

위험물 폐기작업 및 비상대응 규정
(HAZWOPER (HAZardous Waste OPerations and Emergency Response) standard)

위험물질 폐기장소와 대응훈련에 대해 규정하는 연방 안전보건규정. 29 CFR 1910.120에 내용이 있다.

윗공간 (Headspace)

넣어진 화재의 잔해물과 뚜껑 밑부분 사이의, 밀봉된 증거수집통 내의 영역

열 (Heat)

화학적 변화와 상변이를 개시하거나 유지시킬 수 있는, 분자의 진동에 의해 특정되는 에너지의 일종

열/화염 백터 분석 (Heat and flame vector analysis)

화재확산 분석 및 발화지점 결정을 도울 수 있는 하나의 과정

조사관이 판단한 열/화염 확산의 방향을 나타내는 화살들이 화재 현장의 세부도면에 그려져 있다. 이 패턴(무늬)로 발화지점까지 추적할 수 있다.

열용량 (Heat capacity)

특정 조건에서 1도씨를 올리는데 필요한 열의 양(J/kg-K, Btu/lb-°F)

열감지기 (Heat detectors)

사전 설정 온도 또는 특정한 온도변화율을 감지하여 작동하는 감시장치

열유속 (Heat flux)

단위면적에 대한 열전달률의 측정치. 단위는 kilowatts/m^2 , kilojoules/m^2 sec, or Btu/ft^2 sec 로 표현된다.

열방출률 (Heat release rate, HRR)

연소에 의해 열에너지가 생성되는 속도

열 가림 (Heat shadowing)

화원과 패턴이 생성된 타겟 물질 사이에서 복사열 이동을 막는 물체로 인해 발생하는 패턴

열전달 모델 (Heat transfer models)

일반적 열전달 방식인 전도, 대류, 복사에 의해서, 열이 한 열원에서 타겟에 어떻게 전달되었는지 조사관이 결정하게 해주는 모델

열전달 (Heat transfer)

서로 다른 지점 사이의 온도차에 의해 발생하는 열에너지의 이동

중목재 구조 (Heavy timber construction)

구조부재(예: 기둥, 보, 아치, 바닥, 지붕)가 단면적이 큰(제일 작은 쪽 치수가 8 또는 6 인치(200mm 또는 150mm) 비방호, 속찬 구조, 적층형 목재로 이루어진 구조

고위수준 피해 (High-order damage)

멀리 날아가거나 구속된 구조물에 대한 비산 효과에 의해 특징지어지는 급속한 압력상승 또는 고압 폭발

고저항 결함 (High-resistance fault)

전류방호설비를 작동하기에는 충분하지 않지만 과열이 발생하기에 충분한 전류를 허용하는 비의도적 경로

고온 촉진제 (High-temperature accelerants, HTA)

클래스 3 또는 4의 산화재와 테르밋 혼합물로 구성된 가연물

선박창고 (Holds)

대형선박의 갑판 아래 화물운반을 위해 사용되는 구획공간

마력 (Horsepower)

기계적 에너지의 사용 또는 생산을 표현하는 힘의 단위. 1킬로와트는 1.34마력이다.

전도관 (Hot legs)

단일위상 설비의 2개의 절연 도체(또는 삼상 전원이 사용되는 경우 3개). 때로는 L1, L2 또는 선로 전압이라고도 한다.

핫 세트 (Hot set)

방화 후 그 방화자가 방화도구를 제거해버린 화재

외피 (Housing)

전자제품에서 작동부를 담고 있는 외부 덮개 부분

신제 (Hull)

상부구조물, 돛대, 의장, 기타 장치를 제외하고, 바닥, 측면, 주 갑판을 포함한 선박의 외부 몸체

하이브리드 차량 (Hybrid vehicles)

내연기관과 전기모터의 추진력을 복합적으로 사용하는 차량

수력정보 명판 (Hydraulic data nameplate)

위해요인(hazard), 설계 밀도, 원거리 지역 크기, 필요한 급수량 및 수압, 설비가 적용되는 장소를 포함한 정보를 제공하는 영구적이고 견고한 표식이며, 화재스프링클러 설비 입상관 위 또는 근처에 부착된다.

수력학적 설계 (Hydraulic design)

설비의 전체적인 배관 직경을 결정하기 위해서 스프링클러설비의 각각의 지점에서의 흐름과 압력을 결정하는 수학적 방법

가설 (Hypothesis)

관찰을 통해 조사관이 취합한 경험적 자료에 의해 지지되는 이론으로 사건에 대한 설명을 위해 만들어진다. 이것은 조사관의 지식, 훈련, 경험, 실무경험으로부터 나온다.

저산소증 (Hypoxia)

산소가 부족한 상태에서 호흡을 하는 경우 발생하는 현상

발화순서 (Ignition sequence)

최초가연물과 발화원이 함께 하여 화재를 발생시키게 허용하는 사건과 환경의 순서

발화원 분석 (Ignition source analysis)

발화지역의 모든 잠재적 발화원에 대해서 최초 발화 가연물의 물성, 기본적인 과학적 원리, 그리고 기타 활용 가능한 정보의 관점에서 고려하는 과정

충격 부하 (Impact load)

구조물에 갑작스럽게 가해지는 부하

인보드 (Inboard)

선체 외부에서 선박의 내측 쪽으로의 방향

방화 장치 (Incendiary devices)

방화를 일으키는데 쓰이는 다양한 기계장치

방화 (Incendiary fire)

불이 있어서는 안 되는 장소에 화재가 발생하게 하려는 의도를 가지고 인위적으로 지른 불

사고 명령 체계 (Incident command system, ICS)

어떠한 사고에 대하여 기술된 목적을 달성키 위해 할당된 자원을 효율적으로 관리하기 위해서 있는, 표준적 기관 구조 내에서의 시설, 설비, 요원, 과정 및 통신의 조합

귀납법 (Inductive reasoning)

특정한 경험과 과정으로부터 시작하여 일반화로 가는 과정. 관찰자의 훈련, 경험, 지식 및 경험과 함께, 관찰 가능하거나 알려진 사실에 기반하여 가설을 발전시켜 나가는 과정

불활성 가스 (Inert gas)

헬륨, 네온, 아르곤, 질소, 그리고 소량의 이산화탄소가 혼합되어 이루어진 가스이며, 인화성을 띠거나 섞이거나, 반응하지 않는다.

초기 현장 평가 (Initial scene assessment)

현장보존을 확인하기 위한 조사의 초기 단계: 이것은 안전위험 요인, 인력, 설비 요구사항을 확인하고, 또한 추가적인 점검이 필요한 구역을 결정하기 위해서이다.

발신장치(기동장치) (Initiating device)

화재경보 및 감시신호를 활성화시키기 위해서 수동적 또는 자동적 방법을 제공하는 장치 또는 설비

의도 (Intent)

인간이 작위 또는 부작위하는 당시에 존재하는 정신의 상태에 관한 것으로, 범죄행위의 증거로서 필요하다.

이해관계자 (Interested parties)

특정사건의 조사에 의해 법적 권리나 이익에 영향을 받는 자

이해관계자 (Interested party)

특정 사건의 조사에 의해 법적 권리나 이해관계에 영향을 받거나 법적 의무가 있는 개인, 객체, 기관 및 그들의 대표

심문 (Interrogatory)

소송에 관계된 일방에 의해서 상대편 측에 행해지는 일련의 질문

중단 전류 (Interrupt current)

차단기가 기동되고 이것이 계속 작동할 수 있는 전류의 값

중단전류치 (Interrupting current rating)

장치가 중단시킬 수 있는 최대 전류치

틈새 공간 (Interstitial spaces)

건물 프레임과 내부 벽 및 건물 외부 사이의 공간, 그리고 천장과 바닥의 하부 또는 데크 사이의 공간

본질안전 구조 (Intrinsically safe)

폭발내기 또는/그리고 불균일한 가동조건에서 전기설비가 안전한 가동을 할 수 있는 방호특성

조사 파일 (Investigative file)

조사관과 기타 전문가의 보고서, 수행된 조사 또는 연구결과 및 사건현장에서의 음성, 문서, 시각 정보를 포함하여 화재사건에서의 문서정보를 모든 모아 놓은 것

이온화식 연기 감지기 (Ionization smoke detectors)

감시챔버에서 측정 가능한 전류를 생성하기 위해 공기 중 입자를 전기적으로 충전시키는 방사성 물질을 소량 사용하는 연기 감지기. 연기가 감지챔버에 들어가 사전설정된 수치 이하로 전류 감소가 되면 경보가 울린다.

아이소차르 (Isochar)

도표에서 탄화심도가 동일한 지점을 연결한 선도

유소년 방화범 (Juvenile firesetters)

집이나 집 주위에서 불을 지른 책임 있는 7세~13세 사이의 유소년

K 팩터 (K-Factor)

화재스프링클러 설비의 특정 위치에서 물의 흐름과 수압을 계산할 때, 각각의 헤드의 오리피스에 대한 방출 계수를 나타내는 수치값

운동에너지 (Kinetic energy)

움직임에 의한 결과로서 설비나 물체가 가진 에너지

적층형 판자 보 구조 (Laminated beams)

속찬 목재 보와 동일한 특성을 가진 구조부재. 하나의 보를 구성하기 위해 많은 나무판자가 접착, 층화되어 구성된다. 건물 내부용도로 설계. 외부기후에 노출되면 하중지지 성능이 저하된다.

전문가 증인 (Lay witness)

개인적인 지식과 경험으로부터 나오는 사실에 관하여 증언하는 사람. 사실 증인이라고도 한다.

저장실 (Lazarettes)

저장을 위한 구획공간으로, 일반적으로 선박의 후미 부분에 위치하며, 작업공간으로도 활용된다.

경량목재 트러스 (Lightweight wood trusses)

다른 트러스와 설계적으로 유사. 개별 부재는 못, 스테이플, 접착제, 금속 덧댐판 또는 목재 덧댐판 등을 사용하여 고정한다.

선형 감지기 (Line-type detector)

감지부가 넓은 영역을 탐지하기 위해 튜브 또는 전선을 다른 방향으로 배열하여 사용하는 감지기

액화석유가스(프로판) (Liquefied petroleum, LP gas, propane)

효율적인 유통을 위해 일반적인 온도와 기압에서 액화상태로 응축시킨 석유가스

활하중 (Live load)

가구, 복식, 설비, 기계, 눈, 비 등 구조물의 하중지지 능력에 계산해 넣을 필요가 있는 일시적 부하의 하중

창백해짐 (Lividity)

사망 후 중력에 의해 피가 몸의 낮은 쪽으로 모이면서 발생하는 현상

폭발 하한계 (Lower explosive limit, LEL)

연소하한계(LFL)라고도 불리는, 특정 산화제가 있는 상황에서 연소가 발생할 수 있는 가연물의 최저농도

저수준 피해 (Low-order damage)

구속된 구조물에 대한 밀어내기 또는 제거효과로 특징지어지는 느린 압력상승 또는 저압 폭발

주차단기 (Main disconnect)
전체 설비의 전원 주 차단 기능을 제공하며, 2차측 과전류 방호설비와 배선의 고전류에 대한 보호를 제공한다.

수동화재경보기 (Manual fire alarm box)
화재경보를 시작하기 위해서 손잡이를 잡아당겨 사용하는 경보장치

수동 작동기 (Manual initiating device)
어떠한 기기를 작동시키기 위해 사람이 물리적인 접촉을 해야지만 가동이 되는 시동 장치

조립식 주택 (Manufactured housing)
구조체가 하나 이상의 부분으로 만들어지는 건축 공법. 이 부분들은 건물 대지로 옮겨져서 현장에서 조립된다.

대규모 방화 (Mass arson)
제한된 시간 동안 같은 장소 또는 위치에서 발생하는 3회 이상의 방화

기계적 폭발 (Mechanical explosion)

융해 (Melting)
열에 노출되어 발생하는 물리적 변화

계측기 (Meter)
특정 장소에서 소비되는 전기의 양을 측정하기 위해 측정장치 하부에 접속되어 있는 와트-시간 계측기

계량기 (Meter base)
전선이 보호덮개(wheatherhead)를 통해 인입되고 전기계량기로 연결되는 부분. 전기의 사용량을 측정한다.

공장 구조 (Mill construction)
공장에서 대형 화재손실을 줄이기 위해 보험사들이 필요성을 깨닫고 개발되고 영향받은, 초기형태의 중목재 구조

모듈 홈 (Modular home)
공장에서 만들어서 현장에 조성된 기초 위로 옮겨지는 거주용 구조물. 규제기관에서 채택, 운용, 강제하는 기준에 따라 제작되거나, 규제기관과의 상호협약에 따라 제조된다.

수법 (Modus operandi, MO)
범죄자가 사용하는 작업방식

모자이크 사진 (Mosaic photographs)
넓은 시야각 렌즈가 없는 상황에서 파노라마 뷰가 필요한 경우 사용한다. 한 장소의 주변부보다 더 넓은 시야를 얻기 위해 많은 사진을 겹쳐서 조합하여 모자이크 사진을 만들어낸다.

신청 (Motion)

재판과정에서 증거심리 단계에서 특정된 사실, 문서 및 증거에 대한 법원의 처분을 요청하는 행위. 관련 사실, 문서, 증거의 법정 증거능력에 대해 다툴 수 있다.

원동력, 동기 (Motive)

특정 행위를 유도하거나 행동하게 하는 원인, 이유, 보상인 내부적인 동기 또는 충동

자연적 화재 (Natural fire)

인간의 개입 또는 행위 없이 발생하는 화재로, 예를 들어 벼락, 지진, 바람에 의해 발생하는 화재

천연가스 (Natural gas)

원유와 함께 지하에 매장되어 있다가 유정 시추시 발견되는, 주로 탄화수소 가스 화합물로 이루어진 가스

과실 (Negligence)

유사한 훈련을 받은 사람이 기울어야 하는 수준의 주의를 기울이는 데 태만한 경우

중성대 (Neutral plane)

더운 공기와 차가운 공기의 흐름이 교차하는 선

NFPA 1033 화재조사관 전문능력 검증 기준 (NFPA 1033 Professional Qualifications for Fire Investigator)

화재조사관으로 활동하기 위해 필요한 최소 업무능력 요구조건(JPRs)에 대해 기술한 기준

NFPA 921 화재폭발조사관 지침 (NFPA 921 Guide for Fire and Explosion Investigations)

화재 및 폭발 사건의 안전하고 체계적인 분석 및 조사를 위한 지침과 권고사항들을 정립한 가이드

비규범적 신호 (Noncoded signal)

재설정되기까지 계속 작동하는 상태를 유지하는, 지속적인 시각적 또는 청각적 신호

불연구조 건물 (Noncombustible construction)

주로 상업, 산업용 창고 및 고층건물에서 사용되는 구조형식. 주요구조부가 불연재이다. 즉 구조 부재 자체가 화재의 연료 역할을 하지 않는 것이다. 이러한 건축자재로서, 벽돌, 석재, 강재, 주철, 비보강 콘크리트 등이 있다.

완만 폭발 (Nonseated explosion)

폭발에서 가연물이 완만한 압력증가율 및 아음속 폭발속도로 분산되거나 확산되는 때

비 수계 화재 진압 (Non-water-based fire suppression)

가스 또는 화학물질로 이루어진 약제를 사용하는 화재진압 설비

통보 장치 (Notification appliances)

재설정까지 활성화된 상태가 유지되는 지속적인 시각, 청각적 신호

옴의 법칙 (Ohm's law)
전압, 전류 및 저항의 관계를 정의하는 전기의 기본 법칙. 만일 이 세 개의 값 중 2개를 알면, 나머지 한 개의 값을 결정할 수 있다.

일반 구조 (Ordinary construction)
지붕, 마루, 벽체가 목재이고 외벽은 벽돌 또는 기타 불연재인 구조형식

선외식 (Outboard)
선박의 중심선에서 바깥쪽 또는 옆면을 넘어선 쪽, 선박의 선미 뒤에 부착된 엔진 형식

선박 외측 (Overboard)
선박의 외측 또는 측변 너머

과전류 (Overcurrent)
도체의 용량 또는 설비의 정격 전류를 초과한 과도한 전류의 흐름. 과부하, 단락, 접지불량을 일으킨다.

과다 휴즈 (Overfusing)
회로 보호장치(퓨즈 또는 회로차단기) 정격이 도체의 전류용량을 초과하는 위험한 상태로, 도체에서 과열 상태가 될 수 있다.

과부하 (Overload)
정격 전류용량을 넘어서 도체의 정상 범위, 전부하 정격을 벗어나 설비를 작동하는 것으로, 일정시간 동안 계속되면 기기 손실 및 위험한 과열을 초래하게 된다.

산화 (Oxidation)
연소와 관계된 기본적 화학작용

산화제 (Oxidizing agent)
연소 과정 중에 산화를 촉진시키는 물질

허가의무 구획공간 기준 (Permit-Required Confined Space standard)
작업자의 연속적인 체류를 위해 설계되지 않았으며, 출입 시 제한이 되거나 한정적인 수단을 사용해야 하는, 작업자의 몸이 들어가 주어진 작업을 수행하는 공간에 대해 규정하는 연방 안전보건청 기준. 이 규정은 29 CFR 1910.146에 나와있다.

신분사칭 (Personation)
범죄를 저지르는데 필요한 범위를 벗어난, 범죄자의 비정상적 행위

상변화 (Phase change)
물질의 화학조성을 변화시키기 않고, 가역적으로 물질의 한 상태에서 다른 상태로 바뀌는 것

사진 도표 (Photo diagram)
각각의 사진이 촬영된 방향을 알려주는 도표

사진 로그(도표) (Photo log)

화재 현장에서 촬영된 모든 사진의 문서화된 리스트 또는 차트로, 사진 번호 또는 식별정보, 촬영된 지역 또는 물품의 간략한 소개를 포함한다.

광전식 감지기 (Photoelectric detectors)

광원이 반사되거나 연기 입자에 의해 불명료해질 때 감지챔버 내에 광원과 수신부를 이용하여 경보를 발하도록 하는 연기 감지기

물리적 증거 (Physical evidence)

실증거라고 하는, 특정한 사실 또는 사건에 대해 증명하거나 반증하기 위한 어떠한 물리적 또는 만질 수 있는 물품

배관 스케줄 (Pipe schedule)

위험등급에 기초하여 배관이 담당해야 하는 배관 구경 리스트와 화재스프링클러 헤드의 숫자

원고 (Plaintiff)

법원에 소를 제기하는 주체

판자-보 구조 (Plank-and-beam construction)

전형적인 목조프레임에서 사용되는 다수의 소 목재 부재를 대체하는 몇 개의 대형 부재로 이루어진 구조형식. 다시 말하면 대형 보들이 폭넓게 활용되어, 더 작은 부재의 표준적 바닥/지붕 프레임을 대체하는 것이다.

플랫폼 프레임 건축법 (Platform frame construction)

주거 및 경량 상업시설에 가장 널리 사용되고 있는 구조. 이 건축방식은 구조물이 건축될 때 분리된 플랫폼 또는 바닥이 만들어진다.

화재기둥 (Plume)

화재의 위로 올라가는, 뜨거운 가스, 화염 및 연기로 이루어진 기둥. 대류 기둥, 열 상승기류(updraft), 또는 플룸이라고도 한다.

발화지점 (Point of origin)

열원과 가연물이 접촉하여 화재가 시작된 정확한 물리적 위치

기둥-프레임 구조 (Post-and-frame construction)

판자-보 구조와 유사하며 더 큰 부재를 사용한다. 예를 들면, 전형적 창고구조에서 기둥이 지지력의 대부분을 제공하고, 프레임이 외부 마감재가 설치되는 장소를 제공한다.

준비작동식 스프링클러 설비 (Preaction sprinkler system)

화재탐지설비와 연동하여 스프링클러 헤드가 물을 방출하기 위해서는 화재감지기가 작동해야만 되는 자동식 스프링클러 설비

조사개시전 팀 회의 (Preinvestigation team meeting)

현장 조사 전에 개최하는 회의. 팀의 리더 또는 조사관은 관할영역의 의문점들에 대해 언급하고, 팀 구성원들에게 각각 특정한 임무에 대해 할당한다. 요원들은 현장의 상황과 요구되는 안전예방대책에 대해 조언을 받는다.

예혼합 연소 (Premixed burning)

실험실용 분젠버너 또는 조리용 가스렌지에서처럼 연소 전에 산화제와 가연물이 섞인 상태에서의 연소. 화염의 전파가 유속, 이동과정 및 화학적 반응 사이의 상호작용에 의해 지배된다.

계획 화재 (Prescribed fire)

자원의 관리 목적을 달성키 위해 승인된 계획에 따라, 사람에 의해 의도적으로 발화된 화재 또는 자연적으로 발생한 화재를 계속 지속하게 허용하는 화재

압력계 (Pressure gauge)

탱크 내부압력을 알려주는 용기장치. 이 계측장치는 탱크에 직접 또는 밸브를 통해 연결된다. 압력계는 탱크 내 액체 프로판의 양을 측정하지는 않는다.

압력 비율조정기 (Pressure proportioner)

접이식 공기주입기(bladder)로 압력을 가하거나, 혼합을 위해 포원액을 탱크로부터 조정기로 보내기 위해 급수된 물 중 일부분을 포용액 탱크로 되돌려주는 비율조정기.

압력방출 밸브 (Pressure relief valve)

특정 압력, 일반적으로 250 psi (1700 kPa)에서 개방되도록 설계된 밸브. 이것은 용기에서 일반적으로 증기를 배출하는 곳에 위치한다.

전용 모드 통보 (Private mode notification)

어떠한 시설 내의 구역으로 전달되어 훈련받은 직원들이 이해하고 적절한 대응과정을 이행하도록 하기 위한 경보 신호

면책 대화 (Privileged communication)

부부, 변호사와 의뢰인, 사제와 고해인의 관계처럼 보호받는 관계 내에서의 특정한 사람들에 의한 진술. 이러한 대화는 증인, 배우자, 고객, 고해인의 선택에 의해, 증언대에서 본인의 의사에 반하여 털어놓지 못하도록 법에서 보호된다.

광전식 감지기 (Projected beam detectors)

광선을 수광부(receiver)에 투사하는 화재감지기로, 이 광선이 막히거나 산란되면 경보가 발생된다.

전용 감시실 화재경보설비 (Proprietary supervising station fire alarm system)

하나 이상의 장소를 그 재산소유자의 훈련된 요원들이 지속적으로 감독, 감시하는 화재경보설비의 그룹

규약 (Protocol)

어떠한 업무를 수행하기 위한 특정한 과정과 방법의 명세서

공공모드 통보 (Public mode notification)

건물에 전파되어 건물의 점유자들이 적절한 행동을 취하도록 시각적, 청각적으로 경고해주는 경보신호

투사형 자세 (Pugilistic attitude)

팔, 다리, 손가락이 굽혀진 웅크린 자세

열분해 (Pyrolysis)

물질이 열 자체의 영향에 의해 좀 더 간단한 분자 요소로 분해, 분리되는 과정. 열분해는 대부분 연소 전에 이루어진다.

레이스 (Races)

베어링으로 하중을 전달하는 베어링의 회전요소. 일반적으로 쌍으로 사용된다(내부, 외부 레이스).

복사에너지 감지기(불꽃감지기) (Radiant energy-sensing detectors)

연기나 열기둥에 의존하지 않고 작동하는 감지기의 한 종류. 대신 화염, 스파크, 또는 잔화(ember)가 방출하는 가시광선 또는 비 가시광선 파장(spectrum)의 특정 부분을 찾아 감지한다.

복사열 난방기 (Radiation heater)

복사로만 열을 전달하는 난방기

복사 (Radiation)

전자기 에너지 방식의 열전달

무지개 효과 (Rainbow effect)

탄화수소물질이 어떤 물질의 표면에 떠 있어 발생하는 회절 패턴

실 증거 (Real evidence)

물리적 증거라고 하는, 특정한 사실 또는 사건에 대해 증명하거나 반증하기 위한 어떠한 물리적 또는 만질 수 있는 물품

회수(리콜) 통보 (Recall notices)

제품이 소비를 위해 풀린 후에 제품 결함이 확인되어 그 제품의 소비자에게 제품결함을 통보하는 한 방식

정격 전류치 (Regular current rating)

그 수치를 초과하면 방호장치가 작동되는 전류의 크기. 예를 들어 15A, 20A, 50A 등

일반형 분말약제 (Regular or ordinary dry chemicals)

B, C 급 화재용 분말소화약제

상대 습도 (Relative humidity)

특정 용량의 공기 내에, 동일한 온도에서 함유할 수 있는 최대 수증기의 양과 비교하여 들어있는 수증기의 양

상대적 시간 (Relative time)

다른 사건이나 행위와 관련하여 특정될 수 있는 사건, 행위의 연대적 순서

완화 시간 (Relaxation time)

충전된 상태가 방산되는 데 걸리는 시간

원격 구역 (Remote area)

그 구역의 모든 헤드에서 반드시 최소 설계밀도로 방수가 가능해야 하는, 화재 스프링클러 설비에서 가장 수력학적으로 멀리 떨어진 배관의 최소 면적

원격 감시실 화재경보 설비 (Remote supervising station fire alarm system)

적절한 대응조치를 수행키 위해 훈련된 요원들이 배치되어 있는, 방호 구역과 떨어져 있는 장소로 경보, 장해, 감시신호를 송신하는 화재경보설비

주거용 스프링클러설비 (Residential fire sprinkler systems)

적은 열방출 및 저압에서 사용되도록 제작된, 조기반응 자동식 헤드를 갖춘 자동식 스프링클러 설비

저항 가열 (Resistance heating)

전류가 경로를 통해 흐를 때 전류 흐름에 큰 저항(방해)을 주는 경우 발생한다. 예를 들어 가열 요소(의도적), 연결저항(비의도적) 등이 있다.

저항회로 (Resistive circuit

자기유도(inductance)와 전기용량(capacitance)이 없는 회로

반응시간 지수 (Response time index, RTI)

사전에 설정된 값 이상의 온도에 일단 노출되어 헤드가 작동하는 데 걸리는 시간

책임 (Responsibility)

화재나 폭발, 화재 확산, 신체상해, 사망 또는 재산손실을 일으키게 한 일련의 사건들에 대한 개인이나 다른 주체의 책임

고리형 플래시 (Ring flash)

근접촬영 시 피사체에 반짝거림을 감쇠시키고 적절한 빛을 제공하는 조명

실효치 (계산) (Root mean squared, RMS)

교류 전류값을 좀 더 익숙한 직류 설비의 수치로 변환시켜 계산하는 수학적 계산방법

사보타지/태업 (Sabotage)

의도적인 손실 또는 파괴

안전 평가 (Safety assessment)

현장이 진입하기에 안전한지 평가하는 점검 및 그 현장이 안전한지 평가하는 과정

일정 (Schedule)

비교적 큰 업무에 대해, 리스트에서 설비의 형식을 세부적으로 규정한다.

과학적 방식 (Scientific method)

문제를 인지하고 정의하는 데 관련된 지식의 체계적 추구. 관찰과 실험을 통한 정보의 수집, 정보의 분석, 가설의 정립, 평가와 시험. 그리고 가능하다면 최종 가설의 선택

폭발자국 (Seat of the explosion)

폭발한 위치에 생긴 분화구와 같이 움푹 들어간 곳

지진 효과 (Seismic effect)

폭발파 팽창의 결과로 인한 진동의 전달로, 구조체가 손상되게 한다.

연쇄 패턴 분석 (Sequential pattern analysis)

화재의 발화장소, 성장, 확산을 알아내기 위해 화재 패턴 정보(가연물 조합 및 형상, 구획실 구조, 환기, 화재진압 작동, 증인 정보 등) 분석에 화재과학의 원리를 적용하는 것

순차적 사진촬영 (Sequential photography)

알려진 지역에서 소물체들의 상대적 위치관계를 보여준다. 소물체는 일단 먼 위치에서 촬영되며, 이 위치는 주변상황과 함께 보여진다. 전체 프레임에 그 물체가 들어갈 때까지 계속적으로 더 가깝게 추가 사진촬영을 한다.

연쇄 방화 (Serial arson)

화재 중간에 휴지기를 두고 3건 이상의 방화를 저지르는 범죄자가 연관된 화재사건

연쇄방화범 (Serial arsonist)

See serial fire-setter. 연쇄 방화범(fire-setter) 참고

연쇄방화범 (Serial fire-setter)

3개 이상의 방화에 관련된 개인 또는 그룹

전기 접속구 (Service drop)

마지막 전봇대 또는 공중지지선으로터 오는 상부측에 있는 도전체. 구조물의 전기인입 도체에 연결되어 있을 수 있다.

전기 인입구 (Service entrance)

전기선로가 건물 내로 들어가는 위치

전기설비 (Service equipment)

배선차단기, 스위치, 휴즈 또는 그 부속부품 등의 필수 설비로, 전선 부하 말단에 연결되거나 지정된 구역에 연결되어 주전원을 제어하거나 차단하는 데 사용한다.

측면 배선 (Service lateral)

지하로부터 들어오는 배선

지주 전력 (Shore power)

코드세트를 통해 지주로부터 공급되는 전원

차단밸브 (Shutoff valve)

배관설비에서 사용자가 쉽게 접근 및 조작할 수 있는 곳에 위치하고, 각각의 제품 또는 설비의 작동을 멈추게 할 수 있는 밸브

사인파(정현파) (Sine wave)

교류 전압이 나타내는 파형. 그 예로는, 교류 120V, 최대 170V에서 0과 -170V를 지나고, 이 사이클을 초당 60번씩 반복한다.

스케치 (Sketches)

2차, 3차원으로 현장을 최소한의 도구를 이용하여 손으로 그려내는 도면

경사 (Slope)

화재거동에 영향을 크게 미칠 수 있는 대지의 경사 또는 지리적 특성

연기경보기 (Smoke alarm)

전원, 감지부, 경보장치가 합쳐진 상태의 단일/다중 스테이션의 연기 감지기

방연벽 (Smoke barrier)

수직 또는 수평의 연속적 벽체로서, 연기의 이동을 제한하기 위해 설계 및 설치된 벽체

(Smoke deposits)

표면과 충돌하여 부착되는 뜨거운 연소 생성물

연기 감지기 (Smoke detectors)

연소시 발생하는 가시적, 비가시적 입자를 감지하는 화재감지기

스낵 (Snag)

죽은 나무나 그 일부가 서 있는 것. 여기서 더 작은 가지들은 땅으로 떨어지게 된다.

소핏 (Soffits)

처마의 수평부 아래쪽

소프트 타임 (Soft times)

시간상 예측되거나 상대적인 지점

폭열 (Spalling)

콘크리트나 석조면이 부스러지거나 구멍이 나는 현상

불꽃 감지기 (Spark/ember detectors)

가시광선 또는 비 가시광선 스펙트럼의 특정 영역을 감지하는 복사 에너지 감지기

파기 (Spoliation)
법적 절차에서 증거이거나 잠재적 증거인 물체나 문서가 보존의 의무가 있는 사람에 의해 손실, 파괴, 변조되는 행위

스팟 화재 (Spot fires)
화염선단 앞부분에서 발견되는, 연소되거나 불꽃을 보이는 선단

스폿형 감지기 (Spot-type detector)
감지요소가 고정된 해당 위치 부근을 탐지하는 감지장치

흥분상태중 방화 (Spree arson)
화재 사이에 감정적인 냉각 기간이 없이 별개의 장소에서 발생하는 3건 이상의 불을 저지르는 행위

조작 (Staging)
경찰 도착 전 의도적인 범죄현장 조작

기준 (Standard)
의무사항을 뜻하도록 "해야 한다(shall)"이라는 단어를 사용하는 조항을 본문에 포함한 문서로서, 다른 기준, 규칙의 의무적 참고문서 또는 법률로 채택하기에 적합한 형식을 가진다.

비의무 조항은 부록, 별첨자료, 각주, 또는 세부 인쇄 메모 사항 부분에 위치하여야 하며, 이러한 것들은 기준의 요구사항 중 일부분으로 간주하지 않는다.

우현 (Starboard)
앞쪽을 볼 때 선박의 우측(우현)

위험 경고 (Statement of the danger)
물건의 위험 특성 및 범위, 그리고 상해위험의 심각성에 대해 확인시켜주는 경고

정전기(정전하) (Static electricity)
물체가 물리적 접촉 및 분리를 통해 발생하는 전기적 충전상태와, 이러한 과정에 의해 발생한 전기적 충전상태로부터 발생하는 다양한 효과

강철 프레임 주거형 구조 (Steel-framed residential construction)
목재프레임과 유사하나 불연성인 특성을 가진 구조형식. 강철 프레임은 열에 많이 노출되면 구조적 능력을 상실한다.

감압 변압기 (Step-down transformer)
리셉터클에서 제공되는 120V를 필요한 전압으로 감압시키는 장치

화학양론의 (Stoichiometric)
연소가 가장 효율적으로 일어날 수 있는 최적의 비율

화학양론비 (Stoichiometric ratio)
연소하한계와 연소상한계 사이에서 연소가 가장 효율적으로 일어날 수 있는 가연물과 공기의 혼합비율

상부 구조물 (Superstructures)

주 갑판 또는 노천 갑판 상부의 모든 선박 구조물

감시 경보신호 (Supervisory alarm signal)

화재경보 패널에 연결되거나 통합되어 있는 다른 방화설비 또는 장치의 정상적인 대기상태가 변경되는 경우 이것을 알려주는 화재 경보설비의 경계 신호의 한 형식

표면 가연물 (Surface fuels)

지표면에서 약 2미터 정도 위까지의 모든 가연성 물질

화물 전환 (Switch loading)

다른 증기압과 인화점을 가진 제품이 있던 탱크나 구획에 다른 제품을 채우는 것

스위치 (Switch)

작동 상태를 변경하거나 장치를 가동 또는 중지시키는 데 사용되는 장치

설비 분석 (System analysis)

다양한 요소들의 특성, 거동, 성능을 고려하는 분석적 접근방식

탬퍼 스위치 (Tamper switch)

소방설비의 정상 위치에서 변화를 감지하여 밸브가 정상위치에서 벗어날 때 감시신호를 보내는 장치

온도 (Temperature)

온도계 또는 이와 유사한 장치를 이용하여 측정하는, 어떠한 물체의 감지가능한 열의 정도

증언 (Testimonial evidence)

선서 후 증인이 행하는 구두 진술로서, 상대방 측에 의한 교차 검증이 있을 수 있다.

텍스튜어 신호 (Textural signal)

음성, 그림, 또는 문자를 통해 계속적으로 특정정보를 제공하는 전달 신호

열전도도 (Thermal conductivity, k)

단위길이 당 1도를 올리는 데 필요한, 단위면적에 흐르는 열의 양(W/m-K, Btu/hr-ft °F).

열적 해체(문해) (Thermal decomposition)

열분해(pyrolysis)의 결과로서, 화학적 조성의 비가역적 변화

열관성 (Thermal inertia)

열전도도, 밀도, 비열의 곱(또는 열용량)

열관성 (Thermal inertia)

열에 노출되었을 때 표면 온도 상승률로 표현되는 물질의 특성. 물질의 열전도율(k), 밀도(ρ) 및 열용량(c)의 곱과 관계있음

열폭주 (Thermal runaway)

물질 내의 열손실량을 넘어서 더 많은 양의 열을 생성하는 상태

서미스터 (Thermistors)

저항값의 변화로 온도를 측정하는 센서

온도측정학 (Thermometry)

온도측정을 위한 과학, 방법론, 실무에 대한 연구. 이 연구는 화재안전 또는 법규 준수에 관한 사안에 활용된다.

시간-전류응답곡선 (Time current curve)

특정 전류치에서 전류 방호장치가 작동하기 위해 필요한 시간

시간선도 (Timeline)

사건에서 발생한 일들을 시간 순서에 따라 그림 또는 이야기체로 표현하는 것

상부 (Topside)

갑판 아래에서 볼 때 주갑판 위쪽 구역을 지칭한다.

불법행위 (Tort)

손실에 대한 법적 책임을 물게 되는 민사적으로 잘못된 행위

완전 연소 (Total bum)

대부분의 가연물이 소비될 때까지 연소를 계속하고 결국 가연물 부족으로 스스로 꺼져버린 화재 현장 또는 가연물 하중이 연소로 감소되고, 화재진화를 위해 충분한 진압약제가 사용되어 화재가 진압된 경우

고전적 수사 물리적 증거 (Traditional forensic physical evidence)

손가락, 손바닥 지문, 피와 침과 같은 몸에서 나온 액체, 머리카락, 신발 흔적, 연장의 흔적, 흙과 모래, 나무와 톱밥, 유리, 페인트, 금속, 수기, 의심스러운 문서, 그리고 기타 추적 증거 등을 말하며, 반드시 위에서 열거한 것들에 한정되지는 않는다.

확산기제 (Trailers)

가연성 물질 또는 발화할 수 있는 액체 등을 의도적으로 연결시켜 줌으로써 화재를 다른 구역으로 확산시키는 방식

변압기 (Transformers)

일반적으로 120V 또는 240V인 교류전압을 더 낮은 전압으로 내려주는 장치이며, 그 전원을 기기로부터 격리시키는데 사용할 수 있다.

가로대 (Transom)

선수가 사각형 형태의 선박에서 선수 단면

3극관 교류스위치 (Triac)
게이트가 가동하면 전류가 흐르게 하고, 이것이 꺼지면 전류를 차단하는 반도체 스위치

재판 (Trial)
판사 앞에서 하는 법적 절차. 판사는 또한 증거의 수용 여부를 결정한다. 대부분의 재판에서는 사실을 탐구하는 역할로 배심원을 활용한다.

트롤 모터 (Trolling motor)
레저용 보트에서 저속 조작을 위해 사용되는 소형 전기 모터로, 배터리에 연결된다.

장해 경보 신호 (Trouble alarm signal)
설비의 완전성(무결성)에 관련된 문제가 있을 때 알려주는 화재경보 경계신호의 일종. 예를 들어 전원 상실 또는 부품고장, 장치 제거, 통신문제 및 실패, 접지 문제, 또는 설비배선의 끊김 등이 있다.

터보차져 (Turbocharger)
엔진출력을 증가시키기 위해 흡입공기를 압축하는 배출-기동 장치

운행중 (Under way)
결속장치(tie), 닻, 또는 착지(grounding) 등의 방식으로 육지에 결속시키지 않은 상태

하층식생 (Understory vegetation)
산림이나 수풀에 가려진 가장 낮은 높이에서 식물이 자라는 영역. 묘목, 어린 나무, 관목, 풀, 허브 등으로 구성된다.

미확정 (Undetermined)
수용가능한 정도의 객관적 확실성을 가질 때까지 증명되지 못한 화재를 분류한 것

방해받지 않는 화학적 연쇄반응 (Uninhibited chemical chain reaction)
화재 사면체의 한 요소로, 이것이 다른 물질요소들과 결합하고 상호작용을 하게 해준다.

반달리즘(파괴주의) (Vandalism)
재물의 손해를 가져오는 유해하거나 악의적인 방화 행위

기화 (Vaporization)
액체나 고체 상태에서 기체로 변이하는 변이 현상

기화기 (Vaporizers)
예를 들어 산업적인 활용을 위해서 내탕의 프로핀이 필요한 경우 프로판을 가열하여 기화시키는 가열 장치

가변 게이지 (Variable gauge)
탱크나 대형 실린더 등 용기의 액체 내용물의 양을 측정하는 장치. 액체용량의 어떠한 수준(level)을 알려준다.

분출(벤팅) (Venting)

공정 연무(예: 연도 가스) 및 연소생성물을 외기로 보내 제거하는 것

벤츄리 비율조정기 (Venturi proportioner)

개구부에서 저압을 만들기 위해 개방형 오리피스에서의 물의 움직임을 이용하는 비율조정장치. 이 개구부가 포약제를 당겨 물의 흐름에 섞이게 한다.

밴츄리 (venturi)

공기를 가속시켜 저압영역을 만들어 연료를 엔진 급기 매니폴드로 끌어당기는, 기화장치 내 좁은 영역

선박 (vessels)

수상비행기를 제외하고 수면 위에서의 이동수단으로 사용되는, 모든 종류의 배를 통칭

피해자학(피해자 연구) (Victimology)

피해자 또는 피해 재산에 대한 가해자의 행위에 대한 깊은 연구

화상 화재감지기 (Video detector)

연기 및 화염 생성에 의한 화상 픽셀의 변화의 디지털 이미지 분석을 위해 고해상도 비디오 카메라를 사용하는 화재감지기

전압 탐지기 (Voltage sniffer)

전압이 존재하거나 근처에 있는 경우(1인치 내) 불이 켜지거나 경보음을 내는 비접촉식 전압 탐지장치

수량제어 밸브 (Water control valve)

물의 흐름을 제어하기 위한 장치

유수경보 스위치 (Water flow switch)

습식 스프링클러 설비에 설치된 경보장치의 하나. 설비 배관을 통해 지속적인 물의 흐름이 있는 경우 경보신호가 기동되도록 배관 속에 패들이 넣어져 있다.

미분무수 설비 (Water mist system)

특수 노즐을 사용하여 아주 미세한 물 입자를 방출하여 냉각, 산소의 치환, 또는 복사열 차단에 의해 진화를 하는 고정식 소방설비

날씨 기록 (Weather history)

최근 몇 일 또는 몇 주간의 대기 조건에 관한 기록

방수형 관로 (Weatherhead)

배선이 있는 관로에 물이 들어가지 않도록 되어있는 구조물에 전원선로 인입케이블이 들어가는 지점

강화액 소화약제 (Wet chemical extinguishing agents)

물과 아세트산 칼륨, 탄산칼륨, 구연산 칼륨 등을 혼합하거나 이러한 성분을 혼합하고 기타 첨가물을 혼합한 소화약제. 주로 K급 화재(조리용 기름 화재)를 진압하기 위해 사용된다.

습식 스프링클러 설비 (Wet pipe sprinkler system)

배관 내에 언제나 물이 차 있고, 헤드가 작동하면 즉시 물이 방출되는 자동화재 스프링클러 설비

산림화재 V형 패턴 (Wildfire V-shaped patterns)

화재확산에 의해 생성되는 수평지면 표면의 연소패턴

목재 프레임 구조 (Wood frame construction)

외부 벽체와 하중지지 부분이 목재인 구조. 이러한 구조는 주거용 건물과 현대적인 경량 상업건물에 사용된다.

목재 I 보 구조 (Wood I-beams)

보의 웨브는 합판이나 스트랜드 보드이고, 현재의 상하부는 작은 치수의 목재로 구성된 구조.

수행계획 (Work plan)

명령 또는 업무수행 연표를 포함하여, 조사과정의 한 부분으로서 완수해야 하는 업무들의 개괄

역자 소개

(가나다순)

강웅일 호남대학교 소방행정학과 교수
김유식 한국국제대학교 소방방재학과 교수
김인범 경민대학교 소방안전관리과 교수
김인태 (사)한국화재조사학회 회장, (주)한방유비스 방재연구소장
유호정 한국화재보험협회
이승훈 서울지방경찰청 과학수사과 화재감식전문수사관
이운근 부산경상대학교 소방안전계열 교수
이창우 숭실사이버대학교 소방방재학과 교수
이해평 강원대학교 재난관리공학전공 교수
최돈묵 가천대학교 소방방재공학과 교수

화재조사론 정가 39,000원

저자 : International Association of Arson Investigators,
International Association of Fire Chiefs,
National Fire Protection Association

역자 : 강웅일 · 김유식 · 김인범 · 김인태 · 유호정
이승훈 · 이운근 · 이창우 · 이해평 · 최돈묵

발행인 : 임정대
발행처 : 도서출판 화수목

인쇄 : 2018년 7월 19일
발행 : 2018년 7월 26일

등록 : 제2014-000166호

주소 : 서울시 마포구 신촌로 2길 5-15
전화 : 02-338-9119
팩스 : 02-335-2201
ISBN 979-11-86290-95-8 (93530)